I0032038

LA DESCENDANCE

DE

L'HOMME

ET

LA SÉLECTION SEXUELLE

LA DESCENDANCE

DE

L'HOMME

ET

LA SÉLECTION SEXUELLE

PAR

Charles DARWIN, M. A., F. R. S., etc.

Traduit par EDMOND BARBIER

D'APRÈS LA SECONDE ÉDITION ANGLAISE REVUE ET AUGMENTÉE PAR L'AUTEUR

PRÉFACE PAR CARL VOGT

———

TROISIÈME ÉDITION FRANÇAISE

(Deuxième tirage)

———

PARIS

C. REINWALD & Cie, LIBRAIRES-ÉDITEURS

15, RUE DES SAINTS-PÈRES, 15

—

1891

Tous droits réservés.

PRÉFACE DE CH. DARWIN

A LA DEUXIÈME ÉDITION ANGLAISE

Depuis la publication de la première édition de cet ouvrage en 1871, j'ai pu y faire des corrections importantes. Après l'épreuve du feu, par laquelle ce livre a passé, je me suis appliqué à profiter des critiques qui me semblaient avoir quelque fondement. Un grand nombre de correspondants m'ont également communiqué une foule si étonnante d'observations et de faits nouveaux, que je ne pouvais en signaler que les plus importants. La liste de ces nouvelles observations et des corrections les plus importantes qui sont entrées dans la présente édition se trouve ci-après. De nouveaux dessins faits d'après nature par M. T. W. Wood ont également remplacé quatre figures de la première édition et quelques nouvelles gravures y ont été ajoutées.

J'appelle l'attention du lecteur sur les observations qui m'ont été communiquées par M. le professeur Huxley. Ces observations se trouvent en Supplément à la fin de la 1re partie (page 219), et traitent *des différences du cerveau de l'homme, comparé aux cerveaux des singes supérieurs.* Ces observations ont d'autant plus d'à-propos que depuis quelques années diverses publications populaires ont grandement exagéré l'importance de cette question.

A cette occasion, je dois faire observer que mes critiques prétendent assez souvent que j'attribuais exclusivement à la sélection naturelle tous les changements de structure corporelle et de puissance mentale, qu'on appelle communément changements spontanés; j'ai cependant déjà constaté, dès la première édition de l'*Origine des Espèces*, qu'on doit

a

tenir grand compte de l'usage ou du non-usage héréditaires, aussi bien des parties du corps que des facultés mentales. Une autre part dans ces changements a été attribuée par moi aux modifications dans la manière de vivre. Encore faut-il admettre quelques cas de réversion occasionnelle de structure, et tenir compte de ce que j'ai appelé « Croissance corrélative », voulant indiquer par là que différentes parties de l'organisation sont, d'une manière encore inexpliquée, dans une telle connexion, que si l'une de ces parties varie, l'autre varie encore davantage, et si ces changements ont été accumulés par l'hérédité, d'autres parties peuvent être modifiées également.

D'autres de mes critiques insinuent que, ne pouvant expliquer certains changements dans l'homme par la sélection naturelle, j'inventai la sélection sexuelle. Pourtant, dans la première édition de l'*Origine des Espèces*, j'avais déjà donné une esquisse claire de ce principe, en remarquant qu'il s'appliquait également à l'homme.

La sélection sexuelle a été traitée avec plus d'étendue dans le présent ouvrage, par la raison que l'occasion s'en présentait pour la première fois. J'ai été frappé de la ressemblance de la plupart des critiques à moitié favorables, de la sélection *sexuelle*, avec celles qu'avait rencontrées la sélection *naturelle*, prétendant, par exemple, que ces principes pouvaient bien expliquer quelques faits isolés, mais ne pouvaient certainement pas être employés avec l'extension que je leur ai donnée. Ma conviction sur le pouvoir de la sélection sexuelle n'a cependant pas été ébranlée, quoiqu'il soit probable, et même certain, qu'avec le temps un certain nombre de mes conclusions pourront être trouvées erronées, chose tout à fait explicable, puisqu'il s'agit d'un sujet traité pour la première fois. Lorsque les naturalistes se seront familiarisés avec l'idée de la sélection sexuelle, je crois qu'elle sera acceptée plus largement, comme elle a d'ailleurs été admise déjà par plusieurs des juges les plus autorisés.

Ch. DARWIN.

Septembre 1874.

TABLE

DES PRINCIPALES ADDITIONS ET CORRECTIONS

DE LA PRÉSENTE ÉDITION

1re ÉDITION. — VOL. I.	ÉDITION ACTUELLE.	
Pages.	Pages.	
21	11-12-13	Révision de la discussion sur les parties rudimentaires de l'oreille humaine.
24-25	16	Cas d'hommes nés avec un corps velu.
26	18	Mantegazza sur la dernière molaire de l'homme.
29	20	Rudiments d'une queue chez l'homme.
32	22	Bianconi, sur les structures homologues, expliquées par l'adaptation de principes mécaniques.
42	72	Intelligence d'un babouin.
43	74	Sens d'humeur folâtre chez le chien.
44-45	74-75	D'autres faits d'imitation chez l'homme et les animaux.
48	78	Facultés de raisonnement chez les animaux inférieurs.
52	84	Acquisitions d'expérience chez les animaux.
56	87	Pouvoir d'abstraction chez les animaux.
61	93	Pouvoir de former des concepts relativement au langage.
68	98	Jouissances excitées par certains sons, couleurs ou formes extérieures.
85	110	Fidélité chez l'éléphant.
85	111	Galton, sur le sentiment grégaire chez les bestiaux.
87	112	Affection de parenté.
98	120-121	Persistance d'animosité et de haine.
99	122	Nature et force des sentiments de honte, de regret ou de remords.
102	126	Suicide parmi les sauvages.
106	129	Motifs de conduite.
122	27	La sélection appliquée à l'homme.
133	34	Ressemblances entre les idiots et les animaux.
136	37	Division de l'os malaire.
134	35	Mamelles et doigts supplémentaires.
139	40	D'autres cas de muscles propres aux animaux qu'on trouve aussi chez l'homme.

1ᵉ ÉDITION. VOL. I.	ÉDITION ACTUELLE.	
Pages.	Pages.	
160	55	Broca, sur la capacité du crâne diminuée par la conservation des individus inférieurs.
164	58	Belt, avantages que l'homme tire de sa nudité.
165	59	Disparition de la queue chez l'homme et certains singes.
187	146	Formes nuisibles de la sélection chez les nations civilisées.
199	155	Indolence de l'homme sans le combat pour l'existence.
213	165	Gorille se couvrant de ses mains contre la pluie.
230	176	Hermaphroditisme chez les poissons.
233	178	Rudiments de mamelles chez l'homme mâle.
265	206-207	Changements dans les conditions de la vie amoindrissant la fécondité et l'état de santé des sauvages.
270	213	La couleur noire de la peau est une protection contre le soleil.
277	219-225	Note du professeur Huxley sur le développement du cerveau chez l'homme et les singes.
282	229	Organes spéciaux des vers parasites mâles pour saisir les femelles.
305	246-247	La plus grande variabilité des mâles; l'influence directe de l'entourage pour les différences entre les sexes.
320	259	La période de croissance des protubérances de la tête chez les oiseaux détermine leur transmission à l'un ou l'autre des deux sexes.
331-332	266-267	Les causes du plus grand nombre de naissances mâles.
346	279	Proportion des sexes dans la famille des abeilles.
347-348	281-282	Le plus grand nombre de mâles s'explique quelquefois par la sélection.
360	290	Couleurs brillantes chez les animaux d'organisation inférieure.
372	299	Sélection sexuelle chez les Arachnides.
373	300	Cause de la petitesse des Arachnides mâles.
380	305	Utilité de la phosphorescence du ver luisant.
386	310	Le bourdonnement des mouches.
385	309	Utilité de couleurs brillantes chez les Hémiptères.
386	310	Appareil musical chez les Homoptères.
390-391	312-313	Développement de l'appareil stridulent chez les Orthoptères.
403	322	Hermann Müller, sur les différences sexuelles des abeilles.
426	338	Sons produits par les Lépidoptères.
437	346	Parade de couleurs chez les papillons.

1re ÉDITION. — VOL. I. II. Pages.	ÉDITION ACTUELLE. Pages.	
443	350	Papillons femelles, plus assidues auprès des mâles, sont aussi plus brillantes en couleur.
454	357	D'autres cas de mimique chez les Papillons.
458	358	Cause des couleurs brillantes et diversifiées des chenilles.
VOL. II. 2	364	Piquants formant brosse chez le mâle du Mallotus.
16	375	D'autres faits de la saison du frai des poissons, et du frai du Macropus.
21	382	Dufossé, sur le son produit par les poissons.
27	384	Belt, sur la grenouille protégée par sa brillante coloration.
31	387	D'autres cas sur le pouvoir mental des serpents.
34	388	Sons produits par les serpents; le serpent à sonnettes.
38	392	Combats des Caméléons.
77	420	Marshall, sur les protubérances des têtes des oiseaux.
96	435	D'autres faits sur la parade du faisan Argus.
116	450	Attachements des oiseaux accouplés.
126	457	Pigeon femelle refusant certains mâles.
129	459	Oiseaux albinos ne trouvant à s'accoupler.
135	463	Action directe du climat sur les couleurs des oiseaux.
159-162	480-483	D'autres faits concernant les ocelles du faisan Argus.
164	486	Parade des Oiseaux-mouches.
169	489	Faits de transmissions de couleur à un seul sexe chez les pigeons.
250-251	514-545	Le goût de parure est assez puissant pour admettre la sélection sexuelle.
268	555	Les cornes des moutons étaient originairement un caractère masculin.
270	556	La castration affecte les cornes des animaux.
277	562	Variété du Cervus virginianus à cornes pointues.
282	566	Taille relative des mâles et femelles de la baleine et des phoques.
287	571	Absence des défenses chez le mâle du porc miocène.
310	586	Dobson, sur les différences sexuelles des chauves-souris.
324	595	Reeks, sur les avantages d'une coloration spéciale.
343	608	Différence du teint entre les hommes et les femmes d'une tribu africaine.
364	625	Le langage est postérieur au chant.

1ʳᵉ ÉDITION. — VOL. II.	ÉDITION ACTUELLE.	
Pages. 386	Pages. 641	Schopenhauer, sur l'importance des intrigues d'amour pour le genre humain.
387 et s.	643 et s.	Révision de la discussion sur les mariages communaux et sur la promiscuité.
405-406	654-655	Pouvoir des femmes chez les sauvages de choisir leurs maris.
411	659	Une longue habitude d'épilation peut avoir un effet héréditaire.

TABLE DES MATIÈRES

PREMIÈRE PARTIE

LA DESCENDANCE OU L'ORIGINE DE L'HOMME

Pages.

Préface de Carl Vogt. XV

Introduction XXIII

Chapitre premier. — Preuves à l'appui de l'hypothèse que l'homme descend d'une forme inférieure. 1

> Nature des preuves sur l'origine de l'homme. — Conformations homologues chez l'homme et les animaux inférieurs. — Points de similitude divers. — Développement. — Conformations rudimentaires, muscles, organes des sens, cheveux, os, organes reproducteurs, etc. — Portée de ces trois ordres de faits sur l'origine de l'homme.

Chapitre II. — Sur le mode de développement de l'homme de quelque type inférieur 23

> Variabilité du corps et de l'esprit chez l'homme. — Hérédité. — Causes de la variabilité. — Similitude des lois de la variation chez l'homme et chez les animaux inférieurs. — Action directe des conditions d'existence. — Effets de l'augmentation ou de la diminution d'usage des parties. — Arrêts de développement. — Retour ou atavisme. — Variation corrélative. — Taux d'accroissement. — Obstacles à l'accroissement. — Sélection naturelle. — L'homme, animal prédominant dans le monde. — Importance de sa conformation corporelle. — Causes qui ont déterminé son attitude verticale. — Changements consécutifs dans sa structure. — Diminution de la grosseur des dents canines. — Accroissement et altération de la forme du crâne. — Nudité. — Absence de la queue. — Absence d'armes défensives.

Chapitre III. — Comparaison des facultés mentales de l'homme avec celles des animaux inférieurs 66

> La différence entre la puissance mentale du singe le plus élevé et celle du sauvage le plus grossier est immense. — Communauté de certains instincts. — Emotions. — Curiosité. — Imitation. — Attention. — Mémoire. — Imagination. — Raison. — Amélioration progressive. — Instruments et armes employés par les animaux. — Abstraction, conscience de soi. — Langage. — Sentiment de la beauté. — Croyance en Dieu, aux agents spirituels, superstitions.

Chapitre IV. — Comparaison des facultés mentales de l'homme avec celles des animaux (suite) 103

> Le sens moral. — Proposition fondamentale. — Les qualités des animaux sociables. — Origine de la sociabilité. — Lutte entre les instincts contraires. — L'homme, animal sociable. — Les instincts sociaux durables l'emportent sur d'autres instincts moins persistants. — Les sauvages n'estiment que les vertus sociales. — Les vertus personnelles s'acquièrent à une phase postérieure du développement. — Importance du jugement des membres d'une même communauté sur la conduite. — Transmission des tendances morales. — Résumé.

Pages.

CHAPITRE V. — Sur le développement des facultés intellectuelles et morales pendant les temps primitifs et les temps civilisés   137

Développement des facultés intellectuelles par la sélection naturelle. — Importance de l'imitation. — Facultés sociales et morales. — Leur développement dans les limites d'une même tribu. — Action de la sélection naturelle sur
les nations civilisées. — Preuves de l'état antérieur barbare des nations civilisées.

CHAPITRE VI. — Affinités et généalogie de l'homme   158

La position de l'homme dans la série animale. — Le système naturel est généalogique. — Les caractères d'adaptation ont peu de valeur. — Divers points
de ressemblance entre l'homme et les quadrumanes. — Rang de l'homme dans
le système naturel. — Patrie primitive et antiquité de l'homme. — Absence
de chaînons fossiles. — Etats inférieurs de la généalogie de l'homme, déduits
de ses affinités et de sa conformation. — Etat primitif androgyne des Vertébrés.
— Conclusions.

CHAPITRE VII. — Sur les races humaines   181

Nature et valeur des caractères spécifiques. — Application aux races humaines. — Arguments favorables ou contraires au classement des races humaines comme espèces distinctes. — Sous-espèces. — Monogénistes et Polygénistes. — Convergence des caractères. — Nombreux points de ressemblances
corporelles et mentales entre les races humaines les plus distinctes. — Etat de
l'homme, lorsqu'il s'est d'abord répandu sur la terre. — Chaque race ne descend pas d'un couple unique. — Extinction des races. — Formation des races.
— Effets du croisement. — Influence légère de l'action directe des conditions
d'existence. — Influence légère ou nulle de la sélection naturelle. — Sélection
sexuelle.

DEUXIÈME PARTIE

LA SÉLECTION SEXUELLE

CHAPITRE VIII. — Principes de la sélection sexuelle.   226

Caractères sexuels secondaires. — Sélection sexuelle. — Son mode d'action.
— Excédent des mâles. — Polygamie. — Le mâle ordinairement seul modifié
par la sélection sexuelle. — Ardeur du mâle. — Variabilité du mâle. — Choix
exercé par la femelle. — La sélection sexuelle comparée à la sélection naturelle. — Hérédité aux périodes correspondantes de la vie, aux saisons correspondantes de l'année, et limitée par le sexe. — Rapports entre les diverses
formes de l'hérédité. — Causes pour lesquelles un des sexes et les jeunes ne
sont pas modifiés par la sélection sexuelle. — Supplément sur les nombres proportionnels des mâles et des femelles dans le règne animal. — La proportion
du nombre des individus mâles et femelles dans ses rapports avec la sélection
naturelle.

CHAPITRE IX. — Les caractères sexuels secondaires dans les classes inférieures du règne animal   286

Absence de caractères de ce genre dans les classes inférieures. — Couleurs
brillantes. — Mollusques. — Annélides. — Chez les Crustacés, les caractères
sexuels secondaires sont fortement développés, dimorphisme, couleur, caractères acquis seulement à l'état adulte. — Caractères sexuels des Araignées,
stridulation chez les mâles. — Myriapodes.

CHAPITRE X. — Caractères sexuels secondaires chez les insectes   302

Conformations diverses des mâles servant à saisir les femelles. — Différences
entre les sexes, dont la signification est inconnue. — Différence de taille entre
les sexes. — Thysanoures. — Diptères. — Hémiptères. — Homoptères, facultés
musicales que possèdent les mâles seuls. — Orthoptères, diversité de structure
des appareils musicaux chez les mâles; humeur belliqueuse, couleurs. — Névroptères, différences sexuelles de couleur. — Hyménoptères, caractère belliqueux,
couleurs. — Coléoptères; couleurs : présence des grosses cornes, probablement
comme ornementation; combats; organes stridulents ordinairement communs
aux deux sexes.

Chapitre XI. — Insectes, suite. — Ordre des Lépidoptères (papillons et phalènes) 338

Cour que se font les papillons. — Batailles. — Bourdonnements. — Couleurs communes aux mâles et aux femelles, ou plus brillantes chez les mâles. — Exemples. — Ces couleurs ne sont pas dues à l'action directe des conditions d'existence. — Couleurs protectrices. — Couleur des phalènes. — Leur étalage. — Perspicacité des Lépidoptères. — Variabilité. — Causes de la différence de coloration entre les mâles et les femelles. — Imitation, couleurs plus brillantes chez les papillons femelles que chez les mâles. — Vives couleurs des chenilles. — Résumé et conclusions sur les caractères secondaires sexuels des insectes. — Comparaison des insectes avec les oiseaux.

Chapitre XII. — Caractères sexuels secondaires des poissons, des amphibies et des reptiles 364

Poissons : Assiduités des mâles, leurs combats. — Les femelles sont ordinairement plus grandes que les mâles. — Mâles, couleurs vives, ornements et autres caractères étranges. — Couleurs et ornements qu'acquièrent les mâles pendant la saison des amours. — Chez certaines espèces, les mâles et les femelles affectent également des couleurs brillantes. — Couleurs protectrices. — On ne peut attribuer au besoin de protection les couleurs moins brillantes des femelles. — Certains poissons mâles construisent les nids, et prennent soin des œufs et des jeunes. — Amphibies : Différences de conformation et de coloration entre les mâles et les femelles. — Organes vocaux. — Reptiles : Chéloniens. — Crocodiles. — Serpents, couleurs protectrices dans quelques cas. — Batailles des lézards. — Ornements. — Etranges différences de conformation entre les mâles et les femelles. — Couleurs. — Différences sexuelles presque aussi considérables que chez les oiseaux.

Chapitre XIII. — Caractères sexuels secondaires des oiseaux 394

Différences sexuelles. — Loi du combat. — Armes spéciales. — Organes vocaux. — Musique instrumentale. — Démonstrations amoureuses et danses. — Ornements permanents ou temporaires. — Mues annuelles, simples et doubles. — Les mâles aiment à faire étalage de leurs ornements.

Chapitre XIV. — Oiseaux (suite) 442

Choix exercé par la femelle. — Durée de la cour que se font les oiseaux. — Oiseaux non accouplés. — Facultés mentales et goût pour le beau. — La femelle manifeste sa préférence ou son aversion pour certains mâles. — Variabilité des oiseaux. — Les variations sont parfois brusques. — Lois des variations. — Formation d'ocelles. — Gradations de caractères. — Exemples fournis par le Paon, le faisan Argus et l'Urosticte.

Chapitre XV. — Oiseaux (suite) 486

Discussion sur la question de savoir pourquoi, chez quelques espèces, les mâles seuls ont des couleurs éclatantes, alors que les deux sexes en possèdent chez d'autres espèces. — Sur l'hérédité limitée par le sexe, appliquée à diverses conformations et au plumage richement coloré. — Rapports de la nidification avec la couleur. — Perte pendant l'hiver du plumage nuptial.

Chapitre XVI. — Oiseaux (fin) 509

Rapports entre le plumage des jeunes et les caractères qu'il affecte chez les individus adultes des deux sexes. — Six classes de cas. — Différences sexuelles entre les mâles d'espèces très voisines ou représentatives. — Acquisition des caractères du mâle par la femelle. — Plumage des jeunes dans ses rapports avec le plumage d'été et le plumage d'hiver des adultes. — Augmentation de la beauté des oiseaux. — Coloration protectrice. — Oiseaux colorés d'une manière très apparente. — Les oiseaux aiment la nouveauté. — Résumé des quatre chapitres sur les oiseaux.

Chapitre XVII. — Caractères sexuels secondaires chez les mammifères. 549

La loi du combat. — Armes particulières limitées aux mâles. — Cause de leur absence chez la femelle. — Armes communes aux deux sexes, mais primitivement acquises par le mâle. — Autres usages de ces armes. — Leur haute importance. — Taille plus grande du mâle. — Moyens de défense. — Sur les préférences manifestées par l'un et l'autre sexe dans l'accouplement des mammifères.

Pages.

Chapitre XVIII. — Caractères sexuels secondaires des mammifères (suite). 577

Voix. — Particularités sexuelles remarquables chez les phoques. — Odeur. — Développement du poil. — Coloration des poils et de la peau. — Cas anormal de la femelle plus ornée que le mâle. — Colorations et ornements dus à la sélection sexuelle. — Couleurs acquises à titre de protection. — Couleurs, souvent dues à la sélection sexuelle, quoique communes aux deux sexes. — Sur la disparition des taches et des raies chez les quadrupèdes adultes. — Couleurs et ornements des Quadrumanes. — Résumé.

Chapitre XIX. — Caractères sexuels secondaires chez l'homme (suite) . . 608

Différences entre l'homme et la femme. — Causes de ces différences et de certains caractères communs aux deux sexes. — Loi de combat. — Différences dans la puissance intellectuelle et la voix. — Influence qu'a la beauté sur les mariages humains. — Attention qu'ont les sauvages pour les ornements. — Leurs idées sur la beauté de la femme. — Tendance à exagérer chaque particularité naturelle.

Chapitre XX. — Caractères sexuels secondaires chez l'homme. 640

Sur les effets de la sélection continue des femmes d'après un type de beauté différent pour chaque race. — Causes qui, chez les nations civilisées et chez les sauvages, interviennent dans la sélection sexuelle. — Conditions favorables à celle-ci pendant les temps primitifs. — Mode d'action de la sélection sexuelle dans l'espèce humaine. — Sur la possibilité qu'ont les femmes de choisir leurs maris dans les tribus sauvages. — Absence de poils sur le corps, et le développement de la barbe. — Résumé.

FIN DE LA TABLE DES MATIÈRES.

PRÉFACE DE CARL VOGT

POUR LA PREMIÈRE ÉDITION

Mon ami, M. Reinwald, me demande une préface pour le nouveau livre de M. Darwin dont j'ai vu naître la première édition de la traduction française.

M. Darwin me fait l'honneur de citer, à la première page de son œuvre, une phrase prononcée dans un discours que j'avais adressé, en avril 1869, à l'Institut national genevois.

Je ne crois pouvoir répondre mieux à la demande de mon éditeur et ami, qu'en mettant ici, et à la place d'une préface, la plus grande partie de ce discours qui a reçu une approbation si flatteuse de la part d'un maître tel que M. Darwin :

Dans toutes les sciences naturelles, nous pouvons signaler une double tendance des efforts faits pour les pousser plus loin et pour leur faire porter les fruits que la société est en droit d'attendre d'elles. D'un côté, la recherche minutieuse, secondée par l'installation d'expériences aussi dégagées que possible d'erreurs et de perturbations ; de l'autre côté, le rattachement des résultats obtenus à certains principes généraux dont la portée devient d'autant plus grande qu'ils engagent à de nouvelles recherches dans des branches de la science en apparence entièrement étrangères à celle dont ils découlent en premier lieu. Enfin, au fond de ce mouvement qui domine dans les sciences et par conséquent aussi dans la société (car on ne peut plus nier aujourd'hui que ce soient les sciences qui marchent à la tête de l'humanité entière), au fond de ce mouvement, dis-je, s'aperçoit ce besoin d'affranchissement de la pensée, ce combat incessant contre l'autorité et la croyance transmise, héritée et autoritaire, qui, sous mille formes diverses, agite le monde et tient les esprits en éveil.

Aussi voyez-vous ce courant de liberté, d'affranchissement et d'indépendance au fond de toutes les questions qui surgissent les unes à côté des autres dans le monde politique, religieux, social, littéraire et scientifique ; — ici, vous le voyez paraître comme tendance au *self-government*, là comme critique des textes dits sacrés ; les uns cherchent à établir, pour les conditions d'existence de la société et des diverses classes qui la composent, des lois semblables à celles qui gouvernent le monde physique, tandis que les autres soumettent à l'épreuve des faits et des expériences les opinions et les assertions de leurs devanciers, pour les trouver, le plus souvent, contraires à ce qu'enseignent les recherches nouvelles. Partout se forment deux camps, l'un de résistance, l'autre d'attaque; partout nous assistons à des luttes opiniâtres, mais dans lesquelles triomphera sans doute la raison humaine, dégagée de préjugés et d'erreurs implantées dans le cerveau par héritage et par l'enseignement pendant l'enfance. Ces luttes, toujours profitables à l'humanité, mettent en plein jour les liaisons qui existent entre les différentes branches des connaissances humaines; aucune ne saurait plus prétendre à un domaine absolu, et souvent les armes offensives et défensives doivent être cherchées dans un arsenal établi en apparence bien loin du camp dans lequel on s'est enrôlé primitivement. En même temps, la somme de nos connaissances acquises s'accroît avec une telle rapidité, que l'organisation humaine la plus amplement douée ne suffit plus pour embrasser au complet, même une branche isolée. Aussi me permettrez-vous de restreindre mon sujet et de rechercher seulement, dans le petit domaine dont je me suis plus spécialement occupé, les manifestations de cette tendance générale que je viens de signaler.

Comment se manifeste dans l'étude des sciences biologiques s'occupant des êtres organisés et ayant vie, cet esprit d'indépendance, cette tendance à briser les liens qui empêchaient jusqu'ici le libre développement de ces sciences? D'une manière bien simple, messieurs. On ne croit plus à une force vitale particulière, dominant tous les autres phénomènes organiques et attirant dans son domaine inabordable tout ce qui ne cadre pas à première vue avec les faits connus dans les corps inorganiques; on ne part plus, comme d'un axiome élevé au-dessus de toute démonstration, de l'idée d'un principe immatériel de la vie qui n'est combiné avec le corps que temporairement et qui continue son existence même après la destruction de cet organisme par lequel seul il se manifeste; — non, on laisse absolument de côté ces questions et ces prétendus principes tirés d'un autre ordre d'idées, et on procède à l'analyse du corps organisé et de ses fonctions comme on procéderait à celle d'une machine très-compliquée, mais dans laquelle il n'y a aucune force occulte, aucun effet sans cause démontrable; — on part, en un mot, du principe que force et matière ne sont qu'un, que tout, dans les corps organiques comme inorganiques, n'est que transformations et transpositions incessantes, compensation perpétuelle. Et en appliquant ce principe à l'étude des corps organisés, en s'affranchissant, en un mot, de toute idée préconçue et implantée, on arrive non seulement à des résultats et à des conclusions qui doivent rejaillir fortement sur d'autres domaines, on est même conduit à la conception d'expériences et d'observations qui auraient été impossibles, inimaginables dans une époque antérieure où toutes les pensées étaient dominées par l'idée d'une force vitale particulière. Dans ces temps-là, un mouvement était le résultat d'une volonté dictée par cette force vitale; aujourd'hui il est devenu la conséquence nécessaire d'une irritation du système nerveux, et pour le produire, l'organisme ne dépense pas de la force vitale, mais une quantité parfaitement déterminée et mesurable de chaleur, engendrée par la combustion d'une quantité aussi déterminée, de combustible que nous introduisons sous forme d'aliment. Le muscle, qui se contracte, n'est aujourd'hui qu'une machine, dont les effets de force sont déterminés aussi rigoureusement que ceux d'un câble de grue, et cette machine agit aussi longtemps qu'elle n'est pas dérangée, avec autant de précision qu'un câble inanimé. Aujourd'hui, nous détachons un muscle d'une grenouille vivante, nous le mettons dans les conditions nécessaires pour sa conservation, en empêchant sa dessication et sa décomposition, nous lui donnons, comme du charbon à une machine, de temps en temps le sang nécessaire pour remplacer la matière brûlée par l'oxygène de l'air, — et ce muscle isolé, sous cloche, séparé de l'organisme, non depuis des heures et des jours, mais même depuis des semaines, ce muscle travaille sur chaque irritation que nous lui transmettons par l'électricité aussi exactement qu'un spiral de montre dès qu'il est monté! Aujourd'hui, nous décapitons un animal, — nous le laissons mourir complètement, — mais, après cette mort, nous injectons dans la tête du sang d'un autre animal de la même espèce battu et chauffé au degré nécessaire, — et cette tête revit, rouvre ses yeux, et ses mouvements nous prouvent que son cerveau, organe de la pensée, fonctionne de nouveau et de la même manière comme avant la décapitation.

Je ne veux pas m'étendre ici sur les conséquences que l'on peut tirer de ces expériences. La physique inorganique nous prouve que chaleur et mouvement ne sont qu'une seule et même force, — que la chaleur peut être transformée en mouvement et *vice versâ*; la physique organique, car c'est ainsi qu'on peut appeler aujourd'hui cette branche de la biologie, nous démontre que les mêmes lois régissent l'organisme; — nous mesurons le mouvement de la pensée, nous déterminons la vitesse, peu considérable du reste, avec laquelle elle se transmet, et nous apprécions la chaleur dégagée dans le cerveau par ce mouvement. Mais, je le répète, nous n'aurions pu arriver à ces expériences et à leurs résultats si frappants, si observateurs et expérimentateurs n'avaient travaillé, avant tout à l'affranchissement de leur propre pensée, s'ils n'avaient rejeté d'avance, avant de les tenter, toute idée transmise par les autorités, pour s'en tenir aux faits seulement et aux lois qui en découlent. Lorsque Lavoisier prit la première fois la balance en main pour constater que le produit de la combustion était plus pesant que la substance brûlée, avant cette opération, et que la combustion était, par conséquent, une combinaison et non une destruction, il partait nécessairement du principe de l'indestructibilité de la matière et détruisait en même temps ce phlogiston, cette force occulte et indémontrable que l'on avait invoquée pour expliquer une foule de phénomènes du monde inorganique, absolument comme on invoque encore aujourd'hui cette force vitale dont les retraites obscures sont forcées et éclairées tour à tour par le flambeau de l'investigation.

Si nous constatons ici, dans le domaine de la physiologie, l'heureux effet de l'affranchissement de la méthode investigatrice, nous en pouvons voir encore une manifestation brillante dans le domaine de la zoologie et de la botanique proprement dites. Je veux parler de la direction nouvelle imprimée à ces sciences ainsi qu'à l'anthropologie, par Darwin.

Que veut, en effet, cette direction nouvelle qui se base, comme toute innovation, sur des précédents, mais, il faut l'avouer aussi, sur des précédents en grande partie oubliés et négligés ?

Avant tout, elle veut combattre des opinions transmises, autoritaires, dictées par un tout autre ordre d'idées, et acceptées, jusqu'ici, comme on accepte mille choses, sans en examiner le fond.

« Espèces sont, avait dit Linné, les types créés dès le commencement, » et on avait accepté, tant bien que mal, cette définition qui suppose un créateur, un nombre considérable de types indépendants les uns des au-tres, et un renouvellement successif de l'ameublement organique de la terre, si j'ose m'exprimer ainsi, d'après un plan fixé d'avance dans les différentes époques de son histoire. — Cet axiome admis, il n'y avait plus, en réalité, à examiner les rapports des différents organismes entre eux, ni avec leurs prédécesseurs; — chaque espèce étant une création in-dépendante en elle-même, il était, au fond, bien indifférent si le loup ressemblait au chien ou à la baleine!

Or, si plusieurs prédécesseurs de Darwin avaient osé s'insurger par-tiellement contre tel ou tel point de cet axiome, leurs voix étaient restées sans écho; — ces insurrections avortées n'avaient contribué, comme en politique, qu'à mieux asseoir le gouvernement existant et à faire croire à son infaillibilité. Mais aujourd'hui, grâce à Darwin, une révolution com-plète a été opérée, et les partisans du gouvernement déchu se trouvent à peu près dans la même situation que les chefs de mainte révolution; — ils ne peuvent en aucune façon revenir aux anciens errements, mais ils ne savent que mettre à la place. *Personne, en Europe au moins, n'ose plus soutenir la création indépendante, et de toutes pièces, des espèces;* — mais on hésite, lorsqu'il s'agit de suivre une voie nouvelle dont on ne voit pas encore l'issue.

« Il faut accepter cette théorie, a dit un homme de grand sens; uni-quement parce que nous n'avons rien de meilleur. Que pouvez-vous mettre à sa place? »

Je l'ai dit, — la nouvelle direction imprimée aux sciences zoologiques par Darwin n'est pas tant remarquable en elle-même que comme mani-festation de cet esprit libre qui tâche de s'affranchir de liens imposés et qui veut voler de son propre essor. Elle veut rattacher les innombrables formes dans lesquelles s'est manifestée la vie organique à cette circula-tion générale qui anime le monde entier; — pour traduire sa tendance par un mot emprunté à la physique, elle veut considérer les organismes comme des manifestations, enchaînées entre elles, d'une seule et même force, et non pas comme des forces indépendantes. Si toutes nos sciences exactes sans exception sont fondées, depuis Lavoisier, sur le principe de la matière impérissable, les étonnantes découvertes de Mayer et de ses successeurs ont été engendrées par la conception de la force impérissable. Dans toutes les modifications de la forme, la quantité de force dépensée reste toujours la même; la force est mutable en sa qua-lité, mais non en sa quantité; elle est indestructible comme la matière; — à chaque molécule, à chaque quantité appréciable de la matière est liée, d'une manière impérissable et éternelle, une quantité correspon-dante de force. Les manifestations extérieures de la force peuvent revê-tir autant de formes différentes que la matière, — mais la quantité dé-pensée dans une opération ou mutation quelconque doit se retrouver dans une autre opération précédente ou suivante, et doit rester identi-quement la même dans toute la série des phénomènes qui se sont passés antérieurement ou qui doivent suivre dans le cours du temps.

N'oublions pas, messieurs, que ce principe, conçu par Mayer, il n'y a

pas encore trente ans, nous a valu la détermination de l'équivalent en
force de la chaleur, l'identification de la chaleur et du mouvement, enfin toutes ces découvertes et applications magnifiques qui se succèdent
depuis quelques années avec une rapidité si étonnante. Ne faut-il pas
croire que l'application de ce même principe aux sciences organiques et
descriptives s'y montrera tout aussi féconde qu'elle s'est déjà montrée
dans les sciences physiques ?

Que voulons-nous en effet ? Démontrer que les formes si innombrables
de la nature organisée ne sont que des mutations d'un fonds impérissable d'une quantité déterminée de matière et de force ; — démontrer que
chaque forme organique est le résultat nécessaire de toutes les manifestations organiques qui l'ont précédée, et la base nécessaire de toutes
celles qui vont la suivre ; — démontrer, par conséquent, que toutes les
formes actuelles sont liées ensemble par les racines depuis lesquelles
elles se sont élevées dans l'histoire de la terre, et dans les différentes
périodes d'évolution que notre planète a parcourues ; — démontrer, enfin, que les forces qui se manifestent dans l'apparition de ces formes sont
toujours restées les mêmes, et qu'il n'y a pas de place, ni dans le monde
inorganique, ni dans le monde organique, pour une force tierce indépendante de la matière, et pouvant façonner celle-ci suivant son gré ou son
caprice.

Tel est, ce me semble, le véritable noyau de ce qu'on est convenu
d'appeler le Darwinisme ; son essence intime ne peut se définir autrement,
suivant mon avis. Il n'importe que les uns suivent cette direction, pour
ainsi dire instinctivement, sans se rendre compte des derniers résultats
auxquels elle doit nécessairement conduire, tandis que les autres voient
clairement le but vers lequel ils tendent ; — l'important est que cette
direction se trouve, comme on dit, dans l'air, qu'elle s'imprime par le
milieu spirituel dans lequel vit l'homme scientifique à tous les travaux,
et qu'elle s'assoie même à côté de l'adversaire pour corriger ses épreuves
avant qu'elles ne passent à la publicité.

L'héritage et la transmission des caractères est dans le monde organique, ce qui, dans le monde inorganique, est la continuation de la force.
Chaque être est donc le résultat nécessaire de tous les ancêtres qui l'ont
précédé, et, pour comprendre son organisation et la combinaison variée
de ses organes, il faut tenir compte de toutes les modifications, de toutes
les formes passées qui, par héritage, ont apporté leur contingent dans
la nouvelle combinaison existante. Et de même que la force primitive se
montre dans le monde physique et suivant les conditions extérieures,
tantôt comme mouvement, tantôt comme chaleur, lumière, électricité ou
magnétisme, de même ces conditions extérieures influent sur le résultat
de l'héritage et amènent des variations et des transformations qui se
transmettent à leur tour aux formes consécutives.

. Une tâche immense incombe donc aujourd'hui aux sciences naturelles.
Dans les temps passés, l'étude des formes extérieures suffisait aux buts
restreints de la science ; plus tard il fallut ajouter l'étude de l'organisation intérieure autant dans les détails microscopiques que dans les arrangements saisissables à l'œil nu ; un pas de plus conduisait nécessairement,
pour comprendre les analogies, les rapports et les différences dans la
création actuelle (qu'on me passe le mot) vers l'embryogénie comparée,
savoir la comparaison des différentes manières dont se construit et s'ac-

complit l'organisme depuis son germe jusqu'à sa fin ; enfin, il fallut avoir
recours à la paléontologie, à l'étude des êtres fossiles qui ont précédé
les formes actuelles, et cela dans le but de comprendre la parenté plus
ou moins éloignée qui relie ces êtres entre eux. Aujourd'hui, il faut ajouter à tous ces éléments, éclairés d'un nouveau jour, l'étude des limites
possibles des variations que peut présenter un type ; l'influence, éminemment variable des milieux ambiants sur les différents types, et construire
ainsi pièce par pièce les organismes définitifs, mais variables, que nous
avons devant les yeux.

Eh bien, messieurs, peut-on raisonnablement croire que l'homme seul
ne soit pas soumis à ces grandes lois de la nature, — que lui seul,
parmi les êtres organisés, ait une origine fondamentalement différente
de la leur, — que seul il n'ait ni formes parentes, ni prédécesseurs dans
l'histoire de la terre, et que son existence ne se rattache à aucune autre ?
Vraiment, posée en ces termes, la question me paraît résolue d'avance !
Mais la conséquence qui découle nécessairement de ces prémisses, c'est
qu'à l'anthropologie est dévolue la même tâche qu'à toutes les autres
branches de l'histoire naturelle, qu'elle ne doit pas se contenter d'étudier
l'homme en lui-même, et sous les différentes formes qu'il présente à la
surface de la terre, mais qu'elle doit sonder ses origines, scruter son
passé lointain, recueillir avec soin toutes les données que peuvent fournir
ses fonctions, son organisation, son développement individuel, son histoire, non seulement dans le sens habituel du mot, mais en se rapportant
à un passé bien antérieur, et qu'elle doit remonter ainsi, comme la science
le fait pour toutes les autres formes organiques, l'arbre généalogique
jusque vers les branches congénères, portées par les mêmes racines,
mais développées d'une manière différente.

Les découvertes récentes ont ouvert un horizon immense aux études
relatives à l'homme. Dans tous les pays nous remarquons une ardeur
presque fiévreuse pour remonter aux origines de l'homme cachées dans
les couches de la terre ; de tous les côtés on apporte les preuves d'une
antiquité bien plus reculée du type homme, que les imaginations les plus
exaltées n'auraient jamais pu supposer jadis. Chaque jour cette Europe
tant fouillée par les générations passées ouvre son sein pour nous montrer des trésors nouveaux, ou pour nous donner, par des faits inaperçus
jusqu'à présent, la clef d'une foule d'énigmes que nous ne savions résoudre. Nous assistons à cette époque où l'homme sauvage, montrant des
infériorités très-marquées dans son organisation corporelle, chassait
dans les plaines du continent européen et de l'Angleterre le mammouth
et le rhinocéros, le renne et le cheval sauvage, nous suivons cet homme
dans sa civilisation ascendante, où il devient nomade, pâtre, agriculteur,
industriel, commerçant, trafiqueur et fondeur de métaux ; là où l'histoire
et la tradition nous font défaut, nous lisons les faits et gestes de cette antiquité préhistorique dans les pierres et les bois ! Et, tandis que les « curieux de la nature », comme s'appelaient, dans une académie célèbre,
les savants scrutateurs, poursuivent ainsi, de couche en couche, les restes
de l'activité humaine ; d'autres, non moins curieux, s'attachent à son organisation en reprenant un à un tous les caractères jusque dans leurs
petits détails, en étudiant leur développement dans le cours de la vie
depuis le premier germe jusqu'à la fin, ou bien en s'adressant aux races,
à leurs particularités, pour y trouver les preuves d'une infériorité ou su-

périorité relatives, dont les premières marquent les jalons de la route
parcourue par le type homme lui-même, tandis que les autres indiquent
la voie que ce type va suivre en s'élevant et en se modifiant. Les fonctions
de l'organe de la pensée étant intimement liées à son organisation et dépendant de celle-ci, l'étude des manifestations de l'esprit et de la plus importante de ces manifestations, de la langue articulée, n'occupe pas une
petite place dans les objets que l'anthropologie doit embrasser.

Il faut avouer franchement, messieurs, que cette étude historique, comparative et génésique du type homme est encore dans l'enfance, et que
tout ce qui a été fait jusqu'à présent n'est rien en comparaison de ce
qui reste à faire. Est-il étonnant qu'il en soit ainsi, le principe dont découlent ces travaux n'ayant été introduit dans la science que depuis
quelques années à peine?

Je n'ai rien à ajouter. M. Darwin prend l'homme tel qu'il
se présente aujourd'hui, il examine ses qualités corporelles,
morales et intellectuelles, et recherche les causes qui doivent
avoir concouru à la formation de ses qualités si diverses et si
compliquées. Il étudie les effets qu'ont produits ces mêmes
causes en agissant sur d'autres organismes et, trouvant des
effets analogues produits chez l'homme, il conclut que des
causes analogues ont été en jeu. La conclusion finale de ces
recherches, conduites avec une sagacité rare et égalée seulement par une érudition hors ligne, est que l'homme, tel que
nous le voyons aujourd'hui, est le résultat d'une série de
transformations accomplies pendant les dernières époques
géologiques.

Nul doute que ces conclusions trouveront beaucoup de
contradicteurs. Ce n'est pas un mal, la vérité naît du choc
des esprits.

C. VOGT.

INTRODUCTION

La nature du présent livre sera mieux comprise, par un court aperçu de la manière dont il a été écrit. J'ai pendant bien des années recueilli des notes sur l'origine et la descendance de l'homme, sans avoir aucune intention de faire quelque publication sur ce sujet; bien plus, pensant que je ne ferais ainsi qu'augmenter les préventions contre mes vues, j'avais plutôt résolu le contraire. Il me parut suffisant d'indiquer, dans la première édition de mon *Origine des espèces*, que l'ouvrage pourrait jeter quelque jour sur l'origine de l'homme et son histoire; impliquant ainsi que l'homme doit être avec les autres êtres organisés compris dans toute conclusion générale relative à son mode d'apparition sur la terre. Actuellement le cas se présente sous un aspect tout différent. Lorsqu'un naturaliste comme C. Vogt, dans son discours présidentiel à l'Institut national genevois (1869), peut risquer d'avancer que « personne, en Europe du moins, n'ose plus soutenir la création indépendante et de toutes pièces des espèces, » il est évident qu'au moins un grand nombre de naturalistes doivent admettre que les espèces sont les descendants modifiés d'autres espèces; cela est surtout vrai pour ceux de la nouvelle et jeune génération. La plupart acceptent l'action de la sélection naturelle; bien que quelques-uns objectent, ce dont l'avenir aura en toute justice à décider, que j'ai beaucoup trop haut évalué son importance. Mais il est encore bien des chefs plus anciens et honorables de la science naturelle, qui sont malheureusement opposés à l'évolution, sous quelque forme qu'elle se présente.

Les opinions actuellement adoptées par la plupart des naturalistes, qui, comme dans tous les cas de ce genre, seront ultérieurement suivies par d'autres, m'ont par conséquent engagé à rassembler mes notes, afin de m'assurer jusqu'à quel point les conclusions auxquelles mes autres travaux m'ont conduit, pouvaient s'appliquer à l'homme. C'était d'autant plus désirable que je n'avais jamais, de propos délibéré, appliqué mes vues à une espèce prise à part. Lorsque nous limitons notre attention à une forme donnée, nous sommes privés des arguments puissants que nous pouvons tirer de la nature des affinités qui unissent des groupes entiers d'organismes, — de leur distribution géographique dans les temps passés et présents, et de leur succession géologique. La conformation homologique, le développement embryonnaire, et les organes rudimentaires d'une espèce, qu'il s'agisse de l'homme ou d'un autre animal, points sur lequel nous pouvons porter notre attention, restent à considérer; mais tous ces grands ordres de faits apportent, il me semble, des preuves abondantes et concluantes en faveur du principe de l'évolution graduelle. Toutefois il faut toujours avoir présent à l'esprit le puissant appui que fournissent les autres arguments.

L'unique objet de cet ouvrage est de considérer : premièrement, si l'homme, comme tout autre espèce, descend de quelque forme préexistante ; secondement, le mode de son développement ; et, troisièmement, la valeur des différences existant entre ce qu'on appelle les races humaines. Comme je me bornerai à traiter ces points, il ne me sera pas nécessaire de décrire en détail ces différences entre les diverses races, — sujet énorme qui a déjà été amplement discuté dans beaucoup d'ouvrages de valeur. La haute antiquité de l'homme récemment démontrée par les travaux d'une foule d'hommes éminents, Boucher de Perthes en tête, est l'indispensable base de l'intelligence de son origine. Je tiendrai par conséquent cette conclusion pour admise, et renverrai mes lecteurs pour ce sujet aux beaux traités de Sir C. Lyell, Sir J. Lubbock et autres. Je n'aurai pas non plus davantage à faire qu'à rappeler l'étendue des différences existant entre l'homme et les singes arthropomorphes, le professeur Huxley ayant, selon l'avis des juges les plus compétents, établi de la manière la plus concluante que, dans chaque caractère visible, l'homme diffère moins des singes supérieurs, que ceux-ci ne diffèrent des membres inférieurs du même ordre des Primates.

Le présent ouvrage ne renferme presque point de faits originaux sur l'homme; mais les conclusions auxquelles, après un aperçu en gros, je suis arrivé, m'ayant paru intéressantes, j'ai pensé qu'elles pourraient l'être pour d'autres. On a souvent affirmé avec assurance que l'origine de l'homme ne pourrait jamais être connue; mais l'ignorance engendre plus souvent la confiance que ne fait le savoir, et ce ne sont que ceux qui savent peu, et non ceux qui savent beaucoup, qui affirment d'une manière aussi positive que la science ne pourra jamais résoudre tel ou tel problème. La conclusion que l'homme est, avec d'autres espèces, le co-descendant de quelque forme ancienne inférieure et éteinte, n'est en aucune façon nouvelle. Lamarck était, il y a longtemps, arrivé à cette conclusion, que plusieurs naturalistes éminents ont soutenue récemment; par exemple, Wallace, Huxley, Lyell, Vogt, Lubbock, Büchner, Rolle[1], etc., et sur-

1. Je n'ai pas besoin de donner les titres des ouvrages si connus des auteurs premièrement cités; mais ceux des deux derniers étant moins connus, les voici : *Sechs Vorlesungen über die Darwinsche Theorie*, 2ᵗᵉ Auflage, 1868, von Doctor L. Büchner (traduit en français par A. Jacquot sous le titre de : *Conférences sur la théorie Darwinienne*. Paris, 1869), — *Der Mensch, im Lichte der Darwin'schen Lehre*, 1865, von Doctor F. Rolle. Sans pouvoir référer à tous les

tout Häckel. Ce dernier, outre son grand ouvrage intitulé *Generelle Morphologie* (1866), a récemment (1868, avec une seconde édition en 1870) publié sa *Natürliche Schöpfungs-geschichte*[1], dans laquelle il discute complètement la généalogie de l'homme. Si cet ouvrage avait paru avant que mon essai eût été écrit, je ne l'aurais probablement jamais achevé. Je trouve que ce naturaliste dont les connaissances sont, sur beaucoup de points, bien plus complètes que les miennes, a confirmé presque toutes les conclusions auxquelles j'ai été conduit. Partout où j'ai extrait quelque fait ou opinion des ouvrages du professeur Häckel, je le cite dans le texte, laissant les autres affirmations telles qu'elles se trouvaient dans mon manuscrit, en renvoyant par note à ses ouvrages, pour la confirmation des points douteux ou intéressants.

Depuis bien des années, il m'a paru fort probable que la sélection sexuelle a joué un rôle important dans la différenciation des races humaines ; et, dans mon *Origine des Espèces* (1re édition), je me contentai de ne faire à cette croyance qu'une simple allusion ; mais, lorsque j'en vins à l'appliquer à l'homme, je vis qu'il était indispensable de traiter le sujet dans tous ses détails[2]. Il en est résulté que la seconde partie du présent ouvrage, traitant de la sélection sexuelle, a pris relativement à la première un développement considérable, mais qui était inévitable.

J'avais l'intention d'ajouter ici un essai sur l'expression des diverses émotions chez l'homme et les animaux moins élevés, sujet sur lequel mon attention avait, il y a bien des

auteurs qui ont traité le même côté de la question, j'indiquerai encore C. Ganestrini, *Annuario della soc. d. nat. Modena*, 1867, travail curieux sur les caractères rudimentaires, et leur portée sur l'origine de l'homme. Le docteur Barrago Francesco a publié, en 1869, un autre ouvrage dont le titre italien est : *l'Homme, fait à l'image de Dieu, fut aussi fait à l'image du singe.*

1. Traduit en français par le Dr C. Letourneau, sous le titre : *Histoire de la Création naturelle.* 2e édition, Paris, C. Reinwald.

2. Le professeur Häckel est le seul auteur qui, depuis la publication de *l'Origine des espèces*, ait dans ses différents ouvrages, discuté avec beaucoup de talent le sujet de la sélection sexuelle, et en ait compris toute l'importance.

années, été attirée par l'ouvrage remarquable de Sir C. Bell. Cet anatomiste célèbre soutient que l'homme possède certains muscles uniquement destinés à exprimer ses émotions, opinion que je devais prendre en considération, comme évidemment opposée à l'idée que l'homme soit le descendant de quelque autre forme inférieure. Je désirais également vérifier jusqu'à quel point les émotions s'expriment de la même manière dans les différentes races humaines. Mais, en raison de la longueur de l'ouvrage actuel, j'ai dû renoncer à y introduire cet essai, qui est en partie achevé, et fera l'objet d'une publication séparée.

LA
DESCENDANCE DE L'HOMME

ET LA SÉLECTION

DANS SES RAPPORTS AVEC LE SEXE

PREMIÈRE PARTIE

LA DESCENDANCE OU L'ORIGINE DE L'HOMME

CHAPITRE PREMIER

PREUVES A L'APPUI DE L'HYPOTHÈSE QUE L'HOMME DESCEND
D'UNE FORME INFÉRIEURE

Nature des preuves sur l'origine de l'homme. — Conformations homologues chez l'homme et les animaux inférieurs. — Points de similitude divers. — Développement. — Conformations rudimentaires, muscles, organes des sens, cheveux, os, organes reproducteurs, etc. — Portée de ces trois ordres de faits sur l'origine de l'homme.

L'homme est-il le descendant modifié de quelque forme préexistante? Pour résoudre cette question, il convient d'abord de rechercher si la conformation corporelle et les facultés mentales de l'homme sont sujettes à des variations, si légères qu'elles soient; et, dans ce cas, si ces variations se transmettent à sa progéniture conformément aux lois qui prévalent chez les animaux inférieurs. Il convient de rechercher, en outre, si ces variations, autant que notre ignorance nous permet d'en juger, sont le résultat des mêmes causes, si elles sont réglées par les mêmes lois générales que chez les autres organismes, — par la corrélation, par les effets héréditaires de l'usage et du défaut d'usage, etc.? l'homme est-il sujet aux mêmes difformités, résultant d'arrêts de développe-

1

ment, de duplication de parties, etc., et fait-il retour, par ses anomalies, à quelque type antérieur et ancien de conformation? On doit naturellement aussi se demander si, comme tant d'autres animaux, l'homme a donné naissance à des variétés et à des sous-races, différant peu les unes des autres, ou à des races assez distinctes pour qu'on doive les classer comme des espèces douteuses? Comment ces races sont-elles distribuées à la surface de la terre, et, lorsqu'on les croise, comment réagissent-elles les unes sur les autres, tant dans la première génération que dans les suivantes? Et de même pour beaucoup d'autres points.

L'enquête aurait ensuite à élucider un problème important : l'homme tend-il à se multiplier assez rapidement pour qu'il en résulte une lutte ardente pour l'existence, et, par suite, la conservation des variations avantageuses du corps ou de l'esprit, et l'élimination de celles qui sont nuisibles? Les races ou les espèces humaines, quel que soit le terme qu'on préfère, empiètent-elles les unes sur les autres et se remplacent-elles de manière à ce que finalement il en disparaisse quelques-unes? Nous verrons que toutes ces questions, dont la plupart ne méritent pas la discussion, résolues qu'elles sont déjà, doivent, comme pour les animaux inférieurs, se résoudre par l'affirmative. Nous pouvons, d'ailleurs, laisser de côté pour le moment les considérations qui précèdent, et examiner d'abord jusqu'à quel point la conformation corporelle de l'homme offre des traces plus ou moins évidentes de sa descendance de quelque type inférieur. Nous étudierons, dans les chapitres suivants, les facultés mentales de l'homme en les comparant à celles des animaux placés plus bas sur l'échelle.

Conformation corporelle de l'homme. — On sait que l'homme est construit sur le même type général, sur le même modèle que les autres mammifères. Tous les os de son squelette sont comparables aux os correspondants d'un singe, d'une chauve-souris ou d'un phoque. Il en est de même de ses muscles, de ses nerfs, de ses vaisseaux sanguins et de ses viscères internes. Le cerveau, le plus important de tous les organes, suit la même loi, comme l'ont établi Huxley et d'autres anatomistes. Bischoff[1], adversaire déclaré de cette doctrine, admet cependant que chaque fissure principale et chaque pli du cerveau humain ont leur analogue dans celui de l'orang-

1. *Grosshirnwindungen des Menschen*, 1868, p. 96. Les conclusions de cet auteur ainsi que celles de Gratiolet et d'Aeby relativement au cerveau ont été discutées par le professeur Huxley dans l'Appendice auquel nous avons fait allusion dans la préface de cette nouvelle édition.

outang; mais il ajoute que les deux cerveaux ne concordent complètement à aucune période de leur développement; concordance à laquelle on ne doit d'ailleurs pas s'attendre, car autrement leurs facultés mentales seraient les mèmes. Vulpian[2] fait la remarque suivante : « Les différences réelles qui existent entre l'encéphale de l'homme et celui des singes supérieurs sont bien minimes. Il ne faut pas se faire d'illusions à cet égard. L'homme est bien plus près des singes anthropomorphes par les caractères anatomiques de son cerveau que ceux-ci ne le sont non seulement des autres mammifères, mais même de certains quadrumanes, des guenons et des macaques. » Mais il serait superflu d'entrer ici dans plus de détails sur l'analogie qui existe entre la structure du cerveau et toutes les autres parties du corps de l'homme et la conformation des mammifères supérieurs.

Il peut cependant être utile de spécifier quelques points, ne se rattachant ni directement ni évidemment à la conformation, mais qui témoignent clairement de cette analogie ou de cette parenté.

L'homme peut recevoir des animaux inférieurs, et leur communiquer certaines maladies comme la rage, la variole, la morve, la syphilis, le choléra, l'herpès, etc.[3], fait qui prouve bien plus évidemment l'extrême similitude[4] de leurs tissus et de leur sang, tant dans leur composition que dans leur structure élémentaire, que ne le pourrait faire une comparaison faite sous le meilleur microscope, ou l'analyse chimique la plus minutieuse. Les singes sont sujets à un grand nombre de nos maladies non contagieuses; ainsi Rengger[5], qui a observé pendant longtemps le *Cebus Azaræ* dans son pays natal, a démontré qu'il est sujet au catarrhe, avec ses symptômes ordinaires qui amènent la phthisie lorsqu'ils se répètent souvent. Ces singes souffrent aussi d'apoplexie, d'inflammation des entrailles et de la cataracte. La fièvre emporte souvent les jeunes au moment où ils perdent leurs dents de lait. Les remèdes ont sur les singes les mêmes effets que sur nous. Plusieurs espèces de sin-

2. *Leçons sur la Physiologie,* 1866, p. 890, citées par M. Dally : *l'Ordre des primates et le transformisme,* 1868, p. 29.

3. Le Dr W. Lauder Lindsay a traité longuement ce sujet, *Journal of Mental Science,* juillet 1871; *Edinburgh Veterinary Review,* juillet 1858.

4. Un écrivain (*British quarterly Review,* 1 octobre 1871, p. 472) a critiqué en termes très sévères et très violents l'allusion contenue dans cette phrase; mais comme je n'emploie pas le terme *identité,* je ne crois pas faire erreur. Il me paraît y avoir une grande analogie entre une même maladie contagieuse ou épidémique produisant un même résultat ou un résultat presque analogue chez deux animaux distincts et l'essai de deux fluides distincts par un même réactif chimique.

5. *Naturgeschichte der Säugethiere von Paraguay,* 1830, p. 50.

ges ont un goût prononcé pour le thé, le café et les liqueurs spiritueuses; ils fument aussi le tabac avec plaisir, ainsi que je l'ai observé moi-même[6]. Brehm assure que les habitants des parties nord-ouest de l'Afrique attrapent les mandrills en exposant à leur portée des vases contenant de la bière forte, avec laquelle ils s'enivrent. Il a observé quelques-uns de ces animaux en captivité dans le même état d'ivresse, et fait un récit très divertissant de leur conduite et de leurs bizarres grimaces. Le matin suivant, ils étaient sombres et de mauvaise humeur, se tenaient la tête à deux mains et avaient une piteuse mine; ils se détournaient avec dégoût lorsqu'on leur offrait de la bière ou du vin, mais paraissaient être très friands du jus de citron[7]. Un singe américain, un Ateles, après s'être enivré d'eau-de-vie, ne voulut plus jamais en boire, se montrant en cela plus sage que bien des hommes. Ces faits peu importants prouvent combien les nerfs du goût sont semblables chez l'homme et chez les singes, et combien leur système nerveux entier est similairement affecté.

L'homme est infecté de parasites internes dont l'action provoque parfois des effets funestes; il est tourmenté par des parasites externes, qui appartiennent aux mêmes genres ou aux mêmes familles que ceux qui attaquent d'autres mammifères, et, dans le cas de la gale, à la même espèce[8]. L'homme est, comme d'autres animaux, mammifères, oiseaux, insectes même[9], soumis à cette loi mystérieuse en vertu de laquelle certains phénomènes normaux, tels que la gestation, ainsi que la maturation et la durée de diverses maladies, suivent les phases de la lune. Les mêmes phénomènes se produisent chez lui et chez les animaux pour la cicatrisation des blessures, et les moignons qui subsistent après l'amputation des membres possèdent parfois, surtout pendant les premières phases de la période embryonnaire, une certaine puissance de régénération comme chez les animaux inférieurs[10].

6. Certains animaux placés beaucoup plus bas sur l'échelle partagent parfois les mêmes goûts. M. A. Nicolas m'apprend qu'il a élevé à Queensland (Australie) trois individus de la variété *Phaseolarctus cinereus* et que tous trois acquirent bientôt un goût prononcé pour le rhum et pour le tabac.

7. Brehm, *Thierleben*, B. I, 1864, p. 75, 86. Sur l'Ateles, p. 105. Pour d'autres assertions analogues, p. 25, 107.

8. Dr W. Lauder Lindsay, *Edinburgh Veterinary Review*, juillet 1858, p. 13.

9. Relativement aux Insectes, docteur Laycock : *On a general Law of Vital Periodicity* (*British Association*), 1842. Le docteur Mac Culloch (*Silliman's North Americ. Journ. of science*, vol. XVII, p. 305) a vu un chien souffrant d'une fièvre tierce. J'aurai à revenir sur ce point.

10. J'ai indiqué les preuves à cet égard dans la *Variation des Animaux et des Plantes à l'état domestique*, vol. II, p. 14 (Paris, Reinwald).

L'ensemble de la marche de l'importante fonction de la reproduction de l'espèce présente les plus grandes ressemblances chez tous
les mammifères, depuis les premières assiduités du mâle[11] jusqu'à
la naissance et l'allaitement des jeunes. Les singes naissent dans
un état presque aussi faible que nos propres enfants, et, dans certains genres, les jeunes diffèrent aussi complètement des adultes,
par leur aspect, que le font nos enfants de leurs parents[12]. Quelques
savants ont présenté, comme une distinction importante, le fait
que, chez l'homme, le jeune individu n'atteint la maturité qu'à un
âge beaucoup plus avancé que chez tous les autres animaux ; mais,
si nous considérons les races humaines habitant les contrées tropicales, la différence n'est pas bien considérable, car on admet que
l'orang ne devient adulte qu'à dix ou quinze ans[13]. L'homme diffère
de la femme par sa taille, par sa force corporelle, par sa villosité, etc.,
ainsi que par son intelligence, dans la même proportion que les
deux sexes chez la plupart des mammifères. Bref il n'est pas possible d'exagérer l'étroite analogie qui existe entre l'homme et les
animaux supérieurs, surtout les singes anthropomorphes, tant
dans la conformation générale et la structure élémentaire des tissus
que dans la composition chimique et la constitution.

Développement embryonnaire. — L'homme se développe d'un
ovule ayant environ $0^{mm},02$ de diamètre; cet ovule ne diffère en aucun
point de celui des autres animaux à une période précoce ; c'est à
peine si l'on peut distinguer cet embryon lui-même de celui d'autres
membres du règne des vertébrés. A cette période, les artères cir-
culent dans des branches arquées, comme pour porter le sang dans
des branchies qui n'existent pas dans les vertébrés supérieurs, bien
que les fentes latérales du cou persistent et marquent leur ancienne
position (*fig.* 1, *f*, *g*). Un peu plus tard, lorsque les extrémités se
développent, ainsi que le remarque le célèbre de Baër, « les pattes

---

11. « Mares e diversis generibus Quadrumanorum sine dubio dignoscunt
feminas humanas a maribus. Primum, credo, odoratu, postea aspectu. M. Youatt,
qui diu in Hortis Zoologicis (*Bestiariis*) medicus animalium erat, vir in rebus
observandis cautus et sagax, hoc mihi certissime probavit, et curatores ejusdem
loci et alii e ministris confirmaverunt. Sir Andrew Smith et Brehm notabant
idem in Cynocephalo. Illustrissimus Cuvier etiam narrat multa de hâc re, quâ
ut opinor, nihil turpius potest indicari inter omnia hominibus et Quadrumanis
communia. Narrat enim Cynocephalum quemdam in furorem incidere aspectu
feminarum aliquarum, sed nequaquam accendi tanto furore ab omnibus. Sem-
per eligebat juniores, et dignoscebat in turbâ, et advocabat voce gestûque. »
12. Cette remarque a été faite pour les Cynocéphales et pour les singes
anthropomorphes par Geoffroy Saint-Hilaire et F. Cuvier (*Hist. nat. des mammifères,* t. I, 1824.)
13. Huxley, *Man's place in Nature,* 1863, p. 34.

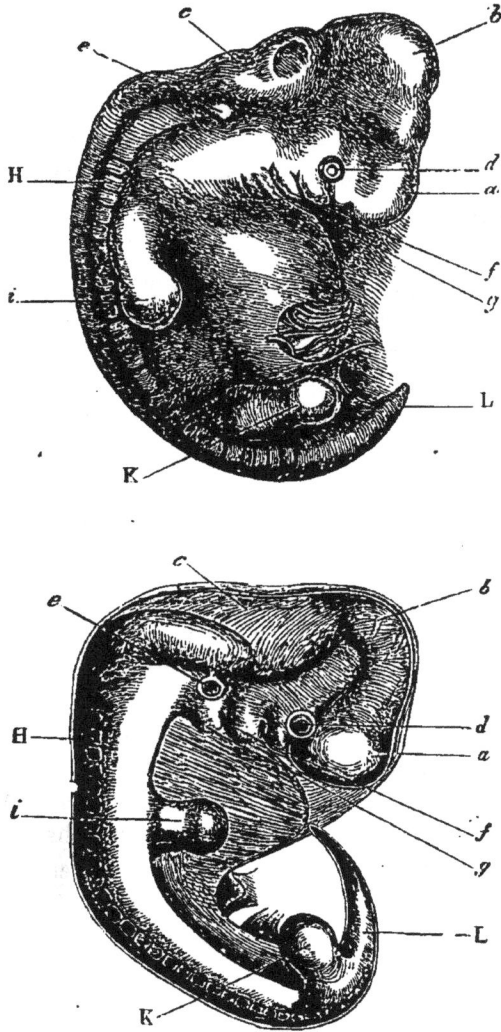

Fig. 1. — La figure supérieure représente un embryon humain, d'après Ecker;
la figure inférieure celui d'un chien, d'après Bischoff.

a, Cerveau antérieur, hémisphères céré-
    braux, etc.
b, Cerveau médian, corps quadrijumeaux.
c, Cerveau postérieur, cervelet, moelle
    allongée.
d, Œil.
e, Oreille.

f, Premier arc viscéral.
g, Second arc viscéral.
H, Colonne vertébrale et muscles en voie
    de développement.
i, Extrémités antérieures.
K, Extrémités postérieures.
L, Queue ou os du coccyx.

des lézards et des mammifères, les ailes et les pattes des oiseaux, de même que les mains et les pieds de l'homme, dérivent de la même forme fondamentale ». C'est, dit le professeur Huxley [14], « dans les toutes dernières phases du développement, que le jeune être humain présente des différences marquées avec le jeune singe, tandis que ce dernier s'éloigne autant du chien dans ses développements que l'homme lui-même peut s'en éloigner. On peut démontrer la vérité de cette assertion, tout extraordinaire qu'elle puisse paraître. »

Comme plusieurs de mes lecteurs peuvent n'avoir jamais vu le dessin d'un embryon, je donne ici ceux de l'homme et du chien, tous deux à peu près à la même phase précoce de leur développement, et je les emprunte à deux ouvrages dont l'exactitude est incontestable [15].

Après les assertions de ces hautes autorités, il est inutile d'entrer dans de plus amples détails pour prouver la grande ressemblance qu'offre l'embryon humain avec celui des autres mammifères. J'ajouterai, cependant, que certains points de la conformation de l'embryon humain ressemblent aussi à certaines conformations d'animaux inférieurs à l'état adulte. Le cœur, par exemple, n'est d'abord qu'un simple vaisseau pulsateur; les déjections s'évacuent par un passage cloacal; l'os coccyx fait saillie comme une véritable queue, qui « s'étend beaucoup au-delà des jambes rudimentaires [16]. » Certaines glandes, désignées sous le nom de corps de Wolff, existant chez les embryons de tous les vertébrés à respiration aérienne, correspondent aux reins des poissons adultes et fonctionnent comme eux [17]. On peut même observer, à une période embryonnaire plus tardive, quelques ressemblances frappantes entre l'homme et les animaux inférieurs. Bischoff assure qu'à la fin du septième mois, les circonvolutions du cerveau d'un embryon humain en sont à peu près au même état de développement que

14. *Man's place in Nature*, 1863, p. 67.

15. L'embryon humain (fig. supérieure) est tiré d'Ecker; *Icones Phys.*, 1859. tabl. XXX, fig. 2; cet embryon avait 10 lignes de longueur, par conséquent la figure est très agrandie. L'embryon du chien est emprunté à Bischoff; *Entwicklungsgeschichte des Hunde-Eies*, 1845, tabl. XI, fig. 42, B. La figure est grossie cinq fois et dessinée d'après un embryon âgé de 25 jours. Les viscères internes, ainsi que les appendices utérins, ont été omis dans les deux cas. C'est le professeur Huxley, qui m'a indiqué ces figures; c'est d'ailleurs en lisant son ouvrage, *Man's place in Nature*, que j'ai eu l'idée de les reproduire. Hæckel a donné des dessins analogues dans son ouvrage *Schöpfungsgeschichte*.

16. Prof. Wyman, dans *Proc. of American Acad. of sciences*, vol. IV, 1860; p. 17.

17. Owen, *Anatomy of vertebrates*, vol. I, p. 533.

chez le babouin adulte [18]. Le professeur Owen fait remarquer [19] « que le gros orteil qui fournit le point d'appui dans la marche, aussi bien debout qu'à l'état de repos, constitue peut-être la particularité la plus caractéristique de la structure humaine »; mais le professeur Wyman [20] a démontré que, chez l'embryon, ayant environ un pouce de longueur, « l'orteil est plus court que les autres doigts, et que, au lieu de leur être parallèle, il forme un angle avec le côté du pied, correspondant ainsi par sa position avec l'état permanent de l'orteil chez les quadrumanes ». Je termine par une citation de Huxley [21], qui se demande : l'homme est-il engendré, se développe-t-il, vient-il au monde d'une façon autre que le chien, l'oiseau, la grenouille ou le poisson? Puis il ajoute : « La réponse ne peut pas être douteuse un seul instant; il est incontestable que le mode d'origine et les premières phases du développement humain sont identiques à ceux des animaux qui occupent les degrés immédiatement au-dessous de lui sur l'échelle, et qu'à ce point de vue il est beaucoup plus voisin des singes que ceux-ci ne le sont du chien. »

Rudiments. — Nous traiterons ce sujet avec plus de développements, bien qu'il ne soit pas intrinsèquement beaucoup plus important que les deux précédents [22]. On rencontre chez tous les animaux supérieurs quelques parties à l'état rudimentaire; l'homme ne fait point exception à cette règle. Il faut, d'ailleurs, distinguer, ce qui, dans quelques cas, n'est pas toujours facile, les organes rudimentaires de ceux qui ne sont qu'à l'état naissant. Les premiers sont absolument inutiles, tels que les mamelles chez les quadrupèdes mâles, et chez les ruminants les incisives qui ne percent jamais la gencive; ou bien ils rendent seulement à leurs possesseurs actuels de si légers services que nous ne pouvons pas supposer qu'ils se soient développés dans les conditions où ils existent aujourd'hui. Les organes, dans ce dernier état, ne sont pas strictement rudimentaires, mais tendent à le devenir. Les organes naissants, d'autre part, bien qu'ils ne soient pas complètement développés, rendent de grands services à leurs possesseurs et sont

18. *Die Grosshirnwindungen des Menschen*, 1868, p. 95.
19. *Anatomy of vertebrates*, vol. II, p. 553.
20. *Proceedings Soc. Nat. Hist.*, Boston, 1863, vol. IX. p. 185.
21. *Man's place in Nature*, p. 65.
22. J'avais déjà écrit ce chapitre avant d'avoir lu un travail de grande valeur, auquel je suis redevable pour beaucoup de données, par G. Canestrini « *Caratteri rudimentali in ordine all' origine dell' uomo* » (*Annuario della Soc. d. nat.*, Modena, 1867, p. 81). Hæckel a admirablement discuté l'ensemble du sujet sous le titre de Dystéologie, dans sa *Generelle Morphologie* et *Schöpfungsgeschichte*.

susceptibles d'un développement ultérieur. Les organes rudimentaires sont éminemment variables, fait qui se comprend, puisque,
étant inutiles ou à peu près, ils ne sont plus soumis à l'action de
la sélection naturelle. Ils disparaissent souvent entièrement; mais,
dans ce cas, ils reparaissent quelquefois par suite d'un effet de
retour, fait qui mérite toute notre attention.

Les principales causes qui paraissent provoquer l'état rudimentaire des organes sont le défaut d'usage, surtout pendant l'état
adulte, alors que, au contraire, l'organe devrait être exercé, et l'hérédité à une période correspondante de la vie. L'expression « défaut d'usage » ne s'applique pas seulement à l'action amoindrie
des muscles, mais comprend une diminution de l'afflux sanguin
vers un organe soumis à des alternatives de pression plus rares,
ou devenant, à un titre quelconque, habituellement moins actif.
On peut observer chez un sexe les rudiments de parties présentes
normalement chez l'autre sexe; ces rudiments, ainsi que nous le
verrons plus tard, résultent souvent de causes distinctes de celles
que nous venons d'indiquer. Dans quelques cas, la sélection naturelle intervient pour réduire des organes devenus nuisibles à une
espèce, par suite de changements dans ses habitudes. Il est probable que la compensation et l'économie de croissance interviennent
souvent à leur tour pour hâter cette diminution de l'organe; toutefois, on s'explique difficilement les derniers degrés de diminution
qui s'observent après que le défaut d'usage a effectué tout ce qu'on
peut raisonnablement lui attribuer, et que les résultats de l'économie de croissance ne sont plus que très insignifiants [23]. La suppression complète et finale d'une partie, déjà très réduite et déve-
nue inutile, cas où ne peuvent entrer en jeu ni la compensation ni
l'économie de croissance, peut se comprendre par l'hypothèse de
la pangenèse, et ne peut guère même s'expliquer autrement. Je
n'ajouterai rien de plus sur ce point, ayant, dans mes ouvrages
précédents [24], discuté et développé avec amples détails tout ce
qui a trait aux organes rudimentaires.

On a observé, sur de nombreux points du corps humain [25], les

23. Quelques excellentes critiques sur ce sujet ont été faites par MM. Murie
et Mivart. (*Trans. Zool. Soc.*, 1869, vol. VII, p. 92.)

24. *Variation des animaux et des plantes*, etc., vol. II, p. 335 et 423 (édit. française). Voir aussi, *Origine des espèces*, p. 474.

25. M. Richard (*Annales des sciences nat.* 3ᵉ sér., *Zoologie*, 1852, t. XVIII, p. 13)
décrit et figure des rudiments de ce qu'il appelle le muscle pédieux de la main,
qu'il dit être quelquefois infiniment petit. Un autre muscle, le tibial postérieur,
fait ordinairement défaut dans la main, mais apparaît de temps en temps sous
une forme plus ou moins rudimentaire.

rudiments de muscles divers; il en est qui, existant régulièrement chez quelques animaux, se retrouvent parfois à un état très
réduit chez l'homme. Chacun a remarqué l'aptitude que possèdent
plusieurs animaux, le cheval surtout, à mouvoir certaines parties
de la peau par la contraction du panicule musculaire. On trouve
des restes de ce muscle à l'état actif sur plusieurs points du corps
humain; sur le front, par exemple, où il permet le relèvement des
sourcils. Le *platysma myoides*, qui est bien développé sur le cou,
appartient à ce système. Le professeur Turner, d'Édimbourg, m'apprend qu'il a parfois trouvé des fascicules musculaires dans cinq
situations différentes : dans les axilles, près des omoplates, etc.,
qui doivent tous être rattachés au système du panicule. Il a [26] aussi
démontré que le muscle sternal (*sternalis brutorum*), qui n'est pas
une extension de l'abdominal droit (*rectus abdominalis*), mais qui
se relie intimement au panicule, s'est rencontré dans une proportion d'environ 3 p. 100 chez plus de six cents cadavres; il ajoute
que ce muscle fournit « un excellent exemple du fait que les conformations accidentelles et rudimentaires sont tout spécialement
sujettes à présenter des variations dans leurs arrangements ».

Quelques personnes ont la faculté de contracter les muscles su-
perficiels du scalpe, qui sont dans un état partiellement rudimentaire et variable. M. A. de Candolle m'a communiqué une observation curieuse sur la persistance héréditaire de cette aptitude,
existant à un degré inusité d'intensité. Il connaît une famille dont
un des membres, actuellement chef de la famille, pouvait, quand
il était jeune, faire tomber, par la seule mobilité du scalpe, plusieurs gros livres posés sur sa tête, et qui avait gagné de nombreux
paris en exécutant ce tour de force. Son père, son oncle, son
grand-père et ses trois enfants possèdent à un égal degré cette
même aptitude. Cette famille se divisa en deux branches, il y a
huit générations; le chef de celle dont nous venons de parler est
donc cousin au septième degré du chef de l'autre branche. Ce cousin éloigné, habitant une autre partie de la France, interrogé au
sujet de l'aptitude en question, prouva immédiatement qu'il la
possède aussi. C'est un excellent exemple de la transmission
persistante d'une faculté absolument inutile que nous ont probablement léguée nos ancêtres à demi humains; en effet, les singes possèdent la faculté, dont ils usent largement, de mouvoir le scalpe
de haut en bas et *vice versa* [27].

Les muscles servant à mouvoir l'ensemble de l'oreille externe,

26. Prof. W. Turner, *Proc. Royal Soc. Edinburgh*, 1866-67, p. 65.
27. *L'Expression des Émotions*, p. 144. (Paris, Reinwald.)

et les muscles spéciaux qui déterminent les mouvements de ses
diverses parties, appartenant tous au système panniculeux, existent,
chez l'homme, à l'état rudimentaire. Ils offrent des variations dans
leur développement, ou au moins dans leurs fonctions. J'ai eu
l'occasion de voir un homme qui pouvait ramener ses oreilles en
avant; d'autres qui pouvaient les redresser; d'autres enfin qui pouvaient les retirer en arrière [28]; d'après ce que m'a dit une de
ces personnes, il est probable que la plupart des hommes, en stimulant l'oreille et en dirigeant leur attention de ce côté, parvien-
draient, à la suite d'essais répétés, à recouvrer quelque mobilité
dans ces organes. La faculté de dresser les oreilles et de pouvoir
les diriger vers les différents points de l'espace, rend certainement
de grands services à beaucoup d'animaux, qui sont ainsi rensei-
gnés sur le lieu du danger; mais je n'ai jamais entendu dire
qu'un homme ait possédé cette faculté, la seule qui pût lui être
utile. Toute la conque externe de l'oreille peut être considérée
comme un rudiment, ainsi que les divers replis et proéminences
(hélix et antihélix, tragus et antitragus, etc.) qui, chez les animaux,
soutiennent et renforcent l'oreille, lorsqu'elle est redressée, sans
en augmenter beaucoup le poids. Quelques auteurs, toutefois, supposent que le cartilage de la conque sert à transmettre les vibrations au nerf acoustique; mais M. Toynbee [29], après avoir recueilli
tout ce qu'on sait à ce sujet, conclut que la conque extérieure n'a
pas d'usage déterminé. Les oreilles des chimpanzés et des orangs
ressemblent singulièrement à celles de l'homme, et les muscles qui
leur sont propres sont aussi très peu développés [30]. Les gardiens du
Jardin zoologique de Londres m'ont assuré que ces animaux ne
meuvent ni ne redressent jamais les oreilles; elles sont donc, en
tant qu'il s'agit de la fonction, dans le même état rudimentaire que
celles de l'homme. Nous ne pouvons dire pourquoi ces animaux,
ainsi que les ancêtres de l'homme, ont perdu la faculté de dresser
les oreilles. Il est possible, bien que cette explication ne me satis-
fasse pas complètement, que, peu exposés au danger, par suite de
leurs habitudes d'existence dans les arbres et de leur grande force, ils
aient, pendant une longue période, peu remué les oreilles, et perdu
ainsi la faculté de le faire. Ce serait un cas parallèle à celui de ces

28. Canestrini cite Hyrtl, *Annuario della Soc. dei naturalisti*, Modena, 1867,
p. 97, sur le même sujet.
29. J. Toynbee, E. R. S, *The Diseases of the Ear*, 1860, p. 12. Un physio-
logiste distingué, le professeur Preyer, m'apprend qu'il a récemment fait des
expériences sur la fonction de la conque de l'oreille et qu'il en est arrivé à peu
près à la même conclusion que celle que j'indique ici.
30. Prof. A. Macalister, *Annals and Magaz. of Nat. Hist.*, vol VII, 1871, p. 342.

grands oiseaux massifs, qui habitent les îles de l'Océan, où ils ne sont pas exposés aux attaques des animaux carnassiers, et qui ont, par suite du défaut d'usage, perdu le pouvoir de se servir de leurs ailes pour s'enfuir. La facilité avec laquelle l'homme et plusieurs espèces de singes remuent la tête dans le plan horizontal, ce qui leur permet de saisir les sons dans toutes les directions, compense en partie l'impossibilité où ils se trouvent de mouvoir les oreilles. On a affirmé que l'oreille de l'homme seul est pourvue d'un lobule ; mais on trouve un rudiment du lobule chez le gorille [31], et le professeur Preyer m'apprend que le lobule fait assez souvent défaut chez le nègre.

Un sculpteur éminent, M. Woolner, m'a signalé une petite particularité de l'oreille externe, particularité qu'il a souvent remarquée chez les deux sexes, et dont il croit avoir saisi la vraie signification. Son attention fut attirée sur ce point lorsqu'il travaillait à sa statue de Puck, à laquelle il avait donné des oreilles pointues. Ceci le conduisit à examiner les oreilles de divers singes, et subséquemment à étudier de plus près l'oreille humaine. Cette particularité consiste en une petite pointe émoussée qui fait saillie sur le bord

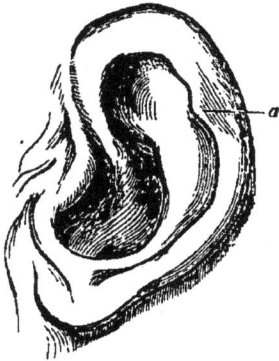

Fig. 2. — Oreille humaine ; modelée et dessinée par M. Woolner.

a. — Saillie.

replié en dedans, ou l'hélix. Quand cette saillie existe, elle est déjà développée lorsque l'enfant vient au monde ; d'après le professeur Ludwig Meyer, on l'observe plus fréquemment chez l'homme que chez la femme. M. Woolner m'a envoyé le dessin ci-joint (*fig.* 2), fait d'après un modèle exact d'un cas semblable. Cette proéminence fait, non-seulement saillie en dedans, mais, souvent aussi, un peu en dehors, de manière à être visible lorsqu'on regarde la tête directement en face, soit par devant, soit par derrière. Elle varie en grosseur et quelque peu en position, car elle se trouve tantôt un peu plus haut, tantôt un peu plus bas ; on l'observe parfois sur une oreille et pas sur l'autre. Cette conformation n'existe pas seulement chez l'homme, car j'en ai observé un cas chez un *Ateles belzebuth* au Jardin zoologique de Londres ; le Dr E. Ray Lankester me signale un autre cas qu'il a observé sur un chimpanzé du Jardin zoologique de Hambourg.

L'hélix est évidemment formé par un repli intérieur du bord ex-

31. M. Saint-George Mivart, *Elementary Anatomy*, 1873, p. 396.

terne de l'oreille, et ce repli paraît provenir de ce que l'oreille extérieure, dans son entier, a été repoussée en arrière d'une manière permanente. Chez beaucoup de singes peu élevés dans l'ordre, comme les cynocéphales et quelques espèces de macaques [32], la partie supérieure de l'oreille se termine par une pointe peu accusée, sans que le bord soit aucunement replié en dedans; si, au contraire, le bord était replié, il en résulterait nécessairement une petite proéminence faisant saillie en dedans et probablement un peu en dehors du plan de l'oreille. C'est là, je crois, qu'il faut chercher, dans la plupart des cas, l'origine de ces proéminences. D'autre part, le professeur L. Meyer soutient dans un excellent mémoire, qu'il a récemment publié [33], que l'on ne doit voir là qu'un cas de simple variabilité, que les proéminences ne sont pas réelles, mais qu'elles sont dues à ce que le cartilage intérieur de chaque côté ne s'est pas complètement développé. Je suis tout prêt à admettre que cette explication est acceptable dans bien des cas, dans ceux, par exemple, figurés par le professeur Meyer, où on remarque plusieurs petites proéminences qui rendent sinueux le bord entier de l'hélix. Grâce à l'obligeance du Dr L. Down, j'ai pu étudier l'oreille d'un idiot microcéphale; j'ai observé sur cette oreille une proéminence située sur le côté extérieur de l'hélix et non pas sur le repli intérieur, de sorte que cette proéminence ne peut avoir aucun rapport avec une pointe antérieure de l'oreille. Néanmoins, je crois que, dans la plupart des cas, j'étais dans le vrai en regardant ces saillies comme le dernier vestige du bout de l'oreille autrefois redressée et pointue; je suis d'autant plus disposé à le croire que ces saillies se présentent fréquemment et que leur position correspond généralement à celle du sommet d'une oreille pointue. Dans un cas, dont on m'a envoyé une photographie, la saillie est si considérable que, si l'on adopte l'hypothèse du professeur Meyer, c'est-à-dire si l'on suppose que l'oreille deviendrait parfaite grâce à l'égal développemment du cartilage dans toute l'étendue du bord, le repli aurait recouvert au moins un tiers de l'oreille entière. On m'a communiqué deux autres cas, l'un dans l'Amérique du nord, l'autre en Angleterre; dans ces deux cas, le bord supérieur n'est pas replié intérieurement, mais il se termine en pointe, ce qui le fait ressembler étroitement à l'oreille pointue d'un quadrupède ordinaire. Dans un de ces cas, le père comparait absolument l'oreille de son jeune

32. Voir les remarques et les dessins des oreilles de Lémuroïdes dans le mémoire de MM. Murie et Mivart, *Trans. Zoolog. Soc.*, 1869, vol. VII, p. 6 et 90.

33. *Ueber das Darwin'sche Spitzohr*, *Archiv für Path., Anat. und Phys.* 1871, p. 485.

enfant à celle d'un singe, le *Cynopithecus niger*, dont j'ai donné le dessin dans un autre ouvrage [34]. Si, dans ces deux cas, le bord s'était replié intérieurement de la façon normale, il se serait formé une saillie intérieure. Je puis ajouter que, dans deux autres cas, l'oreille conserve un aspect quelque peu pointu, bien que le bord de la partie supérieure de l'oreille soit normalement replié à l'intérieur, très faiblement, il est vrai, dans un des deux cas. La figure 3, reproduction exacte d'une photographie qu'a bien voulu m'envoyer le Dr Nistche, représente le fœtus d'un orang. On peut voir com-

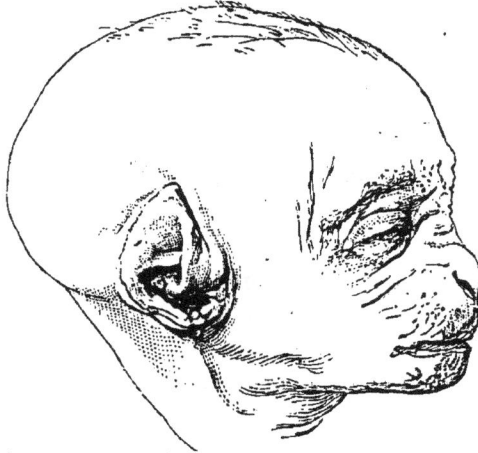

Fig. 3. — Fetus d'orang. Copie exacte d'une photographie indiquant la forme de l'oreille à cet âge précoce.

bien l'oreille du fœtus de l'orang diffère de celle du même animal à l'état adulte; on sait, en effet, que cette dernière ressemble beaucoup à celle de l'homme. Il est facile de comprendre que, si la pointe de l'oreille du fœtus venait à se replier intérieurement, il se produirait une saillie tournée vers l'intérieur, à moins que l'oreille ne subisse de grandes modifications dans le cours de son développement. En résumé, il me semble toujours probable que, dans certains cas, les saillies en question, chez l'homme et chez le singe, sont les vestiges d'un état antérieur.

La troisième paupière, ou membrane clignotante, est, avec ses muscles accessoires et d'autres conformations, particulièrement bien développée chez les oiseaux; elle a pour eux une importance fonctionnelle considérable, car, grâce à elle, ils peuvent recouvrir rapidement le globe de l'œil tout entier. On observe cette troisième paupière chez quelques reptiles, chez quelques amphibies, et chez

34. *L'Expression des Émotions*, p. 136. (Paris, Reinwald.)

certains poissons, les requins par exemple. Elle est assez bien développée dans les deux divisions inférieures de la série des mammifères, les Monotrèmes et les Marsupiaux, ainsi que chez quelques mammifères plus élevés, comme le morse. Mais, chez l'homme, les quadrumanes et la plupart des autres mammifères, elle existe, ainsi que l'admettent tous les anatomistes, sous la forme d'un simple rudiment, dit le pli semi-lunaire [35].

Le sens de l'odorat a, pour la plupart des mammifères, une très haute importance : il avertit les uns du danger, comme les ruminants ; il permet à d'autres, comme les carnivores, de découvrir leur proie ; à d'autres enfin, comme le sanglier, il sert à l'un et à l'autre usage. Mais l'odorat ne rend que très peu de services à l'homme, même aux races à peau de couleur, chez lesquelles il est généralement plus développé que chez les races civilisées [36]. Il ne les avertit pas du danger et ne les guide pas vers leur nourriture ; il n'empêche pas les Esquimaux de dormir dans une atmosphère fétide, ni beaucoup de sauvages de manger de la viande à moitié pourrie. Un éminent naturaliste, chez lequel ce sens est très parfait et qui a longuement étudié cette question, m'affirme que, chez les Européens, cette faculté comporte des états bien différents selon les individus. Ceux qui croient au principe de l'évolution graduelle n'admettent pas aisément que ce sens, tel qu'il existe aujourd'hui, ait été originellement acquis par l'homme dans son état actuel. L'homme doit sans doute cette faculté affaiblie et rudimentaire à quelque ancêtre reculé, auquel elle était extrêmement utile et qui en faisait un fréquent usage. Le Dr Maudsley [37] fait remarquer avec beaucoup de raison que le sens de l'odorat chez l'homme est « remarquablement propre à lui rappeler vivement l'idée et l'image de scènes et de lieux oubliés » ; peut-être

---

35. Müller, *Manuel de physiologie* (trad. française), 1845, vol. II. p. 307. Owen, *Anat. of Vertebrates,* vol. III, p. 260. *Id.*, *On the Walrus* (morse), *Proc. Zool. Soc.*, nov. 1854. R. Knox, *Great artists and anatomists*, p. 106. Ce rudiment paraît être quelque peu plus marqué chez les nègres et chez les Australiens que chez les Européens. C. Vogt, *Leçons sur l'homme* (trad. française), p. 167.

36. On connaît la description que fait Humboldt du merveilleux odorat que possèdent les indigènes de l'Amérique méridionale ; ces assertions ont été confirmées par d'autres voyageurs. M. Houzeau (*Études sur les facultés mentales,* etc., vol. I, 1872, p. 91) affirme que de nombreuses expériences l'ont conduit à la conclusion que les nègres et les Indiens peuvent reconnaître les personnes à leur odeur dans l'obscurité la plus complète. Le Dr W. Ogle a fait de curieuses observations sur les rapports qui existent entre la faculté d'odorat et la matière colorante de la membrane muqueuse du nez, ainsi que la peau du corps. C'est ce qui me permet de dire que les races colorées ont l'odorat plus développé que les races blanches. Voir son mémoire, *Medico-chirurgical transactions,* Londres, 1870, vol. LIII, p. 276.

37. *The Physiology and Pathology of Mind,* 2ᵉ édit., 1868, p. 134.

faut-il chercher l'explication de ces. phénomènes dans le fait que les animaux, qui possèdent ce même sens à un état très-développé, comme les chiens et les chevaux, semblent compter beaucoup sur l'odorat pour raviver le souvenir de lieux ou de personnes qu'ils ont connus autrefois.

L'homme diffère notablement par sa nudité de tous les autres primates. Quelques poils courts se rencontrent çà et là sur la plus grande partie du corps de l'homme, et un duvet plus fin sur le corps de la femme. Les différentes races humaines diffèrent considérablement à ce point de vue. Chez les individus appartenant à une même race, les poils varient beaucoup, non-seulement par leur abondance, mais par leur position; ainsi, chez certains Européens, les épaules sont entièrement nues, tandis que, chez d'autres, elles portent d'épaisses touffes de poils[38]. On ne peut guère douter que les poils ainsi éparpillés sur le corps ne soient les rudiments du revêtement pileux uniforme des animaux. Le fait que les poils courts, fins, peu colorés des membres et des autres parties du corps, se transforment parfois « en poils longs, serrés, grossiers et foncés, » lorsqu'ils sont soumis à une nutrition anormale grâce à leur situation dans la proximité de surfaces qui sont, depuis longtemps, le siège d'une inflammation, confirme cette hypothèse dans une certaine mesure[39].

Sir James Paget a remarqué que plusieurs membres d'une même famille ont souvent quelques poils des sourcils plus longs que les autres, particularité bien légère qui paraît, cependant, être héréditaire. On observe des poils analogues chez certains animaux; ainsi, on remarque, chez le chimpanzé et chez certaines espèces de macaques, quelques poils redressés, très longs, plantés droit au-dessus des yeux, et correspondant à nos sourcils; on a observé des poils semblables très longs dépassant les poils qui recouvrent les arcades sourcilières chez quelques babouins.

Le fin duvet laineux, dit *lanugo*, dont le fœtus humain est entièrement recouvert au sixième mois, présente un cas plus curieux. Au cinquième mois, ce duvet se développe sur les sourcils et sur la face, surtout autour de la bouche, où il est beaucoup plus long que sur la tête. Eschricht[40] a observé une moustache de ce genre chez un fœtus femelle, circonstance moins étonnante qu'elle ne le

38. Eschricht, *Ueber die Richtung der Haare am menschlichen Körper*, Müller's *Archiv für Anat. und Phys.*, 1837, p. 47. J'aurai souvent à renvoyer à ce curieux travail.
39. Paget, *Lectures on Surgical Pathology*, 1853, t. 1, p. 71.
40. Eschricht, *l. c.*, pp. 40, 47.

paraît d'abord, car tous les caractères extérieurs sont généralement identiques chez les deux sexes pendant les premières phases de la formation. La direction et l'arrangement des poils sur le fœtus sont les mêmes que chez l'adulte, mais ils sont sujets à une grande variabilité. La surface entière du fœtus, y compris même le front et les oreilles, est ainsi couverte d'un épais revêtement de poils; mais, fait significatif, la paume des mains, ainsi que la plante des pieds, restent absolument nues, comme les surfaces inférieures des quatre membres chez la plupart des animaux inférieurs. Cette coïncidence ne peut guère être accidentelle; il est donc probable que le revêtement laineux de l'embryon représente le premier revêtement de poils permanents chez les mammifères qui naissent velus. On a recueilli trois ou quatre observations authentiques relatives à des personnes qui, en naissant, avaient le corps et la face couverte de longs poils fins; cette étrange particularité semble être fortement héréditaire et se trouve en corrélation avec un état normal de la dentition[41]. Le professeur Alex. Brandt a comparé les poils de la face d'un homme âgé de trente-cinq ans, atteint de cette particularité, avec le lanugo d'un fœtus, et il a observé que la texture des poils et du lanugo était absolument semblable; il pense donc que l'on peut attribuer ce phénomène à un arrêt de développement du poil qui n'en continue pas moins de croître. Un médecin, attaché à un hôpital pour les enfants, m'a affirmé que beaucoup d'enfants délicats ont le dos couvert de longs poils soyeux; on peut sans doute expliquer ce cas de la même façon que le précédent.

Il semble que les molaires postérieures, ou dents de sagesse, tendent à devenir rudimentaires chez les races humaines les plus civilisées. Elles sont un peu plus petites que les autres molaires, fait que l'on observe aussi pour les dents correspondantes chez le chimpanzé et chez l'orang; en outre, elles n'ont que deux racines distinctes. Elles ne percent pas la gencive avant la dix-septième année, et l'on m'a assuré qu'elles sont beaucoup plus sujettes à la carie et se perdent plus tôt que les autres dents, ce que nient, d'ailleurs, quelques dentistes éminents. Elles sont aussi, beaucoup plus que les autres dents, sujettes à varier tant par leur structure que par l'époque de leur développement[42]. Chez les races méla-

---

41. Voir : *la Variation des Animaux et des Plantes à l'état domestique*, vol. I, p. 327. Le professeur Alex. Brandt a signalé récemment un autre cas analogue observé chez un Russe et chez son fils.

42. Docteur Webb, *Teeth in Man and the Anthropoïd Apes*, cité par le docteur C. Carter Blake, *Anthropological Review*, juillet 1867, p. 299.

niennes, au contraire, les dents de sagesse présentent habituellement trois racines distinctes, et sont généralement saines ; en outre, elles diffèrent moins des autres molaires que chez les races caucasiennes[43]. Le professeur Schaaffhausen explique cette différence par le fait que, chez les races civilisées[44], « la partie postérieure dentaire de la mâchoire est toujours raccourcie », particularité qu'on peut, je présume, attribuer avec assez de vraisemblance à ce que les hommes civilisés se nourrissent ordinairement d'aliments ramollis par la cuisson, et que, par conséquent, ils se servent moins de leurs mâchoires. M. Brace m'apprend que, aux États-Unis, l'usage d'enlever quelques molaires aux enfants se répand de plus en plus, la mâchoire ne devenant pas assez grande pour permettre le développement complet du nombre normal des dents[45].

Je n'ai rencontré qu'un seul cas de rudiment dans le canal digestif, à savoir l'appendice vermiforme du cæcum. Le cæcum est une branche ou diverticulum de l'intestin, se terminant en un cul-de-sac, qui atteint une grande longueur chez beaucoup de mammifères herbivores inférieurs. Chez le Koala (*Phascolarctos*), il est trois fois plus long que le corps entier[46]. Il s'étire parfois en une pointe allongée, d'autres fois il est étranglé par places. Il semble que, par suite d'un changement de régime ou d'habitudes, le cæcum se soit raccourci considérablement chez divers animaux ; l'appendice vermiforme a persisté comme un rudiment de la partie réduite. Le fait qu'il est très petit et les preuves de sa variabilité chez l'homme, preuves qu'a recueillies le professeur Canestrini[47], nous permettent de conclure que cet appendice est bien un rudiment. Parfois il fait défaut ; dans d'autres cas, il est très développé. Sa cavité est quelquefois tout à fait fermée sur la moitié ou les deux tiers de sa longueur ; sa partie terminale consiste alors en une expansion pleine et aplatie. Cet appendice est long et enroulé chez l'orang ; chez l'homme il part de l'extrémité du cæcum, et a ordinairement de 10 à 12 centimètres de longueur, et seulement 8 ou 9 millimètres de diamètre. Il est non-seulement inutile, mais il peut devenir aussi une cause de mort. Deux exemples récents de ce fait sont parvenus

---

43. Owen, *Anat. of vertebrates*, vol. III, pp. 320, 321, 325.

44. *On the primitive form of the skull;* traduit dans *Anthrop. Review*, oct. 1868, p. 426.

45. Le professeur Mantegazza m'écrit de Florence qu'il a étudié récemment les dernières molaires chez les différentes races d'hommes ; il en arrive à la même conclusion que celle donnée dans le texte, c'est-à-dire que chez les races civilisées ces dents sont en train de s'atrophier ou d'être éliminées.

46. Owen, *Anat. of Vertebrates*, vol. III, pp. 416, 434, 441.

47. *L. c.*, p. 94.

à ma connaissance. Ces accidents sont dus à l'introduction dans la cavité de petits corps durs, tels que des graines qui, par leur présence, déterminent une inflammation [48].

Quelques quadrumanes, les Lémurides et surtout les Carnivores aussi bien que beaucoup de Marsupiaux, ont, près de l'extrémité inférieure de l'humérus, une ouverture, le foramen supra-condyloïde, au travers de laquelle passe le grand nerf de l'avant-bras et souvent son artère principale. Or l'humérus de l'homme porte ordinairement des traces de ce passage, qui est même quelquefois assez bien développé; il est formé par une apophyse recourbée, complétée par un ligament. Le Dr Struthers [49], qui s'est beaucoup occupé de cette question, vient de démontrer que ce caractère est parfois héréditaire, car il l'a observé chez un individu et chez quatre de ses sept enfants. Lorsque ce passage existe, le nerf du bras le traverse toujours; ce qui indique clairement qu'il est l'homologue et le rudiment de l'orifice supra-condyloïde des animaux inférieurs. Le professeur Turner estime que ce cas s'observe sur environ 1 p. 100 des squelettes récents. Si le développement accidentel de cette conformation chez l'homme est, comme cela semble probable, dû à un effet de retour, cette conformation nous reporte à un ancêtre extrèmement reculé, car elle n'existe pas chez les quadrumanes supérieurs.

Il existe une autre perforation de l'humérus, qu'on peut appeler l'intra-condyloïde, qui s'observe chez divers genres d'anthropoïdes et autres singes [50], ainsi que chez beaucoup d'animaux inférieurs et qui se présente quelquefois chez l'homme. Fait très remarquable, ce passage paraît avoir existé beaucoup plus fréquemment autrefois qu'à une époque plus récente. M. Busk [51] a réuni les documents suivants à ce sujet : « Le professeur Broca a remarqué cette perforation sur 4 1/2 p. 100 des os du bras recueillis dans le cimetière

48. M. C. Martins, de l'Unité organique, Revue des Deux-Mondes, 15 juin 1862, p. 16; Hæckel, Generelle Morphologie, vol. II, p. 278, ont tous deux fait des remarques sur le fait singulier que cet organe rudimentaire cause quelquefois la mort.

49. Voir pour l'hérédité le docteur Struthers; the Lancet, 24 janvier 1863, p. 83, et 15 février 1873. Le docteur Knox, Great artists and anatomists, p. 63; est, m'a-t-on dit, le premier anatomiste qui ait appelé l'attention sur cette conformation particulière chez l'homme. Docteur Grüber, Bulletin de l'Acad. imp. de Saint-Pétersbourg, 1867 : p. 448.

50. M. Saint-George Mivart, Trans. Philos. Soc., 1867, p. 310.

51. On the caves of Gibraltar (Transact. internat. Congress of Prehist. Arch.; 3e session, 1869, p. 159). Le professeur Wyman a récemment démontré (Fourth annual Report, Peabody Museum, 1871, p. 20) que cette perforation existe chez 31 p. 100 de certains restes humains provenant des antiques tertres de l'ouest des Etats-Unis et de la Floride. On la rencontre fréquemment chez les nègres.

du Sud à Paris; dans la grotte d'Orrony, dont le contenu paraît appartenir à la période du bronze, huit humérus sur trente-deux étaient perforés; mais il semble que cette proportion extraordinaire peut-être due à ce que la caverne avait sans doute servi de caveau de famille. M.Dupont a trouvé aussi dans les grottes de la vallée de la Lesse, appartenant à l'époque du renne, 30 p. 100 d'os perforés; tandis que M. Leguay, dans une espèce de dolmen, à Argenteuil, en observa 25 p. 100 présentant la même particularité. Pruner-Bey a constaté le même état chez 26 p. 100 d'os provenant de Vauréal. Le même auteur ajoute que cette condition est commune dans les squelettes des Guanches. » Le fait que, dans ce cas, ainsi que dans plusieurs autres, la conformation des races anciennes se rapproche plus des animaux inférieurs que celles des races modernes est fort intéressant. Cela vient probablement en grande partie de ce que les races anciennes, dans la longue ligne de descendance, se trouvent quelque peu plus rapprochées que les races modernes de leurs ancêtres primordiaux.

Bien que fonctionnellement nul comme queue, l'os coccyx de l'homme représente nettement cette partie des autres animaux vertébrés. Pendant la première période embryonnaire, cet os est libre, et, comme nous l'avons vu, dépasse les extrémités postérieures. Dans certains cas rares et anormaux [52], il constitue, même après la naissance, un petit rudiment externe de queue. L'os coccyx est court; il ne comprend ordinairement que quatre vertèbres ankylosées; elles restent à l'état rudimentaire, car elles ne présentent, à l'exception de celle de la base, que la partie centrale seule [53]. Elles possèdent quelques petits muscles, dont l'un, à ce que m'apprend le professeur Turner, a été décrit par Theile, comme une répétition rudimentaire exacte de l'extenseur de la queue, muscle qui est si complètement développé chez beaucoup de mammifères.

Chez l'homme, la moelle épinière ne s'étend pas au-delà de la dernière vertèbre dorsale ou de la première vertèbre lombaire, mais un corps filamenteux (*filum terminale*) se continue dans l'axe de la partie sacrée du canal vertébral et même le long de la face postérieure des os coccygiens. La partie supérieure de ce filament, d'après le professeur Turner, est, sans aucun doute, l'homologue

---

52. M. de Quatrefages a recueilli les preuves sur ce sujet, *Revue des cours scientifiques*, 1867-68, p. 625. Fleischmann a exhibé, en 1840, un fœtus humain ayant une queue libre, laquelle, ce qui n'est pas toujours le cas, comprenait des corps vertébraux; cette queue a été examinée et décrite par plusieurs anatomistes présents à la réunion des naturalistes à Erlangen; voir Marshall, *Niederländischen Archiv für Zoologie*, décembre 1871.

53. Owen, *On the nature of limbs*, 1849, p. 114.

de la moelle épinière, mais la partie inférieure semble se composer simplement de la *pie-mère*, soit la membrane vasculaire qui l'entoure. Même dans ce cas, on peut considérer que l'os coccyx possède un vestige d'une conformation aussi importante que la moelle épinière, bien que n'étant plus contenu dans un canal osseux. Le fait suivant, que j'emprunte aussi au professeur Turner, prouve combien l'os coccyx correspond à la véritable queue des animaux inférieurs : Luschka a récemment découvert, à l'extrémité des os coccygiens, un corps enroulé très particulier, qui est continu avec l'artère sacrée médiane. Cette découverte a conduit Krause et Meyer à examiner la queue d'un singe (macaque) et celle d'un chat, et ils ont trouvé chez toutes deux, quoique pas à l'extrémité, un corps enroulé semblable.

Le système reproducteur offre diverses conformations rudimentaires, mais qui diffèrent par un point important des cas précédents. Il ne s'agit plus ici de vestiges de parties, qui n'appartiennent pas à l'espèce à l'état actif, mais d'une partie qui est toujours présente et active chez un sexe, tandis qu'elle est représentée chez l'autre par un simple rudiment. Néanmoins l'existence de rudiments de ce genre est aussi difficile à expliquer que les cas précédents, si l'on se place au point de vue de la création séparée de chaque espèce. J'aurai, plus loin, à revenir sur ces rudiments, et je prouverai que leur présence dépend généralement de l'hérédité seule, c'est-à-dire que certaines parties acquises par un sexe ont été transportées partiellement à l'autre. Je me borne ici à indiquer quelques-uns de ces rudiments. On sait que tous les mammifères mâles, l'homme compris, ont des mamelles rudimentaires. Il est arrivé que, dans quelques cas, celles-ci se sont développées et ont fourni du lait en abondance. Leur identité essentielle chez les deux sexes est également prouvée par le gonflement occasionnel dont elles sont le siège pendant une attaque de rougeole. La vésicule prostatique (*vesicula prostatica*), qui a été observée chez beaucoup de mammifères mâles, est aujourd'hui universellement reconnue pour être l'homologue de l'utérus femelle, ainsi que le passage en rapport avec lui. Il est impossible de lire la description que fait Leuckart de cet organe, et l'argument qu'il en tire, sans admettre la justesse de ses conclusions. Cela est surtout apparent chez les mammifères dont l'utérus se bifurque chez la femelle, car, chez les mâles de ces espèces, la même bifurcation s'observe dans la vésicule [54]. Je pourrais encore mentionner ici quelques

54. Leuckart, *Todd' Cyclop. of Anat.*, 1849-52, t. IV, p. 1415. Cet organe

autres conformations rudimentaires du système reproducteur [55].

. On ne saurait se méprendre sur la portée des trois grandes classes de faits que nous venons d'indiquer, mais il serait superflu de récapituler ici toute la série des arguments déja développés en détail dans mon *Origine des espèces*. Une construction homologue de tout le système, chez tous les membres d'une même classe, est compréhensible, si nous admettons qu'ils descendent d'un ancêtre commun, outre leur adaptation subséquente à des conditions diverses. La similitude que l'on remarque entre la main de l'homme ou du singe, le pied du cheval, la palette du phoque, l'aile de la chauve-souris, etc., est absolument inexplicable par toute autre hypothèse [56]. Affirmer que ces parties ont toutes été formées sur un même plan idéal, n'est pas une explication scientifique. Quant au développement, en nous appuyant sur le principe des variations survenant à une période embryonnaire un peu tardive et transmises par hérédité à une époque correspondante, nous pouvons facilement comprendre comment il se fait que les embryons de formes très différentes conservent encore, plus ou moins parfaitement, la conformation de leur ancêtre commun. On n'a jamais pu donner aucune autre explication du fait merveilleux que les embryons d'un homme, d'un chien, d'un phoque, d'une chauve-souris, d'un reptile, etc., se distinguent à peine les uns des autres au premier abord. Pour comprendre l'existence des organes rudimentaires, il

n'a chez l'homme que de trois à six lignes de longueur, mais comme tant d'autres parties rudimentaires, il varie par son développement et ses autres caractères.

55. Owen, *Anat. of Vertebrates*, t. III, pp. 675, 676, 706.

56. Le professeur Bianconi essaie, dans un ouvrage publié récemment et illustré de magnifiques gravures (*la Théorie darwinienne et la création dite indépendante*, 1874) de démontrer que l'on peut expliquer complètement par les principes mécaniques concordant avec l'usage auquel elles servent l'existence de toutes ces conformations homologues. Personne plus que lui n'a mieux démontré combien ces conformations sont admirablement adaptées au but qu'elles ont à remplir ; mais je crois qu'on peut attribuer cette adaptation à la sélection naturelle. Quand le professeur Bianconi considère l'aile de la chauve-souris, il invoque (p. 218) ce qui me paraît, pour employer le mot d'Auguste Comte, un simple principe métaphysique, c'est-à-dire, la conservation dans toute son intégrité de la nature mammifère de l'animal. Il n'aborde la discussion que de quelques rudiments et seulement des parties qui sont partiellement rudimentaires, telles que les petits sabots du cochon et du bœuf qui ne reposent pas sur le sol ; il démontre clairement que ces parties sont utiles à l'animal. Il est à regretter qu'il n'ait pas étudié et discuté d'autres parties, telles, par exemple, que les dents rudimentaires qui chez le bœuf ne percent jamais la gencive, les mamelles des quadrupèdes mâles, les ailes de certains scarabées ailés qui existent sous des élytres complètement soudées, les traces du pistil et des étamines chez diverses fleurs, et beaucoup d'autres cas analogues. Bien que j'admire beaucoup l'ouvrage du professeur Bianconi, je n'en persiste pas moins à croire avec la plupart des naturalistes qu'il est impossible d'expliquer les conformations homologues par le simple principe de l'adaptation.

nous suffit de supposer qu'un ancêtre reculé a possédé les parties
en question à l'état parfait, et que, sous l'influence de changements
dans les habitudes d'existence, ces parties ont tendu à disparaître,
soit par défaut d'usage, soit par la sélection naturelle des individus
le moins encombrés d'une partie devenue superflue, causes de disparition venant s'ajouter aux autres causes déjà indiquées.

Nous pouvons ainsi comprendre comment il se fait que l'homme
et tous les autres vertébrés ont été construits sur un même modèle
général, pourquoi ils traversent les mêmes phases primitives de
développement, et pourquoi ils conservent quelques rudiments
communs. Nous devrions, par conséquent, admettre franchement
leur communauté de descendance; adopter toute autre théorie,
c'est en arriver à considérer notre conformation et celle des animaux qui nous entourent comme un piège tendu à notre jugement.
Cette conclusion trouve un appui immense dans un coup d'œil jeté
sur l'ensemble des membres de la série animale, et sur les preuves
que nous fournissent leurs affinités, leur classification, leur distribution géographique et leur succession géologique. Nos préjugés naturels, cette vanité qui a conduit nos ancêtres à déclarer
qu'ils descendaient des demi-dieux, nous empêchent seuls d'accepter cette conclusion. Mais le moment n'est pas éloigné où l'on
s'étonnera que les naturalistes, connaissant la conformation comparative et le développement de l'homme et des autres mammifères, aient pu si longtemps croire que chacun d'eux a été l'objet
d'un acte séparé de création.

CHAPITRE II

SUR LE MODE DE DÉVELOPPEMENT DE L'HOMME
DE QUELQUE TYPE INFÉRIEUR

Variabilité du corps et de l'esprit chez l'homme. — Hérédité. — Causes de la
  variabilité. — Similitude des lois de la variation chez l'homme et chez les
  animaux inférieurs. — Action directe des conditions d'existence. — Effets de
  l'augmentation ou de la diminution d'usage des parties. — Arrêts de développement. — Retour ou atavisme. — Variation corrélative. — Taux d'accroissement. — Obstacles à l'accroissement. — Sélection naturelle. — L'homme,
  animal prédominant dans le monde. — Importance de sa conformation corporelle. — Causes qui ont déterminé son attitude verticale. — Changements
  consécutifs dans sa structure. — Diminution de la grosseur des dents canines.
  — Accroissement et altération de la forme du crâne. — Nudité. — Absence
  de la queue. — Absence d'armes défensives.

L'homme est à notre époque sujet à de nombreuses variations.
Il n'y a pas, dans une même race, deux individus complètement

semblables. Nous pouvons comparer des millions d'hommes les
uns aux autres ; tous diffèrent par quelques points. On constate
également une grande diversité dans les proportions et les dimensions des différentes parties du corps ; la longueur des jambes est
un des points les plus variables[1]. Sans doute, on remarque que,
dans certaines parties du monde, le crâne affecte plus particulièrement une forme allongée, une forme arrondie dans d'autres ; toutefois il n'y a là rien d'absolu, car cette forme varie, même dans les
limites d'une même race, comme chez les indigènes de l'Amérique
et chez ceux de l'Australie du Sud, — cette dernière race est « probablement aussi pure et aussi homogène par le sang, par les coutumes et par le langage qu'aucune race existante, » — et jusque
chez les habitants d'un territoire aussi restreint que l'est celui des
îles Sandwich[2]. Un dentiste éminent m'assure que les dents présentent presque autant de diversité que les traits. Les artères principales présentent si fréquemment des trajets anormaux, qu'on a
reconnu, pour les besoins chirurgicaux, l'utilité de calculer, d'après
1,040 sujets, la moyenne des différents parcours observés[3]. Les
muscles sont éminemment variables ; ainsi le professeur Turner[4]
a reconnu que ceux du pied ne sont pas rigoureusement semblables chez deux individus sur cinquante, et présentent chez quelques-uns des déviations considérables. Il ajoute que le mode d'exécution des mouvements particuliers correspondant à ces muscles
a dû se modifier selon leurs différentes déviations. M. J. Wood[5] a
constaté, sur 36 sujets, l'existence de 295 variations musculaires ;
et, dans un autre groupe de même nombre, il a compté 558 modifications, tout en ne notant que pour une seule celles qui se trouvaient des deux côtés du corps. Aucun des sujets de ce second
« groupe n'avait un système musculaire complètement conforme
aux descriptions classiques indiquées dans les manuels d'anatomie. » Un des sujets présentait jusqu'à 25 anomalies distinctes.
Le même muscle varie parfois de plusieurs manières ; c'est ainsi
que le professeur Macalister[6] ne décrit pas moins de 20 va-

1. B.-A. Gould, *Investigations in Military and Anthropolog. statistics of
American Soldiers*, 1869, p. 256.
2. Pour les formes crâniennes des indigènes américains, voir le docteur Ait-
ken Meigs, *Procedings Acad. Nat. Sc. Philadelphia*, mai 1868; sur les Australiens, Huxley, dans Lyell, *Antiquity of man*, 1863, p. 87; sur les habitants des
îles Sandwich, le professeur J. Wyman, *Observations on Crania*, Boston, 1868, p.18.
3. R. Quain, *Anatomy of the Arteries*.
4. *Transact. Royal Soc. Edinburgh*, vol. XXIV, p. 175, 189.
5. *Proc. Royal Soc.*, 1867, p. 544; 1868, p. 483, 524. Il y a un mémoire antérieur, 1866, p. 229.
6. *Proc. Roy. Irish Academy*, vol. X, 868, p. 141.

riations distinctes du *palmaire accessoire* (*palmaris accessorius*).

Le célèbre anatomiste Wolf[7] insiste sur le fait que les viscères internes sont plus variables que les parties externes : *Nulla particula est quæ non aliter et aliter in aliis se habeat hominibus.* Il a même écrit un traité sur les types à choisir pour la description des viscères. Une discussion sur le beau idéal du foie, des poumons, des reins, etc., comme s'il s'agissait de la divine face humaine, sonne étrangement à nos oreilles.

La variabilité ou la diversité des facultés mentales chez les hommes appartenant à la même race, sans parler des différences plus grandes encore que présentent sous ce rapport les hommes appartenant à des races distinctes, est trop notoire pour qu'il soit nécessaire d'insister ici. Il en est de même chez les animaux inférieurs. Tous ceux qui ont été chargés de la direction de ménageries reconnaissent ce fait, que nous pouvons tous constater chez nos chiens et chez nos autres animaux domestiques. Brehm insiste tout particulièrement sur le fait que chacun des singes qu'il a gardés en captivité en Afrique avait son caractère et son humeur propres ; il mentionne un babouin remarquable par sa haute intelligence ; les gardiens du Jardin zoologique m'ont signalé un singe du nouveau continent également très remarquable à cet égard. Rengger appuie aussi sur la diversité du caractère des singes de même espèce qu'il a élevés au Paraguay ; diversité, ajoute-t-il, qui est en partie innée, et en partie le résultat de la manière dont on les a traités et de l'éducation qu'ils ont reçue[8].

J'ai discuté ailleurs[9] le sujet de l'hérédité avec assez de détails pour n'y consacrer ici que peu de mots. On a recueilli sur la transmission héréditaire des modifications, tant insignifiantes qu'importantes, un nombre beaucoup plus considérable de faits relatifs à l'homme qu'à aucun animal inférieur, bien qu'on possède sur ces derniers une assez grande abondance de documents. Ainsi, pour ne parler que des facultés mentales, la transmission est évidente chez nos chiens, chez nos chevaux et chez nos autres animaux domestiques. Il en est aussi certainement de même des goûts spéciaux et des habitudes, de l'intelligence générale, du courage, du bon et du mauvais caractère, etc. Nous observons chez l'homme des faits analogues dans presque toutes les familles ; les travaux admirables de M. Galton[10] nous ont maintenant appris que le génie, qui

7. *Acta Acad. Saint-Pétersbourg*, 1778, part. II, p. 217.
8. Brehm, *Thierleben*, I, pp. 58, 87. Rengger, *Säugethiere von Paraguay*, p. 57.
9. *Variation des animaux*, etc., chap. XII.
10. *Hereditary Genius : An inquiry into its Law and Consequences*, 1869.

implique une combinaison merveilleuse et complexe des plus hautes facultés, tend à se transmettre héréditairement ; d'autre part, il est malheureusement évident que la folie et le dérangement des facultés mentales se transmettent également dans certaines familles.

Bien que nous ignorions presque absolument quelles sont les véritables causes de la variabilité, nous pouvons affirmer tout au moins que, chez l'homme comme chez les animaux inférieurs, elles se rattachent aux conditions auxquelles chaque espèce a été soumise pendant plusieurs générations. Les animaux domestiques varient plus que les animaux à l'état sauvage, ce qui, selon toute apparence, résulte de la nature diverse et changeante des conditions extérieures dans lesquelles ils sont placés. Les races humaines ressemblent sous ce rapport aux animaux domestiques, et il en est de même des individus de la même race, lorsqu'ils sont répandus sur un vaste territoire, comme celui de l'Amérique. Nous remarquons l'influence de la diversité des conditions chez les nations les plus civilisées, où les individus, occupant des rangs divers et se livrant à des occupations variées, présentent un ensemble de caractères plus nombrenx qu'ils ne le sont chez les peuples barbares. On a, toutefois, beaucoup exagéré l'uniformité du caractère des sauvages, uniformité qui, dans certains cas, n'existe, pour ainsi dire, réellement pas[11]. Toutefois, si nous ne considérons que les conditions auxquelles il a été soumis, il n'est pas exact de dire que l'homme ait été « plus strictement réduit en domesticité[12] » qu'aucun autre animal. Quelques races sauvages, telles que la race australienne, ne sont pas exposées à des conditions plus variées qu'un grand nombre d'espèces animales ayant une vaste distribution. L'homme, à un autre point de vue bien plus essentiel, diffère encore considérablement des animaux rigoureusement réduits à l'état domestique, c'est-à-dire que sa propagation n'a jamais été contrôlée par une sélection quelconque, soit méthodique, soit inconsciente. Aucune race, aucun groupe d'hommes n'a été assez complètement asservi par ses maîtres pour que ces derniers aient conservé seulement et choisi, pour ainsi dire, d'une manière inconsciente, certains individus déterminés répondant à leurs besoins par quelque utilité spéciale. On n'a pas non plus choisi avec inten-

---

11. M. Bates (*Naturalist on the Amazons*, vol. II, p. 159) fait remarquer, au sujet des Indiens d'une même tribu de Sud-Américains, « qu'il n'y en a pas deux ayant la même forme de tête ; les uns ont le visage ovale à traits réguliers, les autres ont un aspect tout à fait mongolien par la largeur et la saillie des joues, la dilatation des narines et l'obliquité des yeux. »

12. Blumenbach. *Treatises on Anthropology,* trad. angl. 1865, p, 205.

tion certains individus des deux sexes pour les accoupler, sauf le
cas bien connu des grenadiers prussiens; dans ce cas comme on
devait s'y attendre, la race humaine a obéi à la loi de la sélection
méthodique; car on assure que les villages habités par les grenadiers et leurs femmes géantes ont produit beaucoup d'hommes de
haute stature. A Sparte, on pratiquait aussi une sorte de sélection,
car la loi voulait que tous les enfants fussent examinés quelques
jours après leur naissance; on laissait vivre les enfants vigoureux
et bien faits et on tuait les autres [13].

Si nous admettons que toutes les races humaines constituent
une seule espèce, l'habitat de cette espèce est immense; quelques
races distinctes, d'ailleurs, comme les Américains et les Polynésiens, ont elles-mêmes une extension considérable. Les espèces
largement distribuées sont plus variables que celles renfermées
dans des limites plus restreintes : c'est là une loi bien connue; il
en résulte qu'on peut avec plus de justesse comparer la variabilité
de l'homme à celle des espèces largement distribuées qu'à celle
des animaux domestiques.

Les mêmes causes générales semblent non-seulement déterminer
la variabilité chez l'homme et chez les animaux, mais encore les
mêmes parties du corps sont affectées chez les uns et chez les autres
d'une manière analogue. Godron et Quatrefages [14] ont démontré ce
fait avec tant de détails que je puis me borner ici à renvoyer à
leurs travaux. Les monstruosités qui passent graduellement à l'état
de légères variations sont également si semblables chez l'homme
et chez les animaux qu'on peut appliquer aux uns et aux autres

13. Mitford, *History of Greece*, vol. I, p. 282. Le Rév. J.-N. Hoare a aussi appelé mon attention sur un passage de Xénophon, *Memorabilia*, livre II, 4, d'où
il résulte que les Grecs reconnaissaient comme un principe absolu que les
hommes devaient choisir leurs femmes de façon à assurer la bonne santé et la
vigueur de leurs enfants. Le poète grec Théognis, qui vivait 550 ans avant J.-C.,
comprenait toute l'influence que la sélection appliquée avec soin aurait sur l'amélioration de la race humaine. Il déplore que la question d'argent empêche si
souvent le jeu naturel de la sélection sexuelle. Théognis s'exprime en ces termes :
« Quand il s'agit de porcs et de chevaux, ô Kurnus, nous appliquons les règles raisonnables; nous cherchons à nous procurer à tout prix une race pure,
sans vices ni défauts, qui nous donne des produits sains et vigoureux. Dans les
mariages que nous voyons tous les jours, il en est tout autrement; les hommes
se marient pour l'argent. Le manant ou le brigand qui a su s'enrichir peut
marier ses enfants dans les plus nobles familles. Ne vous étonnez donc plus,
mon ami, que la race humaine dégénère de plus en plus, au point de vue de
la forme, de l'esprit et des mœurs. La cause de cette dégénérescence est évidente, mais c'est en vain que nous voudrions remonter le courant. »
14. Godron, *De l'Espèce*, 1859, vol. II, liv. III; de Quatrefages, *Unité de l'espèce humaine*, 1861, et cours d'anthropologie publié dans la *Revue des Cours
scientifiques*, 1866-1868.

les mêmes termes et la même classification, comme l'a prouvé Isid. Geoffroy Saint-Hilaire [15]. Dans mon ouvrage sur la *Variation des animaux domestiques*, j'ai cherché à grouper d'une manière approximative les lois de la variation ainsi que suit : — l'action directe et définie des changements de conditions, presque prouvée par le fait que tous les individus appartenant à une même espèce varient de la même manière dans les mêmes circonstances ; les effets de la continuité de l'usage ou du défaut d'usage des parties ; la cohésion des parties homologues ; la variabilité des parties multiples ; la compensation de croissance, loi dont, cependant, l'homme ne m'a encore fourni aucun exemple parfait ; les effets de la pression mécanique d'une partie sur une autre, comme celle du bassin sur le crâne de l'enfant dans l'utérus ; les arrêts de développement, déterminant la diminution ou la suppression de parties ; la réapparition par retour de caractères perdus depuis longtemps ; enfin la corrélation des variations. Toutes ces lois, si on peut employer ce mot, s'appliquent également à l'homme et aux animaux, et même pour la plupart aux plantes. Il serait superflu de les discuter toutes ici [16] ; mais plusieurs ont pour nous une telle importance que nous aurons à les traiter avec quelque développement.

Action directe et définie des changements dans les conditions. — Sujet fort embarrassant. On ne saurait nier que le changement des conditions produise des effets souvent considérables sur les organismes de tous genres ; il paraît même probable, au premier abord, que ce résultat serait invariable si le temps nécessaire pour qu'il puisse s'effectuer s'était écoulé. Mais je n'ai pas pu obtenir des preuves absolues en faveur de cette conclusion, à laquelle on peut opposer des arguments valables, en ce qui concerne au moins les innombrables structures adaptées à un but spécial. On ne peut, cependant, douter que le changement des conditions ne provoque une étendue presque indéfinie de fluctuations variables, qui, jusqu'à un certain point, rendent plastique l'ensemble de l'organisation.

On a mesuré, aux États-Unis, plus d'un milion de soldats qui ont servi dans la dernière guerre, en ayant soin d'indiquer les États dans lesquels ils étaient nés et ceux dans lesquels ils avaient été

---

15. *Hist. gén. et part. des anomalies de l'organisation*, vol. I, 1832.
16. J'ai discuté ces lois en détail dans la *Variation des animaux et des plantes*, etc., vol. II, chap. xxii et xxiii. M. J. Durand vient (1868) de publier un mémoire remarquable : *De l'Influence des milieux*, etc. Il insiste beaucoup sur l'importance de la nature du sol quand il s'agit des plantes.

élevés [17]. Cet ensemble considérable d'observations a prouvé que certaines influences agissent directement sur la stature; on peut en conclure, en outre, que « l'État ou la croissance physique s'est accomplie en majeure partie, et celui où a eu lieu la naissance, indiquant la famille, semblent exercer une influence marquée sur la taille. » Ainsi, on a établi que « la résidence dans les États de l'Ouest, pendant les années de croissance, tend à augmenter la stature. » Il est, d'autre part, certain que, chez les matelots, le genre de vie ralentit la croissance, ainsi qu'on peut le constater « par la grande différence qui existe entre la taille des soldats et celle des matelots à l'âge de dix-sept et dix-huit ans. » M. B.-A. Gould a cherché à déterminer le genre d'influences qui agissent ainsi sur la stature, sans arriver à autre chose qu'à des résultats négatifs, à savoir, que ces influences ne se rattachent ni au climat, ni à l'élévation du pays ou du sol, ni même, en aucun degré appréciable, à l'abondance ou au défaut des conforts de la vie. Cette dernière conclusion est directement contraire à celle que Villermé a déduite de l'étude de la statistique de la taille des conscrits dans les diverses parties de la France. Lorsque l'on compare les différences qui, sous ce rapport, existent entre les chefs polynésiens et les classes inférieures de ces mêmes îles, ou entre les habitants des îles volcaniques fertiles et ceux des îles coralliennes basses et stériles du même océan [18], ou encore entre les Fuégiens habitant la côte orientale et la côte occidentale du pays, où les moyens de subsistance sont très différents, il n'est guère possible d'échapper à la conclusion qu'une meilleure nourriture et plus de bien-être influent sur la taille. Mais les faits qui précèdent prouvent combien il est difficile d'arriver à un résultat précis. le Dr Beddoe a récemment démontré que, chez les habitants de l'Angleterre, la résidence dans les villes, jointe à certaines occupations, exerce une influence nuisible sur la taille, et il ajoute que le caractère ainsi acquis est jusqu'à un certain point héréditaire; il en est de même aux États-Unis. Le même auteur admet, en outre, que partout ou une race « atteint son maximum de développement physique, elle s'élève au plus haut degré d'énergie et de vigueur morale [19]. »

On ne sait si les conditions extérieures exercent sur l'homme d'autres effets directs. On pourrait s'attendre à ce que des différences

17. B.-A. Gould, *Investigations*, etc., pp. 93, 107, 126, 131, 134.
18. Pour les Polynésiens, Prichard, *Physical History of Mankind*, vol. V, 1847, pp. 145, 283; Godron, *De l'espèce*, vol. II, p. 289. Il y a aussi une différence remarquable dans l'aspect des Hindous de parenté voisine, habitant le Gange supérieur et le Bengale; Elphinstone, *History of India*, vol. I. p. 324.
19. *Memoirs of the Anthropological Soc.*, vol. II, 1867-69, pp. 561, 565, 567.

de climat exerçassent une influence marquée, l'activité ·des poumons et des reins étant très fortement augmenté par une basse température, et celle du foie et de la peau par un climat chaud [20]. On croyait autrefois que la couleur de la peau et la nature des cheveux étaient déterminées par la lumière ou par la chaleur; et, bien qu'on ne puisse guère nier que l'action de ces causes n'exerce quelque influence de ce genre, presque tous les observateurs s'accordent aujourd'hui à admettre que leurs effets sont très faibles, même après un laps de temps très prolongé. Nous aurons à discuter ce sujet lorsque nous étudierons les diverses races humaines. Il y a des raisons de croire que le froid et l'humidité affectent directement la croissance du poil chez nos animaux domestiques; mais je n'ai pas rencontré de preuves de ce fait en ce qui concerne l'homme.

Effets de l'augmentation d'usage et du défaut d'usage des parties. — On sait que chez l'individu l'usage fortifie les muscles, tandis que le défaut absolu d'usage, ou la destruction de leur nerf propre, les affaiblit. Après la perte de l'œil, le nerf optique s'atrophie souvent. La ligature d'une artère entraîne non-seulement une augmentation du diamètre des vaisseaux voisins, mais aussi l'épaississement et la force de résistance de leurs parois. Lorsqu'un des reins cesse d'agir par suite d'une lésion, l'autre augmente en grosseur, et fait double travail. Les os appelés à supporter de grands poids augmentent non-seulement en grosseur, mais en longueur [21]. Des occupations habituelles différentes entraînent des modifications dans les proportions des diverses parties du corps. Ainsi la commission des États-Unis [22] a pu constater que les jambes des matelots, qui ont servi dans la dernière guerre, étaient d'environ 5 millimètres plus longues que celle des soldats, bien que les matelots eussent en moyenne une taille plus petite; en outre, les bras de ces matelots étaient d'environ 26 millimètres trop courts; ils étaient, par conséquent, disproportionnellement trop courts relativement à leur moindre taille. Ce peu de longueur des bras semble résulter de leur emploi plus constant, ce qui constitue un résultat fort inattendu; les matelots, il est vrai, se servent surtout de leurs bras pour tirer et non pour soulever des fardeaux. Le tour du cou et la profondeur du cou-de-pied sont plus grands, tandis que la

---

20. Docteur Brakenridge, *Theory of Diathesis; Medical Times*, juin 19 et juillet 17, 1869.
21. J'ai indiqué les autorités qui font ces diverses assertions dans *Variations*, etc., vol. II, pp. 297, 300. Docteur Jaeger, *Ueber das Längenwachsthum der Knochen; Jenaischen Zeitschrift*, V. Heft, I.
· 22. B.-A. Gould, *Investigations,* 1869, p. 288.

circonférence de la poitrine, de la taille et des hanches est moindre chez les matelots que chez les soldats.

On ne sait si ces diverses modifications deviendraient héréditaires, au cas où plusieurs générations continueraient le même genre de vie, mais cela est probable. Rengger[23] attribue la minceur des jambes et la grosseur des bras des Indiens Payaguas au fait que plusieurs générations successives ont passé la presque totalité de leur vie dans des canots, sans presque jamais se servir de leurs membres inférieurs. Certains auteurs adoptent une conclusion semblable pour d'autres cas analogues. Cranz[24], qui a vécu longtemps chez les Esquimaux, nous dit que « les indigènes admettent que le talent et la dextérité à la pêche du phoque (art dans lequel ils excellent) sont héréditaires; il y a réellement là quelque chose de vrai, car le fils d'un pêcheur célèbre se distingue ordinairement, même quand il a perdu son père pendant son enfance. » Mais, dans ce cas, c'est autant l'aptitude mentale que la conformation du corps qui paraît être héréditaire. On assure qu'à leur naissance les mains des enfants des ouvriers sont, en Angleterre, plus grandes que celles des enfants des classes aisées[25]. C'est peut-être à la corrélation qui existe, au moins dans quelques cas[26], entre le développement des extrémités et celui des mâchoires qu'on doit attribuer les petites dimensions de ces dernières dans les classes aisées, qui ne soumettent leurs mains et leurs pieds qu'à un faible travail. Il est certain que les mâchoires sont généralement plus petites chez les hommes à position aisée et chez les peuples civilisés que chez les ouvriers et les sauvages. Mais, chez ces derniers, ainsi que le fait remarquer M. Herbert Spencer[27], l'usage plus considérable des mâchoires, nécessité par la mastication d'aliments grossiers et à l'état cru, doit influer directement sur le développement des muscles masticateurs, et sur celui des os auxquels ceux-ci s'attachent. Chez les enfants, déjà longtemps avant la naissance, l'épiderme de la plante des pieds est plus épais que sur toutes les autres parties du corps[28], fait qui, à n'en pas douter, est dû aux effets héréditaires d'une pression exercée pendant une longue série de générations.

Chacun sait que les horlogers et les graveurs sont sujets à deve-

23. *Säugethiere von Paraguay*, 1830, p. 4.
24. *History of Greenland* (trad. angl.), 1767, vol. I, p. 230.
25. Alex. Walker, *Intermarriage*, 1838, p. 377.
26. *Variations*, etc., I, p. 173.
27. *Principles of Biology*, I, p. 455.
28. Paget; *Lectures on Surgical Pathology*, vol. II, 1853, p. 209.

nir myopes, tandis que les gens vivant en plein air et surtout les
sauvages ont ordinairement une vue très longue[29]. La myopie et la
presbytie tendent certainement à devenir héréditaires[30]. L'infériorité des Européens, comparés aux sauvages, sous le rapport de la
perfection de la vue et des autres sens, est sans aucun doute un
effet du défaut d'usage, accumulé et transmis pendant un grand
nombre de générations; car Rengger[31] dit avoir observé à plusieurs
reprises des Européens, élevés chez les Indiens sauvages et ayant
vécu avec eux toute leur vie, qui cependant ne les égalaient pas
par la subtilité de leurs sens. Le même naturaliste fait remarquer
que les cavités du crâne, occupées par les divers organes des sens,
sont plus grandes chez les indigènes américains que chez les Européens; ce qui, sans doute, correspond à une différence de même
ordre dans les dimensions des organes eux-mêmes. Blumenbach a
aussi constaté la grandeur des cavités nasales dans le crâne des
indigènes américains, et rattache à ce fait la finesse remarquable de
leur odorat. Les Mongols qui habitent les plaines de l'Asie septentrionale ont, d'après Pallas, des sens d'une perfection étonnnante;
Prichard croit que la grande largeur de leurs crânes sur les zigo-
mas résulte du développement considérable qu'acquièrent chez eux
les organes des sens[32].

Les Indiens Quechuas habitent les hauts plateaux du Pérou, et
Alcide d'Orbigny[33] assure que leur poitrine et leurs poumons ont
acquis des dimensions extraordinaires, obligés qu'ils sont à respirer
continuellement une atmosphère très raréfiée. Les cellules de leurs
poumons sont aussi plus grandes et plus nombreuses que celles
des Européens. Ces observations ont été contestées, mais M. D.
Forbes, qui a mesuré avec soin un grand nombre d'Aymaras, race
voisine, vivant à une altitude comprise entre dix et quinze mille pieds,

---

29. Il est très singulier, et c'est là un fait absolument inattendu, que les matelots ont en moyenne une moins bonne vue que les soldats. Le docteur B. A. Gould
(*Sanitary Memoirs of the war of the rebellion*, 1869. p. 530) a prouvé cependant le bien fondé de cette assertion; il est facile selon lui d'expliquer ce fait,
car la vue chez les matelots se borne à la longueur du vaisseau et à la hauteur
des mâts.

30. *Variations*, etc., vol. I, p. 8.

31. *Säugethiere*, etc., pp. 8, 10. J'ai eu occasion de constater la puissance de
vision extraordinaire que possèdent les Fuégiens. Voir aussi Lawrence (*Lectures
on Physiology*, etc., 1822, p. 404) sur le même sujet. M. Giraud Teulon a récemment recueilli (*Revue des Cours scientifiques*, 1870, p. 625) un ensemble important et considérable de faits prouvant que la cause de la myopie « *est le travail
assidu, de près* ».

32. Prichard, *Physical Hist. of Mankind*, sur l'autorité de Blumenbach, vol. I.
1851, p. 311; Pallas, vol. IV, 1844, p. 407.

33. Cité par Prichard, *Physical Hist. of Mankind*, vol. V; p. 463.

m'affirme[34] qu'ils diffèrent très notablement des hommes de toutes les autres races qu'il a étudiées, par la circonférence et par la longueur du corps. Il représente, dans ses tableaux, la taille de chaque homme par 1,000, et rapporte les autres dimensions à cette unité. On remarque que les bras étendus des Aymaras sont un peu plus courts que ceux des Européens, et beaucoup plus courts que ceux des nègres. Les jambes sont également plus courtes, et présentent cette particularité remarquable que, chez tous les Aymaras mesurés, le fémur est plus court que le tibia. La longueur du fémur comparée à celle du tibia est en moyenne comme 211 est à 252, tandis que chez deux Européens mesurés en même temps, le rapport du fémur au tibia était comme 244 est à 230, et chez trois nègres comme 258 est à 241. L'humérus est de même plus court, relativement, que l'avant-bras. Ce raccourcissement de la partie du membre qui est la plus voisine du corps paraît, comme l'a suggéré M. Forbes, être un cas de compensation en rapport avec l'allongement très prononcé du tronc. Les Aymaras présentent encore quelques points singuliers de conformation, la faible projection du talon, par exemple.

Ces hommes sont si complètement acclimatés à leur résidence froide et élevée, que, lorsque autrefois les Espagnols les obligeaient à descendre dans les basses plaines orientales, ou qu'ils y viennent aujourd'hui, tentés par les salaires considérables des lavages aurifères, ils subissent une mortalité effrayante. Néanmoins, M. Forbes a retrouvé quelques familles, qui ont survécu pendant deux générations sans se croiser avec les habitants des plaines, et il a remarqué qu'elles possèdent encore leurs particularités caractéristiques. Mais il était évident, même à première vue, que toutes ces particularités avaient diminué ; et un mesurage exact prouva que leur corps est moins long que celui des hommes du haut plateau, tandis que leurs fémurs se sont allongés, ainsi que leurs tibias, quoique à un degré moindre. Le lecteur trouvera les mesures exactes dans le mémoire de M. Forbes. Ces précieuses observations ne laissent, je crois, pas de doutes sur le fait qu'une résidence à une grande altitude, pendant de nombreuses générations, tend à déterminer, tant directement qu'indirectement, des modifications héréditaires dans les proportions du corps[35].

---

34. Le mémoire intéressant de M. Forbes a été publié dans le *Journal of the Ethnological Soc. of London*, nouv. série, vol. II, 1870, p. 193.

35. Le docteur Wilckens (*Landwirthschaft. Wochenblatt*, n° 10, 1869) a publié récemment un intéressant mémoire sur les modifications qu'éprouve la charpente des animaux domestiques vivant dans les régions montagneuses.

Bien qu'il soit possible que l'homme n'ait pas été profondément modifié pendant les dernières périodes de son existence, par suite d'une augmentation ou d'une diminution de l'usage de certaines parties, les faits que nous venons de signaler prouvent que son aptitude sous ce rapport ne s'est pas perdue; nous savons de la manière la plus positive que la même loi s'applique aux animaux inférieurs. Nous pouvons donc en conclure que, alors qu'à une époque reculée les ancêtres de l'homme se trouvaient dans un état de transition pendant lequel, de quadrupèdes qu'ils étaient, ils se transformaient en bipèdes, les effets héréditaires de l'augmentation ou de la diminution de l'usage des différentes parties du corps ont dû puissamment contribuer à augmenter l'action de la sélection naturelle.

Arrêts de développement. — L'arrêt de développement diffère de l'arrêt de croissance en ce que les parties qu'il affecte continuent à augmenter en volume tout en conservant leur état antérieur. On peut ranger dans cette catégorie diverses monstruosités dont certaines sont parfois héréditaires comme le bec-de-lièvre. Il suffira, pour le but que nous nous proposons ici, de rappeler l'arrêt dont est frappé le développement du cerveau chez les idiots microcéphales, si bien décrits par Vogt dans un important mémoire[36]. Le crâne de ces idiots est plus petit et les circonvolutions du cerveau sont moins compliquées que chez l'homme à l'état normal. Le sinus frontal, largement développé, formant une projection sur les sourcils, et le prognathisme *effrayant* des mâchoires donnent à ces idiots quelque ressemblance avec les types inférieurs de l'humanité. Leur intelligence et la plupart de leurs facultés mentales sont d'une extrême faiblesse. Ils ne peuvent articuler aucun langage, sont incapables de toute attention prolongée, mais sont enclins à l'imitation. Ils sont forts et remarquablement actifs, gambadent, sautent sans cesse, et font des grimaces. Ils montent souvent les escaliers à quatre pattes, et sont singulièrement portés à grimper sur les meubles ou sur les arbres. Ils nous rappellent ainsi le plaisir que manifestent presque tous les jeunes garçons à grimper aux arbres, et ce fait que les agneaux et les cabris, primitivement animaux alpins, aiment à folâtrer sur les moindres élévations de terrain qu'ils rencontrent. Les idiots ressemblent aussi aux animaux inférieurs sous quelques autres rapports; ainsi, on en a connu plusieurs qui flairaient avec beaucoup de soin chaque bouchée avant de la manger. On cite un

36. *Mém. sur les Microcéphales*, 1867, pp. 50, 125, 169, 171, 184-198.

idiot qui, pour attraper les poux, se servait indifféremment de sa bouche ou de ses mains. Les idiots ont d'ordinaire des habitudes dégoûtantes ; ils n'ont aucune idée de la décence; on a remarqué que certains avaient le corps couvert de poils[37].

Retour ou Atavisme. — Nous aurions pu introduire dans le paragraphe précédent la plupart des cas que nous avons à citer ici. Lorsqu'une conformation subit un arrêt de développement, mais qu'elle continue à s'accroître jusqu'à ressembler beaucoup à quelque structure analogue qui existe chez certains individus inférieurs adultes du même groupe, nous pouvons, à un certain point de vue, considérer cette conformation comme un cas de retour. Les individus inférieurs d'un groupe nous représentent, dans une certaine mesure, la conformation probable de l'ancêtre commun de ce groupe; on ne saurait guère croire, en effet, qu'une partie, arrêtée dans une des phases précoces de son développement embryonnaire, pût être capable de croître jusqu'à remplir ultérieurement sa fonction propre, si elle n'avait acquis cette aptitude à grossir dans quelque état antérieur d'existence, alors que la conformation exceptionnelle ou arrêtée était normale. Nous pouvons, en nous plaçant à ce point de vue, considérer comme un cas de retour, le cerveau simple d'un idiot microcéphale, en tant qu'il ressemble à celui d'un singe[38]. Il est d'autres cas qui se rattachent plus rigou-

37. Le professeur Laycock résume le caractère animal des idiots en les appelant *théroïdes* (*Journal of Mental Science*, juillet 1863). Le Dr Scott (*The Deaf and Dumb*, 2e édit. 1870, p. 10) a souvent observé des idiots qui sentent leurs aliments. Voir sur le même sujet et sur le système poilu des idiots, Maudsley, *Body and Mind*, 1870, p. 46-51. Pinel a aussi cité un cas intéressant.

38. Dans mon ouvrage sur la *Variation des Animaux*, etc. (vol. II, p. 60), j'ai attribué au retour les cas de mamelles supplémentaires qui ne sont pas excessivement rares chez la femme. J'avais été conduit à cette conclusion *probable*, parce que les mamelles additionnelles sont généralement situées symétriquement sur la poitrine, et surtout par le cas d'une femme, dont la seule mamelle effective occupait la région inguinale, fille d'une autre femme pourvue de mamelles supplémentaires. Mais le professeur Preyer (*Der Kampf um das Dasein*, 1869, p. 45) constate qu'on a trouvé des mamelles *errantes* dans d'autres situations, même sur le dos, dans l'aisselle, et sur la cuisse; les mamelles dans ce dernier cas ont produit assez de lait pour nourrir l'enfant. Il est donc peu probable qu'on puisse attribuer au retour les mamelles additionnelles; cependant cette explication me semble encore assez probable parce qu'on trouve souvent deux paires de mamelles disposées symétriquement sur la poitrine; on m'a communiqué plusieurs cas à cet effet. On sait que plusieurs Lémuriens ont normalement deux paires de mamelles sur la poitrine. On a observé cinq cas chez l'homme de plusieurs paires de mamelles, bien entendu rudimentaires; voir, *Journal of Anat. and physiology*, 1872, p. 66, pour un cas cité par le Dr Handyside dans lequel deux frères possédaient cette particularité; voir aussi un mémoire par le Dr Bartels, dans *Reichert's and du Bois Reymond's Archiv.*, 1872, p. 304. Dans un des cas cités par le Dr Bartels, un homme avait cinq mamelles, l'une occupait une position médiane et était pla-

reusement aux phénomènes du retour dont nous nous occupons ici. Certaines conformations, qui se rencontrent régulièrement chez les individus inférieurs du groupe dont l'homme fait partie, apparaissent parfois chez ce dernier, bien que faisant défaut dans l'embryon humain normal; ou, s'ils s'y trouvent, se développent ultérieurement d'une manière anormale, quoique ce mode d'évolution soit bien celui propre aux membres inférieurs du groupe. Les exemples suivants feront mieux comprendre ces remarques.

Chez divers mammifères, l'utérus passe peu à peu de la forme d'un organe double ayant deux orifices et deux passages distincts, comme chez les marsupiaux, à celle d'un organe unique ne présentant d'autres indices de duplication qu'un léger pli interne, comme chez les singes supérieurs et chez l'homme. On observe chez les rongeurs toutes les séries de gradations entre ces deux états extrêmes. Chez tous les mammifères, l'utérus se développe de deux tubes primitifs simples, dont les portions inférieures forment les cornes, et, suivant l'expression du Dr Farre, « c'est par la coalescence des extrémités inférieures des deux cornes que se forme

---

cée au-dessus du nombril; Meckel Von Hemsbach pense trouver l'explication de ce phénomène dans le fait que des mamelles médianes se présentent quelquefois chez certains Cheiroptères. En résumé, nous pouvons douter que des mamelles additionnelles se seraient jamais développées chez l'homme et chez la femme si les ancêtres primitifs du genre humain n'avaient pas été pourvus de plus d'une seule paire de mamelles.

Dans le même ouvrage j'ai, avec beaucoup d'hésitation, attribué au retour les cas de polydactylie fréquents chez l'homme et chez divers animaux. Ce qui me décida en partie fut l'assertion du professeur Owen; il assure que quelques Ichthyoptérigiens possèdent plus de cinq doigts; j'étais donc en droit de supposer qu'ils avaient conservé un état primordial. Mais le professeur Gegenbaur (*Jenaische Zeitschrift*, vol. V, p. 341) conteste l'assertion d'Owen. D'un autre côté, en se basant sur l'hypothèse récemment mise en avant par le Dr Günther qui a observé dans la nageoire du Ceratodus des rayons osseux articulés sur un os central, il ne semble pas qu'il soit très difficile d'admettre que six doigts ou plus puissent reparaître d'un côté ou des deux côtés par un effet de retour. Le Dr Zouteveen m'apprend qu'on a observé un homme qui avait vingt-quatre doigts aux mains et aux pieds. Ce qui m'a surtout porté à penser que la présence de doigts additionnels est due au retour est le fait que ces doigts sont non-seulement héréditaires, mais encore, comme je le croyais alors, que ces doigts ont la faculté de repousser après avoir été amputés, comme les doigts normaux des vertébrés inférieurs. Mais j'ai expliqué dans la seconde édition des *Variations à l'état domestique* (Paris, Reinwald, 1880) pourquoi j'ajoute peu de foi aux cas où l'on a observé cette régénération. Toutefois il importe de remarquer, car l'arrêt de développement et le retour ont des rapports intimes, que diverses structures dans une condition embryonnaire telle que le bec-de-lièvre, l'utérus bifide, etc., sont souvent accompagnées par la polydactylie. Meckel et Isidore Geoffroy Saint-Hilaire ont vivement insisté sur ce fait. Mais dans l'état actuel de la science il est plus sage de renoncer à l'idée qu'il y a aucun rapport entre le développement de doigts additionnels et un retour à l'état d'un ancêtre primitif de l'homme.

le corps de l'utérus humain, tandis qu'elles restent séparées chez les animaux dont l'utérus ne présente pas de partie moyenne, ou de corps. A mesure que l'utérus se développe, les deux cornes se raccourcissent graduellement et finissent par disparaître, comme si elles étaient absorbées par lui. » Les angles de l'utérus s'allongent encore en cornes jusque chez les singes inférieurs et leurs voisins les lémurs.

Or on constate parfois chez les femmes des cas d'anomalie : l'utérus adulte est muni de cornes, ou partiellement divisé en deux organes; ces cas, d'après Owen, représentent « le degré de développement concentré » que cet organe a atteint chez certains rongeurs. Ce n'est peut-être là qu'un exemple d'un simple arrêt de développement embryonnaire, avec accroissement subséquent et évolution fonctionnelle complète, car chacun des deux côtés de l'utérus, partiellement double, est apte à servir à l'acte propre de la gestation. Dans d'autres cas plus rares, il y a formation de deux cavités utérines distinctes, ayant chacune ses passages et ses orifices spéciaux[39]. Aucune phase analogue n'étant parcourue dans le développement ordinaire de l'embryon, il serait difficile, quoique non impossible, de croire que les deux petits tubes primitifs simples sauraient (s'il est permis d'employer ce terme) se développer en deux utérus distincts, ayant chacun un orifice et un passage, et abondamment pourvus de muscles, de nerfs, de glandes et de vaisseaux, s'ils n'avaient pas autrefois suivi un cours analogue d'évolution, comme cela se voit chez les marsupiaux actuels. Personne ne pourrait prétendre qu'une conformation, aussi parfaite que l'est l'utérus double anormal de la femme, puisse être le résultat du simple hasard. Le principe du retour, au contraire, en vertu duquel des conformations depuis longtemps perdues sont rappelées à l'existence, pourrait être le guide conducteur du développement complet de l'organe, même après un laps de temps très prolongé.

Après avoir discuté ce cas et plusieurs autres analogues, le professeur Canestrini[40] arrive à une conclusion identique à la

---

39. Voir l'article du docteur A. Farre, dans *Cyclopedia of Anat. and Physiology*, vol. V, 1859, p. 642. Owen, *Anatomy of Vertebrates*, vol. III, p. 687, 1868; professeur Turner, *Edinburgh Medical Journal*, fév. 1865.

40. *Annuario della Soc. dei Naturalisti in Modena*, 1867, p. 83. Le professeur Canestrini cite des extraits tirés de diverses autorités. Laurillard a trouvé une similitude complète dans la forme, les proportions et les connexions des deux os malaires chez plusieurs sujets humains et chez certains singes, et remarque qu'il ne peut pas, par conséquent, considérer cette disposition des parties comme purement accidentelle. Le docteur Soviotti a publié, *Gazzetta della*

mienne. Il cite, entre autres cas, l'os malaire qui, chez quelques quadrumanes et chez quelques autres mammifères, se compose normalement de deux parties. C'est dans cet état qu'il se trouve chez le
fœtus humain âgé de deux mois, et qu'il se trouve parfois, à cause
d'un arrêt de développement, chez l'homme adulte, surtout chez
les races prognathes inférieures. Canestrini en conclut que, chez
un ancêtre de l'homme, cet os devait être normalement partagé en deux portions qui se sont ultérieurement soudées pour
n'en plus faire qu'une. L'os frontal de l'homme se compose d'une
seule pièce, mais dans l'embryon, chez les enfants, ainsi que chez
presque tous les mammifères inférieurs, il se compose de deux
pièces séparées par une suture distincte. Cette suture persiste parfois, d'une manière plus ou moins apparente, chez l'homme adulte,
plus fréquemment dans les anciens crânes que dans les crânes récents, et tout spécialement, ainsi que Canestrini l'a fait remarquer,
dans ceux qui appartiennent au type brachycéphale exhumés du
diluvium. Il conclut dans ce cas, comme dans celui des os malaires
qui lui est analogue. Il semble, par cet exemple ainsi que par
d'autres que nous aurons à signaler, que si les races anciennes se
rapprochent plus souvent que les races modernes des animaux par
certains de leurs caractères, c'est parce que ces dernières sont,
dans la longue série de la descendance, un peu plus éloignées de
leurs premiers ancêtres semi-humains.

Différents auteurs ont considéré comme des cas de retour diverses
autres anomalies, plus ou moins analogues aux précédentes, qui
se présentent chez l'homme; mais cela est douteux, car nous aurions à descendre très bas dans la série des mammifères avant de
trouver de semblables conformations normales[41].

Cliniche, Turin, 1871, un autre mémoire sur cette anomalie. Il affirme qu'on
peut retrouver des traces de cette division chez environ 2. p. 100 des crânes
adultes; il fait aussi remarquer que cette anomalie se rencontre plus fréquemment chez les crânes prognathes qui n'appartiennent pas à la race aryenne.
Voir aussi G. Delorenzi, _Tre nuovi casi d'anomalia dell'osso malare,_ Turin, 1872;
et E. Morselli, _Supra una rara anomalia dell'osso malare,_ Modène, 1872. Plus
récemment encore, Gruber a publié un pamphlet sur la division de cet os.
J'indique ces autorités parce qu'un critique a jugé à propos, sans aucune raison
d'ailleurs, de disputer mon assertion.

41. Isid. Geoffroy Saint-Hilaire cite toute une série de cas dans son _Histoire
des Anomalies,_ vol. III, p. 437. Un critique, _Journal of Anatomy and Physiology,_
1871, p. 366, me blâme beaucoup de n'avoir pas discuté les nombreux cas d'arrêts de développement qui ont été signalés. Il soutient que, dans mon hypothèse,
« toutes les conditions intermédiaires d'un organe pendant son développement
n'indiquent pas seulement un but, mais ont autrefois constitué un but. » Je
n'admets pas absolument cette assertion. Pourquoi des variations ne se présenteraient-elles pas pendant une phase primitive du développement, qui n'auraient aucun rapport avec le retour? Cependant ces variations pourraient se

Les canines sont chez l'homme des instruments de mastication parfaitement efficaces. Mais, ainsi que le fait remarquer Owen [42], leur vrai caractère de canines « est indiqué par la forme conique de la couronne, qui se termine en pointe obtuse, est convexe au dehors et plate ou un peu concave sur sa face interne, laquelle porte à la base une faible proéminence. La forme conique est parfaitement accusée chez les races mélanésiennes, surtout chez la race australienne. La canine est plus profondément implantée, et a une racine plus forte que celle des incisives. » Cette dent, cependant, ne constitue plus pour l'homme une arme spéciale pour lacérer ses ennemis ou sa proie ; on peut donc, en ce qui concerne sa fonction propre, la considérer comme rudimentaire. Dans toute collection considérable de crânes humains, on en trouve, comme le remarque Häckel [43], chez lesquels les canines dépassent considérablement le niveau des autres dents, à peu près comme chez les singes anthropomorphes, bien qu'à un moindre degré. Dans ce cas, un vide est réservé entre les dents de chaque mâchoire pour recevoir l'extrémité de la canine de la mâchoire opposée. Un intervalle de ce genre, remarquable par son étendue, existe dans un crâne cafre [44] dessiné par Wagner. On n'a pu examiner que bien peu de crânes anciens comparativement à ce qu'on a étudié de crânes récents, il est donc intéressant de constater que, dans trois cas au moins, les canines font une forte saillie, et qu'elles sont décrites comme énormes dans la mâchoire de la Naulette [45].

Seuls, les singes anthropomorphes mâles ont des canines complètement développées ; mais, chez le gorille femelle et un peu moins chez l'orang du même sexe, elles dépassent considérablement les autres dents. On a affirmé que parfois les femmes ont des canines très saillantes ; ce fait ne constitue donc aucune objection sérieuse contre l'hypothèse en vertu de laquelle leur développement considérable, accidentel chez l'homme, est un cas de retour vers un ancêtre simien. Celui qui rejette avec mépris l'idée que la forme des canines et le développement excessif de ces dents

conserver et s'accumuler, si elles étaient utiles, si elles servaient par exemple à raccourcir et à simplifier le cours du développement. En outre, pourquoi des anomalies nuisibles, telles que des parties atrophiées ou hypertrophiées, ne se présenteraient-elles pas aussi dans les premières phases du développement, aussi bien que dans l'âge mûr, sans avoir aucun rapport avec un antique état d'existence ?

42. *Anatomy of Vertebrates*, vol. III, 1868, p. 323.
43. *Generelle Morphologie*, vol. II, p. clv, 1866.
44. Carl Vogt, *Leçons sur l'Homme* (trad. française 1878, p. 194, fig. 53).
45. C. Carter Blake, *Sur la mâchoire de la Naulette, Anthropological Review* 1867, p. 295 ; Schaaffhausen, *id.*, 1868, p. 426.

chez quelques individus résultent de ce que nos premiers ancêtres possédaient ces armes formidables, révèle probablement en ricanant sa propre ligne de filiation; car, bien qu'il n'ait plus l'intention ni le pouvoir de faire usage de ses dents comme armes offensives, il contracte inconsciemment ses muscles *grondeurs* (*snarling muscles* de Sir C. Bell)[46], et découvre ainsi ses dents, prêtes à l'action, comme le chien qui se dispose à combattre.

Beaucoup de muscles, spéciaux aux quadrumanes ou aux autres mammifères, se rencontrent parfois chez l'homme. Le professeur Vlacovich[47] a, sur quarante sujets mâles, trouvé chez dix-neuf un muscle qu'il a appelé l'ischio-pubien; chez trois autres ce muscle était représenté par un ligament; il n'y en avait pas de traces sur les dix-huit restants. Sur trente sujets féminins, ce muscle n'était développé des deux côtés que chez deux, et le ligament rudimentaire chez trois. Ce muscle paraît donc plus commun chez l'homme que chez la femme; ce fait s'explique si l'on admet l'hypothèse que l'homme descend de quelque type inférieur, car ce muscle existe chez beaucoup d'animaux, et, chez tous ceux qui le possèdent, il sert exclusivement au mâle dans l'acte de la reproduction.

M. J. Wood[48] a, dans ses excellents mémoires, minutieusement décrit chez l'homme de nombreuses variations musculaires qui ressemblent à des structures normales existant chez les animaux inférieurs. En ne tenant même compte que des muscles qui ressemblent le plus à ceux existant régulièrement chez nos voisins les plus rapprochés, les quadrumanes, ils sont trop abondants pour être spécifiés ici. Chez un seul sujet mâle, ayant une forte constitution et un crâne bien conformé, on a observé jusqu'à sept variations musculaires, qui toutes représentaient nettement des muscles spéciaux à plusieurs types de singes. Cet homme avait, entre autres, sur les deux côtés du cou, un véritable et puissant *levator claviculæ*, tel qu'on le trouve chez toutes les espèces de singes, et qu'on dit exister chez environ un sujet humain sur

46. *Anatomy of Expression*, 1844, pp. 110, 131.

47. Cité par le professeur Canestrini dans l'*Annuario*, etc., 1867, p. 90.

48. Ces mémoires doivent être soigneusement étudiés par qui veut apprendre combien nos muscles varient et, par suite de ces variations, en viennent à ressembler à ceux des quadrumanes. Voici les renvois aux points auxquels je fais allusion dans mon texte : *Proc. Roy. Soc.*, vol. XIV, 1865, pp. 379-384, — vol. XV, 1866, p. 241, 242; — vol. XV, 1867, p. 544; — vol. XVI, 1868, p. 524. J'ajouterai que le docteur Murie et M. Saint-Georges Mivart ont démontré dans leur mémoire sur les Lémuriens (*Transact. Royal Soc.*, vol. VII, 1869, p. 96) combien quelques-uns des muscles de ces animaux, les membres les plus inférieurs des primates, sont extraordinairement variables. On y trouve aussi de nombreux passages graduels conduisant vers des conformations musculaires existant chez des animaux encore plus bas sur l'échelle.

soixante.[49]. Le même sujet présentait encore « un abducteur spécial de l'os métatarsal du cinquième doigt, semblable à celui dont le professeur Huxley et M. Flower ont constaté l'existence uniforme chez les singes supérieurs et inférieurs. » Je me contenterai de citer deux autres exemples : le muscle *acromio-basilaire* existe chez tous les mammifères placés au-dessous de l'homme et semble en corrélation avec la démarche du quadrupède[50]; or, on le rencontre à peu près chez un homme sur soixante. M. Bradley[51] a trouvé, dans les extrémités inférieures un abducteur *ossis metatarsi quinti*, chez les deux pieds de l'homme; on n'avait pas, jusqu'à présent, signalé ce muscle chez l'homme bien qu'il existe toujours chez les singes anthropomorphes. Les mains et les bras de l'homme constituent des conformations éminemment caractéristiques; mais les muscles de ces organes sont extrêmement sujets à varier, et cela de façon à ressembler aux muscles correspondants des animaux inférieurs[52]. Ces ressemblances sont parfaites ou imparfaites et, dans ce dernier cas, manifestement de nature transitoire. Certaines variations sont plus fréquentes chez l'homme, d'autres chez la femme, sans que nous puissions en assigner la raison. M. Wood, après avoir décrit de nombreux cas, fait l'importante remarque que voici : « Les déviations notables du type ordinaire des conformations musculaires suivent des directions qui indiquent quelque facteur inconnu mais fort important pour la connaissance substantielle de l'anatomie scientifique générale[53]. »

On peut admettre comme extrêmement probable que ce facteur inconnu est le retour à un ancien état d'existence[54]. Il est tout à

49. Professeur Macalister, *Proc. Roy. Irish Academy*, vol. X, 1868, p. 124.
50. M. Champneys, *Journal of Anat. and Phys.* Nov. 1871, p. 178.
51. *Journal of Anat. and Phys.*, mai 1872, p. 421.
52. Le professeur Macalister (*id.*, p. 421), ayant relevé ses observations en tableaux, a trouvé que les anomalies musculaires sont plus fréquentes dans l'avant-bras, puis dans la face, troisièmement dans le pied, etc.
53. Le rév. Docteur Haughton, dans l'exposé d'un cas remarquable de variation dans le muscle *long fléchisseur du pouce* humain (*Proc. Roy. Irish Academy*, 1864, p. 715), ajoute ce qui suit : « Ce remarquable exemple prouve que l'homme possède parfois un arrangement des tendons du pouce et des doigts qui est caractéristique du macaque; mais je ne saurais prononcer s'il convient de regarder ce cas comme celui d'un macaque s'avançant vers l'homme, ou de l'homme s'abaissant vers le macaque, ou comme un caprice congénital de la nature. » Il est satisfaisant d'entendre un anatomiste aussi distingué, et un adversaire aussi acharné de l'évolution, admettre même la possibilité de l'une ou de l'autre de ces deux premières propositions. Le professeur Macalister a aussi décrit des variations dans le long fléchisseur du pouce, remarquables par leurs rapports avec le même muscle chez les quadrumanes (*Proc. Roy. Irish Academy*, vol. X, 1864, p. 138).
54. Depuis la première édition de cet ouvrage, M. Wood a publié un autre mémoire, *Philos. Trans.*, 1870, p. 83, sur les variations des muscles du cou, de l'é-

fait impossible de croire que l'homme puisse, par pur accident, ressembler anormalement, par sept de ses muscles, à certains singes, s'il n'y avait entre eux aucune connexion génésique. D'autre part, si l'homme descend de quelque ancêtre simien, il n'y a pas de raison valable pour que certains muscles ne réapparaissent pas subitement même après un intervalle de plusieurs milliers de générations, de même que chez les chevaux, les ânes et les mulets, on voit brusquement reparaître sur les jambes et sur les épaules des raies de couleur foncée, après un intervalle de centaines ou plus probablement de milliers de générations.

Ces différents cas de retour ont de tels rapports avec ceux des organes rudimentaires cités dans le premier chapitre, qu'ils auraient pu y être traités aussi bien qu'ici. Ainsi, on peut considérer qu'un utérus humain pourvu de cornes représente, à un état rudimentaire, le même organe dans ses conditions normales chez certains mammifères. Quelques parties rudimentaires chez l'homme, telles que l'os coccyx chez les deux sexes, et les mamelles chez le sexe masculin, ne font jamais défaut ; tandis que d'autres, comme le foramen supra-condyloïde, n'apparaissent qu'occasionnellement et, par conséquent, auraient pu être comprises dans le chapitre relatif au retour. Ces différentes conformations « dues au retour », ainsi que celles qui sont rigoureusement rudimentaires, prouvent d'une manière certaine que l'homme descend d'un type inférieur.

Variations corrélatives. — Beaucoup de conformations chez l'homme, comme chez les animaux, paraissent si intimement liées les unes aux autres que, lorsque l'une d'elles varie, une autre en fait autant sans que nous puissions, dans la plupart des cas, en indiquer la cause. Nous ne pouvons dire quelle est la partie qui gouverne l'autre, ou si toutes deux ne sont pas elles-mêmes gouvernées par quelque autre partie antérieurement développée. Diverses monstruosités se trouvent ainsi liées l'une à l'autre, comme l'a prouvé Isidore Geoffroy Saint-Hilaire. Les conformations homologues sont particulièrement sujettes à varier de concert ; c'est ce que nous voyons sur les côtés opposés du corps, et dans les extrémités su-

paule et de la poitrine de l'homme. Il démontre dans ce mémoire que les muscles sont très variables et que ces variations font souvent ressembler ces muscles aux muscles normaux des animaux inférieurs. Il résume ces remarques en ces termes : « J'aurai rempli le but que je me suis proposé si j'ai réussi à indiquer les formes les plus importantes qui, quand elles se présentent sous forme de variation chez l'homme, démontrent de manière suffisante ce qu'on peut considérer comme des exemples et des preuves du principe darwinien du retour, c'est-à-dire de la loi d'hérédité. »

périeures et inférieures. Meckel a, il y a longtemps, remarqué que lorsque les muscles du bras dévient de leur type propre, ils imitent presque toujours ceux de la jambe, et réciproquement pour les muscles de cette dernière. Les organes de la vue et de l'ouïe, les dents et les cheveux, la couleur de la peau et celle des cheveux, le teint et la constitution sont plus ou moins en corrélation les uns avec les autres[55]. Le professeur Schaaffhausen a le premier attiré l'attention sur les rapports qui paraissent exister entre une conformation musculaire très accusée et des arcades sus-orbitaires très saillantes, qui caractérisent les races humaines inférieures.

Outre les variations qu'on peut grouper avec plus ou moins de probabilité sous les titres précédents, il en reste un grand nombre qu'on peut provisoirement nommer spontanées, car notre ignorance est si grande qu'elles nous paraissent surgir sans cause apparente. On peut prouver, toutefois, que les variations de ce genre, qu'elles consistent, soit en légères différences individuelles, soit en déviations brusques et considérables de la conformation, dépendent beaucoup plus de la constitution de l'organisme que de la nature des conditions auxquelles il a été exposé[56].

Augmentation de la population. — On a vu des populations civilisées placées dans des conditions favorables, aux États-Unis par exemple, doubler leur nombre en vingt-cinq ans ; fait qui, d'après un calcul établi par Euler, pourrait se réaliser au bout d'un peu plus de douze ans[57]. A ce taux du doublement en vingt-cinq ans, la population actuelle des États-Unis, soit 30 millions, deviendrait, au bout de 657 années, assez nombreuse pour occuper tout le globe à raison de quatre hommes par mètre carré de superficie. La difficulté de trouver des subsistances et de vivre dans l'aisance constitue l'obstacle fondamental qui limite l'augmentation continue du nombre des hommes. L'exemple des États-Unis, où les subsistances se trouvent en grande quantité et où la place abonde, nous permet de conclure qu'il en est ainsi. La population de l'Angleterre serait promptement doublée si ces avantages venaient à y être doublés aussi. Chez les nations civilisées, le premier des deux obstacles agit surtout en restreignant les mariages. La mortalité considérable des enfants dans les classes pauvres, ainsi que celle produite à

55. J'ai cité mes autorités pour ces diverses assertions dans *Variation des Animaux*, etc., vol. II, pp. 442-360 (trad. française).

56. Le sujet dans son entier a été discuté dans le chap. XXIII *De la Variation des Animaux*, etc.

57. Lire l'ouvrage mémorable du rév. T. Malthus, *Essay on the principle of population*, 1826, vol. I, 6, 517.

tous les âges par les diverses maladies, qui frappent les habitants des maisons misérables et encombrées, est aussi un fait très important. Les effets des épidémies et des guerres sont promptement compensés et même au delà, chez les nations placées dans des conditions favorables. L'émigration peut aussi provoquer un arrêt temporaire de l'augmentation de la population, mais elle n'exerce aucune influence sensible sur les classes très pauvres.

Il y a lieu de supposer, comme l'a fait remarquer Malthus, que la reproduction est actuellement moins active chez les barbares que chez les nations civilisées. Nous ne savons rien de positif à cet égard, car on n'a pas fait de recensement chez les sauvages; mais il résulte du témoignage concordant des missionnaires et d'autres personnes qui ont longtemps résidé chez ces peuples, que les familles sont ordinairement peu nombreuses, et que le contraire est la grande exception. Ce fait, à ce qu'il semble, peut s'expliquer en partie par l'habitude qu'ont les femmes de nourrir à la mamelle pendant très longtemps; mais il est aussi très probable que les sauvages, dont la vie est souvent très pénible et qui ne peuvent pas se procurer une alimentation aussi nourrissante que les races civilisées, doivent être réellement moins prolifiques. J'ai démontré, dans un autre ouvrage[58], que tous nos animaux et tous nos oiseaux domestiques, ainsi que toutes nos plantes cultivées, sont plus féconds que les espèces correspondantes à l'état de nature. Les animaux, il est vrai, qui reçoivent un excès de nourriture ou qui sont engraissés rapidement et la plupart des plantes subitement transportées d'un sol très pauvre dans un sol très riche, deviennent plus ou moins stériles; mais ce n'est pas là une objection sérieuse à la conclusion que nous venons d'indiquer. Cette observation nous amène donc à penser que les hommes civilisés qui sont, dans un certain sens, soumis à une haute domestication, doivent être plus prolifiques que les sauvages. Il est probable aussi que l'accroissement de fécondité chez les nations civilisées tend à devenir un caractère héréditaire comme chez nos animaux domestiques; on sait au moins que, dans certaines familles humaines, il y a une tendance à la production de jumeaux[59].

Bien que moins prolifiques que les peuples civilisés, les sauvages augmenteraient sans aucun doute rapidement, si leur nombre n'était rigoureusement restreint par quelques causes. Les Santali, tribus habitant les collines de l'Inde, ont récemment offert un ex-

---

58. *De la Variation des Animaux*, etc., II, pp. 117-120, 172.
59. M. Sedgwick, *British and Foreign medico-chirurg. Review*, juillet 1863, p. 170.

cellent exemple de ce fait, car, ainsi que l'a démontré M. Hunter [60], ils ont considérablement augmenté depuis l'introduction de la vaccine, depuis que d'autres épidémies ont été atténuées, et que la guerre a été strictement supprimée. Cette augmentation n'aurait toutefois pas été possible si ces populations grossières ne s'étaient répandues dans les districts voisins pour travailler à gages. Les sauvages se marient presque toujours, avec cette restriction qu'ils ne le font pas ordinairement dès l'âge où le mariage est possible. Les jeunes gens doivent prouver d'abord qu'ils sont en état de nourrir une femme, et doivent gagner la somme nécessaire pour acheter la jeune fille à ses parents. La difficulté qu'ont les sauvages à se procurer leur subsistance limite, à l'occasion, leur nombre d'une manière bien plus directe que chez les peuples civilisés, car les membres de toutes les tribus ont périodiquement à souffrir de rigoureuses famines pendant lesquelles, forcés de se contenter d'une détestable alimentation, leur santé ne peut qu'être très compromise. On a signalé de nombreux exemples de la saillie de l'estomac des sauvages et de l'émaciation de leurs membres pendant et après les disettes. Ils sont alors contraints à beaucoup errer, ce qui amène la mort de nombreux enfants, comme on me l'a assuré en Australie. Les famines étant périodiques et dépendant principalement des saisons extrêmes, toutes les tribus doivent éprouver des fluctuations en nombre. Elles ne peuvent pas régulièrement et constamment s'accroître, en l'absence de tout moyen d'augmenter artificiellement la quantité de nourriture. Lorsqu'ils sont vivement pressés par le besoin, les sauvages empiètent sur les territoires voisins, et la guerre éclate ; il est vrai, d'ailleurs, qu'ils sont presque toujours en lutte avec leurs voisins. Dans leurs efforts pour se procurer des aliments, ils sont exposés à de nombreux accidents sur la terre et sur l'eau ; et, dans quelques pays, ils doivent avoir à souffrir considérablement des grands animaux féroces. Dans l'Inde même, il y a eu des districts dépeuplés par les ravages des tigres.

Malthus a discuté ces diverses causes d'arrêt, mais il n'insiste pas assez sur un fait qui est peut-être le plus important de tous: l'infanticide, surtout des enfants du sexe féminin, et l'emploi des pratiques tendant à procurer l'avortement. Ces dernières règnent actuellement dans bien des parties du globe, et, d'après M. M'Lennan [61], l'infanticide semble avoir existé autrefois dans des propor-

60. W.-W. Hunter, *The Annals of Rural Bengal*, 1868, p. 259.
61. *Primitive Marriage*, 1865.

tions encore bien plus considérables. Ces pratiques paraissent devoir leur origine à la difficulté, ou même à l'impossibilité dans laquelle se trouvent les sauvages de pouvoir nourrir tous les enfants qui naissent. On peut encore ajouter le déréglement des mœurs à ces diverses causes de restriction; mais ce déréglement ne résulte pas d'un manque de moyen de subsistance, bien qu'il y ait des raisons pour admettre que, dans certains pays (le Japon, par exemple), on l'ait encouragé dans le but de maintenir la population dans des limites constantes.

Si nous nous reportons à une époque extrêmement reculée, l'homme, avant d'en être arrivé à la dignité d'être humain, devait se laisser diriger beaucoup plus par l'instinct et moins par la raison que les sauvages actuels les plus infimes. Nos ancêtres primitifs semi-humains ne devaient pratiquer ni l'infanticide, ni la polyandrie, car les instincts des animaux inférieurs ne sont jamais assez pervers[62] pour les pousser à détruire régulièrement leurs petits ou pour leur enlever tout sentiment de jalousie. Ils ne devaient point non plus apporter au mariage des restrictions prudentes, et les sexes s'accouplaient librement de bonne heure. Il en résulte que les ancêtres de l'homme on dû tendre à se multiplier rapidement; mais des freins de certaine nature, périodiques ou constants, ont dû contribuer à réduire le nombre de leurs descendants avec plus d'énergie peut-être encore que chez les sauvages actuels. Mais, pas plus que pour la plupart des autres animaux, nous ne saurions dire quelle a pu être la nature précise de ces freins. Nous savons que les chevaux et le bétail, qui ne sont pas des animaux très prolifiques, ont augmenté en nombre avec une énorme rapidité après leur introduction dans l'Amérique du Sud. Le plus lent reproducteur de tous les animaux, l'éléphant, peuplerait le monde entier en quelques milliers d'années. L'augmentation en nombre des diverses espèces de singes doit être limitée par quelque cause, mais pas, comme le pense Brehm, par les attaques

62. Un critique fait dans le *Spectator,* 12 mars 1871, p. 320, les commentaires suivants sur ce passage : « M. Darwin se voit obligé d'imaginer une nouvelle doctrine relative à la chute de l'homme. Il démontre que les animaux supérieurs ont des instincts beaucoup plus nobles que les habitudes des sauvages, et il se voit, par conséquent, obligé d'établir, comme une hypothèse scientifique, sous une forme dont il ne paraît pas soupçonner la parfaite orthodoxie, la doctrine que la recherche de la science a été là cause d'une détérioration temporaire des qualités morales de l'homme, détérioration dont les effets se sont fait sentir bien longtemps, comme le prouvent les coutumes ignoblés des sauvages, principalement dans leurs rapports avec le mariage. Or, la traduction juive relative à la dégénération morale de l'homme affirme exactement la même chose. »

des bêtes féroces. Personne n'oserait prétendre que la faculté reproductrice immédiate des chevaux et du bétail sauvage de l'Amérique se soit d'abord accrue d'une manière sensible, pour être plus tard réduite, à mesure que chaque région se peuplait davantage. Dans ce cas comme dans tous les autres, il n'est pas douteux qu'il y ait eu un concours de plusieurs obstacles, différant même selon les circonstances ; des disettes périodiques résultant de saisons défavorables devant probablement être comptées au nombre des causes les plus importantes. Il a dû en être de même pour les ancêtres primitifs de l'homme.

Sélection naturelle. — Nous avons vu que le corps et l'esprit de l'homme sont sujets à varier, et que les variations sont provoquées directement ou indirectement par les mêmes causes générales, et obéissent aux mêmes lois que chez les animaux inférieurs. L'homme s'est largement répandu à la surface de la terre; dans ses incessantes migrations [63], il doit avoir été exposé aux conditions les plus différentes. Les habitants de la Terre de Feu, du cap de Bonne-Espérance et de la Tasmanie, dans l'un des hémisphères, et ceux des régions arctiques dans l'autre, doivent avoir traversé bien des climats et modifié bien des fois leurs habitudes avant d'avoir atteint leurs demeures actuelles [64]. Les premiers ancêtres de l'homme avaient aussi, sans doute, comme tous les autres animaux, une tendance à se multiplier au-delà des moyens de subsistance ; ils doivent donc avoir été accidentellement exposés à la lutte pour l'existence, et, par conséquent, soumis à l'inflexible loi de la sélection naturelle. Il en résulte que les variations avantageuses de tous genres ont dû être ainsi occasionnellement ou habituellement conservées, et les nuisibles éliminées. Je ne parle pas ici des déviations de conformation très prononcées, qui ne surgissent qu'à de longs intervalles, mais seulement des différences individuelles. Nous savons, par exemple, que les muscles qui déterminent les mouvements de nos mains et de nos pieds sont, comme ceux des animaux inférieurs, sujets à une incessante variabilité [65]. En conséquence, si on suppose que les ancêtres simiens de l'homme, habitant une région quel-

---

63. Voir quelques excellentes remarques, à cet effet, de W. Stanley Jevons, *A deduction from Darwin's Theory, Nature*, 1869, p. 231.

64. Latham, *Man and his Migrations*, 1851, p. 135.

65. MM. Murie et Mivart, dans leur *Anatomy of the Lemuroïdea* (*Transact. Zoolog. Soc.*, vol. VII, 1869, pp. 96-98), disent : « Quelques muscles sont si irréguliers dans leur distribution qu'on ne peut pas bien les classer dans aucun des groupes ci-dessus, » Ces muscles diffèrent même sur les côtés opposés du corps du même individu.

conque, et surtout un pays en voie de changements dans ses conditions, étaient partagés en deux troupes égales, celle qui comprenait les individus les mieux adaptés, par leur organisation motrice, à se procurer leur subsistance ou à se défendre, a dû fournir la plus forte moyenne de survivants, et produire plus de descendants que l'autre troupe moins favorisée.

Dans son état actuel le plus imparfait, l'homme n'en est pas moins l'animal le plus dominateur qui ait jamais paru sur la terre. Il s'est répandu beaucoup plus largement qu'aucun autre animal bien organisé, et tous lui ont cédé le pas. Il doit évidemment cette immense supériorité à ses facultés intellectuelles, à ses habitudes sociales qui le conduisent à aider et à défendre ses semblables, et à sa conformation corporelle. Le résultat final de la lutte pour l'existence a prouvé l'importance suprême de ces caractères. Les hautes facultés intellectuelles de l'homme lui ont permis de développer le langage articulé, qui est devenu l'agent principal de son remarquable progrès. « L'analyse psychologique du langage démontre, comme le fait remarquer M. Chauncey Wright[66], que l'usage du langage, même dans le sens le plus borné, exige bien plus que toute autre chose l'exercice constant des facultés mentales. » L'homme a inventé des armes, des outils, des pièges, etc., dont il fait un ingénieux emploi, et qui lui servent à se défendre, à tuer ou à saisir sa proie ; au moyen desquels, en un mot, il se procure ses aliments. Il a construit des radeaux ou des embarcations qui lui ont permis de se livrer à la pêche et de passer d'une île à une autre plus fertile du voisinage. Il a découvert l'art de faire le feu, à l'aide duquel il a pu rendre digestibles des racines dures et filandreuses, et, innocentes par la cuisson, des plantes vénéneuses à l'état cru. Cette dernière découverte, la plus grande, sans contredit, après celle du langage, a précédé la première aurore de l'histoire. Ces diverses inventions, qui avaient déjà rendu l'homme si prépondérant, alors même qu'il était à l'état le plus grossier, sont le résultat direct du développement de ses facultés, c'est-à-dire l'observation, la mémoire, la curiosité, l'imagination et la raison. Je ne puis donc comprendre pourquoi M. Wallace [67] soutient « que le seul effet qu'ait

---

66. *Limits of natural selection*, *North American Review*, oct. 1870, p. 295.

67. *Quarterly Review*, avril 1869, p. 392. Ce sujet est plus complètement discuté dans les *Contributions to the Theory of Natural Selection*, 1870, ouvrage que vient de publier M. Wallace, et traduit en français par M. Lucien de Candolle (Paris, C. Reinwald), dans lequel il reproduit tous les mémoires que nous avons cités dans cet ouvrage. L'*Essai sur l'homme* a été l'objet d'une critique remarquable que le professeur Claparède, un des zoologistes les plus distingués d'Europe, a publiée dans la *Bibliothèque universelle*, juin 1870. La remarque

pu avoir la sélection naturelle a été de douer le sauvage d'un cerveau un peu supérieur à celui du singe. »

Bien que la puissance intellectuelle et les habitudes sociales de l'homme aient pour lui une importance fondamentale, nous ne devons pas méconnaître l'importance de sa conformation corporelle, point auquel nous consacrerons le reste de ce chapitre. Nous discuterons, dans un chapitre suivant, le développement de ses facultés intellectuelles, sociales et morales.

Quiconque sait un peu de menuiserie admet qu'il n'est pas facile de manier le marteau avec précision. Jeter une pierre avec la justesse dont un Fuégien est capable, soit pour se défendre, soit pour tuer des oiseaux, exige la perfection la plus consommée dans l'action combinée des muscles de la main, du bras et de l'épaule, sans parler d'un sens tactile assez fin. Pour lancer une pierre ou une lance, et pour beaucoup d'autres actes, l'homme doit être ferme sur ses pieds, ce qui exige encore la coadaptation parfaite d'une foule de muscles. Pour tailler un silex et en faire l'outil le plus grossier, ou pour façonner un os en crochet ou en hameçon, il faut une main parfaite; car, ainsi que le fait remarquer un juge des plus compétents, M. Schoolcraft [68], l'art de transformer des fragments de pierre en couteaux, en lances ou en pointes de flèche, dénote « une habileté extrême et une longue pratique ». Le fait que les hommes primitifs pratiquaient la division du travail le prouve surabondamment; chaque homme ne confectionnait pas ses outils en silex ou sa poterie grossière, mais il paraît que certains individus se vouaient à ce genre de travaux et recevaient, sans doute, en échange, quelques produits de la chasse. Les archéologues affirment qu'un énorme laps de temps s'est écoulé avant que nos ancêtres aient songé à user la surface des silex éclatés pour en faire des outils polis. Un animal ressemblant à l'homme, pourvu d'une main et d'un bras assez parfaits pour jeter une pierre avec justesse, ou pour transformer un silex en un outil grossier, pourrait, sans aucun

---

que je cite dans le texte surprendra tous ceux qui ont lu le travail célèbre de M. Wallace sur l'*Origine des Races humaines*, déduite de la *Théorie de la sélection naturelle*, publiée primitivement dans *Anthropological Review*, mai 1864, p. clviii. Je ne puis m'empêcher de citer une remarque très juste faite par sir J. Lubbok sur ce travail (*Prehistoric Times*, 1865, p. 479), à savoir que M. Wallace, « avec un désintéressement caractéristique, attribue l'idée de la sélection naturelle exclusivement à M. Darwin, bien que, comme on le sait, il l'ait émise d'une manière indépendante, et publiée en même temps, mais d'une manière moins complète. »

68. Cité par M. Lawson Tait, *Law of natural selection*, — *Dublin Quarterly Journal of Medical Science*, février 1869. Le docteur Keller est aussi cité dans le même but.

doute, avec une pratique suffisante, en ce qui concerne seulement
l'habileté mécanique, effectuer presque tout ce qu'un homme civilisé
est capable de faire. On peut, à ce point de vue, comparer la conformation de la main à celle des organes vocaux, qui servent chez
les singes à l'émission de cris, de signaux divers, ou, comme chez
une espèce, à l'émission de cadences musicales; tandis que, chez
l'homme, des organes vocaux très semblables se sont adaptés à
l'expression du langage articulé grâce aux effets héréditaires de
l'usage.

Examinons maintenant les plus proches voisins de l'homme, et,
par conséquent, les représentants les plus fidèles de nos ancêtres
primitifs. La main des quadrumanes a la même conformation générale que la nôtre, mais elle est moins parfaitement adaptée à des
travaux divers. Cet organe ne leur est pas aussi utile pour la locomotion que les pattes le sont à un chien; c'est ce qu'on observe
chez les singes, qui marchent sur les bords externes de la paume
de la main, ou sur le revers des doigts repliés, comme l'orang et
le chimpanzé ⁶⁹. Leurs mains sont toutefois admirablement adaptées
pour grimper aux arbres. Les singes saisissent comme nous de
fines branches ou des cordes avec le pouce d'un côté, les doigts et
la paume de l'autre. Ils peuvent aussi soulever d'assez gros objets,
porter par exemple à leur bouche le goulot d'une bouteille. Les
babouins retournent les pierres et arrachent les racines avec leurs
mains. Ils saisissent à l'aide de leur pouce, opposable aux doigts,
des noisettes, des insectes et d'autres petits objets, et, sans aucun
doute, prennent ainsi les œufs et les jeunes oiseaux dans les nids.
Les singes américains meurtrissent les oranges sauvages, en les frappant sur une branche, jusqu'à ce que, l'écorce se fendant, ils puissent l'arracher avec leurs doigts. D'autres singes ouvrent avec les
deux pouces les coquilles des moules. Ils s'enlèvent réciproquement les épines qui peuvent se fixer dans leur peau, et se cherchent mutuellement leurs parasites. A l'état sauvage, ils brisent à
l'aide de cailloux les fruits à coque dure. Ils roulent des pierres ou
les jettent à leurs ennemis; cependant, ils exécutent tous ces actes
lourdement, et il leur est absolument impossible, ainsi que j'ai pu
l'observer moi-même, de lancer une pierre avec précision.

Il me paraît loin d'être vrai que, parce que les singes saisissent
les objets gauchement, « un organe de préhension moins spécialisé
leur aurait rendu autant de services que leurs mains actuelles ⁷⁰. »

69. Owen, *Anatomy of Vertebrates*, III, p. 71.
70. *Quarterly Review*, avril 1869, p. 392.

Au contraire, je ne vois aucune raison pour mettre en doute qu'une main plus parfaitement conformée ne leur eût été avantageuse, à la condition, importante à noter, qu'elle n'en fût pas pour cela moins propre à leur permettre de grimper aux arbres. Nous pouvons supposer qu'une main aussi parfaite que celle de l'homme aurait été moins avantageuse pour grimper, car les singes qui se tiennent le plus dans les arbres, l'Ateles en Amérique, le Colubus en Afrique et l'Hylobates en Asie, ont le pouce très réduit en grosseur, souvent même rudimentaire, et les doigts partiellement adhérents de sorte que leur main est ainsi convertie en simple crochet[71].

Dès qu'un ancien membre de la grande série des Primates en fut arrivé, soit à cause d'un changement dans le mode de se procurer ses aliments, soit à cause d'une modification dans les conditions du pays qu'il habitait, à vivre moins sur les arbres et davantage sur le sol, son mode de locomotion a dû se modifier ; dans ce cas, il devait devenir ou plus rigoureusement quadrupède ou absolument bipède. Les babouins fréquentent les régions accidentées et rocheuses, et ne grimpent sur les arbres élevés que forcés par la nécessité[72], ils ont acquis presque la démarche du chien. L'homme seul est devenu bipède ; nous pouvons, je crois, expliquer en partie comment il a acquis son attitude verticale, qui constitue un de ses caractères les plus remarquables. L'homme n'aurait jamais atteint sa position prépondérante dans le monde sans l'usage de ses mains, instruments si admirablement appropriés à obéir à sa volonté. Sir C. Bell[73] a insisté sur le fait que « la main supplée à tous les instruments, et, par sa connexité avec l'intelligence, elle a assuré à l'homme la domination universelle. » Mais les mains et les bras n'auraient jamais pu devenir des organes assez parfaits pour fabriquer des armes, pour lancer des pierres et des javelots avec précision, tant qu'ils servaient habituellement à la locomotion et à supporter le poids du corps, ou tant qu'ils étaient tout particulièrement adaptés, comme nous l'avons vu, pour grimper dans les arbres. Un service aussi rude aurait, d'ailleurs, émoussé le sens du tact, dont dépendent essentiellement les usages délicats auxquels les doigts sont appro-

71. Chez l'*Hylobates syndactilus*, comme le nom l'indique, deux des doigts sont adhérents; fait qui se représente occasionnellement, à ce que m'apprend M. Blyth, dans les doigts des *H. agilis, lar*, et *leuciscus*. Le *Colobus* est extraordinairement actif, et habite exclusivement les arbres (Brehm *Thierleben*, vol. I. p. 50); mais j'ignore si ces singes sont meilleurs grimpeurs que les espèces des genres voisins. Il est à remarquer que les pieds des paresseux, qui vivent exclusivement sur les arbres, ressemblent absolument à des crochets.

72. Brehm, *Thierleben*, vol. I, p. 80.

73. *The Hand, its Mechanism, etc. Bridgewater Treatise*, 1833, p. 38.

priés. Ces causes seules auraient suffi pour que l'attitude verticale
fût avantageuse à l'homme, mais il est encore beaucoup d'actions
qui exigent la liberté des deux bras et de la partie supérieure du
corps, lequel doit pouvoir dans ce cas reposer solidement sur les
pieds. Pour atteindre ce résultat fort avantageux, les pieds sont
devenus plats, et le gros orteil s'est particulièrement modifié, au
prix, il est vrai, de la perte de toute aptitude à la préhension. Le
principe de la division du travail physiologique, qui prévaut dans
le règne animal, veut que, à mesure que les mains se sont perfectionnées pour la préhension, les pieds se soient perfectionnés
aussi dans le sens de la stabilité et de la locomotion. Chez quelques
sauvages cependant, le pied n'a pas entièrement perdu son pouvoir
préhensile, comme le prouve leur manière de grimper sur les
arbres et de s'en servir de diverses autres manières [74].

Or, s'il est avantageux pour l'homme d'avoir les mains et les
bras libres, et de pouvoir se tenir solidement sur les pieds,
et son succès dans la lutte pour l'existence ne permet pas d'en
douter, je ne vois aucune raison pour laquelle il n'aurait pas
été également avantageux à ses ancêtres de se redresser toujours
davantage, et de devenir bipèdes. Ce nouvel état leur permettait
de mieux se défendre avec des pierres ou des massues, d'attaquer
plus facilement leur proie, ou de se procurer autrement leurs aliments. Les individus les mieux construits ont dû, à la longue, le
mieux réussir, et survivre en plus grand nombre. Si le gorille et
quelques espèces voisines s'étaient éteintes, on aurait pu opposer
l'argument assez fort et assez vrai en apparence, qu'un animal ne
peut passer graduellement de l'état de quadrupède à celui de bipède;
car tous les individus se trouvant dans l'état intermédiaire auraient
été très mal appropriés à tout genre de locomotion. Mais nous savons (et cela mérite réflexion) que les anthropomorphes se trouvent
actuellement dans cette condition intermédiaire, sans qu'on puisse
contester que, dans l'ensemble, ils soient bien adaptés à leur mode
d'existence. Ainsi le gorille court avec une allure oblique et lourde,
mais plus habituellement il marche en s'appuyant sur ses doigts
fléchis. Les singes à longs bras s'en servent quelquefois comme de
béquilles, et, en se balançant sur eux, se projettent en avant; quel-

74. Dans sa *Natürliche Schöpfungsgeschichte*, 1868, p. 507, Häckel discute,
avec beaucoup d'habileté, les moyens par lesquels l'homme est devenu bipède.
Dans ses *Conférences sur la théorie darwinienne*, 1869, p. 135, Büchner cite des
cas de l'usage du pied par l'homme comme organe préhensile, et aussi sur le
mode de progression des singes supérieurs dont je parle dans le paragraphe
suivant. Voir encore, sur ce dernier point, Owen, *Anatomy of Vertebrates*,
vol. III, p. 71.

ques Hylobates peuvent, sans qu'on le leur ait appris, marcher ou courir debout avec une assez grande rapidité ; toutefois leurs mouvements sont gauches et n'ont pas la sureté de ceux de l'homme. Nous trouvons donc, en somme, diverses gradations chez les singes vivants, entre le mode de locomotion qui est strictement celui du quadrupède, et celui du bipède où de l'homme ; or, comme le fait remarquer un juge compétent [75], qui n'est animé par aucun esprit de parti, la conformation des singes anthropomorphes se rapproche plus du type bipède que du type quadrupède.

A mesure que les ancêtres de l'homme se sont de plus en plus redressés, à mesure que leurs mains et leurs bras se modifiaient de plus en plus en vue de la préhension et d'autres usages, tandis que leurs pieds et leurs jambes se modifiaient en même temps pour le soutien et la locomotion, une foule d'autres modifications de conformation sont devenues nécessaires. Le bassin a dû s'élargir, l'épine dorsale se courber d'une manière spéciale, la tête se fixer dans une autre position, changements qui se sont tous effectués chez l'homme. Le professeur Schaafhausen [76] soutient que « les énormes apophyses mastoïdes du crâne humain sont un effet de son attitude verticale ; » elles n'existent ni chez l'orang, ni chez le chimpanzé, etc., et sont plus petites chez le gorille que chez l'homme. Nous pourrions signaler ici diverses autres conformations qui paraissent se rapporter à l'attitude verticale de l'homme. Il est difficile de déterminer jusqu'à quel point toutes ces modifications corrélatives ont pour cause la sélection naturelle, et quels peuvent avoir été les résultats des effets héréditaires de l'accroissement d'usage de quelques parties, ou de leur action réciproque les unes sur les autres. Il n'est pas douteux que ces causes de changement n'agissent et ne réagissent les unes sur les autres. Ainsi, lorsque certains muscles et les arêtes osseuses auxquelles ils sont attachés s'accroissent par suite d'un usage habituel, cela prouve qu'ils jouent un rôle utile qui favorise les individus où ils sont le plus développés, et que ces derniers tendent à survivre en plus grand nombre.

L'usage libre des bras et des mains, en partie la cause et en partie le résultat de l'attitude verticale de l'homme, paraît avoir déterminé indirectement d'autres modifications de structure. Les ancêtres primitifs mâles de l'homme étaient probablement, comme

75. Broca, *La constitution des vertèbres caudales* (*Revue d'anthropologie*, 1872, p. 26).

76. *Sur la forme primitive du crâne*, traduit dans *Anthropological Review*, octobre 1868, p. 428. Owen (*Anatomy of Vertebrates*, vol. II, p. 551, 1866), sur les apophyses mastoïdes chez les singes supérieurs.

nous l'avons vu, pourvus de grosses canines ; mais, dès qu'ils s'ha-
bituèrent graduellement à se servir de pierres, de massues ou d'autres armes pour combattre leurs ennemis, ils ont dû de moins en
moins se servir de leurs mâchoires et de leurs dents pour cet usage.
Les mâchoires, dans ce cas, ainsi que les dents, se sont réduites,
comme nous le prouvent une foule de faits analogues. Nous trouverons, dans un futur chapitre, un cas tout à fait parallèle dans la
réduction ou la disparition complète des canines chez les ruminants mâles, disparition qui paraît se rattacher au développement de
leurs cornes, et chez les chevaux à leur habitude de compter pour
se défendre sur leurs incisives et sur leurs sabots.

L'énorme développement des muscles de la mâchoire produit
sur le crâne des singes anthropomorphes mâles adultes, ainsi que
Rütimeyer [77] et d'autres savants le constatent, des effets tels que le
crâne de ces animaux diffère considérablement et sous tant de rapports de celui de l'homme, et leur donnent l'horrible physionomie
qui les caractérise. Aussi, à mesure que les mâchoires et les dents
se sont graduellement réduites chez les ancêtres de l'homme, le crâne
adulte de ces derniers a dû se rapprocher chaque jour davantage de
celui de l'homme actuel. Une grande diminution des canines chez
les mâles a certainement, comme nous le verrons plus loin, affecté
par hérédité celles des femelles.

Le cerveau a certainement augmenté en volume à mesure que
les diverses facultés mentales se sont développées. Personne, je
suppose, ne doute que, chez l'homme, le volume du cerveau, relativement à celui du corps, si on compare ces proportions à celles
qui existent chez le gorille ou chez l'orang, ne se rattache intimement à ses facultés mentales élevées. Nous observons des faits
analogues chez des insectes : chez les fourmis, en effet, les ganglions cérébraux atteignent une dimension extraordinaire ; ces
ganglions sont chez tous les hyménoptères beaucoup plus volumi-
neux que chez les ordres moins intelligents, tels que les coléoptères [78]. D'autre part, personne ne peut supposer que l'intelligence
de deux animaux ou de deux hommes quelconques puisse être
exactement jaugée par la capacité de leur crâne. Il est certain
qu'une très petite masse absolue de substance nerveuse peut développer une très grande activité mentale ; car les instincts si mer-
veilleusement variés, les aptitudes et les affections des fourmis que

77. *Die Grenzen der Thierwelt, eine Betrachtung zu Darwin's Lehre,* 1868, p. 51. .
78. Dujardin, *Annales des sciences nat.,* 3e série, *Zoolog.,* t. XIV, 1850, p. 203.
M. Lowne, *Anatomy and Physiology of the Musca vomitoria,* 1870, p. 14. Mon fils,
M. F. Darwin, a disséqué pour moi les ganglions cérébraux de la *Formica rufa.*

chacun connaît, ont pour siège des ganglions cérébraux qui n'atteignent pas la grosseur du quart de la tête d'une petite épingle. A ce dernier point de vue le cerveau d'une fourmi est un des plus merveilleux atomes de matière qu'on puisse concevoir, peut-être même plus merveilleux encore que le cerveau de l'homme.

L'opinion qu'il existe chez l'homme quelque rapport intime entre le volume du cerveau et le développement des facultés intellectuelles repose sur la comparaison des crânes des races sauvages et des races civilisées, des peuples anciens et modernes, et par l'analogie de toute la série des vertébrés. Le Dr J. Barnard Davis [79] a prouvé, par de nombreuses mesures exactes, que la capacité moyenne interne du cerveau chez les Européens est de 92,3 pouces cubes; 87,5 chez les Américains; 87,1 chez les Asiatiques, et seulement de 81,9 chez les Australiens. Le professeur Broca [80] a démontré que les crânes récents des cimetières de Paris, sont plus grands que ceux trouvés dans les caveaux du XIIe siècle, dans le rapport de 1,484 à 1,426 et que, comme le prouvent les mesures prises, l'augmentation de grandeur s'est produite exclusivement dans la partie frontale du crâne, siège des facultés intellectuelles. Prichard est convaincu que les habitants actuels de l'Angleterre ont des capacités crâniennes plus spacieuses que ne les avaient les anciens habitants du pays. Il faut, cependant, admettre que quelques crânes très anciens, comme le fameux crâne du Néanderthal, sont bien développés et très spacieux [81]. Quant aux animaux inférieurs, M. E. Lartet [82], en comparant les crânes des mammifères tertiaires à ceux des mammifères actuels appartenant aux mêmes groupes, est arrivé à la remarquable conclusion que le cerveau est généralement plus grand et les circonvolutions plus complexes chez les formes récentes. J'ai démontré autre part [83] que le volume du cerveau du lapin domestique a diminué considérablement comparativement à celui du lapin

79. *Philosophical Transactions*, 1869, p. 513.

80. Broca, *Les Sélections, Rev. d'Antrop.*, 1873. C. Vogt, *Leçons sur l'homme*, p. 113; Prichard, *Phys, History of Mankind*, I, 1838, p. 305.

81. Dans l'intéressant article auquel nous venons de faire allusion, le professeur Broca a fait remarquer avec beaucoup de raison que la moyenne de la capacité du crâne chez les nations civilisées se trouve fixée à un chiffre très inférieur par suite de la conservation d'un nombre considérable d'individus, faibles de corps et d'esprit, qui auraient été promptement éliminés à l'état sauvage. D'autre part, chez les sauvages, la moyenne ne comprend que les individus les plus vigoureux, qui ont pu survivre au milieu de conditions entièrement dures et pénibles. Broca explique ainsi le fait, autrement inexplicable, que la capacité moyenne du crâne des anciens Troglodytes de la Lozère est plus grande que celle des Français modernes.

82. *Comptes rendus des sciences*, etc., 1er juin 1868.

83. *La Variation des Animaux*, etc., vol. I, pp. 132-137.

sauvage ou du lièvre, ce qui peut être attribué à ce que, tenus en
captivité pendant de nombreuses générations, les lapins domestiques ont peu exercé leur intelligence, leurs instincts, leurs sens et
leur volonté.

Le poids et le volume croissants du cerveau et du crâne chez
l'homme ont dû influer sur le développement de la colonne vertébrale qui les supporte, surtout alors qu'il tendait à se redresser.
Pendant que s'effectuait ce changement d'attitude, la pression
interne du cerveau a dû aussi influencer la forme du crâne, lequel,
comme beaucoup de faits le prouvent, est facilement affecté par
des actions de cette nature. Les ethnologistes admettent que le
genre de berceau dans lequel on tient l'enfant peut modifier la forme
du crâne. Des spasmes musculaires habituels et une cicatrice résultant d'une forte brulûre peuvent modifier d'une manière permanente les os de la face. Chez certains jeunes sujets dont la tête, à la
suite d'une maladie, s'est fixée de côté ou en arrière, un des yeux
a changé de position et la forme du crâne s'est modifiée ; ce qui
paraît être le résultat d'une pression exercée par le cerveau dans
une nouvelle direction [84]. J'ai démontré que, chez les lapins à longues oreilles, une cause aussi insignifiante que l'est, par exemple,
la chute en avant de ces organes, suffit pour entraîner dans
la même direction presque tous les os du crâne, qui alors ne correspondent plus exactement à ceux du côté opposé. Enfin, si les
dimensions générales d'un animal venaient à augmenter ou à diminuer beaucoup, sans aucun changement de son activité mentale,
ou si celle-ci augmentait ou diminuait considérablement sans grands
changements dans le volume du corps, la forme du crâne serait
dans les deux cas certainement modifiée. C'est ce que j'ai dû conclure de mes observatious sur les lapins domestiques ; quelques
races sont devenues beaucoup plus grandes que l'animal sauvage,
tandis que d'autres ont à peu près conservé la même taille, et,
dans les deux cas cependant, le cerveau a beaucoup diminué relativement à la grosseur du corps. Je fus d'abord très surpris de
trouver que, chez tous ces lapins, le crâne était devenu plus long ou
dolichocéphale; ainsi, j'ai examiné deux crânes offrant presque la
même largeur, l'un provenait d'un lapin sauvage, l'autre d'une

---

81. Shaaffhausen cite, d'après Blumenbach et Busch, des exemples des effets
des spasmes et des cicatrices, *Anthropological Review*, p. 420, octobre 1868. Le
docteur Jarrod. (*Anthropologia*, 1808, pp. 115, 116) indique, d'après Camper et
ses propres observations, des cas de modifications déterminées dans le crâne,
par suite d'une position artificielle imposée à la tête. Il admet que certaines
professions, telles que celle de cordonnier, en obligeant la tête à être toujours
penchée en avant, tendent à rendre le front plus saillant et plus arrondi.

grande race domestique, le premier n'avait que 79 millimètres de longueur, et le second 107 millimètres[85]. La forme du crâne constitue une des distinctions les plus remarquables des diverses races humaines; le crâne, en effet, est allongé chez les unes, arrondi chez les autres; on peut même leur appliquer en partie ce que nous a suggéré l'exemple des lapins, car Welcker affirme que les hommes de petite stature « penchent vers la brachycéphalie et ceux de haute taille vers la dolichocéphalie[86]; « on peut donc comparer ces derniers aux lapins à corps gros et allongé, qui ont tous le crâne allongé ou qui, en d'autres termes, sont dolichocéphales.

Ces différents faits nous permettent jusqu'à un certain point de saisir les causes qui ont amené les grandes dimensions et la forme plus ou moins arrondie du crâne; caractères qui constituent une différence si considérable entre l'homme et les animaux.

La nudité de la peau de l'homme constitue une autre différence remarquable. Les baleines et les dauphins (Cétacés), les dugongs (Sirenia) et l'hippopotame sont nus; ce qui peut leur être utile pour glisser facilement dans le milieu aquatique où ils sont appelés à se mouvoir, sans qu'il y ait toutefois chez eux déperdition de chaleur, car les espèces habitant les régions froides sont protégées par un épais revêtement de graisse, qui remplit le même but que la fourrure des phoques et des loutres. Les éléphants et les rhinocéros sont presque nus; or, comme certaines espèces éteintes, qui vivaient autrefois sous un climat arctique, étaient alors recouvertes d'une longue laine ou de poils épais, on pourrait presque affirmer que les espèces actuelles appartenant aux deux genres ont perdu leur revêtement pileux sous l'influence de la chaleur. Ceci paraît d'autant plus probable que les éléphants qui, dans l'Inde, habitent des districts élevés et froids sont plus velus[87] que ceux des plaines inférieures. Pouvons-nous en conclure que l'homme a perdu son revêtement pileux parce qu'il a primitivement habité un pays tropical? Le fait que le sexe mâle a conservé des poils, principalement sur la face et sur la poitrine, et les deux sexes aux jonctions des quatre membres avec le tronc, appuierait cette assertion, en admettant que le poil ait disparu avant que l'homme ait acquis la position verticale; car ce sont les parties qui ont conservé le plus de poils qui étaient alors le mieux abritées contre l'action directe du soleil. Le sommet de la tête présente toutefois une curieuse

85. *De la Variation*, etc., vol. I, p. 112, sur l'allongement du crâne; p. 114, sur la chute d'une oreille.
86. Cité par Schaaffhausen, *Anthropological Review*, p. 419, octobre 1868.
87. Owen, *Anatomy of Vertebrates*, vol. III, p. 619.

exception, car il doit, en tout temps, avoir été une des parties les plus exposées, et cependant les cheveux le recouvrent absolument. Néanmoins le fait que les autres membres de l'ordre des Primates, auquel appartient l'homme, bien qu'habitant diverses régions chaudes sont couverts de poils, généralement plus épais à la surface supérieure[88], est fortement contraire à la supposition que l'homme a perdu ses poils par suite de l'action du soleil. M. Belt[89] croit que sous les tropiques c'est un avantage pour l'homme de perdre ses poils, car il peut ainsi se débarrasser plus facilement de la multitude d'acarus et d'autres parasites qui l'attaquent souvent au point de causer parfois des ulcérations. Mais on peut douter que ce mal soit suffisamment grand pour que la sélection naturelle ait amené la dénudation du corps de l'homme, car, autant que je puis le savoir, aucun des nombreux quadrupèdes habitant les pays tropicaux n'a acquis un moyen spécial pour se défendre contre ces attaques. Je suis donc disposé à croire, ainsi que nous le verrons à propos de la sélection sexuelle, que l'homme, ou plutôt la femme primitive, a dû se dépouiller de ses poils dans quelque but d'ornementation ; il n'y aurait rien d'étonnant alors à ce que l'homme différât si considérablement par son état de villosité de tous ses voisins inférieurs, les caractères acquis par sélection sexuelle divergeant souvent à un degré extraordinaire chez des formes d'ailleurs extrêmement rapprochées.

Selon les idées populaires, l'absence d'une queue distingue éminemment l'homme ; mais ce point nous importe peu, puisque le même organe fait également défaut aux singes qui, par leur conformation, se rapprochent le plus du type humain. La queue présente souvent, chez les diverses espèces d'un même genre, des différences extraordinaires de longueur. Chez quelques espèces de Macaques, par exemple, la queue est plus longue que le corps entier et se compose de vingt-quatre vertèbres ; chez d'autres, elle est réduite à un tronçon à peine visible, composé de trois ou quatre vertèbres. Il y en a vingt-cinq dans la queue de quelques espèces

88. Isid. Geoffroy Saint-Hilaire (*Hist. nat. générale*, 1859, t. II, pp. 215-217) remarque que la tête humaine est couverte de longs poils, et qu'aussi les surfaces supérieures des singes et autres mammifères sont plus fortement revêtues de poils que les surfaces inférieures. Divers auteurs l'ont également observé. Le professeur Gervais (*Hist. nat. des Mammifères*, 1854, vol. I, p. 28) constate cependant que chez le gorille le poil est plus rare sur le dos, où il est partiellement enlevé par frottement, que sur les surfaces inférieures.

89. *The Naturalist in Nicaragua*, 1874, p. 209. A l'appui des assertions de M. Belt, je puis citer le passage suivant de sir W. Denison (*Varieties of vice-regal life*, vol. I, 1870, p. 440) : « On affirme que les Australiens attaqués par des parasites ont l'habitude de flamber leurs poils. »

de Babouins, tandis que celle du Mandrill ne possède que dix petites vertèbres rabougries ou, d'après Cuvier, quelquefois cinq
seulement[90]. La queue, qu'elle soit longue ou courte, s'effile
presque toujours vers son extrémité, ce qui, je présume, résulte
de l'atrophie par défaut d'usage des muscles terminaux, de leurs
artères et de leurs nerfs, atrophie qui entraîne aussi celle des os.
On n'a jusqu'à présent donné aucune explication satisfaisante des
grandes différences qui existent dans la longueur de la queue; peu
nous importe, d'ailleurs, car nous n'avons à nous occuper ici que
de la disparition extérieure totale de cet appendice. Le professeur
Broca[91] a démontré récemment que, chez tous les quadrupèdes, la
queue se compose de deux parties, entre lesquelles existe d'ordinaire une brusque séparation; la base se compose de vertèbres,
forées plus ou moins parfaitement et pourvues d'apophyses comme
les vertèbres ordinaires; les vertèbres qui forment l'extrémité de
la queue ne présentent, au contraire, aucune trace de perforation,
elles sont presque unies et ne ressemblent guère à de véritables vertèbres. Bien qu'invisible extérieurement, la queue n'en existe pas
moins chez l'homme et chez les singes anthropomorphes; elle est
identique au point de vue de la conformation chez les deux espèces.
Les vertèbres qui composent l'extrémité de cet appendice et qui
constituent l'*os coccyx* sont rudimentaires et très réduites en grandeur et en nombre. Les vertèbres de la base sont aussi en petit
nombre, elles sont soudées les unes aux autres et ont subi un arrêt
de développement; mais elles sont devenues beaucoup plus larges
et beaucoup plus plates que les vertèbres correspondantes de la
queue des animaux et constituent ce que Broca appelle les vertèbres sacrées accessoires. Ces vertèbres ont une importance fonctionnelle assez considérable en ce qu'elles soutiennent certaines
parties intérieures et rendent quelques autres services; les modifications qu'elles ont subies sont, d'ailleurs, directement en rapport
avec l'attitude droite ou demi–droite de l'homme et des singes anthropomorphes. Cette conclusion est d'autant plus acceptable que
Broca lui-même avait autrefois une autre opinion que de nouvelles
recherches l'ont conduit à abandonner. Il en résulte que les modifications qu'ont subies les vertèbres de la base de la queue chez
l'homme et chez les singes anthropomorphes ont pu être amenées
directement ou indirectement par la sélection naturelle.

90. M. Saint-George, Mivart, *Proc. Zoolog. Soc.*, 1865, pp. 562, 583. Docteur
J.-E. Gray, *Catal. Brit. Mus.* : *Skeletons.* Owen, *Anat. of Vertebrates*, II, p. 517.
Isidore Geoffroy-Saint-Hilaire, *Hist. Nat. générale*, t. II, p. 244.
91. *Revue d'Anthropologie*, 1872; *La constitution des vertèbres caudales.*

Mais comment expliquer l'état des vertèbres rudimentaires et variables de la partie extrême de la queue, vertèbres qui constituent l'*os coccyx ?* On a souvent tourné en ridicule, et on le fera sans doute encore, l'hypothèse en vertu de laquelle la friction a joué un rôle dans la disparition de la partie extérieure de la queue; or, cette hypothèse n'est pas si ridicule qu'elle peut le paraître au premier abord. Le Dr Anderson[92] affirme que la queue si courte du *Macacus brunneus* se compose de onze vertèbres, y compris les vertèbres de la base enfoncés dans le corps. L'extrémité, composée de tendons, ne contient aucune vertèbre; viennent ensuite cinq vertèbres rudimentaires repliées d'un côté en forme de crochet et si petites qu'elles n'ont guère, prises toutes ensemble, que 2 millimètres de longueur. La partie libre de la queue, qui n'a guère en tout que 25 millimètres de longueur ne contient, en outre, que quatre autres petites vertèbres. Cette petite queue est droite ; mais un quart environ de sa longueur totale se replie à gauche sur lui-même; cette partie terminale, qui comprend la partie en forme de crochet, sert « à remplir l'intervalle qui existe entre la portion divergente supérieure des callosités », de sorte que l'animal s'assied sur sa queue ce qui la rend rugueuse et calleuse. Le Dr Anderson résume ainsi ses observations : « Il me semble que ces faits ne peuvent s'expliquer que d'une seule façon : cette queue, à cause même de son peu de longueur, gêne le singe quand il s'assied et se loge fréquemment alors sous l'animal; le fait que la queue ne s'étend pas au-delà de l'extrémité des tubérosités ischiales semble indiquer que l'animal, dans le principe, la recourbait volontairement pour la loger dans l'intervalle qui existe entre les callosités de façon qu'elle ne soit pas pressée entre ces dernières et le sol; puis, dans le cours des temps, cette courbure devint permanente et la queue se loge d'elle-même à l'endroit approprié quand l'animal s'assied. » Dans ces conditions, il n'est pas surprenant que la queue soit devenue rugueuse et calleuse. Le Dr Murie[93], qui a étudié attentivement, au Jardin zoologique, cette espèce et trois espèces très voisines ayant une queue un peu plus longue, dit que « la queue se place nécessairement à côté des fesses quand l'animal s'assied, et que la base de l'organe, quelle que puisse être, d'ailleurs, sa longueur, est exposée à de nombreux frottements. » Il est aujourd'hui démontré que les mutilations produisent parfois des effets héréditaires[94]; il n'est donc pas absolument improbable que chez

92. *Proc. Zoolog. Soc.*, 1872, p. 210.
93. *Proc. Zoolog. Soc.,* 1872, p. 786.
94. Je fais allusion aux observations du docteur Brown-Séquard sur les effets

les singes à courte queue, la partie extérieure de cet appendice,
exposée à un frottement et à des lésions continuelles et désormais
inutile au point de vue fonctionnel, soit, après de nombreuses générations, devenue rudimentaire ou qu'elle se soit déformée. La
partie extérieure de la queue est déformée chez le *Macacus brunneus;* elle est absolument atrophiée chez le M. *ecaudatus* et chez plusieurs singes supérieurs. Autant donc que nous pouvons en juger,
la queue a disparu chez l'homme et chez les singes anthropomorphes par suite des frictions et des lésions auxquelles elle a été exposée pendant de longues périodes; en outre, la base enfouie dans
le corps a diminué de volume et s'est modifiée pour se mettre en
rapport avec la posture droite ou demi-droite.

J'ai cherché à démontrer que la sélection naturelle a, selon toute
probabilité, amené directement, ou plus habituellement de façon
indirecte, la production des principaux caractères distinctifs de
l'homme. Rappelons-nous que la sélection naturelle ne peut produire des modifications de structure ou de constitution qui ne rendent aucun service à un organisme pour l'adapter à son mode de
vie, aux aliments qu'il consomme, ou passivement aux conditions
dans lesquelles il se trouve placé. Il ne nous appartient pas, cependant, d'indiquer avec trop d'assurance quelles sont les modifications qui peuvent être avantageuses à chaque être; car notre
ignorance est si grande que nous ne saurions déterminer l'usage
de nombreuses parties, et la nature des changements que peuvent
subir le sang et les tissus pour adapter un organisme à un nouveau
climat ou à une alimentation différente. Nous devons aussi tenir
compte du principe de la corrélation qui relie les unes aux autres,
comme Isidore Geoffroy l'a démontré au sujet de l'homme, bien
des déviations étranges de structure. Indépendamment de la corrélation, un changement dans une partie peut entraîner des modifications tout à fait inattendues dans d'autres parties, modifications
dues à l'augmentation ou à la diminution d'usage de ces parties.
Il faut aussi réfléchir avec soin à des phénomènes tels que la merveilleuse croissance des galles, provoquées chez les plantes par la
piqûre d'un insecte; ou tels que les changements remarquables de

héréditaires d'une opération qui provoque l'épilepsie chez les cochons d'Inde et
à des recherches plus récentes sur les effets héréditaires, causés par la section
du nerf sympathique dans le cou. J'aurai occasion de parler plus loin des observations de M. Salvin sur les effets héréditaires produits chez certains oiseaux
qui détruisent les barbes des plumes de leur queue. Voir aussi sur ce sujet,
Variation des Animaux et des Plantes, vol. I, ch. XII.

couleur déterminés chez les perroquets quand on les nourrit avec certains poissons, ou qu'on leur inocule le poison de certains crapauds[95]; car ces phénomènes nous prouvent que les fluides du système, altérés dans un but spécial, peuvent provoquer d'autres changements. Nous devons nous rappeler surtout que des modifications acquises, qui ont continuellement rendu des services dans le passé, ont dû probablement se fixer et devenir héréditaires.

On peut donc, avec certitude, attribuer aux résultats directs et indirects de la sélection naturelle une importance très grande bien que non définie; mais, après avoir lu l'essai de Nägeli sur les plantes, et les observations faites par divers auteurs sur les animaux, plus particulièrement celles récemment énoncées par le professeur Broca, j'admets maintenant que, dans les premières éditions de l'*Origine des Espèces*, j'ai probablement attribué un rôle trop considérable à l'action de la sélection naturelle ou à la persistance du plus apte. J'ai donc modifié la cinquième édition de cet ouvrage de manière à limiter mes remarques aux adaptations de structure; mais je suis convaincu, et les recherches faites pendant ces quelques dernières années fortifient chez moi cette conviction, qu'on découvrira l'utilité de beaucoup de conformations qui nous paraissent aujourd'hui inutiles et qu'il faudra, par conséquent, les faire rentrer dans la sphère d'action de la sélection naturelle. Néanmoins je n'ai pas, autrefois, suffisamment appuyé sur l'existence de beaucoup de conformations qui, autant que nous en pouvons juger, paraissent n'être ni avantageuses ni nuisibles; et c'est là, je crois, l'une des omissions les plus graves qu'on ait pu relever, jusqu'à présent, dans mon ouvrage. Qu'il me soit permis de dire comme excuse que j'avais en vue deux objets distincts : le premier, de démontrer que l'espèce n'a pas été créée séparément, et le second, que la sélection naturelle a été l'agent modificateur principal, bien qu'elle ait été largement aidée par les effets héréditaires de l'habitude, et un peu par l'action directe des conditions ambiantes. Toutefois je n'ai pu m'affranchir suffisamment de l'influence de mon ancienne croyance, alors généralement admise, à la création de chaque espèce dans un but spécial; ce qui m'a conduit à supposer tacitement que chaque détail de conformation, les rudiments exceptés, devait avoir quelque utilité spéciale, bien que non reconnue. Avec cette idée dans l'esprit, on est naturellement entraîné à étendre trop loin l'action de la sélection naturelle dans le passé ou dans le présent. Quelques-uns de ceux qui admettent le principe de l'évo-

95. *La Variation des Animaux*, etc., vol. II, p. 297.

lution, mais qui rejettent la sélection naturelle, paraissent oublier, en critiquant mon ouvrage, que j'avais les deux objets précités en vue ; donc, si j'ai commis une erreur, soit, ce que je suis loin d'admettre, en attribuant une grande puissance à la sélection naturelle, soit, ce qui est probable en soi, en exagérant cette puissance, j'espère au moins avoir rendu quelque service en contribuant à renverser le dogme des créations distinctes.

Il est probable, je le comprends maintenant, que tous les êtres organisés, l'homme compris, présentent beaucoup de particularités de structure qui n'ont pour eux aucune utilité dans le présent, non plus que dans le passé, et qui n'ont, par conséquent, aucune importance physiologique. Nous ignorons ce qui amène chez les individus de chaque espèce d'innombrables petites différences, car le retour ne fait que reculer le problème de quelques pas ; mais chaque particularité doit avoir eu une cause efficiente propre. Si ces causes, quelles qu'elles puissent être, agissaient plus uniformément et plus énergiquement pendant une longue période (et il n'y a pas de raison pour que cela n'arrive pas), il en résulterait probablement, non plus une légère différence individuelle, mais une modification constante et bien prononcée qui n'aurait, cependant, aucune importance physiologique. La sélection naturelle n'a certes pas contribué à conserver l'uniformité des modifications qui ne présentaient aucun avantage, bien qu'elle ait dû éliminer toutes celles qui étaient nuisibles. L'uniformité des caractères résulterait néanmoins naturellement de l'uniformité présumée de leurs causes déterminantes, et aussi du libre entre-croisement d'un grand nombre d'individus. Le même organisme pourrait de cette manière acquérir, pendant des périodes successives, des modifications successives, qui se transmettraient à peu près uniformément tant que les causes agissantes resteraient les mêmes, et tant que l'entre-croisement resterait libre. Quant aux causes déterminantes, nous ne pouvons que répéter ce que nous avons dit en parlant des prétendues variations spontanées, c'est qu'elles se rattachent plus étroitement à la constitution de l'organisme variable qu'à la nature des conditions auxquelles il a été soumis.

Résumé. — Nous avons vu dans ce chapitre que, de même que l'homme actuel est sujet, comme tout autre animal, à des différences individuelles multiformes ou à de légères variations, ses premiers ancêtres l'ont, sans aucun doute, également été ; ces variations ont été, alors comme aujourd'hui, prévoquées par les mêmes causes, et réglées par les mêmes lois générales et complexes.

Comme tous les animaux tendent à se multiplier au-delà de leurs moyens de subsistance, il a dû en être de même des ancêtres de l'homme, ce qui a inévitablement conduit ces derniers à la lutte pour l'existence et à la sélection naturelle. Les effets héréditaires de l'augmentation d'usage de certaines parties ont dû, en outre, donner une vigueur plus considérable à l'action de la sélection naturelle ; les deux phénomènes, en effet, réagissent constamment l'un sur l'autre. Il semble aussi, comme nous le verrons plus loin, que la sélection sexuelle a déterminé chez l'homme la formation de plusieurs caractères insignifiants. On doit attribuer à l'action uniforme présumée de ces influences inconnues, qui provoquent quelquefois chez nos animaux domestiques de brusques et profondes déviations de conformation, certaines autres modifications assez importantes peut-être, qu'il est impossible d'expliquer par l'action des causes précédemment indiquées.

A en juger d'après les habitudes des sauvages et de la plupart des quadrumanes, les hommes primitifs, nos ancêtres simio-humains, vivaient probablement en société. Chez les animaux rigoureusement sociables, la sélection naturelle agit parfois sur l'individu, en conservant les variations qui sont utiles à la communauté. Une association comprenant un grand nombre d'individus bien doués augmente rapidement et l'emporte sur les autres associations dont les membres sont moins bien doués, bien que chacun des individus qui composent la première n'acquière peut-être aucune supériorité sur les autres membres. Les insectes vivant en communauté ont acquis de cette façon plusieurs conformations remarquables qui ne rendent que peu ou point de service à l'individu, telles que l'appareil collecteur du pollen, l'aiguillon de l'abeille ouvrière, ou les fortes mâchoires des fourmis soldats. Je ne sache pas que, chez les animaux sociables supérieurs, aucune conformation ait été modifiée exclusivement pour le bien de la communauté, bien que quelques-unes de ces conformations rendent à la communauté des services secondaires. Les ruminants mâles, par exemple, ont sans doute acquis des cornes et les babouins mâles, de fortes canines pour lutter plus avantageusement avec leurs rivaux afin de s'emparer des femelles, mais ces armes n'en servent pas moins aussi à la défense du troupeau. Le cas est tout différent quand il s'agit de certaines facultés mentales, ainsi que nous le verrons dans le cinquième chapitre ; ces facultés, en effet, ont été principalement, ou même exclusivement acquises pour l'avantage de la communauté, et les individus qui la composent en tirent, en même temps, un avantage indirect.

On a souvent objecté aux théories que nous venons d'exposer, que l'homme est une des créatures le plus hors d'état de pourvoir à ses besoins, le moins apte à se défendre, qu'il y ait dans le monde ; et que cette incapacité de subvenir à ses besoins devait être plus grande encore pendant la période primitive, alors qu'il était moins bien développé. Le duc d'Argyll [96], par exemple, insiste sur ce point que « la conformation humaine s'est éloignée de celle de la brute, dans le sens d'un plus grand affaiblissement physique et d'une plus grande impuissance. C'est-à-dire qu'il s'est produit une divergence que, moins que toute autre, on peut attribuer à la simple sélection naturelle ». Il invoque l'état nu du corps, l'absence de grandes dents ou de griffes propres à la défense, le peu de force qu'a l'homme, sa faible rapidité à la course, l'insuffisance de son odorat, insuffisance telle qu'il ne peut se servir de ce sens, ni pour trouver ses aliments ni pour éviter le danger. On pourrait encore ajouter à ces imperfections son inaptitude à grimper rapidement sur les arbres pour échapper à ses ennemis. Quand on voit les Fuégiens résister sans vêtements à leur affreux climat, on comprend que la perte des poils n'ait pas été nuisible à l'homme primitif, surtout s'il habitait un pays chaud. Lorsque nous comparons l'homme sans défense aux singes qui, pour la plupart, possèdent de formidables canines, nous devons nous rappeler que ces dents n'atteignent leur développement complet que chez les mâles seuls, et leur servent principalement pour lutter avec leurs rivaux, les femelles, qui en sont privées, n'en subsistant pas moins.

Quant à la force et à la taille, nous ne savons si l'homme descend de quelque petite espèce, comme le chimpanzé, ou d'une espèce aussi puissante que le gorille ; nous ne saurions donc dire si l'homme est devenu plus grand et plus fort, ou plus petit et plus faible que ne l'étaient ses ancêtres. Toutefois nous devons songer qu'il est peu probable qu'un animal de grande taille, fort et féroce, et pouvant, comme le gorille, se défendre contre tous ses ennemis, puisse devenir un animal sociable ; or ce défaut de sociabilité aurait certainement entravé chez l'homme le développement de ses qualités mentales d'ordre élevé, telle que la sympathie et l'affection pour ses semblables. Il y aurait donc eu, sous ce rapport, un immense avantage pour l'homme à devoir son origine à un être comparativement plus faible.

Le peu de force corporelle de l'homme, son peu de rapidité de locomotion, sa privation d'armes naturelles, etc., sont plus que

---

96. *Primeval Man*, 1869, p. 66.

compensés, premièrement, par ses facultés intellectuelles, qui lui ont permis, alors qu'il était à l'état barbare, de fabriquer des armes, des outils, etc.; et, secondement, par ses qualités sociales, qu'il l'ont conduit à aider ses semblables et à en être aidé en retour. Il n'y a pas au monde de pays qui abonde autant en bêtes féroces que l'Afrique méridionale; pas de pays où les privations soient plus grandes, la vie plus rude, que dans les régions arctiques, et cependant une des races les plus chétives, celle des Boschimans, se maintient dans l'Afrique australe, de même que les Esquimaux, qui sont presque des nains, dans les régions polaires. Les premiers ancêtres de l'homme étaient sans doute inférieurs, sous le rapport de l'intelligence et probablement des dispositions sociales aux sauvages les plus infimes existant aujourd'hui; mais on comprend parfaitement qu'ils puissent avoir existé et même prospéré, si, tandis qu'ils perdaient peu à peu leur force brutale et leurs aptitudes animales, telles que celle de grimper sur les arbres, etc., ils avançaient en même temps en intelligence. D'ailleurs, en admettant même que les ancêtres de l'homme aient été plus dénués de ressources et de moyens de défense que les sauvages actuels, ils n'auraient été exposés à aucun danger particulier s'ils avaient habité quelque continent chaud, ou quelque grande île, telle que l'Australie, la Nouvelle-Guinée, ou Bornéo qui est actuellement habité par l'orang. Sur une surface aussi considérable que celle d'une de ces îles, la concurrence entre les tribus aurait été suffisante pour élever l'homme, grâce à la sélection naturelle, jointe aux effets héréditaires de l'habitude, à la haute position qu'il occupe actuellement dans l'échelle de l'organisation.

CHAPITRE III

COMPARAISON DES FACULTÉS MENTALES DE L'HOMME
AVEC CELLES DES ANIMAUX INFÉRIEURS

La différence entre la puissance mentale du singe le plus élevé et celle du sauvage le plus grossier est immense. — Communauté de certains instincts. — Émotions. — Curiosité. — Imitation. — Attention. — Mémoire. — Imagination. — Raison. — Amélioration progressive. — Instruments et armes employés par les animaux. — Abstraction, conscience de soi. — Langage. — Sentiment de la beauté. — Croyance en Dieu, aux agents spirituels, superstitions.

Nous avons vu, dans les deux derniers chapitres, que la conformation corporelle de l'homme prouve clairement qu'il descend d'un type inférieur; on peut objecter, il est vrai, que l'homme diffère si considérablement de tous les autres animaux par le développement de ses facultés mentales que cette conclusion doit être erronée. Il n'y a aucun doute que, sous ce rapport, la différence ne soit immense, en admettant même que nous ne comparions au singe le mieux organisé qu'un sauvage de l'ordre le plus infime, qui n'a point de mots pour indiquer un nombre dépassant quatre, qui ne sait employer aucun terme abstrait pour désigner les objets les plus communs ou pour exprimer les affections les plus chères [1]. La différence, sans doute, resterait encore immense si même on comparait le sauvage à un des singes supérieurs, amélioré, civilisé, amené par l'éducation à occuper, par rapport aux autres singes, la position que le chien occupe aujourd'hui par rapport à ses ancêtres primordiaux, le loup et le chacal. On range les Fuégiens parmi les barbares les plus grossiers; cependant, j'ai toujours été surpris, à bord du vaisseau le *Beagle,* de voir combien trois naturels de cette race, qui avaient vécu quelques années en Angleterre et parlaient un peu la langue de ce pays, nous ressemblaient au point de vue du caractère et de la plupart des facultés intellectuelles. Si aucun être organisé, l'homme excepté, n'avait possédé quelques facultés de cet ordre, ou que ces facultés eussent été chez ce dernier d'une nature toute différente de ce qu'elles sont chez les animaux inférieurs, jamais nous n'aurions pu nous convaincre que nos hautes facultés sont la résultante d'un développement graduel. Mais on peut facilement démontrer qu'il n'existe aucune différence fondamentale de ce genre. Il faut bien admettre aussi qu'il y a un intervalle infiniment plus considérable entre les facultés intellectuelles d'un poisson de l'ordre le plus inférieur, tel qu'une lamproie ou un amphioxus, et celle de l'un des singes les plus élevés, qu'entre les facultés intellectuelles de celui-ci et celles de l'homme; cet intervalle est, cependant, comblé par d'innombrables gradations.

D'ailleurs, à ne considérer que l'homme, la distance n'est-elle pas immense au point de vue moral entre un sauvage, tel que celui dont parle l'ancien navigateur Byron, qui écrasa son enfant contre un rocher parce qu'il avait laissé tomber un panier plein d'oursins, et un Howard ou un Clarkson; au point de vue intellectuel, entre un sauvage qui n'emploie aucun terme abstrait, et un Newton ou un Shakespeare? Les gradations les plus délicates relient les différences de ce genre, qui existent entre les hommes les plus éminents des races les plus élevées et les sauvages les plus grossiers. Il est donc possible que ces facultés intellectuelles ou mo-

---

1. Voir les preuves sur ces points dans Lubbock, *Prehistoric Times,* p. 354, etc.

rales se développent et se confondent les unes avec les autres.

J'ai l'intention de démontrer dans ce chapitre qu'il n'existe aucune différence fondamentale entre l'homme et les mammifères les plus élevés, au point de vue des facultés intellectuelles. Je suis forcé de traiter brièvement ici les principaux côtés de ce sujet, dont chacun aurait pu faire l'objet d'un chapitre séparé. Aucune classification des facultés intellectuelles n'a encore été universellement adoptée; je disposerai donc mes remarques dans l'ordre qui convient le mieux au but que je me propose, en choisissant les faits qui m'ont le plus frappé, avec l'espoir qu'ils produiront quelque effet sur l'esprit de mes lecteurs.

Certains faits prouvent que les facultés intellectuelles des animaux placés très bas sur l'échelle sont plus élevées qu'on ne le croit ordinairement; je me réserve de signaler ces faits lorsque j'aborderai l'étude de la sélection sexuelle. Je me contenterai de citer ici quelques exemples de la variabilité des facultés chez les individus appartenant à une même espèce, ce qui constitue pour nous un point important. Mais il serait superflu d'entrer dans de trop longs détails sur ce point, car mes recherches m'ont amené à reconnaître que tous ceux qui ont longuement étudié des animaux de bien des espèces, y compris les oiseaux, pensent unanimement que les individus diffèrent beaucoup au point de vue de leurs facultés intellectuelles. Il serait tout aussi inutile de rechercher comment ces facultés se sont, dans le principe, développées chez les formes inférieures, que de rechercher l'origine de la vie. Ce sont là problèmes réservés à une époque future encore bien éloignée, si toutefois l'homme parvient jamais à les résoudre.

L'homme possède les mêmes sens que les animaux, ses intuitions fondamentales doivent donc être les mêmes. L'homme et les animaux ont quelques instincts communs : l'amour de la vie, l'amour sexuel, l'amour de la mère pour ses petits nouveau-nés, l'aptitude de ceux-ci pour téter, et ainsi de suite. L'homme, cependant, a peut-être moins d'instincts que n'en possèdent les animaux qui, dans la série, sont ses plus proches voisins. L'orang, dans les îles de la Sonde, et le chimpanzé, en Afrique, construisent des plates-formes où ils se couchent pour dormir; les deux espèces ont une même habitude, on peut donc en conclure que c'est là un fait dû à l'instinct, mais nous ne pouvons affirmer qu'il ne résulte pas de ce que ces deux espèces d'animaux ont éprouvé les mêmes besoins et possèdent les mêmes facultés de raisonnement. Ces singes, ainsi que nous pouvons l'admettre, savent reconnaître les nombreux fruits vénéneux des tropiques, faculté que l'homme ne possède

pas; mais, comme les animaux domestiques, lorsqu'on les met en
liberté au printemps, mangent souvent des herbes vénéneuses
qu'ils évitent ensuite, nous ne pouvons pas non plus affirmer
que les singes n'aient pas appris, par leur propre expérience ou
par celle de leurs parents, à reconnaître les fruits qu'ils doivent
choisir. Il est toutefois certain, comme nous allons le voir, que les
singes éprouvent une terreur instinctive à la vue des serpents et,
probablement, d'autres animaux dangereux.

Le petit nombre et la simplicité comparative des instincts chez
les animaux supérieurs contrastent remarquablement avec ceux
des animaux inférieurs. Cuvier soutenait que l'instinct et l'intelligence sont en raison inverse; d'autres ont pensé que les facultés
intellectuelles des animaux élevés ne sont que des instincts graduellement développés. Mais Pouchet[2] a démontré dans un mémoire intéressant qu'il n'existe réellement aucune raison inverse
de ce genre. Les insectes qui possèdent les instincts les plus remarquables sont certainement les plus intelligents. Les membres
les moins intelligents de la classe des vertébrés, à savoir les poissons et les amphibies, n'ont pas d'instincts compliqués; et, parmi
les mammifères, l'animal le plus remarquable par les siens, le
castor, possède une grande intelligence, ainsi que l'admettent tous
ceux qui ont lu l'excellent travail de M. Morgan[3] sur cet animal.

M. Herbert Spencer[4] soutient que les premières lueurs de l'intelligence se sont développées par la multiplication et la coordination
d'actions réflexes; or, bien que la plupart des instincts les plus
simples se confondent avec les actions réflexes, au point qu'il est
presque impossible de les distinguer les uns des autres, la succion,
par exemple, chez les jeunes animaux, les instincts plus complexes
paraissent, cependant, s'être formés indépendamment de l'intelligence. Je suis toutefois très éloigné de vouloir nier que des actions
instinctives puissent perdre leur caractère fixe et naturel, et être
remplacées par d'autres accomplies par la libre volonté. D'autre
part, certains actes d'intelligence, — tels, par exemple, que celui
des oiseaux des îles de l'océan qui apprennent à éviter l'homme, —
peuvent, après avoir été pratiqués pendant plusieurs générations,
se transformer en instincts héréditaires. On peut dire alors que ces
actes ont un caractère d'infériorité, car ce n'est plus la raison ou
l'expérience qui les fait accomplir. Mais la plupart des instincts
plus complexes paraissent avoir été acquis d'une manière toute

---

2. *L'Instinct chez les Insectes* (*Revue des Deux Mondes,* février 1870, p. 690).
3. *The American Beaver and his Works*, 1868.
4. *The Principles of Psychology*, 2ᵉ édit., 1870, pp. 418-443.

différente, par la sélection naturelle des variations d'actes instinctifs plus·simples. Ces variations paraissent résulter des mêmes causes inconnues qui, occasionnant de légères variations ou des différences individuelles dans les autres parties du corps, agissent de même sur l'organisation cérébrale, et déterminent des changements que, dans notre ignorance, nous considérons comme spontanés. Je, ne crois pas que nous puissions arriver à une autre conclusion sur l'origine des instincts les plus complexes, lorsque nous songeons à ceux des fourmis ou des abeilles ouvrières stériles, instincts d'autant plus remarquables que les individus qui les possèdent ne laissent point de descendants pour hériter des effets de l'expérience et des habitudes modifiées.

Bien qu'un degré élevé d'intelligence soit certainement compatible avec l'existence d'instincts complexes, comme nous le prouve l'exemple du castor et des insectes dont nous venons de parler, et bien que les actions dépendant d'abord de la volonté puissent ensuite être accomplies grâce à l'habitude avec la rapidité et la sûreté d'une action réflexe, il n'est cependant pas improbable qu'il existe une certaine opposition entre le développement de l'intelligence et celui de l'instinct, car ce dernier implique certaines modifications héréditaires du cerveau. Nous savons bien peu de chose sur les·fonctions du cerveau, mais nous pouvons concevoir que, à mesure que les facultés intellectuelles se développent davantage, les diverses parties du cerveau doivent être en rapports de communications plus complexes, et que, comme conséquence, chaque portion distincte doit tendre à devenir moins apte à répondre d'une manière définie et héréditaire, c'est-à-dire instinctive, à des sensations particulières. Il semble même y avoir certains rapports entre une faible intelligence et une forte tendance à la formation d'habitudes fixes, mais non pas héréditaires ; car, comme me l'a fait remarquer un médecin très.sagace, les personnes légèrement imbéciles tendent à se laisser guider en tout par la routine ou l'habitude, et on les rend d'autant plus heureuses qu'on encourage cette disposition.

J'ai cru devoir faire cette digression parce que nous pouvons aisément estimer au-dessous de sa valeur l'activité mentale des animaux supérieurs et surtout de l'homme, lorsque nous comparons leurs actes, basés sur la mémoire d'événements passés, sur la prévoyance, la raison et l'imagination, avec d'autres actes tout à fait semblables accomplis instinctivement par des animaux inférieurs. Dans ce dernier cas, l'aptitude à accomplir ces actes a été acquise graduellement, grâce à la variabilité des organes mentaux et à la sélection naturelle, sans que, dans chaque génération successive, l'animal en ait eu conscience et sans que l'intelligence y ait aucune part. Il n'y a pas à douter, ainsi que le soutient M. Wallace[5], qu'une grande part du travail intellectuel effectué par l'homme ne soit due à l'imitation et non à la raison; mais il y a, entre les actes de l'homme et ceux des animaux, cette grande différence que l'homme ne peut pas, malgré sa faculté d'imitation, fabriquer d'emblée, par exemple, une hache en pierre ou une pirogue. Il faut qu'il apprenne à travailler; un castor, au contraire, construit sa digue ou son canal, un oiseau fait son nid, une araignée tisse sa toile merveilleuse, presque aussi bien ou même tout aussi bien dès son premier essai que lorsqu'il est plus âgé et plus expérimenté[6].

Pour en revenir à notre sujet immédiat : les animaux inférieurs, de même que l'homme, ressentent évidemment le plaisir et la douleur, le bonheur et le malheur. On ne saurait trouver une expression de bonheur plus évidente que celle que manifestent les petits chiens et les petits chats, les agneaux, etc., lorsque, comme nos enfants, ils jouent les uns avec les autres. Les insectes eux-mêmes jouent les uns avec les autres, ainsi que l'a démontré un excellent observateur P. Huber[7], qui a vu des fourmis se poursuivre et se mordiller, comme le font les petits chiens.

Le fait que les animaux sont aptes à ressentir les mêmes émotions que nous me paraît assez prouvé pour que je n'aie pas à importuner mes lecteurs par de nombreux détails. La terreur agit sur eux comme sur nous, elle cause un tremblement des muscles, des palpitations du cœur, le relâchement des sphincters, et le redressement des poils. La défiance, conséquence de la peur, caractérise éminemment la plupart des animaux sauvages. Il est, je crois, impossible de lire la description que fait sir E. Tennent de la conduite des éléphants femelles, dressées à attirer les éléphants sauvages, sans admettre qu'elles ont parfaitement l'intention de tromper ces derniers et qu'elles savent parfaitement ce qu'elles font. Le courage et la timidité sont extrêmement variables chez les individus d'une même espèce, comme on peut facilement l'observer chez nos chiens. Certains chiens et certains chevaux ont un mauvais caractère et boudent aisément, d'autres ont bon caractère; toutes ces qualités sont héréditaires. Chacun sait combien les animaux sont sujets aux colères furieuses, et combien ils le manifestent clairement. On a publié de nombreuses anecdotes probablement

---

5. *Contributions to the Theory of Natural Selection*, 1870, p. 212.
6. Pour les preuves sur ce point, voir le très intéressant ouvrage de M. J. Traherne Moggridge, *Harvesting ants, and trap-doors spiders*, 1873, pp. 126-128.
7. *Recherches sur les mœurs des fourmis*, 1810, p. 173.

vraies, sur les vengeances habiles et souvent longtemps différées de divers animaux. Rengger et Brehm[8] affirment que les singes américains et africains qu'ils ont apprivoisés se vengeaient parfois. Sir Andrew Smith, zoologiste dont chacun admet l'exactitude absolue, m'a raconté le fait suivant dont il a été témoin oculaire : un officier, au cap de Bonne-Espérance, prenait plaisir à taquiner un babouin; un dimanche, l'animal, le voyant s'approcher en grand uniforme pour se rendre à la parade, se hâta de délayer de la terre et, quand il eut fait de la boue bien épaisse, il la jeta sur l'officier au moment où celui-ci passait; depuis lors, le babouin prenait un air triomphant dès qu'il apercevait sa victime.

L'amitié du chien pour son maître est proverbiale; et, comme le dit un vieil écrivain[9] : « Le chien est le seul être sur cette terre qui vous aime plus qu'il ne s'aime lui-même. »

On a vu un chien à l'agonie caresser encore son maître. Chacun connaît le fait de ce chien, qui, étant l'objet d'une vivisection, léchait la main de celui qui faisait l'opération; cet homme, à moins d'avoir réalisé un immense progrès pour la science, à moins d'avoir un cœur de pierre, a dû toute sa vie éprouver du remords de cette aventure.

Whewell[10] se demande avec beaucoup de raison : « Lorsqu'on lit les exemples touchants d'affection maternelle qu'on raconte si souvent sur les femmes de toutes nations et sur les femelles de tous les animaux, qui peut douter que le mobile de l'action ne soit le même dans les deux cas? » Nous voyons l'affection maternelle se manifester dans les détails les plus insignifiants. Ainsi, Rengger a vu un singe américain (un *Cebus*) chasser avec soin les mouches qui tourmentaient son petit; Duvaucel a vu un Hylobates qui lavait la figure de ses petits dans un ruisseau. Les guenons, lorsqu'elles perdent leurs petits, éprouvent un tel chagrin qu'elles en meurent, comme Brehm l'a remarqué dans le nord de l'Afrique. Les singes, tant mâles que femelles, adoptent toujours les singes orphelins et en prennent les plus grands soins. Un babouin femelle, remarquable par sa bonté, adoptait non-seulement les jeunes singes d'autres espèces, mais encore volait des jeunes chiens et des jeunes chats, qu'elle emportait partout avec elle. Sa tendresse, toutefois, n'allait-pas jusqu'à partager ses aliments avec ses enfants

---

8. Tous les renseignements qui suivent, donnés sur l'autorité de ces deux naturalistes, sont empruntés à Rengger, *Naturheschichte der Saügethiere von Paraguay*; 1830, pp. 41, 57; et à Brehm, *Thierleben*, vol. I, p. 10, 87.

9. Cité par le docteur Lauder Lindsay, *Physiology of Mind in the lover animals (Journal of mental science)* avril 1871, p. 38.

10. *Bridgevater Treatise*, p. 263.

d'adoption, fait qui étonna Brehm, car ses singes partageaient toujours très loyalement avec leurs propres petits. Un petit chat ayant égratigné sa mère adoptive, celle-ci, très étonnée du fait, et très intelligente, examina les pattes du chat [11], et, sans autre forme de procès, enleva aussitôt les griffes avec ses dents. Un gardien du Jardin zoologique de Londres me signala une vieille femelle babouin (*Cynocephalus chacma*) qui avait adopté un singe Rhésus. Cependant, lorsqu'on introduisit dans sa cage deux jeunes singes, un Drill et un Mandrille, elle parut s'apercevoir que ces deux individus, quoique spécifiquement distincts, étaient plus voisins de son espèce; elle les adopta aussitôt et repoussa le Rhésus. Ce dernier, très contrarié de cette expulsion, cherchait toujours, comme un enfant mécontent, à attaquer les deux autres jeunes toutes les fois qu'il le pouvait sans danger, conduite qui excitait toute l'indignation de la vieille guenon. Brehm affirme que les singes défendent leur maître contre toute attaque, et prennent même le parti des chiens qu'ils affectionnent contre tous les autres chiens. Mais nous empiétons ici sur la sympathie et sur la fidélité, sujets auxquels j'aurai à revenir. Quelques-uns des singes de Brehm prenaient un grand plaisir à tracasser, par toutes sortes de moyens très ingénieux, un vieux chien qu'ils n'aimaient pas, ainsi que d'autres animaux.

De même que nous, les animaux supérieurs ressentent la plupart des émotions les plus complexes. Chacun sait combien le chien se montre jaloux de l'affection de son maître, lorsque ce dernier caresse toute autre créature; j'ai observé le même fait chez les singes. Ceci prouve que les animaux, non-seulement aiment, mais aussi recherchent l'affection. Ils éprouvent très évidemment le sentiment de l'émulation. Ils aiment l'approbation et la louange; le chien qui porte le panier de son maître s'avance tout plein d'orgueil et manifeste un vif contentement. Il n'y a pas, je crois, à douter que le chien n'éprouve quelque honte, abstraction faite de toute crainte, et quelque chose qui ressemble beaucoup à l'humiliation, lorsqu'il mendie trop souvent sa nourriture. Un gros chien n'a que du mépris pour le grognement d'un roquet, c'est ce qu'on peut appeler de la magnanimité. Plusieurs observateurs ont constaté que les singes n'aiment certainement pas qu'on se moque d'eux, et

---

11. Un critique (*Quarterly Review*, juillet 1871, p. 72) dans le but de discréditer mon ouvrage, nie, sans preuves à l'appui, la possibilité de cet acte décrit par Brehm. J'ai donc résolu de m'assurer s'il était possible de l'accomplir et j'ai trouvé que je pouvais facilement saisir avec mes dents les petites griffes aiguës d'un chat âgé de cinq semaines.

ils ressentent souvent des injures imaginaires. J'ai vu, au Jardin zoologique un babouin qui se mettait toujours dans un état de rage, furieuse lorsque le gardien sortait de sa poche une lettre ou un livre et se mettait à lire à haute voix; sa fureur était si violente que, dans une occasion dont j'ai été témoin, il se mordit la jambe jusqu'au sang. Les chiens possèdent ce qu'on pourrait appeler le sentiment de la plaisanterie qui est absolument distinct du simple jeu. En effet, si l'on jette à un chien un bâton ou un objet semblable, il se précipite dessus et le transporte à une certaine distance, puis il se couche auprès et attend que son maître s'approche pour le reprendre; il se lève alors et s'enfuit un peu plus loin en triomphe pour recommencer le même manège, et il est évident qu'il est très heureux du tour qu'il vient de jouer.

Passons maintenant aux facultés et aux émotions plus intellectuelles, qui ont une plus grande importance en ce qu'elles constituent les bases du développement des aptitudes mentales plus élevées. Les animaux manifestent très évidemment qu'ils recherchent la gaieté et redoutent de l'ennui; cela s'observe chez les chiens, et, d'après Rengger, chez les singes. Tous les animaux éprouvent de l'*étonnement*, et beaucoup font preuve de *curiosité*. Cette dernière aptitude leur est quelquefois nuisible, comme, par exemple, lorsque le chasseur les distrait par des feintes et les attire vers lui en affectant des poses extraordinaires. Je l'ai observé pour le cerf; il en est de même pour le chamois, si méfiant cependant, et pour quelques espèces de canards sauvages. Brehm nous fait une description intéressante de la terreur instinctive que ses singes éprouvaient à la vue des serpents; cependant, leur curiosité était si grande qu'ils ne pouvaient s'empêcher de temps à autre de rassasier, pour ainsi dire, leur horreur d'une manière des plus humaines, en soulevant le couvercle de la boîte dans laquelle les serpents étaient renfermés. Très étonné de ce récit, je transportai un serpent empaillé et enroulé dans l'enclos des singes au Jardin zoologique, où il provoqua une grande effervescence; ce spectacle fut un des plus curieux dont j'aie jamais été témoin. Trois Cercopithèques étaient tout particulièrement alarmés; ils s'agitaient violemment dans leurs cages en poussant des cris aigus, signal de danger qui fut compris des autres singes. Quelques jeunes et un vieil Anubis ne firent aucune attention au serpent. Je plaçai alors le serpent empaillé dans un des grands compartiments. Au bout de quelques instants, tous les singes formaient un grand cercle autour de l'animal, qu'ils regardaient fixement; ils présentaient alors l'aspect le plus comique. Mais ils étaient surexcités au plus haut degré; un léger mouvement imprimé à une boule de bois, à demi-cachée sous la paille, et qui leur était familière comme leur servant de jouet habituel, les fit décamper aussitôt. Ces singes se comportaient tout différemment lorsqu'on introduisait dans leurs cages un poisson mort, une souris [11], une tortue vivante, car, bien que ressentant d'abord une certaine frayeur, ils ne tardaient pas à s'en approcher pour les examiner et les manier. Je mis alors un serpent vivant dans un sac de papier mal fermé que je déposai dans un des plus grands compartiments. Un des singes s'en approcha immédiatement, entr'ouvrit le sac avec précaution, y jeta un coup d'œil, et se sauva à l'instant. Je fus alors témoin de ce qu'a décrit Brehm, car tous les singes, les uns après les autres, la tête levée et tournée de côté, ne purent résister à la tentation de jeter un rapide regard dans le sac, au fond duquel le terrible animal restait immobile. Il semblerait presque que les singes ont quelques notions sur les affinités zoologiques, car ceux que Brehm a élevés témoignaient d'une terreur instinctive étrange, quoique non motivée, devant d'innocents lézards ou des grenouilles. On a observé aussi qu'un orang a ressenti une grande frayeur la première fois qu'il a vu une tortue [13].

La faculté de l'*imitation* est puissante chez l'homme, et surtout, comme j'ai pu m'en assurer moi-même, chez l'homme à l'état sauvage. La tendance à l'imitation devient excessive dans certains états morbides du cerveau; les personnes atteinte d'hémiplégie ou de ramollissement du cerveau répètent inconsciemment, pendant les premières phases de la maladie, tous les mots qu'ils entendent, que ces mots appartiennent ou non à leur propre langage, ou imitent tous les gestes qu'ils voient faire auprès d'eux [14]. Desor [15] fait remarquer qu'aucun animal n'imite volontairement une action accomplie par l'homme jusqu'à ce que, remontant l'échelle, on arrive aux singes, dont on connaît la tendance à être de comiques imitateurs. Les animaux, cependant, imitent quelquefois les actions des autres animaux qui les entourent : ainsi, deux loups appartenant à des espèces différentes, élevés par des chiens, avaient appris à aboyer, comme le fait parfois le chacal [16], mais reste à savoir si on peut appeler cela une imitation volontaire. Les

12. Voir l'*Expression des Émotions,* p. 155, pour l'attitude des singes dans cette occasion.

13. W.-C.-L. Martin, *Nat. hist. of Mammalia,* 1841, p. 405.

14. Docteur Bateman, *On Aphasia,* 1870, p. 110.

15. Cité par Vogt, *Mémoires sur les Microcéphales,* 1867, p. 168.

16. Darwin, *Variations des Animaux et des Plantes à l'état domestique,* vol. I, p. 29 (Paris, Reinwald).

oiseaux imitent les chants de leurs parents, et, parfois aussi, ceux
d'autres oiseaux; chacun sait que les perroquets imitent tous les
sons qu'ils entendent souvent. Dureau de la Malle [17] cite le cas
d'un chien, élevé par une chatte, qui avait appris à imiter l'action
si connue du chat qui se lèche les pattes pour se nettoyer ensuite
la face et les oreilles; le célèbre naturaliste Audouin a aussi observé ce fait, qui m'a, d'ailleurs, été confirmé de divers côtés. Un
de mes correspondants m'écrit, par exemple, qu'il a possédé pendant treize ans un chien qui n'avait pas été nourri par une chatte,
mais qui avait été élevé avec des petits chats et qui, ayant con-
tracté l'habitude dont nous venons de parler, la garda jusqu'à sa
mort. Le chien de Dureau de la Malle avait aussi emprunté aux
jeunes chats l'habitude de jouer avec une balle en la roulant autour
de ses pattes et en sautant dessus. Un correspondant m'affirme
que sa chatte plongeait, pour les lécher ensuite, ses pattes dans
une jarre pleine de lait, dont le goulot était trop étroit pour qu'elle
pût y fourrer la tête; un petit de cette chatte imita bientôt sa mère
et garda jusqu'à sa mort l'habitude qu'il avait contractée.

On peut dire que les parents de beaucoup d'animaux, se fiant à
cette tendance à l'imitation et surtout à leurs instincts héréditaires,
font, pour ainsi dire l'éducation de leurs petits. Qui n'a vu une chatte
apporter une souris vivante à ses petits? Dureau de la Malle, dans
le mémoire que nous venons de citer, relate ses observations sur
les faucons qui enseignent à leurs petits à avoir des mouvements
rapides et à juger des distances en laissant tomber d'une grande
hauteur des souris ou des hirondelles mortes jusqu'à ce qu'ils apprennent à les saisir, puis, qui continuent cette éducation en leur
apportant des oiseaux vivants qu'ils lâchent en l'air.

Il n'est presque pas de faculté qui soit plus importante pour le
progrès intellectuel de l'homme que celle de l'*attention*. Elle se
manifeste clairement chez les animaux; lorsqu'un chat, par exemple, guette à côté d'un trou et se prépare à s'élancer sur sa proie.
Les animaux sauvages ainsi occupés sont souvent absorbés au point
qu'ils se laissent aisément approcher. M. Barlett m'a fourni une
preuve curieuse de la variabilité de cette faculté chez les singes. Un
homme, qui dresse les singes à jouer certains rôles, avait l'habitude
d'acheter à la Société zoologique des singes d'espèce commune au
prix de 125 francs pièce, mais il en offrait le double si on lui permettait d'en garder trois ou quatre pendant quelques jours, pour
faire son choix. On lui demanda comment il parvenait, en si peu

---

17. *Annales des Sc. nat.*, 1ᵉ série; vol. XXII, p. 397.

de temps, à savoir si un singe quelconque pouvait devenir bon acteur; il répondit que cela dépendait entièrement de la puissance d'attention de l'animal. Si, pendant qu'il parlait à son singe, ou lui expliquait quelque chose, l'animal était facilement distrait par une mouche ou tout autre sujet insignifiant, il fallait y renoncer. S'il essayait, par les punitions, de forcer un singe inattentif au travail, celui-ci se mettait à bouder. Il pouvait au contraire toujours dresser un singe qui lui prêtait attention.

Il est presque superflu de constater que les animaux sont doués d'une excellente *mémoire* portant sur les personnes et les lieux. Sir Andrew Smith affirme qu'un babouin, au cap de Bonne-Espérance, a poussé des cris de joie en le revoyant après une absence de neuf mois. J'ai eu un chien très sauvage et qui avait de l'aversion pour toute personne étrangère, dont j'ai mis la mémoire à l'épreuve après une absence de cinq ans et deux jours. Je me rendis près de l'écurie où il se trouvait, et l'appelai suivant mon ancienne habitude; le chien ne témoigna aucune joie, mais me suivit immédiatement en m'obéissant comme si je l'avais quitté depuis un quart d'heure seulement. Une série d'anciennes associations, qui avaient sommeillé pendant cinq ans, s'étaient donc instantanément éveillées dans son esprit. P. Huber [18] a clairement démontré que les fourmis peuvent, après une séparation de quatre mois, reconnaître leurs camarades appartenant à la même communauté. Les animaux ont certainement quelques moyens d'apprécier les intervalles de temps écoulés entre les événements qui se reproduisent.

Une des plus hautes prérogatives de l'homme est, sans contredit, l'*imagination*, faculté qui lui permet de grouper, en dehors de la volonté, des images et des idées anciennes, et de créer ainsi des résultats brillants et nouveaux. Ainsi que le fait remarquer Jean-Paul Richter [19] : « Si un poète doit réfléchir avant de savoir s'il fera dire oui ou non à un personnage, ce n'est qu'un imbécile. » Le rêve nous donne la meilleure notion de cette faculté; et comme le dit encore Jean-Paul : « Le rêve est un art poétique involontaire. » La valeur des produits de notre imagination dépend, cela va sans dire, du nombre, de la précision et de la lucidité de nos impressions; du jugement ou du goût avec lequel nous admettons et nous repoussons les combinaisons involontaires, et jusqu'à un certain point, de l'aptitude que nous avons à les combiner volontairement. Comme les chiens, les chats, les chevaux et probable-

---

18. *Les Mœurs des fourmis,* 1810, p. 150.
19. Cité dans Maudsley, *Physiology and Pathology of Mind,* 1868, pp. 19, 220.

ment tous les animaux supérieurs, même les oiseaux [10], sont sujets
au rêve, comme le prouvent leurs mouvements et leurs cris pendant le sommeil, nous devons admettre qu'ils sont doués d'une certaine imagination. L'habitude qu'ont les chiens de hurler pendant
la nuit, surtout quand il y a de la lune, d'une façon si remarquable
et si mélancolique, doit être provoquée par quelque cause spéciale. Tous les chiens n'ont pas cette habitude. Houzeau [11] affirme
que les chiens ne regardent pas la lune, mais quelque point fixe
près de l'horizon; il pense que leur imagination est troublée par
les vagues apparences des objets environnants qui se transforment
pour eux en images fantastiques. S'il en est ainsi, on pourrait presque dire que c'est de la superstition.

On est, je crois, d'accord pour admettre que la *raison* est la première de toutes les facultés de l'esprit humain. Peu de personnes
contestent encore aux animaux une certaine aptitude au raisonnement. On les voit constamment s'arrêter, réfléchir et prendre un
parti. Plus un naturaliste a étudié les habitudes d'un animal quelconque, puis il croit à la raison, et moins aux instincts spontanés
de cet animal; c'est là un fait très significatif [22]. Nous verrons,
dans les chapitres suivants, que certains animaux placés très bas
sur l'échelle font évidemment preuve de raison, bien qu'il soit,
sans doute, souvent difficile de distinguer entre la raison et l'instinct. Ainsi, dans son ouvrage *la Mer polaire ouverte*, le Dr Hayes
fait remarquer, à plusieurs reprises, que les chiens qui remor-
quaient les traîneaux, au lieu de continuer à se serrer en une masse
compacte lorsqu'ils arrivaient sur une mince couche de glace, s'é-
cartaient les uns des autres pour répartir leur poids sur une surface plus grande. C'était souvent pour les voyageurs le seul avertissement, la seule indication que la glace devenait plus mince et
plus dangereuse. Or, les chiens agissaient-ils ainsi par suite de leur
expérience individuelle, ou suivaient-ils l'exemple des chiens plus
âgés et plus expérimentés, ou obéissaient-ils à une habitude héréditaire, c'est-à-dire à un instinct? Cet instinct remonterait peut-
être à l'époque déjà ancienne où les naturels commencèrent à
employer les chiens pour remorquer leurs traîneaux, ou bien, les
loups arctiques, souche du chien esquimau, peuvent avoir acquis

---

20. Docteur Jerdon, *Birds of India*, vol. I, 1862, p. xxi. Houzeau affirme que
les perroquets et les serins rêvent parfois, *Facultés mentales*, vol. II, p. 136.

21. *Facultés mentales des animaux*, 1872, vol. II, p. 181.

22. L'ouvrage de M. L.-H. Morgan, sur *le castor américain*, 1868, fournit un
excellent exemple de cette remarque; cependant, je ne puis pas m'empêcher de
trouver qu'il accorde trop peu de valeur à l'énergie de l'instinct.

cet instinct, qui les portait à ne pas attaquer leur proie en masses trop serrées sur la glace mince.

C'est seulement en examinant les circonstances au milieu desquelles s'accomplissent les actions que nous pouvons juger s'il convient de les attribuer à l'instinct, à la raison, ou à une simple association d'idées ; faisons remarquer en passant que cette dernière faculté se rattache étroitement à la raison. Le professeur Möbius[23] cite un exemple curieux : un brochet, séparé par une glace d'un autre compartiment d'un aquarium plein de poissons, se précipitait avec une telle violence contre la glace pour attraper les autres poissons qu'il restait souvent étourdi du coup qu'il s'était porté. Ce manège dura pendant trois mois environ, puis le brochet devenu prudent cessa de se précipiter sur la glace. On enleva alors la glace qui formait la séparation ; toutefois, l'idée d'un choc violent s'était si bien associée dans le faible esprit du brochet avec les efforts infructueux qu'il avait faits pour atteindre les poissons qui avaient été si longtemps ses voisins, qu'il ne les attaqua jamais, bien qu'il n'hésitât pas à se précipiter sur les poissons nouveaux qu'on introduisait dans l'aquarium. Si un sauvage, qui n'a jamais vu une fenêtre fermée par une glace épaisse, venait à se précipiter sur cette glace et à rester étourdi sur le coup, les idées de glace et de coup s'associeraient évidemment pendant longtemps dans son esprit ; mais, au contraire du brochet, il réfléchirait probablement sur la nature de l'obstacle et se montrerait plein de prudence s'il se trouvait placé dans des circonstances analogues. Les singes, comme nous allons le voir tout à l'heure, s'abstiennent ordinairement de répéter une action qui leur a causé une première fois une impression pénible ou simplement désagréable. Or, si nous attribuons cette différence entre le singe et le brochet uniquement au fait que l'association des idées est beaucoup plus vive et beaucoup plus persistante chez l'un que chez l'autre, bien que le brochet ait souffert beaucoup plus, nous est-il possible de maintenir que, quand il s'agit de l'homme, une différence analogue implique la possession d'un esprit fondamentalement différent ?

Houzeau[24] raconte que, tandis qu'il traversait une grande plaine du Texas, ses deux chiens souffraient beaucoup de la soif, et que, trente ou quarante fois pendant la journée, ils se précipitèrent dans les dépressions du sol pour y chercher de l'eau. Ces dépressions n'étaient pas des vallées, il n'y poussait aucun arbre, on n'y remar-

---

23. *Die Bevegungen der Thiere*, etc., 1873, p. 11.
24. *Facultés mentales des Animaux*, 1872 ; vol. II, p. 265.

quait aucune différence de végétation, et on n'y pouvait sentir aucune humidité, car le sol y était absolument sec. Les chiens se conduisaient donc comme s'ils savaient qu'une dépression du sol leur offrait la meilleure chance de trouver de l'eau. Houzeau a observé le même fait chez d'autres animaux.

J'ai observé, et beaucoup de mes lecteurs ont observé sans doute, au Jardin zoologique, le moyen qu'emploie l'éléphant pour rapprocher un objet qu'il ne peut atteindre : il souffle violemment sur le sol avec sa trompe au delà de l'objet en question pour que le courant d'air réfléchi de tous côtés rapproche assez l'objet pour qu'il puisse le saisir. M. Westropp, ethnologiste bien connu, m'apprend qu'il a vu à Vienne un ours créer avec sa patte un courant artificiel pour ramener dans sa cage un morceau de pain qui flottait à l'extérieur des barreaux. On ne peut guère attribuer à l'instinct ou à une habitude héréditaire ces actes de l'éléphant ou de l'ours, car ils auraient peu d'utilité pour l'animal à l'état de nature. Or, quelle différence y a-t-il entre ces actes, qu'ils soient accomplis par le sauvage ou par un des animaux supérieurs?

Le sauvage et le chien ont souvent trouvé de l'eau dans les dépressions du sol, et la coïncidence de ces deux circonstances s'est associée dans leur esprit. Un homme civilisé ferait peut-être quelque raisonnement général à ce sujet; mais tout ce que nous savons sur les sauvages nous autorise à penser qu'ils ne feraient sans doute pas ce raisonnement et le chien ne le ferait certainement pas. Toutefois le sauvage, aussi bien que le chien, malgré de nombreux désappointements, continuerait ses recherches; et, chez tous deux, ces recherches semblent constituer également un acte de raison, qu'ils aient ou non conscience qu'ils agissent en vertu d'un raisonnement[25]. Les mêmes remarques s'appliquent à l'éléphant et à l'ours qui créent un courant artificiel dans l'air ou dans l'eau. Le sauvage, dans un cas semblable, s'inquiéterait fort peu de savoir en vertu de quelle loi s'effectuent les mouvements qu'il désire obtenir; cependant cet acte serait aussi certainement le résultat d'un raisonnement, grossier, si l'on veut, que le sont les déductions les plus ardues d'un philosophe. Sans doute, on constaterait, entre le sauvage et l'animal supérieur, cette différence, que le premier remarquerait des circonstances et des conditions bien plus

---

25. Le professeur Huxley a analysé avec une admirable clarté les différentes phases intellectuelles que traverse un homme aussi bien qu'un chien pour en arriver à une conclusion dans un cas analogue à celui indiqué dans le texte. Voir à ce sujet son article : *M. Darwin's critics*, dans *Contemporary Review*, nov. 1871, p. 462, et dans *Critiques and Essays*, 1873, p. 279.

légères, et qu'il lui faudrait une expérience moins longue pour reconnaître les rapports qui existent entre ces circonstances; or c'est là un point qui a une grande importance. J'ai noté chaque jour les actions d'un de mes enfants, alors qu'il avait environ onze mois et qu'il ne pouvait pas encore parler; or j'ai été continuellement frappé de la promptitude plus grande avec laquelle toutes sortes d'objets et de sons s'associaient dans son esprit, comparativement avec ce qui se passait dans l'esprit des chiens les plus intelligents que j'aie connus. Mais les animaux supérieurs diffèrent exactement de la même façon des animaux inférieurs, tels que le brochet, par cette faculté de l'association des idées, aussi bien que par la faculté d'observation et de déduction.

Les actions suivantes, accomplies après une courte expérience par les singes américains qui occupent un rang peu élevé dans leur ordre, prouvent évidemment l'intervention de la raison. Rengger, observateur très circonspect, raconte que les premières fois qu'il donna des œufs à ses singes, ils les écrasèrent si maladroitement qu'ils laissèrent échapper une grande partie du contenu; bientôt, ils imaginèrent de frapper doucement une des extrémités de l'œuf contre un corps dur, puis d'enlever les fragments de la coquille à l'aide de leurs doigts. Après s'être coupés *une fois* seulement avec un instrument tranchant, ils n'osèrent plus y toucher, ou ne le manièrent qu'avec les plus grandes précautions. On leur donnait souvent des morceaux de sucre enveloppés dans du papier; Rengger, ayant quelquefois substitué une guêpe vivante au sucre, ils avaient été piqués en déployant le papier trop vite, si bien qu'ensuite ils eurent soin de toujours porter le paquet à leur oreille pour s'assurer si quelque bruit se produisait à l'intérieur[16].

Les cas suivants se rapportent à des chiens. M. Colquhoun[17] blessa à l'aile deux canards sauvages qui tombèrent sur la rive opposée d'un ruisseau; son chien chercha à les rapporter tous les deux ensemble sans pouvoir y parvenir. L'animal qui, auparavant, n'avait jamais froissé une pièce de gibier, se décida à tuer un des oiseaux, apporta celui qui était encore vivant et retourna chercher le mort. Le colonel Hutchinson raconte que sur deux perdrix atteintes d'un même coup de feu, l'une fut tuée et l'autre blessée; cette dernière se sauva et fut rattrapée par le chien, qui, en reve-

---

26. M. Belt, dans son très intéressant ouvrage *The naturalist in Nicaragua*, 1874, p. 119, décrit aussi diverses actions d'un Cebus apprivoisé; ces actions démontrent, je crois, que cet animal possédait, dans une certaine mesure, la faculté du raisonnement.

27. *The Moor and the Loch*, p. 45. — Col. Hutchinson, *Dog Breaking*, 1850, p. 46.

nant sur ses pas, rencontra l'oiseau mort : « Il s'arrêta, évidemment très embarrassé, et, après une ou deux tentatives, voyant qu'il ne pouvait pas relever la perdrix morte sans risquer de lâcher celle qui vivait encore, il tua résolûment cette dernière et les rapporta toutes les deux. C'était la première fois que ce chien avait volontairement détruit une pièce de gibier. » C'est là, sans contredit, une preuve de raison, bien qu'imparfaite, car le chien aurait pu rapporter d'abord l'oiseau blessé, puis retourner chercher l'oiseau mort, comme dans le cas précédent relatif aux deux canards sauvages. Je cite ces exemples parce qu'ils reposent sur deux témoignages indépendants l'un de l'autre, et parce que, dans les deux cas, les chiens, après mûre délibération, ont violé une habitude héréditaire chez eux, celle de ne pas tuer le gibier qu'ils ramassent ; or, il faut que la faculté du raisonnement ait été chez eux bien puissante pour les amener à vaincre une habitude fixe.

J'emprunte un dernier exemple à l'illustre Humboldt [28]. Les muletiers de l'Amérique du Sud disent : « Je ne vous donnerai pas la mule dont le pas est le plus agréable, mais *la mas racional,* — celle qui raisonne le mieux ; » et Humboldt ajoute : « Cette expression populaire, dictée par une longue expérience, démolit le système des machines animées, mieux·peut-être que ne le feraient tous les arguments de la philosophie spéculative. » Néanmoins quelques écrivains nient encore aujourd'hui que les animaux supérieurs possèdent un atome de raison ; ils essaient de faire passer pour de simples contes à dormir debout les faits tels que ceux précédemment cités [29].

Nous avons, je crois, démontré que l'homme et les animaux supérieurs, les primates surtout, ont quelques instincts communs. Tous possèdent les mêmes sens, les mêmes intuitions, éprouvent les mêmes sensations ; ils ont des passions, des affections et des émotions semblables, même les plus compliquées, telles que la jalousie, la méfiance, l'émulation, la reconnaissance et la magnanimité ; ils aiment à tromper et à se venger ; ils redoutent le ridi-

---

28. *Personnal Narrative,* t. III, p. 106.

29. Je suis heureux de voir qu'un penseur aussi distingué que M. Leslie Stephen (*Darwinism and Divinity, Essays on Free-thinking*, 1873, p. 80), parlant de la prétendue barrière infranchissable qui existe entre l'homme et les animaux inférieurs, s'exprime en ces termes : « Il nous semble, en vérité, que la ligne de démarcation qu'on a voulu établir ne repose sur aucune base plus solide qu'un grand nombre de distinctions métaphysiques ; on suppose, en effet, que, dès que l'on peut donner à deux choses deux noms différents, ces deux choses doivent avoir des natures essentiellement différentes. Il est difficile de comprendre que quiconque a possédé ou vu un éléphant puisse avoir le moindre doute sur la faculté qu'ont ces animaux de déduire des raisonnements. »

cule ; ils aiment la plaisanterie ; ils ressentent l'étonnement et la
curiosité ; ils possèdent les mêmes facultés d'imitation, d'attention,
de délibération, de choix, de mémoire, d'imagination, d'association des idées et de raisonnement, mais, bien entendu, à des degrés très différents. Les individus appartenant à une même espèce
représentent toutes les phases intellectuelles, depuis l'imbécillité
absolue jusqu'à la plus haute intelligence. Les animaux supérieurs
sont même sujets à la folie, quoique bien moins souvent que
l'homme [30].

Néanmoins beaucoup de savants soutiennent que les facultés
mentales de l'homme constituent, entre lui et les animaux, une infranchissable barrière. J'ai recueilli autrefois une vingtaine d'apho-
rismes de ce genre ; mais je ne crois pas qu'ils vaillent la peine
d'être cités ici, car ils sont si différents et si nombreux qu'il est facile
de comprendre la difficulté, sinon l'impossibilité d'une semblable démonstration. On a affirmé que l'homme seul est capable d'a-
mélioration progressive ; que seul il emploie des outils et connaît
le feu ; que seul il réduit les autres animaux en domesticité et a le
sentiment de la propriété ; qu'aucun autre animal n'a des idées
abstraites, n'a conscience de soi, ne se comprend ou possède des
idées générales ; que l'homme seul possède le langage, a le sens
du beau, est sujet au caprice, éprouve de la reconnaissance, est
sensible au mystère, etc., croit en Dieu, ou est doué d'une conscience. Je hasarderai quelques remarques sur ceux de ces points
qui sont les plus importants et les plus intéressants.

L'archevêque Sumner [31] a autrefois soutenu que l'homme seul
est susceptible d'amélioration progressive. Personne ne conteste
que l'homme fait des progrès beaucoup plus grands, beaucoup plus
rapides qu'aucun autre animal, ce qui résulte évidemment du langage et de la faculté qu'il a de transmettre à ses descendants les
connaissances qu'il a acquises. En ce qui regarde l'animal, et d'a-
bord l'individu, tous ceux qui ont quelque expérience en matière
de chasse au piège savent que les jeunes animaux se font prendre bien plus aisément que les vieux ; l'ennemi qui poursuit un
animal peut aussi s'approcher plus facilement des jeunes. Il est
même impossible de prendre beaucoup d'animaux âgés dans un
même lieu et dans une même sorte de trappe, ou de les détruire
au moyen d'une seule espèce de poison ; il est, cependant, improbable que tous aient goûté au poison ; il est impossible que tous aient

30. Docteur W. Lauder Lindsay, *Madness in animals*, dans *Journal of Mental
Science*, juillet 1871.
31. Cité par sir C. Lyell, *Antiquity of Man*, p. 497.

été pris dans le même piège. C'est la capture ou l'empoisonnement de leurs semblables qui a dû leur enseigner la prudence. Dans l'Amérique du Nord, où l'on chasse depuis longtemps les animaux à fourrure, tous les témoignages des observateurs s'accordent à leur reconnaître une dose incroyable de sagacité, de prudence et de ruse ; mais, dans ce pays, on a employé la trappe depuis assez longtemps pour que l'hérédité ait pu entrer en jeu. Quand on établit une ligne télégraphique dans un pays où il n'y en a jamais eu, beaucoup d'oiseaux se tuent en se heurtant contre les fils ; mais, au bout de quelques années, les nombreux accidents de cette nature dont ils sont chaque jour témoins semblent leur apprendre à éviter ce danger [32].

Si nous considérons plusieurs générations successives ou une race entière, on ne peut douter que les oiseaux et les autres animaux n'acquièrent et ne perdent à la fois et graduellement leur prudence vis-à-vis de l'homme ou de leurs autres ennemis [33] ; si cette prudence est en grande partie une habitude ou un instinct transmis par hérédité, elle résulte aussi en partie de l'expérience individuelle. Leroy [34], excellent observateur, a constaté que là où on chasse beaucoup le renard, les jeunes prennent incontestablement beaucoup plus de précautions dès qu'ils quittent leur terrier que ne le font les vieux renards qui habitent des régions où on les dérange peu.

Nos chiens domestiques descendent des loups et des chacals [35], et bien peut-être qu'ils n'aient pas gagné en ruse, et puissent avoir perdu en circonspection et en prudence, ils ont, cependant, acquis certaines qualités morales, telles que l'affection, la fidélité, le bon caractère et probablement l'intelligence générale. Le rat commun a exterminé plusieurs autres espèces et s'est établi en conquérant en Europe, dans quelques parties de l'Amérique du Nord, à la Nouvelle-Zélande, et récemment à Formose, ainsi qu'en Chine, M. Swinhoe [36]. qui décrit ces deux dernières invasions, attribue la victoire du rat commun sur le grand *Mus coninga*, à sa ruse plus développée, qualité qu'on peut attribuer à l'emploi et à l'exercice

32. Voir pour d'autres détails, Houzeau, les *Facultés mentales*, etc., vol. II. 1872, p. 147.

33. Voir pour les oiseaux dans les îles de l'Océan, Darwin, *Voyage d'un naturaliste autour du monde* (Paris, Reinwald), 1845, p. 398 ; *Origine des espèces* p. 231.

34. *Lettres philosophiques sur l'intelligence des animaux*, nouvelle édition, 1802, p. 86.

35. Voir les preuves à cet égard dans la *Variation des Animaux et des Plantes*, etc. vol. I, chap. I.

36. *Proceedings of Zoological Society*, 1864, p. 186.

habituel de toutes ses facultés pour échapper à l'extirpation par l'homme, ainsi qu'au fait qu'il a successivement détruit tous les rats moins rusés et moins intelligents que lui. Il est possible, cependant, que le succès du rat commun dépende de ce qu'il était plus rusé que les autres espèces du même genre avant de s'être trouvé en contact avec l'homme. Vouloir soutenir sans, preuves directes que, dans le cours des âges, aucun animal n'a progressé en intelligence ou en d'autres facultés mentales, est supposer ce qui. est en question dans l'évolution de l'espèce. Nous verrons plus loin que, d'après Lartet, certains mammifères existants, appartenant à plusieurs ordres, ont le cerveau plus développé que leurs anciens prototypes de l'époque tertiaire.

On a souvent affirmé qu'aucun animal ne se sert d'outils; mais, à l'état de nature, le chimpanzé se sert d'une pierre pour briser un fruit indigène à coque dure[37], ressemblant à une noix. Rengger[38] enseigna facilement à un singe américain à ouvrir ainsi des noix de palme; le singe se servit ensuite du même procédé pour ouvrir d'autres sortes de noix, ainsi que des boîtes. Il enlevait aussi la peau des fruits, quand elle était désagréable au goût. Un autre singe, auquel on avait appris à soulever le couvercle d'une grande caisse avec un bâton, se servit ensuite d'un bâton comme d'un levier pour remuer les corps pesants, et j'ai, moi-même, vu un jeune orang enfoncer un bâton dans une crevasse, puis, le saisissant par l'autre bout, s'en servir comme d'un levier. On sait que, dans l'Inde, les éléphants apprivoisés brisent des branches d'arbres et s'en servent comme de chasse-mouches; on a observé un éléphant sauvage qui avait la même habitude[39]. J'ai vu un jeune orang femelle s'envelopper d'une couverture ou se couvrir de paille pour se protéger contre les coups quand elle redoutait d'être fouettée. Les pierres et les bâtons servent d'outils dans les cas précités; les animaux les emploient généralement comme armes. Brehm[40] affirme, sur l'autorité du voyageur bien connu Schimper, qu'en Abyssinie, lorsque les babouins de l'espèce *C. gelada* descendent en troupe des montagnes pour piller les champs, ils rencontrent quelquefois des bandes d'une autre espèce (*C. hamadryas*) avec lesquelles ils se battent. Les geladas font rouler, sur le flanc de la montagne, de grosses pierres que les hamadryas cherchent à éviter, puis les adversaires se précipitent avec fureur les uns sur les

---

37. Savage et Wyman, *Boston Journal of Nat. History*, 1843-44, vol. IV, p. 383.
38. *Saügethiere von Paraguay*, 1830, pp. 51, 56.
39. *The Indian Field*, 4 mars 1871.
40. *Thierleben* vol. I, pp. 79, 82.

autres en faisant un vacarme effroyable. Brehm, qui accompagnait le duc de Cobourg-Gotha, prit part à une attaque faite avec des armes à feu contre une troupe de babouins dans la passe de Mensa, en Abyssinie. Ceux-ci ripostèrent en faisant rouler sur les flancs de la montagne une telle quantité de pierres, dont quelques-unes avaient la grosseur d'une tête d'homme, que les assaillants durent battre vivement en retraite; la caravane ne put même franchir la passe pendant quelques jours. Il faut remarquer que, dans cette circonstance, les singes agissaient de concert. M. Wallace [41] a vu, dans trois occasions différentes, des orangs femelles, accompagnées de leurs petits, « arracher les branches et les fruits épineux de l'arbre Durian avec toute l'apparence de la fureur, et lancer une grêle de projectiles telle que nous ne pouvions approcher ». Le chimpanzé, comme j'ai pu le constater bien souvent, jette tout ce qui lui tombe sous la main à la tête de quiconque l'offense; nous avons vu qu'un babouin, au cap de Bonne-Espérance, avait préparé de la boue dans ce but.

Un singe, au jardin zoologique, dont les dents étaient faibles, avait pris l'habitude de se servir d'une pierre pour casser les noisettes; un des gardiens m'a affirmé que cet animal, après s'en être servi, cachait la pierre dans la paille, et s'opposait à ce qu'aucun autre singe y touchât. Il y a là une idée de propriété, mais cette idée est commune à tout chien qui possède un os, et à la plupart des oiseaux qui construisent un nid.

Le duc d'Argyll [42] fait remarquer que le fait de façonner un instrument dans un but déterminé est absolument particulier à l'homme, et considère que ce fait établit entre lui et les animaux une immense distinction. La distinction est incontestablement importante, mais il me semble y avoir beaucoup de vraissemblance dans la suggestion faite par sir Lubbock [43]. Il suppose que l'homme primitif a employé d'abord des silex pour un usage quelconque; en s'en servant, il les a, sans doute, accidentellement brisés, et il a alors tiré parti de leurs éclats tranchants. De là à les briser avec intention, puis à les façonner grossièrement, il n'y a qu'un pas. Ce dernier progrès, cependant, peut avoir nécessité une longue période, si nous en jugeons par l'immense laps de temps qui s'est écoulé avant que les hommes de la période néolithique en soient arrivés à aiguiser et à polir leurs outils en pierre. En brisant les silex, ainsi que le fait remarquer encore sir J. Lubbock, des

41. *The Malay Archipelago*, vol. I, 1869, p. 87.
42. *Primeval Man.* 1869, p. 145, 147.
43. *Prehistoric Times*, 1865, p. 473, etc.

étincelles ont pu se produire, et, en les aiguisant, de la chaleur se dégager : « d'où l'origine possible des deux méthodes ordinaires pour se procurer le feu. » La nature du feu devait, d'ailleurs, être connue dans les nombreuses régions volcaniques où la lave coule parfois dans les forêts. Les singes anthropomorphes, guidés probablement par l'instinct, construisent pour leur usage des plates-formes temporaires ; mais, comme beaucoup d'instincts sont largement contrôlés par la raison, les plus simples, tels que celui qui pousse à la construction d'une plate-forme, ont pu devenir un acte volontaire et conscient. On sait que l'orang se couvre la nuit avec des feuilles de Pandanus, et Brehm constate qu'un de ses babouins avait l'habitude de s'abriter de la chaleur du soleil en se couvrant la tête avec un paillasson. Les habitudes de ce genre représentent probablement les premiers pas vers quelques-uns des arts les plus simples, notamment l'architecture grossière et l'habillement, tels qu'ils ont dû se pratiquer chez les premiers ancêtres de l'homme.

Abstraction, conceptions générales, conscience de soi, individualité mentale. — Jusqu'à quel point les animaux possèdent-ils des traces de ces hautes facultés intellectuelles ? C'est là une question qu'il est difficile, pour ne point dire impossible, de résoudre. Cette difficulté provient de ce qu'il nous est impossible de savoir ce qui se passe dans l'esprit de l'animal, en outre, on est loin d'être d'accord sur la signification exacte qu'il convient d'attribuer à ces divers termes. Si l'on en peut juger par divers articles publiés récemment, on semble s'appuyer surtout sur le fait que les animaux ne possèdent pas la faculté de l'abstraction, c'est-à-dire qu'ils sont incapables de concevoir des idées générales. Mais, quand un chien aperçoit un autre chien à une grande distance, son attitude indique souvent qu'il conçoit que c'est un chien, car, quand il s'approche, cette attitude change du tout au tout s'il reconnnaît un ami. Un écrivain récent fait remarquer que, dans tous les cas, c'est une pure supposition que d'affirmer que l'acte mental n'a pas exactement la même nature chez l'animal et chez l'homme. Si l'un et l'autre rattachent ce qu'ils conçoivent au moyen de leurs sens à une conception mentale, tous deux agissent de la même manière [44]. Quand je crie à mon chien de chasse, et j'en ai fait l'expérience bien des fois : « Hé, hé, où est-il ? » il comprend immédiatement qu'il s'agit de chasser un animal quelconque ; ordinairement

---

44. M. Hookham, dans une lettre adressée au professeur Max Müller, *Birmingham News*, mai 1873.

il commence par jeter rapidement les yeux autour de lui, puis il s'élance dans le bosquet le plus voisin pour chercher la trace du gibier, puis enfin, ne trouvant rien, il regarde les arbres pour découvrir un écureuil. Or, ces divers actes n'indiquent-ils pas clairemeet que mes paroles ont éveillé dans son esprit l'idée générale ou la conception qu'il y a là, auprès de lui, un animal quelconque qu'il s'agit de découvrir et de poursuivre ?

On peut évidemment admettre qu'aucun animal ne possède la conscience de lui-même si l'on implique par ce terme qu'il se demande d'où il vient et où il va, — qu'il raisonne sur la mort ou sur la vie, et ainsi de suite. Mais, sommes-nous bien sûrs qu'un vieux chien, ayant une excellente mémoire et quelque imagination, comme le prouvent ses rêves, ne réfléchisse jamais à ses anciens plaisirs à la chasse ou aux déboires qu'il a éprouvés ? Ce serait là une forme de conscience de soi. D'autre part, comme le fait remarquer Büchner[45], comment la femme australienne, surmenée par le travail, qui n'emploie presque point de mots abstraits et ne compte que jusqu'à quatre, pourrait-elle exercer sa conscience ou réfléchir sur la nature de sa propre existence ? On admet généralement que les animaux supérieurs possèdent les facultés de la mémoire, de l'attention, de l'association et même une certaine dose d'imagination et de raison. Si ces facultés, qui varient beaucoup chez les différents animaux, sont susceptibles d'amélioration, il ne semble pas absolument impossible que des facultés plus complexes, telles que les formes supérieures de l'abstraction et de la conscience de soi, etc., aient résulté du développement et de la combinaison de ces facultés plus simples. On a objecté contre cette hypothèse qu'il est impossible de dire à quel degré de l'échelle les animaux deviennent susceptibles de voir se développer chez eux les facultés de l'abstraction, etc.; mais qui peut dire à quel âge ce phénomène se produira chez nos jeunes enfants ? Nous pouvons constater tout au moins que, chez nos enfants, ces facultés se développent par des degrés imperceptibles.

Le fait que les animaux conservent leur individualité mentale est au-dessus de toute contestation. Si ma voix a évoqué, dans le cas de mon chien précédemment cité, toute une série d'anciennes associations, il faut bien admettre qu'il a conservé son individualité mentale, bien que chaque atome de son cerveau ait dû se renouveler plus d'une fois pendant un intervalle de cinq ans. Ce chien aurait pu invoquer l'argument récemment avancé pour écraser tous

---

45. *Conférences sur la Théorie darwinienne* (trad. franç.), 1869, p. 132.

les évolutionnistes, et dire : « Je persiste, au milieu de toutes les dispositions mentales et de tous les changements matériels... La théorie que les atomes laissent à titre de legs les impressions qu'ils ont reçues aux autres atomes prenant la place qu'ils quittent, est contraire à l'affirmation de l'état conscient, et est, par conséquent, fausse; or, comme cette théorie est nécessaire à l'évolution, cette dernière hypothèse est par conséquent fausse [46]. »

Langage. — On pense avec raison que cette faculté est un des principaux caractères distinctifs qui séparent l'homme des animaux. Mais, ainsi que le fait remarquer un juge compétent, l'archevêque Whately : « L'homme n'est pas le seul animal qui se serve du langage pour exprimer ce qui se passe dans son esprit, et qui puisse comprendre plus ou moins ce que pense un autre individu [47]. » Le *Cebus azaræ* du Paraguay, lorsqu'il est excité, fait entendre au moins six cris distincts, qui provoquent, chez les autres singes de son espèce, des émotions analogues [48]. Nous comprenons la signification des gestes et des mouvements de la face des singes; Rengger et d'autres observateurs déclarent que les singes comprennent en partie les nôtres. Le chien depuis sa domestication, fait plus remarquable encore, a appris à aboyer dans quatre ou cinq tons distincts au moins [49]. Bien que l'aboiement soit un art nouveau, il n'est pas douteux que les especes sauvages, ancêtres du chien, exprimaient leurs sentiments par des cris de nature diverse. Chez le chien domestique, on distingue facilement l'aboiement impatient, comme à la chasse; le cri de la colère et le grognement; le glapissement du désespoir, comme lorsque l'animal est enfermé; le hurlement pendant la nuit; l'aboiement joyeux, lors du départ pour la promenade, et le cri très distinct et très suppliant par lequel le chien demande qu'on lui ouvre la porte ou la fenêtre. Houzeau [50], qui s'est tout particulièrement occupé de ce sujet, affirme que la poule domestique fait entendre au moins douze cris significatifs différents.

Le langage articulé est spécial à l'homme; mais, comme les animaux inférieurs, l'homme n'en exprime pas moins ses intentions par des gestes, et par les mouvements des muscles de son visage [51],

---

46. Le rév. docteur J.-M' Cann, *Antidarwinism*, 1869, p. 13.
47. Cité dans *Anthropological Review*, 1864, p. 158.
48. Rengger, *op. cit.*, p. 45.
49. *Variation des Animaux*, etc., vol, I, p. 29.
50. *Facultés mentales*, etc., vol. II, 1872, pp. 346-349.
51. Ce sujet fait l'objet d'une discussion fort intéressante dans l'ouvrage de M. E.-B. Tylor, *Researches into the Early History of Mankind*, 1865, c. II à IV.

par des cris inarticulés, ce qui est surtout vrai pour l'expression des
sentiments les plus simples et les plus vifs, qui ont peu de rapports
avec ce qu'il y a de plus élevé dans notre intelligence. Nos cris de
douleur, de crainte, de surprise, de colère, joints aux gestes qui
leur sont appropriés, le babillage de la mère avec son enfant chéri,
sont plus expressifs que n'importe quelles paroles. Ce qui distingue
l'homme des animaux inférieurs, ce n'est pas la faculté de comprendre les sons articulés, car, comme chacun le sait, les chiens
comprennent bien des mots et bien des phrases. Sous ce rapport les
chiens se trouvent dans le même état de développement que les enfants, âgés de dix à douze mois, qui comprennent bien des mots et
bien des phrases, mais qui ne peuvent pas encore prononcer un seul
mot. Ce n'est pas la faculté d'articuler; car le perroquet et d'autres
oiseaux possèdent cette faculté. Ce n'est pas, enfin, la simple faculté
de rattacher des sons définis à des idées définies, car il est évident
que certains perroquets qui ont appris à parler appliquent sans se
tromper le mot propre à certaines choses et rattachent les personnes aux événements [52]. Ce qui distingue l'homme des animaux inférieurs, c'est la faculté infiniment plus grande qu'il possède d'associer les sons les plus divers aux idées les plus différentes, et cette
faculté dépend évidemment du développement extraordinaire de
ses facultés mentales.

Un des fondateurs de la noble science de la philologie, Horne
Tooke, remarque que le langage est un art, au même titre que
l'art de fabriquer de la bière ou du pain; il me semble, toutefois,
que l'écriture eût été un terme de comparaison bien plus convenable. Le langage n'est certainement pas un instinct dans le sens propre du mot, car tout langage doit être appris. Il diffère beaucoup,
cependant, de tous les arts ordinaires en ce que l'homme a une
tendance instinctive à parler, comme nous le prouve le babillage
des jeunes enfants, tandis qu'aucun enfant n'a de tendance ins-

52. J'ai reçu à cet égard plusieurs communications très détaillées. L'amiral
sir J. Sulivan, que je connais pour un observateur très soigneux, m'assure qu'un
perroquet, qui est resté très longtemps dans la maison de son père, appelait
par leur nom certains membres de la famille et certains visiteurs assidus. Il
disait « bonjour » à quiconque venait déjeuner et « bonsoir » aux personnes
qui quittaient le soir la chambre où il se trouvait; il ne fit jamais aucune erreur
à cet égard. Il ajoutait au bonjour qu'il adressait au père de sir J. Sulivan, une
courte phrase qu'il ne répéta plus après la mort de son maître. Ce perroquet
rabroua d'étrange façon un chien étranger qui pénétra dans la chambre par la
fenêtre ouverte, ainsi qu'un autre perroquet qui, sorti de sa cage, alla manger
des pommes sur la table de la cuisine. Voir aussi, sur les perroquets, Houzeau,
Op. cit., vol. II, p. 309. Le docteur A. Moschkau m'apprend qu'il a connu un
sansonnet qui disait en allemand « bonjour » et « bonsoir » selon les cas sans
jamais se tromper. Je pourrais ajouter beaucoup d'autres exemples.

tinctive à brasser, à faire du pain ou à écrire. En outre, aucun
philologue n'oserait soutenir aujourd'hui qu'un langage ait été
inventé de toutes pièces; chacun d'eux s'est lentement et inconsciemment développé[53]. Les sons que font entendre les oiseaux offrent, à plusieurs points de vue, la plus grande analogie
avec le langage; en effet, tous les individus appartenant à une
même espèce expriment leurs émotions par les mêmes cris instinctifs, et tous ceux qui peuvent chanter exercent instinctivement
cette faculté; mais c'est le père ou le père nourricier qui leur
apprend le véritable chant, et même les notes d'appel. Ces
chants et ces cris, ainsi que l'a prouvé Daines Barrington[54], « ne
sont pas plus innés chez les oiseaux que le langage ne l'est chez
l'homme. Les premiers essais de chant chez les oiseaux peuvent
être comparés aux tentatives imparfaites que traduisent les premiers bégaiements de l'enfant ». Les jeunes mâles continuent à
s'exercer, ou, comme disent les éleveurs, à étudier pendant dix ou
onze mois. Dans leurs premiers essais, on reconnaît à peine les
rudiments du chant futur, mais, à mesure qu'ils avancent en âge,
on voit où ils veulent en arriver, et ils finissent par chanter très
bien. Les couvées qui ont appris le chant d'une espèce autre que
la leur, comme les canaris qu'on élève dans le Tyrol, enseignent
leur nouveau chant à leurs propres descendants. On peut comparer, comme le fait si ingénieusement remarquer Barrington, les légères différences naturelles du chant chez une même espèce, habitant des régions diverses, « à des dialectes provinciaux »; et les
chants d'espèces alliées, mais distinctes, aux langages des différentes races humaines. J'ai tenu à donner les détails qui précèdent
pour montrer qu'une tendance instinctive à acquérir un art n'est
point un fait particulier, restreint à l'homme seul.

Quelle est l'origine du langage articulé? Après avoir lu, d'une
part, les ouvrages si intéressants de M. Hensleigh Wedgwood, du
rév. F. Farrar, et du professeur Schleicher[55], et, d'autre part, les

---

53. Voir quelques excellentes remarques sur ce point par le prof. Whitney,
Oriental and linguistic studies, 1873, p. 354. Il fait observer que le désir de communiquer avec ses semblables est chez l'homme la force vitale qui dans le
développement du langage agit « consciemment et inconsciemment; consciemment en ce qui concerne le but immédiat à obtenir, inconsciemment en ce qui
concerne les autres conséquences de l'acte ».

54. Hon. Daines Barrington, *Philosophical Transactions*, 1773, p. 262. Voir
aussi Dureau de la Malle, *Annales des sciences naturelles*, IIIᵉ série, *Zoologie*,
t. X, p. 119.

55. H. Wedgwood, *On the origin of language*, 1866; rév. F.-W. Farrar,
Chapters on language, 1865. Ces ouvrages offrent le plus grand intérêt. Albert
Lemoine, *De la Physiologie et de la Parole*, 1865, p. 190. Le docteur Bikkers a

célèbres leçons de Max Müller, je ne puis douter que le langage ne
doive son origine à des imitations et à des modifications, accompagnées de signes et de gestes, de divers sons naturels, des cris
d'autres animaux, et des cris instinctifs propres à l'homme lui-
même. Nous verrons, lorsque nous nous occuperons de la sélection
sexuelle, que les hommes primitifs, ou plutôt quelque antique ancêtre de l'homme s'est probablement beaucoup servi de sa voix,
comme le font encore aujourd'hui certains gibbons, pour émettre
de véritables cadences musicales, c'est-à-dire pour chanter. Nous
pouvons conclure d'analogies très généralement répandues que
cette faculté s'exerçait principalement aux époques où les sexes se
recherchent, pour exprimer les diverses émotions de l'amour, de la
jalousie, du triomphe, ou pour défier les rivaux. Il est donc probable que l'imitation des cris musicaux par des sons articulés ait
pu engendrer des mots exprimant diverses émotions complexes.
Nous devons ici appeler l'attention, car ce fait explique en grande
partie ces imitations, sur la forte tendance qu'ont les formes les
plus voisines de l'homme, les singes, les idiots microcéphales [56],
et les races barbares de l'humanité, à imiter tout ce qu'ils entendent. Les singes comprennent certainement une grande partie de
ce que l'homme leur dit, et, à l'état de nature, poussent des cris
différents pour signaler un danger à leurs camarades [57] ; les poules
sur terre et les faucons dans l'air poussent un cri particulier pour
avertir d'un danger les animaux appartenant à la même espèce, et
les chiens comprennent ces deux cris [58] ; il ne semble donc pas
impossible que quelque animal ressemblant au singe ait eu l'idée
d'imiter le hurlement d'un animal féroce pour avertir ses semblables
du genre de danger qui les menaçait. Il y aurait, dans un fait de
cette nature, un premier pas vers la formation d'un langage.

A mesure que la voix s'est exercée davantage, les organes vocaux ont dû se renforcer et se perfectionner en vertu du principe
des effets héréditaires de l'usage; ce qui a dû réagir sur la faculté
de la parole. Mais les rapports entre l'usage continu du langage et
le développement du cerveau ont été, sans aucun doute, beaucoup plus importants. L'ancêtre primitif de l'homme, quel qu'il soit,

---

traduit en anglais l'ouvrage qu'a publié sur ce sujet le professeur Aug. Schleicher, sous le titre de *Darwinism tested by the science of Language*, 1869.

56. Vogt, *Mémoires sur les Microcéphales*, 1867, p. 169. En ce qui concerne
les sauvages, j'ai signalé quelques faits dans mon *Voyage d'un naturaliste autour
du monde* (Paris, Reinwald), p. 206.

57. On trouvera de nombreuses preuves à cet égard dans les deux ouvrages
si souvent cités de Brehm et de Rengger.

58. Voir Houzeau, *op. cit.*, vol. II, p. 348.

devait posséder des facultés mentales beaucoup plus développées qu'elles ne le sont chez les singes existant aujourd'hui, avant même qu'aucune forme de langage, si imparfaite qu'on la suppose, ait pu s'organiser. Mais nous pouvons admettre hardiment que l'usage continu et l'amélioration de cette faculté ont dû réagir sur l'esprit en lui permettant et en lui facilitant la réalisation d'une plus longue suite d'idées. On peut ne pas plus poursuivre une pensée prolongée et complexe sans l'aide des mots, parlés ou non, qu'on ne peut faire un long calcul sans l'emploi des chiffres ou de l'algèbre. Il semblerait aussi que le cours même des idées ordinaires nécessite quelque forme de langage, car on a observé que Laura Bridgman, fille aveugle, sourde et muette, se servait de ses doigts quand elle rêvait [59]. Une longue succession d'idées vives et se reliant les unes aux autres peut néanmoins traverser l'esprit sans le concours d'aucune espèce de langage, fait que nous pouvons déduire des rêves prolongés qu'on observe chez les chiens. Nous avons vu aussi que les animaux peuvent raisonner dans une certaine mesure, ce qu'ils font évidemment sans l'aide d'aucun langage. Les affections curieuses du cerveau, qui atteignent particulièrement l'articulation et qui font perdre la mémoire des substantifs tandis que celles des autres mots reste intacte [60], prouvent évidemment les rapports intimes qui existent entre le cerveau et la faculté du langage, telle qu'elle est développée aujourd'hui chez l'homme. Il n'y a pas plus d'improbabilité à ce que les effets de l'usage continu des organes de la voix et de l'esprit soient devenus héréditaires qu'il n'y en a à ce que la forme de l'écriture, qui dépend à la fois de la structure de la main et de la disposition de l'esprit, soit aussi héréditaire; or il est certain [61] que la faculté d'écrire se transmet par hérédité.

Plusieurs savants, et principalement le professeur Max Müller [62], ont soutenu dernièrement, en insistant beaucoup sur ce point, que l'usage du langage implique la faculté de la conception d'idées générales; or, comme on n'admet pas que les animaux possèdent cette faculté, il en résulte une barrière infranchissable entre eux et l'homme [63]. J'ai déjà essayé de démontrer que les animaux pos-

---

59. Pour des remarques sur ce sujet, voir docteur Maudsley, *Physiology and Pathology of Mind*, 2e édition, 1868; p. 199.
60. On a enregistré beaucoup de cas de ce genre. Voir par exemple *Inquiries concernig the intellectual Powers*, par le docteur Abercrombie, 1838, p. 150. Voir aussi docteur Bateman, *On Aphasia*, 1870, pp. 27, 31, 53, 100.
61. *Variation des Animaux*, etc., vol. II; p. 6.
62. *Lectures on M. Darwin's Philosophy of language*, 1873.
63. Le jugement d'un philologue aussi distingué que le professeur Whitney

sèdent cette faculté au moins à l'état naissant et de façon très grossière. Quant aux enfants, âgés de dix à onze mois, et aux sourds-muets, il me semble incroyable qu'ils puissent rattacher certains sons à certaines idées générales aussi rapidement qu'ils le font, à moins que l'on admette que ces idées générales étaient déjà formées dans leur esprit. On peut appliquer la même remarque aux animaux les plus intelligents, car, comme le fait observer M. Leslie Stephen [64] : « Un chien se fait une idée générale des chats et des moutons et connaît les mots correspondants tout aussi bien que peut les connaître un philosophe. La faculté de comprendre est, à un degré inférieur, il est vrai, une aussi bonne preuve de l'intelligence vocale, que peut l'être la faculté de parler. »

Il n'est pas difficile de concevoir pourquoi les organes, qui servent actuellement au langage, ont été plutôt que d'autres originellement perfectionnés dans ce but. Les fourmis communiquent facilement les unes avec les autres au moyen de leurs antennes, ainsi que l'a prouvé Huber, qui consacre un chapitre entier à leur langage. Nous aurions pu nous servir de nos doigts comme instruments efficaces, car, avec de l'habitude, on peut transmettre à un sourd chaque mot d'un discours prononcé en public; mais alors l'impossibilité de nous servir de nos mains, pendant qu'elles auraient été occupées à exprimer nos pensées, eût constitué pour nous un inconvénient sérieux. Tous les mammifères supérieurs ont les organes vocaux construits sur le même plan général que les nôtres, et se servent de ces organes comme moyen de communiquer avec leurs congénères; il est donc extrêmement probable que, dès que les communications devinrent plus fréquentes et plus importantes, ces organes ont dû se développer dans la mesure des nouveaux besoins; c'est ce qui est arrivé, en effet, et ces progrès

---

aura beaucoup plus de poids sur ce point que tout ce que je pourrai dire. Le professeur fait remarquer, *Oriental and linguistic studies*, 1873, p. 297; en discutant les opinions de Bleck : « Bleck, se basant sur ce que le langage est un auxiliaire de la pensée presque indispensable à son développement, à la netteté, à la variété et à la complexité des sensations qui déterminent la conscience, en conclut que la pensée est absolument impossible sans la parole, et il confond ainsi la faculté avec l'instrument. Il pourrait tout aussi bien soutenir que la main humaine est incapable d'agir sans le concours d'un outil. En partant d'une semblable doctrine, il lui est impossible de ne pas accepter les paradoxes les plus regrettables de Müller et de ne pas soutenir qu'un enfant (*infans* ne parlant pas) n'est pas un être humain et qu'un sourd-muet n'acquiert la raison que quand il a appris à se servir de ses doigts pour figurer le langage! » Max Müller, *op. cit.*, a soin de souligner l'aphorisme suivant : « Il n'y a pas plus de pensée sans parole qu'il n'y a de parole sans pensée. » Quelle étrange définition du terme pensée !

64. *Essays on Free-thinking*, etc. 1873, p. 82.

ont été principalement obtenus à l'aide de ces parties si admirablement ajustées, la langue et les lèvres [65]. Le fait que les singes supérieurs ne se servent pas de leurs organes vocaux pour parler, dépend, sans doute, de ce que leur intelligence n'a pas suffisamment progressé. Les singes possèdent, en somme, des organes qui, avec une longue pratique, auraient pu leur donner la parole, mais ils ne s'en sont jamais servi; nous trouvons, d'ailleurs, chez beaucoup d'oiseaux, un exemple analogue : ils possèdent tous les organes nécessaires au chant, et cependant ils ne chantent jamais. Ainsi, les organes vocaux du rossignol et ceux du corbeau ont une construction analogue; le premier s'en sert pour moduler les chants les plus variés; le second ne fait jamais entendre qu'un simple croassement [66]. Mais pourquoi les singes n'ont-ils pas eu une intelligence aussi développée que celle de l'homme? C'est là une question à laquelle on ne peut répondre qu'en invoquant des causes générales; en effet, notre ignorance relativement aux phases successives du développement qu'a traversées chaque créature est si incomplète qu'il serait déraisonnable de s'attendre à rien de défini.

Il est à remarquer, et c'est un fait extrêmement curieux, que les causes qui expliquent la formation des langues différentes expliquent aussi la formation des espèces distinctes; ces causes peuvent se résumer en un seul mot : le développement graduel; et les preuves à l'appui sont exactement les mêmes dans les deux cas [67]. Nous pouvons, toutefois, remonter plus près de l'origine de bien des mots que de celle des espèces, car nous pouvons saisir, pour ainsi dire, sur le fait, la transformation de certains sons en mots, lesquels ne sont après tout que des imitations de ces sons. Nous rencontrons, dans des langues distinctes, des homologies frappantes dues à la communauté de descendance, et des analogies dues à un procédé semblable de formation. L'altération de certaines lettres ou de certains sons, produite par la modification d'autres lettres ou

---

65. Voir pour quelques excellentes remarques sur ce point, docteur Maudsley, *Physiology and Pathology of Mind*, 1868, p. 199.

66. Macgillivray, *History of British Birds*, 1839, t. II. p. 29. Un excellent observateur, M. Blackwall, remarque que la pie apprend à prononcer des mots isolés et même de courtes phrases plus promptement que tout autre oiseau anglais; cependant il ajoute qu'après avoir fait de longues et minutieuses recherches sur ses habitudes il n'a jamais trouvé que, à l'état de nature, cet oiseau manifestât aucune capacité inusitée pour l'imitation. (*Researches in Zoology*, 1834, p. 158.)

67. Voy. l'intéressant parallélisme entre le développement des espèces et celui des langages, établi par sir C. Lyell, *The Geological Evidences of the Antiquity of Man*, 1863, ch. xxiii.

d'autres sons, rappelle la corrélation de croissance. Dans les deux cas, langues et espèces, nous observons la réduplication des parties, les effets de l'usage longtemps continué, et ainsi de suite. La présence fréquente de rudiments, tant dans les langues que dans les espèces, est encore plus remarquable. Dans l'orthographe des mots, il reste souvent des lettres représentant les rudiments d'anciennes prononciations. Les langues, comme les êtres organisés, peuvent se classer en groupes subordonnés ; on peut aussi les classer naturellement selon leur dérivation, ou artificiellement, d'après d'autres caractères. Les langues et les dialectes dominants se répandent rapidement et amènent l'extinction d'autres langages. De même qu'une espèce, une langue une fois éteinte ne reparaît jamais, ainsi que le fait remarquer sir C. Lyell. Le même langage ne surgit jamais en deux endroits différents ; et des langues distinctes peuvent se croiser ou se fondre les unes avec les autres [68]. La variabilité existe dans toutes les langues, et des mots nouveaux s'introduisent constamment ; mais, comme la mémoire est limitée, certains mots, comme des langues entières, disparaissent peu à peu : « On observe dans chaque langue, ainsi que Max Müller [69] l'a fait si bien remarquer, une lutte incessante pour l'existence entre les mots et les formes grammaticales. Les formes les plus parfaites, les plus courtes et les plus faciles, tendent constamment à prendre le dessus, et doivent leur succès à leur vertu propre. » On peut, je crois, à ces causes plus importantes de la persistance de certains mots, ajouter la simple nouveauté et la mode ; car il y a dans l'esprit humain un amour prononcé pour de légers changements en toutes choses. Cette persistance, cette conservation de certains mots favorisés dans la lutte pour l'existence, est une sorte de sélection naturelle.

On a soutenu que la construction parfaitement régulière et étonnamment complexe des langues d'un grand nombre de nations barbares est une preuve, soit de l'origine divine de ces langues, soit de la haute intelligence et de l'antique civilisation de leurs fondateurs. « Nous observons fréquemment, dit à ce sujet F. von Schlegel, dans les langues qui paraissent représenter le degré le plus infime de la culture intellectuelle, une structure grammaticale admirablement élaborée. On peut appliquer cette remarque principalement au basque et au lapon, ainsi qu'à beaucoup de langues amé-

---

68. Voir à ce sujet les remarques contenues dans un article intéressant du rév. F.-W. Farrar, intitulé *Phylosophy and Darwinism*, publié dans le n° du 24 mars 1870, p. 528, du journal *Nature*.

69. *Nature*, 6 janvier 1870, p. 257.

ricaines [10]. » Mais il est certainement inexact de comparer un langage à un art, en ce sens qu'il aurait été élaboré et formé méthodiquement. Les philologues admettent aujourd'hui que les conjugaisons, les déclinaisons, etc., existaient à l'origine comme mots distincts, depuis réunis ; or, comme ce genre de mots exprime les rapports les plus clairs entre les objets et les personnes, il n'est pas étonnant qu'ils aient été employés par la plupart des races pendant les premiers âges. L'exemple suivant prouve combien il nous est facile de nous tromper sur ce qui constitue la perfection. Un Crinoïde se compose parfois de cent cinquante mille pièces [11] d'écailles, toutes rangées avec une parfaite symétrie en lignes rayonnantes ; mais le naturaliste ne considère point un animal de ce genre comme plus parfait qu'un animal du type bilatéral, formé de parties moins nombreuses et qui ne sont semblables entre elles que sur les côtés opposés du corps. Il considère, avec raison, que la différenciation et la spécialisation des organes constituent la perfection. Il en est de même pour les langues ; la plus symétrique et la plus compliquée ne doit pas être mise au-dessus d'autres plus irrégulières, plus brèves, résultant de nombreux croisements, car ces dernières ont emprunté des mots expressifs et d'utiles formes de construction à diverses races conquérantes, conquises ou immigrantes.

Ces remarques, assurément incomplètes, m'amènent à conclure que la construction très complexe et très régulière d'un grand nombre de langues barbares ne prouve point qu'elles doivent leur origine à un acte spécial de création [12]. La faculté du langage articulé ne constitue pas non plus, comme nous l'avons vu, une objection insurmontable à l'hypothèse que l'homme descend d'une forme inférieure.

Sentiment du beau. — Ce sentiment est, assure-t-on, spécial à l'homme. Je m'occupe seulement ici du plaisir que l'on ressent à contempler certaines couleurs et certaines formes, ou à entendre certains sons, ce qui constitue certainement le sentiment du beau ; toutefois ces sensations, chez l'homme civilisé, s'associent étroitement à des idées complexes. Quand nous voyons un oiseau mâle étaler orgueilleusement, devant la femelle, ses plumes gracieuses ou ses splendides couleurs, tandis que d'autres oiseaux,

70. Cité par C.-S. Wake, *Chapters on Man*, 1868, p. 101.
71. Buckland, *Bridgewater Treatise*, p. 411.
72. Voir quelques excellentes remarques sur la simplification des langages, par sir J. Lubbock, *Origines de la civilisation*, p. 278.

moins bien partagés, ne se livrent à aucune démonstration semblable, il est impossible de ne pas admettre que les femelles admirent la beauté des mâles. Dans tous les pays, les femmes se parent de ces plumes; on ne saurait donc contester la beauté de ces ornements. Les oiseaux-mouches et certains autres oiseaux disposent avec beaucoup de goût des objets brillants pour orner leur nid et les endroits où ils se rassemblent; c'est évidemment là une preuve qu'ils doivent éprouver un certain plaisir à contempler ces objets. Toutefois, autant que nous en pouvons juger, le sentiment pour le beau, chez la grande majorité des animaux, se limite aux attractions du sexe opposé. Les douces mélodies que soupirent beaucoup d'oiseaux mâles pendant la saison des amours sont certainement l'objet de l'admiration des femelles, fait dont nous fournirons plus loin la preuve. Si les femelles étaient incapables d'apprécier les splendides couleurs, les ornements et la voix des mâles, toute la peine, tous les soins qu'ils prennent pour déployer leurs charmes devant elles seraient inutiles, ce qu'il est impossible d'admettre. Il est, je crois, aussi difficile d'expliquer le plaisir que nous causent certaines couleurs et certains sons harmonieux que l'agrément que nous procurent certaines saveurs et certaines odeurs; mais l'habitude joue certainement un rôle considérable, car certaines sensations qui nous étaient d'abord désagréables finissent par devenir agréables, et les habitudes sont héréditaires. Helmholtz a expliqué dans une certaine mesure, en se basant sur les principes physiologiques, pourquoi certaines harmonies et certaines cadences nous sont agréables. En outre, certains bruits se reproduisant fréquemment à des intervalles irréguliers nous sont très désagréables, ainsi que l'admettra quiconque a entendu pendant la nuit sur un navire le battement irrégulier d'un cordage. Le même principe semble s'appliquer quand il s'agit du sens de la vue, car l'œil préfère évidemment la symétrie ou les images qui se reproduisent régulièrement. Les sauvages les plus infimes adoptent comme ornements des dessins de cette espèce et la sélection sexuelle les a développés dans l'ornementation de quelques animaux mâles. Quoi qu'il en soit, et que nous puissions expliquer ou non les sensations agréables causées ainsi à la vue ou à l'ouïe, il est certain que l'homme et beaucoup d'animaux inférieurs admirent les mêmes couleurs, les mêmes formes gracieuses et les mêmes sons.

. Le sentiment du beau, en tant qu'il s'agit tout au moins de la beauté chez la femme, n'est pas absolu dans l'esprit humain, car il diffère beaucoup chez les différentes races, et il n'est même pas iden-

tique chez toutes les nations appartenant à une même race. A en
juger par les ornements hideux et la musique non moins atroce
qu'admirent la plupart des sauvages, on pourrait conclure que leurs
facultés esthétiques sont à un état de développement inférieur à
celui qu'elles ont atteint chez quelques animaux, les oiseaux par
exemple. Il est évident qu'aucun animal ne serait capable d'admirer
une belle nuit étoilée, un beau paysage ou une musique savante ;
mais ces goûts relevés dépendent, il ne faut pas l'oublier, de l'éducation et de l'association d'idées complexes, et ne sont appréciés ni
par les barbares, ni par les personnes dépourvues d'éducation.

La plupart des facultés qui ont le plus contribué à l'avancement
progressif de l'homme, telles que l'imagination, l'étonnement, la
curiosité, le sentiment indéfini du beau, la tendance à l'imitation,
l'amour du mouvement et de la nouveauté, ne pouvaient manquer
d'entraîner l'humanité à des changements capricieux de coutumes
et de modes. Je fais allusion à ce point, parce qu'un écrivain [73]
vient, assez étrangement, de désigner le caprice « comme une des
différences typiques les plus remarquables entre les sauvages et
les animaux ». Or nous pouvons non-seulement comprendre comment il se fait que l'homme soit capricieux, mais prouver, ce que
nous ferons plus loin, que l'animal l'est aussi dans ses affections,
dans ses aversions, dans le sentiment qu'il a du beau. En outre, il
y a de bonnes raisons de supposer que l'animal aime la nouveauté
pour elle-même.

Croyance en Dieu. — *Religion.* — Rien ne prouve que l'homme
ait été primitivement doué de la croyance à l'existence d'un Dieu
omnipotent. Nous possédons, au contraire, des preuves nombreuses
que nous ont fournies, non pas des voyageurs de passage, mais
des hommes ayant longtemps vécu avec les sauvages, d'où il résulte qu'il a existé et qu'il existe encore un grand nombre de peu-
plades qui ne croient ni à un ni à plusieurs dieux, et qui n'ont
même pas, dans leur langue, de mot pour exprimer l'idée de la
divinité [74]. Cette question est, cela va sans dire, distincte de celle
d'ordre plus élevé, de savoir s'il existe un Créateur maître de l'univers, question à laquelle les plus hautes intelligences de tous les
temps ont répondu affirmativement.

Toutefois, si nous entendons par le terme religion la croyance

---

73. *The Spectator*, 4 déc. 1869, p. 1430.
74. Voir sur ce sujet un excellent article du rév. F.-W. Farrar, dans *Anthropological Review*, août 1864, p. ccxvii. Pour d'autres faits, voir sir J. Lubbock,
Prehistoric Times, 2ᵉ édit., 1869, p. 564, et surtout les chapitres sur la religion,
dans son *Origin of Civilisation*, 1870.

à des agents invisibles ou spirituels, le cas est tout différent, car cette croyance paraît être presque universelle chez les races les moins civilisées. Il n'est, d'ailleurs, pas difficile d'en comprendre l'origine. Dès que les facultés importantes de l'imagination, de l'é- tonnement et de la curiosité, outre quelque puissance de raisonne- ment, se sont partiellement développées; l'homme a dû naturelle- ment chercher à comprendre ce qui se passait autour de lui, et à spéculer vaguement sur sa propre existence. « L'homme, dit M. M' Lennan [75], est poussé, ne fût-ce que pour sa propre satisfac- tion, à inventer quelque explication des phénomènes de la vie; et, à en juger d'après son universalité, la première, la plus simple hypothèse qui se soit présentée à lui semble avoir été qu'on peut attribuer les phénomènes naturels à la présence, dans les animaux, dans les plantes, dans les choses, dans les forces de la nature, d'es- prits inspirant les actions, esprits semblables à celui dont l'homme se conçoit lui-même le possesseur. » Il est aussi très probable, ainsi le démontre M. Tylor, que la première notion des esprits ait pris son origine dans le rêve, car les sauvages n'établissent guère aucune distinction entre les impressions subjectives et les impres- sions objectives. Le sauvage, qui voit des figures en songe, pense que ces figures viennent de loin et qu'elles lui sont supérieures; ou bien encore que « l'âme du rêveur part en voyage, et revient avec le souvenir de ce qu'elle a vu [76] ». Mais il fallait que les facul- tés dont nous avons parlé, c'est-à-dire l'imagination, la curiosité, la raison, etc., eussent acquis, déjà, un degré considérable de déve- loppement dans l'esprit humain, pour que les rêves pussent amener l'homme à croire aux esprits; car, auparavant, ses rêves ne devaient

---

75. *The Worship of Animals and Plants*, dans *Fortnightly Review*, oct. 1, 1869, p. 422.

76. Tylor, *Early History of Mankind*, 1865, p. 6. Voir aussi les trois excel- lents chapitres sur le développement de la religion dans les *Origines de la Civili- sation* (1870), de Lubbock. De même, M. Herbert Spencer, dans son ingénieux article dans la *Fortnightly Review* (mai I, 1880, p. 535), explique les premières phases des croyances religieuses dans le monde, par le fait que l'homme est conduit par les rêves, les ombres et autres causes, à se considérer comme ayant une double essence, corporelle et spirituelle. Comme l'être spirituel est supposé exister après la mort, et avoir une puissance, on se le rend favorable par divers dons et cérémonies, et on invoque son secours. Il montre ensuite que les noms ou surnoms d'animaux ou autres objets qu'on donne aux premiers ancêtres ou fondateurs d'une tribu, sont, au bout d'un temps fort long, supposés représenter l'ancêtre réel de la tribu, et cet animal ou cet objet est alors naturellement considéré comme existant à l'état d'esprit, tenu pour sacré et adoré comme un dieu. Toutefois je ne puis m'empêcher de soupçonner qu'il y ait eu un état encore plus ancien et plus grossier, où tout ce qui manifestait le pouvoir ou le mouve- ment était regardé comme doué de quelque forme de vie et pourvu de facultés mentales analogues aux nôtres.

pas avoir plus d'influence sur son esprit que les rêves d'un chien n'en ont sur le sien.

Un petit fait, que j'ai eu occasion d'observer chez un chien qui m'appartenait, peut faire comprendre la tendance qu'ont les sauvages à s'imaginer que des essences spirituelles vivantes sont la cause déterminante de toute vie et de tout mouvement. Mon chien, animal assez âgé et très raisonnable, était couché sur le gazon un jour que le temps était très chaud et très lourd; à quelque distance de lui se trouvait une ombrelle ouverte que la brise agitait de temps en temps; il n'eût certainement fait aucune attention à ces mouvements de l'ombrelle si quelqu'un eût été auprès. Or, chaque fois que l'ombrelle bougeait, si peu que ce fût, le chien se mettait à gronder et à aboyer avec fureur. Un raisonnement rapide, inconscient, devait dans ce moment traverser son esprit; il se disait, sans doute, que ce mouvement sans cause apparente indiquait la présence de quelque agent étranger, et il aboyait pour chasser l'intrus qui n'avait aucun droit à pénétrer dans la propriété de son maître.

Il n'y a qu'un pas, facile à franchir, de la croyance aux esprits à celle de l'existence d'un ou de plusieurs dieux. Les sauvages, en effet, attribuent naturellement aux esprits les mêmes passions, la même soif de vengeance, forme la plus simple de la justice, les mêmes affections que celles qu'ils éprouvent eux-mêmes. Les Fuégiens paraissent, sous ce rapport, se trouver dans un état intermédiaire, car lorsque, à bord du *Beagle*, le chirurgien tua quelques canards pour enrichir sa collection, Yorck Minster s'écria de la manière la plus solennelle : « Oh! M. Bynoe, beaucoup de pluie, beaucoup de neige, beaucoup de vent; » c'était évidemment là pour lui la punition qui devait nous atteindre, car nous avions gaspillé des aliments propres à la nourriture de l'homme. Ainsi, il nous racontait que, son frère ayant tué un « sauvage », les orages avaient longtemps régné, et qu'il était tombé beaucoup de pluie et de neige. Et cependant les Fuégiens ne croyaient à rien que nous puissions appeler un Dieu, et ne pratiquaient aucune cérémonie religieuse; Jemmy Button soutenait résolument, avec un juste orgueil, qu'il n'y avait pas de diables dans son pays. Cette dernière assertion est d'autant plus remarquable que les sauvages croient bien plus facilement aux mauvais esprits qu'aux bons.

Le sentiment de la dévotion religieuse est très complexe; il se compose d'amour, d'une soumission complète à un être mystérieux et supérieur, d'un vif sentiment de dépendance [77], de crainte, de

---

77. Voir un article remarquable sur les *Éléments psychiques de la religion*, par M.-L. Owen Pike, dans *Anthropological Review*, avril 1870, p. LXIII.

respect, de reconnaissance, d'espoir pour l'avenir, et peut-être encore d'autres éléments. Aucun être ne saurait éprouver une émotion aussi complexe, à moins que ses facultés morales et intellectuelles n'aient acquis un développement assez considérable. Nous remarquons, néanmoins, quelque analogie, bien faible il est vrai, entre cet état d'esprit et l'amour profond qu'a le chien pour son maître, amour auquel se joignent une soumission complète, un peu de crainte et peut-être d'autres sentiments. La conduite du chien, lorsqu'il retrouve son maître après une absence, et, je puis l'ajouter celle d'un singe vis-à-vis de son gardien qu'il adore, est très différente de celle que tiennent ces animaux vis-à-vis de leurs semblables. Dans ce dernier cas, les transports de joie paraissent être moins intenses, et toutes les actions manifestent plus d'égalité. Le professeur Braubach [78] va jusqu'à soutenir que le chien regarde son maître comme un dieu.

Les mêmes hautes facultés mentales qui ont tout d'abord poussé l'homme à croire à des esprits invisibles, puis qui l'ont conduit au fétichisme, au polythéisme, et enfin au monothéisme, devaient fatalement lui faire adopter des coutumes et des superstitions étranges tant que sa raison était restée peu développée. Au nombre de ces coutumes et de ces superstitions il y en a eu de terribles : — les sacrifices d'êtres humains immolés à un dieu sanguinaire; les innocents soumis aux épreuves du poison ou du feu; la sorcellerie, etc. Il est, cependant, utile de penser quelquefois à ces superstitions, car nous comprenons alors tout ce que nous devons aux progrès de la raison, à la science et à toutes nos connaissances accumulées. Ainsi que l'a si bien fait remarquer sir J. Lubbock [79] : « Nous n'exagérons pas en disant qu'une crainte, qu'une terreur constante de l'inconnu couvre la vie sauvage d'un nuage épais et en empoisonne tous les plaisirs. » On peut comparer aux erreurs incidentes que l'on remarque parfois dans l'instinct des animaux cet avortement misérable, ces conséquences indirectes de nos plus hautes facultés.

---

78. *Religion, Moral*, etc., *der Darwin'schen Art-Lehre*, 1869, p. 53. On affirme (Docteur W. Lauder Lindsay, *Journal of mental Science*, 1871. p. 43) que Bacon et que le poète Burns partageaient la même opinion.

79. *Prehistoric Times*, 2ᵉ édit., p. 571. On trouvera dans cet ouvrage (p. 553) une excellente description de beaucoup de coutumes bizarres et capricieuses des sauvages.

CHAPITRE IV

COMPARAISON DES FACULTÉS MENTALES DE L'HOMME
AVEC CELLES DES ANIMAUX (SUITE).

Le sens moral. — Proposition fondamentale. — Les qualités des animaux
sociables. — Origine de la sociabilité. — Lutte entre les instincts contraires.
— L'homme, animal sociable. — Les instincts sociaux durables l'emportent sur d'autres instincts moins persistants. — Les sauvages n'estiment
que les vertus sociales. — Les vertus personnelles s'acquièrent à une phase
postérieure du développement. — Importance du jugement des membres
d'une même communauté sur la conduite. — Transmission des tendances
morales. — Résumé.

Je partage entièrement l'opinion des savants [1] qui affirment que,
de toutes les différences existant entre l'homme et les animaux,
c'est le sens moral ou la conscience, qui est de beaucoup la plus
importante. Le sens moral, ainsi que le fait remarquer Mackintosh [2],
« l'emporte à juste titre sur tout autre principe d'action humaine » ;
il se résume dans ce mot court, mais impérieux, le *devoir*, dont la
signification est si élevée. C'est le plus noble attribut de l'homme,
qui le pousse à risquer, sans hésitation, sa vie pour celle d'un de
ses semblables; ou l'amène, après mûre délibération, à la sacrifier
à quelque grande cause, sous la seule impulsion d'un profond sentiment de droit ou de devoir. Kant s'écrie : « Devoir! pensée merveilleuse qui n'agis ni par l'insinuation, ni par la flatterie, ni par la
menace, mais en te contentant de te présenter à l'âme dans ton aus-
tère simplicité; tu commandes ainsi le respect, sinon toujours
l'obéissance; devant toi tous les appétits restent muets, si rebel-
les qu'ils soient en secret; d'où tires-tu ton origine [3] ? »

Bien des écrivains de grand mérite ont discuté cette immense
question [4]; si je l'effleure ici, c'est qu'il m'est impossible de la
passer sous silence, et que personne, autant que je le sache toutefois, ne l'a abordée exclusivement au point de vue de l'histoire
naturelle. La recherche en elle-même offre, d'ailleurs, un vif intérêt,
puisqu'elle nous permet de déterminer jusqu'à quel point l'étude

---

1. Voir par exemple, sur ce sujet, de Quatrefages, *Unité de l'espèce humaine,*
1861, p. 21, etc.
2. *Dissertation on Ethical Philosophy*, 1837, p. 231.
3. J.-W. Semple, *Metaphysics of Ethics*, Edimbourg, 1836, p. 136.
4. Dans son ouvrage, *Mental and moral science*, 1868, pp. 543, 725, M. Bain
cite une liste de vingt-six auteurs anglais qui ont traité ce sujet; à ces noms
bien connus j'ajouterai celui de M. Bain lui-même et ceux de MM. Lecky, Shad-
worth Hodgson, et sir J. Lubbock, pour n'en citer que quelques-uns.

des animaux inférieurs peut jeter quelque lumière sur une des plus hautes facultés psychiques de l'homme.

La proposition suivante me paraît avoir un haut degré de probabilité : un animal quelconque, doué d'instincts sociaux prononcés [5], en comprenant, bien entendu, au nombre de ces instincts, l'affection des parents pour leurs enfants et celle des enfants pour leurs parents, acquerrait inévitablement un sens moral ou une conscience, aussitôt que ses facultés intellectuelles se seraient développées aussi complètement ou presque aussi complètement qu'elles le sont chez l'homme. *Premièrement,* en effet, les instincts sociaux poussent l'animal à trouver du plaisir dans la société de ses semblables, à éprouver une certaine sympathie pour eux, et à leur rendre divers services. Ces services peuvent avoir une nature définie et évidemment instinctive ; ou n'être qu'une disposition ou qu'un désir qui pousse à les aider d'une manière générale, comme cela arrive chez les animaux sociables supérieurs. Ces sentiments et ces services ne s'étendent nullement, d'ailleurs, à tous les individus appartenant à la même espèce, mais seulement à ceux qui font partie de la même association. *Secondement :* une fois les facultés intellectuelles hautement développées, le cerveau de chaque individu est constamment rempli par l'image de toutes ses actions passées et par les motifs qui l'ont poussé à agir comme il l'a fait ; or il doit éprouver ce sentiment de regret qui résulte invariablement d'un instinct auquel il n'a pas été satisfait, ainsi que nous le verrons plus loin, chaque fois qu'il s'aperçoit que l'instinct social actuel et persistant

---

5. Sir B. Brodie, après avoir fait observer (*Psychological Enquiries*, 1854, p. 192) que l'homme est un animal sociable, pose une importante question : « Ceci ne devrait-il pas trancher la discussion sur l'existence du sens moral ? » Des idées analogues ont dû venir à beaucoup de personnes, comme cela est arrivé, il y a longtemps, à Marc-Aurèle. M. J.-S. Mill, dans son célèbre ouvrage, *Utilitarianism* (1864, p. 46), parle du sentiment social comme « d'un puissant sentiment naturel », et le considère comme « la base naturelle du sentiment de la moralité utilitaire ». Puis il ajoute : « Comme toutes les autres facultés acquises auxquelles j'ai déjà fait allusion, la faculté morale, si elle ne fait pas partie de notre nature, en est, pour ainsi dire, une excroissance naturelle, susceptible dans une certaine mesure de surgir spontanément comme toutes les autres facultés. » Mais, contrairement à cette assertion, il fait aussi remarquer que « si, comme je le crois, les sentiments moraux ne sont pas innés, mais acquis, ils n'en sont pas pour cela moins naturels ». Ce n'est pas sans hésitation que j'ose avoir un avis contraire à celui d'un penseur si profond, mais on ne peut guère contester que les sentiments sociaux sont instinctifs ou innés chez les animaux inférieurs ; pourquoi donc ne le seraient-ils pas chez l'homme ? M. Bain (*the Emotions and the Will*, 1865, p. 481) et d'autres croient que chaque individu acquiert le sens moral pendant le cours de sa vie. Ceci est au moins fort improbable étant donnée la théorie générale de l'évolution. Il me semble que M. Mill a commis une erreur fâcheuse en n'admettant pas la transmission héréditaire des qualités mentales.

a cédé chez lui à quelque autre instinct, plus puissant sur le moment, mais qui n'est ni permanent par sa nature, ni susceptible de laisser une impression bien vive. Il est évident qu'un grand nombre de désirs instinctifs, tels que celui de la faim, n'ont, par leur nature même, qu'une courte durée; dès qu'ils sont satisfaits, le souvenir de ces instincts s'efface, car ils ne laissent qu'une trace légère. *Troisièmement :* dès le développement de la faculté du langage et, par conséquent, dès que les membres d'une même association peuvent clairement exprimer leurs désirs, l'opinion commune, sur le mode suivant lequel chaque membre doit concourir au bien public, devient naturellement le principal guide d'action. Mais il faut toujours se rappeler que, quelque poids qu'on attribue à l'opinion publique, le respect que nous avons pour l'approbation ou le blâme exprimé par nos semblables dépend de la sympathie, qui, comme nous le verrons, constitue une partie essentielle de l'instinct social et en est même la base. *Enfin,* l'habitude, chez l'individu, joue un rôle fort important dans la direction de la conduite de chaque membre d'une association; car la sympathie et l'instinct social, comme tous les autres instincts, de même que l'obéissance aux désirs et aux jugements de la communauté, se fortifient considérablement par l'habitude. Nous allons maintenant discuter ces diverses propositions subordonnées, et en traiter quelques-unes en détail.

Je dois faire remarquer d'abord que je n'entends pas affirmer qu'un animal rigoureusement sociable, en admettant que ses facultés intellectuelles devinssent aussi actives et aussi hautement développées que celles de l'homme, doive acquérir exactement le même sens moral que le nôtre. De même que divers animaux possèdent un certain sens du beau, bien qu'ils admirent des objets très différents, de même aussi ils pourraient avoir le sens du bien et du mal, et être conduits par ce sentiment à adopter des lignes de conduite très différentes. Si, par exemple, pour prendre un cas extrême, les hommes se reproduisaient dans des conditions identiques à celles des abeilles, il n'est pas douteux que nos femelles non mariées, de même que les abeilles ouvrières, considéreraient comme un devoir sacré de tuer leurs frères, et que les mères chercheraient à détruire leurs filles fécondes, sans que personne songeât à intervenir[6]. Néanmoins il me semble que, dans le cas que nous suppo-

---

6. M. H. Sidgwick, qui a discuté ce sujet de façon très remarquable (*Academy*, 15 juin 1872, p. 231), fait remarquer « qu'une abeille très intelligente essaierait, nous pouvons en être assurés, de trouver une solution plus douce à la question de la population ». Toutefois, à en juger par les coutumes de la plupart des

sons, l'abeille, ou tout autre animal sociable, acquerrait quelque
sentiment du bien et du mal, c'est-à-dire une conscience. Chaque
individu, en effet, aurait le sens intime qu'il possède certains instincts plus forts ou plus persistants, et d'autres qui le sont moins;
il aurait, en conséquence, à lutter intérieurement pour se décider à
suivre telle ou telle impulsion; il éprouverait un sentiment de satisfaction, de regret, ou même de remords, à mesure qu'il com-
parerait à sa conduite présente ses impressions passées qui se
représenteraient incessamment à son esprit. Dans ce cas, un conseiller intérieur indiquerait à l'animal qu'il aurait mieux fait de
suivre une impulsion plutôt qu'une autre. Il comprendrait qu'il aurait
dû suivre une direction plutôt qu'une autre; que l'une était bonne
et l'autre mauvaise; mais j'aurai à revenir sur ce point.

Sociabilité. — Plusieurs espèces d'animaux sont sociables; certaines espèces distinctes s'associent même les unes aux autres,
quelques singes américains, par exemple, et les bandes unies de
corneilles, de freux et d'étourneaux. L'homme manifeste le même
sentiment dans son affection pour le chien, affection que ce dernier
lui rend avec usure. Chacun a remarqué combien les chevaux, les
chiens, les moutons, etc., sont malheureux, lorsqu'on les sépare
de leurs compagnons; et combien les deux premières espèces surtout se témoignent d'affection lorsqu'on les réunit. Il est curieux
de se demander quels sont les sentiments d'un chien qui se tient
tranquille dans une chambre, pendant des heures, avec son maître
ou avec un membre de la famille, sans qu'on fasse la moindre
attention à lui, tandis que, si on le laisse seul un instant, il se met
à aboyer ou à hurler tristement. Nous bornerons nos remarques
aux animaux sociables les plus élevés, à l'exclusion des insectes,
bien que ces derniers s'entr'aident de bien des manières. Le service que les animaux supérieurs se rendent le plus ordinairement
les uns aux autres est de s'avertir réciproquement du danger au

---

sauvages, l'homme résout le problème par le meurtre des enfants femelles, par
la polyandrie et par la communauté des femmes ; on est en droit de douter que
ces méthodes soient beaucoup plus douces. Miss Cobbe, en discutant le même
exemple (*Darwinism in Morals, Theological Review*, avril 1872, pp. 188-191),
soutient que les *principes* du devoir social seraient ainsi violés. Elle entend
par là, je suppose, que l'accomplissement d'un devoir social deviendrait nuisible aux individus ; mais il me semble qu'elle oublie, ce qu'elle doit cependant
admettre, que l'abeille a acquis ces instincts parce qu'ils sont avantageux pour
la communauté. Miss Cobbe va jusqu'à dire que, si on admettait généralement
la théorie de la morale exposée dans ce chapitre, « l'heure du triomphe de cette
théorie sonnerait en même temps le signal funèbre de la destruction de la vertu
chez l'humanité » ! Il faut espérer que la persistance de la vertu sur cette terre
ne repose pas sur des bases aussi fragiles.

moyen de l'union des sens de tous. Les chasseurs savent, ainsi que le fait remarquer le Dr Jæger[7], combien il est difficile d'approcher d'animaux réunis en troupeau. Je crois que ni les chevaux sauvages, ni les bestiaux, ne font entendre un signal de danger; mais l'attitude que prend le premier qui aperçoit l'ennemi avertit les autres. Les lapins frappent fortement le sol de leurs pattes postérieures comme signal d'un danger; les moutons et les chamois font de même, mais avec les pieds de devant, et lancent en même temps un coup de sifflet. Beaucoup d'oiseaux et quelques mammifères placent des sentinelles, qu'on dit être généralement des femelles chez les phoques[8]. Le chef d'une troupe de singes en est la sentinelle, et pousse des cris pour indiquer, soit le danger, soit la sécurité[9]. Les animaux sociables se rendent une foule de petits services réciproques, les chevaux se mordillent et les vaches se lèchent mutuellement sur les points où ils éprouvent quelque démangeaison; les singes se débarrassent les uns les autres de leurs parasites; Brehm assure que, lorsqu'une bande de *Cercopithecus griseo-viridis* a traversé une fougère épineuse, chaque singe s'étend à tour de rôle sur une branche, et est aussitôt visité par un de ses camarades, qui examine avec soin sa fourrure et en extrait toutes les épines.

Les animaux se rendent encore des services plus importants: ainsi les loups et quelques autres bêtes féroces chassent par bandes et s'aident mutuellement pour attaquer leurs victimes. Les pélicans pêchent de concert. Les hamadryas soulèvent les pierres pour chercher des insectes, etc., et, quand ils en rencontrent une trop grosse, ils se mettent autour en aussi grand nombre que possible pour la soulever, la retournent et se partagent le butin. Les animaux sociables se défendent réciproquement. Les bisons mâles, dans l'Amérique du Nord, placent, au moment du danger, les femelles et les jeunes au milieu du troupeau, et les entourent pour les défendre. Je citerai, dans un chapitre subséquent, l'exemple de deux jeunes taureaux sauvages à Chillingham, qui se réunirent pour attaquer un vieux taureau, et de deux étalons cherchant ensemble à en chasser un troisième loin d'un troupeau de juments. Brehm rencontra, en Abyssinie, une grande troupe de babouins

7. *Die Darwin'sche Theorie*, p. 101.
8. M. R. Brown, *Proceedings Zoolog. Soc.*, 1868, p. 409.
9. Brehm, *Thierleben*, vol. I. 1864, pp. 52, 79. Pour le cas des singes qui se débarrassent mutuellement des épines, p. 54. Le fait des hamadryas qui retournent les pierres est donné (p. 79) sur l'autorité d'Alvarez, aux observations duquel Brehm croit qu'on peut avoir confiance. Voy. p. 79 pour les cas de vieux babouins attaquant les chiens, et pour l'aigle, p. 56.

qui traversaient une vallée ; une partie avait déjà gravi la montagne opposée, les autres étaient encore dans la vallée. Ces derniers furent attaqués par des chiens ; aussitôt les vieux mâles se précipitèrent en bas des rochers, la bouche ouverte et poussant des cris si terribles que les chiens battirent en retraite. On encouragea ceux-ci à une nouvelle attaque, mais dans l'intervalle tous les babouins avaient remonté sur les hauteurs, à l'exception toutefois d'un jeune ayant six mois environ, qui, grimpé sur un bloc de rocher où il fut entouré, appelait à grands cris à son secours. Un des plus grands mâles, véritable héros, redescendit la montagne, se rendit lentement vers le jeune, le rassura, et l'emmena triomphalement. — Les chiens étaient trop étonnés pour l'attaquer. Je ne puis résister au désir de citer une autre scène qu'a observée le même naturaliste : un jeune cercopithèque, saisi par un aigle, s'accrocha à une branche et ne fut pas enlevé d'emblée ; il se mit à crier au secours ; les autres membres de la bande arrivèrent en poussant de grands cris, entourèrent l'aigle, et lui arrachèrent tant de plumes, qu'il lâcha sa proie et ne songea plus qu'à s'échapper. Brehm fait remarquer avec raison que désormais cet aigle ne se hasardera probablement plus à attaquer un singe faisant partie d'une troupe[10].

Il est évident que les animaux associés ressentent des sentiments d'affection réciproque, qui n'existent pas chez les animaux adultes non sociables. Il est plus douteux qu'ils éprouvent de la sympathie pour les peines ou les plaisirs de leurs congénères, surtout pour les plaisirs. M. Buxton a pu, toutefois, constater, grâce à d'excellents moyens d'observation[11], que ses perroquets, vivant en liberté dans le Norfolk, prenaient un intérêt considérable à un couple qui avait un nid ; ils entouraient la femelle « en poussant d'effroyables cris pour l'acclamer, toutes les fois qu'elle quittait son nid ». Il est souvent difficile de juger si les animaux éprouvent quelque sentiment de pitié pour les souffrances de leurs semblables. Qui peut dire ce que ressentent les vaches lorsqu'elles entourent et fixent du regard une de leurs camarades morte ou mourante ? Il est probable, cependant, que, comme le fait remarquer Houzeau, elles ne ressentent aucune pitié. L'absence de toute sympathie chez les

10. M. Belt raconte que, dans une forêt du Nicaragua, il entendit un ateles crier pendant deux heures de suite ; il finit par s'approcher et vit un aigle perché sur une branche tout auprès du singe. L'oiseau semblait hésiter à attaquer le singe tant que celui-ci le regardait bien en face. M. Belt, qui a étudié avec tant de soin les habitudes des singes de ce pays, croit pouvoir affirmer qu'ils vont toujours par groupes de deux ou trois pour se défendre contre les aigles. *The Naturalist in Nicaragua*, 1874, p. 118.

11. *Annals and Mag. of Nat. History*, nov. 1868, p. 382.

animaux n'est quelquefois que trop certaine, car on les voit expulser du troupeau un animal blessé, ou le poursuivre et le persécuter
jusqu'à la mort. C'est là le fait le plus horrible que relate l'histoire
naturelle, à moins que l'explication qu'on en a donnée soit la vraie,
c'est-à-dire que leur instinct ou leur raison les pousse à expulser
un compagnon blessé, de peur que les bêtes féroces, l'homme
compris, ne soient tentés de suivre la troupe. Dans ce cas, leur
conduite ne serait pas beaucoup plus coupable que celle des Indiens de l'Amérique du Nord qui laissent périr dans la plaine leurs
camarades trop faibles pour les suivre, ou que celle des Fijiens
qui enterrent vivants leurs parents âgés ou malades[12].

Beaucoup d'animaux, toutefois, font certainement preuve de
sympathie réciproque dans des circonstances dangereuses ou mal-
heureuses. On observe cette sympathie même chez les oiseaux.
Le capitaine Stansbury[13] a rencontré, sur les bords d'un lac salé de
l'Utah, un pélican vieux et complètement aveugle qui était fort
gras, et qui devait être nourri depuis longtemps pas ses compagnons. M. Blyth m'informe qu'il a vu des corbeaux indiens nourrir
deux ou trois de leurs compagnons aveugles, et j'ai eu connaissance
d'un fait analogue observé chez un coq domestique. Nous pouvons,
si bon nous semble, considérer ces actes comme instinctifs; mais
les exemples sont trop rares pour qu'on puisse admettre le développement d'aucun instinct spécial[14]. J'ai moi-même vu un chien qui
ne passait jamais à côté d'un de ses grands amis, un chat malade
dans un panier, sans le lécher en passant, le signe le plus certain
d'un bon sentiment chez le chien.

Il faut bien appeler sympathie le sentiment qui porte le chien
courageux à s'élancer sur qui frappe son maître, ce qu'il n'hésite
pas à faire. J'ai vu une personne simuler de frapper une dame
ayant sur ses genoux un chien fort petit et très timide; on n'avait
jamais fait cet essai. Le petit chien s'éloigna aussitôt, mais, après
que les coups eurent cessé, il vint lécher la figure de sa maîtresse,
et il était vraiment touchant de voir tous les efforts qu'il faisait pour
la consoler. Brehm[15] constate que, lorsqu'on poursuivait un ba-

---

12. Sir J. Lubbock, *Prehistoric Times*, 2ᵉ édit., p. 446.
13. Cité par M. L.-H. Morgan, *The American Beaver*, 1868, p. 272. Le capitaine
Stansbury raconte qu'un très jeune pélican, emporté par un fort courant, fut
guidé et encouragé dans ses efforts pour atteindre la rive par une demi-douzaine
de vieux oiseaux.
14. Comme le dit M. Bain : « Un secours effectif porté à un être souffrant
émane d'un sentiment de pure sympathie. » (*Mental and Moral science*, 1868,
p. 245.)
15. *Thierleben*, I, p. 85.

bouin en captivité pour le punir, les autres cherchaient à le protéger. Ce devait être la sympathie qui poussait, dans les exemples que nous venons de citer, les babouins et les cercopithèques à défendre leurs jeunes camarades contre les chiens et contre l'aigle. Je me bornerai à citer un seul autre exemple de conduite sympathique et héroïque de la part d'un petit singe américain. Il y a quelques années, un gardien du Jardin zoologique me montra quelques blessures profondes, à peine cicatrisées, que lui avait faites au cou un babouin féroce, pendant qu'il était occupé à côté de lui. Un petit singe américain, grand ami du gardien, vivait dans le même compartiment, et avait une peur horrible du babouin. Néanmoins, dès qu'il vit son ami le gardien en péril, il s'élança à son secours, et tourmenta tellement le babouin, par ses morsures et par ses cris, que l'homme, après avoir couru de grands dangers pour sa vie, put s'échapper.

Outre l'amour et la sympathie, les animaux possèdent d'autres qualités que chez l'homme nous regardons comme des qualités morales, et je suis d'accord avec Agassiz [16] pour reconnaître que le chien possède quelque chose qui ressemble beaucoup à la conscience.

Le chien a certainement un certain empire sur lui-même, et cette qualité ne paraît pas provenir entièrement de la crainte. Le chien, comme le fait remarquer Braubach [17], s'abstient de voler des aliments en l'absence de son maître. Depuis très longtemps, on regarde les chiens comme le type de la fidélité et de l'obéissance. L'éléphant est aussi très fidèle à son gardien qu'il regarde probablement comme le chef de la troupe. Le Dr Hooker m'a raconté qu'un éléphant sur lequel il voyageait dans l'Inde s'enfonça un jour si complètement dans une tourbière qu'il lui fut impossible de se dégager et qu'on dut l'extraire le lendemain à grand renfort de cordes. Dans ces occasions les éléphants saisissent avec leur trompe tout ce qui est à leur portée, chose ou individu, et le placent sous leurs genoux pour éviter d'enfoncer davantage dans la boue. Aussi le cornac craignait-il que l'animal ne saisît le Dr Hooker pour le placer au-dessous de lui dans la tourbière. Quant au cornac lui-même, il n'avait absolument rien à craindre : or, cet empire sur soi-même, dans une circonstance si épouvantable pour un animal très pesant, est certainement une preuve étonnante de noble fidélité [18].

Tous les animaux vivant en troupe, qui se défendent l'un l'autre,

---

16. *De l'Espèce et de la Classe*, 1869, p. 97.
17. *Die Darwin'sche Art-Lehre*, 1869, p. 54.
18. Voir aussi Hooker, *Himalayan Journals*, vol. II, 1854. p. 333.

ou qui se réunissent pour attaquer leurs ennemis, doivent, dans
une certaine mesure, avoir de la fidélité les uns pour les autres ;
ceux qui suivent un chef doivent lui obéir jusqu'à un certain point.
Les babouins qui, en Abyssinie [19], vont en troupe piller un jardin,
suivent leur chef en silence. Si un jeune animal imprudent fait du
bruit, les autres lui donnent une claque pour lui enseigner le silence
et l'obéissance. M. Galton [20], qui a eu d'excellentes occasions d'étudier les bestiaux à demi sauvages de l'Afrique méridionale, affirme
qu'ils ne peuvent supporter même une séparation momentanée de
leur troupeau. Ces bestiaux semblent avoir le sentiment inné de
l'obéissance ; ils ne demandent qu'à se laisser guider par celui
d'entre eux qui a assez de confiance en soi pour accepter la position de chef. Les hommes qui dressent ces animaux à la voiture
choisissent avec soin pour en faire les chefs d'un attelage ceux qui,
en s'éloignant de leurs congénères pour brouter, prouvent ainsi qu'il
ont une certaine dose de volonté. M. Galton ajoute que ces derniers sont rares et qu'ils ont, par conséquent, beaucoup de valeur ;
d'ailleurs, ils sont vite éliminés, car les lions sont toujours à l'affût
pour saisir ceux qui s'écartent du troupeau.

Quant à l'impulsion, qui conduit certains animaux à s'associer
et à s'entr'aider de diverses manières, nous pouvons conclure
que, dans la plupart des cas, ils sont poussés par les mêmes
sentiments de joie et de plaisir que leur procure la satisfaction
d'autres actions instinctives, ou par le sentiment de regret que
l'instinct non satisfait laisse toujours après lui. Nous pourrions
citer, à cet égard, d'innombrables exemples, et les instincts acquis
de nos animaux domestiques nous fournissent quelques-uns des
plus frappants : ainsi, un jeune chien de berger est heureux de
conduire un troupeau de moutons, il court joyeusement autour du
troupeau, mais sans harceler les moutons ; un jeune chien, dressé
à chasser le renard, aime à poursuivre cet animal, tandis que d'autres chiens, ainsi que j'en ai été témoin, semblent s'étonner du
plaisir qu'il y prend. Quel immense bonheur intime ne doit pas
ressentir l'oiseau, pour qu'il consente, lui, si plein d'activité, à couver ses œufs pendant des journées entières ! Les oiseaux migrateurs
sont malheureux si on les empêche d'émigrer, et peut-être éprou-
vent-ils de la joie à entreprendre leur long voyage ; mais il est difficile de croire que l'oie décrite par Audubon, à laquelle on avait
attaché les ailes et qui, le temps venu, n'en partit pas moins à pied

---

19. Brehm, *Thierleben*, I, p. 76.
20. Voir son très intéressant mémoire, *Gregariousness in Cattle and in Man*,
— *Macmillan Magazine*, fév. 1871, p. 353.

pour faire son long voyage de plusieurs milliers de kilomètres, ait pu ressentir une joie quelconque en se mettant en route. Quelques instincts dérivent seulement de sentiments pénibles, tels que la crainte, qui conduit à la conservation de soi-même, ou qui met en garde contre certains ennemis. Je crois que personne ne peut analyser les sensations du plaisir ou de la peine. Il est toutefois probable que, dans beaucoup de cas, les instincts se perpétuent par la seule force de l'hérédité, sans le stimulant du plaisir ou de la peine. Un jeune chien d'arrêt, flairant le gibier pour la première fois, semble ne pas pouvoir s'empêcher de tomber en arrêt. L'écureuil dans sa cage, qui cherche à enterrer les noisettes qu'il ne peut manger, n'est certainement pas poussé à cet acte par un sentiment de peine ou de plaisir. Il en résulte que l'opinion commune, qui veut que l'homme n'accomplisse une action que sous l'influence d'un plaisir ou d'une peine, peut être erronée. Bien qu'une habitude puisse devenir aveugle ou involontaire, abstraction faite de toute impression de plaisir ou de peine éprouvée sur le moment, il n'en est pas moins vrai que la suppression brusque et forcée de cette habitude entraîne, en général, un vague sentiment de regret.

On a souvent affirmé que les animaux sont d'abord devenus sociables, et que, en conséquence, ils éprouvent du chagrin lorsqu'ils sont séparés les uns des autres, et ressentent de la joie lorsqu'ils sont réunis; mais il est bien plus probable que ces sensations se sont développées les premières, pour déterminer les animaux qui pouvaient tirer un parti avantageux de la vie en société à s'associer les uns aux autres; de même que le sentiment de la faim et le plaisir de manger ont été acquis d'abord pour engager les animaux à se nourrir. L'impression de plaisir que procure la société est probablement une extension des affections de parenté ou des affections filiales; on peut attribuer cette extension principalement à la sélection naturelle, et peut-être aussi, en partie, à l'habitude. Car, chez les animaux pour lesquels la vie sociale est avantageuse, les individus qui trouvent le plus de plaisir à être réunis peuvent le mieux échapper à divers dangers, tandis que ceux qui s'inquiètent moins de leurs camarades et qui vivent solitaires doivent périr en plus grand nombre. Il est inutile de spéculer sur l'origine de l'affection des parents pour leurs enfants et de ceux-ci pour leurs parents; ces affections constituent évidemment la base des affections sociales; mais nous pouvons admettre qu'elles ont été, dans une grande mesure, produites par la sélection naturelle. On peut, presque certainement, en effet, attribuer à la sélection naturelle le sentiment extraordinaire et tout opposé de la haine entre les parents

les plus proches; ainsi, par exemple, les abeilles ouvrières qui
tuent leurs frères et les reines-abeilles qui détruisent leurs propres
filles, car le désir de détruire leurs proches parents, au lieu de les
aimer, constitue, dans ce cas, un avantage pour la communauté.
On a observé chez certains animaux placés extrêmement bas sur
l'échelle, chez les astéries ou les araignées, par exemple, l'existence de l'affection paternelle, ou de quelque sentiment analogue
qui la remplace. Ce sentiment existe aussi parfois chez quelques
membres seuls de tout un groupe d'animaux, comme chez les *For-
ficula,* ou perce-oreilles.

Le sentiment si important de la sympathie est distinct de celui
de l'amour. Quelque passionné que soit l'amour qu'une mère puisse
ressentir pour son enfant endormi, on ne saurait pas dire qu'elle
éprouve en ce moment de la sympathie pour lui. L'affection que
l'homme a pour son chien, l'amour du chien pour son maître, ne
ressemblent en rien à de la sympathie. Adam Smith a affirmé autrefois, comme M. Bain l'a fait récemment, que la sympathie repose sur le vif souvenir que nous ont laissé d'anciens états de douleur ou de plaisir. Il en résulte que « le spectacle d'une autre
personne qui souffre de la faim, du froid, de la fatigue, nous
rappelle le souvenir de ces sensations, qui nous sont douloureuses
même en pensée ». Il en résulte aussi que nous sommes disposés
à soulager les souffrances d'autrui, pour adoucir dans une certaine
mesure les sentiments pénibles que nous éprouvons. C'est le même
motif qui nous dispose à participer aux plaisirs des autres[21]. Mais
je ne crois pas que cette hypothèse explique comment il se fait
qu'une personne, qui nous est chère, excite notre sympathie à un
bien plus haut degré qu'une personne qui nous est indifférente.
le spectacle seul de la souffrance, sans tenir compte de l'amour,
suffirait pour évoquer dans notre esprit des souvenirs et des com-
paraisons vivaces. Il est possible peut-être d'expliquer ce phénomène en supposant que, chez tous les animaux, la sympathie ne
s'exerce qu'envers les membres de la même communauté, c'est-
à-dire envers les membres qui leur sont bien connus et qu'ils aiment

---

21. Voir le premier et excellent chapitre de la *Théorie des sentiments moraux,*
d'Adam Smith. Voir aussi *Mental and Moral science,* de M. Bain, pp. 244, 275
et 282. M. Bain affirme, « que la sympathie est indirectement une source de
plaisir pour celui qui sympathise »; et il explique cette réciprocité. Il remarque
« que la personne qui a reçu le bienfait, ou d'autres à sa place, peuvent reconnaître le sacrifice par leur sympathie et leurs bons offices ». Mais si, comme
cela paraît être le cas, la sympathie n'est qu'un instinct, son exercice serait la
cause d'un plaisir direct, de la même manière, ainsi que nous l'avons déjà vu,
que l'exercice de tout autre instinct.

plus ou moins, mais non pas envers tous les individus de la même espèce. On sait, d'ailleurs, et c'est là un fait à peu près analogue, que beaucoup d'animaux redoutent tout particulièrement certains ennemis. Les espèces non sociables, telles que les tigres et les lions, ressentent sans aucun doute de la sympathie pour les souffrances de leurs petits, mais non pas pour celles d'autres animaux. Chez l'homme, l'égoïsme, l'expérience et l'imitation ajoutent probablement, ainsi que le fait remarquer M. Bain, à la puissance de la sympathie; car l'espoir d'un échange de bons procédés nous pousse à accomplir pour d'autres des actes de bienveillance sympathique; on ne saurait mettre en doute, d'ailleurs, que les sentiments de sympathie se fortifient beaucoup par l'habitude. Quelle que soit la complexité des causes qui ont engendré ce sentiment, comme il est d'une utilité absolue à tous les animaux qui s'aident et se défendent mutuellement, la sélection naturelle a dû le développer beaucoup; en effet, les associations contenant le plus grand nombre de membres éprouvant de la sympathie, ont dû réussir et élever un plus grand nombre de descendants.

D'ailleurs, il est impossible, dans beaucoup de cas, de déterminer si certains instincts sociaux sont la conséquence de l'action de la sélection naturelle ou s'ils sont le résultat indirect d'autres instincts et d'autres facultés, tels que la sympathie, la raison, l'expérience et la tendance à l'imitation; ou bien encore, s'ils sont simplement le résultat de l'habitude longuement continuée. L'instinct remarquable qui pousse à poster des sentinelles pour avertir le troupeau du danger ne peut guère être le résultat indirect d'aucune autre faculté; il faut donc qu'il ait été directement acquis. D'autre part, l'habitude qu'ont les mâles de quelques espèces sociables de défendre la communauté et de se réunir, pour attaquer leurs ennemis ou leur proie, résulte peut-être de la sympathie mutuelle; mais le courage, et, dans la plupart des cas, la force, ont dû être préalablement acquis, probablement par sélection naturelle.

Certaines habitudes et certains instincts sont beaucoup plus vifs que d'autres, c'est-à-dire, il en est qui procurent plus de plaisir s'ils sont satisfaits, et plus de peine s'ils ne le sont pas; ou, ce qui est probablement tout aussi important, il en est qui sont transmis héréditairement d'une manière plus persistante sans exciter aucun sentiment spécial de plaisir ou de peine. Nous comprenons nous-mêmes que certaines habitudes sont, beaucoup plus que d'autres, difficiles à guérir ou à changer. Aussi peut-on souvent observer, chez les animaux, des luttes entre des instincts divers, ou entre un instinct et quelque tendance habituelle; ainsi, lorsqu'un chien

s'élance après un lièvre, est rappelé, s'arrête, hésite, reprend la
poursuite ou revient honteux vers son maître; ou bien encore la
lutte entre l'amour maternel d'une chienne pour ses petits et son
affection pour son maître, lorsqu'on la voit se dérober pour aller
vers les premiers, en ayant l'air honteux de ne pas accompagner
le second. Un des exemples les plus curieux que je connaisse d'un
instinct en dominant un autre est celui de l'instinct de la migration qui l'emporte sur l'instinct maternel. Le premier est étonnamment fort; un oiseau captif, lors de la saison du départ, se jette
contre les barreaux de sa cage jusqu'à se dépouiller la poitrine de
ses plumes et à se mettre en sang. Il fait bondir les jeunes saumons
hors de l'eau douce, où ils pourraient, cependant, continuer à vivre,
et leur fait ainsi commettre un suicide involontaire. Chacun connaît
la force de l'instinct maternel, qui pousse des oiseaux très timides
à braver de grands dangers, bien qu'ils le fassent avec hésitation
et contrairement aux inspirations de l'instinct de la conservation.
Néanmoins, l'instinct de la migration est si puissant, qu'on voit
en automne des hirondelles et des martinets abandonner fréquemment leurs jeunes et les laisser périr misérablement dans leurs nids[22].

Nous pouvons concevoir qu'une impulsion instinctive, si elle
est, de quelque façon que ce soit, plus avantageuse à une espèce
qu'un instinct autre ou opposé, devienne la plus énergique grâce à
l'action de la sélection naturelle; les individus, en effet, qui la possèdent au plus haut degré doivent persister en plus grand nombre.
Il y a lieu de douter, toutefois, qu'il en soit ainsi de l'instinct migrateur comparé à l'instinct maternel. La persistance et l'action
soutenue du premier pendant tout le jour, à certaines époques
de l'année, peuvent lui donner, pour un temps, une énergie prépondérante.

L'homme animal sociable. —On admet généralement que l'homme
est un être sociable. Il suffit pour le prouver de rappeler son aversion pour la solitude et son goût pour la société, outre celle de sa

22. Le Rév. L. Jenyns (*White's Nat. Hist. of Selborne*, 1853, p. 204) assure
que ce fait a été observé pour la première fois par l'illustre Jenner (*Philos.
Transactions*, 1824), et a été confirmé depuis par plusieurs naturalistes, surtout
par M. Blackwall. Ce dernier a examiné, tard en automne, et pendant deux
ans, trente-six nids; il en trouva douze contenant des jeunes oiseaux morts;
cinq, des œufs sur le point d'éclore, et trois, des œufs qui en étaient encore
bien loin. Les oiseaux, encore trop jeunes pour pouvoir entreprendre un long
voyage, restent en arrière. Blackwall, *Researches in Zoology*, 1834, pp. 108, 118.
Voir aussi Leroy, *Lettres philosophiques*, 1802, p. 217. Gould, *Introduction to
the Birds of Great Britain*, 1823, p. 5. M. Adams, *Popular Science Review*
juillet 1873 p. 283, a observé, au Canada, des faits analogues.

propre famille. La réclusion solitaire est une des punitions les plus terribles qu'on puisse lui infliger. Quelques auteurs supposent que l'homme a vécu primitivement en familles isolées; mais actuellement, bien que des familles dans cette condition, ou réunies par deux ou trois, parcourent les solitudes de quelques pays sauvages, elle conservent toujours, autant que je puis le savoir, des rapports d'amitié avec d'autres familles habitant la même région. Ces familles se rassemblent quelquefois en conseil, et s'unissent pour la défense commune. On ne peut pas invoquer contre la sociabilité du sauvage l'argument que les tribus, habitant des districts voisins, sont presque toujours en guerre les unes avec les autres, car les instincts sociaux ne s'étendent jamais à tous les individus de la même espèce. A en juger par l'analogie de la grande majorité des quadrumanes, il est probable que les animaux à forme de singe, ancêtres primitifs de l'homme, étaient également sociables; mais ceci n'a pas pour nous une bien grande importance. Bien que l'homme, tel qu'il existe actuellement, n'ait que peu d'instincts spéciaux, car il a perdu ceux que ses premiers ancêtres ont pu posséder, ce n'est pas une raison pour qu'il n'ait pas conservé, depuis une époque extrêmement reculée, quelque degré d'affection et de sympathie instinctive pour ses semblables. Nous avons même toute conscience que nous possédons des sentiments sympathiques de cette nature [23]; mais notre conscience ne nous dit pas s'ils sont instinctifs, si leur origine remonte à une époque très reculée comme chez les animaux inférieurs, ou si nous les avons acquis, chacun en particulier, dans le cours de nos jeunes années. Comme l'homme est un animal sociable, il est probable qu'il reçoit héréditairement une tendance à la fidélité envers ses semblables et à l'obéissance envers le chef de la tribu, qualités communes à la plupart des animaux sociables. Il doit de même posséder quelque aptitude au commandement de soi-même. Il peut, par suite d'une tendance héréditaire, être disposé à défendre ses semblables avec le concours des autres et être prêt à leur venir en aide, à condition que cela ne soit pas trop contraire à son propre bien-être ou à ses désirs.

Quand il s'agit de porter secours aux membres de leur communauté, les animaux sociables, occupant le bas de l'échelle, obéis-

---

23. Hume remarque (*An Enquiry concerning the principles of Morals*, 1751, p. 132) : « Il faut confesser que le bonheur et la misère d'autrui ne sont pas des spectacles qui nous soient indifférents; mais que la vue du premier... nous communique une joie secrète; l'apparence du dernier... jette une tristesse mélancolique sur l'imagination. »

sent presque exclusivement à des instincts spéciaux; les animaux
plus élevés obéissent en grande partie aux mêmes instincts; mais
l'affection et la sympathie réciproques, et évidemment aussi, la
raison, dans une certaine mesure, contribuent à augmenter ces
instincts. Bien que l'homme, comme nous venons de le faire remarquer, n'ait pas d'instincts spéciaux qui lui indiquent comment
il doit aider ses semblables, l'impulsion existe cependant chez lui
et, grâce à ses hautes facultés intellectuelles, il se laisse naturellement guider sous ce rapport par la raison et par l'expérience. La
sympathie qu'il possède à l'état instinctif lui fait aussi apprécier
hautement l'approbation de ses semblables; car, ainsi que l'a démontré M. Bain[24], l'amour des louanges, le sentiment puissant de
la gloire et la crainte encore plus vive du mépris et de l'infamie
« sont la conséquence et l'œuvre immédiate de la sympathie ». Les
désirs, l'approbation ou le blâme de ses semblables, exprimés par
les gestes et par le langage, doivent donc exercer une influence
considérable sur la conduite de l'homme. Ainsi les instincts sociaux,
qui ont dû être acquis par l'homme alors qu'il était à un état très
grossier, probablement même déjà par ses ancêtres simiens primitifs, donnent encore l'impulsion à la plupart de ses meilleures
actions; mais les désirs et les jugements de ses semblables, et,
malheureusement plus souvent encore ses propres désirs égoïstes,
ont une influence considérable sur ses actions. Toutefois, à mesure
que les sentiments d'affection et de sympathie, et de la faculté de
l'empire sur soi-même, se fortifient par l'habitude; à mesure que
la puissance du raisonnement devient plus lucide et lui permet
d'apprécier plus sainement la justice des jugements de ses semblables, il se sent poussé, indépendamment du plaisir ou de la peine
qu'il en éprouve dans le moment, à adopter certaines règles de
conduite. Il peut dire alors, ce que ne saurait faire le sauvage ou le
barbare : « Je suis le juge suprême de ma propre conduite », et,
pour employer l'expression de Kant: « Je ne veux point violer dans
ma personne la dignité de l'humanité. »

*Les instincts sociaux les plus durables l'emportent sur les instincts
moins persistants.* — Nous n'avons, toutefois, pas encore abordé le
point fondamental sur lequel pivote toute la question du sens moral. Pourquoi l'homme comprend-il qu'il doit obéir à tel désir instinctif plutôt qu'à tel autre? Pourquoi regrette-t-il amèrement
d'avoir cédé à l'instinct énergique de la conservation, et de n'avoir

24. *Mental and Moral Science*, 1868, p. 254.

pas risqué sa vie pour sauver celle de son semblable ; ou pourquoi regrette-t-il d'avoir volé des aliments, pressé qu'il était par la faim?

Il est évident d'abord que, chez l'homme, les impulsions instinctives ont divers degrés d'énergie. Un sauvage n'hésite pas à risquer sa vie pour sauver un membre de la tribu à laquelle il appartient, mais il reste absolument passif et indifférent dès qu'il s'agit d'un étranger. Une mère jeune et timide, sollicitée par l'instinct maternel, se jette, sans la moindre hésitation, dans le plus grand danger pour sauver son enfant, mais non pas pour sauver le premier venu. Néanmoins, bien des hommes, bien des enfants même, qui n'avaient jamais risqué leur vie pour d'autres, mais chez lesquels le courage et la sympathie sont très développés, méprisant tout à coup l'instinct de la conservation, se plongent dans un torrent pour sauver leur semblable qui se noie. L'homme est, dans ce cas, poussé par ce même instinct que nous avons signalé plus haut à l'occasion de l'héroïque petit singe américain qui attaqua le grand et redouté babouin pour sauver son gardien. De semblables actions paraissent être le simple résultat de la prépondérance des instincts sociaux ou maternels sur tous les autres ; car elles s'accomplissent trop instantanément pour qu'il y ait réflexion, ou pour qu'elles soient dictées par un sentiment de plaisir ou de peine ; et, cependant, si l'homme hésite à accomplir une action de cette nature, il éprouve un sentiment de regret. D'autre part, l'instinct de la conservation est parfois assez énergique chez l'homme timide pour le faire hésiter et l'empêcher de courir aucun risque, même pour sauver son propre enfant.

Quelques philosophes, je le sais, soutiennent que des actes comme les précédents, accomplis sous l'influence de causes impulsives, échappent au domaine du sens moral et ne méritent pas le nom d'actes moraux. Ils réservent ce terme pour des actions faites de propos délibéré, à la suite d'une victoire remportée sur des désirs contraires, ou pour des actes inspirés par des motifs élevés. Mais il est presque impossible de tracer une ligne de démarcation [25]. En tant qu'il s'agit de motifs élevés, on pourrait citer de nombreux exemples de sauvages, dépourvus de tout sentiment

---

25. Je fais allusion ici à la distinction qu'on a établie entre ce qu'on a appelé la morale *matérielle* et la morale *raisonnée*. Je suis heureux de voir que le professeur Huxley (*Critiques and Addresses*, 1873, p. 287) partage à cet égard les mêmes opinions que moi. M. Leslie Stephen (*Essays on Free-thinking and Plain-speaking*, 1873, p. 83) fait remarquer que « la distinction métaphysique que l'on cherche à établir entre la morale matérielle et la morale raisonnée est aussi absurde que les autres distinctions analogues ».

de bienveillance générale envers l'humanité et insensibles à toute idée religieuse, qui, faits prisonniers, ont bravement sacrifié leur vie [26] plutôt que de trahir leurs compagnons ; il est évident qu'on doit voir là un acte moral. Quant à la réflexion et à la victoire remportée sur des motifs contraires, ne voyons-nous pas des animaux hésiter entre des instincts opposés, au moment de venir au secours de leurs petits ou de leurs semblables en danger ? Cependant, on ne qualifie pas de morales ces actions accomplies au profit d'autres individus. En outre, si nous répétons souvent un acte, nous finissons par l'accomplir sans hésitation, sans réflexion, et alors il ne se distingue plus d'un instinct ; personne ne saurait prétendre, cependant, que cet acte cesse d'être moral. Nous sentons tous, au contraire, qu'un acte n'est parfait, n'est accompli de la manière la plus noble, qu'à condition qu'il soit exécuté impulsivement, sans réflexion et sans effort, exécuté, en un mot, comme il le serait par l'homme chez lequel les qualités requises sont innées. Celui qui, pour agir, est obligé de surmonter sa frayeur ou son défaut de sympathie, mérite, cependant, dans un sens, plus d'éloges que l'homme dont la tendance innée est de bien agir sans effort. Ne pouvant distinguer les motifs, nous appelons morales toutes les actions de certaine nature, lorsqu'elles sont accomplies par un être moral. Un être moral est celui qui est capable de comparer ses actes ou ses motifs passés ou futurs, et de les approuver ou de les désapprouver. Nous n'avons aucune raison pour supposer que les animaux inférieurs possèdent cette faculté ; en conséquence, lorsqu'un chien de Terre-Neuve se jette dans l'eau pour en retirer un enfant, lorsqu'un singe brave le danger pour sauver son camarade, ou prend à sa charge un singe orphelin, nous n'appliquons pas le terme « moral » à sa conduite. Mais, dans le cas de l'homme, qui seul peut être considéré avec certitude comme un être moral, nous qualifions de « morales » les actions d'une certaine nature, que ces actions soient exécutées après réflexion, après une lutte contre des motifs contraires, par suite des effets d'habitudes acquises peu à peu, ou enfin d'une manière impulsive et par instinct.

Pour en revenir à notre sujet immédiat, bien que quelques instincts soient plus énergiques que d'autres et provoquent ainsi des actes correspondants, on ne saurait, cependant, affirmer que les instincts sociaux (y compris l'amour des louanges et la crainte du blâme) soient ordinairement plus énergiques chez l'homme ou

26. J'ai indiqué (*Voyage d'un Naturaliste*, etc., p. 103) un cas analogue, celui de trois Patagons qui préférèrent se laisser fusiller l'un après l'autre plutôt que de trahir leurs compagnons.

soient devenus tels par habitude longtemps continuée, que les instincts, par exemple, de la conservation, de la faim, de la convoitise,
de la vengeance, etc. Pourquoi l'homme regrette-t-il, alors même
qu'il pourrait tenter de bannir ce genre de regrets, d'avoir cédé à une
impulsion naturelle plutôt qu'à une autre, et pourquoi sent-il, en
outre, qu'il doit regretter sa conduite? Sous ce rapport, l'homme diffère profondément des animaux inférieurs; nous pouvons, cependant,
je crois, expliquer assez clairement la raison de cette différence.

L'homme, en raison de l'activité de ses facultés mentales, ne
saurait échapper à la réflexion; les impressions et les images du
passé traversent sans cesse sa pensée avec une netteté absolue.
Or, chez les animaux qui vivent en société d'une manière permanente, les instincts sociaux sont toujours présents et persistants.
Ces animaux sont toujours prêts, entraînés, si l'on veut, par l'habitude, à pousser le signal du danger pour défendre la communauté
et à prêter aide et secours à leurs camarades; ils éprouvent à cha-
que instant pour ces derniers, sans y être stimulés par aucune passion ni par aucun désir spécial, une certaine affection et quelque
sympathie; ils ressentent du chagrin s'ils en sont longtemps séparés, et ils sont toujours heureux de se trouver dans leur société. Il
en est de même pour nous. Alors même que nous sommes isolés,
nous nous demandons bien souvent, et cela ne laisse pas de nous
occasionner du bonheur ou de la peine, ce que les autres pensent de
nous; nous nous inquiétons de leur approbation ou de leur blâme;
or ces sentiments procèdent de la sympathie, élément fondamental
des instincts sociaux. L'homme qui ne posséderait pas de semblables
sentiments serait un monstre. Au contraire, le désir de satisfaire
la faim, ou une passion comme la vengeance, est un sentiment
passager de sa nature, et peut être rassasié pour un temps. Il n'est
même pas facile, peut-être est-il impossible, d'évoquer dans toute
sa plénitude la sensation de la faim, par exemple, et, comme on l'a
souvent remarqué, celle d'une souffrance quelle qu'elle soit. Nous
ne ressentons l'instinct de la conservation qu'en présence du danger, et plus d'un poltron s'est cru brave jusqu'à ce qu'il se soit
trouvé en face de son ennemi. L'envie de la propriété d'autrui est
peut-être un des désirs les plus persistants; mais, même dans ce
cas, la satisfaction de la possession réelle est généralement une
sensation plus faible que ne l'est celle du désir. Bien des voleurs, à
condition qu'ils ne le soient pas par profession, se sont, après le
succès de leur vol, étonnés de l'avoir commis [27].

---

27. L'inimitié ou la haine semble être aussi un instinct très persistant, plus

L'homme, ne pouvant s'opposer à ce que ses anciennes impressions traversent sans cesse son esprit, est contraint de comparer ses impressions plus faibles, la faim passée, la vengeance satisfaite, ou le danger évité aux dépens d'autres hommes, par exemple, avec ses instincts de sympathie et de bienveillance pour ses semblables, instincts qui sont toujours présents et, dans une certaine mesure, toujours actifs dans son esprit. Il comprend alors qu'un instinct plus fort a cédé à un autre qui lui semble maintenant relativement faible, et il éprouve inévitablement ce sentiment de regret auquel l'homme est sujet, comme tout autre animal, dès qu'il refuse d'obéir à un instinct.

Le cas de l'hirondelle, que nous avons cité plus haut, fournit un exemple d'ordre inverse, celui d'un instinct temporaire, mais très énergique dans le moment, qui l'emporte sur un autre instinct qui est habituellement prépondérant sur tous les autres. Lorsque la saison est arrivée, ces oiseaux paraissent tout le jour préoccupés du désir d'émigrer ; leurs habitudes changent; ils s'agitent, deviennent bruyants et se rassemblent en troupe. Tant que l'oiseau femelle nourrit ou couve ses petits, l'instinct maternel est probablement plus fort que celui de la migration ; mais c'est l'instinct le plus tenace qui l'emporte, et, enfin, dans un moment où ses petits ne sont pas sous ses yeux, elle prend son vol et les abandonne. Arrivé à la fin de son long voyage, l'instinct migrateur cessant d'agir, quel remords ne ressentirait pas l'oiseau, si, doué d'une grande activité mentale, il ne pouvait s'empêcher de voir repasser constamment dans son esprit l'image de ses petits, qu'il a laissés dans le Nord périr de faim et de froid ?

énergique même qu'aucun autre. On a défini l'envie, la haine qu'on ressent pour un autre à cause de ses succès ou d'une suprématie quelconque qu'il exerce; Bacon dit (*Essay* IX) : « L'envie est la plus importune et la plus continue de toutes les affections. » Les chiens sont très portés à haïr les hommes et les chiens qu'ils ne connaissent pas, surtout s'ils vivent dans le voisinage et appartiennent à une autre famille, à une autre tribu ou à un autre clan. Ce sentiment semble donc être inné et est certainement très persistant. Il paraît être, en un mot, le complément et l'inverse du vrai instinct social. Les sauvages éprouvent un sentiment analogue. On comprend donc facilement que le sauvage puisse appliquer ce sentiment à un membre de la même tribu au cas où ce dernier lui a causé quelque préjudice et est devenu son ennemi. Il n'est guère probable, d'ailleurs, que la conscience primitive ait reproché à l'homme d'avoir attaqué son ennemi, elle lui aurait plutôt reproché peut-être de ne s'être pas vengé. Faire le bien pour le mal, aimer son ennemi, constitue un développement de la morale que nos instincts sociaux seuls ne nous auraient probablement jamais fait atteindre. Il faut, pour que ces principes admirables aient pris naissance et qu'ils soient devenus assez puissants pour que nous leur obéissions, que les instincts sociaux et la sympathie aient été très cultivés outre la raison, l'instruction, l'amour ou la crainte de Dieu.

Au moment de l'action, l'homme est sans doute capable de suivre l'impulsion la plus puissante ; or, bien que cette impulsion puisse le pousser aux actes les plus nobles, elle le porte le plus ordinairement à satisfaire ses propres désirs aux dépens de ses semblables. Mais, après cette satisfaction donnée à ses désirs, lorsqu'il compare ses impressions passées et affaiblies avec ses instincts sociaux plus durables, le châtiment vient inévitablement. L'homme est alors en proie au repentir, au regret, au remords ou à la honte ; toutefois, cette dernière sensation se rapporte presque exclusivement au jugement de ses semblables. Il prend, en conséquence, la résolution, plus ou moins ferme, d'en agir autrement à l'avenir. C'est là la conscience, qui se reporte en arrière, et nous sert de guide pour l'avenir.

La nature et l'énergie des sensations que nous appelons regret, honte, repentir ou remords, dépendent évidemment non seulement de l'énergie de l'instinct que nous avons violé, mais aussi de la puissance de la tentation, et plus encore, bien souvent, du cas que nous faisons du jugement de nos semblables. L'homme fait plus ou moins de cas du jugement de ses semblables, selon que son instinct de sympathie, inné ou acquis, est plus ou moins vigoureux, et selon qu'il est plus ou moins susceptible de comprendre les conséquences futures de ses actes. Un autre sentiment très important, mais non pas indispensable, vient s'ajouter à ceux que nous avons indiqués : c'est le respect pour un ou plusieurs dieux ou pour les esprits, ou la crainte que l'homme éprouve pour ces dieux ; ce sentiment entre surtout en jeu quand il s'agit du remords. Plusieurs critiques m'ont objecté que si on peut expliquer, par l'hypothèse exposée dans ce chapitre, une certaine dose de regret ou de repentir, il est impossible d'y trouver l'explication du sentiment si puissant du remords. J'avoue ne pas saisir complètement la force de l'objection. Mes critiques ne définissent pas ce qu'ils entendent par le remords ; or je crois que le remords est tout simplement le repentir poussé à l'extrême ; en un mot, le remords semble avoir avec le repentir le même rapport que la rage avec la colère, l'agonie avec la souffrance. Est-il donc si étrange que, si une femme viole l'instinct si énergique et si généralement admiré de l'amour maternel, elle éprouve le chagrin le plus profond, le plus cuisant, dès que s'affaiblit l'impression de la cause qui l'a portée à cette désobéissance ? Alors même qu'une de nos actions n'est contraire à aucun instinct spécial, nous n'en éprouvons pas moins un vif chagrin si nous savons que nos amis et nos égaux nous méprisent parce que nous l'avons commise. Qui pourrait nier qu'un homme

qui, poussé par la crainte, a refusé de se battre en duel, n'éprouve
un vif sentiment de honte? On affirme que bien des Hindous ont
été remués jusqu'au fond de l'âme parce qu'ils avaient absorbé
des aliments impurs. Voici un autre exemple de ce que l'on doit,
je pense, appeler un remords. Le D\^r Landor [28], qui faisait fonctions
de magistrat dans une des provinces de l'Australie occidentale,
raconte qu'un indigène employé dans sa ferme vint à perdre une
de ses femmes par suite de maladie; il vint trouver le D\^r Landor et
lui dit « qu'il partait en voyage; il allait visiter une tribu éloignée
dans le but de tuer une femme afin de remplir un devoir sacré envers la femme qu'il avait perdue. Je lui répondis que, s'il commettait cet acte, je le metterais en prison et l'y laisserais toute sa
vie. En conséquence, il resta dans la ferme pendant quelques mois,
mais il dépérissait chaque jour; il se plaignait de ne pouvoir ni
dormir ni manger; l'esprit de sa femme le hantait perpétuelle-
ment parce qu'il n'avait pas pris une vie en échange de la sienne.
Je restai inexorable et tâchai de lui faire comprendre que rien
ne pourrait le sauver s'il commettait un meurtre. » Néanmoins,
l'homme disparut pendant plus d'une année et revint en parfaite
santé; sa seconde femme raconta alors au D\^r Landor qu'il s'était
rendu dans une autre tribu et qu'il avait assassiné une femme,
mais il fut impossible de le punir, car on ne put établir légalement
la preuve de cet assassinat. Ainsi donc, la violation d'une règle
tenue pour sacrée par la tribu excite les regrets ou les remords les
plus cuisants, et, il faut le remarquer, cette règle ne touche aux
instincts sociaux qu'en ce qu'elle est basée sur le jugement de la
communauté. Nous ne saurions dire comment de si étranges superstitions ont pu se produire; nous ne saurions dire non plus
comment il se fait que quelques crimes abominables, tels que l'inceste, excitent l'horreur des sauvages les plus infimes, bien que ce
sentiment soit loin d'être universel. Il est même douteux que, chez
quelques tribus, l'inceste excite une plus grande horreur que le
ferait le mariage d'un homme avec une femme portant le même
nom que lui, bien que cette femme ne soit sa parente à aucun degré. « Violer cette loi est un crime pour lequel les Australiens
professent la plus grande horreur, et leurs idées concordent absolument sur ce point avec celles de certaines tribus de l'Amérique
septentrionale. Si l'on demande à un indigène de l'un ou l'autre de
ces deux pays lequel est le plus grand crime, de tuer une jeune
fille appartenant à une autre tribu, ou d'épouser une jeune fille de

---

28. *Insanity in relation to law.* Ontario, États-Unis, 1871, p. 14.

la même tribu que le mari, il répondra sans hésiter un instant de façon toute contraire à ce que nous ferions nous-mêmes[29]. » Nous pouvons donc rejeter l'hypothèse, soutenue dernièrement avec beaucoup d'insistance par plusieurs écrivains, que l'horreur pour l'inceste provient de ce que Dieu nous a donné un instinct spécial à cet égard. En résumé, on comprend facilement qu'un homme poussé par un sentiment aussi énergique que le remords, bien que ce remords résulte de causes semblables à celles indiquées ci-dessus, en arrive à pratiquer ce qu'on lui a dit être une expiation pour son crime, en arrive, par exemple, à se livrer lui-même à la justice.

L'homme guidé par la conscience parvient, grâce à une longue habitude, à acquérir assez d'empire sur lui-même pour que ses passions et ses désirs finissent par céder aussitôt et sans qu'il y ait lutte à ses sympathies et à ses instincts sociaux, y compris le cas qu'il fait du jugement de ses semblables. L'homme encore affamé ne songe plus à voler des aliments, celui dont la vengeance n'est pas encore satisfaite ne songe plus à l'assouvir. Il est possible, il est même probable, comme nous le verrons plus loin, que l'habitude de commander à soi-même soit héréditaire comme les autres habitudes. L'homme en arrive ainsi à comprendre, par habitude acquise ou héréditaire, qu'il est préférable d'obéir à ses instincts les plus persistants. Le terme impérieux *devoir* ne semble donc impliquer que la conscience de l'existence d'une règle de conduite, quelle qu'en soit l'origine. On soutenait autrefois que l'homme insulté *devait* se battre en duel. Nous disons même que les chiens d'arrêt *doivent* arrêter, et que les chiens rapporteurs *doivent* rapporter le gibier. S'ils n'agissent pas ainsi, ils ont tort et manquent à leur devoir.

Un désir ou un instinct peut pousser un homme à accomplir un acte contraire au bien d'autrui; si ce désir lui paraît encore, lorsqu'il se le rappelle, aussi vif ou plus vif que son instinct social, il n'éprouve aucun regret d'y avoir cédé; mais il a conscience que, si sa conduite était connue de ses semblables, elle serait désapprouvée par eux, et il est peu d'hommes qui soient assez dépourvus de sympathie pour n'être pas désagréablement affectés par cette idée. S'il n'éprouve pas de pareils sentiments de sympathie, si les désirs qui le poussent à de mauvaises actions sont très énergiques à de certains moments, si, enfin, quand il les examine froidement, ses désirs ne sont pas maîtrisés par les instincts sociaux persistants, c'est alors un homme essentiellement méchant[30]; il n'est plus re-

---

29. E.-B. **Tylor**, *Contemporary Review*, avril 1873, p. 707.
30. Le docteur Prosper Despine cite (*Psychologie naturelle*, 1868, t. I, p. 243;

tenu que par la crainte du châtiment et la conviction qu'à la longue
il vaut mieux, même dans son propre intérêt, respecter le bien des
autres que consulter uniquement son égoïsme.

Il est évident que, avec une conscience souple, un homme peut
satisfaire ses propres désirs, s'ils ne heurtent pas ses instincts sociaux, c'est-à-dire le bien-être des autres; mais, pour qu'il soit à
l'abri de ses propres reproches ou au moins de toute anxiété, il est
indispensable qu'il évite le blâme, raisonnable ou non, de ses semblables. Il ne faut pas non plus qu'il rompe avec les habitudes établies de sa vie, surtout si elles sont basées sur la raison, car alors
il éprouverait sûrement certains regrets. Il faut également qu'il
évite la réprobation du dieu ou des dieux auxquels, suivant ses
connaissances ou ses superstitions, il peut croire; mais, dans ce
cas, la crainte d'une punition divine intervient fréquemment.

Les vertus strictement sociales estimées seules dans le principe. —
Cet aperçu de l'origine et de la nature du sens moral qui nous
avertit de ce que nous devons faire, et de la conscience qui nous
blâme si nous lui désobéissons, concorde avec l'état ancien et peu
développé de cette faculté dans l'humanité. Les vertus, dont la
pratique est au moins généralement indispensable pour que des
hommes grossiers puissent s'associer en tribus, sont celles qu'on
reconnaît encore pour les plus importantes. Mais elles sont presque toujours pratiquées exclusivement entre hommes de la même
tribu; leur infraction, vis-à-vis d'hommes appartenant à d'autres
tribus, ne constitue en aucune façon un crime. Aucune tribu ne
pourrait subsister si l'assassinat, la trahison, le vol, etc., y étaient
habituels; par conséquent, ces crimes sont « flétris d'une infamie
éternelle[31] dans les limites de la tribu »; mais au-delà de ces limites ils n'excitent plus ces mêmes sentiments. Un Indien de l'Amérique du Nord est content de lui-même et considéré par les autres
lorsqu'il a scalpé un individu appartenant à une autre tribu; un
Dyak coupe la tête d'une personne qui ne lui a rien fait, et la fait
sécher pour s'en faire un trophée. L'infanticide a été pratiqué dans
le monde entier[32] sur la plus vaste échelle, sans soulever de repro-

t. II, p. 169), beaucoup d'exemples curieux tendant à prouver que les plus grands
criminels paraissent avoir été entièrement dépourvus de conscience.

31. Voir un excellent article dans *North British Review*, 1867, p. 395; voir
aussi M. W. Bagehot, *On the importance of obedience and coherence to primitive
man*, dans *Fortnightly Review*, 1867, p. 529, et 1868, p. 457, etc.

32. L'exposé le plus complet que je connaisse est celui du docteur Gerland,
Ueber das Aussterben der Naturvölker, 1868; mais j'aurai à revenir sur l'infanticide dans un chapitre subséquent.

ches; car le meurtre des enfants, et surtout des femelles, a été regardé comme avantageux, ou au moins comme non nuisible, pour la tribu. Autrefois le suicide n'était pas ordinairement considéré comme un crime[33], mais plutôt comme un acte honorable, en raison du courage dont il était la preuve; il est encore largement pratiqué chez quelques nations à demi civilisées, sans qu'il s'y attache aucune idée de honte, car une nation ne ressent pas la perte d'un seul individu. On raconte qu'un Thug indien regrettait vivement de n'avoir pas pu voler et étrangler autant de voyageurs que son père l'avait fait avant lui. Dans un état grossier de civilisation, voler les étrangers est même ordinairement considéré comme un acte honorable.

Bien que l'esclavage, dans l'antiquité[34], ait eu sa raison d'être et ait été utile à certains égards, il n'en constitue pas moins un grand crime. Toutefois les peuples les plus civilisés ne le considéraient pas comme tel jusque tout récemment, ce qui résultait évidemment de ce que les esclaves appartenaient d'ordinaire à une race autre que celle de leurs maîtres. Les barbares, ne tenant aucun compte de l'opinion de leurs femmes, les traitent habituellement comme des esclaves. La plupart des sauvages se montrent totalement indifférents aux souffrances des étrangers, et même se plaisent à en être témoins. On sait que, chez les Indiens du nord de l'Amérique, les femmes et les enfants aident à torturer les ennemis. Quelques sauvages prennent plaisir à pratiquer d'atroces cruautés sur les animaux[35], et l'humanité est pour eux une vertu inconnue. Néanmoins les sentiments de sympathie et de bienveillance sont communs, surtout pendant la maladie, entre membres d'une même tribu; ils peuvent même s'étendre au delà. On connaît le touchant récit que fait Mungo Park de la bonté qu'eurent pour lui les femmes nègres de l'intérieur. On pourrait citer bien des exemples de la noble fidélité des sauvages les uns envers les autres, mais pas envers les étrangers, et l'expérience commune justifie la maxime espagnole : « Il ne faut jamais se fier à un Indien. » Il n'y a pas de fidélité sans loyauté; cette vertu fondamentale n'est

33. Voir la discussion fort intéressante sur le suicide, dans Lecky, *History of European Morals*, vol. I, 1869, p. 223. M. Winwood Reade affirme que les nègres de l'Afrique occidentale commettent souvent le suicide. On sait combien le suicide était fréquent chez les misérables indigènes de l'Amérique méridionale après la conquête espagnole. Pour la Nouvelle-Zélande, voir le *Voyage de la Novara;* pour les îles Aléoutiennes, voir Houzeau, *les Facultés mentales,* vol. II, p. 136.

34. Bagehot, *Physics and Politics*, 1872, p. 72.

35. Voir l'étude de M. Hamilton sur les Cafres, *Anthropological Review,* 1870, p. xv.

pas rare parmi les membres d'une même tribu; ainsi, Mungo Park a entendu les femmes nègres enseigner à leurs enfants l'amour de la vérité. C'est là encore une de ces vertus qui s'enracinent si profondément dans l'esprit qu'elle est quelquefois pratiquée par. les sauvages à l'égard des étrangers, même au prix d'un sacrifice; mais on considère rarement comme un crime de mentir à son ennemi, ainsi que le prouve trop clairement l'histoire de la diplomatie moderne. Dès qu'une tribu a un chef reconnu, la désobéissance devient un crime et la soumission aveugle est regardée comme une vertu sacrée.

Aux époques barbares, aucun homme ne pouvait être utile ou fidèle à sa tribu s'il n'avait pas de courage, aussi cette qualité a-t-elle été universellement placée au rang le plus élevé; et bien que, dans les pays civilisés, un homme bon, mais timide, puisse être beaucoup plus utile à la communauté qu'un homme brave, on ne peut s'empêcher d'honorer instinctivement l'homme brave plus que le poltron, si bienveillant que soit ce dernier. D'autre part, on n'a jamais beaucoup estimé la prudence, vertu fort utile, cependant, mais qui n'influe guère sur le bien-être d'autrui. L'homme ne peut pratiquer les vertus nécessaires au bien-être de sa tribu s'il n'est prêt à tous les sacrifices, s'il n'a aucun empire sur lui-même et s'il n'est doué de patience : ces qualités ont donc été de tout temps très hautement et très justement appréciées. Le sauvage américain se soumet volontairement, sans pousser un cri, aux tortures les plus atroces, pour prouver et pour augmenter sa force d'âme et son courage : nous ne pouvons d'ailleurs, nous empêcher de l'admirer, de même que nous admirons le fakir indien, qui, dans un but religieux insensé, se balance suspendu à un crochet planté dans ses chairs.

Les autres vertus individuelles qui n'affectent pas d'une manière apparente, bien qu'elles affectent très réellement peut-être, le bien-être de la tribu, n'ont jamais été appréciées par les sauvages, quoiqu'elles le soient actuellement et à juste titre par les nations civilisées. Chez les sauvages, la plus grande intempérance n'est pas un sujet de honte. Leur licence extrême, pour ne pas parler des crimes contre nature, est quelque chose d'effrayant [36]. Aussitôt, cependant, que le mariage, polygame ou monogame, vient à se répandre, la jalousie détermine le développement de certaines vertus chez la femme; la chasteté, passant dans les mœurs, tend

36. M. M'Lennan a cité beaucoup de faits de ce genre dans *Primitive Marriage*, 1865, p. 176.

à s'étendre aux femmes non mariées. Nous pouvons juger, par ce qui se passe maintenant encore, combien elle s'est peu étendue au sexe mâle. La chasteté exige beaucoup d'empire sur soi ; aussi a-t-elle été honorée, dès une époque très reculée, dans l'histoire morale de l'homme civilisé. En conséquence de ce fait, on a considéré, dès une haute antiquité, la pratique absurde du célibat comme une vertu [37]. L'horreur de l'indécence, qui nous paraît si naturelle que nous sommes disposés à la croire innée, et qui constitue un aide essentiel à la chasteté, est une vertu essentiellement moderne, qui appartient exclusivement, ainsi que le fait observer sir G. Staunton [38], à la vie civilisée. C'est ce que prouvent les anciens rites religieux de diverses nations, les dessins qui couvrent les murs de Pompéi et les coutumes de beaucoup de sauvages.

Nous venons donc de voir que les sauvages, et il en a probablement été de même pour les hommes primitifs, ne regardent les actions comme bonnes ou mauvaises qu'autant qu'elles affectent d'une manière apparente le bien-être de la tribu, — non celui de l'espèce, ni celui de l'homme considéré comme membre individuel de la tribu. Cette conclusion concorde avec l'hypothèse que le sens, dit moral, dérive primitivement des instincts sociaux, car tous deux se rapportent d'abord exclusivement à la communauté. Les causes principales du peu de moralité des sauvages, considérée à notre point de vue, sont, premièrement, la restriction de la sympathie à la même tribu ; secondement, l'insuffisance du raisonnement, ce qui ne leur permet pas de comprendre la portée que peuvent avoir beaucoup de vertus, surtout les vertus individuelles, sur le bien-être général de la tribu. Les sauvages, par exemple, ne peuvent se rendre compte des maux multiples qu'engendre le défaut de tempérance, de chasteté, etc. Troisièmement, un faible empire sur soi-même, cette aptitude n'ayant pas été fortifiée par l'action longtemps continuée, peut-être héréditaire, de l'habitude, de l'instruction et de la religion.

Je suis entré dans les détails précédents sur l'immoralité des sauvages [39], parce que quelques auteurs ont récemment fait un grand éloge de leur nature morale, et ont attribué la plupart de leurs crimes à une bienveillance exagérée [40]. Ces auteurs tirent leurs arguments de ce que les sauvages possèdent souvent à un haut de-

---

37. Lecky, *History of European Morals*, 1869, I, p. 109.
38. *Embassy to China*, II, p. 348.
39. Voir sur ce point les preuves nombreuses contenues dans sir J. Lubbock, *Origin of Civilisation*, 1870, chap. VII.
40. Lecky, par exemple, *Hist. of Europ. Morals*, vol. I, p. 124.

gré, ce dont on ne peut douter, les vertus qui sont utiles et même nécessaires à l'existence d'une famille et d'une tribu.

Conclusions. — Les philosophes de l'école de la morale « dérivée [41] » ont admis d'abord que la morale repose sur une forme de l'égoïsme ; mais, plus récemment, ils ont mis en avant le « principe du plus grand bonheur. » Il serait toutefois plus correct de considérer ce dernier principe comme la sanction plutôt que comme le motif de la conduite. Néanmoins tous les écrivains dont j'ai consulté les ouvrages pensent, à très peu d'exceptions près [42], que chaque action procède d'un motif distinct, lequel doit être toujours relié à quelque plaisir ou à quelque peine. Mais il me semble que l'homme agit souvent par impulsion, c'est-à-dire en vertu de l'instinct ou d'une longue habitude, sans avoir conscience d'un plaisir, probablement de la même façon qu'une abeille ou une fourmi quand elle obéit aveuglément à ses instincts. Dans un moment de grand péril, dans un incendie par exemple, il est bien difficile de soutenir que l'homme qui, sans un instant d'hésitation, essaye de sauver un de ses semblables, ressent un plaisir quelconque ; il n'a certes pas non plus le temps de réfléchir sur le chagrin qu'il pourrait ressentir plus tard s'il n'avait pas fait tous ses efforts pour sauver son semblable. S'il réfléchit plus tard à sa propre conduite, il reconnaît certainement qu'il y a en lui une force impulsive absolument indépendante de la recherche du plaisir ou du bonheur ; or cette force semble être l'instinct social dont il est si profondément imprégné.

Quand il s'agit des animaux inférieurs, il semble beaucoup plus

---

41. Terme employé dans un excellent article, *Westminster Review*, oct. 1869, p. 498. Pour le principe du plus Grand Bonheur, voir J.-S. Mill, *Utilitarianism*, p. 17.

42. Mill reconnaît (*System of Logic*, vol. II, p. 422) de la façon la plus absolue que l'habitude peut pousser à une action, sans qu'il y ait aucune anticipation de plaisir. De son côté, M. H. Sidgwick, dans son article sur le plaisir et le désir (*Contemporary Review*, avril 1872, p. 671), s'exprime en ces termes : « En un mot, contrairement à l'hypothèse en vertu de laquelle nos impulsions actives conscientes sont toujours dirigées vers la production de sensations agréables en nous-mêmes, je suis disposé à soutenir que nous éprouvons souvent des impulsions conscientes, généreuses, dirigées vers quelque chose qui n'est certainement pas le plaisir ; que, dans bien des cas, l'impulsion est si peu compatible avec notre égoïsme que les deux sentiments ne peuvent pas facilement coexister au moment où nous sommes conscients. » Le sentiment, je suis même tenté de le croire, que nos impulsions ne procèdent pas toujours de l'attente d'un plaisir immédiat ou futur a été une des principales causes qui ont fait adopter l'hypothèse intuitive de la morale et rejeter l'hypothèse utilitaire ou du plus grand bonheur. Quant à cette dernière hypothèse, on a sans doute souvent confondu entre la sanction et le motif de la conduite, mais deux termes se confondent réellement dans une certaine mesure.

c orrect de dire que leurs instincts sociaux se sont développés en vue du bien général plutôt que du bonheur général de l'espèce. Le terme « bien général » peut se définir ainsi : le moyen qui permet d'élever, dans les conditions existantes, le plus grand nombre possible d'individus en pleine santé, en pleine vigueur, doués de facultés aussi parfaites que possible. Les instincts sociaux de l'homme, aussi bien que ceux des animaux inférieurs, ont, sans doute, traversé à peu près les mêmes phases de développement ; il serait donc, autant que possible, préférable d'employer dans les deux cas la même définition et de prendre, comme critérium de la morale, le bien général ou la prospérité de la communauté, plutôt que le bonheur général ; mais cette définition nécessiterait peut-être quelques réserves à cause de la morale politique.

. Lorsqu'un homme risque sa vie pour sauver celle d'un de ses semblables, il semble plus juste de dire qu'il agit pour le bien général que pour le bonheur de l'espèce humaine. Le bien et le bonheur de l'individu coïncident sans doute habituellement ; une tribu heureuse et contente prospère davantage qu'une autre qui ne l'est pas. Nous avons vu que, même dans les premières périodes de l'histoire de l'homme, les désirs exprimés par la communauté ont dû naturellement influencer à un haut degré la conduite de chacun de ses membres, et, tous recherchant le bonheur, le principe du « plus Grand Bonheur » a dû devenir un guide et un but secondaire fort important ; mais les instincts sociaux, y compris la sympathie qui nous pousse à faire grand cas de l'approbation ou du blâme d'autrui, ont toujours dû servir d'impulsion première et de guide. Ainsi se trouve écarté le reproche de placer dans le vil principe de l'égoïsme les bases de ce que notre nature a de plus noble ; à moins, cependant, qu'on n'appelle égoïsme la satisfaction que tout animal éprouve lorsqu'il obéit à ses propres instincts, et le regret qu'il ressent lorsqu'il en est empêché.

Les désirs et les jugements des membres de la même communauté, exprimés d'abord par le langage et ensuite par l'écriture, constituent, comme nous venons de le faire remarquer, un guide de conduite secondaire, mais très important, qui vient en aide aux instincts sociaux, bien que parfois il soit en opposition avec eux. *La loi de l'honneur,* c'est-à-dire la loi de l'opinion de nos égaux et non de tous nos compatriotes, en est un excellent exemple. Toute infraction à cette loi, cette infraction fût-elle reconnue comme rigoureusement conforme à la vraie morale, a causé à bien des hommes plus d'angoisses qu'un crime réel. Nous reconnaissons la même influence dans cette cuisante sensation de honte que la plupart d'entre nous ont ressentie, même après un long intervalle d'années, en nous rappelant quelque infraction accidentelle faite à une règle insignifiante mais établie de l'étiquette. Le jugement de la communauté se laisse généralement guider par quelque grossière expérience de ce qui, à la longue, est le plus utile à l'intérêt de tous les membres; mais l'ignorance et la faiblesse du raisonnement contribuent souvent à fausser le jugement de la masse. Il en résulte que des coutumes et des superstitions étranges, en opposition complète avec la vraie prospérité et le véritable bonheur de l'humanité, sont devenues toutes-puissantes dans le monde entier. Nous en voyons des exemples dans l'horreur que ressent l'Hindou qui perd sa caste, et dans une foule d'autres cas. Il serait difficile de distinguer entre le remords éprouvé par l'Hindou qui a mangé des aliments impurs, et le remords que lui causerait un vol; mais il est probable que le premier serait le plus poignant.

Nous ne connaissons pas l'origine de tant d'absurdes règles de conduite, de tant de croyances religieuses ridicules; nous ne savons pas comment il se fait qu'elles aient pu, dans toutes les parties du globe, s'implanter si profondément dans l'esprit de l'homme; mais il est à remarquer qu'une croyance constamment inculquée pendant les premières années de la vie, alors que le cerveau est susceptible de vives impressions, paraît acquérir presque la nature d'un instinct. Or la véritable essence d'un instinct est d'être suivi indépendamment de la raison. Nous ne pouvons pas non plus dire pourquoi quelques tribus sauvages estiment plus que d'autres certaines vertus admirables, telles que l'amour de la vérité[43]; nous ne pouvons pas plus expliquer, d'ailleurs, pourquoi on retrouve des différences semblables même parmi les nations civilisées. Ce qui est certain, c'est que ces coutumes, ces superstitions étranges, se sont solidement implantées dans l'esprit humain; y a-t-il donc alors lieu de s'étonner que les vertus personnelles, basées qu'elles sont sur la raison, nous paraissent maintenant si naturelles que nous les regardions comme innées, bien que l'homme à l'état primitif n'en fît aucun cas?

Malgré de nombreuses causes de doute, l'homme peut d'ordinaire distinguer facilement entre les règles morales supérieures et les règles morales inférieures. Les premières, basées sur les instincts sociaux, ont trait à la prospérité des autres; elle s'appuient sur l'approbation de nos semblables et sur la raison. Les règles

43. M. Wallace cite d'excellents exemples dans *Scientific opinion*, 15 sept. 1869; ainsi que dans *Contributions to the theory of natural Selection*, 1870, p. 353.

morales inférieures, bien que cette qualification ne soit pas absolument correcte lorsqu'elles exigent un sacrifice personnel, se rapportent principalement à l'individu lui-même, et doivent leur origine à l'opinion publique mûrie par l'expérience et par la civilisation, car elles sont inconnues aux tribus grossières.

A mesure que l'homme avance en civilisation et que les petites tribus se réunissent en communautés plus nombreuses, la simple raison indique à chaque individu qu'il doit étendre ses instincts sociaux et sa sympathie à tous les membres de la même nation, bien qu'ils ne lui soient pas personnellement connus. Ce point atteint, une barrière artificielle seule peut empêcher ses sympathies de s'étendre à tous les hommes de toutes les nations et de toutes les races. L'expérience nous prouve, malheureusement, combien il faut de temps avant que nous considérions comme nos semblables les hommes qui diffèrent considérablement de nous par leur aspect extérieur et par leurs coutumes. La sympathie étendue en dehors des bornes de l'humanité, c'est-à-dire la compassion envers les animaux, paraît être une des dernières acquisitions morales. Elle est inconnue chez les sauvages, sauf pour les animaux favoris. Les abominables combats de gladiateurs montrent combien peu les anciens Romains en avaient le sentiment. Autant que j'ai pu en juger, l'idée d'humanité est inconnue à la plupart des Gauchos des Pampas. Cette qualité, une des plus nobles dont l'homme soit doué, semble provenir incidemment de ce que nos sympathies, devenant plus délicates à mesure qu'elles s'étendent davantage, finissent par s'appliquer à tous les êtres vivants. Cette vertu, une fois honorée et cultivée par quelques hommes, se répand chez les jeunes gens par l'instruction et par l'exemple, et finit par faire partie de l'opinion publique.

Nous atteignons le plus haut degré de culture morale auquel il soit possible d'arriver, quand nous reconnaissons que nous devons contrôler toutes nos pensées et « que nous ne regrettons plus, même dans notre for intérieur, les errements qui nous ont rendu le passé si agréable [44]. » Tout ce qui familiarise l'esprit avec une mauvaise action en rend l'accomplissement plus facile. Ainsi que l'a dit, il y a fort longtemps, Marc-Aurèle : « Telles sont tes pensées habituelles, tel sera aussi le caractère de ton esprit; car les pensées déteignent sur l'âme [45]. »

Notre grand philosophe, Herbert Spencer, a récemment émis

---

44. Tennyson, *Idyls of the King*, p. 244.
45. *The Thoughts of the emperor M. Aurelius Antoninus*, trad. anglaise, 2ᵉ édit. 1869, p. 112. M. Aurelius est né 121 ans après J.-C.

son opinion sur le sens moral. Il s'exprime en ces termes[46] : « Je crois que les expériences d'utilité organisées et consolidées à travers toutes les générations passées de la race humaine ont produit des modifications correspondantes qu'une transmission et une accumulation continuelles ont transformées chez nous en certaines facultés d'intuition morale, — en certaines émotions répondant à une conduite juste ou fausse et qui n'ont aucune base apparente dans les expériences d'utilité individuelle. » Il n'y a pas, ce me semble, la moindre improbabilité inhérente à ce que les tendances vertueuses soient plus ou moins complètement héréditaires; car, sans mentionner les habitudes et les caractères variés que se transmettent un grand nombre de nos animaux domestiques, je pourrais citer nombre de cas prouvant que le goût du vol et la tendance au mensonge paraissent exister dans des familles occupant une position très élevée; or, comme le vol est un crime fort rare chez les classes riches, il est difficile d'expliquer par une coïncidence accidentelle la manifestation de la même tendance chez deux ou trois membres d'une même famille. Si les mauvaises tendances sont transmissibles, il est probable qu'il en est de même des bonnes. Tous ceux qui ont souffert de maladies chroniques de l'estomac ou du foie savent que l'état du corps en affectant le cerveau exerce la plus grande influence sur les tendances morales. On sait aussi que l'un des premiers symptômes d'un dérangement des facultés mentales est la perversion ou la destruction du sens moral[47]; or, on sait que la folie est certainement souvent héréditaire. Le principe de la transmission des tendances morales peut seul nous permettre d'expliquer les différences qu'on croit exister, sous ce rapport, entre les diverses races de l'humanité.

Notre impulsion primordiale vers la vertu, impulsion provenant directement des instincts sociaux, recevrait un concours puissant de la transmission héréditaire, même partielle, des tendances vertueuses. Si nous admettons un instant que les tendances vertueuses sont héréditaires, il semble probable que, au moins dans les cas de chasteté, de tempérance, de compassion pour les animaux, etc., elles s'impriment d'abord dans l'organisation mentale par l'habitude, par l'instruction et par l'exemple soutenus pendant plusieurs générations dans une même famille; puis, d'une manière accessoire, par le fait que les individus doués de ces vertus ont le mieux réussi dans la lutte pour l'existence. Si j'éprouve quelque

---

46. Lettre à M. Mill, dans *Mental and Moral Science*, de Bain, 1868, p. 722.
47. Maudsley, *Body and Mind*, 1870, p. 60.

doute relativement à ce genre d'hérédité, c'est parce qu'il me
faut admettre que des coutumes, des superstitions et des goûts
insensés, l'horreur, par exemple, que professe l'Hindou pour des
aliments impurs, doivent aussi se transmettre héréditairement en
vertu du même principe. Bien que ceci soit peut-être tout aussi
probable que l'acquisition héréditaire par les animaux du goût pour
certains aliments, ou de la crainte pour certains ennemis, je ne
possède aucune preuve tendant à démontrer la transmission des coutumes superstitieuses ou des habitudes ridicules.

En résumé, les instincts sociaux, qui ont été sans doute acquis par
l'homme, comme par les animaux, pour le bien de la communauté,
ont dû, dès l'abord, le porter à aider ses semblables, développer en
lui quelques sentiments de sympathie et l'obliger de compter avec
l'approbation ou le blâme de ses semblables. Des impulsions de ce
genre ont dû de très bonne heure lui servir de règle grossière pour
distinguer le bien et le mal. Puis, à mesure que les facultés intellectuelles de l'homme se sont développées ; à mesure qu'il est devenu capable de comprendre toutes les conséquences de ses actions ;
qu'il a acquis assez de connaissances pour repousser des coutumes
et des superstitions funestes ; à mesure qu'il a songé davantage,
non-seulement au bien, mais aussi au bonheur de ses semblables ;
à mesure que l'habitude résultant de l'instruction, de l'exemple et
d'une expérience salutaire a développé ses sympathies au point
qu'ils les a étendues aux hommes de toutes les races, aux infirmes,
aux idiots et aux autres membres inutiles de la société, et enfin aux
animaux eux-mêmes, — le niveau de sa moralité s'est élevé de plus
en plus. Les moralistes de l'école dérivative et quelques intuition-
nistes admettent que le niveau de la moralité a commencé à s'élever
dès une période fort ancienne de l'histoire de l'humanité[48].

De même qu'il y a quelquefois lutte entre les divers instincts des
animaux inférieurs ; il n'y a rien d'étonnant à ce qu'il puisse y
avoir, chez l'homme, une lutte entre ses instincts sociaux et les
vertus qui en dérivent, et ses impulsions ou ses désirs d'ordre inférieur ; car, par moments, ceux-ci peuvent être les plus énergiques. Cela est d'autant moins étonnant, comme le fait remarquer
M. Galton[49], que l'homme est sorti depuis un temps relativement

48. Un auteur, très capable de juger sainement cette question, s'exprime
énergiquement dans ce sens dans un article de la *North British Review*, juillet 1869, p. 531. M. Lecky (*Hist. of Morals*, vol. I, p. 143) paraît, jusqu'à un
certain point, partager la même opinion.
49. Voir son ouvrage remarquable, *Hereditary Genius*, 1869, p. 349. Le duc

récent de la période de la barbarie. Après avoir cédé à certaines ten-
tations, nous éprouvons un sentiment de mécontentement, de honte,
de repentir ou de remords, sentiment analogue à celui que nous
ressentons quand un instinct n'est pas satisfait ; nous ne pouvons
pas, en effet, empêcher les impressions et les images du passé de
se représenter continuellement à notre esprit ; nous ne pouvons
nous empêcher de les comparer; dans cet état affaibli, avec les
instincts sociaux toujours présents, ou avec des habitudes con-
tractées dès la première jeunesse, héréditaires peut-être, fortifiées pendant toute la vie, et rendues ainsi presque aussi énergiques que des instincts. Si nous ne cédons pas à la tentation, c'est
que l'instinct social ou quelque habitude l'emporte en ce moment en nous, ou parce que nous avons appris à comprendre
que cet instinct nous paraîtra le plus fort quand nous le compare-
rons à l'impression affaiblie de la tentation et que nous savons que
nous éprouverons un chagrin si nous avons violé cet instinct. Il n'y
a pas lieu de craindre que les instincts sociaux s'affaiblissent chez
les générations futures, et nous pouvons même admettre que les
habitudes vertueuses croîtront et se fixeront peut-être par l'hérédité. Dans ce cas, la lutte entre nos impulsions élevées et nos impulsions inférieures deviendra moins violente et la vertu triomphera.

Résumé des deux derniers chapitres. — On ne peut douter qu'il
existe une immense différence entre l'intelligence de l'homme le
plus sauvage et celle de l'animal le plus élevé. Si un singe anthro-
pomorphe pouvait se juger d'une manière impartiale, il admettrait
que, bien que capable de combiner un plan ingénieux pour piller
un jardin, de se servir de pierres pour combattre ou pour casser des noix, l'idée de façonner une pierre pour en faire un outil
serait tout à fait en dehors de sa portée. Encore moins pourrait-il suivre un raisonnement métaphysique, résoudre un problème
de mathématiques, réfléchir sur Dieu, ou admirer une scène impo-
sante de la nature. Quelques singes, toutefois, déclareraient probablement qu'ils sont aptes à admirer, et qu'ils admirent la beauté des
couleurs de la peau et de la fourrure de leurs compagnes. Ils ad-
mettraient que, bien qu'ils soient à même de faire comprendre par
des cris à d'autres singes quelques-unes de leurs perceptions ou
quelques-uns de leurs besoins les plus simples, jamais la pensée
d'exprimer des idées définies par des sons déterminés n'a traversé

d'Argyll (*Primeval Man*, 1869, p. 188) fait quelques excellentes remarques sur
la lutte entre le bien et le mal dans la nature de l'homme.

leur esprit. Ils pourraient affirmer qu'ils sont prêts à aider de bien
des manières leurs camarades de la même troupe, à risquer leur vie
pour eux, et à se charger des orphelins; mais ils seraient forcés de
reconnaître qu'ils ne comprennent même pas cet amour désintéressé
pour toutes les créatures vivantes qui constitue le plus noble attribut de l'homme.

Néanmoins, si considérable qu'elle soit, la différence entre l'esprit de l'homme et celui des animaux les plus élevés n'est certainement qu'une différence de degré, et non d'espèce. Nous avons vu
que des sentiments, des intuitions, des émotions et des facultés
diverses, telles que l'amitié, la mémoire, l'attention, la curiosité,
l'imitation, la raison, etc., dont l'homme s'enorgueillit, peuvent s'observer à un état naissant, ou même parfois à un état assez développé, chez les animaux inférieurs. Ils sont, en outre, susceptibles de
quelques améliorations héréditaires, ainsi que nous le prouve la
comparaison du chien domestique avec le loup ou le chacal. Si l'on
veut soutenir que certaines facultés, telles que la conscience, l'abstraction, etc., sont spéciales à l'homme, il se peut fort bien qu'elles
soient les résultats accessoires d'autres facultés intellectuelles très
développées, qui elles-mêmes dérivent principalement de l'usage
continu d'un langage arrivé à la perfection. A quel âge l'enfant nouveau-né acquiert-il la faculté de l'abstraction? A quel âge com-
mence-t-il à avoir conscience de lui-même et à réfléchir sur sa propre
existence? Nous ne pouvons pas plus répondre à cette question que
nous ne pouvons expliquer l'échelle organique ascendante. Le langage, ce produit moitié de l'art, moitié de l'instinct, porte encore
l'empreinte de son évolution graduelle. La sublime croyance à un
Dieu n'est pas universelle chez l'homme; celle à des agents spirituels actifs résulte naturellement de ses autres facultés mentales.
C'est le sens moral qui constitue peut-être la ligne de démarcation
la plus nette entre l'homme et les autres animaux, mais je n'ai rien
à ajouter sur ce point, puisque j'ai essayé de prouver que les instincts sociaux, — base fondamentale de la morale humaine [50], —
auxquels viennent s'adjoindre les facultés intellectuelles actives et
les effets de l'habitude, conduisent naturellement à la règle : « Fais
aux hommes ce que tu voudrais qu'ils te fissent à toi-même » ; principe sur lequel repose toute la morale.

Je ferai, dans le chapitre suivant, quelques remarques sur les
causes probables qui ont amené le développement graduel des di
verses facultés morales et mentales de l'homme et sur les diffé-

---

50. *Pensées de Marc-Aurèle*, p. 139..

rentes phases qu'elles ont traversées. On ne peut du moins contester que cette évolution soit possible, puisque, tous les jours, nous contemplons le développement de ces facultés chez l'enfant; puisqu'enfin nous pouvons établir une gradation parfaite entre l'état mental du plus complet idiot, qui est bien inférieur à l'animal, et les facultés intellectuelles d'un Newton.

CHAPITRE V

SUR LE DÉVELOPPEMENT DES FACULTÉS INTELLECTUELLES ET MORALES PENDANT LES TEMPS PRIMITIFS ET LES TEMPS CIVILISÉS

Développement des facultés intellectuelles par la sélection naturelle. — Importance de l'imitation. — Facultés sociales et morales. — Leur développement dans les limites d'une même tribu. — Action de la sélection naturelle sur les nations civilisées. — Preuves de l'état antérieur barbare des nations civilisées.

Les questions qui font l'objet de ce chapitre, questions que je ne pourrai traiter que d'une manière très incomplète et par fragments, offrent le plus haut intérêt. M. Wallace, dans un admirable mémoire déjà cité [1], soutient que la sélection naturelle et les autres causes analogues n'ont dû exercer qu'une influence bien secondaire sur les modifications corporelles de l'homme, dès qu'il eut partiellement acquis les qualités intellectuelles et morales qui le distinguent des animaux inférieurs ; ces facultés mentales, en effet, le mettent à même « d'adapter son corps, qui ne change pas, à l'univers, qui se modifie constamment ». L'homme sait admirablement conformer ses habitudes à de nouvelles conditions d'existence. Il invente des armes, des outils et divers engins, à l'aide desquels il se défend et se procure ses aliments. Lorsqu'il va habiter un climat plus froid, il se sert de vêtements, se construit des abris, et fait du feu, qui, outre qu'il le réchauffe, lui sert aussi à faire cuire des aliments qu'il lui serait autrement impossible de digérer. Il rend de nombreux services à ses semblables et prévoit les événements futurs. Il pratiquait déjà une certaine division du travail à une période très reculée.

La conformation corporelle des animaux doit, au contraire, se modifier profondément pour qu'ils puissent subsister dans des conditions très nouvelles. Il faut qu'ils deviennent plus forts, qu'ils s'arment de dents et de griffes plus efficaces pour se défendre contre de nouveaux ennemis, ou bien que leur taille diminue afin

1. *Anthropological Review*, May 1864, p. CLVIII.

de pouvoir échapper plus facilement au danger d'être découverts. Lorsqu'ils vont habiter un climat plus froid, il faut, ou qu'ils revêtent une fourrure plus épaisse, ou que leur constitution se modifie, à défaut de quoi ils cessent d'exister.

Le cas est tout différent, ainsi que le constate avec raison M. Wallace, quand il s'agit des facultés intellectuelles et morales de l'homme. Ces facultés sont variables; en outre, nous avons toute raison de croire que les variations sont héréditaires. En conséquence, si ces facultés ont eu, autrefois, une grande importance pour l'homme primitif et ses ancêtres simio-humains, la sélection naturelle a dû les développer et les perfectionner. On ne peut mettre en doute la haute importance des facultés intellectuelles, puisque c'est à elles que l'homme doit principalement sa position prééminente dans le monde. Il est facile de comprendre que, dans l'état primitif de la société, les individus les plus sagaces, ceux qui employaient les meilleures armes ou inventaient les meilleurs pièges, ceux qui, en un mot, savaient le mieux se défendre, devaient laisser la plus nombreuse descendance. Les tribus renfermant la plus grande quantité d'hommes ainsi doués devaient augmenter rapidement en nombre et supplanter d'autres tribus. Le nombre des habitants dépend d'abord des moyens de subsistance; ceux-ci, à leur tour, dépendent en partie de la nature physique du pays, mais, à un bien plus haut degré, des arts qu'on y cultive. Lorsqu'une tribu augmente en nombre et devient conquérante, elle s'accroît souvent encore davantage par l'absorption d'autres tribus[2]. La taille et la force des membres d'une tribu exercent certainement une grande influence sur sa réussite; or ces conditions dépendent beaucoup de la nature et de l'abondance des aliments dont ils peuvent disposer. Les hommes de la période du bronze, en Europe, firent place à une race plus puissante, et, à en juger d'après les poignées des sabres, à main plus grande[3]; mais le succès de cette race résulte probablement beaucoup plus de sa supériorité dans les arts.

Tout ce que nous savons des sauvages, tout ce que nous enseigne l'étude de leurs traditions ou de leurs anciens monuments, car les habitants actuels ont complètement perdu le souvenir des faits qui se rattachent à ces traditions et à ces monuments, nous prouve que, dès les époques les plus reculées, certaines tribus ont réussi à en supplanter d'autres. On a découvert dans toutes les régions civili-

---

2. Les individus ou les tribus qui sont absorbés dans une autre tribu prétendent à la longue, ainsi que l'a fait remarquer M. Maine (*Ancient Law*, 1861, p. 131), qu'ils sont les codescendants des mêmes ancêtres.

3. Morlot, *Soc. vaudoise des Sc. naturelles*, 1860, p. 294.

sées du globe, sur les plaines inhabitées de l'Amérique et dans les îles isolées de l'océan Pacifique, des ruines de monuments élevés par des tribus éteintes ou oubliées. Aujourd'hui les nations civilisées remplacent partout les peuples barbares, sauf là où le climat leur oppose une barrière infranchissable ; elles réussissent surtout, quoique pas exclusivement, grâce à leurs arts, produits de leur intelligence. Il est donc très probable que la sélection naturelle a graduellement perfectionné les facultés intellectuelles de l'homme ; conclusion qui suffit au but que nous nous proposons. Il serait, sans doute, très intéressant de retracer le développement de toutes les facultés, de les prendre l'une après l'autre à l'état où elles existent chez les animaux inférieurs et d'étudier les transformations successives par lesquelles elles ont passé pour en arriver à ce qu'elles sont chez l'homme civilisé; mais c'est là une tentative que ne me permettent ni mes connaissances ni le temps dont je puis disposer.

Dès que les ancêtres de l'homme sont devenus sociables, progrès qui a dû probablement s'accomplir à une époque extrêmement reculée, des causes importantes, dont nous ne trouvons que des traces chez les animaux inférieurs, c'est-à-dire l'imitation, la raison et l'expérience, ont dû faciliter et modifier le développement des facultés intellectuelles de l'homme. Les singes, tout comme les sauvages les plus grossiers, sont très portés à l'imitation; en outre, nous avons déjà constaté que, au bout de quelque temps, on ne peut plus prendre un animal à la même place avec le même genre de piège, ce qui prouve que les animaux s'instruisent par l'expérience et savent imiter la prudence des autres. Or si, dans une tribu quelconque, un homme plus sagace que les autres vient à inventer un piège ou une arme nouvelle, ou tout autre moyen d'attaque ou de défense, le plus simple intérêt, sans qu'il soit besoin d'un raisonnement bien développé, doit pousser les autres membres de la tribu à l'imiter, et tous profitent ainsi de la découverte. La pratique habituelle de chaque art nouveau doit aussi, dans une certaine mesure, fortifier l'intelligence. Si la nouvelle invention est importante, la tribu augmente en nombre, se répand et supplante d'autres tribus. Une tribu, devenue ainsi plus nombreuse, peut toujours espérer voir naître dans son sein d'autres membres supérieurs en sagacité et à l'esprit inventif. Ceux-ci transmettent à leurs enfants leur supériorité mentale ; chaque jour donc, on peut compter qu'il naîtra un nombre plus considérable d'individus encore plus ingénieux; en tout cas, les chances sont très certainement plus grandes dans une tribu nombreuse que dans une petite tribu. Dans le cas même où ces individus supérieurs ne laisseraient pas d'enfants, leurs parents restent dans la tribu. Or les éleveurs[4] ont constaté qu'en se servant, comme reproducteurs, des membres de la famille d'un animal qui, abattu, était supérieur comme bête de boucherie, les produits obtenus présentent les caractères désirés.

Étudions maintenant les facultés sociales et morales. Les hommes primitifs, ou nos ancêtres simio-humains, n'ont pù devenir sociables qu'après avoir acquis les sentiments instinctifs qui poussent certains autres animaux à vivre en société; ils possédaient, sans aucun doute, ces mêmes dispositions générales. Ils devaient ressentir quelque chagrin lorsqu'ils étaient séparés de leurs camarades pour lesquels ils avaient de l'affection; ils devaient s'avertir mutuellement du danger et s'entr'aider en cas d'attaque ou de défense. Ces sentiments impliquent un certain degré de sympathie, de fidélité et de courage. Personne ne peut contester l'importance qu'ont, pour les animaux inférieurs, ces diverses qualités sociales; or il est probable que, de même que les animaux, les ancêtres de l'homme en sont redevables à la sélection naturelle jointe à l'habitude héréditaire. Lorsque deux tribus d'hommes primitifs, habitant un même pays, entraient en rivalité, il n'est pas douteux que, toutes autres circonstances étant égales, celle qui renfermait un plus grand nombre de membres courageux, sympathiques et fidèles, toujours prêts à s'avertir du danger, à s'entr'aider et à se défendre mutuellement, ait dû réussir plus complètement et l'emporter sur l'autre. La fidélité et le courage jouent, sans contredit, un rôle important dans les guerres que se font continuellement les sauvages. La supériorité qu'ont les soldats disciplinés sur les hordes qui ne le sont pas résulte surtout de la confiance que chaque homme repose dans ses camarades. L'obéissance, comme l'a démontré M. Bagehot[5], est une qualité importante entre toutes, car une forme de gouvernement, quelle qu'elle soit, vaut mieux que l'anarchie. La cohésion, sans laquelle rien n'est possible, fait défaut aux peuples égoïstes et querelleurs. Une tribu possédant, à un haut degré, les qualités dont nous venons de parler doit s'étendre et l'emporter sur les autres; mais, à en juger par l'histoire du passé, elle doit, dans la suite des temps, succomber à son tour devant quelque autre tribu encore mieux douée qu'elle. Les qualités sociales et morales tendent ainsi à progresser lentement et à se propager dans le monde.

---

4. J'ai donné des exemples dans la *Variation*, etc., II, p. 208.
5. Voir une remarquable série d'articles sur *la Physique et la Politique* dans *Fortnightly Review*, nov. 1867, avril 1868, juillet 1869.

Mais on peut se demander comment un grand nombre d'individus, dans le sein d'une même tribu, ont d'abord acquis ces qualités sociales et morales, et comment le niveau de la perfection s'est graduellement élevé? Il est fort douteux que les descendants des parents les plus sympathiques, les plus bienveillants et les plus fidèles à leurs compagnons, aient surpassé en nombre ceux des membres égoïstes et perfides de la même tribu. L'individu prêt à sacrifier sa vie plutôt que de trahir les siens, comme maint sauvage en a donné l'exemple, ne laisse souvent pas d'enfants pour hériter de sa noble nature. Les hommes les plus braves, les plus ardents à s'exposer aux premiers rangs de la mêlée, et qui risquent volontiers leur vie pour leurs semblables, doivent même, en moyenne, succomber en plus grande quantité que les autres. Il semble donc presque impossible (il faut se rappeler que nous ne parlons pas ici d'une tribu victorieuse sur une autre tribu) que la sélection naturelle, c'est-à-dire la persistance du plus apte, puisse augmenter le nombre des hommes doués de ces vertus, ou le degré de leur perfection.

Bien que les circonstances qui tendent à amener une augmentation constante des hommes éminemment doués dans une même tribu soient trop complexes pour que nous songions à les étudier ici, nous pouvons cependant indiquer quelques-unes des phases probablement parcourues. Et d'abord, à mesure qu'augmentent la raison et la prévoyance des membres de la tribu, chacun apprend bientôt par expérience que, s'il aide ses semblables, ceux-ci l'aideront à leur tour. Ce mobile peu élevé pourrait déjà faire prendre à l'individu l'habitude d'aider ses semblables. Or la pratique habituelle des actes bienveillants fortifie certainement le sentiment de la sympathie, laquelle imprime la première impulsion à la bonne action. En outre, les habitudes observées pendant beaucoup de générations tendent probablement à devenir héréditaires.

Il est, d'ailleurs, une autre cause bien plus puissante encore pour stimuler le développement des vertus sociales, c'est l'approbation et le blâme de nos semblables. L'instinct de la sympathie, comme nous avons déjà eu l'occasion de le dire, nous pousse à approuver ou à blâmer les actions de nos semblables; il nous fait désirer les éloges et redouter le blâme; or la sélection naturelle a sans doute développé primitivement cet instinct, comme elle a développé tous les autres instincts sociaux. Il est, bien entendu, impossible de dire à quelle antique période du développement de l'espèce humaine la louange ou le blâme exprimé par leurs semblables a pu affecter ou entraîner les ancêtres de l'homme. Mais il paraît que les chiens eux-mêmes sont sensibles à l'encouragement, à l'éloge ou au blâme. Les sauvages les plus grossiers comprennent le sentiment de la gloire, ce que démontrent clairement l'importance qu'ils attachent à la conservation des trophées qui sont le fruit de leurs prouesses, leur extrême jactance et les soins exclusifs qu'ils prennent pour embellir et pour décorer leur personne ; en effet, de pareilles habitudes seraient absurdes s'ils ne se souciaient pas de l'opinion de leurs semblables.

Les sauvages éprouvent certainement de la honte lorsqu'ils enfreignent quelques-unes de leurs coutumes, si ridicules qu'elles nous paraissent ; ils éprouvent aussi des remords, comme le prouve l'exemple de cet Australien qui maigrissait à vue d'œil et qui ne pouvait plus prendre aucun repos, parce qu'il avait négligé d'assassiner une autre femme pour apaiser l'esprit de la femme qu'il venait de perdre. Il serait, d'ailleurs, incroyable qu'un sauvage, capable de sacrifier sa vie plutôt que de trahir sa tribu, ou de venir se constituer prisonnier plutôt que de manquer à sa parole[6], n'éprouvât pas du remords au fond de l'âme, s'il a failli à un devoir qu'il considère comme sacré.

Nous pouvons donc conclure que l'homme primitif, dès une période très reculée, devait se laisser influencer par l'éloge ou par le blâme de ses semblables. Il est évident que les membres d'une même tribu devaient approuver la conduite qui leur paraissait favorable au bien général et réprouver celle qui leur semblait contraire à la prospérité de tous. Faire du bien aux autres, — faire aux autres ce qu'on voudrait qu'ils vous fissent, — telle est la base fondamentale de la morale. Il est donc difficile d'exagérer l'importance qu'ont dû avoir, même à des époques très reculées, l'amour de la louange et la crainte du blâme. L'amour de la louange, le désir de la gloire, suffisent souvent à déterminer l'homme qu'un sentiment profond et instinctif n'entraîne pas à sacrifier sa vie pour le bien d'autrui ; or son exemple suffit pour exciter chez ses semblables le même désir de la gloire, et fortifie, par la pratique, le noble sentiment de l'admiration. L'individu peut ainsi rendre plus de services à sa tribu que s'il engendrait des enfants, quelques tendances qu'aient ces derniers à hériter de son noble caractère.

A mesure que se développent l'expérience et la raison, l'homme comprend mieux les conséquences les plus éloignées de ses actes. Il apprécie alors à leur juste valeur et il considère même comme

---

6. M. Wallace cite plusieurs exemples : *Contributions to the Theory of Natural Selection*, 1870, p. 354.

sacrées les vertus personnelles, telles que la tempérance, la chasteté, etc., qui sont, comme nous l'avons vu, entièrement méconnues pendant les premières périodes. Il serait, d'ailleurs, inutile de répéter ce que j'ai dit à ce sujet dans le quatrième chapitre. En un mot, notre sens moral, ou notre conscience, se compose d'un sentiment essentiellement complexe, basé sur les instincts sociaux, encouragé et dirigé par l'approbation de nos semblables, réglé par la raison, par l'intérêt, et, dans des temps plus récents, par de profonds sentiments religieux, renforcés par l'instruction et par l'habitude.

Sans doute, un degré très élevé de moralité ne procure à chaque individu et à ses descendants que peu ou point d'avantages sur les autres membres de la même tribu, mais il n'en est pas moins vrai que le progrès du niveau moyen de la moralité et l'augmentation du nombre des individus bien doués sous ce rapport procurent certainement à une tribu un avantage immense sur une autre tribu. Si une tribu renferme beaucoup de membres qui possèdent à un haut degré l'esprit de patriotisme, de fidélité, d'obéissance, de courage et de sympathie, qui sont toujours prêts, par conséquent, à s'entr'aider et à se sacrifier au bien commun, elle doit évidemment l'emporter sur la plupart des autres tribus ; or c'est là ce qui constitue la sélection naturelle. De 'tout temps et dans le monde entier, des tribus en ont supplanté d'autres ; or, comme la morale est un des éléments de leur succès, le nombre des hommes chez lesquels son niveau s'élève tend partout à augmenter.

Il est toutefois très difficile d'indiquer pourquoi une tribu quelconque plutôt qu'une autre réussit à s'élever sur l'échelle de la civilisation. Beaucoup de sauvages sont restés ce qu'ils étaient au moment de leur découverte, il y a quelques siècles. Nous sommes disposés, ainsi que l'a fait remarquer M. Bagehot, à considérer le progrès comme la règle normale de la société humaine ; mais l'histoire contredit cette hypothèse. Les anciens n'avaient pas plus l'idée du progrès que ne l'ont, de nos jours, les nations orientales. D'après une autre autorité, sir Henry Maine[7], « la plus grande partie de l'humanité n'a jamais manifesté le moindre désir de voir améliorer ses institutions civiles ». Le progrès semble dépendre du concours d'un grand nombre de conditions favorables, beaucoup trop compliquées pour qu'on puisse les indiquer toutes. Toutefois on a souvent remarqué qu'un climat tempéré, qui favorise

7. *Ancient Law*, 1861, p. 22. Pour les remarques de M. Bagehot, *Fortnightly Review*, avril 1868, p. 452.

le développement de l'industrie et des arts divers, est une condition très favorable, indispensable même au progrès. Les Esquimaux, sous la pression de la dure nécessité, ont réussi à faire plusieurs inventions ingénieuses, mais la rigueur excessive de leur climat a empêché tout progrès continu. Les habitudes nomades de l'homme, tant sur les vastes plaines que dans les forêts épaisses des régions tropicales ou le long des côtes maritimes, lui ont été, dans tous les cas, hautement préjudiciables. Ce fut en observant les barbares habitants de la Terre de Feu que je compris combien la possession de quelques biens, une demeure fixe et l'union de plusieurs familles sous un même chef sont les éléments nécessaires et indispensables à toute civilisation. Ces habitudes impliquent la culture du sol, et les premiers pas faits dans cette voie doivent probablement, comme je l'ai indiqué ailleurs[8], résulter d'un accident : les graines d'un arbre fruitier, par exemple, tombant sur un tas de fumier et produisant une variété plus belle. Quoi qu'il en soit, il est encore impossible d'indiquer quels ont été les premiers pas des sauvages dans la voie de la civilisation.

La sélection naturelle considérée au point de vue de son action sur les nations civilisées. — Je ne me suis occupé jusqu'à présent que des progrès qu'a dû réaliser l'homme pour passer de sa condition primitive semi-humaine à un état analogue à celui des sauvages actuels. Je crois devoir ajouter ici quelques remarques relatives à l'action de la sélection naturelle sur les nations civilisées. M. W. R. Greg[9], et antérieurement MM. Wallace et Galton[10], ont admirablement discuté ce sujet ; j'emprunterai donc la plupart de mes remarques à ces trois auteurs. Chez les sauvages, les individus faibles de corps ou d'esprit sont promptement éliminés, et les survivants se font ordinairement remarquer par leur vigoureux état de santé. Quant à nous, hommes civilisés, nous faisons, au contraire, tous nos efforts pour arrêter la marche de l'élimination ;

8. La *Variation des animaux*, etc., vol. I, p. 329.

9. *Fraser's Magazine*, sept. 1868, p. 353. Cet article paraît avoir frappé beaucoup de personnes, et a donné lieu à deux mémoires remarquables et à une réplique dans le *Spectator*, 3 et 17 oct. 1868. Il a été aussi discuté dans le *Quarterly Journ. of Science*, 1869 p. 152, et par M. Lawson Tait, dans le *Dublin Quarterly Journ. of Medical Science*, févr. 1869; et par M. E. Ray Lankester, dans sa *Comparative Longevity*, 1870, p. 128. Des opinions semblables ont été émises dans l'*Australasian*, 13 juil. 1867. J'ai emprunté des arguments à plusieurs de ces auteurs.

10. Pour M. Wallace, voir *Anthropological Review*, déjà cité; M. Galton, *Macmillan's Magazine*, août 1865, p. 318, et son grand ouvrage, *Hereditary Genius*, 1870.

nous construisons des hôpitaux pour les idiots, les infirmes et les malades; nous faisons des lois pour venir en aide aux indigents; nos médecins déploient toute leur science pour prolonger autant que possible la vie de chacun. On a raison de croire que la vaccine a préservé des milliers d'individus qui, faibles de constitution, auraient autrefois succombé à la variole. Les membres débiles des sociétés civilisées peuvent donc se reproduire indéfiniment. Or, quiconque s'est occupé de la reproduction des animaux domestiques sait, à n'en pas douter, combien cette perpétuation des êtres débiles doit être nuisible à la race humaine. On est tout surpris de voir combien le manque de soins, ou même des soins mal dirigés, amènent rapidement la dégénérescence d'une race domestique; en conséquence, à l'exception de l'homme lui-même, personne n'est assez ignorant ni assez maladroit pour permettre aux animaux débiles de reproduire.

Notre instinct de sympathie nous pousse à secourir les malheureux; la compassion est un des produits accidentels de cet instinct que nous avons acquis dans le principe, au même titre que les autres instincts sociables dont il fait partie. La sympathie, d'ailleurs, pour les causes que nous avons déjà indiquées, tend toujours à devenir plus large et plus universelle. Nous ne saurions restreindre notre sympathie, en admettant même que l'inflexible raison nous en fît une loi, sans porter préjudice à la plus noble partie de notre nature. Le chirurgien doit se rendre inaccessible à tout sentiment de pitié au moment où il pratique une opération, parce qu'il sait qu'il agit pour le bien de son malade; mais si, de propos délibéré, il négligeait les faibles et les infirmes, il ne pourrait avoir en vue qu'un avantage éventuel, au prix d'un mal présent considérable et certain. Nous devons donc subir, sans nous plaindre, les effets incontestablement mauvais qui résultent de la persistance et de la propagation des êtres débiles. Il semble, toutefois, qu'il existe un frein à cette propagation, en ce sens que les membres malsains de la société se marient moins facilement que les membres sains. Ce frein pourrait avoir une efficacité réelle si les faibles de corps et d'esprit s'abstenaient du mariage; mais c'est là un état de choses qu'il est plus facile de désirer que de réaliser.

Dans tous les pays où existent des armées permanentes, la conscription enlève les plus beaux jeunes gens, qui sont exposés à mourir prématurément en cas de guerre, qui se laissent souvent entraîner au vice, et qui, en tout cas, ne peuvent se marier de bonne heure. Les hommes petits, faibles, à la constitution débile, restent, au contraire, chez eux, et ont, par conséquent, beau-

coup plus de chances de se marier et de laisser des enfants[11].
: Dans tous les pays civilisés, l'homme accumule des richesses et
les transmet à ses enfants. Il en résulte que les riches, indépendamment de toute supériorité corporelle ou mentale, possèdent de
grands avantages sur les enfants pauvres quand ils commencent la
lutte pour l'existence. D'autre part, les enfants de parents qui
meurent jeunes, et qui, par conséquent, ont, en règle générale,
une mauvaise santé et peu de vigueur, héritent plus tôt que les
autres enfants; il est probable aussi qu'ils se marient plus tôt et
qu'ils laissent un plus grand nombre d'enfants qui héritent de leur
faible constitution. Toutefois la transmission de la propriété est
loin de constituer un mal absolu, car, sans l'accumulation des capi-
taux, les arts ne pourraient progresser; or c'est principalement
par l'action des arts que les races civilisées ont étendu et étendent
aujourd'hui partout leur domaine, et arrivent ainsi à supplanter
les races inférieures. L'accumulation modérée de la fortune ne
porte, en outre, aucune atteinte à la marche de la sélection naturelle. Lorsqu'un homme pauvre devient modérément riche, ses
enfants s'adonnent à des métiers et à des professions où la lutte
est encore assez vive pour que les mieux doués au point de vue
du corps et de l'esprit aient plus de chances de réussite. L'existence d'un groupe d'hommes instruits, qui ne sont pas obligés de
gagner par le travail matériel leur pain quotidien, a une importance
qu'on ne saurait exagérer; car c'est à eux qu'incombe toute l'œuvre intellectuelle supérieure, origine immédiate des progrès matériels de toute nature, sans parler d'autres avantages d'un ordre
plus élevé. La fortune, lorsqu'elle est considérable, tend sans
doute à transformer l'homme en un fainéant inutile, mais le nombre
de ces fainéants n'est jamais bien grand; car, là aussi, l'élimination
joue un certain rôle. Ne voyons-nous pas chaque jour, en effet,
des riches insensés et prodigues dissiper tous leurs biens?

· Le droit de primogéniture avec majorats est un mal plus immédiat, bien qu'il ait pu autrefois être très avantageux, en ce sens
qu'il a eu pour résultat la création d'une classe dominante, et que
tout gouvernement vaut mieux que l'anarchie. Les fils aînés, qu'ils
soient faibles de corps ou d'esprit, se marient ordinairement; tandis que les cadets, quelque supérieurs qu'ils soient à tous les
points de vue, ne se marient pas aussi facilement. Les fils aînés,
quel que soit leur peu de valeur, héritant d'un majorat, ne peuvent

---

11. Le professeur H. Fick a fait d'excellentes remarques à ce sujet et d'au-
res points analogues, *Einfluss der Naturwissenschaft auf das Recht*, juin 1872.

pas gaspiller leur fortune. Mais, ici encore, comme ailleurs, les relations de la vie civilisée sont si complexes qu'il existe quelques freins compensateurs. Les hommes riches par droit d'aînesse peuvent choisir, de génération en génération, les femmes les plus belles et les plus charmantes, et, ordinairement, ces femmes sont douées d'une bonne constitution physique et d'un esprit supérieur. Les conséquences fâcheuses, quelles qu'elles puissent être, de la conservation continue de la même ligne de descendance, sans aucune sélection, sont atténuées, en ce sens que les hommes de rang élevé cherchent toujours à accroître leur fortune et leur pouvoir, et, pour y parvenir, épousent des héritières. Mais les filles de parents n'ayant eu qu'un enfant sont elles-mêmes, ainsi que l'a prouvé M. Galton [12], sujettes à la stérilité, ce qui, ayant pour effet d'interrompre continuellement la ligne directe des familles nobles, dirige la fortune dans quelques branches latérales. Cette nouvelle branche n'a malheureusement pas à faire preuve d'une supériorité quelconque avant de pouvoir hériter.

Bien que la civilisation s'oppose ainsi, de plusieurs façons, à la libre action de la sélection naturelle, elle favorise évidemment, par l'amélioration de l'alimentation et l'exemption de pénibles fatigues, un meilleur développement du corps. C'est ce qu'on peut conclure du fait que, partout où l'on a comparé les hommes civilisés aux sauvages, on a trouvé les premiers physiquement plus forts [13]. L'homme civilisé paraît supporter également bien la fatigue; beaucoup d'expéditions aventureuses en ont fourni la preuve. Le grand luxe même du riche ne peut lui être que peu préjudiciable, car la longévité, chez les deux sexes de notre aristocratie, est très peu inférieure à celle des vigoureuses classes de travailleurs [14] de l'Angleterre.

Examinons maintenant les facultés intellectuelles. Si l'on divisait les membres de chaque classe sociale en deux groupes égaux, l'un comprenant ceux qui sont très intelligents, l'autre ceux qui le sont moins, il est très probable qu'on s'apercevrait bientôt que les premiers réussissent mieux dans toutes leurs occupations, et élèvent un plus grand nombre d'enfants. Même dans les situations inférieures, l'adresse et le talent doivent procurer un avantage bien que, dans beaucoup de professions, cet avantage soit très

---

12. *Hereditary Genius*, 1870, pp. 132-149.
13. Quatrefages, *Revue des cours scientifiques*, 1867-68, p. 659.
14. Voir les cinquième et sixième colonnes dressées d'après des autorités compétentes, dans le tableau donné par M. E. R. Lankester, dans sa *Comparative Longevity*, 1870, p. 115.

minime par suite de la grande division du travail. Il existe donc, chez les nations civilisées, une certaine tendance à l'accroissement numérique et à l'élévation du niveau de ceux qui sont intellectuellement les plus capables. Je n'entends pas affirmer par là que d'autres circonstances, telles que la multiplication des insouciants et des imprévoyants ne puissent contre-balancer cette tendance; mais le talent doit aussi procurer quelques avantages à ces derniers.

On a soulevé de graves objections contre ces hypothèses; on a soutenu, en effet, que les hommes les plus éminents qui aient jamais vécu n'ont pas laissé de descendants. M. Galton [15] dit à ce sujet : « Je regrette de ne pouvoir résoudre une question bien simple : les hommes et les femmes de génie sont-ils stériles, et jusqu'à quel point le sont-ils ? J'ai toutefois démontré que tel n'est point le cas pour les hommes éminents. » Les grands législateurs, les fondateurs de religions bienfaisantes, les grands philosophes et les grands savants contribuent bien davantage par leurs œuvres aux progrès de l'humanité, qu'ils ne le feraient en laissant après eux une nombreuse progéniture. Quant à la conformation physique, c'est la sélection des individus un peu mieux doués et l'élimination de ceux qui le sont un peu moins, et non la conservation d'anomalies rares et prononcées, qui détermine l'amélioration d'une espèce [16]. Il en est de même pour les facultés intellectuelles; les hommes les plus capables, dans chaque rang de la société, réussissent mieux que ceux qui le sont moins, et, s'il n'y a pas d'autres obstacles, ils tendent, par conséquent, à augmenter en nombre. Lorsque, chez un peuple, le niveau intellectuel s'est élevé et que le nombre des hommes instruits a augmenté, on peut s'attendre, en vertu du principe de la déviation de la moyenne, ainsi que l'a démontré M. Galton, à voir apparaître, plus souvent qu'auparavant, des hommes au génie transcendant.

Quant aux qualités morales, il importe de constater qu'il se produit toujours, même chez les nations les plus civilisées, une certaine élimination des individus moins bien doués. On exécute les malfaiteurs ou on les emprisonne pendant de longues périodes, de façon qu'ils ne puissent transmettre facilement leurs vices. Les hypochondriaques et les aliénés sont enfermés ou se suicident. Les hommes querelleurs et emportés meurent fréquemment de mort violente; ceux qui sont trop remuants pour s'adonner à des occupations suivies, — et ce reste de barbarie est un grand obstacle à

---

15. *Hereditary Genius*, p. 330.
16. *Origine des espèces*, p. 96.

la civilisation [17], — émigrent dans de nouveaux pays, où ils se transforment en utiles pionniers. L'intempérance entraîne des conséquences si désastreuses que, à l'âge de trente ans, par exemple, la probabilité de vie des intempérants n'est que de 13,8 années; tandis que, pour le paysan anglais, au même âge, elle s'élève à 40,59 ans [18]. Les femmes ayant des mœurs dissolues ont peu d'enfants, les hommes dans le même cas se marient rarement; les uns et les autres sont épuisés par les maladies. Quand il s'agit des animaux domestiques, l'élimination des individus, d'ailleurs peu nombreux, qui sont évidemment inférieurs, n'en constitue pas moins un élément de succès fort important. Ceci est surtout vrai pour les caractères nuisibles qui tendent à réapparaître par retour, tels que la couleur noire chez le mouton; dans l'humanité, il se peut que les mauvaises dispositions qui, à l'occasion et sans cause explicable, reparaissent dans les familles, soient peut-être des cas de retour vers un état sauvage, dont nous ne sommes pas séparés par un nombre bien grand de générations. L'expression populaire qui nomme ces mauvais sujets les « moutons noirs » de la famille semble basée sur cette hypothèse.

La sélection naturelle semble n'exercer qu'une influence bien secondaire sur les nations civilisées, en tant qu'il ne s'agit que de la production d'un niveau de moralité plus élevé et d'un nombre plus considérable d'hommes bien doués; nous lui devons, toutefois, l'acquisition originelle des instincts sociaux. Je me suis, d'ailleurs, assez longuement étendu, en traitant des races inférieures, sur les causes qui déterminent les progrès de la morale, c'est-à-dire : l'approbation de nos semblables, — l'augmentation de nos sympathies par l'habitude, — l'exemple et l'imitation, — la raison, — l'expérience et même l'intérêt individuel, — l'instruction pendant la jeunesse, et les sentiments religieux, pour n'avoir pas à y revenir ici.

M. Greg et M. Galton [19] ont vivement insisté sur un important obstacle qui s'oppose à l'augmentation du nombre des hommes supérieurs dans les sociétés civilisées, à savoir que les pauvres et les insouciants, souvent dégradés par le vice, se marient invariablement de bonne heure, tandis que les gens prudents et économes

17. *Hereditary*, etc., p. 347.

18. E. Ray Lankester, *Comparative Longevity*, 1870, p. 115. Le tableau des intempérants est dressé d'après les *Vital Statistics*, de Neison. En ce qui concerne la débauche, voir Dr Farr, *Influence of Marriage on mortality, Nat. Assoc. for the Promotion of Social Science*, 1858.

19. *Fraser's Magazine*, sept. 1868, p. 353. *Macmillan's Magazine*, août 1865, p. 318. — Le rev. F. W. Farrar (*Fraser's Mag.*, août 1870, p. 264), soutient une opinion différente.

se marient tard, afin de pouvoir convenablement s'entretenir eux
et leurs enfants. Ceux qui se marient jeunes produisent, dans une
période donnée, non seulement un plus grand nombre de générations, mais encore, ainsi que l'a établi le docteur Duncan [10], beaucoup plus d'enfants. En outre, les enfants, nés de mères dans la
fleur de l'âge, sont plus gros et plus pesants, et, en conséquence, probablement plus vigoureux que ceux nés à d'autres périodes. Il en
résulte que les membres insouciants, dégradés et souvent vicieux
de la société, tendent à s'accroître dans une proportion plus rapide
que ceux qui sont plus prudents et ordinairement plus sages. Voici
ce que dit à ce sujet M. Greg : « L'Irlandais, malpropre, sans ambition, insouciant, multiplie comme le lapin; l'Écossais, frugal,
prévoyant, plein de respect pour lui-même, ambitieux, mora-
liste rigide, spiritualiste, sagace et très intelligent, passe ses plus
belles années dans la lutte et dans le célibat, se marie tard et ne
laisse que peu de descendants. Étant donné un pays primitivement
peuplé de mille Saxons et de mille Celtes, — au bout d'une douzaine
de générations, les cinq sixièmes de la population seront Celtes,
mais le dernier sixième, composé de Saxons, possédera les cinq
sixièmes des biens, du pouvoir et de l'intelligence. Dans l'éternelle
lutte pour l'existence, c'est la race inférieure et la *moins* favorisée
qui aura prévalu, — et cela, non en vertu de ses bonnes qualités,
mais en vertu de ses défauts. »

Cette tendance vers une marche rétrograde rencontre cependant
quelques obstacles. Nous avons vu que l'intempérance entraîne un
chiffre élevé de mortalité, et que le déréglement des mœurs nuit à
la propagation. Les classes les plus pauvres s'entassent dans les
villes, et le docteur Stark, se basant sur les statistiques de dix années en Écosse [11], a pu démontrer qu'à tous les âges la mortalité
est plus considérable dans les villes que dans les districts ruraux,
« et que, pendant les cinq premières années de la vie, le chiffre de
la mortalité urbaine est presque exactement le double de celui des
campagnes ». Ces relevés comprenant le riche comme le pauvre,
il n'est pas douteux qu'il faille un nombre double de naissances
pour maintenir le chiffre des habitants pauvres des villes à la hauteur de celui des campagnes. Le mariage à un âge trop précoce est
très nuisible aux femmes, car on a prouvé qu'en France, « il meurt

---

20. Sur les *Lois de la fécondité des femmes*, dans *Transactions Royal Soc.
Edinburgh*, vol. XXIV, p. 287, publié séparément depuis sous le titre, *Fecundity, Fertility and Sterility*, 1871. Voir aussi M. Galton, *Hereditary Genius*
pp. 352-357, pour des observations sur le même sujet.

21. *Dixième Rapport annuel des naissances, morts, etc., en Écosse*, 1867, p. xxix.

dans l'année deux fois plus de femmes mariées au-dessous de vingt, ans que de femmes célibataires ». La mortalité des maris au-dessous de vingt ans est aussi considérable[22], mais la cause de ce fait paraît douteuse. Enfin, si les hommes qui retardent prudemment le mariage jusqu'à ce qu'ils puissent élever convenablement leur famille, choisissaient, comme ils le font souvent, des femmes dans la fleur de l'âge, la proportion d'accroissement dans la classe élevée ne serait que légèrement diminuée.

Un ensemble énorme de documents statistiques, relevés en France en 1853, ont permis de démontrer que, dans ce pays, les célibataires, compris entre vingt et quatre-vingts ans, sont sujets à une mortalité beaucoup plus considérable que les hommes mariés ; par exemple, la proportion des célibataires mourant entre vingt et trente ans était annuellement de 11,3 sur 1,000 ; la mortalité n'étant chez les hommes mariés que de 6,5 sur 1,000[23]. La même loi s'est appliquée en Écosse pendant les années 1863 et 1864 pour toute la population au-dessus de vingt ans. Ainsi, la mortalité des célibataires entre vingt et trente ans a été annuellement de 14,97 sur 1,000, tandis qu'elle ne s'est trouvée chez les hommes mariés que de 7,24 sur 1,000, soit moins de la moitié[24]. Le docteur Stark remarque à ce sujet : « Le célibat est plus préjudiciable à la vie que les métiers les plus malsains, ou qu'une résidence dans une maison ou dans un district insalubre où on n'aurait jamais fait la moindre tentative d'assainissement. » Il considère que la diminution de la mortalité est le résultat direct du « mariage et des habitudes domestiques plus régulières qui accompagnent cet état ». Il admet, toutefois, que les hommes intempérants, dissolus et criminels, qui vivent peu longtemps, ne se marient ordinairement pas ; il faut également admettre que les hommes à constitution faible, à mauvaise santé, ou ayant une infirmité grave de corps ou d'esprit, ne cherchent guère à se marier ou n'y réussissent pas. Le docteur Stark paraît conclure que le mariage est, en lui-même, une cause de longévité ; cette conclusion résulte de ce que les hommes mariés âgés ont un avantage marqué sur les célibataires aussi âgés ; mais chacun a connu des jeunes gens à la constitution faible qui ne se sont pas mariés, et qui

22. Ces citations sont empruntées à notre plus haute autorité sur ces questions, le travail du Dr Farr, sur l'*Influence du mariage, sur la mortalité du peuple français*, lu devant la *National Association for the Promotion of Social Science*, 1858.

23. Dr Farr, *ibid.* Les citations suivantes sont toutes tirées du même travail.

24. J'ai pris la moyenne des moyennes quinquennales données dans le *Dixième rapport annuel des naissances, décès, etc., en Écosse, pour* 1867. La citation du Dr Stark est tirée d'un article du *Daily News*, du 17 oct. 1868, que le Dr Farr considère comme très complet.

ont pourtant atteint un âge. avancé, quoiqu'ils soient toujours restés faibles et qu'ils aient eu, par conséquent, une moindre chance de vie. Une autre circonstance remarquable, qui paraît venir à l'appui de la conclusion du docteur Stark, est que, en France, les veufs et les veuves, comparés aux gens mariés, subissent une mortalité considérable; mais le docteur Farr attribue cette mortalité à la pauvreté, aux habitudes fâcheuses qui peuvent résulter de la rupture de la famille et au chagrin. En résumé, nous pouvons conclure, avec le docteur Farr, que la mortalité moindre des gens mariés, comparée à celle des célibataires, ce qui paraît être une loi générale, « est principalement due à l'élimination constante des types imparfaits, à la sélection habile des plus beaux individus dans chaque génération successive »; la sélection ne se rattachant qu'à l'état de mariage, et agissant sur toutes les qualités corporelles, intellectuelles et morales[25]. Nous pouvons donc en conclure que les hommes sains et valides, qui, par prudence, restent pour un temps célibataires, ne sont pas exposés à un taux de mortalité plus élevé.

Si les divers obstacles que nous venons de signaler dans les deux derniers paragraphes, et d'autres encore peut-être inconnus, n'empêchent pas les membres insouciants, vicieux et autrement inférieurs de la société d'augmenter dans une proportion plus rapide que les hommes supérieurs, la nation doit rétrograder, comme il y en a, d'ailleurs, tant d'exemples dans l'histoire du monde. Nous devons nous souvenir que le progrès n'est pas une règle invariable. Il est très difficile d'indiquer pourquoi une nation civilisée s'élève, devient plus puissante et s'étend davantage qu'une autre; ou pourquoi une même nation progresse davantage à une époque qu'à une autre. Nous devons nous borner à dire que le fait dépend d'un accroissement du chiffre de la population, du nombre des hommes doués de hautes facultés intellectuelles ou morales, aussi bien que de leur état de perfection. La conformation corporelle, en dehors du rapport inévitable entre la vigueur du corps et celle de l'esprit, paraît n'avoir qu'une influence secondaire.

Chacun admet que les hautes aptitudes intellectuelles sont avantageuses à une nation; certains écrivains en ont conclu que les anciens Grecs, qui se sont, à quelques égards, élevés intellectuellement plus haut qu'aucune autre race[26], auraient dû, si la puissance de la sé-

---

25. Le Dʳ Duncan (*Fecundity, Fertility*, etc., 1871, p. 334) fait remarquer à cet égard : « A chaque âge les célibataires les plus sains et les plus beaux se marient, et seuls les gens maladifs ou malheureux restent célibataires. »
26. Voir à cet égard le raisonnement ingénieux et original de M. Galton, *Hereditary Genius*, p. 340-342.

lection naturelle est réelle, s'élever encore plus haut sur l'échelle, augmenter en nombre et peupler toute l'Europe. Cette assertion découle de la supposition tacite si souvent faite à propos des conformations corporelles, c'est-à-dire de la prétendue tendance innée au développement continu de l'esprit et du corps. Mais toute espèce d'évolution progressive dépend du concours d'un grand nombre de circonstances favorables. La sélection naturelle n'agit jamais que d'une façon expérimentale. Certains individus, certaines races ont pu acquérir des avantages incontestables, et, cependant, périr faute de posséder certains autres caractères. Le manque de cohésion entre leurs nombreux petits États, le peu d'étendue de leur pays entier, la pratique de l'esclavage ou leur excessive sensualité, ont pu faire rétrograder les Grecs, qui n'ont succombé qu'après « s'être énervés et s'être corrompus jusqu'à la moelle [17] ». Les nations de l'Europe occidentale, qui actuellement dépassent si considérablement leurs ancêtres sauvages et se trouvent à la tête de la civilisation, ne doivent point leur supériorité à l'héritage direct des anciens Grecs, bien qu'ils doivent beaucoup aux œuvres écrites de ce peuple remarquable.

Qui peut dire positivement pourquoi la nation espagnole, si prépondérante autrefois, a été distancée dans la course? Le réveil des nations européennes, au sortir du moyen âge, constitue un problème encore plus embarrassant à résoudre. Pendant le moyen âge, ainsi que le fait remarquer M. Galton [28], presque tous les hommes distingués, tous ceux qui se livraient à la culture de l'esprit, n'avaient d'autre refuge que l'Église, laquelle, exigeant le célibat, exerçait ainsi une influence funeste sur chaque génération successive. Pendant cette même période, l'Inquisition recherchait, avec un soin extrême, pour les enfermer ou pour les brûler, les hommes les plus indépendants et les plus hardis. En Espagne, par exemple, les hommes constituant l'élite de la nation, — ceux qui doutaient et interrogeaient, car sans le doute il n'y a pas de progrès, — furent éliminés pendant trois siècles à raison d'un millier par an. L'Église catholique a ainsi causé un mal incalculable, bien que ce mal ait été, sans doute, contre-balancé, jusqu'à un certain point, peut-être même dans une grande mesure, par certains autres avantages. L'Europe n'en a pas moins progressé avec une rapidité incroyable.

27. M. Greg, *Fraser's Magazine*, sept. 1868, p. 357.
28. *Hereditary Genius*, pp. 357-359. Le rev. F.-H. Farrar (*Fraser's Mag.*, août 1870, p. 257) soutient une thèse contraire. Sir C. Lyell avait déjà (*Principles of Geology*, vol. II, 1868, p. 489), dans un passage frappant, appelé l'attention sur l'influence fâcheuse qu'a exercée la Sainte Inquisition en abaissant, par sélection, le niveau général de l'intelligence en Europe.

La supériorité remarquable qu'ont eue, sur d'autres nations européennes, les Anglais comme colonisateurs, supériorité attestée
par la comparaison des progrès réalisés par les Canadiens d'origine
anglaise et ceux d'origine française, a été attribuée à leur « énergie persistante et à leur audace » ; mais qui peut dire comment les
Anglais ont acquis cette énergie? Il y a certainement beaucoup de
vrai dans l'hypothèse qui attribue à la sélection naturelle les merveilleux progrès des États-Unis, ainsi que le caractère de son peuple; les hommes les plus courageux, les plus énergiques et les plus
entreprenants de toutes les parties de l'Europe ont, en effet, émi-
gré pendant les dix ou douze dernières générations pour aller peupler ce grand pays et y ont prospéré[29]. Si on jette les yeux sur
l'avenir, je ne crois pas que le rév. M. Zincke émette une opinion
exagérée lorsqu'il dit[30] : « Toutes les autres séries d'événements,
— comme celles qui ont produit la culture intellectuelle en Grèce,
et celles qui ont eu pour résultat la fondation de l'empire romain,
— ne paraissent avoir de but et de valeur que lorsqu'on les rattache,
ou plutôt qu'on les regarde comme subsidiaires au... grand courant
d'émigration anglo-saxon dirigé vers l'Ouest. » Quelque obscur que
soit le problème du progrès de la civilisation, nous pouvons au
moins comprendre qu'une nation qui, pendant une longue période,
produit le plus grand nombre d'hommes intelligents, énergiques,
braves, patriotes et bienveillants, doit, en règle générale, l'emporter sur les nations moins bien favorisées.

La sélection naturelle résulte de la lutte pour l'existence, et celle-
ci de la rapidité de la multiplication. Il est impossible de ne pas
déplorer amèrement, — à part la question de savoir si c'est avec
raison, — la rapidité avec laquelle l'homme tend à s'accroître; cette
augmentation rapide entraîne, en effet, chez les tribus barbares la
pratique de l'infanticide et beaucoup d'autres maux, et, chez les
nations civilisées, occasionne la pauvreté, le célibat, et le mariage
tardif des gens prévoyants. L'homme subit les mêmes maux physiques que les autres animaux, il n'a donc aucun droit à l'immunité
contre ceux qui résultent de la lutte pour l'existence. S'il n'avait
pas été soumis à la sélection naturelle pendant les temps primitifs,
l'homme n'aurait certainement jamais atteint le rang qu'il occupe
aujourd'hui. Lorsque nous voyons, dans bien des parties du monde,
des régions entières extrêmement fertiles, peuplées de quelques
sauvages errants, alors qu'elles pourraient nourrir de nombreux

---

29. M. Galton, *Macmillan's Magazine*, août 1865, p. 325. Voir aussi, *On Darwinism and national Life; Nature*, déc., 1869, p. 184.
30. *Last Winter in the United States*, 1868, p. 29.

ménages prospères, nous sommes disposés à penser que la lutte pour l'existence n'a pas été suffisamment rude pour forcer l'homme à atteindre son état le plus élevé. A en juger d'après tout ce que nous savons de l'homme et des animaux inférieurs, les facultés intellectuelles et morales ont toujours présenté une variabilité assez grande pour que la sélection naturelle pût déterminer leur perfectionnement continu. Ce développement réclame sans doute le concours simultané de nombreuses circonstances favorables; mais on peut douter que les circonstances suffisent, si elles ne sont pas accompagnées d'une très rapide multiplication et de l'excessive rigueur de la lutte pour l'existence qui en est la conséquence. L'état de la population dans certains pays, dans l'Amérique méridionale par exemple, semble même prouver qu'un peuple qui a atteint à la civilisation, tel que les Espagnols, est susceptible de se livrer à l'indolence et de rétrograder, quand les conditions d'existence deviennent très faciles. Chez les nations très civilisées, la continuation du progrès dépend, dans une certaine mesure, de la sélection naturelle, car ces nations ne cherchent pas à se supplanter et à s'exterminer les unes les autres, comme le font les tribus sauvages. Toutefois les membres les plus intelligents finissent par l'emporter dans le cours des temps sur les membres inférieurs de la même communauté, et laissent des descendants plus nombreux; or c'est là une forme de la sélection naturelle. Une bonne éducation pendant la jeunesse, alors que l'esprit est très impressionnable, et un haut degré d'excellence, pratiqué par les hommes les plus distingués, incorporé dans les lois, les coutumes et les traditions de la nation et exigé par l'opinion publique, semblent constituer les causes les plus efficaces du progrès. Mais il faut toujours se rappeler que la puissance de l'opinion publique dépend du cas que nous faisons de l'approbation ou du blâme exprimé par nos semblables, ce qui dépend de notre sympathie que, l'on n'en peut guère douter, la sélection naturelle a primitivement développée, car elle constitue un des éléments les plus importants des instincts sociaux[31].

Toutes les nations civilisées ont été autrefois barbares. — Sir J. Lubbock[32], M. Tylor, M' Lennan et autres, ont traité cette question d'une façon si complète et si remarquable que je puis me borner ici à résumer leurs conclusions. Le duc d'Argyll[33], et, avant lui, l'archevêque Whately, ont cherché à démontrer que l'homme a paru sur

31. Broca, *les Sélections, Revue d'anthropologie,* 1872.
32. *On the Origin of Civilisation, Proc. Ethnological Soc.,* 26 nov. 1867.
33. *Primeval Man,* 1869.

la terre à l'état d'être civilisé, et que tous les sauvages ont depuis éprouvé une dégradation, mais leurs arguments me paraissent bien faibles comparativement à ceux que leur oppose la partie adverse. Bien des nations ont sans doute rétrogradé au point de vue de la civilisation ; il se peut même que quelques-unes soient retombées dans une barbarie complète ; cependant je n'en ai nulle part trouvé la preuve. Les Fuégiens, forcés probablement par d'autres hordes conquérantes à s'établir dans leur pays inhospitalier, peuvent, comme conséquence, s'y être un peu plus dégradés ; mais il serait difficile de prouver qu'ils sont tombés beaucoup plus bas que les Botocudos, qui habitent les plus belles parties du Brésil.

Toutes les nations civilisées descendent de peuples barbares ; c'est ce que prouvent, d'une part, les traces évidentes de leur ancienne condition inférieure qui existent encore dans leurs coutumes, leurs croyances, leur langage, etc. ; et, d'autre part, le fait que les sauvages peuvent s'élever par eux-mêmes de quelques degrés sur l'échelle de la civilisation. Les preuves à l'appui de la première hypothèse sont très curieuses, mais je ne puis les indiquer ici : je veux parler, par exemple, de la numération, qui, ainsi que le prouve clairement M. Tylor, par les mots encore usités dans quelques pays, a pris son origine en comptant les doigts d'une main d'abord, puis de la seconde, et enfin ceux des pieds. Nous en trouvons des traces dans notre propre système décimal, et dans les chiffres romains, qui, arrivés à V, signe que l'on est disposé à considérer comme l'image abrégée de la main humaine, passent à VI, ce qui indique sans doute l'emploi de l'autre main. De même, lorsque nous employons les locutions dont la vingtaine est l'unité (*score* en anglais), « nous comptons d'après le système vigésimal, chaque vingtaine ainsi idéalement représentée, comptant pour 20, — c'est-à-dire *un homme*, comme dirait un Mexicain ou un Caraïbe[34] ». D'après une grande école de philologues, école dont le nombre va croissant, chaque langage porte les marques de son évolution lente et graduelle. Il en est de même de l'écriture, car les lettres ne sont que des rudiments d'hiéroglyphes. On ne peut lire l'ouvrage de M. M'Lennan[35] sans admettre que presque toutes les nations civilisées ont

---

34. *Royal Institution of Great Britain*, 15 mars 1867. Aussi, *Researches into the Early History of Mankind*, 1865.

35. *Primitive Marriage*, 1865. Voir aussi un article évidemment du même auteur, dans *North British Review*, juillet 1869. M.-L.-H. Morgan, *A Conjectural solution of the origin of the class. system of Relationship; Proceed. American Acad. of Sciences*, vol. VII, fév. 1868. Le professeur Schaaffhausen (*Anthropological Review*, oct. 1869, p. 373), fait des remarques sur les « traces de sacrifices humains qu'on trouve tant dans Homère que dans l'Ancien Testament ».

conservé quelques tracès de certaines habitudes barbares, telles que le rapt des femmes par exemple. Peut-on citer une seule nation ancienne, se demande le même auteur, qui dans le principe, ait pratiqué la monogamie? L'idée primitive de la justice, c'est-à-dire la loi du combat et les autres coutumes dont il subsiste encore des traces, était également très grossière. Un grand nombre de nos superstitions représentent les restes d'anciennes croyances religieuses erronées. La forme religieuse la plus élevée, — l'idée d'un Dieu abhorrant le péché et aimant la justice, — était inconnue dans les temps primitifs.

Passons à un autre genre de preuves : sir J. Lubbock a démontré que quelques sauvages ont récemment réalisé certains progrès dans quelques-uns de leurs simples arts. L'exposé très curieux qu'il fait des armes, des outils employés et des arts pratiqués par les sauvages dans les diverses parties du monde, tend à prouver que presque toutes les découvertes ont été indépendantes, sauf peut-être l'art de faire le feu [36]. Le boomerang australien est un excellent exemple d'une découverte indépendante. Les Tahitiens, lorsqu'on les visita pour la première fois, étaient déjà, sous plusieurs rapports, plus avancés que les habitants de la plupart des autres îles Polynésiennes. Il n'y a pas de raisons pour croire que la haute culture des Péruviens et des Mexicains indigènes dût provenir d'une source étrangère [37]; ces peuples cultivaient, en effet, plusieurs plantes indigènes, et avaient réduit en domesticité quelques animaux du pays. Un équipage venant d'un pays à demi civilisé, naufragé sur les côtes de l'Amérique, n'aurait pas, si on en juge d'après le peu d'influence qu'exercent la plupart des missionnaires, produit d'effet marqué sur les indigènes, à moins que ceux-ci ne fussent déjà quelque peu civilisés. Si nous remontons à une période très reculée de l'histoire du monde, nous trouvons, pour nous servir des expressions si bien connues de sir J. Lubbock, une période paléolithique et une période néolithique; or personne ne saurait prétendre que l'art de polir les outils grossiers en silex taillé ne soit une découverte indépendante. Dans toutes les parties de l'Europe jusqu'en Grèce, en Palestine, dans l'Inde, au Japon, dans la Nouvelle-Zélande et en Afrique, l'Egypte comprise, on a découvert de nombreux instruments en silex et les habitants actuels n'ont conservé aucune tradition à cet égard. Les Chinois et les an-

---

36. Sir J. Lubbock, *Prehistoric Times*, 2ᵉ édit., 1869, chap. xv et xvi et *passim,* Voir aussi Tylor, *Early History of Mankind*, chap. ix.

37. Le Dʳ F. Müller a fait quelques excellentes remarques à ce sujet dans le *Voyage de la Novara,* partie *Anthropologique*, partie III, 1868, p. 127.

ciens Juifs ont aussi employé autrefois ces instruments en silex. On peu donc en conclure que les habitants de ces nombreux. pays, qui comprennent presque tout le monde civilisé, ont été autrefois dans un état de barbarie. Croire que l'homme, primitivement civilisé, a ensuite éprouvé, dans tant de régions différentes, une dégradation complète, c'est se faire une pauvre opinion de la nature humaine. Combien n'est-elle pas plus vraie et plus consolante, cette opinion qui veut que le progrès ait été plus général que la rétrogadation; et qui enseigne que l'homme, parti d'un état inférieur, s'est avancé, à pas lents et interrompus, il est vrai, jusqu'au degré le plus élevé qu'il ait encore atteint en science, en morale et en religion?

CHAPITRE VI

AFFINITÉS ET GÉNÉALOGIE DE L'HOMME

La position de l'homme dans la série animale. — Le système naturel est généalogique. — Les caractères d'adaptation ont peu de valeur. — Divers points
de ressemblance entre l'homme et les quadrumanes. — Rang de l'homme
dans le système naturel. — Patrie primitive et antiquité de l'homme. — Absence de chaînons fossiles. — États inférieurs de la généalogie de l'homme,
déduits de ses affinités et de sa conformation. — État primitif androgyne des
Vertébrés. — Conclusions.

Admettons que la différence entre l'homme et les animaux qui sont le plus voisins de lui, soit, sous le rapport de la conformation corporelle, aussi grande que quelques naturalistes le soutiennent; admettons aussi, ce qui, d'ailleurs, est évident, que la différence qui sépare l'homme des animaux, sous le rapport des aptitudes mentales, soit immense; il me semble, cependant, que les faits cités dans les chapitres précédents prouvent de la manière la plus évidente que l'homme descend d'une forme inférieure, bien qu'on n'ait pas encore, jusqu'à présent, découvert les chaînons intermédiaires.

L'homme est sujet à des variations nombreuses, légères et diverses, déterminées par les mêmes causes, réglées et transmises selon les mêmes lois générales que chez les animaux inférieurs. Il s'est multiplié si rapidement qu'il a été nécessairement soumis à la lutte pour l'existence, et, par conséquent, à l'action de la sélection naturelle. Il a engendré des races nombreuses, dont quelques-unes diffèrent assez les unes des autres pour que certains naturalistes les aient considérées comme des espèces distinctes. Le corps de l'homme est construit sur le même plan homologue que celui des

autres mammifères. Il traverse les mêmes phases de développement embryogénique. Il conserve beaucoup de conformations rudimentaires et inutiles, qui, sans doute, ont eu autrefois leur utilité.
Nous voyons quelquefois reparaître chez lui des caractères qui,
nous avons toute raison de le croire, ont existé chez ses premiers
ancêtres. Si l'origine de l'homme avait été totalement différente de
celle de tous les autres animaux, ces diverses manifestations ne seraient que de creuses déceptions, et une pareille hypothèse est inadmissible. Ces manifestations deviennent, au contraire, compréhensibles, au moins dans une large mesure, si l'homme, est avec d'autres
mammifères, le codescendant de quelque type inférieur inconnu.

Quelques naturalistes, profondément frappés des aptitudes mentales de l'homme, ont partagé l'ensemble du monde organique en
trois règnes : le règne Humain, le règne Animal et le règne Végétal,
attribuant ainsi à l'homme un règne spécial [1]. Le naturaliste ne
peut ni comparer ni classer les aptitudes mentales, mais il peut,
ainsi que j'ai essayé de le faire, chercher à démontrer que, si les
facultés mentales de l'homme diffèrent immensément en degré de
celles des animaux qui lui sont inférieurs, elle n'en diffèrent pas
quant à leur nature. Une différence en degré, si grande qu'elle soit,
ne nous autorise pas à placer l'homme dans un règne à part; c'est
ce qu'on comprendra mieux peut-être, si on compare les facultés
mentales de deux insectes, un coccus et une fourmi, par exemple,
qui tous deux appartiennent incontestablement à la même classe.
La différence dans ce cas est plus grande, quoique d'un genre
quelque peu différent, que celle qui existe entre l'homme et le
mammifère le plus élevé. Le jeune coccus femelle s'attache par sa
trompe à une plante dont il suce la sève sans jamais changer de
place; la femelle y est fécondée, elle pond ses œufs, et telle est
toute son histoire. Il faudrait, au contraire, un gros volume, ainsi
que l'a démontré P. Huber, pour décrire les habitudes et les aptitudes mentales d'une fourmi; je me contenterai de signaler ici
quelques points spéciaux. Il est certain que les fourmis se communiquent réciproquement certaines impressions, et s'associent pour
exécuter un même travail, ou pour jouer ensemble. Elles reconnaissent leurs camarades après plusieurs mois d'absence et éprouvent de la sympathie les unes pour les autres. Elles construisent de
vastes édifices, qu'elles maintiennent dans un parfait état de propreté, elles en ferment les portes le soir, et y placent des senti-

---

1. Isid. Geoffroy Saint-Hilaire donne le détail de la position que les divers
naturalistes ont assignée à l'homme dans leurs classifications : *Histoire nat.
générale*, 1859, p. 170-189.

nelles. Elles font des routes, creusent des tunnels sous les rivières, ou les traversent au moyen de ponts temporaires qu'elles établissent en s'attachant les unes aux autres. Elles recueillent des aliments pour la tribu, et, lorsqu'on apporte au nid un objet trop gros pour y entrer, elles élargissent la porte, puis la reconstruisent à nouveau. Elles emmagasinent des graines qu'elles empêchent de germer; si ces graines sont atteintes par l'humidité, elles les sortent du nid et les étendent au soleil pour les faire sécher. Elles élèvent des pucerons et d'autres insectes comme autant de vaches à lait. Elles sortent en bandes régulièrement organisées pour combattre, et n'hésitent pas à sacrifier leur vie pour le bien commun. Elles émigrent d'après un plan préconçu. Elles capturent des esclaves. Elles transportent les œufs de leurs pucerons, ainsi que leurs propres œufs et leurs cocons, dans les parties chaudes du nid, afin d'en faciliter l'éclosion. Nous pourrions ajouter encore une infinité de faits analogues [1]. En résumé, la différence entre les aptitudes mentales d'une fourmi et celles d'un coccus est immense; cependant personne n'a jamais songé à les placer dans des classes, encore bien moins dans des règnes distincts. Cet intervalle est, sans doute, comblé par les aptitudes mentales intermédiaires d'une foule d'autres insectes; ce qui n'est pas le cas entre l'homme et les singes supérieurs. Mais, nous avons toute raison de croire que les lacunes que présente la série ne sont que le résultat de l'extinction d'un grand nombre de formes intermédiaires.

Le professeur Owen, prenant pour base principale la conformation du cerveau, a divisé la série des mammifères en quatre sous-classes. Il en consacre une à l'homme et il place dans une autre les marsupiaux et les monotrèmes; de sorte qu'il établit une distinction aussi complète entre l'homme et les autres mammifères, qu'entre ceux-ci et les deux derniers groupes réunis. Aucun naturaliste capable de porter un jugement indépendant n'ayant, que je sache, admis cette manière de voir, nous ne nous en occuperons pas davantage.

Il est facile de comprendre pourquoi une classification basée sur un seul caractère ou sur un seul organe, — fût-ce un organe aussi complexe et aussi important que le cerveau, — ou sur le grand développement des facultés mentales, doit presque certainement être

<hr />

2. M. Belt a cité (*Naturalist in Nicaragua*, 1874) les faits les plus intéressants qui aient jamais peut-être été publiés sur les fourmis. Voir l'intéressant ouvrage de M. Moggridge, *Harvesting Ants*, etc., 1873. Voir aussi l'excellent article de Georges Pouchet, l'*Instinct chez les insectes* (*Revue des Deux Mondes*, févr. 1870, p. 682).

peu satisfaisante. On a appliqué ce système aux insectes hyménoptères; mais, une fois classés ainsi d'après leurs habitudes ou leurs instincts, on a reconnu que cette classification était entièrement artificielle[3]. On peut, cela va sans dire, baser une classification sur un caractère quelconque : la taille, la couleur, l'élément habité; mais les naturalistes ont, depuis longtemps, acquis la conviction profonde qu'il doit exister un système naturel de classification. Ce système, on l'admet généralement aujourd'hui, doit suivre autant que possible un arrangement généalogique, — c'est-à-dire que les codescendants du même type doivent être réunis dans un groupe séparé des codescendants de tout autre type; mais, si les formes parentes ont eu des relations de parenté, il en est de même de leurs descendants, et les deux groupes doivent constituer un groupe plus considérable. L'étendue des différences existant entre les divers groupes, — c'est-à-dire la somme des modifications que chacun d'eux aura éprouvées, — s'exprimera par des termes tels que genres, familles, ordres et classes. Comme nous ne possédons aucun document sur les lignes de descendance, nous ne pouvons découvrir ces lignes qu'en observant les degrés de ressemblance qui existent entre les êtres qu'il s'agit de classer. Dans ce but, un grand nombre de points de ressemblance ont une importance beaucoup plus considérable que toute similitude ou toute dissemblance prononcée, mais ne portant que sur un petit nombre de points. Si deux langages contiennent un grand nombre de mots et de formes de construction identique, on est d'accord pour reconnaître qu'ils dérivent d'une source commune, quand bien même ils pourraient différer beaucoup par quelques autres points. Mais, chez les êtres organisés, les points de ressemblance ne doivent pas consister dans les seules adaptations à des habitudes de vie anologues : ainsi, par exemple, il se peut que toute la constitution des deux animaux se soit modifiée pour les approprier à vivre dans l'eau, sans que pour cela ils soient voisins l'un de l'autre dans le système naturel. Cette remarque nous aide à comprendre pourquoi les nombreuses ressemblances portant sur des conformations sans importance, sur des organes inutiles et rudimentaires, ou sur des parties non encore complètement développées et inactives au point de vue fonctionnel, sont de beaucoup les plus utiles pour la classification, parce que, n'étant pas dues à des adaptations récentes, elles révèlent ainsi les anciennes lignes de descendance, c'est-à-dire celles de la véritable affinité.

3. Westwood, *Modern Classif. of Insects*, vol. II, 1840, p. 87.

En outre, on s'explique aisément qu'il ne faudrait pas conclure d'une modification importante affectant un seul caractère à la séparation absolue de deux organismes. La théorie de l'évolution nous enseigne, en effet, qu'une partie qui diffère considérablement de la partie correspondante chez d'autres formes voisines a dû varier beaucoup, et que, tant que l'organisme reste soumis aux mêmes conditions, elle tend à varier encore dans la même direction ; si ces nouvelles variations sont avantageuses, elles se conservent et s'augmentent continuellement. Dans beaucoup de cas, le développement continu d'une partie, du bec d'un oiseau, par exemple, ou des dents d'un mammifère, ne serait avantageux à l'espèce ni pour se procurer ses aliments, ni dans aucun autre but; mais, chez l'homme, nous ne voyons, en ce qui regarde les avantages qu'il peut en tirer, aucune limite définie à assigner au développement persistant du cerveau et des facultés mentales. Par conséquent, si l'on veut déterminer la position de l'homme dans le système naturel ou généalogique, l'extrême développement du cerveau ne doit pas l'emporter sur une foule de ressemblances portant sur des points d'importance moindre ou même n'en ayant aucune.

La plupart des naturalistes qui ont pris en considération l'ensemble de la conformation humaine, les facultés mentales comprises, ont adopté les vues de Blumenbach et de Cuvier, et ont placé l'homme dans un ordre séparé sous le nom de Bimanes, et, par conséquent, sur le même rang que les ordres des Quadrumanes, des Carnivores, etc. Beaucoup de naturalistes très distingués ont récemment repris l'hypothèse proposée d'abord par Linné, si remarquable par sa sagacité, et ont replacé, sous le nom de Primates, l'homme dans le même ordre que les Quadrumanes. Il faut reconnaître la justesse de cette hypothèse, si l'on songe, en premier lieu, aux remarques que nous venons de faire sur le peu d'importance qu'a, relativement à la classification, l'énorme développement du cerveau chez l'homme, et si l'on se rappelle aussi que les différences fortement accusées existant entre le crâne de l'homme et celui des Quadrumanes (différences sur lesquelles Bischoff, Aeby et d'autres ont récemment beaucoup insisté) sont le résultat très vraisemblable d'un développement différent du cerveau. En second lieu, nous ne devons point oublier que presque toutes les autres différences plus importantes qui existent entre l'homme et les Quadrumanes sont de nature éminemment adaptative, et se rattachent principalement à l'attitude verticale particulière à l'homme; telles sont la structure de la main, du pied et du bassin, la courbure de la colonne vertébrale et la position de la tête. La famille des phoques offre un excellent exemple du peu d'importance qu'ont les caractères d'adaptation au point de vue de la classification. Ces animaux diffèrent de tous les autres Carnivores, par la forme du corps et par la conformation des membres, beaucoup plus que l'homme ne diffère des singes supérieurs; cependant, dans tous les systèmes, depuis celui de Cuvier jusqu'au plus récent, celui de M. Flower[4], les phoques occupent le rang d'une simple famille dans l'ordre des Carnivores. Si l'homme n'avait pas été son propre classificateur, il n'eût jamais songé à fonder un ordre séparé pour s'y placer.

Je n'essaierai certes pas, car ce serait dépasser les limites de cet ouvrage et celles de mes connaissances, de signaler les innombrables points de conformation par lesquels l'homme se rapproche des autres Primates. Notre éminent anatomiste et philosophe, le professeur Huxley, après une discussion approfondie du sujet[5], conclut que, dans toutes les parties de son organisation, l'homme diffère moins des singes supérieurs que ceux-ci ne diffèrent des membres inférieurs de leur propre groupe. En conséquence, « il n'y a aucune raison pour placer l'homme dans un ordre distinct. »

J'ai signalé, au commencement de ce volume, divers faits qui prouvent que l'homme a une constitution absolument analogue à celle des mammifères supérieurs; cette analogie dépend sans doute de notre ressemblance intime avec eux, tant au point de vue de la structure élémentaire que de la composition chimique de notre corps. J'ai cité comme exemple notre aptitude aux mêmes maladies et aux attaques de parasites semblables; nos goûts communs pour les mêmes stimulants, les effets semblables qu'ils produisent, ainsi que ceux de diverses drogues, et d'autres faits de même nature.

Les traités systématiques négligent souvent de prendre en considération certains points peu importants de ressemblance entre l'homme et les singes supérieurs; cependant ces points de ressemblance révèlent clairement, lorsqu'ils sont nombreux, nos rapports de parenté, je tiens donc à en signaler quelques-uns. La position relative des traits de la face est évidemment la même chez l'homme et chez les Quadrumanes; les diverses émotions se traduisent par des mouvements presque identiques des muscles et de la peau, surtout au-dessus des sourcils et autour de la bouche. Il y a même quelques expressions qui sont presque analogues, telles que les sanglots de certaines espèces de singes et le bruit imitant le rire

---

4. *Proceed. Zolog. Society*, 1863, p. 4.
5. *Evidence as to Man's Place in Nature*, 1863, p. 70

que font entendre d'autres espèces, actes pendant lesquels les
coins de la bouche se retirent en arrière et les paupières inférieures
se plissent. L'extérieur des oreilles est singulièrement semblable.
L'homme a un nez beaucoup plus proéminent que la plupart des
singes ; mais nous pouvons déjà apercevoir un commencement de
courbure aquiline sur le nez du Gibbon Hoolock ; cette courbure
du même organe est ridiculement exagérée chez le *Semnopithecus
nasica*.

Beaucoup de singes ont le visage orné de barbe, de favoris ou de
moustaches. Les cheveux atteignent une grande longueur chez
quelques espèces de Semnopithèques[6] ; chez le Bonnet chinois
(*Macacus radiatus*), ils rayonnent d'un point du vertex avec une
raie au milieu, absolument comme chez l'homme. On admet généralement que l'homme doit au front son aspect noble et intelligent ; mais les poils touffus de la tête du Bonnet chinois se terminent brusquement au sommet du front, lequel est recouvert d'un
poil si court et si fin, un véritable duvet, que, à une petite distance,
à l'exception des sourcils, il paraît être entièrement nu. On a affirmé
par erreur qu'aucun singe n'a de sourcils. Chez l'espèce dont nous
venons de parler, le degré de dénudation du front varie selon les
individus ; Eschricht constate[7], d'ailleurs, que, chez nos enfants, la
limite entre le scalpe chevelu et le front dénudé est parfois mal
définie ; ce qui semble constituer un cas insignifiant de retour vers
un ancêtre dont le front n'était pas encore complètement dénudé.

On sait que, sur les bras de l'homme, les poils tendent à converger d'en haut et d'en bas en une pointe vers le coude. Cette disposition curieuse, si différente de celle que l'on observe chez la
plupart des mammifères inférieurs, est commune au gorille, au
chimpanzé, à l'orang, à quelques espèces d'hylobates, et même à
quelques singes américains. Mais, chez l'*Hylobates agilis,* le poil
de l'avant-bras se dirige comme à l'ordinaire vers le poignet ; chez
le *H. lar*, le poil est presque transversal avec une très légère inclinaison vers l'avant-bras, de telle sorte que, chez cette dernière
espèce, il se présente à l'état de transition. Il est très probable que,
chez la plupart des mammifères, l'épaisseur du poil et la direction
qu'il affecte sur le dos servent à faciliter l'écoulement de la pluie ;
les poils obliques des pattes de devant du chien servent sans doute
à cet usage lorsqu'il dort enroulé sur lui-même. M. Wallace remarque que chez l'orang (dont il a soigneusement étudié les mœurs)

6. Isid. Geoffroy. *Hist. Nat. gén.*, t. II, 1859, p. 217.
7. *Ueber die Richtung der Haare, etc.*, Müller's *Archiv für Anat. und Physio-
log.*, 1837, p. 51.

la convergence des poils du bras vers le coude sert à l'écoulement
de la pluie lorsque cet animal, suivant son habitude, replie, quand il
pléut, ses bras en l'air, pour saisir une branche d'arbre ou simplement pour les poser sur sa tête. Livingstone affirme que le gorille,
pendant une pluie battante, croise ses mains sur sa tête [8]. Si cette
explication est exacte, comme cela semble probable, l'arrangement
des poils sur notre avant-bras serait une singulière preuve de
notre ancien état; car on ne saurait admettre que nos poils aient
aujourd'hui aucune utilité pour faciliter l'écoulement de la pluie,
usage auquel ils ne se trouveraient, d'ailleurs, plus appropriés par
leur direction, vu notre attitude verticale actuelle.

Il serait, toutefois, téméraire de trop se fier au principe de l'a-
daptation relativement à la direction des poils chez l'homme ou
chez ses premiers ancêtres. Il est, en effet, impossible d'étudier
les figures d'Eschricht sur l'arrangement du poil chez le fœtus humain, arrangement qui est le même que chez l'adulte, sans reconnaître avec cet excellent observateur que d'autres causes et des
plus complexes ont dû intervenir. Les points de convergence paraissent avoir quelques rapports avec ces parties qui, dans le développement de l'embryon, se forment les dernières. Il semble aussi
qu'il existe quelque rapport entre l'arrangement des poils sur les
membres et le trajet des artères médullaires [9].

Je ne prétends certes pas dire que les ressemblances signalées
ci-dessus entre l'homme et certains singes, ainsi que sur beaucoup
d'autres points, — tels que la dénudation du front, les longues tresses sur la tête, etc., — résultent nécessairement toutes d'une transmission héréditaire non interrompue des caractères d'un ancêtre
commun, ou d'un retour subséquent vers ces caractères. Il est plus
probable qu'un grand nombre de ces ressemblances sont dues à
une variation analogue, laquelle, ainsi que j'ai cherché à le démontrer ailleurs [10], résulte du fait que des organismes codescendants
ont une constitution semblable et subissent l'influence de causes
déterminant une même variabilité. Quant à la direction analogue
des poils de l'avant-bras chez l'homme et chez certains singes, on
peut probablement l'attribuer à l'hérédité, car ce caractère est

8. Cité par Reade. *The African Sketch Book*, vol. I, 1873, p. 152.

9. Sur les poils des Hylobates, voir *Nat. Hist. of Mammals*, par C. L. Martin, 1841, p. 415. Isid. Geoffroy, sur les singes américains et autres. *Hist. Nat.
gén.*, vol. II, 1859, pp. 216, 243. Eschricht, *ibid.*, pp. 46, 55, 61. Owen, *Anat.
of Vertebrates*, vol. III, p. 619. Wallace, *Contribution to the theory of Natural
selection*, 1870, p. 344.

10. *Origine des espèces*, 1872, p. 174. *La Variation des animaux et des plantes
à l'état domestique*, vol. II, p. 370 (Paris, Reinwald).

commun à la plupart des singes anthropomorphes; on ne saurait, cependant, rien affirmer à cet égard; car quelques singes américains fort distincts présentent également ce caractère.

Si, comme nous venons de le voir, l'homme n'a pas droit à former un ordre distinct, il pourrait peut-être réclamer un sous-ordre ou une famille distincte. Dans son dernier ouvrage [11], le professeur Huxley divise les Primates en trois sous-ordres, qui sont: les Anthropidés, comprenant l'homme seul; les Simiadés, comprenant les singes de toute espèce, et les Lémuridés, comprenant les divers genres de lémures. Si l'on se place au point de vue des différences portant sur certains points importants de conformation, l'homme peut, sans aucun doute, prétendre avec raison au rang de sous-ordre; rang encore trop inférieur, si nous considérons principalement ses facultés mentales. Ce rang serait, toutefois, trop élevé au point de vue généalogique, d'après lequel l'homme ne devrait représenter qu'une famille, ou même seulement une sous-famille. Si nous nous figurons trois lignes de descendance procédant d'une source commune, il est parfaitement concevable que, après un laps de temps très prolongé, d'eux d'entre elles se soient assez peu modifiées pour se comporter comme espèces d'un même genre; tandis que la troisième peut s'être assez profondément modifiée pour constituer une sous-famille, une famille, ou même un ordre distinct. Mais, même dans ce cas, il est presque certain que cette troisième ligne conserverait encore, par hérédité, de nombreux traits de ressemblance avec les deux autres. Ici se présente donc la difficulté, actuellement insoluble, de savoir quelle portée nous devons attribuer dans nos classifications aux différences très marquées qui peuvent exister sur quelques points, — c'est-à-dire à la somme des modifications éprouvées; et quelle part il convient d'attribuer à une exacte ressemblance sur une foule de points insignifiants, comme indication des lignes de descendance ou de généalogie. La première alternative est la plus évidente, et peut-être la plus sûre, bien que la dernière paraisse être celle qui indique le plus correctement la véritable classification naturelle.

Pour asseoir notre jugement sur ce point, relativement à l'homme, jetons un coup d'œil sur la classification des Simiadés. Presque tous les naturalistes s'accordent à diviser cette famille en deux groupes : les Catarrhinins, ou singes de l'ancien monde, qui tous, comme l'indique leur nom, sont caractérisés par la structure particulière de leurs narines, et la présence de quatre prémolaires

---

11. *An Introduction to the Classification of Animals*, 1869, p. 99.

à chaque mâchoire; les Platyrrhinins, ou singes du nouveau monde, comprenant deux sous-groupes très distincts, tous caractérisés par des narines d'une conformation très différente, et la présence de six prémolaires à chaque mâchoire. On pourrait encore ajouter quelques autres légères différences. Or il est incontestable que, par sa dentition, par la conformation de ses narines, et sous quelques autres rapports, l'homme appartient à la division de l'ancien monde ou groupe catarrhinin; et que, par aucun caractère, il ne ressemble de plus près aux platyrrhinins qu'aux catarrhinins, sauf sur quelques points peu importants et qui paraissent résulter d'adaptations. Il serait, par conséquent, contraire à toute probabilité de supposer que quelque ancienne espèce du nouveau monde ait, en variant, produit un être à l'aspect humain, qui aurait revêtu tous les caractères distinctifs de la division de l'ancien monde en perdant en même temps les siens propres. Il y a donc tout lieu de croire que l'homme est une branche de la souche simienne de l'ancien monde, et que, au point de vue généalogique, on doit le classer dans un groupe catarrhinin [12].

La plupart des naturalistes classent dans un sous-groupe distinct, dont ils excluent les autres singes de l'ancien monde, les singes anthropomorphes, à savoir le gorille, le chimpanzé, l'orang et l'hylobates. Je sais que Gratiolet, se basant sur la conformation du cerveau, n'admet pas l'existence de ce sous-groupe, qui est certainement un groupe accidenté. En effet, comme le fait remarquer M. Saint-George-Mivart [13], « l'orang est une des formes les plus particulières et les plus déviées qu'on trouve dans cet ordre ». Quelques naturalistes divisent encore les singes non anthropomorphes de l'ancien continent, en deux ou trois sous-groupes plus petits, dont le genre semnopithèque, avec son estomac tout boursouflé, constitue un des types. Les magnifiques découvertes de M. Gaudry dans l'Attique semblent prouver l'existence, pendant la période miocène, d'une forme reliant les Semnopithèques aux Macaques; fait qui, si on le généralise, explique comment autrefois les autres groupes plus élevés se confondaient les uns avec les autres.

L'homme ressemble aux singes anthropomorphes, non seulement par tous les caractères qu'il possède en commun avec le groupe

---

12. C'est presque la même classification que celle adoptée provisoirement par M. Saint-George-Mivart (*Transact. Philos. Soc.*, 1867, p. 300), qui, après avoir séparé les Lémuriens, divise le reste des Primates en Hominidés et en Simiadés correspondant aux Catarrhinins; et en Cébidés et en Hapalidés, — ces deux derniers groupes représentant les Platyrrhinins. M. Mivart défend encore la même opinion; voir *Nature*, 1871, p. 481.

13. *Transact. Zoolog. Soc.*, vol. VI, 1867, p. 214.

catarrhinin pris dans son ensemble, mais encore par d'autres traits
particuliers, tels que l'absence de callosités et de queue, et l'aspect
général; en conséquence, si l'on admet que ces singes forment un
sous-groupe naturel, nous pouvons conclure que l'homme doit son
origine à quelque ancien membre de ce sous-groupe. Il n'est guère
probable, en effet, qu'un membre d'un des autres sous-groupes
inférieurs ait, en vertu de la loi de la variation analogue, engendré
un être à l'aspect humain, ressemblant sous tant de rapports aux
singes anthropomorphes supérieurs. Il n'est pas douteux que,
comparé à la plupart des types qui se rapprochent le plus de lui,
l'homme n'ait éprouvé une somme extraordinaire de modifications,
portant surtout sur l'énorme développement de son cerveau et
résultant de son attitude verticale; nous ne devons pas, néanmoins,
perdre de vue « qu'il n'est qu'une des diverses formes exception-
nelles des Primates[14] ».

Quiconque admet le principe de l'évolution doit admettre aussi
que les deux principales divisions des Simiadés, les singes catarrhinins et les singes platyrrhinins avec leurs sous-groupes, descendent tous d'un ancêtre unique, séparé d'eux par de longues
périodes. Les premiers descendants de cet ancêtre, avant de s'é-
carter considérablement les uns des autres, ont dû continuer à
former un groupe unique naturel; toutefois quelques-unes des
espèces, ou genres naissants, devaient déjà commencer à indiquer,
par leur divergence, les caractères distinctifs futurs des groupes
catarrhinin et platyrrhinin. En conséquence, les membres de cet
ancien groupe, dont nous supposons l'existence, ne devaient pas
présenter dans leur dentition ou dans la structure de leurs narines
l'uniformité qu'offrent actuellement le premier caractère chez les
singes catarrhinins, et le second chez les singes platyrrhinins; ils
devaient, sous ce rapport, ressembler au groupe voisin des Lémures, qui diffèrent beaucoup les uns des autres par la forme de leur
museau[15], et à un degré excessif par leur dentition.

Les singes catarrhinins et les singes platyrrhinins possèdent en
commun une foule de caractères, comme le prouve le fait qu'ils
appartiennent incontestablement à un seul et même ordre. Ces
nombreux caractères communs ne peuvent guère avoir été acquis
indépendamment par une aussi grande quantité d'espèces distinctes;
il convient donc d'attribuer ces caractères à l'hérédité. En outre,
un naturaliste aurait, sans aucun doute, classé au nombre des singes

14. M. Saint-George-Mivart, *Transact. Philos. Soc.*, 1867, p. 410.
15. MM. Murie and Mivart sur les Lemuroidea, *Transact. Zoolog. Soc.*, vol. VII,
1869, p. 5.

une forme ancienne, qui aurait possédé beaucoup de caractères communs aux singes catarrhinins et aux singes platyrrhinins, et à d'autres singes intermédiaires, outre qu'elle aurait possédé quelques autres caractères distincts de ceux qu'on observe actuellement chez chacun de ces groupes. Or, comme, au point de vue généalogique, l'homme appartient au groupe catarrhinin, ou groupe de l'ancien monde, nous devons conclure, quelque atteinte que puisse en ressentir notre orgueil, que nos ancêtres primitifs auraient, à bon droit, porté le nom de singes [16]. Mais il ne faudrait pas supposer que l'ancêtre primitif de tout le groupe simien, y compris l'homme, ait été identique, ou même ressemblât de près, à aucun singe existant.

Patrie et antiquité de l'homme. — Nous sommes naturellement amenés à rechercher quelle a pu être la patrie primitive de l'homme, alors que nos ancêtres se sont écartés du groupe catarrhinin. Le fait qu'ils faisaient partie de ce groupe prouve clairement qu'ils habitaient l'ancien monde, mais ni l'Australie, ni aucune île océanique, ainsi que nous pouvons le prouver par les lois de la distribution géographique. Dans toutes les grandes régions du globe, les mammifères vivants se rapprochent beaucoup des espèces éteintes de la même région. Il est donc probable que l'Afrique a autrefois été habitée par des singes disparus très voisins du gorille et du chimpanzé; or, comme ces deux espèces sont actuellement celles qui se rapprochent le plus de l'homme, il est probable que nos ancêtres primitifs ont vécu sur le continent africain plutôt que partout ailleurs. Il est inutile, d'ailleurs, de discuter longuement cette question, car, pendant l'époque miocène supérieure, un singe presque aussi grand que l'homme, voisin des Hylobates anthropomorphes, le Dryopithèque de Lartet [17] a habité l'Europe; depuis cette époque reculée, la terre a certainement subi des révolutions nombreuses et considérables, et il s'est écoulé un temps plus que suffisant pour que les migrations aient pu s'effectuer sur la plus vaste échelle.

A quelque époque et en quelque endroit que l'homme ait perdu ses poils, il est probable qu'il habitait alors un pays chaud, condi-

16. Häckel est arrivé à la même conclusion. Voir, *Ueber die Entstehung der Menschengeschlechts*, dans Virchow, *Sammlung. gemein. wissen. Vorträge*, 1868, p. 61. Aussi, *Natürliche Schöpfungsgeschichte*, 1868, où il explique en détail ses vues sur la généalogie de l'homme.

17. Dr C. Forsyth Major, *Sur les singes fossiles trouvés en Italie*, Soc. ital des Sciences nat. vol. XV, 1872.

tion favorable à un régime frugivore qui, d'après les lois de l'analogie, devait être le sien. Nous sommes loin de savoir combien il
s'est écoulé de temps depuis que l'homme a commencé à s'écarter
du groupe catarrhinin, mais cela peut remonter à une époque aussi
éloignée que la période éocène; les singes supérieurs, en effet,
avaient déjà divergé des singes inférieurs dès la période miocène
supérieure, comme le prouve l'existence du Dryopithèque. Nous
ignorons également avec quelle rapidité des êtres, placés plus ou
moins haut sur l'échelle organique, peuvent se modifier quand les
conditions sont favorables; nous savons, toutefois, que certaines
espèces d'animaux ont conservé la même forme pendant un laps de
temps considérable. Ce qui se passe sous nos yeux chez nos animaux domestiques nous enseigne que, pendant une même période,
quelques codescendants d'une même espèce peuvent ne pas changer du tout, que d'autres changent un peu, que d'autres enfin changent beaucoup. Il peut en avoir été ainsi de l'homme qui, comparé
aux singes supérieurs, a éprouvé sous certains rapports des modifications importantes.

On a souvent opposé comme une grave objection à l'hypothèse
que l'homme descend d'un type inférieur l'importante lacune qui
interrompt la chaîne organique entre l'homme et ses voisins les plus
proches, sans qu'aucune espèce éteinte ou vivante vienne la com-
bler. Mais cette objection n'a que bien peu de poids pour quiconque,
puisant sa conviction dans des raisons générales, admet le principe de l'évolution. D'un bout à l'autre de la série, nous rencontrons sans cesse des lacunes, dont les unes sont considérables,
tranchées et distinctes, tandis que d'autres le sont moins à des
degrés divers; ainsi, entre l'Orang et les espèces voisines, — entre
le Tarsius et les autres Lémuriens, — entre l'éléphant, et, d'une
manière encore bien plus frappante, entre l'Ornithorynque ou l'É-
chidné et les autres mammifères. Mais toutes ces lacunes ne dépendent que du nombre des formes voisines qui se sont éteintes.
Dans un avenir assez prochain, si nous comptons par siècles, les
races humaines civilisées auront très certainement exterminé et
remplacé les races sauvages dans le monde entier. Il est à peu près
hors de doute que, à la même époque, ainsi que le fait remarquer le
professeur Schaaffhausen [18], les singes anthropomorphes auront
aussi disparu. La lacune sera donc beaucoup plus considérable encore, car il n'y aura plus de chaînons intermédiaires entre la race
humaine, qui, nous pouvons l'espérer, aura alors surpassé en civi-

18. *Anthropological Review*, avril 1867, p. 236.

lisation la race caucasienne, et quelque espèce de singe inférieur, tel que le Babouin, au lieu que, actuellement, la lacune n'existe qu'entre le Nègre ou l'Australien et le Gorille.

Quant à l'absence de restes fossiles pouvant relier l'homme à ses ancêtres pseudo-simiens, il suffit, pour comprendre le peu de portée d'une semblable objection, de lire la discussion par laquelle sir C. Lyell[19] établit combien a été lente et fortuite la découverte des restes fossiles de toutes les classes de vertébrés. Il ne faut pas oublier non plus que les régions les plus propres à fournir des restes rattachant l'homme à quelque forme pseudo-simienne éteinte n'ont pas été fouillées jusqu'à présent par les géologues.

Phases inférieures de la généalogie de l'homme. — Nous avons vu que l'homme paraît ne s'être écarté du groupe catarrhinin ou des Simiadés du vieux monde, qu'après que ceux-ci s'étaient déjà écartés de ceux du nouveau continent. Nous allons essayer maintenant de remonter aussi loin que possible les traces de la généalogie de l'homme en nous basant, d'abord sur les affinités réciproques existant entre les diverses classes et les différents ordres, et en nous aidant aussi quelque peu de l'époque relative de leur apparition successive sur la terre, en tant que cette époque a pu être déterminée. Les Lémuriens, voisins des Simiadés, leur sont inférieurs, et constituent une famille distincte des Primates, ou même un ordre distinct, suivant Häckel. Ce groupe, extraordinairement diversifié et interrompu, comprend beaucoup de formes *aberrantes*, par suite des nombreuses extinctions qu'il a probablement subies. La plupart des survivants se trouvent dans les îles, soit à Madagascar, soit dans l'archipel Malais, où ils n'ont pas été soumis à une concurrence aussi rude que celle qu'ils auraient rencontrée sur des continents mieux pourvus d'habitants. Ce groupe présente également plusieurs gradations qui, ainsi que le fait remarquer Huxley[20], « conduisent, par une pente insensible, du plus haut sommet de la création animale à des êtres qui semblent n'être qu'à un pas des mammifères placentaires les plus inférieurs, les plus petits et les moins intelligents ». Ces diverses considérations nous portent à penser que les Simiadés descendent des ancêtres des Lémuriens existants, et que ceux-ci descendent à leur tour de formes très inférieures de la série des mammifères.

Beaucoup de caractères importants placent les Marsupiaux au-

19. *Elements of Geology*, 1865, pp. 583-585. *Antiquity of Man*, 1863, p. 145.
20 *Man's Place in Nature*, p. 105.

. dessous des mammifères placentaires. Ils ont apparu à une époque géologique antérieure, et leur distribution était alors beaucoup plus étendue qu'à présent. On admet donc généralement que les Placentaires dérivent des Implacentaires ou Marsupiaux, non pas toutefois de formes identiques à celles qui existent aujourd'hui, mais de leurs ancêtres primitifs. Les Monotrèmes sont clairement voisins des Marsupiaux, et constituent une troisième division encore inférieure dans la grande série des mammifères. Ils ne sont représentés actuellement que par l'Ornithorynque et l'Échidné, deux formes qu'on peut, en toute certitude, considérer comme les restes d'un groupe beaucoup plus considérable autrefois, et qui se sont conservées en Australie grâce à un concours de circonstances favorables. Les Monotrèmes présentent un vif intérêt, en ce qu'ils se rattachent à la classe des reptiles par plusieurs points importants de leur conformation.

En cherchant à retracer la généalogie des Mammifères et, par conséquent, celle de l'homme, l'obscurité devient de plus en plus profonde à mesure que nous descendons dans la série; toutefois, comme l'a fait remarquer un juge très compétent, M. Parker, nous avons tout lieu de croire qu'aucun oiseau ou qu'aucun reptile n'occupe une place dans la ligne directe de descendance.

Quiconque veut se rendre compte de ce que peut un esprit ingénieux, joint à une science profonde, doit consulter les ouvrages du professeur Häckel[21]; je me bornerai ici à quelques remarques générales. Tous les évolutionnistes admettent que les cinq grandes classes de Vertébrés, à savoir les Mammifères, les Oiseaux, les Reptiles, les Amphibies et les Poissons, descendent d'un même prototype, attendu qu'elles ont, surtout pendant l'état embryonnaire, un grand nombre de caractères communs. La classe des Poissons, inférieure à toutes les autres au point de vue de son organisation, a aussi paru la première, ce qui nous autorise à conclure que tous les membres du règne des Vertébrés dérivent de quelque animal pisciforme. L'hypothèse que des animaux aussi distincts les uns des autres qu'un singe, un éléphant, un oiseau-mouche, un serpent, une grenouille ou un poisson, etc., peuvent tous descendre des mêmes ancêtres, peut paraître monstrueuse, nous le savons, à

21. Des tables détaillées se trouvent dans sa *Generelle Morphologie* (t. II, p. CLIII et p. 425), et d'autres, se rattachant plus spécialement à l'homme, dans sa *Natürliche Schöpfungsgeschichte*, 1868. Le professeur Huxley, analysant ce dernier ouvrage (*Academy*, 1869, p. 42), dit qu'il considère les lignes de descendance des Vertébrés comme admirablement discutées par Häckel, bien qu'il diffère sur quelques points. Il exprime aussi sa haute estime pour la valeur et la portée générale de l'ouvrage entier et l'esprit qui a présidé à sa rédaction.

quiconque n'a pas suivi les récents progrès de l'histoire naturelle. Cette hypothèse implique, en effet, l'existence antérieure de chaînons intermédiaires, reliant étroitement les unes aux autres toutes ces formes si complètement dissemblables aujourd'hui. .

Néanmoins il est certain qu'il a existé ou qu'il existe encore des groupes d'animaux, qui relient d'une manière plus ou moins intime les diverses grandes classes des Vertébrés. Nous avons vu que l'Ornithorynque se rapproche des Reptiles. D'un autre côté, le professeur Huxley a fait la remarquable découverte, confirmée par M. Cope et par d'autres savants, que, sous plusieurs rapports importants, les anciens Dinosauriens constituent un chaînon intermédiaire entre certains Reptiles et certains Oiseaux, — les autruches, par exemple (qui, elles-mêmes, sont évidemment un reste très répandu d'un groupe plus considérable), et l'Archéoptérix, cet étrange oiseau de l'époque secondaire, pourvu d'une queue allongée comme celle du lézard. En outre, suivant le professeur Owen [22], les Ichthyosauriens, — grands lézards marins pourvus de nageoires, — ont de nombreuses affinités avec les Poissons, ou plutôt, selon Huxley, avec les Amphibies. Cette dernière classe (dont les grenouilles et les crapauds constituent la division la plus élevée) est évidemment voisines des poissons ganoïdes. Ces poissons, qui ont pullulé pendant les premières périodes géologiques, avaient un type hautement généralisé, c'est-à-dire qu'ils présentaient des affinités diverses avec d'autres groupes organiques. D'autre part, le Lépidosiren relie si étroitement les Amphibies et les Poissons, que les naturalistes ont longtemps débattu la question de savoir dans laquelle de ces deux classes ils devaient placer cet animal. Le Lépidosiren et quelques poissons ganoïdes habitent les rivières, qui constituent de vrais ports de refuge, et jouent le même rôle, relativement aux grandes eaux de l'océan, que les îles à l'égard des continents; c'est ce qui les a préservés d'une extinction totale.

Enfin, un membre unique de la classe des Poissons, classe si étendue et qui revêt des formes si diverses, l'Amphioxus, diffère tellement des autres animaux de cet ordre, qu'il devrait, suivant Häckel, constituer une classe dictincte dans le règne des Vertébrés. Ce poisson est remarquable par ses caractères négatifs; on peut à peine dire, en effet qu'il possède un cerveau, une colonne vertébrale, un cœur, etc.; aussi les anciens naturalistes l'avaient-ils rangé parmi les vers. Il y a bien des années le professeur Goodsir reconnut des affinités entre l'Amphioxus et les Ascidiens, formes marines inver-

tébrées, hermaphrodites, attachées d'une façon permanente à un
support, et qui paraissent à peine animalisées, car elle ne consistent qu'en un sac simple, ferme, ayant l'apparence du cuir, muni
de deux petits orifices saillants. Les Ascidiens appartiennent aux
Molluscoïda de Huxley,` — une division inférieure du grand
règne des Mollusques ; cependant quelques naturalistes les ont
récemment placés parmi les vers. Leurs larves affectent un peu la
forme des têtards [23], elles peuvent nager en toute liberté. Quelques observations, récemment faites par Kovalevsky [24], et confirmées depuis par le professeur Kupffer, tendent à prouver que les
larves des Ascidiens se rattachent aux Vertébrés, par leur mode de
développement, par la position relative du système nerveux, et par
la présence d'une conformation qui se rapproche tout à fait de la
chorda dorsalis des animaux vertébrés. M. Kovalevsky m'écrit de
Naples qu'il a poussé ses observations beaucoup plus loin, et, si les
résultats qu'il annonce sont confirmés, il aura fait une découverte
du plus haut intérêt. Il semble donc, si nous nous en rapportons à
l'embryologie, qui a toujours été le guide le plus sûr du classificateur, que nous avons découvert enfin la voie qui pourra nous conduire à la source dont descendent les Vertébrés [25]. Nous serions
aussi fondés à admettre que, à une époque très ancienne, il existait
un groupe d'animaux qui, ressemblant à beaucoup d'égards aux
larves de nos Ascidiens actuels, se sont séparés en deux grandes
branches, — dont l'une, suivant une marche rétrograde, aurait formé
la classe actuelle des Ascidiens, tandis que l'autre se serait élevée
jusqu'au sommet et au couronnement du règne animal, en produisant des Vertébrés.

Nous avons jusqu'ici cherché à retracer à grands traits la généa-

23. J'ai eu la satisfaction de voir, aux îles Falkland, en 1833, par conséquent
quelques années avant d'autres naturalistes, la larve mobile d'une Ascidie
composée, voisine mais génériquement distincte du *Synoicum*. La queue avait
environ cinq fois la longueur de la tête, et se terminait par un filament très
fin. Elle était nettement séparée, telle que je l'ai esquissée sous un microscope
simple, par des partitions opaques transversales qui représentent, à ce que je
suppose, les grandes cellules figurées par Kowalevsky. A un état précoce de
développement, la queue est enroulée autour de la tête de la larve.

24. *Mémoires de l'Acad. des Sciences de Saint-Pétersbourg*, t. X, n° 15, 1866.

25. Je dois ajouter que des autorités compétentes disputent cette conclusion,
M. Giard par exemple, dans une série de mémoires publiés dans les *Archives
de Zoologie expérimentale*, 1872. Toutefois ce naturaliste fait remarquer, p. 281
« L'organisation de la larve ascidienne, en dehors de toute hypothèse et de
toute théorie, nous montre comment la nature peut produire la disposition
fondamentale du type vertébré (l'existence d'une corde dorsale) chez un inver-
tébré par la seule condition vitale de l'adaptation, et cette simple possibilité
du passage supprime l'abîme entre les deux sous-règnes, encore bien qu'on
ignore par où le passage s'est fait en réalité. »

logie des Vertébrés en nous basant sur les affinités mutuelles.
Voyons maintenant l'homme, tel qu'il existe. Je crois que nous
pourrons en partie reconstituer pendant des périodes consécutives,
mais non dans leur véritable succession chronologique, la conformation de nos antiques ancêtres. Cette tâche est possible si nous
étudions les rudiments que l'homme possède encore, si nous examinons les caractères qui, accidentellement, réapparaissent chez
lui par retour, et si nous invoquons les principes de la morphologie et de l'embryologie. Les divers faits auxquels j'aurai à faire
allusion ont été exposés dans les chapitres précédents.

Les premiers ancêtres de l'homme étaient sans doute couverts
de poils, les deux sexes portaient la barbe; leurs oreilles étaient
probablement pointues et mobiles; ils avaient une queue, desservie
par des muscles propres. Leurs membres et leur corps étaient
soumis à l'action de muscles nombreux, qui ne reparaissent aujour-
d'hui qu'accidentellement chez l'homme, mais qui sont encore normaux chez les quadrumanes. L'artère et le nerf de l'humérus pas-
saient par l'ouverture supracondyloïde. A cette époque, ou pendant
une période antérieure, l'intestin possédait un diverticulum ou
cæcum plus grand que celui qui existe aujourd'hui. Le pied, à en
juger par la condition du gros orteil chez le fœtus, devait être alors
préhensible, et nos ancêtres vivaient sans doute habituellement sur
les arbres, dans quelque pays chaud, couvert de forêts. Les mâles
avaient de fortes canines qui constituaient pour eux des armes
formidables.

A une époque antérieure, l'utérus était double; les excrétions
étaient expulsées par un cloaque, et l'œil était protégé par une
troisième paupière ou membrane clignotante. En remontant plus
haut encore, les ancêtres de l'homme menaient une vie aquatique :
car la morphologie nous enseigne clairement que nos poumons ne
sont qu'une vessie natatoire modifiée, qui servait autrefois de flotteur. Les fentes du cou de l'embryon humain indiquent la place où
les branchies existaient alors. Les périodes lunaires de quelques-
unes de nos fonctions périodiques semblent constituer une trace
de notre patrie primitive, c'est-à-dire une côte lavée par les marées. Vers cette époque, les corps de Wolff (*corpora Wolffiana*)
remplaçaient les reins. Le cœur n'existait qu'à l'état de simple
vaisseau pulsatile ; et la *chorda dorsalis* occupait la place de la colonne vertébrale. Ces premiers prédécesseurs de l'homme, entrevus
ainsi dans les profondeurs ténébreuses du passé, devaient avoir
une organisation aussi simple que l'est celle de l'Amphioxus,
peut-être même encore inférieure.

Un autre point mérite de plus amples détails. On sait depuis longtemps que, dans le règne des vertébrés, un sexe possède, à l'état rudimentaire, diverses parties accessoires caractérisant le système reproducteur propre à l'autre sexe; or on a récemment constaté que, à une période embryonnaire très précoce, les deux sexes possèdent de vraies glandes mâles et femelles. Il en résulte que quelque ancêtre extrêmement reculé du règne vertébré tout entier a dû être hermaphrodite ou androgyne[26]. Mais ici se présente une singulière difficulté. Les mâles de la classe des mammifères possèdent, dans leurs vésicules prostatiques, des rudiments d'un utérus avec le passage adjacent; ils portent aussi des traces de mamelles, et quelques marsupiaux mâles possèdent les rudiments d'une poche[27]. On pourrait citer encore d'autres faits analogues. Devons-nous donc supposer que quelque mammifère très ancien ait possédé des organes propres aux deux sexes, c'est-à-dire qu'il soit resté androgyne, après avoir acquis les caractères principaux de sa classe, et, par conséquent, après avoir divergé des classes inférieures du règne vertébré? Ceci semble très peu probable, car il nous faut descendre jusqu'aux poissons, classe inférieure à toutes les autres, pour trouver des formes androgynes encore existantes[28]. Ou peut, en effet, expliquer, chez les mammifères mâles, la présence d'organes femelles accessoires à l'état de rudiments, et inversement la présence, chez les femelles, d'organes rudimentaires masculins, par le fait que ces organes ont été graduellement acquis par l'un des sexes, puis transmis à l'autre sexe dans un état plus ou moins imparfait. Lorsque nous étudierons la

---

26. C'est la conclusion d'une des plus grandes autorités en anatomie comparée, le professeur Gegenbaur (*Grundzüge der vergleich. Anat.*, 1870, p. 876), et elle résulte principalement de l'étude des amphibies; mais, d'après les recherches de Waldeyer (citées dans *Journ. of Anat. and Phys.*, 1869, p. 161), les organes sexuels, même ceux des vertébrés supérieurs, seraient hermaphrodites dans leurs premières phases. Quelques savants ont déjà, depuis longtemps, émis la même opinion qui, jusque tout récemment, ne reposait pas sur une base suffisamment solide.

27. Le *Thynacilus* mâle en offre le meilleur exemple. Owen, *Anat. of Vertebrates*, vol. III, p. 771.

28. On a observé que plusieurs espèces de *Serranus*, aussi bien que quelques autres poissons, sont hermaphrodites, soit de façon normale et symétrique ou de façon anormale et unilatérale. Le Dr Zouteveen m'a indiqué quelques mémoires relatifs à cette question et surtout un mémoire du professeur Halbertsma, *Transac. of the Dutch Acad. of Sciences*, vol. XVI. Le Dr Günther n'accepte pas ce fait qui, cependant, a été signalé par un trop grand nombre de bons observateurs pour qu'on puisse plus longtemps le mettre en question. Le Dr M. Lessona m'écrit qu'il a vérifié les observations faites par Cavolini sur le *Serranus*. Le professeur Ercolani a récemment démontré (*Acad. delle Scienze*, Bologna, 28 déc. 1871) que les anguilles sont androgynes.

sélection sexuelle, nous rencontrerons des exemples très nombreux de ce genre de transmission, — par exemple, les éperons, les plumes et les couleurs brillantes, caractères acquis par les oiseaux mâles dans un but de combat ou d'ornementation, et transmis aux femelles à un état imparfait ou rudimentaire,

La présence, chez les Mammifères mâles, d'organes mammaires fonctionnellement imparfaits constitue, à quelques égards, un fait tout particulièrement curieux. Les Monotrèmes possèdent la partie sécrétante propre de la glande lactigène avec ses orifices, mais sans mamelons; or, comme ces animaux se trouvent à la base même de la série des mammifères, il est probable que les ancêtres de la classe possédaient aussi des glandes lactigènes, mais sans mamelons. Le mode de développement de ces glandes semble confirmer cette opinion; le professeur Turner m'apprend, en effet, que, selon Kölliker et Langer, on peut distinguer aisément les glandes mammaires chez l'embryon avant que les mamelons deviennent appréciables; or, nous savons que le développement des parties qui se succèdent chez l'individu représente d'ordinaire le développement des êtres consécutifs de la même ligne de descendance. Les Marsupiaux diffèrent des Monotrèmes en ce qu'ils possèdent les mamelons; ces organes ont donc probablement été acquis par eux après les déviations qui les ont élevés au-dessus des Monotrèmes, et transmis ensuite aux Mammifères placentaires [29]. Personne ne suppose que, après avoir à peu près atteint leur conformation actuelle, les Marsupiaux soient restés androgynes. Comment donc expliquer la présence de mamelles chez les Mammifères mâles? Il est possible que les mamelles se soient d'abord développées chez la femelle, puis qu'elles aient été transmises aux mâles; mais, ainsi que nous allons le démontrer, cette hypothèse est peu probable.

On peut supposer, c'est là une autre hypothèse, que longtemps après que les ancêtres de la classe entière des Mammifères avaient cessé d'être androgynes, les deux sexes produisaient du lait de façon à nourrir leurs petits; et que, chez les Marsupiaux, les deux sexes portaient leurs petits dans des poches marsupiales. Cette hypothèse ne paraît pas absolument inadmissible, si on réfléchit

---

29. Le professeur Gegenbaur (*Jenaische Zeitschrift*, vol. VII, p. 212), a démontré qu'il existe deux types distincts de mamelons chez les divers ordres de mammifères; mais il est facile de comprendre comment ces deux types peuvent dériver des mamelons des Marsupiaux et ceux de ces derniers de ceux des Monotrèmes. Voir aussi un mémoire par le Dr Max Huss sur les glandes mammaires, *ibid.*, vol. VIII, p. 176.

que les poissons Syngnathes mâles reçoivent dans leurs poches abdominales les œufs qu'ils font éclore, et qu'ils nourrissent ensuite, à ce qu'on prétend[30]; — que certains autres poissons mâles couvent les œufs dans leur bouche ou dans leurs cavités branchiales ; — que certains crapauds mâles prennent les chapelets d'œufs aux femelles èt les enroulent autour de leurs cuisses, où ils les conservent jusqu'à ce que les têtards soient éclos ; — que certains oiseaux mâles accomplissent tout le travail de l'incubation, et que les pigeons mâles, aussi bien que les femelles, nourrissent leur couvée avec une sécrétion de leur jabot. Mais je me suis surtout arrêté à cette hypothèse, parce que les glandes mammaires des Mammifères mâles sont beaucoup plus développées que les ruditments des autres parties reproductrices accessoires, qui, bien que spéciales à un sexe, se rencontrent chez l'autre. Les glandes mammaires et les mamelons, tels que ces organes existent chez les Mammifères, ne sont pas, à proprement parler, rudimentaires; ils ne sont qu'incomplètement développés et fonctionnellement inactifs. Ils sont affectés sympathiquement par certaines maladies, de la même façon que chez la femelle. A la naissance et à l'âge de puberté, ils sécrètent souvent quelques gouttes de lait. On a même observé des cas, chez l'homme et chez d'autres animaux, où ils se sont assez bien développés pour fournir une notable quantité de lait. Or, si l'on suppose que, pendant une période prolongée, les Mammifères mâles ont aidé les femelles à nourrir leurs petits[31], et qu'ensuite ils aient cessé de le faire, pour une raison quelconque, à la suite, par exemple, d'une diminution dans le nombre des petits, le non-usage de ces organes pendant l'âge mûr aurait entraîné leur inactivité, état qui, en vertu des deux principes bien connus de l'hérédité, se serait probablement transmis aux mâles à l'époque correspondante de la maturité. Mais comme, à l'âge antérieur à la maturité, ces organes n'ont pas été encore affectés par l'hérédité, ils se trouvent également développés chez les jeunes des deux sexes.

Conclusion. — Von Baër a proposé la meilleure définition qu'on ait jamais faite de l'avancement ou du progrès sur l'échelle orga-

---

30. M. Lockwood (cité dans *Quart. Journ. of Science*, avril 1868, p. 269) croit, d'après ce qu'il a observé sur le développement de l'Hippocampe, que les parois de la poche abdominale du mâle fournissent en quelque manière de la nourriture. Voir, sur les poissons mâles couvant les œufs dans leur bouche, le travail intéressant du professeur Wyman (*Proc. Boston Soc. of Nat. Hist.*, 15 septembre 1857). Le professeur Turner, dans *Journ. of Anat. and Phys.*, 1er nov. 1866, p. 78. Le Dr Günther a également décrit des cas semblables.

31. Mlle C. Royer a suggéré une hypothèse semblable, *Origine de l'homme*, etc., 1870.

nique; ce progrès, d'après lui, repose sur l'étendue de la différenciation et de la spécialisation des différentes parties du même être, ce à quoi je voudrais cependant ajouter, lorsqu'il est arrivé à la maturité. Or, à mesure que les organismes, grâce à la sélection naturelle, s'adaptent lentement à différents modes d'existence, les parties doivent se différencier et se spécialiser de plus en plus pour remplir diverses fonctions, par suite des avantages qui résultent de la division du travail physiologique. Il semble souvent qu'une même partie ait été d'abord modifiée dans un sens, puis longtemps après elle prend une autre direction tout à fait distincte; ce qui contribue à rendre toutes les parties de plus en plus complexes. En tout cas, chaque organisme conserve le type général de la conformation de l'ancêtre dont il est généralement issu. Les faits géologiques, d'accord avec cette hypothèse, tendent à prouver que, dans son ensemble, l'organisation a avancé dans le monde à pas lents et interrompus. Dans le règne des vertébrés, elle a atteint son point culminant chez l'homme. Il ne faudrait pas croire, cependant, que des groupes d'êtres organisés disparaissent aussitôt qu'ils ont engendré d'autres groupes plus parfaits qu'eux, et qui sont destinés à les remplacer. Le fait qu'ils l'ont emporté sur leurs devanciers n'implique pas nécessairement qu'ils sont mieux adaptés pour s'emparer de toutes les places vacantes dans l'économie de la nature. Quelques formes anciennes semblent avoir survécu parce qu'elles ont habité des localités mieux protégées où elles n'ont pas été exposées à une lutte très vive; ces formes nous permettent souvent de reconstituer nos généalogies, en nous donnant une idée plus exacte des anciennes populations disparues. Mais il faut se garder de considérer les membres actuellement existants d'un groupe d'organismes inférieurs comme les représentants exacts de leurs antiques prédécesseurs.

Quand on remonte le plus haut possible dans la généalogie du règne des Vertébrés, on trouve que les premiers ancêtres de ce règne ont probablement consisté en un groupe d'animaux marins[32]

---

32. Les marées doivent affecter considérablement tous les animaux habitant le bord immédiat de la mer; en effet, les animaux vivant à peu près à la hauteur moyenne des plus hautes marées passent tous les quinze jours par un cycle complet de changements dans la hauteur de la marée. En conséquence, leur alimentation subit chaque semaine des modifications importantes. Les fonctions vitales des animaux vivant dans ces conditions pendant d'innombrables générations doivent nécessairement s'adapter à des périodes régulières de sept jours. Or, fait mystérieux, chez les vertébrés supérieurs et actuellement terrestres, pour ne pas mentionner d'autres classes, plusieurs phénomènes normaux et anormaux ont des périodes d'une ou plusieurs semaines, ce qu'il est facile de comprendre, si on admet que les vertébrés descendent d'un ani-

ressemblant aux larves des Ascidiens existants, Ces animaux ont produit probablement un groupe de poissons à l'organisation aussi inférieure que celle de l'Amphioxus; ce groupe a dû, à son tour, produire les Ganoïdes, et d'autres poissons comme le Lépidosiren, qui sont certainement peu inférieurs aux amphibies. Nous avons vu que les oiseaux et les reptiles ont été autrefois étroitement alliés; aujourd'hui les Monotrèmes rattachent faiblement les mammifères aux reptiles. Mais personne ne saurait dire actuellement par quelle ligne de descendance les trois classes les plus élevées et les plus voisines, Mammifères, Oiseaux et Reptiles, dérivent de l'une des deux classes vertébrées inférieures, les Amphibies et les Poissons. On se représente aisément chez les Mammifères les degrés qui ont conduit des Monotrèmes anciens aux anciens Marsupiaux, et de ceux-ci aux premiers ancêtres des mammifères placentaires. On arrive ainsi aux Lémuriens, qu'un faible intervalle seulement sépare des Simiadés. Les Simiadés se sont alors séparés en deux grandes branches, les singes du nouveau monde et ceux de l'ancien monde; et c'est de ces derniers que, à une époque reculée, a procédé l'homme, la merveille et la gloire de l'univers.

Nous sommes ainsi arrivés à donner à l'homme une généalogie prodigieusement longue; mais, il faut le dire, de qualité peu élevée. Il semble que le monde, comme on en a souvent fait la remarque, se soit longuement préparé à l'avènement de l'homme, ce qui, dans un sens, est strictement vrai, car il descend d'une longue série d'ancêtres. Si un seul des anneaux de cette chaîne n'avait pas existé, l'homme ne serait pas exactement ce qu'il est. A moins de fermer volontairement les yeux, nous sommes, dans l'état actuel de nos connaissances, à même de reconnaître assez exactement notre origine sans avoir à en éprouver aucune honte. L'organisme le plus

---

mal allié aux Ascidiens actuels habitant le bord de la mer. On pourrait citer bien des exemples de ces phénomènes périodiques, tels, par exemple, que la durée de la gestation chez les Mammifères, la durée de certaines fièvres, etc. L'éclosion des œufs fournit aussi un excellent exemple, car, d'après M. Bartlett (*Land and Water*, 7 janv. 1871), les œufs des pigeons éclosent au bout de deux semaines; ceux de la poule au bout de trois semaines; ceux du canard au bout de quatre semaines; ceux de l'oie au bout de cinq et ceux de l'autruche au bout de sept semaines. Autant que nous en pouvons juger, une période une fois acquise avec la durée convenable ne serait pas sujette à changements; elle pourrait donc être transmise telle quelle pendant un nombre quelconque de générations. Mais, si la fonction vient à changer, la période changerait aussi et la modification porterait sans doute sur toute une semaine. Cette conclusion serait curieuse si l'on pouvait en prouver la vérité; car la période de la gestation de chaque mammifère, l'éclosion des œufs de chaque oiseau, et une foule d'autres phénomènes vitaux, trahiraient encore la patrie primitive de ces animaux.

humble est encore quelque chose de bien supérieur à la poussière inorganique que nous foulons aux pieds ; et quiconque se livre sans préjugés à l'étude d'un être vivant, si simple qu'il soit, ne peut qu'être transporté d'enthousiasme en contemplant son admirable structure et ses propriétés merveilleuses.

CHAPITRE VII

SUR LES RACES HUMAINES

Nature et valeur des caractères spécifiques. — Application aux races humaines. — Arguments favorables ou contraires au classement des races humaines comme espèces distinctes. — Sous-espèces. — Monogénistes et Polygénistes. — Convergence des caractères. — Nombreux points de ressemblances corporelles et mentales entre les races humaines les plus distinctes. — État de l'homme, lorsqu'il s'est d'abord répandu sur la terre. — Chaque race ne descend pas d'un couple unique. — Extinction des races. — Formation des races. — Effets du croisement. — Influence légère de l'action directe des conditions d'existence. — Influence légère ou nulle de la sélection naturelle. — Sélection sexuelle.

Je n'ai pas l'intention de décrire ici les diverses races humaines, pour employer l'expression dont on se sert d'habitude, mais de rechercher quelles sont, au point de vue de la classification, la valeur et l'origine des différences que l'on observe chez elles. Lorsque les naturalistes veulent déterminer si deux ou plusieurs formes voisines constituent des espèces ou des variétés, ils se laissent pratiquement guider par les considérations suivantes : la somme des différences observées; leur portée sur un petit nombre ou sur un grand nombre de points de conformation; leur importance physiologique, mais plus spécialement leur persistance. Le naturaliste, en effet, s'inquiète d'abord de la constance des caractères et lui attribue, à juste titre, une valeur considérable. Dès qu'on peut démontrer d'une manière positive, ou seulement probable, que les formes en question ont conservé des caractères distincts pendant une longue période, c'est un argument de grand poids pour qu'on les considère comme des espèces. On regarde généralement une certaine stérilité, lors du premier croisement de deux formes, ou lors du croisement de leurs rejetons, comme un critérium décisif de leur distinction spécifique; lorsque ces deux formes persistent dans une même région sans s'y mélanger, on s'empresse d'admettre ce fait comme une preuve suffisante, soit d'une certaine stérilité réciproque, soit, quand il s'agit d'animaux, d'une certaine répugnance à s'accoupler.

En dehors de ce défaut de mélange par croisement, l'absence complète, dans une région bien étudiée, de variétés reliant l'une à l'autre deux formes voisines constitue probablement le critérium le plus important de tous pour établir la distinction spécifique; or, il y a dans ce fait autre chose qu'une simple persistance de caractères, attendu que deux formes peuvent, tout en variant énormément, ne pas produire de variétés intermédiaires. Souvent aussi, avec ou sans intention, on fait jouer un rôle à la distribution géographique, c'est-à-dire qu'on regarde habituellement comme distinctes les formes appartenant à deux régions fort éloignées l'une de l'autre, où la plupart des autres espèces sont spécifiquement distinctes; mais, en réalité, il n'y a rien là qui puisse nous aider à distinguer les races géographiques de celles qu'on appelle les véritables espèces.

Appliquons maintenant aux races humaines ces principes généralement admis, et pour cela étudions ces races au même point de vue que celui auquel se placerait un naturaliste à propos d'un animal quelconque. Quant à l'étendue des différences qui existent entre les races, nous avons à tenir compte de la finesse de discernement que nous avons acquise par l'habitude de nous observer nous-mêmes. Elphinstone[1] a fait remarquer avec raison que tout Européen nouvellement débarqué dans l'Inde ne distingue pas d'abord les diverses races indigènes, qui ensuite finissent par lui paraître tout à fait dissemblables; l'Hindou, de son côté, ne remarque pas non plus de différences entre les diverses nations européennes. Les races humaines, même les plus distinctes, ont des formes beaucoup plus semblables qu'on ne le supposerait au premier abord; il faut excepter certaines tribus nègres; mais certaines autres, comme me l'apprend le Dr Rohlfs et comme j'ai pu m'en assurer par moi-même, ressemblent aux peuples de souche caucasienne. C'est ce que démontrent les photographies de la collection anthropologique du Muséum de Paris, photographies faites d'après des individus appartenant à diverses races, et dont la plupart, comme l'ont remarqué beaucoup de personnes à qui je les ai montrées, pourraient passer pour des Européens. Toutefois, vus vivants, ces hommes sembleraient sans aucun doute très distincts, ce qui prouve que nous nous laissons beaucoup influencer par la couleur de la peau, la nuance des cheveux, de légères différences dans les traits, et l'expression du visage.

Il est certain, cependant, que les diverses races, comparées et

---

1. *History of India*, 1841, vol. I, p. 323. Le père Ripa fait exactement la même remarque à propos des Chinois.

mesurées avec soin, diffèrent considérablement les unes des autres par la texture des cheveux, par les proportions relatives de toutes les parties du corps², par lé volume des poumons, par la forme et la capacité du crâne, et même par les circonvolutions du cerveau³. Ce serait, d'ailleurs, une tâche sans fin que de vouloir spécifier les nombreux points de différence qui existent dans la conformation. La constitution des diverses races, leur aptitude variable à s'acclimater et leur prédisposition à contracter certaines maladies constituent encore autant de points de différences. Au moral, les diverses races présentent des caractères également très distincts; ces différences se remarquent principalement quand il s'agit de l'émotion, mais elles existent aussi dans les facultés intellectuelles. Quiconque a eu l'occasion de faire des observations de ce genre a dû être frappé du contraste qui existe entre les indigènes taciturnes et sombres de l'Amérique du Sud, et les nègres légers et babillards. Un contraste analogue existe entre les Malais et les Papous⁴, qui vivent dans les mêmes conditions physiques et ne sont séparés que par un étroit bras de mer.

Examinons d'abord les arguments avancés en faveur de la classification des races humaines en espèces distinctes; nous aborderons ensuite ceux qui sont contraires à cette classification. Un naturaliste, qui n'aurait jamais vu ni Nègre, ni Hottentot, ni Australien, ni Mongol, et qui aurait à comparer ces différents types, s'apercevrait tout d'abord qu'ils diffèrent par une multitude de caractères, les uns faibles, les autres considérables. Après enquête, il reconnaîtrait qu'ils sont adaptés pour vivre sous des climats très dissemblables, et qu'ils diffèrent quelque peu au point de vue de la structure corporelle et des dispositions mentales. Si on lui affirmait alors qu'on peut lui faire venir des mêmes pays des milliers d'individus analogues, il déclarerait certainement qu'ils constituent des espèces aussi véritables que toutes celles auxquelles il a pris l'habitude de donner un nom spécifique. Il insisterait sur cette conclusion dès qu'il aurait acquis la preuve que toutes ces formes ont, pendant des siècles, conservé des caractères identi-

---

2. B.-A. Gould, *Investigations in the Military and Anthropological Statistics of American Soldiers*, 1869, pp. 298-358; cet ouvrage contient un grand nombre de mesures de blancs, de noirs et d'Indiens. *Sur la Capacité des poumons*, p. 471. Voir aussi les tables nombreuses données par le Dʳ Weisbach, d'après les observations faites par les Dʳˢ Scherzer et Schwarz, dans le *Voyage de la Novara : Partie anthropologique*, 1867.

3. Voir, par exemple, la description du cerveau d'une femme Boschiman donnée par M. Marshall (*Philos. Transactions*, 1864, p. 519).

4. Wallace, *The Malay Archipelago*, vol. II, 1869, p. 178.

ques, et que des nègres, absolument semblables à ceux qui existent aujourd'hui, habitaient le pays il y a au moins 4000 ans[5]. Un excellent observateur, le docteur Lund[6], lui apprendrait, en outre, que les crânes humains trouvés dans les cavernes du Brésil, mélangés aux débris d'un grand nombre de mammifères éteints, appartiennent précisément au même type que celui qui prévaut aujourd'hui sur le continent américain.

Puis, notre naturaliste, après avoir étudié la distribution géographique de l'espèce humaine, déclarerait, sans aucun doute, que des formes qui diffèrent non-seulement d'aspect, mais qui sont adaptées les unes aux pays les plus chauds, les autres aux pays les plus humides ou les plus secs, d'autres, enfin, aux régions arctiques, doivent être spécifiquement distinctes. Il pourrait, d'ailleurs, invoquer le fait que pas une seule espèce de quadrumanes, le groupe le plus voisin de l'homme, ne résiste à une basse température ou à un changement considérable de climat; et que les espèces qui se rapprochent le plus de l'homme n'ont jamais pu parvenir à l'âge adulte, même sous le climat tempéré de l'Europe. Un fait, signalé pour la première fois[7] par Agassiz, ne laisserait pas que de l'impressionner beaucoup aussi, à savoir que les différentes races humaines sont distribuées à la surface de la terre dans les mêmes régions zoologiques qu'habitent des espèces et des genres de mammifères incontestablement distincts. Cette remarque s'applique manifestement quand il s'agit de la race australienne, de la race mongolienne et de la race nègre; elle est moins vraie pour les Hottentots, mais elle est absolument fondée quand il s'agit des

5. M. Pouchet (*Pluralité des races humaines*, 1864) fait remarquer, au sujet des figures des fameuses cavernes égyptiennes d'Abou-Simbel, que, malgré toute sa bonne volonté, il n'a pu reconnaître les représentants des douze ou quinze nations que quelques savants prétendent distinguer. On ne constate même pas, pour les races les plus accusées, cette unanimité qu'on était en droit d'attendre d'après ce qui a été écrit à ce sujet. Ainsi MM. Nott et Gliddon (*Types of Mankind*, p. 148) assurent que Rameses II, ou le Grand, a de superbes traits européens, tandis que Knox, autre partisan convaincu de la distinction spécifique des races humaines (*Races of Man*, 1850, p. 201), parlant du jeune Memnon (le même personnage que Rameses II, comme me l'apprend M. Birch), insiste, de la manière la plus positive, sur l'identité de ses traits avec ceux des Juifs d'Anvers. J'ai examiné au *British Museum*, avec deux personnes attachées à l'établissement et juges des plus compétents, la statue d'Aménophis III, et nous tombâmes d'accord qu'il avait un type nègre des plus prononcés; MM. Nott et Gliddon (*op. cit.*, 146, fig. 53) le considèrent, au contraire, comme un « hybride, mais sans aucun mélange nègre ».

6. Cité par Nott et Gliddon (*op. cit.*, p. 439). Ils ajoutent des preuves à l'appui, mais C. Vogt pense que le sujet réclame de nouvelles recherches.

7. *Diversity of Origin of the Human Races*, dans *Christian Examiner*, juillet 1850.

Papous et des Malais, qui sont séparés, ainsi que l'a établi
M. Wallace, par la même ligne que .celle qui divise les grandes
régions zoologiques malaisienne et australienne.

Les indigènes de l'Amérique s'étendent sur tout le continent, ce
qui paraît d'abord contraire à la règle que nous venons de mentionner, car la plupart des productions de la moitié septentrionale
et de la moitié méridionale du continent diffèrent considérablement; cependant, quelques animaux, l'Opossum, par exemple,
habitent l'une et l'autre moitié du continent comme le faisaient
autrefois quelques Édentés gigantesques. Les Esquimaux, comme
les autres animaux arctiques, occupent l'ensemble des régions qui
entourent le pôle. Il faut observer que les mammifères qui habitent
les diverses régions zoologiques ne diffèrent pas également les
uns des autres; de sorte qu'on ne doit pas considérer comme une
anomalie que le nègre diffère plus et que l'Américain diffère
moins des autres races humaines que ne le font les mammifères
des mêmes continents de ceux des autres régions. Ajoutons que
l'homme, dans le principe, ne paraît avoir habité aucune île océanique; il ressemble donc, sous ce rapport, aux autres membres de
la classe à laquelle il appartient.

Quand il s'agit de déterminer si les variétés d'un même animal
domestique constituent des espèces distinctes, c'est-à-dire si elles
descendent d'espèces sauvages différentes, le naturaliste attache
beaucoup de poids au fait de la spécificité distincte des parasites
externes propres à ces variétés. Ce fait aurait une portée d'autant
plus grande qu'il serait exceptionnel. M. Denny m'apprend, en effet,
qu'une même espèce de poux vit en parasite sur les races les plus
diverses de chiens, de volailles et de pigeons, en Angleterre. Or,
M. A. Murray a étudié avec beaucoup de soin les poux recueillis dans
différents pays sur les diverses races humaines [8]; il a observé que
ces poux diffèrent, non seulement au point de vue de la couleur, mais
aussi de la conformation des griffes et des membres. Les différences
sont restées constantes, quelque nombreux que fussent les individus
recueillis. Le chirurgien d'un baleinier m'a affirmé que, lorsque
les poux qui infestaient quelques indigènes des îles de Sandwich qu'il
avait à bord s'égaraient sur le corps des matelots anglais, ils pé-
rissaient au bout de trois ou quatre jours. Ces poux étaient plus
foncés et paraissaient appartenir à une espèce différente de ceux
qui attaquent les indigènes de Chiloe dans l'Amérique du Sud,
poux dont il m'a envoyé des spécimens. Ceux-ci sont plus grands

8. *Transact. Roy. Soc. of Edinburgh*, vol. XXII, 1861, p. 567.

et plus mous que les poux européens. M. Murray s'est procuré quatre espèces de poux d'Afrique, pris sur des nègres habitant la côte orientale et la côte occidentale, des Hottentots et des Cafres; deux espèces d'Australie; deux de l'Amérique du Nord et deux de l'Amérique du Sud. Ces derniers provenaient probablement d'indigènes habitant diverses régions. On considère ordinairement que, chez les insectes, les différences de structure, si insignifiantes qu'elles soient, ont une valeur spécifique, lorsqu'elles sont constantes : or, on pourrait invoquer avec quelque raison, à l'appui de la spécificité distincte des races humaines, le fait que des parasites qui paraissent spécifiquement distincts attaquent les diverses races.

Arrivé à ce point de ses recherches, notre naturaliste se demanderait si les croisements entre les diverses races humaines restent plus ou moins stériles. Il pourrait consulter un ouvrage d'un observateur sagace, d'un philosophe éminent, le professeur Broca[9]; il trouverait, à côte de preuves que les croisements entre certaines races sont très féconds, des preuves tout aussi concluantes qu'il en est autrement pour d'autres. Ainsi, on a affirmé que les femmes indigènes de l'Australie et de la Tasmanie produisent rarement des enfants avec les Européens; mais on a acquis la preuve que cette assertion n'a que peu de valeur. Les noirs purs mettent à mort les métis; on a pu lire récemment que la police[10] a retrouvé les restes calcinés de onze jeunes métis assassinés par les indigènes. On a aussi prétendu que les ménages mulâtres ont peu d'enfants; or, le docteur Bachman[11], de Charleston, affirme positivement, au contraire, qu'il a connu des familles mulâtres qui se sont mariées entre elles pendant plusieurs générations, sans cesser d'être en moyenne aussi fécondes que les familles noires où les familles blanches pures. Sir C. Lyell m'informe qu'il a autrefois fait de nombreuses recherches à cet égard et qu'il a dû adopter la même conclusion[12].

9. Broca, *Phén. d'hybridité dans le genre Homo.*

10. Voir l'intéressante lettre de M.-T. A. Murray, dans *Anthropolog. Review,* avril 1868, p. LIII. Dans cette lettre, M. Murray réfute l'assertion du comte Strzelecki, qui prétend que les femmes australiennes qui ont eu des enfants avec des hommes blancs deviennent ensuite stériles avec les hommes de leur propre race. M. de Quatrefages (*Revue des Cours scientifiques,* mars 1869, p. 239) a aussi recueilli des preuves nombreuses tendant à prouver que les croisements entre Australiens et Européens ne sont point stériles.

11. *An Examination of prof. Agassiz's sketch of the Nat. Provinces of the Animal World,* Charleston, 1855, p. 44.

12. Le Dr Rohlfs m'écrit que les races du Sahara sont très fécondes; ces races résultent d'un mélange d'Arabes, de Berbères et de Nègres, appartenant à trois tribus. D'un autre côté, M. Winwood Reade m'apprend que, bien qu'ils

Le recensement fait aux États-Unis, en 1854, indique, d'après le docteur Bachman, 405,751 mulâtres, chiffre qui semble évidemment très faible; toutefois, la position anormale des mulâtres, le peu de considération dont ils jouissent, et le déréglement des femmes tendent à expliquer leur petit nombre. En outre, les nègres absorbent incessamment les mulâtres, ce qui détermine nécessairement une diminution de ces derniers. Un auteur digne de foi[13] affirme il est vrai, que les mulâtres vivent moins longtemps que les individus de race pure; bien que cette observation n'ait aucun rapport avec la fécondité plus ou moins grande de la race, on pourrait peut-être l'invoquer comme une preuve de la distinction spécifique des races parentes. On sait, en effet, que les hybrides animaux et végétaux sont sujets à une mort prématurée, lorsqu'ils descendent d'espèces très distinctes; mais on ne peut guère classer les parents des mulâtres dans la catégorie des espèces très distinctes. L'exemple du mulet commun, si remarquable par sa longévité et par sa vigueur et, cependant, si stérile, prouve qu'il n'y a pas, chez les hybrides, de rapport absolu entre la diminution de la fécondité et la durée ordinaire de la vie. Nous pourrions citer beacoup d'autres exemples analogues.

En admettant même qu'on arrivât plus tard à prouver que toutes les races humaines croisées restent parfaitement fécondes, celui qui voudrait, pour d'autres raisons, les considérer comme spécifiquement distinctes pourrait observer avec justesse que ni la fécondité ni la stérilité ne sont des critériums certains de la distinction spécifique. Nous savons, en effet que les changements des conditions d'existence, ou les unions consanguines trop rapprochées, affectent profondément l'aptitude à la reproduction; nous savons, en outre, que cette aptitude est soumise à des lois très complexes; celle, par exemple, de l'inégale fécondité des croisements réciproques entre les deux mêmes espèces. On rencontre, chez les formes qu'il faut incontestablement considérer comme des espèces, une gradation parfaite entre celles qui sont absolument stériles quand on les croise, celles qui sont presque fécondes et celles qui le sont tout à fait. Les degrés de la stérilité ne coïncident pas exactement

admirent beaucoup les blancs et les mulâtres, les nègres de la Côte d'Or ont pour principe que les mulâtres ne doivent pas se marier les uns avec les autres, car il ne résulte de ces mariages qu'un petit nombre d'enfants maladifs. Cette croyance, comme le fait remarquer M. Reade, mérite toute notre attention, car les blancs ont habité la Côte d'Or depuis plus de quatre cents ans, et, par conséquent, les indigènes ont eu amplement le temps de juger par l'expérience.

13. B.-A. Gould, *Military and Anthropol. Statistics of American Soldiers*, 1869, p. 319.

avec l'étendue des différences qui existent entre les parents au point
de vue de la conformation externe ou des habitudes d'existence. On
peut, sous beaucoup de rapports, comparer l'homme aux animaux
réduits depuis longtemps en domesticité; or, on peut aussi accumuler une grande masse de preuves en faveur de la doctrine de Pallas[14],
à savoir que la domestication tend à atténuer la stérilité qui accompagne si généralement le croisement des espèces à l'état de nature.
On peut, à juste titre, tirer de ces diverses considérations la conclusion que la fécondité complète des différentes races humaines
entre-croisées, alors même qu'elle serait prouvée, ne serait pas
un motif absolu pour nous empêcher de regarder ces races comme
des espèces distinctes.

Indépendamment de la fécondité, on a cru pouvoir trouver dans
les caractères des produits d'un croisement des preuves indiquant
qu'il convient de considérer les formes parentes comme des espèces
ou comme des variétés : mais une étude très attentive de ces faits
m'a conduit à conclure qu'on ne saurait, en aucune façon, se fier à
des règles générales de cette nature. Le croisement amène ordinairement la production d'une forme intermédiaire dans laquelle se con-

---

14. *La Variation des animaux et plantes*, etc., vol. II, p. 117. Je dois ici rappeler au lecteur que la stérilité des espèces croisées n'est pas une qualité spécialement acquise; mais que, comme l'inaptitude qu'ont certains arbres à être
greffés les uns sur les autres, elle dépend de l'acquisition d'autres différences.
La nature de ces différences est inconnue, mais elles se rattachent surtout au
système reproducteur, et beaucoup moins à la stucture externe ou à des différences ordinaires de la constitution. Un élément qui paraît important pour la
stérilité des espèces croisées résulte de ce que l'une ou toutes deux ont été
depuis longtemps habituées à des conditions fixes; or, le changement dans les
conditions exerçant une influence spéciale sur le système reproducteur, nous
avons d'excellentes raisons pour croire que les conditions fluctuantes de la
domestication tendent à éliminer cette stérilité si générale dans les croisements
d'espèces à l'état de nature. J'ai démontré ailleurs (*Variation*, etc., vol. II,
p. 196; et *Origine des espèces*, p. 281) que la sélection naturelle n'a pas déterminé la stérilité des espèces croisées; nous pouvons comprendre que, lorsque
deux formes sont déjà devenues très stériles l'une avec l'autre, il est à peine
possible que leur stérilité puisse s'augmenter par la persistance et la conservation des individus de plus en plus stériles; car, dans ce cas, la progéniture ira
en diminuant, et, finalement, il n'apparaîtra plus que des individus isolés et
à de rares intervalles. Mais il y a encore un degré de plus haute stérilité.
Gärtner et Kölreuter ont tous deux prouvé que, chez des genres de plantes
comprenant de nombreuses espèces, on peut établir une série de celles qui,
croisées, donnent de moins en moins de graines, jusqu'à d'autres qui n'en
produisent jamais une seule, bien qu'elles soient affectées par le pollen de
l'autre espèce, puisque le germe s'enfle. Il est donc ici impossible que la sélection s'adresse aux individus les plus stériles qui ont déjà cessé de produire
des graines, de sorte que l'apogée de la stérilité, lorsque le germe est seul
affecté, ne peut résulter de la sélection. Cet apogée, et sans doute les autres
degrés de la stérilité, sont les résultats fortuits de certaines différences inconnues dans la constitution du système reproducteur des espèces croisées.

fondent les caractères des parents ; mais, dans certains cas, une partie des petits ressemblent étroitement à une des formes parentes, et les autres à l'autre forme. Ce phénomène se produit surtout quand les parents possèdent des caractères qui ont apparu à la suite de brusques variations et que l'on peut presque qualifier de monstruosités [15]. Je fais allusion à ce phénomène parce que le docteur Rohlfs m'apprend qu'il a fréquemment observé en Afrique que les enfants des nègres croisés avec des individus appartenant à d'autres races sont complètement noirs ou complètement blancs et rarement tachetés. On sait, d'autre part, que les mulâtres, en Amérique, affectent ordinairement une forme intermédiaire entre les deux races parentes.

Il résulte de ces diverses considérations qu'un naturaliste pourrait se sentir suffisamment autorisé à regarder les races humaines comme des espèces distinctes, car il a pu constater chez elles beaucoup de différences de conformation et de constitution, dont quelques-unes ont une haute importance, différences qui sont restées presque constantes pendant de longues périodes. D'ailleurs, l'énorme extension du genre humain ne laisse pas que de constituer un argument sérieux, car cette extension serait une grande anomalie dans la classe des mammifères, si le genre humain ne représentait qu'une seule espèce. En outre, la distribution de ces prétendues races humaines concorde avec celle d'autres espèces de mammifères incontestablement distinctes. Enfin, la fécondité mutuelle de toutes les races n'a pas été pleinement prouvée, et, le fût-elle, ce ne serait pas une preuve absolue de leur identité spécifique.

Examinons maintenant l'autre côté de la question. Notre naturaliste rechercherait sans aucun doute si, comme les espèces ordinaires, les formes humaines restent distinctes lorsqu'elles sont mélangées en grand nombre dans un même pays ; il découvrirait immédiatement qu'il n'en est certes pas ainsi. Il pourrait voir, au Brésil, une immense population métis de nègres et de Portugais ; à Chiloe et dans d'autres parties de l'Amérique du Sud, il trouverait une population entière consistant d'Indiens et d'Espagnols mélangés à divers degrés [16]. Dans plusieurs parties du même continent, il rencontrerait les croisements les plus complexes entre des Nègres, des Indiens et des Européens ; or, ces triples combinaisons fournissent, à en juger par le règne végétal, la preuve la plus rigoureuse de la

15. *La Variation des animaux*, etc., vol. II, p. 99.
16. M. de Quatrefages (*Anthropolog. Review*, jan. 1869, p. 22) a publié quelques pages intéressantes sur les succès et l'énergie des Paulistas du Brésil, qui sont une race très croisée de Portugais et d'Indiens, avec un mélange de quelques autres races.

fécondité mutuelle des formes parentes. Dans une île du Pacifique, il trouverait une petite population, mélange de Polynésiens et d'Anglais; dans l'archipel Fiji, une population de Polynésiens et de Négritos, croisés à tous les degrés. On pourrait citer beaucoup de cas analogues, dans l'Afrique australe, par exemple. Les races humaines ne sont donc pas assez distinctes pour habiter un même pays sans se mélanger; or, dans les cas ordinaires, l'absence de mélange fournit la preuve la plus évidente de la distinction spécifique.

Notre naturaliste serait également très surpris, lorsqu'il s'apercevrait que les caractères distinctifs de toutes les races humaines sont extrêmement variables. Ce fait frappe quiconque observe pour la première fois, au Brésil, les esclaves nègres amenés de toutes les parties de l'Afrique. On constate le même fait chez les Polynésiens et chez beaucoup d'autres races. Il serait difficile, pour ne pas dire impossible, d'indiquer un caractère quelconque qui reste constant. Dans les limites même d'une tribu, les sauvages sont loin de présenter des caractères aussi uniformes qu'on a bien voulu le dire. Les femmes hottentotes présentent certaines particularités plus développées qu'elles ne le sont chez aucune autre race, mais on sait que ces caractères ne sont pas constants. La couleur de la peau et le développement des cheveux offrent de nombreuses différences chez les tribus américaines; chez les Nègres africains, la couleur varie aussi à un certain degré, et la forme des traits varie d'une manière frappante. La forme du crâne varie beaucoup chez quelques races [17]; il en est de même pour tous les autres caractères. Or, une dure et longue expérience a appris aux naturalistes combien il est téméraire de chercher à déterminer une espèce à l'aide de caractères inconstants.

Mais l'argument le plus puissant à opposer à la théorie qui veut considérer les races humaines comme des espèces distinctes, c'est qu'elles se confondent l'une avec l'autre, sans que, autant que nous en puissions juger, il y ait eu, dans beaucoup de cas, aucun entre-croisement. On a étudié l'homme avec plus de soin qu'aucun autre être organisé; cependant, les savants les plus éminents n'ont pu se mettre d'accord pour savoir s'il forme une seule espèce ou deux (Virey), trois (Jacquinot), quatre (Kant), cinq (Blumenbach), six (Buffon), sept (Hunter), huit (Agassiz), onze (Pickering), quinze

---

17. Chez les indigènes de l'Amérique et de l'Australie, par exemple. Le professeur Huxley (*Transact. Internat. Congress of Prehist. Arch.*, 1868, p. 105) a signalé que les crânes de beaucoup d'Allemands du Sud et de Suisses sont « aussi courts et aussi larges que ceux des Tartares », etc.

(Bory Saint-Vincent), seize (Desmoulins), vingt-deux (Morton), soixante (Crawfurd), ou soixante-trois, selon Burke [18]. Cette diversité de jugements ne prouve pas que les races humaines ne doivent pas être considérées comme des espèces, mais elle prouve que ces races se confondent les unes avec les autres, de telle façon qu'il est presque impossible de découvrir des caractères distinctifs évidents qui les séparent les unes des autres.

Un naturaliste qui a eu le malheur d'entreprendre la description d'un groupe d'organismes très variables (je parle par expérience) a rencontré des cas précisément anologues à celui de l'homme; s'il est prudent, il finit par réunir en une espèce unique toutes les formes qui se confondent les unes avec les autres, car il ne se reconnaît pas le droit de donner des noms à des organismes qu'il ne peut pas définir. Certaines difficultés de cette nature se présentent dans l'ordre qui comprend l'homme, c'est-à-dire pour certains genres de singes, tandis que, chez d'autres genres, comme le Cercopithèque, la plupart des singes se laissent déterminer avec certitude. Quelques naturalistes affirment que les différentes formes du genre américain Cebus constituent des espèces, d'autres considèrent ces formes comme des races géographiques. Or, si après avoir recueilli de nombreux Cebus dans toutes les parties de l'Amérique du Sud, on constatait que des formes, qui actuellement paraissent spécifiquement distinctes, se confondent les unes avec les autres, on ne manquerait pas de les considérer comme de simples variétés ou de simples races ; c'est ainsi qu'ont agi la plupart des naturalistes pour les races humaines. Il faut avouer cependant qu'il y a, tout au moins dans le règne végétal [19], des formes que nous ne pouvons éviter de qualifier d'espèces, bien qu'elles soient reliées les unes aux autres, en dehors de tout entre-croisement, par d'innombrables gradations.

Quelques naturalistes ont récemment employé le terme « sous-espèce » pour désigner des formes qui possèdent plusieurs caractères qui dénotent ordinairement les espèces véritables, sans mériter cependant un rang aussi élevé. Or, si d'une part les raisons importantes que nous avons énumérées ci-dessus paraissent justifier l'élévation des races humaines à la dignité d'espèces, nous

18. Ce sujet est fort bien discuté dans Waitz (*Introduction à l'Anthropologie*). J'ai emprunté quelques-uns de ces renseignements à H. Tuttle, *Origin and Antiquity of Physical Man*, Boston, 1866, p. 35.

19. Plusieurs cas frappants ont été décrits par le professeur Nägeli dans ses *Botanische Mittheilungen*, vol. II, 1866, p. 294-369. Le professeur Asa Gray a fait des remarques analogues sur quelques formes intermédiaires chez les Composées de l'Amérique du Nord.

rencontrons, d'autre part, d'insurmontables difficultés à définir ces races ; il semble donc que, dans ce cas, on pourrait recourir avec avantage à l'emploi du terme « sous-espèce ». Mais la longue habitude fera peut-être toujours préférer le terme « race ». Le choix des termes n'a, d'ailleurs, qu'une importance secondaire, bien qu'il soit à désirer, si faire se peut, que les mêmes termes servent à exprimer les mêmes degrés de différence. Il est malheureusement difficile de réaliser cet objectif, car, dans une même famille, les plus grands genres renferment généralement des formes très voisines entre lesquelles il n'est guère possible d'établir une distinction, tandis que les petits genres comprennent des formes parfaitement distinctes ; toutes doivent, cependant, être qualifiées d'espèces. En outre, les espèces d'un même genre considérable n'ont pas entre elles un même degré de ressemblance ; bien au contraire, dans la plupart des cas, on peut grouper quelques-unes autour d'autres comme des satellites autour des planètes [20].

Le genre humain se compose-t-il d'une ou de plusieurs espèces ? C'est là une question que les anthropologues ont vivement discutée pendant ces dernières années, et, faute de pouvoir se mettre d'accord, ils se sont divisés en deux écoles, les monogénistes et les polygénistes. Ceux qui n'admettent pas le principe de l'évolution doivent considérer les espèces soit comme des créations séparées, soit comme des entités en quelque sorte distinctes ; ils doivent, en conséquence, indiquer quelles sont les formes humaines qu'ils considèrent comme des espèces, en se basant sur les règles qui ont fait ordinairement attribuer le rang d'espèces aux autres êtres organisés. Mais la tentative est inutile tant qu'on n'aura pas accepté généralement quelque définition du terme « espèce », définition qui ne doit point renfermer d'élément indéterminé tel qu'un acte de création. C'est comme si on voulait, avant toute définition, décider qu'un certain groupe de maisons doit s'appeler village, ville ou cité. Les interminables discussions sur la question de savoir si l'on doit regarder comme des espèces ou comme des races géographiques les Mammifères, les Oiseaux, les Insectes et les Plantes si nombreux et si voisins, qui se représentent mutuellement dans l'Amérique du Nord et en Europe, nous offrent un exemple pratique de cette difficulté. Il en est de même pour les productions d'un grand nombre d'îles situées à peu de distance des continents.

Les naturalistes, au contraire, qui admettent le principe de l'évolution, et la plupart des jeunes naturalistes partagent cette opinion,

20. *Origine des espèces*, p. 62.

n'éprouvent aucune hésitation à reconnaître que toutes les races humaines descendent d'une souche primitive unique; cela posé, ils leur donnent, selon qu'ils le jugent à propos, le nom de races ou d'espèces distinctes, dans le but d'exprimer la somme de leurs différences[21]. Quand il s'agit de nos animaux domestiques, la question de savoir si les diverses races descendent d'une ou de plusieurs espèces est quelque peu différente. Bien que toutes les races domestiques, ainsi que toutes les espèces naturelles appartenant au même genre, soient, sans aucun doute, issues de la même souche primitive, il est encore utile de discuter si, par exemple, toutes les races domestiques du chien ont acquis les différences qui les séparent aujourd'hui les unes des autres depuis qu'une espèce unique quelconque a été primitivement domestiquée et élevée par l'homme, ou si elles doivent quelques-uns de leurs caractères à d'autres espèces distinctes, qui s'étaient déjà modifiées elles-mêmes à l'état de nature et qui leur auraient transmis ces caractères par hérédité. Cette question ne se présente pas pour le genre humain, car on ne saurait soutenir qu'il ait été domestiqué à une période particulière quelle qu'elle soit.

Lorsque, à une époque extrêmement reculée, les descendants d'un ancêtre commun ont revêtu des caractères distincts pour former les races humaines, les différences entre ces races devaient être insignifiantes et peu nombreuses; en conséquence, ces races, au point de vue des caractères distinctifs, avaient moins de titres au rang d'espèces distinctes que les soi-disant races actuelles. Néanmoins, le terme « espèce » est si arbitraire que quelques naturalistes auraient pu peut-être considérer ces anciennes races comme des espèces distinctes, si leurs différences, bien que très légères, avaient été plus constantes qu'elle ne le sont aujourd'hui, si elles ne se confondaient pas les unes avec les autres.

Toutefois, il est possible, quoique fort peu probable, que les premiers ancêtres de l'homme aient, tout d'abord, revêtu des caractères assez distincts pour se ressembler beaucoup moins que ne le font les races existantes; puis, que plus tard, ainsi que le suggère Vogt, ces dissemblances se soient effacées par un effet de convergence[22]. Lorsque l'homme croise, pour obtenir un but déterminé, les descendants de deux espèces distinctes, il provoque quelquefois, au point de vue de l'aspect général, une convergence qui peut être considérable. C'est ce qui arrive, ainsi que le démontre Von Na-

---

21. Professeur Huxley, *Fortnigthly Review*, 1865, p. 275.
22. *Leçons sur l'Homme*, p. 498.

thusius[23] chez les races améliorées de porcs qui descendent de deux espèces distinctes; et d'une manière un peu moins sensible pour les races améliorées de bétail. Un célèbre anatomiste, Gratiolet, affirme que les singes anthropomorphes ne forment pas un sous-groupe naturel; il affirme que l'Orang est un Gibbon ou un Semnopithèque très développé, le Chimpanzé un Macaque très développé et le Gorille un Mandrill très développé. Si nous admettons cette conclusion, qui repose presque exclusivement sur les caractères cérébraux, nous avons un exemple de convergence, au moins dans les caractères externes, car les singes anthropomorphes se ressemblent certainement par beaucoup plus de points qu'ils ne ressemblent aux autres singes. On peut considérer toutes les ressemblances analogues, comme celle de la baleine avec le poisson, comme des cas de convergence; mais ce terme n'a jamais été appliqué à des ressemblances superficielles et d'adaptation. Dans la plupart des cas, il serait fort téméraire d'attribuer à la convergence une similitude étroite de plusieurs points de conformation chez les descendants modifiés d'êtres très différents. Les forces moléculaires seules déterminent la forme d'un cristal; il n'y a donc rien d'étonnant à ce que des substances dissemblables puissent parfois revêtir une même forme; mais nous ne devons pas perdre de vue que la forme de chaque être organisé dépend d'une infinité de relations complexes, au nombre desquelles il faut compter des variations provoquées par des causes trop embrouillées pour qu'on puisse les saisir toutes; la nature des variations qui ont été conservées, et cette conservation dépend des conditions physiques ambiantes, et plus encore des organismes environnants avec lesquels chacun d'eux a pu se trouver en concurrence; enfin les caractères héréditaires (élément si peu stable) transmis par d'innombrables ancêtres, dont les formes ont été déterminées par des relations également complexes. Il semble donc inadmissible que les descendants modifiés de deux organismes, différant l'un de l'autre d'une manière sensible, puissent, plus tard, converger à tel point que l'ensemble de leur organisation approche de l'identité. Pour en revenir à l'exemple que nous avons cité tout à l'heure, Von Nathusius constate que, chez les races convergentes de porcs, certains os du crâne ont conservé des caractères qui permettent de prouver qu'elles descendent de deux souches primitives. Si les races humaines descendaient, comme le supposent quelques naturalistes, de deux ou

23. *Die Racen des Schweines*, 1860, p. 16, *Vorstudien für Geschichte*, etc. *Schweineschädel*, 1864, p. 104. Pour le bétail, voir M. de Quatrefages, *Unité de l'espèce humaine*, 1861, p. 119.

de plusieurs espèces distinctes, aussi dissemblables l'une de l'autre que l'Orang l'est du Gorille, il n'est pas douteux que l'on pourrait encore constater chez l'homme, tel qu'il existe aujourd'hui, des différences sensibles dans la conformation de certains os.

Les races humaines actuelles présentent à plusieurs égards de nombreuses différences; ainsi, par exemple, la couleur, les cheveux, la forme du crâne, les proportions du corps, etc., offrent d'infinies variations; cependant, si on les considère au point de vue de l'ensemble de l'organisation, on trouve qu'elles se ressemblent de près par une multitude de points. Un grand nombre de ces points sont si insignifiants ou de nature si singulière qu'il est difficile de supposer qu'ils aient été acquis d'une manière indépendante par des espèces ou par des races primitivement distinctes. La même remarque s'applique avec plus de force encore, quand il s'agit des nombreux points de ressemblance mentale qui existent entre les races humaines les plus distinctes. Les indigènes américains, les Nègres et les Européens, ont des qualités intellectuelles aussi différentes que trois autres races quelconques qu'on pourrait nommer, cependant, tandis que je vivais avec des Fuégiens, à bord du *Beagle*, j'observai chez ces derniers de nombreux petits traits de caractère, qui prouvaient combien leur esprit est semblable au nôtre, je fis la même remarque relativement à un Nègre pur sang avec lequel j'ai été autrefois très lié.

Quiconque lit avec soin les intéressants ouvrages de M. Tylor et de sir J. Lubbock [24] ne peut manquer de remarquer la ressemblance qui existe entre les hommes appartenant à toutes les races, relativement aux goûts, au caractère et aux habitudes. C'est ce que prouve le plaisir qu'ils prennent tous à danser, à exécuter une musique grossière, à se peindre, à se tatouer, ou à s'orner de toutes les façons; c'est ce que prouve aussi le langage par gestes qu'ils comprennent tous, la similitude d'expression de leurs traits, les mêmes cris inarticulés, qu'excitent chez eux les mêmes émotions. Cette similitude, ou plutôt cette identité, est frappante, si on l'oppose à la différence des cris et des expressions qu'on observe chez les espèces distinctes des singes. Il est facile de prouver que l'ancêtre commun de l'humanité n'a pas transmis à ses descendants l'art de tirer avec l'arc et les flèches; cependant, les pointes de flèches en pierre, provenant des parties du globe les plus éloignées les unes des autres, et fabriquées aux époques les plus reculées, sont

---

24. Tylor, *Early History of Mankind*, 1865. Pour preuves relatives au langage par gestes, voir Lubbock, *Prehistoric Times*, p. 54, 2ᵉ édit., 1869.

presque identiques, comme l'ont démontré Westropp et Nilsson[25]. Ce fait ne peut s'expliquer que d'une seule façon, c'est-à-dire que les races diverses possèdent la même puissance inventive ou, autrement dit, des facultés mentales analogues. Les archéologues ont fait la même observation [26] relativement à certains ornements très répandus, comme les zigzags, etc., et par rapport à certaines croyances et à certaines coutumes fort simples, telles que l'usage d'enfouir les morts sous des constructions mégalithiques. Dans l'Amérique du Sud[27], comme dans tant d'autres parties du monde, l'homme a généralement choisi les sommets des hautes collines pour y élever des monceaux de pierres, soit pour rappeler quelque événement mémorable, soit pour honorer les morts.

Or, lorsque les naturalistes remarquent une grande similitude dans de nombreux petits détails portant sur les habitudes, les goûts et les caractères entre deux ou plusieurs races domestiques, ou entre des formes naturelles très voisines, ils voient dans ce fait une preuve que ces races descendent d'un ancêtre commun doué des mêmes qualités ; en conséquence, ils les groupent toutes dans une même espèce. Le même argument peut s'appliquer aux races humaines avec bien plus de force encore.

Il est improbable que les nombreux points de ressemblance si insignifiants parfois qui existent entre les différentes races humaines et qui portent aussi bien sur la conformation du corps que sur les facultés mentales (je ne parle pas ici des coutumes semblables) aient tous été acquis d'une manière indépendante ; ils doivent donc provenir par hérédité d'ancêtres qui possédaient ces caractères. Cela nous permet d'entrevoir quel était le premier état de l'homme avant qu'il se fût répandu graduellement dans toutes les parties du monde. Il est évident que l'homme alla peupler des régions largement séparées par la mer, avant que des divergences considérables de caractères se soient produites entre les diverses races, car autrement on rencontrerait quelquefois la même race sur des continents distincts, ce qui n'arrive jamais. Sir J. Lubbock, après avoir comparé les arts que pratiquent aujourd'hui les sauvages dans toutes les parties du monde, indique ceux que l'homme ne pouvait pas connaître, lorsqu'il s'est pour la première fois éloigné de sa patrie originelle ; car on ne peut admettre qu'une fois acquises

25. II.-M. Westropp, *On analogous forms of implements ; Memoirs of Anthrop. Soc.* Nilsson, *The primitive inhabitants of Scandinavia.*

26. Westropp, *On Cromlechs*, etc., *Journal of Ethnological Soc.*, cité dans *Scientific Opinion*, p. 3, juin 1869.

27. *Journ. of Researches ; Voyage of the Beagle*, p. 46.

ces connaissances pussent s'oublier[28]. Il prouve ainsi que la
« lance, simple développement du couteau, et la massue, qui n'est
qu'un long marteau, sont les seules armes que possèdent toutes les
races ». Il admet, en outre, que l'homme avait probablement déjà
découvert l'art de faire le feu, car cet art est commun à toutes les
races existantes, et il était pratiqué par les anciens habitants des
cavernes de l'Europe. Peut-être l'homme connaissait-il aussi l'art
de construire de grossières embarcations ou des radeaux; mais,
comme l'homme existait à une époque très reculée, alors que la
terre, en bien des endroits, se trouvait à des niveaux très différents de ceux qu'elle occupe aujourd'hui, on peut supposer qu'il a
pu occuper de vastes régions sans l'aide d'embarcations. Sir J. Lubbock fait remarquer, en outre, que probablement nos ancêtres les
plus reculés ne savaient pas compter jusqu'à dix, car beaucoup de
races actuelles ne savent pas compter au delà de quatre. Quoi
qu'il en soit, dès cette antique période, les facultés intellectuelles
et sociales de l'homme devaient être à peine inférieures à ce que
sont aujourd'hui celles des sauvages les plus grossiers; autrement
l'homme primordial n'aurait pas si bien réussi dans la lutte pour
l'existence, succès que prouve sa précoce et vaste diffusion.

Quelques philologues ont conclu des différences fondamentales
qui existent entre certains langages, que, lorsque l'homme a commencé à se répandre sur la terre, il n'était pas encore doué de la
parole; mais on peut supposer que des langages, bien moins parfaits que ceux actuellement en usage et complétés par des gestes,
ont pu exister sans cependant avoir laissé de traces sur les langues
plus développées qui leur ont succédé. Il paraît douteux que, sans
l'usage de quelque langage, si imparfait qu'il fût, l'intelligence de
l'homme eût pu s'élever au niveau qu'implique sa position dominante à une époque très reculée.

Nos ancêtres méritaient-ils le nom d'hommes, alors qu'ils ne
connaissaient que quelques arts très grossiers, et qu'ils ne possédaient qu'un langage extrêmement imparfait? Cela dépend du sens
que nous attribuons au mot homme. Dans une série de formes
partant de quelque être à l'apparence simienne et arrivant graduellement à l'homme tel qu'il existe, il serait impossible de fixer
le point défini auquel le terme « homme » devrait commencer à
s'appliquer. Mais cette question a peu d'importance; il est de même
fort indifférent qu'on désigne sous le nom de « races » les diverses
variétés humaines, ou qu'en emploie les expressions « espèces »

28. *Prehistoric Times*, 1869, p. 571.

ou « sous-espèces, » bien que cette dernière désignation paraisse la plus convenable. Enfin, nous pouvons conclure que les principes de l'évolution une fois généralement acceptés, ce qui ne tardera plus bien longtemps, la discussion entre les monogénistes et les polygénistes aura vécu.

Il est encore une question qu'il ne faut pas laisser dans l'ombre : chaque sous-espèce ou race humaine descend-elle, comme on l'a quelquefois affirmé, d'un seul couple d'ancêtres? On peut, chez nos animaux domestiques, former aisément une nouvelle race au moyen d'une seule paire présentant quelque caractère particulier, ou même d'un individu unique qui possède ce caractère, en appariant avec soin sa descendance sujette à variation. Toutefois, la plupart de nos races d'animaux domestiques ne descendant pas d'un couple choisi à dessein, elles résultent de la conservation, inconsciente pour ainsi dire, d'un grand nombre d'individus qui ont varié, si légèrement que ce soit, d'une manière avantageuse ou désirable. Si, dans un pays quelconque, on préfère des chevaux forts et lourds, et, dans un autre, des chevaux légers et rapides, on peut être certain qu'il se formera, au bout de quelque temps, deux sous-races distinctes, sans qu'on ait trié ou fait reproduire des paires ou des individus particuliers dans les deux pays. Telle est évidemment l'origine de bien des races, et ce mode de formation ressemble beaucoup à celui des espèces naturelles. On sait aussi que les chevaux importés dans les îles Falkland, sont devenus, après quelques générations, plus petits et plus faibles, tandis que ceux qui ont fait retour à l'état sauvage dans les Pampas ont acquis une tête plus forte et plus commune; il est hors de doute que ces changements ne proviennent pas de ce qu'une paire quelconque a été exposée à certaines conditions, mais de ce que tous les individus ont été exposés à ces mêmes conditions, et peut-être aussi des effets du retour. Les nouvelles sous-races ne descendent, dans aucun de ces cas, d'une paire unique, mais d'un grand nombre d'individus qui ont varié à des degrés différents, mais d'une manière générale; or, nous pouvons conclure que les mêmes principes ont présidé à la formation des races humaines; les modifications qu'elles ont subies sont le résultat direct de l'exposition à des conditions différentes, ou le résultat indirect de quelque forme de sélection. Nous aurons à revenir bientôt sur ce dernier point.

Extinction des races humaines. — L'histoire enregistre l'extinction partielle ou complète de beaucoup de races et de sous-races humaines. Humboldt a vu dans l'Amérique du Sud un perroquet, le seul être vivant qui parlât encore la langue d'une tribu éteinte. Les anciens monuments et les instruments en pierre qu'on trouve dans toutes les parties du monde et sur lesquels les habitants actuels n'ont conservé aucune tradition, témoignent d'une très grande extinction. Quelques petites tribus, restes de races antérieures, survivent encore dans quelques districts isolés et ordinairement montagneux. Les anciennes races qui peuplaient l'Europe étaient, d'après Schaaffhausen[19], « inférieures aux sauvages actuels les plus grossiers », elles devaient donc différer, dans une certaine mesure, des races existantes. Les restes provenant des Eyzies, décrits par le professeur Broca[30], paraissent malheureusement avoir appartenu à une famille unique; ils semblent provenir, cependant, d'une race qui présentait la combinaison la plus singulière de caractères bas et simiens avec d'autres caractères d'un ordre supérieur; cette race diffère « absolument de toute autre race, ancienne ou moderne, que nous connaissions ». Elle différait donc de la race quaternaire des cavernes de la Belgique.

L'homme peut résister longtemps à des conditions physiques qui paraissent extrêmement nuisibles à son existence[31]. Il a habité, pendant de longues périodes, les régions extrêmes du Nord, sans bois pour construire des embarcations ou pour fabriquer d'autres instruments, n'ayant qne de la graisse comme combustible et de la neige fondue comme boisson. A l'extrémité méridionale de l'Amérique du Sud, les Fuégiens n'ont ni vêtements, ni habitations méritant même le nom de huttes, pour se défendre contre les intempéries des saisons. Dans l'Afrique australe, les indigènes errent dans les plaines les plus arides, où abondent les bêtes dangereuses. L'homme supporte l'influence mortelle des Terai au pied de l'Himalaya, et résiste aux effluves pestilentiels des côtes de l'Afrique tropicale.

L'extinction est principalement le résultat de la concurrence qui existe entre les tribus et entre les races. Divers freins, comme nous l'avons indiqué dans un chapitre précédent, sont constamment en action pour limiter le nombre de chaque tribu sauvage : ce sont les famines périodiques, la vie errante des parents, cause de grande mortalité chez les enfants, la durée de l'allaitement, l'enlèvement des femmes, les guerres, les accidents, les maladies, les dérèglements, l'infanticide surtout, et principalement un amoindrissement de fé-

29. Traduit dans *Anthropological Review*, oct. 1868, 431.

30. *Transact. Internat. Congress of Prehistoric Arch.*, 1868, pp. 172-175. Broca, *Anthropological Review*, oct. 1868, p. 410.

31. Docteur Gerland, *Ueber das Aussterben der Naturvölker*, p. 82, 1868.

condité. Si une de ces causes d'arrêt vient à s'amoindrir, même à un faible degré, la tribu ainsi favorisée tend à s'accroître; or, si, de deux tribus voisines, l'une devient plus nombreuse et plus puissante que l'autre, la guerre, les massacres, le cannibalisme, l'esclavage et l'absorption mettent bientôt fin à toute concurrence qui peut exister entre elles. Lors même qu'une tribu plus faible ne disparaît pas, brusquement balayée, pour ainsi dire, par une autre, il suffit qu'elle commence à décroître en nombre, pour continuer généralement à le faire jusqu'à son extinction complète [32].

La lutte entre les nations civilisées et les peuples barbares est très courte, excepté toutefois là où un climat meurtrier vient en aide à la race indigène; mais, parmi les causes qui déterminent la victoire des nations civilisées, il en est qui sont très claires et d'autres fort obscures. Il est facile de comprendre que les défrichements et la mise en culture du sol doivent de toutes les façons porter un coup terrible aux sauvages, qui ne peuvent pas ou ne veulent pas changer leurs habitudes. Les nouvelles maladies et les vices nouveaux que contractent les sauvages au contact de l'homme civilisé constituent une cause puissante de destruction; il paraît qu'une nouvelle maladie provoque une grande mortalité, qui dure jusqu'à ce que ceux qui sont le plus susceptibles à son action malfaisante soient graduellement éliminés [33]. Il en est peut-être de même pour les effets nuisibles des liqueurs spiritueuses, ainsi que du goût invétéré que tant de sauvages ont pour ces produits. Il semble, en outre, si mystérieux que soit le fait, que le contact de peuples distincts et jusqu'alors séparés engendre certaines maladies [34]. M. Sproat a étudié avec beaucoup de soin la question de l'extinction dans l'île de Vancouver; il affirme que le changement des habitudes, qui résulte toujours de l'arrivée des Européens, provoque un grand nombre d'indispositions. Il insiste aussi beaucoup sur une cause en apparence bien insignifiante : le nouveau genre de vie qui entoure les indigènes les effare et les attriste; « ils perdent tous leurs motifs d'efforts, et n'en substituent point de nouveaux à la place [35] ».

Le degré de civilisation constitue un élément très important pour assurer le succès d'une des nations qui entrent en concurrence.

32. Gerland (*op. c.*, p. 12) cite des faits à l'appui.
33. Sir H. Holland fait quelques remarques à ce sujet dans *Medical Notes and Reflections*, 1839, p. 390.
34. Dans mon *Journal of Researches; Voyage of the Beagle*, p. 435, j'ai enregistré plusieurs faits à cet égard; voir aussi Gerland (*op. c.*, p. 8). Pœppig dit que « le souffle de la civilisation est un poison pour les sauvages ».
35. Sproat. *Scenes and studies of savage Life*, 1868, p. 284.

L'Europe, il y a quelques siècles, redoutait les incursions des barbares de l'Orient; une pareille terreur serait aujourd'hui ridicule. Il est un fait plus curieux qu'a remarqué M. Bagehot, c'est que les sauvages ne disparaissaient pas devant les peuples de l'antiquité comme ils le font actuellement devant les peuples modernes civilisés; s'il en avait été ainsi, les vieux moralistes n'auraient pas manqué de méditer cette question, mais on ne trouve, dans aucun auteur de cette période, aucune remarque sur l'extinction des peuples barbares [36].

Les causes d'extinction les plus énergiques semblent être, dans bien des cas, l'amoindrissement de la fécondité et l'état maladif des enfants; ces deux causes résultent du changement des conditions d'existence, bien que les nouvelles conditions n'aient en elles-mêmes rien de nuisible. M. H.-H. Howorth a bien voulu appeler mon attention sur ce point et me fournir de nombreux renseignements. Il convient de citer quelques exemples à cet égard.

Au moment de la colonisation de la Tasmanie, certains voyageurs estimaient à 7,000, d'autres à 20,000, le nombre des indigènes. En tout cas, et quel qu'ait pu être le chiffre de la population, le nombre des indigènes diminua bientôt, en conséquence de luttes perpétuelles, soit avec les Anglais, soit les uns avec les autres. Après la fameuse chasse au sauvage à laquelle prirent part tous les colons, il ne restait plus que 120 Tasmaniens qui firent leur soumission entre les mains des autorités anglaises et à qui on voulut bien accorder la vie [37]. En 1832, on transporta ces 120 individus dans l'île Flinders. Cette île, située entre la Tasmanie et l'Australie, a 64 kilomètres de longueur sur une largeur qui varie entre 19 et 22 kilomètres; le climat est sain et les nouveaux habitants furent bien traités. Quoi qu'il en soit, leur santé reçut une rude atteinte. En 1834, on comptait (Bonwick, p. 250) 47 hommes adultes, 48 femmes adultes, et 16 enfants; en tout 111 individus; en 1835, ils n'étaient plus que 100. Comme ils continuaient à diminuer rapidement en nombre et qu'ils étaient persuadés qu'ils ne mourraient pas si rapidement dans une autre localité, on les transporta, en 1847, dans la baie d'Oyster, située dans la partie méridionale de la Tasmanie. La peuplade se composait alors, 20 décembre 1847, de 14 hommes, 22 femmes et 10 enfants [38]. Ce changement de ré-

---

36. Bagehot, *Physics and Politics; Fortnightly Review,* 1ᵉʳ avril 1868, p. 455.
37. J'emprunte tous ces détails à l'ouvrage de J. Bonwick, *The last of the Tasmanians,* 1870.
38. Ces chiffres sont empruntés au rapport du gouverneur de la Tasmanie, sir W. Denison, *Varieties of Vice-Regal Life,* 1870, vol. I, p. 67.

sidence n'amena aucun résultat. La maladie et la mort poursuivaient encore ces malheureux et, en 1864, il ne restait plus qu'un
homme (qui mourut en 1869) et trois femmes adultes. La perte de
la fécondité chez la femme est un fait encore plus remarquable
que la tendance.à la maladie et à la mort. A l'époque où il ne restait plus que 9 femmes à la baie d'Oyster, elles dirent à M. Bonwick (p. 386) que deux d'entre elles seulement avaient eu des
enfants et, entre elles deux, elles n'avaient donné le jour qu'à trois
enfants !

Le Dʳ Story cherche à approfondir les causes de cet état de
choses ; il fait remarquer que les efforts tentés pour civiliser les sauvages amènent invariablement leur mort. « Si on les avait laissés
errer à loisir comme ils en avaient l'habitude, ils auraient élevé
plus d'enfants et on aurait constaté chez eux une mortalité moins
grande. » M. Davis, qui a aussi étudié avec beaucoup de soin les
habitudes des sauvages, fait de son côté les remarques suivantes :
« Les naissances ont été fort restreintes et les décès nombreux. Cet
état de choses a dû provenir en grande partie du changement apporté à leur mode de vie et à la nature de leur alimentation ;
mais, plus encore, du premier changement de résidence qu'on leur
a imposé et des regrets profonds qui ont dû en être la conséquence. »
(Bonwick, pp. 338, 390.)

On a observé des faits analogues dans deux parties très différentes de l'Australie. M. Gregory, le célèbre explorateur, a affirmé
à M. Bonwick que, dans la colonie de Queensland, « on constate,
même dans les parties les plus récemment colonisées, une diminution des naissances chez les indigènes et qu'en conséquence le nombre de ces derniers décroîtra bientôt dans de vastes proportions ».
Douze indigènes sur treize, originaires de la baie du Requin, qui
vinrent s'établir sur les bords du fleuve Murchison, moururent de
la poitrine pendant les premiers trois mois [39].

M. Fenton, dans un admirable rapport auquel, sauf une exception, j'emprunte tous les faits qui vont suivre, a étudié avec soin la
progression et les causes de la diminution des Maories de la Nouvelle-Zélande [40]. Tous les observateurs, y compris les indigènes
eux-mêmes, admettent que, depuis 1830, les Maories diminuent en
nombre et que cette diminution s'accentue chaque jour. Bien qu'on
n'ait pu jusqu'à présent procéder au recensement exact des indi-

---

39. Bonwick, *Daily Life of the Tasmanians*, 1870, p. 90 ; *The last of the Tasmanians*, 1870, p. 386.

40. *Observations on the Aboriginal inhabitants of New Zealand ;* publié par
ordre du gouvernement, 1859.

gènes, le nombre des familles a été évalué avec soin par les personnes habitant plusieurs districts, et il semble qu'on puisse se fier à cette évaluation. Les chiffres obtenus prouvent que, pendant les quatorze années qui ont précédé 1858, la diminution s'est élevée à 19.42 p. 100. Quelques tribus sur lesquelles ont porté les observations les plus parfaites habitaient des régions séparées par des centaines de kilomètres, les unes sur le bord de la mer, les autres bien loin dans l'intérieur des terres; les moyens de subsistance et les habitudes différaient donc dans une grande mesure (p. 28). En 1858, on évaluait le nombre total des Maories à 53,700; en 1872, après un autre intervalle de quatorze ans, on n'en trouve plus que 36,359, soit une diminution de 32.29 p. 100 [41]. Après avoir démontré que les causes ordinairement invoquées, telles que les nouvelles maladies, le dérèglement des femmes, l'ivrognerie, les guerres, etc., ne sauraient suffire à expliquer cette diminution extraordinaire, M. Fenton, qui s'est livré à une étude approfondie du sujet, croit pouvoir l'attribuer à la stérilité des femmes, et à la mortalité extraordinaire des jeunes enfants (pp. 31, 34). Comme preuve à l'appui, il indique (p. 33) qu'on comptait, en 1844, un enfant pour 2.57 adultes, tandis qu'en 1853, on ne comptait plus qu'un enfant pour 3.27 adultes. La mortalité des adultes est aussi considérable. M. Fenton invoque encore comme une autre cause de la diminution la disproportion numérique entre les hommes et les femmes; il naît, en effet, moins de filles que de garçons. Je reviendrai, dans un chapitre subséquent, sur cette dernière assertion qui dépend peut-être d'une raison entièrement différente. M. Fenton insiste avec un certain étonnement sur la diminution de la population dans la Nouvelle-Zélande et sur son augmentation en Irlande, deux pays dont le climat se ressemble beaucoup et dont les habitants ont à peu près aujourd'hui les mêmes habitudes. Les Maories eux-mêmes (p. 35) « attribuent, dans une certaine mesure, leur diminution à l'introduction d'une nouvelle alimentation, à l'usage des vêtements, et aux changements d'habitudes qui en ont été la conséquence »; nous verrons, en étudiant l'influence que le changement des conditions d'existence a sur la fécondité, qu'ils ont probablement raison. La diminution de la population a commencé entre 1830 et 1840; or, M. Fenton démontre (p. 40) qu'ils ont découvert vers 1830 l'art de préparer les tiges du maïs en les faisant longtemps séjourner dans l'eau et qu'ils s'adonnèrent beaucoup à cette préparation; ceci indique qu'un changement d'habitudes se

---

41. Alex. Kennedy, *New Zealand*, 1873, p. 47.

produisait chez les indigènes, alors même qu'il y avait très peu d'Européens à la Nouvelle-Zélande. Quand je visitai la Baie des Iles, en 1835, le costume et le mode d'alimentation des indigènes s'étaient déjà considérablement modifiés; ils cultivaient des pommes de terre, du maïs, et quelques autres produits agricoles qu'ils échangeaient avec les Anglais contre du tabac et des produits manufacturés.

Il ressort de plusieurs notes publiées dans l'histoire de la vie de l'évêque Patteson[42] que les indigènes des Nouvelles-Hébrides et de plusieurs archipels voisins succombèrent en grand nombre quand on les transporta à la Nouvelle-Zélande, à l'île Norfolk et dans d'autres stations salubres pour les y élever comme missionnaires.

On sait que la population indigène des îles Sandwich diminue aussi rapidement que celle de la Nouvelle-Zélande. Les voyageurs les plus autorisés évaluaient à environ 300,000 habitants la population des îles Sandwich lors du premier voyage de Cook en 1779. D'après un recensement imparfait opéré en 1823, le nombre des indigènes s'élevait alors à 142,050. En 1832, et depuis à diverses périodes, on a procédé à un recensement officiel; je n'ai pu malheureusement me procurer que les renseignements suivants :

ANNÉES.	POPULATION INDIGÈNE (En 1832 et en 1836 les quelques étrangers habitant les îles sont compris dans les chiffres ci-dessous.)	Proportion annuelle de la diminution pour 100, en admettant que cette diminution ait été uniforme dans l'intervalle des différents recensements qui ont été faits à des intervalles irréguliers.
1832	130.313	4.46
1836	108.579	2.47
1853	71.019	0.81
1860	67.084	2.18
1866	58.765	2.17
1872	51.531	

Il résulte de ces chiffres que, pendant un intervalle de quarante ans, de 1832 à 1872, la population indigène a diminué de 68 p. 100! La plupart des savants ont attribué cette diminution à la mauvaise conduite des femmes, aux guerres meurtrières, au travail forcé imposé aux tribus vaincues, à de nouvelles maladies introduites par les

42. C.-M. Younge, *Life of J.-C. Patteson*, 1874; voir surtout vol. I, p. 530.

Européens, lesquelles, dans quelques cas, ont provoqué de véritables épidémies. Sans doute, ces causes et d'autres faits analogues peuvent expliquer dans une certaine mesure le décroissement extraordinaire de population que l'on observe entre les années 1832 et 1836 ; mais nous croyons que la cause la plus puissante est l'amoindrissement de la fécondité des indigènes. Le docteur Ruschenberger, de la marine des États-Unis, qui a visité les îles Sandwich entre 1835 et 1837, affirme que, dans un district de l'île Hawaï, 25 hommes sur 1134 et, dans un autre district de la même île, 10 seulement sur 637 avaient 3 enfants; sur 80 femmes mariées, 39 seulement avaient eu des enfants ; un rapport officiel remontant à cette époque n'indique que 1 demi-enfant pour chaque couple marié comme la moyenne des naissances dans l'île entière. Cette moyenne est presque identique à celle des Tasmaniens à la crique d'Oyster. Jarver, qui a publié en 1843 une histoire des îles Sandwich, dit que « les familles qui ont trois enfants sont exonérées de tout impôt; on concède des terres et on accorde d'autres encouragements à celles qui ont quatre enfants ou davantage ». Ces dispositions extraordinaires du gouvernement suffiraient à prouver combien cette race est devenue peu féconde. Le révérend A. Bishop, dans un article publié par le *Spectator* d'Hawaï en 1839, constate que beaucoup d'enfants mouraient alors en bas âge et l'évêque Staley m'apprend qu'il en est toujours ainsi. On a attribué cette mortalité au peu de soin des femmes pour les enfants, mais je pense qu'il convient de l'attribuer surtout à une faiblesse innée de constitution chez les enfants, conséquence de l'amoindrissement de la fécondité chez les parents. On peut constater, en outre, une nouvelle ressemblance entre les indigènes des îles Sandwich et ceux de la nouvelle Zélande ; nous faisons allusion au grand excès des garçons sur les filles; le recensement de 1872 indique, en effet, 31,650 mâles contre 25,257 femelles de tout âge, c'est à dire 125.36 mâles pour 100 femelles, alors que, dans tous les pays civilisés, le nombre des femmes excède celui des hommes. Sans aucun doute, la conduite dévergondée des femmes peut en partie expliquer l'amoindrissement de leur fécondité, mais la cause principale de cet amoindrissement est, sans contredit, le changement des habitudes d'existence, cause qui explique en même temps l'augmentation de la mortalité surtout chez les enfants. Cook visita les îles Sandwich en 1779; Vancouver y débarqua en 1794, et elles reçurent ensuite les visites de nombreux baleiniers. Les missionnaires arrivèrent en 1819; le roi avait déjà aboli l'idolâtrie et effectué d'autres réformes. Dès cette époque, il se produisit un changement rapide dans presque toutes les habitudes des indigènes, et on put bientôt les considérer à juste titre comme les plus civilisés de tous les Polynésiens. M. Coan, né dans les îles Sandwich, m'a fait remarquer avec raison que, dans le cours de cinquante ans, les indigènes ont été soumis à un plus grand changement des habitudes d'existence que les Anglais pendant une période de mille ans. L'évêque Staley affirme, il est vrai, que l'alimentation des classes pauvres n'a pas beaucoup changé, bien qu'on ait introduit dans les îles beaucoup d'espèces nouvelles de fruits, surtout la canne à sucre. Il faut ajouter que, désireux d'imiter les Européens, les indigènes changèrent presque immédiatement leur manière de se vêtir et s'adonnèrent généralement à l'usage des boissons alcooliques. Bien que ces changements ne paraissent pas avoir grande importance, je crois, si l'on en juge par ce qui se passe chez les animaux, qu'ils ont dû tendre à amoindrir la fécondité des indigènes[43].

Enfin, M. Macnamara[44] constate que les habitants si dégradés des îles Andaman, dans la partie orientale du golfe du Bengale, sont très sensibles à un changement de climat; « si on les enlève à leur patrie, on les condamne à une mort presque certaine, et cela indépendamment d'un changement d'alimentation ou de toute autre circonstance ». Il affirme, en outre, que les habitants de la vallée du Népaul qui est extrêmement chaude en été, ainsi que les habitants des régions montagneuses de l'Inde, souffrent de la fièvre et de la dysenterie quand ils descendent dans les plaines, et meurent certainement s'ils essayent d'y passer toute l'année.

Il résulte de ces remarques que la santé des races humaines les plus sauvages est profondément atteinte, quand on essaye de les soumettre à de nouvelles conditions d'existence ou à de nouvelles habitudes, sans qu'il soit nécessaire de les transporter sous un nouveau climat. De simples changements d'habitude, bien qu'ils ne semblent avoir aucune importance, ont ce même effet qui, d'ordinaire, se produit chez les enfants. On a souvent affirmé, comme le fait remarquer M. Macnamara, que l'homme peut supporter avec impunité les plus grandes différences de climat et résister à des changements considérables des conditions d'existence, mais cette remarque est

43. J'ai emprunté les divers faits cités dans ce paragraphe aux ouvrages suivants : Jarves, *History of the Hawaïian Islands*, 1843, pp. 400-407. Cheever, *Life in the Sandwich Islands*, 1851, p. 277. Bonwick, *Last of the Tasmanians*, 1870, p. 378, cite Ruschenberger. Sir L. Belcher, *Voyage round the world*, 1843, vol. I, p. 272. M. Coan et le Dʳ Youmans de New-York ont bien voulu me communiquer les recensements que j'ai cités. Dans la plupart des cas, j'ai comparé les chiffres du Dʳ Youmans avec ceux indiqués dans les divers ouvrages que je viens de citer. Je ne me suis pas servi du recensement de 1850, les chiffres ne me paraissant pas exacts.

44. *The Indian Medical Gazette*, 1ᵉʳ nov. 1871, p. 240.

seulement vraie quand elle s'applique aux races civilisées. L'homme
à l'état sauvage semble sous ce rapport presque aussi sensible que
ses plus proches voisins, les singes anthropoïdes, qui n'ont jamais
survécu longtemps quand on les a exilés de leur pays natal.

La diminution de la fécondité résultant du changement des conditions d'existence, comme nous venons de le voir chez les Tasmaniens, chez les Maories, chez les Havaïens, et probablement aussi
chez les Australiens, présente encore plus d'intérêt que leur extrème susceptibilité à la maladie et à la mort ; en effet, la moindre
diminution de fécondité combinée à ces autres causes tend à arrêter
l'accroissement de la population et conduit tôt ou tard à l'extinction.
On peut, dans quelques cas, expliquer la diminution de la fécondité par la mauvaise conduite des femmes, chez les Tahitiens, par
exemple, mais M. Fenton a démontré que cette explication ne saurait suffire, quand il s'agit des Nouveaux-Zélandais ou des Tasmaniens.

M. Macnamara, dans le mémoire que nous avons cité plus haut,
s'efforce de démontrer que les habitants des régions pestilen-
tielles sont ordinairement peu féconds ; mais cette remarque ne
peut s'appliquer dans plusieurs des cas que nous avons cités. Quelques savants ont suggéré que les habitants des îles deviennent peu
féconds et contractent de nombreuses maladies par suite de croisements consanguins très répétés ; mais la perte de la fécondité, dans
les cas que nous venons de citer, a coïncidé trop étroitement avec
l'arrivée des Européens pour que nous puissions admettre cette explication. D'ailleurs, dans l'état actuel de la science, nous n'avons
aucune raison de croire que l'homme soit très sensible aux effets
déplorables des unions consanguines, surtout dans des régions aussi
étendues que la Nouvelle-Zélande et que l'archipel des Sandwich
qui présentent de nombreuses différences de climat. On sait, au
contraire, que les habitants actuels de l'île Norfolk, de même que les
Todas dans l'Inde et les habitants de quelques îles sur la côte occidentale de l'Écosse, sont presque tous cousins ou proches parents,
et rien ne prouve que la fécondité de ces tribus ne soit amoindrie [45].

L'exemple des animaux inférieurs nous fournit une explication
bien plus probable. On peut démontrer que le changement des
conditions d'existence influe à un point extraordinaire sur le sys-

45. Sur les rapports étroits de parenté entre les habitants des îles Norfolk,
voir sir W. Denison, *Varieties of Vice Regal Life*, vol. I, 1870, p. 410. Pour les
Todas, voir l'ouvrage du colonel Marshall, 1873, p. 110. Pour les îles situées
sur la côte occidentale de l'Écosse, Dr Mitchell, *Edinburgh Medical Journal*,
mars à juin 1863.

tème reproducteur, sans que nous puissions, d'ailleurs, indiquer les
raisons de cette action; cette influence amène, selon les cas, des résultats avantageux ou nuisibles. J'ai cité à ce sujet un grand nombre
de faits dans le chapitre xviii de la *Variation des animaux et des
plantes à l'état domestique;* je me bornerai donc à rappeler ici
quelques exemples et à renvoyer ceux que ce sujet peut intéresser
à l'ouvrage que je viens d'indiquer. Des changements de condition
très minimes ont pour effet d'augmenter la santé, la vigueur et la
fécondité de la plupart des êtres organisés; d'autres changements,
au contraire, ont pour effet de rendre stériles un grand nombre d'a-
nimaux. Un des exemples les plus connus est celui des éléphants
apprivoisés qui ne reproduisent pas dans l'Inde, tandis qu'ils se
reproduisent souvent à Ava où on permet aux femelles d'errer dans
une certaine mesure dans les forêts et que l'on replace ainsi dans
des conditions plus naturelles.

On a élevé en captivité, dans leur pays natal, divers singes américains mâles et femelles, et, cependant, ils se sont très rarement
reproduits; cet exemple est plus important encore pour le sujet
qui nous occupe à cause de la parenté de ces singes avec l'homme.
Le moindre changement des conditions d'existence suffit parfois
pour provoquer la stérilité chez un animal sauvage réduit en captivité, ce qui est d'autant plus étrange que nos animaux domestiques
sont devenus plus féconds qu'ils ne l'étaient à l'état de nature, et que
certains d'entre eux peuvent résister à des changements extraordinaires des conditions sans qu'il en résulte une diminution de fécondité[46]. La captivité affecte, à ce point de vue, certains groupes
d'animaux beaucoup plus que d'autres et ordinairement toutes les
espèces faisant partie du groupe sont affectées de la même manière.
Parfois aussi, une seule espèce d'un groupe devient stérile, tandis que les autres conservent leur fécondité; d'un autre côté, une
seule espèce peut conserver sa fécondité, tandis que les autres espèces deviennent stériles. Les mâles et les femelles de certaines espèces
réduits en captivité ou privés d'une certaine dose de liberté dans
leur pays natal ne s'accouplent jamais; d'autres, placés dans les
mêmes conditions, s'accouplent souvent, mais sans jamais produire
de petits; d'autres enfin ont des petits, mais en moins grand nombre
qu'à l'état naturel. Il faut remarquer, en outre, et cette remarque
s'applique tout particulièrement à l'homme, que les petits produits
dans ces conditions sont ordinairement faibles, maladifs ou diffor-
mes et périssent de bonne heure.

---

46. Voir *la Variation des animaux,* etc., vol. II, (Paris, Reinwald).

Je suis disposé à croire que cette loi générale de l'influence des changements des conditions d'existence sur le système reproducteur qui s'applique à nos proches alliés, les Quadrumanes, s'applique aussi à l'homme dans son état primitif. Il en résulte que, si on modifie soudainement les conditions d'existence des sauvages appartenant à quelque race que ce soit, ils deviennent de plus en plus stériles et leurs enfants maladifs périssent de bonne heure ; de même qu'il arrive pour l'éléphant et le léopard dans l'Inde, pour beaucoup de singes en Amérique et pour une foule d'animaux de toute sorte, dès qu'on modifie les conditions naturelles de leur existence.

Ces remarques nous permettent de comprendre pourquoi les habitants indigènes des îles, qui, depuis longtemps, ont dû être soumis à des conditions presque uniformes d'existence, sont évidemment sensibles au moindre changement apporté à ces conditions. Il est certain que les hommes appartenant aux races civilisées résistent infiniment mieux que les sauvages à des changements de toute sorte ; sous ce rapport, les hommes civilisés ressemblent aux animaux domestiques, qui, bien que sensibles quelquefois à des changements de conditions, les chiens européens dans l'Inde, par exemple, sont rarement devenus stériles [47]. Cette immunité des races civilisées et des animaux domestiques provient probablement de ce qu'ils ont subi de plus nombreuses variations des conditions d'existence et qu'ils s'y sont accoutumés dans une certaine mesure ; de ce qu'ils ont, en outre, changé fréquemment de pays et que les sous-races se sont croisées. Il semble, d'ailleurs, qu'un croisement avec les races civilisées prémunisse immédiatement une race aborigène contre les déplorables conséquences qui résultent d'un changement des conditions. Ainsi, les descendants croisés des Tahitiens et des Anglais établis à l'île Pitcairn se multiplièrent si rapidement que l'île fut bientôt trop petite pour les contenir et, en conséquence, on les transporta en juin 1856 à l'île Norfolk. La tribu se composait alors de 60 personnes mariées et de 134 enfants, soit en total, 194 personnes. Ils continuèrent à se multiplier si rapidement à l'île Norfolk que, en janvier 1868, elle comptait 300 habitants, bien que 16 personnes fussent retournées en 1859 à l'île Pitcairn ; on comptait à peu près autant d'hommes que de femmes.

Quel contraste étonnant avec les Tasmaniens ! Le nombre des habitants de l'île Norfolk s'accrut, en douze ans et demi seulement, de 194 à 300, tandis que, en quinze ans, le nombre des Tasmaniens

_____

47. *La Variation des animaux*, etc. vol. II, p. 16.

décrut de 120 à 46 et ce dernier nombre ne comprenait que 10 enfants [48].

De même, dans l'intervalle qui s'est écoulé entre le recensement de 1866 et celui de 1872, le nombre des indigènes pur sang aux îles Sandwich diminua de 8,081, tandis que le nombre des demi-castes augmenta de 847; mais je ne saurais dire si ce dernier nombre comprend les enfants des demi-castes ou seulement les demi-castes de la première génération.

Les faits que je viens de citer se rapportent tous à des aborigènes qui ont été soumis à de nouvelles conditions d'existence, par suite de l'arrivée d'hommes civilisés. Il est probable, cependant, que, si les sauvages étaient forcés par toute autre cause, l'invasion d'une tribu conquérante par exemple, à déserter leurs demeures et à changer leurs habitudes, la mauvaise santé et la stérilité n'en résulteraient pas moins pour eux. Il est intéressant de constater que le principal obstacle à la domestication des animaux sauvages, ce qui implique pour eux la faculté de se reproduire dès qu'ils sont réduits en captivité, est le même qui empêche les sauvages placés en contact avec la civilisation de survivre pour former à leur tour une race civilisée, c'est-à-dire, la stérilité résultant du changement des conditions d'existence.

Enfin, bien que le décroissement graduel et l'extinction finale des races humaines constitue un problème très complexe, nous pouvons affirmer qu'il dépend de bien des causes différentes suivant les lieux et les époques. Ce problème est, en somme, analogue à celui que présente l'extinction de l'un des animaux les plus élevés, — le cheval fossile, par exemple, qui a disparu de l'Amérique du Sud, pour être, bientôt après, remplacé dans les mêmes régions par d'innombrables troupeaux de chevaux espagnols. Le Nouveau-Zélandais semble avoir conscience de ce parallélisme, car il compare son sort futur à celui du rat indigène qui a été presque entièrement exterminé par le rat européen. Si insoluble qu'il nous paraisse, surtout si nous voulons pénétrer les causes précises et le mode d'action de l'extinction, ce problème n'a rien après tout qui doive nous étonner. En effet, l'accroissement de chaque espèce et de chaque race est constamment tenu en échec par divers freins, de sorte que, s'il s'en ajoute un nouveau, ou s'il survient une cause de destruction, si faible qu'elle soit, la race diminue certai-

---

48. Voir, pour les détails, Lady Belcher : *The Mutineers of the Bounty*, 1870; *Pitcairn Island*, publié par ordre de la Chambre des communes, 29 mai 1863. J'emprunte les renseignements suivants sur les habitants des îles Sandwich à M. Coan et à la *Honolulu Gazette*.

nement en nombre; or; l'amoindrissement numérique entraîne tôt
ou tard l'extinction, d'autant que les invasions des tribus conquérantes viennent, dans la plupart des cas, précipiter l'événement.

Formation des races humaines. — Le croisement de races distinctes a, dans quelques cas, amené la formation d'une race nouvelle.
Les Européens et les Hindous diffèrent considérablement au point
de vue physique, et, cependant, ils appartiennent à la même souche
aryenne et parlent un langage qui est fondamentalement le même,
tandis que les Européens ressemblent beaucoup aux Juifs qui appartiennent à la souche sémitique et parlent un langage absolument
différent. Broca [49] explique ce fait singulier par les nombreux croisements que, pendant leurs immenses migrations, certaines branches aryennes ont contractés avec diverses tribus indigènes. Lorsque deux races qui se trouvent en contact immédiat viennent à se
croiser, il en résulte d'abord un mélange hétérogène; M. Hunter,
par exemple, fait observer qu'on peut retrouver chez les Santalis
ou tribus des collines de l'Inde des centaines de gradations imperceptibles « entre les tribus noires et trapues des montagnes et
le Brahmane grand et olivâtre, intelligent, aux yeux calmes et à la
tête haute, mais étroite »; de telle sorte que, dans les tribunaux,
il est indispensable de demander aux témoins s'ils sont Santalis ou
Hindous [50].

Nous ne savons pas encore si une population hétérogène, telle
que celles de certaines îles polynésiennes, provenant du croisement
de deux races distinctes, dont il ne reste plus que peu ou point
de membres purs, peut jamais devenir homogène. On parvient,
chez les animaux domestiques, à fixer une race croisée et à la
rendre uniforme en quelques générations, grâce à la sélection pratiquée avec soin [51]; il y a donc tout lieu de croire que l'entre-croisement libre et prolongé d'un mélange hétérogène pendant un grand
nombre de générations doit suppléer à la sélection et surmonter
toute tendance au retour, de telle sorte qu'une race croisée finit
par devenir homogène, bien qu'elle ne participe pas à un degré
égal aux caractères de deux races parentes.

De toutes les différences qui distinguent les races humaines, la
couleur de la peau est une des plus apparentes et des plus accusées. On croyait autrefois pouvoir expliquer les différences de ce
genre par un long séjour sous différents climats, mais Pallas a

---

49. *Sur l'Anthropologie* (trad. dans *Antropological Review*, janv. 1868, p. 38).
50. *The Annals of Rural Bengal*, 1868, p. 134.
51. *La Variation*, etc.. vol. II, p. 182.

démontré, le premier, que cette opinion n'est pas fondée, et la plupart des anthropologues [52] ont adopté ses opinions. On a surtout rejeté cette hypothèse parce que la distribution des diverses races colorées, dont la plupart habitent depuis très longtemps le même pays, ne coïncide pas avec les différences correspondantes du climat. Certains autres faits qui ne manquent pas d'importance viennent à l'appui de la même conclusion ; les familles hollandaises, par exemple, qui, d'après une excellente autorité [53], n'ont pas éprouvé le moindre changement de couleur malgré une résidence de trois siècles dans l'Afrique australe. Les Bohémiens et les Juifs, habitant diverses parties du monde se ressemblent étrangement, bien qu'on ait quelque peu exagéré l'uniformité de ces derniers [54]; c'est encore là un argument dans le même sens. On a supposé qu'une grande humidité ou une grande sécheresse de l'atmosphère exerçaient une influence plus considérable que la chaleur seule sur la couleur de la peau ; mais d'Orbigny, dans l'Amérique du Sud, et Livingstone, en Afrique, en sont arrivés à des conclusions directement contraires par rapport à l'humidité et à la sécheresse ; en conséquence, toute conclusion sur ce point est encore extrêmement douteuse [55].

Divers faits, que j'ai cités ailleurs, prouvent que la couleur de la peau et celle des poils ont quelquefois une corrélation surprenante avec une immunité complète contre l'action de certains poisons végétaux, et les attaques de certains parasites. Cette remarque m'avait conduit à supposer que la coloration des nègres et des autres races foncées provenait peut-être de ce que les individus les plus noirs avaient mieux résisté, pendant une longue série de générations, à l'action délétère des miasmes pestilentiels des pays qu'ils habitent.

J'appris ensuite que le docteur Wells [56] avait déjà autrefois émis la même idée. On sait depuis longtemps [57] que les Nègres, et

---

52. Pallas, *Act. Acad. Saint-Petersbourg*, 1780, part. II, p. 69. Il fut suivi par Rudolphi, dans son *Beiträge zur Anthropologie*, 1882. On trouve un excellent résumé des preuves dans l'ouvrage de Godron, *de l'Espèce*, 1859, vol. II, p. 246, etc.

53. Sir Andrew Smith, cité par Knox, *Races of Man*, 1850, p. 473.

54. De Quatrefages, *Revue des Cours scientifiques*, 17 oct., 1868, p. 731.

55. Livingstone, *Travels and Researches in S. Africa*, 1857, pp. 329, 338. D'Orbigny, cité par Godron, *de l'Espèce*, vol. II, p. 266.

56. Voir son travail, lu à la Société royale en 1813, et publié en 1818 dans ses Essais. J'ai donné le résumé des idées du Dr Wells dans l'Esquisse historique de l'*Origine des espèces*. J'ai cité, *Variation des animaux*, etc., vol. II, pp. 240, 357, divers cas de corrélation entre la couleur et certaines particularités constitutionnelles.

57. Nott et Gliddon, *Types of Mankind* (p. 68).

•même les mulâtres, échappent presque complètement aux atteintes de la fièvre jaune qui est si meurtrière dans l'Amérique tropicale. Ils résistent également dans une grande mesure aux terribles fièvres intermittentes qui règnent sur plus de 4,000 kilomètres le long des côtes d'Afrique, et qui entraînent la mort annuelle d'un cinquième des blancs nouvellement établis, et obligent un autre cinquième des colons à rentrer infirmes dans leur pays [58]. Cette immunité du Nègre paraît être en partie inhérente à la race et semble dépendre de quelque particularité inconnue de constitution; elle est aussi en partie le résultat de l'acclimatation. Pouchet [59] constate que les régiments nègres recrutés dans le Soudan, et prêtés par le vice-roi d'Egypte pour la guerre du Mexique, échappèrent à la fièvre jaune presque aussi bien que les Nègres importés depuis longtemps des diverses parties de l'Afrique, et accoutumés au climat des Indes occidentales. Beaucoup de Nègres, après avoir résidé quelque temps sous un climat plus froid, deviennent, jusqu'à un certain point, sujets aux fièvres tropicales, ce qui prouve que l'acclimatation joue aussi un rôle considérable [60]. La nature du climat sous lequel les races blanches ont longtemps résidé exerce également quelque influence sur elles; pendant l'épouvantable épidémie de fièvre jaune de Demerara, en 1837, le docteur Blair constata, en effet, que la mortalité des immigrants était proportionnelle à la latitude du pays qu'ils avaient habité à l'origine. Pour le Nègre, l'immunité, en tant qu'elle résulte de l'acclimatation, implique une longueur de temps immense; les indigènes de l'Amérique tropicale, qui résident depuis un temps immémorial dans ces régions, ne sont pas, en effet, exempts de la fièvre jaune. Le Rév. B. Tristram affirme, en outre, que les habitants indigènes sont forcés pendant certaines saisons de quitter quelques districts de l'Afrique du Nord, bien que les Nègres puissent continuer à y résider en toute sécurité.

On a affirmé qu'il existe une certaine corrélation entre l'immunité du Nègre pour quelques maladies et la couleur de sa peau; mais ce n'est là qu'une simple conjecture; cette immunité pourrait aussi bien résulter de quelque différence dans le sang, dans le système nerveux ou dans les autres tissus. Néanmoins, les faits que nous venons de citer et le rapport qui existe certainement entre le teint

58. Dans une communication lue à la Société de satistique par le major Tulloch et publiée dans l'*Athenœum*, 1840, p. 353.

59. *La Pluralité des races humaines*, 1864.

60. De Quatrefages, *Unité de l'espèce humaine*, 1861, p. 205. Waitz, *Introd. to Anthropology*, 1863 (trad. anglaise, I, p. 124). Livingstone signale des cas analogues dans ses *Voyages*.

et la tendance à la phthisie sembleraient prouver que cette conjecture n'est pas sans quelques fondements. J'ai, par conséquent,
cherché, mais avec peu de succès [61], à constater ce qu'il pouvait en
être. Feu le docteur Daniell, qui a longtemps habité la côte occidentale d'Afrique, m'a affirmé qu'il ne croyait à aucun rapport de
cette nature. Bien que très blond, il a lui-même supporté admirablement le climat. Lorsqu'il arriva sur la côte, encore tout jeune,
un vieux chef nègre expérimenté lui avait prédit, d'après son apparence, qu'il en serait ainsi. Le docteur Nicholson, d'Antigua, après
avoir approfondi cette question, m'a écrit qu'il ne croyait pas que
les Européens bruns échappassent mieux à la fièvre jaune que les
blonds. M. J.-M. Harris [62] nie complètement que les Européens à
cheveux bruns supportent mieux que les autres un climat chaud ;
l'expérience lui a au contraire appris à choisir des hommes à cheveux rouges pour le service sur la côte d'Afrique. Autant qu'on
peut en juger par ces quelques observations, on peut conclure, ce

61. Au printemps de 1862, j'avais obtenu du Directeur général du dépar-
ment médical de l'armée la permission de remettre un questionnaire aux chirurgiens des divers régiments en service dans les colonies, mais aucun ne m'est
revenu. Voici les remarques que portaient ce questionnaire : « Divers cas bien
constatés chez nos animaux domestiques établissent qu'il existe un rapport
entre la coloration des appendices dermiques et la constitution; il est, en outre
notoire qu'il existe quelques rapports entre la couleur des races humaines et le
climat qu'elles habitent; les questions suivantes sont dignes d'être prises
en considération. Y a-t-il chez les Européens quelque rapport entre la couleur
des cheveux et leur aptitude à contracter les maladies des pays tropicaux ? Les
chirurgiens des régiments stationnés dans les régions tropicales insalubres
pourraient s'assurer d'abord, comme terme de comparaison, du nombre des
hommes bruns ou blonds ou de teinte intermédiaire et douteuse. En même
temps, on constaterait quelle est la couleur des cheveux des hommes qui ont
eu la fièvre jaune ou la dysenterie; dès que ces tableaux comprendraient quelques milliers d'individus, il serait aisé de constater s'il existe quelque rapport
entre la couleur des cheveux et une disposition à contracter les maladies tropicales. On ne découvrirait peut-être aucun rapport de ce genre, mais il est
bon de s'en assurer. Si on obtenait un résultat positif, il aurait quelque utilité
pratique en indiquant le choix à faire dans les hommes destinés à un service
particulier. Théoriquement, le résultat aurait un haut intérêt, car il indiquerait comment une race d'hommes, habitant dès une époque reculée un climat
tropical malsain, aurait pu acquérir une couleur de plus en plus foncée par la
conservation des individus à cheveux ou au teint brun ou noir pendant une
longue succession de générations. »

62. Anthropological Review, janv. 1866, p. 21. Le Dr Sharpe dit aussi par
rapport aux Indes (Man a special creation, 1873, p. 118) que quelques médecins
ont remarqué que « les Européens à cheveux blonds et à teint clair sont moins
exposés aux maladies des climats tropicaux que les personnes à cheveux bruns
et à teint foncé; cette remarque, je crois, est basée sur les faits ». D'autre part,
M. Heddle, de la Sierra Leone « qui a vu mourir auprès de lui une si grande
quantité de commis », tués par le climat de la côte occidentale d'Afrique,
(W. Reade, African Sketch book, vol. II, p. 522) a une opinion toute contraire
que partage le capitaine Burton.

nous semble, que l'hypothèse, en vertu de laquelle la couleur des
races noires résulte de ce que des individus de plus en plus foncés
ont survécu en plus grand nombre au milieu des miasmes pestilentiels de leur pays, ne repose sur aucun fondement sérieux, bien
qu'elles soit acceptée par plusieurs savants.

Le docteur Sharpe[63] fait remarquer que le soleil des tropiques,
qui brûle la peau des Européens au point d'amener des ampoules,
n'a aucun effet sur la peau des Nègres; il ajoute que ce n'est pas
un effet de l'habitude, car il a vu des enfants de six ou huit mois
exposés tout nus au soleil, sans qu'ils soient affectés en aucune
façon. Un médecin m'a assuré que, il y a quelques années, ses mains
se couvraient par places pendant l'été, mais non pas pendant l'hiver,
de taches brunes ressemblant à des taches de rousseur, mais plus
grandes. Ces parties tachetées n'étaient pas affectées par les rayons
du soleil, alors que les parties blanches de la peau furent dans plusieurs occasions couvertes d'ampoules. Les animaux inférieurs sont
aussi sujets à des différences constitutionnelles au point de vue de
l'action du soleil sur les parties recouvertes de poils blancs et sur
celles qui sont garnies de poils d'autres couleurs [64]. Je ne saurais
dire si la défense de la peau contre l'action des rayons du soleil a
une importance suffisante pour que la sélection naturelle ait donné à
l'homme une peau foncée. Si l'on admet cette hypothèse, il faut
admettre aussi que les indigènes de l'Amérique tropicale ont habité
ce pays bien moins longtemps que les Nègres n'ont habité l'Afrique
ou les Papous les parties méridionales de l'archipel Malais, de
même que les Hindous à peau claire ont habité les parties centrales
et méridionales de la péninsule beaucoup moins longtemps que les
indigènes à peau plus foncée.

Bien que nos connaissances actuelles ne nous permettent pas
d'expliquer les différences de couleur chez les races humaines par
un avantage quelconque qui résulterait pour eux de cette couleur,
ou par l'action directe du climat, nous ne devons pas, cependant,
négliger complètement ce dernier agent, car il y a de bonnes raisons
pour croire qu'on peut lui attribuer certains effets héréditaires [65].

63. *Man a special creation*, 1873, p. 119.
64. *Variation des plantes et des animaux*, etc., vol. II. pp. 336, 337. (Paris,
Reinwald.)
65. Voir de Quatrefages (*Revue des cours scient.*, 10 oct. 1868, p. 724). *Sur les
effets de la résidence en Abyssinie et en Arabie, et autres cas analogues.* Le
docteur Rolle (*Der Mensh, seine Abstammung*, etc., 1865, p. 99) constate, sur
l'autorité de Khanikof, que la plupart des familles allemandes établies en
Géorgie ont acquis, dans le cours de deux générations, des cheveux et des
yeux noirs. M. D. Forbes m'informe que, suivant la position des vallées qu'habitent les Quichuas, dans les Andes, ils varient beaucoup de couleur.

Nous avons vu dans le second chapitre que les conditions d'existence affectent directement le développement de la charpente du corps et produisent des résultats transmissibles par hérédité. Ainsi, on admet généralement que les Européens établis aux États-Unis subissent des modifications physiques très légères, mais extraordinairement rapides. Le corps et les membres s'allongent. Le colonel Bernys m'apprend que ce fait a été démontré absolument de façon assez plaisante, d'ailleurs, pendant la dernière guerre : les Allemands nouvellement débarqués, incorporés dans l'armée, avaient reçu de l'intendance des vêtements faits à l'avance pour les soldats américains, et les Allemands avaient un aspect ridicule dans ces vêtements trop longs. On sait aussi, et les preuves abondent à cet égard, que, au bout de trois générations, les esclaves des États du Sud occupés aux travaux intérieurs de l'habitation présentent une apparence très différente de celle des esclaves occupés aux travaux des champs [66].

Toutefois, si nous considérons les races humaines au point de vue de leur distribution dans le monde, nous devons conclure que les différences caractéristiques qu'elles présentent ne peuvent pas s'expliquer par l'action directe des diverses conditions d'existence, en admettant même que ces conditions aient été les mêmes pendant une énorme période. Les Esquimaux se nourrissent exclusivement de matières animales; ils se couvrent d'épaisses fourrures, et sont exposés à des froids intenses et à une obscurité prolongée; ils ne diffèrent, cependant, pas à un degré extrême des habitants de la Chine méridionale, qui ne se nourrissent que de matières végétales, et sont exposés presque nus à un climat très chaud. Les Fuégiens, qui ne portent aucun vêtement, n'ont pour se nourrir que les productions marines de leurs plages inhospitalières; les Botocudos du Brésil errent dans les chaudes forêts de l'intérieur, et se nourrissent principalement de produits végétaux; cependant, ces tribus se ressemblent au point que des Brésiliens ont pris pour des Botocudos les Fuégiens, qui étaient à bord du *Beagle*. En outre, les Botocudos, aussi bien que les autres habitants de l'Amérique tropicale, ne ressemblent en aucune façon aux Nègres, qui occupent les côtes opposées de l'Atlantique; ils sont pourtant exposés à un climat presque semblable, et suivent à peu près le même genre de vie.

Les différences entre les races humaines ne peuvent pas non plus, sauf dans une très petite mesure, s'expliquer par les effets

---

66. Harlan, *Medical Researches*, p. 532. De Quatrefages a recueilli beaucoup de preuves à cet égard, *Unité de l'Espèce humaine*, 1861, p. 128.

héréditaires résultant de l'augmentation ou du défaut d'usage des parties. Les hommes qui vivent toujours dans des embarcations ont, il est vrai, les jambes un peu rabougries; ceux qui habitent à une haute altitude ont la poitrine plus développée; et ceux qui emploient constamment certains organes des sens peuvent avoir les cavités qui les contiennent un peu augmentées, et leurs traits, par conséquent, un peu modifiés. La diminution de la grandeur des mâchoires par suite d'une diminution d'usage, le jeu habituel des divers muscles servant à exprimer les différentes émotions, et l'augmentation du volume du cerveau par suite d'une plus grande activité intellectuelle, sont, cependant, autant de points qui, dans leur ensemble, ont produit un effet considérable sur l'aspect général des peuples civilisés comparativement à celui des sauvages [67]. Il est possible aussi que l'augmentation du corps, sans accroissement correspondant dans le volume du cerveau, ait produit chez quelques races (à en juger par les cas signalés chez les lapins) un crâne allongé du type dolichocéphale.

Enfin, la corrélation de développement, si peu connus que soient ses effets, a dû certainement jouer un rôle actif; on sait, par exemple, qu'un puissant développement musculaire est accompagné d'une forte projection des arcades sourcilières. Il est certain qu'il existe un rapport intime entre la couleur de la peau et celle des cheveux, de même qu'entre la structure des cheveux et leur couleur chez les Mandans de l'Amérique du Nord [68]. Il existe également un rapport entre la couleur de la peau et l'odeur qu'elle émet. Chez les moutons, le nombre des poils compris dans un espace déterminé et celui des pores excrétoires ont quelques rapports réciproques [69]. Si nous pouvons en juger par analogie avec nos animaux domestiques, il y a probablement beaucoup de modifications de structure qui, chez l'homme, se rattachent aussi à la corrélation de croissance.

Il résulte des faits que nous venons d'exposer que les différences caractéristiques externes qui distinguent les races humaines ne peuvent s'expliquer d'une manière satisfaisante, ni par l'action

67. Professeur Schaaffhausen, traduit dans *Anthropological Review*, oct. 1868, p. 429.

68. M. Catlin (*North American Indians*, 3ᵉ édit., vol. 1, p. 49) constate que, dans toute la tribu des Mandans, il y a environ un individu sur dix ou douze de tout âge et des deux sexes qui a des cheveux gris argenté héréditaires. Ces cheveux sont gros et aussi durs que les poils de la crinière d'un cheval, tandis que ceux qui sont autrement colorés sont fins et doux.

69. Sur l'odeur de la peau, voir Godron, *De l'Espèce*, vol. II, p. 217. Sur les pores de la peau, docteur Wilckens, *Die Aufgaben der landwirth. Zootechnick*, 1869, p. 7.

directe des conditions d'existence, ni par les effets de l'usage continu des parties, ni par le principe de la corrélation. Nous sommes donc amenés à nous demander si l'action de la sélection naturelle n'a pas suffi pour assurer la conservation des légères différences individuelles auxquelles l'homme est si éminemment sujet, et pour contribuer à leur augmentation, pendant une longue série de générations. On nous objectera, sans doute, que les variations avantageuses peuvent seules se conserver ainsi ; or, autant que nous en pouvons juger (bien que nous puissions facilement nous tromper à cet égard), aucune des différences externes qui distinguent les races humaines ne rendent à l'homme aucun service direct ou spécial. Nous devons, cela va sans dire, excepter de cette remarque les facultés intellectuelles, morales et sociales. La grande variabilité de tous les différents caractères que nous avons passés en revue indique également que ces caractères n'ont pas une grande importance, car, autrement, ils seraient depuis longtemps conservés et fixés, ou éliminés. Sous ce rapport, l'homme ressemble à ces formes que les naturalistes ont désignées sous le nom de protéennes ou polymorphique, formes qui sont restées extrêmement variables, ce qui paraît tenir à ce que leurs variations ont une nature insignifiante et ont, par conséquent, échappé à l'action de la sélection naturelle.

Jusqu'ici, nous n'avons pas réussi à expliquer les différences qui existent entre les races humaines, mais il reste un agent important, la sélection sexuelle, qui paraît avoir agi puissamment sur l'homme ainsi que sur beaucoup d'autres animaux. Je ne prétends pas affirmer que l'action de la sélection sexuelle suffise pour expliquer toutes les différences qu'on remarque entre les races. Il reste un reliquat non expliqué : dans notre ignorance, nous devons nous borner à dire, au sujet de ce reliquat, que, puisqu'il naît constamment des individus ayant, par exemple, la tête un peu plus ronde ou un peu plus étroite, et le nez un peu plus long ou un peu plus court, ces légères différences pourraient devenir fixes et uniformes, si les agents inconnus qui les ont produites venaient à exercer une action plus constante, avec l'aide d'un entre-croisement longtemps continué. Ce sont des modifications de ce genre qui constituent la classe provisoire dont j'ai parlé dans le second chapitre, et auxquelles, faute d'un terme meilleur, on a donné le nom de variations spontanées. Je ne prétends pas non plus qu'on puisse indiquer avec une précision scientifique les effets de la sélection sexuelle, mais on peut démontrer qu'il serait inexplicable que l'homme n'ait pas été modifié par cette influence, qui a exercé une action si puissante sur d'innombrables animaux. On peut démontrer, en outre, que les différences entre les races humaines, portant sur la couleur, sur les cheveux, sur la forme des traits, etc., sont de nature telles qu'elles donnent probablement prise à la sélection sexuelle. Mais, pour traiter ce sujet d'une manière convenable, j'ai compris qu'il était nécessaire de passer tout le règne animal en revue; aussi je lui consacre la seconde partie de cet ouvrage. Je reviendrai alors à l'homme, et, après avoir essayé de prouver jusqu'à quel point l'action de la sélection sexuelle a contribué à le modifier, je terminerai mon ouvrage par un bref résumé des chapitres de cette première partie.

Note sur les ressemblances et les différences de la structure et du développement du cerveau chez l'homme et chez les singes, par le professeur Huxley F. R. S.

La controverse relative à la nature et à l'étendue des différences de structure du cerveau chez l'homme et chez les singes, controverse qui a commencé il y a environ quinze ans, n'est pas encore terminée, bien que le point sur lequel portait la querelle soit aujourd'hui tout autre qu'il était d'abord. Dans le principe, on a affirmé et réaffirmé avec une insistance singulière que le cerveau de tous les singes, même des plus élevés, diffère de celui de l'homme en ce qu'il ne possède pas certaines conformations importantes, telles que les lobes postérieurs des hémisphères cérébraux, y compris la corne postérieure du ventricule latéral et l'*hippocampus minor* que l'on trouve toujours dans ces lobes chez l'homme.

Or, la vérité est que ces trois structures sont aussi bien développées dans le cerveau du singe que dans celui de l'homme, si même elles ne le sont pas mieux; en outre, il est prouvé aujourd'hui, autant qu'une proposition d'anatomie comparée peut l'être, que le développement complet de ces parties est un caractère absolu de tous les Primates, exception faite des Lémuriens. En effet, tous les anatomistes qui, pendant ces dernières années, se sont occupés particulièrement de la disposition des scissures et des circonvolutions si nombreuses et si complexes qui découpent la surface des hémisphères cérébraux chez l'homme et chez les singes les plus élevés, admettent aujourd'hui que ces conformations sont disposées d'après un même plan chez l'homme et chez les singes. Chaque scissure ou chaque circonvolution principale existant dans le cerveau d'un Chimpanzé existe aussi dans le cerveau de l'homme, de sorte que la terminologie qui s'applique à l'un s'applique aussi à l'autre. Sur ce point, il n'y a plus aucune différence d'opinion. Il y a quelques années, le professeur Bischoff a publié un mémoire [70] sur les circonvolutions cérébrales de l'homme et des singes; or, comme le but que se proposait mon savant collègue n'était certainement pas d'atténuer l'importance des différences qui existent sous ce rapport entre l'homme et les singes, je suis heureux de lui emprunter un passage :

« On doit admettre, car c'est un fait bien connu de tous les anatomistes,
« que les singes, et surtout l'Orang, le Chimpanzé et le Gorille, se rapprochent
« beaucoup de l'homme au point de vue de leur organisation, beaucoup plus

70. *Die Grosshirn-Windungen des Menschen; Abhandlungen der K. Bayerischen Akademie*, vol. X, 1868.

« même qu'ils ne se rapprochent d'aucun autre animal. Si l'on se place, pour
« étudier cette question, au point de vue de l'organisation seule, il est probable
« qu'on n'aurait jamais songé à discuter l'opinion de Linné qui plaçait
« l'homme simplement comme une espèce particulière à la tête des Mammifères
« et de ces singes. Les organes de l'homme et des singes dont nous venons de
« parler ont une telle affinité qu'il faut les recherches anatomiques les plus
« exactes pour démontrer les différences qui existent réellement entre eux. Il en
« est de même du cerveau. Le cerveau de l'homme, celui de l'Orang, du Chim-
« panzé et du Gorille, en dépit des différences importantes qu'ils présentent,
« se rapprochent beaucoup les uns des autres. » (*Loc. cit.*, p. 101.)

Il n'y a donc plus à discuter la ressemblance qui existe entre les caractères
principaux du cerveau de l'homme et de celui du singe; il n'y a plus à discuter
non plus la similitude étonnante que l'on observe même dans les détails des
dispositions des fissures et des circonvolutions des hémisphères cérébraux
chez le Chimpanzé, l'Orang et l'Homme. On ne saurait admettre non plus qu'on
puisse discuter sérieusement la nature et l'étendue des différences qui existent
entre le cerveau des singes les plus élevés et celui de l'homme. On admet que
les hémisphères cérébraux de l'homme sont absolument et relativement plus
grands que ceux de l'Orang et du Chimpanzé; que ses lobes frontaux sont moins
excavés par l'enfoncement supérieur du toit des orbites; que les fissures et les
circonvolutions du cerveau de l'homme sont, en règle générale, disposées avec
moins de symétrie et présentent un plus grand nombre de plis secondaires.
On admet, en outre, que, en règle générale, la fissure temporo-occipitale ou fissure perpendiculaire extérieure, qui constitue ordinairement un caractère si
marqué du cerveau du singe, tend à disparaître chez l'homme. Mais il est évident qu'aucune de ces différences ne constitue une ligne de démarcation bien
nette entre le cerveau de l'homme et celui du singe. Le professeur Turner [71]
fait les remarques suivantes relativement à la fissure perpendiculaire extérieure
de Gratiolet dans le cerveau humain :

« Cette fissure, chez quelques cerveaux, constitue simplement un affaissement
« du bord de l'hémisphère; mais, chez d'autres, elle s'étend à une certaine
« distance plus ou moins transversalement. Chez un cerveau de femme que j'ai
« eu occasion d'observer, elle s'étendait sur l'hémisphère droit à plus de 5 cen-
« timètres; chez un autre cerveau, elle s'étendait aussi à la surface de l'hémi-
« sphère droit de 10 millimètres, puis se prolongeait en descendant jusqu'au
« bord inférieur de la surface extérieure de l'hémisphère. La définition impar-
« faite de cette fissure, dans la majorité des cerveaux humains, comparative-
« ment à sa netteté remarquable dans le cerveau de la plupart des Quadrumanes,
« provient de la présence chez l'homme de certaines circonvolutions superfi-
« cielles bien tranchées qui passent par-dessus cette fissure et relient le lobe
« pariétal au lobe occipital. La fissure pariéto-occipitale extérieure est d'autant
« plus courte que la première de ces circonvolutions se rapproche davantage
« de la fissure longitudinale. » (*Loc. cit.*, p. 12.)

L'oblitération de la fissure perpendiculaire extérieure de Gratiolet n'est
donc pas un caractère constant du cerveau humain. D'autre part, le développement complet de cette fissure n'est pas davantage un caractère constant du
cerveau des singes anthropoïdes, car le professeur Rolleston, M. Marshall,
M. Broca et le professeur Turner ont observé, à bien des reprises, chez le Chimpanzé, des oblitérations plus ou moins étendues de cette fissure par des circonvolutions. Le professeur Turner dit à la conclusion d'un mémoire qu'il consacre
à ce sujet [72] :

« Les trois cerveaux de Chimpanzé, que nous venons de décrire, prouvent que
« la règle générale que Gratiolet a essayé de tirer de l'absence complète de
« la première circonvolution et de l'effacement de la seconde, ce qui, d'après

---

71. *Convolutions of the human cerebrum topographically considered*, 1866, p. 12.
72. Notes portant surtout sur la circonvolution du cerveau du Chimpanzé, *Proceedings of the Royal Society of Edinburgh*, 1865-66.

« lui, constitue un caractère spécial du cerveau de cet animal, ne s'applique
« certes pas toujours. Un seul de ces cerveaux, sous ce rapport, suit la loi émise
« par Gratiolet. Quant à la présence de la circonvolution supérieure qui relie
« les deux lobes, je suis disposé à penser qu'elle a existé dans un hémisphère
« au moins dans la majorité des cerveaux de cet animal, qui, jusqu'à présent
« ont été décrits ou figurés. La position superficielle de la seconde circonvolu-
« tion est évidemment moins fréquente, et, jusqu'à présent, on ne l'a observée,
« je crois, que dans le cerveau A décrit dans ce mémoire. Ces trois cerveaux
« démontrent en même temps la disposition asymétrique des circonvolutions
« des deux hémisphères à laquelle d'autres observateurs ont déjà fait allusion
« dans leurs descriptions. » (pp. 8, 9.)

En admettant même que la présence de la fissure temporo-occipitale ou fissure perpendiculaire extérieure constitue un caractère distinctif entre les singes
anthropoïdes et l'homme, la structure du cerveau chez les singes platyrrhinins
rendrait très douteuse la valeur de ce caractère. En effet, tandis que la fissure
temporo-occipitale est une des fissures les plus constantes chez les singes catarrhinins ou singes de l'ancien monde, elle n'est jamais très développée chez
les singes du nouveau monde; elle fait complètement défaut chez les petits
platyrrhinins; elle est rudimentaire chez le *Pithecia* [73], et elle est plus ou
moins oblitérée par des circonvolutions chez l'*Ateles*.

Un caractère aussi variable dans les limites d'un même groupe ne peut
avoir une grande valeur taxinomique.

On sait, en outre, que le degré d'asymétrie des circonvolutions des deux
côtés du cerveau humain est sujet à beaucoup de variations individuelles, que
chez les cerveaux bosjesmans, qui ont été examinés, les fissures et les circonvolutions des deux hémisphères sont beaucoup moins compliquées et beaucoup
plus symétriques que dans le cerveau humain, tandis que, chez quelques Chimpanzés, la complexité et la symétrie des circonvolutions et des fissures devient
remarquable. Tel est particulièrement le cas pour le cerveau d'un jeune Chimpanzé mâle figuré par M. Broca. (*L'Ordre des Primates*, p. 165, fig. 11.)

Quant à la question du volume absolu, il est établi que la différence qui
existe entre le cerveau humain le plus grand et le cerveau le plus petit, à
condition qu'ils soient sains tous deux, est plus considérable que la différence
qui existe entre le cerveau humain le plus petit et le plus grand cerveau de
Chimpanzé ou d'Orang.

Il est, en outre, un point par lequel le cerveau de l'Orang ou celui du Chimpanzé ressemble à celui de l'homme, mais par lequel il diffère des singes inférieurs, c'est-à-dire par la présence de deux *corpora candicantia*, le *Cynomorpha* n'en ayant qu'un.

En présence de ces faits, je n'hésite pas, en 1874, à répéter la proposition
que j'ai énoncée en 1863, et à insister sur cette proposition [74] :

« Par conséquent, en tant qu'il s'agit de la structure cérébrale, il est évident
« que l'homme diffère moins du Chimpanzé ou de l'Orang que ces derniers ne
« diffèrent des autres singes; il est évident aussi que la différence qui existe
« entre le cerveau du Chimpanzé et celui de l'homme est presque insignifiante,
« comparativement à la différence qui existe entre le cerveau du Chimpanzé et
« celui d'un Lémurien. »

Dans le mémoire que j'ai déjà cité, le professeur Bischoff ne cherche pas à
nier la seconde partie de cette proposition, mais il fait d'abord la remarque,
bien inutile d'ailleurs, qu'il n'y a rien d'étonnant à ce que le cerveau d'un Orang
diffère beaucoup de celui d'un Lémurien; en second lieu, il ajoute : « Si nous
« comparons successivement le cerveau d'un homme avec celui d'un Orang;
« puis le cerveau d'un Orang avec celui d'un Chimpanzé; puis le cerveau de ce
« dernier avec celui d'un Gorille et ainsi de suite avec celui d'un *Hylobates*, d'un

---

73. Flower, *On the Anatomy of Pithecia monacus; Proceedings of the Zoological Society*
1862.

74. *Man's place in Nature*, p. 102.

« *Semnopithecus,* d'un *Cynocephalus,* d'un *Cercopithecus,* d'un *Macacus,* d'un *Ce-*
« *bus,* d'un *Callithrix,* d'un *Lemur,* d'un *Stenops,* d'un *Hapale,* nous n'observons
« pas une différence plus grande, ou même aussi grande, dans le degré de dé-
« veloppement des circonvolutions que celle qui existe entre le cerveau d'un
« homme et celui d'un Orang ou d'un Chimpanzé.»

Je me permettrai de répondre que cette assertion, qu'elle soit fausse ou non,
n'a rien à faire avec la proposition énoncée dans mon ouvrage sur la place de
l'Homme dans la nature, proposition qui a trait, non pas au développement
des circonvolutions seules, mais à la structure du cerveau tout entier. Si le
professeur Bischoff avait pris la peine de lire avec soin la page 96 de l'ouvrage
qu'il critique, il y aurait remarqué le passage suivant : « Il importe de constater
« un fait remarquable : c'est que, bien qu'il existe, autant toutefois que nos con-
« naissances actuelles nous permettent d'en juger, une véritable rupture struc-
« turale dans la série des formes des cerveaux simiens, cet hiatus ne se trouve
« pas entre l'homme et les singes anthropoïdes, mais entre les singes inférieurs
« et les singes les plus infimes, ou, en d'autres termes, entre les singes de
« l'ancien et du nouveau monde et les Lémuriens. Chez tous les Lémuriens qu'on
« a examinés jusqu'à présent, le cervelet est partiellement visible d'en haut, et
« le lobe postérieur, ainsi que la corne postérieure et l'*hippocampus minor* qu'il
« contient, sont plus ou moins rudimentaires. Au contraire, tous les marmousets,
« tous les singes américains, tous les singes de l'ancien monde, les babouins
« ou les singes anthropoïdes ont le cervelet entièrement caché par les lobes
« cérébraux postérieurs et possèdent une grande corne postérieure, ainsi qu'un
« *hippocampus minor* bien développé. »

Cette assertion était l'expression absolument exacte de l'état de la science
au moment où elle a été faite ; il ne me semble pas, d'ailleurs, qu'il y ait lieu de
la modifier à cause de la découverte subséquente du développement relativement faible des lobes postérieurs chez le singe siameng et chez le singe hur-
leur. Malgré la brièveté exceptionnelle des lobes postérieurs chez ces deux
espèces, personne ne saurait soutenir que leur cerveau se rapproche le moins
du monde de celui des Lémuriens. Or, si, au lieu de placer l'*Hapale* en dehors de
sa situation naturelle, comme le professeur Bischoff le fait sans aucune raison,
nous rétablissons comme suit la série des animaux qu'il a cités : *Homo, Pithe-*
cus, Troglodytes, Hylobates, Semnopithecus, Cynocephalus, Cercopithecus, Maca-
cus, Cebus, Callithrix, Hapale, Lemur, Stenops, je me crois en droit d'affirmer que
la grande rupture dans cette série se trouve entre l'*Hapale* et le *Lemur* et que
cette rupture est beaucoup plus grande que celle qui existe entre deux autres
termes, quels qu'ils soient, de cette série. Le professeur Bischoff ignore sans
doute que, longtemps avant lui, Gratiolet avait suggéré la séparation des Lémuriens des autres Primates, tout justement à cause de la différence qui existe
dans leurs caractères cérébraux, et que le professeur Flower avait fait les observations suivantes en décrivant le cerveau du Loris de Java [75] :

« Il est surtout remarquable que, dans le développement des lobes postérieurs du cerveau, on ne remarque chez les singes qui se rapprochent de la
famille des Lémuriens sous d'autres rapports, c'est-à-dire chez les membres inférieurs, ou groupe platyrrhinin, aucune ressemblance avec le cerveau court et
arrondi des Lémuriens. »

Les progrès considérables qu'ont fait faire à la science, pendant les dernières
dix années, les recherches de tant de savants, justifient donc les faits que j'ai
constatés en 1863 relativement à la structure du cerveau adulte. On objecte
toutefois que, en admettant la similitude du cerveau adulte de l'homme et des
singes, ces organes n'en sont pas moins, en réalité, très différents parce que l'on
observe des différences fondamentales dans le mode de leur développement.
Personne plus que moi ne serait disposé à admettre la force de cet argument, si ces différences fondamentales de développement existaient réellement,
ce que je nie complètement ; je soutiens, au contraire, que l'on peut observer

75. *Transactions of the Zoological Society,* vol. V, p. 1862.

une concordance fondamentale dans le développement du cerveau chez l'homme et chez les singes.

Gratiolet a prétendu qu'il existe une différence fondamentale dans le développement du cerveau de l'Homme et de celui des singes et que cette différence consiste en ceci : que, chez les singes, les plis qui paraissent d'abord sont situés sur la région postérieure des hémisphères cérébraux, tandis que, dans le fœtus humain, les plis paraissent d'abord sur les lobes frontaux [76].

Cette assertion générale est basée sur deux observations, l'une d'un Gibbon tout prêt à naître, chez lequel les circonvolutions postérieures étaient « bien développées », tandis que celles des lobes frontaux étaient à « peine indiquées » (loc. cit., p. 39), et l'autre d'un fœtus humain à la vingt-deuxième ou la vingt-troisième semaine de gestation chez lequel Gratiolet remarque que l'insula était découvert, mais où, néanmoins, « des incisures sèment la séparation du lobe antérieur. une scissure peu profonde indique la séparation du lobe occipital, très réduit d'ailleurs, dès cette époque. Le reste de la surface cérébrale est encore absolument lisse [77] ».

On trouve dans la planche 11, fig. I, 2, 3 de l'ouvrage que nous venons d'indiquer trois vues de ce cerveau, représentant la partie supérieure, la partie latérale et la partie inférieure des hémisphères, mais non pas le côté intérieur. Il est à remarquer que la figure ne correspond pas à la description de Gratiolet en ce que la fissure (antéro-temporale) sur la moitié postérieure de la face de l'hémisphère est plus nettement indiquée qu'aucune de celles qui se trouvent sur la moitié antérieure. En conséquence, si la figure a été correctement dessinée, elle ne justifie en aucune façon la conclusion de Gratiolet : « Il y a donc entre ces cerveaux (celui d'un Callithrix et celui d'un Gibbon) et celui du fœtus humain une différence fondamentale. Chez celui-ci, longtemps avant que les plis temporaux apparaissent, les plis frontaux *essayent* d'exister. »

D'ailleurs, depuis l'époque de Gratiolet, le développement des circonvolutions et des plis du cerveau a fait le sujet de nouvelles recherches auxquelles se sont livrés Schmidt, Bischoff, Pansch [78], et plus particulièrement Ecker [79], dont l'ouvrage est non-seulement le plus récent, mais le plus complet à cet égard.

On peut résumer, comme suit, les travaux de ces savants:

1° Chez le fœtus humain la fissure sylvienne se forme dans le cours du troisième mois de la gestation utérine. Pendant ce mois et pendant le quatrième mois, les hémisphères cérébraux sont lisses et arrondis (à l'exception de la dépression sylvienne), et ils se projettent en arrière bien au-delà du cervelet.

---

76. « Chez tous les singes, les plis postérieurs se développent les premiers; les plis antérieurs se développent plus tard; aussi la vertèbre occipitale et la pariétale sont-elles relativement très grandes chez le fœtus. L'homme présente une exception remarquable, quant à l'époque de l'apparition des plis frontaux qui sont les premiers indiqués; mais le développement. général du lobe frontal, envisagé seulement par rapport à son volume, suit les mêmes lois que dans les singes. » Gratiolet, *Mémoires sur les plis cérébraux de l'Homme et des Primates,* p. 39, tab. IV, fig. 3.

77. Voici les termes mêmes dont s'est servi Gratiolet : « Dans le fœtus dont il s'agit, les plis cérébraux postérieurs sont bien développés, tandis que les plis du lobe frontal sont à peine indiqués. » Toutefois la figure (pl. 4, fig. 3) indique la fissure de Rolando et un des plis frontaux. Néanmoins, M. Alix, *Notice sur les travaux anthropologiques de Gratiolet* (*Mémoires de la Société d'Anthropologie de Paris,* 1868, p. 32), s'exprime ainsi : « Gratiolet a eu entre les mains le cerveau d'un fœtus de Gibbon, singe éminemment supérieur et tellement rapproché de l'Orang, que des naturalistes très compétents l'ont rangé parmi les anthropoïdes. M. Huxley, par exemple, n'hésite pas sur ce point. Eh bien ! c'est sur le cerveau d'un fœtus de Gibbon que Gratiolet a vu *les circonvolutions du lobe temporo-sphénoïdal déjà développées, lorsqu'il n'existe pas encore de plis sur le lobe frontal.* Il était donc bien autorisé à dire que, chez l'homme, les circonvolutions apparaissent d'α et ω, tandis que, chez les singes, elles se développent d'ω et α. »

78. *Ueber die typische Anordnung der Furchen und Windungen auf den Grosshirn-Hemisphären des Menschen und der Affen* (*Archiv. für Anthropologie,* vol. III, 1868).

79. *Zur Entwickelungs Geschichte der Furchen und Windungen des Grosshirn-Hemispharen im Fœtus des Menschen* (*Archiv. für Anthropologie,* vol. III. 1868).

2° Les plis proprement dits commencent à apparaître dans l'intervalle qui s'écoule entre la fin du quatrième mois et le commencement du sixième mois de la vie fœtale; mais Ecker a soin de faire remarquer que, non seulement l'époque, mais aussi l'ordre de leur apparition sont sujets à des variations individuelles considérables. En aucun cas, cependant, les plis frontaux ou temporaux ne paraissent les premiers.

Le premier à paraître se trouve même sur la surface intérieure de l'hémisphère (d'où il résulte sans doute qu'il a échappé à Gratiolet qui ne semble pas avoir examiné cette face dans le fœtus qu'il possédait) et est, soit le pli perpendiculaire antérieur (occipito-pariétal), soit le pli calcarin, qui sont situés très près l'un de l'autre et qui même se confondent l'un avec l'autre. En règle générale, le pli occipito-pariétal paraît le premier.

3° Pendant la dernière partie de cette période, on voit paraître un autre pli, le pli postéro-pariétal ou fissure de Rolando, qui est suivi pendant le cours du sixième mois par les autres plis principaux des lobes frontaux, pariétaux, temporaux, occipitaux. Toutefois, il n'est pas démontré qu'un de ces plis paraisse certainement avant l'autre; il est à remarquer, en outre, que, dans le cerveau âgé de six mois décrit et figuré par Ecker (*loc. cit.*, pp. 212-213, pl. 11. fig. 1, 2, 3, 4), le pli antéro-temporal (scissure parallèle), si caractéristique du cerveau du singe, est aussi bien, sinon mieux, développé que la fissure de Rolando et est plus nettement indiqué que les plis frontaux.

Il me semble, si l'on envisage l'ensemble de ces faits, que l'ordre de l'apparition des plis et des circonvolutions dans le cerveau fœtal humain concorde parfaitement avec la doctrine générale de l'évolution et avec l'hypothèse que l'Homme procède de quelque forme ressemblant au singe, bien qu'on ne puisse douter que cette forme, sous bien des rapports, était différente de tous les Primates actuellement vivants.

Von Baer nous a enseigné, il y a cinquante ans, que, dans le cours de leur développement, les animaux alliés revêtent d'abord les caractères des groupes étendus auxquels ils appartiennent, puis revêtent par degrés les caractères qui les renferment dans les limites d'une famille, d'un genre et d'une espèce; il a prouvé en même temps qu'aucune phase du développement d'un animal élevé n'est précisément semblable à la condition adulte d'un animal inférieur.

Il est parfaitement correct de dire qu'une grenouille passe par la condition de poisson; car, à une période de son existence, le têtard a tous les caractères d'un poisson et, s'il ne se développait pas subséquemment, devrait être classé parmi les poissons; mais il est également vrai que le têtard diffère beaucoup de tous les poissons connus.

De même on peut dire que le cerveau d'un fœtus humain, pendant le cinquième mois de son existence, ressemble non seulement au cerveau d'un singe, mais à celui d'un marmouset ou singe arctopithécin; car ses hémisphères, avec leurs deux grandes cornes postérieures et sans aucun pli si ce n'est le pli sylvien et le pli calcarin, présentent tous les caractères trouvés seulement dans le groupe des Primates arctopithécins. Mais il est également vrai, comme le fait remarquer Gratiolet, que, par sa fissure sylvienne largement ouverte, ce cerveau diffère · de celui de tous les marmousets actuels. Sans doute, il ressemblerait beaucoup plus au cerveau d'un fœtus avancé de marmouset; mais nous ignorons complètement quel est le mode de développement du cerveau chez les marmousets.

Dans le groupe Platyrrhinin proprement dit, la seule observation que je connaisse a été faite par Pansch qui a trouvé dans le cerveau du fœtus d'un *Cébus apella*, outre la fissure sylvienne et la profonde scissure calcarine, seulement une fissure antéro-temporale (scissure parallèle de Gratiolet) très peu profonde.

Or, ce fait, rapproché de la circonstance que la fissure antéro-temporale est présente chez certains Platyrrhinins, tels que les *saïmiri*, qui possèdent de simples traces de fissure sur la moitié antérieure de l'extérieur des hémisphères cérébraux, ou qui n'en possèdent pas du tout, vient évidemment à l'appui de l'hypothèse de Gratiolet en vertu de laquelle les plis postérieurs apparaissent avant les plis antérieurs dans le cerveau des Platyrrhinins.

Mais il ne s'ensuit en aucune façon que la règle qui s'applique aux Platyrrhinins s'applique aussi aux Catarrhinins. Nous n'avons aucun renseignement relativement au développement du cerveau chez les Cynomorphes; quant aux Anthropomorphes, nous ne possédons qu'une seule observation, celle faite sur le cerveau du Gibbon, quelque temps avant la naissance, dont nous avons déjà parlé. Nous ne possédons donc actuellement aucun témoignage qui permette de déclarer que les plis du cerveau d'un Chimpanzé ou d'un Orang ne paraissent pas dans le même ordre que les plis du cerveau de l'Homme.

Gratiolet commence sa préface par l'aphorisme : « Il est dangereux dans les sciences de conclure trop vite. » Je crains qu'il n'ait oublié cette excellente maxime au moment où, dans le corps de son ouvrage, il aborde la discussion des différences qui existent entre l'Homme et les singes. Sans aucun doute, l'éminent auteur d'un des travaux les plus remarquables relativement au cerveau des Mammifères aurait été le premier à admettre l'insuffisance de ses données, s'il avait vécu assez longtemps pour profiter des recherches nombreuses faites de toutes parts. Il faut donc infiniment regretter que ces conclusions aient été employées par certaines personnes, inaptes à apprécier les bases sur lesquelles elles reposent, comme des arguments en faveur de l'obscurantisme [80].

En tous cas, que l'hypothèse de Gratiolet sur l'ordre relatif de l'apparition des plis temporaux et frontaux soit fondée ou non, il est important de remarquer qu'un fait reste patent : avant l'apparition des plis temporaux ou frontaux, le cerveau du fœtus humain présente des caractères qu'on trouve seulement dans le groupe inférieur des Primates (à l'exception des Lémurs) ; or, c'est exactement ce qui devait arriver si l'Homme procède des modifications graduelles de la même forme que celle d'où sont sortis les autres Primates.

80. M. l'abbé Lecomte, par exemple, dans un terrible pamphlet, *le Darwinisme et l'origine de l'Homme*, 1873.

DEUXIÈME PARTIE

LA SÉLECTION SEXUELLE

CHPITRE VIII

PRINCIPES DE LA SÉLECTION SEXUELLE

Caractères sexuels secondaires. — Sélection sexuelle. — Son mode d'action.
— Excédent des mâles. — Polygamie. — Le mâle ordinairement seul modifié par la sélection sexuelle. — Ardeur du mâle. — Variabilité du mâle. —
Choix exercé par la femelle.— La sélection sexuelle comparée à la sélection
naturelle. — Hérédité aux périodes correspondantes de la vie, aux saisons
correspondantes de l'année, et limitée par le sexe. — Rapports entre les.di-
verses formes de l'hérédité. — Causes pour lesquelles un des sexes et les
jeunes ne sont pas modifiés par la sélection sexuelle. — Supplément sur les
nombres proportionnels des mâles et des femelles dans le règne animal. —
La proportion du nombre des individus mâles et femelles dans ses rapports
avec la sélection naturelle.

Chez les animaux à sexes séparés, les mâles diffèrent nécessairement des femelles par leurs organes de reproduction, qui constituent les caractères sexuels primaires. Mais les sexes diffèrent
souvent aussi par ce que Hunter a appelé les caractères sexuels
secondaires, qui ne sont pas en rapport direct avec l'acte de la
reproduction; le mâle, par exemple, possède certains organes de
sens ou de locomotion, dont la femelle est dépourvue; ou bien ils
sont beaucoup plus développés chez lui pour permettre de la
trouver et de l'atteindre; ou bien encore, le mâle est muni d'organes spéciaux de préhension, à l'aide desquels il peut facilement
la maintenir. Ces divers organes, très diversifiés, se confondent
avec d'autres que, dans certains cas, on peut à peine distinguer
de ceux qu'on considère ordinairement comme les organes primaires; tels sont les appendices complexes qui occupent l'extrémité
de l'abdomen des insectes mâles. A moins que nous ne restrei-
gnions le terme « primaire » aux glandes reproductrices seules,

il n'est presque pas possible d'établir une ligne de démarcation entre les organes sexuels primaires et les organes secondaires.

La femelle diffère souvent du mâle en ce qu'elle possède des organes destinés à l'alimentation ou à la protection de ses jeunes, tels que les glandes mammaires des Mammifères, et les poches abdominales des Marsupiaux. Dans quelques cas plus rares, le mâle possède des organes analogues qui font défaut chez la femelle, comme les réceptacles pour les œufs qu'on trouve chez certains poissons mâles, et ceux qui se développent temporairement chez certaines grenouilles mâles. La plupart des abeilles femelles ont un appareil particulier pour récolter et porter le pollen, et leur ovipositeur se transforme en un aiguillon pour la défense des larves et de la communauté. Nous pourrions encore citer de nombreux cas analogues, mais qui ne nous intéressent pas ici. Il existe, toutefois, d'autres différences qui n'ont aucune espèce de rapport avec les organes sexuels primaires, différences qui nous intéressent plus particulièrement, — telles que la plus grande taille, la force, les dispositions belliqueuses du mâle, ses armes offensives ou défensives, sa coloration fastueuse et ses divers ornements, la faculté de chanter, et autres caractères analogues.

Outre les différences sexuelles primaires et secondaires auxquelles nous venons de faire allusion, le mâle et la femelle diffèrent quelquefois par des conformations en rapport avec différentes habitudes d'existence, et n'ayant que des relations indirectes, ou n'en ayant même pas, avec la fonction reproductrice. Ainsi les femelles de certaines mouches (Culicidés et Tabanidés) sucent le sang, tandis que les mâles vivent sur les fleurs et ont la bouche privée de mandibules[1]. Certaines phalènes mâles ainsi que quelques crustacés mâles (Tanais) ont seuls la bouche imparfaite, fermée, et ne peuvent absorber aucune nourriture. Les mâles complémentaires de certains Cirripèdes vivent, comme les plantes épiphytiques, soit sur la femelle, soit sur la forme hermaphrodite, et sont dépourvus de bouche et de membres préhensiles. Dans ces cas, le mâle s'est modifié et a perdu certains organes importants que possèdent les femelles. Dans d'autres cas, la femelle a subi ces modifications; ainsi, le lampyre femelle est dépourvu d'ailes; ces organes, d'ailleurs, font si bien défaut à beaucoup de phalènes femelles que quelques-unes ne quittent jamais le cocon. Un grand nombre de crustacés parasites femelles ont perdu leurs pattes na-

---

1. Westwood, *Modern Classif. of Insects*, vol. II, 1840, p. 511. Je dois à Fritz Müller le fait relatif au Tanais.

tatoires. Chez quelques charançons (Curculionidés) la trompe présente une grande différence en longueur chez le mâle et chez la femelle[2]; mais nous ne saurions dire quelle est la signification de ces différences et d'autres analogues. Les différences de conformation entre les deux sexes, qui se rapportent à diverses habitudes d'existence, sont ordinairement limitées aux animaux inférieurs : chez quelques oiseaux, cependant, le bec du mâle diffère de celui de la femelle. Le *huia* de la Nouvelle-Zélande présente à cet égard une différence extraordinaire; le docteur Buller[3] affirme que le mâle se sert de son bec puissant pour fouiller le bois mort, afin d'en extraire les insectes, tandis que la femelle fouille les parties les plus molles avec son bec long, élastique et recourbé; de cette façon le mâle et la femelle s'entr'aident mutuellement. Dans la plupart des cas, les différences de conformation entre les deux sexes se rattachent plus ou moins directement à la propagation de l'espèce; ainsi, une femelle qui a à nourrir une multitude d'œufs a besoin d'une nourriture plus abondante que le mâle, et, par conséquent, elle doit posséder des moyens spéciaux pour se la procurer. Un animal mâle qui ne vit que quelques heures peut, sans inconvénient, perdre, par défaut d'usage, les organes qui lui servent à se procurer des aliments, tout en conservant dans un état parfait ceux de la locomotion, qui lui servent à atteindre la femelle. Celle-ci, au contraire, peut perdre sans danger les organes qui lui permettent le vol, la natation et la marche, si elle acquiert graduellement des habitudes qui lui rendent la locomotion inutile.

Nous n'avons toutefois à nous occuper ici que de la sélection sexuelle. Cette sélection dépend de l'avantage que certains individus ont sur d'autres de même sexe et de même espèce, sous le rapport exclusif de la reproduction. Lorsque la conformation diffère chez les deux sexes par suite d'habitudes différentes, comme dans les cas mentionnés ci-dessus, il faut évidemment attribuer les modifications subies à la sélection naturelle, et aussi à l'hérédité limitée à un seul et même sexe. Il en est de même pour les organes sexuels primaires, ainsi que pour ceux destinés à l'alimentation et à la protection des jeunes; car les individus capables de mieux engendrer et de mieux protéger leurs ascendants doivent en laisser, *cæteris paribus*, un plus grand nombre qui héritent de leur supériorité, tandis que ceux qui les engendrent ou les nourrissent dans de mauvaises conditions n'en laissent qu'un petit nombre pour hériter

2. Kirby et Spence, *Introd. to Entomology*, vol. III, 1826, p. 309.
3. *Birds of New Zealand*, 1872, p. 66.

de leur faiblesse. Le mâle cherche ordinairement la femelle, les organes des sens et de la locomotion lui sont donc indispensables;
mais, si ces organes lui sont indispensables, ce qui est généralement
le cas, pour accomplir d'autres actes de l'existence, ils doivent leur
développement à l'action de la sélection naturelle. Lorsque le mâle
a joint la femelle, il lui faut quelquefois des organes préhensiles
pour la retenir; ainsi, le docteur Wallace m'apprend que certaines
phalènes mâles ne peuvent pas s'unir avec les femelles, si leurs
tarses ou pattes sont brisés. Beaucoup de crustacés océaniques
mâles ont les pattes et les antennes extraordinairement modifiées
pour pouvoir saisir la femelle; d'où nous pouvons conclure que, ces
animaux étant exposés à être ballotés par les vagues de la pleine
mer, les organes en question leur sont absolument nécessaires
pour qu'ils puissent propager leur espèce; dans ce cas, le développement de ces organes n'a été que le résultat de la sélection ordinaire ou sélection naturelle. Quelques animaux placés très bas sur
l'échelle se sont modifiés dans le même but; ainsi, certains vers
parasites mâles, qui ont atteint leur développement complet, ont la
surface inférieure de l'extrémité du corps transformée en une sorte
de râpe; ils enroulent cette extrémité autour de la femelle et la
maintiennent ainsi très fortement[4].

Lorsque les deux sexes ont exactement les mêmes habitudes
d'existence, et que le mâle a les organes des sens et de la locomotion plus développés qu'ils ne le sont chez la femelle, il se peut
que ces sens perfectionnés lui soient indispensables pour trouver
la femelle. Mais, dans la grande majorité des cas, ces organes perfectionnés ne servent qu'à procurer à un mâle une certaine supériorité sur les autres mâles, car les moins privilégiés, si le temps
leur en était laissé, réussiraient tous à s'apparier avec des femelles
sous tous les autres rapports, à en juger d'après la structure des
femelles, ces organes seraient également bien adaptés aux habitudes ordinaires de l'existence. La sélection sexuelle a dû évidemment
intervenir pour produire les organes auxquels nous faisons allu-

---

4. M. Perrier, *Revue scientifique*, 15 mars 1873, p. 865, invoque ce cas qu'il
considère comme portant un coup fatal à l'hypothèse de la sélection sexuelle,
car il suppose que j'attribue à cette cause toutes les différences entre les sexes.
Je dois en conclure que cet éminent naturaliste, comme tant d'autres savants
français, ne s'est pas donné la peine d'étudier et de comprendre les premiers
principes de la sélection sexuelle. Un naturaliste anglais insiste sur le fait que
les crochets dont sont pourvus certains animaux mâles ne peuvent devoir leur
développement à un choix exercé par la femelle! Il me fallait lire cette remarque pour supposer que quiconque a lu ce chapitre s'imagine que j'aie jamais
prétendu que le choix de la femelle avait une influence quelconque sur le développement des organes préhensiles du mâle.

sion, car les mâles ont acquis la conformation qu'ils ont aujourd'hui, non pas parce qu'elle les met à même de remporter la victoire dans la lutte pour l'existence, mais parce qu'elle leur procure un avantage sur les autres mâles, avantage qu'ils ont transmis à leur postérité mâle seule. C'est l'importance de cette distinction qui m'a conduit à donner à cette forme de sélection le nom de sélection sexuelle. En outre, si le service principal que les organes préhensiles rendent aux mâles est d'empêcher que la femelle ne lui échappe avant l'arrivée d'autres mâles, ou lorsqu'il est assailli par eux, la sélection sexuelle a dû perfectionner ces organes en conséquence de la supériorité que certains mâles ont acquis sur leurs rivaux. Mais il est impossible, dans la majorité des cas de cette nature, d'établir une ligne de démarcation entre les effets de la sélection naturelle et ceux de la sélection sexuelle. On pourrait remplir des chapitres de particularités sur les différences qui existent entre les sexes sous le rapport des organes sensitifs, locomoteurs et préhensiles. Cependant, comme ces conformations ne sont pas plus intéressantes que celles qui servent aux besoins ordinaires de la vie, je me propose d'en négliger la plus grande partie, me bornant à indiquer quelques exemples dans chaque classe.

La sélection sexuelle a dû provoquer le développement de beaucoup d'autres conformations et de beaucoup d'autres instincts; nous pourrions citer, par exemple, les armes offensives et défensives que possèdent les mâles pour combattre et pour repousser leurs rivaux; le courage et l'esprit belliqueux dont ils font preuve; les ornements de tous genres qu'ils aiment à étaler; les organes qui leur permettent de produire de la musique vocale ou instrumentale et les glandes qui répandent des odeurs plus ou moins suaves; en effet, toutes ces conformations servent seulement, pour la plupart, à attirer ou à captiver la femelle. Il est bien évident qu'il faut attribuer ces caractères à la sélection sexuelle et non à la sélection ordinaire, car des mâles désarmés, sans ornements, dépourvus d'attraits, n'en réussiraient pas moins dans la lutte pour l'existence, et seraient aptes à engendrer une nombreuse postérité, s'ils ne se trouvaient en présence de mâles mieux doués. Le fait que les femelles, dépourvues de moyens de défense et d'ornements, n'en survivent pas moins et reproduisent l'espèce, nous autorise à conclure que cette assertion est fondée. Nous consacrerons dans les chapitres suivants de longs détails aux caractères sexuels secondaires auxquels nous venons de faire allusion; en effet, ils présentent un vif intérêt sous plusieurs rapports, mais principalement en ce qu'ils dépendent de la volonté, du choix, et de la rivalité des individus des deux sexes. Lorsque nous voyons deux mâles lutter pour la possession d'une femelle, ou plusieurs oiseaux mâles étaler leur riche plumage, et se livrer aux gestes les plus grotesques devant une troupe de femelles assemblées, nous devons évidemment conclure que, bien que guidés par l'instinct, ils savent ce qu'ils font, et exercent d'une manière consciente leurs qualités corporelles et mentales.

De même que l'homme peut améliorer la race de ses coqs de combat par la sélection de ceux de ces oiseaux qui sont victorieux dans l'arène, de même les mâles les plus forts et les plus vigoureux, ou les mieux armés, ont prévalu à l'état de nature, ce qui a eu pour résultat l'amélioration de la race naturelle ou de l'espèce. Un faible degré de variabilité, s'il en résulte un avantage, si léger qu'il soit, dans des combats meurtriers souvent répétés, suffit à l'œuvre de la sélection sexuelle; or, il est certain que les caractères sexuels secondaires sont éminemment variables. De même que l'homme, en se plaçant au point de vue exclusif qu'il se fait de la beauté, parvient à embellir ses coqs de basse-cour, ou, pour parler plus strictement, arrive à modifier la beauté acquise par l'espèce parente, parvient à donner au Bantam Sebright, par exemple, un plumage nouveau et élégant, un port relevé tout particulier, de même il semble que, à l'état de nature, les oiseaux femelles, en choisissant toujours les mâles les plus attrayants, ont développé la beauté ou les autres qualités de ces derniers. Ceci implique, sans doute, de la part de la femelle, un discernement et un goût qu'on est, au premier abord, disposé à lui refuser; mais j'espère démontrer plus loin, par un grand nombre de faits, que les femelles possèdent cette aptitude. Il convient d'ajouter que, en attribuant aux animaux inférieurs le sens du beau, nous ne supposons certes pas que ce sens soit comparable à celui de l'homme civilisé, doué qu'il est d'idées multiples et complexes; il serait donc plus juste de comparer le sens pour le beau que possèdent les animaux à celui que possèdent les sauvages, qui admirent les objets brillants ou curieux et aiment à s'en parer.

Notre ignorance sur bien des points fait qu'il nous reste encore quelque incertitude sur le mode précis d'action de la sélection sexuelle. Néanmoins, si les naturalistes, qui admettent déjà la mutabilité des espèces, veulent bien lire les chapitres suivants, ils conviendront, je pense, avec moi, que la sélection sexuelle a joué un rôle important dans l'histoire du monde organique. Il est certain que, chez presque toutes les espèces d'animaux, il y a lutte entre les mâles pour la possession de la femelle; ce fait est si notoire-

ment connu qu'il serait inutile de citer des exemples. Par conséquent, si l'on admet que les femelles ont une capacité mentale
suffisante pour exercer un choix, elles sont à même de choisir le
mâle qui leur convient. Il semble, d'ailleurs, que, dans un grand
nombre de cas, les circonstances tendent à rendre la lutte entre les
mâles extrêmement vive. Ainsi, chez les oiseaux migrateurs, les
mâles arrivent ordinairement avant les femelles dans les localités
où doit se faire la reproduction de l'espèce; il en résulte qu'un grand
nombre de mâles sont tout prêts à se disputer les femelles. Les
chasseurs assurent que le rossignol et la fauvette à tête noire mâles
arrivent toujours les premiers; M. Jenner Weir confirme le fait
pour cette dernière espèce.

M. Swaysland, de Brighton, qui, pendant ces quarante dernières
années, a eu l'habitude de capturer nos oiseaux migrateurs dès leur
arrivée, m'écrit qu'il n'a jamais vu les femelles arriver avant les
mâles. Il abattit, un printemps, trente-neuf mâles de hochequeues
(*Budytes Raii*) avant d'avoir vu une seule femelle. M. Gould, qui a
disséqué de nombreux oiseaux, affirme que les bécasses mâles arrivent dans ce pays avant les femelles. On a observé le même fait
aux États-Unis chez la plupart des oiseaux migrateurs[5]. La plupart
des saumons mâles, lorsqu'ils remontent nos rivières, sont prêts à la
reproduction avant les femelles. Il en est de même, à ce qu'il semble,
des grenouilles et des crapauds. Dans la vaste classe des insectes,
les mâles sortent presque toujours les premiers de la chrysalide, de
sorte qu'on les voit généralement fourmiller quelque temps avant
que les femelles apparaissent[6]. La cause de cette différence dans
la période d'arrivée ou de maturation des mâles et des femelles est
évidente. Les mâles qui ont annuellement occupé les premiers un
pays, ou qui, au printemps, sont les premiers à se propager,
ou les plus ardents à la reproduction de l'espèce, ont dû laisser de
plus nombreux descendants, qui tendent à hériter de leurs instincts
et de leur constitution. Il faut se rappeler, en outre, qu'il serait
impossible de changer beaucoup l'époque de la maturité sexuelle
des femelles sans apporter en même temps de grands troubles dans

5. J.-A. Allen, *Mammals and Winter Birds of Florida; Bull. Comp. Zoology,*
Harvard College, p. 268.
6. Même chez les plantes à sexes séparés, les fleurs mâles arrivent généralement à maturité avant les fleurs femelles. Beaucoup de plantes hermaphrodites, comme C.-K. Sprengel l'a démontré le premier, sont dichogames ; c'est-
à-dire ne peuvent pas se féconder elles-mêmes, leurs organes mâles et femelles
n'étant pas prêts ensemble. Dans ces plantes, le pollen arrive ordinairement à
maturité avant le stigmate de la même fleur, bien qu'il y ait quelques espèces
spéciales où les organes femelles arrivent à maturité avant les organes mâles.

la période de la production des jeunes, production qui doit être déterminée par les saisons de l'année. En somme, il n'est pas douteux que, chez presque tous les animaux à sexes séparés, il y a une lutte périodique et constante entre les mâles pour la possession des femelles.

Il y a, cependant, un point important qui mérite toute notre attention. Comment se fait-il que les mâles qui l'emportent sur les autres dans la lutte, ou ceux que préfèrent les femelles, laissent plus de descendants possédant comme eux une certaine supériorité, que les mâles vaincus et moins attrayants ? Sans cette condition, la sélection sexuelle serait impuissante à perfectionner et à augmenter les caractères qui donnent à certains mâles un avantage sur d'autres. Lorsque les sexes existent en nombre absolument égal, les mâles les moins bien doués trouvent en définitive des femelles (sauf là où règne la polygamie), et laissent autant de descendants, aussi bien adaptés pour les besoins de l'existence que les mâles les mieux partagés. J'avais autrefois conclu de divers faits et de certaines considérations que, chez la plupart des animaux à caractères sexuels secondaires bien développés, le nombre des mâles excédait de beaucoup celui des femelles ; mais il ne semble pas que cette hypothèse soit complètement exacte. Si les mâles étaient aux femelles comme deux est à un, ou comme trois est à deux, ou même dans une proportion un peu moindre, la question serait bien simple ; car les mâles les plus attrayants ou les mieux armés laisseraient le plus grand nombre de descendants. Mais, après avoir étudié autant que possible les proportions numériques des sexes, je ne crois pas qu'on puisse ordinairement constater une grande disproportion numérique. Dans la plupart des cas, la sélection sexuelle paraît avoir agi de la manière suivante.

Supposons une espèce quelconque, un oiseau, par exemple, et partageons en deux groupes égaux les femelles qui habitent un district ; l'un comprend les femelles les plus vigoureuses et les mieux nourries ; l'autre, celles qui le sont moins. Les premières, cela n'est pas douteux, seront prêtes à reproduire au printemps avant les autres ; c'est là, d'ailleurs, l'opinion de M. Jenner Weir, qui, pendant bien des années, s'est beaucoup occupé des habitudes des oiseaux. Les femelles les plus saines, les plus vigoureuses et les mieux nourries réussiront aussi, cela est évident, à élever en moyenne le plus grand nombre de descendants[7]. Les mâles, ainsi

7. Je puis invoquer l'opinion d'un savant ornithologiste sur le caractère des petits. M. J.-A. Allen, *Mammals and Winter Birds of Florida*, p. 229, dit, en parlant des couvées tardives produites par la destruction accidentelle des

que nous l'avons vu, sont généralement prêts à reproduire avant les femelles; les mâles les plus forts, et, chez quelques espèces, les mieux armés; chassent leurs rivaux plus faibles, et s'accouplent avec les femelles les plus vigoureuses et les plus saines, car celles-ci sont les premières prêtes à reproduire[8]. Les couples ainsi constitués doivent certainement élever plus de jeunes que les femelles en retard, qui, en supposant l'égalité numérique des sexes, sont forcées de s'unir aux mâles vaincus et moins vigoureux; or, il y a là tout ce qu'il faut pour augmenter, dans le cours des générations successives, la taille, la force et le courage des mâles ou pour perfectionner leurs armes.

Il est, cependant, une foule de cas où les mâles qui remportent la victoire sur d'autres mâles n'arrivent à posséder les femelles que grâce au choix de ces dernières. La cour que se font les animaux n'est, en aucune façon, aussi brève et aussi simple qu'on pourrait le supposer. Les mâles les mieux ornés, les meilleurs chanteurs, ceux qui font les gambades les plus bouffonnes, excitent davantage les femelles qui préfèrent s'accoupler avec eux; mais il est très probable, comme on a d'ailleurs l'occasion de l'observer quelquefois, qu'elles préfèrent en même temps les mâles les plus vigoureux et les plus ardents. Les femelles les plus vigoureuses, qui sont les premières prêtes à reproduire, ont donc un grand choix de mâles, et, bien qu'elles ne choisissent pas toujours les plus robustes ou les mieux armés, elles s'adressent, en somme, à des mâles qui, possédant déjà ces qualités à un haut degré, sont, sous d'autres rapports, plus attrayants. Ces couples formés précocément ont, pour élever leur progéniture, de grands avantages du côté femelle aussi bien que du côté mâle. Cette cause, agissant pendant une longue série de générations, a, selon toute apparence, suffi non seulement à augmenter la force et le caractère belliqueux des mâles, mais aussi leurs divers ornements et leurs autres attraits.

Dans le cas inverse et beaucoup plus rare où les mâles choisissent

premières couvées, que les oiseaux qui en proviennent sont « plus petits, plus pauvrement colorés que ceux éclos au commencement de la saison. Dans le cas où les parents font plusieurs couvées par an, les oiseaux qui proviennent de la première semblent, sous tous les rapports, plus parfaits et plus vigoureux ».

8. Hermann Müller adopte la même conclusion relativement aux abeilles femelles, qui, chaque année, sortent les premières de la chrysalide. Voir à cet égard son remarquable mémoire : *Anwendung den Darwin'schen Lehre auf Bienen;* Verh. d. V. Iahrg XXIX, p. 45.

9. J'ai reçu à cet égard, sur la volaille, des renseignements que je citerai plus loin. Même chez les Oiseaux tels que les pigeons, qui s'apparient pour la vie, la femelle, à ce que m'apprend M. Jenner Weir, abandonne le mâle, s'il est blessé ou s'il devient trop faible.

des femelles particulières, il est manifeste que les plus vigoureux, après avoir écarté leurs rivaux, doivent avoir le choix libre ; or, il est à peu près certain qu'ils recherchent les femelles les plus vigoureuses et les plus attrayantes à la fois. Ces couples ont de grands avantages pour l'élève de leurs jeunes, surtout si le mâle est capable de défendre la femelle pendant l'époque du rut, comme cela se produit chez quelques animaux élevés, ou d'aider à l'entretien des jeunes. Les mêmes principes s'appliquent si les **deux sexes** préfèrent et choisissent réciproquement certains individus du sexe contraire, en supposant qu'ils exercent ce choix, non seulement parmi les sujets les plus attrayants, mais aussi parmi les plus vigoureux.

Proportion numérique des deux sexes. — J'ai fait remarquer que la sélection sexuelle serait chose fort simple à comprendre, si le nombre des mâles excédait de beaucoup celui des femelles. En conséquence, je cherchai à me procurer des renseignements aussi circonstanciés que possible sur la proportion numérique des individus des deux sexes chez un grand nombre d'animaux ; mais les matériaux sont très rares. Je me bornerai à donner ici un résumé fort succinct des résultats que j'ai obtenus ; je réserve les détails pour une discussion ultérieure, afin de ne point interrompre le cours de mon argumentation. On ne peut vérifier les nombres proportionnels des sexes, au moment de la naissance, que chez les animaux domestiques ; et encore n'a-t-on pas tenu des registres spéciaux dans ce but. Toutefois, j'ai pu recueillir, par des moyens indirects, un nombre considérable de données statistiques ; il en résulte que, chez la plupart de nos animaux domestiques, les individus des deux sexes naissent en nombre à peu près égal. Ainsi, on a enregistré, pendant une période de vingt et un ans, 25,560 naissances de chevaux de course ; la proportion des mâles aux femelles est comme 99.7 est à 100. Chez les lévriers, l'inégalité est plus grande que chez tout autre animal, car sur 6,878 naissances, réparties sur douze ans, les mâles étaient aux femelles comme 110.1 est à 100. Il serait, toutefois, dangereux de conclure que cette proportion est la même à l'état de nature qu'à l'état domestique, car des différences légères et inconnues suffisent pour affecter dans une certaine mesure les proportions numériques des sexes. Prenons, par exemple, le genre humain : le nombre des mâles s'élève, au moment de la naissance, à 104,5 en Angleterre, à 108,9 en Russie, et chez les Juifs de Livourne, à 120 pour 100 du sexe féminin. J'aurai, d'ailleurs, à revenir sur le fait curieux de l'excédent des mâles au moment de la naissance dans un supplément à ce chapitre. Je puis ajouter, toutefois, que, au cap de Bonne-Espérance, on a compté pendant plusieurs années de 91 à 99 garçons d'extraction européenne pour 100 filles.

Ce n'est pas, d'ailleurs, seulement le nombre proportionnel des mâles et des femelles au moment de la naissance qui nous intéresse, mais aussi le nombre proportionnel à l'âge adulte; il en résulte un autre élément de doute, car on sait très positivement qu'il meurt, avant ou pendant la parturition, puis dans les premières années de la vie, une quantité beaucoup plus grande d'enfants du sexe masculin que du sexe féminin. On constate le même fait pour les agneaux mâles, et probablement aussi, il est vrai, pour d'autres animaux. Les mâles de certaines espèces se livrent de terribles combats qui amènent souvent la mort de l'un des adversaires, ou ils se pourchassent avec un acharnement tel qu'ils finissent par s'épuiser complètement. En errant à la recherche des femelles, ils sont exposés à de nombreux dangers. Les poissons mâles de différentes espèces sont beaucoup plus petits que les femelles; on affirme qu'ils sont fréquemment dévorés par celles-ci, ou par d'autres poissons. Chez quelques espèces d'oiseaux, les femelles meurent, dit-on, plus tôt que les mâles; elles courent aussi de plus grands dangers, exposées qu'elles sont sur le nid, pendant qu'elles couvent ou qu'elles soignent leurs petits. Les larves femelles des insectes, souvent plus grosses que les larves mâles, sont, par conséquent, plus sujettes à être dévorées; dans quelques cas, les femelles adultes, moins actives, moins rapides dans leurs mouvements que les mâles, échappent moins facilement au danger. Chez les animaux à l'état de nature, nous ne pouvons donc, pour apprécier le nombre proportionnel des mâles et des femelles à l'âge adulte, nous baser que sur une simple estimation, qui, à l'exception peut-être des cas où l'inégalité est très marquée, ne doit inspirer que peu de confiance. Cependant, les faits que nous citerons dans le supplément qui termine ce chapitre semblent nous autoriser à conclure que, chez quelques mammifères, chez beaucoup d'oiseaux, chez quelques poissons et chez quelques insectes, le nombre des mâles excède de beaucoup celui des femelles.

Le nombre proportionnel des individus des deux sexes éprouve de légères fluctuations dans le cours des années; ainsi, chez les chevaux de course, pour 100 femelles nées, les mâles avaient varié d'une année à une autre dans le rapport de 107.1 à 92.6, et chez les lévriers de 116.3 à 95.3. Mais il est probable que ces fluctuations auraient disparu si l'on avait dressé des tableaux plus complets, basés sur une région plus étendue que l'Angleterre seule;

ces différences ne suffiraient pas pour déterminer à l'état de nature l'intervention effective de la sélection sexuelle. Néanmoins, comme on en trouvera la preuve dans le supplément, le nombre proportionnel des mâles et des femelles paraît éprouver, chez quelques animaux sauvages, suivant les différentes saisons ou les diverses localités, des fluctuations suffisantes pour provoquer une action de ce genre. Il faut, en effet, remarquer que les mâles, vainqueurs des autres mâles ou recherchés par les femelles à cause de leur beauté, acquièrent au bout d'un certain nombre d'années, ou dans certaines localités, des avantages qu'ils doivent transmettre à leurs petits et qui ne sont pas de nature à disparaître. En admettant que, pendant les saisons suivantes, l'égalité en nombre des individus des deux sexes permette à chaque mâle de trouver une femelle, les mâles qui descendent de ces mâles plus vigoureux, plus recherchés par les femelles, supérieurs en un mot, ont au moins tout autant de chance de laisser des descendants que les mâles moins forts et moins beaux.

Polygamie. — La pratique de la polygamie amène les mêmes résultats que l'inégalité réelle du nombre des mâles et des femelles. En effet, si chaque mâle s'approprie deux ou plusieurs femelles il en est beaucoup qui ne peuvent pas s'accoupler, et ce sont certainement les plus faibles ou les moins attrayants. Beaucoup de mammifères et quelques oiseaux sont polygames, mais je n'ai pas trouvé des preuves de cette particularité chez les animaux appartenant aux classes inférieures. Les animaux inférieurs n'ont peut-être pas des facultés intellectuelles assez développées pour les pousser à réunir et à entretenir un harem de femelles. Il paraît à peu près certain qu'il existe un rapport entre la polygamie et le développement des caractères sexuels secondaires; ce qui vient à l'appui de l'hypothèse qu'une prépondérance numérique des mâles est éminemment favorable à l'action de la sélection sexuelle. Toutefois, beaucoup d'animaux, surtout les oiseaux strictement monogames, ont des caractères sexuels secondaires très marqués, tandis que quelques autres, qui sont polygames, ne sont pas dans le même cas.

Examinons rapidement au point de vue de la polygamie la classe des Mammifères, nous passerons ensuite aux Oiseaux. Le Gorille paraît être polygame, et le mâle diffère considérablement de la femelle; il en est de même de quelques babouins vivant en sociétés qui renferment deux fois autant de femelles adultes que de mâles. Dans l'Amérique du Sud, la couleur, la barbe et les organes vocaux du *Mycetes caraya* présentent des différences sexuelles marquées et le mâle vit ordinairement avec deux ou trois femelles; le *Cebus capucinus* mâle diffère quelque peu de la femelle, et paraît être polygame[10]. On n'a que fort peu de renseignements à cet égard sur le plupart des autres singes; on sait, cependant, que certaines espèces sont strictement monogames. Les Ruminants, essentiellement polygames, présentent, plus fréquemment qu'aucun autre groupe de Mammifères, des différences sexuelles, non seulement par leurs armes, mais aussi par d'autres caractères. La plupart des cerfs, les bestiaux et les moutons sont polygames; il en est de même des antilopes, à l'exception de quelques espèces monogames. Sir Andrew Smith, qui a étudié les antilopes de l'Afrique méridionale, affirme que, dans des troupes d'environ une douzaine d'individus, on voit rarement plus d'un mâle adulte. L'*Antilope saiga* asiatique paraît être le polygame le plus désordonné qui existe, car Pallas[11] constate que le mâle expulse tous ses rivaux, et rassemble autour de lui un troupeau de cent têtes environ, composé de femelles et de jeunes; la femelle ne porte pas de cornes et a des poils plus fins, mais ne diffère pas autrement du mâle. Le cheval sauvage qui habite les îles Falkland et les États situés au nord-ouest de l'Amérique septentrionale est polygame; mais, sauf sa taille plus grande et les proportions de son corps, il ne diffère que peu de la jument. Les crocs et quelques autres particularités du sanglier sauvage constituent des caractères sexuels bien accusés; cet animal mène en Europe et dans l'Inde une vie solitaire, à l'exception de la saison de l'accouplement, pendant laquelle, à ce qu'assure Sir W. Elliot, qui l'a beaucoup observé dans l'Inde, il vit dans ce pays avec plusieurs femelles; il est douteux qu'il en soit de même pour le sanglier d'Europe, bien que, cependant, on signale quelques faits à l'appui. L'éléphant indien adulte mâle passe une grande partie de son existence dans la solitude, comme le sanglier; mais le docteur Campbell affirme que, lorsqu'il est associé avec d'autres, « il est rare de rencontrer plus d'un mâle dans un troupeau entier de femelles ». Les plus grands mâles expulsent ou tuent les plus petits et les plus faibles. Le mâle diffère de la femelle par ses immenses défenses,

10. Sur le Gorille, voir Savage et Wyman, *Boston Journ. of Nat. Hist.*, vol. V, 1845-47, p. 423. Sur le Cynocéphale, Brehm *Illustr. Thierleben*, vol. I, 1864, p. 77. Sur le Mycetes, Rengger, *Naturg. Säugethiere von Paraguay*, 1830, p. 14, 20. Sur le Cebus, Brehm *op., c.*, p. 108.
11. Pallas, *Spicilegia Zoolog.* Fasc. XII, 1777, p. 29. Sir Andrew Smith, *Illustrations of the Zoology of S. Africa*, 1849, p. 29 sur le Kobus. Owen. *Anat. of Vertebrates*, vol. III, 1868, p. 633, donne un tableau indiquant quelles sont les espèces d'antilopes qui s'apparient et celles qui vivent en troupeaux.

sa grande taille, sa force et la faculté qu'il possède de supporter plus longtemps la fatigue; la différence sous ces rapports est si considérable qu'on estime les mâles, une fois capturés, à 20 p. 100 au-dessus des femelles [12]. Les sexes ne diffèrent que peu ou point chez les autres pachydermes qui, autant que nous pouvons le savoir, ne sont pas polygames. Aucune espèce appartenant aux ordres des Cheiroptères, des Édentés, des Insectivores ou des Rongeurs, n'est polygame, autant, toutefois, que je puis le savoir; le rat commun fait peut-être exception à cette règle, car quelques chasseurs de rats affirment que les mâles vivent avec plusieurs femelles. Chez certains paresseux (*Édentés*) les deux sexes diffèrent au point de vue du caractère et de la couleur des touffes de poils qu'ils portent sur les épaules [13]. Plusieurs espèces de chauves-souris (*Cheiroptères*) présentent des différences sexuelles bien marquées; les mâles, en effet, possèdent des sacs et des glandes odoriférés et affectent une couleur plus pâle [14]. Chez les rongeurs, les sexes diffèrent rarement; en tout cas, les différences sont légères et portent seulement sur la couleur des poils.

Sir A. Smith m'apprend que, dans l'Afrique australe, le lion vit quelquefois avec une seule femelle, mais généralement avec plusieurs; on en a découvert un avec cinq femelles; cet animal est donc polygame. C'est, autant que je puis le savoir, le seul animal polygame de tout le groupe des carnivores terrestres, et le seul offrant des caractères sexuels bien accusés. Il n'en est pas de même chez les carnivores marins : en effet, beaucoup d'espèces de phoques présentent des différences sexuelles extraordinaires, et sont essentiellement polygames. Ainsi, l'éléphant de mer (*Macrochinus proboscideus*) de l'Océan du Sud est toujours, d'après Péron, entouré de plusieurs femelles, et le lion de mer (*Otaria jubata*), de Forster, est, dit-on, accompagné par vingt ou trente femelles. L'ours de mer mâle, de Steller (*Arctocephalus ursinus*), dans le Nord, se fait suivre d'un nombre de femelles encore plus considérable. Le docteur Gill [15] a fait à cet égard une remarque très intéressante : « Chez les espèces monogames, ou celles qui vivent en petites sociétés, on observe peu de différence de taille entre le mâle et la femelle; chez les espèces sociables, ou plutôt chez celles où les mâles pos-

---

12. D. Campbell, *Proc. Zoolog. Soc.*, 1869, p. 138. Voir aussi un mémoire intéressant du lieutenant Johnstone, *Proc. Asiatic. Soc. of Bengal*, mai 1868.

13. Dr Gray, *Annals and Mag. of Nat. Hist.*, 1871, p. 302.

14. Voir un excellent mémoire du Dr Dobson, *Proc. Zoolog. Society*, 1873, p. 241.

15. *The Eared Seals; American Naturalist.* vol. IV, janv. 1871.

sèdent de véritables harems, les mâles sont beaucoup plus grands que les femelles. »

En ce qui concerne les oiseaux, un grand nombre d'espèces, dont les sexes s'accusent par de grandes différences, sont certainement monogames. En Angleterre, par exemple, on observe des différences sexuelles très marquées chez le canard sauvage, qui ne s'accouple qu'avec une seule femelle, ainsi que chez le merle commun et le bouvreuil, qu'on dit s'accoupler pour la vie. M. Wallace m'apprend qu'on observe le même fait chez les Cotingidés de l'Amérique méridionale et chez beaucoup d'autres espèces d'oiseaux. Je n'ai pas pu parvenir à découvrir si les espèces de plusieurs groupes sont polygames ou monogames. Lesson soutient que les oiseaux de paradis, si remarquables par leurs différences sexuelles, sont polygames, mais M. Wallace doute qu'il ait pu se procurer des preuves suffisantes. M. Salvin m'apprend qu'il a été conduit à admettre que les oiseaux-mouches sont polygames. Le *Chera progne* mâle, remarquable par ses plumes caudales, paraît certainement être polygame [16]. M. Jenner Weir et d'autres m'ont assuré qu'il n'est pas rare de voir trois sansonnets fréquenter le même nid ; mais on n'a pas encore pu déterminer si c'est là un cas de polygamie ou de polyandrie.

Les Gallinacés présentent des différences sexuelles presque aussi fortement accusées que les oiseaux de paradis ou que les oiseaux-mouches, et beaucoup d'espèces sont, comme on le sait polygames ; d'autres sont strictement monogames. Les mâles diffèrent considérablement des femelles chez le paon et chez le faisan polygames ; ils en diffèrent, au contraire, fort peu chez la pintade et chez la perdrix monogames. On pourrait citer d'autres faits à l'appui : ainsi, par exemple, dans la tribu des Grouses (Lagopèdes), le capercailzie polygame et le faisan noir, polygame aussi, diffèrent considérablement des femelles ; tandis que les mâles et les femelles, chez le grouse rouge et chez le ptarmigan monogames, diffèrent très peu. Parmi les Cursores, il n'y a qu'un petit nombre d'espèces qui présentent des différences sexuelles fortement accusées, à l'exception des outardes, et on affirme que la grande outarde (*Otis tarda*) est polygame. Chez les Grallatores, très peu d'espèces présentent des différences de cette nature ; le combattant (*Machetes pugnax*)

. 16. *The Ibis,* vol. III, 1861, p. 133, sur le *Chera Progne.* Voir aussi, sur le *Vidua axillaris, ibid.,* vol. II, 1868, p. 211. Sur la polygamie du grand coq de bruyère et de la grande outarde, voir L. Lloyd, *Game Birds of Sweden,* 1867, pp. 19 et 182. Montagu et Selby affirment que le grouse noir est polygame et que le grouse rouge est monogame.

constitue, toutefois, une exception remarquable, et Montagu affirme qu'il est polygame. Il semble donc qu'il y ait souvent, chez les oiseaux, une relation assez étroite entre la polygamie et le développement de différences sexuelles marquées. M. Bartlett, des *Zoological Gardens*, qui a si longtemps étudié les oiseaux, me répondait, ce qui me frappa beaucoup, un jour que je lui demandais si le tragopan mâle (gallinacé) est polygame : « Je n'en sais rien, mais je serais disposé à le croire en raison de ses splendides couleurs. »

Il faut remarquer que l'instinct qui pousse à s'accoupler avec une seule femelle se perd aisément à l'état de domesticité. Le canard sauvage est strictement monogame, le canard domestique est polygame au plus haut degré. Le Rév. W. D. Fox m'apprend que quelques canards sauvages à demi apprivoisés, conservés sur un grand étang du voisinage, faisaient des couvées extrêmement nombreuses, bien que le garde tuât les mâles de façon à n'en laisser qu'un pour sept ou huit femelles. La pintade est strictement monogame; cependant M. Fox a remarqué que les oiseaux réussissent mieux lorsqu'il donne à un mâle deux ou trois poules. Les canaris, à l'état de nature, vont par couples; mais, en Angleterre, les éleveurs réussissent à donner quatre ou cinq femelles à un mâle. J'ai signalé ces cas, car ils tendent à prouver que les espèces, monogames à l'état de nature, paraissent sans difficulté pouvoir devenir polygames d'une façon temporaire ou permanente.

Nous avons trop peu de renseignements sur les habitudes des reptiles et des poissons pour pouvoir nous étendre sur leurs rapports sexuels. On affirme, toutefois, que l'épinoche (*Gasterosteus*) est polygame [17] pendant la saison des amours, le mâle diffère considérablement de la femelle.

Résumons les moyens par lesquels, autant que nous en pouvons juger, la sélection sexuelle a déterminé le développement des caractères sexuels secondaires. Nous avons démontré que l'accouplement des mâles les plus robustes et les mieux armés, qui ont vaincu d'autres mâles, avec les femelles les plus vigoureuses et les mieux nourries, qui sont les premières prêtes à engendrer au printemps, produit le plus grand nombre de descendants vigoureux. Si ces femelles choisissent les mâles les plus attrayants et les plus forts, elles élèvent plus de petits que les femelles en retard qui ont dû s'accoupler avec les mâles inférieurs aux précédents, sous le rapport de la force et de la beauté. Il en sera de même si

---

17. Noel Humphreys, *Rivers Gardens*, 1857.

les mâles les plus vigoureux choisissent les femelles les plus attrayantes et les mieux constituées, et cela sera d'autant plus vrai, si le mâle vient en aide à la femelle et contribue à l'alimentation des jeunes. Les couples les plus vigoureux peuvent donc élever un plus grand nombre de petits, et cet avantage suffit certainement pour rendre la sélection sexuelle efficace. Cependant une grande prépondérance du nombre des mâles sur celui des femelles serait beaucoup plus efficace encore; soit que cette prépondérance fût accidentelle et locale, ou permanente; soit qu'elle eût lieu dès la naissance, ou qu'elle fût le résultat subséquent de la plus grande destruction des femelles; soit enfin qu'elle fût la conséquence indirecte de la polygamie.

Les modifications sont généralement plus accusées chez le mâle que chez la femelle. — Lorsque les mâles diffèrent des femelles au point de vue de l'apparence extérieure, c'est, à de rares exceptions près, — et cette remarque s'applique à tout le règne animal, — le mâle qui a subi le plus de modifications; en effet, la femelle continue ordinairement à ressembler davantage aux jeunes de l'espèce à laquelle elle appartient ou aux autres membres du même groupe. Presque tous les animaux mâles ont des passions plus vives que les femelles; ce qui paraît être la cause de ces différences. C'est pour cela que les mâles se battent, et déploient avec tant de soin leurs charmes devant les femelles; ceux qui l'emportent transmettent leur supériorité à leur postérité mâle. Nous aurons à examiner plus loin comment il se fait que les mâles ne transmettent pas leurs caractères à leur postérité des deux sexes. Il est notoire que, chez tous les mammifères, les mâles poursuivent les femelles avec ardeur. Il en est de même chez les oiseaux; mais la plupart des oiseaux mâles cherchent moins à poursuivre la femelle qu'à la captiver; pour y arriver, ils étalent leur plumage, se livrent à des gestes bizarres et modulent les chants les plus doux en sa présence. Chez les quelques poissons qu'on a observés, le mâle paraît être aussi beaucoup plus ardent que la femelle; il en est évidemment de même chez les alligators et chez les batraciens. Kirby[18] a fait remarquer avec justesse que, dans toute l'immense classe des insectes, « le mâle recherche la femelle ». MM. Blackwall et C. Spence Bate, deux autorités sur le sujet, m'apprennent que les araignées et les crustacés mâles ont des habitudes plus actives et plus vagabondes que les femelles. Chez certaines espèces d'insectes et de crustacés, les

18. Kirby et Spence, *Introd. to Entomology*, vol. III. 1826, p. 342.

organes des sens ou de la locomotion existent chez un sexe et font
défaut chez l'autre, ou, ce qui est fréquent, sont plus développés
chez un sexe que chez l'autre ; or, autant que j'ai pu le reconnaître,
le mâle conserve ou possède presque toujours ces organes au plus
haut degré de développement; ce qui prouve que, dans les relations sexuelles, le mâle est le plus actif[19].

La femelle, au contraire, est, à de rares exceptions près, beaucoup moins ardente que le mâle. Comme le célèbre Hunter[20] l'a
fait observer il y a bien longtemps, elle exige ordinairement « qu'on
lui fasse la cour » ; elle est timide, et cherche pendant longtemps
à échapper au mâle. Quiconque a étudié les mœurs des animaux a
pu constater des exemples de ce genre. Divers faits que nous citerons plus loin, et les résultats qu'on peut attribuer à l'intervention
de la sélection sexuelle, nous autorisent à conclure que la femelle,
comparativement passive, n'en exerce pas moins un certain choix
et accepte un mâle plutôt qu'un autre. Certaines apparences nous
portent parfois à penser qu'elle accepte, non pas le mâle qu'elle
préfère, mais celui qui lui déplaît le moins. L'exercice d'un certain
choix de la part de la femelle paraît être une loi aussi générale que
l'ardeur du mâle.

Ceci nous amène naturellement à rechercher pourquoi, dans tant
de classes si distinctes, le mâle est devenu tellement plus ardent
que la femelle, que ce soit lui qui la recherche toujours et qui joue
le rôle le plus actif dans les préliminaires de l'accouplement. Il
n'y aurait aucun avantage, il y aurait même une dépense inutile
de force à ce que les mâles et les femelles se cherchassent mutuellement; mais pourquoi le mâle joue-t-il presque toujours le rôle le
plus actif? Les ovules doivent recevoir une certaine alimentation
pendant un certain laps de temps après la fécondation; il faut donc
que le pollen soit apporté aux organes femelles et placé sur le
stigmate, soit par concours des insectes ou du vent, soit par les
mouvements spontanés des étamines; et, chez les algues, etc., par
la locomotion des anthérozoïdes.

Chez les animaux d'organisation inférieure à sexes séparés qui

19. D'après Westwood (*Modern Classif. of Insects*, vol. II, p. 160), un insecte
hyménoptère parasite constitue une exception à la règle, car le mâle n'a que
des ailes rudimentaires et ne quitte jamais la cellule où il est né, tandis que
la femelle a des ailes bien développées. Audouin croit que les femelles sont
fécondées par les mâles nés dans les mêmes cellules qu'elles, mais il est probable que les femelles visitent d'autres cellules, évitant ainsi un croisement
consanguin trop rapproché. Nous rencontrerons plus loin dans divers groupes
quelques cas exceptionnels où la femelle, au lieu du mâle, recherche l'accouplement.

20. *Essays and Observations*, édités par Owen, vol. I, 1861, p. 194.

sont fixés d'une manière permanente, l'élément mâle va invariablement trouver la femelle ; il est, d'ailleurs, facile d'expliquer la cause de ce fait : les ovules, en effet ; en admettant même qu'ils se détacheraient avant d'être fécondés et qu'ils n'exigeraient aucune alimentation ou aucune protection subséquente, sont, par leurs dimensions relativement plus grandes, moins facilement transportables que l'élément mâle et, par le fait même qu'ils sont plus grands, existent en plus petite quantité. Beaucoup d'animaux inférieurs ont donc, sous ce rapport, beaucoup d'analogie avec les plantes [21]. Les animaux mâles aquatiques fixés ayant été ainsi conduits à émettre leur élément fécondant, il est naturel que leurs descendants, qui se sont élevés sur l'échelle et qui ont acquis des organes de locomotion, aient conservé la même habitude et s'approchent aussi près que possible de la femelle, pour que l'élément fécondant ne soit pas exposé aux risques d'un long passage au travers de l'eau. Chez quelques animaux inférieurs, les femelles seules sont fixées, il faut donc que les mâles aillent les trouver. Quand aux formes dont les ancêtres possédaient primitivement la faculté de la locomotion, il est difficile de comprendre pourquoi les mâles ont acquis l'invariable habitude de rechercher les femelles, au lieu que celles-ci recherchent les mâles. Mais, dans tous les cas, il a fallu, pour que les mâles devinssent des chercheurs efficaces, qu'ils fussent doués de passions ardentes ; or, le développement de ces passions découle naturellement du fait que les mâles plus ardents laissent plus de descendants que ceux qui le sont moins.

La grande ardeur du mâle a donc indirectement déterminé un développement beaucoup plus fréquent des caractères sexuels secondaires chez le mâle que chez la femelle. L'étude des animaux domestiques m'a conduit à penser que le mâle est plus sujet à varier que la femelle, ce qui a dû singulièrement faciliter ce développement. Von Nathusius, dont l'expérience est si considérable, partage absolument la même opinion [22]. La comparaison des deux sexes chez l'espèce humaine fournit aussi des preuves nombreuses à l'appui de cette hypothèse. Au cours de l'expédition de la *Novara* [23], on a procédé à un nombre considérable de mesurages des

21. Le professeur Sachs (*Lehrbuch der Botanik*, 1870, p. 633), en parlant des cellules reproductrices mâles et femelles, remarque que « l'une se comporte activement... tandis que l'autre paraît passive pendant la réunion ».

22. *Vortrage über Viehzucht*, 1872, p. 63.

23. *Reise der Novara; Anthropol. Theil*, 1867, pp. 216-269. Le Dr Weisbach a calculé les résultats d'après les mesurages faits par les Drs Scherzer et Schwarz. Voir, sur la grande variabilité des animaux domestiques mâles, *la Variation*, etc., vol. II, p. 79 (Paris, Reinwald).

diverses parties du corps chez différentes races, et, dans presque tous les cas, les hommes ont présenté une plus grande somme de variations que les femmes; je reviendrai d'ailleurs sur ce point dans un chapitre subséquent. M. J. Wood[24], qui a étudié avec beaucoup de soin la variation des muscles chez l'espèce humaine, imprime en italiques la conclusion suivante : « Le plus grand nombre d'anomalies, dans chaque partie prise séparément, se trouve chez le sexe mâle. » Il avait déjà remarqué que « sur un ensemble de 102 sujets, les variétés de superfluités étaient moitié plus fréquentes chez les hommes que chez les femmes, ce qui contrastait fortement avec la plus grande fréquence des déficits précédemment décrits déjà chez ces dernières ». Le professeur Macalister remarque également[25] que les variations des muscles « sont probablement plus communes chez les mâles que chez les femelles ». Certains muscles, qui ne sont pas normalement présents dans l'espèce humaine, se développent aussi plus fréquemment chez le mâle que chez la femelle, bien qu'on ait signalé des exceptions à cette règle. Le docteur Burt Wilder[26] a enregistré 152 cas d'individus ayant des doigts supplémentaires; 86 ont été observés chez des hommes, et 39, moins de la moitié, chez des femmes; dans les 27 autres cas, on n'a pas constaté le sexe. Il faut se rappeler, il est vrai, que les femmes cherchent plus que les hommes à dissimuler une difformité de ce genre. Le docteur L. Meyer affirme de son côté que la forme des oreilles est plus variable chez l'homme que chez la femme[27]. Enfin, la température du corps varie davantage aussi chez l'homme que chez la femme[28].

On ne saurait indiquer la cause de la plus grande variabilité générale du sexe mâle; on doit se borner à dire que les caractères sexuels secondaires sont extraordinairement variables et que ces caractères n'existent généralement que chez le mâle, ce qu'il est, d'ailleurs, facile de comprendre dans une certaine mesure. L'intervention de la sélection naturelle et de la sélection sexuelle a rendu, dans beaucoup de cas, les animaux mâles très différents des femelles; mais, indépendamment de la sélection, la différence de constitution qui existe entre les deux sexes tend à les faire varier d'une manière un peu différente. La femelle doit consacrer une grande quantité de matière organique à la formation des œufs; le mâle, de

---

24. *Proceedings Royal Soc.*, vol. XVI, juil. 1868, pp. 519 et 524.
25. *Proc. Roy. Irish Academy*, vol. X, 1868, p. 123.
26. *Massachusett's Medic. Soc.*, vol. II, n° 3, 1868, p. 9.
27. *Arch. für Path. Anat. und Phys.* 1871, p. 488.
28. Les conclusions du D' J. Stockton Houg sur la température de l'Homme ont été récemment publiées dans *Pop. Science Review*, 1" janv. 1874, p. 97.

son côté, dépense beaucoup de forces à lutter avec ses rivaux, à errer à la recherche de la femelle, à exercer ses organes vocaux, à répandre des sécrétions odoriférantes, etc., et cette dépense doit généralement se faire dans une courte période. La grande vigueur du mâle pendant la saison des amours semble souvent donner un certain éclat à ses couleurs, même quand il n'existe pas de différence bien marquée, sous ce rapport, entre lui et la femelle [19]. Chez l'homme, et si l'on descend l'échelle organique jusque chez les Lepidoptères, la température du corps est plus élevée chez le mâle que chez la femelle, ce qui se traduit chez l'homme par des pulsations plus lentes [30]. En résumé, les deux sexes dépensent probablement une quantité presque égale de matière et de force, bien que cette dépense s'effectue de manière différente et avec une rapidité différente.

Les causes que nous venons d'indiquer suffisent pour expliquer que la constitution des mâles et des femelles doive différer quelque peu, au moins pendant la saison des amours; or, bien qu'ils soient soumis exactement aux mêmes conditions, ils doivent tendre à varier d'une manière quelque peu différente. Si les variations ainsi déterminées ne sont avantageuses ni au mâle ni à la femelle, ni la sélection sexuelle, ni la sélection naturelle n'interviennent pour les accumuler et les accroître. Néanmoins, les caractères qui en résultent peuvent devenir permanents, si les causes existantes agissent d'une façon permanente; en outre, en vertu d'une forme fréquente de l'hérédité, ils peuvent être transmis au sexe seul chez lequel ils ont d'abord paru. Dans ce cas, les mâles et les femelles en arrivent à présenter des différences de caractères, différences permanentes, tout en étant peu importantes. M. Allen a démontré, par exemple, que, chez un grand nombre d'oiseaux habitant les parties septentrionales et les parties méridionales des États-Unis, les individus provenant des parties méridionales affectent des teintes plus foncées que ceux des parties septentrionales. Cette différence semble être le résultat direct des différences de température, de lumière, etc., qui existent entre les deux régions. Or, dans quelques cas, les

29. Le professeur Mantegazza est disposé à croire (*Lettera a Carlo Darwin*, *Archivio per l'Anthropologia*, 1871, p. 306) que les brillantes couleurs communes à tant d'animaux mâles résultent de la présence chez eux du fluide spermatique. Je ne crois pas que cette opinion soit fondée, car beaucoup d'oiseaux mâles, les jeunes faisans, par exemple, revêtent leurs brillantes couleurs pendant l'automne de leur première année.

30. Voir, pour l'espèce humaine, le Dr J. Stockton Hough, dont les conclusions ont été publiées par la *Pop. Science Review*, 1874, p. 27. Voir, sur les Lépidoptères, les observations de Girard, *Zoological Record*, 1869, p. 347.

deux sexes d'une même espèce semblent avoir été différemment
affectés. Les couleurs de l'*Agelœus phœniceus* mâles sont devenues
bien plus brillantes dans le sud ; chez le *Cardinalis virginianus*, ce
sont les femelles qui ont subi une modification ; les *Quiscalus major*
femelles revêtent des teintes très variables, tandis que celles des
mâles restent presque uniformes[31].

On signale, chez diverses classes d'animaux, certains cas exceptionnels ; c'est alors la femelle qui, au lieu du mâle, a acquis des
caractères sexuels secondaires bien tranchés, des couleurs plus
brillantes, une taille plus élancée, une force plus grande et des goûts
plus belliqueux. Chez les oiseaux, comme nous le verrons plus
tard, il y a quelquefois eu transposition complète des caractères
ordinaires propres à chaque sexe ; les femelles, devenues plus
ardentes, recherchent les mâles qui demeurent relativement passifs,
mais qui choisissent probablement, à en juger par les résultats, les
femelles les plus attrayantes. Certains oiseaux femelles sont ainsi
devenus plus richement colorés, plus magnifiquement ornés, plus
puissants et plus belliqueux que les mâles, caractères qui ne sont
transmis qu'à la seule descendance femelle.

On pourrait supposer que, dans quelques cas, il s'est produit un
double courant de sélection : les mâles auraient choisi les femelles
les plus attrayantes, et, réciproquement, ces dernières auraient
choisi les plus beaux mâles. Ces choix réciproques pourraient certainement déterminer la modification des deux sexes, mais ne tendraient pas à les rendre différents l'un de l'autre, à moins d'admettre que leur goût pour le beau ne différât ; mais c'est là une
supposition trop improbable chez les animaux, l'homme excepté,
pour qu'il soit nécessaire de s'y arrêter. Toutefois, chez beaucoup
d'animaux, les individus des deux sexes se ressemblent, et possèdent des ornements tels que l'analogie nous conduirait à les attribuer à l'intervention de la sélection sexuelle. Dans ces cas, on peut
supposer d'une manière plus plausible qu'il y a eu un double courant ou un courant réciproque de sélection sexuelle ; les femelles
les plus vigoureuses et les plus précoces ont choisi les mâles les
plus beaux et les plus vigoureux, et ceux-ci, de leur côté, ont repoussé toutes les femelles n'ayant pas des attraits suffisants. Mais,
d'après ce que nous savons des habitudes des animaux, il est difficile de soutenir cette théorie, car le mâle s'empresse ordinairement
de s'accoupler avec une femelle quelle qu'elle soit. Il est beaucoup
plus probable que les ornements communs aux deux sexes ont été

31. *Mammals and Birds of Florida*, pp. 234, 280, 295.

acquis par l'un d'eux, généralement par le mâle, et ensuite transmis aux descendants des deux sexes. Si, cependant, les mâles d'une espèce quelconque ont, pendant une longue période, été beaucoup plus nombreux que les femelles, puis, qu'ensuite, durant une autre longue période, dans des conditions différentes, les femelles soient devenues à leur tour beaucoup plus nombreuses que les mâles, un double courant, bien que non simultané, de sélection sexuelle se serait facilement produit et aurait eu pour résultat la grande différenciation des deux sexes.

Nous verrons plus loin que, chez beaucoup d'animaux, aucun des sexes n'est ni brillamment coloré ni paré d'ornements spéciaux, bien que les individus des deux sexes, ou d'un seul, aient probablement acquis grâce à la sélection sexuelle des couleurs simples telles que le blanc ou le noir. L'absence de teintes brillantes ou d'autres ornements peut résulter de ce qu'il ne s'est jamais présenté de variations favorables à leur production, ou du fait que ces animaux préfèrent les couleurs simples, telles que le noir ou le blanc. La sélection naturelle a dû souvent intervenir pour produire des couleurs obscures comme moyen de sécurité, et il se peut que l'imminence du danger ait réagi contre la sélection sexuelle qui tendait à développer une coloration plus brillante. Mais il se peut aussi que, dans d'autres cas, les mâles aient lutté les uns contre les autres, pendant de longues périodes, pour s'emparer des femelles, sans qu'il se soit produit aucun résultat ; à moins que les mâles les plus heureux aient mieux réussi que les mâles moins favorisés à laisser après eux un plus grand nombre de descendants qui héritent de leur supériorité ; or, ceci, comme nous l'avons déjà démontré, dépend de nombreuses éventualités très complexes.

La sélection sexuelle agit d'une manière moins rigoureuse que la sélection naturelle. Celle-ci entraîne la vie ou la mort, à tous les âges, des individus plus ou moins favorisés. Il est vrai que les combats entre mâles rivaux entraînent souvent la mort d'un des deux adversaires. Mais, en général, le mâle vaincu est simplement privé de femelle ; ou en est réduit à se contenter d'une femelle plus tardive et moins vigoureuse, ou en trouve moins s'il est polygame ; de sorte qu'il laisse des descendants moins nombreux et plus faibles ou qu'il n'en a pas du tout. Quand il s'agit des conformations acquises grâce à la sélection ordinaire ou sélection naturelle, il y a, dans la plupart des cas, tant que les conditions d'existence restent les mêmes, une limite à l'étendue des modifications avantageuses qui peuvent se produire dans un but déterminé ; quand il s'agit, au contraire, des conformations destinées à assurer la victoire à un

mâle, soit dans le combat, soit par les attraits qu'il peut présenter,
il n'y a point de limite définie à l'étendue des modifications avantageuses; de sorte que, tant que des variations favorables surgissent,
la sélection sexuelle continue son œuvre. Cette circonstance peut
expliquer en partie la fréquence et l'étendue extraordinaire de la
variabilité que présentent les caractères sexuels secondaires. Néanmoins, la sélection naturelle doit s'opposer à ce que les mâles victorieux acquièrent des caractères qui leur deviendraient préjudiciables, soit parce qu'ils causeraient une trop grande déperdition de
leurs forces vitales, soit parce qu'ils les exposeraient à de trop
grands dangers. Toutefois, le développement de certaines conformations, — des bois par exemple, chez certains cerfs, — a été poussé
à un degré étonnant; dans quelques cas même, à un degré tel que
ces conformations doivent légèrement nuire au mâle, étant données
les conditions générales de l'existence. Ce fait prouve que les mâles
qui ont vaincu les autres mâles grâce à leur force ou à leurs charmes, ce qui leur a valu une descendance plus nombreuse, ont ainsi
recueilli des avantages qui, dans le cours des temps, leur ont été
plus profitables que ceux provenant d'une adaptation plus parfaite
aux conditions d'existence. Nous verrons en outre, ce qu'on n'eût
jamais pu supposer, que l'aptitude à charmer une femelle a, dans
quelque cas, plus d'importance que la victoire remportée sur d'autres mâles dans le combat.

LOIS DE L'HÉRÉDITÉ.

La connaissance des lois qui régissent l'hérédité, si imparfaite
que soit encore cette connaissance, nous est indispensable pour
bien comprendre comment la sélection a pu agir et comment elle a
pu produire dans le cours des temps, chez beaucoup d'animaux de
toutes classes, des résultats si considérables. Le terme « hérédité »
comprend deux éléments distincts : la transmission des caractères
et leur développement; on omet souvent de faire cette distinction,
parce que ces deux éléments se confondent ordinairement en un seul.
Mais cette distinction devient apparente, quand il s'agit des caractères qui se transmettent pendant les premières années de la vie,
pour ne se développer qu'à l'état adulte ou pendant la vieillesse.
Elle devient plus apparente encore quand il s'agit des caractères
sexuels secondaires qui, transmis aux individus des deux sexes,
ne se développent que chez un seul. Le croisement de deux espèces,
possédant des caractères sexuels bien tranchés, fournit la preuve
évidente de ces caractères chez les deux sexes; en effet, chaque

espèce transmet les caractères propres au mâle et à la femelle à la progéniture métis de l'un et de l'autre sexe. Le même fait se produit également lorsque des caractères particuliers au mâle se développent accidentellement chez la femelle âgée ou malade, comme, par exemple, lorsque la poule commune acquiert la queue flottante, la collerette, la crête, les ergots, la voix et même l'humeur belliqueuse du coq. Inversement, on observe plus ou moins nettement le même fait chez les mâles châtrés. En outre, indépendamment de la vieillesse ou de la maladie, certains caractères passent parfois du mâle à la femelle ; ainsi, chez certaines races de volailles, il se forme régulièrement des ergots chez des jeunes femelles parfaitement saines ; mais ce n'est là, après tout, qu'un simple cas de développement, puisque, dans toutes les couvées, la femelle transmet chaque détail de la structure de l'ergot à ses descendants mâles. La femelle revêt parfois plus ou moins complètement des caractères propres au mâle qui se sont d'abord développés chez ce dernier, puis qui lui ont été transmis ; nous citerons plus loin bien des exemples de cette nature. Le cas contraire, c'est-à-dire le développement chez le mâle des caractères propres à la femelle, est bien moins fréquent ; il convient donc d'en citer un exemple frappant. Chez les abeilles, la femelle seule se sert de l'appareil collecteur de pollen afin de recueillir du pollen pour les larves ; cependant, cet appareil, bien que complètement inutile, est partiellement développé chez les mâles de la plupart des espèces et on le rencontre à l'état parfait chez le Bombus et le Bourdon mâles [32]. Cet appareil n'existe chez aucun autre insecte hyménoptère, pas même chez la guêpe, bien qu'elle soit si voisine de l'abeille ; nous n'avons donc aucune raison de supposer que les abeilles mâles recueillaient autrefois le pollen aussi bien que les femelles, bien que nous ayons quelque raison de croire que les mammifères mâles participaient à l'allaitement des jeunes au même titre que les femelles. Enfin, dans tous les cas de retour, certains caractères se transmettent à travers deux, trois ou un plus grand nombre de générations, pour ne se développer ensuite que dans certaines conditions favorables inconnues. L'hypothèse de la pangenèse, qu'on l'admette ou non comme fondée, jette une certaine lumière sur cette distinction importante entre la transmission et le développement. D'après cette hypothèse, chaque unité ou cellule du corps émet des gemmules ou atomes non développés, qui se transmettent aux descendants des deux sexes, et se multiplient en se divisant, Il se peut que ces atomes ne se développent pas pendant les premières années de la

---

32. H. Müller, *Anwendung der Darwin'schen Lehre,* etc., p. 42.

vie ou pendant plusieurs générations successives; leur transformation en unités ou cellules, semblables à celles dont elles dérivent,
dépend de leur affinité et de leur union avec d'autres unités ou
cellules, préalablement développées dans l'ordre normal de la croissance.

Hérédité aux périodes correspondantes de la vie.— Cette tendance
est bien constatée. Si un animal acquiert un caractère nouveau
pendant sa jeunesse, il reparaît, en règle générale, chez les descendants de cet animal, dans les mêmes conditions d'âge et de durée,
c'est-à-dire qu'il persiste pendant la vie entière ou qu'il a une nature essentiellement temporaire. Si, d'autre part, un caractère
nouveau apparaît chez un individu à l'état adulte ou même à un âge
avancé, il tend à paraître chez les descendants à la même période
de la vie. On observe certainement des exceptions à cette règle;
mais alors c'est le plus souvent dans le sens d'un avancement que
d'un retard qu'a lieu l'apparition des caractères transmis. J'ai discuté cette question en détail dans un précédent ouvrage [33], je me
bornerai donc ici, pour rafraîchir la mémoire du lecteur, à signaler
deux ou trois exemples. Chez plusieurs races de volaille, les poussins, alors qu'ils sont couverts de leur duvet, les jeunes poulets,
alors qu'ils portent leur premier plumage, ou le plumage de l'âge
adulte, diffèrent beaucoup les uns des autres, ainsi que de leur
souche commune, le *Gallus bankiva*; chaque race transmet fidèle-
ment ses caractères à sa descendance à l'époque correspondante
de la vie. Par exemple, les poulets de la race Hambourg pailletée,
couverts de duvet, ont quelques taches foncées sur la tête et sur le
tronc, mais ne portent pas de raies longitudinales, comme beaucoup d'autres races; leur premier plumage véritable « est admirablement barré », c'est-à-dire que chaque plume porte de nombreuses barres transversales presque noires; mais les plumes de
leur second plumage sont toutes pailletées d'une tache obscure arrondie [34]. Cette race a donc éprouvé des variations qui se sont transmises à trois périodes distinctes de la vie. Le pigeon offre un
exemple encore plus remarquable, en ce que l'espèce parente primitive n'éprouve avec l'âge aucun changement de plumage; la poitrine seulement prend, à l'état adulte, des teintes plus irisées; il y

---

33. *Variation*, etc., vol. II, p. 79. L'hypothèse provisoire de la pangenèse, à
laquelle je fais allusion, est expliquée dans l'avant-dernier chapitre.
34. Ces faits sont donnés dans le *Poultry Book*, 1868, p. 158, de Tegetmeier,
sur l'autorité d'un grand éleveur, M. Teebay. Voir pour les caractères des
volailles de diverses races et des races de pigeons, *la Variation*, etc., vol. I,
pp. 169, 264, vol. II, p. 82.

a, cependant, des races qui n'acquièrent leurs couleurs caractéristiques qu'après deux, trois ou quatre mues, et ces modifications du plumage se transmettent régulièrement.

Hérédité à des saisons correspondantes de l'année. — On observe, chez les animaux à l'état de nature, d'innombrables exemples de caractères qui apparaissent périodiquement à différentes saisons. Ainsi, par exemple, les bois du cerf, et la fourrure des animaux arctiques, qui s'épaissit et blanchit pendant l'hiver. De nombreux oiseaux revêtent de brillantes couleurs et d'autres ornements, pendant la saison des amours seulement.

Pallas constate[35] qu'en Sibérie, le poil du bétail domestique et celui des chevaux devient périodiquement moins foncé pendant l'hiver ; j'ai moi-même remarqué chez certains poneys, en Angleterre, des changements analogues bien tranchés dans la coloration de la robe, c'est-à-dire que celle-ci passe du brun rougeâtre au blanc absolu. Je ne saurais affirmer que cette tendance à revêtir un pelage de couleur différente à diverses époques de l'année est transmissible ; il est, cependant, très-probable qu'il en est ainsi, car la couleur constitue un caractère fortement héréditaire chez le cheval. D'ailleurs, cette forme d'hérédité, avec sa limite de saison, n'est pas plus remarquable que celle qui est limitée par l'âge et par le sexe.

Hérédité limitée par le sexe. — L'égale transmission des caractères aux deux sexes est la forme la plus commune de l'hérédité, au moins chez les animaux qui ne présentent pas de différences sexuelles très accusées, et encore l'observe-t-on même chez beaucoup de ces derniers. Mais il n'est pas rare que les caractères se transmettent exclusivement au sexe chez lequel ils ont d'abord apparu. J'ai cité, dans mon ouvrage sur la Variation à l'état domestique, d'amples documents sur ce point ; je me contenterai donc ici de quelques exemples. Il existe des races de moutons et de chèvres, chez lesquelles la forme des cornes des mâles diffère beaucoup de la forme de celles des femelles ; ces différences, acquises pendant la domestication, se transmettent régulièrement au même sexe. Chez les chats tigrés, la femelle seule, en règle générale, revêt cette robe, les mâles affectant une nuance rouge de rouille. Chez la plupart des races gallines, les caractères propres à chaque

---

35. *Novæ species Quadrupedum e Glirium ordine,* 1778, p. 7. Sur la transmission de la couleur chez le cheval, *Variation,* etc., vol. I, p. 21. Voir vol. II, p. 76, pour la discussion générale sur l'hérédité limitée par le sexe.

sexe se transmettent seulement au même sexe. Cette forme de
transmission est si générale que nous considérons comme une anomalie, chez certaines races, la transmission simultanée des variations aux individus des deux sexes. On connaît aussi certaines sous-
races de volailles chez lesquelles les mâles peuvent à peine se
distinguer les uns des autres, tandis que la couleur des femelles
diffère considérablement. Chez le pigeon, les individus des deux
sexes de l'espèce souche ne diffèrent par aucun caractère extérieur ;
néanmoins, chez certaines races domestiques, le mâle est autrement coloré que la femelle[36]. Les caroncules du pigeon messager
anglais et le jabot du grosse-gorge sont plus fortement développés
chez le mâle que chez la femelle, et, bien que ces caractères résultent d'une sélection longtemps continuée par l'homme, la différence
entre les deux sexes est entièrement due à la forme d'hérédité qui
a prévalu ; car, bien loin d'être un résultat des intentions de l'éleveur, cette différence est plutôt contraire à ses désirs.

La plupart de nos races domestiques se sont formées par l'accumulation de variations nombreuses et légères ; or, comme quelques-uns des résultats successivement obtenus se sont transmis à
un seul sexe, d'autres à tous les deux, nous trouvons, chez les
différentes races d'une même espèce, tous les degrés entre une
grande dissemblance sexuelle et une similitude absolue. Nous
avons déjà cité des exemples empruntés aux races de volailles et de
pigeons ; des cas analogues se présentent fréquemment à l'état de
nature. Il arrive parfois, chez les animaux à l'état domestique, mais
je ne saurais affirmer que le fait soit vrai à l'état de nature, qu'un
individu perde ses caractères spéciaux, et arrive ainsi à ressembler,
jusqu'à un certain point, aux individus du sexe contraire ; ainsi,
par exemple, les mâles de quelques races de volailles ont perdu
leurs plumes masculines. D'autre part, la domestication peut augmenter les différences entre les individus des deux sexes, comme
chez le mouton mérinos, dont les brebis ont perdu leurs cornes.
De même encore, des caractères propres aux individus appartenant
à un sexe peuvent apparaître subitement chez les individus appartenant à l'autre sexe ; chez les sous-races de volailles, par exemple,
où, dans le jeune âge, les poules portent des ergots ; ou chez certaines
sous-races polonaises, dont les femelles ont, selon toute apparence,
primitivement acquis une crête, qu'elles ont ultérieurement trans-

---

36. Le docteur Chapuis, *le Pigeon voyageur belge,* 1865, p. 87. Boitard et
Corbié, *les Pigeons de volière,* etc., 1824, p. 173. Voir aussi pour les différences
analogues chez diverses races à Modène, Bonizzi, *Le variazoni dei colombi
domestici,* 1873.

mise aux mâles. L'hypothèse de la pangenèse explique tous ces faits ; ils résultent, en effet, de ce que les gemmules de certaines unités du corps, bien que présents chez les deux sexes, peuvent, sous l'influence de la domestication, devenir latents chez un sexe, ou arriver à se développer.

Pourrait-on, au moyen de la sélection, assurer le développement chez un seul sexe d'un caractère d'abord développé chez les deux sexes? C'est là une question difficile que nous discuterons dans un chapitre subséquent. Mais il importe, cependant, de bien poser cette question, ce que nous allons faire par un exemple.

Si un éleveur remarquait que quelques-uns de ses pigeons (espèce où les caractères se transmettent ordinairement à égal degré aux deux sexes) deviennent bleu pâle, pourrait-il, par une sélection continue, créer une race chez laquelle les mâles seuls affecteraient cette nuance, tandis que les femelles ne changeraient pas de couleur? je me bornerai à dire ici que, bien qu'il ne soit peut-être pas impossible d'obtenir ce résultat, ce serait cependant très difficile; car le résultat naturel de la reproduction des mâles bleu pâle serait d'amener à cette couleur toute la descendance, les deux sexes compris. Toutefois, si des variations de la nuance désirée apparaissaient spontanément, et que ces variations fussent limitées dès l'abord dans leur développement au sexe mâle, il n'y aurait pas la moindre difficulté à produire une race comportant une différence de coloration chez les deux sexes, ce qui a été, d'ailleurs, effectué chez une race belge, dont les mâles seuls sont rayés de noir. De même, si une variation vient à apparaître chez un pigeon femelle, variation limitée d'abord à ce sexe dans son développement, il serait aisé de créer une race dont les femelles seules posséderaient un certain caractère; mais, si la variation n'était pas ainsi originellement circonscrite, le problème serait très difficile, sinon impossible à résoudre[37].

Sur les rapports entre l'époque du développement d'un caractère et sa transmission à un sexe ou aux deux sexes. — Pourquoi certains

37. Depuis la publication de la première édition de cet ouvrage, M. Tegetmeier, l'éminent éleveur, a publié dans le *Field* (sept. 1872) les remarques suivantes que j'ai lues avec une vive satisfaction. Après avoir décrit chez les pigeons quelques cas curieux de la transmission de la couleur par un sexe seul, et la formation d'une sous-race possédant ce caractère, il ajoute : « Par une singulière coïncidence, M. Darwin a suggéré la possibilité qu'il y aurait à modifier les couleurs sexuelles des oiseaux à l'aide de la sélection artificielle. Alors que M. Darwin faisait cette suggestion, il ignorait les faits que je viens de relater ; il est donc très remarquable qu'il ait indiqué le vrai moyen à employer. »

caractères sont-ils héréditaires chez les deux sexes, et d'autres chez un seul, notamment chez celui où ils ont apparu en premier lieu? C'est ce que, dans la plupart des cas, nous ignorons entièrement. Nous ne pouvons même conjecturer pourquoi, chez certaines sous-races du pigeon, des stries noires, bien que transmises par la femelle, se développent chez le mâle seul, alors que tous les autres caractères sont également transmis aux deux sexes. Pourquoi encore, chez les chats, la robe tigrée ne se développe-t-elle, à de rares exceptions près, que chez la femelle seule? On a constaté que certains caractères, tels que l'absence d'un ou de plusieurs doigts ou la présence de doigts additionnels, la dyschromatopsie, etc., peuvent se transmettre dans telle famille aux hommes seuls, et dans telle autre aux femmes seules, bien que, dans les deux cas, ils soient transmis aussi bien par le même sexe que par le sexe opposé[38]. Malgré notre profonde ignorance, nous connaissons deux règles générales auxquelles il y a peu d'exceptions; les variations, qui apparaissent pour la première fois chez un individu de l'un ou de l'autre sexe à une époque tardive de la vie, tendent à ne se développer que chez les individus appartenant au même sexe; les variations qui se produisent, pendant les premières années de la vie, chez un individu de l'un ou de l'autre sexe, tendent à se développer chez les individus des deux sexes. Je ne prétends, cependant, pas dire que l'âge soit la seule cause déterminante. Comme je n'ai pas encore discuté ce sujet, je dois, en raison de la portée considérable qu'il a sur la sélection sexuelle, entrer ici dans des détails longs et quelque peu compliqués.

On conçoit facilement qu'un caractère apparaissant à un âge précoce tende à se transmettre également aux deux sexes. En effet, la constitution des mâles et des femelles ne diffère pas beaucoup, tant qu'ils n'ont pas acquis la faculté de se reproduire. Quand, au contraire, les individus des deux sexes sont assez âgés pour pouvoir se reproduire, et que leur constitution diffère beaucoup, les gemmules (si j'ose encore me servir du langage de la pangenèse) qu'émet chaque partie variable d'un individu possèdent probablement des affinités spéciales qui les portent à s'unir aux tissus d'un individu du même sexe, et à se développer chez lui plutôt que chez un individu du sexe opposé.

Un fait général m'a conduit à penser qu'il existe une relation de ce genre; toutes les fois, en effet, et de quelque manière que le mâle adulte diffère de la femelle adulte, il diffère de la même façon des jeu-

38. *Variation des animaux*, etc., vol. II. p. 76.

nes des deux sexes. Ce fait, comme je viens de le dire, est général;
il se vérifie chez la plupart des mammifères, des oiseaux, des amphibies et des poissons, chez beaucoup de crustacés, d'araignées et
chez quelques insectes, notamment chez certains orthoptères et
chez certains libellules. Dans tous ces cas, les variations, grâce à
l'accumulation desquelles le mâle a acquis les caractères masculins
qui lui sont propres, ont dû survenir à une époque tardive de
la vie, car, autrement, les jeunes mâles posséderaient des caractères identiques; or, conformément à notre règle, ces caractères
ne se transmettent et ne se développent que chez les mâles adultes
seuls. Quand, au contraire, le mâle adulte ressemble beaucoup
aux jeunes des deux sexes (qui, sauf de rares exceptions, sont
semblables), il ressemble ordinairement à la femelle adulte; et,
dans la plupart de ces cas, les variations qui ont déterminé les
caractères actuels des jeunes et des adultes se sont probablement
produites, selon notre règle, pendant la jeunesse. Il y a, cependant,
ici un doute à concevoir, attendu que les caractères se transmettent
quelquefois aux descendants à un âge moins avancé que celui où
ils ont apparu en premier lieu chez les parents, de sorte que ceux-ci
peuvent avoir varié étant adultes, et avoir transmis leurs caractères
à leurs jeunes petits. En outre, on observe beaucoup d'animaux chez
lesquels les individus adultes des deux sexes, très semblables, ne
ressemblent pas aux jeunes; dans ce cas, les caractères propres aux
adultes doivent avoir été acquis tardivement dans la vie, et, néanmoins, contrairement en apparence à notre règle, ils se transmettent aux individus des deux sexes. Toutefois, il est possible et même
probable que des variations successives de même nature se produisent quelquefois simultanément, sous l'influence de conditions
analogues, chez les individus des deux sexes, à une période assez
avancée de la vie; dans ce cas, les variations se transmettraient aux
descendants des individus des deux sexes à un âge avancé correspondant; ce qui, alors, ne constituerait pas une exception à la règle
que nous avons établie, c'est-à-dire, que les variations qui se produisent à un âge avancé se transmettent exclusivement aux individus appartenant au même sexe que ceux chez lesquels ces variations ont apparu en premier lieu. Cette dernière règle paraît être
plus généralement exacte que la seconde, à savoir, que les variations qui surviennent chez les individus de l'un ou de l'autre sexe,
à un âge précoce, tendent à se transmettre aux individus des deux
sexes. Il est évidemment impossible d'estimer, même approximativement, les cas où ces deux propositions se vérifient chez le
règne animal : j'ai donc pensé qu'il vaut mieux étudier à fond

quelques exemples frappants, et conclure d'après les résultats.

La famille des cerfs nous fournit un champ de recherches excellent. Chez toutes les espèces, une seule exceptée, les bois ne se développent que chez le mâle, bien qu'ils soient certainement transmis par la femelle, chez laquelle, d'ailleurs, ils se développent quelquefois anormalement. Chez le renne, au contraire, la femelle porte aussi des bois; chez cette espèce, par conséquent, les bois doivent, d'après notre règle, apparaître à un âge précoce, longtemps avant que les individus des deux sexes, arrivés à maturité, diffèrent beaucoup par leur constitution. Chez toutes les autres espèces de cerfs, les bois doivent, toujours en vertu de notre règle, apparaître plus tardivement, car ils ne se développent que chez les seuls individus appartenant au sexe où ils ont paru en premier lieu chez l'ancêtre de toute la famille. Or chez sept espèces appartenant à des sections distinctes de la famille, et habitant des régions différentes, espèces chez lesquelles les cerfs mâles portent seuls des bois, je remarque que ceux-ci paraissent à des périodes variant de neuf mois après la naissance chez le chevreuil, à dix, douze mois et même plus longtemps chez les mâles des six autres plus grandes espèces[39]. Mais, chez le renne, le cas est tout différent, car le professeur Nilsson, qui a bien voulu, à ma demande, faire, en Laponie, des recherches spéciales à ce sujet, m'informe que les bois paraissent, chez les jeunes animaux des deux sexes, quatre ou cinq semaines après la naissance. Nous avons donc ici une conformation qui, se développant dès un âge d'une précocité inusitée, et chez une seule espèce de la famille, se trouve être commune aux deux sexes.

Chez plusieurs espèces d'antilopes les mâles seuls sont pourvus de cornes; toutefois, chez le plus grand nombre, les individus des deux sexes en portent. Quant à l'époque du développement, M. Blyth a étudié aux *Zoological Gardens* un jeune Coudou (*Ant. strepsiceros*), espèce où les mâles seuls sont armés, et un autre jeune d'une espèce très-voisine, le Canna (*Ant. oreas*), chez laquelle les individus des deux sexes portent des cornes. Or, conformément à la loi que nous avons posée, le jeune Coudou, bien qu'il ait atteint

---

39. Je dois à l'obligeance de M. Cupples les renseignements qu'il s'est procurés sur le chevreuil et sur le cerf d'Écosse auprès de M. Robertson, le garde forestier si expérimenté du marquis de Breadalbane. M. Eyton et d'autres m'ont fourni des informations sur le daim. Pour le *Cervus alces*, de l'Amérique du Nord, voir *Land and Water*, 1868, pp. 221 et 254; et pour les *C. Virginianus* et *strongyloceros* du même continent, voir J.-D. Caton, *Ottawa Acad. of Nat. Science*, 1868, p. 13. Pour le *Cervus Eldi* du Pégou, voir le lieutenant Beavan, *Proc. Zool. Soc.*, 1867, p. 762.

l'âge de dix mois, avait des cornes très-petites relativement aux dimensions qu'elles devaient prendre plus tard ; tandis que, chez le jeune Canna mâle, qui n'avait que trois mois, les cornes étaient déjà beaucoup plus grandes que chez le Coudou. Il est à remarquer aussi que, chez l'antilope furcifère (*Ant. Américana*)[40], quelques femelles seules, environ une sur cinq, portent des cornes, et encore ces cornes restent-elles presque rudimentaires, bien qu'elles atteignent parfois plus de 10 centimètres de longueur ; cette espèce se trouve donc, au point de vue de la possession des cornes par les mâles seuls, dans un état intermédiaire ; or, les cornes ne paraissent que cinq ou six mois après la naissance. En conséquence, si nous comparons la période de l'apparition des cornes chez l'antilope furcifère avec les quelques renseignements que nous avons à cet égard sur les autres espèces d'antilopes et avec les renseignements plus complets que nous possédons relativement aux cornes des cerfs, des bœufs, etc., nous en arrivons à la conclusion que les cornes, chez cette espèce, paraissent à une époque intermédiaire, c'est-à-dire qu'elles ne paraissent pas de très bonne heure comme chez le bœuf et le mouton, ni très tard comme chez les espèces plus grandes de cerfs et d'antilopes. Chez les moutons, les chèvres et les bestiaux, où les cornes sont bien développées chez les individus des deux sexes, bien qu'elles n'atteignent pas toujours exactement la même grandeur, on peut les sentir ou même les voir au moment de la naissance ou peu après[41]. Toutefois, certaines races de moutons, les mérinos, par exemple, où les béliers sont seuls armés de cornes, semblent faire exception à notre règle ; car, malgré mes recherches[42], je n'ai pu prouver que, chez cette race, ces organes se développent plus tardivement que chez les races ordinaires où les individus des deux sexes portent des cornes. Mais, chez les moutons domestiques ; la présence ou l'absence des cornes n'est pas un caractère parfaitement constant ; certaines brebis mé-

---

40. *Antilocapra Americana*, Owen, *Anat. of Vertebrates*, III, p. 627.

41. On m'a assuré que, dans le nord du pays de Galles, on peut toujours sentir les cornes des moutons à leur naissance ; quelquefois même, elles ont alors deux centimètres de longueur. Pour le bétail, Youatt (*Cattle*, 1834, p. 277) dit que la saillie de l'os frontal traverse la cuticule à la naissance, et que la substance cornée se forme rapidement sur elle.

42. Je dois au professeur Victor Carus des renseignements qu'il a bien voulu demander aux plus hautes autorités sur le mouton mérinos de la Saxe. Sur la côte de la Guinée, il y a une race où, comme chez le mérinos, les béliers seuls ont des cornes ; M. Windwood Reade m'apprend que, dans un cas qu'il a observé, un jeune bélier, né le 10 février, ne poussa de cornes que le 6 mars suivant de sorte que, conformément à la loi que nous avons posée, le développement des cornes eut lieu à une époque plus tardive que chez le mouton gallois où les deux sexes ont des cornes.

rinos portent, en effet, des petites cornes, tandis que certains béliers
sont désarmés; en outre, on observe quelquefois, chez les races
ordinaires, des brebis qui n'ont pas de cornes.

Le Dr W. Marshall a étudié récemment avec une attention toute
particulière les protubérances qui existent très souvent sur la tête
des Oiseaux[43]. Ces études lui ont permis de tirer les conclusions
suivantes : quand les protubérances existent chez le mâle seul, elles
se développent tardivement; quand, au contraire, elles sont communes aux deux sexes, elles se développent de très bonne heure.
C'est là une confirmation éclatante des deux lois que j'ai formulées
sur l'hérédité.

Chez la plupart des espèces de la splendide famille des faisans,
les mâles diffèrent considérablement des femelles, et ne revêtent
leurs ornements qu'à un âge assez avancé. Il est, toutefois, un faisan
(*Crossoptilon auritum*) qui présente une remarquable exception,
en ce que les individus des deux sexes possèdent les superbes
plumes caudales, les larges touffes auriculaires et le velours cramoisi qui couvre la tête; j'apprends que tous ces caractères, conformément à notre loi, apparaissent de très bonne heure. Il existe,
cependant, un caractère qui permet de distinguer le mâle de la femelle à l'état adulte : c'est la présence d'ergots, qui, selon notre
règle, à ce que m'apprend M. Bartlett, ne commencent à se développer qu'à l'âge de six mois, et même, à cet âge, il est difficile de distinguer les deux sexes[44]. Presque toutes les parties du
plumage chez le mâle et chez la femelle du paon diffèrent notablement; mais ils possèdent tous deux une élégante crête céphalique
qui se développe de très bonne heure, longtemps avant les autres
ornements particuliers aux mâles. Le canard sauvage offre un cas
analogue; en effet, le magnifique miroir vert des ailes, commun
aux individus des deux sexes, mais un peu moins brillant et un peu
plus petit chez la femelle, apparaît de très bonne heure, tandis que
les plumes frisées de la queue et les autres ornements propres aux

---

43. *Ueber die knöchernen Schädelhöcker der Vögel; Niederlandischen Archiv.
für Zoologie*, vol. I, part. 2, 1872.

44. Chez le paon commun (*Pavo cristatus*), le mâle seul est armé d'éperons,
tandis que chez le paon de Java (*P. muticus*), les deux sexes, cas fort inusité,
en sont pourvus. Je me crus donc autorisé à conclure que, chez cette dernière
espèce, ces appendices doivent se développer plus tôt que chez le paon commun;
mais M. Hegt, d'Amsterdam, m'apprend qu'il n'a remarqué aucune différence dans le développement des ergots sur de jeunes oiseaux de l'année précédente, appartenant aux deux espèces, et examinés le 25 avril 1869. Les ergots, toutefois, ne consistaient encore qu'en de légers tubercules. Je pense que
j'aurais été informé si quelque différence de développement eût été ultérieurement observée.

mâles ne se développent que plus tard[45]. On pourrait, outre les cas extrêmes d'étroite ressemblance sexuelle et de dissimilitude complète, que nous présentent le Crossoptilon et le Paon, signaler beaucoup de cas intermédiaires dans lesquels les caractères suivent dans leur ordre de développement les deux lois que nous avons formulées.

La plupart des insectes sortent de la chrysalide à l'état parfait. L'époque du développement peut-elle donc dans ce cas déterminer la transmission des caractères à un sexe seul ou aux deux sexes? Prenons, par exemple, deux espèces de papillons : chez l'une, les mâles et les femelles diffèrent de couleur; chez l'autre, ils se ressemblent. Les écailles colorées se développent-elles au même âge relatif dans la chrysalide? Toutes les écailles se forment-elles simultanément sur les ailes d'une même espèce de papillons, chez laquelle certaines marques colorées sont propres à un sexe, pendant que d'autres sont communes aux deux? Une différence de ce genre dans l'époque du développement n'est pas aussi improbable qu'elle peut d'abord le paraître; car, chez les Orthoptères, qui atteignent l'état parfait, non par une métamorphose unique, mais par une série de mues successives, les jeunes mâles de quelques espèces ressemblent d'abord aux femelles, et ne revêtent leurs caractères masculins distinctifs que dans une de leurs dernières mues. Les mues successives de certains crustacés mâles présentent des cas strictement analogues.

Nous n'avons jusqu'ici considéré la transmission des caractères, relativement à l'époque de leur développement, que chez les espèces à l'état de nature; voyons ce qui se passe chez les animaux domestiques; nous nous occuperons d'abord des monstruosités et des maladies. La présence de doigts additionnels et l'absence de certaines phalanges doivent être déterminées dès une époque embryonnaire précoce, — la tendance à l'hémorragie est au moins congénitale, comme l'est probablement la dyschromatopsie; — cependant, ces particularités et d'autres semblables ne se transmet-

---

45. Chez quelques autres espèces de la famille des Canards, le spéculum diffère davantage chez les deux sexes ; mais je n'ai pas pu découvrir si son développement complet a lieu plus tard chez les mâles de ces espèces que chez ceux de l'espèce commune, comme cela devrait être selon notre règle. Un cas de ce genre se présente toutefois chez le *Mergus cucullatus* voisin, où les deux sexes diffèrent notablement par leur plumage général, et à un degré considérable par le spéculum, qui est blanc pur chez le mâle, et gris blanchâtre chez la femelle. Les jeunes mâles ressemblent, sous tous les rapports, aux femelles, et ont un spéculum gris blanchâtre, mais qui devient blanc avant l'âge où le mâle adulte acquiert les autres différences plus prononcées de son plumage. (Audubon, *Ornithological Biography*, vol. III, 1835, pp. 249-250.)

tent souvent qu'à un sexe; ce qui constitue une exception à la loi
en vertu de laquelle les caractères qui se développent à un âge
précoce tendent à se transmettre aux individus des deux sexes.
Mais, comme nous l'avons déjà fait remarquer, cette loi ne paraît
pas être aussi généralement vraie que l'autre proposition, à savoir
que les caractères qui apparaissent à une période tardive de la vie
se transmettent exclusivement aux individus appartenant au même
sexe que ceux chez lesquels ces caractères ont paru d'abord. Le
fait que des particularités anormales s'attachent à un sexe, longtemps avant que les fonctions sexuelles soient devenues actives,
nous permet de conclure qu'il doit y avoir une différence de quelque nature entre les individus des deux sexes, même à un âge très
précoce. Quant aux maladies propres aux individus d'un seul sexe,
nous ignorons trop absolument l'époque à laquelle elles peuvent
surgir, pour qu'il nous soit permis d'en tirer aucune conclusion
certaine. La goutte semble, toutefois, confirmer la loi que nous
avons formulée; car elle résulte ordinairement d'excès faits longtemps après l'enfance et le père transmet cette maladie à ses fils
bien plus souvent qu'à ses filles.

Les mâles des diverses races domestiques de moutons, de chèvres et de bétail, diffèrent des femelles au point de vue de la forme
et du développement des cornes, du front, de la crinière, du
fanon, de la queue, de la bosse sur les épaules, toutes particularités
qui, conformément à la loi que nous avons posée, ne se développent
complètement qu'à un âge assez avancé. Les chiens ne diffèrent
ordinairement pas des chiennes; cependant, chez certaines races,
et surtout chez le lévrier écossais, le mâle est plus grand et plus
pesant que la femelle; en outre, comme nous le verrons dans un
chapitre subséquent, la taille du mâle continue à augmenter jusqu'à un âge très avancé; ce qui, en vertu de notre règle, explique
qu'il transmet cette particularité à ses descendants mâles seuls.
On n'observe, au contraire, la robe tigrée que chez les chattes;
elle est déjà très apparente à la naissance, fait qui constitue une
exception à notre règle. Les mâles seuls d'une certaine race de
pigeons portent des raies noires qui apparaissent déjà sur les
oiseaux encore au nid; mais ces raies s'accentuent à chaque mue
successive; ce cas est donc en partie contraire, en partie favorable
à la règle. Chez les pigeons Messagers et chez les Grosses-gorges le
développement complet des caroncules et du jabot n'a lieu qu'un
peu tard, et, conformément à notre règle, ces caractères à l'état
parfait ne se transmettent qu'aux mâles. Les cas suivants rentrent
peut-être dans la classe précédemment mentionnée où les individus

deš deux sexes, ayant varié de la même manière à une époque tardive de la vie, ont transmis à leurs descendants des deux sexes
leurs caractères nouveaux à une période correspondante, et, par
conséquent, ne font point exception à notre règle. Ainsi, Neumeister[46] a décrit certaines sous-races de pigeons dont les mâles et
les femelles changent de couleur pendant deux ou trois mues,
comme le fait le Culbutant-amande; ces changements, néanmoins,
bien que tardifs, sont communs aux individus des deux sexes. Une
variété du Canari, dit le prix de Londres, présente un cas presque
analogue.

L'hérédité de divers caractères par un sexe ou par les deux sexes
chez les races de volailles paraît généralement déterminée par l'époque où ces caractères se développent. Ainsi, quand la coloration du
mâle adulte diffère beaucoup de celle de la femelle et de celle du
mâle adulte de l'espèce souche, le mâle adulte, — ce que l'on peut
constater chez de nombreuses races, — diffère aussi du jeune mâle,
de sorte que les caractères nouvellement acquis doivent avoir apparu
à un âge assez avancé. D'autre part, quand les mâles et les femelles
se ressemblent, les jeunes ont ordinairement une coloration analogue
à celle de leurs parents; il est donc probable que cette coloration
s'est produite pour la première fois à un âge précoce de la vie.
Toutes les races noires et blanches, où les jeunes et les adultes des
deux sexes se ressemblent, nous offrent des exemples de ce fait;
on ne saurait, d'ailleurs, soutenir que le plumage blanc ou noir soit
un caractère tellement particulier qu'il doive se transmettre aux
individus des deux sexes, car, chez beaucoup d'espèces naturelles,
les mâles seuls sont noirs ou blancs, et les femelles très différemment colorées. Chez les sous-races de poules dites coucous, dont
les plumes sont transversalement rayées de lignes foncées, les
individus des deux sexes et les poulets sont colorés presque de la
même manière. Le plumage tacheté des Bantam-Sebright est le
même chez les individus des deux sexes et, chez les poulets, les
plumes des ailes sont distinctement, bien qu'imparfaitement, tachetées de noir. Les Hambourgs pailletés constituent toutefois une
exception partielle, car, bien que les individus des deux sexes ne
soient pas absolument identiques, ils se ressemblent plus que les
individus mâles et femelles de l'espèce souche primitive; cependant ils n'acquièrent que tardivement leur plumage caractéristique,
car les poulets sont distinctement rayés. Étudions maintenant

---

46. *Das Ganze der Taubenzucht*, 1837, pp. 21, 24. Pour les pigeons rayés, voir
D. Chapuis, *le Pigeon voyageur belge*, 1865, p. 87.

d'autres caractères que la couleur : les mâles seuls de l'espèce souche sauvage et de la plupart des races domestiques portent une crête bien développée; cette crête, cependant, atteint de très bonne heure une grande dimension chez les jeunes de la race espagnole, ce qui paraît motiver sa grosseur démesurée chez les poules adultes. Chez les races de combat, l'instinct belliqueux se manifeste à un âge singulièrement précoce, ce dont on pourrait citer de curieux exemples; ce caractère se transmet, en outre, aux individus des deux sexes au point que, vu leur excessive disposition querelleuse, on est obligé d'exposer les poules dans des cages séparées. Chez les races polonaises, la protubérance osseuse du crâne, qui supporte la crête, se développe partiellement avant même que le poulet soit éclos, et la crête commence à pousser, quoique faiblement d'abord[47]; chez cette race, la présence d'une forte protubérance osseuse et d'une crête énorme constituent des caractères communs aux deux sexes.

En résumé les rapports que nous avons vu exister chez beaucoup d'espèces naturelles et chez un grand nombre de races domestiques, entre la période du développement des caractères et le mode de leur transmission, — le fait frappant, par exemple, de la croissance précoce des bois chez le renne, dont les mâles et les femelles portent des bois, comparée à l'apparition plus tardive des bois chez les autres espèces où le mâle seul en est pourvu, — nous autorisent à conclure qu'une des causes, mais non la seule, de la transmission de certains caractères exclusivement aux individus appartenant à un sexe est que ces caractères se développent à un âge avancé. Secondement, qu'une des causes, quoique moins efficace, de l'hérédité des caractères par les individus appartenant aux deux sexes, est le développement de ces caractères à un âge précoce, alors que la constitution des mâles et des femelles diffère peu. Il semble, toutefois, qu'il doive exister quelque différence entre les sexes, même à une période embryonnaire très précoce, car des caractères développés à cet âge s'attachent assez souvent à un seul sexe.

Résumé et conclusion. — La discussion qui précède, sur les diverses lois de l'hérédité, nous apprend que les caractères tendent souvent, ordinairement même, à se développer chez le même sexe, au

47. Pour les détails complets sur tous les points qui concernent les diverses races de volaille, voir *la Variation*, etc., vol. I, pp. 266, 272. Quant aux animaux supérieurs, les différences sexuelles produites par la domestication sont décrites dans le même ouvrage, dans le chapitre relatif à chacun d'eux.

même âge, et périodiquement à la même saison de l'année, que
ceux où ils ont apparu pour la première fois chez les parents. Mais
des causes inconnues jettent une grande perturbation dans l'application de ces lois. Les progrès successifs qui tendent à modifier
une espèce peuvent donc se transmettre de différentes manières ;
les uns sont transmis à l'un des sexes, les autres aux deux sexes,
les uns aux descendants à un certain âge, les autres à tous les âges.
Les lois de l'hérédité présentent non seulement une complication
extrême, mais il en est de même des causes qui provoquent et règlent la variabilité. Les variations ainsi provoquées se conservent
et s'accumulent grâce à la sélection sexuelle, qui est en elle-même
excessivement complexe, car elle dépend de l'ardeur, du courage,
de la rivalité des mâles et, en outre, du discernement, du goût et
de la volonté de la femelle. La sélection sexuelle est aussi, quand
il s'agit de l'avantage général de l'espèce, dominée par la sélection
naturelle. Il en résulte que le mode suivant lequel la sélection
sexuelle affecte les individus de l'un ou de l'autre sexe ou des deux
sexes, ne peut qu'être compliqué au plus haut degré.

Lorsque les variations se produisent à un âge avancé chez un
sexe et se transmettent au même sexe et au même âge, l'autre sexe
et les jeunes n'éprouvent, bien entendu, aucune modification. Lorsqu'elles se transmettent aux individus des deux sexes et au même
âge, les jeunes seuls n'éprouvent aucune modification. Toutefois,
des variations peuvent se produire à toutes les périodes de la vie
chez les individus mâles ou femelles ou chez les deux à la fois et se
transmettre aux individus des deux sexes à tous les âges ; dans ce
cas, tous les individus de l'espèce éprouvent des modifications
semblables. Nous verrons dans les chapitres suivants que tous ces
cas se présentent fréquemment dans la nature.

La sélection sexuelle ne saurait agir sur un animal avant qu'il ait
atteint l'âge où il peut se reproduire. Elle agit ordinairement sur le
sexe mâle et non sur le sexe femelle, en raison de la plus grande
ardeur du premier. C'est ainsi que les mâles ont acquis des armes
pour lutter avec leurs rivaux, se sont procuré des organes pour
découvrir la femelle et la retenir, ou pour l'exciter et la séduire.
Quand le mâle diffère sous ces rapports de la femelle, nous avons
vu qu'il est alors assez ordinaire que le mâle adulte diffère plus ou
moins du jeune mâle ; ce fait nous autorise à conclure que les variations successives, qui ont modifié le mâle adulte, ne se sont généralement pas produites beaucoup avant l'âge où l'animal est en état
de se reproduire. Toutes les fois que des variations, en petit ou en
grand nombre, se sont produites à un âge précoce, les jeunes mâles

participent plus ou moins aux caractères des mâles adultes. On peut observer des différences de cette nature entre les vieux et les jeunes mâles chez beaucoup d'espèces d'animaux.

Il est probable que les jeunes animaux mâles ont dû souvent tendre à varier d'une manière qui non seulement leur était inutile à un âge précoce, mais qui pouvait même leur être nuisible; par exemple, l'acquisition de vives couleurs qui les aurait rendus trop apparents, ou l'acquisition de conformations telles que des cornes, dont le développement aurait déterminé chez eux une grande déperdition de force vitale. La sélection naturelle a dû, presque certainement, se charger d'éliminer les variations de ce genre, dès qu'elles se sont produites chez les jeunes mâles. Chez les mâles adultes et expérimentés, au contraire, les avantages qui résultent de l'acquisition de semblables caractères pour la lutte avec les autres mâles, doivent avoir souvent plus que compensé les quelques dangers dont ils pouvaient être d'ailleurs la cause.

Si des variations analogues à celles qui donnent au mâle une supériorité sur ses rivaux, ou lui facilitent la recherche ou la possession de la femelle, apparaissent chez cette dernière, la sélection sexuelle ne saurait intervenir pour les conserver car elles ne lui sont d'aucune utilité. Les variations de tous genres chez les animaux domestiques se perdent bientôt par les croisements et les morts accidentelles, si on ne les soumet pas à une sélection attentive; nous pourrions citer de nombreuses preuves à cet égard. Par conséquent, à l'état de nature, des variations semblables à celles que nous venons d'indiquer seraient très-sujettes à disparaître, si elles venaient à se produire chez les femelles et à être transmises exclusivement au même sexe; toutefois, si les femelles variaient et transmettaient à leurs descendants des deux sexes leur caractères nouvellement acquis la sélection sexuelle interviendrait pour conserver aux mâles ceux de ses caractères qui leur seraient avantageux, bien qu'ils n'aient aucune utilité pour les femelles elles-mêmes. Dans ce cas, les mâles et les femelles se modifieraient de la même manière. J'aurai plus loin à revenir sur ces éventualités si complexes. Enfin, les femelles peuvent acquérir et ont certainement acquis par transmission des caractères appartenant au sexe mâle.

La sélection sexuelle a accumulé incessamment et a tiré grand parti, au point de vue de la reproduction de l'espèce, des variations qui se produisent à un âge avancé et qui ne se transmettent qu'à un seul sexe; il paraît donc inexplicable, à une première vue, que la sélection naturelle n'ait pas accumulé plus fréquemment des variations semblables ayant trait aux habitudes ordinaires de la vie.

S'il en avait été ainsi, les mâles et les femelles auraient souvent éprouvé des modifications différentes dans le but, par exemple, de capturer leur proie ou d'échapper au danger. Des différences de ce genre se présentent parfois, surtout chez les animaux inférieurs. Mais ceci implique que les mâles et les femelles ont des habitudes différentes dans la lutte pour l'existence, ce qui est très-rare chez les animaux supérieurs. Le cas est tout différent quand il s'agit des fonctions reproductrices, point sur lequel les deux sexes diffèrent nécessairement. En effet, les variations de structure qui se rapportent à ces fonctions sont souvent avantageuses à un sexe, et ces variations se transmettent à un sexe seulement parce qu'elles se sont produites à un âge avancé; or, ces variations, conservées et transmises par hérédité, ont amené la formation des caractères sexuels secondaires.

J'étudierai, dans les chapitres suivants, les caractères sexuels secondaires chez les animaux de toutes les classes, en cherchant à appliquer, dans chaque cas, les principes que je viens d'exposer dans ce chapitre. Les classes inférieures ne nous retiendront pas longtemps, mais nous aurons à étudier longuement les animaux supérieurs, les oiseaux surtout. Il est inutile de rappeler que, pour des raisons déjà indiquées, je citerai peu d'exemples des innombrables conformations qui servent au mâle à trouver la femelle et à la retenir lorsqu'il l'a rencontrée. Je discuterai au contraire, avec tous les développements que comporte ce sujet, si intéressant à plusieurs points de vue, toutes les conformations et tous les instincts qui permettent à un mâle de vaincre les autres mâles, et qui le mettent à même de séduire ou d'exciter la femelle.

Supplément sur le nombre proportionnel des mâles et des femelles chez les animaux appartenant à diverses classes.

Personne n'a encore, autant toutefois que je puis le savoir, étudié quel est le nombre relatif des mâles et des femelles dans le règne animal; je crois donc devoir résumer ici les documents, d'ailleurs très incomplets, que j'ai pu recueillir à ce sujet. Il comprennent quelques statistiques, mais le nombre n'en est malheureusement pas grand. Je citerai d'abord, comme terme de comparaison, les faits relatifs à l'homme, parce que ce sont les seuls qui soient connus avec quelque certitude.

Homme.— En Angleterre, pendant une période de dix ans (1857 à 1866), il est né annuellement, en moyenne, 707,120 enfants vivants, dans la proportion de 104.5 garçons pour 100 filles. Mais, en

1857, la proportion des garçons nés en Angleterre a été comme 105.2 et, en 1865, comme 104 est à 100 filles. Considérons des districts séparés : dans le Buckinghamshire (où en moyenne il naît annuellement 5,000 enfants), la proportion *moyenne* des naissances de garçons et de filles, pendant la période décennale ci-dessus indiquée, a été comme 102.8 est à 100; tandis que, dans le nord du pays de Galles (où les naissances annuelles s'élèvent à 12,873), la proportion a été de 106.2 garçons pour 100 filles. Prenons un district plus restreint, la Rutlandshire (où la moyenne annuelle des naissances n'est que de 739), en 1864, il naquit 114.6 garçons et, en 1862, 97 garçons seulement pour 100 filles; mais, même dans ce petit district, la moyenne des 7,385 naissances des dix ans donnait une proportion de 104.5 garçons, pour 100 filles, c'est-à-dire une proportion égale à celle de toute l'Angleterre[48]. Des causes inconnues modifient quelquefois les proportions; aussi, le professeur Faye constate « que, dans quelques parties de la Norvège, il s'est manifesté, pendant une période décennale, un déficit persistant de garçons, tandis que, dans d'autres parties, le fait contraire s'est présenté ». En France, la proportion des naissances mâles et femelles a été, pendant une période de quarante-quatre ans, comme 106.2 est à 100; mais, pendant cette période, il est arrivé, cinq fois dans un département et six fois dans un autre, que les naissances du sexe féminin ont excédé les naissances du sexe masculin. En Russie, la proportion moyenne est fort élevée : comme 108.9 est à 100; et à Philadelphie, aux États-Unis, comme 110.5 est à 100[49]. La moyenne pour toute l'Europe, moyenne calculée par Bikes d'après environ soixante-dix millions de naissances, est 106 garçons contre 100 filles. D'autre part, chez les enfants blancs nés au cap de Bonne-Espérance, la moyenne est très peu élevée, car, pendant plusieurs années successives, on n'a compté que de 90 à 99 garçons contre 100 filles. Signalons un fait remarquable : chez les juifs, la proportion des naissances mâles est relativement plus forte que chez les chrétiens; ainsi en Prusse, la proportion est comme 113, à Breslau comme 114, en Livonie, comme 120 est à 100. Chez les chrétiens, dans ces mêmes pays, la moyenne ne s'élève pas au-dessus de la proportion habituelle : par exemple, en Livonie, elle est de 104 gar-

---

48. *Twenty-ninth annual Report of the Registrar general for* 1866. Ce rapport contient (p. XII) une table décennale spéciale.

49. Extrait des recherches du professeur Faye sur la Norvège et la Russie, dans *British and Foreign Medico-Chirurg. Review*, pp. 343, 345, avril 1867. Pour la France, l'*Annuaire de* 1867, p. 213. Pour Philadelphie, voir le Dᵣ Stockton-Houg, *Social science Assoc.* 1874. Pour le cap de Bonne-Espérance, voir Quételet, cité dans la traduction hollandaise de cet ouvrage, vol. I, p. 407.

çons pour 100 filles [50]. Le professeur Faye fait remarquer qu' « on constaterait une prépondérance de mâles encore bien plus considérable, si la mort frappait également les individus des deux sexes, tant pendant la gestation qu'à la naissance. Mais le fait est que, pour 100 enfants mort-nés du sexe féminin, nous trouvons dans plusieurs pays de 134,6 à 144,9 mort-nés du sexe masculin. En outre, il meurt plus de garçons que de filles dans les quatre ou cinq premières années de la vie ; en Angleterre, par exemple, dans la première année, il meurt 126 garçons pour 100 filles, la proportion observée en France est encore plus défavorable [51]. » Le docteur Stockton-Hough explique en partie ces faits par le développement plus souvent défectueux des garçons que des filles. Nous avons déjà dit que l'homme est sujet à plus de variations que la femme ; or ces variations, portant sur des organes importants, sont ordinairement nuisibles. En outre, le corps de l'enfant mâle, et surtout la tête, est plus gros que celui de la femelle, et c'est encore là une cause de la mort plus fréquente des garçons, car ils sont plus exposés à des accidents pendant l'accouchement. En conséquence, les mâles mort-nés sont plus nombreux, et un juge très-compétent, le docteur Crichton Browne, croit que les enfants mâles souffrent fréquemment pendant plusieurs années après leur naissance. Cet excès de la [52] mortalité des enfants mâles au moment de la naissance et pendant les premières années, les dangers plus grands que courent les hommes adultes, leur disposition à émigrer, expliquent que, dans tous les pays civilisés qui possèdent des documents statistiques, le nombre des femmes est considérablement supérieur à celui des hommes [53].

50. A l'égard des juifs, voy. M. Thury, *la Loi de production des sexes*, 1863, p. 25.

51. *British and Foreing Medico-Chirurg. Review*, avril 1867, p. 343. Le Dr Stark (*Dixième rapport annuel des Naissances, Morts, etc., en Écosse,* 1867, p. xxviii) fait remarquer que « ces exemples suffisent pour prouver que, presque à chaque phase de l'existence, en Écosse, les mâles sont plus exposés à mourir et que la mortalité est plus élevée chez eux que chez les femelles. Toutefois, le fait que cette particularité se présente surtout pendant cette période enfantine de la vie où les vêtements, la nourriture et le traitement général des enfants des deux sexes sont les mêmes, semble prouver que la proportion plus élevée de la mortalité chez les mâles est une particularité naturelle et constitutionnelle due au sexe seul ».

52. *Wesl Riding lunatic Asylum Reports*, vol. I, 1871, p. 8. Sir J. Simpson a prouvé que la tête de l'enfant mâle excède de 9 millimètres en circonférence et de 3 millimètres en diamètre celle de l'enfant femelle. Quetelet a démontré que la femme est plus petite que l'homme au moment de la naissance. Voir Dr Duncan, *Fecundity, Fertility and Sterility,* 1771, p. 382.

53. Azara affirme, *Voyage dans l'Am. merid.*, vol. II, 1809, pp. 60, 179, que chez les Guaranys du Paraguay les femmes sont aux hommes dans la proportion de 14 à 13.

Il semble tout d'abord très extraordinaire que chez divers peuples, dans des conditions et sous des climats différents, à Naples, en Prusse, en Westphalie, en Hollande, en France, en Angleterre et aux États-Unis, l'excès des naissances mâles sur les naissances femelles est moins considérable quand les enfants sont illégitimes que quand ils sont légitimes[54]. Plusieurs savants ont cherché à expliquer ce fait de bien des façons différentes ; les uns l'attribuent à ce que les mères sont ordinairement jeunes, les autres à ce que les enfants proviennent d'une première grossesse, etc. Mais nous avons vu que les garçons, ayant la tête plus grosse, souffrent plus que les filles pendant l'accouchement ; en outre, comme les mères d'enfants illégitimes sont plus exposées que les autres femmes à des accouchements laborieux résultant de diverses causes, telles qu'une dissimulation de grossesse, un travail pénible, l'inquiétude, etc., les enfants mâles doivent souffrir proportionnellement. C'est probablement à ces causes qu'il faut attribuer la proportion moindre des enfants illégitimes mâles. Chez la plupart des animaux, la taille plus grande du mâle adulte provient de ce que les mâles les plus forts ont vaincu les plus faibles dans la lutte pour la possession des femelles, et c'est sans doute à cette cause qu'il faut attribuer la différence de grosseur des petits, au moins chez quelques animaux au moment de la naissance. Il en résulte que nous pouvons attribuer, en partie au moins, à la sélection sexuelle le fait curieux que la mortalité est plus grande chez les garçons que chez les filles, surtout quand il s'agit d'enfants illégitimes.

Il résulte de cet excès de la mortalité des enfants mâles, et aussi de ce que les hommes adultes sont exposés à plus de dangers et émigrent plus facilement, que, dans tous les pays anciennement habités, où l'on a conservé des documents statistiques, on observe que les femmes l'emportent considérablement par le nombre sur les hommes.

On a souvent supposé que l'âge relatif des parents détermine le sexe des enfants, et le professeur Leuckart[55] a accumulé des documents qu'il considère comme suffisants pour prouver, en ce qui concerne l'homme et quelques animaux domestiques, que ce rapport d'âge constitue un des facteurs importants dans le résultat. On a aussi regardé comme une cause effective l'époque de la fécondation relativement à l'état de la femelle, mais des observations récentes ne confirment pas cette manière de voir. D'après le docteur

---

54. Babbage, *Edinburg J. of Science,* 1829, vol. pp. 88. 90. Voir aussi *Report of Registrar general* pour 1866, p. xv.
55. Leuckart (dans Wagner, *Handwörterbuch der Phys.,* 1853, Bd. IV, p. 774).

Stockton-Hough [56], la saison de l'année, l'état de pauvreté ou de richesse des parents, la résidence à la campagne ou dans les villes, la présence d'immigrants, etc., sont toutes des causes qui exercent une influence sur la proportion des sexes. Pour l'homme encore, on a supposé que la polygamie détermine la naissance d'une plus grande proportion d'enfants du sexe féminin; mais le docteur J. Campbell [57], après des recherches nombreuses faites dans les harems de Siam, a été amené à conclure que la proportion des naissances de garçons et de filles est la même que celle que donnent les unions monogames. Bien que peu d'animaux aient été rendus aussi polygames que notre cheval de course anglais, nous allons voir que ses descendants mâles et femelles sont presque en nombre exactement égal.

Je vais maintenant citer les faits que j'ai recueillis relativement au nombre proportionnel des sexes chez diverses espèces d'animaux, puis je discuterai brièvement quel rôle a pu jouer la sélection pour amener le résultat.

Cheval. — Je dois à l'obligeance de M. Tegetmeier un relevé dressé, d'après le Calendrier des Courses, des naissances de chevaux de courses pendant une période de vingt et une années, de 1847 à 1867; l'année 1849 seule est omise, aucun rapport n'ayant été publié. Les naissances se sont élevées à 25,560[58]; elles consistent en 12,763 mâles et 12,797 femelles, soit un rapport de 99.7 mâles pour 100 femelles. Ces chiffres étant assez considérables, et portant sur toutes les parties de l'Angleterre, pendant une période de plusieurs années, nous pouvons en conclure que, chez le cheval domestique, au moins pour la race dite de course, les deux sexes sont produits en nombre presque égal. Les fluctuations que présentent, dans les années successives, la proportion des sexes, sont très analogues à celles qui s'observent dans le genre humain, lorsqu'on ne considère qu'une surface peu étendue et peu peuplée; ainsi, en 1856, on a compté, pour 100 juments, 107.1 étalons et, en 1867, seulement 92.6. Dans les rapports présentés en tableaux, les proportions varient par cycles: ainsi le nombre des mâles a excédé celui des femelles pendant six années consécutives; et le nombre de celles-ci a excédé celui des mâles pendant deux périodes de quatre années chacune. Il se peut, toutefois, que ce soit là un fait accidentel, car je ne découvre rien de

---

56. *Social Science Assoc. of Philadelphia*, 1874.

57. *Anthropological Review*, avril 1870, p. cviii.

58. Pendant onze années, on a enregistré le nombre des juments qui sont restées stériles ou ont mis bas avant terme : il est digne d'attention de constater que ces animaux, très soignés et accouplés dans des conditions de consanguinité trop rapprochées, en sont arrivés au point que presque un tiers des juments n'ont point donné de poulains vivants. Ainsi, en 1866, il naquit 909 poulains et 816 pouliches, et 743 juments ne produisirent rien. En 1867, 836 mâles et 902 femelles virent le jour, 794 juments restèrent stériles.

semblable dans la table décennale du Rapport relatif à la population humaine pour 1866.

Chiens. — On a publié pendant une période de douze ans, de 1857 à 1868, dans un journal, le *Field*, le relevé des naissances d'un grand nombre de lévriers dans toute l'Angleterre, et c'est encore à l'obligeance de M. Tegetmeier que j'en dois un relevé exact. On a enregistré 6,878 naissances, dont 3,605 mâles, et 3,273 femelles, soit un rapport de 110.1 mâles pour 100 femelles. Ses plus fortes fluctuations ont eu lieu en 1864, où la proportion a été de 95.3 mâles pour 100 femelles ; et en 1867, où elle s'éléva à 116.3 mâles pour 100 femelles. La première moyenne, de 110.1 mâles pour 100 femelles, est probablement à peu près vraie pour le lévrier ; mais il est quelque peu douteux qu'on puisse l'adopter pour les autres races domestiques. M. Cupples, après avoir questionné plusieurs grands éleveurs de chiens, a conclu que tous, sans exception, admettent que les femelles sont produites en excès ; il attribue cette opinion à ce que, les femelles ayant moins de valeur, le désappointement des éleveurs, qui en est la conséquence, les a plus fortement impressionnés.

Mouton. — Les agriculteurs ne vérifiant le sexe des moutons que plusieurs mois après la naissance, à l'époque où l'on procède à la castration des mâles, les relevés qui suivent ne donnent pas les proportions au moment de la naissance. En outre, plusieurs grands éleveurs d'Écosse, qui élèvent annuellement des milliers de moutons, sont fortement convaincus qu'il périt, dans les deux premières années de la vie, une plus grande proportion d'agneaux mâles que de femelles ; la proportion des mâles serait donc quelque peu plus forte au moment de la naissance qu'à l'âge de la castration. C'est là une coïncidence remarquable avec ce qui se passe chez l'homme, et les deux cas dépendent probablement de quelque cause commune. J'ai reçu des relevés faits par plusieurs propriétaires anglais qui ont élevé des moutons de plaines, surtout de Leicester, pendant les seize dernières années : le nombre des naissances s'élève à un total de 8,965 dont 4,407 mâles et 4,558 femelles ; soit le rapport de 96.7 mâles pour 100 femelles. J'ai reçu sur des moutons cheviot et à face noire produits en Écosse, des relevés faits par six éleveurs dont deux très importants ; ces relevés s'appliquent surtout aux années 1867-1869, bien que quelques-uns remontent jusqu'à 1862. Le nombre total enregistré se monte à 50,685 moutons, comprenant 25,071 mâles et 25,614 femelles, soit une proportion de 97.9 mâles pour 100 femelles. Si nous réunissons les données des rapports anglais et des rapports écossais, le nombre total s'élève à 59,650 moutons, consistant en 29,478 mâles et 30,172 femelles, soit le rapport de 97.7 mâles pour 100 femelles. A l'âge où l'on châtre les moutons, les femelles sont donc certainement en excès sur les mâles ; mais il n'est pas certain que cela soit le cas au moment de la naissance [59].

59. Je dois à l'obligeance de M. Cupples les documents relatifs à l'Écosse ainsi que quelques-unes des données suivantes sur le bétail. M. R. Elliot, de Laighwood, a, le premier, attiré mon attention sur la mort prématurée des

Bétail. — J'ai reçu des rapports de neuf personnes portant sur un nombre de 982 têtes de bétail, chiffre trop faible pour qu'on puisse en tirer aucune conclusion. Ce nombre total comportait 477 mâles et 505 femelles, soit une proportion de 94,4 mâles pour 100 femelles. Le Rév. W. D. Fox m'informe qu'en 1867, un seul veau sur 34, nés dans une ferme du Derbyshire, était mâle. M. Harrison Weir m'écrit que plusieurs éleveurs de porcs, auxquels il a demandé des renseignements à ce sujet, estiment que, chez cet animal, le rapport des naissances mâles, comparativement aux naissances femelles, est comme 7 est à 6. M. Weir, ayant élevé pendant fort longtemps des lapins, a remarqué qu'il naissait un plus grand nombre de mâles que de femelles. Mais ce sont là des renseignements qui n'ont qu'une valeur très secondaire.

Je n'ai pu recueillir que bien peu de renseignements sur les mammifères à l'état de nature. Ceux qui concernent le rat commun sont contradictoires. M. R. Elliot, de Laighwood, m'informe qu'un preneur de rats lui a assuré qu'il avait toujours trouvé un excès de mâles, même dans les nids de petits. M. Elliot, ayant ensuite examiné lui-même quelques centaines de rats adultes, a constaté que le fait est exact. M. F. Buckland, qui a élevé une grande quantité de rats blancs, admet aussi que le nombre des mâles excède de beaucoup celui des femelles. On dit que, chez les taupes, les mâles sont beaucoup plus nombreux que les femelles[60]; la chasse de ces animaux constituant une occupation spéciale, on peut peut-être se fier à cette assertion. Décrivant une antilope de l'Afrique[61] (*Kobas ellipsiprymnus*), Sir A. Smith remarque que, dans les troupeaux de cette espèce et d'autres espèces, le nombre des mâles est petit comparativement à celui des femelles; les indigènes croient qu'ils naissent dans ces proportions, d'autres indigènes disent que les plus jeunes mâles sont expulsés des troupeaux, et sir A. Smith ajoute que, bien qu'il n'ait jamais lui-même rencontré des bandes composées seulement de jeunes mâles, d'autres assurent qu'ils en ont vu. Il est probable que les jeunes mâles, une fois chassés du troupeau, doivent être exposés à devenir la proie des nombreux animaux féroces qui peuplent le pays.

OISEAUX

Relativement aux *volailles*, je n'ai reçu qu'un mémoire de M. Strech, qui, sur 1,001 poulets d'une race très soignée de cochinchinois qu'il a élevés pendant huit ans, a obtenu 487 mâles et 514 femelles, soit un rapport de 94.7 à 100. Il est évident que, chez le pigeon domestique, les mâles sont produits en excès, qu'ils vivent plus longtemps; car ces oiseaux s'accouplent, et M. Tagetmeier m'apprend que les mâles isolés coûtent toujours moins cher que les femelles. Ordinairement, les deux oiseaux provenant des deux œufs pondus dans le même nid consistent en un mâle et une femelle; cependant M. Harrisson Weir, qui a élevé beaucoup de pi-

mâles, fait que M. Aitchison et d'autres ont confirmé depuis. C'est ce dernier, ainsi que M. Payan, qui ont bien voulu me communiquer les renseignements les plus circonstanciés sur les moutons.

60. Bell, *History of Bristish Quadrupeds*, p. 100.
61. *Illustrations of Zoology, of S. Africa*, 1849, pl. 29.

geons, assure qu'il a souvent eu deux femelles ; en outre, la femelle est généralement plus faible et plus sujette à périr.

Pour les oiseaux à l'état de nature, M. Gould et d'autres savants[62] affirment que les mâles sont généralement plus nombreux que les femelles ; car, chez beaucoup d'espèces, les jeunes mâles ressemblant aux femelles, celles-ci paraissent naturellement être plus nombreuses. M. Baker, de Leadenhall, qui élève de grandes quantités de faisans provenant d'œufs pondus par des oiseaux sauvages, a informé M. Jenner Weir qu'il obtient généralement quatre ou cinq mâles pour une femelle. Un observateur expérimenté remarque[63] qu'en Scandinavie les couvées des coqs de bruyère (*T. urogallus* et *T. letrix*) contiennent plus de mâles que de femelles ; il ajoute que, chez le *dal-ripa*, (espèce de *lagopus*, ou ptarmigan), il y a plus de mâles que de femelles sur les emplacements où ces oiseaux se réunissent pour se faire la cour ; mais quelques observateurs expliquent cette circonstance par le fait que les carnassiers tuent plus de femelles. Il semble résulter clairement de divers faits signalés par White, de Selborne[64], que les perdrix mâles doivent se trouver en grand excès dans le sud de l'Angleterre ; on m'a assuré qu'il en est de même en Écosse. M. Weir tient de négociants, qui reçoivent à certaines saisons de grands envois de combattants (*Macheles pugnax*), que les mâles sont de beaucoup les plus nombreux. Le même naturaliste s'est adressé pour avoir quelques renseignements à des preneurs d'oiseaux vivants qui capturent annuellement un nombre étonnant de petites espèces pour le marché de Londres ; un de ces vieux chasseurs, digne de toute confiance, lui a affirmé que chez les pinsons les mâles sont en grand excès ; il pense qu'il y a deux mâles pour une femelle, ou qu'ils se trouvent au moins dans le rapport de 5 à 3[65]. Il ajoute que les mâles sont de beaucoup les plus nombreux chez les merles, soit qu'on les prenne au piège ou au filet. Ces données paraissent exactes, car le même homme a signalé une égalité approximative des sexes chez l'alouette, chez la linotte de montagne (*Linaria montana*) et chez le chadonneret ; il affirme, d'autre part, que, chez la linotte commune, les femelles sont extrêmement prépondérantes, mais inégalement, suivant les différentes années ; il s'est trouvé des époques où le rapport était de quatre femelles pour un mâle. Il faut cependant tenir compte de ce fait que la chasse aux oiseaux ne commençant qu'en septembre, quelques migrations partielles peuvent avoir eu lieu, et les troupes à cette période n'être composées que de femelles. M. Salvin, qui a porté son attention sur les sexes des oiseaux-mouches de l'Amérique, est convaincu de la prépondérance des mâles chez la plupart des espèces ; ainsi il s'est procuré, une année, 204 individus appartenant à dix espèces, et il a constaté qu'il y avait 166 mâles et 38 femelles. Chez deux autres espèces, les femelles étaient en excès, mais les proportions paraissent varier suivant les saisons et les lo-

---

62. Brehm, *Illust. Thierleben*, vol. IV, p. 990, en arrive à la même conclusion.
63. Sur l'autorité de L. Lloyd, *Game Birds of Sweden,* 1867, pp. 13, 132.
64. *Nat. Hist. of. Selborne,* lett, XXIX, édit. de 1825, vol. I, p. 139.
65. M. Jenner Weir obtint des renseignements semblables à la suite de son enquête de l'année suivante. Pour montrer le nombre des pinsons attrapés, deux chasseurs avaient fait, en 1869, un pari à qui en prendrait le plus ; l'un des deux en prit, en un jour, 62, et l'autre, 40 du sexe mâle. Le plus grand nombre qu'on ait pris en un jour fut 70.

calités, car les *Campylopterus hemileucurus*, qui, dans une ocasion, présentaient un rapport de 5 mâles pour 2 femelles, présentèrent, dans une autre occasion, exactement le rapport inverse [66]. Comme confirmation de ce dernier point, j'ajouterai que M. Powys a remarqué, à Corfou et en Épire, que les pinsons des deux sexes font bande à part, « et que les femelles sont beaucoup plus nombreuses » ; tandis qu'en Palestine M. Tristram remarqua « que les bandes de mâles paraissent excéder considérablement en nombre celles des femelles[67] ». De même que M. G. Taylor[68] dit du *Quiscalus major* qu'en Floride il y a « peu de femelles proportionnellement aux mâles, tandis que, dans le Honduras, le rapport étant renversé, l'espèce y affecte un caractère polygame ».

POISSONS

On ne peut, chez les poissons, déterminer les nombres proportionnels des sexes, qu'en les prenant à l'état adulte ou à peu près, et encore là se présente-t-il de nombreuses difficultés pour arriver à une conclusion exacte [69]. On peut facilement prendre des femelles stériles pour des mâles, ainsi que me l'a fait remarquer le docteur Günther, au sujet de la truite. Chez quelques espèces, on croit que les mâles meurent peu de temps après avoir fécondé les œufs. Chez un grand nombre d'espèces, les mâles sont beaucoup plus petits que les femelles, de sorte qu'un grand nombre peuvent échapper au filet dans lequel les femelles restent prises. M. Carbonnier[70], qui a beaucoup étudié l'histoire du brochet (*Esox lucius*), constate qu'un grand nombre de mâles sont, vu leur petitesse, dévorés par les grandes femelles ; il croit que, chez presque tous les poissons, les mâles sont, pour cette même cause, exposés à plus de dangers que les femelles. Néanmoins, dans les quelques cas où l'on a pu observer les nombres proportionnels réels, les mâles paraissaient être en excès. Ainsi M. R. Buist, le surveillant des expériences faites à Stormontfield, dit qu'en 1865, sur les 70 saumons envoyés d'abord pour fournir les œufs, plus de 60 étaient mâles. En 1867, il attire encore l'attention sur « l'énorme disproportion qui existe entre les mâles et les femelles. Au début nous avions dix mâles pour une femelle ». On se procura ensuite un nombre suffisant de femelles pour en avoir des œufs. Il ajoute « que la grande quantité des mâles fait qu'ils sont constamment occupés à se battre et à s'entre-déchirer sur les bancs de frai[71] ». On peut probablement expliquer cette disproportion sinon totalement, au moins en partie, par le fait que les poissons mâles remontent les rivières avant les femelles. M. F. Buckland fait remarquer, au sujet de la truite, « qu'il est cu-

---

66. *Ibis*, vol. II, p. 260, cité dans *Gould's Trochilidœ*, 1861, p. 52. J'ai emprunté les proportions ci-dessus à un tableau dressé par M. Salvin.

67. *Ibis*, 1860, p. 137 et 1867, p. 369.

68. *Ibis*, 1862, p. 137.

69. Leuckart assure d'après Bloch (Wagner, *Handvörterbuch der Phys.*, v. IV. 1853, p. 775) que chez les poissons les mâles sont deux fois plus nombreux que les femelles.

70. Cité dans le *Farmer*, 18 mars 1869, p. 369.

71. *The Stormonfield Piscicultural Experiments*, 1866, p. 23. *The Field*, 29 juin 1867.

rieux que les mâles l'emportent autant par le nombre sur les femelles. Il arrive *invariablement* que, dans le premier afflux du poisson au filet, on trouve, parmi les captifs, au moins sept ou huit mâles pour une femelle. Je ne puis m'expliquer ce fait : il faut en conclure que les mâles sont plus nombreux que les femelles, ou que celles-ci cherchent à éviter le danger plutôt en se cachant que par la fuite ». Il ajoute ensuite qu'en fouillant les bancs avec soin, on y trouve suffisamment de femelles pour fournir les œufs[72]. M. H. Lee m'apprend que, sur 212 truites prises dans le parc de lord Portsmouth, il y avait 150 mâles et 62 femelles.

Les mâles paraissent aussi être en excès chez les Cyprinidés, mais plusieurs membres de cette famille, la carpe, la tanche, la brème et le véron, paraissent régulièrement suivre l'usage, rare dans le règne animal, de la polyandrie ; car la femelle, pendant la ponte, est toujours assistée de deux mâles, un de chaque côté, et, dans le cas de la brème, il y en a trois ou quatre. Le fait est si connu qu'on recommande toujours de pourvoir un étang de deux tanches mâles pour une femelle, ou au moins trois mâles pour deux femelles. Avec le véron, ainsi que le constate un excellent observateur, les mâles sont dix fois plus nombreux sur les champs de frai que les femelles ; lorsqu'une de celles-ci pénètre parmi les mâles, « elle est immédiatement serrée de près entre deux mâles qui, après avoir conservé cette position pendant quelque temps, sont remplacés par deux autres[73] ».

INSECTES

Les Lépidoptères seuls nous permettent de juger du nombre proportionnel des sexes chez les insectes, car ils ont été recueillis avec beaucoup de soin par de nombreux et d'excellents observateurs ; on s'est beaucoup occupé aussi de leurs transformations. J'avais espéré trouver des documents exacts chez quelques éleveurs de vers à soie ; mais, après avoir écrit en France et en Italie, et avoir consulté divers traités, je suis forcé de conclure qu'on n'a jamais tenu un relevé exact ou même approximatif des sexes. L'opinion générale est que les individus des deux sexes sont en nombre à peu près égal ; mais le professeur Canestrini m'apprend qu'en Italie un grand nombre d'éleveurs sont convaincus que les femelles sont produites en excès. Le même naturaliste, toutefois, m'informe que, dans les deux éclosions annuelles du ver de l'Ailante (*Bombyx cynthia*), les mâles l'emportent de beaucoup dans la première, puis les deux sexes deviennent presque égaux, ou les femelles sont un peu en excès dans la seconde.

Plusieurs observateurs ont été vivement frappés de la prépondérance, en apparence énorme, des mâles chez les Lépidoptères à l'état de nature[74]. Ainsi M. Bates[75], parlant des espèces qui, au nombre d'une centaine, habi-

---

72. *Land and Water* 1868, p. 41.

73. Yarrell, *Hist. British Fishes*, vol. I, 1826 p. 307; sur le *Cyprinus carpio*, p. 331; sur le *Tinca vulgaris*, p. 331; sur l'*Abramis brama*, p. 336. Voir pour le *Leuciscus phoxinus*, London, *Mag. of Nat. Hist.*, vol. V, 1832, p. 682.

74. Leuckart cite Meinecke (Wagner, *Handwörterbuch der Phys.*, vol. IV, 1853, p. 775), qui affirme que chez les papillons les mâles sont trois ou quatre fois aussi nombreux que les femelles.

75. *The Naturalist on the Amazons*, vol. II, 1863, pp. 228, 347.

tent les régions de l'Amazone supérieur, dit que les mâles sont beaucoup plus nombreux que les femelles, et cela dans une proportion qui peut être de 100 pour 1. Edwards, qui a beaucoup d'expérience à ce sujet, estime que, dans l'Amérique du Nord, le rapport des mâles aux femelles, dans le genre Papilio, est de 4 à 1; M. Walsh, qui m'a transmis ce renseignement, affirme que tel est le cas pour le *P. turnus.* Dans l'Afrique méridionale, M. R. Trimen a constaté que les mâles sont en excès chez dix-neuf espèces[76]; chez l'une de ces espèces, qui fourmille dans les localités ouvertes, il estime la proportion des mâles à cinquante pour une femelle. Il n'a pu, dans l'espace de sept années, récolter que cinq femelles d'une autre espèce dont les mâles sont abondants dans certaines localités. Dans l'île de Bourbon, M. Maillard a constaté que les mâles d'une espèce de Papilio sont vingt fois plus nombreux que les femelles[77]. M. Trimen m'apprend qu'autant qu'il a pu le vérifier lui-même ou le savoir par d'autres il est rare que, chez les papillons, le nombre des femelles excède celui des mâles, mais trois espèces de l'Afrique du Sud semblent faire exception à cette règle. M. Wallace[78] dit que les femelles de l'*Ornithoptera cræsus,* de l'archipel Malais, sont plus communes et plus faciles à prendre que les mâles, mais c'est d'ailleurs une espèce rare. J'ajouterai ici que, chez le genre de phalènes *Hyperythra,* d'après M. Guenée, on envoie, dans les collections venant de l'Inde, de quatre à cinq femelles pour un mâle.

Lorsque la question du nombre proportionnel du sexe des insectes fut posée devant la Société d'entomologie[79], on admit généralement que, soit à l'état adulte, soit à l'état de chrysalide, on prend plus de Lépidoptères mâles que de femelles; mais plusieurs observateurs attribuèrent ce fait à ce que les femelles ont des habitudes plus retirées, et que les mâles sortent plus tôt du cocon. On sait, en effet, que cette dernière circonstance se présente chez la plupart des Lépidoptères comme chez d'autres insectes. Il en résulte, selon la remarque de M. Personnat, que les mâles du *Bombyx Yamamai* domestique, au commencement, ainsi que les femelles à la fin de la saison, ne peuvent, ni les uns ni les autres, servir à la reproduction, faute d'individus du sexe opposé[80]. Je ne puis croire, cependant, que ces causes suffisent à expliquer le grand excès des mâles chez les papillons, qui sont très communs dans le pays qu'ils habitent. M. Stainton qui a, pendant plusieurs années, étudié avec soin les phalènes de petites dimensions, m'apprend que, lorsqu'il les recueillait à l'état de chrysalide, il croyait que les mâles étaient dix fois plus nombreux que les femelles; mais que, depuis qu'il s'est mis à les élever sur une grande échelle, en les prenant à l'état de chenille, il a pu se convaincre que les femelles sont certainement plus nombreuses. Plusieurs entomologistes partagent cette opinion. M. Doubleday et quelques autres soutiennent un avis contraire, et affirment avoir élevé de l'œuf et de la chenille une plus grande proportion de mâles que de femelles.

Outre les habitudes plus actives des mâles, leur sortie plus précoce du

76. Trimen, *Rhopalocera Africæ Australis.*
77. Cité dans Trimen, *Trans. Ent. Soc.,* vol. V. part. IV, 1866, p. 330.
78. *Transact. Linn. Society,* vol. XXV, p. 37.
79. *Proc. Entomolog. Soc.,* 17 fév. 1868.
80. Cité par D. Wallace dans *Proc. Ent. Soc.,* 3e série, vol. V, 1867, p. 487.

cocon et leur séjour, dans quelques cas, dans les stations plus découvertes, on peut assigner d'autres causes à la différence apparenté ou réelle qu'on constate dans les nombres proportionnels des sexes des Lépidoptères, lorsqu'on les prend à l'état parfait, ou qu'on les élève en les prenant à l'état d'œufs ou de chenilles. Beaucoup d'éleveurs italiens, à ce que m'apprend le professeur Canestrini, croient que le ver à soie femelle est plus sujet que le mâle à la maladie et le docteur Staudinger assure que, lorsqu'on élève les Lépidoptères, il périt en cocons plus de femelles que de mâles. Chez beaucoup d'espèces, la chenille femelle est plus grosse que le mâle, et le collectionneur, choisissant naturellement les plus beaux individus, se trouve, sans intention, amené à recueillir un plus grand nombre de femelles. Trois collectionneurs m'ont assuré qu'ils agissent toujours ainsi ; d'autre part, le docteur Wallace croit qu'ils recueillent tous les individus des espèces rares qu'ils rencontrent, les seules qui méritent la peine d'être élevées. Entourés de chenilles, les oiseaux doivent probablement dévorer les plus grosses ; le professeur Canestrini m'informe que plusieurs éleveurs, en Italie, croient, quoique sur des preuves insuffisantes, que les guêpes détruisent un plus grand nombre de chenilles femelles que de mâles lors de la première éclosion du ver à soie de l'Ailante. Le docteur Wallace remarque, en outre, que les chenilles femelles, étant plus grosses que les mâles, exigent plus de temps pour leur évolution, consomment plus de nourriture et ont besoin de plus d'humidité ; elles sont donc ainsi exposées plus longtemps aux dangers que leur font courir les ichneumons, les oiseaux, etc., et doivent, en temps de disette, périr en plus grand nombre. Il semble donc tout à fait possible que, à l'état de nature, moins de chenilles femelles que de mâles parviennent à la maturité ; or, pour la question spéciale qui nous occupe, nous n'avons à considérer que le nombre des individus qui atteignent l'état adulte, le seul pendant lequel les deux sexes peuvent produire l'espèce.

Le rassemblement en nombre si extraordinaire autour d'une seule femelle de mâles de certaines phalènes indique évidemment un grand excès d'individus de ce sexe, bien que ce fait puisse peut-être tenir à l'émergence plus précoce des mâles du cocon. M. Stainton a constaté la présence fréquente de douze à vingt mâles autour d'une femelle de *Elachista rufocinerea*. On sait que, si l'on expose dans une cage une *Lasiocampa quercus* ou une *Saturnia carpini* vierge, de grandes quantités de mâles viennent bientôt se réunir autour d'elle ; si on l'enferme dans une chambre, ils descendent même par la cheminée pour la rejoindre. M. Doubleday estime de 50 à 100 le nombre des mâles de ces deux espèces attirés en un seul jour par une femelle captive. M. Trimen a exposé, dans l'île de Wight, une boîte dans laquelle il avait la veille renfermé une *Lasiocampa* femelle ; cinq mâles se présentèrent bientôt pour y pénétrer. M. Verreaux ayant, en Australie, mis dans sa poche une boîte contenant la femelle d'un petit *Bombyx*, fut suivi d'une nuée de mâles, et environ deux cents entrèrent avec lui dans la maison [81].

M. Doubleday a appelé mon attention sur une liste de Lépidoptères du docteur Staudinger [82], portant les prix des mâles et des femelles de 300 espèces ou variétés bien accusées de papillons diurnes (*Rhopalocera*). Les

---

81. Blanchard, *Métamorphoses, mœurs des Insectes*, 1868, p. 225-226.
82. *Lepidopteren-Doubbletten Liste*, Berlin, n° X, 1866.

prix des individus des deux sexes, pour les espèces très communes, sont les mêmes; mais ils diffèrent pour 114 des plus rares espèces; les mâles, dans tous les cas, sauf une exception, sont les moins chers. D'après la moyenne des prix de 113 espèces, le rapport du prix du mâle à celui de la femelle est de 100 à 149, ce qui paraît indiquer que les mâles doivent inversement excéder les femelles dans la même proportion. Deux mille espèces où variétés de papillons nocturnes (*Heterocera*) sont cataloguées; mais on a exclu celles dont les femelles sont aptères, en raison de la différence des habitudes des deux sexes; sur 2,000 espèces, 141 diffèrent de prix suivant le sexe; chez 130 les mâles sont meilleur marché, et chez 11 seulement les mâles plus chers que les femelles. Le rapport du prix moyen des mâles de 130 espèces, comparé à celui des femelles, est de 100 à 143. M. Doubleday (et personne en Angleterre n'a plus d'expérience sur ce sujet) pense que, en ce qui concerne les papillons de ce catalogue tarifé, il n'y a rien dans les habitudes des espèces qui puisse expliquer les différences de prix des sexes, et qu'elle ne peut être attribuée qu'à un excès dans le nombre des mâles. Mais je dois ajouter que le docteur Staudinger lui-même m'a exprimé une opinion toute différente. Il pense que l'activité moindre des femelles et l'éclosion précoce des mâles explique pourquoi les collectionneurs prennent plus de mâles que de femelles, d'où le prix moindre des premiers. Quant aux individus élevés de l'état de chenille, le docteur Staudinger, croit, comme nous l'avons dit plus haut, qu'il périt dans le cocon plus de femelles que de mâles. Il ajoute que, chez certaines espèces, un des sexes semble pendant certaines années prédominer sur l'autre.

Quant aux observations directes sur les sexes des Lépidoptères élevés d'œufs ou de chenilles, j'ai reçu seulement communication du petit nombre de cas suivants:

	MALES	FEMELLES
Le Rév. J. Hellins[81], d'Exeter, a élevé, en 1868, des chrysalides de 73 espèces, et a obtenu	153	137
M. Albert Jones, d'Eltham, a élevé, en 1868, des chrysalides de 9 espèces, et a obtenu	159	126
En 1869, il en a élevé de 4 espèces, et a obtenu	114	112
M. Buckler, d'Emsworth, Hants, en 1869, a élevé des chrysalides de 74 espèces, et a obtenu	180	169
Le Dʳ Wallace, de Colchester, a élevé d'une ponte de Bombyx cynthia	52	48
Le Dʳ Wallace, en 1869, a élevé, de cocons de Bombyx Pernyi venant de Chine	224	123
Le Dʳ Wallace, en 1868 et 1869, a élevé, de deux lots de cocons de Bombyx yama-mai	52	46
Total	934	761

83. Ce naturaliste a eu l'obligeance de m'envoyer quelques résultats d'an-

Donc, ces sept lots de cocons et d'œufs ont produit un excédent de mâles qui, pris dans leur ensemble, sont aux femelles dans le rapport de 122.7 à 100. Mais ces chiffres sont à peine assez importants pour être bien dignes de confiance.

En résumé, les diverses preuves qui précèdent, inclinant toutes dans la même direction, m'autorisent à conclure que, chez la plupart des espèces de Lépidoptères, le nombre des mâles à l'état d'adultes excède généralement celui des femelles, quelles que puissent être, d'ailleurs, leurs proportions à la sortie de l'œuf.

Je n'ai pu recueillir que fort peu de renseignements dignes de foi sur les autres ordres d'insectes. Chez le cerf-volant (*Lucanus cervus*), les mâles paraissent beaucoup plus nombreux que les femelles ; mais Cornelius a observé qu'en 1867, lors de l'apparition dans une partie de l'Allemagne d'un nombre inusité de ces coléoptères, les femelles étaient six fois plus abondantes que les mâles. Une espèce d'Élatérides passe pour avoir des mâles beaucoup plus nombreux que les femelles « et on en trouve deux ou trois unis à une femelle[84] »; il semble donc y avoir polyandrie. Chez le *Siagonium* (Staphylinides), où les mâles sont pourvus de cornes, « les femelles sont de beaucoup les plus nombreuses ». M. Janson a communiqué à la Société entomologique le fait que les femelles du *Tomicus villosus*, qui vit d'écorce, constituent un vrai fléau par leur abondance, tandis qu'on ne connaît presque pas les mâles tant il sont rares.

Dans d'autres ordres, par suite de causes inconnues, mais évidemment dans quelques cas, par suite d'une parthénogenèse, les mâles de certaines espèces sont d'une rareté excessive ou n'ont pas encore été découverts, comme chez plusieurs Cynipidés[85]. Chez tous les Cynipidés gallicoles que connaît M. Walsh, les femelles sont quatre ou cinq fois plus nombreuses que les mâles ; il en est de même, à ce qu'il m'apprend, chez les Cécidomyées (Diptères) qui produisent des galles. Il est quelques espèces de Porte-scies (Tenthrédines) que M. F. Smith a élevées par centaines de larves de toutes grandeurs sans obtenir un seul mâle ; d'autre part, Curtis[86] a trouvé, chez une autre espèce (*Athalia*) qu'il a élevée, une proportion de mâles égale à six fois celle des femelles, tandis qu'il en a été précisément l'inverse pour les insectes parfaits de la même espèce qu'il a recueillis dans les champs. Hermann Müller[87] a étudié tout particulièrement les abeilles ; il a recueilli un grand nombre d'individus appartenant à beaucoup d'espèces ; il en a élevé d'autres ; puis il a compté les individus appartenant à chaque sexe. Il a trouvé que, chez quelques espèces, le nombre des mâles excède de beaucoup celui des femelles ; chez d'autres espèces, c'est tout le contraire ; chez d'autres enfin, les individus des deux sexes sont en nombre à peu près

---

nées précédentes dans lesquelles les femelles paraissent prédominer; mais, la plupart des chiffres n'étant que des évaluations, je n'ai pu les relever en tableaux.

84. Günther, *Record of Zoological Literature*, 1867, p. 260, sur *l'Excès des Lucanes femelles*, id., p. 250, sur *les Mâles du Lucanus en Angleterre*, Westwood, *Mod. Class. of Insects*, vol. I, p. 187, sur *le Siagonium, ibid.*, p. 172.

85. Walhs, *American Entomologist*, vol. I, 1869, p. 103 ; F. Smith, *Record of Zoolog. Literature*, 1867, p. 328.

86. *Farm Insects*, pp. 45-46.

87. *Anwendung der Darwinschen Lehre; Verh. d. n. V. Jahrg.* XXIV.

égal. Mais, les mâles sortant presque toujours du cocon plus tôt que les femelles, les mâles sont pratiquement en excès au commencement de la saison. Müller a aussi observé que le nombre relatif des individus de certaines espèces diffère beaucoup dans diverses localités. Mais, comme Müller lui-même me l'a fait observer, ces remarques ne doivent être acceptées qu'avec une grande réserve, car il se peut que les individus appartenant à un sexe échappent plus facilement que les autres aux observations. Ainsi son frère, Fritz Müller, a remarqué au Brésil que les deux sexes d'une même espèce d'abeille fréquentent quelquefois des espèces différentes de fleurs. Je ne sais presque rien sur le nombre relatif des sexes chez les Orthoptères : Körte [88] affirme cependant que, sur 500 sauterelles qu'il a examinées, les mâles étaient aux femelles dans la proportion de 5 à 6. M. Walsh constate, à propos des Névroptères, que, chez beaucoup d'espèces du groupe *Odonates* mais pas chez toutes, il y a un grand excédent de mâles ; chez le genre *Hetœrina*, les mâles sont au moins quatre fois plus abondants que les femelles. Chez certaines espèces du genre *Gomphus*, les mâles sont également en excès, tandis que, chez deux autres espèces, les femelles sont deux ou trois fois plus abondantes que les mâles. Chez quelques espèces européennes de *Psocus*, on peut recueillir des milliers de femelles sans trouver un seul mâle ; les deux sexes sont communs chez d'autres espèces du même genre [89]. En Angleterre, M. Mac Lachlan a capturé des centaines de *Apatania muliebris* sans avoir jamais vu un seul mâle ; on n'a encore vu que quatre ou cinq mâles de *Boreus hyemalis* [90]. Il n'y a, pour la plupart de ces espèces (les Tenthrédinées exceptées), pas de raison pour supposer une parthénogenèse chez les femelles ; nous sommes donc encore très ignorants sur les causes de ces différences apparentes dans le nombre proportionnel des individus des deux sexes.

Les renseignements me font presque complètement défaut relativement aux autres classes. M. Blackwal, qui, pendant bien des années, s'est occupé des araignées m'écrit que, en raison de leurs habitudes plus errantes, on voit plus souvent les araignées mâles, qui paraissent ainsi être les plus nombreux. C'est réellement le cas chez quelques espèces ; mais il mentionne plusieurs espèces de six genres, où les femelles semblent être bien plus nombreuses que les mâles [91]. La petite taille des mâles, comparée à celle des femelles, et leur aspect très-différent, peut, dans quelques cas, expliquer leur rareté dans les collections [92].

Certains Crustacés inférieurs pouvant se propager asexuellement, on s'explique l'extrême rareté des mâles. Ainsi von Siebold [93] a examiné avec soin 13,000 individus du genre *Apus* provenant de vingt et une localités

---

88. *Die Strich, Zur oder Wanderheuschrecke*, 1828, p. 20.

89. *Obs, on N. American Neuroptera*, par H. Hagen et Walsh, *Proc. Ent. Soc. Philadelphia*, oct. 1863, pp. 168, 223, 239.

90. *Proc. Ent. Soc. London*, 17 fév. 1868.

91. Une autre grande autorité sur la matière, le professeur Thorell, d'Upsala (*On European Spiders*, 1869-70, part. 1, p. 285), parle des araignées femelles comme généralement plus communes que les mâles.

92. Voir sur ce sujet, M. P. Cambridge, cité dans *Quarterly Journal of Science*, 1868, p. 429.

93. *Beiträge zur Parthenogenesis*, p. 174.

différentes, et il n'a trouvé que 319 mâles. Fritz Müller a des raisons de croire que, chez quelques autres formes (les *Tanais* et les *Cypris*), le mâle vit moins longtemps que la femelle, ce qui, même en cas d'égalité primitive dans le nombre des individus des deux sexes, expliquerait la rareté des mâles. D'autre part, sur les côtes du Brésil, le même naturaliste a toujours capturé infiniment plus de mâles que de femelles de *Diastylides* et de *Cypridines;* c'est ainsi qu'une espèce de ce dernier genre lui a fourni 37 mâles sur 63 individus pris le même jour; mais il suggère que cette prépondérance peut être due à quelque différence inconnue dans les habitudes des deux sexes. Chez un crabe brésilien plus élevé, un *Gelasimus*, Fritz Müller a constaté que les mâles sont plus nombreux que les femelles. M. C. Spence Bate, qui a une longue expérience à cet égard, m'a affirmé que, chez six crustacés communs de nos côtes de l'Angleterre dont il m'a indiqué les noms, les femelles sont, au contraire, plus nombreuses que les mâles.

Influence de la sélection naturelle sur la proportion des mâles et des femelles. — Nous avons raison de croire que, dans quelques cas, l'homme au moyen de la sélection a exercé une influence indirecte sur la faculté qu'il a de produire des enfants de l'un ou de l'autre sexe. Certaines femmes, pendant toute leur vie, engendrent plus d'enfants d'un sexe que de l'autre; la même loi s'applique à beaucoup d'animaux, aux vaches et aux chevaux par exemple; ainsi M. Wright m'apprend qu'une de ses juments arabes, couverte sept fois par différents chevaux, a produit sept juments. Bien que j'aie fort peu de renseignements à cet égard, l'analogie me porte à conclure que la tendance à produire l'un ou l'autre sexe est héréditaire comme presque tous les autres caractères, la tendance à produire des jumeaux par exemple. M. J. Downing, une excellente autorité, m'a communiqué certains faits qui semblent prouver que cette tendance existe certainement chez certaines familles de bétail courtes cornes. Le colonel Marshall [94], après avoir étudié avec soin les Todas, tribu montagnarde de l'Inde, a trouvé qu'il existe chez eux 112 mâles et 84 femelles de tout âge, soit une proportion de 133.3 mâles pour 100 femelles. Les Todas, qui observent la polyandrie, tuaient autrefois les enfants femelles; mais ils ont abandonné cette pratique depuis un temps considérable. Chez les enfants nés pendant ces dernières années, les garçons sont plus nombreux que les filles dans la proportion de 124 à 100. Le colonel Marshall explique ingénieusement ce fait ainsi qu'il suit : « Supposons, par exemple, que trois familles représentent la moyenne de la tribu entière; supposons qu'une mère engendre six filles et pas de fils; la seconde mère engendre six fils seulement et la troisième mère trois fils et

94. *The Todas*, 1873. pp. 100, 111, 194, 196.

filles. La première mère, pour se conformer aux usages de la tribu, détruit quatre filles et en conserve deux ; la seconde conserve ses six fils ; la troisième conserve ses trois fils, mais tue deux filles et n'en conserve qu'une. Les trois familles se composeront donc de neuf garçons et trois filles pour perpétuer la race. Mais, tandis que les fils appartiennent à des familles chez lesquelles la tendance à produire des mâles est considérable, les filles appartiennent à des familles qui ont une tendance contraire. Les coutumes de la tribu tendront donc à augmenter cette tendance à chaque génération, de sorte que nous pourrons constater, comme nous le faisons aujourd'hui, que les familles élèvent habituellement plus de garçons que de filles. »

Il est presque certain que la forme d'infanticide dont nous venons de parler doit amener ce résultat, si nous supposons que la tendance à produire un certain sexe soit héréditaire. Mais les chiffres que je viens de citer sont si faibles qu'on ne saurait en tirer aucune conclusion ; j'ai donc cherché d'autres témoignages ; je ne saurais dire si ceux que j'ai trouvés sont dignes de foi ; il m'a semblé en tous cas qu'il était utile de citer les faits que j'ai recueillis.

Les Maories de la Nouvelle-Zélande ont longtemps pratiqué l'infanticide ; M. Fenton [95] affirme qu'il a rencontré « des femmes qui ont détruit quatre, six et même sept enfants, la plupart des filles. Toutefois le témoignage universel de ceux qui sont à même de se former une opinion correcte prouve que cette coutume a cessé d'exister depuis bien des années, probablement depuis l'année 1835 ». Or, chez les Nouveaux-Zélandais comme chez les Todas, les naissances de garçons sont considérablement en excès. M. Fenton ajoute (p. 30) : « Bien qu'on ne puisse fixer pertinemment l'époque exacte du commencement de cette singulière condition de la disproportion des sexes, on peut affirmer que l'excès du sexe mâle sur le sexe femelle était en pleine opération pendant la période qui s'est écoulée entre 1830 et 1844, et s'est continuée avec beaucoup d'énergie jusqu'au temps actuel. » J'emprunte les renseignements suivants à M. Fenton (p. 26), mais, comme les nombres ne sont pas considérables et que le recensement n'a pas été fait très exactement, on ne peut s'attendre à des résultats uniformes. Je dois rappeler tout d'abord, dans ce cas et dans les cas suivants, que l'état normal de la population, au moins dans tous les pays civilisés, comporte un excès de femmes à cause de la plus grande mortalité des enfants mâles pendant la jeunesse et des plus nombreux accidents

95. *Aboriginal Inhabitants of New Zealand ; Gouverment report*, 1859, p. 36.

auxquels sont exposés les hommes pendant toute la vie. En 1858, on estimait que la population indigène de la Nouvelle-Zélande se composait de 31,667 hommes et de 24,303 femmes de tout âge, c'est-à-dire dans la proportion de 130.3 mâles pour 100 femelles. Mais, pendant cette même année et dans certaines régions limitées, on recensa les indigènes avec beaucoup de soin, et on trouva 753 hommes de tout âge contre 616 femmes, c'est-à-dire dans la proportion de 122.2 mâles pour 100 femelles. Il est encore plus important pour nous de savoir que, pendant cette même année 1858 et dans cette même région, les mâles non adultes s'élevaient au nombre de 178, et les femelles non adultes au nombre de 142, c'est-à-dire dans la proportion de 125.3 mâles pour 100 femelles. Nous pouvons ajouter qu'en 1844, alors que l'infanticide des filles n'avait cessé que depuis peu de temps, les mâles non adultes dans une région s'élevaient au nombre de 281, et les femelles non adultes au nombre de 194, c'est-à-dire dans la proportion de 144.8 mâles pour 100 femelles.

Aux îles Sandwich, le nombre des hommes excède celui des femmes. Autrefois l'infanticide était très en honneur, mais ne portait pas seulement sur les femelles, ainsi que le prouve M. Ellis [96] dont les assertions sont, d'ailleurs, confirmées par l'évêque Staley et par M. Coan. Toutefois un autre écrivain digne de foi, M. Jarves, dont les observations ont porté sur tout l'archipel, s'exprime ainsi que suit [97] : « On rencontre un grand nombre de femmes qui avouent avoir tué de trois à six ou huit de leurs enfants; » et il ajoute : « On considérait les filles comme moins utiles que les garçons, et, par conséquent, on les mettait plus souvent à mort. » Cette assertion est probablement fondée, si l'on en juge par ce qui se passe dans d'autres parties du monde. La pratique de l'infanticide cessa vers 1819, alors que l'idolâtrie fut abolie et que les missionnaires s'établirent dans l'archipel. Un recensement fait avec beaucoup de soin, en 1839, des hommes et des femmes adultes et imposables dans l'île de Kauai et dans un district d'Oahu (Jarves, p. 404) indique 4,723 hommes et 3,776 femmes, c'est-à-dire dans la proportion de 125.08 hommes pour 100 femmes. A la même époque, le nombre des enfants mâles au-dessous de quatorze ans à Kauai et au-dessous de dix-huit ans à Oahu s'élevait à 1,797 et celui des enfants femelles du même âge à 1,429, ce qui donne une proportion de 125.75 mâles pour 100 femelles,

96. *Narrative of a tour through Hawaii*, 1826, p. 298.
97. *History of the Sandwich Islands*, 1843, p. 93.

. Un recensement de toutes les îles fait, en 1850 [98], indique 36,272 hommes et 33,128 femmes de tout âge, soit dans la proportion de 109.49 mâles pour 100 femelles. Le nombre des garçons au-dessous de 17 ans s'élevait à 10,773 et celui des filles au-dessous du même âge à 9,593, soit 112.3 mâles pour 100 femelles. D'après le recensement de 1872, la proportion des mâles de tout âge, y compris les demi-castes, aux femelles est comme 125.36 est à 100. Il importe de remarquer que tous ces recensements pour les îles Sandwich indiquent la proportion des hommes vivants aux femmes vivantes et non pas celle des naissances. Or, s'il faut en juger d'après les pays civilisés, la proportion des mâles aurait été beaucoup plus considérable si les chiffres avaient porté sur les naissances [99].

Les faits qui précèdent nous autorisent presque à conclure que l'infanticide, pratiqué dans les conditions que nous venons d'expliquer, tend à amener la formation d'une race produisant principalement des enfants mâles. Mais je suis loin de supposer que cette

---

98. Rev. H. T. Cheever, *Life in the Sandwich Islands*, 1851, p. 277.

99. Le Dr Coulter, en décrivant (*Journal R. Geographical Soc.*, vol. V, 1835, p. 67, l'État de la Californie vers l'année 1830, affirme que presque tous les indigènes convertis par les missionnaires espagnols ont péri ou sont sur le point de périr, bien qu'ils reçoivent de bons traitements, qu'ils ne soient pas chassés de leur pays natal et qu'on ne leur permette pas l'usage des spiritueux. Le Dr Coulter attribue en grande partie cette mortalité au fait que les hommes sont beaucoup plus nombreux que les femmes; mais il ne dit pas si cet excès des hommes provient du manque de filles ou de ce que plus de filles meurent pendant la jeunesse. Si l'on en juge par analogie, cette dernière alternative est très peu probable. Il ajoute que « l'infanticide proprement dit n'est pas commun, mais que les indigènes pratiquent souvent l'avortement ». Si le Dr Coulter est bien renseigné à propos de l'infanticide, on ne peut citer ce cas à l'appui de l'hypothèse du colonel Marshall. Nous sommes disposés à croire que la diminution rapide du nombre des indigènes convertis provient, comme dans les cas que nous avons précédemment cités, de ce que le changement des habitudes d'existence a diminué leur fécondité.

J'espérais que l'élevage des chiens me fournirait quelques renseignements sur la question qui nous occupe, car, à l'exception peut-être des lévriers, on détruit ordinairement beaucoup plus de femelles que de mâles comme cela arrive chez les Todas. M. Cupples m'affirme qu'en effet on détruit beaucoup de femelles chez le chien courant écossais. Malheureusement je n'ai pu me procurer des renseignements exacts sur la proportion des sexes chez aucune race à l'exception des lévriers, et, chez ces derniers, les naissances mâles sont aux naissances femelles comme 110.1 et à 100. Les renseignements que j'ai pris auprès de beaucoup d'éleveurs me permettent de conclure que les femelles sont, à beaucoup d'égards, plus estimées que les mâles; en outre, il est certain qu'on ne détruit pas systématiquement plus de mâles que de femelles chez les races les plus estimées. En conséquence, je ne saurais dire s'il faut attribuer au principe que je cherche à établir l'excès des naissances mâles chez les lévriers. D'autre part, nous avons vu que, chez les chevaux, les bestiaux et les moutons, les petits de l'un ou de l'autre sexe ont trop de valeur pour qu'on les détruise; et, si l'on peut constater une différence chez ces races, il semble que les femelles soient légèrement en excès.

pratique, dans le cas de l'homme, où quelque pratique analogue dans le cas des autres espèces, soit la seule cause déterminante d'un excès des mâles. Il se peut qu'une loi inconnue agisse pour amener ce résultat chez les races qui diminuent en nombre et qui sont déjà quelque peu stériles. Outre les diverses causes auxquelles nous avons fait allusion, il se peut que la plus grande facilité des accouchements chez les sauvages et, par conséquent, les désavantages moins grands qui en résultent pour les enfants mâles, tende à augmenter la proportion des mâles comparativement aux femelles. Rien ne semble, d'ailleurs, indiquer qu'il existe un rapport nécessaire entre la vie sauvage et un excès du sexe mâle, si nous pouvons juger toutefois d'après le caractère des quelques enfants des derniers Tasmaniens et des enfants croisés des Tahitiens qui habitent aujourd'hui l'île Norfolk.

Les mâles et les femelles de beaucoup d'animaux ont des habitudes quelque peu différentes et sont exposés à des dangers plus ou moins grands; il est donc probable que, dans bien des cas, les individus appartenant à un sexe encourent une destruction plus considérable que ceux appartenant à l'autre. Mais, autant toutefois que je peux considérer l'ensemble de ces causes complexes, une destruction considérable de l'un des sexes n'entraînerait pas la modification de l'espèce au point de vue de la production de l'un ou de l'autre sexe. Quand il s'agit des animaux strictement sociables, tels que les abeilles ou les fourmis, qui produisent un nombre beaucoup plus considérable de femelles fécondes et stériles que de mâles, et parmi lesquels cette prépondérance des femelles a une importance extrême, nous nous expliquons facilement que les sociétés qui contiennent des femelles ayant une forte tendance héréditaire à produire un nombre plus grand de femelles doivent réussir le mieux; dans ce cas, la sélection naturelle doit agir de façon à développer cette tendance. On peut concevoir également que la sélection naturelle développe la production des mâles chez les animaux qui vivent en troupeaux, comme les bisons de l'Amérique du Nord, et certains babouins, parce que les mâles se chargent de la défense du troupeau, et que le troupeau le mieux protégé doit avoir de plus nombreux descendants. Quand il s'agit de l'espèce humaine, on attribue en grande partie la destruction volontaire des filles à l'avantage qui résulte pour la tribu de contenir un plus grand nombre d'hommes.

Dans aucun cas, autant que nous en pouvons juger, la tendance héréditaire à produire les deux sexes en nombre égal ou à produire un sexe en excès, ne constituerait un avantage ou un désavantage

direct pour les individus ; un individu, par exemple, ayant une
tendance à produire plus de mâles que de femelles ne réussirait pas
mieux dans la lutte pour l'existence qu'un individu ayant une tendance contraire ; par conséquent, la sélection naturelle ne pourrait
pas déterminer une tendance de cette nature. Néanmoins, il existe
certains animaux, les poissons et les cirripèdes par exemple, chez
lesquels deux ou plusieurs mâles semblent indispensables pour la
fécondation de la femelle ; en conséquence, les mâles existent en
plus grand nombre, mais il est difficile d'expliquer quelle cause a
amené cette prépondérance des mâles. J'étais, autrefois, disposé à
croire que, quand la tendance à produire les deux sexes en nombre
à peu près égal est avantageuse à l'espèce, cette tendance résulte
de l'action de la sélection naturelle, mais de nouvelles recherches
m'ont démontré que le problème est si complexe qu'il est plus sage
de laisser à l'avenir le soin d'en présenter une solution.

CHAPITRE IX

LES CARACTÈRES SEXUELS SECONDAIRES DANS LES CLASSES INFÉRIEURES DU RÈGNE ANIMAL

Absence de caractères de ce genre dans les classes inférieures. — Couleurs
brillantes. — Mollusques. — Annélides. — Chez les Crustacés, les caractères sexuels secondaires sont fortement développés, dimorphisme, couleur,
caractères acquis seulement à l'état adulte. — Caractères sexuels des Araignées, stridulation chez les mâles — Myriapodes.

Il n'est pas rare que, dans les classes inférieures du règne animal, les deux sexes soient réunis sur le même individu, ce qui s'oppose, par conséquent, à tout développement des caractères sexuels
secondaires. Souvent aussi, lorsque les sexes sont séparés, les mâles et les femelles, fixés d'une façon permanente à quelque support,
ne peuvent ni se chercher, ni lutter pour se posséder l'un l'autre.
Il est certain, d'ailleurs, que ces animaux ont des sens trop imparfaits et des facultés mentales trop infimes pour éprouver des sentiments de rivalité et pour apprécier leur beauté ou leurs autres
attraits réciproques.

Aussi ne rencontre-t-on pas de vrais caractères sexuels secondaires, tels que ceux dont nous nous occupons ici, dans les classes
ou sous-règnes, tels que les Protozoaires, les Cœlentérés, les Échinodermes, les Scolécidés. On peut en conclure, comme nous l'avons
fait d'ailleurs, que chez les animaux des classes plus élevées, les

caractères de ce genre résultent de la sélection sexuelle, c'est-à-dire de la volonté, des désirs, et du choix exercé par l'un ou par l'autre sexe. On observe cependant quelques exceptions; ainsi le docteur Baird m'apprend que chez certains Entozoaires, vers parasites internes, les mâles diffèrent légèrement des femelles au point de vue de la coloration, mais nous n'avons aucune raison pour supposer que l'action de la sélection sexuelle ait contribué à augmenter de semblables différences. Les dispositions qui permettent au mâle de retenir la femelle, et qui sont indispensables à la propagation de l'espèce, sont indépendantes de la sélection sexuelle et ont été acquises par la sélection ordinaire.

Beaucoup d'animaux inférieurs, tant hermaphrodites qu'à sexes séparés, affectent les teintes les plus brillantes ou sont nuancés et rayés d'une manière très-élégante. C'est ce que l'on peut observer chez de nombreux coraux et chez les anémones de mer (*Actiniæ*), chez quelques Méduses, quelques Porpites, etc., chez quelques Planaires, quelques Ascidies et chez de nombreux Oursins, etc.; mais les raisons déjà indiquées, c'est-à-dire l'union des deux sexes sur un même individu chez quelques-uns de ces animaux, la fixation des autres dans une situation permanente, et les facultés mentales si infimes de tous, nous autorisent à conclure que ces couleurs n'ont pas pour objet l'attraction sexuelle, et ne résultent pas de l'action de la sélection sexuelle. Il faut se rappeler que, dans aucun cas, nous n'avons le droit d'attribuer les couleurs brillantes à la sélection sexuelle, sauf, toutefois, lorsqu'un sexe est plus vivement et plus remarquablement coloré que l'autre, et qu'il n'y a dans les habitudes des mâles et des femelles aucune différence qui puisse expliquer cette diversité. Cette hypothèse acquiert un grand degré de probabilité quand nous voyons les individus les plus ornés, presque toujours les mâles, se pavaner et étaler leurs attraits devant l'autre sexe, car nous ne pouvons supposer que cette conduite soit inutile; or, si elle est avantageuse, elle amène inévitablement l'intervention de la sélection sexuelle. Cette conclusion peut s'étendre également aux deux sexes lorsqu'ils ont une coloration semblable, si cette coloration est évidemment analogue à celle d'un sexe seul chez certaines autres espèces du même groupe.

Comment donc expliquerons-nous les couleurs éclatantes et souvent splendides qui décorent beaucoup d'animaux appartenant aux classes inférieures? Il semble fort douteux que ces couleurs servent habituellement de moyen de protection; mais nous sommes fort exposés à nous tromper sur les rapports qui peuvent exister entre les caractères de toute nature et la protection, ce qu'admettra quiconque a lu le remarquable mémoire de M. Wallace sur cette question. Il ne viendrait, par exemple, à l'idée de personne que la parfaite transparence des méduses pût leur rendre de grands services comme moyen de protection ; mais, lorsque Häckel nous rappelle que, outre les méduses, une foule de mollusques flottants, de crustacés et même de petits poissons marins possèdent cette même structure transparente, souvent accompagnée de couleurs prismatiques, nous ne pouvons douter qu'elle ne leur permette d'échapper à l'attention des oiseaux aquatiques et d'autres ennemis.

M. Giard[1] soutient que les couleurs brillantes de certaines éponges et de certaines ascidies leur servent de moyen de protection. En outre, une brillante coloration rend service à beaucoup d'animaux en ce qu'elle sert d'avertissement à leurs ennemis : elle leur apprend, en effet, que l'animal coloré a mauvais goût ou qu'il possède certains moyens spéciaux de défense. Nous nous réservons, d'ailleurs de discuter plus complètement ce sujet.

Nous somme si ignorants quand il s'agit des animaux inférieurs, que nous nous contentons d'attribuer leurs magnifiques couleurs, soit à la nature chimique, soit à la structure élémentaire de leurs tissus, indépendamment de tout avantage que ces animaux peuvent en tirer. On peut à peine imaginer une couleur plus belle que celle du sang artériel, mais il n'y a aucune raison de supposer que cette couleur présente en elle-même un avantage ; car, bien qu'elle puisse ajouter à la beauté de la joue de la jeune fille, personne n'oserait prétendre qu'elle ait été acquise dans ce but. De même, chez une foule d'animaux, surtout les plus infimes, la bile affecte une fort belle couleur ; ainsi M. Hancock m'apprend que les Éolides (limaces de mer nues) doivent leur extrême beauté à ce que les glandes biliaires s'aperçoivent au travers des téguments transparents ; mais cette beauté n'a probablement pour ces animaux aucune utilité. Tous les voyageurs font des descriptions enthousiastes de la magnificence des teintes que revêtent les feuilles d'automne dans une forêt américaine ; personne ne suppose, cependant, qu'il en résulte aucun avantage pour les arbres. Il y a la plus grande analogie, au point de vue de la composition chimique, entre les combinaisons organiques naturelles et les substances si nombreuses que les chimistes sont récemment parvenus à produire ; or, ces dernières présentent parfois les couleurs les plus splendides, et il serait étrange que des substances semblablement colorées ne soient pas fréquemment produites, indépendamment de tout but utilitaire à

---

1. *Archives de Zoolog. Expér.*, oct. 1872, p. 563.

atteindre, dans ce laboratoire si complexe que constitue l'organisme vivant.

Le sous-règne des Mollusques.— Autant que mes recherches me permettent d'en juger, on ne rencontre jamais dans cette grande division du règne animal des caractères sexuels secondaires semblables à ceux dont nous nous occupons. On ne devait guère s'attendre, d'ailleurs, à les rencontrer dans les trois classes les plus infimes, les Ascidies, les Polyzoaires et les Brachiopodes (les Molluscoïda de quelques savants), car la plupart de ces animaux sont fixés d'une façon permanente à quelque support, ou bien les deux sexes sont réunis chez le même individu. Chez les Lamellibranches ou Bivalves, l'hermaphrodisme n'est pas rare. Dans la classe suivante plus élevée des Gastéropodes, ou coquilles marines univalves, les sexes sont unis ou séparés. Mais, dans ce dernier cas, les mâles ne possèdent jamais d'organes spéciaux qui leur permettent soit de chercher, soit d'attirer les femelles ou de s'emparer d'elles, soit de combattre les uns avec les autres. La seule différence extérieure qui existe entre les mâles et les femelles consiste, à ce que m'apprend M. Gwyn Jeffreys, en une légère modification de la forme de la coquille; celle de la *Littorina littorea* mâle, par exemple, est plus étroite et a une spire plus allongée que celle de la femelle. Mais on peut supposer que les différences de cette nature se rattachent directement à l'acte de la reproduction ou au développement des œufs.

Les Gastéropodes, bien que susceptibles de locomotion, et pourvus d'yeux imparfaits, ne paraissent pas doués de facultés mentales assez développées pour que les individus appartenant au même sexe deviennent rivaux et combattent les uns avec les autres; ils n'ont donc aucun motif pour acquérir des caractères sexuels secondaires. Néanmoins, chez les Gastéropodes pulmonés, ou limaçons terrestres, une espèce de recherche précède l'accouplement; en effet, ces animaux, bien qu'hermaphrodites, sont, en vertu de leur conformation, forcés de s'unir deux à deux. Agassiz[2] fait à cet égard les remarques suivantes : « Quiconque a eu l'occasion d'observer les amours des limaçons ne saurait mettre en doute la séduction déployée dans les mouvements et les allures qui préparent le double embrassement de ces hermaphrodites. » Ces animaux paraissent aussi susceptibles d'un certain attachement durable; un observateur attentif, M. Lonsdale, m'apprend qu'il avait placé un

2. *De l'Espèce et de la Classif.*, etc., 1869, p. 106.

couple de colimaçons terrestres (*Hélix pomatia*), dont l'un semblait maladif, dans un petit jardin mal approvisionné. L'individu fort et robuste disparut au bout de quelques jours : la trace glutineuse, qu'il avait laissée sur le mur permit de suivre ses traces jusque dans un jardin voisin bien approvisionné. M. Lonsdale crut qu'il avait abandonné son camarade malade; mais il revint après une absence de vingt-quatre heures, et communiqua probablement à son compagnon les résultats de son heureuse exploration, car tous deux partirent ensemble et, suivant le même chemin, disparurent de l'autre côté du mur.

Je ne crois pas que les caractères sexuels secondaires, de la nature de ceux que nous envisageons ici, existent dans la classe la plus élevée des Mollusques, celle des Céphalopodes, animaux à sexes séparés. C'est là un fait étonnant, car, chez ces animaux, les organes des sens ont acquis un haut degré de développement; les Céphalopodes sont, en outre, doués de facultés mentales considérables, comme le prouvent les intelligents efforts dont ils sont capables pour échapper à leurs ennemis [3]. On observe, toutefois, chez certains Céphalopodes un caractère sexuel extraordinaire : l'élément mâle se rassemble dans un des bras ou tentacules qui se détache ensuite du corps de l'animal, et va se fixer par ses ventouses sur la femelle, où il conserve pendant quelque temps une vitalité indépendante. Ce bras détaché ressemble tellement à un animal séparé, que Cuvier l'a décrit comme un ver parasite sous le nom de *Hectocotyle*. Mais cette conformation singulière constitue un caractère sexuel primaire plutôt que secondaire,

Bien que la sélection sexuelle ne paraisse jouer aucun rôle chez les Mollusques, beaucoup de coquilles univalves et bivalves, telles que les Volutes, les Cônes, les Pétoncles, etc., présentent, cependant, des formes et des couleurs admirables. Les couleurs ne semblent pas, dans la plupart des cas, servir à protéger l'animal; il est probable que, comme chez les classes les plus infimes, elles résultent directement de la nature des tissus; les modèles et les formes des coquilles semblent dépendre de leur mode de croissance. La quantité de lumière paraît exercer une certaine influence; car, ainsi que l'a plusieurs fois constaté M. Gwyn Jeffreys, bien que les coquilles de certaines espèces vivant à de grandes profondeurs soient brillamment colorées, on remarque, cependant, que les surfaces inférieures et les parties recouvertes par le manteau le sont moins vivement que celles qui occupent les surfaces supérieures exposées à

---

3. Voir mon *Journal of Researches*, 1845, p. 7.

la lumière[4]. Dans quelques cas, pour les coquilles, par exemple, qui vivent au milieu des coraux ou des algues à teintes brillantes, des couleurs vives peuvent servir à les protéger[5]. Beaucoup de mollusques nudibranches ou limaces de mer affectent des couleurs aussi brillantes que les plus beaux coquillages, comme on peut s'en assurer en consultant le bel ouvrage de MM. Alder et Hancok; or il résulte des recherches de M. Hancok que ces colorations ne semblent pas servir habituellement de moyen protecteur. Il peut en être ainsi pour certaines espèces, pour une surtout, qui vit sur les feuilles vertes des algues et qui affecte elle-même une teinte vert clair. Mais il y a beaucoup d'espèces à couleurs vives, blanches ou autrement très apparentes, qui ne cherchent point à se cacher; tandis que d'autres espèces, également très remarquables, habitent, ainsi que des espèces à l'aspect sombre, sous des pierres et dans des recoins obscurs. Il ne paraît donc pas qu'il y ait, chez ces mollusques nudibranches, aucun rapport intime entre la couleur et la nature de l'habitat.

Ces limaces marines, dépourvues de coquilles, sont hermaphrodites, et, cependant, s'accouplent comme le font les limaçons terrestres; un grand nombre de ces derniers ont de très jolies coquilles. On s'explique facilement que deux hermaphrodites, mutuellement attirés par leur grande beauté, puissent s'unir et produire des descendants doués de la même qualité caractéristique. Mais le cas est très improbable chez des êtres ayant une organisation aussi inférieure. Il n'est pas non plus certain que les descendants des plus beaux couples d'hermaphrodites aient, sur les descendants des couples moins beaux, certains avantages qui leur permettent d'augmenter en nombre, à moins qu'ils ne réunissent la vigueur à la beauté. On ne rencontre pas ici un grand nombre de mâles qui parviennent à la maturité avant l'autre sexe, de telle façon que les femelles vigoureuses puissent choisir les plus beaux. Si une coloration brillante procurait réellement à un animal hermaphrodite certains avantages en rapport avec les conditions générales de l'existence, les individus plus richement nuancés réussiraient mieux et augmenteraient en nombre, mais ce serait alors un cas de sélection naturelle et non de sélection sexuelle.

4. Dans mes *Geological Observations on Volcanic Islands*, 1844, p. 53, j'ai cité un exemple curieux de l'influence de la lumière sur la couleur d'une incrustation frondescente, déposée par le ressac sur les roches côtières de l'Ascension et formée par la solution de coquilles marines.

5. Le Dr Morse a dernièrement discuté ce sujet dans un mémoire sur la coloration adaptative des mollusques, *Proc. Boston Soc. of. Nat. Hist.*, vol. XIV, avril 1871.

Sous-règne des Vers ou Annelés : Classe : *Annelida* (Vers-marins).
— Bien que les mâles et les femelles (lorsque les sexes sont séparés) présentent parfois des caractères assez différents pour qu'on
les ait classés dans des genres et même dans des familles distinctes,
les différences ne paraissent, cependant, pas être du genre de celles
qu'on peut hardiment attribuer à la sélection sexuelle. Ces animaux
revêtent parfois de brillantes couleurs ; mais, comme les individus
des deux sexes ne présentent aucune différence, sous ce rapport,
nous n'avons guère à nous en occuper. Les Némerliens eux-mêmes,
qui ont une organisation si infime, « peuvent se comparer à n'importe quel autre groupe de la série des invertébrés pour la beauté
et la variété des couleurs ». Cependant le docteur Mac Intosh⁶ n'a pu
découvrir quel genre de service ces couleurs rendent à l'animal.
M. Quatrefages⁷ affirme que les annélides sédentaires prennent une
teinte plus terne après la période de la reproduction, ce qu'il faut
attribuer, je crois, à ce qu'ils sont moins vigoureux à cette époque.
Évidemment ces animaux sont, comme ceux des classes précédentes, placés trop bas sur l'échelle, pour que les individus de l'un ou
de l'autre sexe puissent faire un choix réciproque, ou pour que ceux
appartenant au même sexe éprouvent des sentiments de rivalité
assez énergiques pour les amener à lutter les uns avec les autres
pour la possession d'une femelle.

Sous-règne des Arthropodes : Classe : *Crustacés.* — C'est dans
cette classe que l'on peut observer pour la première fois des caractères sexuels secondaires incontestables, souvent développés d'une
manière remarquable. Malheureusement, on ne connaît guère les
habitudes des Crustacés ; on ne peut donc déterminer quels sont les
usages de beaucoup de conformations particulières à un seul sexe.
Chez les espèces parasites inférieures, les mâles, de petite taille,
possèdent seuls des membres natatoires parfaits, des antennes et
des organes des sens ; les femelles sont privées de tous ces organes, et leur corps ne présente souvent qu'une simple masse difforme. Mais ces différences extraordinaires entre les mâles et les
femelles se rattachent sans doute à des habitudes d'existence
profondément différentes, et ne rentrent pas dans notre sujet. Chez
divers Crustacés appartenant à des familles différentes, les antennes
antérieures sont pourvues de corps filiformes singuliers ; on croit
que ces corps remplissent les fonctions des organes de l'odorat ; ils

6. Voir son magnifique mémoire, *British Annelids*, part. I, 1873, p. 3.
7. Voir M. Perrier, *l'Origine de l'homme d'après Darwin ; Rev. Scientifique,*
fév. 1873, p. 866.

sont beaucoup plus abondants chez les mâles que chez les femelles. Il est presque certain que, sans aucun développement exceptionnel des organes olfactifs, les mâles trouveraient tôt ou tard les femelles ; l'augmentation du nombre des filaments olfactifs est donc probablement due à la sélection sexuelle ; les mâles les mieux pourvus ont dû, en effet, le mieux réussir à trouver les femelles et à laisser des descendants. Fritz Müller a décrit une remarquable espèce dimorphe de *Tanais;* chez cette espèce, le sexe mâle est représenté par deux formes distinctes, qui ne se confondent jamais l'une avec l'autre. Le mâle d'une de ces formes porte un plus grand nombre de cils olfactifs ; le mâle de l'autre est armé de pinces plus puissantes et plus allongées qui lui permettent de saisir et de contenir la femelle. Fritz Müller attribue ces différences entre les deux formes mâles d'une même espèce à ce que le nombre des cils olfactifs a varié chez certains individus, tandis que la forme et la grosseur des pinces a varié chez d'autres ; de sorte que, chez les premiers, les mieux appropriés à trouver la femelle, et, chez les seconds, les plus aptes à la contenir après l'avoir capturée, ont laissé plus de descendants à qui ils ont transmis leur supériorité respective [8].

Chez quelques Crustacés inférieurs, la conformation de l'antenne antérieure droite du mâle diffère considérablement de celle de l'antenne gauche ; cette dernière se rapproche beaucoup des simples antennes effilées des femelles. L'antenne modifiée du mâle se renfle au milieu, fait un angle ou se transforme (*fig.* 4) en un

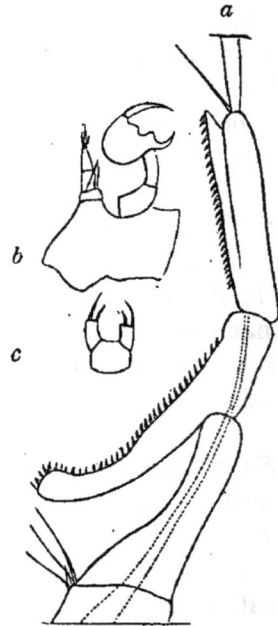

Fig. 4. — *Labidocera Darwinii* (d'après Lubbock).

a. Partie de l'antenne antérieure droite du mâle, formant un organe prenant.
b. Paire postérieure des pattes thoraciques chez le mâle.
c. La même chez la femelle.

organe prenant élégant et quelquefois étonnamment compliqué[9]. Sir J. Lubbock m'apprend que cet organe sert à maintenir la femelle :

8 *Faits et arguments pour Darwin* (trad. anglaise). Voir la *Discussion sur les cils olfactifs.* Sars a décrit un cas à peu près analogue (reproduit dans *Nature,* 1870, p. 455) chez un Crustacé norvégien, le *Pontoporeia affinis.*

9. Sir J. Lubbock, *Annals and Mag. of Nat. Hist.* vol. XI, 1853, pl. I et X ; vol. XII, 1853, pl. VII. Voir aussi Lubbock, dans *Transact. Entom. Soc.,* vol. IV, 1856-58, p. 8. Pour les antennes en zigzag, mentionnées plus bas, voir Fritz Müller, *op. c.,* 1869. p. 40.

une des deux pattes postérieures (*b*) du même côté du corps, convertie en forceps, sert aussi à ce but. Chez une autre famille, les antennes inférieures ou postérieures présentent, chez les mâles seuls, « une forme bizarre en zigzag ».

Les pattes antérieures des crustacés supérieurs constituent une

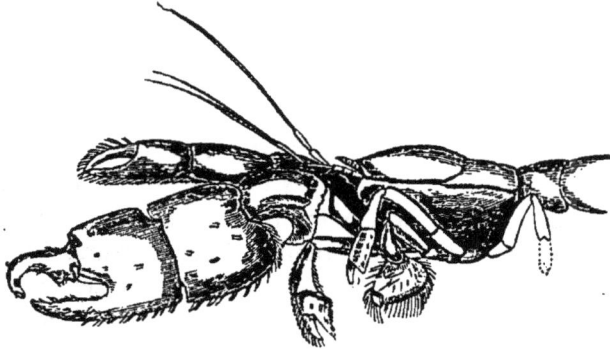

Fig. 5. — Partie antérieure du corps d'un *Callianassa* (d'après Milne Edwards)
indiquant l'inégalité et la différence de structure entre les pinces du côté
droit et du côté gauche chez le mâle.

N. B. L'artiste a par erreur renversé le dessin, et a représenté la pince gauche comme
la plus grosse.

paire de pinces généralement plus grandes chez le mâle que chez la femelle à tel point que, selon M. C. Spence Bate, la valeur du crabe comestible mâle (*Cancer pagurus*) est cinq fois plus

Fig. 6. — Deuxième patte de *Orchestia*
Tucuratinga (Fr. Müller).

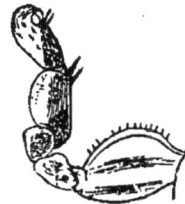

Fig. 7. — La même,
chez la femelle.

grande que celle de la femelle. Chez un grand nombre d'espèces, ces pinces affectent une grosseur inégale sur les côtés opposés du corps; la pince droite, d'après M. C. Spence Bate, est ordinairement, mais pas toujours, la plus grande. Cette inégalité est souvent aussi plus grande chez le mâle que chez la femelle. Les deux pinces (*fig.* 5, 6 et 7) ont souvent une structure différente, la plus

petite ressemble alors à celle de la femelle. Nous ignorons quel
avantage peut résulter de cette inégalité de grosseur entre les deux
pinces ; nous ne saurions non plus expliquer pourquoi cette inégalité
est plus prononcée chez le mâle que chez la femelle, ni pourquoi,
lorsque les deux pinces se ressemblent, toutes deux sont souvent
beaucoup plus grandes chez le mâle que chez la femelle. Les
pinces atteignent parfois une longueur et une grosseur telles qu'elles ne peuvent servir en aucune façon, comme le fait remarquer
M. Spence Bate, à porter les aliments à la bouche. Chez les mâles
de certaines crevettes d'eau douce (Palémons), la patte droite est
plus longue que le corps entier [10]. Il est probable que la grandeur
de cette patte armée de ses pinces peut faciliter au mâle la lutte
avec ses rivaux, mais cela n'explique pas leur inégalité sur les
deux côtés du corps chez la femelle. D'après Milne Edwards [11], le
Gelasimus mâle et la femelle habitent le même trou ; ce fait a une
certaine importance en ce qu'il prouve que ces animaux s'accouplent ; le mâle obstrue l'entrée de la cavité avec une de ses pinces,
qui est énormément développée ; dans ce cas, la pince sert indirectement de moyen de défense. Cependant les pinces servent probablement surtout à saisir et à maintenir la femelle, fait qui, d'ailleurs,
a été constaté dans quelques cas, chez le *Gammarus* par exemple.
Le crabe ermite mâle (*Pagurus*) porte pendant des semaines la coquille habitée par la femelle [11]. Toutefois M. Spence Bate m'apprend que le crabe commun (*Carcinus mænas*) s'accouple aussitôt
que la femelle a mué et perdu sa coque dure, elle se trouve alors
dans un état de mollesse telle que les fortes pinces du mâle pourraient fortement l'endommager, s'il s'en servait pour la saisir ; mais,
comme le mâle s'en empare et l'emporte avant la mue, il peut alors
la saisir impunément.

Fritz Müller constate que certaines espèces de *Melita* se distinguent des autres Amphipodes en ce que les femelles ont « les la-
melles coxales de l'avant-dernière paire de pattes recourbées en
apophyses crochues, que les mâles saisissent avec les pinces de la
première paire de pattes ». Le développement de ces apophyses
crochues provient probablement de ce que les femelles qui, pendant
l'acte de la reproduction, ont été le plus solidement maintenues,
ont laissé un plus grand nombre de descendants. Fritz Müller dé-

---

10. C. Spence Bate, *Proc. Zoolog. Soc.*, 1868, p. 363, et sur la nomenclature
du genre, p. 585. Je dois à l'obligeance de M. Spence Bate presque tous les
renseignements précités sur les pinces des Crustacés supérieurs.

11. *Hist. nat. des Crustacés*, vol. II, 1857, p. 50.

12. M. Spence Bate, *British Assoc.*, *Fourth report on the fauna of S. Devon.*

crit un autre Amphipode brésilien (*Orchestia Darwinii, fig.* 8) qui
présente un cas de dimorphisme analogue à celui du Tanais, car il
comprend deux formes mâles qui diffèrent par la conformation de
leurs pinces [13]. Les pinces de l'une ou de l'autre forme suffisent
certainement à maintenir la femelle, car elles servent actuellement

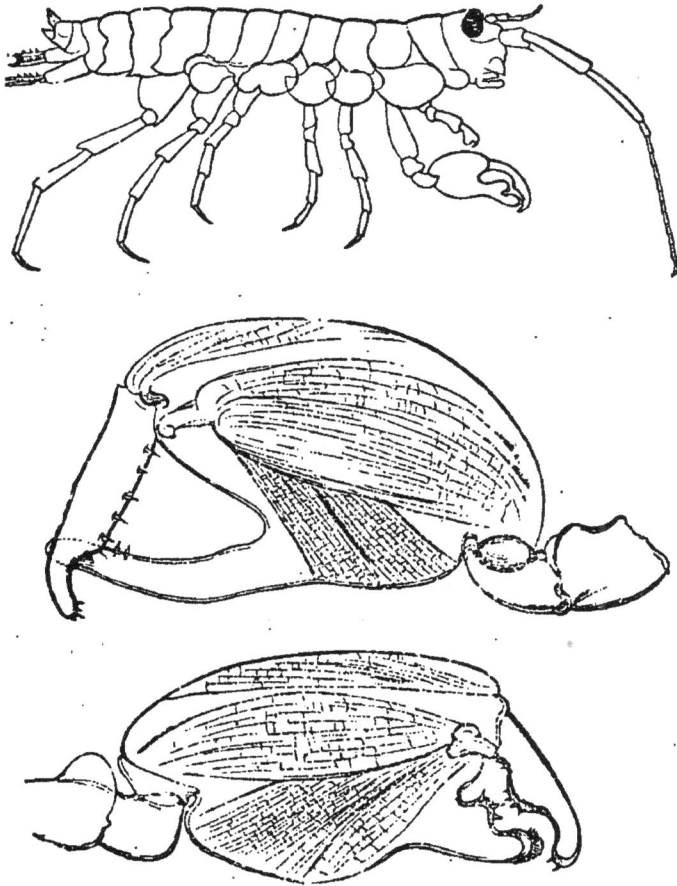

Fig. 8. — *Orchestia Darwinii* (d'après Fr. Müller) indiquant les deux pinces
différemment construites des deux mâles.

à cet usage; il est donc probable qu'elles doivent leur origine à ce
que certains mâles ont varié dans une direction et les autres dans
une autre; en même temps, les mâles de l'une et de l'autre forme
ont dû retirer certains avantages spéciaux, mais presque égaux, de
la conformation différente de ces organes.

On ne peut affirmer que les Crustacés mâles luttent les uns avec

13. Fritz Müller, *op. c.*, pp. 25-28.

les autres pour la possession des femelles; mais cela est probable,
car, chez la plupart des animaux, lorsque le mâle est plus grand
que la femelle, il paraît devoir son accroissement de taille à ce que
ses ancêtres ont, pendant de nombreuses générations, lutté avec
d'autres mâles. Chez presque tous les Crustacés, surtout chez les
plus élevés ou les Brachyures, le mâle est plus grand que la femelle;
il faut excepter, cependant, les genres parasites chez lesquels les individus des deux sexes suivent des genres de vie différents, et
aussi la plupart des Entomostracés. Les pinces de beaucoup de
Crustacés constituent des armes bien adaptées pour la lutte. Un fils
de M. Bate a vu un crabe (*Portunus puber*) lutter avec un *Carcinus
mænas*; ce dernier fut bientôt renversé sur le dos et son adversaire lui arracha tous les membres du corps. Lorsque Fritz Müller
plaçait, dans un réceptacle en verre, plusieurs Gelasimus mâles du
Brésil pourvus d'énormes pinces, ils se mutilaient et s'entre-tuaient.
M. Bate introduisit un gros *Carcinus mænas* mâle dans un baquet
habité par une femelle appariée avec un mâle plus petit, celui-ci
fut bientôt dépossédé; M. Bate ajoute : « S'il y a eu combat, la victoire a été remportée sans que le sang ait coulé, car je n'ai point
constaté de blessures. » Le même naturaliste ayant séparé de sa
femelle un *Gammarus marinus* mâle (si commun sur nos côtes), les
plaça séparément tous deux dans des réceptacles contenant beaucoup d'individus de la même espèce. La femelle ainsi divorcée se
perdit au milieu des autres. Quelque temps après, M. Bate replaça
le mâle dans le réceptacle où se trouvait sa femelle, il nagea d'a-
bord çà et là, puis il s'élança dans la foule, et, sans aucun combat,
il reconnut sa femelle et l'emporta. Ce fait prouve que, chez les
Amphipodes, ordre inférieur dans l'échelle des êtres, les mâles et
les femelles se reconnaissent, et éprouvent l'un pour l'autre un certain attachement.

Les facultés mentales des Crustacés sont probablement plus développées qu'on ne le pense ordinairement. Il suffit d'avoir cherché
à capturer un de ces crabes du rivage, si nombreux sur les côtes
tropicales, pour voir combien ils sont alertes et méfiants. Un gros
crabe (*Birgus latro*), commun sur les îles de corail, dispose au fond
d'un trou profond un lit épais de fibres détachées de la noix de coco.
Il se nourrit du fruit tombé du cocotier; il en arrache l'écorce fibre
par fibre, et commence toujours ce travail par l'extrémité où se
trouvent placées les trois dépressions oculiformes. Il casse ensuite
un de ces points moins durs en frappant dessus avec ses lourdes
pinces frontales, puis il se retourne et extrait le contenu albumi-
neux de la noix à l'aide de ses pinces postérieures effilées. Mais

c'est là probablement un acte tout instinctif qui serait aussi bien accompli par un jeune animal que par un vieux. On ne saurait en dire autant du cas suivant. Un naturaliste digne de foi, M. Gardner [14], observait un Gelasimus occupé à creuser son trou; il jeta vers le trou commencé quelques coquilles, dont une roula dans l'intérieur, et trois autres s'arrêtèrent à une petite distance du bord. Cinq minutes après, le crabe sortit la coquille qui était tombée dans l'intérieur et l'emporta à un pied de distance; voyant ensuite les trois coquilles qui se trouvaient tout près, et pensant évidemment qu'elles pourraient aussi rouler dans le trou, il les porta successivement au point où il avait placé la première. Il serait difficile, je crois, d'établir une distinction entre un acte de ce genre et celui qu'exécuterait un homme usant de sa raison.

Quant à la coloration souvent si différente chez les mâles et les femelles des animaux appartenant aux classes élevées, M. Spence Bate ne connaît pas d'exemples bien prononcés de coloration différente chez nos Crustacés d'Angleterre. Dans quelques cas, cependant, on constate de légères différences de nuance entre le mâle et la femelle, qui, selon M. Bate, peuvent s'expliquer par la différence des habitudes; le mâle, par exemple, est plus actif et est ainsi plus exposé à l'action de la lumière. Le docteur Power a tenté de distinguer, au moyen de la couleur, les sexes des espèces habitant l'île Maurice, sans pouvoir y parvenir, sauf pour une espèce de Squille, probablement le *S. stylifera;* le mâle affecte une superbe teinte bleu verdâtre, avec quelques appendices rouge cerise; tandis que la femelle est ombrée de brun et de gris avec quelques parties rouges beaucoup plus ternes que chez le mâle [15]. On peut, dans ce cas, soupçonner l'influence de la sélection sexuelle. Il semble résulter des expériences faites par M. Bert sur les *Daphnia* que les Crustacés inférieurs, placés dans un vase illuminé par un prisme, savent distinguer les couleurs. Les *Saphirina* mâles (un genre océanique des Entomostracés, inférieur par conséquent) sont pourvus de petits boucliers ou corps cellulaires, affectant de magnifiques couleurs changeantes; ces boucliers font défaut chez les femelles, et dans une espèce chez les deux sexes [16]. Il serait toutefois téméraire de conclure que ces curieux organes ne servent qu'à attirer les femelles. La femelle d'une espèce brésilienne de *Gelasi-*

---

14. *Travels in the Interior of Brazil,* 1846, p. 111. J'ai donné, dans mon *Journal de recherches,* p. 463, une description des habitudes des Birgos.

15. M. Ch. Fraser, *Proc. Zoolog. Soc.,* 1899, p. 3. C'est à M. Bate que je dois le fait observé par le Dʳ Power.

16. Claus, *Die freilebenden Copepoden,* 1863, p. 35.

mus a, d'après Fritz Müller, le corps entier d'un gris-brun presque uniforme. La partie postérieure du céphalo-thorax est, chez le mâle, d'un blanc pur, et la partie antérieure d'un beau vert, passant au brun sombre; ces couleurs sont sujettes à se modifier en quelques minutes; le blanc devient gris sale ou même noir, et le vert perd beaucoup de son éclat. Il y a évidemment beaucoup plus de mâles que de femelles. Il faut remarquer que les mâles n'acquièrent leurs vives couleurs qu'à l'âge adulte. Ils diffèrent aussi des femelles par les plus grandes dimensions de leurs pinces. Chez quelques espèces du genre, probablement chez toutes, les sexes s'apparient et habitent le même trou. Ce sont aussi, comme nous l'avons vu, des animaux très intelligents. Il semble, d'après ces diverses considérations, que, chez cette espèce, le mâle est devenu plus brillant afin d'attirer et de séduire la femelle.

Nous venons de constater que le Gélasimus mâle n'acquiert pas ses couleurs brillantes avant l'âge adulte, et, par conséquent, au moment où il est en état de reproduire. Ceci paraît être, dans toute classe, la règle générale pour les nombreuses et remarquables différences de structure que présentent les individus des deux sexes. Nous verrons plus loin que la même loi prévaut dans l'ensemble du grand sous-règne des Vertébrés, et que, dans tous les cas, elle s'applique surtout aux caractères acquis par la sélection sexuelle. Fritz Müller [17] cite quelques exemples frappants de cette loi : ainsi, le mâle d'une crevettine sauteuse (*Orchestia*) n'acquiert qu'à l'âge adulte la large pince qui détermine la seconde paire de pattes, dont la conformation est très-différente chez la femellle; tandis que, pendant le jeune âge, ces organes se ressemblent chez les deux sexes.

Classe : *Arachnida* (Araignées). — Les individus des deux sexes ne diffèrent ordinairement pas au point de vue de la coloration; toutefois les mâles sont souvent plus foncés que les femelles, comme on peut s'en assurer en consultant le bel ouvrage de M. Blackwall [18]. Chez quelques espèces, cependant, les sexes diffèrent beaucoup l'un de l'autre par la couleur; ainsi, le *Sparassus smaragdulus* femelle affecte une teinte verte peu intense, tandis que le mâle adulte a l'abdomen d'un beau jaune avec trois raies longitudinales rouge vif. Chez quelques espèces de *Thomisus*, les deux sexes se ressemblent beaucoup; ils diffèrent beaucoup chez d'autres. Les autres genres présentent des cas analogues. Il est souvent difficile de dire lequel des

---

17. *Op. c.*, p. 79.
18. *History of the Spiders of Great Britain,* 1861-64, pp. 77, 88, 102.

deux sexes s'écarte le plus de la coloration ordinaire du genre auquel appartient l'espèce, mais M. Blackwall pense que, en règle générale, c'est le mâle; Canestrini[19] fait remarquer que, dans certains genres, on distingue facilement les uns des autres les mâles des différentes espèces, ce qu'il est très difficile de faire quand il s'agit des femelles. M. Blackwall m'apprend, en outre, que jeunes, les individus des deux sexes se ressemblent habituellement et subissent souvent tous deux, dans les mues successives qu'ils traversent avant d'arriver à maturité, de grands changements de coloration. Dans d'autres cas, le mâle seul paraît changer de couleur. Ainsi le mâle du brillant *Sparassus*, dont nous venons de parler, ressemble d'abord à la femelle, et n'acquiert sa couleur particulière que lorsqu'il arrive à l'âge adulte. Les araignées ont des sens très développés et font preuve d'intelligence. Les femelles, comme on le sait, témoignent beaucoup d'affection pour leurs œufs qu'elles transportent avec elles dans une enveloppe soyeuse. Les mâles mettent beaucoup d'ardeur à rechercher les femelles, et Canestrini et quelques autres observateurs affirment qu'ils luttent les uns contre les autres pour s'en emparer. Canestrini constate aussi qu'on a observé chez vingt espèces environ l'union entre les individus des deux sexes. Il affirme positivement que la femelle repousse les avances de certains mâles qui la courtisent, et finit, après de longues hésitations, par accepter celui qu'elle a choisi. Ces diverses considérations nous autorisent à conclure que les différences bien marquées de coloration que présentent les mâles et les femelles de certaines espèces résultent de la sélection sexuelle, bien que, dans ce cas, nous n'ayons pas la preuve la plus absolue, qui consiste, comme nous l'avons dit, dans l'étalage que le mâle fait de ses ornements. L'extrême variabilité de couleur dont font preuve quelques espèces, le *Theridion linatum* par exemple, semble prouver que les caractères sexuels des mâles ne sont pas encore bien fixés. Canestrini tire la même conclusion du fait que les mâles de certaines espèces présentent deux formes qui diffèrent l'une de l'autre par la grandeur des mâchoires; ceci nous rappelle les crustacés dimorphes dont nous avons parlé.

Le mâle est d'ordinaire beaucoup plus petit que la femelle; la différence de taille est souvent même extraordinaire[20]; il doit

---

19. Cet auteur a récemment publié un mémoire remarquable sur les *Caratteri sessuali secondarii gegli Arachnidi*, dans les *Atti della Soc. Veneto-Trentina di Sc. Nat.* Padova, vol. I, fasc. 3, 1873.

20. Aug. Vinson (*Aranéides des îles de la Réunion*, pl. VI, fig. 1 et 2) donne un excellent exemple de la petitesse du mâle de l'*Epeira nigra*. Chez cette es-

observer la plus grande prudence quand il fait la cour à la femelle, car celle-ci pousse parfois la réserve jusqu'à un point dangereux. De Geer observa un mâle qui, « au milieu de ses caresses prépara-toires, fut saisi par l'objet de ses amours, enveloppé dans une toile et dévoré; spectacle qui, ajoute-t-il, le remplit d'horreur et d'in-dignation [21] ». Le révérend O. P. Cambridge [22] explique de la ma-nière suivante l'extrême petitesse du mâle dans le genre *Nephila* : « M. Vinson décrit admirablement l'activité du petit mâle, activité qui lui permet d'échapper à la férocité de la femelle; tantôt il se dissimule derrière ses membres gigantesques, tantôt il lui grimpe sur le dos. Il est évident qu'à un tel jeu les mâles les plus petits ont plus de chance d'échapper, tandis que les plus gros sont facilement saisis et dévorés; il en résulte donc que la sélection a dû agir de façon à diminuer de plus en plus la grosseur des mâles et à les ré-duire à la plus grande petitesse comparable avec l'exercice de leurs fonctions de mâles, c'est-à-dire à les rendre ce que nous les voyons aujourd'hui, une sorte de parasite de la femelle, trop petit pour attirer son attention, ou trop agile pour qu'elle puisse facilement le saisir. »

Westring a fait la découverte intéressante que les mâles de plu-sieurs espèces de Theridion [23] ont la faculté de produire un son stridulent, tandis que les femelles sont tout à fait muettes. L'appa-reil consiste en un rebord dentelé situé à la base de l'abdomen, contre lequel frotte la partie postérieure durcie du thorax, confor-mation dont on ne trouve pas de traces chez les femelles. Il con-vient de faire remarquer que plusieurs savants, y compris le célè-bre Walckenaer, ont affirmé que la musique attire les araignées [24]. Les cas analogues chez les Orthoptères et chez les Homoptères, que nous décrirons dans le chapitre suivant, nous autorisent pres-que à conclure que, ainsi que le fait remarquer Westring, cette stridulation sert à appeler ou à exciter la femelle; dans l'échelle ascendante du règne animal, c'est le premier cas que je connaisse de sons émis à cet effet [25].

pèce, le mâle est testacé, et la femelle noire, avec des pattes rayées de rouge. On a aussi signalé des cas encore plus frappants d'inégalité des sexes (*Quarterly Journ. of Science*, 1868, p. 429), mais je n'ai pas vu les mémoires originaux.

21. Kirby et Spence, *Introduction to Entomology*, vol. I, 1818, p. 280.

22. *Proc. Zool. Soc.*, 1871, p. 621.

23. *Theridion* (*Asagena* Sund.) *serrapites 4-punctatum et guttatum*. Voir Westring, dans Kroyer, *Naturhist, Tidskrift*, vol. IV, 1842-1843, p. 349, et vol. II, 1846-1849, p. 342. Voir, pour les autres espèces, *Araneæ Suecicæ*, p. 184.

24. Le Dr H. Van Zouteveen a recueilli plusieurs cas analogues.

25. Hilgendorf a récemment appelé l'attention sur une structure analogue chez certains crustacés supérieurs, *Zoological Record*, 1869, p. 603.

Classe : *Myriapoda*. — Je n'ai trouvé dans aucun des deux ordres de cette classe, comprenant les millipèdes et les centipèdes, un exemple bien marqué de différences sexuelles du genre de celles dont nous nous occupons. Chez le *Glomeris limbata*, toutefois, et peut-être chez quelques autres espèces, la coloration du mâle diffère légèrement de celle de la femelle; mais ce Glomeris est une espèce très variable. Chez les Diplopodes mâles, les pattes attachées à l'un des segments antérieurs du corps ou au segment postérieur se modifient en crochets prenants qui servent à retenir la femelle. Chez quelques espèces de *Julus*, les tarses des mâles sont pourvus de ventouses membraneuses destinées au même usage. La conformation inverse, qui est beaucoup plus rare, ainsi que nous le verrons en traitant des insectes, s'observe chez le *Lithobius;* c'est la femelle, dans ce cas, qui porte à l'extrémité du corps des appendices prenants destinés à retenir le mâle[26].

CHAPITRE X

CARACTÈRES SEXUELS SECONDAIRES CHEZ LES INSECTES

Conformations diverses des mâles servant à saisir les femelles. — Différences entre les sexes, dont la signification est inconnue. — Différence de taille entre les sexes. — Thysanoures. — Diptères. — Hémiptères. — Homoptères, facultés musicales que possèdent les mâles seuls. — Orthoptères, diversité de structure des appareils musicaux chez les mâles; humeur belliqueuse, couleurs. — Névroptères, différences sexuelles de couleur. — Hyménoptères, caractère belliqueux, couleurs. — Coléoptères, couleurs; présence de grosses cornes, probablement comme ornementation; combats; organes stridulents ordinairement communs aux deux sexes.

Les organes locomoteurs et souvent les organes des sens diffèrent chez les mâles et les femelles appartenant à l'immense classe des insectes; ainsi, par exemple, les antennes pectinées et élégamment foliées que l'on trouve chez les mâles seuls de beaucoup d'espèces. Chez un éphéméride, le *Cléon*, le mâle a de grands yeux portés sur des piliers qui font entièrement défaut chez la femelle[1]. les femelles de certains insectes tels que les Mutillidées, sont dépourvues d'ocelles; elles sont également privées d'ailes. Mais nous nous occupons principalement ici des conformations qui permettent à un mâle de l'emporter sur son rival, soit dans le combat,

---

26. Walckenaer et P. Gervais, *Hist. nat. des insectes : Aptères;* tome IV, 1847, pp. 17, 19, 68.

1. Sir J. Lubbock, *Transact. Linnean Soc.*, vol. XXV, 1866, p. 484. Pour les Mutillidées, voir Westwood, *Modern classif. of Insects*, vol. II, p. 213.

soit au moyen de la séduction, par sa force, par ses aptitudes belliqueuses, par ses ornements, ou par la musique qu'il peut faire entendre. Nous passerons donc rapidement sur les innombrables dispositions qui permettent aux mâles de saisir la femelle. Outre les conformations complexes de l'extrémité de l'abdomen qu'on devrait peut-être considérer comme des organes sexuels primaires[2], la nature, ainsi que le fait remarquer Mr. B. D. Walsh[3], « ayant imaginé une foule d'organes divers dans le but de permettre au mâle de saisir énergiquement la femelle », les mandibules ou mâchoires servent quelquefois à cet usage; ainsi le *Corydalis cornutus* mâle (névroptère voisin des Libellules, etc.) a d'immenses mâchoires recourbées beaucoup plus longues que celles de la femelle; ces mandibules lisses et non dentelées lui permettent de la saisir sans lui faire aucun mal[4]. Un lucane de l'Amérique du Nord (*Lucanus elaphus*) emploie au même usage ses mâchoires qui sont beaucoup plus grandes que celles de la femelle; mais il s'en sert probablement aussi pour se battre. Les mâchoires des mâles et des femelles d'une guêpe fouisseuse (*Ammophila*) se ressemblent beaucoup, mais elles servent à des usages très différents; en effet, ainsi que l'observe le professeur Westwood, « les mâles extrêmement ardents se servent de leurs mâchoires qui affectent la forme d'une faucille pour saisir la femelle par le cou[5] » tandis que les femelles utilisent ces mêmes organes pour fouiller dans le sable et construire leurs nids.

Les tarses des pattes antérieures, chez beaucoup de Coléoptères mâles, sont élargis ou pourvus de larges touffes de poils; chez diverses espèces aquatiques, ces tarses sont armés d'une ventouse plate et arrondie, de façon que le mâle puisse adhérer au corps

2. Ces organes diffèrent souvent chez les mâles d'espèces très voisines et fournissent d'excellents caractères spécifiques. Mais on a probablement exagéré leur importance fonctionnelle, comme me l'a fait remarquer M. R. Mac Lachlan. On a suggéré que de légères différences de ces organes suffiraient pour empêcher l'entre-croisement de variétés bien marquées ou d'espèces naissantes, et contribueraient ainsi à leur développement. Mais nous pouvons conclure que cette suggestion n'est pas fondée, car on a observé l'union d'un grand nombre d'espèces distinctes. (Bronn, *Geschichte der Natur*, vol. II, 1843, p. 164. et Westwood, *Trans. Ent. Soc.*, vol. III, 1842, p. 195.) M. Mac Lachlan m'apprend (*Stett. Ent. Zeitung*, 1867, p. 155) que plusieurs espèces de Phryganides, présentant des différences très prononcées de ce genre, enfermées ensemble par le Dr Aug. Meyer, *se sont accouplées*, et un des couples produisit des œufs féconds.

3. *The Practical Entomologist*, Philadelphia, vol. II, 1867, p. 88.

4. M. Walsh, *id.* p. 107.

5. *Modern. Classif.*, etc., vol. II, 1840, pp. 205-206. M. Walsh, qui a appelé mon attention sur ce double usage des mâchoires, me dit l'avoir observé lui-même très fréquemment.

glissant de la femelle. Quelques Dytisques femelles présentent une conformation bien plus extraordinaire; les élytres portent de profonds sillons, destinés à faciliter la tâche du mâle; il est évident que les touffes de poils qui garnissent les élytres de *l'Acilius sulcatus*

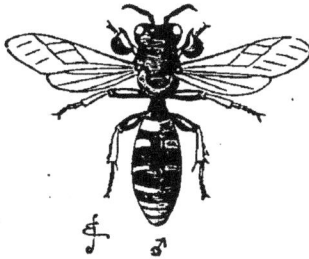

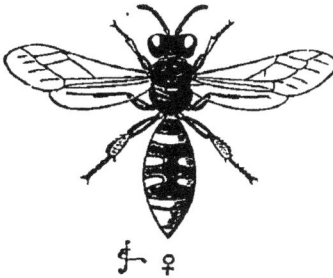

et les aspérités que présentent celles des femelles de quelques autres Coléoptères aquatiques, les *Hydroporus*, servent au même usage[6]. Chez le *Crabro cribrarius* mâle (*fig*. 9), c'est le tibia qui s'élargit en une large plaque cornée, portant de petits points membraneux qui lui donnent l'apparence d'un crible[7]. Chez le *Penthe* mâle (genre de Coléoptères), quelques segments du milieu de l'antenne, élargis et revêtus à leur surface inférieure de touffes de poils ressemblant exactement à celles qui se trouvent sur les tarses des Carabides, « servent évidemment au même but ». Chez les Libellules mâles, « les appendices de l'extrémité caudale se transforment en une variété presque infinie de curieux appareils qui leur permettent d'entourer et de saisir le cou de la femelle ». Enfin, les pattes de beaucoup d'insectes mâles sont pourvues d'épines particulières, de nœuds ou d'éperons, ou la patte entière est recourbée ou épaissie; mais ce n'est pas toujours là un caractère sexuel; quelquefois une paire ou les trois paires de pattes s'allongent et atteignent une longueur extraordinaire[8].

Fig. 9. — *Crabro cribrarius.*
Fig. sup., mâle; fig. inf., femelle.

Dans tous les ordres d'insectes, les mâles et les femelles de nombreuses espèces présentent des différences dont on ne comprend pas la signification. On peut citer, par exemple, un Coléoptère

6. Nous avons là un cas curieux et inexplicable de dimorphisme, car quelques femelles de quatre espèces européennes de Dytisques et de certaines espèces d'Hydroporus ont les élytres lisses, et on n'a observé aucune gradation intermédiaire entre les élytres sillonnées ou rugueuses et celles qui sont lisses. Voir le Dr H. Schaum, cité dans le *Zoologist*, vol. V-VI, 1847-1848, p. 1896. Kirby et Spence, *Introd. to Entom.*, vol. III, 1826. p. 305.

7. Westwood, *Mod. Class. of Insects*, vol. II, p. 193. Le fait relatif au Penthe et quelques autres sont empruntés à M. Walsh, *Practical Entomologist*, Philadelphia, vol. II, p. 88.

8. Kirby et Spence, *Introduct.*, etc., vol. III, pp. 332-336.

mâle (fig. 10), dont la mandibule gauche s'élargit considérablement, ce qui déforme entièrement la bouche. Un autre Coléoptère Carabide, l'*Eurygnathus*[9], présente un cas unique, s'il faut en croire M. Wollaston : la tête de la femelle est, à un degré variable, beaucoup plus large que celle du mâle. On pourrait citer, chez les Lépidoptères, un nombre très grand d'irrégularités de ce genre. Une des plus extraordinaires est l'atrophie plus ou moins complète qui frappe les pattes antérieures de certains papillons mâles, dont les tibias et les tarses se trouvent réduits à de simples tubercules rudimentaires. La nervure et la forme des ailes diffèrent aussi chez les deux sexes[10], comme chez l'*Aricoris epitus*, que M. Butler m'a montré au Muséum britannique. Certains papillons mâles de l'Amérique du Sud portent des touffes de poils sur les bords des ailes, et des excroissances cornées sur les disques de la paire postérieure[11]. M. Wonfor a prouvé que, chez plusieurs papillons d'Angleterre, les mâles seuls ont certaines parties recouvertes d'écailles particulières.

On a beaucoup discuté la question de savoir quel pouvait être l'usage de la lumière brillante qu'émet la femelle du ver luisant. Les mâles, les larves et même les œufs émettent une faible lumière. Quelques savants ont supposé que la lumière émise par les femelles sert à effrayer leurs ennemis, d'autres à guider les mâles vers elles. M. Belt[12] semble avoir, enfin, résolu le problème; il a constaté que les mammifères et les oiseaux qui se nourrissent d'insectes détestent tous les Lampyrides. Ce fait vient à l'appui de l'hypothèse de M. Bates qui affirme que beaucoup d'insectes cherchent à ressembler d'assez près aux Lampyrides pour être pris pour eux, afin d'échapper ainsi à la des-

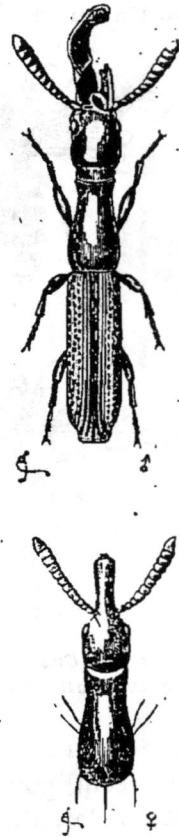

Fig. 10.— *Taphroderes distortus* (grossi). Fig. supér., mâle; fig. inf., femelle.

9. *Insecta Maderensia*, 1854, p. 20.

10. E. Doubleday, *Ann. et Mag. of Nat. Hist.*, vol. I, 1848, p. 379. Je puis ajouter que chez certains Hyménoptères les ailes diffèrent selon les sexes au point de vue de la nervure (Shuckard, *Fossorial Hymenoptera*, 1857, pp. 39-43).

11. H. W. Bates, *Journ. of Proc. Linn. Soc.*, vol. VI, 1862, p. 74. Les observations de M. Wonfor sont citées dans *Popular Science Review*, 1868, p. 343.

12. *The Naturalist in Nicaragua*, 1874, pp. 316-320. Sur la phosphorescence des œufs, voir *Annals and Magaz. of Nat. Hist.* 1871, p. 372.

truction. Il croit, en outre, que les espèces lumineuses retirent de
grands avantages de ce que les insectivores les reconnaissent immédiatement. Il est probable que la même explication s'applique
aux Elaters dont les deux sexes sont très lumineux. On ignore
pourquoi les ailes du ver luisant femelle ne se sont pas développées ; dans son état actuel, elle ressemble beaucoup à une larve ;
or, comme beaucoup d'animaux font aux larves une chasse très
active, il devient facile de comprendre qu'elle soit devenue beaucoup plus brillante et plus apparente que le mâle, et que les larves
elles-mêmes aient acquis une certaine phosphorescence.

Différence de taille entre les individus des deux sexes. — Chez les
insectes de tous genres, les mâles sont ordinairement plus petits
que les femelles, différence qui se remarque souvent même à l'état
de larve. Les cocons mâles et les cocons femelles du ver à soie
(*Bombyx mori*) présentent à cet égard une différence si considérable qu'en France on les sépare par un procédé particulier de pe-
sage[13]. Dans les classes inférieures du règne animal, la grosseur
plus grande des femelles paraît généralement résulter de ce qu'elles
produisent une énorme quantité d'œufs, fait qui, jusqu'à un certain
point, est encore vrai pour les insectes. Mais le docteur Wallace a
suggéré une explication plus satisfaisante. Après avoir attentivement étudié le développement des chenilles du *Bombyx cynthia* et
du *B. Yamamai*, et surtout celui de quelques chenilles rabougries
provenant d'une seconde couvée et nourries artificiellement. M. Wallace a pu constater « que le temps requis pour la métamorphose de
chaque individu est proportionnellement plus grand selon que sa
taille est plus grande ; c'est pour cette raison que le mâle, qui est
plus petit et qui, par conséquent, atteint plus tôt la maturité, éclôt
avant la femelle plus grande et plus pesante, car elle a à porter un
grand nombre d'œufs[14] ». Or les insectes vivent très peu de temps
et sont exposés à de nombreux dangers, il est donc évidemment
avantageux pour les femelles de pouvoir être fécondées le plus tôt
possible. Ce but est atteint si les mâles parviennent les premiers en
grand nombre à l'état adulte et se trouvent prêts pour l'apparition
des femelles, ce qui résulte naturellement, ainsi que le fait observer
M. A. R. Wallace[15], de l'action de la sélection naturelle. En effet,
les mâles de petite taille, arrivés les premiers à maturité, procréent
de nombreux descendants qui héritent de la petite taille de leurs

---

13. Robinet, *Vers à soie*, 1848, p. 207.
14. *Transact. Ent. Soc.*, 3ᵉ série, vol. V, p. 486.
15. *Journ. of Proc. Entom, Soc.*, 4, fév. 1867, p. LXXI.

parents mâles, tandis que les mâles plus grands, parvenant plus tardivement à l'état adulte, doivent engendrer moins de descendants.

Il y a toutefois des exceptions à cette règle de l'infériorité de la taille des insectes mâles, exceptions qu'il est facile d'expliquer. La taille et la force procurent de sérieux avantages aux mâles qui luttent les uns avec les autres pour la possession des femelles; ils doivent donc, dans ce cas, être plus grands que ces dernières, et c'est, en effet, ce que l'on observe chez les Lucanes. On connaît, cependant, d'autres coléoptères mâles qui sont plus grands que les femelles, bien qu'on n'ait point observé de luttes entre les mâles, fait dont nous ne pouvons donner l'explication; dans quelques autres cas, chez les *Dynastes* et les *Megasoma* par exemple, il importe peu que les mâles soient plus petits que les femelles et parviennent plus promptement qu'elles à l'état adulte, car ces insectes vivent assez longtemps pour avoir amplement le temps de s'accoupler. Les Libellules mâles sont parfois aussi un peu plus gros que les femelles, ils ne sont jamais plus petits [16]; M. Mac Lachlan assure qu'ils ne s'accouplent ordinairement avec les femelles qu'au bout d'une semaine ou même d'une quinzaine, en un mot pas avant d'avoir revêtu leurs couleurs masculines propres. Les Hyménoptères à aiguillon présentent le cas le plus curieux et celui qui fait le mieux comprendre les rapports complexes et faciles à méconnaître dont peut dépendre un caractère aussi insignifiant qu'une différence de taille entre les individus des deux sexes; M. F. Smith m'apprend, en effet, que, dans la presque totalité de ce vaste groupe, les mâles, conformément à la règle générale, sont plus petits que les femelles et éclosent une semaine environ avant elles; mais, chez les mouches à miel, les *Apis mellifica*, les *Anthidium manicatum* et les *Anthophora acervorum* mâles, et parmi les Fossoyeurs, les *Methoca ichneumonides* mâles sont plus grands que les femelles. Cette anomalie s'explique par le fait que, chez ces espèces, l'accouplement n'est possible que pendant le vol; les mâles doivent donc posséder beaucoup de force et une grande taille pour pouvoir porter les femelles. La taille dans ce cas a augmenté malgré le rapport ordinaire qui existe entre la taille et la période du développement, car les mâles, quoique plus grands, éclosent avant les femelles plus petites.

Nous allons maintenant passer en revue les divers ordres, et étu-

---

16. Pour ce renseignement et les autres sur la grosseur des sexes, voyez Kirby et Spence, *id.*, III, p. 300, et sur la durée de la vie des insectes, p. 344.

dier, chez chacun d'eux, les faits qui peuvent nous intéresser plus particulièrement. Nous consacrerons un chapitre spécial aux Lépidoptères diurnes et nocturnes.

Ordre : *Thysanoures*. — Les individus qui composent cet ordre présentent, pour leur classe, une organisation très inférieure. Ce sont de petits insectes aptères, à la couleur terne, à la tête laide et au corps presque difforme. Les individus des deux sexes se ressemblent ; mais on acquiert, en les étudiant, la preuve intéressante que, même à un degré aussi bas de l'échelle animale, les mâles font une cour assidue aux femelles. Sir J. Lubbock [17] dit en décrivant le *Smynthurus luteus* : « Il est fort amusant de voir ces petites bêtes coqueter ensemble. Le mâle, beaucoup plus petit que la femelle, court autour d'elle, puis ils se placent en face l'un de l'autre, avancent et reculent comme deux agneaux qui jouent. La femelle feint ensuite de se sauver, le mâle la poursuit avec une apparence de colère et la devance pour lui faire face de nouveau ; elle se détourne timidement, mais le mâle, plus vif, se détourne aussi et semble la fouetter avec ses antennes ; enfin, après être restés face à face pendant quelques instants, ils se caressent avec leurs antennes, et paraissent, dès lors, être tout l'un à l'autre. »

Ordre : *Diptères* (Mouches). Les sexes diffèrent peu au point de vue de la couleur. D'après M. F. Walker, la plus grande différence s'observe chez le genre *Bibio* dont les mâles sont noirâtres ou noirs, et les femelles brun orangé obscur. Le genre *Elaphomyia*, découvert par M. Wallace [18] dans la Nouvelle-Guinée, est fort remarquable en ce que le mâle porte des cornes qui font défaut chez la femelle. Ces cornes partent de dessous les yeux, et ressemblent singulièrement à celles des cerfs, car elles sont ramifiées ou palmées. Chez une des espèces, elles sont aussi longues que le corps. Elles pourraient servir à la lutte ; mais, comme elles ont, chez une espèce, une magnifique couleur rose, bordée de noir, avec une raie centrale plus pâle, et que ces insectes ont, en somme, un aspect très élégant, il est plus probable que ces appendices constituent un ornement. Il est toutefois certain que certains Diptères mâles se battent, car le professeur Westwood [19] a plusieurs fois observé des combats chez quelques espèces de Tipules. Les autres Diptères mâles semblent

17. *Transact. Linnean Soc.*, vol. XXVI, 1868, p. 296.
18. *The Malay Archipelago*, vol. II, 1869, p. 313.
19. *Modern Classif.*, etc., vol. II, 1840, p. 526.

essayer de séduire les femelles par leur musique. M. Müller[20] a observé pendant longtemps deux *Eristalis* mâles qui courtisaient une même femelle; ils tournaient incessamment autour d'elle en faisant entendre un bourdonnement prolongé. Les cousins et les moustiques (Culicidés) semblent aussi s'attirer l'un l'autre par leur bourdonnement. Le professeur Mayer a récemment constaté que les poils des antennes du mâle vibrent à l'égal d'un diapason aux sons émis par la femelle. Les poils les plus longs vibrent sympathiquement avec les notes graves et les poils courts avec les notes aiguës. Landais affirme aussi qu'il a, à maintes reprises, attiré à lui une foule de cousins en faisant entendre une note particulière. On peut ajouter que les Diptères, dont le système nerveux est si développé ont probablement des facultés mentales plus élevées que les autres insectes[21].

Ordre : *Hémiptères* (Punaises des bois). — M. J. W. Douglas, qui s'est tout particulièrement occupé des espèces britanniques, a bien voulu m'indiquer leurs différences sexuelles. Les mâles de quelques espèces possèdent des ailes, les femelles sont aptères; les sexes diffèrent par la forme du corps, des élytres, des antennes et des tarses; mais nous ne nous arrêterons pas à ces différences, dont nous ignorons tout à fait la signification. Les femelles sont généralement plus grandes et plus robustes que les mâles. Chez les espèces britanniques et, autant que M. Douglas a pu le constater, chez les espèces exotiques, les sexes n'ont pas ordinairement des couleurs différentes ; mais, chez six espèces anglaises, le mâle est beaucoup plus foncé que la femelle; d'autre part, une coloration plus foncée de la femelle caractérise quatre autres espèces. Les individus des deux sexes, chez quelques espèces, sont également colorés ; comme ces insectes émettent une odeur très nauséabonde, il se peut que ces couleurs brillantes servent à indiquer aux animaux insectivores qu'ils ne sont pas bons à manger. Dans quelques cas, ces couleurs semblent les protéger directement : ainsi le professeur Hoffmann m'apprend qu'il avait la plus grande peine à distinguer une petite espèce rose et verte des bourgeons du tronc des tilleuls que fréquente cet insecte.

Quelques espèces de Réduvides font entendre un bruit stridu-

20. *Anwendung*, etc., *Verh. d. n. Jahrh.* XXIX, p. 80. Mayer, *American naturalist*, 1874, p. 236.
21. B. T. Lowne, *On Anatomy of the Blow-Fly, Musca Vomitoria*, 1870, p. 14. Il assure (p. 33) que « les mouches capturées font entendre une note plaintive particulière, et que ce bruit provoque la fuite des autres mouches ».

lent; on assure que, chez le *Pirates stridulus*[22], ce bruit est produit par le mouvement du cou dans la cavité prothoracique. D'après Westring, le *Reduvius personatus* fait entendre le même bruit; mais je n'ai aucune raison de supposer que ce soit là un caractère sexuel; toutefois, chez les insectes non sociables, on ne peut attribuer aux organes destinés à produire des sons qu'un seul usage, c'est-à-dire l'appel sexuel.

Ordre: *Homoptères.* — Quiconque a erré dans une forêt tropicale doit avoir été frappé du vacarme que font les Cicadés mâles. Les femelles sont muettes, et, comme le dit le poète grec Xénarque, « heureuse la vie des cigales, car elles ont des épouses muettes ». Nous percevions distinctement, à bord du *Beagle*, qui avait jeté l'ancre à 500 mètres de la côte du Brésil, le bruit fait par ces insectes; le capitaine Hancock dit qu'on peut l'entendre à la distance d'un mille. Les Grecs conservaient autrefois ces insectes en cage pour jouir de leur chant, ce que font encore aujourd'hui les Chinois, de sorte qu'il paraît être agréable à l'oreille de certains hommes[23]. Les Cicadés chantent ordinairement le jour, tandis que les Fulgorides chantent la nuit. Landois[24] affirme que le bruit que ces insectes font entendre est produit par la vibration des lèvres des spiracules mises en mouvement par un courant d'air sortant de la trachée; mais récemment on a discuté cette opinion. Le docteur Powell[25] paraît avoir démontré que le son est produit par la vibration d'une membrane mise en mouvement par un muscle spécial. On peut voir vibrer cette membrane chez l'insecte vivant; après la mort de l'insecte, on peut reproduire le son qu'il émet en agitant avec une épingle le muscle desséché et un peu durci. La femelle possède aussi tout cet appareil musical complexe, mais à un état de développement bien moindre que chez le mâle, et il ne sert jamais chez elle à produire un son.

A quoi sert cette musique? Le docteur Hartman[26] fait au sujet de la *Cicada septemdecim* des États-Unis les remarques suivantes: « Les tambours se font maintenant entendre (les 6 et 7 juin 1851) dans toutes les directions. Je crois que ce sont les appels des mâles. Me trouvant parmi les rejetons de châtaigniers atteignant à la hau-

22. Westwood, *Modern. Class.*, etc., vol. II, p. 473.

23. Détails empruntés à Westwood. *id.*, vol. II. p. 422. Voir aussi, sur les Fulgorides, Kirby et Spence, *Introd.*, etc., vol. II, p. 401.

24. *Zeitschrift für wissenschaft. Zool.*, vol. XVII, 1867, pp. 152-158.

25. *Transact. New Zealand Institute*, vol. V, 1873, p. 286.

26. M. Walsh m'a procuré cet extrait d'un *Journal of the doings of Cicada septemdecim*, par le Dʳ Hartman.

teur de ma tête et, entouré de centaines de ces insectes, j'observai les femelles qui venaient tourner autour des mâles tambourinants. » Plus loin, il ajoute : « Un poirier nain de mon jardin a, pendant cette saison (août 1868), produit environ cinquante larves de *Cic. pruinosa;* j'ai plusieurs fois constaté que les femelles viennent s'abattre près d'un mâle dès qu'il pousse ses notes perçantes. » Fritz Muller m'écrit, du Brésil méridional, qu'il a souvent assisté à une lutte musicale entre deux ou trois cigales mâles, doués d'une voix particulièrement forte et placés à des distances considérables les uns des autres. Dès que l'un a fini son chant, un second commence aussitôt, et après lui un troisième, et ainsi de suite. La rivalité étant excessive entre les mâles, il est probable que les sons qu'ils font entendre n'ont pas seulement pour objet d'appeler les femelles, mais que, celles-ci, tout comme les oiseaux femelles, se laissent attirer et charmer par le mâle dont la voix a le plus d'attraits.

Je n'ai pas trouvé chez les Homoptères d'exemple bien prononcé de différences dans l'ornementation des individus des deux sexes. M. Douglas m'apprend que, chez trois espèces anglaises, le mâle est noir ou rayé de noir, tandis que la femelle revêt une teinte uniforme pâle ou sombre.

Ordre : *Orthoptères.* — Dans les trois familles sauteuses appartenant à cet ordre, les Achétides ou grillons, les Locustides et les Acridides ou sauterelles, les mâles se font remarquer par leurs aptitudes musicales. La stridulation produite par quelques Locustides est si puissante qu'elle peut s'entendre la nuit à plus d'un kilomètre de distance[27] ; il existe certaines espèces dont la stridulation ne déplaît pas aux oreilles humaines, car les Indiens des Amazones les élèvent dans des cages d'osier. Tous les observateurs s'accordent à dire que ces sons servent à appeler ou à exciter les femelles muettes. Körte[28] a observé un cas intéressant chez la sauterelle émigrante de Russie; il s'agit d'un choix exercé par la femelle au profit d'un mâle. Le mâle de cette espèce (*Pachytylus migratorius*), accouplé avec une femelle, témoigne de sa colère ou de sa jalousie par des stridulations, lorsqu'un autre mâle approche. Le grillon domestique, surpris la nuit, se sert de sa voix pour avertir les autres[29]. Dans l'Amérique du Nord, le Katy-did (*Platyphyllum*

27. L. Guilding, *Trans. Linn. Soc.*, vol. XV, p. 154.
28. J'emprunte cette assertion à Köppen, *Ueber die Heuschrecken in Südrussland*, 1866, p. 32, car j'ai inutilement essayé de me procurer l'ouvrage de Körte.
29. Gilbert White, *Nat. Hist. of Selborne*, vol. II, 1825, p. 262.

concavum, un Locustide) monte, dit-on [30], sur les branches supérieures d'un arbre, et commence, dans la soirée, « son babil bruyant ;
des notes rivales lui répondent, provenant d'arbres voisins, et font
toute la nuit résonner les bosquets du *Katy-did-she-did* de ces insectes ». M. Bates dit, à propos du grillon des champs (un Achétide)
européen : « On a observé que le mâle se place dans la soirée à
l'orifice de son terrier, et se met à
chanter jusqu'à ce qu'une femelle
s'approche de lui. Alors, aux notes
sonores succède un son plus doux,
pendant que l'heureux musicien
caresse avec ses antennes la femelle
qu'il a captivée [31]. » Le docteur
Scudder a réussi, en frottant un
tuyau de plume sur une lime, à se
faire répondre par un de ces insectes [32]. Von Siebold a découvert dans
les deux sexes un appareil auditif
remarquable, situé sur les pattes
antérieures [33].

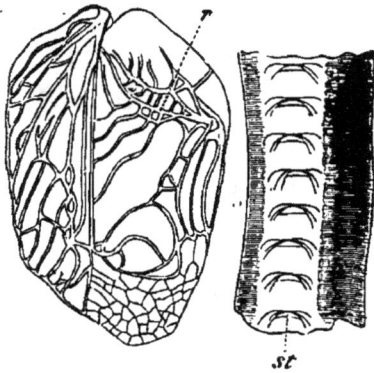

Fig. 11. — *Grillus campestris* (d'après
Landois).

La figure de droite représente la surface inférieure de la nervure de l'aile,
très grossie ; *st* représente les dents.
La figure de gauche représente la surface supérieure de la nervure lisse
saillante *r*, sur laquelle viennent frotter les dents transversales *st*.

Les trois familles produisent les
sons d'une manière différente. Chez
les Achétides mâles, les deux élytres ont un même appareil musical,
qui, chez le grillon des champs
(*Gryllus campestris*, *fig.* 11) consiste, d'après Landois [34], en crêtes
ou dents (*st*) transversales et tranchantes occupant, au nombre de
131 à 138, la surface inférieure d'une des nervures de l'élytre.
Cette nervure dentelée est rapidement frottée contre une autre
nervure (*r*) saillante, lisse et dure, qui se trouve sur la surface supérieure de l'aile opposée. Une des ailes est d'abord frottée sur
l'autre, puis le mouvement se renverse. Les deux ailes se redressent un peu en même temps, ce qui augmente la sonorité. Chez
quelques espèces, les élytres sont pourvues à leur base d'une plaque d'apparence talqueuse [35]. Je reproduis ici un dessin (*fig.* 12)

30. Harris, *Insects of New England*, 1842, p. 128.
31. *The Naturalist on the Amazons*, vol. I, 1863, p. 252. M. Bates discute
d'une manière intéressante les gradations des appareils musicaux chez les trois
familles, Westwood, *Modern. Class.*, vol. II, pp. 445 et 453.
32. *Proc. Boston Soc. of. Nat. Hist.*, vol. XI, avril 1868.
33. *Nouveau Manuel d'anat. comp.* (trad. française), t. I. 1850, p. 567.
34. *Zeitschrift für wissenschaft. Zool.*, vol. XVII, 1867, p. 117.
35. Westwood, *o. c.*, vol. I, p. 440.

représentant les dents du côté inférieur de la nervure chez une autre espèce de grillon, le *Gryllus domesticus*. Le docteur Gruber[36] a démontré que ces dents se sont développées, grâce à la sélection naturelle; elles constituent une transformation des petites écailles et des poils qui recouvrent les ailes et le corps de l'insecte; j'ai été amené à adopter la même conclusion relativement à un appareil analogue chez les Coléoptères. Le docteur Gruber a démontré, en outre, que ce développement est dû en partie au frottement d'une aile sur l'autre.

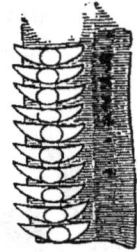

Fig. 12. — Dents de la nervure chez le *Grillus domesticus* (d'après Landois).

Chez les Locustides, la structure des élytres opposées diffère (*fig.* 13); elles ne peuvent pas, comme chez la famille précédente, s'employer indifféremment dans un sens ou dans l'autre. L'aile gauche, qui agit comme l'archet du violon, recouvre l'aile droite qui joue le rôle de l'instrument. Une des nervures (*a*) de la surface

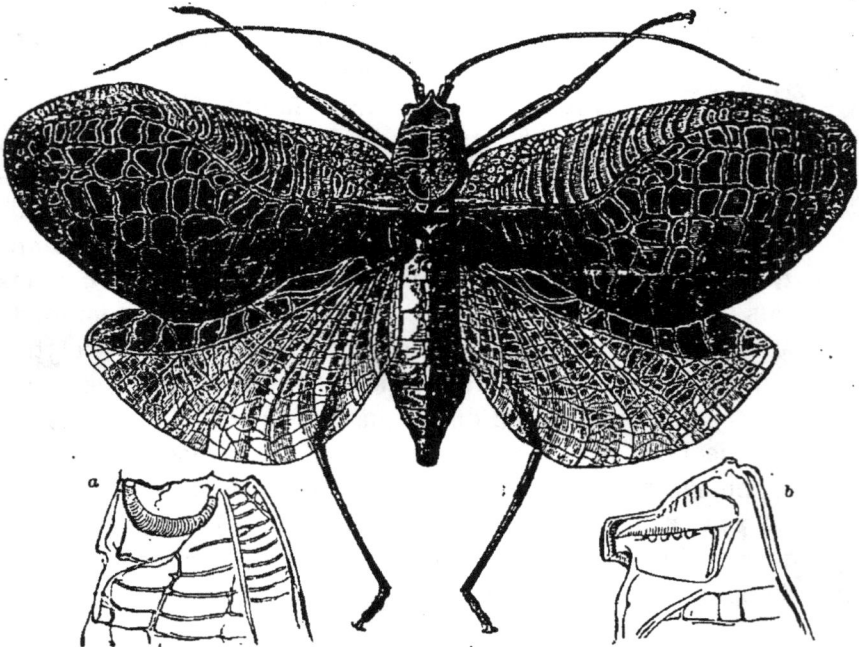

Fig. 13. — *Chlorocœlus Tanana* (d'après Bates). — *a, b*, Lobes des élytres opposées.

inférieure de la première est finement dentelée, et vient frotter contre les nervures saillantes de la surface supérieure de l'aile op-

36. *Ueber der Tonapparat der Locustiden, ein Beitrag zum Darwinismus; Zeitsch. für Wissensch. Zool.* vol. XXII, 1872, p. 100.

posée, ou de l'aile droite. Chez notre espèce indigène, *Phasgonura viridissima*, il m'a semblé que la nervure dentelée vient frotter contre le coin postérieur arrondi de l'aile opposée, dont le bord est épaissi, coloré en brun et très aigu. On remarque sur l'aile droite, mais non sur la gauche, une petite plaque transparente comme du talc, entourée de nervures, dit le spéculum. Chez l'*Ephippiger vitium*, membre de la même famille, on observe une curieuse modification subordonnée; car les élytres ont des dimensions considérablement réduites; mais « la partie postérieure du prothorax se relève et forme une sorte de dôme au dessus des élytres, ce qui a probablement pour effet de contribuer à l'intensité du son [37] ».

On observe donc chez les Locustides, qui comprennent, je pense, les exécutants les plus puissants de l'ordre, une différenciation et une spécialisation de l'appareil musical, plus grandes que chez les Achétides, où les deux élytres ont la même structure et remplissent la même fonction [38]. Toutefois Landois a trouvé chez un Locustide, le *Decticus,* une rangée courte et étroite de petites dents, simples rudiments, occupant la surface inférieure de l'élytre droite, qui est sous-jacente à l'autre et ne sert jamais comme archet. J'ai observé la même conformation rudimentaire sur la surface inférieure de l'élytre droite du *Phasgonura viridissima.* Nous pouvons donc conclure avec certitude que les Locustides descendent d'une forme chez laquelle, comme chez les Achétides existants, les surfaces inférieures des deux élytres étaient pourvues de nervures dentelées, et pouvaient indifféremment servir d'archet; mais, chez les Locustides, les deux élytres se sont graduellement différenciées et perfectionnées, en vertu du principe de la division du travail, et l'une fonctionne exclusivement comme archet, et l'autre comme violon. Le docteur Gruber partage la même opinion ; il a démontré que les dents rudimentaires se trouvent ordinairement à la surface inférieure de l'aile droite. Nous ignorons l'origine de l'appareil plus simple des Achétides, mais il est probable que les parties formant la base des élytres se recouvraient autrefois, et que le frottement des nervures provoquait un son discordant, qui rappelle celui que produisent actuellement les femelles au moyen de leurs élytres [39]. Un bruit de ce genre, accidentellement produit par les mâles, a donc pu, s'il leur a rendu le moindre service comme appel d'amour, se développer au moyen de la sélection sexuelle, par la conserva-

---

37. Westwood, *o. c.*, vol. I, p. 453.
38. Landois, *Zeitsch.* etc., vol. XVII, 1867, pp. 121-122.
39. M. Walsh a remarqué que, lorsque la femelle du *Platyphyllum concavum* est capturée, elle produit un faible bruit en choquant ensemble ses élytres.

tion continue des variations propres à augmenter la dureté des nervures.

Dans la troisième et dernière famille, celle des Acridides ou sauterelles, la stridulation est produite d'une manière très différente, et
n'est pas, d'après le docteur Scudder, si aiguë que dans les familles précédentes. La surface interne du fémur (*fig.* 14, *r*) est pourvue d'une rangée longitudinale de petites dents élégantes, en forme
de lancettes élastiques, au nombre de 85 à 93, qui frottent sur les
nervures saillantes des élytres, et font vibrer et résonner ces dernières [40]. Harris [41] affirme que,
lorsque le mâle veut émettre des
sons, il « replie d'abord l'extrémité de la patte postérieure, de
manière à la loger dans une rainure de la surface inférieure de
la cuisse, rainure destinée à la
recevoir, puis il meut vigoureu-
sement la jambe de haut en bas.
Il ne fait pas marcher les deux
instruments simultanément, mais
l'un après l'autre, en alternant ».
Chez beaucoup d'espèces, la base
de l'abdomen présente une grande excavation qu'on croit devoir
jouer le rôle de boîte résonnante.

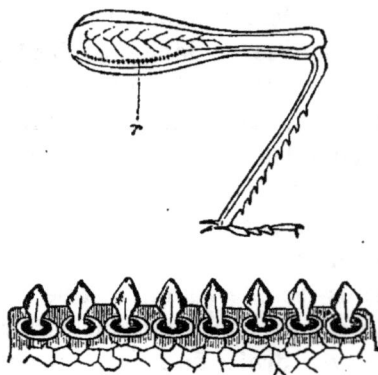

Fig. 14. — Patte postérieure du *Stenobothrus pratorum; r*, rangée de dents.
Figure inférieure, les dents formant cette
rangée, très grossies (d'après Landois).

Chez les *Pneumora*, genre de l'Afrique méridionale appartenant à
cette même famille (*fig.* 15), on observe une nouvelle et remarquable
modification, qui consiste, chez les mâles, en une petite crête entaillée
faisant obliquement saillie de chaque côté de l'abdomen ; la partie
postérieure des cuisses frotte contre cette saillie [42]. Comme le mâle
est pourvu d'ailes, organes dont la femelle est privée, il est singulier
que le frottement des cuisses ne s'exerce pas, comme d'habitude,
contre les élytres ; mais cela provient peut-être de la petitesse inusitée des pattes postérieures. Je n'ai pas pu examiner la surface
interne des cuisses, qui, à en juger par analogie, doit être finement
dentelée. Les espèces de *Pneumora* ont été plus profondément modifiées pour produire la stridulation qu'aucun autre insecte orthop-
tère ; tout le corps du mâle, en effet, semble converti en un instrument de musique, car il est tout gonflé d'air, ce qui lui donne l'aspect

40. Landois, *id.*, p. 113.
41. *Insects of New England*, 1842, p. 133.
42. Westwood, *l. c.*, vol. I, p. 462.

d'une vessie transparente, et augmente la sonorité. M. Trimm
m'apprend que, au cap de Bonne-Espérance, ces insectes font,
pendant la nuit, un bruit effrayant.

Les femelles, dans les trois familles dont nous venons de parler,
sont presque toujours privées d'un appareil musical. Il est, toutefois,

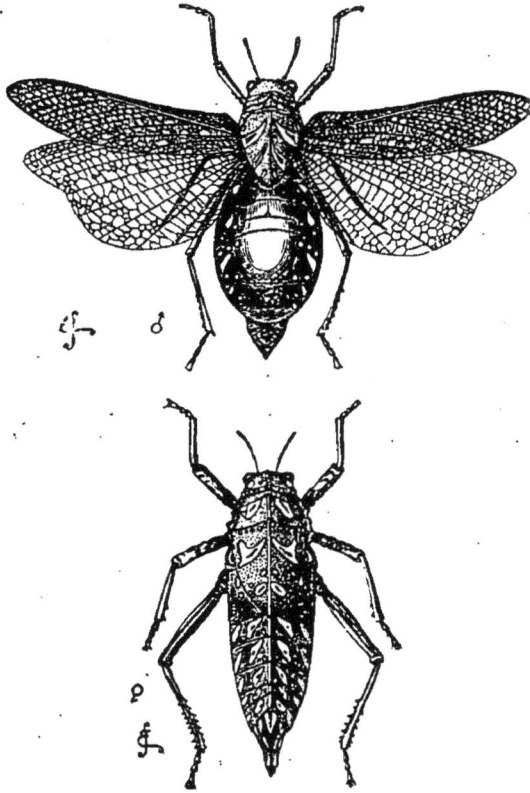

Fig. 15. — *Pneumora* (d'après des spécimens au British Museum).
Figure supérieure, mâle ; figure inférieure, femelle.

quelques exceptions à cette règle, car le docteur Gruber a démontré que les deux sexes de l'*Ephippiger vitium* sont pourvus de cet
appareil, bien que les organes du mâle diffèrent dans une certaine
mesure de ceux de la femelle. Nous ne pouvons donc supposer
qu'ils aient été transmis du mâle à la femelle, comme l'ont été les
caractères sexuels secondaires chez tant d'autres animaux. Ils ont
dû se développer de façon indépendante chez les deux sexes, qui,
sans aucun doute, s'appellent réciproquement pendant la saison
des amours. Chez la plupart des autres Locustes, sauf le *Decticus*
d'après Landois, les femelles possèdent les rudiments des organes
stridulents propres au mâle, qui les leur a probablement transmis.

Landois a aussi trouvé des rudiments analogues à la surface inférieure des élytres des Achétides femelles, et sur les fémurs des
Acridides femelles. Enfin, les Homoptères femelles possèdent un
appareil musical, mais à l'état inerte. Nous rencontrerons, d'ailleurs,
dans d'autres divisions du règne animal, de nombreux exemples de
conformations propres au mâle qui se trouvent à l'état rudimentaire chez la femelle.

Landois a constaté un autre fait important : chez les Acridides
femelles, les dents des fémurs, qui produisent la stridulation, demeurent, pendant toute la vie de l'insecte, dans le même état que
celui qu'elles affectent lors de leur apparition chez les larves des
individus des deux sexes. Chez les mâles, au contraire, elles acquièrent leur développement complet et leur conformation parfaite, lors
de la dernière mue, lorsque l'insecte parvenu à l'état adulte est
prêt à reproduire.

Les faits qui précèdent nous permettent de conclure que les
Orthoptères mâles emploient des moyens très divers pour produire
les sons, et que ces moyens diffèrent absolument de ceux qu'emploient les Homoptères pour arriver au même but [43]. Le règne animal nous offre, d'ailleurs, de nombreux exemples analogues; il
semble que la nature utilise les changements multiples que subit
dans le cours des temps l'ensemble de l'organisation et, à mesure
que les parties varient les unes après les autres, qu'elle profite de
ces variations différentes pour arriver à un même but général. La
diversité des moyens employés pour produire les sons, chez les
trois familles d'Orthoptères et chez les Homoptères, explique toute
l'importance qu'ont, pour les mâles, ces conformations qui leur servent à appeler et à séduire les femelles. Les modifications que les
Orthoptères ont subi sous ce rapport n'ont rien qui doive nous sur-
prendre, car nous savons maintenant, grâce à la remarquable découverte du docteur Scudder [44], qu'il y a pour cela un temps plus
que suffisant. Ce naturaliste a récemment trouvé, dans la formation
devonienne du Nouveau-Brunswick, un insecte fossile pourvu « du
tympan bien connu ou appareil de stridulation des Locustides
mâles ». Bien que, à tous égards, cet insecte se rapproche des
Névroptères, il paraît relier, comme cela arrive si souvent chez
les formes très anciennes, les deux ordres voisins des Névroptères
et des Orthoptères.

43. Landois a récemment découvert chez certains Orthoptères des structures
rudimentaires, qui ressemblent beaucoup aux organes destinés à produire des
sons chez les Homoptères ; c'est là un fait surprenant. Voir *Zeitsch. für wissensch. Zool.*, vol. XXII, part. 3, 1871, p. 348.

44. *Transact. Ent. Soc.*, 3ᵉ série, vol. 11 (*Journ. of. Proceedings,* p. 117).

J'ai peu de choses à ajouter sur les Orthoptères. Quelques espèces sont très belliqueuses : lorsque deux grillons mâles (*Gryllus campestris*) sont enfermés dans une même cage, la mort seule de l'un des deux adversaires met fin à la lutte. On dit que les *Mantis* manœuvrent leurs membres antérieurs, qui affectent la forme d'un sabre, comme les hussards manœuvrent leur arme. Les Chinois gardent ces insectes dans de petites cages de bambou, et les font se battre comme on fait battre des coqs de combat [45]. Certains Locustides exotiques affectent des couleurs magnifiques; les ailes postérieures sont teintées de rouge, de bleu et de noir; mais les individus des deux sexes, dans l'ordre entier, diffèrent rarement au point de vue de la coloration, et il est douteux qu'ils doivent ces teintes brillantes à la sélection sexuelle. Ces couleurs très brillantes peuvent être utiles à ces insectes comme moyen de sécurité. C'est, en effet, un avertissement pour leurs ennemis qu'ils sont désagréables au goût. Ainsi, on a observé [46] que les oiseaux et les lézards refusaient invariablement de manger un criquet indien affectant des couleurs brillantes. On connaît toutefois dans cet ordre quelques cas de colorations diverses provenant de différences sexuelles. Le mâle d'un criquet américain [47] est blanc d'ivoire, tandis que la femelle varie du blanc presque pur au jaune verdâtre. M. Walsh affirme que le mâle adulte du *Spectrum femoratum* (une Phasmide) « affecte une couleur brun-jaunâtre chatoyante; la femelle adulte est brun opaque cendré sombre; et les jeunes des deux sexes sont verts ». Enfin, je puis ajouter que le mâle d'une curieuse espèce de criquet [48] est pourvu « d'un long appendice membraneux qui lui tombe sur la face comme un voile », mais on ignore absolument l'usage de cette conformation.

Ordre : *Névroptères.* — Nous n'avons guère ici à nous occuper que de la coloration. Les individus des deux sexes, chez les Éphémérides, présentent souvent de légères différences dans les teintes obscures dont ils sont revêtus [49]; mais il est peu probable que ces légères variations soient de nature à rendre les mâles plus attrayants aux yeux des femelles. Les Libellulides affectent des teintes

45. Westwood, *l. c.*, vol. I, p. 427; pour les criquets, p. 445.

46. M. Ch. Horne, *Proc. Ent. Soc. p.* XII, mai 3, 1869.

47. L'*OEcanthus nivalis;* Harris, *Insects of New England*, 1842, p. 124. Victor Carus affirme que les deux sexes de l'*OEpellucidus* d'Europe diffèrent à peu près de la même manière.

48. *Platyblemnus*, Westwood, *l. c.*, vol. I, p. 447.

49. R. D. Walsh, *Pseudo-nevroptera of Illinois* (*Proc. Ent. Soc. of Philadelphia*, 1862).

métalliques splendides, vertes, blanches, jaunes et vermillon, et les
sexes diffèrent souvent. Ainsi, comme le fait remarquer le professeur Westwood [50], les mâles de certains Agrionides « sont
beau bleu à ailes noires, tandis que les femelles sont beau vert
à ailes incolores ». Chez l'*Agrion Ramburii*, ces couleurs se trouvent
précisément renversées chez les deux sexes [51]. Chez les *Hæterina*,
genre très-répandu dans l'Amérique du Nord, les mâles seuls portent, à la base de chaque aile, une superbe tache de carmin. Chez
l'*Anax junius* mâle, la partie qui forme le base de l'abdomen est
bleu outre-mer éclatant, et vert végétal chez la femelle. Chez le
genre voisin, des *Gomphus*, et chez quelques autres, la coloration diffère peu chez les individus des deux sexes. D'ailleurs on rencontre
fréquemment des cas analogues dans tout le règne animal, c'est-
à-dire que les individus des deux sexes appartenant à des formes
très voisines présentent entre eux de grandes ou de légères différences, ou se ressemblent absolument. Bien qu'il y ait chez beaucoup de Libellulides une si grande différence de coloration entre les
sexes, il est souvent difficile de dire lequel est le plus brillant; en
outre la coloration ordinaire des deux sexes peut être précisément
renversée comme nous venons de le voir chez une espèce d'Agrion.
Il est peu probable que, dans aucun cas, ces couleurs aient été acquises comme moyen de sécurité. Ainsi que me l'écrit M. Mac
Lachlan, qui a beaucoup étudié cette famille, les Libellules, — les
tyrans du monde des insectes, — sont moins sujets que tous autres
à être l'objet des attaques des oiseaux et d'autres ennemis. Il croit
que leurs vives couleurs servent à l'attraction sexuelle. Il faut remarquer, à ce sujet, que quelques couleurs particulières semblent
exercer une puissante attraction sur certaines Libellules. M. Patterson [52] a observé que les espèces d'Agrionides, dont les mâles affectent la couleur bleue, viennent se poser en grand nombre sur le
flotteur bleu d'une ligne de pêche, tandis que des couleurs blanches
brillantes attirent tout particulièrement deux autres espèces.

Schelver a, le premier, observé un fait très-intéressant; les mâles
de plusieurs genres appartenant à deux sous-familles ont, au moment où ils sortent de la chrysalide, exactement les mêmes couleurs
que les femelles, mais, au bout de quelque temps, leur corps prend
une teinte remarquable bleu laiteux, due à l'exsudation d'une
sorte d'huile, soluble dans l'éther et dans l'alcool. M. Mac Lachlan

---

50. *Modern Class.*, etc., vol. II, p. 37.
51. Walsh, *l. c.*, p. 381. J'ai emprunté à ce naturaliste les faits relatifs aux
Hetærina, aux *Anax* et aux *Gomphus*.
52. *Transact. Ent. Soc.* vol. I, 1836, p. LXXXI.

croit que ce changement de couleur n'a lieu chez le mâle de la *Libellula depressa* que quinze jours environ après la métamorphose, alors que les sexes sont prêts à s'accoupler.

Certaines espèces de *Neurothemis*, selon Brauer[53], présentent un cas curieux de dimorphisme : quelques femelles, en effet, ont les ailes réticulées à la manière ordinaire, tandis que d'autres les ont « très richement réticulées comme chez les mâles des mêmes espèces ». Brauer explique le fait « par les principes de Darwin, en supposant que le réseau serré des nervures est un caractère sexuel secondaire chez les mâles, qui a été abruptement transmis à quelques femelles, au lieu de l'être à toutes ainsi que cela arrive ordinairement ». M. Mac Lachlan me signale un autre cas de dimorphisme qu'on rencontre chez plusieurs espèces d'Agrion ; on trouve, en effet, un certain nombre d'individus, exclusivement des femelles, qui affectent une teinte orangée. C'est probablement là un cas de retour, car, chez les vraies Libellules, lorsque les sexes diffèrent au point de vue de la couleur, les femelles sont toujours orangées ou jaunes, de sorte que, si on suppose que l'Agrion descend de quelque forme primordiale revêtue de couleurs caractéristiques sexuelles, des Libellules typiques, il ne serait pas étonnant qu'une tendance à varier dans cette direction persistât chez les femelles seules.

Bien que les Libellules soient des insectes grands, puissants et féroces, M. Mac Lachlan n'a pas observé de combats entre les mâles, sauf chez quelques petites espèces d'Agrion. Dans un autre groupe très distinct appartenant à cet ordre, les Termites ou fourmis blanches, on voit, à l'époque de l'essaimage, les individus des deux sexes courir de tous côtés, « le mâle poursuit la femelle, quelquefois deux mâles poursuivent une même femelle et se disputent avec ardeur le prix du combat[54] ».

L'*Atropos pulsatorius* fait, dit-on, avec ses mâchoires un bruit auquel répondent d'autres individus[55].

Ordre, *Hyménoptères.* — M. Fabre[56] a observé avec le plus grand soin les habitudes du *Cerceris*, insecte qui ressemble à la guêpe ; il fait remarquer « que les mâles entrent fréquemment en lutte pour la possession d'une femelle, spectatrice indifférente du combat qui doit décider de la supériorité de l'un ou de l'autre ; quand le combat est terminé, elle s'envole tranquillement avec le vain-

---

53. Voir un extrait dans le *Zoological Record*, 1867, p. 450.
54. Kirby et Spence, *Introd. to Ent.*, vol. II, 1818, p. 35.
55. Houzeau, *les Facultés mentales*, etc., vol. I, p. 104.
56. *The writings of* Fabre dans *Nat. Hist. Review*, 1862, p. 122.

queur ». Westwood[57] dit avoir vu des Tenthrédinées mâles « qui, à la suite d'un combat, sont restés engagés par la mâchoire sans pouvoir se dégager ». M. Fabre a constaté que les Cerceris mâles cherchent à s'assurer la possession d'une femelle particulière; il est indispensable de rappeler à cet égard que les insectes appartenant à cet ordre ont la faculté de se reconnaître, après de longs intervalles de temps, et s'attachent profondément l'un à l'autre. Ainsi, Pierre Huber, dont on ne peut mettre l'exactitude en question, affirme que les fourmis, séparées pendant quatre mois de leur fourmilière, mises en présence de leurs anciennes compagnes, se reconnurent et se caressèrent mutuellement avec leurs antennes. Étrangères, elles se seraient battues. En outre, lorsque deux tribus se livrent bataille, il arrive que, dans la mêlée, des fourmis appartenant au même parti s'attaquent quelquefois, mais elles ne tardent pas à s'apercevoir de leur erreur et se consolent réciproquement[58].

On constate fréquemment dans cet ordre de légères différences de coloration suivant le sexe, mais les différences considérables sont rares, sauf dans la famille des abeilles; cependant les mâles et les femelles de certains groupes affectent des couleurs si brillantes, — les *Chrysis,* par exemple, chez lesquels prédominent le vermillon et les verts métalliques, — que nous sommes tentés d'attribuer cette coloration à la sélection sexuelle. Les Ichneumonides mâles, d'après M. Walsh[59], affectent presque toujours des couleurs plus claires que les femelles. Les Tenthrédinides mâles, au contraire, sont généralement plus foncés que les femelles. Chez les Siricidés, les sexes diffèrent fréquemment; ainsi le *Sirex juvencus* mâle est rayé d'orange, tandis que la femelle est pourpre foncé; mais il est difficile de dire lequel des deux sexes est le plus orné. Le *Tremex columbæ* femelle est beaucoup plus brillamment coloré que le mâle. M. F. Smith assure que les mâles de plusieurs espèces de fourmis sont noirs, tandis que les femelles sont couleur brique.

Dans la famille des abeilles, surtout chez les espèces solitaires, la coloration des individus des deux sexes diffère souvent. Les mâles sont généralement les plus brillants, et, chez les *Bombus* et chez les *Apathus,* revêtent des teintes plus variées que les femelles. *L'Anthophora retusa* mâle est d'un beau brun fauve éclatant, tandis que la femelle est toute noire; chez plusieurs espèces de *Xylocopa,* les mâles sont jaune clair et les femelles noires. D'un autre côté,

---

57. *Journ. of Proc. Entom. Soc.,* 7 sept. 1863, p. 169.
58. P. Huber. *Recherches sur les mœurs des fourmis,* 1810, p. 150, 165.
59. *Proc. Entom. Soc. of Philadelphia,* 1866, pp. 238-239.

chez quelques espèces, chez *l'Andræna fulva*, par exemple, les femelles affectent des couleurs beaucoup plus brillantes que les mâles. Il n'est guère possible d'attribuer ces différences de coloration à ce que les mâles sont dépourvus de moyens de défense et ont, par conséquent, besoin d'un moyen de protection, tandis que les femelles sont pourvues d'aiguillons. H. Müller[60], qui a étudié avec tant de soin les habitudes des abeilles, attribue en grande partie ces différences de couleurs à la sélection sexuelle. Il est certain que les abeilles reconnaissent les couleurs. Müller a constaté que les mâles recherchent avidement les femelles et luttent les uns avec les autres pour s'en emparer. Il attribue à ces combats la grandeur des mandibules du mâle qui, chez certaines espèces, sont plus développées que celles de la femelle. Dans quelques cas, les mâles sont beaucoup plus nombreux que les femelles, soit au commencement de la saison, soit à toutes les époques et dans tous les lieux, soit dans certaines localités seulement; dans d'autres cas, au contraire, les femelles sont plus nombreuses que les mâles. Chez quelques espèces, les femelles semblent choisir les plus beaux mâles; chez d'autres, au contraire, les mâles choisissent les plus belles femelles. Il en résulte que, dans certains genres (Müller, p. 42), les mâles de diverses espèces diffèrent beaucoup au point de vue de l'aspect extérieur, tandis qu'il est presque impossible de distinguer les femelles; le contraire se présente dans d'autres genres. H. Müller croit (p. 82) que les couleurs obtenues par un sexe, grâce à la sélection sexuelle, ont souvent été transmises dans une certaine mesure à l'autre sexe, de même que l'appareil destiné à recueillir le pollen, appareil propre à la femelle, a été souvent transmis au mâle bien qu'il lui soit absolument inutile[61].

---

60. *Anwendung der Darwinschen Lehre auf Bienen. (Verh. d. n. Jahrg.* xxix.)

61. M. Perrier, dans son article *De la sélection naturelle, d'après Darwin* (*Revue scientifique*, fév. 1873, p. 868), fait observer, sans avoir évidemment beaucoup réfléchi à ce sujet, que les mâles des abeilles sociables sont produits par des œufs non fécondés, et que, par conséquent, ils ne peuvent transmettre de nouveaux caractères à leur progéniture mâle. C'est là, tout au moins, une objection extraordinaire. Une abeille femelle, fécondée par un mâle qui possède quelque caractère propre à faciliter l'union des sexes ou à le rendre plus attrayant pour la femelle, pondra des œufs qui produiront seulement des femelles; mais ces jeunes femelles produiront à leur tour des mâles l'année suivante, et il est au moins extraordinaire de prétendre que ces mâles n'hériteront pas des caractères de leur grand-père mâle. Prenons un exemple aussi rapproché que possible chez les animaux ordinaires. Supposons une race de quadrupèdes ou d'oiseaux ordinairement blancs, et qu'une femelle appartenant à cette race s'unisse avec un mâle appartenant à une race noire; supposons enfin que les petits mâles et femelles provenant de ce croisement soient accouplés les uns avec les autres; osera-t-on prétendre que les descendants n'auront pas acquis par hérédité de leur ancêtre mâle une tendance à la coloration noire? Sans

Le *Mutilla Europæa* fait entendre un bruit strident, et Goureau[62] affirme que les deux sexes possèdent cette aptitude. Il attribue le son au frottement du troisième segment de l'abdomen contre le segment précédent; je me suis assuré, en effet, que ces surfaces portent des projections concentriques très fines, mais il en est de même du collier thoracique saillant sur lequel s'articule la tête, et qui, gratté avec la pointe d'une aiguille, émet le même son. Il est assez surprenant que les deux sexes aient la faculté de produire ces sons, car le mâle est ailé et la femelle aptère. On a constaté que les abeilles expriment certaines émotions telles que la colère, par le ton de leur bourdonnement. H. Müller (p. 80) affirme que les mâles de quelques espèces font entendre un bourdonnement particulier quand ils poursuivent les femelles.

Ordre : *Coléoptères* (Scarabées). — La couleur de nombreux Coléoptères ressemble à celle des surfaces sur lesquelles ils séjournent habituellement; cette coloration identique leur permet d'échapper à l'attention de leurs ennemis. D'autres espèces, le Scarabée diamant, par exemple, revêtent des couleurs splendides disposées souvent en bandes, en taches, en croix et en d'autres modèles élégants. Ces couleurs ne peuvent guère servir de moyen direct de protection, sauf pour quelques espèces qui fréquentent habituellement les fleurs; mais elles peuvent servir d'avertissement, tout comme la phosphorescence du ver luisant. Les coléoptères mâles et femelles affectent ordinairement les mêmes couleurs, de sorte que nous ne pouvons affirmer que ces couleurs soient dues à la sélection sexuelle; mais il est au moins possible que ces couleurs se soient développées chez un sexe, puis qu'elles aient été transmises à l'autre, ce qui est probable dans les groupes qui possèdent d'autres caractères sexuels secondaires bien tranchés. M. Waterhouse affirme que les Coléoptères aveugles, incapables, par conséquent, d'apprécier leur beauté mutuelle, n'affectent jamais de vives couleurs, bien qu'ils aient souvent une carapace polie; mais on peut aussi attribuer leurs couleurs ternes au fait que les insectes aveugles n'habitent que les cavernes et autres endroits obscurs.

Quelques Longicornes, surtout certains Prionides, font, cependant, exception à cette règle générale de la coloration identique

doute, l'acquisition de nouveaux caractères par les abeilles ouvrières stériles constitue un cas bien plus difficile; mais j'ai essayé de démontrer, dans l'*Origine des espèces*, comment il se fait que ces individus stériles sont soumis à l'action de la sélection naturelle.

62. Cité par Westwood, *Modern Class*, etc., vol. II, p. 214.

des coléoptères mâles et femelles. La plupart de ces insectes sont grands et admirablement colorés. Les *Pyrodes*[63], comme j'ai pu m'en assurer dans la collection de M. Bates, sont généralement plus rouges mais moins brillants que les femelles, qui sont teintées d'un vert doré plus ou moins vif. Le mâle d'une autre espèce, au contraire, est vert doré, et la femelle est richement nuancée de pourpre et de rouge. Les mâles et les femelles du genre *Esmeralda* affectent des couleurs si complètement différentes qu'on les a pris pour des espèces distinctes : chez une espèce, les mâles et les femelles sont vert brillant, mais le mâle a le thorax rouge. En résumé, autant que j'ai pu en juger chez les Prionides, quand les mâles et les femelles affectent une coloration différente, les femelles sont toujours plus brillamment colorées que les mâles; ce qui ne concorde pas avec la règle générale relative à la coloration due à l'action de la sélection sexuelle.

Les grandes cornes qui s'élèvent sur la tête, sur le thorax ou sur l'écusson des mâles, et qui, dans quelques autres cas, hérissent la surface inférieure du corps constituent une distinction très remarquable entre les individus de sexe différent chez les coléoptères. Ces cornes, dans la grande famille des Lamellicornes, ressemblent à celles de divers mammifères, tels que le cerf, le rhinocéros, etc., et sont fort curieuses, tant par leurs dimensions que par les formes diverses qu'elles affectent. Au lieu de les décrire, je me borne à donner les figures des formes mâles et femelles choisies parmi les plus remarquables (*fig.* 16 à 20). Les femelles portent ordinairement, sous formes de petites projections ou tubercules, les rudiments des cornes des mâles, mais certaines femelles n'en présentent aucune trace. D'autre part, les cornes ont acquis un développement presque aussi complet chez la femelle du *Phanæus lancifer* que chez le mâle; elles sont un peu moins développées chez les femelles de quelques autres espèces du même genre et chez les *Copris*. M. Bates affirme que, dans les diverses subdivi-

---

63. Le *Pyrodes pulcherrimus*, espèce chez laquelle les sexes diffèrent notablement, a été décrit par M. Bates dans *Transact. Ent. Soc.*, 1869, p. 50. Je citerai les quelques autres cas que je connais d'une différence de coloration chez les coléoptères mâles et femelles. Kirby et Spence (*Introd.*, etc., vol. III, p. 301) mentionnent une *Cantharis*, le *Meloe*, le *Rhagium* et le *Leptura testacea*; le mâle de ce dernier est couleur brique à thorax noir, la femelle tout entière d'un rouge pâle. Ces deux coléoptères appartiennent à la famille des Longicornes. MM. R. Trimen et Waterhouse jeune me signalent deux Lamellicornes, un *Peritricha* et un *Trichius;* chez ce dernier, le mâle est plus foncé que la femelle. Le *Tillus elongatus* mâle est noir, et la femelle est, croit-on, toujours bleu foncé avec thorax rouge. L'*Orsodacna atra* mâle est noir, d'après M. Walsh, la femelle (*O. ruficollis*) a le thorax roux.

sions de la famille, les différences de conformation des cornes ne concordent pas avec les autres différences plus caractéristiques et plus importantes ; ainsi, dans un même groupe du genre *Onthopha-gus*, certaines espèces ont une seule corne, tandis que d'autres ont deux cornes distinctes.

Dans presque tous les cas, on constate une excessive variabilité

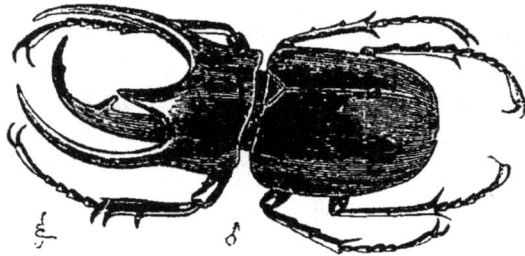

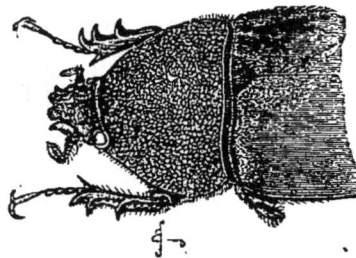

Fig. 16. — *Chalcosoma atlas.*
Figure supér., mâle (réduite); figure infér., femelle (grandeur naturelle).

Fig. 17. — *Copris iridis.* (Les figures placées à gauche sont celles des mâles.)

des cornes, de sorte qu'on peut établir une série graduée entre les mâles les plus développés jusqu'à d'autres assez dégénérés pour qu'on puisse à peine les distinguer des femelles. M. Walsh[64] a constaté que certains *Phanœus carnifex* mâles ont des cornes trois fois plus longues que celles d'autres mâles. M. Bate, après avoir examiné plus de cent *Onthophagus rangifer* mâles (fig. 20), crut

64. *Proc. Entom. Soc. of Philadelphia*, 1864, p. 228.

avoir enfin découvert une espèce chez laquelle les cornes ne varient pas ; mais des recherches ultérieures lui ont fait reconnaître
le contraire.

La grandeur extraordinaire des cornes et la différence notable de
leur conformation chez des formes très voisines indiquent qu'elles
doivent jouer un rôle important ; mais leur variabilité excessive
chez les mâles d'une même espèce permet de conclure que ce rôle

Fig. 18. — *Phanœus faunus.*

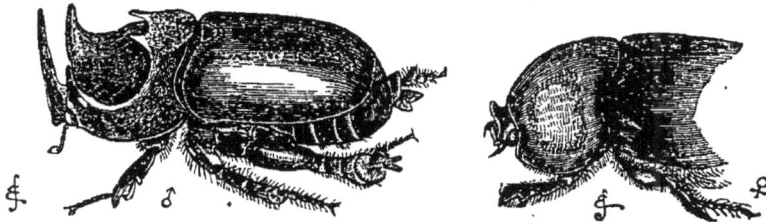

Fig. 19. — *Dipelicus cantori.*

Fig. 20. — *Onthophagus rangifer* (grossi).

ne doit pas avoir une nature définie. Les cornes ne présentent aucune trace de frottement : elles ne servent donc pas à exécuter un
travail habituel. Quelques savants supposent[65] que les mâles,
beaucoup plus vagabonds que les femelles, ont besoin de cornes
pour se défendre contre leurs ennemis ; mais, dans bien des cas,
les cornes ne paraissent nullement propres à cet usage, car elles
ne sont point tranchantes. La supposition la plus naturelle est
qu'elles servent aux mâles dans leurs combats ; mais on n'a jamais

65. Kirby et Spence, *o. c.*, vol. III, p. 300.

observé un seul de ces combats, et, après avoir examiné attentivement de nombreuses espèces, M. Bates n'a pu découvrir ni mutilations ni fractures témoignant que ces organes ont servi à un pareil usage. Si les mâles avaient l'habitude de lutter les uns avec les
autres, la sélection sexuelle aurait probablement augmenté leur
taille, qui aurait alors dépassé celle de la femelle ; or M. Bates,
après avoir comparé les mâles et les femelles de plus de cent espèces de Coprides, n'a pas constaté de différence marquée, sous ce
rapport, chez les individus bien développés. D'ailleurs, chez le
Lethrus qui appartient à la même grande divi-
sion des Lamellicornes, les mâles se livrent de
fréquents combats ; or, le Lethrus mâle n'est pas
armé de cornes, bien qu'il ait des mâchoires
beaucoup plus grandes que celles de la femelle.

La supposition que les cornes ont été acquises
à titre de simples ornements est celle qui concorde le mieux avec le fait que ces appendices
ont pris de vastes proportions sans se développer d'une manière fixe, — fait que démontrent

Fig. 21.— Onitis furcifer
mâle, vu en dessous.

leur variabilité extrême chez une même espèce et leur diversité
chez des espèces très voisines. Cette hypothèse peut, au premier
abord, paraître très invraisemblable ; mais nous aurons plus loin
l'occasion de constater que, chez beaucoup d'animaux placés à un
rang bien plus élevé sur l'échelle, c'est-à-dire chez les poissons,
chez les amphibies, chez les reptiles et chez les oiseaux, diverses
sortes d'aigrettes, de protubérances, de cornes et de crêtes, ne doivent apparemment leur développement qu'à cette seule influence,

Les Onitis furcifer mâles (fig. 21), ainsi que les mâles de quelques autres espèces du genre, ont les cuisses antérieures pourvues
de singulières projections ; leur thorax porte, en outre, à la surface
inférieure, une paire de cornes formant une grosse fourchette. Si
l'on en juge par ce qui se passe chez d'autres insectes, ces appendices doivent servir au mâle à maintenir la femelle. On ne remarque, chez les mâles, aucune trace de cornes à la surface supérieure
du corps, mais on aperçoit visiblement sur la tête des femelles le
rudiment d'une corne unique (fig. 22, a), et d'une crête sur le thorax (b). Il est évident que la légère crête thoracique de la femelle
est le rudiment d'une saillie propre au sexe mâle, bien qu'elle fasse
complètement défaut chez le mâle de cette espèce particulière ; car
le Bubas bison femelle (forme très voisine de l'Onitis) porte sur le
thorax une légère crête semblable, placée dans la même situation
qu'une forte projection qui existe chez le mâle. Il est évident que la

petite pointe (*a*) qui existe sur la tête de l'*Onitis furcifer* femelle, ainsi que sur les femelles de deux ou trois espèces voisines, est le rudiment de la corne céphalique, commune aux mâles de beaucoup de Lamellicornes, par exemple chez le *Phanæus* (*fig.* 18).

On supposait autrefois que les rudiments ont été créés pour compléter le plan de la nature. On ne saurait, dans ce cas, admettre cette hypothèse, inadmissible d'ailleurs, car cette famille présente

Fig. 22. — Figure de gauche, *Onitis furcifer* mâle, vu de côté.
Figure de droite, femelle. — *a.* Rudiment de corne céphalique. —
b. Trace de corne ou crête thoracique.

une inversion complète de l'état ordinaire des choses. Nous avons lieu de penser que les mâles portaient originellement des cornes et qu'ils les ont transmises aux femelles à l'état rudimentaire, comme chez tant d'autres lamellicornes. Nous ne saurions dire pourquoi les mâles ont subséquemment perdu leurs cornes: il se peut que cette perte résulte, en vertu du principe de la compensation, du

Fig. 23. — *Bledius taurus*, grossi.
Figure de gauche, mâle; figure de droite, femelle.

développement ultérieur des appendices qui se trouvent sur la surface inférieure, disparition qui n'a pu s'effectuer chez la femelle où ces appendices font défaut; aussi cette dernière a-t-elle conservé des rudiments de cornes sur la face supérieure.

Tous les exemples cités jusqu'ici se rapportent aux Lamellicornes; quelques coléoptères mâles, appartenant à deux groupes très différents, les Curculionides et les Staphylins, portent aussi des cornes; — les premiers, à la surface inférieure du corps [66], les seconds, à la surface supérieure de la tête et du thorax. Les cornes des mâles, comme chez les Lamellicornes, sont très variables chez

66. Kirby et Spence, *o. c.*, vol. III, p. 329.

les Staphylins appartenant à une même espèce. On observe un cas
de dimorphisme chez le *Siagonium*, car on peut diviser les mâles
en deux catégories, qui diffèrent beaucoup au point de vue de la
grandeur du corps et du développement des cornes, sans qu'on
trouve de gradations intermédiaires. Chez une autre espèce du genre
Staphylin, le *Bledius* (*fig.* 23), on trouve, dans une même localité,
des individus mâles chez lesquels, comme l'a constaté le professeur Westwood, « la corne centrale du thorax est très développée,
tandis que celles de la tête restent rudimentaires, et d'autres chez
lesquels la corne thoracique est beaucoup plus courte, tandis que
les protubérances situées sur la tête sont très longues[67] ». C'est
évidemment là un exemple de compensation de croissance, qui
jette un grand jour sur la disparition des cornes supérieures chez
les *Onitis furcifer* mâles.

Loi du combat. — Certains coléoptères mâles paraissent mal adaptés pour la lutte; ils ne s'en battent pas moins avec leurs semblables pour s'emparer des femelles. M. Wallace[68] a vu deux *Leptorhynchus angustatus* mâles, une espèce de coléoptère linéaire, à
trompe très allongée, « combattre pour la possession d'une femelle
qui se tenait dans le voisinage occupée à creuser un trou. Emportés par la colère, ils se poussaient l'un l'autre, se saisissaient par la
trompe et se portaient des coups terribles. Bientôt, le mâle le plus
petit abandonna le champ de bataille et, prenant la fuite, s'avoua
vaincu ». Parfois aussi les mâles sont bien conformés pour la lutte,
armés qu'ils sont de grosses mandibules dentelées, beaucoup plus
fortes que celles des femelles. Nous pouvons citer, par exemple, le
cerf-volant (*Lucanus cervus*) commun; les mâles sortent de la chrysalide une semaine environ avant les femelles, de sorte que plusieurs
mâles se mettent souvent à la poursuite d'une même femelle. Ils se
livrent alors de terribles combats. M. A. H. Davis[69] enferma un jour
dans une boîte deux mâles avec une seule femelle; le plus grand
mâle se précipita immédiatement sur le plus petit, et le pinça fortement jusqu'à ce qu'il eût renoncé à toutes prétentions. Un de
mes amis, lorsqu'il était jeune, réunissait souvent des mâles
pour les voir combattre; il avait remarqué alors combien ils étaient

---

67. *Mod. Class*, etc., vol. I. p. 172. On trouve sur la même page une description du *Siagonium*. J'ai remarqué au British Museum un *Siagonium* mâle dans
un état intermédiaire; le dimorphisme n'est donc pas absolu.

68. *The Malay Archipelago*, vol. II, 1869, p. 276. Riley, *Sixth Report on Insects
of Missouri*, 1874, p. 115.

69. *Entomolog. Magazine*, vol. I, 1833, p. 82. Voir, sur des luttes de cette
nature, Kirby et Spence, *o. c.*, vol. III, p. 314, et Westwood, *o. c.*, vol. I, p. 187.

plus hardis et plus féroces que les femelles, ce qui, comme on sait, est le cas chez les animaux supérieurs. Les mâles, s'ils pouvaient y parvenir, se saisissaient de son doigt, au lieu que les femelles ne cherchaient pas à le faire, bien qu'elles aient de plus grandes mâchoires. Chez beaucoup de Lucanes, comme chez le *Leptorhynchus* dont nous venons de parler, les mâles sont plus grands et plus forts que les femelles. Le mâle et la femelle du *Lethrus cephalotes* (Lamellicornes) habitent le même trou; le mâle a les mandibules plus grandes que celles de la femelle. Si, pendant la saison des amours, un étranger cherche à pénétrer dans le logis, le mâle l'attaque immédiatement; la femelle ne reste pas inactive; elle ferme l'ouverture du réduit, et encourage le mâle en le poussant continuellement par derrière. Le combat ne cesse que lorsque l'agresseur est tué ou s'éloigne [70]. Les *Ateuchus cicatricosus*, un autre Lamellicorne, mâles et femelles, s'apparient et paraissent être fort attachés l'un à l'autre; le mâle oblige la femelle à rouler les boulettes de fumier dans lesquelles elle dépose ses œufs; si on lui enlève la femelle, il court de tous côtés en donnant les signes de la plus vive agitation; si on enlève le mâle, la femelle cesse tout travail, et, d'après M. Brulerie [71], reste immobile jusqu'à ce qu'elle meure.

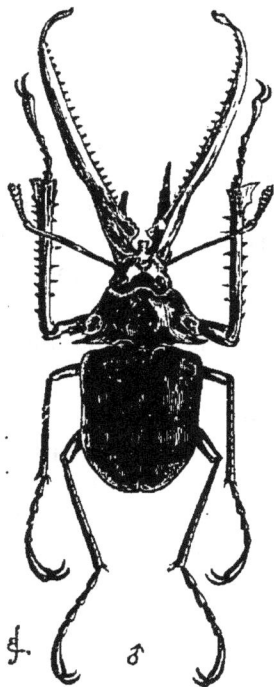

Les dimensions et la structure des grandes mandibules des Lucanes mâles varient beaucoup; sous ce rapport, elles ressemblent aux cornes qui surmontent la tête et le thorax de beaucoup de Lamellicornes et de Staphylins mâles. On peut établir une série complète de gradations entre les mâles qui, à ce point de vue, sont le mieux et le plus mal pourvus. Les mandibules du cerf-volant commun, et probablement de beaucoup d'autres espèces, servent à ces insectes d'armes réelles pour la lutte; il est douteux,

Fig. 24. — *Chiasognatus grantii*, réduit.
Figure supérieure, mâle; figure inférieure, femelle.

70. Cité d'après Fischer, *Dict. class. d'hist. nat.*, tôm. X, p. 324.
71. *Ann. Soc. Entom. de France*, 1866.

cependant, qu'on puisse attribuer à cette cause leur grandeur démesurée. Nous avons vu que le *Lucanus elaphus* de l'Amérique du Nord s'en sert pour saisir la femelle. Leur élégance m'a aussi fait supposer qu'elles pouvaient constituer un ornement pour le mâle, au même titre que les cornes céphaliques et thoraciques des espèces dont nous avons parlé plus haut. Le *Chiasognathus grantii* mâle, du sud du Chili, — coléoptère magnifique appartenant à la même famille, — a des mandibules énormément développées (*fig.* 24) ; il est hardi et belliqueux, fait face du côté où on le menace, ouvre ses grandes mâchoires allongées, et fait entendre en même temps un bruit très strident ; mais ses mandibules ne sont pas assez puissantes pour causer une véritable douleur quand il pince le doigt.

La sélection sexuelle, qui implique la possession d'une puissance perceptive considérable et des passions très vives, paraît avoir joué un rôle plus important chez les Lamellicornes que chez aucune autre famille de coléoptères. Les mâles de quelques espèces possèdent des armes pour la lutte ; d'autres vivent par couples et se témoignent une grande affection ; beaucoup ont la faculté de produire des sons perçants lorsqu'on les excite ; d'autres portent des cornes extraordinaires, qui servent probablement d'ornement ; quelques-uns, qui ont des habitudes diurnes, affectent des couleurs très brillantes ; enfin, la plupart des plus grands coléoptères appartiennent à cette famille que Linné et Fabricius avaient placée à la tête de l'ordre des Coléoptères [72].

Organes de stridulation. — On observe des organes de cette nature chez les coléoptères appartenant à de nombreuses familles très éloignées et très distinctes les unes des autres. Les sons qu'ils produisent sont perceptibles à quelques mètres de distance [73], mais ne sont point comparables à ceux que font entendre les Orthoptères. La partie qu'on pourrait appeler la râpe consiste ordinairement en une surface étroite, légèrement saillante, traversée de lignes parallèles fines, au point de provoquer parfois des couleurs irisées, et présentant, sous le microscope, un aspect des plus élégants. Dans quelques cas, chez le *Typhæus*, par exemple, on distingue parfaitement des proéminences écailleuses très petites qui recouvrent toute la surface environnante en lignes à peu près parallèles ; ces proéminences, en se redressant et en se soudant, constituent les lignes saillantes ou côtes de la râpe, qui sont à la

72. Westwood, *o. c.,* vol. I, p. 184.
73. Wollaston, *On certain musical Curculionidæ* (*Annals and Mag. of. Nat. Hist.*, vol. VI, 1860, p. 14).

fois plus proéminentes et plus unies. Une saillie dure, située sur quelque partie adjacente du corps, parfois spécialement modifiée dans ce but, sert de grattoir à la râpe. C'est tantôt le grattoir qui se meut rapidement sur la râpe, tantôt, au contraire, la râpe qui se meut sur le grattoir.

Ces organes occupent les positions les plus diverses. Chez les Nécrophores, deux râpes parallèles (r. fig. 25) sont placées sur la face dorsale du cinquième segment de l'abdomen, et chaque râpe, d'après Landois [74], se compose de cent vingt-six à cent quarante petites lignes saillantes. C'est sur cette râpe que vient frotter une petite projection placée sur le bord postérieur des élytres. Chez

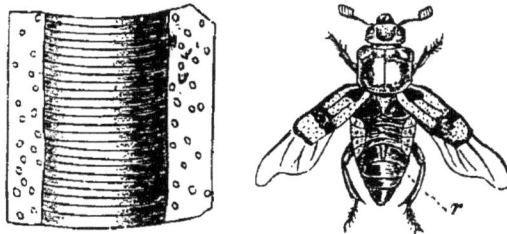

Fig. 25. — *Necrophorus* (Landois).
r. Les deux râpes. — La figure de gauche représente une partie de la râpe considérablement grossie.

beaucoup de Criocérides, chez le *Clythra 4 punctata* (Chrysomélide), ainsi que chez quelques Ténébrionides [75], etc., la râpe est placée au sommet dorsal de l'abdomen, sur le pygidium ou sur le propygidium, et, comme dans les cas précédents, ce sont les élytres qui viennent la gratter. Chez l'*Heterocerus*, qui appartient à une autre famille, les râpes sont situées sur les côtés du premier segment abdominal et ce sont des saillies que portent les fémurs qui font l'office de grattoirs [76]. Chez quelques Curculionides et chez quelques Carabides [77], la disposition des parties est complètement

74. *Zeitschrift für wiss. Zool.*, vol. XVII, 1867, p. 127.
75. M. G.-R. Crotch m'a rendu grand service en m'envoyant de nombreux individus préparés de divers coléoptères appartenant à ces trois familles et à d'autres, ainsi que des renseignements précieux de tous genres. Il croit que la faculté d'émettre un son strident n'avait pas encore été observée chez le *Clythra*. Je dois aussi des remerciments à M. E-W. Janson pour divers renseignements. J'ajouterai que mon fils, M. F. Darwin, a découvert que le *Dermestes murinus* produit des sons stridents, sans pouvoir trouver l'appareil producteur. Le docteur Chapman a récemment décrit le *Scolytus* comme insecte stridulant (*Entomologist's Monthly Magazine*, vol. VI, p. 130).
76. Schiödte, trad. dans *Annals and Mag. of Nat. Hist.*, vol. XX, 1867, p. 37.
77. Westring a décrit (Kroyer, *Naturhist. Tidskrift*, B. II, p. 334, 1848-1849) les organes stridulants dans ces deux familles et dans d'autres. J'ai examiné

intervertie; en effet, les râpes occupent la surface inférieure des élytres, près du sommet, ou le long des bords externes, et les bords des segments abdominaux servent de grattoirs. Chez le *Pelobius Hermanni* (Dytique), une saillie puissante, placée près du bord sutural des élytres et parallèlement à ce bord, porte des côtes transversales, épaisses, dans la partie médiane, mais qui deviennent graduellement plus fines à chaque extrémité, surtout à l'extrémité supérieure : lorsqu'on tient l'insecte sous l'eau ou dans l'air, on lui fait produire un bruit strident en frottant contre cette râpe le bord extrême et corné de l'abdomen. Chez un grand nombre de Longicornes, ces organes occupent une position toute différente; la râpe est placée sur le mésothorax, qui frotte contre le prothorax. Landois a compté deux cent trente-huit saillies très-fines sur la râpe du *Cerambyx heros*.

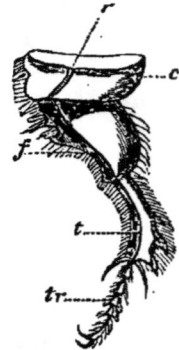

Beaucoup de Lamellicornes ont la faculté de produire des sons stridents au moyen d'organes dont la position varie considérablement. Quelques espèces font entendre des sons très puissants, au point que M. F. Smith ayant pris un *Trox Sabulosus*, le garde-chasse qui était avec lui crut qu'il avait capturé une souris; mais je n'ai pas pu arriver à découvrir les organes stridulants chez ce coléoptère. Chez le *Geotrupes* et chez le *Typhæus*, une crête étroite (*r*, *fig.* 26), qui traverse obliquement la cuisse de chaque patte postérieure, porte chez le *G. stercorarius* 84 côtes sur lesquelles vient frotter une partie spéciale faisant saillie sur un des segments abdominaux.

Fig. 26. — Patte postérieure du *Geotrupes stercorarius* (Landois).

r, râpe; *c*, coxal; *f*, fémur; *t*, tibia; *tr*, tarse.

Chez le *Copris lunaris*, forme voisine, on remarque une râpe fine, très étroite, qui occupe le bord sutural de l'élytre, outre une seconde râpe courte qui est placée près du bord externe de la base de l'élytre; chez quelques autres Coprini, la râpe est, d'après Leconte [78], placée sur la surface dorsale de l'abdomen. Chez *l'Oryctes*, elle est constituée sur le propygidium, et chez quelques *Dynastini*, toujours d'après le même entomologiste, sur la surface inférieure des élytres. Enfin, Westring affirme que chez *l'Omaloplia brunnea* la râpe est placée sur le prosternum, et le

---

chez les Carabides les *Elaphrus uliginosus* et les *Blethisa multipunctata* que m'a envoyés M. Crotch. Chez le *Blethisa*, autant que j'ai pu en juger, les saillies transversales du bord sillonné du segment abdominal n'entrent pas en jeu pour faire frotter les râpes sur les élytres.

78. M. Walsh, de l'Illinois, a eu l'obligeance de m'envoyer des extraits de *Introduction to Entomology*, de Leconte, p. 101, 143.

grattoir sur le méta-sternum, les parties occupant ainsi la surface inférieure du corps, au lieu de la surface supérieure comme chez les Longicornes.

Les organes destinés à la stridulation présentent donc, chez les différentes familles de coléoptères, une grande diversité quant à la position, mais se ressemblent beaucoup au point de vue de la structure. Dans une même famille quelques espèces possèdent ces organes, pendant que d'autres en sont dépourvues. Cette diversité s'explique si on suppose qu'à l'origine certaines espèces ont pu produire un bruit strident en frottant l'une contre l'autre les parties dures de leur corps; or, si le bruit ainsi produit a constitué pour eux un avantage quelconque, les surfaces rugueuses ont dû graduellement se développer pour se transformer en organes stridents réguliers. Quelques Coléoptères font entendre, avec ou sans intention, un bourdonnement particulier au moindre de leurs mouvements, sans posséder pour cela aucun organe spécial. M. Wallace m'apprend que l'*Euchirus longimanus* (Lamellicorne dont les pattes antérieures sont singulièrement longues chez le mâle) « produit, au moindre mouvement, un bruit sourd, mais qui ressemble à un sifflement résultant de l'expansion et de la contraction de l'abdomen; en outre, lorsqu'on le saisit, il fait entendre une sorte de grincement en frottant ses pattes postérieures contre le bord des élytres ». Le sifflement est évidemment dû à une râpe étroite placée le long du bord sutural de chaque élytre; j'ai pu également obtenir le grincement en frottant la surface chagrinée du fémur contre le rebord granuleux de l'élytre correspondante; mais je n'ai pas pu découvrir de râpe spéciale, bien qu'il eût été difficile qu'elle m'échappât chez un insecte aussi gros. Après avoir examiné le *Cychrus* et avoir lu les deux mémoires de Westring sur ce coléoptère, il semble bien douteux qu'il possède une véritable râpe, bien qu'il soit capable de faire entendre un certain bruit.

Je m'attendais, en raison de l'analogie qui existe entre les Orthoptères et les Homoptères, à trouver, suivant le sexe, une différence dans les organes stridents des coléoptères; mais Landois, qui a examiné plusieurs espèces avec beaucoup de soin, n'en a observé aucune; pas plus que Westring, ou M. G. R. Crotch dans la préparation des nombreux individus qu'il a eu l'obligeance de soumettre à mon examen. Il serait toutefois, vu la grande variabilité de ces organes, difficile de remarquer des différences sexuelles très légères. Ainsi, dans le premier couple de *Necrophorus humator* et de *Pelobius*, que j'ai examiné, la râpe était considérablement plus grande chez le mâle que chez la femelle; mais il n'en fut pas de même chez les individus subséquents. Chez le *Geotrupes stercorarius*, la râpe me parut être plus épaisse, plus opaque et plus proéminente chez trois mâles que dans le même nombre de femelles ; en conséquence, désireux de savoir si les sexes diffèrent par l'intensité de leur aptitude à la stridulation, mon fils, M. F. Darwin, recueillit 57 individus vivants qu'il divisa en deux lots, selon que, traités d'une même manière, ils faisaient plus ou moins de bruit. Il examina ensuite les sexes, et trouva que, dans les deux lots, les proportions des mâles et des femelles étaient à peu près les mêmes. M. F. Smith a conservé vivants de nombreux *Monoynchus pseudacori* (Curculionides), et s'est assuré que les deux sexes produisent des sons stridents et à un degré d'intensité à peu près égal.

Il n'en est pas moins vrai que la faculté d'émettre des sons constitue un caractère sexuel chez certains coléoptères. M. Crotch a découvert que, chez deux espèces d'*Héliapothes* (Ténébrions), les mâles seuls possèdent des organes de ce genre. J'ai examiné cinq *H. Gibbus* mâles : tous portaient une râpe bien développée, partiellement divisée en deux, sur la surface dorsale du segment abdominal terminal ; tandis que, chez le même nombre de femelles, il n'y avait pas même trace de râpe, la membrane du segment était transparente et beaucoup plus mince que celle du mâle. Le *H. cribratostriatus* mâle possède une râpe analogue, mais qui n'est pas partiellement divisée en deux parties ; la femelle en est complètement dépourvue ; le mâle porte en outre, sur les bords du sommet des élytres, de chaque côté de la suture, trois ou quatre saillies longitudinales courtes, traversées de côtes très fines, parallèles, qui ressemblent à celles de la râpe abdominale ; mais je n'ai pu déterminer si ces saillies servent de râpe indépendante ou de grattoir pour la râpe abdominale ; la femelle n'offre aucune trace de cette dernière conformation.

Trois espèces du genre *Oryctes* (Lamellicornes) présentent un cas presque analogue. Chez les *O. gryphus* et *nasicornis* femelles, les côtes de la râpe du propygidium sont moins continues et moins distinctes que chez les mâles ; mais la différence principale consiste en ce que toute la surface supérieure de ce segment, examinée sous une inclinaison de lumière convenable, est recouverte de poils qui n'existent pas chez les mâles ou ne sont représentés que par un très fin duvet. Il faut noter que, chez tous les coléoptères, la partie agissante de la râpe est dépourvue de poils. Chez l'*O. senegalensis* on constate une différence encore plus sensible entre les mâles et les femelles ; le meilleur moyen de distinguer ces différences est de nettoyer le segment, puis de l'observer par transparence. Chez la femelle, toute la surface du segment est recouverte de petites saillies distinctes qui portent des piquants ; tandis que, chez le mâle, à mesure qu'on monte vers le sommet, ces saillies deviennent de plus en plus confluentes, régulières et nues ; de sorte que les trois quarts du segment sont couverts de saillies parallèles très fines qui font absolument défaut chez la femelle. Toutefois, chez ces trois espèces d'*Oryctes*, lorsqu'on meut alternativement en avant et en arrière l'abdomen ramolli d'un individu, on peut déterminer un léger grincement ou un faible bruit strident.

On ne peut guère mettre en doute que, chez l'*Heliopathes* et chez l'*Oryctes*, le bruit strident que font entendre les mâles n'ait pour but l'appel et l'excitation des femelles ; mais, chez la plupart des coléoptères, ce bruit sert, selon toute apparence, comme moyen d'appel mutuel pour les deux sexes. Les coléoptères font entendre le même bruit quand ils sont agités par diverses émotions, de même que les oiseaux se servent de leur voix pour beaucoup d'usages autres que celui de chanter devant leurs compagnes. Le grand *Chiasognathus* fait entendre son bruit strident lorsqu'il se défie ou qu'il est en colère ; beaucoup d'individus d'espèces différentes agissent de même lorsqu'il ont peur, alors qu'on les tient de façon qu'ils ne puissent s'échapper ; MM. Wollaston et Crotch, en frappant les troncs d'arbres creux dans les îles Canaries, ont pu y reconnaître la présence de coléoptères du genre *Acalles*, par les bruits qu'ils faisaient entendre. Enfin, l'*Ateuchus* mâle fait entendre ce même bruit pour encourager sa femelle au travail, et par chagrin lorsqu'on la lui enlève[79]. Quelque naturalistes croient que les coléoptères font entendre ce bruit pour effrayer leurs ennemis ; mais je ne peux croire qu'un son aussi léger puisse causer la moindre frayeur aux mammifères et aux oiseaux capables de dévorer les grands coléoptères pourvus d'enveloppes coriaces et dures. Le fait que les *Anabium tessellatum* répondent à leur tic-tac réciproque, ou, ainsi que je l'ai moi-même observé, répondent à des coups frappés artificiellement, confirme l'hypothèse que la stridulation sert d'appel sexuel. M. Doubleday a deux ou trois fois observé une femelle faisant son tic-tac[80] et, au bout d'une heure ou deux,

---

79. M. P. de la Brûlerie, cité par A. Murray, *Journal of Travel*, vol. II, 1868, p. 135.

80. M. Doubleday assure que l'insecte produit ce bruit en s'élevant autant que possible sur ses pattes et en frappant cinq ou six fois de suite son thorax contre le corps sur lequel il est assis. Voir sur ce fait Landois, *Zeitsch. für wissensch. Zoolog.*, vol. XVII, p. 131. Olivier, cité par Kirby et Spence, *Introduction*, etc., vol. II, p. 395) dit que le *Pimeslia striata* femelle produit un son assez fort en frappant son abdomen contre une substance dure, « et que le mâle, obéissant à son appel, arrive, et l'accouplement a lieu ».

il la trouva réunie à un mâle et, dans une autre occasion, entourée de plusieurs mâles. En résumé, il semble probable que, dans l'origine, beaucoup de coléoptères mâles et femelles utilisaient, pour se trouver l'un l'autre, les légers bruits produits par le frottement des parties adjacentes de leur corps; or, comme les mâles ou les femelles qui faisaient le plus de bruit devaient le mieux réussir à s'accoupler, la sélection sexuelle a développé les rugosités des diverses parties de leur corps et les a transformées graduellement en véritables organes propres à produire des bruits stridents.

CHAPITRE XI

INSECTES, SUITE. — ORDRE DES LÉPIDOPTÈRES
(PAPILLONS ET PHALÈNES)

Cour que se font les papillons. — Batailles. — Bourdonnements. — Couleurs communes aux mâles et aux femelles, ou plus brillantes chez les mâles. — Exemples. — Ces couleurs ne sont pas dues à l'action directe des conditions d'existence. — Couleurs protectrices. — Couleur des phalènes. — Leur étalage. — Perspicacité des Lépidoptères. — Variabilité. — Causes de la différence de coloration entre les mâles et les femelles. — Imitation, couleurs plus brillantes chez les papillons femelles que chez les mâles. — Vives couleurs des chenilles. — Résumé et conclusions sur les caractères secondaires sexuels des insectes. — Comparaison des insectes avec les oiseaux.

La différence de coloration qui existe entre les mâles et les femelles d'une même espèce et entre les espèces distinctes d'un même genre de lépidoptères est le point sur lequel doit particulièrement porter notre attention. Je compte consacrer à l'étude de cette question la presque totalité de ce chapitre; mais je ferai d'abord quelques remarques sur un ou deux autres points. On voit souvent plusieurs mâles poursuivre une même femelle et s'empresser autour d'elle. La cour que se font ces insectes paraît être une affaire de longue haleine, car j'ai fréquemment observé un ou plusieurs mâles pirouetter autour d'une femelle, et ai toujours dû, pour cause de fatigue, renoncer à attendre le dénoûment. M. A. G. Butler m'apprend aussi qu'il a plusieurs fois observé un mâle courtiser une femelle pendant plus d'un quart d'heure; la femelle refusa obstinément de céder au mâle et finit par se poser sur le sol en repliant ses ailes de façon à échapper à ses obsessions.

Bien que faibles et délicats, les papillons ont des goûts belliqueux, et on a capturé un papillon Grand-Mars[1] dont les bouts

---

1. *Apatura Iris* (*Entomologist's Weekly Intelligencer*, 1859, p. 139). Voir, pour les papillons de Bornéo, C. Collingwood, *Rambles of a Naturalist*, 1868, p. 183.

des ailes avaient été brisés dans un conflit avec un autre mâle.
M. Collingwood a observé les nombreuses batailles que se livrent
les papillons de Bornéo, et résume ainsi ses observations : « Ils
tourbillonnent l'un autour de l'autre avec la plus grande rapidité
et paraissent animés d'une extrême férocité. »

On connaît un papillon, l'*Ageronia feronia*, qui fait entendre un
bruit semblable à celui d'une roue dentée tournant sur un cliquet,
bruit que l'on peut percevoir à plusieurs mètres de distance. Je n'ai
remarqué ce bruit, à Rio de Janeiro, que lorsque deux individus
se poursuivaient en suivant une course irrégulière, de sorte qu'il
n'est probablement produit que pendant l'époque de l'accouplement[2].

Quelques phalènes font aussi entendre des sons, le *Thecophora
fovea* mâle, par exemple. Dans deux occasions, M. Buchanan White[3]
a entendu un *Hylophila prasinana* mâle émettre un bruit rapide et
perçant ; il croit qu'il le produit comme les cicadés au moyen d'une
membrane élastique pourvue d'un muscle. Guénée affirme que le
Setina produit un son qui ressemble au tic-tac d'une montre, probablement à l'aide de deux grandes vésicules tympaniformes situées dans la région pectorale ; il ajoute que ces vésicules sont
beaucoup plus développées chez le mâle que chez la femelle. Il en
résulte que les organes des lépidoptères, en tant qu'ils sont
destinés à produire des sons, semblent avoir quelques rapports avec
les fonctions sexuelles. Je n'ai pas fait allusion au bruit bien connu
produit par le Sphinx tête de mort, car on l'entend ordinairement
au moment seulement où cette phalène sort du cocon.

Girard dit qu'une odeur musquée émise par deux espèces de
Sphinx est particulière au mâle[4] ; nous trouverons dans les classes
supérieures d'animaux beaucoup d'exemples de mâles qui sont seuls
odoriférants.

L'admiration qu'inspire l'extrême beauté d'un grand nombre de
papillons et de quelques phalènes nous amène à nous demander
comment cette beauté a été acquise. Les couleurs et les dessins si
variés qui les décorent proviennent-ils simplement de l'action directe des conditions physiques auxquelles ils ont été exposés, sans
qu'il en soit résulté pour eux quelque avantage ? Quelle cause in-

2. *Journal of Researches*, 1845, p. 33. M. Doubleday (*Proc. Entom. Soc.*, 3 mars
1845, p. 123) a découvert à la base des ailes antérieures un sac membraneux
spécial qui joue probablement un rôle dans la production de ce bruit. Pour le
Thecophora, voir *Zoological Record*, 1869, p. 401. Pour les observations de
M. Buchanan White, voir *The Scottish Naturalist*, juillet 1872, p. 214.

3. *The Scottish Naturalist*, juillet 1872, p. 213.

4. *Zoological Record*, 1869, p. 347.

connue a produit ces variations successives et a conduit à leur accumulation? La coloration des papillons constitue-t-elle un moyen de protection, ou n'a-t-elle pour objet que l'attraction sexuelle? Pourquoi, en outre, les mâles et les femelles chez certaines espèces affectent-ils des couleurs si différentes, alors que chez certaines autres espèces ils se ressemblent absolument? Avant de tenter une réponse à ces questions nous avons un ensemble de faits à exposer.

Chez nos magnifiques papillons anglais, tels que l'amiral, le paon et la grande tortue (*Vanessæ*), les mâles et les femelles se ressemblent. Il en est de même chez les superbes Héliconides et chez les Danaïdes des tropiques. Mais, chez certains autres groupes tropicaux et chez quelques espèces anglaises, telles que l'*Apatura Iris* (grand Mars) et l'*Anthocaris cardamines* (aurore), la coloration des mâles et des femelles diffère tantôt dans une petite mesure, tantôt à un point extrême. Aucun langage ne saurait décrire la splendeur de certaines espèces tropicales. Dans un même genre, on rencontre des espèces chez lesquelles les individus des deux sexes présentent des différences extraordinaires; chez d'autres, au contraire, mâles et femelles se ressemblent absolument. Ainsi, M. Bates, qui m'a communiqué la plupart des faits suivants et qui a bien voulu revoir ce chapitre, connaît, dans l'Amérique méridionale, douze espèces du genre *Epicalia* dont les mâles et les femelles fréquentent les mêmes localités (ce qui n'est pas toujours le cas chez les Papillons), et, par conséquent, n'ont pas pu être affectés différemment par les conditions extérieures[5]. On compte parmi les plus brillants de tous les papillons les mâles de neuf de ces espèces, et ils diffèrent si complètement des femelles beaucoup plus simples, qu'on classait autrefois ces dernières dans des genres distincts. Les femelles de ces neuf espèces affectent un même type général de coloration; elles ressemblent également aux mâles et aux femelles de plusieurs genres voisins disséminés dans diverses parties du monde, ce qui nous autorise à conclure que ces neuf espèces, et probablement toutes les autres du même genre, descendent d'une souche ancienne, qui probablement affectait à peu près la même coloration. La femelle de la dixième espèce affecte la même coloration générale, et le mâle lui ressemble; aussi est-il beaucoup moins brillant que les mâles des espèces précédentes avec lesquels il fait un contraste frappant. Les femelles de la onzième et de la douzième espèce dévient du type de coloration habituelle à leur sexe, et revêtent

---

5. Bates, *Proc. Entom. Soc. of Philadelphia*, 1865, p. 206. M. Wallace, sur le *Diadema* (*Trans. Entom. Soc. of London*, 1869, p. 278).

des couleurs presque aussi brillantes que celles des mâles. Les
mâles de ces deux espèces semblent donc avoir transmis leurs
vives couleurs aux femelles; le mâle de la dixième espèce, au contraire, a conservé ou repris la coloration simple de la femelle et
de la forme souche du genre; dans ces trois derniers cas, les mâles et les femelles en sont arrivés à se ressembler tout en suivant
une voie différente pour atteindre cette ressemblance. Dans un
genre voisin, *Eubagis*, les mâles et les femelles de quelques espèces affectent des couleurs simples et se ressemblent beaucoup;
toutefois, dans le plus grand nombre des espèces de ce genre, les
mâles revêtent des teintes métalliques éclatantes très-diverses, et
diffèrent beaucoup des femelles. Ces dernières conservent dans
tout le genre le même type général de coloration, aussi se ressem-
blent-elles ordinairement plus qu'elles ne ressemblent à leurs propres mâles.

Dans le genre Papilio, toutes les espèces du groupe *Æneas*, remarquables par leurs couleurs brillantes et fortement constrastées,
offrent un exemple de la fréquente tendance à une gradation dans
l'étendue des différences entre les sexes. Chez quelques espèces,
chez le *P. ascanius*, par exemple, les mâles et les femelles se ressemblent; chez d'autres espèces, les mâles sont tantôt un peu plus
vivement colorés, tantôt infiniment plus éclatants que les femelles.
Le genre *Junonia*, voisin des Vanesses, offre un cas parallèle, car,
bien que, dans la plupart des espèces de ce genre, les mâles et les
femelles se ressemblent et soient dépourvus de riches couleurs, on
remarque quelques espèces, le *J. œnone*, par exemple, où le mâle
est un peu plus vivement coloré que la femelle, et d'autres (le *J.
andremiaja*, par exemple) où il ressemble si peu à la femelle
qu'on pourrait le classer dans une espèce entièrement différente.

M. A. Butler m'a signalé au British Museum un autre exemple
frappant. Les mâles et les femelles d'une espèce de *Thecla* de
l'Amérique tropicale se ressemblent presque complètement et affectent une étonnante beauté; mais, chez une autre espèce, dont le
mâle affecte des couleurs aussi éclatantes, la femelle a tout le dessus du corps d'un brun sombre uniforme. Nos petits papillons indigènes bleus, appartenant au genre *Lycæna*, nous offrent, sur les
diversités de colorations entre les sexes, des exemples presque
aussi parfaits quoique moins extraordinaires. Les mâles et les
femelles du *Lycæna agestis* ont les ailes brunes, bordées de
petites taches ocellées de couleur orange; ils se ressemblent
donc. Le *L. œgon* mâle a les ailes d'un beau bleu, bordées de
noir, tandis que les ailes de la femelle sont brunes avec une bor-

dure semblable, et ressemblent beaucoup à celles du *L. agestis*. Enfin, les *L. arion* mâles et femelles sont bleus et se ressemblent
beaucoup; les bords des ailes sont toutefois un peu sombres
chez la femelle, et les taches noires sont plus nettes : chez une
espèce indienne qui affecte une coloration bleu brillant, les mâles
et les femelles se ressemblent encore davantage.

Je suis entré dans ces quelques détails afin de prouver, en premier
lieu, que, chez les papillons, lorsque les mâles et les femelles ne
se ressemblent pas, le mâle est, en règle générale, le plus beau et
s'écarte le plus du type ordinaire de la coloration du groupe auquel l'espèce appartient. Il en résulte que, dans la plupart des
groupes, les femelles des diverses espèces se ressemblent beaucoup
plus que ne le font les mâles. Toutefois, dans quelques cas exceptionnels, sur lesquels nous aurons à revenir, les femelles affectent
des couleurs encore plus brillantes que ne le sont celles des mâles.
En second lieu, les exemples que nous avons cités prouvent que,
dans un même genre, on peut souvent observer, entre les mâles et
les femelles, toute une série de gradations depuis une identité
presque absolue de coloration jusqu'à une différence assez prononcée pour que, pendant longtemps, les entomologistes aient
classé le mâle et la femelle dans des genres différents. En troisième
lieu, il résulte des faits que nous avons cités que, lorsque le mâle
et la femelle se ressemblent beaucoup, cela peut provenir de
ce que le mâle a transmis ses couleurs à la femelle, ou de ce qu'il
a conservé ou peut-être recouvré les couleurs primitives du genre
auquel l'espèce appartient. Il faut aussi remarquer que, dans les
groupes où les sexes offrent une certaine différence de coloration,
les femelles, jusqu'à un certain point, ressemblent ordinairement
aux mâles, de sorte que, lorsque ceux-ci atteignent à un degré
extraordinaire de splendeur, les femelles présentent presque invariablement aussi un certain degré de beauté. Nous avons vu qu'il
existe de nombreux cas de gradation dans l'étendue des différences observées entre les mâles et les femelles ; nous avons aussi fait
remarquer qu'un même type général de coloration domine dans
l'ensemble d'un même groupe; ces deux faits nous permettent de
conclure que les causes, quelles qu'elles puissent être, qui ont
déterminé chez quelques espèces la brillante coloration du
mâle seul, et celle des mâles et des femelles à un degré plus
ou moins égal chez d'autres espèces, ont été généralement les
mêmes.

Les régions tropicales abondent en splendides papillons, aussi
a-t-on souvent supposé que ces insectes doivent leur coloration à la

température élevée et à l'humidité; mais M. Bates⁶ a comparé
divers groupes d'insectes voisins, provenant des régions tempérées et des régions tropicales, et a prouvé qu'on ne pouvait
admettre cette hypothèse. Ces preuves, d'ailleurs, deviennent concluantes quand on voit les mâles aux couleurs brillantes et les
femelles si simples appartenant à une même espèce habiter la même
région, se nourrir des même aliments, et avoir exactement les
mêmes habitudes. Quand le mâle et la femelle se ressemblent, il
est même bien difficile de supposer que des couleurs si brillantes,
si élégamment disposées, ne soient qu'un résultat inutile de la nature des tissus et de l'action des conditions ambiantes.

Quand, chez les animaux de toutes espèces, la coloration a subi
des modifications dans un but spécial, ces modifications, autant
que nous en pouvons juger, ont eu pour objet, soit la protection
des individus, soit l'attraction entre les individus de sexe opposé. Les surfaces supérieures des ailes des papillons de
beaucoup d'espèces affectent des couleurs sombres, qui, selon
toute probabilité, leur permettent d'éviter l'observation et, en
conséquence, d'échapper au danger. Mais c'est pendant le repos
que les papillons sont le plus exposés aux attaques de leurs ennemis, et la plupart des espèces, dans cet état, redressent leurs ailes
verticalement sur le dos; les surfaces inférieures des ailes sont
alors seules visibles. Aussi ces dernières, dans beaucoup de cas,
sont-elles évidemment colorées de manière à imiter les nuances des
surfaces sur lesquelles ces insectes se posent habituellement. Le
docteur Rössler est, je crois, le premier qui ait remarqué combien
les ailes fermées de quelques Vanesses et d'autres papillons ressemblent à l'écorce des arbres. On pourrait citer une grande quantité de faits analogues très-remarquable. M. Wallace⁷ notamment
a cité un cas très intéressant; il a trait à un papillon commun dans
l'Inde et à Sumatra (*Kallima*), qui disparaît comme par magie dès
qu'il se pose sur un buisson; il cache, en effet, sa tête et ses antennes entre ses ailes fermées, et, dans cette position, la forme, la
coloration et les dessins dont sont ornées les ailes de ces papillons
ne permettent pas de les distinguer d'une feuille flétrie et de sa
tige. Dans quelques autres cas, les surfaces inférieures des ailes
revêtues de brillantes couleurs n'en constituent pas moins un
moyen de protection; ainsi chez le *Thecla rubi*, les ailes closes sont
couleur vert émeraude, ressemblant à celle des jeunes feuilles de

6. *The Naturalist on the Amazons*, vol. I, 1863, p. 19.
7. *Westminster Review*, juillet 1867, p. 10. M. Wallace a donné une figure du
Kallima dans *Hardwicke Science Gossip*, 1867, p. 196.

la ronce sur laquelle le papillon se pose le plus souvent au printemps. Il est aussi très remarquable que chez beaucoup d'espèces, dont les mâles et les femelles affectent des colorations très-différentes à la surface supérieure des ailes, la surface inférieure soit absolument identique chez les deux sexes dès que la coloration de cette surface sert de moyen de protection[8].

Bien que les nuances obscures des surfaces supérieures ou inférieures des ailes de beaucoup de papillons servent, sans aucun doute, à les dissimuler, nous ne pouvons cependant pas étendre cette hypothèse aux couleurs brillantes et éclatantes de nombreuses espèces, telles que plusieurs de nos Vanesses, nos papillons blancs des choux (*Pieris*) ou le grand Papilio à queue d'hirondelle, qui voltige dans les marais découverts, car ces brillantes couleurs rendent tous ces papillons visibles à tous les êtres vivants. Chez ces espèces, le mâle et la femelle se ressemblent; mais chez le *Gonepteryx rhamni*, le mâle est jaune intense, et la femelle jaune beaucoup plus pâle; chez l'*Anthocharis cardamines*, les mâles seuls ont la pointe des ailes colorée en orange vif. Dans ces cas, mâles et femelles sont également voyants, et on ne peut admettre qu'il y ait le moindre rapport entre leurs différences de coloration et une protection quelconque. Le professeur Weismann[9] fait remarquer qu'une *Lycæna* femelle étend ses ailes brunes quand elle se pose sur le sol et qu'elle devient alors presque invisible; le mâle, au contraire, redresse ses ailes quand il se pose, comme s'il comprenait le danger que lui fait courir la brillante coloration bleue qui les recouvre; ceci prouve, en outre, que la couleur bleue ne peut servir comme moyen de protection. Il est probable, toutefois, que les couleurs éclatantes de beaucoup d'espèces constituent pour elles un avantage indirect, en ce que leurs ennemis comprennent de suite que ces insectes ne sont pas bons à manger. Certaines espèces en effet, ont acquis leur beauté en imitant d'autres belles espèces qui habitent la même localité et jouissent d'une certaine immunité, parce que, d'une façon ou de l'autre, elles sont désagréables à leurs ennemis; il n'en reste pas moins à expliquer la beauté des espèces qui servent de type.

La femelle de notre papillon Aurore, dont nous avons déjà parlé, et celle d'une espèce américaine (*Anth. genutia*) nous indiquent probablement, ainsi que M. Walsh me l'a fait remarquer, quelle était la coloration primitive des espèces souches du genre; en effet,

8. M. G. Fraser, *Nature*, avril 1871, p. 489.
9. *Einfluss der Isolirung auf die Artbildung*, 1872, p. 58.

les mâles et les femelles de quatre ou cinq espèces très répandues ont une coloration à peu près semblable. Nous pouvons donc, comme dans plusieurs cas antérieurs, supposer que ce sont les mâles de l'*Anth. cardamines* et de l'*Ant. genutia* qui se sont écartés de la coloration ordinaire du genre dont ils font partie. Chez l'*Anth. sara* de Californie, les extrémités orangées des ailes se sont en partie développées chez la femelle ; cette pointe, en effet, est rouge orangé, plus pâle que chez le mâle, et un peu différente sous d'autres rapports. Chez l'*Iphias glaucippe*, forme indienne voisine, les extrémités des ailes des mâles et des femelles sont également de couleur orange. M. A. Butler m'a fait remarquer que la surface inférieure des ailes de cet *Iphias* ressemble étonnamment à une feuille de couleur claire ; chez notre espèce anglaise à pointes orangées, la surface inférieure des ailes ressemble à la fleur de persil sauvage, sur lequel cette espèce se pose pendant la nuit[10]. Les raisons qui nous portent à croire que les surfaces inférieures ont été ici colorées dans un but de protection nous empêchent d'admettre que les ailes ont revêtu des taches rouge orangé brillant dans le même but, surtout quand le mâle seul revêt ce caractère.

La plupart des phalènes restent immobiles, les ailes déployées, pendant la plus grande partie ou même pendant toute la durée du jour ; la surface supérieure des ailes est souvent nuancée et ombrée de la manière la plus extraordinaire pour que ces insectes, ainsi que le fait remarquer M. Wallace, échappent à l'attention de leurs ennemis. Chez la plupart des Bombycidés et des Noctuidés[11], au repos, les ailes antérieures recouvrent et cachent les ailes postérieures ; ces dernières pourraient donc être brillamment colorées sans beaucoup d'inconvénients ; c'est, du reste, ce que l'on remarque chez beaucoup d'espèces des deux familles. Pendant le vol, les phalènes peuvent plus facilement échapper à leurs ennemis ; néanmoins, les ailes postérieures sont alors découvertes et leurs vives couleurs n'ont dû être acquises qu'au prix de quelques risques. Mais voici un fait qui prouve avec quelle prudence on doit accepter des conclusions de ce genre. Le *Triphæna* commun à ailes inférieures jaunes prend souvent ses ébats dans la soirée ou même pendant le jour ; la couleur claire de ses ailes postérieures le rend alors très apparent. Il semblerait qu'il y ait là une source de dan-

10. Voir les intéressantes observations de M. T.-W. Wood (*The Student*, sept. 1868, p. 81.)
11. M. Wallace, dans *Hardwicke*, etc., sept. 1867, p. 193.

ger; M. Jenner Weir croit, au contraire, que cette disposition est
un moyen efficace qui leur permet d'échapper au danger; les
oiseaux, en effet, piquent ces surfaces mobiles et brillantes au lieu
de saisir le corps de l'insecte. M. Weir, pour s'en assurer, introduisit dans une volière un vigoureux *Triphæna pronoba*; qui fut
aussitôt pourchassé par un rouge-gorge; mais l'attention de
l'oiseau se porta sur les ailes brillantes de l'insecte et l'oiseau ne
parvint à le capturer qu'après une cinquantaine de tentatives inutiles; il n'avait réussi jusque-là qu'à arracher successivement des
fragments des ailes. Il renouvela la même expérience en plein air
avec un *T. fimbria* et une hirondelle; mais il est probable que, dans
ce cas, la grosseur de la phalène a contribué à en faciliter la capture[12]. Ces expériences nous rappellent un fait constaté par
M. Wallace[13]; le savant naturaliste a remarqué que, dans les forêts
du Brésil et des îles de la Malaisie, un grand nombre de papillons
communs et richement ornés ont un vol très lent, malgré la grandeur démesurée de leurs ailes; souvent, ajoute-t-il, « les ailes des
papillons sont trouées et déchirées, comme s'ils avaient été saisis
par des oiseaux auxquels ils ont pu échapper ; si les ailes avaient
été plus petites relativement au corps, il est probable que l'insecte
aurait été plus fréquemment frappé dans une partie vitale; l'augmentation de la surface des ailes constitue donc indirectement une condition avantageuse ».

Étalage. — Les brillantes couleurs des papillons et de quelques
phalènes sont tout spécialement disposées pour que l'insecte
puisse en faire montre. Les couleurs brillantes ne sont pas visibles
la nuit; or il n'est pas douteux que, prises dans leur ensemble,
les phalènes sont bien moins ornées que les papillons qui sont tous
diurnes. Toutefois les membres de certaines familles, telles que
les Zygænides, divers Sphingides, les Uranides, quelques Arctiides
et quelques Saturnides, voltigent pendant le jour ou le soir au
crépuscule, et presque toutes ces espèces revêtent des couleurs
beaucoup plus brillantes que les espèces rigoureusement nocturnes. On connaît cependant quelques espèces à couleurs éclatantes[14],
qui appartiennent à cette catégorie nocturne, mais ce sont là des
cas exceptionnels.

12. M. Weir, *Transact. Ent. Soc.*, 1869, p. 23.
13. *Westminster Review*, juillet 1867, p. 16.
14. Le *Lithosia*, par exemple; mais le professeur Westwood (*Modern Class.*,
etc., vol. II, p. 390) paraît surpris du cas. Sur les couleurs relatives des Lépidoptères diurnes et nocturnes, voir *ibid.*, p. 332 et 393, et Harris, *Treatise on the
Insects of New England*, 1842, p. 315.

Nous avons d'autres preuves à l'appui. Ainsi que nous l'avons fait remarquer, les papillons au repos portent les ailes relevées; mais, pendant qu'ils se chauffent au soleil, ils les abaissent et les redressent alternativement, et exposent ainsi les deux surfaces aux regards; bien que la surface inférieure soit souvent teintée de couleurs sombres, comme moyen de protection, elle est, chez beaucoup d'espèces, aussi richement colorée que la surface supérieure, et parfois d'une manière toute différente. Chez quelques espèces tropicales, la surface inférieure des ailes est parfois plus brillante que la surface supérieure[15]. Chez l'*Argynnis aglaia*, la surface inférieure est seule décorée de disques argentés brillants. Toutefois, en règle générale, la surface supérieure de l'aile, qui est probablement la plus complètement exposée et la plus en évidence, affecte des couleurs plus éclatantes et plus variées que la surface inférieure. C'est donc cette dernière qui fournit d'ordinaire aux entomologistes le caractère le plus utile pour découvrir les affinités des diverses espèces. Fritz Müller m'apprend que trois espèces de *Castnia* fréquentent les environs de la maison qu'il habite dans le sud du Brésil; chez deux de ces espèces les ailes postérieures affectent des couleurs sombres et sont toujours recouvertes par les ailes antérieures, quand le papillon est au repos; chez la troisième espèce, au contraire, les ailes postérieures noires sont admirablement tachetées de blanc et de rouge, et le papillon au repos a toujours soin de les étaler. Je pourrais citer d'autres cas analogues.

Or, si l'on envisage l'immense groupe des phalènes, qui d'après M. Stainton n'exposent pas ordinairement au regard la surface inférieure de leurs ailes, il est très rare que cette surface soit plus brillamment colorée que la surface supérieure. On peut cependant signaler quelques exceptions réelles ou apparentes à cette règle : l'*Hypopyra*, par exemple[16]. M. R. Trimen m'apprend que M. Guenée, dans son magnifique ouvrage, a représenté trois phalènes chez lesquelles la surface inférieure des ailes est de beaucoup la plus brillante. Chez le *Gastrophora* australien, notamment, la surface supérieure de l'aile antérieure affecte une teinte gris ochreux pâle, tandis que la surface inférieure est ornée d'un magnifique ocelle bleu cobalt, situé au centre d'une tache noire, entourée de jaune orangé, et ensuite de blanc bleuâtre. Mais on ne connaît pas les

15. On peut voir des différences de ce genre entre la surface supérieure et la surface inférieure des ailes de plusieurs espèces de papillons dans les belles planches de M. Wallace, sur les Papilionides de l'archipel Malais. dans *Trans. Lin. Soc.*, vol. XXV, part. I, 1865.

16. *Proc. Ent. Soc.*, mars 1868.

habitudes de ces trois phalènes, nous ne pouvons par conséquent entrer dans aucune explication sur leur coloration extraordinaire. M. Trimen me fait aussi remarquer que la surface inférieure des ailes, chez certaines autres Géométrides[17] et chez certaines Noctuées quadrifides, est plus variée et plus brillante que la surface supérieure; mais quelques-unes de ces espèces ont l'habitude de « redresser complètement leurs ailes sur le dos, et de les tenir longtemps dans cette position »; elles exposent donc ainsi la surface inférieure aux regards. D'autres espèces ont l'habitude de soulever légèrement leurs ailes de temps à autre quand elles reposent sur le sol ou sur l'herbe. La vive coloration de la surface inférieure des ailes de certaines phalènes n'est donc pas une circonstance aussi anormale qu'elle le paraît tout d'abord. Les Saturnides comptent quelques phalènes admirables, dont les ailes sont décorées d'élégants ocelles; M. F. W. Wood[18] fait observer que quelques-uns des mouvements de ces phalènes se rapprochent de ceux des papillons; « par exemple, le léger mouvement d'oscillation de haut en bas qu'elles impriment à leurs ailes, comme pour les étaler, mouvement qu'on observe plus souvent chez les lépidoptères diurnes que chez les lépidoptères nocturnes ».

Il est singulier que, contrairement à ce qui se présente si fréquemment chez les papillons revêtus de vives couleurs, la coloration des mâles et des femelles soit identique chez nos phalènes indigènes et, autant que je puis le savoir, chez presque toutes les espèces étrangères pourvues de vives couleurs. Toutefois on assure que, chez une phalène américaine, le *Saturnia Io*, le mâle a les ailes antérieures jaune foncé tacheté de rouge pourpre, tandis que les ailes de la femelle sont brun pourpre rayé de lignes grises[19]. En Angleterre, les phalènes qui diffèrent de couleur suivant le sexe sont toutes brunes ou offrent diverses nuances jaune pâle et même presque blanches. Chez plusieurs espèces, appartenant à des groupes qui généralement prennent leur vol dans l'après-midi, les mâles sont plus foncés que les femelles[20]. D'autre part, M. Stainton as-

---

17. Sur le genre *Erateina* (Géomètre) de l'Amérique du Sud, *Transact. Ent. Soc.*, nouv. série, vol. V. pl. XV et XVI.

18. *Proc. Ent. Soc. of London*, 6 juillet 1868, p. XXVII.

19. Harris, *Treatise,* etc., édité par Flint, 1862, p. 395.

20. Je remarque, par exemple, dans la collection de mon fils que les mâles sont plus foncés que les femelles chez les *Lasiocampa quercus,* les *Odonestis potatoria,* les *Hypogymna dispar,* les *Dasychira pudibunda,* et les *Cycnia mendica.* Chez cette dernière espèce, la différence de coloration entre les mâles et les femelles est fortement tranchée, et M. Wallace m'informe qu'il y a là, à son avis, un cas d'imitation protectrice circonscrite à un sexe, comme nous l'expliquerons complètement plus tard. La femelle blanche du *Cycnia* ressemble à

sure que, dans beaucoup de genres, les mâles ont les ailes postérieures plus blanches que celles de la femelle — l'*Agrotis exclamationis*, par exemple. Chez l'*Hepialus humuli* la différence est encore
plus tranchée; les mâles sont blancs et les femelles jaunes avec
des taches plus foncées[21]. Il est probable que, dans ces cas, les mâles
sont devenus plus brillants que les femelles pour que ces dernières
les aperçoivent plus facilement dans le crépuscule.

Il est donc impossible d'admettre que les brillantes couleurs des
papillons et de certaines phalènes aient ordinairement été acquises
comme moyen de protection. Nous avons vu que les brillantes couleurs et que les dessins élégants qui ornent les ailes des lépidoptères sont disposés de telle sorte qu'il semble que ces insectes ne
songent qu'à en faire étalage. J'incline donc à penser que les femelles
préfèrent généralement les mâles les plus brillants qui les séduisent davantage; car, dans toute autre hypothèse, nous ne voyons
aucune raison qui puisse motiver une si magnifique ornementation.
Nous savons que les fourmis et que certains lamellicornes sont
susceptibles d'attachement réciproque, et que les premières reconnaissent leurs camarades après un intervalle de plusieurs mois. Il
n'est donc pas impossible que les lépidoptères, qui occupent sur
l'échelle animale une position à peu près égale à celle de ces insectes, possèdent des facultés mentales suffisantes pour admirer les
belles couleurs. Il reconnaissent certainement les fleurs à la couleur. Le Sphinx (oiseau-mouche) découvre à une grande distance
un bouquet de fleurs placé au milieu d'un vert feuillage, et deux
de mes amis m'ont assuré qu'ils ont vu à plusieurs reprises des
phalènes s'approcher des fleurs peintes sur les murs d'une chambre
et essayer en vain d'y insérer leur trompe. D'après Fritz Müller,
certaines espèces de papillons des parties méridionales du Brésil
ont des préférences marquées pour certaines couleurs; il a remarqué que ces papillons visitent très souvent les fleurs rouge brillant

l'espèce commune *Spilosoma menthrasti*, chez laquelle les mâles et les femelles
sont blancs. M. Stainton a vu cette phalène rejetée avec dégoût par une couvée
de jeunes dindons qui étaient d'ailleurs friands d'autres espèces; si la *Cycnia*
se trouve donc habituellement confondue par les oiseaux avec la *Spilosoma*,
elle échappe à la destruction, sa couleur blanche constituant pour elle un grand
avantage.

21. Il est à remarquer que, dans les îles Shetland, le mâle de cette phalène,
au lieu de différer de la femelle, lui ressemble souvent étroitement. Voir à cet
égard M. Mac-Lachlan, *Transact. Ent. Soc.*, vol. II, 1866, p. 459. M. G. Fraser,
Nature, avril 1871, p. 489, suggère qu'à l'époque de l'année où l'*Hepialus humuli*
paraît dans ces îles septentrionales, les mâles n'ont pas besoin de devenir blancs
pour que les femelles puissent les apercevoir pendant la nuit, qui n'est plus
qu'un crépuscule.

de cinq ou six genres de plantes, mais qu'ils ne visitent jamais les
fleurs blanches où jaunes d'autres espèces des mêmes genres ou
de genres différents cultivées dans le même jardin; j'ai reçu plusieurs confirmations de ce fait. M. Doubleday affirme que le papillon
blanc commun s'abat souvent sur un morceau de papier blanc gisant
sur le sol, le prenant sans doute pour un de ses semblables. M. Collingwood[22] a remarqué que, dans l'archipel Malais, où il est si difficile de capturer certains papillons, il suffit de piquer, bien en évidence sur une branche, un individu mort, pour arrêter dans son vol
étourdi un insecte de la même espèce, et pour l'amener à portée
du filet, surtout s'il appartient au sexe opposé.

La cour que se font les papillons est, comme nous l'avons déjà
fait remarquer, une affaire de longue haleine. Les mâles se livrent
quelquefois de curieux combats, et on en voit plusieurs poursuivre
une même femelle et s'empresser autour d'elle. Si donc les femelles
n'ont pas de préférence pour tel ou tel mâle, l'accouplement n'est
plus qu'une affaire de pur hasard, ce qui ne me paraît pas probable. Si, au contraire, les femelles choisissent habituellement ou
même accidentellement les plus beaux mâles, les couleurs de ces
derniers ont dû devenir graduellement de plus en plus brillantes,
et tendent à se transmettre soit aux individus de l'un et l'autre sexe,
soit à un seul sexe, selon la loi d'hérédité qui a prévalu. En outre,
l'action de la sélection sexuelle aura été facilitée de beaucoup et
devient plus intelligible, si on peut se fier aux conclusions qui résultent des preuves de différente nature que nous avons présen-
tées dans le supplément au neuvième chapitre; c'est-à-dire que
le nombre des mâles à l'état de chrysalide, au moins chez un grand
nombre de lépidoptères, excède de beaucoup celui des femelles.

Il est cependant quelques faits qui ne concordent pas avec l'opinion que les papillons femelles choisissent les plus beaux mâles;
ainsi, plusieurs observateurs m'ont assuré qu'on rencontre souvent
des femelles fraîchement écloses accouplées avec des mâles déla-
brés, fanés ou décolorés, mais c'est là une circonstance qui résulte
presque nécessairement du fait que les mâles sortent du cocon plus
tôt que les femelles. Chez les lépidoptères de la famille des Bombycidés, les sexes s'accouplent aussitôt après leur sortie de la chrysalide, car la condition rudimentaire de leur bouche s'oppose à ce
qu'ils puissent se nourrir. Les femelles, comme plusieurs entomologistes me l'ont fait remarquer, restent dans un état voisin de la
torpeur, et ne paraissent exercer aucun choix parmi les mâles.

22. *Rambles of a Naturalist in the Chinese Seas,* 1868, p. 182.

C'est le cas du ver à soie ordinaire (*Bombyx mori*), comme me l'ont appris des éleveurs du continent et de l'Angleterre. Le docteur Wallace, qui a une longue expérience de l'élevage du *B. cynthia*, assure que les femelles ne font aucun choix et ne manifestent pas de préférences. Il a élevé environ 300 de ces insectes dans un même local, et il a souvent constaté que les femelles les plus vigoureuses s'accouplent avec des mâles rabougris. Le contraire paraît se présenter rarement; les mâles les plus vigoureux dédaignent les femelles faibles et s'adressent de préférence à celles qui sont douées de plus de vitalité. Néanmoins les bombycidés, bien qu'affectant des couleurs obscures, n'en sont pas moins beaux, grâce à leurs teintes élégantes admirablement fondues.

Jusqu'à présent je ne me suis occupé que des espèces dont les mâles sont plus brillamment colorés que les femelles, et j'ai attribué leur beauté au fait que les femelles, pendant de nombreuses générations, ont choisi les mâles les plus attrayants pour s'accoupler avec eux. Mais il arrive parfois, rarement il est vrai, que l'on rencontre des espèces chez lesquelles les femelles sont plus brillantes que les mâles; je crois, dans ce cas, que les mâles ont choisi les plus belles femelles et ce choix, exercé pendant de nombreuses générations, a contribué à augmenter leur beauté. Nous ne saurions dire pourquoi, dans les diverses classes d'animaux, les mâles de quelques espèces ont choisi les plus belles femelles au lieu de se contenter de n'importe quelle femelle, règle générale dans le règne animal; mais si, contrairement à ce qui arrive d'ordinaire chez les lépidoptères, les femelles étaient beaucoup plus nombreuses que les mâles, il en résulterait que ces derniers choisiraient évidemment les plus belles femelles. M. Butler m'a montré, au British museum, plusieurs espèces de *Callidryas* où les femelles égalent, surpassent même le mâle en beauté; les femelles seules, en effet, ont les ailes bordées d'une frange cramoisie et orange tachetée de noir. Les mâles de ces espèces se ressemblent étroitement, ce qui prouve que, dans ce cas, les femelles ont subi des modifications; dans les cas, au contraire, où les mâles sont plus brillants, ils ont été modifiés, et les femelles se ressemblent beaucoup.

On observe, en Angleterre, quelques cas analogues mais moins tranchés. Les femelles seules, chez deux espèces de *Thecla*, portent une tache pourpre ou orange sur leurs ailes antérieures. Les *Hipparchia* mâles et les femelles ne diffèrent pas beaucoup. Toutefois; le *H. Janira* femelle porte une tache brune remarquable sur les ailes et les femelles de quelques autres espèces affectent des couleurs plus brillantes que les mâles. En outre, les femelles du

Colias edusa et du *C. hyale* portent des taches oranges ou jaunes sur le bord noir de l'aile, taches représentées chez les mâles par de petites bandes; le *Pieris* femelle porte sur les ailes antérieures des taches noires qui n'existent ordinairement pas chez le mâle. Presque toujours le papillon mâle supporte la femelle pendant l'accouplement, mais, chez les espèces que nous venons de citer, c'est la femelle qui supporte le mâle; de sorte que le rôle que jouent les deux sexes est interverti, de même que leur beauté relative. Dans presque tout le règne animal, les mâles jouent ordinairement le rôle le plus actif dans la cour que se font les animaux et la beauté des mâles semble avoir augmenté tout justement parce que les femelles choisissent les individus les plus attrayants; chez ces papillons, au contraire, les femelles jouent le rôle le plus actif, ce qui explique qu'elles sont devenues les plus belles. M. Meldola, à qui j'emprunte les faits qui précèdent, en arrive à la conclusion suivante : « Bien que je ne sois pas convaincu que l'action de la sélection sexuelle ait contribué à la production des couleurs des insectes, il est certain que ces faits viennent à l'appui de l'hypothèse de M. Darwin[23]. »

La variabilité peut seule déterminer l'action de la sélection sexuelle; il convient donc d'ajouter quelques mots à ce sujet. La coloration n'offre aucune difficulté; on pourrait, en effet, citer un nombre quelconque de lépidoptères très variables à ce point de vue. Un exemple suffira. M. Bates m'a montré toute une série de *Papilio sesostris* et *P. childrenæ*; chez cette dernière espèce, l'étendue de la tache verte, magnifiquement émaillée, qui décore les ailes antérieures, la grandeur de la tache blanche ainsi que la bande écarlate des ailes postérieures varient beaucoup chez les mâles; de sorte qu'on peut constater une énorme différence entre les mâles qui sont les plus ornés et ceux qui le sont le moins. Le *P. sesostris* mâle, un superbe insecte, est cependant beaucoup moins beau que le *P. childrenæ* mâle. La grandeur de la tache verte sur les ailes antérieures et la présence accidentelle d'une petite bande écarlate sur les ailes postérieures, tache empruntée à ce qu'il semble à la femelle, car la femelle, chez cette espèce, ainsi que chez d'autres appartenant au même groupe des *Æneas*, porte une bande de couleur, constituent aussi de légères variations chez le *P. sesostris*

---

23. *Nature,* 27 avril, 1871, p. 508. Donzel, *Soc. Entom. de France,* 1837, p. 77, sur le vol des papillons pendant l'accouplement. Voir aussi M. G. Fraser, *Nature,* 20 avril 1871, p. 489, sur les différences sexuelles de plusieurs papillons anglais.

mâle. Il n'existe donc que des différences insensibles entre les *P. sesostris* les plus brillants et les *P. childrenæ* qui le sont le moins; en outre, il est évident qu'en ce qui concerne la variabilité simple, il n'y aurait aucune difficulté à augmenter, à l'aide de la sélection et d'une manière permanente, la beauté de l'une ou de l'autre espèce. La variabilité, dans ce cas, ne porte que sur le sexe mâle, mais MM. Wallace et Bates ont démontré[24] qu'il existe d'autres espèces chez lesquelles les femelles sont très variables, tandis que les mâles restent presque constants. J'aurai, dans un chapitre futur, l'occasion de démontrer que les taches splendides en forme d'yeux ou ocelles, qui décorent si fréquemment les ailes de beaucoup de lépidoptères, sont éminemment variables. Je puis ajouter que ces ocelles présentent une difficulté à l'hypothèse de la sélection sexuelle, car, bien qu'ils constituent pour nous un ornement, ils ne sont jamais présents chez un sexe et complètement absents chez l'autre; en outre, ils ne diffèrent jamais beaucoup chez les mâles et les femelles[25]. Il est impossible, dans l'état actuel de la science, d'expliquer ce fait; mais, si l'on vient plus tard à prouver que la formation d'un ocelle provient, par exemple, de quelques modifications dans les tissus des ailes se produisant à une période très-précoce du développement, les lois de l'hérédité nous enseignent que ce changement se transmet aux deux sexes, bien qu'il n'atteigne toute sa perfection que chez un sexe seul.

En résumé, malgré de sérieuses objections, on peut conclure que la plupart des lépidoptères ornés de brillantes couleurs, doivent ces couleurs à la sélection sexuelle; il faut excepter certaines espèces qui semblent avoir acquis une coloration très apparente comme moyen de protection; nous en parlerons plus loin. L'ardeur du mâle, et cela est vrai pour tout le règne animal, le porte généralement à accepter volontiers une femelle quelle qu'elle soit, c'est donc habituellement celle-ci qui exerce un choix. En conséquence, si la sélection sexuelle a contribué dans une mesure quelconque à la création de ces ornements, les mâles, au cas de différences entre les deux sexes, doivent être les plus richement colorés; or, c'est incontestablement la règle générale. Lorsque les mâles et les femelles se ressemblent et sont aussi brillants l'un que l'autre, les

---

24. Wallace, sur les Papilionides de l'archipel Malais. (*Trans. Linn. Soc.*, vol. XXV, 1865, p. 8, 36), cite un cas frappant d'une variété rare rigoureusement intermédiaire entre deux autres variétés femelles bien tranchées. Voir M. Bates. *Proc. Entom. Soc.*, 19 nov. 1866, p. XL.

25. M. Bates a bien voulu soumettre cette question à la Société d'Entomologie, et j'ai reçu des réponses concluantes de plusieurs entomologistes.

caractères acquis par les mâles paraissent avoir été transmis aux femelles. Des cas de gradations insensibles, dans les limites mêmes d'un seul genre, entre des différences extraordinaires de coloration chez le mâle et la femelle et une identité complète sous ce rapport, nous conduisent à cette conclusion.

Mais ne peut-on expliquer autrement que par la sélection sexuelle ces différences de coloration ?

On sait que les mâles et les femelles d'une même espèce de papillons fréquentent, dans certains cas [26], des stations différentes; les premiers aiment à se baigner pour ainsi dire dans les rayons du soleil, les secondes affectionnent les forêts les plus sombres. Il est donc possible que ces conditions d'existence si différentes aient exercé une action directe sur les mâles et les femelles; mais cela est peu probable [27], car ils ne sont ainsi exposés à des conditions différentes que pendant leur état adulte dont la durée est très courte; les conditions de leur existence, à l'état de larve, étant pour tous deux les mêmes. M. Wallace attribue la différence qu'on observe entre les mâles et les femelles, non pas tant à une modification des mâles qu'à l'acquisition par les femelles, dans presque tous les cas, de couleurs ternes comme moyen de protection. Il me semble plus probable, au contraire, que, dans la majorité des cas, les mâles seuls ont acquis leurs vives couleurs grâce à la sélection sexuelle et que les femelles n'ont subi presque aucune modification. Ceci nous explique pourquoi les femelles d'espèces distinctes mais voisines se ressemblent beaucoup plus que ne le font les mâles. Les femelles ont donc conservé, dans une certaine mesure, la coloration primitive de l'espèce parente du groupe auquel elles appartiennent. Toutefois elles n'en ont pas moins subi certaines modifications, car quelques-unes des variations successives, dont l'accumulation a embelli les mâles, doivent leur avoir été transmises. J'admets cependant que les femelles seules de certaines espèces ont pu se modifier comme moyen de protection. Les mâles et les femelles d'espèces voisines mais distinctes ont dû, généralement aussi, se trouver exposés, pendant la longue durée de leur existence à l'état de larve, à des conditions différentes qui ont pu les affecter; mais, chez les mâles, un léger changement de coloration provenant d'une semblable cause doit disparaître le plus souvent sous les nuances brillantes déterminées par l'action de la

26. H.-W. Bates, *Naturalist on the Amazons*, vol. II, 1863, p. 228. A.-R. Wallace, *Trans. Linn. Soc.*, vol. XXV, 1865, p. 10.

27. Sur l'ensemble de la question, voir *la Variation des animaux*, etc.. vol. II, chap. XXIII (Paris, Reinwald).

sélection sexuelle. J'aurai à discuter dans son ensemble, en traitant des oiseaux, la question de savoir si les différences de coloration qui existent entre les mâles et les femelles proviennent de ce que les mâles ont été modifiés par la sélection sexuelle dans le but d'acquérir de nouveaux ornements, ou de ce que les femelles l'ont été par la sélection naturelle dans un but de protection; je me bornerai donc ici à présenter quelques remarques.

Dans tous les cas où prévaut la forme la plus commune de l'hérédité égale chez les deux sexes, la sélection des mâles brillamment colorés tend à produire des femelles d'égale beauté; d'autre part, la sélection des femelles revêtues de teintes sombres tend à la production de mâles revêtus aussi de teintes sombres. Les deux sélections appliquées simultanément tendent donc à se neutraliser; le résultat final dépend, en conséquence, des individus qui laissent le plus grand nombre de descendants, soit les femelles, parce qu'elles sont mieux protégées par des teintes obscures, soit les mâles, parce que leurs couleurs brillantes leur procurent un plus grand nombre de femelles.

M. Wallace, pour expliquer la fréquente transmission des caractères à un seul sexe, croit pouvoir affirmer que la sélection naturelle peut substituer à la forme la plus commune de l'égale hérédité par les deux sexes l'hérédité portant sur un sexe seul; mais je ne peux découvrir aucun témoignage en faveur de cette hypothèse. Nous savons, d'après ce qui se passe chez les animaux réduits en domesticité, que des caractères nouveaux paraissent souvent qui, dès l'abord, sont transmis à un sexe seul. La sélection de semblables variations permettrait évidemment de donner des couleurs brillantes aux mâles seuls et, en même temps ou subséquemment, des couleurs sombres aux femelles seules. Il est probable que les femelles de certains papillons et de certaines phalènes ont de cette façon acquis, dans un but de protection, des couleurs sombres, bien différentes de celles des mâles.

Je suis d'ailleurs peu disposé à admettre, en l'absence de preuves directes, qu'une double sélection, dont chacune exige la transmission de nouveaux caractères à un sexe seul, ait pu se produire chez un grand nombre d'espèces, c'est-à-dire que les mâles soient devenus toujours plus brillants parce qu'ils l'emportent sur leurs rivaux, et les femelles toujours plus sombres parce qu'elles échappent à leurs ennemis. Le mâle du papillon jaune commun (*Gonepleryx*), par exemple, est d'un jaune beaucoup plus intense que la femelle, bien que celle-ci soit presque aussi apparente; on ne peut donc guère admettre, dans ce cas, que la femelle ait revêtu ses couleurs claires comme moyen de protection ; tandis qu'il est très probable que le mâle ait acquis ses brillantes couleurs comme moyen d'attraction sexuelle. La femelle de l'*Anthocharis cardamines*, privée des superbes taches orangées qui décorent les pointes des ailes du mâle, ressemble beaucoup, par conséquent, aux papillons blancs (*Pieris*) si communs dans nos jardins ; mais nous n'avons aucune preuve que cette ressemblance lui procure un avantage. Au contraire, comme elle ressemble aux mâles et aux femelles de plusieurs espèces du même genre répandues dans diverses parties du monde, il est plus probable qu'elle a simplement conservé dans une large mesure ses couleurs primitives.

En résumé, diverses considérations nous amènent à conclure que, chez le plus grand nombre de lépidoptères à couleurs éclatantes, c'est le mâle qui a été principalement modifié par la sélection sexuelle ; l'étendue des différences qui existent entre les sexes dépend de la forme d'hérédité qui a prévalu. Tant de lois et de conditions inconnues régissent l'hérédité, qu'elle nous paraît capricieuse à l'excès dans son action [28] ; il est, cependant, facile de comprendre comment il se fait que, chez des espèces très voisines, les mâles et les femelles diffèrent chez les unes à un degré étonnant, tandis que chez les autres ils ont une coloration identique. L'ensemble de toutes les modifications successives constituant une variation se transmet ordinairement par l'entremise de la femelle, un nombre plus ou moins grand de ces modifications peut donc facilement se développer chez elle ; c'est ce qui nous explique que, dans un même groupe, nous observons de nombreuses gradations entre des espèces chez lesquelles les mâles et les femelles présentent des différences considérables, et d'autres espèces chez lesquelles ils se ressemblent absolument. Ces gradations sont beaucoup trop communes pour qu'on puisse supposer que les femelles sont dans un état de transition et en train de perdre leur éclat dans le but de se protéger, car nous avons toute raison de conclure qu'à un moment quelconque la plupart des espèces sont dans un état fixe.

Imitation. — M. Bates, le premier, dans un remarquable mémoire [29], a exposé et expliqué ce principe ; il a ainsi jeté une grande lumière sur beaucoup de problèmes obscurs. On avait observé antérieurement que certains papillons de l'Amérique du

28. *La Variation*, etc., vol. II, chap. xii (Paris, Reinwald).
29. *Trans. Linn. Soc.*, vol. XXIII, 1862, p. 495.

Sud, appartenant à des familles entièrement distinctes, avaient acquis toutes les raies et toutes les nuances des Héliconidés et leur ressemblaient si complètement qu'un entomologiste expérimenté pouvait seul les distinguer les uns des autres. Les Héliconidés conservent la coloration qui leur est habituelle, tandis que les autres s'écartent de la coloration ordinaire des groupes auxquels ils appartiennent; il est donc évident que ces derniers sont les imitateurs. M. Bates observa, en outre, que les espèces imitatrices sont comparativement rares, tandis que les espèces imitées pullulent à l'excès; les deux formes se mêlent ensemble. Le fait que les Héliconidés sont si nombreux comme individus et comme espèces, bien qu'ils soient très beaux et très apparents, l'amena à conclure que quelque sécrétion ou quelque odeur devait les protéger contre les attaques des oiseaux; hypothèse confirmée depuis par un ensemble considérable de preuves curieuses fournies surtout par M. Belt [30]. Ces considérations ont conduit M. Bates à penser que les papillons qui imitent l'espèce protégée, ont acquis, grâce à la variation et à la sélection naturelle, leur apparence actuelle si étonnamment trompeuse, dans le but de se confondre avec l'espèce protégée et d'échapper ainsi au danger. Nous n'essayons pas ici d'expliquer les couleurs brillantes des papillons imités, mais seulement celles des imitateurs. Nous nous bornons à attribuer les couleurs des premiers aux mêmes causes générales que dans les cas antérieurement discutés dans ce chapitre. Depuis la publication du mémoire de M. Bates, M. Wallace dans les îles de la Malaisie, M. Trimen dans l'Afrique Australe et M. Riley aux États-Unis, ont observé des faits analogues et tout aussi surprenants [31].

Quelques savants hésitent à croire que la sélection naturelle ait pu déterminer les premières variations qui ont permis une semblable imitation. Il est donc utile de faire remarquer que probablement ces imitations se sont produites il y a longtemps entre des formes dont la couleur n'était pas très dissemblable. Dans ce cas, une variation même très légère a dû être avantageuse si elle tendait à rendre une des espèces plus semblable à l'autre; si, plus tard, la sélection sexuelle ou d'autres causes ont amené de profondes modifications chez l'espèce imitée, la forme imitatrice a dû entrer fa-

---

30. *Proc. Ent. Soc.*, Déc. 1866, p. xlv.
31. Wallace, *Trans. Linn. Soc.* vol XXV, 1865, p. 1; *Transact. Ent. Soc.*, vol. IV, 3ᵉ série, 1867, p. 301. Trimen, *Linn. Transact.*; vol XXVI, 1869, p. 497. Riley, *Third annual report on the noxious insects of Missouri*, 1871, p. 163-168. On ne saurait exagérer l'importance de ce dernier mémoire, où M. Riley discute toutes les objections élevées contre la théorie de M. Bates.

cilement dans la même voie, à condition que les modifications fussent graduelles, et elle a dû finir ainsi par se modifier de telle façon qu'elle a acquis une apparence et une coloration toutes différentes de celles des autres membres du groupe auquel elle appartient. Il faut aussi se rappeler que beaucoup de Lépidoptères sont sujets à de brusques et considérables variations de couleur. Nous en avons cité quelques exemples dans ce chapitre; mais il convient, à ce point de vue, de consulter les mémoires originaux de M. Bates et de M. Wallace.

Chez plusieurs espèces, les individus mâles et femelles se ressemblent et imitent les deux sexes d'une autre espèce. Mais, dans le mémoire auquel nous avons fait allusion, M. Trimen cite trois cas extraordinaires : les mâles de l'espèce imitée ont une coloration différente de celle des femelles, et les sexes de la forme imitatrice diffèrent de la même manière. On connaît aussi plusieurs cas où les femelles seules imitent des espèces protégées et brillamment colorées, tandis que les mâles conservent la coloration propre à l'espèce à laquelle ils appartiennent. Il est évident, dans ce cas, que les variations successives qui ont permis à la femelle de se modifier ont été transmises à elle seule. Toutefois il est probable que certaines de ces nombreuses variations successives ont dû être transmises aux mâles et se seraient développées chez eux si ces mâles modifiés n'avaient pas été éliminés par le fait même que ces variations les rendent moins attrayants; il en résulte que les variations seules strictement limitées aux femelles ont été conservées. Un fait observé par M. Belt[32] confirme ces remarques dans une certaine mesure. Il a remarqué, en effet, que certains leptalides mâles, qui imitent des espèces protégées, n'en conservent pas moins quelques-uns de leurs caractères originaux, qu'ils ont soin, d'ailleurs, de cacher. Ainsi, chez les mâles, « la moitié supérieure de l'aile inférieure est blanc pur, tandis que tout le reste des ailes est barré et tacheté de noir, de rouge et de jaune, comme celles des espèces qu'ils imitent. Les femelles ne possèdent pas cette tache blanche que les mâles dissimulent ordinairement en la recouvrant avec l'aile supérieure; cette tache leur est donc absolument inutile, ou tout au moins ne peut leur servir que quand ils courtisent les femelles, ils la leur montrent alors pour satisfaire la préférence qu'elles doivent certainement éprouver pour la couleur normale de l'ordre auquel appartiennent les leptalides ».

Couleurs brillantes des Chenilles. — La beauté de beaucoup de

32. *The Naturalist in Nicaragua,* 1874, p. 385.

papillons m'amena à réfléchir sur les splendides couleurs de certaines chenilles. Dans ce cas, la sélection sexuelle ne pouvait avoir joué aucun rôle; il me parut donc téméraire d'attribuer la beauté de l'insecte parfait à cette influence, à moins de pouvoir expliquer de façon satisfaisante les vives couleurs de la larve. En premier lieu, on peut observer que les couleurs des chenilles n'ont aucun rapport intime avec celles de l'insecte parfait; secondement, que les brillantes couleurs des chenilles ne semblent pas pouvoir être un moyen ordinaire de protection. A l'appui de cette remarque, M. Bates m'apprend que la chenille la plus apparente qu'il ait jamais vue (celle d'un Sphinx) vit sur les grandes feuilles vertes d'un arbre dans les immenses plaines de l'Amérique du Sud; elle a 10 centimètres de longueur; elle est rayée transversalement de noir et de jaune, et elle a la tête, les pattes et la queue rouge vif. Aussi, attire-t-elle l'attention de quiconque passe à une distance de quelques mètres et doit-elle être remarquée par tous les oiseaux.

Je consultai M. Wallace, qui semble avoir un génie inné pour résoudre les difficultés. Après quelques réflexions, il me répondit: « La plupart des chenilles ont besoin de protection, cela semble résulter du fait que quelques espèces sont armées d'aiguillons ou de poils dont le contact cause une inflammation; que d'autres sont colorées en vert comme les feuilles qui servent à leur alimentation, et que d'autres, enfin, affectent la couleur des petites branches des arbres sur lesquelles elles vivent. » M. J. Mansel Weale me signale un autre cas de protection : une chenille de l'Afrique australe, vivant sur le mimosa, fabrique pour l'habiter une gaine qu'il est impossible de distinguer des épines avoisinantes. Ces diverses considérations ont porté M. Wallace à penser que les chenilles à belles couleurs sont protégées par leur goût nauséabond; mais leur peau est extrêmement tendre et leurs intestins sortent aisément par la blessure, une légère piqûre faite par le bec d'un oiseau leur serait donc fatale. En conséquence, selon M. Wallace, « un mauvais goût serait insuffisant pour protéger la chenille, si quelque signe extérieur n'avertissait son ennemi qu'elle ne ferait qu'une détestable bouchée ». Dans ces circonstances, il est extrêmement avantageux pour la chenille que tous les oiseaux et que les autres animaux reconnaissent immédiatement qu'elle n'est pas bonne à manger. Telle pourrait être l'utilité de ces vives couleurs, qui, acquises par variation, ont contribué à permettre la survivance des individus les plus facilement reconnaissables.

Cette hypothèse paraît, à première vue, très-hardie; cependant les membres de la Société d'entomologie [33] apportèrent diverses preuves à l'appui. M. J. Jenner Weir, notamment, qui élève un grand nombre d'oiseaux dans sa volière, a fait de nombreuses expériences à cet égard, et il n'a remarqué aucune exception à la règle suivante : les oiseaux dévorent avec avidité toutes les chenilles nocturnes à habitudes retirées et à peau lisse, qui sont vertes comme les feuilles, ou qui imitent les rameaux; ils repoussent, au contraire, toutes les espèces épineuses et velues, de même que quatre espèces aux couleurs voyantes. Lorsque les oiseaux rejettent une chenille, ils secouent la tête et se nettoient le bec, preuve évidente que le goût de cette chenille leur répugne [34]. M. A. Butler a offert à des lézards et à des grenouilles, très friands de chenilles, des individus appartenant à trois espèces très brillantes; il les rejetèrent immédiatement. Ces observations confirment l'hypothèse de M. Wallace, c'est-à-dire que certaines chenilles, en vue de leur propre sécurité, ont acquis des couleurs très-apparentes, de façon à être facilement reconnues par leurs ennemis, de même que les droguistes vendent certains poisons dans des bouteilles colorées en vue de la sécurité publique. Toutefois nous ne pouvons pas à présent attribuer à ces causes l'élégante diversité que l'on remarque dans les couleurs de beaucoup de chenilles; mais une espèce qui, à une période antérieure, aurait acquis des raies ou des taches plus ou moins sombres, soit pour imiter les objets environnants, soit comme conséquence de l'action directe du climat, etc., ne prendrait certainement pas une couleur uniforme quand ces couleurs deviendraient plus brillantes; en effet, la sélection n'aurait à intervenir dans aucune direction définie s'il s'agissait seulement de rendre une chenille plus brillante.

Résumé et conclusions sur les Insectes. — Jetons un coup d'œil en arrière sur les divers ordres d'insectes. Nous avons vu que les caractères des mâles et des femelles diffèrent souvent sans que nous puissions nous expliquer la signification de ces différences. Les organes des sens ou de la locomotion se sont modifiés de façon que les mâles puissent découvrir rapidement les femelles et les atteindre; plus souvent encore, les mâles sont pourvus de divers appareils qui leur permettent de maintenir la femelle lorsqu'elle

33. *Proc. Entom. Soc.*, 3 déc. 1866, p. xlv, et 4 mars 1867, p. lxxx.
34. M. J. Jenner Weir, sur les insectes et les oiseaux insectivores, *Transact. Entom. Soc.*, 1869 p. 21. M. Butler, *id.*, p. 27. M. Riley a cité des faits analogues dans le *Third annual report on the noxious insects of Missouri*, 1871, p. 148. Le D' Wallace et M. H. d'Orville, *Zoological Report*, 1869, p. 349, citent quelques cas opposés.

est en leur pouvoir. Toutefois ce ne sont pas les différences sexuelles de cette nature qui ont pour nous le plus grand intérêt.

Presque tous les ordres comptent au nombre de leurs membres des mâles, appartenant même à des espèces faibles et délicates, qui sont très belliqueux; quelques-uns sont pourvus d'armes destinées à combattre leurs rivaux. La loi du combat n'est cependant pas aussi générale chez les insectes que chez les animaux supérieurs, aussi les mâles ne sont-ils pas souvent plus forts et plus grands que les femelles. Ils sont au contraire ordinairement plus petits, ce qui leur permet de se développer dans un laps de temps moins prolongé et de se trouver prêts en grand nombre lors de l'éclosion des femelles.

Dans deux familles d'Homoptères et dans trois familles d'Orthoptères, les mâles seuls possèdent à l'état actif des organes, qu'on peut qualifier de vocaux. Ces organes sont constamment en usage pendant la saison des amours, non seulement pour appeler les femelles, mais probablement aussi pour les séduire. Quiconque admet l'action de la sélection doit admettre aussi que la sélection sexuelle a amené la production de ces appareils musicaux. Dans quatre autres ordres, les individus appartenant à un sexe, ou plus ordinairement les mâles et les femelles, sont pourvus d'organes aptes à produire divers sons qui, selon toute apparence, ne sont que des notes d'appel. Alors même que les mâles et les femelles possèdent ces organes, les individus aptes à faire le bruit le plus fort et le plus continu doivent trouver à s'accoupler avant ceux qui sont moins bruyants, de sorte que, dans ce cas aussi, la sélection sexuelle a dû probablement déterminer la formation de ces organes. Il est instructif de songer à l'étonnante diversité des moyens que possèdent, pour produire des sons, les mâles seuls ou les mâles et les femelles de six ordres au moins. Ces divers faits nous permettent de comprendre quelle influence a dû exercer la sélection sexuelle pour déterminer des modifications de conformation qui, chez les Homoptères, portent sur des parties importantes de l'organisation.

Les faits signalés dans le dernier chapitre nous autorisent à conclure que les cornes développées chez beaucoup de Lamellicornes mâles et chez quelques autres coléoptères mâles constituent de simples ornements. La petitesse des insectes nous empêche, dans une certaine mesure, d'apprécier à sa juste valeur leur étonnante construction. Le *Chalcosoma* mâle (*fig.* 16, p. 325), avec sa cotte de mailles polie et bronzée, et ses grandes cornes complexes, amené aux dimensions d'un cheval ou seulement d'un chien, constituerait certainement un des animaux les plus remarquables du monde.

La coloration des insectes est une question compliquée et obscure. Lorsque le mâle diffère à peine de la femelle, et que ni l'un ni l'autre ne sont brillamment colorés, on peut conclure que les mâles et les femelles ont varié d'une façon à peu près analogue, et que les variations se sont transmises au même sexe, sans qu'il en soit résulté ni avantage ni dommage pour l'individu. Lorsque le mâle affecte une brillante coloration et diffère considérablement de la femelle, comme chez quelques libellules et chez un grand nombre de papillons, il faut probablement attribuer ses couleurs à la sélection sexuelle; tandis que la femelle a conservé un type primitif ou très ancien de coloration, légèrement modifié par les influences que nous avons indiquées. Mais quelquefois la femelle seule a acquis des couleurs ternes comme moyen de protection, de même que parfois elle a acquis une riche coloration, de façon à imiter d'autres espèces favorisées habitant la même localité. Lorsque les mâles et les femelles se ressemblent et affectent des teintes sombres, on peut affirmer que, dans une foule de cas, ils ont acquis des teintes de cette nature en vue de se soustraire au danger. Il en est de même pour ceux qui revêtent de vives couleurs, lesquelles les font ressembler à des objets environnants, tels que des fleurs, ou à d'autres espèces protégées, ou qui les protègent indirectement en indiquant à leurs ennemis qu'ils ne sont pas agréables au goût. Dans beaucoup d'autres cas où les mâles et les femelles se ressemblent et affectent d'éclatantes couleurs, surtout lorsque celles-ci sont disposées pour l'étalage, on peut conclure qu'elles ont été acquises par le mâle pour plaire à la femelle à laquelle elles ont ensuite été transmises. Cette hypothèse devient évidente lorsqu'un même type de coloration prévaut dans un groupe et que, chez quelques espèces, la coloration des mâles diffère beaucoup de celle des femelles, tandis que chez d'autres espèces la coloration des mâles et des femelles reste la même; deux états extrêmes que relient entre eux des gradations intermédiaires.

De même que les mâles ont souvent transmis leurs couleurs brillantes aux femelles, de même aussi plusieurs lamellicornes et d'autres coléoptères mâles leur ont transmis leurs cornes extraordinaires. De même encore les organes vocaux ou instrumentaux propres aux Homoptères et aux Orthoptères mâles ont généralement été transmis aux femelles à l'état rudimentaire, quelquefois même à l'état presque parfait, bien qu'elles ne puissent produire des sons. Il est aussi à remarquer, car ce fait a une importance considérable pour la sélection sexuelle, que les organes destinés à produire les sons stridents, ne se développent complètement chez quelques Orthoptères mâles qu'à la dernière mue ; et que, chez les libellules mâles, les couleurs ne s'épanouissent que quelque temps après qu'ils sont sortis de la chrysalide, et qu'ils sont prêts à reproduire.

La sélection sexuelle implique que les individus appartenant à un sexe recherchent et préfèrent les individus les plus beaux appartenant au sexe opposé. Or, chez les insectes, lorsque le mâle ne ressemble pas à la femelle, c'est, à de rares exceptions près, le mâle qui est le plus orné, et s'écarte le plus du type de l'espèce ; en outre, les mâles cherchent les femelles avec plus d'ardeur ; nous avons donc tout lieu de supposer que les femelles choisissent, habituellement ou à l'occasion, les mâles les plus beaux, et que ce choix est la cause principale des brillants ornements de ces derniers. Les mâles possèdent des organes nombreux et singuliers, fortes mâchoires, coussins adhérents, épines, jambes allongées, etc., propres à saisir la femelle, ce qui nous autorise à conclure que l'accouplement présente certaines difficultés et nous autorise à croire que, dans presque tous les ordres, la femelle peut repousser le mâle et doit être partie consentante à l'accouplement. La perspicacité dont sont doués les insectes et l'affection dont ils sont susceptibles les uns pour les autres nous permettent de penser que la sélection sexuelle a joué chez eux un rôle considérable, mais nous n'en avons pas encore la preuve directe, et quelques faits semblent contraires à cette hypothèse. Néanmoins, lorsque nous voyons un grand nombre de mâles poursuivre une même femelle, nous ne pouvons admettre que l'accouplement soit abandonné au simple hasard, que la femelle n'exerce aucun choix et ne se laisse pas influencer par les somptueuses couleurs ou les autres ornements dont le mâle a seul l'apanage.

Si nous admettons que les Homoptères et les Orthoptères femelles apprécient les sons musicaux que font entendre les mâles, et que la sélection sexuelle a perfectionné les divers organes qui les produisent, il est très probable que d'autres insectes femelles apprécient aussi la beauté des formes et des couleurs, et que, par conséquent, les mâles ont acquis ces qualités pour leur plaire. Mais la coloration est chose si variable, et elle a subi de si nombreuses modifications afin de devenir un agent protecteur pour l'animal, qu'il est extrêmement difficile de déterminer quelle est la proportion des cas où la sélection sexuelle a pu jouer un rôle. Cela est surtout difficile chez les Orthoptères, les Hyménoptères et les Coléoptères, ordres chez lesquels les mâles et les femelles affectent à peu près la même couleur, fait qui nous prive de la meilleure preuve que nous puissions invoquer. Toutefois, ainsi que nous l'avons déjà fait remarquer, nous observons parfois dans le groupe considérable des Lamellicornes, que quelques savants placent à la tête de l'ordre des Coléoptères, des preuves d'attachement mutuel entre les sexes ; or, nous trouvons aussi chez quelques espèces de ce groupe des mâles pourvus d'armes pour la lutte sexuelle, d'autres munis de grandes et belles cornes ou d'organes propres à produire des sons stridents, d'autres enfin ornés de splendides teintes métalliques. Il est donc probable que tous ces caractères ont été acquis par le même moyen, c'est-à-dire par la sélection sexuelle. Les papillons nous offrent une preuve plus directe à cet égard ; les mâles, en effet, s'efforcent parfois d'étaler leurs magnifiques couleurs, et il est difficile de croire qu'ils prendraient cette peine si l'étalage de leurs charmes ne les aidait pas à séduire les femelles.

Lorsque nous étudierons les oiseaux, nous verrons qu'ils présentent une très grande analogie avec les insectes au point de vue des caractères sexuels secondaires. Ainsi, beaucoup d'oiseaux mâles sont belliqueux à l'excès, et pourvus d'armes spécialement destinées à la lutte avec leurs rivaux. Ils possèdent des organes propres à produire, lors de la période des amours, de la musique vocale et instrumentale. Ils sont souvent décorés de crêtes, d'appendices, de caroncules, des plumes les plus diverses, et enrichis des plus belles couleurs, tout cela évidemment pour en faire parade. Nous aurons à constater que, comme chez les insectes, les mâles et les femelles de certains groupes sont également beaux, et également revêtus des ornements propres d'ordinaire au mâle. Dans d'autres groupes, les mâles et les femelles sont également simples et dépourvus de toute ornementation. Enfin, dans quelques cas anormaux, les femelles sont plus belles que les mâles. Nous aurons à remarquer fréquemment, dans un même groupe d'oiseaux, toutes les gradations depuis l'identité la plus absolue jusqu'à une différence extrême entre les mâles et les femelles. Dans ce dernier cas, nous verrons que, comme chez les insectes, les femelles conservent souvent des traces plus ou moins nettes ou des rudiments de caractères qui appartiennent habituellement aux mâles. Toutes ces analogies qui, à divers égards, se remarquent entre les oiseaux et les insectes sont même singulièrement étroites ; aussi, de quelque manière que l'on explique ces faits dans l'une des classes, cette explication s'applique probablement à l'autre, et, comme nous chercherons à le démontrer plus loin, cette explication peut, presque certainement, se résumer un seul mot : la sélection sexuelle.

CHAPITRE XII

CARACTÈRES SEXUELS SECONDAIRES DES POISSONS, DES AMPHIBIES ET DES REPTILES

Poissons : Assiduités des mâles, leurs combats. — Les femelles sont ordinairement plus grandes que les mâles. — Mâles, couleurs vives, ornements et autres caractères étranges. — Couleurs et ornements qu'acquièrent les mâles pendant la saison des amours. — Chez certaines espèces, les mâles et les femelles affectent également des couleurs brillantes. — Couleurs protectrices. — On ne peut attribuer au besoin de protection les couleurs moins brillantes des femelles. — Certains poissons mâles construisent les nids, et prennent soin des œufs et des jeunes. — Amphibies : Différences de conformation et de coloration entre les mâles et les femelles. — Organes vocaux. — Reptiles : Chéloniens. — Crocodiles. — Serpents, couleurs protectrices dans quelques cas. — Batailles des lézards. — Ornements. — Étranges différences de conformation entre les mâles et les femelles. — Couleurs. — Différences sexuelles presque aussi considérables que chez les oiseaux.

Abordons maintenant le grand sous-règne des Vertébrés, en commençant par l'étude de la classe inférieure, celle des poissons. Les Plagiostomes (Requins, Raies) et les Chiméroïdes mâles possèdent divers organes qui leur permettent de retenir la femelle, organes analogues à ceux que nous avons observés chez tant d'animaux inférieurs. Outre ces organes, beaucoup de raies mâles portent sur la tête des touffes de forts piquants acérés, et plusieurs rangées de ces mêmes piquants sur « la surface externe supérieure des nageoires pectorales ». Ces piquants existent chez les mâles de certaines espèces, qui ont le reste du corps entièrement lisse. Ils se développent de façon temporaire, pendant la saison des amours seulement ; le docteur Günther affirme qu'ils servent d'organes prenants, l'animal se repliant sur lui-même de façon à former une espèce de cercle. Il est à remarquer que, chez quelques espèces, telles que la *Raia clavata*, c'est la femelle et non le mâle qui a le dos parsemé de gros piquants recourbés en crochets[1].

Les mâles seuls du *Mallotus villosus* sont pourvus d'écailles très rapprochées ressemblant un peu à une brosse, qui permettent à deux mâles de maintenir la femelle en se plaçant à ses côtés pendant qu'elle passe avec une grande rapidité sur les bancs de sable où elle dépose ses œufs[2]. Le *Monacanthus scopas*, espèce très distincte, présente une conformation à peu près analogue. Le docteur Günther m'apprend que ce poisson porte aux deux côtés de la

---

1. Yarrel, *Hist. of Bristish Fishes*, vol. II, 1836, p. 417, 425, 436. Le docteur Günther m'apprend que chez la *R. Clavata* les femelles portent seules des piquants.
2. *The American naturalist,* avril 1871, p. 119.

queue une touffe de poils droits et résistants comme ceux d'un peigne, qui, chez un individu ayant 15 centimètres de long, atteignaient environ 4 centimètres de longueur; la femelle porte à la même place une touffe de soie que l'on pourrait comparer à celles d'une brosse à dents. Chez une autre espèce, le *M. peronii*, le mâle est pourvu d'une brosse qui ressemble à celle de la femelle de l'espèce précédente, tandis que les côtés de la queue de la femelle restent lisses. Chez quelques autres espèces du même genre, la queue est un peu rugueuse chez le mâle et parfaitement lisse chez la femelle; enfin, chez d'autres espèces, la queue chez les mâles et chez les femelles et parfaitement lisse.

Beaucoup de poissons mâles se livrent des combats acharnés pour s'emparer des femelles. Ainsi, on assure que l'Épinoche mâle (*Gasterosteus leiurus*) devient « fou de joie » lorsque la femelle sort de sa cachette pour examiner le nid qu'il a construit à son intention. « Il va et vient autour d'elle, retourne au dépôt des matériaux accumulés pour le nid, puis revient, et si elle n'avance pas, il cherche à l'entraîner vers le nid en la poussant avec son museau, ou en la tirant par la queue ou par l'épine qu'elle porte sur le côté[3]. » Les mâles[4], polygames dit-on, sont très hardis et très belliqueux, tandis que les femelles sont très pacifiques. Les mâles se livrent quelquefois des combats acharnés; ils s'attachent fortement l'un à l'autre pendant quelques instants, et se culbutent mutuellement, jusqu'à ce qu'ils aient épuisé leurs forces. Les *G. trachurus* mâles, pendant le combat, tournent l'un autour de l'autre, et cherchent à se mordre et à se transpercer au moyen de leurs épines latérales redressées. Le même observateur ajoute[5] : « La morsure de ces petits poissons cause une blessure très grave. Ils se servent aussi de leurs piquants latéraux avec tant d'efficacité, que j'ai vu un de ces poissons qui, ayant été pendant la lutte complètement éventré par son adversaire, tomba au fond et périt. Lorsqu'un *G. trachurus* est vaincu, son air hardi l'abandonne, ses vives couleurs disparaissent, et il va cacher sa honte parmi ses compagnons plus pacifiques, mais il reste pendant quelque temps l'objet constant des persécutions du vainqueur. »

Le saumon mâle a un caractère aussi belliqueux que le petit épinoche, et, d'après le docteur Günther, la truite mâle partage les mêmes dispositions. M. Shaw a observé deux saumons

---

3. Articles de M. R. Warington, *Ann. and Mag. of Nat. Hist.*, Oct. 1852 et Nov. 1855.

4. Noel Humphreys, *River Gardens*, 1857.

5. Loudon, *Mag. of Nat. Hist.*, vol. III, 1830, p. 331.

mâles qui ont lutté l'un contre l'autre pendant un jour entier ; M. R. Buist, surintendant des pêcheries, m'apprend qu'il a souvent observé, auprès du pont de Perth, les mâles chasser leurs rivaux pendant que les femelles frayaient. Les mâles « se battent constamment, et se déchirent l'un l'autre sur les bancs de

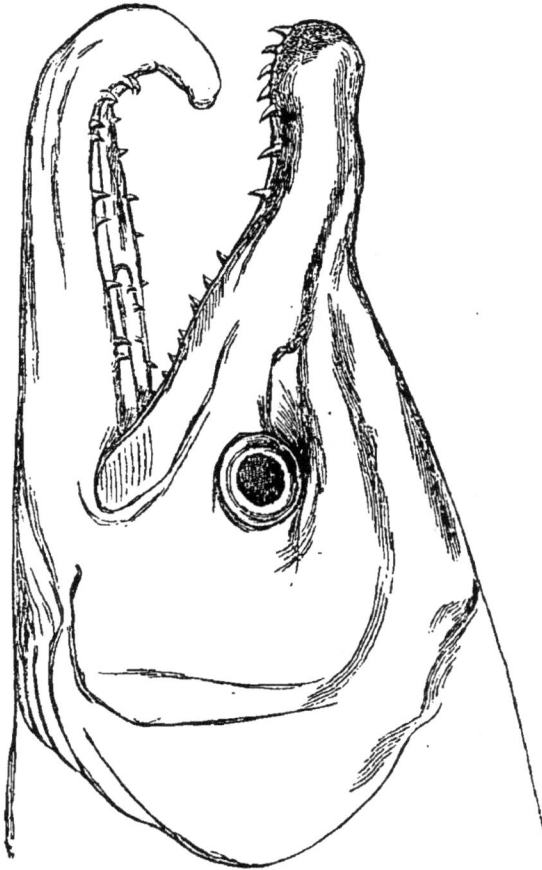

Fig. 27. — Tête de saumon commun (*Salmo salar*) mâle pendant la saison des amours.
Ce dessin, ainsi que tous ceux du chapitre précédent, ont été exécutés par l'artiste bien connu, M. G. Ford, sous la surveillance du docteur Günther, et d'après des spécimens du British Museum.

frai ; ils se font assez de mal pour qu'un grand nombre périssent, et qu'on les voie s'approcher des bords de la rivière épuisés et presque mourants[6] ». M. Buist ajoute que le gardien de l'étang de reproduction de Stormontfield a trouvé, en juin 1868, dans la par-

6. *The Field.*, 29 Juin 1867. Pour l'assertion de M. Shaw, *Edinb. Review*, 1843. Un autre observateur (Scrope, *Days of Salmon Fishing*, p. 60) fait remarquer que le mâle, comme le cerf, éloigne s'il peut tous les autres.

tie septentrionale de la Tyne, environ 300 saumons morts, tous
mâles à l'exception d'un seul; le gardien est persuadé qu'ils ont
tous péri à la suite de luttes acharnées. Le saumon mâle présente une conformation curieuse pendant la saison des amours :
outre un léger changement de couleur, « la mâchoire inférieure
s'allonge, et l'extrémité se transforme en une espèce de crochet

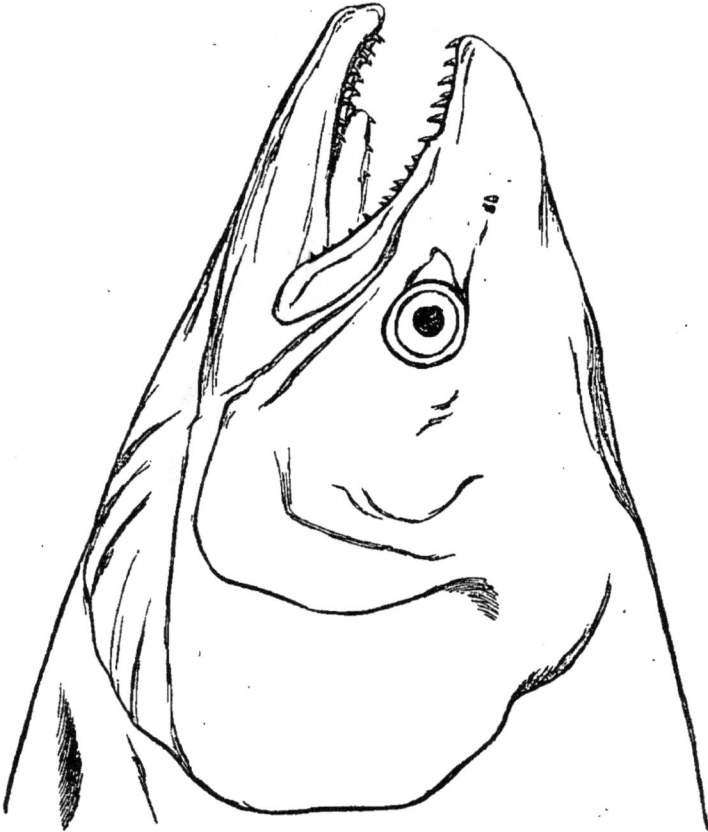

Fig. 28. — Tête de saumon femelle.

cartilagineux qui vient occuper, lorsque les mâchoires sont fermées,
une profonde cavité située entre les os intermaxillaires de la mâchoire supérieure[7] » (fig. 27 et 28). Cette modification ne persiste
que pendant la saison des amours chez le saumon européen; mais
M. J. K. Lord[8] assure que, chez le *S. lycaodon* du nord-ouest de
l'Amérique, cette modification est permanente et nettement pronon-

7. Yarrell's *Hist. of Brit. Fishes*, vol. II, 1830, p. 10.
8. *The Naturalist in Vancouver's Island*, vol. 1, 1866, p. 54.

cée chez les mâles plus âgés qui ont déjà remonté les rivières. Les mâchoires de ces vieux mâles se transforment en de formidables crochets, et les dents deviennent de véritables crocs, ayant souvent près de deux centimètres de longueur. Chez le saumon d'Europe, selon M. Lloyd[9], la conformation en crochet temporaire sert à fortifier et à protéger les mâchoires lorsque les mâles chargent l'un contre l'autre avec une impétueuse violence; mais les dents si considérablement développées du saumon mâle américain peuvent se comparer aux défenses de beaucoup de mammifères du même sexe, et indiquent un but offensif plutôt que défensif.

Le saumon n'est pas le seul poisson chez lequel les dents diffèrent selon le sexe. On observe les mêmes différences chez beaucoup de raies. Chez la raie bouclée (*Raia clavata*), le mâle adulte a des dents tranchantes et aiguës, recourbées en arrière, tandis que celles de la femelle sont larges et aplaties, formant une sorte de pavage; de sorte que, dans ce cas, les dents, chez les mâles et les femelles d'une même espèce, présentent des différences plus considérables qu'elles ne le sont ordinairement chez des genres distincts d'une même famille. Les dents du mâle ne deviennent aiguës que lorsqu'il est adulte; dans le jeune âge elles sont plates comme celles de la femelle. Ainsi qu'il arrive souvent pour les caractères sexuels secondaires, les mâles et les femelles de quelques espèces de raies, la raie cendrée (*R. batis*) par exemple, ont, quand ils sont adultes, les dents acérées et pointues; ce caractère propre au mâle, et primitivement acquis par lui, paraît s'être transmis aux descendants de l'un et l'autre sexe. Les mâles et les femelles de la *R. maculata* possèdent aussi des dents pointues, mais seulement quand ils sont complètement adultes; elles paraissent plus tôt chez les mâles que chez les femelles. Nous aurons à observer des cas analogues chez les oiseaux; chez quelques espèces, en effet, le mâle acquiert le plumage commun aux deux sexes adultes, à un âge un peu plus précoce que la femelle. Il y a d'autres espèces de raies chez lesquelles les mâles, même âgés, n'ont jamais de dents tranchantes, et où, par conséquent, les deux sexes adultes, ont des dents larges et plates comme les jeunes et les femelles adultes des espèces précédemment indiquées[10]. Les raies sont des poissons hardis, forts et voraces; nous pouvons donc supposer que les mâles ont besoin de leurs dents acérées pour lutter avec leurs rivaux; mais, comme ils sont pourvus de nombreux organes

9. *Scandinavian adventures*, vol. I, 1854, p. 100, 104.
10. Voir ce qu'a dit des Raies, Yarrel (*o. c.*, II, p. 416) avec une excellente figure, et p. 422, 432.

modifiés et adaptés pour saisir la femelle, il est possible que leurs dents leur servent aussi à cet usage.

Quant à la taille, M. Carbonnier [11] soutient que, chez presque toutes les espèces, la femelle est plus grande que le mâle : le docteur Günther ne connaît pas un seul cas où le mâle soit réellement plus grand que la femelle. Chez quelques Cyprinodontes, le mâle n'égale même pas la moitié de la grosseur de la femelle. Les mâles de beaucoup d'espèces ont l'habitude de lutter les uns avec les autres ; aussi est-il étonnant que, sous l'influence de la sélection sexuelle, ils ne soient pas devenus généralement plus grands et plus forts que les femelles. La petite taille des mâles constitue pour eux un grand désavantage ; M. Carbonnier affirme, en effet, qu'ils sont exposés à être dévorés par leurs propres femelles lorsqu'elles sont carnassières, et sans doute par les femelles d'autres espèces. L'augmentation de la taille doit, sous quelques rapports, être plus importante pour les femelles que ne le sont, pour les mâles, la force et la taille afin de lutter les uns contre les autres ; cette augmentation de taille permet peut-être une production plus abondante d'œufs.

Le mâle seul, chez beaucoup d'espèces, est orné de brillantes couleurs ; ou tout au moins ces couleurs sont plus vives chez lui que chez la femelle. Quelquefois aussi le mâle est pourvu d'appendices qui ne paraissent pas lui être plus utiles, pour les besoins ordinaires de la vie, que les plumes de la queue ne le sont au paon. Le docteur Günther a eu l'obligeance de me communiquer la plupart des faits suivants. On a tout lieu de croire que, chez beaucoup de poissons tropicaux, la couleur et la conformation diffèrent selon le sexe ; d'ailleurs, on observe quelques exemples frappants de ces différences chez les poissons des mers britanniques. On a donné le nom de *petit dragon pierre précieuse*, au *Callionymus lyra* mâle, à cause de ses couleurs qui ont l'éclat des pierreries. Lorsqu'on le sort de l'eau, le corps est jaune de diverses nuances, rayé et tacheté de bleu vif sur la tête ; les nageoires dorsales sont brun pâle avec des bandes longitudinales foncées, les nageoires ventrale, caudale et anale sont noir bleuâtre. Linné et après lui beaucoup de naturalistes ont considéré la femelle comme une espèce distincte ; elle est brun rougeâtre sale, avec la nageoire dorsale brune et les autres blanches. La grandeur proportionnelle de la tête et de la bouche, et la position des yeux [12], diffèrent aussi

11. Cité dans *The Farmer*, 1868, p. 369.
12. Tiré de Yarrel (*o. c.*, I, p. 261 et 266).

chez le mâle et la femelle; mais l'allongement extraordinaire, chez le mâle (*fig.* 29), de la nageoire dorsale, constitue évidemment la différence la plus caractéristique. M. W. Saville Kent, qui a étudié ces poissons en captivité, fait au sujet de cette nageoire les remarques suivantes : « Ce singulier appendice semble jouer le même rôle que les caroncules, les crêtes et les autres parties anormales des gallinacés mâles, c'est-à-dire qu'il sert uniquement à fasciner la femelle [13]. » La conformation et la coloration des jeunes mâles sont absolument identiques à celles des femelles adultes.

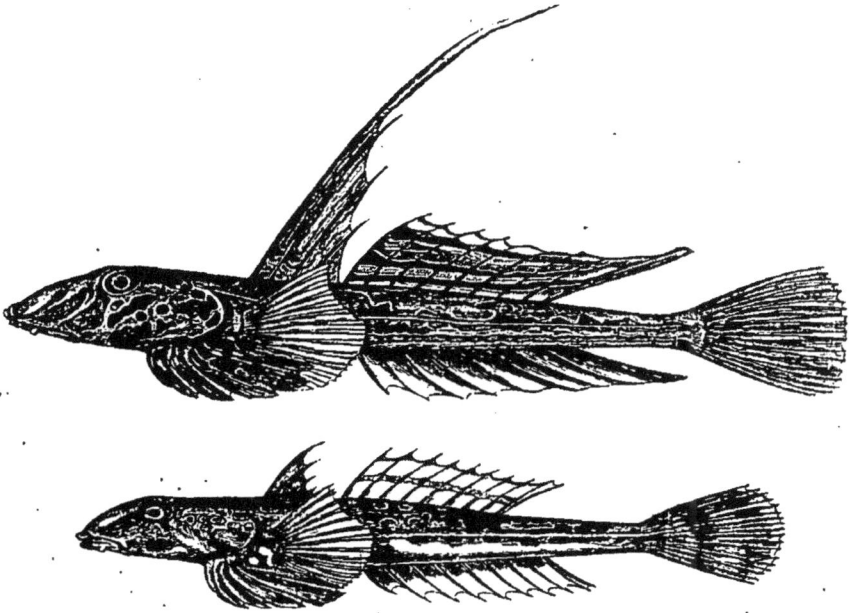

Fig. 29. — *Callionymus lyra;* figure supérieure, mâle ; figure inférieure, femelle.
N. B. — La figure inférieure est plus réduite que la figure supérieure.

Dans le genre *Callionymus* [14] tout entier, le mâle est en général plus brillamment tacheté que la femelle, et, chez plusieurs espèces, non seulement la nageoire dorsale, mais aussi la nageoire anale prennent un développement excessif chez le mâle.

Le *Cottus scorpius*, ou scorpion de mer mâle, est plus élancé et plus petit que la femelle. La couleur diffère beaucoup aussi selon le sexe. Il est difficile, comme le fait remarquer M. Lloyd [15], « à

13. *Nature,* juillet 1873, p. 264.
14. Docteur Günther, *Catalogue of Acanth. Fishes in Brit. Museum,* 1861, p. 138-151.
15. *Game Birds of Sweden,* etc. 1867, p. 466.

quiconque n'a pas vu à l'époque du frai, alors qu'il revêt ses
teintes les plus éclatantes, ce poisson d'ordinaire si mal partagé, de
se figurer le mélange de couleurs brillantes qui le transforment
entièrement ». Les *Labrus mixtus*, mâles et femelles, sont splendides, bien que la coloration diffère considérablement selon le sexe;
le mâle est orangé rayé de bleu clair; la femelle rouge vif avec
quelques taches noires sur le dos.

Dans la famille très distincte des Cyprinodontes — habitant les
eaux douces des pays exotiques, — les caractères du mâle et de la
femelle diffèrent quelquefois beaucoup. Le *Mollienesia petenensis*[16]
mâle a la nageoire dorsale très développée et marquée d'une ran-

Fig. 30. — *Xiphophorus Hellerii*; figure sup., mâle; figure infér., femelle.

gée de grandes taches arrondies, ocellées et brillamment colorées;
chez la femelle, au contraire, cette même nageoire, plus petite, affecte une forme différente, et porte seulement des taches brunes
irrégulièrement recourbées. Chez le mâle, le bord foncé de la base
de la nageoire anale fait un peu saillie. Chez le mâle d'une forme
voisine, le *Xiphophorus Hellerii* (*fig.* 30), le bord inférieur de la
nageoire anale se développe en un long filament qui, à ce qu'assure le docteur Günther, est rayé de vives couleurs. Ce filament ne contient pas de muscles et ne paraît avoir aucune utilité
directe pour le poisson. La coloration et la structure des jeunes

16. Je dois mes renseignements sur ces espèces au docteur Günther; voir
aussi son travail sur les poissons de l'Amérique centrale, dans *Trans. Zool. Soc.*,
vol. VI, 1868, p. 485.

mâles ressemblent en tous points à celles des femelles adultes ;
nous avons déjà fait remarquer qu'on observe le même fait dans
le genre *Callionymus*. On peut rigoureusement comparer les différences sexuelles de ce genre à celles qui se présentent si fréquemment chez les Gallinacés [17].

Le *Plecostomus barbatus* [18] (*fig.* 31), mâle, poisson siluroïde habitant les eaux douces de l'Amérique méridionale, a la bouche et
l'inter-operculum frangés d'une barbe de poils roides, dont la femelle est presque complètement dépourvue. Ces poils ont une
nature écailleuse. Chez une autre espèce du même genre, des
tentacules mous et flexibles s'élèvent sur la partie frontale de la
tête chez le mâle, et ne se trouvent pas chez la femelle. Ces tentacules, simples prolongements de la peau même, ne sont donc pas
homologues aux poils rigides de l'espèce précédente ; on ne peut
guère douter cependant que leur usage, dont il est difficile de conjecturer la nature, ne soit d'ailleurs le même chez les deux espèces.
Il n'est guère probable que ces appendices constituent un ornement ; d'un autre côté, nous ne pouvons supposer que des poils
rigides et des filaments flexibles puissent être utiles aux mâles
seuls dans les conditions ordinaires de l'existence. Le *Chimæra
monstrosa*, monstre absolument étrange, porte au sommet de la
tête un os crochu dirigé en avant, et dont l'extrémité arrondie est
couverte de piquants acérés ; on ignore absolument quel usage le
mâle peut faire de cette couronne « qui fait défaut chez la femelle [19] ».

Les conformations dont nous venons de parler existent à l'état permanent chez le mâle devenu adulte ; mais, chez certains Blennies et
dans un autre genre voisin [20], une crête se développe sur la tête du
mâle seulement pendant la saison du frai ; en même temps le
mâle revêt de plus vives couleurs. Cette crête constitue évidemment un ornement sexuel temporaire, car la femelle n'en offre pas
la moindre trace. Chez d'autres espèces du même genre, les deux
sexes possèdent une crête ; mais il est au moins une espèce où elle
ne se trouve ni chez le mâle ni chez la femelle. Le professeur
Agassiz affirme que beaucoup de Chromides mâles, le *Geophagus*
mâle, par exemple, et surtout le *Cichla* [21], ont une protubérance
très apparente sur le devant de la tête, protubérance qui n'existe

---

17. Docteur Günther, *Cat. of Brit. Fishes*, etc., vol. III, 1861, p. 141.
18. Docteur Günther, *Proc. of Zool. Soc.*, 1868, p. 232.
19. F. Buckland, *Land and Water*, 1868, p. 377, avec figure. Nous pourrions
citer une foule d'autres exemples de conformations particulières aux mâles
dont l'usage est inconnu.
20. Docteur Günther, *Catalogue*, etc., vol. III, p. 221 et 240.
21. Prof. and Mᵐᵉ Agassiz, *Journey in Brazil*, 1868, p. 220.

ni chez les femelles ni chez les jeunes mâles. M. Agassiz ajoute :
« J'ai souvent observé ces poissons pendant la saison du frai, alors

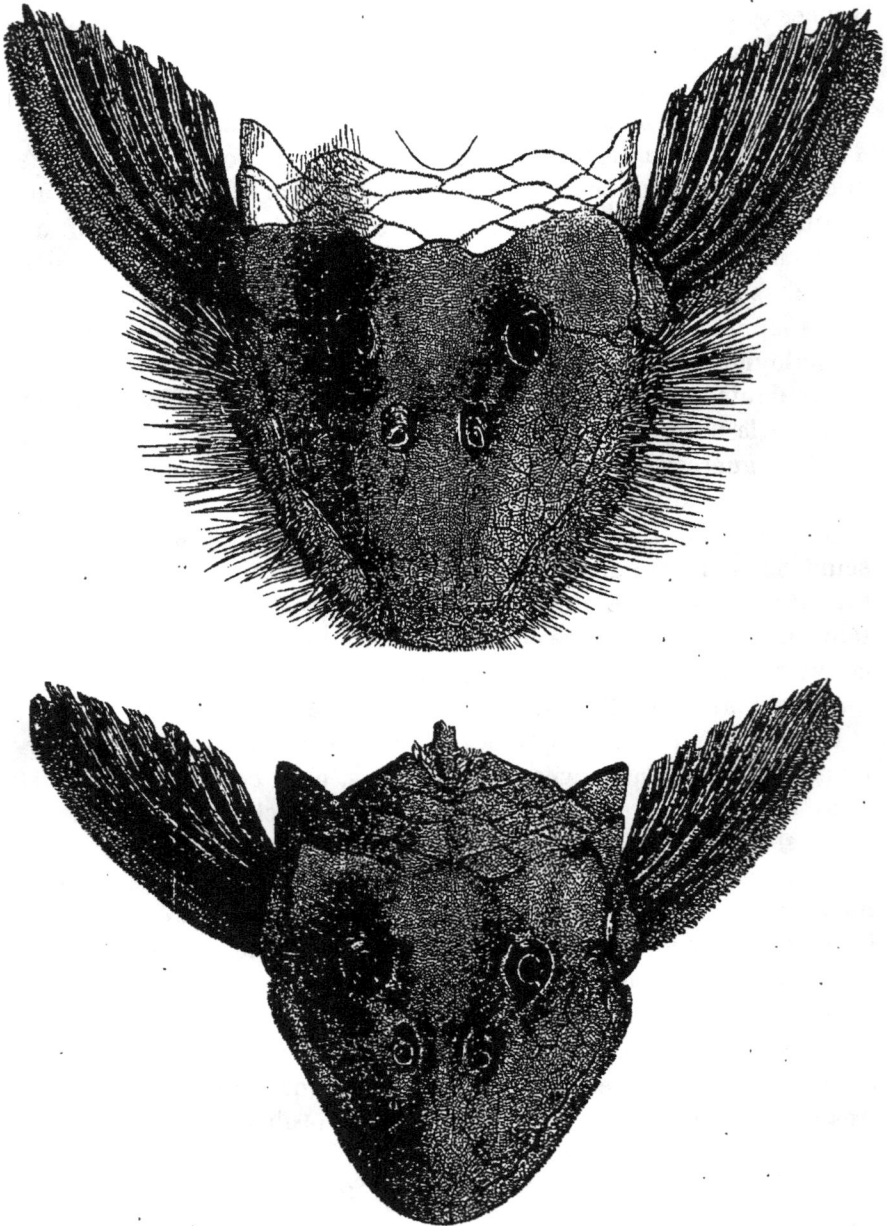

Fig. 31. — *Plecostomus barbatus;* figure sup., tête de mâle; figure inf., de femelle.

que la protubérance prend tout son développement; je les ai observés aussi pendant d'autres saisons où elle disparaît complètement;

on ne distingue pas alors la moindre différence dans la forme de la tête des mâles et des femelles. Je n'ai jamais pu établir, avec certitude, que ces protubérances remplissent une fonction spéciale, et les Indiens des Amazones n'ont pu me donner aucun renseignement à cet égard. » Ces protubérances, par leur apparition périodique, rappellent les caroncules charnus qui ornent la tête de certains oiseaux; il est cependant très douteux qu'on puisse les considérer comme des ornements.

Le professeur Agassiz et le docteur Günther affirment que les poissons mâles, dont la coloration diffère d'une manière permanente de celle des femelles, deviennent souvent plus brillants pendant la saison du frai. Il en est de même chez une foule de poissons dont les individus de sexe différent ont une coloration identique pendant toutes les autres périodes de l'année. On peut citer comme exemple la tanche, le gardon et la perche. A l'époque du frai, « le saumon mâle porte sur les joues des bandes orangées, qui lui donnent l'apparence d'un Labrus, et son corps entier prend un ton orangé doré. Les femelles revêtent alors une coloration plus foncée [22]; aussi les appelle-t-on ordinairement poissons noirs ». On constate un changement analogue et même plus prononcé chez le *Salmo eriox;* les mâles de l'ombre (*S. umbla*) sont également, pendant la même saison, plus vivement colorés que les femelles [23]. Les couleurs du brochet des Etats-Unis (*Esox reticulatus*), surtout chez le mâle, deviennent pendant la saison du frai excessivement intenses, brillantes et irisées [24]. L'épinoche mâle (*Gasterosteus leiurus*) nous en offre un exemple frappant entre tous. M. Warington [25] affirme que ce poisson devient alors « magnifique au-delà de toute expression ». Le dos et les yeux de la femelle sont bruns, le ventre blanc. Les yeux du mâle, au contraire, « sont du vert le plus splendide, et doués d'un reflet métallique comme les plumes vertes de certains oiseaux-mouches. La gorge et le ventre sont cramoisi éclatant, le dos gris cendré, et le poisson tout entier semble devenir diaphane et comme lumineux par suite d'une incandescence interne ». Après le frai, toutes ces couleurs changent; la gorge et l'abdomen prennent un ton rouge plus terne, le dos devient plus vert, et les tons phosphorescents disparaissent.

Nous avons déjà parlé des démonstrations amoureuses de l'épinoche mâle pour la femelle; depuis la publication de la première

22. Yarrel, *o. c.*, vol. II, p. 10, 12, 55.
23. W. Thompson, *Ann. and Mag. of Nat. Hist.* vol. VI, 1841, p. 440.
24. *The American Agriculturist,* 1868, p. 100.
25. *Annals and Magaz.*, etc., Oct. 1852.

édition de cet ouvrage, on a constaté chez les poissons plusieurs exemples des assiduités du mâle auprès de la femelle. M. W. S. Kent assure que le *Labrus mixtus* mâle qui, comme nous l'avons vu, diffère de la femelle au point de vue de la coloration, creuse « un trou profond dans le sable du réservoir où il se trouve, puis essaie, par toutes sortes de démonstrations, de persuader à une femelle de la même espèce de venir partager ce trou avec lui ; il va et vient de la femelle au nid qu'il a construit et tâche évidemment de la décider à le suivre ». Le *Cantharus lineatus* mâle devient noir plombé pendant la saison des amours ; il se retire alors à l'écart pour creuser un trou qui doit servir de nid. « Chaque mâle veille alors avec vigilance sur le trou qu'il a creusé, il attaque et chasse tous les autres mâles qui ont l'air de s'approcher. Sa conduite est toute différente envers les femelles qui, à ce moment, sont d'ordinaire pleines d'œufs. Il emploie tous les moyens en son pouvoir pour leur persuader de venir déposer dans son trou les myriades d'œufs dont elles sont chargées ; s'il y réussit, il veille incessamment sur les œufs [26]. »

M. Carbonnier, qui a étudié avec beaucoup d'attention un *Macropus* chinois en captivité, a décrit un cas encore plus frappant de la cour que les mâles font aux femelles et de l'étalage qu'ils font de leurs ornements [27]. Les mâles affectent des couleurs beaucoup plus brillantes que les femelles. Pendant la saison des amours, ils luttent les uns contre les autres pour s'emparer des femelles ; au moment où ils leur font la cour, ils étalent leurs nageoires, qui sont tachetées et ornées de raies brillamment colorées, absolument, dit M. Carbonnier, comme le paon étale sa queue. Ils nagent aussi autour des femelles avec une grande vivacité, et semblent, « par l'étalage de leurs vives couleurs, chercher à attirer l'attention des femelles, lesquelles ne paraissent pas indifférentes à ce manège ; elles nagent avec une molle lenteur vers les mâles et semblent se complaire dans leur voisinage ». Dès que le mâle s'est assuré la possession de la femelle, il fait un petit amas d'écume en chassant de sa bouche de l'air et des mucosités ; puis il recueille dans sa bouche les œufs fécondés pondus par la femelle, ce qui causa une certaine crainte à M. Carbonnier, qui crut qu'il allait les dévorer. Mais le mâle les dépose bientôt au sein de l'amas qu'il a fait, les veille avec soin, répare les parties de l'écume qui viennent à se détacher, et prend soin des jeunes quand ils éclosent. Je men-

26. *Nature*, mai 1873, p. 25.
27. *Bull. de la Soc. d'acclimat.* Paris, juillet 1869 et janv. 1870.

tionne ces particularités parce que nous allons voir bientôt que certains poissons mâles couvent les œufs dans leur bouche. Or, ceux qui ne croient pas au principe de l'évolution graduelle peuvent, à juste titre, demander quelle a pu être l'origine d'une semblable habitude. Il est donc intéressant de savoir que certains poissons recueillent les œufs dans leur bouche pour les transporter; cela, en effet, explique en partie le fait dont nous venons de parler, car, s'il survient un délai avant qu'ils puissent déposer les œufs, ils peuvent finir par prendre l'habitude de les couver dans leur bouche.

Pour en revenir à notre sujet plus immédiat, nous pouvons résumer la question en ces termes : les poissons femelles, autant que je puis toutefois le savoir, ne pondent jamais qu'en présence des mâles; d'autre part, les mâles ne fécondent jamais les œufs qu'en présence des femelles. Les mâles luttent les uns contre les autres pour s'emparer des femelles. Les jeunes mâles de beaucoup d'espèces ressemblent aux femelles, mais revêtent, à l'âge adulte, des couleurs beaucoup plus brillantes qu'ils conservent pendant toute leur existence. Les mâles d'autres espèces revêtent des couleurs plus brillantes que les femelles, et se parent d'ornements nombreux seulement pendant la saison des amours. Les mâles courtisent assidûment les femelles, et nous avons vu que, dans un cas tout au moins, ils ont soin d'étaler leur beauté devant elles. Or, est-il possible de croire qu'ils le font sans se proposer aucun but? Ils n'en atteindraient évidemment aucun si la femelle n'exerçait pas un choix, et si elle ne prenait pas le mâle qui lui plaît ou qui l'excite davantage. Si on admet un choix de cette nature, les faits relatifs à l'ornementation des mâles s'expliquent facilement par le principe de la sélection sexuelle.

Il en résulte que certains poissons mâles ont acquis de brillantes couleurs grâce à la sélection sexuelle. Nous devons donc rechercher si, dans cette hypothèse, on peut, en vertu de la loi de l'égale transmission des caractères aux deux sexes, étendre cette explication aux groupes où les mâles et les femelles sont brillants à un degré égal ou presque égal. Quand il s'agit d'un genre tel que celui des *Labrus*, qui comprend quelques-uns des poissons les plus splendides qui soient au monde, le *Labrus pavo*, par exemple[28], qu'avec une exagération pardonnable on décrit comme formé de lapis-lazuli, de rubis, de saphirs et d'améthystes, incrustés dans des écailles d'or poli, nous pouvons, très probablement, accepter

---

28. Bory de Saint-Vincent, *Dict, Class. d'Hist. nat.*, vol. IX, 1826, p. 151.

cette hypothèse; car nous avons vu que, chez une espèce au moins, la coloration des mâles et des femelles diffère beaucoup. On peut considérer les vives colorations de certains poissons et de beaucoup d'animaux inférieurs comme la conséquence directe de la nature des tissus et des conditions ambiantes, sans qu'il soit besoin de faire intervenir aucune sélection. Le poisson doré (*Cyprinus auratus*), à en juger par analogie avec la variété dorée de la carpe commune, constitue peut-être un exemple de ce fait, car il peut devoir ses vives couleurs à une variation brusque et unique, conséquence des conditions auxquelles il a été soumis en captivité. Il est plus probable cependant que, grâce à la sélection artificielle, on a considérablement exagéré ces couleurs; cette espèce, en effet, a été cultivée avec beaucoup de soin en Chine dès une époque fort reculée [19]. On ne peut guère admettre que, dans les conditions naturelles, des êtres aussi hautement organisés que les poissons, et qui ont des rapports si complexes avec tout ce qui les entoure, aient pu acquérir des couleurs aussi brillantes, sans qu'un tel changement ait provoqué des inconvénients ou des avantages, et par conséquent sans l'intervention de la sélection naturelle.

Que devons-nous donc conclure relativement aux nombreux poissons dont les deux sexes sont magnifiquement colorés? M. Wallace [30] soutient que les espèces qui fréquentent les récifs où abondent les coraux et les autres organismes aux couleurs éclatantes ont acquis elles-mêmes ces brillantes couleurs afin de passer inaperçues devant leurs ennemis; mais, si mes souvenirs sont fidèles, ces poissons n'en deviennent que plus apparents. Dans les eaux douces des régions tropicales, on ne rencontre ni coraux ni autres organismes brillamment colorés auxquels les poissons puissent ressembler; cependant beaucoup d'espèces qui habitent le fleuve des Amazones revêtent de magnifiques couleurs, et un grand nombre de Cyprinides carnivores de l'Inde sont ornés « de lignes longitudinales brillantes affectant des teintes diverses [31] ». M. M'Clel-

29. A la suite de quelques remarques sur ce sujet, que j'ai faites dans mon ouvrage sur *la Variation des animaux*, etc., M. W. F. Mayers (*Chinese Notes and Queries*, Aug. 1868, p. 123) a fait quelques recherches dans d'anciennes encyclopédies chinoises. Il a trouvé que certains poissons dorés ont été élevés en captivité pendant la dynastie Sung, qui commença l'année 960 de notre ère. Ces poissons abondaient dès 1129. Il est dit dans un autre endroit qu'il a été produit à Hangchow, dès 1548, une variété dite poisson-feu, vu l'intensité de sa couleur rouge. Il est universellement admiré, et il n'y a pas de maison où on ne le cultive, chacun essayant d'obtenir une couleur plus vive comme source de bénéfices.

30. *Westminster Review*, juillet, 1867, p. 7.

31. *Indian Cyprinidœ*, par M. J. M' Clelland, *Asiatic Researches*, v. XIX, part. II, 1839, p. 250.

land, en décrivant ces poissons, va jusqu'à supposer que l'éclat particulier de leurs couleurs sert d'appât pour attirer les martins-pêcheurs, les sternes et les autres oiseaux destinés à tenir en échec l'augmentation du nombre de ces poissons ; mais, aujourd'hui, peu de naturalistes seraient disposés à admettre qu'un animal ait revêtu de brillantes couleurs pour faciliter sa propre destruction. Il est possible que certains poissons soient devenus apparents pour avertir les oiseaux et les animaux carnivores (comme nous l'avons vu à propos des chenilles) qu'ils ne sont pas bons à manger ; mais les animaux piscivores ne rejettent, que je sache, aucun poisson d'eau douce tout au moins. En résumé, l'hypothèse la plus probable à l'égard des poissons dont les deux sexes affectent de vives couleurs, c'est que ces couleurs, acquises par les mâles comme ornements sexuels, ont été transmises à l'autre sexe à un degré à peu près égal.

Nous avons maintenant à considérer un autre point : lorsque la coloration ou les autres ornements du mâle diffèrent sensiblement de ceux de la femelle, faut-il en conclure que le mâle seul a subi des modifications et que ces variations sont héréditaires dans sa descendance mâle seule ; ou bien que la femelle a été spécialement modifiée dans le but de devenir peu apparente afin d'échapper plus facilement à ses ennemis, et que ces modifications se transmettent à sa descendance femelle seule ? Il est évident que beaucoup de poissons ont acquis une certaine coloration dans le but d'assurer la sécurité de l'espèce, et on ne saurait jeter un regard sur la surface supérieure tachetée d'une plie, sans être frappé de sa ressemblance avec le lit de sable sur lequel elle vit. En outre, certains poissons, grâce à l'action de leur système nerveux, ont la faculté de changer de couleur dans un très court espace de temps, pour s'adapter aux couleurs des objets environnants [32]. Le docteur Günther [33] cite un des exemples les plus frappants d'un animal protégé par sa couleur et par sa forme, autant toutefois qu'on peut en juger d'après des individus conservés ; il s'agit d'une certaine anguille de mer, pourvue de filaments rougeâtres, qu'on peut à peine distinguer des algues auxquelles elle se cramponne par la queue. Mais ce qui nous importe actuellement, c'est de savoir si les femelles seules se sont modifiées dans ce but. Si les individus appartenant à l'un et à l'autre sexe sont sujets à varier, on comprend facilement que la sélection naturelle ne puisse intervenir pour modifier l'un des sexes, afin d'assurer sa sécurité, qu'autant

---

32. G. Pouchet, *l'Institut*, 1ᵉʳ nov. 1871, p. 134.
33. *Proc. Zool. Soc.*, 1865, p. 327, pl. XIV et XV.

que les individus appartenant à ce sexe sont exposés plus longtemps au danger ou ont moins de pouvoir pour y échapper; or,
chez les poissons, les mâles et les femelles ne paraissent pas différer sous ce rapport. S'il y avait une différence, elle intéresserait
surtout les mâles qui, généralement moins grands et plus actifs
que les femelles, courent plus de dangers; cependant, lorsque les
sexes diffèrent, presque toujours les mâles sont le plus richement
colorés. Le mâle féconde les œufs immédiatement après la ponte,
et lorsque cette opération dure plusieurs jours, comme chez le
saumon [34], le mâle ne quitte pas la femelle. Dans la plupart des
cas, les deux parents abandonnent les œufs après la fécondation,
de sorte que, pendant l'acte de la ponte, les mâles et les femelles
sont exposés aux mêmes dangers, et tous deux jouent un rôle également important au point de vue de la production d'œufs féconds;
en conséquence, les mâles et les femelles, plus ou moins brillamment colorés, étant également soumis aux mêmes chances de destruction ou de conservation, tous deux doivent exercer une influence égale sur la coloration de leurs descendants.

Certains poissons appartenant à diverses familles construisent
des nids, et il en est qui prennent soin des petits après leur éclosion. Les *Crenilabrus massa* et *C. melops*, mâles et femelles, si
brillamment colorés, travaillent ensemble à la construction de
leurs nids qu'ils forment d'algues marines, de coquilles, etc. [35].
Mais, chez certaines espèces, les mâles se chargent de toute la
besogne, et, plus tard, prennent exclusivement soin des jeunes.
C'est le cas des Gobies à couleurs ternes [36], dont les mâles et les
femelles ne paraissent pas différer au point de vue de la coloration, ainsi que des Épinoches (*Gasterosteus*) chez lesquels les mâles
revêtent pendant la saison du frai de si éclatantes couleurs. Le
Gast. leiurus mâle à queue lisse remplit pendant longtemps, avec
des soins et une vigilance exemplaires, les devoirs de nourrice; il
ramène constamment avec douceur vers le nid les jeunes qui s'en
éloignent trop. Il chasse courageusement tous les ennemis, y compris les femelles de son espèce. Ce serait même un soulagement
pour le mâle que la femelle, après avoir déposé ses œufs, fût immédiatement dévorée par quelque ennemi, car il est incessamment
obligé de la chasser hors du nid [37].

34. Yarrell, *o. c.*, II, p. 11.
35. D'après les observations de M. Gerbe : voir Günther, *Record of Zoolog.
Literature*, 1865, p. 194.
36. Cuvier, *Règne animal*, vol. II, 1829, p. 242.
37. M. Warington. — Description des habitudes du *Gasterosteus leiurus* dans
Annals and Mag., etc., Nov. 1855.

Certains autres poissons mâles de l'Amérique du Sud et de Ceylan, appartenant à deux ordres distincts, ont l'habitude extraordinaire de couver dans leur bouche, ou dans leurs cavités branchiales,
les œufs pondus par les femelles [38]. D'après M. Agassiz, les mâles
des espèces de l'Amazone ayant la même habitude « sont non seulement plus brillants que les femelles en tout temps, mais surtout
pendant la saison du frai ». Les diverses espèces de *Geophagus*
agissent de même, et, dans ce genre, une protubérance marquée
se développe sur le sommet de la tête des mâles pendant la saison
du frai. Le professeur Agassiz a observé chez les diverses espèces
de *Chromides* des différences sexuelles de couleur, « soit qu'ils
pondent leurs œufs parmi les plantes aquatiques, ou dans des trous,
où ces œufs éclosent sans autres soins, soit qu'ils construisent dans
la boue de la rivière des nids peu profonds, sur lesquels ils se posent, comme le *Promotis*. Il convient aussi de remarquer que ces
espèces couveuses sont au nombre des plus brillantes dans leurs
familles respectives; l'*Hygrogonus*, par exemple, est vert éclatant,
avec de grands ocelles noirs, cerclés du rouge le plus brillant. »
On ignore si, chez toutes les espèces de *Chromides*, le mâle couve
seul les œufs. Toutefois on ne saurait admettre que cette protection ou ce défaut de protection puisse avoir une influence quelconque sur les différences de couleurs entre les mâles et les femelles.
En outre, il est évident que, dans tous les cas où les mâles se chargent exclusivement des soins à donner aux nids et aux jeunes, la
destruction des mâles brillamment colorés aurait beaucoup plus
d'influence sur le caractère de la race que celle des femelles aussi
brillamment colorées; en effet, la mort du mâle, pendant la période
d'incubation et d'élevage, entraînerait la mort des petits. Cependant, dans beaucoup de cas de ce genre, les mâles sont beaucoup
plus brillamment colorés que les femelles.

Chez la plupart des Lophobranches (*Hippocampi*, etc.), les mâles
sont pourvus de sacs marsupiaux ou dépressions hémisphériques
de l'abdomen, dans lesquels ils couvent les œufs pondus par la femelle. Les mâles font preuve du plus grand attachement pour les
jeunes [39]. La coloration des Lophobranches mâles et femelles
ne diffère pas ordinairement beaucoup, le docteur Günther croit
cependant que les Hippocampes mâles sont un peu plus brillants
que les femelles. Le genre *Solenostoma* offre toutefois un cas ex-

---

38. Prof. Wyman, *Proc. Boston Soc. of Nat. Hist.*, Sept. 15, 1857. — W. Turner,
Journ. of Anat. and Phys., Nov. 1866, p. 78. Le docteur Günther a aussi décrit
d'autres cas.

39. Yarrell, *o. c.*, vol. II, p. 329, 338.

ceptionnel très curieux[40], car la femelle est beaucoup plus brillamment colorée et tachetée que le mâle, et possède seule un sac marsupial pour l'incubation des œufs; la *Solenostoma* femelle diffère donc sous ce dernier rapport de tous les autres Lophobranches et de presque tous les autres poissons, en ce qu'elle affecte des couleurs plus brillantes que le mâle. Il est peu probable que cette double inversion de caractère si remarquable chez la femelle soit une coïncidence accidentelle. Comme plusieurs poissons mâles qui s'occupent exclusivement des soins à donner aux œufs et aux jeunes sont plus brillamment colorés que les femelles, et qu'au contraire la *Solenostoma* femelle, chargée de ces fonctions, est plus belle que le mâle, on pourrait en conclure que les belles couleurs des individus appartenant au sexe le plus nécessaire aux besoins des jeunes doivent, en quelque manière, servir à les protéger. Mais on ne saurait soutenir cette hypothèse quand on considère la multitude de poissons dont les mâles sont, périodiquement ou d'une manière permanente, plus brillants que les femelles sans que leur existence soit, plus que celle de ces dernières, importante pour la durée de l'espèce. Nous rencontrerons, en traitant des oiseaux, des cas analogues où les attributs usuels des deux sexes sont complètement intervertis; nous donnerons alors ce qui nous semble être l'explication la plus probable de ces exceptions, c'est-à-dire que, contrairement à la règle générale qui veut que, dans le règne animal, les femelles choisissent les mâles les plus attrayants, ce sont dans ce cas les mâles qui choisissent les femelles les plus séduisantes.

En résumé, chez la plupart des poissons, quand la couleur ou les autres caractères d'ornementation diffèrent chez les mâles et les femelles, nous pouvons conclure que les mâles ont primitivement subi des variations; que ces variations sont devenues héréditaires chez le même sexe, et que, par suite de l'attraction qu'elles exercent sur les femelles, ces variations se sont accumulées à l'aide de la sélection sexuelle. Ces caractères ont été cependant dans bien des cas transmis partiellement ou totalement aux femelles. Dans d'autres cas encore, les deux sexes ont acquis une coloration semblable comme moyen de sécurité; mais il ne semble pas y avoir d'exemple que les couleurs ou que les autres caractères de la femelle seule se soient spécialement modifiés dans ce but.

Un dernier point reste à considérer : on a observé, dans diverses

---

40. Le docteur Günther, depuis qu'il a publié la description de cette espèce dans *Fishes of Zanzibar*, du col. Playfair, 1866, p. 137, a examiné à nouveau ces individus, et m'a donné les informations que je viens de relater.

parties du monde, des poissons produisant des sons particuliers, et on les a quelquefois qualifiés de musicaux. M. Dufossé, qui s'est particulièrement occupé de cette question, affirme que quelques poissons produisent volontairement des sons différents en employant plusieurs moyens, dont les principaux sont : la friction des os du pharynx, la vibration de certains muscles attachés à la vessie natatoire qui joue le rôle d'une table d'harmonie, la vibration des muscles propres à la vessie natatoire. Par ce dernier moyen le *Trigla* produit des sons très purs et très profonds qui couvrent presque l'octave. Mais le cas le plus intéressant pour nous est celui que présentent deux espèces d'*Ophidium*, chez lesquels les mâles seuls sont pourvus d'un appareil propre à produire le son, appareil qui consiste en certains petits ossements mobiles pourvus de muscles en rapport avec la vessie natatoire[41].

On dit que l'on peut entendre, à une profondeur de vingt brasses, le bruit, ressemblant à un battement de tambour, que font les ombrines des mers d'Europe. Les pêcheurs de la Rochelle assurent « que ce bruit est produit par les mâles pendant le frai, et qu'on peut, en l'imitant, les prendre sans amorce[42] ».

Cette observation, et plus particulièrement la conformation de l'*ophidium*, nous permet presque d'affirmer que, dans la classe la plus infime des vertébrés, comme chez tant d'insectes et chez tant d'araignées, la sélection sexuelle a développé, dans quelques cas au moins, des appareils propres à produire des sons comme moyen de rapprocher les sexes.

AMPHIBIES

Urodèles. — Je vais m'occuper d'abord des amphibies à queue. La couleur et la conformation diffèrent souvent beaucoup chez les salamandres ou les tritons mâles et femelles. Pendant la saison des amours, on voit parfois des griffes prenantes se développer sur les pattes antérieures du mâle de quelques espèces; pendant cette même saison, le *Triton palmipes* mâle a les pattes postérieures pourvues d'une membrane natatoire qui se résorbe presque complètement pendant l'hiver; de telle sorte que les pattes du mâle ressem-

---

41. *Comptes rendus*, tom. XLVI, 1858, p. 353; tom. XLVII, 1858, p. 916; tom. LIV 1862, p. 393. Quelques savants affirment que le bruit fait par les Ombrines (*Sciæna aquila*) ressemble plus à celui de la flûte ou de l'orgue qu'à celui du tambour. Le Dʳ Zouteveen, dans la traduction hollandaise du présent ouvrage, a cité quelques renseignements nouveaux sur les sons émis par les poissons.

42. Rev. C. Kingsley, dans *Nature*, Mai, 1870, p. 40.

blent alors à celles de la femelle[43]. Cette conformation permet sans doute au mâle de rechercher et de poursuivre activement la femelle. Une crête élevée et profondément dentelée apparaît sur le dos et sur la queue de nos tritons communs mâles (*T. punctatus et T. cristatus*), pendant la saison des amours, et se résorbe dans le courant de l'hiver. Cette crête, dépourvue de muscles, d'après M. Saint-Georges Mivart, ne peut faciliter la locomotion; mais comme, pendant la saison des amours, elle se frange de vives couleurs, elle constitue évidemment un ornement masculin. Chez beaucoup d'espèces, le corps offre des tons heurtés quoique sombres, qui deviennent plus vifs lors de la saison des amours. Le pe-

Fig. 32. — *Triton cristatus* (demi-grandeur naturelle, d'après Bell, *British Reptiles*); figure sup., mâle, pendant la saison des amours; figure inf., femelle.

tit triton commun (*T. punctatus*) mâle, par exemple, « a la partie supérieure gris brun et la partie inférieure jaune ; au printemps, la partie inférieure du corps affecte une riche teinte orange partout marquée de taches arrondies et foncées ». Le bord de la crête revêt alors des nuances rouges ou violettes très brillantes. La femelle est ordinairement brun-jaunâtre, avec des taches brunes disséminées; la partie inférieure du corps est souvent tout unie[44]. Les jeunes affectent une nuance sombre. Les œufs fécondés pendant l'acte de la ponte ne sont subséquemment l'objet d'aucune attention ni d'aucun soin de la part des parents. Nous pouvons donc en conclure que les mâles ont acquis, par sélection sexuelle, leurs vives couleurs et leurs ornements; ces caractères

43. Bell, *Hist. of Brit. Reptiles*, 2ᵉ édit., 1848, p. 156-159.
44. Bell, *ibid.*, p. 146, 151.

ont ensuite été transmis soit à la descendance mâle seule, soit aux deux sexes.

Anoures ou *Batraciens*. — Les couleurs servent évidemment de moyen de protection à bien des grenouilles et à bien des crapauds, les teintes vertes si vives des rainettes, et les nuances pommelées de plusieurs espèces terrestres, par exemple. Le crapaud le plus remarquablement coloré que j'aie jamais vu, le *Phryniscus nigricans*[45], a toute la surface supérieure du corps noire comme de l'encre, avec le dessous des pieds et certaines parties de l'abdomen tachetés du plus brillant vermillon. On le rencontre ordinairement dans les plaines sablonneuses ou dans les immenses prairies de la Plata, exposé au soleil le plus ardent; il ne saurait donc manquer d'attirer les regards. Ces couleurs peuvent lui être utiles en ce que les oiseaux de proie reconnaissent en lui une nourriture nauséabonde.

On trouve au Nicaragua une petite grenouille rouge et bleue admirable ; elle ne cherche pas à se cacher comme les autres espèces, mais sautille tout le jour sans avoir l'air de redouter aucun ennemi. Dès que M. Belt[46] eut constaté ces habitudes, il en conclut qu'elle ne devait pas être bonne à manger. En effet, après bien des essais, il parvint à en faire avaler une à un jeune canard ; mais celui-ci la rejeta immédiatement, et continua pendant longtemps à secouer la tête et à se gratter le bec comme s'il voulait se débarrasser d'un goût désagréable.

Les grenouilles et les crapauds, d'après le docteur Günther, ne présentent aucun cas frappant de coloration sexuelle; cependant on peut souvent distinguer le mâle de la femelle, car le premier a des couleurs un peu plus intenses. Le docteur Günther n'a pas non plus observé de différence sexuelle marquée dans la conformation externe de ces animaux, sauf les proéminences qui se développent pendant la saison des amours sur les pattes antérieures du mâle, et qui lui permettent de maintenir la femelle[47]. Il est surprenant que les grenouilles et les crapauds n'aient pas acquis de différences sexuelles plus prononcées, car, bien qu'ayant le sang froid, ils ont de vives passions. Le docteur Günther a trouvé, à plusieurs reprises, des crapauds femelles mortes étouffées sous les embrassements de

---

45. *Zoology of the Voyage of Beagle*, 1843, M. Bell, *ibid.*, p. 49.
46. *The Naturalist in Nicaragua*, 1874, p. 321.
47. Le mâle seul du *Bufo sikimmensis* (Dr Anderson, *Proc. Zool. Soc.*, 1871. p. 204) porte sur le thorax deux callosités ressemblant à des plaques, et sur les doigts certaines rugosités qui servent peut-être au même but que les proéminences dont nous venons de parler.

trois ou quatre mâles. Le professeur Hoffman de Giessen a vu, pendant la saison des amours, des grenouilles lutter des journées entières et avec tant de violence que l'une d'elles avait le corps tout déchiqueté.

Les grenouilles et les crapauds offrent cependant une différence sexuelle intéressante par rapport aux facultés musicales qui caractérisent les mâles, s'il nous est permis toutefois d'appliquer le terme musique aux sons discordants et criards que nous font entendre les grenouilles-taureau mâles et certaines autres espèces. Cependant certaines grenouilles émettent des sons agréables. Près de Rio-de Janeiro, j'interrompais souvent ma promenade dans la soirée pour écouter les petites rainettes (*Hyla*), qui perchées sur des tiges au bord de l'eau, faisaient entendre une succession de notes harmonieuses et douces. C'est surtout pendant la saison des amours que les mâles font entendre leur voix, comme chacun a pu le remarquer à propos du coassement de notre grenouille commune[48]. Aussi, et c'est une conséquence de ce fait, les organes vocaux des mâles sont-ils plus développés que ceux des femelles. Dans quelques genres les mâles seuls sont pourvus de bourses s'ouvrant dans le larynx[49]. Chez la grenouille verte (*Rana esculenta*), par exemple, « les mâles seuls possèdent des bourses qui forment, lorsqu'elles sont remplies d'air, pendant l'acte du coassement, de larges vessies globulaires qui font saillie de chaque côté de la tête près des coins de la bouche ». Le coassement du mâle devient ainsi très puissant, tandis que celui de la femelle se réduit à un léger grognement[50]. Les organes vocaux ont une structure toute différente chez les divers genres de la famille; on peut dans tous les cas attribuer leur développement à la sélection sexuelle.

REPTILES

Chéloniens. — On ne remarque chez les tortues aucune différence sexuelle bien tranchée. La queue du mâle, chez quelques espèces, devient plus longue que celle de la femelle. Chez d'autres espèces, le plastron, ou la surface inférieure de la carapace du mâle, présente une légère concavité si on le compare au dos de la femelle. Chez une espèce des États-Unis (*Chrysemys picta*), les pattes antérieures du mâle se terminent par des griffes deux fois plus longues que

48. Bell, *Hist. of Brit. Rept.*, 1849, p. 93.
49. J. Bishop, *Todd's Cyclop. of Anat. and Phys.*, vol. IV, p. 1503.
50. Bell, *o. c.*, p. 112-114.

celles de la femelle; ces griffes servent pendant l'union des sexes[51].
Les mâles de l'immense tortue des îles Galapagos (*Testudo nigra*)
atteignent, dit-on, une taille plus considérable que les femelles : le
mâle, lors de la saison des amours, mais à aucune autre époque,
pousse des cris rauques ressemblant à des beuglements qu'on peut
entendre à plus de cent mètres de distance; la femelle, au contraire,
ne se sert jamais de sa voix[51].

On assure qu'on peut entendre à une grande distance le bruit
que font les *Testudo elegans* de l'Inde quand elles se précipitent
l'une contre l'autre, lors du combat qu'elles se livrent[53].

Crocodiles. — Les mâles et les femelles ne diffèrent certainement
pas au point de vue de la coloration; je ne saurais dire si les mâles
luttent les uns contre les autres, mais cela est probable, car il est
des espèces qui se livrent à de prodigieuses parades en présence
des femelles. Bartram[54] prétend que l'alligator mâle cherche à captiver la femelle en poussant de véritables rugissements, et en fouet-
tant avec sa queue l'eau qui rejaillit de tous côtés au milieu de la
lagune; « gonflé à crever, la tète et la queue relevées, il pivote et
tourne à la surface de l'eau, en affectant, pour ainsi dire, la pose
d'un chef indien racontant ses hauts faits guerriers ». Pendant la
saison des amours, les glandes sous-maxillaires du crocodile émettent une odeur musquée qui se répand dans tous leurs repaires[55].

Ophidiens. — Le docteur Günther affirme que les mâles atteignent
une moins grande taille que les femelles, et ont généralement la
queue plus longue et plus grêle qu'elles; mais il ne connaît pas
d'autre différence de conformation externe. Quant à la couleur, le
docteur Günther arrive presque toujours à distinguer le mâle de la
femelle par ses teintes plus prononcées; ainsi la bande noire en
zigzag sur le dos de la vipère anglaise mâle est plus nettement définie que chez la femelle. Les serpents à sonnettes de l'Amérique du
Nord présentent des différences encore plus tranchées; le mâle,
ainsi que me l'a fait remarquer le gardien des Zoological Gardens,
diffère de la femelle par la nuance jaune plus foncée de tout son
corps. Le *Bucephalus capensis* de l'Afrique australe présente une
différence analogue, car les côtés de la femelle « ne sont jamais
aussi panachés de jaune que ceux du mâle[56] ». Le *Dipsas cynodon*

---

51. M. C. J. Maynard. *The American Naturalist*. Dec. 1869, p. 555.
52. Voir mon *Journ. of Researches*, etc., 1845, p. 384.
53. Günther, *Reptiles of British India*, 1864, p. 7.
54. *Travels through Carolina*, etc., 1891, p. 128.
55. Owen, *Anat. of Vert.*, vol. I, 1866, p. 615.
56. Sir And. Smith., *Zoolog. of S. Africa : Reptilia*, 1849, Pl. X.

mâle de l'Inde, au contraire, est brun noirâtre, avec le ventre en
partie noir, tandis que la femelle est rougeâtre ou jaune olive avec
le ventre jaune uni ou marbré de noir. Chez le *Tragops dispar* du
même pays, le mâle affecte une teinte vert clair et la femelle des
nuances bronzées [57]. Il est évident que les couleurs de quelques serpents constituent pour eux un moyen de protection : les teintes vertes,
par exemple, des serpents qui habitent les arbres, et les divers tons
pommelés des espèces qui habitent les endroits sablonneux ; mais
il est douteux que chez beaucoup d'espèces, telles que le serpent
commun d'Angleterre ou la vipère, la couleur contribue à les dissimuler ; on peut en dire autant pour les nombreuses espèces exotiques qui affectent des couleurs brillantes avec la plus extrême élégance. Chez certaines espèces la coloration des jeunes diffère beaucoup de celle des adultes [58].

Les glandes odorantes anales des serpents fonctionnent activement pendant la saison des amours [59] ; il en est de même chez les
lézards, et, comme nous l'avons vu, pour les glandes sous-maxillaires des crocodiles. La plupart des animaux mâles se chargent de
chercher les femelles ; ces glandes odorantes servent donc probablement à exciter et à charmer ces dernières, plutôt qu'à les attirer
vers le mâle. Les serpents mâles, bien que si inertes en apparence,
ont des passions très vives ; on peut, en effet, voir souvent plusieurs
mâles se presser autour d'une seule femelle, quelquefois même
quand elle est morte. On n'a pas observé qu'ils luttent les uns contre les autres, pour s'assurer la possession des femelles. Les aptitudes intellectuelles des serpents sont plus développées qu'on ne
serait disposé à le croire. Les serpents des Zoological Gardens apprennent bientôt à ne plus mordre les barres de fer dont on se sert
pour nettoyer leurs cages ; le docteur Keen, de Philadelphie, a remarqué que des serpents qu'il a élevés ont appris à éviter un nœud
coulant après s'être laissé prendre quatre ou cinq fois. Un excellent
observateur, M. E. Layard [60], a vu, à Ceylan, un *Cobra* passer la
tête au travers d'un trou étroit, et avaler un crapaud. « Ne pouvant
plus retirer sa tête par suite de cet obstacle, il dégorgea, avec
regret, le précieux morceau qui commença à s'éloigner ; c'en était
plus que ne pouvait supporter la philosophie du serpent, aussi
reprit-il le crapaud ; mais, après de violents efforts pour se dégager,
il fut encore une fois obligé d'abandonner sa proie ; il avait du

---

57. Docteur A. Günther, *Reptiles of Brit. India, Ray Society*, 1864, p. 304, 308.
58. Dʳ Stoliczkà, *Journ. of. Asiatic Soc. of Bengal*, vol. XXXIX, 1870, p. 205, 211.
59. Owen, *o. c.*, I, 615.
60. *Rambles in Ceylon, Ann. and Mag.. of Nat. Hist.*, 2ᵉ Sér. vol. IX, 1862, p. 333.

moins compris la leçon, et, saisissant le crapaud par une patte, il le
fit passer par le trou et l'avala en triomphe. »

Le gardien des Zoological Gardens m'assure que certains serpents,
les crotales et les pythons par exemple, le reconnaissent au milieu
d'autres personnes. Les cobras enfermés dans une même cage
semblent éprouver un certain attachement les uns pour les autres[61].

Il ne résulte cependant pas de ce que les serpents ont quelque
aptitudes à raisonner, ressentent de vives passions et sont susceptibles d'une certaine affection mutuelle, qu'ils aient également assez
de goût pour admirer les vives couleurs des mâles, au point de provoquer l'ornementation de l'espèce par sélection sexuelle. Quoi qu'il
en soit, il est très difficile d'expliquer autrement l'extrême beauté
de certaines espèces, du serpent-corail, par exemple, de l'Amérique du Sud, rouge vif avec raies transversales noires et jaunes. Je
me rappelle la suprise que me causa la beauté du premier serpent
de ce genre que je vis au Brésil traverser un sentier. M. Wallace,
adoptant en cela l'opinion du docteur Günther[62], affirme qu'on ne
rencontre de serpents colorés de cette manière particulière que
dans l'Amérique du Sud; il en existe quatre genres. L'un, l'*Elaps*,
est venimeux; un second, fort distinct, l'est aussi, croit-on; les
deux autres sont inoffensifs. Les espèces appartenant à ces divers
genres habitent les mêmes régions et se ressemblent si complètement « qu'un naturaliste seul peut distinguer les espèces inoffensives des espèces venimeuses ». Aussi, M. Wallace croit que les
espèces inoffensives ont probablement acquis cette coloration comme
moyen de sécurité, en vertu du principe d'imitation, parce qu'elles
doivent paraître dangereuses à leurs ennemis. Il reste, il est vrai,
à expliquer la belle coloration de l'Elaps venimeux, et il convient
peut-être de l'attribuer à l'action de la sélection sexuelle.

Les serpents, outre le sifflement, produisent d'autres sons. Le
terrible *Echis carinata* porte sur les côtés des rangées obliques
d'écailles ayant une structure particulière et les bords dentelés;
quand ce serpent est excité, ces écailles frottent les unes contre les
autres, et il en résulte un singulier bruit prolongé ressemblant presque à un sifflement[63]. Nous possédons quelques renseignements positifs sur le serpent à sonnettes. Le professeur Aughey[64] a observé,
dans deux occasions, un serpent à sonnettes enroulé, la tête levée,
qui continua pendant une demi-heure à faire entendre le bruit qui

61. Dr Günther, *op. cit.*, p. 340.
62. *Westminster Review*, July I, 1867, p. 32.
63. Dr Anderson, *Proc. Zoolog. Soc.*, 1871, p. 196.
64. *The American Naturalist*, 1873, p. 85.

lui a valu son nom, à de très courts intervalles; enfin il vit un autre serpent s'approcher et ils s'accouplèrent. Le professeur en conclut que l'un des buts du bruit produit par le serpent est de rapprocher les sexes, mais malheureusement il ne put constater si c'était le mâle ou la femelle qui restait stationnaire et appelait l'autre. Il ne faudrait pas conclure de ce fait que ce bruit ne soit pas avantageux aux serpents à d'autres égards, comme un avertissement, par exemple aux animaux qui pourraient les attaquer; je suis en outre assez disposé à croire que ce bruit leur sert aussi à frapper leur proie de terreur au point de la paralyser. Quelques autres serpents font aussi entendre un bruit distinct, qu'ils produisent en faisant rapidement vibrer leur queue contre les tiges des plantes; j'ai vu dans l'Amérique du Sud un trigonocéphale qui produisait ainsi ce bruit.

Lacertilia. — Les mâles de quelques espèces de lézards, et probablement même de la plupart d'entre elles, se livrent des combats acharnés pour s'assurer la possession des femelles. L'*Anolis cristatellus*, qui habite les arbres de l'Amérique du Sud, est extrêmement belliqueux : « Au printemps et au commencement de l'été, deux mâles adultes se rencontrent rarement sans se livrer bataille. Dès qu'ils s'aperçoivent, ils baissent et relèvent alternativement la tête trois ou quatre fois de suite, en même temps qu'ils déploient la fraise ou la poche qu'ils ont sous la gorge; les yeux brillant de rage, ils agitent leur queue pendant quelques secondes, comme pour ramasser leurs forces, puis ils s'élancent furieusement l'un sur l'autre, et se roulent par terre en se tenant fortement par les dents. Le combat se termine d'ordinaire par l'ablation de la queue d'un des combattants, queue que le vainqueur dévore souvent. » Le mâle de cette espèce est beaucoup plus grand que la femelle[65]; c'est là, d'ailleurs, autant que le docteur Günther a pu s'en assurer, la règle générale chez tous les lézards. Le *Cyrtodactylus rubidus* mâle des îles Andaman possède seul des glandes anales; ces glandes, à en juger par analogie, servent probablement à émettre une odeur[66].

On a souvent observé des différences assez marquées dans les caractères externes des mâles et des femelles. L'*Anolis* mâle, dont nous avons déjà parlé, porte sur le dos et la queue une crête qu'il peut dresser à volonté, mais dont il n'existe aucune trace chez la femelle. Le *Cophotis ceylanica* femelle porte sur le dos une crête moins développée que celle du mâle; et le docteur Günther affirme

---

65. M. N. L. Austen a conservé ces animaux vivants pendant fort longtemps, *Land and Water*, July, 1867, p. 9.

66. Stoliczka, *Journ. of Asiatic Soc. of Bengal*, vol. XXXIV, 1870, p. 166.

qu'on peut constater le même fait chez les femelles de beaucoup d'Iguanes, de Caméléons et d'autres lézards. Cependant, chez quelques espèces, la crête est également développée chez le mâle et chez la femelle, chez l'*Iguana tuberculata* par exemple. Dans le genre *Sitana*, les mâles seuls portent une large poche sous la gorge *(fig. 33)*; cette poche se replie comme un éventail ; elle est colorée en bleu en noir et en rouge; mais ces belles couleurs ne se manifestent que pendant la saison de l'accouplement. La femelle ne possède même pas un rudiment de cet appendice. Chez l'*Anolis cristatellus* d'après M. Austen, la poche du gosier, qui

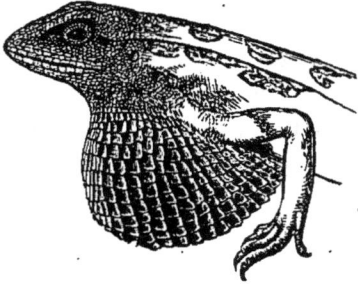

Fig. 33. — *Sitana minor*. Mâle avec la poche de la gorge dilatée (Günther, *Reptiles of India*).

est rouge vif marbré de jaune, existe aussi chez la femelle, mais à l'état rudimentaire. Chez d'autres lézards, ces poches existent chez les mâles et les femelles. Ici, comme dans un si grand nombre de cas déjà cités, nous trouvons, chez des espèces appartenant à un même groupe, un même caractère réservé aux mâles, ou plus développé chez les mâles que chez les femelles, ou également développé chez les deux sexes. Les petits lézards du genre *Draco* qui planent dans l'air au moyen de parachutes soutenus par leurs côtes, et dont les couleurs sont si belles qu'elles défient toute description, portent sur la gorge des appendices charnus qui ressemblent aux barbes des Gallinacés. Ces parties se dressent lorsque l'animal est excité. Elles existent chez les mâles et les femelles, mais elles sont plus développées chez le mâle adulte, où l'appendice médian atteint souvent

Fig. 34. — *Cetophora Stoddartii*; figure sup., mâle; figure infér., femelle.

deux fois la longueur de la tête. La plupart des espèces ont également une crête basse courant le long du cou; cette crête se développe bien davantage chez les mâles complètement adultes, que chez les femelles ou chez les jeunes mâles[67].

_____

67. Toutes ces citations et toutes ces assertions relatives au *Cophotis*, au *Sitana* et au *Draco*, ainsi que les faits suivants sur le *Ceratophora*, sont empruntés au bel ouvrage du docteur Günther, *Reptiles of British India; Ray Society;* 1864, p. 122, 130, 135.

On affirme que les mâles et les femelles d'une espèce chinoise vivent par couples pendant le printemps; « si l'on vient à prendre l'un, l'autre se laisse tomber sur le sol et se laisse prendre sans essayer de fuir »; effet probable du désespoir [68].

On constate d'autres différences encore plus remarquables entre certains lézards mâles et femelles. Le *Ceratophora aspera* mâle porte à l'extrémité de son museau un appendice long comme la moitié de la tête. Cet appendice est cylindrique, couvert d'écailles,

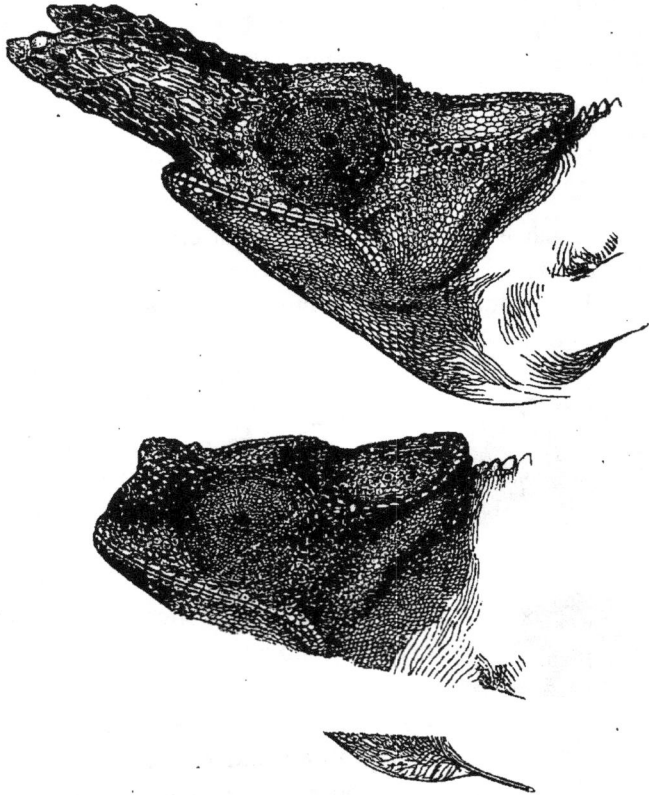

Fig. 35. — *Chamœleon bifurcus;* figure sup., mâle; figure infér., femelle.

flexible, et semble pouvoir se redresser; il reste à l'état rudimentaire chez la femelle. Chez une seconde espèce du même genre, une écaille terminale forme une petite corne au sommet de l'appendice flexible; chez une troisième espèce (*C. Stoddartii, fig.* 34), tout l'appendice se transforme en une corne, ordinairement blanche, mais qui prend une teinte rougeâtre lorsque l'animal est excité. Chez le mâle adulte, cette corne a douze millimètres de longueur, mais elle reste extrêmement petite chez la femelle et chez les jeunes.

68. M. Swinhoe, *Proc. Zoolog. Soc.* 1870, p. 240.

Le docteur Günther fait remarquer qu'on peut comparer ces appendices aux crêtes des gallinacés; ils ne servent, sans doute, que comme ornements.

Le genre *Chamæleon* présente le maximum des différences entre les mâles et les femelles. La partie supérieure du crâne du *C. bifurcus* mâle (*fig.* 35), habitant Madagascar, se prolonge en deux projections osseuses fortes et considérables, couvertes d'écailles comme le reste de la tête : modification importante de conformation dont la femelle n'a que des rudiments. Chez le *Chamæleon Owenii* (*fig.* 36) de la côte occidentale d'Afrique, le mâle porte sur le museau et sur le front trois cornes curieuses dont la femelle n'offre pas de traces. Ces cornes consistent en une excroissance osseuse recouverte d'un étui lisse faisant partie des téguments généraux du corps, de sorte qu'elles sont identiques par leur structure à celles du taureau, de la chèvre, ou des autres ruminants portant des cornes à étui. Les trois cornes du *Chamæleon Owenii* ne ressemblent en aucune façon aux deux grands prolongements du crâne du *C. bifurcus;* cependant nous croyons pouvoir affirmer qu'elles remplissent le même but général dans l'économie des deux animaux. On est porté à supposer tout d'abord que ces cornes servent aux mâles dans leurs combats, et, comme ces animaux sont très belliqueux.[69], il est probable que cette opinion est fondée. M. C. W. Wood a vu deux *C. pumilus* se battre avec fureur sur une branche d'arbre; ils agitaient constamment la tête et cherchaient à se mordre, puis ils se reposaient quelques instants pour recommencer ensuite le combat.

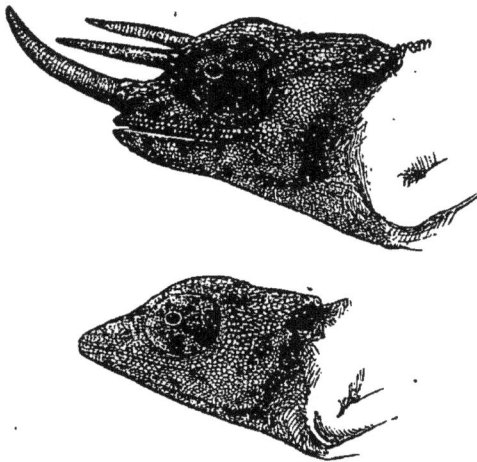

Fig. 36. — *Chamæleon Owenii;* figure sup., mâle; figure inf., femelle.

La couleur diffère légèrement chez les mâles et chez les femelles de plusieurs espèces de lézards; les teintes et les raies sont plus brillantes et plus distinctes chez les mâles que chez les femelles. On remarque tout particulièrement cette différence chez le *Cophotis*, dont

69. D' Bucholz, *Monatsbericht K. Preuss. Akad.*, Janv. 1874, p. 78.

nous avons déjà parlé, et chez l'*Acanthodactylus capensis* de l'Afrique australe. Chez un *Cordylus* habitant cette dernière région, le mâle affecte une teinte plus rouge ou plus verte que la femelle. Chez le *Calotes nigrilabris* de l'Inde, on constate une plus grande différence de couleur entre les deux sexes; les lèvres du mâle sont noires, celles de la femelle sont vertes. Chez notre petit lézard vivipare commun, *Zootoca vivipara*, « le côté inférieur du corps et la base de la queue sont, chez le mâle, couleur orange vif, tacheté de noir; ces mêmes parties sont vert grisâtre pâle sans taches chez la femelle [70] ». Les *Sitana* mâles portent seuls une poche à la gorge, poche magnifiquement teintée de bleu, de noir et de rouge. Chez le *Proctotretus tenuis* du Chili, le mâle seul est marqué de taches bleues, vertes et rouge cuivré [71]. Dans bien des cas les mâles conservent les mêmes couleurs pendant toute l'année; parfois aussi ils deviennent beaucoup plus brillants pendant la saison des amours; je puis citer comme exemple le *Calotes Maria* qui, pendant cette saison, a la tête rouge brillant, tandis que le corps est vert [72].

Chez beaucoup d'espèces les mâles et les femelles affectent la même coloration brillante, et il n'y a pas lieu de supposer que cette coloration serve de moyen de protection. Sans doute, les teintes vertes de ceux qui habitent les arbres et les fourrés contribuent à les dissimuler. Je me rappelle aussi avoir vu dans le nord de la Patagonie un lézard (*Proctotretus multimaculatus*) qui à la moindre alerte ferme les yeux et reste immobile aplati sur le sol; la couleur de sa peau se confond si bien avec le sable environnant qu'il est alors presque impossible de l'apercevoir. Toutefois, on peut supposer que les lézards mâles ont probablement acquis les couleurs brillantes qui les décorent, ainsi que leurs curieux appendices, pour séduire les femelles, et que ces couleurs ont été ensuite transmises soit aux mâles seuls soit aux deux sexes. La sélection sexuelle paraît, d'ailleurs, avoir joué un rôle aussi important chez les reptiles que chez les oiseaux, et la coloration moins apparente des femelles, comparativement à celle des mâles, ne peut pas s'expliquer, comme M. Wallace le croit pour les oiseaux, par les dangers que courent les femelles pendant l'incubation.

70. Bell. *o. c.*, p. 40.
71. *Sur le Proctotretus* voir *Zoology of the Voyage of the Beagle, Reptiles*, by M. Bell. p. 8. Pour les lézards de l'Afrique méridionale, voir *Zool. of S. Africa : Reptiles*, by sir Andrew Smith, pl. 25 and 40. Pour le *Calotes* indien, voir *Reptiles of British India*, by docteur Günther, p. 143.
72. Günther, *Proc. Zoolog. Soc.*, 1870, p. 788, avec une figure coloriée.

CHAPITRE XIII

CARACTÈRES SEXUELS SECONDAIRES DES OISEAUX

Différences sexuelles. — Loi du combat. — Armes spéciales. — Organes vocaux. — Musique instrumentale. — Démonstrations amoureuses et danses. — Ornements permanents ou temporaires. — Mues annuelles, simples et doubles. — Les mâles aiment à faire étalage de leurs ornements.

Les caractères sexuels secondaires sont plus variés et plus remarquables chez les oiseaux que chez tous les autres animaux; ils n'occasionnent peut-être pas cependant plus de modifications de structure chez les uns que chez les autres. Je m'étendrai donc très longuement sur ce sujet. Les oiseaux mâles possèdent parfois, rarement il est vrai, des armes particulières qui leur permettent de lutter les uns contre les autres. Ils charment les femelles par une musique vocale ou instrumentale extrêmement variée. Ils sont ornés de toutes sortes de crêtes, de caroncules, de protubérances, de cornes, de sacs à air, de houppes, de plumeaux et de longues plumes, qui s'élancent gracieusement de toutes les parties du corps.

Le bec, les parties nues de la peau de la tête et les plumes présentent souvent les couleurs les plus admirables. Les mâles font une cour assidue aux femelles; ils dansent ou exécutent des mouvements bizarres et fantastiques sur le sol ou dans l'air. Dans un cas au moins, le mâle émet une odeur musquée qui sert, sans doute, à séduire ou à exciter la femelle, car un excellent observateur, M. Ramsay[1], dit en parlant du canard musqué australien (*Biziura lobata*) que « l'odeur que le mâle émet pendant l'été appartient en propre à ce sexe et persiste même toute l'année chez quelques individus; mais jamais, même pendant la saison des amours, je n'ai tué une seule femelle sentant le musc ». Pendant la saison des amours cette odeur est si forte qu'on la sent bien longtemps avant de voir l'oiseau[2]. En résumé, les oiseaux paraissent être de tous les animaux, l'homme excepté, ceux qui ont le sentiment esthétique le plus développé, et ils ont, pour le beau, à peu près le même goût que nous. Il suffit pour le démontrer de rappeler le plaisir que nous avons à entendre leurs chants, et la joie qu'éprouvent les femmes civilisées, aussi bien que les femmes sauvages, à se couvrir la tête de plumes qui leur sont empruntées, et à porter des pierreries qui

1. *Ibis*, vol. III (nouvelle série), 1867, p. 414.
2. Gould, *Handbook to the Birds of Australia*, 1865, vol. II, p. 333.

ne sont guère plus richement colorées que la peau nue et les caroncules de certains oiseaux. Chez l'homme civilisé, toutefois, le sens du beau constitue évidemment un sentiment beaucoup plus complexe, en rapport avec diverses idées intellectuelles.

Avant d'aborder l'étude des caractères qui doivent plus particulièrement nous occuper ici, il me faut signaler certaines distinctions entre les sexes, distinctions qui découlent évidemment de différences dans les habitudes d'existence, car les cas fréquents dans les classes inférieures deviennent rares dans les classes plus élevées. On a cru pendant longtemps que deux oiseaux-mouches du genre *Eustephanus*, habitant l'île Juan-Fernandez, appartenaient à des espèces distinctes; mais on sait aujourd'hui, d'après M. Gould, que ce sont les mâles et les femelles de la même espèce qui diffèrent légèrement par la forme du bec. Dans un autre genre d'oiseaux-mouches (*Grypus*), le bec du mâle est dentelé sur le bord et crochu à son extrémité, différant ainsi beaucoup de celui de la femelle. Chez le *Neomorpha* de la Nouvelle-Zélande, on remarque une différence plus considérable encore dans la forme du bec, conséquence de l'alimentation différente du mâle et de la femelle. On peut observer quelque chose d'analogue chez le chardonneret (*Carduelis elegans*); M. J. Jenner Weir assure, en effet, que les chasseurs reconnaissent les mâles à leur bec légèrement plus long. Les bandes de mâles se nourrissent ordinairement des graines du cardère (*Dipsacus*), qu'ils peuvent atteindre avec leur bec allongé, tandis que les femelles se nourrissent plus habituellement des graines de la bétoine, ou de *Scrophularia*. En prenant pour point de départ une légère différence de cette nature, on peut admettre que la sélection naturelle finisse par produire des différences considérables dans le bec des mâles et des femelles. Il se peut toutefois que, dans les exemples que nous venons de citer, les mâles aient d'abord acquis ces becs modifiés comme instrument de combat et que ces modifications aient ensuite provoqué de légers changements dans leurs habitudes d'existence.

Loi du combat. — Presque tous les oiseaux mâles sont très belliqueux; ils se servent pour se battre de leur bec, de leurs ailes et de leurs pattes. Nos rouges-gorges et nos moineaux communs se livrent chaque printemps des combats acharnés. Le plus petit de tous les oiseaux, l'oiseau-mouche, est un des plus querelleurs. M. Gosse[3] décrit un combat auquel il a assisté : deux oiseaux-

---

3. Cité par Gould, *Introd. to the Trochilidæ*, 1861, p. 20.

mouches s'étaient saisis par le bec, ils pirouettèrent sans se lâcher
jusqu'à ce qu'enfin, épuisés, ils tombassent à terre. M. Montes de
Onca, parlant d'un autre genre d'oiseaux-mouches, affirme qu'il est
rare que deux mâles se rencontrent sans se livrer un furieux combat aérien : « en captivité ils se battent jusqu'à ce que l'un des
adversaires ait la langue coupée; cette blessure entraîne rapidement la mort parce que le blessé ne peut plus manger [4]. » Les mâles
de la poule d'eau commune (*Gallinula chloropus*) « se disputent
violemment les femelles lors de la saison des amours; ils se redressent dans l'eau et se frappent avec leurs pattes ». On a vu deux de
ces oiseaux lutter ainsi pendant une demi-heure; puis l'un finit par
saisir l'autre par la tête et il l'eût tué, si l'observateur n'était inter-
venu ; la femelle était tout le temps restée tranquille spectatrice du
combat [5]. Les mâles d'une espèce voisine (*Gallicrex cristatus*) sont
un tiers plus gros que les femelles; ils sont si belliqueux pendant
la saison de l'accouplement que, d'après M. Blyth, les indigènes
du Bengale oriental les gardent pour les faire battre. On recherche
dans l'Inde d'autres oiseaux lutteurs, les bulbuls (*Pycnonotus
hæmorrhous*), par exemple, qui se battent avec beaucoup d'en-
train [6].

Le tringa (*Machetes pugnax*, fig. 37), oiseau polygame, est célèbre pour son caractère belliqueux; au printemps, les mâles, qui
sont beaucoup plus grands que les femelles, se rassemblent chaque
jour à un endroit spécial où les femelles se proposent de déposer
leurs œufs. Les oiseleurs reconnaissent ces endroits à l'aspect du
gazon, battu et presque enlevé par un piétinage prolongé. Ils imitent pour se battre les dispositions du coq de combat; ils se saisissent par le bec, et se frappent avec les ailes. La grande fraise de
plumes qui entoure leur cou se hérisse, et, d'après le colonel
Montagu, « traîne jusqu'à terre pour protéger les parties les plus
délicates de leur corps » ; c'est là le seul exemple que je connaisse,
chez les oiseaux, d'une conformation servant de bouclier. Toutefois, les belles couleurs qui décorent les plumes de cette fraise permettent de penser qu'elle doit surtout servir d'ornement. Comme
tous les oiseaux querelleurs, les tringas semblent toujours disposés
à se battre; en captivité ils s'entre-tuent souvent. Montagu a cependant observé que leurs dispositions belliqueuses augmentent au
printemps, lorsque les longues plumes de leur cou sont complètement développées, et qu'à cette époque le moindre mouvement

4. Gould, *id.*, p. 52.
5. W. Thompson, *Nat. Hist. of Ireland : Birds,* vol. II, 1850, p. 327.
6. Jerdon, *Birds of India*, 1863, vol. II, p. 96.

d'un de ces oiseaux provoque une mêlée générale [7]. Je me contenterai de citer deux exemples de ces dispositions belliqueuses chez les palmipèdes ; dans la Guyane « lors des combats sanglants que se livrent, pendant la saison des amours, les canards mus-

Fig. 37. — Le *Machetes pugnax* (d'après Brehm, *Vie des Animaux*, édition française).

qués (*Cairina moschata*) mâles, la rivière est couverte de plumes jusqu'à une certaine distance des endroits où ont lieu ces batailles [8] ». Des oiseaux qui paraissent d'ailleurs peu propres à la lutte,

7. Macgillivray. *Hist. of British Birds*, vol. IV, 1852, p. 177-181.
8. Sir R. Schomburgk, *Journ. of R. Geog. Soc.*, vol. XIII, 1843, p. 31.

se livrent de violents combats; ainsi les pélicans mâles les plus forts chassent les plus faibles; ils les piquent avec leur énorme bec, et les frappent violemment avec leurs ailes. Les bécasses mâles se battent,.en se tiraillant et en se poussant avec leur bec de la manière la plus curieuse. On croit que quelques rares espèces ne se battent jamais; un pic des États-Unis (*Picus auratus*), par exemple, d'après Audubon, bien que « les femelles soient souvent accompagnées d'une demi-douzaine de joyeux prétendants⁰ ».

Les mâles, chez beaucoup d'espèces, sont plus grands que les femelles, ce qui résulte probablement des avantages qu'ont remportés, sur leurs rivaux, les mâles les plus grands et les plus forts, pendant de nombreuses générations. La différence de taillé entre les deux sexes devient excessive chez quelques espèces australiennes; ainsi le canard musqué (*Biziura*) et le *Cinclorhamphus cruralis* mâles sont à peu près deux fois plus gros que leurs femelles respectives¹⁰. Chez beaucoup d'autres espèces, les femelles sont plus grandes que les mâles; mais, comme nous l'avons déjà fait remarquer, l'explication souvent donnée que cette différence de taille provient de ce que les femelles sont chargées de toute l'alimentation des jeunes, ne peut ici s'appliquer. Dans quelques cas, ainsi que nous le verrons plus loin, les femelles ont probablement acquis leur grande taille et leur grande force pour vaincre les autres femelles et s'emparer des mâles.

Beaucoup de gallinacés mâles, surtout chez les espèces polygames, sont pourvus d'armes particulières pour combattre leurs rivaux; ce sont les ergots, dont les effets peuvent être terribles. Un écrivain digne de foi¹¹ raconte que, dans le Derbyshire, un milan ayant un jour attaqué une poule accompagnée de ses poulets, le coq, appartenant à une race de combat, se précipita à son secours, et enfonça son ergot dans l'œil et dans le crâne de l'agresseur. Le coq eut bien de la peine à arracher son ergot du crâne du milan, et comme celui-ci, tué sur le coup, n'avait pas lâché prise, les deux oiseaux étaient fortement liés l'un à l'autre : le coq finit par se dégager, il n'avait que peu de mal. On connaît le courage invincible du coq de combat; un de mes amis m'a raconté une scène brutale dont il fut témoin il y a longtemps. Un coq ayant eu dans l'arène les deux pattes brisées à la suite d'un accident, son propriétaire paria que, si on pouvait les lui éclisser de manière

<hr />

9. *Ornithological Biography*, vol. I, p. 191. Pour les pélicans et les bécasses, vol. III, p. 381, 477.

10. Gould, *Handbook*, etc., vol. II, p. 383.

11. Hewitt dans *Poultry Book* de Tegetmeier, 1866, p. 137.

qu'il se tînt debout, il continuerait le combat. Dès qu'on l'eut fait, le coq reprit la lutte avec un courage intrépide, et finit par recevoir un coup mortel. A Ceylan, une espèce voisine, le *Gallus Stanleyi* sauvage, livre les combats les plus furieux pour défendre son sérail ; ces luttes ont le plus souvent pour résultat la mort de l'un des combattants[12]. Une perdrix indienne (*Ortygornis gularis*), dont le mâle est armé d'ergots forts et tranchants, est si belliqueuse « que la poitrine de presque tous ces oiseaux est couturée de cicatrices provenant de combats antérieurs[13] ».

La plupart des gallinacés mâles, même ceux qui n'ont pas d'ergots, se livrent des combats terribles à l'époque de l'accouplement. Les *Tetrao urogallus* et les *T. tetrix*, polygames tous deux, adoptent des endroits réguliers où, pendant plusieurs semaines, ils se rassemblent pour se battre et déployer leurs charmes devant les femelles. M. W. Kowalevsky m'apprend qu'en Russie il a vu la neige tout ensanglantée aux endroits où les *Tetrao urogallus* ont combattu ; « les plumes des tétras noirs volent dans toutes les directions quand ils se livrent une grande bataille ». Brehm fait une description curieuse du *Balz*, nom qu'on donne en Allemagne aux danses et aux chants par lesquels les coqs de bruyère préludent à l'amour. L'oiseau pousse presque constamment les cris les plus étranges : « Il redresse sa queue et l'étale en éventail, il relève le cou et porte haut la tête, toutes ses plumes se hérissent et il déploie ses ailes ; puis il saute dans différentes directions, quelquefois en cercle, et appuie si fortement contre terre la partie inférieure de son bec que les plumes du menton en sont arrachées. Pendant ces mouvements désordonnés, il bat des ailes, courant toujours dans un cercle restreint et, sa vitesse augmentant avec son ardeur ; il finit par tomber épuisé. » Les coqs de bruyère, moins cependant que le grand tétras, absorbés par ce spectacle, oublient tout ce qui se passe autour d'eux ; aussi peut-on tuer nombre d'oiseaux au même endroit, et même les prendre avec la main. Après avoir achevé cette bizarre comédie, les mâles commencent à se battre, et un même oiseau, pour prouver sa supériorité, visite quelquefois dans une même matinée plusieurs de ces lieux de rassemblement ou Balz, qui restent les mêmes pendant des années[14].

Le paon, orné de sa queue magnifique, ressemble plutôt à un élé-

---

12. Layard, *Ann. and Mag. of Nat. Hist.*, vol. XIV, 1854, p. 63.
13. Jerdon, *Birds of India*, vol. III, p. 574.
14. Brehm, *Illust. Thierleben;* 1867, vol. IV, p. 351. Quelques-unes des assertions qui précèdent sont empruntées à L. Lloyd, *Game Birds of Sweden*, etc., 1867, p. 79.

gant qu'à un guerrier; il livre cependant quelquefois de terribles combats; le Rév. W. Darwin Fox m'apprend que deux paons, qui avaient commencé à se battre à une petite distance de Chester, étaient tellement excités, qu'ils avaient passé par-dessus toute la ville en continuant à lutter; ils finirent par se poser au sommet de la tour Saint-Jean.

L'ergot chez les gallinacés est généralement simple; toutefois le *Polyplectron* (*fig.* 51) en porte deux ou un plus grand nombre à chaque patte, et on a vu un *Ithaginis cruentus* qui en avait cinq. Les mâles seuls possèdent, ordinairement, des ergots qui ne sont représentés chez les femelles que par de simples rudiments ; mais les femelles du paon de Java (*Pavo muticus*), et, d'après M. Blyth, celles d'un petit faisan (*Euplocamus erytrophthalmus*), possèdent des ergots. Les *Galloperdix* mâles ont ordinairement deux ergots, et les femelles un seul à chaque patte[15]. On peut donc conclure avec certitude que l'ergot constitue un caractère masculin, bien qu'accidentellement il se transmette plus ou moins complètement aux femelles. Comme la plupart des autres caractères sexuels secondaires, les ergots sont très variables, tant par leur nombre que par leur développement chez une même espèce.

Plusieurs oiseaux portent des ergots aux ailes. Chez l'oie égyptienne (*Chenalopex ægyptiacus*), ils ne consistent qu'en protubérances obtuses, qui probablement nous représentent le point de départ du développement des vrais ergots chez les oiseaux voisins. Chez le *Plectopterus gambensis*, ils atteignent un développement beaucoup plus considérable chez les mâles que chez les femelles, et M. Bartlett affirme que les mâles s'en servent dans leurs combats. Dans ce cas, les ergots des ailes constitueraient donc des armes sexuelles; il est vrai que Livingstone assure que ces armes sont complètement destinées à la défense des jeunes. Le *Palamedea* (*fig.* 38) porte à chaque aile une paire d'ergots qui constituent une arme assez formidable pour qu'un seul coup suffise à mettre en fuite un chien en le faisant hurler de douleur. Il ne paraît pas toutefois que chez ces oiseaux, pas plus que chez quelques râles qui possèdent des armes semblables, ces ergots soient plus développés chez le mâle que chez la femelle[16]. Chez certains pluviers, au contraire, les ergots des ailes constituent un caractère

---

15. Jerdon, *o. c.*, sur l'*Ithaginis*, vol. III, p. 523; sur le *Galloperdix*, p. 541.

16. Pour l'oie égyptienne, Macgillivray, *British Birds*, vol. IV, p. 639. Pour le *Plectropterus*, Livingstone, *Travels*, p. 254. Pour la *Palamedea*, Brehm, *Vie des animaux*, édition française. Voir aussi sur ces oiseaux Azara, *Voyages dans l'Amér. mérid.*, vol. VI, 1809, p. 179, 253.

sexuel. Ainsi, chez notre vanneau commun (*Vanellus cristatus*) mâle, le tubercule de l'épaule de l'aile devient plus saillant pendant la saison des amours, alors que les mâles luttent souvent les

Fig. 38. — *Palamedea cornuta* (d'après Brehm, édition française, montrant les deux ergots de l'aile et le filament sur la tête).

uns avec les autres. Chez quelques espèces de *Lobivanellus*, pendant la saison de l'accouplement, un tubercule semblable se développe assez pour constituer un « court ergot corné ». Les *L. lobatus* australiens mâles et femelles possèdent des éperons, mais ils sont beaucoup plus grands chez le mâle que chez la femelle. Chez un oiseau voisin, l'*Hoplopterus armatus*, les ergots n'augmentent pas en volume pendant la saison des amours ; mais on a vu, en Égypte, ces oiseaux se battre comme nos vanneaux, c'est-à-dire tourner brusquement en l'air et se frapper latéralement l'un l'autre, souvent avec un terrible résultat ; ils se battent de la même façon contre leurs autres ennemis [17].

La saison des amours est aussi celle de la guerre ; cependant certains oiseaux mâles, tels que les coqs de combat, le tringa et même les jeunes dindons sauvages et les coqs de bruyère [18], sont toujours prêts à se battre quand ils se rencontrent. La présence de la femelle est la *teterrima belli causa*. Les Bengalais font battre les jolis petits bengalis mâles piquetés (*Estrelda mandava*) : ils placent trois petites cages auprès l'une de l'autre, celle du milieu contenant une femelle ; au bout de quelque temps, on lâche les deux mâles, entre lesquels un combat désespéré s'engage aussitôt [19]. Quand un grand nombre de mâles se rassemblent en un point déterminé pour s'y livrer de furieux combats, les coqs de bruyère, par exemple, les femelles [20] assistent ordinairement au spectacle, et s'accouplent ensuite avec les vainqueurs. Mais, dans quelques cas, l'accouplement précède le combat au lieu de le suivre. Ainsi, Audubon [21] affirme que chez l'engoulevent virginien (*Caprimulgus Virginianus*) « plusieurs mâles font une cour assidue à une seule femelle ; dès que celle-ci a fait son choix, le mâle préféré se jette sur les autres et les expulse de son domaine ». Les mâles font ordinairement tous leurs efforts pour chasser ou pour tuer leurs rivaux avant de s'accoupler ; il ne paraît pas, cependant, que les femelles préfèrent invariablement le mâle vainqueur. M. W. Kowalvsky m'a affirmé que souvent le *T. urogallus* femelle se dérobe avec un jeune mâle, qui n'a pas osé se risquer dans l'arène contre les coqs plus âgés ; on a fait la même remarque pour les femelles du cerf écossais.

17. Voir, sur notre Vanneau huppé, M. R. Carr, *Land and Water*, 8 Août, 1868, p. 46. Pour le *Lobivanellus*, voir Jerdon (*o. c.*), vol. III, p. 647, et Gould, *Handb. Birds of Australia*, vol. II, p. 220. Pour l'*Holopterus*, voir M. Allen, *Ibis*, vol. V, 1863, p. 156.

18. Audubon, *Orn. Biog.*, vol. I, 4-13, vol. II, 492.

19. Blyth, *Land and Water*, 1867, p. 212.

20. Richardson, sur *Tetrao umbellus*, voir *Fauna Bor. Amer. Birds*, 1831, p.343, L. Lloyd, *Game birds of Sweden*, 1867, p. 22, 79, sur le grand coq de bruyère et le tétras noir. Brehm (*Tierleben*, etc., vol. IV, p. 352) affirme toutefois qu'en Allemagne les femelles n'assistent pas en général aux assemblées des tétras noirs, mais c'est une exception à la règle ordinaire : il est possible que les femelles soient cachées dans les buissons environnants, comme le font ces oiseaux en Scandinavie, et d'autres espèces dans l'Amérique du Nord.

21. *O. c.*, vol. II, p. 275.

. Lorsque deux mâles seulement luttent en présence d'une même femelle, le vainqueur atteint, sans doute, généralement son but; mais parfois ces batailles sont causées par des mâles errants qui cherchent à troubler la paix d'un couple déjà uni[22].

Chez les espèces même les plus belliqueuses, il n'est pas probable que l'accouplement dépende exclusivement de la force et du courage des mâles; en effet, les mâles sont généralement décorés de divers ornements, souvent plus brillants pendant la saison des amours, et ils les déploient avec persistance devant les femelles. Les mâles cherchent aussi à charmer et à captiver les femelles par des notes amoureuses, des chants et des gambades; la cour qu'ils leur font est, dans beaucoup de cas, une affaire de longue durée. Il n'est donc pas probable que les femelles restent indifférentes aux charmes du sexe opposé, et qu'elles soient invariablement obligées de céder aux mâles vainqueurs. On peut admettre qu'elles se laissent captiver, soit avant, soit après le combat, par certains mâles pour lesquels elles ressentent une préférence peut-être inconsciente. Un excellent observateur[23] va jusqu'à croire que les *Tetrao umbellus* mâles « font simplement semblant de se battre, et n'exécutent ces prétendues passes d'armes que pour faire valoir tous leurs avantages devant les femelles assemblées autour d'eux pour les admirer »; car, ajoute-t-il, « je n'ai jamais pu trouver un héros mutilé, et rarement plus d'une plume cassée ». J'aurai à revenir sur ce point, mais je puis ajouter que les *Tetrao cupido* mâles des États-Unis se rassemblent une vingtaine dans un endroit déterminé; puis ils étalent leurs plumes en faisant retentir l'air de cris étranges. A la première réplique d'une femelle, les mâles commencent un combat furieux; les plus faibles cèdent, mais alors, d'après Audubon, tant vainqueurs que vaincus se mettent à la recherche de la femelle; celle-ci doit exercer un choix, ou la bataille recommence. On a fait la même remarque pour une espèce de stournelle des États-Unis (*Sturnella ludoviciana*); les mâles engagent des luttes terribles, « mais, à la vue d'une femelle, ils se précipitent tous follement à sa poursuite[24] ».

Musique vocale et instrumentale. — Les oiseaux se servent de la voix pour exprimer les émotions les plus diverses, telles que la détresse, la crainte, la colère, le triomphe ou la joie. Ils s'en servent

---

22. Brehm, *o. c.*, vol. IV, p. 990, 1867; Audubon, *o. c.*, vol. II, p. 492.
23. *Land and Water*, 23 Juillet 1868, p. 14.
24. Audubon, *o. c.*, sur le *Tetrao cupido*, vol. II, p. 492, et sur le *Sturnus*, vol. II, p. 219.

évidemment quelquefois pour exciter la terreur, comme le sifflement de quelques oiseaux en train de couver. Audubon[25] raconte qu'un butor (*Ardea nycticorax*, Linn.) qu'il avait apprivoisé, avait l'habitude de se cacher à l'approche d'un chat, « puis
il s'élançait subitement hors de sa cachette en poussant des cris
effroyables et paraissait se réjouir de la frayeur que manifestait le
chat en prenant la fuite ». Le coq domestique prévient la poule
par un gloussement lorsqu'il a rencontré un morceau friand; la
poule agit de même avec ses poulets. La poule, après avoir
pondu, « répète très souvent la même note, et termine sur la sixième
au-dessus, en la soutenant plus longtemps[26] ; c'est ainsi qu'elle exprime sa satisfaction. Certains oiseaux sociables s'appellent mutuellement en voletant d'arbre en arbre; tous ces gazouillements
qui se répondent servent à empêcher la bande de se séparer. Les
oies et quelques oiseaux aquatiques, pendant leurs migrations nocturnes, répondent à des cris sonores poussés par l'avant-garde
dans l'obscurité, par des cris semblables partant de l'arrière-garde.
Tous les oiseaux appartenant à une même espèce et parfois à des
espèces voisines comprennent très bien certains cris servant de
signaux d'alarme, ainsi que le chasseur le sait à ses dépens. Le
coq domestique chante et l'oiseau-mouche gazouille, lorsqu'ils ont
triomphé d'un rival. Cependant la plupart des oiseaux font entendre principalement leur véritable chant et divers cris; ce chant
et ces cris servent alors à charmer la femelle ou tout simplement
à l'appeler.

A quoi sert le chant des oiseaux? C'est là une question qui a provoqué de nombreuses divergences d'opinion chez les naturalistes.
Montagu, ornithologue passionné et observateur très soigneux et
très attentif, affirme que, chez « toutes les espèces d'oiseaux chanteurs
et chez beaucoup d'autres, les mâles ne se donnent ordinairement
pas la peine de se mettre à la recherche de la femelle; ils se contentent, au printemps, de se percher dans quelque lieu apparent, et
là ils font entendre, dans toute leur plénitude et dans tout leur
charme, leurs notes amoureuses que la femelle connaît d'instinct;
aussi vient-elle en cet endroit pour choisir son mâle[27] ». M. Jenner
Weir assure que le rossignol agit certainement ainsi. Bechstein,
qui a toute sa vie élevé des oiseaux, affirme de son côté que « le
canari femelle choisit toujours le meilleur chanteur, et que, à l'état
de nature, le pinson femelle choisit sur cent mâles celui dont les

25. *O. c.*, vol. V, p. 601.
26. Hon. Daines Barrington, *Philos. Trans.*, 1773, p. 252.
27. *Ornithological Dictionary*, 1833, p. 475.

notes lui plaisent le plus[28] ». Il est, en outre, certain que les oiseaux
se préoccupent des chants qu'ils entendent. M. Weir m'a signalé le cas
d'un bouvreuil auquel on avait appris à siffler une valse allemande
et qui l'exécutait à merveille, aussi coûtait-il dix guinées. Lorsque
cet oiseau fut introduit pour la première fois dans une volière
pleine d'autres oiseaux captifs, et qu'il se mit à chanter, tous,
c'est-à-dire une vingtaine de linottes et de canaris, se placèrent
dans leurs cages du côté le plus rapproché de celui où était le nouveau venu et se mirent à l'écouter avec grande attention. Beaucoup
de naturalistes sont disposés à croire que le chant des oiseaux constitue presque exclusivement « un résultat de leur rivalité et de
leur émulation, et ne sert en aucune façon à captiver les femelles ».
C'était l'opinion de Daines Barrington et de White de Selbourne,
qui, tous deux, se sont spécialement occupés de ce sujet[19]. Barrington admet cependant que « la supériorité du chant donne aux
oiseaux un ascendant prodigieux sur tous les autres, comme les
chasseurs ont pu la remarquer bien souvent ».

Il est certain que le chant constitue, entre les mâles, un puissant
motif de rivalité. Les amateurs font lutter leurs oiseaux pour voir
quels sont ceux qui chanteront le plus longtemps ; M. Yarrell affirme
qu'un oiseau de premier ordre chante parfois jusqu'à tomber épuisé,
et, d'après Bechstein[30], il en est qui périssent par suite de la rupture d'un vaisseau dans les poumons. M. Weir soutient que souvent les oiseaux mâles meurent subitement pendant la saison du
chant. Quelle que puisse être d'ailleurs la cause de leur mort, il est
certain que l'habitude du chant peut être absolument indépendante
de l'amour, car on a observé[31] un canari hybride stérile qui chantait
en se regardant dans un miroir, puis qui, ensuite, se précipitait
sur son image ; il attaquait aussi avec rage un canari femelle, lorsqu'on les mettait dans la même cage. Les preneurs d'oiseaux
savent mettre à profit la jalousie qu'excite le chant chez les oiseaux ;
ils cachent un mâle bien en voix pendant qu'un oiseau empaillé et
entouré de branchilles enduites de glu, est exposé bien en vue. Un
homme a pu ainsi attraper en un seul jour cinquante et, une fois
même, jusqu'à soixante-dix pinsons mâles. L'aptitude et la disposition au chant diffèrent si considérablement chez les oiseaux, que,

28. *Naturgesch. d. Stubenvögel.* 1840, p. 4. M. Harrison Weir m'écrit également : — « On m'informe que les meilleurs chanteurs mâles trouvent les premiers une compagne lorsqu'ils sont élevés dans une même volière. »

29. *Philos. Transactions*, 1773, p. 263. White, *Nat. History of Selbourne*,
vol. I, 1825, p. 246.

30. *Naturg. d. Stubenvögel*, 1840, p. 252.

31. M. Bold, *Zoologist*, 1843-44, p. 659.

bien que le prix d'un pinson ne soit guère que de cinquante cen-
times, M. Weir a vu un oiseau dont le propriétaire demandait
soixante-quinze francs; un oiseau véritablement bon chanteur continue à chanter pendant que le propriétaire de l'oiseau fait tourner
la cage autour de sa tête, et c'est là l'épreuve qu'on lui fait subir
pour s'assurer de son talent.

On peut facilement comprendre que les oiseaux chantent à la fois
par émulation et pour charmer les femelles; il est même tout naturel que ces deux causes concourent à un même but, de même que
l'ornementation et la disposition belliqueuse. Quelques savants soutiennent cependant que le chant des mâles ne doit pas servir à captiver la femelle, parce que les femelles de certaines espèces, telles
que les canaris, les rouges-gorges, les alouettes et les bouvreuils,
surtout, comme le fait remarquer Bechstein, quand elles sont privées de mâles, font entendre les accords les plus mélodieux. On
peut, dans quelques-uns de ces cas, attribuer cette aptitude au
chant à ce que les femelles ont été élevées en captivité et ont reçu
une alimentation trop abondante[32], ce qui tend à troubler toutes
les fonctions usuelles en rapport avec la reproduction de l'espèce.
Nous avons déjà cité beaucoup d'exemples du transport partiel des
caractères masculins secondaires à la femelle, de sorte qu'il n'y a
rien de surprenant à ce que les femelles de certaines espèces aient
la faculté de chanter. On a prétendu aussi que le chant du mâle ne
peut servir à captiver la femelle, parce que chez certaines espèces,
le rouge-gorge, par exemple, le mâle chante pendant l'automne[33].
Mais rien n'est plus commun que de voir des animaux prendre
plaisir à pratiquer les instincts dont, à d'autres moments, ils se
servent dans un but utile. Ne voyons-nous pas souvent des oiseaux
qui volent facilement, planer et glisser dans l'air uniquement par
plaisir? Le chat joue avec la souris dont il s'est emparé, et le cor-
moran avec le poisson qu'il a saisi. Le tisserin (*Ploceus*), élevé en
captivité, s'amuse à tisser adroitement des brins d'herbes entre
les barreaux de sa cage. Les oiseaux qui se battent ordinairement
à l'époque des amours sont en général prêts à se battre en tout
temps; on voit quelquefois de grands tétras mâles tenir leurs assemblées aux lieux habituels, pendant l'automne[34]. Il n'y a donc rien
d'étonnant à ce que les oiseaux mâles continuent à chanter pour leur
propre plaisir en dehors de l'époque où ils courtisent les femelles

---

32. D. Barrington, *Phil. Trans.*, 1773, p. 262, Bechstein, *Stubenvögel*, 1840, p. 4.
33. C'est également le cas pour le merle d'eau, M. Hepburn, dans *Zoologist*,
1845-46, p. 1068.
34. L. Lloyd, *Game Birds*, etc., 1867, p. 25.

Le chant est, jusqu'à un certain point, comme nous l'avons démontré dans un chapitre précédent, un art qui se perfectionne
beaucoup par la pratique. On peut enseigner divers airs aux oiseaux ;
le moineau lui-même a pu apprendre à chanter comme une linotte.
Les oiseaux retiennent le chant de leurs parents nourriciers[35], et
quelquefois celui de leurs voisins[36]. Tous les chanteurs communs
appartiennent à l'ordre des Insessores, et leurs organes vocaux
sont beaucoup plus compliqués que ceux de la plupart des autres
oiseaux; il est cependant singulier qu'on trouve parmi les Insessores des oiseaux tels que les corneilles, les corbeaux et les pies,
qui, bien que possédant l'appareil voulu[37], ne chantent jamais et
qui, naturellement, ne font pas entendre de modulations de quelque étendue. Hunter[38] affirme que, chez les vrais chanteurs, les
muscles du larynx sont plus puissants chez les mâles que chez les
femelles, mais que, à cela près, on ne constate aucune différence
entre les organes vocaux des deux sexes, bien que les mâles de la
plupart des espèces chantent bien mieux et avec plus de suite que
les femelles.

Il est à remarquer que les vrais chanteurs sont tous des petits
oiseaux, à l'exception, toutefois, du genre australien *Menura*. Le
Menura Alberti, en effet, qui atteint à peu près la taille d'un dindon
arrivé à la moitié de sa croissance, ne se contente pas d'imiter le
chant des autres oiseaux; « il possède en propre un sifflement
très varié et très beau ». Les mâles se rassemblent pour chanter
dans des endroits choisis ; là ils redressent et étalent leur queue
comme les paons, tout en abaissant leurs ailes[39]. Il est aussi fort
singulier que les oiseaux chanteurs revêtent rarement de brillantes
couleurs ou d'autres ornements. Le bouvreuil et le chardonneret
exceptés, tous nos meilleurs chanteurs indigènes ont une coloration
uniforme. Martins-pêcheurs, guêpiers, rolliers, huppes, pies, etc.,
n'émettent que des cris rauques, et les brillants oiseaux des tropiques ne sont presque jamais bons chanteurs[40]. Les vives couleurs
et l'aptitude au chant ne vont pas ordinairement ensemble. Ces
remarques nous autorisent à penser que, si le plumage n'est pas sujet

---

35. Barrington, *o. c.*, p. 264. Bechstein, *o. c.*, p. 5.
36. Dureau de la Malle cite l'exemple curieux (*Ann. Sc. Nat.*, 3ᵉ sér., *Zool.*,
vol. X, p. 118) de quelques merles sauvages de son jardin à Paris qui avaient
naturellement appris d'un oiseau captif un air républicain.
37. Bishop, dans *Todd's Cyclop, of Anat. et Phys.*, vol. IV, p. 1496.
38. Affirmé par Harrington, *Philos. Transact.*, 1773, p. 262.
39. Gould, *Handbook*, etc. vol. I, 1865, p. 308-310. Voir aussi T. W. Wood
dans *Student*, Avril 1870, p. 125.
40. Gould, *Introd. to Trochilidæ*, 1861, p. 22.

à varier pour devenir plus éclatant, de brillantes couleurs pouvant constituer un danger pour l'espèce; d'autres moyens deviennent nécessaires pour captiver les femelles, la voix rendue mélodieuse pourrait être un de ces moyens.

Les organes vocaux, chez certains oiseaux, diffèrent beaucoup chez les mâles et les femelles. Le *Tetrao cupido* (*fig.* 39) mâle

Fig. 39. — *Tetras cupido*, mâle (d'après W. Wood), nouveau cliché.

possède, de chaque côté du cou, deux sacs nus de couleur orangée, qui se dilatent fortement pendant la saison des amours pour produire le singulier cri rauque que fait entendre cet oiseau et qui porte à une si grande distance. Audubon a démontré que cet appareil, qui rappelle les sacs à air placés de chaque côté de la bouche de certaines grenouilles mâles, exerce une influence immédiate sur la production de ce cri; pour le prouver, il a crevé un des sacs chez un oiseau apprivoisé, et a constaté que le cri diminuait beaucoup en intensité, et n'était plus perceptible si on crevait les deux sacs. La femelle a au cou un espace « analogue mais plus petit, de peau dénudée, mais qui n'est pas susceptible de dilata-

Fig. 40. — *Cephalopterus ornatus*, mâle (d'après Brehm, édition française).

tion[41] ». Le mâle d'une autre espèce de tétras (*T. urophasianus*) gonfle prodigieusement, pendant qu'il courtise la femelle, « son

41. *Sportsman and Naturalist in Canada*, by Major W. Ross King, 1866, p. 144-146. M. T. W. Wood fait dans *Student* (avril 1870, p. 116) un récit excellent de l'attitude et des habitudes de l'oiseau pendant qu'il fait sa cour. Il dit que les touffes des oreilles ou les plumes du cou se redressent de façon à se rencontrer au sommet de la tête.

œsophage jaune et dénudé, de telle sorte que cette partie égale au moins en grosseur la moitié de son corps » ; dans cet état, il fait entendre divers cris profonds et discordants. Les plumes du cou redressées, les ailes abaissées, et traînant à terre sa longue queue étalée en éventail, il prend alors une foule d'attitudes grotesques. L'œsophage de la femelle n'offre rien de remarquable[42].

Il semble maintenant bien établi que la grande poche de la gorge chez l'outarde mâle d'Europe (*Otis tarda*), et chez au moins quatre autres espèces, ne sert pas, comme on le supposait autrefois, à contenir de l'eau, mais est en rapport avec l'émission, pendant la saison des amours, d'un cri particulier ressemblant à *ock*[43]. L'oiseau prend les attitudes les plus extraordinaires pendant qu'il articule ce cri. Un oiseau de l'Amérique méridionale (*Cephalopterus ornatus, fig.* 40) ressemblant à une corneille a reçu le nom d'oiseau parasol. Ce nom lui vient d'une immense touffe de plumes formées de tiges blanches nues surmontées de barbes d'un bleu foncé, qu'il peut redresser et transformer en une véritable ombrelle n'ayant pas moins de 15 centimètres de diamètre, qui recouvre la tête entière. Cet oiseau porte au cou un appendice long, mince, cylindrique, charnu, revêtu de plumes bleues écailleuses et serrées. Cet appendice sert probablement en partie d'ornement, mais aussi de véritable table d'harmonie; car M. Bates a constaté, chez les oiseaux pourvus de cet appendice, « un développement inusité de la trachée et des organes vocaux ». En outre, cet appendice se dilate lorsque l'oiseau émet sa note flûtée, singulièrement profonde, puissante et longtemps soutenue. La crête céphalique et l'appendice du cou n'existent chez la femelle qu'à l'état de rudiments[44].

Les organes vocaux de certains palmipèdes et de certains échassiers sont fort compliqués, et diffèrent jusqu'à un certain point chez les mâles et les femelles. Dans quelques cas, la trachée, enroulée comme un cor de chasse, est profondément enfouie dans le sternum. Chez le cygne sauvage (*Cycnus ferus*) elle est plus profondément enfouie chez le mâle adulte, que chez la femelle ou chez le jeune mâle. Chez le *Merganser* mâle, la portion élargie de la tra-

42. Richardson, *Fauna Bor. Americ,; Birds*, 1831, p. 359, Audubon, *o, c.*, vol. IV, p. 507.

43. Ce sujet a récemment été traité dans les travaux suivants : — Prof. A. Newton, *Ibis*, 1862, p. 104; docteur Cullen, *id.*, 1865, p. 145; M. Flower, *Proc. of Zool. Soc:*, 1865, p. 747, et docteur Murie, *Proc. Zool. Soc.*, 1868, p. 471. Dans ce dernier se trouve un excellent dessin de l'outarde australienne mâle au moment où elle étale ses charmes avec le sac distendu.

44. Bates, *The Naturalist on the Amazons,* 1863, vol. II, p. 284. Wallace, *Proc. Zool. Soc.*, 1856, p. 206. On a découvert récemment une espèce nouvelle portant au cou un appendice encore plus grand (*C. penduliger*) *Ibis.*, vol. I, p. 457.

chée est pourvue d'une paire additionnelle de muscles[45]. Toutefois, chez un canard, *Anas punctata* la partie osseuse élargie est à peine plus développée chez le mâle que chez la femelle[46]. Mais il est difficile de comprendre la signification de ces différences entre les mâles et les femelles de beaucoup d'Anatidés, car le mâle n'est pas toujours le plus bruyant; ainsi, chez le canard commun, le mâle siffle, tandis que la femelle émet un fort couac[47]. Chez les mâles et les femelles d'une grue (*Grus virgo*) la trachée pénètre dans le sternum, mais présente « certaines modifications sexuelles ». Chez le mâle de la cigogne noire, on constate aussi une différence sexuelle bien marquée dans la longueur et la courbure des bronches[48]. Il résulte de ces faits que, dans ces cas, des conformations importantes ont été modifiées selon le sexe.

Les cris nombreux, les notes étranges, que font entendre les oiseaux mâles pendant la saison des amours, servent-ils à charmer les femelles ou seulement à les attirer? C'est là une question assez difficile à résoudre. On peut supposer que le doux roucoulement de la tourterelle et de beaucoup de pigeons plaît aux femelles. Lorsque la femelle du dindon sauvage fait entendre son appel le matin, le mâle y répond par une note bien différente du glouglou qu'il produit lorsque, les plumes redressées, les ailes bruissantes et les caroncules distendues, il se pavane devant elle[49]. Le *spel* du tétras noir sert certainement de cri d'appel pour la femelle, car on a vu quatre ou cinq femelles venir d'une grande distance pour répondre à ce cri poussé par un mâle captif; mais, comme cet oiseau continue à faire entendre son *spel* des heures entières pendant plusieurs jours, et, lorsqu'il s'agit du grand tétras, avec beaucoup de passion, nous sommes autorisés à penser qu'il veut ainsi captiver les femelles déjà présentes[50]. La voix du corbeau commun se modifie pendant la saison des amours; elle a donc quelque chose de sexuel[51]. Mais que dirons-nous des cris rauques de certaines espèces de perroquets, par exemple? ces oiseaux ont-ils pour la musique un aussi mauvais goût que celui dont ils font preuve pour

---

45. Bishop, *Todd' Cyclop. of Anat. et Phys.*, vol. IV, p. 1499.
46. Prof. Newton, *Proc. Zool. Soc.*, 1871, p. 651.
47. Le bec en cuiller (*Platalea*) a la trachée contournéé en forme de 8, et cependant cet oiseau (Jerdon, *Birds of India*, vol. II., p. 763) est muet; mais M. Blyth m'apprend que les circonvolutions ne sont pas toujours présentes, de telle sorte qu'elles tendent peut-être actuellement vers l'atrophie.
48. *Éléments d'Anat. comp.*, par R. Wagner (trad. angl.), 1845, p. 111. Pour le cygne, voir Yarrel, *History of British Birds*, 2° édit., 1845, vol. III, p. 193.
49. C. L. Bonaparte, cité dans *Naturalist Library Birds;* vol. XIV, p. 126.
50. L. Lloyd, *Game Birds of Sweden*, etc., 1867, p. 22, 81.
51. Jenner, *Philos. Transactions*, 1824, p. 20.

la couleur, à en juger par les contrastes peu harmonieux qui résultent du voisinage des teintes jaunes et bleu clair de leur plumage? Il est possible, il est vrai, que la voix énergique de beaucoup d'oiseaux mâles provienne, sans que ce résultat soit accompagné d'aucun avantage appréciable, des effets héréditaires de l'usage continu de leurs organes vocaux, lorsqu'ils sont sous l'influence de fortes impressions d'amour, de jalousie ou de colère. Mais nous aurons occasion de revenir sur ce point lorsque nous nous occuperons des mammifères.

Nous n'avons encore parlé que du chant; mais divers oiseaux mâles, pendant qu'ils courtisent les femelles, exécutent ce qu'on pourrait appeler de la musique instrumentale. Les paons et les oiseaux de paradis agitent et entre-choquent leurs plumes. Les dindons traînent leurs ailes contre le sol, et quelques tétras produisent aussi un bourdonnement. Un autre tétras de l'Amérique du Nord, le *Tetrao umbellus*, produit un grand bruit en frappant rapidement ses ailes l'une contre l'autre au-dessus de son dos, selon M. R. Haymond, et non pas, comme Audubon le pensait, en les frappant contre ses côtés, lorsque, la queue redressée, les fraises étendues, « il étale sa beauté devant les femelles cachées dans le voisinage »; le bruit ainsi produit est comparé par les uns à un grondement éloigné du tonnerre, par d'autres à un rapide roulement de tambour. La femelle ne produit jamais ce bruit, « mais elle vole directement vers le lieu où le mâle semble ainsi l'appeler ». Le Kalij-faisan mâle de l'Himalaya « produit souvent un singulier bruit avec ses ailes, bruit qui rappelle celui qu'on obtient en secouant une pièce de toile un peu roide ». Sur la côte occidentale de l'Afrique les petits tisserins noirs (*Ploceus?*) se rassemblent en troupe sur des buissons entourant une petite clairière, puis chantent et glissent dans l'air, en agitant leurs ailes de façon à produire « un bruit qui rappelle celui d'une crécelle d'enfant ». Ils se livrent l'un après l'autre pendant des heures à cette musique, mais seulement pendant la saison des amours. A la même époque, certains *Caprimulgus* mâles produisent un bruit des plus étranges avec leurs ailes. Les diverses espèces de pics frappent de leur bec une branche sonore, avec un mouvement vibratoire si rapide « que leur tête paraît se trouver en deux endroits à la fois ». On peut l'entendre à une distance considérable, mais on ne saurait le décrire, et je suis certain que quiconque l'entendrait pour la première fois ne pourrait en conjecturer la cause. L'oiseau ne se livre guère à cet exercice que pendant la saison de l'accouplement, aussi a-t-on considéré ce bruit comme un chant d'amour; c'est peut-être plus exactement un appel d'amour. On a observé que la femelle, chassée de son nid, appelle ainsi son mâle, qui lui répond de la même manière, et accourt aussitôt auprès d'elle. Enfin, la huppe (*Upupa epops*) mâle réunit les deux musiques, vocale et instrumentale, car, pendant la saison des amours, comme on a pu l'observer M. Swinhœ, cet oiseau, après avoir aspiré de l'air, applique perpendiculairement le bout de son bec contre une pierre ou contre un tronc d'arbre, « puis l'air comprimé qu'il chasse par son bec tubulaire produit une note particulière ». Le cri que fait entendre le mâle sans appuyer son bec est tout différent. L'oiseau ingurgite de l'air au même instant, et l'œsophage qui se distend considérablement joue probablement le rôle de table d'harmonie, non seulement chez la huppe mais chez le pigeons et d'autres oiseaux[52].

Dans les cas précédents, des conformations déjà présentes et indispensables pour d'autres usages servent à produire les sons que fait entendre l'oiseau ; mais, dans les cas suivants, certaines plumes ont été spécialement modifiées dans le but déterminé de produire des sons. Le bruit ressemblant au roulement du tambour, à un bêlement, à un hennissement, au grondement du tonnerre, comme différents observateurs ont cherché à représenter le bruit que fait entendre la bécassine commune (*Scolopax gallinago*), surprend étrangement tous ceux qui ont pu l'entendre. Pendant la saison des amours, cet oiseau s'élève à « un millier de pieds de hauteur », puis, après avoir exécuté pendant quelque temps des zigzags, il redescend jusqu'à terre en suivant une ligne courbe la queue étalée, les ailes frissonnantes, et avec une vitesse prodigieuse ; c'est seulement pendant cette descente rapide que se produit le son. Personne n'en avait pu trouver la cause ; mais M. Meves remarqua que les plumes externes de chaque côté de la queue, affectent une conformation particulière (*fig.* 41) ; la tige est roide et en forme de sabre, les barbes obliques atteignent une longueur inusitée et les barbes extérieures sont fortement reliées ensemble.

---

52. Pour les faits qui précèdent, voir, sur les *Oiseaux de Paradis*, Brehm, *Thierleben*, vol. III, p. 325. Sur la grouse, Richardson, *Fauna Bor. Americ. Birds*, p. 343 et 349; Major W. Ross King, *The Sportsman in Canada*, 1866, p. 156; M. Haymond dans *Geol. Survey of Indiana* par le prof. Cox; Aubudon, *American Ornitholog. Biograph.*, vol. I, p. 216. Sur le faisan Kalij, Jerdon, *Birds of India*, vol. III, p. 533. Sur les tisserins, Livingstone, *Expedition to Zambezy*, 1865, p. 425. Sur les pics, Macgillivray, *Hist. of Brit. Birds*, vol. III, 1440, p. 84, 88, 89 et 95. Sur le Upupa, Swinhœ, *Proc. Zool. Soc.*, 23 juin, 1863 et 1871, p. 348. Sur les engoulevents, Audubon, *o. c.*, vol. II, p. 255, et *American naturalist*, 1873, p. 672. L'engoulevent d'Angleterre fait également entendre au printemps un bruit curieux pendant son vol rapide.

Il s'aperçut qu'en soufflant sur ces plumes, ou en les agitant rapidement dans l'air après les avoir fixées à un long bâton mince, il pouvait reproduire exactement le bruit ressemblant à celui du tambour que fait entendre l'oiseau en volant. Ces plumes existent chez le mâle et la femelle, mais elles sont généralement plus grandes chez

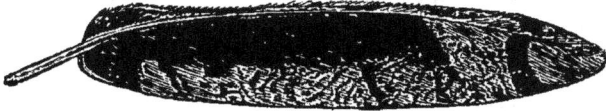

Fig. 41. — Plume caudale externe de *Scolopax gallinago* (*Proc. Zool. Soc.*, 1858).

le mâle que chez la femelle, et donnent une note plus profonde. Certaines espèces, comme par exemple le *S. frenata* (*fig.* 42) et le *J. Javensis* (*fig.* 43) portent respectivement, le premier quatre, et le second huit plumes, sur les côtés de la queue, fortement modifiées. Les plumes des différentes espèces émettent des notes différentes, lorsqu'on les

Fig. 42. — Plume caudale externe de *Scolopax frenata*.

agite dans l'air, et le *Sclopax Wilsonii* des États-Unis fait entendre un bruit perçant, lorsqu'il descend rapidement à terre [53].

Fig. 43. — Plume caudale externe de *Scolopax Javensis*.

Chez le *Chamæpetes unicolor* mâle (un grand gallinacé américain), la première rémige primaire est arquée vers son extrémité et plus mince que chez la femelle. M. Salvin a observé qu'un oiseau voisin, le *Penelope nigra* mâle fait entendre, en descendant rapidement les ailes étendues, un bruit qui ressemble à celui d'un arbre qui tombe [54]. Le mâle d'une outarde indienne (*Sypheotides auritus*) a seul des rémiges primaires fortement acuminées ; le mâle d'une espèce voisine fait entendre un bourdonnement pendant qu'il courtise la femelle [55]. Dans un groupe d'oiseaux bien différents, celui des oiseaux-mouches, les mâles seuls de certaines espèces ont les tiges des rémiges primaires largement dilatées, ou les barbes brusquement coupées vers l'extrémité. Le mâle adulte du *Selasphorus platycercus*, par exemple, a

53. M. Meve, *Proc. Zool. Soc.*, 1868, p. 199. Sur les habitudes de la bécassine, Macgillivray, *Hist. Brit. Birds*, vol. IV, p. 371. Pour la bécasse américaine, Cap. Blakivston, *Ibis*, 1863, vol. V, p. 131.
54. M. Salvin, *Proc. Zool. Soc.*, 1867, p. 160. Je dois à l'obligeance de cet ornithologiste distingué les dessins des plumes de *Chamæpetes* et d'autres informations.
55. Jerdon, *Birds of India*, vol, III, p. 613, 621.

la première rémige (*fig.* 44) taillée de cette manière. En voltigeant de fleur en fleur, il fait entendre un bruit perçant, presque un sifflement [56], mais d'après M. Salvin sans aucune intention de sa part.

Enfin, les rémiges *secondaires* chez plusieurs espèces d'un sous-genre de pipra ou de manakin, ont été, selon M. Sclater, modifiées chez les mâles d'une manière encore plus remarquable. Chez le *P. deliciosa* aux couleurs si vives, les trois premières rémiges secondaires ont de fortes tiges recourbées vers le corps; le changement est plus marqué dans la quatrième et dans la cinquième (*fig.* 45, *a*); dans la sixième et dans la septième (*b, c*), la tige, épaissie à un degré extraordinaire, constitue une masse cornée solide.

Fig. 44. — Rémige primaire d'un oiseau-mouche, le *Selasphorus platycercus* (d'après une esquisse de M. Salvin). Figure sup., mâle; figure inf., plume correspondante chez la femelle.

La forme des barbes est aussi considérablement modifiée, si on les compare aux plumes correspondantes (*d, e, f*) de la femelle. Les os même de l'aile, chez les mâles qui portent ces plumes singulières, sont, d'après M. Fraser, fort épaissis. Ces petits oiseaux font entendre un bruit extraordinaire, « la première note aiguë ressemblant au claquement d'un fouet [57] ».

La diversité des sons, tant vocaux qu'instrumentaux, que font entendre les mâles de beaucoup d'espèces pendant la saison des amours, ainsi que la diversité des moyens employés pour la production de ces sons, constituent des phénomènes très remarquables. Cette diversité même nous permet de comprendre quelle importance les sons produits doivent avoir au point de vue des rapports sexuels; nous avons déjà été conduits à la même conclusion à propos des insectes. Il est facile de se figurer les degrés par lesquels les notes d'un oiseau, qui servaient d'abord de simple moyen d'appel, ont dû passer pour se transformer en un chant mélodieux. Il est peut-être plus difficile d'expliquer les modifications des plumes qui servent à produire les sons rappelant le roulement du tambour, le grondement du tonnerre, etc. Mais nous avons vu que, pendant qu'ils font leur cour, quelques oiseaux agitent, secouent, entre-choquent leurs plumes non modifiées; or, si les femelles ont été amenées à choisir les meilleurs exécutants, elles ont dû, en conséquence, préférer les mâles pourvus des plumes les plus fortes

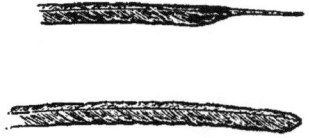

---

56. Gould, *Introduction to the Trochilidæ*, 1861, p. 49. Salvin, *Proc. Zool. Soc.*, 1867, p. 160.

57. Sclater. *Proc. Zool. Soc.* 1860, p. 90; *Ibis.* vol. IV, 1862, p. 175. Salvin, *Ibis,* 1860, p. 37.

et les plus épaisses, ou bien les plus amincies situées sur une partie quelconque du corps; peu à peu les plumes se sont donc modifiées et il n'est pas possible d'indiquer des limites à ces modifications. Il est probable que les femelles s'inquiétaient peu de ces modifications de formes, modifications d'ailleurs légères et gra-

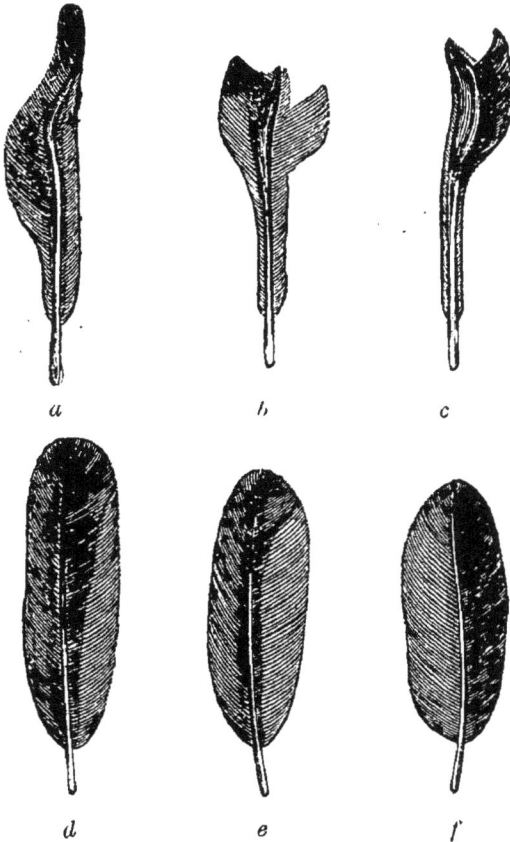

Fig. 45. — Rémiges secondaires de *Pipra deliciosa* (d'après M. Sclater, *Proc. Zool. Soc.*, 1860).

Les trois plumes supérieures, *a*, *b*, *c*, appartiennent au mâle; les trois plumes inférieures, *d*, *e*, *f*, sont les plumes correspondantes chez la femelle.

a et *d*. Cinquième rémige secondaire du mâle et de la femelle, face supérieure. — *b* et *e*. Sixième rémige secondaire, face supérieure. — *c* et *f*. Septième rémige secondaire, face inférieure.

duelles, pour ne faire attention qu'aux sons produits. Il est, en outre, un fait curieux c'est que, dans une même classe d'animaux, des sons aussi différents que le tambourinage produit par la queue de la bécasse, le martelage résultant du coup du bec du pic, le cri rauque de certains oiseaux aquatiques ressemblant aux appels de la trompette, le roucoulement de la tourterelle et le chant du rossi-

gnol, soient tous également agréables aux femelles des différentes
espèces. Mais nous ne devons pas plus juger des goûts des espèces
distinctes d'après un type unique que d'après les goûts humains.
Nous ne devons pas oublier quels bruits discordants, coups de
tam-tam et notes perçantes des roseaux, ravissent les oreilles des
sauvages. Sir S. Baker[58] fait remarquer que, « de même que l'Arabe
préfère la viande crue et le foie à peine tiré des entrailles de l'animal et fumant encore, de même il préfère aussi sa musique grossière
et discordante à toute autre musique ».

Parades d'amours et danses. — Nous avons déjà fait incidemment
remarquer les singuliers gestes amoureux que font divers oiseaux ;
nous n'aurons donc ici que peu de chose à ajouter à ce que nous
avons dit. Dans l'Amérique du Nord, un grand nombre d'individus
d'une espèce de tétras (*T. phasaniellus*) se rassemblent tous les
matins, pendant la saison des amours, dans un endroit choisi, bien
uni ; ils se mettent alors à courir dans un cercle de quinze à vingt
pieds de diamètre, de telle sorte qu'ils finissent par détruire le
gazon de la piste. Au cours de ces danses de perdrix, comme les
chasseurs les appellent, les oiseaux prennent les attitudes les plus
baroques, tournant les uns à droite, les autres à gauche. Audubon
dit que les mâles d'un héron (*Ardea herodias*) précèdent les femelles,
posés avec une grande dignité sur leurs longues pattes, et défiant
leurs rivaux. Le même naturaliste affirme, à propos d'un de ces
vautours dégoûtants, vivant de charognes (*Cathartes jota*), « que
les gesticulations et les parades auxquelles se livrent les mâles au
commencement de la saison des amours sont des plus comiques ».
Certains oiseaux, le tisserin africain noir, par exemple, exécutent
leurs tours et leurs gesticulations tout en volant. Au printemps,
notre fauvette grise (*Sylvia cinerea*) s'élève souvent à quelques
mètres de hauteur au-dessus d'un buisson, « voltige d'une manière
saccadée et fantastique, tout en chantant, puis retombe sur son per-
choir ». Wolf affirme que le mâle de la grande outarde anglaise
prend, quand il courtise la femelle, des attitudes indescriptibles et
bizarres. Dans les mêmes circonstances, une outarde indienne voisine (*Otis bengalensis*) « s'élève verticalement dans l'air par un
battement précipité des ailes, redresse sa crête et gonfle les plumes
de son cou et de sa poitrine, puis se laisse retomber à terre ».
L'oiseau répète cette manœuvre plusieurs fois de suite, tout en
faisant entendre un chant particulier. Les femelles qui se trouvent

58. *The Nile Tributaries of Abyssinia*, 1867, p. 203.

dans le voisinage obéissent à cette sommation gymnastique, et, quand elles approchent, le mâle abaisse ses ailes et étale sa queue comme le fait le dindon[59].

Mais le cas le plus curieux est celui que présentent trois genres voisins d'oiseaux australiens, les fameux oiseaux à berceau, — sans doute les codescendants d'une ancienne espèce qui avait acquis l'étrange instinct de construire des abris pour s'y livrer à des parades d'amour. Ces oiseaux construisent sur le sol, dans le seul but de s'y faire la cour, car leurs nids sont établis sur les arbres, des berceaux (*fig.* 46), qui, comme nous le verrons plus loin, sont richement décorés avec des plumes, des coquillages, des os et des feuilles. Les mâles et les femelles travaillent à la construction de ces berceaux, mais le mâle est le principal ouvrier. Cet instinct est si prononcé chez eux qu'ils le conservent en captivité, et M. Strange a décrit[60] les habitudes de quelques oiseaux de ce genre, dits satins, qu'il a élevés en volière dans la Nouvelle-Galles du Sud. « Par moments, le mâle poursuit la femelle dans toute la volière, puis, il se rend au berceau, y prend une belle plume ou une grande feuille, articule une note curieuse, redresse toutes ses plumes, court autour du berceau, et paraît excité au point que les yeux lui sortent presque de la tête ; il ouvre une aile, puis l'autre, en faisant entendre une note profonde et aiguë, et, comme le coq domestique, semble picorer à terre, jusqu'à ce que la femelle s'approche doucement de lui. » Le capitaine Stokes a décrit les habitudes et les « habitations de plaisance » d'une autre grande espèce ; « les mâles et les femelles s'amusent à voler de côté et d'autre, prennent un coquillage tantôt d'un côté du berceau, tantôt de l'autre, et le portent dehors dans leur bec, puis le rapportent ». Ces curieuses constructions, qui ne servent que de salles de réunion où les oiseaux s'amusent et se font la cour, doivent leur coûter beaucoup de travail. Le berceau de l'espèce à poitrine fauve, par exemple, a près de quatre pieds de long, quarante-cinq centimètres de haut ; il est, en outre, supporté par une solide plate-forme composée de bâtons.

Ornementation. — Je discuterai d'abord les cas où l'ornementation est le partage exclusif des mâles, les femelles ne possédant

---

59. Pour le *Tetrao phasianellus*, Richardson, *Fauna Bor. Americ,*, p. 361 ; et pour d'autres détails, Cap. Blakiston, *Ibis*, 1863, p. 125. Pour le *Cathartes* et l'*Ardea*, Aubudon, *Orn. Biograph.*, vol. II, p. 51 et vol. III, p. 89. Sur la fauvette grise, Macgillivray, *Hist. Brit. Birds,* vol. II, 354. Sur l'outarde indienne, Jerdon, *Birds of India*, vol. III, p. 618.

60. Gould, *Handbook to the Birds of Australia*, vol. I, 444, 449, 445. Le berceau de l'oiseau satin est toujours visible aux Zoological Gardens.

que peu ou point d'ornements; je m'occuperai ensuite de ceux où les deux sexes sont également ornés, et enfin j'aborderai les cas beaucoup plus rares où la femelle est un peu plus brillamment colorée que le mâle. Le sauvage et l'homme civilisé portent presque

Fig. 46. — *Chlamydera maculata*, avec berceau (d'après Brehm, édition française).

toujours sur la tête les ornements artificiels dont ils se parent; de même aussi les oiseaux portent sur la tête la plupart de leurs ornements naturels[61]. On peut observer une étonnante diversité dans

61. Voir les remarques sur ce sujet dans *Feeling of Beauty among animals*, by J. Shaw, *Athenæum*, Nov. 1866, p. 681.

les ornements dont nous avons déjà parlé au commencement de ce
chapitre. Les huppes qui couvrent le devant ou le derrière de la
tête des oiseaux se composent de plumes qui affectent les formes les
plus diverses; parfois ces huppes se redressent ou s'étalent, de manière à présenter complètement aux regards les splendides couleurs
qui les décorent. D'autres fois, ce sont d'élégantes houppes auriculaires (voy. *fig.* 39, p. 61). Parfois aussi un duvet velouté recouvre
la tête, chez le faisan, par exemple; quelquefois, au contraire, la
tête est dénudée et revêt d'admirables colorations. La gorge aussi
est quelquefois ornée d'une barbe ou de caroncules. Les appendices
de ce genre, affectant d'ordinaire de brillantes couleurs, servent sans
doute d'ornements, bien que nous ne soyons guère disposés à les
considérer comme tels; en effet, pendant que les mâles courtisent la
femelle, ces appendices se gonflent et acquièrent des tons encore
plus vifs, chez le dindon mâle, par exemple. Les appendices charnus
qui ornent la tête du faisan tragopan mâle (*Ceriornis Temminckii*)
se dilatent pendant la saison des amours, de façon à former un large
médaillon sur la gorge et deux cornes situées de chaque côté de la
splendide huppe qu'il porte sur la tête; ces appendices revêtent
alors le bleu le plus intense qu'il m'ait été donné de voir[62]. Le
Calao africain (*Bucorax abyssinicus*) gonfle la caroncule écarlate en
forme de vessie qu'il porte au cou, ce qui, « joint à ses ailes traî-
nantes et à sa queue étalée, lui donne un grand air[63] ». L'iris même
de l'œil affecte parfois une coloration plus vive chez le mâle que
chez la femelle; il en est fréquemment de même pour le bec, chez
notre merle commun, par exemple. Le bec entier et le grand casque
du *Buceros corrugatus* mâle sont plus vivement colorés que ceux
de la femelle; « le bec du mâle porte, en outre, des rainures obliques sur la mandibule inférieure[64] ».

La tête, bien souvent encore, porte des appendices charnus, des
filaments ou des protubérances solides. Quand ces ornements ne
sont pas communs aux mâles et aux femelles, le mâle seul en est
pourvu. Le Dr W. Marshall[65] a décrit en détail des protubérances
solides; il a démontré qu'elles se composent d'os poreux revêtus
de peau ou de tissu dermique. Les os du front, chez les mammifères, supportent toujours des cornes véritables; chez les oiseaux, au
contraire, divers os se sont modifiés pour servir de support. On
peut observer, chez les espèces d'un même groupe, les protubé-

62. Murie, *Proceed. Zoolog. Soc.*, 1872, p. 630.
63. M. Monteiro, *Ibis*, 1812, vol. IV, p. 339.
64. *Land and Water*, 1868, p. 217.
65. *Ueber die Schädelhöcker*, *Niederländ. Archiv für Zool.*, vol. 1, part. II.

rances pourvues d'un noyau osseux, et d'autres où il n'y a pas
trace d'un noyau de cette nature; on peut établir en outre une série
de gradations reliant ces deux points extrêmes. Il en résulte,
comme le fait remarquer le Dr Marshall avec beaucoup de justesse,
que les variations les plus diverses ont aidé au développement de·
ces appendices par sélection sexuelle.

On observe souvent chez les mâles de longues plumes qui surgissent de presque toutes les parties du corps, et qui constituent
évidemment des ornements. Quelquefois les plumes qui garnissent
la gorge et la poitrine forment des colliers et des fraises splendides. ·
Les plumes de la queue ou rectrices s'allongent fréquemment,
comme nous le voyons chez le paon et chez le faisan Argus. Chez
le paon, les os de la queue se sont même modifiés pour supporter
ces lourdes rectrices[66]. Le corps du faisan Argus n'est pas plus
gros que celui d'une poule, et cependant, mesuré de l'extrémité du
bec à celle de la queue, il n'a pas moins de 1^m, 60 de longueur[67],
et les belles rémiges secondaires si magnifiquement ocellées atteignent près de trois pieds de longueur. Chez un petit engoulevent africain (*Cosmetornis vexillarius*), l'une des rémiges primaires atteint,
pendant la saison des amours, une longueur de 66 centimètres, alors
que le corps de l'oiseau n'a que 25 centimètres de longueur. Chez
un autre genre très voisin, les tiges des longues plumes caudales
restent nues, sauf à l'extrémité, où elles portent une houppe en
forme de disque[68]. Chez un autre genre d'engoulevent, les rectrices atteignent un développement encore plus prodigieux. En règle
générale, les rectrices sont plus allongées que les rémiges, car un
trop grand allongement de ces dernières constitue un obtacle au
vol. Nous pouvons donc observer le même type de décoration acquis par des oiseaux mâles très voisins les uns des autres, bien que
ce soit par le développement de plumes entièrement différentes.

Il est un fait curieux à remarquer : les plumes d'oiseaux appartenant à des groupes distincts se sont modifiées d'une manière
spéciale presque analogue. Ainsi, chez un des engoulevents dont
nous venons de parler, les rémiges ont la tige dénudée et se terminent par une houppe en forme de disque, ou en forme de cuiller
ou de raquette. On remarque des plumes de ce genre dans la queue
du momot (*Eumomota superciliaris*), d'un martin-pêcheur, d'un pinson, d'un oiseau-mouche, d'un perroquet, de plusieurs drongos

---

66. D. W. Marshall, *Ueber den Vogelschwanz, ibid.*
67. Jardine, *Naturalist Library Birds*, vol. XIV, p. 166.
68. Sclater, *Ibis,* 1864, vol. VI, p. 114. Livingstone, *Expedition to the Zam-
besy,* 1865, p. 66.

indiens (*Dicrurus* et *Edolius*, chez l'un desquels les disques sont verticaux), et dans la queue de certains oiseaux de paradis. Chez ces derniers, des plumes semblables magnifiquement ocellées ornent la tête, ce qu'on observe aussi chez certains gallinacés. Chez une outarde indienne (*Sypheotides auritus*), les plumes qui forment les houppes auriculaires et qui ont environ dix centimètres de longueur se terminent aussi par des disques[69]. M. Salvin[70] a démontré, ce qui constitue un fait très singulier, que les momots donnent à leurs rectrices la forme d'une raquette en rongeant les barbes de la plume; il a démontré, en outre, que cette mutilation continue a produit, dans une certaine mesure, des effets héréditaires. Les barbes des plumes, chez des oiseaux très distincts, sont filamenteuses ou barbelées; c'est ce qu'on observe chez quelques hérons, chez des ibis, des oiseaux de paradis et des gallinacés.

Dans d'autres cas, les barbes disparaissent, les tiges restent nues d'une extrémité à l'autre; des plumes de ce genre dans la queue du *Paradisea apoda* atteignent une longueur de 86 centimètres[71]; chez le *P. Papuana* (*fig.* 47) elles sont beaucoup plus courtes et beaucoup plus minces. Des plumes plus petites ainsi dénudées prennent l'aspect de soies, sur la poitrine du dindon, par exemple. On sait que toute mode fugitive en toilette devient l'objet de l'admiration humaine; de même, chez les oiseaux, la femelle paraît apprécier un changement, si minime qu'il soit, dans la structure ou dans la coloration des plumes du mâle. Nous venons de voir que les plumes se sont modifiées d'une manière analogue, dans des groupes très distincts; cela provient sans doute de ce que les plumes, ayant toutes la même conformation et le même mode de développement, tendent par conséquent à varier de la même manière. Nous remarquons souvent une tendance à la variabilité analogue dans le plumage de nos races domestiques appartenant à des espèces distinctes. Ainsi des huppes céphaliques ont apparu chez diverses espèces. Chez une variété du dindon maintenant éteinte, la huppe consistait en tiges nues terminées par des houppes de duvet, et ressemblaient jusqu'à un certain point aux plumes en raquettes que nous venons de décrire. Chez certaines races de pigeons et de volailles, les plumes sont duveteuses, avec quelque tendance à ce que les tiges se dénudent. Chez l'oie de Sébastopol,

69. Jerdon, *Birds of India,* vol. III, p. 620.
70. *Proc. Zoolog. Soc.,* 1873, p. 462.
71. Wallace, *Ann. and Mag. of Nat. Hist.,* 1857, vol. XX, p, 416 et dans *Malay Archipelago,* 1869, vol. II, p. 390.

les plumes scapulaires sont très allongées, frisées, et même contournées en spirale avec les bords duveteux [72].

À peine est-il besoin de parler de la couleur, car chacun sait
combien les nuances des oiseaux sont belles et harmonieusement

Fig. 47. — *Paradisea papuana* (T. W. Wood).

combinées. Les couleurs sont souvent métalliques et irisées. Des
taches circulaires sont quelquefois entourées d'une ou plusieurs
zones de nuances et de tons différents.; l'ombre qui en résulte les
convertit ainsi en ocelles.

72. *Variation des animaux et plantes*, etc., vol. I, p. 307, 311.

Il n'est pas non plus nécessaire d'insister sur les différences étonnantes qui existent entre les mâles et les femelles. Le paon commun nous en offre un exemple frappant. Les oiseaux de paradis femelles affectent une couleur obscure, et sont dépourvus de

Fig. 48. — *Lophornis ornatus,* mâle et femelle (d'après Brehm, édition française).

tout ornement, tandis que les mâles revêtent des ornements si riches et si variés, que quiconque ne les a pas étudiés peut à peine s'en faire une idée.

Lorsque le *Paradisea apoda* redresse et fait vibrer les longues plumes jaune doré qui décorent ses ailes, on croirait voir une sorte de halo, au centre duquel la tête « figure un petit soleil d'émeraude dont les deux plumes forment les rayons [73] ». Une autre espèce, également magnifique, a la tête chauve « d'un riche bleu cobalt, et

Fig. 49. — *Spatura Underwoodi*, mâle et femelle (d'après Brehm, édition française).

ornée en outre de plusieurs bandes de plumes noires veloutées [74] ».

Les oiseaux-mouches (*fig.* 48 et 49) mâles sont presque aussi

73. Cité d'après M. de Lafresnaye dans *Annals et Mag. of Nat. Hist.* vol. XIII, 1854, p. 157; voir aussi le récit plus complet de M. Wallace dans le vol. XX, 1857, p. 412, et dans *Malay Archipelago*.

74. Wallace, *Malay Archipelago*, 1869, vol. II, p. 405.

beaux que les oiseaux de paradis ; quiconque a feuilleté les beaux volumes de M. Gould, ou visité sa riche collection, ne peut le contester. Ces oiseaux affectent une diversité d'ornements très remarquable. Presque toutes les parties du plumage ont été le siège de modifications, qui, comme me l'a indiqué M. Gould, ont été poussées à un point extrême chez quelques espèces appartenant à presque tous les sous-groupes. Ces cas présentent une singulière analogie avec ceux que nous présentent les races que nous élevons pour l'ornementation, nos races de luxe, en un mot. Un caractère a primitivement varié chez certains individus, et certains autres caractères chez d'autres individus de la même espèce ; l'homme s'est emparé de ces variations et les a poussées à un point extrême, comme la queue du pigeon-paon, le capuchon du jacobin, le bec et les caroncules du messager, etc. Il existe toutefois une différence dans un de ces cas ; le résultat a été obtenu grâce à la sélection opérée par l'homme, tandis que, dans l'autre, celui des oiseaux-mouches, des oiseaux de paradis, etc., le résultat provient de la sélection que les femelles exercent en choisissant les plus beaux mâles.

Je ne citerai plus qu'un oiseau, remarquable par l'extrême contraste de coloration qui existe entre les mâles et les femelles ; c'est le fameux oiseau-cloche, *Chasmorhynchus niveus*, de l'Amérique du Sud, dont, à une distance de près de quatre kilomètres, on peut distinguer la note qui étonne tous ceux qui l'entendent pour la première fois. Le mâle est blanc pur, la femelle vert obscur ; la première de ces couleurs est assez rare chez les espèces terrestres de taille moyenne et à habitudes inoffensives. Le mâle, s'il faut en croire la description de Waterton, porte sur la base du bec un tube contourné en spirale, long de près de huit centimètres. Ce tube, noir comme le jais, est couvert de petites plumes duveteuses ; il peut se remplir d'air par communication avec le palais, et pend sur le côté lorsqu'il n'est pas insufflé. Ce genre renferme quatre espèces ; les mâles de ces quatre espèces sont très différents les uns des autres, tandis que les femelles, dont la description a fait l'objet d'un mémoire intéressant de M. Sclater, se ressemblent beaucoup ; c'est là un excellent exemple de la règle générale que nous avons posée, à savoir que, dans un même groupe, les mâles diffèrent beaucoup plus les uns des autres que ne le font les femelles. Chez une seconde espèce, le *C. nudicollis*, le mâle est également blanc de neige, à l'exception d'un large espace de peau nue sur la gorge et autour des yeux, peau qui, à l'époque des amours, prend une belle teinte verte. Chez une troisième espèce (*C. tricarunculatus*), le mâle n'a de blanc que la tête et le cou, le reste du corps est brun noisette; le mâle de cette espèce porte trois appendices filamenteux, longs comme la moitié de son corps, — dont l'un part de la base du bec, et les deux autres des coins de la bouche [75].

Les mâles adultes de certaines espèces conservent toute leur vie leur plumage coloré et les autres ornements qui les décorent; chez d'autres espèces, ces ornements se renouvellent périodiquement pendant l'été et pendant la saison des amours. A cette époque, le bec et la peau nue de la tête changent souvent de couleur, comme chez quelques hérons, quelques ibis, quelques mouettes, un des oiseaux (*Chasmorhynchus*) mentionnés plus haut, etc. Chez l'ibis blanc les joues, la peau dilatable de la gorge et les parties qui entourent la base du bec, deviennent cramoisies [76]. Chez un râle, le *Gathcrex cristatus*, une grosse caroncule rouge se développe sur la tête du mâle à la même époque. Il en est de même d'une mince crête cornée qui se forme sur le bec d'un pélican, le *P. erythrorhynchus;* car, après la saison des amours, ces crêtes cornées tombent comme les bois de la tête des cerfs, et on a trouvé la rive d'une île. dans un lac de la Nevada, couverte de ces curieuses dépouilles [77].

Les modifications de couleur du plumage suivant les saisons proviennent, premièrement, d'une double mue annuelle; secondement, d'un changement réel de couleur qui affecte les plumes elles-mêmes; troisièmement, de ce que les bords de couleur plus terne de la plume tombent périodiquement; ou de ces trois causes plus ou moins combinées. La chute des bords de la plume peut se comparer à celle de la chute du duvet des très jeunes oiseaux; car, dans la plupart des cas, le duvet surmonte le sommet des premières vraies plumes [78].

Quant aux oiseaux qui subissent annuellement une double mue, on peut en citer certains, comme les bécasses, les glaréoles et les courlis, chez lesquels les mâles et les femelles se ressemblent et ne changent de couleur à aucune époque. Je ne saurais dire si le plumage d'hiver est plus épais et plus chaud que celui de l'été, ce qui semblerait, lorsqu'il n'y a pas de changement de couleur, la cause la plus probable d'une double mue. Secondement, il y a des oiseaux, quelques espèces de *Totanus* et quelques autres *échassiers* par exemple, chez lesquels les mâles et les femelles se ressemblent, mais qui ont un plumage d'été et un plumage d'hiver

75. Sclater, *Intellectual Observer*, Janvier, 1867, Waterton, *Wanderings*, p. 118. Voir le travail de M. Salvin, dans *Ibis*, 1865, p. 90.
76. *Land and Water*, 1867, p. 394.
77. M. D. G. Elliot, *Proc. Zool. Soc.*, 1869, p. 589.
78. *Pterylography*, édité par P. L. Sclater, *Roy. Society*, 1867, p. 14.

un peu différents. La différence de coloration est, d'ailleurs, ordinairement si insignifiante, qu'elle peut à peine constituer un avantage pour ces oiseaux; on peut l'attribuer, peut-être, à l'action
directe des conditions différentes auxquelles les individus sont
exposés pendant les deux saisons. Troisièmement, il y a beaucoup
d'autres espèces chez lesquelles les mâles et les femelles se ressemblent, mais qui revêtent un plumage d'été et un plumage d'hi
ver très différents. Quatrièmement, on connaît de nombreuses
espèces chez lesquelles la coloration du mâle diffère beaucoup de
celle de la femelle ; or, la femelle, bien que muant deux fois, conserve la même coloration pendant toute l'année, tandis que les
mâles subissent sous ce rapport des modifications quelquefois très
considérables, quelques outardes, par exemple. Cinquièmement,
enfin, il est certaines espèces où le mâle et la femelle diffèrent
l'un de l'autre tant par leur plumage d'été que par celui d'hiver,
mais le mâle subit, au retour de chaque saison, une modification
plus considérable que la femelle, — cas dont le tringa (*Macheles
pugnax*) présente un frappant exemple.

Quant à la cause ou au but des différences de coloration entre le
plumage d'été et celui d'hiver, elles peuvent, dans quelques cas,
comme chez le ptarmigan[79], servir pendant les deux saisons de
moyen protecteur. Lorsque la différence est légère, on peut,
comme nous l'avons déjà fait remarquer, l'attribuer peut-être à
l'action directe des conditions d'existence. Mais il est évident que,
chez beaucoup d'oiseaux, le plumage d'été est ornemental, même
lorsque les deux sexes se ressemblent. Nous pouvons conclure que
tel est le cas pour beaucoup de hérons, etc., qui ne revêtent leur
admirable plumage que pendant la saison des amours. En outre,
ces aigrettes, ces huppes, etc., bien qu'elles existent chez les deux
sexes, prennent parfois un développement plus considérable chez
le mâle que chez la femelle, et ressemblent aux ornements de
même nature qui, chez d'autres oiseaux, sont l'apanage des mâles,
seuls. On sait aussi que la captivité, en affectant le système reproducteur des oiseaux mâles, arrête fréquemment le développement
des caractères sexuels secondaires, sans exercer d'influence immédiate sur leurs autres caractères; or, d'après M. Bartlett, huit ou
neuf *Tringa canutus* ont conservé pendant toute l'année, aux Zoo-

---

79. Le plumage d'un brun pommelé du ptarmigan a une aussi grande importance pour lui, comme moyen protecteur, que le plumage blanc de l'hiver; on
sait qu'en Scandinavie, au printemps, après la disparition de la neige, cet oiseau se cache de peur des oiseaux de proie tant qu'il n'a pas revêtu sa tenue
d'été : voir Wilhelm von Wrigt dans Lloyd, *Game Birds of Sweden,* 1867, p. 125.

logical Gardens, leur plumage d'hiver dépourvu d'ornements, fait qui nous permet de conclure que, bien que commun aux deux sexes, le plumage d'été participe à la nature de plumage exclusivement masculin de beaucoup d'autres oiseaux [80].

La considération des faits précédents, et, plus spécialement le fait que certains oiseaux de l'un et de l'autre sexe ne subissent aucune modification de couleur au cours de leurs mues annuelles, ou changent si peu que la modification ne peut guère leur être avantageuse, qu'en outre les femelles d'autres espèces muent deux fois et conservent néanmoins toute l'année les mêmes couleurs, nous permet de conclure que l'habitude de muer deux fois pendant l'année n'a pas été acquise en vue d'assurer un caractère ornemental au plumage du mâle pendant la saison des amours; mais que la double mue, acquise primitivement dans un but distinct, est subséquemment, dans certains cas, devenue l'occasion de revêtir un plumage nuptial.

Il paraît surprenant, au premier abord, que, chez des espèces très voisines, quelques oiseaux subissent une double mue annuelle régulière, et que d'autres n'en subissent qu'une seule. Le ptarmigan, par exemple, mue deux ou même trois fois l'an, et le tétras noir une seule fois. Quelques magnifiques Nectariniées de l'Inde, et quelques sous-genres d'*Anthus*, obscurément colorés, muent deux fois, tandis que d'autres ne muent qu'une fois par an [81]. Mais les gradations que présente la mue chez diverses espèces nous permettent d'expliquer comment des espèces ou des groupes d'espèces peuvent avoir primitivement acquis la double mue annuelle, ou la reperdre après l'avoir possédée. La mue printanière, chez certaines outardes et chez certains pluviers, est loin d'être complète, et se borne au remplacement de quelques plumes; d'autres ne subissent qu'un changement de couleur. Il y a aussi des raisons pour croire que chez certaines outardes, et chez certains oiseaux comme les râles, qui subissent une double mue, quelques vieux mâles conservent pendant toute l'année leur plumage nuptial. Quelques plumes très modifiées peuvent, au printemps, s'ajouter au plumage, comme cela a lieu pour les rectrices en forme de dis-

---

80. Sur les précédentes remarques relatives aux mues, voir, pour les bécasses, etc., Macgillivrag, *Hist. Brit. Birds*, vol. IV, p. 371; sur les Glaréolées, les courlis et les outardes, Jerdon, *Birds of India*, vol. III, p. 615, 630, 683; sur le *Totanus ib.*, p. 700; sur les plumes du Héron, *ib.*, p. 738; Macgillivray, vol. IV, 435 et 444, et M. Stafford Allen, *Ibis*, vol. V, 1863, p. 33.

81. Sur la mue du ptarmigan, voir Gould, *Birds of Great Britain;* sur les Nectarinées, Jerdon, *Birds of India*, vol. I, p. 359, 365, 369; sur la mue de l'Anthus, Blyth, *Ibis*, 1867, p. 32.

que de certains drongos (*Bhringa*) dans l'Inde, et les plumes allongées qui ornent le dos, le cou et la crête de quelques hérons. En suivant une progression de cette nature, la mue printanière se compléterait de plus en plus, et finirait par devenir double. Quelques oiseaux de paradis conservent leurs plumes nuptiales pendant toute l'année et ne subissent, par conséquent, qu'une seule mue; d'autres les perdent immédiatement après la saison des amours et subissent, en conséquence, une double mue; d'autres enfin les perdent à cette époque la première année seulement et ne les perdent pas les années suivantes, de telle sorte que ces dernières espèces constituent pour ainsi dire un chaînon intermédiaire au point de vue de la mue.

Il existe une grande différence dans le laps de temps pendant lequel se conservent les deux plumages annuels, l'un pouvant durer toute l'année, et l'autre disparaître entièrement. Ainsi, le *Machetes pugnax* ne garde sa fraise au printemps que pendant deux mois au plus. Le *Chera progne* mâle acquiert, à Natal, son beau plumage et ses longues rectrices en décembre ou en janvier et les perd en mars; il ne les garde donc qu'environ trois mois. La plupart des espèces soumises à une double mue conservent leurs plumes décoratives pendant six mois environ. Le *Gallus bankiva* sauvage mâle conserve cependant les soies qu'il porte au cou pendant neuf ou dix mois, et, lorsqu'elles tombent, les plumes noires sous-jacentes du cou deviennent visibles. Mais, chez le descendant domestique de cette espèce, les soies du cou sont immédiatement remplacées par de nouvelles, de sorte qu'ici nous voyons que, pour une partie du plumage, une double mue s'est, sous l'influence de la domestication, transformée en une mue simple[82].

On sait que le canard commun (*Anas boschas*) perd, après la saison des amours, son plumage masculin pendant une période de trois mois, période pendant laquelle il revêt le plumage de la femelle. Le pilet mâle (*Anas acuta*) perd son plumage pendant une période de six semaines ou deux mois seulement, et Montagu remarque « que cette double mue, dans un espace de temps aussi

---

82. Pour les mues partielles et la conservation du plumage des mâles, voir, sur les outardes et les pluviers, Jerdon, *Birds of India,* vol. III, p. 617, 637, 709, 711; Blyth, *Land and Water,* 1867, p. 84. Voir, sur la mue du *Paradisea,* un intéressant article du Dr W. Marshall, Archives Néerlandaises, vol. VI, 1871. Sur la Vidua, *Ibis.,* vol. III, 1861, p. 133. Sur les Drongos pies-grièches, Jerdon, *ib.,* vol. I, p. 435, Sur la mue printanière de l'*Herodias bubulcus,* M. S. S. Allen dans *Ibis,* 1863, p. 33. Tur le *Gallus bankiva,* Blyth dans *Ann. and Mag. of Nat. Hist.,* vol. I, 1848, p. 455 : voir aussi ma *Variation des Animaux,* etc., vol. I, 250 (trad. franç.).

court, constitue un fait extraordinaire, qui semble mettre en défaut tout raisonnement humain ». Mais quiconque croit à la modification graduelle de l'espèce ne sera nullement surpris d'observer toutes ces gradations. Si le pilet mâle revêtait son nouveau plumage dans un laps de temps encore plus court, les nouvelles plumes propres au mâle se mélangeraient presque nécessairement avec les anciennes, et toutes deux avec quelques plumes propres à la femelle. Or, c'est ce qui semble se présenter chez le mâle d'un oiseau qui n'est pas très éloigné de l'*Anas acuta*, le Harle huppé (*Merganser serrator*) dont les mâles « subissent, dit-on, un changement de plumage qui les fait, dans une certaine mesure, ressembler à la femelle ». Si la marche du phénomène s'accélérait un peu, la double mue se perdrait complètement[83].

Quelques oiseaux mâles, comme nous l'avons déjà dit, affectent, au printemps, des couleurs plus vives, ce qui provient non d'une mue printanière; mais soit d'une modification réelle de la couleur des plumes, soit de la chute des bords obscurs de ces dernières. Les modifications de couleur ainsi produites peuvent persister plus ou moins longtemps. Le plumage entier du *Pelecanus onocrotalus* est, au printemps, teinté d'une nuance rose magnifique, outre des taches jaune citron sur la poitrine; mais, comme le fait remarquer M. Sclater, « ces teintes durent peu et disparaissent ordinairement six semaines ou deux mois après leur apparition ». Certains pinsons perdent au printemps les bords de leurs plumes, et revêtent des couleurs plus vives, tandis que d'autres n'éprouvent aucune modification de ce genre. Ainsi le *Fringilla tristis* des États-Unis (ainsi que beaucoup d'autres espèces américaines) ne revêt ses vives couleurs que lorsque l'hiver est passé; tandis que notre chardonneret, qui représente exactement cet oiseau par ses habitudes, et le tarin, qui le représente de plus près encore par sa conformation, ne subissent aucune modification annuelle analogue. Mais une différence de ce genre dans le plumage d'espèces voisines n'a rien d'étonnant, car chez la linotte commune, qui appartient à la même famille, la coloration cramoisie du front et de la poitrine n'apparaissent en Angleterre que pendant l'été, tandis qu'à Madère ces couleurs persistent pendant toute l'année[84].

83. Macgillivray (*o, c.*, vol. V. p. 34, 70 et 223) sur la mue des Anatides, avec citations de Waterton et de Montagu. Voir aussi Yarrell, *Hist. of Brit. Birds*, vol. III, p. 243.
84. Sur le pélican. Sclater, *Proc. Zool. Soc.*, 1868, p. 265. Sur les pinsons américains, Audubon, *Orn. Biog.*, vol. I, p. 174, 221, et Jerdon, *Birds of India*, vol. II, p. 383. Sur la *Fringilla cannabina* de Madère, E. Vernon Harcourt, *Ibis*, vol. V, 1863, p. 250.

Les oiseaux mâles aiment à étaler leur plumage. —Les mâles étalent, avec soin, leurs ornements de tous genres, que ces ornements soient chez eux permanents ou temporaires; ils leur servent évidemment à exciter, à attirer et à captiver les femelles.
Toutefois les mâles déploient quelquefois leurs ornements sans se
trouver en présence de femelles, comme le font les grouses dans
leurs réunions; on a pu aussi remarquer que le paon aime à étaler
sa queue splendide à condition qu'il ait un spectateur quelconque,
et, comme j'ai souvent pu l'observer, fait parade de ses beaux
atours devant des poules, et même devant des porcs[85]. Tous les
naturalistes qui ont étudié avec soin les habitudes des oiseaux, soit
à l'état sauvage, soit en captivité, sont unanimes à reconnaître que
les mâles sont enchantés de montrer leurs ornements. Audubon
a remarqué que le mâle cherche de diverses manières à captiver
la femelle. M. Gould, après avoir décrit quelques ornements particuliers à un oiseau-mouche mâle, ajoute qu'il a soin de les exposer
à son plus grand avantage devant la femelle. Le docteur Jerdon[86]
insiste sur l'attraction et la fascination qu'exerce sur la femelle le
beau plumage du mâle; M. Bartlett, des Zoogical Gardens, s'exprime non moins catégoriquement à cet égard.

Ce doit être un beau spectacle, dans les forêts de l'Inde, « que
de tomber brusquement sur vingt ou trente paons, dont les mâles
étalent leurs queues splendides, et se pavanent orgueilleusement
devant les femelles charmées ». Le dindon sauvage redresse son
brillant plumage, étale sa queue élégamment zonée et ses rémiges
barrées, et, au total, avec les caroncules bleues et cramoisies qui
garnissent sa gorge, il doit faire un effet superbe, bien que grotesque à nos yeux. Nous avons déjà cité des faits analogues à propos
de divers tétras (grouse). Passons donc à un autre ordre d'oiseaux..
Le *Rupicola crocea* mâle (*fig.* 50) est un des plus beaux oiseaux
qu'il y ait au monde, son plumage affecte une teinte jaune orangé
splendide, et quelques-unes de ses plumes sont curieusement
tronquées et barbelées. La femelle, vert brunâtre, nuancé de rouge,
a une crête beaucoup plus petite. Sir R. Schomburgk a décrit les
moyens qu'ils emploient pour courtiser les femelles; il a pu, en
effet, observer une de leurs réunions où se trouvaient dix mâles et
deux femelles. L'espace qu'ils occupaient avait quatre à cinq pieds
de diamètre; ils avaient arraché l'herbe avec soin, uni et égalisé le
terrain comme auraient pu le faire des mains humaines. Un mâle

---

85. Rev. E. S. Dixon, *Ornamental Poultry*, 1848, p. 8.
86. *Birds of India*, Introduction, vol. I, p. xxiv; sur le paon, vol. III, p. 507.
Gould, *Introd. to the Trochilidœ*, 1861, p. 15 et 111.

« était en train de cabrioler évidemment à la grande satisfaction des autres. Tantôt il étendait les ailes, relevait la tête ou étalait sa queue en éventail, tantôt il se pavanait en sautillant jusqu'à ce qu'il tombât épuisé de fatigue; il jetait alors un certain cri, et était immédiatement remplacé par un autre. Trois d'entre eux entrèrent successivement en scène, et se retirèrent ensuite pour se reposer ».

Les Indiens, pour se procurer leurs peaux, attendent que les oi-

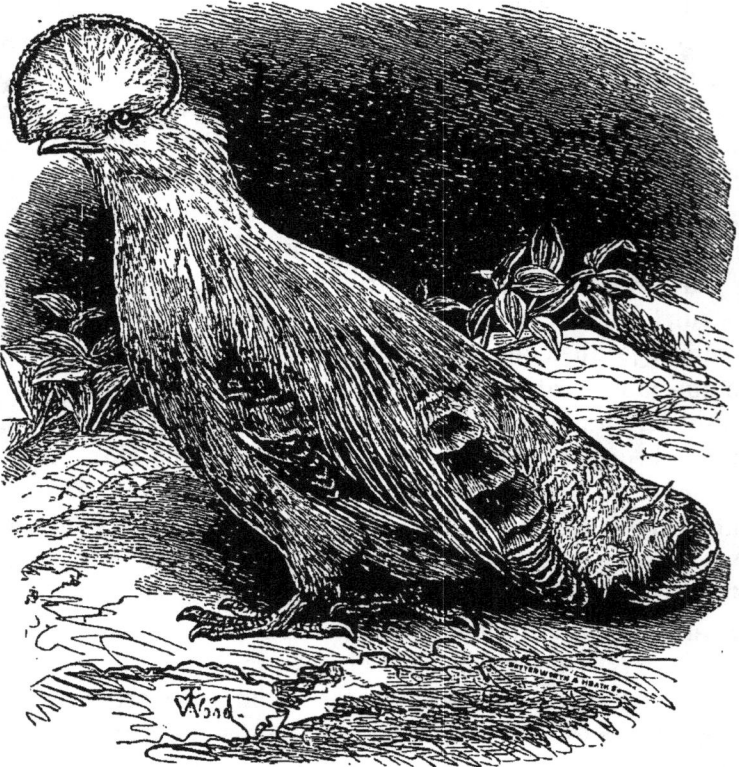

Fig. 50. — *Rupicola crocea*, mâle (T. W. Wood).

seaux soient très occupés par le spectacle auquel ils assistent; ils peuvent alors, à l'aide de leurs flèches empoisonnées, tuer l'un après l'autre cinq ou six mâles [87]. Une douzaine au moins d'oiseaux de paradis mâles, au plumage complet, se rassemblent sur un arbre pour donner un bal, comme disent les indigènes; ils se mettent à voleter de ci de là, élèvent leurs ailes, redressent leurs plumes si élégantes, et les font vibrer de telle façon, dit M. Wallace, qu'on croirait l'arbre entier rempli de plumes flottantes. Ils sont alors si

87. *Journal of R. Geog. Soc.*, vol. X, 1840, p. 236.

absorbés qu'un archer habile peut abattre presque toute la bande. Ces oiseaux, gardés en captivité dans l'archipel Malais, entretiennent avec soin la propreté de leurs plumes; ils les étalent souvent pour les examiner et pour enlever la moindre trace de poussière. Un observateur, qui en a gardé plusieurs couples vivants, affirme que les parades auxquelles se livre le mâle ont pour but de charmer la femelle[88].

Le faisan doré et le faisan Amhurst, quand ils courtisent les femelles, ne se contentent pas d'étendre et de relever leur magnifique fraise; mais, comme je l'ai observé moi-même, ils la tournent obliquement vers la femelle, de quelque côté qu'elle se trouve, évidemment pour en déployer devant elle une large surface[89]. M. Bartlett a observé un polyplectron mâle (*fig.* 51) faisant sa cour à une femelle, et m'a montré un individu empaillé placé dans la position qu'il prend dans cette circonstance. Les rectrices et les rémiges de cet oiseau sont ornées de superbes ocelles, semblables à ceux de la queue du paon. Or, lorsque ce dernier se pavane, il étale et redresse la queue transversalement, car il se place en face de la femelle et exhibe en même temps sa gorge et sa poitrine si richement colorées en bleu. Mais le polyplectron a la poitrine sombre, et les ocelles ne sont point circonscrits aux rectrices; en conséquence, il ne se pose pas en face de la femelle, mais il redresse et étale ses rectrices un peu obliquement, en ayant soin d'abaisser l'aile du même côté et de relever l'aile opposée. Dans cette position, il expose à la vue de la femelle, qui l'admire, toute la surface de son corps parsemée d'ocelles. De quelque côté qu'elle se retourne, les ailes étendues et la queue inclinée suivent le mouvement et restent ainsi à portée de sa vue. Le faisan tragopan mâle agit d'une manière à peu près semblable, car il redresse les plumes du corps mais non pas l'aile, du côté opposé à celui où se trouve la femelle, plumes que sans cela elle n'apercevrait pas, de sorte que toutes ses plumes élégamment tachetées sont en même temps exposées à ses regards.

La conduite du faisan Argus est encore plus étonnante. Les rémiges secondaires si énormément développées du mâle, qui seul en est pourvu, sont ornées d'une rangée de vingt à vingt-trois ocelles, ayant tous plus d'un pouce de diamètre. Les plumes sont,

88. *Ann. and Mag. of Nat. Hist.*, vol. XII, 1854, p. 157. Wallace, *ib.*, vol. XX, 1857, p. 412 et *Malay Archipelago*, vol. II, 1869, p. 252. Le docteur Bennett, cité par Brehm, *Thierleben*, vol. III, p. 326.

89. M. T. W. Wood fait (*Student*, avril 1870, p. 115) une description complète de ce mode de déploiement qu'il appelle unilatéral exécuté par le faisan doré et par le faisan japonais, *Ph. versicolor*.

en outre, élégamment décorées de raies obliques foncées et de séries de taches, rappelant une combinaison de la fourrure du tigre et de celle du léopard. Le mâle cache ces splendides ornements jusqu'à ce qu'il se trouve en présence de la femelle; alors,

Fig. 51. — *Polyplectron chinquis*, mâle (T. W. Wood).

il redresse sa queue et déploie les plumes de ses ailes de façon à leur faire prendre l'apparence d'un grand éventail ou d'un grand bouclier circulaire et presque vertical qu'il porte en avant de son corps. Il dissimule sa tête et son cou derrière ce bouclier; mais, afin de pouvoir surveiller la femelle devant laquelle il exhibe ses ornements, il passe quelquefois la tête, ainsi qu'a pu l'observer M. Bartlett, entre deux des longues rémiges; l'oiseau, dans ce cas, présente une apparence grotesque. Ce doit être là, d'ailleurs, une habitude du faisan Argus à l'état sauvage, car M. Bartlett et son fils, en examinant des peaux en parfait état de conservation qui leur avaient été envoyées de l'Orient, ont remarqué, entre deux des plumes, un endroit usé évidemment par le passage fréquent de la tête de l'oiseau. M. Wood pense que le mâle peut aussi surveiller la femelle en regardant de côté sur le bord de l'éventail.

Les ocelles qui décorent les rémiges du faisan Argus sont ombrés avec une telle perfection, que, comme le fait remarquer le duc d'Argyll [90], ils représentent absolument une boule qu'on aurait posée dans un alvéole. J'éprouvai toutefois un grand désappointement quand j'examinai l'individu empaillé qui se trouve au British Museum; on l'a monté les ailes déployées mais abaissées; les ocelles me paraissent plats et même concaves. Mais M. Gould me fit aussitôt comprendre la cause de mon désappointement; il lui suffisait pour cela de placer ces plumes dans la position que leur donne l'oiseau quand il les étale devant la femelle. Or, dès que les rémiges se trouvent dans la position verticale et que la lumière les frappe par en haut, l'effet complet des ombres se produit, et chaque ocelle (*fig.* 52) prend l'aspect d'une boule dans une cavité. Tous les artistes à qui on a montré ces plumes ont admiré la perfection avec laquelle elles sont ombrées. Une question vient tout naturellement à l'esprit : comment la sélection sexuelle a-t-elle pu déterminer la formation de ces ornements si artistiques? Nous nous réservons de répondre à cette question dans le chapitre suivant, après avoir discuté le principe de la gradation.

Les remarques précédentes s'appliquent aux rémiges secondaires du faisan Argus, mais les rémiges primaires, qui ont une coloration uniforme chez la plupart des gallinacés, ne sont pas, chez cet oiseau, moins merveilleuses. Elles affectent une teinte brune douce et sont parsemées de nombreuses taches foncées, dont chacune consiste en deux ou trois points noirs entourés d'une zone foncée. Mais l'ornement principal de ces rémiges consiste en un seul espace parallèle à la tige bleue foncée, dont le contour figure une seconde plume parfaite contenue dans la plume véritable. Cette portion intérieure affecte une couleur châtain plus clair, et est parsemée de petits points blancs. J'ai montré ces plumes à bien des personnes et plusieurs les ont préférées même aux plumes à ocelles,

90. *The Reign of Law*, 1867, p. 203.

et ont déclaré qu'elles ressemblaient plutôt à une œuvre d'art qu'à
une œuvre de la nature. Or, dans toutes les circonstances ordinaires, ces plumes sont entièrement cachées, mais elles s'étalent

Fig. 52. — Faisan Argus étalant son plumage (M. T. Wood).

complètement, en même temps que les rémiges secondaires, de
façon à former un grand éventail.

L'exemple du faisan Argus mâle est éminemment intéressant,
en ce qu'il nous fournit une excellente preuve que la beauté la plus
exquise peut servir à captiver la femelle, mais à rien autre chose;
en effet, les rémiges primaires ne sont jamais visibles, et les ocel-

les apparaissent dans toute leur perfection, seulement alors que
le mâle prend l'attitude qu'il adopte toujours quand il courtise la
femelle. Le faisan Argus n'affecte pas de brillantes couleurs, de
sorte que ses succès auprès de l'autre sexe paraissent dépendre
de la grandeur de ses plumes et de la perfection de leurs élégants
dessins. On objectera, sans doute, qu'il est absolument incroyable
qu'un oiseau femelle puisse apprécier la finesse des ombres et l'é-
légance du dessin, mais nous n'hésitons pas à avouer qu'elle puisse
posséder ce degré de goût presque humain. Quiconque croit pouvoir évaluer avec certitude le degré de discernement et de goût des
animaux inférieurs peut nier, chez le faisan Argus femelle, l'appréciation de beautés aussi délicates : mais alors il faut admettre que
les attitudes extraordinaires que prend le mâle, lorsqu'il courtise
la femelle, et qui sont les seules pendant lesquelles la beauté merveilleuse de son plumage s'étale complètement aux regards, n'ont
aucune espèce de but. Or c'est là une conclusion qui, pour moi
tout au moins, est inadmissible.

Alors que tant de faisans et de gallinacés voisins étalent avec
le plus grand soin leur beau plumage aux regards des femelles,
M. Bartlett me signale un fait très remarquable : deux faisans
affectant des couleurs ternes, le *Crossoptilon auritum* et le *Phasianus Wallichii* n'agissent pas ainsi; ces oiseaux paraissent donc
comprendre qu'il est inutile de faire parade de beautés qu'ils ne
possèdent pas. M. Bartlett n'a jamais vu de combats entre les
mâles de l'une ou de l'autre de ces deux espèces qu'il a eu d'excellentes occasions d'observer, surtout la première. M. Jenner Weir
pense aussi que tous les oiseaux mâles à plumage riche et fortement caractérisé sont plus querelleurs que ceux à couleurs sombres faisant partie des mêmes groupes. Le chardonneret, par
exemple, est beaucoup plus belliqueux que la linotte, et le merle
que la grive. Les oiseaux qui subissent un changement périodique
de plumage deviennent évidemment plus belliqueux à l'époque pendant laquelle ils sont le plus richement ornés. Sans doute, on a
observé des luttes terribles entre les mâles de quelques oiseaux à
coloration obscure, mais il semble que, lorsque la sélection sexuelle
a exercé une forte influence et a déterminé, chez les mâles d'une
espèce quelconque, une riche coloration, elle a aussi développé
chez eux une tendance prononcée à un caractère belliqueux. Nous
aurons à signaler des cas presque analogues chez les mammifères.
D'autre part, il est rare que l'aptitude au chant et la beauté du
plumage se trouvent réunis sur les mâles de la même espèce;
mais, dans ce cas, l'avantage résultant de ces deux perfections

aurait été identiquement le même : le succès auprès de la femelle. Il faut néanmoins reconnaître que, chez les mâles de quelques oiseaux aux vives couleurs, les plumes ont subi des modifications spéciales qui les adaptent à la production d'une certaine musique instrumentale, bien que, si nous consultons notre goût tout au moins, nous ne puissions pas comparer la beauté de cette musique à celle de la musique vocale de beaucoup d'oiseaux chanteurs.

Passons maintenant aux oiseaux mâles qui, sans être ornés à aucun degré considérable, exhibent néanmoins, lorsqu'ils courtisent les femelles, les charmes qu'ils possèdent. Ces cas, plus curieux que les précédents sous certains rapports, ont été peu remarqués jusqu'ici. M. Jenner Weir, qui a longtemps élevé des oiseaux de bien des genres, y compris tous les Fringillidés et tous les Embérizidés d'Angleterre, a bien voulu me communiquer les faits suivants choisis parmi un ensemble considérable de notes précieuses. Le bouvreuil se présente de face à la femelle, et gonfle sa poitrine de manière à lui faire voir à la fois plus de plumes cramoisies qu'elle ne pourrait en apercevoir dans toute autre position. En même temps, il abaisse sa queue noire et la tourne de côté et d'autre d'une manière comique. Le pinson mâle se place aussi devant la femelle pour montrer sa gorge rouge et sa tête bleue ; il étend en même temps légèrement les ailes, ce qui laisse apercevoir les belles lignes blanches des épaules. La linotte commune distend sa poitrine rosée, étale légèrement ses ailes et sa queue brunes, de manière à en tirer le meilleur parti en montrant leurs bordures blanches. Il faut cependant faire toutes réserves avant de conclure que ces oiseaux n'étalent leurs ailes que pour les faire admirer, car certains oiseaux dont les ailes n'ont aucune beauté agissent de même. Le coq domestique, par exemple, n'étend jamais que l'aile opposée à la femelle et la fait traîner jusqu'à terre. Le chardonneret mâle se comporte autrement que tous les autres pinsons ; il a des ailes superbes, les épaules sont noires, et les rémiges foncées tachetées de blanc et bordées de jaune d'or. Lorsqu'il courtise la femelle, il balance son corps de droite à gauche et réciproquement, et tourne rapidement ses ailes légèrement ouvertes d'abord d'un côté, puis de l'autre, et produit ainsi un effet lumineux à reflet doré. M. Weir affirme qu'aucun autre oiseau du même groupe ne se comporte de cette façon pendant qu'il courtise la femelle, pas même le tarin mâle, espèce très voisine ; ce dernier, il est vrai, n'ajouterait rien à sa beauté en prenant cette attitude.

La plupart des bruants anglais sont des oiseaux à couleur terne et uniforme, mais les plumes qui ornent la tête du bruant des roseaux (*Emberiza schoeniculus*) mâle, revêtent, au printemps, une belle coloration noire par la disparition de leurs pointes plus pâles; ces plumes se redressent pendant que l'oiseau courtise la femelle. M. Weir a élevé deux espèces d'*Amadina* d'Australie; l'*A. castanotis* est une petite espèce à coloration très insignifiante; la queue affecte une teinte foncée, le croupion est blanc, et les plumes supérieures de la queue noir de jais; chacune de ces dernières porte trois grandes taches blanches, ovales et très apparentes [91]. Le mâle, lorsqu'il courtise la femelle, étale un peu et fait vibrer d'une manière toute particulière ces plumes en partie colorées de la queue. L'*Amadina Lathami* mâle se comporte d'une manière très différente; il exhibe devant la femelle sa poitrine richement tachetée et lui fait voir en même temps les plumes supérieures écarlates de son croupion et de sa queue. Je peux ajouter ici, d'après M. Jerdon, que le Bulbul indien (*Pycnonotus hæmorrhous*) a des plumes *sous*-caudales écarlates, dont les belles couleurs, pourrait-on croire, n'apparaîtraient jamais « si l'oiseau excité ne les étalait latéralement de manière à les rendre visibles même d'en haut » [92]. On peut apercevoir, sans que l'oiseau se donne aucune peine, les plumes sous-caudales cramoisies de quelques autres espèces, celles du *Picus major*, par exemple. Le pigeon commun a des plumes irisées sur la poitrine, et chacun sait que le mâle gonfle sa gorge lorsqu'il courtise la femelle et exhibe ainsi ses plumes de la manière la plus avantageuse. Un des magnifiques pigeons à ailes bronzées d'Australie (*Ocyphaps lophotes*) se comporte différemment, selon M. Weir; le mâle, quand il se tient devant la femelle, baisse la tête presque jusqu'à terre, étale et redresse perpendiculairement sa queue et étend à moitié ses ailes. Il soulève et abaisse ensuite alternativement son corps de façon que les plumes métalliques irisées apparaissent toutes à la fois et resplendissent au soleil.

Nous avons maintenant cité un assez grand nombre de faits pour prouver avec quel soin et avec quelle adresse les oiseaux mâles étalent leurs divers charmes. Ils ont, quand ils nettoient leurs plumes, de fréquentes occasions pour les admirer et pour étudier comment ils peuvent le mieux faire valoir leur beauté. Mais, comme tous les mâles d'une même espèce se comportent d'une même manière, il semble que des actes, peut-être intentionnels dans le principe, ont fini par devenir instinctifs. S'il en est ainsi, nous ne de-

---

91. Pour la description de ces oiseaux, voir Gould, *Handbook to the Birds of Australia*, vol. I, 1865. p. 417.

92. *Birds of India*, vol. II, 96.

vons pas accuser les oiseaux de vanité consciente; cependant, lorsque nous voyons un paon se pavaner, la queue étalée et frissonnante, il semble qu'on ait devant les yeux le véritable emblème de l'orgueil et de là vanité.

Les divers ornements que possèdent les mâles ont certainement pour eux une extrême importance, car, dans certains cas, ils les ont acquis aux dépens de grands obstacles apportés à leur aptitude au vol et à la locomotion rapide. Le *Cosmetornis* africain, chez lequel une des rémiges primaires acquiert une longueur considérable pendant la saison des amours, est ainsi très gêné dans son vol, remarquable par sa rapidité en tout autre temps. La grandeur encombrante des rémiges secondaires du faisan Argus mâle empêche, dit-on, « presque complètement l'oiseau de voler ». Les magnifiques plumes des oiseaux de paradis les embarrassent lorsque le vent est fort. Les longues plumes caudales des *Vidua* mâles de l'Afrique australe rendent leur vol très lourd ; mais, aussitôt que ces plumes ont disparu, ils volent aussi bien que les femelles. Les oiseaux couvent toujours lorsque la nourriture est abondante, les obstacles apportés à leur locomotion n'ont donc pas probablement de grands inconvénients en tant qu'il s'agit de la recherche des aliments, mais il est certain qu'ils doivent être beaucoup plus exposés aux atteintes des oiseaux de proie. Nous ne pouvons non plus douter que la queue du paon et les longues rémiges du faisan Argus ne doivent exposer ces oiseaux à devenir plus facilement la proie des chats tigres. Les vives couleurs de beaucoup d'oiseaux mâles doivent aussi les rendre plus apparents pour leurs ennemis. C'est là, ainsi que le remarque M. Gould, la cause probable de la défiance assez générale de ces oiseaux, qui, ayant peut-être conscience du danger auquel leur beauté les expose, sont plus difficiles à découvrir ou à approcher que les femelles sombres et relativement plus apprivoisées, ou que les jeunes mâles qui n'ont pas encore revêtu leur riche plumage[93].

Il est, d'ailleurs, un fait plus curieux encore ; certains ornements gênent de façon extraordinaire des oiseaux mâles pourvus d'armes pour la lutte et qui, à l'état sauvage, sont assez belliqueux pour s'entre-tuer souvent. Les éleveurs de coqs de combat taillent les caroncules et coupent les crêtes de leurs oiseaux ; c'est ce qu'en

93. Sur le *Cosmetornis*, voir Livingstone, *Expedition to the Zambesi*, 1865, p. 66. Sur le faisan Argus, Jardine, *Nat. Hist. Library, Birds*, vol. XIV, p. 167. Sur les oiseaux de paradis, Lesson, cité par Brehm, *Thierleben*, vol. III, p. 325. Sur le *Vidua*, Barrow, *Travels in Africa*, vol. I, p. 243, et *Ibis*, vol. III, 1861, p. 133. M. Gould, sur la sauvagerie des oiseaux mâles, *Handbook to Birds of Australia*, vol. II, 1865, p. 210, 457.

termes du métier on appelle les armer en guerre. Un coq qui n'a
pas été ainsi préparé, dit M. Tegetmeier, « a de grands désavantages, car la crête et les caroncules offrent une prise facile au bec
de son adversaire et, comme le coq frappe toujours là où il tient,
lorsqu'il est parvenu à saisir son adversaire, celui-ci est bientôt
en son pouvoir. En admettant même que l'oiseau ne soit pas tué,
un coq qui n'a pas été taillé de la manière indiquée est exposé certainement à perdre beaucoup plus de sang que celui qui l'a été [94]. »
Lorsque les jeunes dindons se battent, ils se saisissent toujours
par les caroncules, et je pense que les vieux oiseaux se battent de
la même manière. On peut objecter que les crêtes et les caroncules
ne sont pas des ornements et ne peuvent avoir pour les oiseaux
aucune utilité de cette nature; mais cependant, même à nos yeux,
la beauté du coq espagnol au plumage noir brillant est fort rehaus-
sée par sa face blanche et sa crête cramoisie; et quiconque a eu
l'occasion de voir un faisan tragopan mâle distendre ses magnifiques caroncules bleus, pendant qu'il courtise la femelle, ne peut
douter un instant qu'ils ne servent à embellir l'oiseau. Les faits
que nous venons de citer prouvent que les plumes et les autres
ornements du mâle doivent avoir pour lui une autre importance;
ils prouvent, en outre, que, dans certains cas, la beauté est même
plus essentielle pour lui que la victoire dans le combat.

CHAPITRE XIV

OISEAUX (SUITE)

Choix exercé par la femelle. — Durée de la cour que se font les oiseaux. —
Oiseaux non accouplés. — Facultés mentales et goût pour le beau. — La femelle manifeste sa préférence ou son aversion pour certains mâles. — Variabilité des oiseaux. — Les variations sont parfois brusques. — Lois des
variations. — Formation d'ocelles. — Gradations de caractères. — Exemples
fournis par le Paon, le faisan Argus et l'Urosticte.

Lorsque les mâles et les femelles présentent quelques différences au point de vue de la beauté, de l'aptitude à chanter, ou de la
production de ce que j'ai qualifié de musique instrumentale, le
mâle, presque toujours, l'emporte sur la femelle. Ces qualités, ainsi
que nous venons de le démontrer, ont évidemment pour lui une
grande importance. Quand elles sont temporaires seulement, elles
n'apparaissent que peu de temps avant l'époque de l'accouplement.
Le mâle seul se donne beaucoup de peine pour exhiber ses attraits

---

94. Tegetmeier, *The Poultry Book*, 1866, p. 139.

variés, et exécute de grotesques gambades sur le sol ou dans l'air, en présence de la femelle. Le mâle s'efforce de chasser ses rivaux, ou, s'il le peut, de les tuer. Nous pouvons donc en conclure que le mâle se propose de décider la femelle à s'accoupler avec lui, et, pour atteindre ce but, il cherche à l'exciter et à la captiver en employant bien des façons différentes; c'est là, d'ailleurs, l'opinion de tous ceux qui ont étudié avec soin les mœurs des oiseaux. Mais il reste à élucider une question qui, relativement à la sélection sexuelle, a une importance considérable : tous les mâles de la même espèce ont-ils le pouvoir de séduire et d'attirer également la femelle? Celle-ci, au contraire, exerce-t-elle un choix, et préfère-t-elle certains mâles à certains autres? Un nombre considérable de preuves directes et indirectes permet de répondre affirmativement à cette dernière question. Il est évidemment très difficile de déterminer quelles sont les qualités qui décident du choix exercé par les femelles; mais, ici encore, des preuves directes et indirectes nous permettent d'affirmer que les ornements du mâle jouent un grand rôle, bien qu'il n'y ait pas à douter que sa vigueur, son courage et ses autres qualités mentales n'aient aussi beaucoup d'influence. Commençons par les preuves indirectes.

Durée de la cour que se font les oiseaux. — Certains oiseaux des deux sexes se rassemblent chaque jour dans un lieu déterminé pendant une période plus ou moins longue; cela dépend probablement, en partie, de ce que la cour que les mâles font aux femelles dure plus ou moins longtemps, et, aussi, de la répétition de l'accouplement. Ainsi, en Allemagne et en Scandinavie, les réunions (*leks* ou *balzen*) du petit tétras se continuent depuis le milieu de mars jusque dans le courant de mai. Quarante ou cinquante individus et même davantage assistent à ces réunions, et il n'est pas rare que ces oiseaux fréquentent la même localité pendant bien des années successives. Les réunions du grand tétras commencent vers la fin de mars pour se prolonger jusqu'au milieu et même jusqu'à la fin de mai. Dans l'Amérique du Nord, les assemblées du *Tetrao phasianellus*, désignées sous le nom de « danses des perdrix », durent un mois et plus. D'autres espèces de tétras, tant dans l'Amérique du Nord que dans la Sibérie orientale[1], ont à peu près les mêmes

1. Nordmann décrit (*Bull. Soc. Imp. des Nat. Moscou*, 1861, t. XXXIV, p. 264) les lieux de danse du *Tetrao urogalloïdes* dans le pays d'amour. Il estime le nombre des mâles rassemblés à cent environ, les femelles restent cachées dans les buissons environnants et ne sont pas comprises dans ce total. Les cris que poussent ces oiseaux diffèrent beaucoup de ceux du *T. urogallus*, le grand coq de bruyère.

habitudes. Les oiseleurs reconnaissent les localités où les tringa se rassemblent à l'aspect du sol piétiné de telle façon que l'herbe cesse d'y croître, ce qui prouve aussi que le même endroit est fréquenté pendant longtemps. Les Indiens de la Guyane connaissent fort bien les arènes dépouillées où ils savent trouver les beaux coqs de roches; les indigènes de la Nouvelle-Guinée connaissent aussi les arbres sur lesquels se rassemblent à la fois dix ou vingt oiseaux de paradis au grand plumage. On n'affirme pas expressément que, dans ce dernier cas, les femelles se réunissent sur les mêmes arbres, mais les chasseurs, si on ne les interroge pas sur ce point, ne songent probablement pas à signaler leur présence, les peaux des femelles n'ayant aucune valeur pour eux. Des tisserins (*Ploceus*) africains se rassemblent par petites bandes lors de la saison des amours et se livrent, pendant des heures, aux évolutions les plus gracieuses. De nombreuses bécasses solitaires (*Scolopax major*) se réunissent au crépuscule dans un marais, et fréquentent pendant plusieurs années de suite la même localité; on.peut les voir courir en tous sens « comme autant de gros rats, ébouriffant leurs plumes, battant des ailes, et poussant les cris les plus étranges[2] ».

Quelques-uns des oiseaux dont nous venons de parler, notamment le tétras à la queue fourchue, le grand tétras, le lagopède faisan, le tringa, la bécasse solitaire et probablement quelques autres sont, dit-on, polygames. On serait disposé à croire que, chez les oiseaux pratiquant la polygamie, les mâles les plus forts n'auraient qu'à expulser les plus faibles, pour s'emparer aussitôt de nombreuses femelles; mais, s'il est nécessaire, en outre, que le mâle plaise à la femelle et la captive, on s'explique facilement que le mâle courtise longtemps la femelle et que tant d'individus des deux sexes se réunissent dans une même localité. Certaines espèces strictement monogames tiennent également des assemblées nuptiales; c'est ce que paraît faire, en Scandinavie, une espèce de ptarmigan, et ces assemblées se prolongent du milieu de mars jusqu'au milieu de mai. En Australie, l'oiseau lyre (*Menura superba*) construit des petits monticules arrondis, et le *M. Alberti* creuse des trous peu profonds, où on assure que les deux sexes se rassemblent. Les assemblées du *M. superba* comportent quelquefois un grand nombre d'individus; dans un mémoire récemment publié[3],

---

2. Voir, sur les réunions de tétras, Brehm, *Thierleben*, vol. IV, p. 350; L. Lloyd, *Game Birds of Sweden*, 1867, p. 19, 78; Richardson, *Fauna Bor. Americana, Birds*, p. 362. Sur le *Paradisea*, Wallace, *Ann. and Mag. of Nat. Hist.* vol. XX, 1857, p. 412. Sur la Bécasse, Lloyd, *ib.*, 221.

3. Cité par T. W. Wood, dans le *Student*, avril 1870, p. 125.

un voyageur raconte qu'ayant entendu dans une vallée située au-
dessous de lui un bruit indescriptible, il s'avança et vit à son grand
étonnement environ cent cinquante magnifiques coqs-lyres rangés
en ordre de bataille, et se livrant un furieux combat. Les berceaux
des Chasmorhynchus constituent un lieu de réunion pour les deux
sexes pendant la saison des amours; « les mâles s'y réunissent, et
combattent pour s'assurer la possession des femelles, qui, assemblées dans le même lieu, rivalisent de coquetterie avec les mâles. Chez
deux genres de ces oiseaux, le même berceau sert pendant bien des
années [4] ».

Le Rev. W. Darwin Fox affirme que la pie commune (*Corvus
pica*) avait l'habitude, dans la forêt Delamere, de se rassembler pour
célébrer le « grand mariage des pies ». Ces oiseaux étaient si nombreux, il y a quelques années, qu'un garde-chasse tua dix-neuf
mâles dans une matinée; un autre abattit d'un seul coup de fusil
sept oiseaux perchés ensemble. Alors que les pies habitaient en
aussi grand nombre la forêt de Delamere, elles avaient l'habitude de
se réunir, au commencement du printemps, sur des points particuliers, où on les voyait en bandes, caqueter ensemble, se battre
quelquefois, et voler d'arbre en arbre en faisant un grand tumulte.
Ces assemblées paraissaient avoir pour les pies une grande importance. La réunion durait quelque temps, puis elles se séparaient, et,
s'il faut en croire M. Fox et les autres observateurs, elles s'accouplaient pour le reste de la saison. Il est évident qu'il ne peut pas y
avoir de grands rassemblements dans une localité où une espèce
quelconque n'est pas très abondante, il est donc très possible qu'une
espèce ait des habitudes différentes suivant le pays qu'elle habite.
Je ne connais, par exemple, qu'un seul cas d'une assemblée régulière du tétras noir en Écosse, cas que m'a signalé M. Wedder-
burn, bien que ces assemblées soient si communes en Allemagne et
en Scandinavie que, dans les langues de ces pays, elles ont reçu
des noms spéciaux.

Oiseaux non accouplés. — Les faits que nous venons de citer nous
autorisent à conclure que, chez des groupes très différents, la cour
que les oiseaux mâles font aux femelles ne laisse pas que d'être
souvent une affaire longue, délicate et embarrassante. On a même
des raisons de croire, si improbable que cela paraisse tout d'abord,
que certains mâles et certaines femelles appartenant à la même
espèce, habitant la même localité, ne se conviennent pas toujours,

---

4. Gould, *Handb. to Birds of Australia,* vol. I, p. 300, 308, 448, 451. Sur le
Ptarmigan, voir Lloyd, *ib.,* p. 129.

et par conséquent ne s'accouplent pas. On a cité bien des exemples
de couples chez lesquels le mâle ou la femelle a été promptement
remplacé par un autre, quand l'un des deux a été tué. Ce fait a été
plus fréquemment observé chez la pie que chez tout autre oiseau,
probablement parce que cet oiseau est très apparent et que son nid
se remarque facilement. Le célèbre Jenner raconte que, dans le
Wiltshire, on tua sept jours de suite un des oiseaux d'un couple,
mais sans résultat, « car l'oiseau restant remplaçait aussitôt son
compagnon disparu, et le dernier couple se chargea d'élever les
petits ». Un nouveau compagnon se trouve généralement le lendemain, mais M. Thompson cite un cas où il fut remplacé dans la
soirée du même jour. Si un des oiseaux parents vient à être tué
même après l'éclosion des œufs, il est souvent remplacé ; le fait s'est
passé après un intervalle de deux jours dans un cas observé récemment par un garde-chasse de sir J. Lubbock [5]. On peut supposer
tout d'abord, et cette supposition est la plus probable, que les pies
mâles sont beaucoup plus nombreuses que les femelles, et que,
dans ces cas et beaucoup d'autres analogues, les mâles seuls ont
été tués, ce qui arrive assez souvent. En effet, les gardes de la forêt
de Delamere ont affirmé à M. Fox que les pies et les corbeaux qu'ils
abattaient en grand nombre dans le voisinage des nids, étaient tous
mâles, ce qui s'explique par le fait que les mâles, obligés d'aller
et venir pour se procurer des aliments pour les femelles en train
de couver, sont exposés à de plus grands dangers. Macgillivray,
cependant, assure, d'après un excellent observateur, que trois pies
femelles ont été successivement tuées sur le même nid ; dans un
autre cas, six pies femelles ont été aussi tuées successivement
alors qu'elles couvaient les mêmes œufs : il est vrai que, s'il faut en
croire M. Fox, le mâle se charge de couver lorsque la femelle vient
à être tuée.

Le garde de sir J. Lubbock a tué, à plusieurs reprises, sans pouvoir préciser le nombre de fois, un des deux membres d'un couple
de geais (*Garrulus glandarius*), et a toujours trouvé l'oiseau survivant
accouplé de nouveau au bout de très peu de temps. Le Rév. W. D.
Fox, M. F. Bond, et d'autres, après avoir tué un des deux corbeaux
(*Corvus corone*) d'un couple, ont observé que le survivant trouvait
très promptement à s'accoupler de nouveau. Ces oiseaux sont communs et on peut s'expliquer qu'ils trouvent un nouveau compagnon avec une facilité relative ; mais M. Thompson constate qu'en

---

5. Sur les pies, Jenner, *Phil. Trans.*, 1824, p. 21 ; Macgillivray, *Hist. Brit.
Birds.*, vol. I, p 570 ; Thompson, *Ann. and Mag. of Nat. Hist.*, vol. VIII, 1842.
p. 494.

Irlande, chez une espèce rare de faucon (*Falco peregrinus*), « si un mâle ou une femelle vient à être tué pendant la saison de l'accouplement (ce qui arrive assez souvent), l'individu qui a disparu est remplacé au bout de peu de jours, de sorte que le produit du nid est assuré ». M. Jenner Weir a constaté le même fait chez des faucons de la même espèce à Beachy Head. Le même observateur affirme que trois crécerelles mâles (*Falco tinnunculus*) furent successivement tués pendant qu'ils s'occupaient du même nid, deux avaient le plumage adulte, et un celui de l'année précédente. M. Birkbeck tient d'un garde-chasse digne de foi que, en Écosse, chez l'aigle doré (*Aquila chrysaetos*), espèce fort rare, tout individu d'un couple tué est bientôt remplacé. On a aussi observé que, chez le hibou blanc (*Strix flammea*), le survivant trouve promptement un nouveau compagnon.

White de Selborne, qui cite le cas du hibou, ajoute qu'un homme avait l'habitude de tuer les perdrix mâles, pensant que les batailles qu'ils se livraient dérangeaient les femelles après l'accouplement; mais, bien que cet homme eût rendu une même femelle plusieurs fois veuve, elle ne tardait pas à s'accoupler de nouveau. Le même naturaliste ordonna de tuer des moineaux qui s'étaient emparés de nids d'hirondelles et les en avaient ainsi expulsées, mais il s'aperçut bientôt que, si on ne tuait pas en même temps les deux individus formant le couple, le survivant, « fût-ce le mâle ou la femelle, se procurait immédiatement un nouveau compagnon, et cela plusieurs fois de suite ».

Le pinson, le rossignol et la rubiette des murailles (*Phœnicura ruticilla*) pourraient nous fournir au besoin des exemples analogues. Un observateur a constaté que la rubiette des murailles était assez rare dans la localité qu'il habitait et que cependant la femelle, occupée à couver ses œufs qu'elle ne pouvait quitter, parvenait en très peu de temps à faire savoir qu'elle était veuve. M. Jenner Weir me signale un cas analogue : à Blackheath, il n'entend jamais les notes du bouvreuil sauvage, et n'aperçoit jamais cet oiseau; cependant, lorsqu'un de ses mâles captifs vient à mourir, il voit généralement arriver, au bout de quelques jours, un mâle sauvage qui vient se percher dans le voisinage de la femelle veuve dont la note d'appel est loin d'être forte. Je me contenterai de citer encore un autre fait que je tiens du même observateur : un des membres d'un couple de sansonnets (*Sturnus vulgaris*) ayant été tué dans la matinée fut remplacé dans l'après-midi; l'un des deux ayant encore été abattu le couple se compléta de nouveau avant la nuit; l'oiseau, quel qu'ait été son sexe, s'était ainsi consolé de son triple veuvage dans le courant de la même journée. M. Engleheart a tué pendant plusieurs années un des membres d'un couple d'étourneaux qui faisait son nid dans un trou d'une maison à Bleckheath, mais le mort était toujours immédiatement remplacé. D'après des notes prises pendant une saison, il constata qu'il avait tué trente-cinq oiseaux des deux sexes, appartenant au même nid, mais sans tenir un compte exact de la proportion des sexes : néanmoins, malgré cette véritable boucherie, il se trouva un couple pour élever une couvée [6].

Ces faits méritent certainement toute notre attention. Comment se fait-il que tant d'oiseaux se trouvent prêts à remplacer immédiatement un individu disparu ? Il semble au premier abord qu'il soit fort embarrassant de répondre à cette question, surtout quand il s'agit des pies, des geais, des corbeaux, des perdrix et de quelques autres oiseaux qu'on ne rencontre jamais seuls au printemps. Cependant, des oiseaux appartenant au même sexe, bien que non accouplés, cela va sans dire, vivent quelquefois par couples ou par petites bandes comme cela se voit chez les perdrix et chez les pigeons. Les oiseaux vivent aussi quelquefois par groupe de trois, ce qui a été observé chez les sansonnets, chez les corbeaux, chez les perroquets et chez les perdrix. On a observé deux perdrix femelles vivant avec un seul mâle, et deux mâles avec une seule femelle. Il est probable que les unions de ce genre doivent se rompre facilement. On peut quelquefois entendre certains oiseaux mâles chanter leur chant d'amour longtemps après l'époque ordinaire, ce qui prouve qu'ils ont perdu leur compagne ou qu'ils n'en ont jamais eu. La mort par accident ou par maladie d'un des membres du couple laisse l'autre seul et libre, et il y a raison de croire que, pendant la saison de la reproduction, les femelles sont plus spécialement sujettes à une mort prématurée. En outre, des oiseaux dont le nid a été détruit, des couples stériles ou des individus en retard doivent pouvoir se quitter facilement, et seraient probablement heureux de prendre la part qu'ils peuvent aux plaisirs et aux devoirs attachés à l'élève des petits, en admettant même qu'ils ne leur appartiennent pas [7]. C'est par des éventualités de ce genre

6. Sur le faucon, Thompson, *Nat. Hist. of Ireland, Birds*, vol. I, 1849, p. 39. Sur les hiboux, les moineaux et les perdrix, White, *Nat. Hist. of Selborne*, 1825, vol. I, p. 139. Sur le *Phœnicura*, Loudon, *Mag. of Nat. Hist.*, vol. VII 1834, p. 245, Brehm (*Thierleben*, vol. IV, p. 391) fait aussi allusion à des oiseaux trois fois accouplés le même jour.

7. White (*Nat. Hist. of Selborne*, 1825, vol. I, p. 140), sur l'existence au commencement de la saison de petites couvées de perdrix mâles, ce dont on m'a communiqué d'autres exemples. Sur le retard des organes générateurs chez

que, selon toute probabilité, on peut expliquer la plupart des cas que nous venons de signaler[8]. Il est néanmoins singulier que, dans une même localité, au plus fort de la saison de la reproduction, il y ait autant de mâles et de femelles toujours prêts à compléter un couple dépareillé. Pourquoi ces 'oiseaux de rechange ne s'accouplent-ils pas immédiatement les uns avec les autres? N'aurions-. nous pas quelque raison de supposer, avec M. Jenner Weir, que, malgré la cour longue et quelque peu pénible que se font les oiseaux, certains mâles et certaines femelles ne réussissent pas à se plaire en temps opportun et ne s'accouplent par conséquent pas? Cette supposition paraîtra un peu moins improbable quand nous aurons vu quelles antipathies et quelles préférences les femelles manifestent quelquefois pour certains mâles.

Facultés mentales des oiseaux et leur goût pour le beau.—Avant de pousser plus loin la discussion de cette question : les femelles choisissent-elles les mâles les plus attrayants, ou acceptent-elles le premier venu? il convient d'étudier brièvement les aptitudes mentales des oiseaux. On pense ordinairement, et peut-être justement, que les oiseaux possèdent des aptitudes au raisonnement très incomplètes; on pourrait cependant citer certains faits[9] qui sembleraient autoriser une conclusion contraire. Des facultés inférieures de raisonnement sont toutefois, ainsi que nous le voyons dans l'humanité, compatibles avec de fortes affections, une perception subtile

quelques oiseaux, voir Jenner, *Phil. Trans.*, 1824. Quant aux oiseaux vivant par groupes de trois, M. Jenner Weir m'a fourni les cas de l'étourneau et des perroquets; M. Fox, ceux des perdrix. Sur les corbeaux, voir *Field*, 1868, p. 415. Consulter sur les oiseaux mâles chantant après l'époque voulue, Rev. L. Jenyns, *Observ. in Nat. Hist.*, 1846, p. 87.

8. Le cas suivant (*Times*, août 6, 1868) a été cité par le Rév. F. O. Morris sur l'autorité du Rev. O. W. Forester : « Le garde a trouvé cette année un nid de faucons contenant cinq petits. Il en enleva quatre qu'il tua, et en laissa un auquel il coupa les ailes pour servir d'amorce afin de détruire les vieux. Il les tua tous deux le lendemain pendant qu'ils apportaient de la nourriture au jeune, et le garde crut que tout était fini. Le lendemain, il revint vers le nid et y trouva deux autres faucons charitables qui étaient venus au secours de l'orphelin; il les tua également. Revenant plus tard il retrouva encore deux autres individus remplissant les mêmes fonctions que les premiers; il les tira tous les deux, et en abattit un; l'autre, bien qu'atteint, ne put être retrouvé. Il n'en revint plus pour entreprendre cette inutile tentative. »

9. Le prof. Newton a bien voulu me signaler le passage suivant de M. Adam (*Travels of a naturalist*, 1870, p. 278) : « Au lieu de donner à une sittelle japonaise la noix assez tendre de l'if, sa nourriture ordinaire, je lui donnai des noisettes dures. L'oiseau fit de nombreux efforts sans pouvoir les briser; enfin il les déposa l'un après l'autre dans un vase plein d'eau, évidemment avec la pensée qu'après avoir trempé quelque temps elles deviendraient plus molles : c'est là une preuve intéressante de l'intelligence de ces oiseaux. »

et le goût pour le beau; et c'est de ces dernières qualités qu'il est question ici. On a souvent affirmé que les perroquets ont l'un pour l'autre un attachement si vif que, lorsque l'un vient à mourir, l'autre souffre pendant longtemps; toutefois M. Jenner Weir pense qu'on a beaucoup exagéré la puissance de l'affection chez la plupart des oiseaux. Néanmoins, on a remarqué que, à l'état sauvage, quand un des membres d'un couple a été tué, le survivant fait entendre, pendant plusieurs jours, une sorte d'appel plaintif; M. Saint-John[10] cite divers faits qui prouvent l'attachement réciproque des oiseaux accouplés. M. Bennett[11] raconte qu'il a pu observer en Chine le fait suivant : on avait volé un canard mandarin mâle, et la femelle restait inconsolable sans qu'un autre mâle de la même espèce la courtisât assidûment et déployât tous ses charmes devant elle. Au bout de trois semaines on retrouva le canard volé, et le couple se reconnut immédiatement en donnant toutes les marques de la joie la plus vive. Nous avons cependant vu que des sansonnets peuvent, trois fois dans la même journée, se consoler de la perte de leur compagnon. Les pigeons ont une mémoire locale assez parfaite pour retrouver leur ancien domicile après neuf mois d'absence; pourtant M. Harrisson Weir affirme que, si on sépare quelques semaines pendant l'hiver un couple de ces oiseaux, qui reste naturellement apparié pour la vie, et qu'on les associe respectivement avec un autre mâle et une autre femelle, les oiseaux séparés ne se reconnaissent que rarement, pour ne pas dire jamais, lorsqu'on les remet ensemble.

Les oiseaux font quelquefois preuve de sentiment de bienveillance; ils nourrissent les jeunes abandonnés, même quand ils appartiennent à une espèce différente; mais peut-être faut-il considérer ceci comme le fait d'un instinct aveugle. Nous avons déjà vu qu'ils nourrissent des oiseaux adultes de leur espèce devenus aveugles. M. Buxton a observé un perroquet qui prenait soin d'un oiseau estropié appartenant à une autre espèce, nettoyait son plumage, et le défendait contre les attaques des autres perroquets qui erraient librement dans son jardin. Il est encore plus curieux de voir que ces oiseaux manifestent évidemment de la sympathie pour les plaisirs de leurs semblables. On a pu, en effet, observer l'intérêt extraordinaire que prenaient les autres individus de la même espèce à la construction d'un nid que construisait sur un acacia un couple de cacatoès. Ces perroquets paraissaient doués aussi d'une grande

10. *A Tour in Sutherlandshire*, 1840, p. 185.
11. *Wanderings in New South Wales*, vol. II, 1834, p. 62.

curiosité, et possédaient évidemment « des notions de propriété et de possession [12] ». Ils ont aussi une mémoire fidèle, car on a vu, aux Zoological Gardens, des perroquets reconnaître leurs anciens maîtres après une absence de plusieurs mois.

Les oiseaux ont une grande puissance d'observation. Chaque oiseau apparié reconnaît, bien entendu, son compagnon. Audubon affirme qu'aux États-Unis un certain nombre de *Mimus polyglottus* restent toute l'année dans la Louisiane, tandis que les autres émigrent vers les États de l'Est ; ces derniers sont à leur retour immédiatement reconnus et attaqués par ceux restés dans le midi. Les oiseaux en captivité reconnaissent les différentes personnes qui les approchent, ainsi que le prouve la vive antipathie ou l'affection permanente que, sans cause apparente, ils témoignent à certains individus. On m'a communiqué de nombreux exemples de ce fait observés chez les geais, chez les perdrix, chez les canaris et surtout chez les bouvreuils. M. Hussey a décrit de quelle façon extraordinaire une perdrix apprivoisée reconnaissait tout le monde ; ses sympathies et ses antipathies étaient fort vives. Elle paraissait « affectionner les couleurs claires, et elle remarquait immédiatement une robe ou un chapeau porté pour la première fois [13] ». M. Hewitt a décrit les mœurs de quelqurs canards (descendant depuis peu de parents sauvages) qui, en apercevant un chien ou un chat étranger, se précipitaient dans l'eau et faisaient les plus grands efforts pour s'échapper, tandis qu'ils se couchaient au soleil à côté des chiens et des chats de la maison, qu'ils reconnaissaient parfaitement. Ils s'éloignaient toujours d'un étranger et même de la femme qui les soignait, si elle faisait un trop grand changement dans sa toilette. Audubon raconte qu'il a élevé et apprivoisé un dindon sauvage, qui se sauvait toujours quand il apercevait un chien étranger ; l'oiseau s'échappa dans les bois ; quelques jours après, Audubon, le prenant pour un dindon sauvage, le fit poursuivre par son chien ; mais, à son grand étonnement, l'oiseau ne se sauva pas, et le chien, l'ayant rejoint, ne l'attaqua pas, car tous deux s'étaient mutuellement reconnus comme de vieux amis [14].

M. Jenner Weir est convaincu que les oiseaux font tout particulièrement attention aux couleurs des autres oiseaux, quelquefois par jalousie, quelquefois parce qu'ils croient reconnaître un parent.

12. *Acclimatization of Parrots*, p. C. Buxton, M. P., *Annals and Mag. of Nat. Hist.*, Nov. 1868, p. 381.

13. *The Zoologist*, 1847-48, p. 1602.

14. Hewitt, sur les canards sauvages, *Journ. of Horticulture*, Jan. 13, 1863, p. 39. Audubon, sur le dindon sauvage, *Ornithol. Biography*, vol. I, p. 14 ; sur le moqueur, *ib.*, vol. I, p. 110.

Ainsi, il introduisit dans sa volière un bruant des roseaux (*Emberiza schœniculus*), qui venait de revêtir les plumes noires de sa tête ; aucun des oiseaux ne fit attention au nouveau venu, excepté un bouvreuil, qui a aussi la tête noire. Ce bouvreuil, d'ailleurs très paisible, ne s'était jamais querellé avec aucun de ses compagnons, y compris un autre bruant de la même espèce, mais qui n'avait pas encore revêtu les plumes noires de sa tête ; toutefois il maltraita tellement le dernier venu qu'il fallut l'enlever. Le *Spiza cyanea* affecte, pendant la saison de l'accouplement, une brillante couleur bleue ; un oiseau de cette espèce, très paisible d'ordinaire, se jeta cependant sur un *S. ciris*, qui a la tête bleue et le scalpa complètement. M. Weir fut aussi obligé de retirer de sa volière un rouge-gorge, qui attaquait avec furie tous les oiseaux portant du rouge dans leur plumage, mais ceux-là seulement ; il tua, en effet, un bec-croisé, à poitrail rouge, et blessa grièvement un chardonneret. D'autre part, il a observé que, lorsque certains oiseaux sont introduits pour la première fois dans la volière, ils se dirigent vers les espèces dont la couleur ressemble le plus à la leur, et s'établissent à leurs côtés.

Les oiseaux mâles prennent beaucoup de peine pour étaler devant les femelles leur beau plumage et leurs autres ornements ; on peut en conclure que les femelles savent apprécier la beauté de leurs prétendants. Mais il est évidemment très difficile de déterminer preuves en mains quelle est leur aptitude à cet égard. On a souvent observé que les oiseaux, placés devant un miroir, s'examinent avec une profonde attention, que certains observateurs attribuent à la jalousie ; car l'oiseau peut se croire en face d'un rival, que d'autres, au contraire, attribuent à une sorte d'admiration intime. Dans d'autres cas, il est difficile de déterminer quel sentiment l'emporte : la simple curiosité ou l'admiration. Lord Lilford[15] croit pouvoir affirmer que les objets brillants éveillent si puissamment la curiosité du tringa que, dans les îles Ioniennes, « sans se préoccuper des coups de fusil, il se précipite sur un mouchoir à vives couleurs ». Un petit miroir, qu'on fait tourner et briller au soleil, exerce une telle attraction sur l'alouette commune qu'elle vient se faire prendre en nombre considérable. Est-ce l'admiration ou la curiosité qui pousse la pie, le corbeau et quelques autres oiseaux à voler et à cacher des objets brillants, tels que l'argenterie et les bijoux ?

M. Gould assure que certains oiseaux-mouches décorent avec un goût exquis l'extérieur de leurs nids ; « ils y attachent instinctive-

15. *The Ibis*, vol. II, 1860, p. 344.

ment de beaux morceaux de lichen, les plus grandes pièces au milieu et les plus petites sur la partie attachée à la branche. Çà et là
une jolie plume est entrelacée ou fixée à l'intérieur; la tige est toujours placée de façon que la plume dépasse la surface ». Les
trois genres d'oiseaux australiens qui construisent les berceaux de
verdure dont nous avons déjà parlé nous fournissent d'ailleurs une
preuve excellente du goût des oiseaux pour le beau. Ces constructions (voy. *fig.* 46, p. 75), où les individus des deux sexes se réunissent pour se livrer à des gambades bizarres, affectent des formes
différentes; mais ce qui nous intéresse particulièrement, c'est que
les différentes espèces décorent ces berceaux de diverses manières.
L'espèce dite satin affectionne les objets à couleurs gaies, tels que les
plumes bleues des perruches, les os et les coquillages blancs, qu'elle
introduit entre les rameaux ou dispose à l'entrée avec beaucoup de
goût. M. Gould a trouvé dans un de ces berceaux un tomahawk
en pierre bien travaillée et un fragment d'étoffe de coton bleu, provenant évidemment d'un camp d'indigènes. Les oiseaux dérangent
constamment ces objets et, pour les disposer de façon différente,
les transportent çà et là. L'espèce dite tachetée « tapisse magnifiquement son berceau avec des grandes herbes disposées de manière que leurs sommets se rencontrent et forment les groupes les plus variés ». Ces oiseaux se servent de pierres rondes pour
maintenir les tiges herbacées à leur place, et faire des allées conduisant au berceau. Ils vont souvent chercher les pierres et les coquillages à de grandes distances. L'oiseau régent, décrit par
M. Ramsay, orne son berceau, qui est très court, avec des coquillages terrestres blancs appartenant à cinq ou six espèces, et avec
des « baies de diverses couleurs bleues, rouges et noires, qui,
lorsqu'elles sont fraîches, lui donnent un aspect charmant. Ils y
ajoutent quelques feuilles fraîchement cueillies et de jeunes pousses
roses, le tout indiquant beaucoup de goût pour le beau ». Aussi
M. Gould a-t-il pu dire avec beaucoup de raison : « Ces salles de réunion si richement décorées constituent évidemment les plus merveilleux exemples encore connus de l'architecture des oiseaux. » D'un
autre côté, nous pouvons conclure que le goût pour le beau chez
les oiseaux diffère certainement selon les espèces [16].

Préférence des femelles pour certains mâles. — Après ces quelques
remarques préliminaires sur le discernement et le goût des oiseaux;

16. Sur les nids décorés des oiseaux-mouches, Gould, *Introd. to the Trochilidæ,* 1861, p. 19. *Sur les oiseaux à berceau,* Gould, *Handbook to Birds of Australia,* vol. I, 1865, p. 444-461; M. Ramsay, *Ibis,* 1867, p. 456.

je me propose de citer tous les faits que j'ai pu recueillir relativement aux préférences dont certains mâles sont l'objet de la part des
femelles. On a prouvé que des oiseaux appartenant à des espèces
dictinctes s'accouplent quelquefois à l'état sauvage et produisent
des hybrides. On pourrait citer beaucoup d'exemples de ce fait;
ainsi, Macgillivray raconte qu'un merle mâle et une grive femelle
se sont amourachés l'un de l'autre et ont produit des descendants[17].
On a observé en Angleterre, il y a quelques années, dix-huit cas
d'hybrides entre le tétras noir et le faisan[18]; mais la plupart de
ces cas peuvent s'expliquer peut-être par le fait que des oiseaux
solitaires n'avaient pas trouvé à s'accoupler avec un individu de
leur propre espèce. M. Jenner Weir croit que, chez d'autres espèces, les hybrides résultent parfois de rapports accidentels entre
des oiseaux construisant leur nid l'un auprès de l'autre. Mais cette
explication ne peut s'appliquer aux cas si nombreux et si connus
d'oiseaux apprivoisés ou domestiques, appartenant à des espèces
différentes, qui se sont épris absolument les uns des autres, bien
qu'entourés d'individus de leur propre espèce. Waterton[19], par
exemple, raconte qu'une femelle appartenant à une bande composée de vingt-trois oies du Canada s'accoupla avec une bernache
mâle, bien qu'il fût seul de son espèce dans la bande et très différent sous le rapport de l'apparence et de la taille; ce couple engen-
gendra des produits hybrides. Un canard siffleur mâle (*Mareca
penelope*), vivant avec des femelles de son espèce, s'accoupla avec
une sarcelle (*Querquedula acuta*). Lloyd a observé un cas d'attachement remarquable entre un *Tadorna vulpanser* et un canard commun.
Nous pourrions citer bien d'autres exemples; le rév. E. S. Dixon
fait d'ailleurs remarquer que « ceux qui ont eu l'occasion d'élever
ensemble beaucoup d'oies d'espèces différentes savent bien quels
attachements singuliers peuvent se former, et combien elles sont
sujettes à s'accoupler et à produire des jeunes avec des individus
d'une race (espèce) différente de la leur, plutôt qu'avec la leur
propre ».

Le rév. W. D. Fox a élevé en même temps une paire d'oies de
Chine (*Anser cygnoïdes*) et un mâle de la race commune avec trois
femelles. Les deux lots restèrent séparés jusqu'à ce que le mâle

---

17. *Hist. of Brit. Birds*, vol. II, p. 92.
18. *Zoologist*, 1853-54, p. 3946.
19. Waterton, *Essays on Nat. Hist.*, 2ᵉ sér., p. 42, 117. Pour les assertions
suivantes, voir le siffleur, Loudon, *Mag. of Nat. Hist.*, vol. IX, p. 616: Lloyd,
Scandinavian Adventures, vol. I, 1854, p. 452; Dixon, *Ornamental and Domestic
Poultry*, p. 137; Hewitt, *Journ. of Horticulture*, 1863, p. 40 ; Bechstein, *Stubenvögel*, 1840, p. 230.

chinois eût déterminé une des oies communes à vivre avec lui.
En outre, les œufs pondus par les oies de l'espèce commune étant
venus à éclore, quatre petits seuls se trouvèrent purs, les dix-huit
autres étaient hybrides; le mâle chinois avait donc eu des charmes
tels qu'il l'emporta facilement auprès des femelles sur le mâle
appartenant à l'espèce ordinaire. Voici un dernier cas; M. Hewitt
raconte qu'une cane sauvage élevée en captivité, « ayant déjà
reproduit pendant deux saisons avec un propre mâle de son espèce,
le congédia aussitôt que j'eus introduit dans le même étang une
sarcelle mâle. Ce fut évidemment un cas d'amour subit, car la
cane vint nager d'une manière caressante autour du nouveau
venu, qui était évidemment alarmé et peu disposé à recevoir ses
avances. Dès ce moment, la cane oublia son ancien compagnon.
L'hiver passa et, le printemps suivant, la sarcelle mâle parut avoir
cédé aux attentions et aux soins dont il avait été entouré, car ils
s'accouplèrent et produisirent sept ou huit petits ».

Quels ont pu être, dans ces divers cas, en dehors de la pure nouveauté, les charmes qui ont exercé leur action, c'est ce qu'il serait
impossible d'indiquer. La couleur, cependant, joue quelquefois un
certain rôle, car, d'après Bechstein, le meilleur moyen pour obtenir des hybrides du *Fringilla spinus* (tarin) avec le canari, est de
mettre ensemble des oiseaux ayant la même teinte. M. Jenner Weir
introduisit dans sa volière, contenant des linottes, des chardonnerets, des tarins, des verdiers et d'autres oiseaux mâles, un canari
femelle pour voir lequel elle choisirait; elle n'eut pas un moment
d'hésitation et s'approcha immédiatement du verdier. Ils s'accouplèrent et produisirent des hybrides.

La préférence qu'une femelle peut montrer pour un mâle plutôt
que pour un autre n'attire pas autant l'attention quand il s'agit
d'individus appartenant à la même espèce. Ces cas s'observent principalement chez les oiseaux domestiques ou captifs; mais ces oiseaux ont souvent leurs instincts viciés dans une grande mesure
par un excès d'alimentation. Les pigeons et surtout les races gallines me fourniraient, sur ce dernier point, de nombreux exemples
que je ne puis détailler ici. On peut expliquer par certaines perturbations des instincts quelques-unes des unions hybrides dont nous
avons parlé plus haut, bien que, dans la plupart des cas que nous
avons cités, les oiseaux fussent à demi libres sur de vastes étangs,
et il n'y a aucune raison pour admettre qu'ils aient été artificiellement stimulés par un excès d'alimentation.

Quand aux oiseaux à l'état sauvage, la première supposition qui
se présente à l'esprit est que, la saison arrivée, la femelle accepte

le premier mâle qu'elle rencontre; mais, comme elle est presque invariablement poursuivie par un nombre plus ou moins considérable de mâles, elle a tout au moins l'occasion d'exercer un choix. Audubon, — nous ne devons pas oublier qu'il a passé sa vie à parcourir les forêts des États-Unis pour observer les oiseaux, — affirme positivement que la femelle choisit son mâle. Ainsi, il assure que le pic femelle est suivie d'une demi-douzaine de prétendants qui ne cessent d'exécuter devant elle les gambades les plus bizarres jusqu'à ce que l'un d'eux devienne l'objet d'une préférence marquée. La femelle de l'étourneau à ailes rouges (*Agelæus phœniceus*) est également poursuivie par plusieurs mâles, jusqu'à ce que, « fatiguée, elle se pose, reçoit leur hommage et fait son choix ». Il raconte encore que plusieurs engoulevents mâles plongent dans l'air avec une rapidité étonnante, se retournent brusquement et produisent ainsi un bruit singulier; « mais, aussitôt que la femelle a fait son choix, les autres mâles disparaissent ». Certains vautours (*Cathartes aurea*) des États-Unis se réunissent par bandes de huit à dix mâles et femelles sur des troncs d'arbres tombés, « ils se font évidemment la cour », et, après bien des caresses, chaque mâle s'envole avec une compagne. Audubon a également observé les bandes sauvages d'oies du Canada (*Anser Canadensis*), et nous a laissé une excellente description de leurs gambades amoureuses; il constate que les oiseaux précédemment accouplés « se courtisent de nouveau dès le mois de janvier, pendant que les autres continuent tous les jours à se disputer pendant des heures, jusqu'à ce que tous semblent satisfaits de leur choix; dès que ce choix est fait, la bande reste réunie; mais chaque couple fait en quelque sorte bande à part. J'ai observé aussi que les préliminaires de l'accouplement sont d'autant moins longs que les oiseaux sont plus âgés. Les célibataires des deux sexes, soit par regret, soit pour ne pas être dérangés par le bruit, s'éloignent et vont se poser à quelque distance des autres [20] ». On pourrait emprunter au même observateur bien des remarques analogues sur d'autres oiseaux.

Passons maintenant aux oiseaux domestiques et captifs; je résumerai d'abord les quelques renseignements que j'ai pu me procurer sur l'attitude des oiseaux appartenant aux races gallines pendant qu'ils se font la cour. J'ai reçu à ce sujet de longues lettres de M. Hewitt et de M. Tegetmeier, ainsi qu'un mémoire de feu M. Brent, tous assez connus par leurs ouvrages pour que personne

---

20. Audubon, *Ornith. Biog.*, vol. I, p. 191, 349, vol. II, p. 42, 275, vol. III, p. 2.

ne puisse contester leur qualité d'observateurs consciencieux et
expérimentés. Ils ne croient pas que les femelles préfèrent certains
mâles à cause de la beauté de leur plumage; mais il faut tenir
compte de l'état artificiel dans lequel ils ont longtemps vécu.
M. Tegetmeier est convaincu que la femelle accueille aussi volontiers un coq de combat défiguré par l'ablation de ses caroncules,
qu'un mâle pourvu de tous ses ornements naturels. M. Brent admet toutefois que la beauté du mâle contribue probablement à
exciter la femelle, et l'adhésion de cette dernière est nécessaire.
M. Hewitt est convaincu que l'accouplement n'est en aucune façon
une affaire de hasard, car la femelle préfère presque invariablement le mâle le plus vigoureux, le plus hardi et le plus fougueux;
il est donc inutile, remarque-t-il « d'essayer une reproduction vraie
si un coq de combat en bon état de santé et de constitution se
trouve dans la localité, car toutes les poules, en quittant le per-
choir, iront au coq de combat, en admettant même que ce dernier
ne chasse pas les mâles appartenant à la même variété que les
femelles ».

Dans les circonstances ordinaires, les coqs et les poules semblent arriver à s'entendre au moyen de certains gestes que m'a
décrits M. Brent. Les poules évitent souvent les attentions empressées des jeunes mâles. Les vieilles poules et celles qui ont des
dispositions belliqueuses n'aiment pas les mâles étrangers, et ne
cèdent que lorsqu'elles y sont obligées à force de coups. Ferguson
constate, cependant, qu'un coq Shanghai[21] parvint, à force d'attentions, à subjuguer une vieille poule querelleuse.

Il y a des raisons de croire que les pigeons des deux sexes préfèrent s'accoupler avec des oiseaux appartenant à la même race;
le pigeon de colombier manifeste une vive aversion pour les races
très améliorées[22]. M. Harrison Weir croit pouvoir affirmer, d'après
les remarques faites par un observateur attentif qui élève des
pigeons bleus, que ceux-ci chassent tous les individus appartenant
aux autres variétés colorées, telles que les variétés blanches,
rouges et jaunes; un autre éleveur a observé qu'une femelle brune
de la race des messagers a refusé bien des fois de s'accoupler avec
un mâle noir, mais elle a accepté immédiatement un mâle ayant la
même couleur qu'elle. M. Tegetmeier a possédé un pigeon à cra-
vate femelle bleu qui a obstinément refusé de s'accoupler avec
deux mâles appartenant à la même race, bien qu'on les ait laissés

---

21. *Rare and Prize Poultry*, 1854, p. 27.
22. *Variation des Animaux*, etc., vol. II, p. 110 (trad. française).

avec elle pendant des semaines; elle consentit au contraire à s'accoupler avec le premier dragon bleu qui s'offrit. Comme cette femelle avait une grande valeur, on l'enferma de nouveau avec un mâle bleu très pâle, et elle finit par s'accoupler avec lui, mais seulement après plusieurs semaines. Toutefois, la couleur seule paraît généralement n'avoir que peu d'influence sur l'accouplement des pigeons. M. Tegetmeier voulut bien, à ma demande, teindre quelques-uns de ces oiseaux avec du magenta, et les autres n'y firent presque aucune attention.

Les pigeons femelles éprouvent à l'occasion, sans cause apparente, une antipathie profonde pour certains mâles. Ainsi MM. Boitard et Corbié, dont l'expérience s'est étendue sur quarante-cinq ans d'observations, disent : « Quand une femelle éprouve de l'antipathie pour un mâle avec lequel on veut l'accoupler, malgré tous les feux de l'amour, malgré l'alpiste et le chènevis dont on la nourrit pour augmenter son ardeur, malgré un emprisonnement de six mois et même d'un an, elle refuse constamment ses caresses; les avances empressées, les agaceries, les tournoiements, les tendres roucoulements, rien ne peut lui plaire ni l'émouvoir; gonflée, boudeuse, blottie dans un coin de sa prison, elle n'en sort que pour boire et manger, ou pour repousser avec une espèce de rage des caresses devenues trop pressantes [23]. » D'autre part, M. Harrison Weir a pu constater par lui-même un fait que d'autres éleveurs lui avaient signalé, c'est-à-dire qu'un pigeon femelle s'éprend parfois très vivement d'un mâle, et abandonne pour lui son ancien compagnon. Riedel [24], autre observateur expérimenté, assure que certaines femelles ont une conduite fort déréglée et préfèrent n'importe quel étranger à leur propre mâle. Certains mâles amoureux, que nos éleveurs anglais appellent des « oiseaux galants », ont un tel succès dans toutes leurs entreprises galantes que, d'après M. Weir, on est obligé de les enfermer à cause du dommage qu'ils causent.

Aux États-Unis, les dindons sauvages, d'après Audubon, « viennent quelquefois visiter les femelles réduites en domesticité, ces dernières les accueillent ordinairement avec beaucoup de plaisir. Ces femelles paraissent donc préférer les mâles sauvages à leurs propres mâles [25] ».

Voici un cas plus curieux. Sir R. Heron observa avec soin, pen-

---

23. Boitard et Corbié, *les Pigeons*, 1824, p. 12. Prosper Lucas ((*Traité de l'Hérédité nat.*, vol. II, 1850, p. 296) a observé des faits analogues chez les pigeons.
24. *Die Taubenzucht*, 1824, p. 86.
25. *Ornithological Biography*, vol. I, p. 13.

dant un grand nombre d'années, les habitudes des paons qu'il a élevés en grandes quantités. Il a pu constater « que les femelles manifestent fréquemment une préférence marquée pour un paon spécial. Elles étaient si amoureuses d'un vieux mâle pie, qu'une année où il était captif mais en vue elles étaient constamment rassemblées contre le treillis formant la cloison de sa prison et ne voulurent pas permettre à un paon à ailes noires de les approcher. Ce mâle pie, mis en liberté en automne, devint l'objet des attentions de la plus vieille paonne, qui réussit à le captiver. L'année suivante on l'enferma dans une écurie, et alors toutes les paonnes se retournèrent vers son rival [26] » ; ce dernier était un paon à ailes noires, soit, à nos yeux, une variété beaucoup plus belle que la forme ordinaire.

Lichtenstein, bon observateur et qui a eu au cap de Bonne-Espérance d'excellentes occasions d'étude, a affirmé à Rudolphi que la *Chera progne* femelle répudie le mâle lorsqu'il a perdu les longues plumes caudales dont il est orné pendant la saison des amours. Je suppose que cette observation a été faite sur des oiseaux en captivité [27]. Voici un autre cas analogue ; le docteur Jaeger [18], directeur du jardin zoologique de Vienne, constate qu'un faisan argenté mâle, après avoir triomphé de tous les autres mâles et être devenu le préféré des femelles, perdit son magnifique plumage. Il fut aussitôt remplacé par un rival qui devint le chef de la bande.

M. Boardman, bien connu aux États-Unis comme éleveur de toutes sortes d'espèces d'oiseaux, signale un fait qui prouve quel rôle important joue la couleur au point de vue de l'accouplement des oiseaux. Il n'a jamais vu, en effet, un oiseau albinos accouplé avec un autre oiseau, bien qu'il ait eu souvent l'occasion d'observer des oiseaux albinos appartenant à plusieurs espèces [19]. Il est difficile de soutenir que les oiseaux albinos sont incapables de se reproduire à l'état sauvage, car on peut les élever facilement en captivité. Il semble donc qu'on doit attribuer uniquement à leur couleur le fait que les oiseaux normalement colorés ne veulent pas s'accoupler avec eux.

La femelle non seulement fait un choix ; mais, dans certains cas, elle courtise le mâle, et se bat même pour s'assurer sa possession. Sir R. Heron assure que, chez le paon, c'est toujours la femelle qui

26. *Proc. Zool. Soc.*, 1835, p. 54. M. Sclater considère le paon noir comme une espèce distincte qui a été nommée *Pavo nigripennis ;* je crois cependant qu'il constitue une simple variété.

27. Rudolphi, *Beiträge zur Anthropologie*, 1812, p. 184.

28. *Die Darwin'sche Theorie, und ihre Stellung zu Moral und Religion,* 1869, p. 59.

29. A. Leith Adams, *Field and forest rambles,* 1873, p. 79.

fait les premières avances, et, d'après Audubon, quelque chose d'analogue se passe chez les femelles âgées du dindon sauvage. Les femelles du grand tétras voltigent autour du mâle pendant qu'il parade dans les endroits où ces oiseaux se rassemblent, et font tout ce qu'elles peuvent pour attirer son attention[30]. Nous avons vu une cane sauvage apprivoisée séduire, après de longues avances, une sarcelle mâle d'abord mal disposée en sa faveur. M. Bartlett croit que le *Lophophorus,* comme tant d'autres gallinacés, est naturellement polygame; mais on ne saurait placer deux femelles et un mâle dans une même cage, car elles se battent constamment. Le cas suivant de rivalité est d'autant plus singulier qu'il concerne le bouvreuil, qui s'accouple ordinairement pour la vie. M. J. Weir introduisit dans sa volière une femelle assez laide et ayant des couleurs fort ternes; celle-ci attaqua avec une telle rage une autre femelle accouplée qui s'y trouvait qu'il fallut retirer cette dernière. La nouvelle femelle fit la cour au mâle et réussit enfin à s'apparier avec lui; mais elle en fut plus tard justement punie, car, ayant perdu son caractère belliqueux, M. Weir remit dans la volière la première femelle, vers laquelle le mâle revint immédiatement en abandonnant sa nouvelle compagne.

Le mâle est assez ardent d'ordinaire pour accepter n'importe quelle femelle, et, autant que nous en pouvons juger, il ne manifeste aucune préférence; mais, comme nous le verrons plus loin, cette règle souffre des exceptions dans quelques groupes. Je ne connais, chez les oiseaux domestiques, qu'un seul cas où les mâles témoignent d'une préférence pour certaines femelles; le coq domestique, en effet, d'après M. Hewitt, préfère les poules jeunes aux vieilles. D'autre part, le même observateur est convaincu que, dans les croisements hybrides faits entre le faisan mâle et les poules ordinaires, le faisan préfère toujours les femelles plus âgées. Il ne paraît en aucune façon s'inquiéter de leur couleur, mais il se montre très capricieux dans ses affections[31]. Il témoigne, sans cause explicable, à l'égard de certaines poules, l'aversion la plus complète, et aucun soin de la part de l'éleveur ne peut surmonter cette aversion. Certaines poules, au dire de M. Hewitt, semblent ne provoquer aucun désir chez les mâles, même de leur propre espèce, de telle sorte qu'on peut les laisser avec plusieurs coqs pendant toute une saison sans que, sur quarante ou cinquante œufs,

30. Pour les paons, voir sir R. Heron, *Proc. Zool. Soc.,* 1835, p. 54, et le rév. E. S. Dixon, *Ornamental Poultry,* 1848, p. 8. Pour le dindon, Audubon, *o. c.,* p. 4. Pour le grand tétras, Lloyd, *Game Birds of Sweden,* 1867, p. 23.

31. M. Hewitt, cité dans Tegetmeier, *Poultry Book,* 1866, p. 165.

il y en ait un seul de fécond. D'autre part, selon M. Ekström, on a
remarqué, au sujet du canard à longue queue (*Harelda glacialis*),
« que certaines femelles sont beaucoup plus courtisées que les
autres ; et il n'est pas rare de voir une femelle entourée de six ou
huit mâles ». Je ne sais si cette affirmation est bien fondée ; en tout
cas, les chasseurs indigènes tuent ces femelles et les empaillent
pour attirer les mâles [32].

Les femelles, avons-nous dit, manifestent parfois, souvent même,
une préférence pour certains mâles particuliers. La démonstration
directe de cette proposition est sinon impossible, du moins très
difficile, et nous ne pouvons guère affirmer qu'elles exercent un
choix qu'en invoquant une analogie. Si un habitant d'une autre planète venait à contempler une troupe de jeunes paysans s'empres-
sant à une foire autour d'une jolie fille pour la courtiser et se
disputer ses faveurs tout comme le font les oiseaux dans leurs
assemblées, il pourrait conclure qu'elle a la faculté d'exercer un
choix rien qu'en voyant l'ardeur des concurrents à lui plaire et à
se faire valoir à ses yeux. Or, pour les oiseaux, les preuves sont
les suivantes : ils ont une assez grande puissance d'observation et
ne paraissent pas dépourvus de quelque goût pour le beau au point
de vue de la couleur et du son. Il est certain que les femelles manifestent, par suite de causes inconnues, des antipathies ou des
préférences fort vives pour certains mâles. Lorsque la coloration ou
l'ornementation des sexes diffère, les mâles sont, à de rares exceptions près, les plus ornés, soit d'une manière permanente, soit pendant la saison des amours seulement. Ils prennent soin d'étaler
leurs ornements divers, de faire entendre leur voix, et se livrent à
des gambades étranges en présence des femelles. Les mâles bien
armés qui, à ce qu'on pourrait penser, devraient compter uniquement sur les résultats de la lutte pour s'assurer le triomphe, sont
la plupart du temps très richement ornés ; ils n'ont même acquis ces
ornements qu'aux dépens d'une partie de leur force ; dans d'autres
cas, ils ne les ont acquis qu'au prix d'une augmentation des risques
qu'ils peuvent courir de la part des oiseaux de proie et de certains
autres animaux. Chez beaucoup d'espèces, un grand nombre d'individus des deux sexes se rassemblent sur un même point, et s'y
livrent aux assiduités d'une cour prolongée. Il y a même des raisons
de croire que, dans le même pays, les mâles et les femelles ne
réussissent pas toujours à se plaire mutuellement et à s'accoupler.

Que devons-nous donc conclure de ces faits et de ces observa-

tions? Le mâle étale-t-il ses charmes avec autant de pompe, défie-
t-il ses rivaux avec tant d'ardeur, sans aucun motif, sans chercher
à atteindre un but? Ne sommes-nous pas autorisés à croire que la
femelle exerce un choix et qu'elle accepte les caresses du mâle qui
lui convient le plus? Il n'est pas probable qu'elle délibère d'une
façon consciente; mais le mâle le plus beau, celui qui a la voix la
plus mélodieuse, ou le plus empressé réussit le mieux à l'exciter
et à la captiver. Il n'est pas nécessaire non plus de supposer que
la femelle analyse chaque raie ou chaque tache colorée du plumage
du mâle; que la paonne, par exemple, admire chacun des détails
de la magnifique queue du paon; elle n'est probablement frappée
que de l'effet général. Cependant, lorsque nous voyons avec quel
soin le faisan Argus mâle étale ses élégantes rémiges primaires,
redresse ses plumes ocellées pour les mettre dans la position où
elles produisent leur maximum d'effet, ou encore, comme le chardonneret mâle déploie alternativement ses ailes pailletées d'or,
pouvons-nous affirmer que la femelle ne soit pas à même de juger
tous les détails de ces magnifiques ornements? Nous ne pouvons,
comme nous l'avons dit, penser qu'il y a choix que par analogie
avec ce que nous ressentons nous-mêmes; or, les facultés mentales
des oiseaux ne diffèrent pas fondamentalement des nôtres. Ces
diverses considérations nous permettent de conclure que l'accouplement des oiseaux n'est pas abandonné au hasard seul; mais que,
au contraire, les mâles qui, par leurs charmes divers, sont les plus
aptes à plaire aux femelles et à les séduire, sont, dans les conditions ordinaires, les plus facilement acceptés. Ceci admis, il n'est
pas difficile de comprendre comment les oiseaux mâles ont peu à
peu acquis leurs divers ornements. Tous les animaux offrent des
différences individuelles; et, de même que l'homme peut modifier
ses oiseaux domestiques en choisissant les individus qui lui semblent
les plus beaux, de même la préférence habituelle ou même accidentelle qu'éprouvent les femelles pour les mâles les plus attrayants
doit certainement provoquer chez eux des modifications qui, avec
le temps, peuvent s'augmenter dans toute la mesure compatible
avec l'existence de l'espèce.

*Variabilité des oiseaux et surtout de leurs caractères sexuels secon-
daires.* — La variabilité et l'hérédité sont les bases sur lesquelles
s'appuie la sélection pour effectuer son œuvre. Il est certain que
les oiseaux domestiques ont beaucoup varié et que leurs variations
sont héréditaires. On admet généralement[33], aujourd'hui, que les

33. D'après le docteur Blasius (*Ibis*, vol. II, 1860, p. 297), il y a 425 espèces

oiseaux ont parfois été modifiés de façon à former des races distinctes. Il y a deux sortes de variations : celles que, dans notre ignorance, nous appelons spontanées; celles qui ont des rapports directs
avec les conditions ambiantes, de sorte que tous ou presque tous
les individus de la même espèce subissent des modifications analogues. M. J. A. Allen[34] a récemment observé ces dernières variations avec beaucoup de soin; il a démontré qu'aux États-Unis beaucoup d'espèces d'oiseaux affectent des couleurs plus vives à mesure
que leur habitat est situé plus au sud, et des couleurs plus claires
à mesure qu'ils pénètrent davantage vers l'ouest dans les plaines
arides de l'intérieur. Les deux sexes semblent ordinairement affectés de la même manière; mais parfois un sexe l'est plus que
l'autre. Cette modification de coloration n'est pas incompatible avec
l'hypothèse qui veut que les couleurs des oiseaux soient principalement dues à l'accumulation de variations successives, grâce à la
sélection sexuelle; car, alors même que les sexes ont acquis des
différences considérables, l'influence du climat pourrait se traduire
par un effet égal sur les deux sexes, ou par un effet plus considérable sur un sexe que sur l'autre, grâce à certaines dispositions
constitutionnelles.

Tous les naturalistes sont d'accord aujourd'hui pour admettre
que des différences individuelles entre les membres d'une même
espèce surgissent à l'état sauvage. Les variations soudaines et fortement prononcées sont assez rares; il est douteux, d'ailleurs, que
ces variations, en admettant même qu'elles soient avantageuses,
soient souvent conservées par la sélection et transmises aux géné-

incontestables d'oiseaux qui se reproduisent en Europe, outre 60 formes qu'on
regarde souvent comme des espèces distinctes. Blasius croit que 10 de ces dernières sont seules douteuses, les 50 autres devant être réunies à leurs voisines
les plus proches; mais cela prouve qu'il doit y avoir chez quelques-uns de nos
oiseaux d'Europe une variabilité considérable. Les naturalistes ne sont pas
plus d'accord sur le fait de savoir si plusieurs oiseaux de l'Amérique du
Nord doivent être considérés comme spécifiquement distincts des espèces
européennes qui leur correspondent.

34. *Mammals and Birds of East Florida*, et *Ornithological Reconnaissance of
Kansas*, etc. Malgré l'influence du climat·sur les couleurs des oiseaux, il est
difficile d'expliquer les teintes ternes ou foncées de presque toutes les espèces
habitant certains pays, les îles Galapagos, par exemple, situées sous l'Équateur, les plaines tempérées de la Patagonie, et, à ce qu'il paraît, l'Égypte (Hat-
shorne, *American Naturalist*, 1873, p. 747). Ces pays sont déboisés et offrent,
par conséquent peu d'abris aux oiseaux; mais il est douteux qu'on puisse expliquer par un défaut de protection l'absence d'espèces brillamment colorées,
car, dans les Pampas également déboisés, mais couverts, il est vrai, de gazon,
et où les oiseaux sont tout aussi exposés au danger, on constate la présence
de nombreuses espèces brillamment colorées. Je me suis souvent demandé si
les teintes ternes prédominantes du paysage dans les pays dont il s'agit
n'auraient pas influé sur le goût des oiseaux en matière de couleur.

rations futures[35]. Néanmoins, il peut être utile de signaler les quelques cas que j'ai pu recueillir qui (à l'exclusion de l'albinisme et du mélanisme simple) se rapportent à la coloration. On sait que M. Gould admet l'existence de quelques variétés seulement, car il attribue un caractère tout spécifique aux différences si légères qu'elles soient ; cependant il admet que, près de Bogota[36], certains oiseaux mouches appartenant au genre *Cynanthus* constituent deux ou trois races ou variétés qui diffèrent uniquement par la couleur de la queue, — « les unes ont toutes les plumes bleues, tandis que les autres ont les huit plumes centrales colorées d'un beau vert à leur extrémité ». — Il ne semble pas que, dans ce cas ou dans les cas suivants, on ait observé des degrés intermédiaires. Chez une espèce de perroquets australiens, les mâles seuls ont, les uns, les cuisses « écarlates, les autres, les cuisses d'un vert herbacé ». Chez une autre espèce du même pays, la raie qui traverse les plumes des ailes est jaune vif chez quelques individus, et teintée de rouge chez quelques autres[37]. Aux États-Unis, quelques mâles du tanagre écarlate (*Tanagra rubra*) portent « une magnifique raie transversale rouge brillant sur les plus petites plumes des ailes[38] » ; mais cette variété est assez rare, il faudrait donc des circonstances exceptionnellement favorables pour que la sélection sexuelle en assurât la conservation. Au Bengale, le busard à miel (*Pernis cristata*) porte quelquefois sur la tête une huppe rudimentaire ; on aurait pu négliger une différence aussi légère, si cette même espèce ne possédait, dans la partie méridionale de l'Inde, « une huppe occipitale bien prononcée, formée de plusieurs plumes graduées[39] ».

Le cas suivant présente, à quelques égards, un plus vif intérêt. On trouve, dans les îles Feroë seulement, une variété pie du cor-

---

35. *Origine des Espèces*, 1880, p. 110. J'avais toujours reconnu que les déviations de conformation, rares et fortement accusées, méritant la qualification de monstruosités, ne pouvaient que rarement être conservées par la sélection naturelle, et que même la conservation de variations avantageuses à un haut degré était jusqu'à un certain point chanceuse. J'avais aussi pleinement apprécié l'importance des différences purement individuelles, ce qui m'avait conduit à insister si fortement sur l'action de cette forme inconsciente de la sélection humaine, qui résulte de la conservation des individus les plus estimés de chaque race, sans aucune intention de sa part d'en modifier les caractères. Mais ce n'est qu'après lecture d'un article remarquable de la *North British Review* (mars, 1867, p. 289 et suivantes), Revue qui m'a rendu plus de services qu'aucune autre, que j'ai compris combien les chances sont contraires à la conservation des variations, tant faibles que fortement accusées, qui ne se manifestent que chez les individus isolés.
36. *Introd. to Trochilidœ*, p. 102.
37. Gould, *Handbook to Birds of Australia*, vol. II, p. 32, 68.
38. Audubon, *Orn. Biog.*, vol. IV, 1838, p. 389.
39. Jerdon, *Birds of India*, vol. I, p. 108. Blyth, *Land and Water*, 1868, p. 381.

beau ayant la tête, la poitrine, l'abdomen et quelques parties des plumes, des ailes et de la queue blancs ; cette variété n'est pas très rare, car Graba, pendant sa visite, en a vu huit à dix individus vivants. Bien que les caractères de cette variété ne soient pas absolument constants, plusieurs ornithologistes distingués en ont fait une espèce distincte. Brünnich remarqua que les autres corbeaux de l'île poursuivent ces oiseaux pies en poussant de grands cris, et les attaquent avec furie ; ce fut là le principal motif qui le décida à les considérer comme spécifiquement distincts ; on sait maintenant que c'est une erreur[40]. Cet exemple rappelle un cas analogue que nous venons de citer : les oiseaux albinos ne s'accouplent pas, parce qu'ils sont repoussés par leurs congénères.

On trouve, dans diverses parties des mers du Nord, une variété remarquable du guillemot commun (*Uria troile*) ; cette variété, au dire de Graba, se rencontre aux îles Feroë dans la proportion de un sur cinq de ces oiseaux. Son principal caractère[41] consiste en un anneau blanc pur, qui entoure l'œil, une ligne, blanche étroite et arquée, longue d'environ 4 centimètres, prolonge la partie postérieure de cet anneau. Ce caractère remarquable a conduit quelques ornithologistes à classer cet oiseau comme une espèce distincte sous le nom d'*Uria lacrymans;* mais il est reconnu aujourd'hui que c'est une simple variété. Cette variété s'accouple souvent avec l'espèce commune, et cependant on n'a jamais vu de formes intermédiaires ; ce qui d'ailleurs n'a rien d'étonnant, car les variations qui apparaissent subitement, comme je l'ai démontré ailleurs[42], se transmettent sans altération, ou ne se transmettent pas du tout. Nous voyons ainsi que deux formes distinctes d'une même espèce peuvent coexister dans une même localité, et il n'est pas douteux que, si l'une eût eu sur l'autre un avantage de quelque importance, elle se fût promptement multipliée à l'exclusion de l'autre. Si, par exemple, les corbeaux pies mâles, au lieu d'être persécutés et chassés par les autres, eussent eu des attraits particuliers pour les femelles noires ordinaires, comme le paon pie dont nous avons parlé plus haut, leur nombre aurait augmenté rapidement. C'eût été là un cas de sélection sexuelle.

Quant aux légères différences individuelles qui, à un degré plus ou moins grand, sont communes à tous les membres d'une même espèce, nous avons toute raison de croire qu'elles constituent l'é-

---

40. Graba, *Tagebuch einer Reise nach Färœ*, 1830, p. 51-54. Macgillivray, *Hist. Brit. Birds*, vol. III, p. 745. *Ibis*, 1865, vol. V, p. 469.

41. Graba, *o. c.* p. 54 ; Macgillivray, *o. c.*, vol. V, p. 327.

42. *Variation des Animaux*, etc., vol. II, p. 99 (trad. française).

lément le plus important pour l'œuvre de la sélection. Les caractères sexuels secondaires sont éminemment sujets à varier, tant chez les animaux à l'état sauvage que chez ceux réduits à l'état domestique[43]. On pourrait presque affirmer aussi, comme nous l'avons vu dans le huitième chapitre, que les variations surgissent plus fréquemment chez les mâles que chez les femelles. Toutes ces conditions viennent puissamment à l'aide de la sélection sexuelle. J'espère démontrer, dans le chapitre suivant, que la transmission des caractères ainsi acquis à un des sexes ou à tous les deux dépend exclusivement, dans la plupart des cas, de la forme d'hérédité qui prévaut dans les groupes en question.

Il est quelquefois difficile de déterminer si certaines différences légères entre les mâles et les femelles proviennent uniquement d'une variation avec hérédité limitée à un sexe seul, sans le concours de la sélection sexuelle, ou si ces différences ont été augmentées par l'intervention de cette dernière cause. Je ne m'occupe pas ici des nombreux cas où le mâle affecte de magnifiques couleurs ou d'autres ornements, qui n'existent chez la femelle que dans de très minimes proportions, car, dans ces cas, on se trouve presque certainement en présence de caractères primitivement acquis par le mâle, et transmis dans une plus ou moins grande mesure à la femelle. Mais que penser relativement à certains oiseaux chez lesquels, par exemple, les yeux diffèrent légèrement de couleur selon le sexe[44]? Dans quelques cas, la différence est très prononcée; ainsi, chez les cigognes du genre *Xenorhynchus*, les yeux du mâle sont couleur noisette noirâtre, tandis que ceux des femelles affectent une teinte jaune gomme-gutte; chez beaucoup de calaos (*Buceros*), d'après M. Blyth[45], les mâles ont les yeux rouge cramoisi, et les femelles les ont blancs. Chez le *Buceros bicornis*, le bord postérieur du casque et une raie sur la crête du bec sont noirs chez le mâle, mais non pas chez la femelle. Devons-nous attribuer à l'intervention de la sélection sexuelle la conservation ou l'augmentation de ces taches noires et de la couleur cramoisie des yeux chez les mâles? Ceci est fort douteux, car M. Bartlett m'a fait voir, aux Zoological Gardens, que l'intérieur de la bouche de ce Buceros est noir chez le mâle, et couleur chair chez la femelle; or, il n'y a rien là qui soit de nature à affecter ni la beauté, ni l'apparence extérieure de ces

43. Voir, sur ces points, *Variation des Animaux*, etc., vol. I, p. 269; et vol. II, p. 78-80.

44. Exemples des iris de *Podica* et *Gallicrex* dans *Ibis*, vol. II, 1860, p. 206; et vol. V, 1863, p. 426.

45. Jerdon, *o. c.*, vol. I, p. 243-245.

oiseaux. Au Chili [46], j'ai observé que, chez le Condor âgé d'un an environ, l'iris est brun foncé, mais qu'à l'âge adulte il devient brun-jaunâtre chez le mâle, et rouge vif chez la femelle. Le mâle possède aussi une petite crête charnue longitudinale de couleur plombée. Chez beaucoup de gallinacés, la crête constitue un fort bel ornement, et pendant que l'oiseau fait sa cour elle revêt des teintes fort vives; mais que penser de la crête sombre et incolore du Condor, qui n'a, à nos yeux, rien de décoratif? On peut se faire la même question relativement à divers autres caractères, comme, par exemple, la protubérance qui occupe la base du bec de l'oie chinoise (*Anser cygnoïdes*), protubérance beaucoup plus développée chez le mâle que chez la femelle? Il nous est impossible, dans l'état de la science, de répondre à ces questions; en tout cas, on ne saurait affirmer que ces protubérances et ces divers appendices charnus n'exercent aucun attrait sur la femelle, car il ne faut pas oublier que certaines races sauvages humaines considèrent comme des ornements beaucoup de difformités hideuses telles que de profondes balafres pratiquées sur la figure avec la chair relevée en saillie, la cloison nasale traversée par des os ou des baguettes, des trous pratiqués dans les oreilles et dans les lèvres de façon à les étendre autant que possible.

La sélection sexuelle a-t-elle ou non contribué à la conservation et au développement de ces différences insignifiantes? C'est ce que nous ne saurions affirmer positivement. En tout cas, elles n'en obéissent pas moins aux lois de la variation. En vertu du principe de la corrélation du développement, le plumage varie souvent d'une façon analogue sur différentes parties du corps, ou même sur le corps entier. Nous trouvons la preuve de ce fait chez certaines races de gallinacés. Chez toutes les races, les plumes qui recouvrent le cou et les reins des mâles sont allongées et affectent la forme de soies; or, lorsque les deux sexes acquièrent une huppe, ce qui constitue un caractère nouveau dans le genre, les plumes qui ornent la tête du mâle prennent la forme de soies, évidemment en vertu du principe de la corrélation, tandis que celles qui décorent la tête de la femelle conservent la forme ordinaire. La couleur des plumes de la huppe du mâle correspond souvent aussi avec celle des soies du cou et des reins, comme on peut le voir en comparant ces plumes chez les poules polonaises pailletées d'or ou d'argent, et chez les races Houdan et Crèvecœur. On constate, chez quelques espèces sauvages, la même corrélation entre la couleur de ces

46. *Zoology of the Voyage of H. M. S. Beagle*, 1841, p. 6.

mêmes plumes, par exemple chez les splendides mâles du faisan Amherst et du faisan doré.

La structure de chaque plume amène généralement la disposition symétrique d'un changement de coloration; les diverses races de gallinacés dont le plumage est tacheté ou pailleté nous en offrent des exemples; et, grâce à la corrélation, les plumes du corps entier se modifient souvent de la même manière. Nous pouvons donc, sans grande peine, produire des races dont les plumes sont aussi symétriquement tachetées et colorées que celles des espèces sauvages. Chez les volailles au plumage tacheté et pailleté, les bords colorés des plumes sont nettement définis; mais j'ai obtenu un métis par le croisement d'un coq espagnol noir à reflet vert, et d'une poule de combat blanche, chez lequel toutes les plumes affectaient une teinte vert noirâtre, sauf leurs extrémités qui étaient blanc jaunâtre; mais, entre ces extrémités blanchâtres et la base noire de la plume, chacune d'elles portait une zone symétrique courbe affectant une teinte brun foncé. Dans certains cas, la tige de la plume détermine la distribution des teintes; ainsi, chez un métis provenant du même coq espagnol noir, et d'une poule polonaise pailletée d'argent, la tige et un étroit espace de chaque côté affectaient une teinte noir verdâtre; puis venait une zone régulière brun foncé, bordée de blanc brunâtre. Les plumes, dans ce cas, deviennent symétriquement ombrées, comme celles qui donnent tant d'élégance au plumage d'un grand nombre d'espèces sauvages. J'ai aussi remarqué une variété du pigeon ordinaire chez laquelle les barres des ailes étaient disposées en zones symétriques affectant trois nuances brillantes, au lieu d'être simplement noires sur un fond bleu ardoisé, comme chez l'espèce parente.

On peut observer, dans plusieurs groupes considérables d'oiseaux, que, bien que le plumage de chaque espèce affecte des couleurs différentes, toutes les espèces, cependant, conservent certaines taches, certaines marques ou certaines raies. Un cas analogue se présente chez les races de pigeons, car habituellement toutes les races conservent les deux raies des ailes, bien que ces raies soient tantôt rouges, jaunes, blanches, noires ou bleues, alors que le reste du plumage affecte une nuance différente. Voici un cas plus curieux encore de la conservation de certaines taches, mais colorées d'une manière à peu près exactement inverse de ce qu'elles sont naturellement; le pigeon primitif a la queue bleue, mais les moitiés terminales des barbes externes des deux rectrices extérieures sont blanches; or, il existe une sous-variété chez laquelle la queue est blanche au lieu d'être bleue, mais chez laquelle les barbes des plumes colorées en blanc chez l'espèce parente affectent au contraire la couleur noire[47].

Formation et variabilité des ocelles ou taches oculiformes sur le plumage des oiseaux. — Les ocelles qui décorent les plumes de divers oiseaux, la fourrure de quelques mammifères, les écailles des reptiles et des poissons, la peau des amphibies, les ailes des lépidoptères et d'autres insectes constituent, sans contredit, le plus magnifique de tous les ornements ; ils méritent donc une mention spéciale. Un ocelle consiste en une tache placée au centre d'un anneau affectant une autre couleur, comme la pupille dans l'iris, mais le point central est souvent entouré de zones concentriques additionnelles. Chacun connaît, par exemple, les ocelles qui se trouvent sur les plumes de la queue du paon, ainsi que sur les ailes du papillon paon (*Vanessa*). M. Trimen a décrit une phalène de l'Afrique méridionale (*Gynanisa Isis*), voisine de notre grand paon, chez laquelle un ocelle magnifique occupe presque la totalité de la surface de chaque aile postérieure : cet ocelle consiste en un centre noir, renfermant une tache en forme de croissant, demi-transparente, entourée de zones successivement jaune ocre, noire, jaune ocre, rose, blanche, rose, brune et blanchâtre. Nous ne connaissons pas les causes qui ont présidé à la formation et au développement de ces ornements si complexes et si magnifiques, mais nous pouvons affirmer, tout au moins, que chez les insectes ces causes ont dû être très simples ; car, ainsi que le fait remarquer M. Trimen, « il n'y a pas de caractère qui soit aussi instable chez les Lépidoptères que les ocelles, tant au point de vue du nombre que de la grandeur. M. Wallace, qui le premier a attiré mon attention sur ce point, m'a fait voir une série d'individus de notre papillon commun (*Hipparchia Janira*) présentant de nombreuses gradations, depuis un simple point noir jusqu'à un ocelle élégamment ombré. Chez un papillon de l'Afrique du Sud (*Cylla Leda,* Linn.) appartenant à la même famille, les ocelles sont encore plus variables. Chez quelques individus (A, *fig.* 53), la surface externe des ailes porte de larges taches noires dans lesquelles on observe çà là des taches blanches irrégulières ; de cet état on peut établir une gradation complète conduisant à un ocelle assez parfait (A'), qui provient de la contraction des taches noires irrégulières. Chez d'autres individus on peut suivre une série graduée partant de petits points blancs entourés d'une ligne noire (B) à peine visible, et finissant par des

---

47. Bechstein, *Naturgesch. Deutschland's,* vol. IV, 1793, p. 31, sur une sous-variété du pigeon Monck.

ocelles grands et parfaitement symétriques (B¹)⁴⁸. Dans les cas
comme ceux-ci le développement d'un ocelle parfait n'exige pas
une série prolongée de variations et de sélections.

Il semble résulter de la comparaison des espèces voisines chez
les oiseaux et chez beaucoup d'autres animaux, que les taches circulaires proviennent souvent d'un fractionnement et d'une contraction des raies. Chez le faisan Tragopan, les magnifiques taches
blanches du mâle⁴⁹ sont représentées chez la femelle par des raies

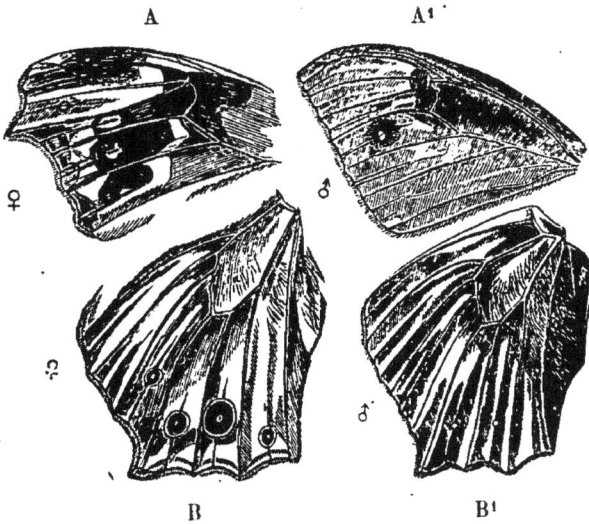

Fig. 53. — *Cylla Leda*, Linn., dessin de M. Trimen, indiquant l'extrême
étendue de la variation des ocelles.

A. Papillon de Maurice, surface supérieure   B. Papillon de Java, surface supérieure de
de l'aile antérieure.   l'aile postérieure.
A¹. Papillon de Natal, *id.*   B¹. Papillon de Maurice, *id.*

indécises de même couleur; on peut observer quelque chose d'analogue chez les deux sexes du faisan Argus. Quoi qu'il en soit,
toutes les apparences favorisent l'hypothèse que, d'une part, une
tache foncée résulte souvent de la condensation, sur un point central, de la matière colorante répandue sur la zone environnante,
laquelle devient ainsi plus claire. D'autre part, qu'une tache blanche
résulte souvent de la dissémination autour d'un point central de la
substance colorante qui, en s'y répandant, constitue une zone am-

48. Ce dessin sur bois a été gravé d'après un magnifique dessin que M. Trimen a eu l'obligeance d'exécuter pour moi; il faut lire la description des
étonnantes variations que peuvent offrir les ailes de ce papillon dans leur
coloration et dans leur forme, et que contient son *Rhopalocera Africæ Aus-*
tralis, p. 186.
49. Jerdon, *Birds of India*, vol. III. p. 517.

biante plus foncée. Dans les deux cas, il se forme un ocelle. La matière colorante paraît exister en quantité à peu près constante, mais elle est susceptible de se distribuer dans ces directions tant centripètes que centrifuges. Les plumes de la pintade présentent un excellent exemple de taches blanches entourées de zones plus foncées; or, partout où les taches blanches sont grandes et rapprochées, les zones foncées qui les environnent deviennent confluentes. On peut voir, sur une même rémige du faisan Argus, des taches foncées entourées d'une zone pâle, et des taches blanches entourées d'une zone foncée. La formation d'un ocelle, dans son état le plus élémentaire, paraît donc être un phénomène très simple. Mais je ne saurais prétendre indiquer quelles ont été les différentes phases de la formation des ocelles plus compliqués, entourés de plusieurs zones successives de couleur différente. Cependant, les plumes zonées des métis produits par volailles, diversement coloriés, et la variabilité prodigieuse des ocelles chez les Lépidoptères, nous autorisent à conclure que la formation de ces magnifiques ornements ne peut guère être bien compliquée, mais qu'elle résulte probablement de quelques modifications légères et graduelles de la nature des tissus.

Gradation des caractères sexuels secondaires. — Les cas de gradation ont une grande importance; ils prouvent, en effet, que l'acquisition d'ornements très compliqués peut, tout au moins, être amenée par des phases successives. Pour déterminer les phases successives qui ont procuré à un oiseau ses vives couleurs ou ses autres ornements, il faudrait pouvoir étudier la longue lignée de ses ancêtres les plus reculés, ce qui est évidemment impossible. Cependant nous pouvons, en règle générale, trouver un fil conducteur en comparant toutes les espèces d'un même groupe, lorsque ce groupe est considérable; il est probable en effet que certaines de ces espèces ont dû conserver, au moins en partie, quelques traces de leurs caractères antérieurs. Je préfère ici, au lieu d'entrer dans d'innombrables détails sur divers groupes qui présentent des cas frappants de gradation, étudier un ou deux exemples très caractéristiques, comme celui du paon, pour voir si nous pouvons ainsi jeter quelque lumière sur les différentes phases qu'a dû traverser le plumage de cet oiseau pour acquérir le degré d'élégance et de splendeur que nous lui connaissons. Le paon est surtout remarquable par la longueur extraordinaire qu'atteignent les plumes rectrices de la queue, la queue par elle-même n'étant pas très développée. Les barbes qui occupent la presque totalité de la longueur de ces plumes sont séparées ou non composées; mais on peut observer le même fait dans les plumes de beaucoup d'espèces et chez quelques variétés du coq et du pigeon domestiques. Les barbes se réunissent vers l'extrémité de la tige pour former le disque ovale ou ocelle qui constitue certainement un des ornements les plus beaux que nous connaissions. Cet ocelle se compose d'un centre dentelé, irisé, bleu intense, entouré d'une zone vert brillant, bordée d'une large zone brun cuivré, que circonscrivent à leur tour cinq autres zones étroites de nuances irisées un peu différentes. Le disque présente un caractère qui, malgré son peu d'importance, mérite d'être signalé; les barbes étant, sur une portion des zones concentriques, plus ou moins dépourvues de barbilles, une partie du disque se trouve ainsi entourée d'une zone presque transparente qui lui donne un aspect admirable. J'ai décrit ailleurs [50] une variation tout à fait analogue des barbes d'une sous-variété du coq de combat, chez lesquelles les pointes, douées d'un lustre métallique, « sont séparées de la partie inférieure de la plume par une zone de forme symétrique et transparente constituée par la partie nue des barbes. » Le bord inférieur ou la base du centre bleu foncé de l'ocelle est profondément dentelé sur la ligne de la tige. Les zones environnantes montrent également, comme on peut le voir dans le dessin (*fig.* 54), des traces d'indentation ou d'interruption. Ces indentations sont communes aux paons indiens et japonais (*Pavo cristatus* et *P. muticus*), et elles m'ont paru mériter une attention particulière, car elles sont probablement en rapport avec le développement de l'ocelle, mais sans que j'aie pu, pendant longtemps, m'expliquer leur signification.

Si on admet le principe de l'évolution graduelle, on peut affirmer qu'il a dû exister autrefois un grand nombre d'espèces qui ont présenté toutes les phases successives entre les couvertures caudales allongées du paon et celles plus courtes des autres oiseaux; et aussi entre les superbes ocelles du premier et ceux plus simples ou les taches colorées des seconds; et de même pour tous les autres caractères du paon. Voyons donc chez les gallinacés voisins si nous trouvons des gradations encore existantes. Les espèces et les sous-espèces de *Polyplectron* habitent des pays voisins de la patrie du paon, et ils ressemblent assez à cet oiseau pour qu'on les ait appelés faisans-paons. M. Bartlett soutient aussi qu'ils ressemblent au paon par la voix et par quelques-unes de leurs habitudes. Pendant le printemps, ainsi que nous l'avons dit précédemment, les mâles

---

50. *Variation*, etc., vol. I, p. 270.

se pavanent devant les femelles relativement beaucoup plus simples; ils redressent et étalent les plumes de leurs ailes et de leur queue, ornées de nombreux ocelles. Le lecteur peut recourir à la figure représentant le polyplectron (*fig. 51, p. 97*). Chez le *P. Napoleonis*, les ocelles ne se trouvent que sur la queue, le dos est d'un bleu métallique brillant, points qui rapprochent cette espèce du paon de Java. Le *P. Hardwickii* possède une huppe singulière assez

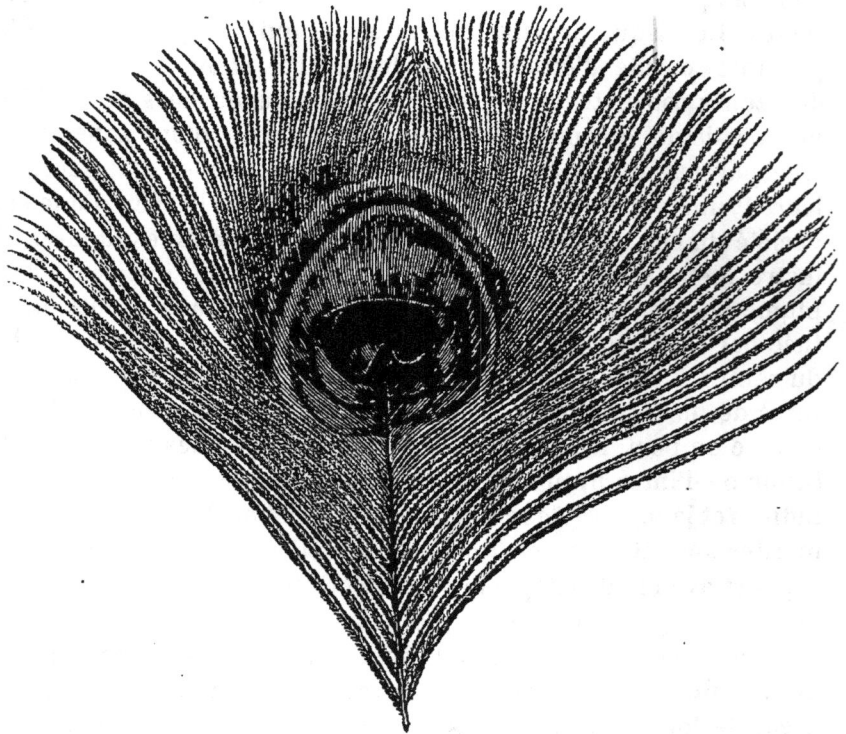

Fig. 54. — Plume de paon, deux tiers environ de grandeur naturelle, dessinée par M. Ford. — La zone transparente est représentée par la zone blanche extérieure limitée à l'extrémité supérieure du disque.

semblable à celle du même paon. Les ocelles des ailes et de la queue des diverses espèces de polyplectron sont circulaires ou ovales, et consistent en un magnifique disque irisé, bleu verdâtre ou pourpre verdâtre, avec un bord noir. Chez le *P. chinquis*, ce bord se nuance de brun avec un liséré couleur de café au lait, de sorte que l'ocelle est ici entouré de zones concentriques affectant des tons différents quoique peu brillants. La longueur inusitée des couvertures caudales est un autre caractère remarquable du genre polyplectron; car, chez quelques espèces, elles atteignent la moitié, et, chez d'autres, les deux tiers de la longueur des vraies rectrices. Les tectrices caudales sont ornées d'ocelles comme chez le paon. Ainsi, les diverses espèces de polyplectron se rapprochent évidemment du paon, par l'allongement de leurs tectrices, par le zonage de leurs ocelles et par quelques autres caractères.

Malgré ce rapprochement, j'avais presque renoncé à mes recherches après avoir examiné la première espèce de polyplectron que j'ai eue à ma disposition; car je trouvai non seulement que les véritables rectrices, qui sont simples chez le paon, étaient ornées d'ocelles qui, sur toutes les plumes, différaient fondamentalement de ceux du paon, en ce qu'il y en avait deux sur la même plume (*fig.* 55), un de chaque côté de la tige. Cette remarque m'amena à conclure que les ancêtres primitifs du paon n'avaient pu, à aucun degré, ressembler au polyplectron. Mais, en continuant mes recherches, je remarquai que, chez quelques espèces, les deux ocelles sont fort rapprochés; que, sur les rectrices du *P. Hardwickii*, par exemple, les deux ocelles se touchaient, et enfin que, sur les tectrices de la queue de la même espèce ainsi que sur celle du *P. Malaccense* (*fig.* 56), ils se confondaient. La soudure, n'intéressant que la portion centrale, provoque des dentelures aux bords supérieurs et inférieurs de l'ocelle, qui se traduisent également sur les zones colorées environnantes. Chaque tectrice caudale porte ainsi un ocelle unique, mais dont la double origine est encore nettement accusée. Ces ocelles confluents diffèrent de ceux du paon qui sont uniques, en ce qu'ils ont une échancrure à chaque extrémité, au lieu de n'en présenter qu'une à l'extrémité inférieure ou à la base. Il est d'ailleurs facile d'expliquer cette différence; chez quelques espèces de polyplectrons les deux ocelles ovales de la même plume sont parallèles; chez une autre (*P. chinquis*), ils convergent vers une des extrémités; or, la soudure partielle de deux ocelles convergents doit évidemment produire une dentelure plus profonde à l'extrémité divergente qu'à l'extrémité convergente. Il est manifeste aussi que, si la convergence était très prononcée et la fusion complète, l'échancrure tendrait à disparaître complètement à l'extrémité convergente.

Chez les deux espèces de paons, les rectrices sont entièrement dépourvues d'ocelles, ce qui provient sans doute de ce qu'elles se trouvent cachées par les longues tectrices caudales qui les recouvrent. Elles diffèrent, très notablement, sous ce rapport, des plumes rectrices des polyplectrons, lesquelles, chez la plupart des espèces, sont ornées d'ocelles plus grands que ceux des plumes qui les recouvrent. J'ai donc été amené à examiner avec soin les plumes caudales des diverses espèces de polyplectrons afin de m'assurer si, chez quelqu'une d'entre elles, les ocelles présentent quelque tendance à disparaître, ce que, à ma grande satisfaction, je réussis à constater. Les rectrices centrales du *P. Napoleonis* ont les deux ocelles complètement développés de chaque côté de la tige ; mais l'ocelle interne devient de moins en moins apparent sur les rectrices placées de chaque côté, et il n'en subsiste plus qu'une trace rudimentaire ou une ombre sur le bord interne de la plume extérieure. Chez le *P. Malaccense*, les ocelles des tectrices caudales sont soudés comme nous l'avons vu ; ces plumes ont une longueur extraordinaire, elles atteignent en effet les deux tiers de la longueur des rectrices ; de telle sorte que, sous ces deux rapports, elles ressemblent aux couvertures caudales du paon. Or, chez le *P. Malaccense,* les deux rectrices centrales sont seules ornées de deux ocelles à couleur vive, ces taches ont complètement disparu des côtés internes de toutes les autres. Par conséquent, la structure et l'ornementation des plumes caudales de cette espèce de polyplectron, tant les tectrices que celles qui les couvrent se rapprochent beaucoup de la structure et de l'ornementation des plumes correspondantes du paon.

Il est donc inutile d'insister davantage, car le principe de la gradation explique les degrés successifs qu'a dû parcourir la queue du paon pour en arriver à être ce qu'elle est aujourd'hui. On peut se représenter un ancêtre du paon dans un état presque exactement intermédiaire entre le paon actuel, avec ses tectrices si prodigieusement allongées, ornées d'ocelles uniques, et un gallinacé ordinaire à tectrices courtes, simplement tachetées. Cet oiseau devait posséder

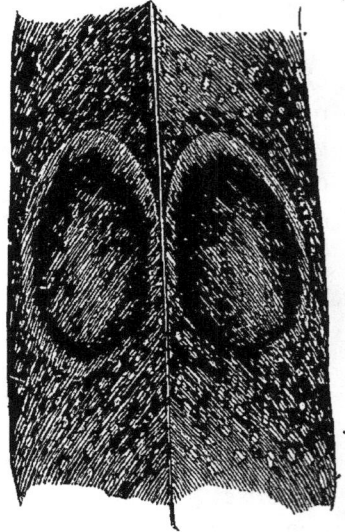

Fig. 55. — Partie d'une tectrice caudale du *Polyplectron chinquis*, avec les deux ocelles (grandeur naturelle).

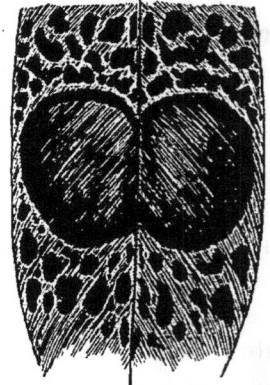

Fig. 56. — Partie d'une tectrice caudale du *Polyplectron malaccense*, avec les deux ocelles partiellement confluents (grandeur naturelle).

des tectrices, susceptibles de se redresser et de se déployer, ornées de deux ocelles partiellement confluents, assez longues pour recouvrir à peu près les rectrices elles-mêmes, qui avaient déjà en partie perdu leurs ocelles, c'est-à-dire un oiseau voisin du polyplectron. Les échancrures du disque central et des zones qui entourent l'ocelle chez les deux espèces de paons me pa-. raissent militer fortement en faveur de cette hypothèse, car cette particularité serait autrement inexplicable. Les polyplectrons mâles sont inconstestablement de très beaux oiseaux, mais à quelque dis- tance on ne saurait les comparer au paon. Les ancêtres femelles de cet oiseau doivent, pendant une longue période, avoir apprécié cette supériorité; car, par la préférence continue pour les plus beaux mâles, elles ont inconsciemment contribué à rendre le paon le plus splendide des oiseaux.

Le faisan Argus. — Les ocelles qui ornent les rémiges du faisan Argus nous offrent un autre champ excellent pour nos recherches. Ces ocelles, admirablement ombrés, ressemblent absolument à des boules posées sur une coupe, et diffèrent par là des ocelles ordi- naires. Personne, je pense, ne songerait à attribuer au simple hasard ces ombres délicates fondues d'une façon si exquise et qu'ont si vive- ment admirées tous les artistes, à un concours fortuit d'atomes de matière colorante. Il semble vraiment qu'en affirmant que ces or- nements résultent de la sélection de variations successives, dont pas une n'était primitivement destinée à produire l'illusion d'une boule dans une cavité, on veuille se moquer du lecteur, tout comme si l'on soutenait qu'une madone de Raphaël est le résultat de la sélection de barbouillages exécutés fortuitement par une longue série de jeunes peintres, dont pas un ne comptait d'abord dessiner une figure humaine. Pour découvrir comment ces ocelles se sont développés, nous ne pouvons interroger ni une longue lignée d'ancêtres, ni des formes voisines, qui n'existent plus au- jourd'hui. Mais heureusement les diverses plumes de l'aile suffi- sent pour nous fournir l'explication du problème, car elles nous prouvent, jusqu'à l'évidence, qu'une gradation est au moins possi- ble entre une simple tache et un ocelle produisant l'effet absolu d'une boule placée dans une cavité.

Les rémiges portant les ocelles sont couvertes de raies (*fig.* 57) ou de rangées de taches foncées (*fig.* 59); chacune de ces bandes ou de ces rangées de taches se dirige obliquement du bord extérieur de la tige vers un ocelle. Les taches sont généralement allongées transversalement à la rangée dont elles font partie. Elles se réunissent souvent, soit dans le sens de la rangée, — elles forment alors une bande longitudinale, — soit latéralement, c'est-à-dire avec les taches des rangées voisines, et constituent alors des bandes transversales. Une tache se divise quelquefois en taches plus petites, qui conservent leur situation propre.

Il convient d'abord de décrire un ocelle complet figurant parfaitement une boule dans une cavité. Cet ocelle consiste en un anneau circulaire noir intense, entourant un espace ombré de façon à produire exactement l'apparence d'une sphère. La figure que nous donnons ici a été admirablement dessinée et gravée par M. Ford, mais une gravure sur bois ne saurait rendre l'ombrage parfait et délicat de l'original. L'anneau est presque toujours rompu (*fig.* 57) sur un point de sa moitié supérieure, un peu à droite et au-dessus de la partie blanche (point éclairé) de la sphère qu'il entoure; quelquefois aussi il est un peu rompu vers sa base à droite. Ces légères ruptures ont une signification importante. L'anneau est toujours très épaissi et les bords en sont mal définis vers l'angle gauche supérieur, lorsque la plume est vue debout, dans la po-

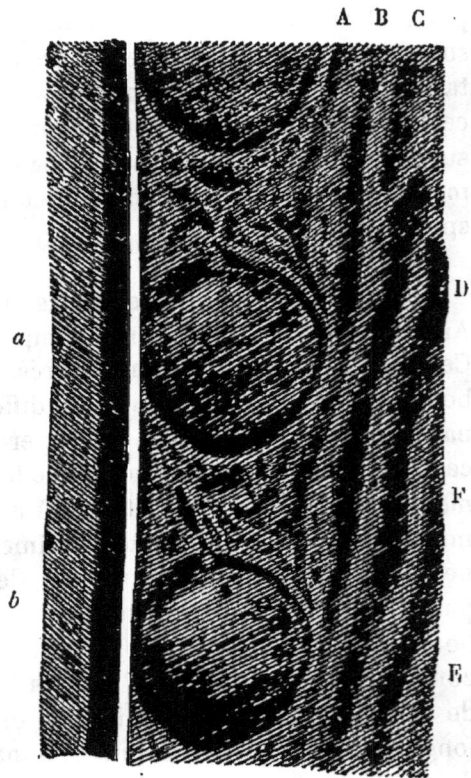

Fig. 57. — Partie d'une rémige secondaire du faisan Argus, montrant deux ocelles complets, *a, b.* — A, B, C, D, E, F, sont des rangées foncées obliques se dirigeant chacune vers une ocelle.

(Une grande partie de la barbe de la plume a été coupée, surtout à gauche de la tige.)

sition où elle est dessinée ici. Sous cette partie épaissie, il y a, à la surface de la sphère, une marque oblique d'un blanc presque pur qui passe graduellement par différentes nuances de gris plombé pâle; puis jaunâtres, puis brunâtres et qui deviennent insensiblement toujours plus foncées vers la partie inférieure. C'est cette gradation de teintes qui produit cet effet si parfait d'une lumière éclairant une surface convexe. Si on examine une de ces sphères, on remarque

que sa partie inférieure a une teinte plus brune et se trouve indistinctement séparée par une ligne courbe oblique de la partie supérieure qui est plus jaune et d'une nuance plus plombée ; cette ligne oblique fait un angle droit avec l'axe le plus long de la tache blanche (qui représente la partie éclairée), et même avec toute la portion ombrée, mais ces différences de teintes, dont notre figure sur bois ne peut, cela va sans dire, donner aucune idée, n'altèrent en aucune façon la perfection de l'ombre de la sphère. Il faut surtout observer que chaque ocelle est en rapport évident avec une raie ou une série de taches foncées, car les deux se rencontrent indifféremment sur la même plume. Ainsi,

dans la figure 57, la raie A se dirige vers l'ocelle a ; B vers l'ocelle b ; la raie C est interrompue dans sa partie supérieure, et se dirige vers l'ocelle suivant qui n'est pas représenté dans la figure ; il en est de même des bandes D, E et F. Enfin les divers ocelles sont séparés les uns des autres par une surface claire portant des taches noires irrégulières.

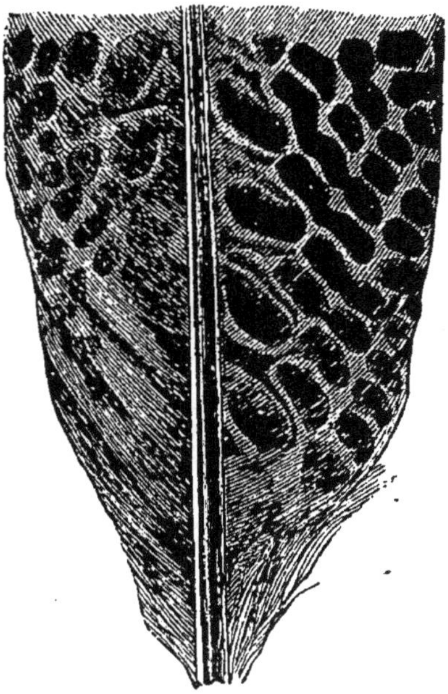

Je vais maintenant décrire l'autre extrême de la série, c'est-à-dire la première trace d'un ocelle. La courte rémige secondaire la plus rapprochée du corps porte, comme les autres plumes (*fig.* 58), des séries obliques et longitudinales de taches un peu irrégulières très fon-

Fig. 58. — Base de la rémige secondaire la plus rapprochée du corps.

cées. La tache inférieure ou la plus rapprochée de la tige, dans les cinq rangées les plus basses (celle de la base exceptée), est un peu plus grande que les autres taches de la même série, et un peu plus allongée dans le sens transversal. Elle diffère aussi des autres taches en ce qu'elle porte à la partie supérieure une bordure de couleur fauve ombrée. Mais cette tache n'a rien de plus remarquable que celles qu'on voit sur les plumages d'une foule d'oiseaux, elle pourrait donc aisément passer inaperçue. La tache suivante, en montant dans chaque rangée, ne diffère, en aucune façon, de celles qui, dans la même ligne, sont placées au-dessus d'elle. Les grandes taches occupent exactement la même position relative sur cette plume que celle occupée par les ocelles parfaits sur les rémiges plus allongées.

En examinant les deux ou trois rémiges secondaires suivantes, on peut observer une gradation insensible entre une des taches que nous venons de décrire, jointe à celle qui la suit dans la même rangée, et il en résulte un ornement curieux qu'on ne peut appeler un ocelle, et que, faute d'un meilleur terme, je nommerai un « ornement elliptique ». Ces ornements sont représentés dans la figure ci-jointe (*fig.* 59). Nous y voyons plusieurs rangées obliques, A, B, C, D, etc., de taches foncées ayant le caractère habituel. Chaque rangée de taches descend vers un des ornements ellipti-

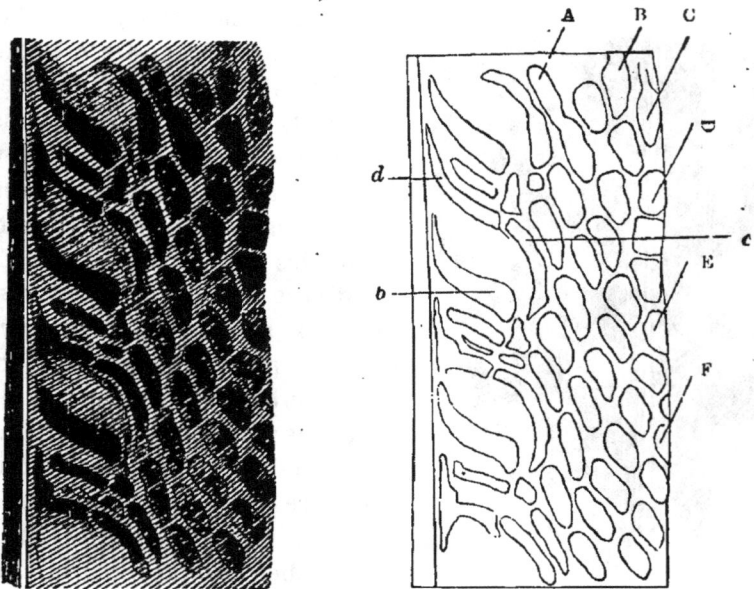

Fig. 59. — Portion d'une rémige secondaire montrant les ornements elliptiques. La figure de droite n'est qu'un croquis indiquant les lettres de renvoi.

A. B. C., etc. Rangées de taches se dirigeant vers les ornements elliptiques et les formant.
b. Tache inférieure de la rangée B.

c. Tache suivante de la même rangée.
d. Prolongement interrompu de la tache c de la rangée B.

ques et se rattache à lui, exactement comme chaque raie de la figure 57 est en rapport avec un des ocelles à boule. Examinons une rangée, B, par exemple (*fig.* 59) : la tache inférieure (*b*) est plus épaisse et beaucoup plus longue que les taches supérieures ; son extrémité gauche se termine en pointe et se recourbe vers le haut. Un espace assez large de teintes richement ombrées, commençant par une étroite zone brune, passant à l'orange et ensuite à une teinte plombée, très claire, à l'extrémité amincie qui côtoie la tige, succède brusquement au côté supérieur de cette tache noire, qui correspond sous tous les rapports avec la grande tache ombrée décrite ci-dessus (*fig.* 58); elle est toutefois plus développée et a des couleurs plus vives. A droite et au-dessus de ce point (*b*, *fig.* 59), avec sa partie éclairée, se trouve une marque noire (*c*) longue et étroite, faisant partie de la même rangée, un peu arquée en dessous, du côté tourné vers le *b*, pour lui faire face. Cette tache noire est quelquefois brisée en deux parties et bordée d'une raie étroite affectant une teinte fauve. A gauche et au-dessus de *c*, dans la même direction oblique, mais toujours plus ou moins distincte, se trouve une autre tache noire (*d*). Cette tache affecte ordinairement une forme triangulaire ou irrégulière; celle qui est indiquée dans l'esquisse est exceptionnellement étroite, allongée et régulière. Elle paraît consister en un prolongement latéral et interrompu de la tache (*c*), ainsi que semblent l'indiquer les prolongements analogues qu'on remarque sur les taches supérieures suivantes; mais je n'en suis pas certain. Ces trois taches, *b*, *c* et *d*, avec les parties éclairées intermédiaires, constituent ce que nous appelons un ornement elliptique. Ces ornements occupent une ligne parallèle à la tige et leur position correspond évidemment avec celle des ocelles sphériques. Malheureusement un dessin ne saurait faire comprendre l'élégance de leur aspect, car on ne peut reproduire les teintes orangées et plombées qui contrastent si heureusement avec les taches noires.

La transition entre un de ces ornements elliptiques et un ocelle à sphère est si insensible qu'il est presque impossible de déterminer quand il faut substituer cette dernière désignation à la première. La transformation de l'ornement elliptique s'effectue par l'allongement et par la plus grande courbure dans des directions opposées de la tache noire inférieure (*b*, *fig.* 59), et surtout de la tache supérieure (*c*), jointe à la contraction de la tache étroite et irrégulière (*d*) qui, se soudant toutes les trois ensemble, finissent par former un anneau elliptique peu régulier. Cet anneau devient de plus en plus régulier, prend la forme circulaire et augmente en même temps en diamètre. La figure 60 représente, grandeur naturelle, un ocelle qui n'est pas encore absolument parfait. La partie inférieure de l'anneau noir est beaucoup plus recourbée que la tache inférieure de l'ornement elliptique (*b*, *fig.* 59). La partie supérieure de l'anneau se compose de deux ou trois parties séparées, et on n'aperçoit qu'une trace d'épaississement de la partie qui constitue la tache noire au-dessus de la partie claire. Cette partie claire n'est pas encore non plus très concentrée et la surface est plus brillamment colorée qu'elle ne l'est dans l'ocelle parfait. Les traces de la jonction des trois taches allongées peuvent encore s'apercevoir

dans un grand nombre des ocelles les plus parfaits. La tache irrégulièrement triangulaire ou étroite (d, *fig.* 59) forme évidemment,
par sa contraction et par son égalisation, la partie épaissie de l'anneau qui se trouve au-dessus de la partie blanche de l'ocelle complet.
La partie inférieure de l'anneau est toujours un peu plus épaisse
que les autres (*fig.* 57), ce qui résulte de ce que la tache noire inférieure de l'ornement elliptique (b, *fig.* 59) était, dans l'origine,
plus épaisse que la tache supérieure (c). On peut suivre toutes les
phases successives des modifications et des soudures; on peut en
conclure que l'anneau noir qui entoure la
sphère de l'ocelle est incontestablement
formé par l'union et par la modification
des trois taches noires b, c, d, de l'ornement elliptique. Les taches noires irrégulières et disposées en zigzag qui sont placées entre les ocelles successifs (*fig.* 57)
sont dues évidemment à l'interruption
des quelques taches semblables, mais plus
régulières, qui se trouvent dans les intervalles des ornements elliptiques.

On peut également se rendre un compte
exact des phases successives que traversent les teintes ombrées pour arriver à
produire chez les ocelles l'effet d'une boule
dans une cavité. Les zones étroites, brunes, oranges et plombées, qui bordent la
tache noire inférieure de l'ornement elliptique, revêtent peu à peu des teintes plus

Fig. 60. — Cette figure représente, grandeur naturelle, un
ocelle qui n'est pas encore
absolument parfait.

douces et se fondent les unes dans les autres; la portion déjà
peu colorée de la partie supérieure gauche devient de plus en
plus claire, au point de paraître presque blanche. Mais, même
dans l'ocelle en boule le plus parfait, on peut apercevoir (ainsi
que nous l'avons indiqué plus haut), une légère différence dans les
teintes, mais pas dans les ombres, entre la partie supérieure et la
partie inférieure de la boule ; cette ligne de séparation est oblique
et suit la même direction que les tons plus clairs des ornements
elliptiques. Ainsi chaque petit détail de la forme et de la coloration de l'ocelle à boule peut s'expliquer par des modifications
graduelles apportées aux ornements elliptiques; on peut expliquer également le développement de ces derniers, en vertu de
degrés tout aussi successifs commençant par l'union de deux
taches presque simples, la tache inférieure (*fig.* 58) étant bor-

.dée à son extrémité supérieure d'une teinte ombrée de fauve.
Les extrémités des longues plumes secondaires qui portent les
ocelles complets représentant une boule dans une cavité, sont
le siège d'une ornementation particulière (*fig.* 61). Les raies longitudinales obliques cessent brusquement dans le haut et deviennent confuses; au-dessus de cette limite, toute l'extrémité
supérieure de la plume (*a*) est couverte
de points blancs entourés par de petits
anneaux noirs serrés sur un fond obscur. La raie oblique appartenant à
l'ocelle supérieur (*b*) n'est même plus
représentée que par une courte tache
noire, irrégulière, dont la base est
comme d'ordinaire transversale et arquée. La séparation brusque de cette
raie nous permet de comprendre pourquoi la partie épaisse de l'anneau manque dans l'ocelle supérieur; car, comme
nous l'avons constaté, cette partie
épaissie est évidemment formée par un
prolongement de la tache qui la suit
au-dessus dans la même raie. Par suite
de l'absence de la partie supérieure et
épaissie de l'anneau, une portion du
sommet de l'ocelle supérieur paraît
avoir été obliquement enlevée, bien
qu'il soit complet sous tous les autres
rapports. Si l'on admettait que le plumage du faisan Argus a été créé tel
qu'il existe aujourd'hui, on serait fort
embarrassé d'expliquer l'état imparfait
de l'ocelle supérieur. Je dois ajouter

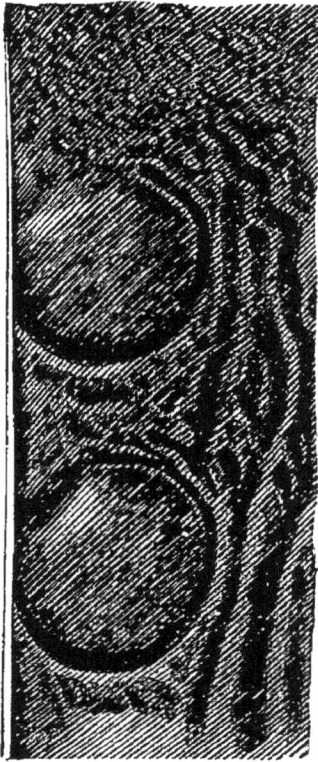

Fig. 61. — Partie du sommet d'une
des rémiges secondaires portant
des ocelles complets.

a. Partie supérieure ornée.
b. Ocelle supérieur pas tout à fait
complet. (L'ombre qui est au-dessus du point éclairé est trop foncée pour la figure.)
c. Ocelle parfait.

que les ocelles de la rémige secondaire
la plus éloignée du corps sont plus petits et moins parfaits que ceux des autres rémiges et présentent, comme
l'ocelle que nous venons de décrire, une interruption de la partie
supérieure de l'anneau noir externe. Il semble que les taches,
sur cette plume, montrent une tendance moindre à se réunir pour
former des bandes; elles sont, au contraire, souvent divisées en
taches plus petites, qui continuent deux ou trois rangées se dirigeant vers chaque ocelle.

M. T. W. Wood[51] a observé le premier un autre point très curieux qui mérite d'être signalé. Dans une photographie que m'a donnée M. Ward et qui représente un faisan Argus au moment où il déploie ses plumes, on remarque que, sur les plumes disposées perpendiculairement, les taches blanches des ocelles représentant la lumière réfléchié par une surface convexe se trouvent à l'extrémité supérieure, c'est-à-dire dirigée de bas en haut; l'oiseau, en effet, posé sur le sol en déployant ses plumes, est naturellement éclairé par en haut. Mais là vient le point curieux dont nous avons parlé ; les plumes extérieures gardent une position presque horizontale et leurs ocelles devraient paraître aussi illuminés par en haut et par conséquent les taches blanches devraient être placées sur le côté supérieur des ocelles, et, quelque incroyable que cela puisse paraître, c'est en effet la position qu'elles occupent. Il en résulte que les ocelles sur les diverses plumes, bien qu'occupant des positions très différentes par rapport à la lumière, paraissent tous illuminés par en haut comme si un véritable artiste avait été chargé de disposer leurs ombres. Néanmoins, ils ne sont pas éclairés du point exactement convenable, car les taches blanches des ocelles situés sur les plumes qui restent presque horizontales sont placées un peu trop à l'extrémité, c'est-à-dire qu'elles ne se trouvent pas tout à fait assez sur le côté. Nous n'avons d'ailleurs aucun droit de chercher la perfection absolue dans une partie que la sélection sexuelle a transformée en ornement, pas plus que dans une partie que la sélection naturelle a modifiée par un usage constant, et nous pourrions citer, par exemple, l'œil humain. Nous savons, en effet, que Helmholtz, la plus haute autorité en Europe, a dit, à propos de cet organe extraordinaire, que, si un opticien lui avait vendu un instrument fabriqué avec si peu de soin, il n'aurait pas hésité à le lui laisser pour compte[51].

Il résulte, des observations que nous venons de faire, qu'on peut établir une série parfaite entre les taches simples et un admirable ornement représentant l'étonnant ocelle en forme de boule. M. Gould, qui a eu l'obligeance de me donner quelques-unes de ces plumes, reconnaît avec moi que la gradation est complète. Il est évident que les différentes phases de développement qu'on observe sur les plumes d'un oiseau n'indiquent pas nécessairement les divers états par lesquels ont dû passer les ancêtres éteints de l'espèce; mais elles nous fournissent probablement l'explication des états actuels,

51. *The Field*, 28 mai 1870.
52. *Popular lectures on scientific subjects*, 1873, p. 219, 227, 269, 390.

et, tout au moins, la preuve évidente de la possibilité d'une gradation. On sait avec quel soin le faisan Argus mâle étale ses plumes
aux regards de la femelle; on sait aussi que la femelle témoigne
une préférence pour les mâles les plus attrayants. Nous avons cité
bien des faits pour le prouver; on ne peut donc contester, si on
admet la sélection sexuelle, qu'une simple tache foncée, ombrée de
quelques teintes, ne puisse, par le rapprochement et par la modification des taches voisines, grâce à une augmentation de couleur,
se transformer en ce que nous avons appelé des ornements elliptiques. Toutes les personnes qui ont vu ces ornements les ont
trouvés très élégants, plusieurs même les regardent comme plus
beaux que les ocelles complets. L'action continue de la sélection
sexuelle a dû provoquer l'allongement des rémiges secondaires et
l'augmentation en diamètre des ornements elliptiques; la coloration
de ces ornements a dû, en conséquence, perdre une certaine partie
de son éclat; alors, pour remplacer ce défaut de coloration, l'ornementation s'est reportée sur la beauté du dessin et sur le jeu des
ombres et de la lumière; ces embellissements successifs ont abouti
au développement des merveilleux ocelles que nous venons de décrire. C'est ainsi, — et il me semble qu'il n'y a pas d'autre explication possible, —que nous pouvons expliquer l'état actuel et l'origine
des ornements qui couvrent les rémiges du faisan Argus.

La lumière que jette sur ce sujet le principe de la gradation; ce
que nous savons des lois de la variation; les modifications qu'ont
éprouvées un grand nombre de nos oiseaux domestiques; et enfin
les caractères (sur lesquels nous aurons à revenir) du plumage des
oiseaux avant qu'ils aient atteint l'âge adulte, — nous permettent
quelquefois d'indiquer, avec une certaine certitude, les phases
successives qu'ont dû traverser les mâles pour acquérir leur riche
plumage et leurs divers ornements, bien que, dans beaucoup de
cas, nous soyons encore, à cet égard, plongés dans une obscurité
profonde. M. Gould, il y a déjà longtemps, m'a signalé un oiseau-
mouche, l'*Urosticte benjamini*, dont le mâle et la femelle présentent
des différences remarquables. Le mâle, outre une collerette magnifique, a les plumes de la queue vert noirâtre, sauf les quatre plumes
centrales, dont l'extrémité est blanche. Chez la femelle, comme
chez la plupart des espèces voisines, les trois plumes caudales
extérieures de chaque côté se trouvent dans le même cas; de sorte
que chez le mâle les quatre plumes caudales centrales, et chez la
femelle les six plumes caudales externes sont ornées d'extrémités
blanches. On observe, sans doute, chez beaucoup d'espèces d'oi-

seaux-mouches, des différences considérables entre les mâles et les femelles au point de vue de la coloration de la queue ; toutefois, M. Gould ne connaît pas une seule espèce, en dehors de l'*Urosticte*, chez laquelle les quatre plumes caudales centrales du mâle se terminent en blanc, et c'est là ce qui rend cet exemple si curieux.

Le duc d'Argyll [53] discute vivement ce cas ; il ne fait pas mention de la sélection sexuelle et se demande : « Comment peut-on, au moyen de la sélection naturelle, expliquer des variétés spécifiques de cette nature ? » Il répond : « La sélection naturelle ne peut donner aucune explication », ce que je lui accorde pleinement. Mais en est-il de même de la sélection sexuelle ? Les plumes caudales des oiseaux-mouches diffèrent les unes des autres de tant de façons différentes qu'on peut se demander pourquoi les quatre plumes centrales n'auraient pas varié chez cette espèce seule de façon à acquérir des pointes blanches ? Les variations ont pu être graduelles ; elles ont pu être quelque peu soudaines, comme dans le cas précédemment indiqué des oiseaux-mouches de Bogota, chez lesquels quelques individus seulement ont les « rectrices centrales vert éclatant à leur extrémité ». J'ai remarqué, chez la femelle de l'*Urosticte*, des extrémités blanches très petites et presque rudimentaires sur les deux rectrices externes faisant partie des quatre plumes centrales ; ce qui indique une légère modification dans le plumage de cette espèce. Si l'on admet que la quantité de blanc puisse varier dans les rectrices centrales du mâle, il n'y a rien d'étonnant à ce que de telles variations aient été soumises à l'action de la sélection sexuelle. Les extrémités blanches, ainsi que les petites huppes auriculaires de la même couleur, ajoutent certainement à la beauté du mâle, le duc d'Argyll l'admet lui-même ; or, le blanc est évidemment apprécié par d'autres oiseaux, car le *Chasmorynchus* mâle affecte une blancheur de neige. N'oublions pas le fait signalé par sir R. Heron : ses paons femelles, auxquelles il avait interdit l'accès du mâle pie, refusèrent de s'accoupler avec aucun autre mâle et restèrent toute la saison sans produire. Il n'est pas étonnant non plus que les variations des rectrices de l'*Urosticte* aient été l'objet d'une sélection ayant spécialement pour but une ornementation quelconque, car le genre qui le suit dans la même famille a reçu le nom de *Metallura*, en conséquence de la splendeur qu'ont atteinte chez lui ces même plumes. Nous avons en outre la preuve que les oiseaux-mouches font tous leurs efforts pour étaler leurs rectrices à leur plus grand avantage. M. Belt [54], après avoir décrit la magni-

---

53. *The Reign of Law*, 1867, p. 247.
54. *The Naturalist in Nicaragua*, 1874, p. 112.

ficence du *Florisuga mellivora,* ajoute : « J'ai vu la femelle posée
sur une branche pendant que deux mâles étalaient leurs charmes
devant elle. L'un s'élançait en l'air comme une fusée, puis épandait
soudain sa queue blanche comme la neige, descendait lentement
devant elle, en ayant soin de se tourner graduellement pour qu'elle
pût admirer la partie antérieure et la partie postérieure de son
corps..... sa queue blanche éployée couvrait plus d'espace que tout
le corps de l'oiseau, et constituait évidemment pour lui le grand
attrait du spectacle. Tandis que l'un descendait, l'autre s'élançait
dans l'air et redescendait lentement à son tour. Le spectacle se termine ordinairement par un combat entre les deux mâles, mais je ne
saurais dire si la femelle choisit le plus beau ou le plus fort. » Après
avoir décrit le plumage particulier de l'*Urosticte,* M. Gould ajoute :
« Je crois fermement que l'ornement et la variété sont le seul but
de cette particularité[55]... » Ceci admis, nous pouvons comprendre
que les mâles, parés de la manière la plus élégante et la plus nouvelle, l'ont emporté, non dans la lutte ordinaire pour l'existence,
mais dans leur rivalité avec les autres mâles, et ont dû, par conséquent, laisser une descendance plus nombreuse pour hériter de
leur beauté nouvellement acquise.

CHAPITRE XV

OISEAUX (SUITE)

Discussion sur la question de savoir pourquoi, chez quelques espèces, les
mâles seuls ont des couleurs éclatantes, alors que les deux sexes en possèdent
chez d'autres espèces. — Sur l'hérédité limitée par le sexe, appliquée à
diverses conformations et au plumage richement coloré. — Rapports de la
nidification avec la couleur. — Perte pendant l'hiver du plumage nuptial.

Nous avons à examiner, dans ce chapitre, pourquoi, chez beaucoup d'espèces d'oiseaux, la femelle n'a pas acquis les mêmes ornements que le mâle ; et pourquoi, chez beaucoup d'autres, les deux
sexes sont également ou presque également ornés ? Dans le chapitre suivant nous étudierons les quelques cas où la femelle est plus
brillamment colorée que le mâle.

Je me suis borné à indiquer, dans l'*Origine des espèces* [1], que la
longue queue du paon et que la couleur noire si apparente du grand
tétras mâle seraient l'une incommode, l'autre dangereuse pour les

---

55. *Introd. to the Trochilidæ,* 1861, p. 110.
1. Quatrième édition, 1865, p. 241.

femelles pendant la période de l'incubation; j'en ai tiré la conséquence que la sélection naturelle était intervenue pour s'opposer à
la transmission de ces caractères de la descendance mâle à la descendance femelle. Je crois encore que cette cause a agi dans quelques cas assez rares d'ailleurs; mais, après avoir mûrement réfléchi
à tous les faits que j'ai pu rassembler, je suis maintenant disposé
à croire que, lorsque les mâles et les femelles diffèrent, c'est que
la transmission des variations successives a été, dès le principe,
limitée au sexe chez lequel ces variations se sont produites d'abord.
Depuis la publication de mes observations, M. Wallace[2] a discuté
dans plusieurs mémoires d'un haut intérêt la question de la coloration sexuelle. M. Wallace admet que, dans presque tous les cas,
les variations successives ont tendu d'abord à se transmettre également-
ment aux deux sexes, mais que la sélection naturelle a soustrait la
femelle au danger qu'elle aurait couru pendant l'incubation si elle
avait revêtu les couleurs éclatantes du mâle.

Cette hypothèse nécessite une laborieuse discussion sur un point
difficile à élucider : la sélection naturelle peut-elle subséquemment
limiter à un sexe seul la transmission d'un caractère, d'abord héréditaire chez les deux sexes? Ainsi que nous l'avons démontré dans
le chapitre préliminaire sur la sélection sexuelle, les caractères
développés chez un seul sexe existent toujours à l'état latent chez
l'autre. Un exemple imaginaire peut nous aider à comprendre
quelles difficultés présente cette question. Supposons qu'un éleveur
désire créer une race de pigeons dont les mâles seuls auraient une
coloration bleu clair, tandis que les femelles conserveraient leur
ancienne teinte ardoisée. Les caractères de toute espèce se transmettent d'ordinaire chez le pigeon également aux deux sexes;
l'éleveur devra donc chercher à convertir cette forme d'hérédité en
une transmission limitée sexuellement. Tout ce qu'il pourra faire
sera de choisir dans chaque génération successive un pigeon mâle
bleu aussi clair que possible; s'il procède ainsi pendant fort longtemps et que la variation bleu clair soit fortement héréditaire et se
présente souvent, le résultat naturel obtenu sera de donner à toute
la race une couleur bleue plus claire. Mais l'éleveur qui tient à conserver la couleur ardoisée des femelles sera obligé d'accoupler,
génération après génération, ses mâles bleu clair avec des femelles
à coloration ardoisée. Il en résulterait la production, soit d'une race
métis couleur pie, soit, probablement, la perte rapide et complète
de la couleur bleu pâle, car la teinte ardoisée primitive se trans-

mettrait sans aucun doute avec une force prépondérante. Supposons toutefois que, dans chaque génération successive, on obtienne
quelques mâles bleu clair et quelques femelles ardoisées, et qu'on
les accouple toujours ensemble; les femelles ardoisées auraient
alors beaucoup de sang bleu dans les veines, si j'ose me servir de
cette expression, car leurs pères, leurs grands-pères, etc., auraient
tous été des oiseaux bleus. Dans ces conditions, il est concevable
(bien que je ne connaisse pas de faits positifs qui rendent la chose
probable) que les femelles ardoisées puissent acquérir une tendance
latente à la coloration claire, assez forte pour ne pas la détruire
chez leurs descendants mâles, tandis que leurs descendants femelles
continueraient à hériter de la teinte ardoisée. S'il en était ainsi, on
pourrait atteindre le but désiré, c'est-à-dire créer une race dont les
deux sexes différeraient d'une manière permanente au point de vue
de la couleur.

L'exemple suivant fera mieux comprendre l'importance extrême,
ou plutôt la nécessité, que le caractère cherché dans la supposition
qui précède, à savoir la coloration bleu clair, soit présent chez la
femelle à l'état latent afin que la descendance ne s'altère pas. La
queue du faisan Sœmmerring mâle a 940 millimètres de longueur,
celle de la femelle n'a que 20 centimètres ; la queue du faisan commun mâle a environ 50 centimètres de longueur, et celle de la femelle 304 millimètres. Or, si on croisait un faisan Sœmmerring
femelle, à *courte* queue, avec un mâle de l'espèce commune, le
descendant mâle hybride aurait, sans aucun doute, une queue beaucoup plus *longue* qu'un descendant pur du faisan commun. Si la
femelle du faisan commun, au contraire, avec sa queue beaucoup
plus longue que celle de la femelle de l'espèce Sœmmerring se
croisait avec un mâle de cette dernière espèce, l'hybride mâle produit aurait une queue beaucoup *plus courte* qu'un descendant pur
du faisan Sœmmerring[3].

Notre éleveur, pour donner aux mâles de sa race nouvelle une
teinte bleu clair bien déterminée, sans modifier les femelles, aurait
à opérer sur les mâles une sélection continue pendant de nombreuses
générations; chaque degré de nuance claire devant être fixé chez
les mâles et rendu latent chez les femelles. Ce serait une tâche difficile, qui n'a jamais été tentée, mais qui pourrait réussir. L'obstacle
principal serait la perte précoce et complète de la nuance bleu clair,

---

3. Temminck (planches coloriées, vol. V. 1838, p. 487-88) dit que la queue du
Phasianus Sœmmerringii femelle n'a que quinze centimètres de longeur : c'est
à M. Sclater que je dois les mesures que j'ai précédemment indiquées. Voir,
sur le faisan commun. Macgillivray, *Hist. Brit. Birds*, I, 118-121.

résultant de la nécessité de croisements répétés avec la femelle ardoisée; car celle-ci n'offrirait dans le commencement aucune tendance *latente* à produire des descendants bleu clair.

D'autre part, si de légères variations tendant à affecter le caractère de leur coloration venait à surgir chez certains mâles, et que ces variations fussent dès le principe limitées dans leur transmission au sexe mâle, la production de la race cherchée deviendrait facile, car il suffirait simplement de choisir ces mâles et de les accoupler avec des femelles ordinaires. Un cas analogue s'est présenté, car il existe en Belgique[4] certaines races de pigeons chez lesquelles les mâles seuls portent des raies noires. M. Tegetmeier[5] a récemment démontré que les dragons produisent assez fréquemment des petits argentés, presque toujours des femelles; il a élevé dix de ces femelles argentées. Il est très rare, au contraire, qu'il y ait un mâle argenté. De sorte qu'il n'y aurait rien de plus facile que de produire une race de pigeons dragons dont les mâles seraient bleus et les femelles argentées. Cette tendance est si forte que, quand M. Tegetmeier parvint enfin à se procurer un mâle argenté, il l'accoupla avec une femelle de la même couleur, espérant produire une race dont les deux sexes seraient argentés; toutefois il fut désappointé, car le jeune mâle revêtit la couleur bleue de son grand-père et la jeune femelle seule fut argentée. Sans doute on pourrait, avec beaucoup de patience, vaincre cette tendance au retour chez les mâles provenant d'un couple argenté, et se procurer une race chez laquelle les deux sexes affecteraient la même couleur; d'ailleurs M. Esquilant a obtenu ce résultat pour les pigeons Turbits argentés.

Chez les gallinacés, des variations de couleur limitées au sexe mâle dans leur transmission se présentent assez fréquemment. Mais, alors même que cette forme d'hérédité prévaut, il peut arriver que quelques-uns des caractères successivement atteints dans le cours de la variation se transmettent à la femelle; celle-ci, dans ce cas, ressemblerait un peu au mâle, ce qu'on peut observer chez quelques races gallines. Ou bien encore, presque tous les degrés successivement parcourus se transmettent inégalement aux deux sexes; la femelle ressemble alors davantage au mâle. Il est probable que cette transmission inégale est cause que le pigeon grosse-gorge mâle a le jabot un peu plus gros, et le pigeon-messager mâle des caroncules plus développées que ces parties ne le sont chez leurs femelles respectives; car les éleveurs n'ont pas soumis à la sélection un sexe plutôt que l'autre, et n'ont jamais eu le désir

4. Docteur Chapuis, *le Pigeon voyageur belge*, 1865, p. 87.
5. *The Field*, sept. 1873.

que ces caractères fussent plus prononcés chez le mâle que chez la femelle; c'est cependant ce qui est arrivé chez ces deux races.

Il faudrait suivre le même procédé et surmonter les mêmes difficultés pour arriver à créer une race où les femelles seules présenteraient une nouvelle couleur.

Enfin, l'éleveur pourrait vouloir créer une race chez laquelle les deux sexes différeraient l'un de l'autre, et tous deux de l'espèce parente. Dans ce cas la difficulté serait extrême, à moins que les variations successives ne fussent dès l'abord sexuellement limitées des deux côtés. Les races gallines nous fournissent un exemple de ce fait; ainsi, les deux sexes de la race pointillée de Hambourg diffèrent beaucoup l'un de l'autre, outre qu'ils diffèrent considérablement aussi des deux sexes de l'espèce originelle, le *gallus bankiva;* une sélection continue permet actuellement de conserver chez chacun d'eux le nouveau type parfait, ce qui serait impossible si la transmission de leurs caractères distinctifs ne se trouvait pas limitée. La race espagnole offre un exemple plus curieux encore; le mâle porte une énorme crête, mais il paraît que quelques-unes des variations successives, dont elle représente l'accumulation totale, ont été transmises aux femelles qui sont pourvues d'une crête beaucoup plus considérable que celle de la poule de l'espèce parente. Or la crête de la femelle diffère de celle du mâle en ce qu'elle est sujette à s'incliner; la fantaisie des éleveurs ayant récemment exigé qu'il en fût désormais ainsi, on a promptement obtenu ce résultat. Cette inclinaison particulière de la crête doit être sexuellement limitée dans sa transmission, car autrement elle serait un obstacle à ce que celle du mâle restât parfaitement droite, ce qui, pour les éleveurs, constitue la suprême élégance du coq espagnol. D'autre part, il faut que la rectitude de la crête chez le mâle soit aussi un caractère limité à ce sexe, car autrement il s'opposerait à ce qu'elle s'inclinât chez la poule.

Les exemples précédents nous prouvent que, en admettant qu'on puisse disposer d'un temps presque infini il serait extrêmement difficile, peut-être même impossible, de transformer, au moyen de la sélection, une forme de transmission en une autre. Par conséquent, sans preuves absolues dans chaque cas, je serais peu disposé à admettre que ce changement ait été réalisé chez les espèces naturelles. D'autre part, à l'aide de variations successives, dont la transmission serait limitée dès le principe par le sexe, on amènerait facilement un oiseau mâle à différer complètement de la femelle au point de vue de la couleur ou de tout autre caractère; la femelle, au contraire resterait intacte ou ne subirait que quelques modifications insignifiantes, ou enfin se modifierait spécialement en vue de sa propre protection.

Les vives couleurs sont utiles aux mâles constamment rivaux; elles deviennent donc l'objet d'une sélection, qu'elles se transmettent ou non exclusivement au même sexe. Il est, par conséquent, tout naturel que les femelles participent souvent, dans une mesure plus ou moins grande, à l'éclat des mâles; c'est ce qu'on peut observer chez une foule d'espèces. Si toutes les variations successives se transmettaient également aux deux sexes, on ne pourrait pas distinguer les femelles des mâles; c'est aussi ce qu'on observe chez beaucoup d'oiseaux. Toutefois, si les couleurs sombres avaient une grande importance pour la sécurité de la femelle pendant l'incubation comme chez plusieurs espèces terrestres, les femelles exposées à des variations qui tendraient à augmenter leur éclat, ou qui seraient trop aptes à recevoir du mâle, par hérédité, des couleurs beaucoup plus brillantes, disparaîtraient tôt ou tard. Une modification, de la forme de l'hérédité devrait donc éliminer, chez les mâles, la tendance à transmettre indéfiniment leur propre éclat à leur descendance femelle; ce qui, comme le prouvent les exemples que nous venons de citer, est extrêmement difficile. Il est donc probable que la destruction longtemps continuée des femelles plus brillamment colorées, en supposant l'existence d'une égale transmission des caractères, amènerait l'amoindrissement ou l'annulation des teintes brillantes chez les mâles, par suite de leurs croisements perpétuels avec des femelles plus sombres. Il serait superflu de chercher à déduire tous les autres résultats possibles; mais je crois devoir rappeler au lecteur que, si des variations tendant à un plus grand éclat et limitées sexuellement se présentaient chez les femelles, en admettant même que ces variations ne leur fussent pas nuisibles, et ne fussent par conséquent pas éliminées, la sélection cependant n'interviendrait pas pour perpétuer ces variations, car le mâle accepte ordinairement la première femelle venue, sans s'inquiéter de choisir la plus attrayante. Par conséquent, ces variations tendraient à disparaître et n'auraient pas beaucoup d'influence sur le caractère de la race; ceci contribue à expliquer pourquoi les femelles ont généralement des couleurs moins brillantes que les mâles.

Nous avons, dans le huitième chapitre, cité de nombreux exemples auxquels nous aurions pu en ajouter beaucoup d'autres, relativement à des variations survenant à divers âges et héréditaires à l'âge correspondant. Nous avons aussi démontré que les variations qui surgissent à une époque tardive de la vie se transmettent ordinairement aux individus appartenant au même sexe que ceux

chez lesquels ces variations ont primitivement apparu; les variations à un âge précoce sont, au contraire, transmissibles aux deux
sexes, sans cependant qu'on puisse ainsi expliquer tous les cas de
transmission limitée sexuellement. Nous avons démontré, en outre,
que, si un oiseau mâle venait à varier dans le sens d'un plus grand
éclat pendant sa jeunesse, cette variation ne constituerait pour lui
aucun avantage avant qu'il ait atteint l'âge de puberté, et qu'il ait
à lutter avec les autres mâles ses rivaux. Mais, quand il s'agit d'oiseaux vivant sur le sol, et qui ont ordinairement besoin de la protection que leur assurent les couleurs sombres, des teintes brillantes constitueraient un danger bien plus grand pour les jeunes
inexpérimentés que pour les mâles adultes. En conséquence, les
mâles qui varieraient de façon à revêtir des couleurs plus brillantes
pendant la première jeunesse courraient le risque d'être détruits en
nombre considérable, et la sélection naturelle se chargerait de les
éliminer; les mâles, au contraire, qui varieraient dans le même sens,
mais au moment de la maturité, pourraient survivre, bien que toujours exposés à quelques dangers additionnels, et, favorisés par la
sélection sexuelle, ils tendraient à propager leur type. Il existe
souvent un rapport entre la période de la variation et la forme de
la transmission; il en résulte donc que, si les jeunes mâles brillants
étaient éliminés et les mâles adultes brillants préférés par les femelles, les mâles seuls pourraient acquérir des couleurs éclatantes
et les transmettre exclusivement à leurs descendants mâles. Je ne
prétends toutefois pas affirmer que l'influence de l'âge sur la forme
de la transmission soit la seule cause de la grande différence d'éclat
qui existe entre les mâles et les femelles chez beaucoup d'oiseaux.

Il est intéressant de déterminer, quand on se trouve en présence
d'une espèce où les mâles et les femelles diffèrent au point de vue
de la couleur, si la sélection sexuelle a modifié les mâles seuls,
sans que ce mode d'action ait produit beaucoup d'effet sur les femelles, ou si la sélection naturelle a spécialement modifié les femelles dans un but de sécurité individuelle. Je discuterai donc cette
question plus longuement peut-être que ne le comporte sa valeur
intrinsèque; cette discussion nous permettra d'ailleurs d'examiner
quelques points collatéraux curieux.

Avant d'aborder le sujet de la coloration, plus particulièrement
au point de vue des conclusions de M. Wallace, il peut être utile
de discuter au même point de vue quelques autres différences entre
les sexes. On a constaté autrefois en Allemagne[6] l'existence d'une

---

6. Bechstein, *Naturg. Deutschlands*, vol. III, 1793, p. 339.

race de volailles dont les poules étaient munies d'ergots; ces poules étaient bonnes pondeuses, mais elles bouleversaient telle-ment leurs nids avec ces appendices, qu'on était obligé de leur in-terdire l'incubation de leurs propres œufs. J'en conclus tout d'abord que la sélection naturelle a arrêté le développement des ergots chez les femelles des gallinacés sauvages, en conséquence des dommages qu'ils faisaient subir au nid. Cela me paraissait d'autant plus probable que les ergots des ailes, qui ne peuvent nuire pen-dant l'incubation, sont souvent aussi bien développés chez la fe-melle que chez le mâle, quoiqu'ils soient généralement un peu plus forts chez ce dernier. Lorsque le mâle porte des ergots aux pattes, la femelle en présente presque toujours des traces rudimentaires qui peuvent quelquefois ne consister qu'en une simple écaille, comme chez les espèces de Gallus. On pourrait conclure de ces faits que les femelles ont été primitivement armées d'ergots bien développés, et qu'elles les ont ultérieurement perdus par défaut d'usage ou par suite de l'intervention de la sélection naturelle. Mais, si on admet cette hypothèse, il devient nécessaire de l'appli-quer à une foule d'autres cas, et elle implique que les ancêtres fe-melles des espèces actuellement armées d'ergots étaient autrefois embarrassés d'un appendice nuisible.

Les femelles de quelques genres et de quelques espèces, comme le *Galloperdix*, l'*Acomus* et la paon de Java (*P. muticus*), possèdent, comme les mâles, des ergots bien développés. Devons-nous con-clure de là que, contrairement à leurs alliés les plus proches, les femelles appartenant à ces espèces construisent des nids d'un genre différent et de nature telle qu'ils ne puissent être endom-magés par les ergots, de telle sorte que la suppression de ceux-ci soit devenue inutile? Ou devons-nous supposer que ces femelles ont spécialement besoin d'ergots pour se défendre? Il me semble plus probable que la présence ou l'absence d'ergots chez les fe-melles résulte de ce que différentes lois d'hérédité ont prévalu, in-dépendamment de l'intervention de la sélection naturelle. Chez les nombreuses femelles où les ergots existent à l'état rudimentaire, nous devons conclure que quelques-unes seulement des variations successives, qui ont amené leur développement chez les mâles, se sont produites à un âge peu avancé, et ont, en conséquence, été transmises aux femelles. Dans les autres cas beaucoup plus rares où les femelles possèdent des ergots bien développés nous pouvons conclure que toutes les variations successives leur ont été trans-mises, et qu'elles ont graduellement acquis l'habitude héréditaire de ne pas endommager leurs nids.

Les organes vocaux et les plumes diversement modifiées dans le but de produire des sons, ainsi que l'instinct de s'en servir, diffèrent souvent chez les deux sexes, mais quelquefois aussi ils sont semblables. Peut-on expliquer ces différences par le fait que les mâles ont acquis ces organes et ces instincts, tandis que les femelles n'en ont pas hérité à cause des dangers auxquels elles se seraient exposées en attirant sur elles l'attention des animaux féroces et des oiseaux de proie? Ceci me paraît peu probable, si nous songeons à la foule d'oiseaux qui, pendant le printemps[7], font avec impunité retentir l'air de leurs voix joyeuses et bruyantes. On pourrait conclure avec plus de certitude que les organes vocaux et instrumentaux n'ont d'utilité spéciale que pour les mâles pendant la saison des amours, et que, par conséquent, la sélection sexuelle et l'usage continu les ont développés chez ce sexe seul, — la transmission des variations successives et des effets de l'usage se trouvant, dans ce cas, plus ou moins limitée dès le principe à la seule descendance mâle.

On pourrait signaler de nombreux cas analogues; ainsi, les plumes de la tête, généralement plus longues chez le mâle que chez la femelle, ou qui sont quelquefois égales chez les deux sexes, ou qui font absolument défaut chez les femelles, — ces divers états se rencontrent parfois dans un même groupe d'oiseaux. Il serait difficile, pour expliquer une différence de cette nature entre les mâles et les femelles, d'invoquer le principe d'un avantage résultant pour la femelle de la possession d'une crête plus petite que celle du mâle et de soutenir qu'en conséquence la sélection naturelle a déterminé chez elle la réduction ou la suppression complète de la crête. Mais examinons un autre cas : la longueur de la queue. L'allongement que présente cet appendice chez le paon mâle eût non seulement gêné la femelle pendant l'incubation et lorsqu'elle accompagne ses petits, mais eût encore constitué un danger pour elle. Il n'y a donc pas, à priori, la moindre improbabilité que la sélection naturelle soit intervenue pour arrêter chez elle le développement de sa queue. Mais plusieurs faisans femelles, qui, dans leurs nids ouverts, courent au moins autant de dangers que la paonne, ont une queue qui atteint une longueur considérable. Les femelles aussi bien que les mâles du *Menura superba* ont une longue queue; elles construisent

---

7. Daines Barrington pense, cependant, qu'il est probable (*Philos. Transactions*, 1773, p. 174) que peu d'oiseaux femelles chantent parce que ce talent aurait été dangereux pour elles pendant l'incubation. Il ajoute que la même cause peut expliquer l'infériorité dans laquelle se trouve le plumage de la femelle comparé à celui du mâle.

un nid à dôme, ce qui est une anomalie pour un aussi grand oiseau. Les naturalistes se sont demandé avec étonnement comment la *Menura* femelle pouvait couver avec sa queue; mais on sait maintenant [8] « qu'elle pénètre dans son nid la tête la première, puisqu'elle se retourne en relevant quelquefois sa queue sur son dos, mais le plus souvent en la courbant sur le côté. Aussi avec le temps la queue devient tout à fait oblique et le degré d'obliquité indique assez approximativement le temps pendant lequel l'oiseau a couvé ». Les deux sexes d'un martin-pêcheur australien (*Tanysiptera sylvia*) ont les rectrices médianes très allongées; la femelle fait son nid dans un trou : aussi, ces plumes, d'après M. R. B. Sharpe, sont-elles toutes froissées pendant l'incubation.

Dans ces deux cas, la grande longueur des rectrices doit, dans une certaine mesure, gêner la femelle; chez les deux espèces, il est vrai, elles sont, chez la femelle, un peu plus courtes que chez le mâle; on pourrait donc en conclure que l'intervention de la sélection naturelle a empêché leur complet développement. Mais, si le développement de la queue de la paonne n'avait été arrêté qu'au moment où sa longueur devenait encombrante ou dangereuse, elle serait bien plus allongée qu'elle ne l'est réellement, car elle est loin d'avoir, relativement à la grosseur du corps de l'oiseau, la longueur qu'elle atteint chez beaucoup de faisanes, et elle n'est pas plus longue que celle de la dinde. En outre, il faut se rappeler que, si l'on admet que le développement de la queue de la paonne, devenue dangereusement longue, a été arrêté par l'intervention de la sélection naturelle, il faut admettre aussi que la même cause aurait constamment réagi sur la descendance mâle et empêché le paon d'acquérir l'ornement splendide qu'il possède actuellement. Nous pouvons donc conclure que la longueur de la queue du paon et son peu de développement chez la femelle proviennent de ce que les variations qui ont amené le développement de cet appendice chez le mâle ont été, dès l'origine, transmises à la seule descendance mâle.

Nous sommes amenés à conclure de façon à peu près analogue, quand il s'agit de la longueur de la queue chez les diverses espèces de faisans. Chez une d'elles (*Crossoptilon auritum*), la queue atteint la même longueur chez les deux sexes, soit quarante ou quarante-deux centimètres; chez le faisan commun, elle atteint une longueur de cinquante centimètres chez le mâle et de trente centimètres chez la femelle; chez le faisan de Sœmmerring, elle a quatre-vingt-deux

---

8. M. Ramsay, *Proc. Zool. Soc.*, 1868, p. 50.

centimètres chez le mâle, et vingt centimètres seulement chez la
femelle ; enfin, chez le faisan Reeve, elle atteint quelquefois 1m,80
chez le mâle, et quarante centimètres chez la femelle. Ainsi, chez
ces différentes espèces, la queue de la femelle varie beaucoup en
.longueur, indépendamment de celle du mâle ; or, il me semble que
ces différences peuvent s'expliquer, avec beaucoup plus de probabilité, par les lois de l'hérédité, c'est-à-dire par le fait que, dès
l'origine, les variations successives ont été plus ou moins étroitement limitées dans leur transmission au sexe mâle, que par l'action de la sélection naturelle, qui serait intervenue parce qu'une
longue queue aurait été plus ou moins nuisible aux femelles des
diverses espèces.

Nous pouvons maintenant aborder l'examen des arguments de
M. Wallace relativement à la coloration sexuelle des oiseaux.
M. Wallace croit que les brillantes couleurs des mâles, originellement acquises grâce à l'intervention de la sélection sexuelle, se
seraient transmises dans tous ou dans presque tous les cas aux
femelles, si la sélection naturelle n'était intervenue pour s'opposer
à cette transmission. Je dois rappeler au lecteur que nous avons
déjà signalé divers faits contraires à cette hypothèse, en étudiant
les reptiles, les amphibies, les poissons et les lépidoptères.
M. Wallace fait reposer sa théorie principalement, mais non pas
exclusivement, comme nous le verrons dans le prochain chapitre,
sur le fait suivant[9] : lorsque les deux sexes affectent des couleurs
très vives et très voyantes, le nid est conformé de façon à dissimuler l'oiseau pendant l'incubation ; au contraire, lorsqu'il existe un
contraste marqué entre les mâles et les femelles, c'est-à-dire que
le mâle est brillant et que la femelle est de couleur terne, le nid est
ouvert et permet de voir la couveuse. Cette coïncidence confirme
certainement dans une certaine mesure l'hypothèse en vertu de
laquelle les femelles qui couvent à découvert ont été spécialement
modifiées en vue de leur sécurité. Mais nous allons voir tout à
l'heure qu'on peut invoquer une autre explication beaucoup plus
probable, c'est-à-dire que les femelles voyantes ont acquis l'instinct de construire des nids à dôme beaucoup plus souvent que les
femelles affectant des teintes sombres. M. Wallace admet que,
comme on pouvait s'y attendre, ces deux règles souffrent quelques
exceptions ; mais ces exceptions sont-elles assez nombreuses pour
infirmer sérieusement les règles ? Telle est la question.

9. *Journal of Travel*, vol. I, 1868, p. 78.

Tout d'abord le duc d'Argyll fait remarquer avec beaucoup de raison qu'un ennemi[10], surtout quand cet ennemi est un animal carnassier qui hante les arbres, doit apercevoir plus facilement un grand nid surmonté d'un dôme qu'un nid plus petit et découvert. Nous ne devons pas oublier non plus que, chez beaucoup d'oiseaux qui construisent des nids ouverts, les mâles comme les femelles couvent les œufs à tour de rôle et contribuent à la nourriture des jeunes : le *Pyranga æstiva*[11], par exemple, un des oiseaux les plus splendides des États-Unis ; le mâle est couleur vermillon et la femelle d'un vert clair légèrement brunâtre. Or, si les couleurs vives avaient constitué un grand danger pour les oiseaux posés sur un nid découvert, les mâles auraient eu, dans ces cas, beaucoup à souffrir. Il pourrait se faire cependant qu'il fût d'une importance telle pour le mâle d'être brillamment orné afin de pouvoir vaincre ses rivaux, que cette circonstance fût plus que suffisante pour compenser le danger additionnel auquel l'expose sa plus grande beauté.

M. Wallace admet que les dicrurus, les orioles et les pittidés femelles, bien que colorées d'une manière voyante, construisent des nids découverts ; mais il insiste sur ce fait que les oiseaux du premier groupe sont très belliqueux et capables de se défendre ; que ceux du second groupe prennent grand soin de dissimuler leurs nids ouverts, mais ceci n'est pas toujours exact[12] ; enfin, que, chez ceux du troisième groupe, les couleurs vives des femelles se trouvent à la partie inférieure de leur corps. Outre ces cas, on doit signaler la grande famille des pigeons, souvent colorés très brillamment et presque toujours d'une manière très voyante, et qui sont, on le sait, très exposés aux attaques des oiseaux de proie ; or, les pigeons constituent une exception sérieuse à la règle, car ils construisent presque toujours des nids ouverts et exposés. En outre, les oiseaux-mouches appartenant à toutes les espèces construisent des nids découverts, bien que chez quelques-unes des espèces les plus splendides, les mâles et les femelles soient semblables, et que, dans la grande majorité des cas, quoique moins brillantes que les mâles, les femelles n'en sont pas moins très vivement colorées. On ne saurait non plus prétendre que tous les oiseaux-mouches femelles affectant de vives couleurs échappent à la vue de leurs ennemis parce qu'elles ont des teintes vertes, car il y en a plusieurs qui ont la partie supérieure du plumage rouge, bleu et d'autres couleurs[13].

10. *Journal of Travel*, vol. I, 1868, p. 281.

11. Audubon, *Ornith. Biography*, vol. 1, p. 233.

12. Jerdon, *Birds of India*, vol. II, p. 108 ; Gould, *Handbook of Birds of Australia*, vol. I, p. 463.

13. Comme exemples, l'*Eupetomena macroura* femelle a la tête et la queue

M. Wallace fait observer avec beaucoup de raison que la construction des nids dans des cavités ou sous forme de dôme offre aux oiseaux, outre l'avantage de les cacher aux regards, plusieurs autres commodités, telles qu'un abri contre la pluie ou contre le froid, et, dans les pays tropicaux, une protection contre les rayons du soleil [14] ; en conséquence, on ne peut guère objecter à l'hypothèse qu'il soutient que beaucoup d'espèces où les individus des deux sexes ne portent que des teintes obscures construisent des nids cachés [15]. Les calaos femelles (*Buceros*) de l'Inde et de l'Afrique se protègent avec le plus grand soin pendant l'incubation, car elles ciment avec leurs excréments l'ouverture extérieure de la cavité où la femelle repose sur ses œufs, en n'y ménageant qu'un petit orifice par lequel le mâle lui passe des aliments; elle reste donc captive pendant toute la durée de l'incubation [16]; et, cependant, les calaos femelles n'affectent pas des couleurs plus voyantes que beaucoup d'autres oiseaux de la même taille dont les nids sont à découvert. On peut faire à M. Wallace une objection plus sérieuse, qu'il admet d'ailleurs lui-même : dans quelques groupes où les mâles affectent des couleurs brillantes et les femelles des teintes sombres, ces dernières couvent cependant dans les nids à dôme; ainsi, par exemple, les grallines d'Australie, les superbes malurides du même pays, les nectarinées et plusieurs méliphagides australiens [17].

Si nous considérons les oiseaux de l'Angleterre, nous voyons qu'il n'existe aucune relation intime et générale entre les couleurs de la femelle et le genre de nid qu'elle construit. Il y en a environ une quarantaine (à part les grandes espèces capables de se défendre) qui nichent dans les cavités des terrasses, des rochers, des arbres, ou qui construisent des nids à dôme. Si nous prenons

d'un bleu foncé, avec les reins rougeâtres ; la femelle du *Lampornis porphyrurus* est d'un vert noirâtre en dessus, avec les côtés de la gorge écarlates ; l'*Eulampis jugularis* femelle a le sommet de la tête et du dos verts, avec les reins et la queue cramoisis. On pourrait encore citer beaucoup d'exemples de femelles très apparentes par leur coloration ; voir le magnifique ouvrage de M. Gould sur cette famille.

14. Au Guatemala, M. Salvin (*Ibis*), 1864, p. 375, a remarqué que les oiseaux-mouches quittaient beaucoup moins volontiers leur nid pendant un temps très chaud, sous un soleil ardent, que pendant un temps frais, nuageux ou pluvieux.

15. J'indiquerai, comme exemples d'oiseaux de couleurs sombres construisant des nids dissimulés, les espèces appartenant à huit genres australiens décrites par Gould, dans *Handbook of Birds of Australia*, vol. I, p. 340, 362, 365, 383, 387, 389, 391, 414.

16. M. C. Hornes, *Proc. Zool. Soc.*, 1869, p. 243.

17. Voir sur la nidification et les couleurs de ces dernières espèces, Gould, *Handbook*, etc., p. 504, 527.

comme types du degré d'apparence qui n'expose pas trop la femelle quand elle couve, les couleurs des femelles du chardonneret, du bouvreuil ou du merle, sur les quarante oiseaux dont nous avons parlé, il n'y en a que douze à peine qu'on puisse considérer comme apparents à un degré dangereux, les vingt-huit autres le sont peu[18]. Il n'existe pas non plus de rapport intime entre une différence bien marquée de couleur, entre les mâles et les femelles et le genre de nid construit. Ainsi le moineau ordinaire mâle (*Passer domesticus*) diffère beaucoup de la femelle; le moineau mâle des arbres (*P. montanus*) en diffère à peine, et cependant tous deux construisent des nids bien cachés. Les deux sexes du gobe-mouche commun (*Muscicapa griseola*) peuvent à peine se distinguer l'un de l'autre, tandis que ceux du M. *luctuosa* diffèrent beaucoup; or tous deux font leur nid dans des trous ou le dissimulent avec soin. La femelle du merle (*Turdus merula*) diffère beaucoup, celle du merle à plastron (*T. torquatus*) moins, et la femelle de la grive commune (*T. musicus*) presque pas de leurs mâles respectifs, et toutes construisent des nids ouverts. D'autre part, le merle d'eau (*Cinclus aquaticus*), qui se rapproche de ces espèces, construit un nid à dôme, les sexes différant à peu près autant que dans le *T. torquatus*. Le grouse noir et le grouse rouge (*Tetrao tetrix* et *T. scoticus*) construisent des nids ouverts sur des points également bien cachés, mais les sexes diffèrent beaucoup chez une espèce et très peu chez l'autre.

Malgré les considérations qui précèdent, la lecture du savant mémoire de M. Wallace entraîne la conviction que, si on considère l'ensemble des oiseaux du monde, la grande majorité des espèces dont les femelles affectent des couleurs brillantes, et dans ce cas les mâles sont, à peu d'exceptions près, également brillants, construisent des nids cachés pour plus de sécurité. M. Wallace cite[19] une longue liste des groupes où cette règle s'applique; il nous suffira

18. J'ai consulté sur ce sujet l'ouvrage de Macgillivray, *British Birds,* et bien qu'on puisse, dans quelques cas, élever des doutes sur les rapports existant entre le degré de la dissimulation du nid et celui de l'apparence de la femelle, cependant les oiseaux suivants, pondant tous leurs œufs dans des cavités ou dans des nids couverts, ne peuvent guère passer pour apparents d'après le type précité : ce sont deux espèces de *Passer*; le *Sturnus* dont la femelle est considérablement moins brillante que le mâle; le *Cincle;* le *Motacilla boarula* (?); l'*Erythacus* (?) ; le *Fruticola*, deux espèces; le *Saxicola ;* le *Ruticilla*, deux espèces; le *Sylvia,* trois espèces; le *Parus,* trois espèces; le *Mecistura;* l'*Anorthura;* le *Certhia;* le *Sitta,* le *Yunx,* le *Muscicapa,* deux espèces; l'*Hirundo,* trois espèces; et le *Cypselus.* Les femelles des douze oiseaux suivants peuvent être aussi considérées comme apparentes : *Pastor, Motacilla alba, Parus major* et *P. cœruleus; Upupa, Picus,* quatre espèces de *Coracias, Alcedo* et *Merops.*

19. *Journal of Travel,* vol. I, p. 78.

de citer ici les groupes suivants qui nous sont les plus familiers ;
les martins-pêcheurs, les toucans, les trogons, les capitonides, les
musophages, les pies et les perroquets. M. Wallace croit que les
mâles de ces divers groupes ont graduellement acquis leurs vives
couleurs grâce à l'intervention de la sélection sexuelle et les ont
transmises aux femelles ; la sélection naturelle ne les a pas éliminées chez ces dernières, par suite de la sécurité que leur assurait
déjà le mode de nidification. En vertu de cette théorie, les femelles
avaient, avant de revêtir de vives couleurs, adopté un mode particulier pour la construction de leur nid. Il me semble plus probable
que, dans la plupart des cas, les femelles, à mesure qu'elles devenaient plus brillantes en revêtant graduellement les belles couleurs
du mâle, ont dû peu à peu modifier leurs instincts (en supposant
qu'elles aient primitivement construit des nids ouverts) et chercher
à se protéger davantage en recouvrant leurs nids au moyen d'un
dôme ou en les dissimulant avec soin. Quiconque a lu attentivement,
par exemple, les remarques que fait Audubon sur les différences que
présentent les nids d'une même espèce, selon que cette espèce habite le nord ou le sud des États-Unis [20], ne peut éprouver aucune
difficulté à admettre que les oiseaux ont pu être facilement amenés
à modifier la construction de leurs nids, soit par un changement de
leurs habitudes dans le sens rigoureux du mot, soit par la sélection naturelle des prétendues variations spontanées de l'instinct.

Cette hypothèse sur les rapports qui existent entre la coloration
brillante des oiseaux femelles et le mode de nidification, se trouve
confirmée par certains cas analogues qu'on observe dans le désert
du Sahara. Là, comme dans la plupart des déserts, la coloration des
oiseaux et de beaucoup d'autres animaux s'adapte admirablement
aux teintes de la surface environnante. On remarque cependant,
d'après le Rév. Tristram, quelques curieuses exceptions à la règle ;
ainsi le *Monticola cyanea* mâle affecte une vive coloration bleue, et
la femelle, au plumage pommelé de brun et de blanc, est presque
aussi remarquable que lui ; les mâles et les femelles de deux espèces de *Dromolæa* sont noir brillant. La coloration de ces trois
espèces d'oiseaux ne constitue assurément pas une protection ; ils
survivent cependant parce qu'ils ont l'habitude, en présence du
moindre danger, de se réfugier dans des trous ou dans des cre-
vasses de rochers.

Quant aux groupes d'oiseaux dont nous venons de parler, grou-

---

20. Voy. des faits nombreux dans l'*Ornithol. Biography*. Voir aussi quelques
observations curieuses sur les nids des oiseaux italiens, par Eug. Bettoni,
dans *Atti della Società italiana*, XI, 1869, p. 487.

pes chez lesquels les femelles affectent de brillantes couleurs et
construisent des nids cachés, il n'est pas nécessaire de supposer
que l'instinct nidificateur de chaque espèce distincte ait été spécialement modifié; il suffit d'admettre que les premiers ancêtres de
chaque groupe ont été peu à peu conduits à construire des nids cachés ou abrités par un dôme, et ont ensuite transmis cet instinct à
leurs descendants modifiés en même temps qu'ils leur transmettaient leurs vives couleurs. Cette conclusion, autant toutefois qu'on
peut s'y fier, présente un vif intérêt, car elle tend à prouver
que la sélection sexuelle, jointe à une hérédité égale ou presque
égale chez les deux sexes, a indirectement déterminé le mode de
nidification de groupes entiers d'oiseaux.

Chez les groupes mêmes où, d'après M. Wallace, la sélection naturelle n'a pas éliminé les vives couleurs des femelles, parce
qu'elles étaient protégées pendant l'incubation, on remarque souvent des différences légères entre les mâles et les femelles, et il
arrive parfois que ces différences prennent une importance considérable. Ce fait est significatif, car nous ne pouvons attribuer ces
différences de couleur qu'au principe en vertu duquel quelques-
unes des variations des mâles ont été, dès l'abord, limitées dans
leur transmission à ce sexe; car on ne pourrait affirmer que ces
différences, surtout lorsqu'elles sont légères, puissent constituer
une protection pour les femelles. Ainsi toutes les espèces du groupe
splendide des trogons construisent leurs nids dans des trous; or,
si nous examinons, dans l'ouvrage de M. Gould [21], les figures représentant les individus des deux sexes des vingt-cinq espèces de
ce groupe, nous verrons que, sauf une exception, la coloration
chez les deux sexes diffère quelquefois un peu, quelquefois beaucoup, et que les mâles sont toujours plus brillants que les femelles,
bien que ces dernières soient déjà fort belles. Toutes les espèces
de martins-pêcheurs construisent leurs nids dans des trous, et,
chez la plupart des espèces, les mâles et les femelles sont également beaux, ce qui s'accorde avec la règle de M. Wallace; mais,
.chez quelques espèces d'Australie, les couleurs des femelles sont
un peu moins vives que celles des mâles, et, chez une espèce à
magnifiques couleurs, les mâles diffèrent des femelles au point
qu'on les a d'abord regardés comme spécifiquement distincts [22].
M. R. B. Sharp, qui a étudié ce groupe avec une attention toute
particulière, m'a montré quelques espèces américaines (*Ceryle*)
chez lesquelles la poitrine du mâle est rayée de noir. Chez les *Car-*

21. *Monograph of Trogonidæ,* 1re édition.
22. A savoir le *Cyanalcyon,* Gould, *Handbook,* etc., vol. I, p. 130, 133, 136.

cineutes, la différence entre les sexes est remarquable; le mâle a la surface supérieure du corps bleu terne rayé de noir, la surface inférieure en partie couleur fauve, il porte en outre beaucoup de rouge sur la tête; la femelle a la surface supérieure du corps brun rougeâtre rayé de noir, et la surface inférieure blanche avec des marques noires. Nous devons signaler la coloration de trois espèces de *Dacelo*, car elle nous offre la preuve que le même type de coloration sexuelle caractérise souvent des formes voisines; chez ces espèces, le mâle ne diffère de la femelle que par sa queue bleu terne, rayée de noir, tandis que celle de la femelle est brune avec des barres noirâtres; de sorte que, dans ce cas, la couleur de la queue diffère chez les mâles et les femelles de la même manière que la surface supérieure entière du corps chez les *Carcineutes*.

On peut observer des cas analogues chez les perroquets, qui construisent également leurs nids dans des trous; les mâles et les femelles de la plupart des espèces affectent des couleurs très brillantes, et il est impossible de les distinguer l'un de l'autre; mais chez un certain nombre d'espèces les mâles affectent des tons plus vifs que les femelles et sont même autrement colorés qu'elles. Ainsi, outre d'autres différences très fortement accusées, toute la partie inférieure du corps de l'*Aprosmictus scapulatus* mâle est écarlate, tandis que la gorge et le poitrail de la femelle sont verts, teintés de rouge; chez l'*Euphema splendida*, on observe une différence anologue : la face et les rémiges tectrices de la femelle sont, en outre, bleu plus clair que chez le mâle [23]. Dans la famille des mésanges (*Parinæ*), qui construisent des nids cachés, la femelle de notre espèce bleue commune (*Parus cæruleus*) est « beaucoup moins vivement colorée que le mâle », et on observe une différence encore plus considérable chez la superbe mésange jaune de l'Inde [24].

Dans le groupe des pics [25], les individus des deux sexes se ressemblent généralement beaucoup, mais, chez le *Megapicus validus*, toutes les parties de la tête, du cou et du poitrail, qui sont cramoisies chez le mâle, sont brun pâle chez la femelle. La tête des mâles chez plusieurs pics affecte une teinte écarlate brillant, tandis que celle de la femelle reste terne; cette différence m'a conduit à penser que cette couleur si voyante devait constituer un grand danger pour la femelle quand elle mettait la tête hors du trou renfermant

---

23. On peut suivre chez les perroquets d'Australie tous les degrés de différences entre les sexes. Gould, *o. c.*, vol. II, p. 14-102.

24. Macgillivray, *Brit. Birds*, vol. II, p. 433; Jerdon, *Birds of India*, vol. II, p. 282.

25. Tous les faits suivants sont empruntés à la belle *Monographie des Picidées*, 1861, de M. Malherbe.

son nid, et qu'en conséquence, conformément à l'opinion de M. Wallace, elle avait été éliminée chez elle. Les observations de Malherbe sur l'*Indopicus carlotta* confirment cette opinion; selon lui, les jeunes femelles ont, comme les jeunes mâles, des parties écarlates sur la tête, mais cette couleur disparaît chez la femelle adulte, tandis qu'elle augmente chez le mâle à mesure qu'il vieillit. Les considérations suivantes rendent cependant cette explication très douteuse : le mâle prend une grande part à l'incubation[26], il serait donc, dans ce cas, aussi exposé au danger que la femelle; les individus des deux sexes, chez beaucoup d'espèces, ont la tête colorée également d'un vif écarlate : chez d'autres, la différence de nuance entre les mâles et les femelles est tellement insensible, qu'il n'en peut résulter aucune différence appréciable quant au danger couru; et enfin la coloration de la tête chez les individus des deux sexes diffère souvent un peu sous d'autres rapports.

Les exemples que nous avons cités relativement aux différences légères et graduelles de coloration que l'on observe entre les mâles et les femelles de groupes chez lesquels, en règle générale, les sexes se ressemblent, se rapportent tous à des espèces qui construisent des nids cachés ou recouverts d'un dôme, On peut toutefois observer des gradations semblables dans des groupes où d'ordinaire les sexes se ressemblent, mais qui construisent des nids ouverts. De même que j'ai cité ci-dessus les perroquets australiens, je peux signaler, sans entrer dans aucun détail, les pigeons australiens[27]. Il faut noter avec soin que, dans tous les cas, les légères différences que présente le plumage des mâles et des femelles affectent la même nature générale que celles qui sont accidentellement plus tranchées. Les martins-pêcheurs chez lesquels la queue seule, ou toute la surface supérieure du plumage, diffère de la même manière chez les individus des deux sexes, nous offrent un excellent exemple de ce fait. On observe des cas semblables chez les perroquets et chez les pigeons. Les différences entre la coloration du mâle et de la femelle d'une même espèce affectent aussi la même nature générale que les différences de couleur existant entre les espèces distinctes du même groupe. En effet, lorsque dans un groupe, où les sexes se ressemblent ordinairement, le mâle diffère beaucoup de la femelle, son type de coloration n'est pas entièrement nouveau. Nous pouvons donc en conclure que, dans un même groupe, les couleurs spéciales des individus des deux sexes, quand elles sont semblables, ainsi que celles du mâle, quand il diffère peu ou beaucoup de la femelle,

26. Audubon, *Ornith. Biogr.*, vol. II, p. 75. Voir l'*Ibis*, vol. I, p. 268.
27. Gould, *Handb. Birds of Australia*, vol. II, p. 109-149.

ont été, dans la plupart des cas, déterminées par une même cause générale : la sélection sexuelle.

Ainsi que nous l'avons déjà fait remarquer, il n'est guère probable que de légères différences de coloration entre les individus des deux sexes puissent avoir aucune utilité comme moyen de sécurité pour la femelle. Admettons toutefois qu'elles en aient une, on pourrait les regarder alors comme des cas de transition ; mais nous n'avons aucune raison de croire qu'un grand nombre d'espèces soient, à un moment quelconque, en voie de changement. Nous ne pouvons donc guère admettre que les nombreuses femelles qui, au point de vue de la coloration, diffèrent très peu du mâle, soient actuellement toutes en voie de devenir plus sombres pour s'assurer une plus grande sécurité. Si nous considérons même des différences sexuelles un peu plus prononcées, est-il probable, par exemple, que la lente action de la sélection naturelle ait agit sur la tête du pinson femelle, du poitrail écarlate du bouvreuil femelle, sur la coloration verte du verdier femelle, sur la huppe du roitelet huppé femelle, afin de rendre ces parties moins brillantes pour assurer à l'oiseau une plus grande sécurité? Je ne puis le croire, et je l'admets encore moins pour les légères différences existant entre les mâles et les femelles des oiseaux qui construisent des nids cachés. D'autre part, les différences de coloration entre les individus des deux sexes, qu'elles soient grandes ou petites, peuvent s'expliquer dans une large mesure par le principe que des variations successives, provoquées chez les mâles par la sélection sexuelle, ont été, dès l'origine, plus ou moins limitées dans leur transmission aux femelles. Quiconque a étudié les lois de l'hérédité ne doit pas s'étonner de voir le degré de limitation différer dans les diverses espèces d'un même groupe, car ces lois ont une complexité telle que, dans notre ignorance, elles nous paraissent capricieuses dans leurs manifestations[28].

Autant que j'ai pu m'en assurer, il existe très peu de groupes d'oiseaux, contenant un nombre considérable d'espèces, chez lesquels les individus mâles et femelles de toutes les espèces affectent des couleurs brillantes et se ressemblent absolument ; cependant M. Sclater affirme que les musophages semblent être dans ce cas. Je ne crois pas non plus qu'il existe aucun groupe considérable chez lequel les mâles et les femelles de toutes les espèces diffèrent beaucoup au point de vue de la coloration : M. Wallace affirme que les *Cotingidés* de l'Amérique du Sud en offrent un des meilleurs exemples ; cependant, chez quelques espèces où le mâle a la gorge rouge vif, celle de la femelle présente aussi un peu de rouge, et les femelles des autres espèces portent des traces du vert et des autres couleurs particulières aux mâles. Néanmoins nous trouvons dans divers groupes un rapprochement vers une similitude ou une dissemblance sexuelle presque absolue, ce qui est un peu étonnant d'après ce que nous venons de dire sur la nature variable de l'hérédité. Mais il n'y a rien de surprenant à ce que les mêmes lois puissent largement prévaloir chez des animaux voisins. La volaille domestique a produit de nombreuses races et sous-races, où le plumage des individus mâles et femelles diffère si généralement, qu'on a regardé comme un fait remarquable les cas où, chez certaines sous-races, il est semblable chez les deux sexes. D'autre part, le pigeon domestique a aussi produit un nombre très considérable de races et de sous-races, mais chez lesquelles, à de rares exceptions près, les deux sexes sont identiquement semblables. En conséquence, si l'on venait à réduire à l'état domestique et à faire varier d'autres espèces de *Gallus* et de *Colomba,* il ne serait pas téméraire de prédire que les mêmes règles générales de similitude et de dissemblance sexuelles, dépendant de la forme de la transmission, se représenteraient dans les deux cas. De même, une forme quelconque de transmission a généralement prévalu à l'état de nature dans les mêmes groupes, bien qu'on rencontre des exceptions bien marquées à cette règle. Dans une même famille, ou dans un même genre, les individus des deux sexes peuvent se ressembler absolument ou être différents sous le rapport de la couleur. Nous avons déjà cité des exemples se rapportant aux mêmes genres, tels que les moineaux, les gobe-mouches, les grives et les tétras. Dans la famille des faisans, les mâles et les femelles de presque toutes les espèces sont étonnamment dissemblables, mais ils se ressemblent absolument chez le *Crossoptilon auritum.* Chez deux espèces de *Chloëphaga,* un genre d'oies, les mâles ne peuvent se distinguer des femelles que par leur taille; tandis que, chez deux autres, les individus des deux sexes sont assez dissemblables pour être facilement pris pour des espèces distinctes[29].

Les lois de l'hérédité peuvent seules expliquer les cas suivants, dans lesquels la femelle acquiert, à un âge avancé, certains caractères qui sont propres au mâle, et arrive ultérieurement à lui ressembler d'une manière plus ou moins complète. Ici, on ne peut guère admettre qu'une nécessité de protection ait joué un rôle. Le plumage des femelles de l'*Oriolus melanocephalus* et de quelques

29. *Ibis*, vol. VI, 1864, p. 122.

espèces voisines, arrivées à l'âge de la reproduction, diffère beaucoup, d'après M. Blyth, de celui des mâles adultes; mais ces différences, après la seconde ou la troisième mue, se réduisent à une légère teinte verdâtre du bec. Chez les butors nains (*Ardetta*), d'après la même autorité, « le mâle revêt sa livrée définitive à la première mue, la femelle à la troisième ou à la quatrième seulement; elle a, dans l'intervalle, un plumage intermédiaire qu'elle échange ultérieurement pour le plumage du mâle ». Ainsi encore le *Falco peregrinus* femelle revêt son plumage bleu plus lentement que le mâle. M. Swinhoe assure que chez une espèce de Drongo (*Dicrurus macrocerrus*) le mâle, au sortir du nid, perd son plumage brun moelleux et devient d'un noir verdâtre uniformément lustré; tandis que la femelle conserve pendant longtemps encore les taches et les stries blanches de ses plumes axillaires et ne revêt complètement la couleur noire et uniforme du mâle qu'au bout de trois ans. Le même observateur fait remarquer que la spatule (*Platalea*) femelle de la Chine ressemble, au printemps de sa seconde année, au mâle de la première, et qu'elle paraît ne revêtir qu'au troisième printemps le plumage adulte que le mâle possède déjà à un âge beaucoup plus précoce. La femelle du *Bombycilla carolinensis* diffère très peu du mâle, mais les appendices qui ornent ses rémiges et qui ressemblent à des boules de cire à cacheter rouge[30] ne se développent pas aussi précocement que chez le mâle. La partie supérieure du bec d'un perroquet indien mâle (*Palæornis Javanicus*) est, dès sa première jeunesse, rouge corail; mais, chez la femelle, ainsi que M. Blyth l'a observé chez des oiseaux sauvages et en captivité, elle est d'abord noire, et ne devient rouge qu'au bout d'un an, âge auquel les mâles et les femelles se ressemblent sous tous les rapports. Chez le dindon sauvage, les individus des deux sexes finissent par porter une touffe de soies sur la poitrine, qui, chez les mâles âgés de deux ans, a déjà une longueur d'environ dix centimètres, et se voit à peine chez la femelle; mais elle se développe chez cette dernière et atteint dix ou douze centimètres de longueur, lorsqu'elle entre dans sa quatrième année[31].

---

30. Quand le mâle courtise la femelle, il fait vibrer ces ornements et les étale avec soin sur ses ailes déployées. Voir à ce sujet A. Leith Adams, *Field and forest Rambles*, 1873, p. 153.

31. Sur l'*Ardetta*, traduction anglaise de M. Blyth, du *Règne animal*, de Cuvier, p. 159, note. Sur le Faucon pèlerin, M. Blyth dans Charlesworht *Mag. of Nat. Hist.*, vol. I, 1837, p. 304. Sur le *Dicrurus, Ibis*, p. 44, 1863. Sur le *Platalea, Ibis*, vol. VI, 1864, p. 366. Sur le *Bombycilla*, Audubon, *Ornith. Biogr.*, vol. I, p. 229. Sur le *Palæornis*, Jerdon, *Birds of India*, vol. I, p. 263. Sur le Dindon sauvage, Audubon, *o. c.*, vol. I, p. 15. Judge-Caton m'apprend que la femelle

Il ne faut pas confondre ces cas avec ceux où des femelles malades ou vieillies revêtent des caractères masculins, ou avec ceux où des femelles, parfaitement fécondes d'ailleurs, acquièrent pendant leur jeunesse, par variation ou par quelque cause inconnue, les caractères propres au mâle [31]. Mais tous ces cas ont ceci de commun qu'ils dépendent, dans l'hypothèse de la pangenèse, de gemmules dérivées de toutes les parties du mâle, gemmules présentes, bien qu'à l'état latent, chez la femelle, et qui ne se développent chez elle que par suite de quelque léger changement apporté aux affinités électives de ses tissus constituants.

Ajoutons quelques mots sur les rapports qui existent entre la saison de l'année et les modifications de plumage. Les raisons que nous avons déjà indiquées nous permettent de conclure que les plumes élégantes, les pennes longues et pendantes, les huppes et les aigrettes des hérons et de beaucoup d'autres oiseaux, qui se développent et se conservent seulement pendant l'été, ne servent exclusivement qu'à des usages décoratifs et nuptiaux, bien que communs aux deux sexes. La femelle devient ainsi, pendant la période de l'incubation, plus voyante qu'elle ne l'est pendant l'hiver; mais des oiseaux comme les hérons sont à même de se défendre. Toutefois, comme ces plumes deviennent probablement gênantes et certainement inutiles pendant l'hiver, il est possible que la sélection naturelle ait provoqué une mue bisannuelle dans le but de débarrasser ces oiseaux d'ornements incommodes pendant la mauvaise saison. Mais cette hypothèse ne peut s'étendre aux nombreux échassiers chez lesquels les plumages d'été et d'hiver diffèrent très peu au point de vue de la coloration. Chez les espèces sans défense, espèces chez lesquelles les individus des deux sexes, ou les mâles seuls, deviennent très brillants pendant la saison des amours, — ou lorsque les mâles acquièrent à cette occasion des rectrices ou des rémiges de nature, par leur longueur, à empêcher ou à retarder leur vol, comme chez les *Cosmetornis* et chez les *Vidua*, — il paraît, au premier abord, très probable que la seconde mue a été acquise dans le but spécial de dépouiller ces ornements. Nous devons toutefois rappeler que beaucoup d'oiseaux, tels que les oiseaux de paradis, le faisan argus et le paon, ne dépouillent pas leurs

---

acquiert rarement une houppe dans l'Illinois. M. R.-F. Sharp a cité, *Proc. zool. Soc.*, 1872, p. 496, des faits analogues relatifs à la femelle du *Petrocossyphur.*

32. M. Blyth (traduction du *Règne animal* de Cuvier, en anglais, p. 158) rapporte divers exemples chez les *Lanius, Ruticilla, Linaria.* Audubon cite aussi un cas semblable (*Ornith. Biogr.*, vol. V, p. 519) relatif à un *Pyranga œstiva.*

plumes ornementales pendant l'hiver ; or, il n'est guère possible d'admettre qu'il y ait dans la constitution de ces oiseaux, au moins chez les gallinacés, quelque chose qui rende une double mue impossible, car le ptarmigan en subit trois pendant l'année[33]. Nous devons donc considérer comme douteuse la question de savoir si les espèces nombreuses qui perdent en muant leurs plumes d'ornement et leurs belles couleurs, pendant l'hiver, ont acquis cette habitude en raison de l'incommodité ou du danger qui aurait pu autrement en résulter pour elles.

Je conclus, par conséquent, que l'habitude de la mue bisannuelle a été d'abord acquise, dans la plupart des cas ou dans tous, dans un but déterminé, peut-être pour revêtir une toison d'hiver plus chaude ; et que les variations survenant pendant l'été, accumulées par la sélection sexuelle, ont été transmises à la descendance à la même époque de l'année. Les individus des deux sexes ou les mâles seuls ont hérité de ces variations, suivant la forme de l'hérédité prépondérante chez chaque espèce particulière. Cette hypothèse me semble très probable ; il est difficile de croire en effet que les espèces aient primitivement eu une tendance à conserver pendant l'hiver leur brillant plumage, et que la sélection naturelle soit intervenue pour les en débarrasser à cause des dangers et des inconvénients que pourrait amener la conservation de ce plumage.

J'ai cherché à démontrer dans ce chapitre qu'on ne peut guère se fier aux arguments avancés en faveur de la théorie qui veut que les armes, les couleurs éclatantes et les ornements de divers genres, appartiennent actuellement aux mâles seuls, parce que la sélection naturelle est intervenue pour convertir une tendance à l'égale transmission des caractères aux deux sexes en une tendance à la transmission limitée au sexe mâle seul. Il est douteux aussi que la coloration de beaucoup d'oiseaux femelles soit due à la conservation, comme moyen de sécurité, de variations limitées, dès l'abord, dans leur transmission aux individus de ce sexe. Je crois qu'il convient cependant de renvoyer toute discussion ultérieure sur ce sujet jusqu'à ce que j'aie traité, dans le chapitre suivant, des différences qui existent entre le plumage des jeunes. oiseaux et celui des oiseaux adultes.

33. Gould, *Birds of Great Britain.*

CHAPITRE XIV

OISEAUX (fin)

Rapports entre le plumage des jeunes et les caractères qu'il affecte chez les individus adultes des deux sexes. — Six classes de cas. — Différences sexuelles entre les mâles d'espèces très voisines ou représentatives. — Acquisition des caractères du mâle par la femelle. — Plumage des jeunes dans ses rapports avec le plumage d'été et le plumage d'hiver des adultes. — Augmentation de la beauté des oiseaux. — Colorations protectrices. — Oiseaux colorés d'une manière très apparente. — Les oiseaux aiment la nouveauté. — Résumé des quatre chapitres sur les oiseaux.

Nous avons maintenant à considérer la transmission des caractères, limitée par l'âge, dans ses rapports avec la sélection sexuelle. Nous ne discuterons ici ni le bien-fondé ni l'importance du principe de l'hérédité aux âges correspondants; c'est un sujet sur lequel nous avons déjà assez insisté. Avant d'exposer les diverses règles assez compliquées, ou les catégories dans lesquelles, autant que je le comprends, on peut faire rentrer toutes les différences qui existent entre le plumage des jeunes et celui des adultes, je crois devoir faire quelques remarques préliminaires.

Lorsque, chez des animaux, quels qu'ils soient, les jeunes affectent une coloration différente de celle des adultes, sans qu'elle ait pour eux, autant que nous en pouvons juger, aucune utilité spéciale, on peut généralement attribuer cette coloration, de même que diverses conformations embryonnaires, à ce que le jeune animal a conservé le caractère d'un ancêtre primitif. Cette hypothèse, il est vrai, n'acquiert un grand degré de probabilité que dans le cas où les jeunes appartenant à plusieurs espèces se ressemblent beaucoup et ressemblent également aux adultes appartenant à d'autres espèces du même groupe; on peut conclure en effet de l'existence de ces derniers qu'un pareil état était autrefois possible. Les jeunes lions et les jeunes pumas portent des raies ou des rangées de taches faiblement indiquées, et les membres de beaucoup d'espèces voisines, jeunes ou adultes, présentent des marques semblables; en conséquence, un naturaliste qui croit à l'évolution graduelle des espèces peut admettre sans la moindre hésitation que l'ancêtre du lion et du puma était un animal rayé, les jeunes ayant, comme les petits chats noirs, conservé la trace des raies qui ont absolument disparu chez les adultes. Chez beaucoup d'espèces de cerfs les adultes n'ont aucune tache, tandis que les jeunes sont couverts de taches blanches; le même fait se présente également chez les adultes de certaines espèces. Dans toute la famille des porcs (Suidés) et chez quelques autres animaux qui en sont assez éloignés, tels que le tapir, les jeunes sont marqués de bandes longitudinales foncées; mais nous nous trouvons là en présence d'un caractère qui doit, selon toute apparence, provenir de quelque ancêtre éteint, et qui ne se conserve plus que chez les jeunes. Dans tous les cas que nous venons de citer la·coloration des adultes s'est modifiée dans le cours des temps, les jeunes ont cependant peu changé, et cela en vertu du principe de l'hérédité aux âges correspondants.

Ce même principe s'applique à beaucoup d'oiseaux appartenant à divers groupes : les jeunes se ressemblent beaucoup, tout en différant considérablement de leurs parents adultes respectifs. Les jeunes, chez presque tous les gallinacés et chez certaines espèces ayant avec eux une parenté éloignée, comme les autruches, portent des stries longitudinales alors qu'ils sont encore couverts de duvet ; mais ce caractère rappelle un état de choses assez reculé pour que nous n'ayons pas à nous en occuper. Les jeunes becs croisés (*Loxia*) ont d'abord le bec droit comme les autres pinsons, et leur jeune plumage strié ressemble à celui de la linotte adulte et du tarin femelle, ainsi qu'à celui des jeunes chardonnerets, des verdiers et de quelques autres espèces voisines. Les jeunes de plusieurs espèces de bruants (*Emberiza*) se ressemblent beaucoup, et ressemblent aussi aux adultes de l'espèce commune (*E. miliaria*). Dans presque tout le groupe des grives, les jeunes ont la poitrine tachetée, — caractère que beaucoup d'espèces conservent pendant toute leur vie, — tandis que d'autres, comme le *Turdus migratorius*, le perdent entièrement. Plusieurs grives ont les plumes du dos pommelées avant la première mue, caractère permanent chez certaines espèces orientales. Les jeunes de beaucoup d'espèces de pies-grièches (*Lanius*), de quelques pics et d'un pigeon indien (*Chalcophaps indicus*), portent à la surface inférieure du corps des stries transversales, marques qu'on retrouve chez certaines espèces et chez quelques genres voisins à l'état adulte. Chez quelques coucous indiens alliés très brillants (*Chrysococcyx*), on ne peut distinguer les jeunes les uns des autres, bien que les espèces adultes diffèrent considérablement entre elles au point de vue de la coloration. Les jeunes d'une oie indienne (*Sarkidiornis melanonotus*) ressemblent de près, au point de vue du plumage, aux individus adultes d'un genre voisin, celui des *Dendrocygna*[1]. Nous citerons

---

1. Pour les grives, laniers et pics, voir Blyth, dans Charlesworth, *Mag. of Nat. Hist.*, vol. I, 1837, p. 304; et dans une note de sa traduction du *Règne animal* de Cuvier, p. 159. Je donne d'après M. Blyth le cas du *Loxia*. Voir Au-

plus loin quelques faits analogues relatifs à certains hérons. Les jeunes tétras noirs (*Tetrao tetrix*) ressemblent aux individus jeunes et adultes d'autres espèces, au grouse rouge (*T. scoticus*) par exemple. Enfin, M. Blyth, qui s'est beaucoup occupé de cette question, a fait remarquer, avec beaucoup de justesse, que les affinités naturelles de beaucoup d'espèces se manifestent très clairement dans leur jeune plumage; or, comme les affinités vraies de tous les êtres organisés dépendent de leur descendance d'un ancêtre commun, cette remarque vient confirmer l'hypothèse que le plumage du jeune âge nous indique approximativement l'état ancien de l'espèce.

Un grand nombre [de jeunes oiseaux de divers ordres nous fournissent ainsi l'occasion d'entrevoir, pour ainsi dire, le plumage de leurs ancêtres reculés, mais il en est beaucoup d'autres, dont la coloration brillante ou terne ressemble beaucoup à celle de leurs parents. Dans ce cas, les jeunes des diverses espèces ne peuvent ni se ressembler plus que ne le font les parents, ni offrir de fortes ressemblances avec des formes voisines adultes. Ils nous fournissent donc très peu de renseignements sur le plumage de leurs ancêtres; cependant, lorsque les jeunes et les adultes affectent, dans un groupe entier d'espèces, une coloration semblable, on est autorisé à conclure que cette coloration était aussi celle de leurs ancêtres.

Nous pouvons maintenant examiner les catégories dans lesquelles on peut grouper les différences et les ressemblances qui existent entre le plumage des jeunes oiseaux et celui des adultes, entre celui des individus des deux sexes ou celui d'un sexe seul. Cuvier est le premier qui ait formulé des règles à cet égard; mais il convient, par suite des progrès de nos connaissances, de leur faire subir quelques modifications et quelques amplifications. C'est, autant que l'extrême complication du sujet peut le permettre, ce que j'ai cherché à faire d'après des documents puisés à des sources diverses; mais un travail complet à cet égard, fait par un ornithologiste compétent, serait très nécessaire. Pour vérifier jusqu'à quel point chaque règle peut s'appliquer, j'ai relevé en tableau les faits cités dans quatre grands ouvrages : Macgillivray sur les oiseaux d'Angleterre; Audubon sur ceux de l'Amérique du Nord; Jerdon sur ceux de l'Inde, et Gould sur ceux de l'Australie. Il est indispensable de faire remarquer que, premièrement, les différentes catégories tendent à se confondre l'une avec l'autre; et, secondement, que, lorsqu'on

dubon, sur les grives, *Ornith. Biogr.* vol. II, p. 195. Sur les *Chrysococcyx* et *Chalcophaps*, Blyth cité dans Jerdon, *Birds of India,* vol. III, p. 485. Sur le *Sarkidiornis*, Blyth, *Ibis*, 1867, p. 175.

dit que les jeunes ressemblent à leurs parents, on n'entend pas par là une similitude absolue, car les couleurs des jeunes sont presque toujours moins vives, les plumes sont plus douces et affectent souvent une forme différente.

RÈGLES OU CATÉGORIES

I. Lorsque le mâle adulte est plus beau ou plus brillant que la femelle adulte, le premier plumage des jeunes des deux sexes ressemble beaucoup à celui de la femelle adulte, comme chez la volaille commune et chez le paon; et, s'ils ont quelque ressemblance avec le mâle, ce qui arrive parfois, les jeunes ressemblent beaucoup plus à la femelle adulte qu'au mâle adulte.

II. Lorsque la femelle adulte est plus brillante que le mâle adulte, cas rare, mais qui cependant se présente quelquefois, les jeunes des deux sexes ressemblent au mâle adulte.

III. Lorsque le mâle adulte ressemble à la femelle adulte, les jeunes des deux sexes ont un premier plumage spécial qui leur est propre, comme chez le rouge-gorge.

IV. Lorsque le mâle adulte ressemble à la femelle adulte, le premier plumage des jeunes des deux sexes ressemble à celui des adultes; le martin-pêcheur, beaucoup de perroquets, le corbeau, les becs fins, par exemple.

V. Lorsque les adultes des deux sexes ont un plumage distinct pour l'hiver et un autre pour l'été, que le plumage du mâle diffère ou non de celui de la femelle, les jeunes ressemblent aux adultes des deux sexes dans leur costume d'hiver, et beaucoup plus rarement dans leur costume d'été; ou ils ressemblent aux femelles seules; ou ils peuvent avoir un caractère intermédiaire; ou bien encore, ils peuvent différer considérablement des adultes dans leurs deux plumages de saison.

VI. Dans quelques cas fort rares, le premier plumage des jeunes diffère suivant le sexe; les jeunes mâles ressemblent plus ou moins étroitement aux mâles adultes, les jeunes femelles ressemblent, de leur côté, plus ou moins étroitement aux femelles adultes.

Catégorie I. — Dans cette catégorie, les jeunes des deux sexes ressemblent plus ou moins étroitement à la femelle adulte, tandis que le mâle adulte diffère souvent de celle-ci de la manière la plus tranchée. Nous pourrions citer d'innombrables exemples à l'appui, exemples tirés de tous les ordres; il suffira de rappeler le faisan commun, le canard et le moineau. Les cas de cette classe se confondent souvent avec les autres. Ainsi, les individus adultes des

deux sexes diffèrent parfois si peu les uns des autres et les jeunes
diffèrent si peu des adultes, qu'on se prend à douter si ces cas doivent rentrer dans la présente classe ou se placer dans la troisième
ou dans la quatrième. Parfois aussi, les jeunes des deux sexes, au
lieu d'être tout à fait semblables, diffèrent légèrement les uns des
autres, comme dans la sixième classe. Les cas de transition sont
toutefois peu nombreux, tout au moins ne sont-ils pas aussi prononcés que ceux qui appartiennent rigoureusement à la présente
catégorie.

La force de la présente loi se manifeste admirablement dans les
groupes où, en règle générale, les individus adultes des deux sexes
et les jeunes sont tous pareils ; car, lorsque dans ces groupes le
mâle diffère de la femelle, comme chez certains perroquets, chez
les martins-pêcheurs, chez les pigeons, etc., les jeunes des deux
sexes ressemblent à la femelle adulte [2]. Le même fait se présente
encore plus évident dans certains cas anormaux ; ainsi, le mâle d'un
oiseau-mouche, *Heliothrix auriculata*, diffère notablement de la femelle par une splendide collerette et par de belles huppes auriculaires ; mais la femelle est remarquable par sa queue beaucoup plus
longue que celle du mâle ; or, les jeunes des deux sexes ressemblent, sous tous les rapports (la poitrine tachetée de bronze
exceptée), y compris la longueur de la queue, à la femelle adulte ;
il en résulte une circonstance inusitée [3] : à mesure que le mâle approche de l'âge adulte, sa queue se raccourcit. Le plumage du grand
harle mâle (*Mergus merganser*) est plus brillamment coloré que
celui de la femelle, et ses rémiges scapulaires et secondaires sont
plus longues que chez cette dernière ; mais, contrairement à tout
ce qui existe à ma connaissance chez d'autres oiseaux, la huppe du
mâle adulte, quoique plus large que celle de la femelle, est beaucoup plus courte, car elle n'a guère que 3 centimètres de longueur,
alors que celle de la femelle en a sept ou huit. Les jeunes des deux
sexes ressemblent, sous tous les rapports, à la femelle adulte, de

---

2. Voir par exemple ce que dit Gould (*Handb. of the Birds of Australia*, I,
p. 133) du *Cynalcyon* (un martin-pêcheur) dont le mâle jeune, bien que ressemblant à la femelle adulte, est moins brillant qu'elle. Chez quelques espèces
de *Dacelo*, les mâles ont la queue bleue, et les femelles la queue brune ; et
M⁽ʳ⁾ R. B. Sharp m'apprend que la queue du jeune *D. Gaudichaudi* est d'abord
brune. M. Gould (*o. c.*, II, p. 14, 20, 37) décrit les sexes et les jeunes de certains cacatois noirs et du roi Lory, chez lesquels la même règle s'observe.
Jerdon aussi (*Birds of India*, I, 260) l'a constatée chez le *Palæornis rosa*, où les
jeunes ressemblent plus à la femelle qu'au mâle. Sur les deux sexes et les
jeunes de la *Columba passerina*, voir Audubon (*Ornith. Biogr.*, II. p. 475).

3. Je dois ces renseignements à M. Gould, qui m'a montré ces spécimens.
Voir son *Introd. to Trochilidæ*, 1861, p. 120.

sorte que leurs huppes sont réellement plus longues, mais plus étroites que chez le mâle adulte [4].

Lorsque les jeunes et les femelles se ressemblent étroitement et diffèrent tous deux du mâle, il est tout naturel de conclure que le mâle seul a été modifié. Dans des cas anormaux même de l'*Heliothrix* et du *Mergus*, il est probable que les mâles et les femelles adultes de la première espèce étaient primitivement pourvus d'une queue allongée, et, ceux de la seconde, d'une huppe également grande, caractères que quelque cause inconnue a fait partiellement perdre aux mâles adultes, et qu'ils transmettent, dans leur état amoindri, à leur descendance mâle seule, lorsqu'elle atteint l'âge adulte correspondant. M. Blyth [5] cite quelques faits remarquables relatifs aux espèces alliées qui se représentent les unes les autres dans des pays différents; ces faits viennent à l'appui de l'hypothèse que, dans la catégorie qui nous occupe, le mâle seul a été modifié quand il s'agit toutefois des différences qu'on observe entre lui, la femelle et les jeunes. En effet, les mâles adultes de plusieurs de ces espèces représentatives ont éprouvé quelques modifications, ce qui permet de distinguer l'un de l'autre les mâles appartenant à deux de ces espèces, tandis que les femelles et les jeunes restent absolument semblables; il est donc évident que ces derniers n'ont subi aucune modification. On peut observer ces faits chez quelques traquets indiens (*Thamnobia*), chez quelques Nectarinidés (*Nectarinia*), chez les pies-grièches (*Tephrodornis*), chez certains martins-pêcheurs (*Tanysiptera*), chez les faisans Kallij (*Gallophasis*) et chez les perdrix des arbres (*Arboricola*).

Les oiseaux qui revêtent un plumage distinct pendant l'été et pendant l'hiver à peu près semblable chez les mâles et les femelles nous fournissent un exemple analogue; on peut facilement, en effet, distinguer les unes des autres certaines espèces très voisines, alors qu'elles portent leur plumage nuptial ou plumage d'été, mais il est impossible de les reconnaître quand elles revêtent leur plumage d'hiver, ou qu'elles portent leur premier plumage. On pourrait citer comme exemple quelques hoche-queues indiennes (*Motacilla*) très voisines. M. Swinhoe [6] affirme que trois espèces de *Ardeola*, genre de hérons, qui se représentent sur des continents séparés,

4. Macgillivray, *Hist. Brit. Birds*, V, p. 207-214.
5. Voir son remarquable travail dans *Journal of the Asiatic Soc. of Bengal;* XIX, 1850, p. 223 : Jerdon, *Birds of India*, I, *Introduction*, p. xxix. Quant au *Tanysiptera*, M. Blyth tient du prof. Schlegel qu'on peut y distinguer plusieurs races, simplement en comparant les mâles adultes.
6. Swinhoe, *Ibis*, July 1863, p. 131; et un article antérieur contenant un extrait d'une note de M. Blyth, dans *Ibis*, January 1861, p. 52.

sont « complètement différentes » lorsqu'elles portent leurs plumes d'été, mais qu'il est presque impossible de les distinguer en hiver. Le premier plumage des jeunes de ces trois espèces ressemble beaucoup à celui que les adultes revêtent pendant l'hiver. Le cas est d'autant plus intéressant qu'il existe deux autres espèces d'*Ardeola* chez lesquelles les individus des deux sexes conservent, hiver comme été, un plumage à peu près semblable à celui que les trois espèces précédentes portent pendant l'hiver et le jeune âge; or ce plumage, commun à plusieurs espèces distinctes à différents âges et pendant différentes saisons, nous indique probablement quelle était la coloration de l'ancêtre du genre. Dans tous ces cas, le plumage nuptial, probablement acquis dans l'origine par les mâles pendant la saison des amours, et transmis à la saison correspondante aux adultes des deux sexes, est celui qui a subi des modifications, tandis que le plumage d'hiver et celui du jeune âge n'en ont subi aucune.

On se demandera, naturellement, comment il se fait que, dans ces derniers cas, le plumage d'hiver des deux sexes, et dans les cas précédents celui des femelles adultes, ainsi que le premier plumage des jeunes, n'aient subi aucune modification? Les espèces représentatives habitant des pays différents ont dû presque toujours être exposées à des conditions un peu différentes; mais nous ne pouvons guère attribuer la modification du plumage des mâles seuls à l'action de ces conditions, puisqu'elles n'ont en aucune façon affecté celui des jeunes et des femelles, bien que tous deux y fussent également exposés. La différence étonnante qui existe entre les mâles et les femelles de beaucoup d'oiseaux est peut-être, de tous les faits de la nature, celui qui nous démontre le plus clairement combien peu a d'importance l'action directe des conditions d'existence comparativement à ce que peut effectuer l'accumulation indéfinie de variations mises en jeu par la sélection; car les mâles et les femelles ont absorbé les mêmes aliments, et subi les influences du même climat. Néanmoins il n'y a là rien qui nous empêche de croire que, dans le cours du temps, de nouvelles conditions d'existence ne puissent produire un certain effet direct soit sur les individus des deux sexes, soit sur ceux d'un seul sexe, en conséquence de quelques particularités constitutionnelles; nous voyons seulement que ces effets restent, comme importance, subordonnés aux résultats accumulés de la sélection. Cependant, lorsqu'une espèce émigre dans un pays nouveau, fait qui doit précéder la formation des espèces représentatives, le changement des conditions auxquelles cette espèce aura presque toujours dû être exposée doit déterminer chez elle, comme on peut en juger par de nombreuses analogies, une certaine variabilité flottante. Dans ce cas, la sélection sexuelle, qui dépend d'un élément éminemment susceptible de changement — le goût et l'admiration de la femelle — doit avoir accumulé de nouvelles teintes de coloration et d'autres différences. Or la sélection sexuelle est toujours à l'œuvre; il serait donc fort surprenant, à en juger par les résultats que produit chez les animaux domestiques la sélection non intentionnelle de l'homme, que des animaux qui habitent des régions séparées, et qui ne peuvent, par conséquent, jamais se croiser et mélanger ainsi des caractères nouvellement acquis, ne fussent pas, au bout d'un laps de temps suffisant, différemment modifiés. Ces remarques s'appliquent également au plumage d'été ou plumage de la saison des amours, que ce plumage soit limité aux mâles ou commun aux deux sexes.

Bien que les femelles et les jeunes des espèces très voisines ou représentatives dont nous venons de parler diffèrent à peine les uns des autres, de sorte qu'on ne peut reconnaître facilement que les mâles, cependant les femelles de la plupart des espèces d'un même genre doivent différer les unes des autres dans une certaine mesure. Toutefois il est rare que ces différences soient aussi prononcées que chez les mâles. La famille entière des gallinacés nous en fournit la preuve absolue : les femelles, par exemple, du faisan commun et du faisan du Japon, surtout celles du faisan doré et du faisan Amherst, — du faisan argenté et de la volaille sauvage, — se ressemblent beaucoup au point de vue de la coloration, tandis que les mâles diffèrent à un degré extraordinaire. On observe le même fait chez les femelles de la plupart des Cotingidés, des Fringillidés et de beaucoup d'autres familles. On ne peut douter que, en règle générale, les femelles ont été moins modifiées que les mâles. Quelques espèces cependant présentent une exception singulière et inexplicable; ainsi les femelles du *Paradisea apoda* et du *P. papuana* diffèrent plus l'une de l'autre que ne le font leurs mâles respectifs[7]; la femelle de cette dernière espèce a la surface inférieure du corps blanc pur, tandis qu'elle est brun foncé chez la femelle du *P. apoda*. Ainsi encore, le professeur Newton affirme que les mâles de deux espèces d'*Oxynotus* (pie-grièche), qui se représentent dans l'île Maurice et dans l'île Bourbon[8], diffèrent peu au point de vue de la couleur, tandis que les femelles diffèrent beaucoup. La femelle de l'espèce de l'île Bourbon paraît avoir conservé, en partie au moins,

---

7. Wallace, *the Malay Archipelago*, vol. II, 1869, p. 394.
8. Ces espèces sont décrites avec figures en couleur, par M. F. Pollen, *Ibis*, 1866, p. 275.

une apparence de plumage non arrivé à maturité ; car, à première vue, on pourrait la prendre « pour un jeune individu de l'espèce de l'île Maurice ». Ces différences sont comparables à celles qui surgissent en dehors de toute sélection humaine, et qui restent inexplicables chez certaines sous-races du coq de combat, où les femelles sont très différentes, tandis qu'on peut à peine distinguer les mâles les uns des autres [9].

Je considère que la sélection sexuelle a joué un rôle très important pour amener ces différences entre les mâles d'espèces voisines ; comment donc expliquer les différences qui existent entre les femelles ? Nous n'avons pas à nous occuper des espèces qui appartiennent à des genres distincts, car l'adaptation à des habitudes d'existence différentes et certaines autres influences ont dû jouer un grand rôle. Quant aux différences qu'on observe entre les femelles d'un même genre, l'étude des divers groupes importants me porte à conclure que l'agent principal de la production de ces différences a été le transfert à la femelle, à un degré plus ou moins prononcé, des caractères que la sélection sexuelle a développés chez les mâles. Chez les divers pinsons de l'Angleterre, les deux sexes diffèrent, peu ou beaucoup, et, si nous comparons les femelles des verdiers, des pinsons, des chardonnerets, des bouvreuils, des becs-croisés, des moineaux, etc., nous remarquerons qu'elles diffèrent les unes des autres, surtout par les caractères qui les font partiellement ressembler à leurs mâles respectifs ; or on peut, avec confiance, attribuer la coloration des mâles à la sélection sexuelle. Chez beaucoup d'espèces de gallinacés, les mâles diffèrent des femelles à un degré extrême, chez le paon, chez le faisan, et chez les volailles par exemple ; tandis que, chez d'autres espèces, le mâle a transmis à la femelle tout ou partie de ses caractères. Les femelles des diverses espèces de *Polyplectron* laissent entrevoir obscurément, surtout sur la queue, les magnifiques ocelles du mâle. La perdrix femelle ne diffère du mâle que par la grandeur moindre de la marque rouge du poitrail ; la dinde sauvage ne diffère du dindon que parce que ses couleurs sont plus ternes. Chez la pintade, les deux sexes sont identiques. Il est probable que le mâle de cette dernière espèce doit son plumage uniforme, quoique singulièrement tacheté, à la sélection sexuelle, puis qu'il l'ait transmis aux femelles, car ce plumage n'est pas essentiellement différent de celui qui caractérise les mâles seuls chez les faisans tragopans, bien que ce dernier soit bien plus magnifiquement tacheté.

Il faut remarquer que, dans certains cas, le transfert des caractères du mâle à la femelle s'est effectué à une époque évidemment
très reculée, depuis laquelle le mâle a subi de grandes modifications,
sans transmettre à la femelle aucun des caractères qu'il a ultérieurement acquis. La femelle et les jeunes du tétras noir (*Tetrao
tetrix*), par exemple, ressemblent d'assez près aux mâles et aux femelles ainsi qu'aux jeunes du tétras rouge (*T. coticus*); nous pouvons, par conséquent, conclure que le tétras noir descend de
quelque espèce ancienne dont les mâles et les femelles affectaient
une coloration presque analogue à celle de l'espèce rouge. Les individus des deux sexes chez cette dernière espèce sont beaucoup
plus distinctement barrés pendant la saison des amours qu'à toute
autre époque, et le mâle diffère légèrement de la femelle par la plus
grande intensité de ses teintes rouges et brunes[10]; nous pouvons
donc conclure que son plumage a été, au moins dans une certaine
mesure, modifié par la sélection sexuelle. S'il en est ainsi, nous
pouvons également conclure que le plumage presque analogue du
tétras noir femelle a été développé de la même manière à quelque
antique période. Mais, depuis lors, le tétras noir mâle a acquis son
beau plumage noir avec ses rectrices frisées et disposées en fourchette; caractères qui n'ont pas été transmis à la femelle, à l'exception d'une faible trace de la fourchette recourbée qu'on aperçoit sur
sa queue.

Les faits que nous venons de relater nous autorisent à conclure
que le plumage des femelles d'espèces distinctes, quoique voisines,
s'est souvent plus ou moins modifié, grâce à la transmission, à des
degrés divers, de caractéres acquis anciennement, récemment
même par les mâles, sous l'influence de la sélection sexuelle. Mais
il importe de remarquer que les couleurs brillantes ont été beaucoup plus rarement transmises que les autres teintes. Par exemple,
le *Cyanecula suecica* mâle a la gorge rouge et la poitrine d'un
bleu magnifique, ornée en outre d'une tache rouge à peu près
triangulaire; or des taches ayant approximativement la même forme
ont été transmises aux femelles; toutefois le point central est fauve
au lieu d'être rouge, et est entouré de plumes pommelées au lieu
d'être bleues. Les gallinacés offrent de nombreux exemples analogues; car aucune des espèces, telles que les perdrix, les cailles,
les pintades, etc., chez lesquelles la transmission des couleurs du
plumage du mâle à la femelle s'est largement effectuée, n'offre une
coloration brillante. Les faisans nous offrent un excellent exemple

10. Macgillivray, *Hist. Brit. Birds*, vol. I, p. 172-174.

de ce fait ; les faisans mâles, en effet, sont généralement beaucoup plus brillants que les femelles ; il existe cependant deux espèces, le *Crossoptilon auritum* et le *Phasianus Wallichii*, chez lesquelles les mâles et les femelles se ressemblent beaucoup et affectent des couleurs sombres. Nous sommes même autorisés à croire que, si une partie quelconque du plumage des mâles chez ces deux espèces de faisans eût revêtu de brillantes couleurs, ces couleurs n'auraient pas été transmises aux femelles. Ces faits viennent fortement à l'appui de l'hypothèse de M. Wallace, c'est-à-dire que la sélection naturelle s'est opposée à la transmission des couleurs brillantes du mâle à la femelle chez les oiseaux qui courent de sérieux dangers pendant l'incubation. N'oublions pas, toutefois, qu'une autre explication, déjà donnée, est possible ; à savoir, que les mâles qui ont varié et qui sont devenus brillants, alors qu'ils étaient jeunes et inexpérimentés, ont dû courir de grands dangers et être en général détruits ; en admettant, au contraire, que les mâles plus âgés et plus prudents aient varié de la même manière, non-seulement ils auraient pu survivre, mais aussi se trouver en possession de grands avantages au point de vue de leur rivalité avec les autres mâles. Or les variations qui se produisent à un âge un peu tardif de la vie tendent à se transférer exclusivement au même sexe, de sorte que, dans ce cas, les teintes extrêmement vives n'auraient pas été transmises aux femelles. Au contraire, des ornements d'un genre moins brillant, comme ceux que possèdent les faisans dont nous venons de parler, n'auraient pas été de nature bien dangereuse, et, s'ils ont apparu pendant la jeunesse, il ont dû se transmettre aux deux sexes.

Outre les effets de la transmission partielle des caractères mâles aux femelles, on peut attribuer certaines différences qu'on remarque entre les femelles d'espèces très voisines à l'action définie ou directe des conditions d'existence [11]. Les vives couleurs acquises par les mâles, grâce à l'action de la sélection sexuelle, ont pu, chez eux, dissimuler toute influence de cette nature, mais il n'en est pas ainsi chez les femelles. Chacune des différences innombrables dans le plumage de nos oiseaux domestiques est, cela va sans dire, le résultat de quelque cause définie ; or, dans des conditions naturelles et plus uniformes, il est certain qu'une nuance quelconque, en supposant qu'elle ne soit en aucune façon nuisible, aurait fini tôt ou tard par prévaloir. Le libre entre-croisement de nombreux individus appartenant à la même espèce tendrait ultérieurement à

---

11. Voir, sur ce sujet, le chap. xxiii de *la Variation des Animaux*, etc.

rendre uniforme toute modification de couleur ainsi produite. Il est certain que les couleurs des mâles et des femelles chez beaucoup d'oiseaux se sont modifiées en vue de leur sécurité; il est possible même que, chez quelques espèces, les femelles seules aient éprouvé des modifications propres à atteindre ce but. Bien que, comme nous l'avons démontré dans le chapitre précédent, la conversion d'une forme d'hérédité en une autre au moyen de la sélection soit une chose très difficile sinon impossible, il n'y aurait pas la moindre difficulté à adapter les couleurs de la femelle, indépendamment de celles du mâle, aux objets environnants, en accumulant des variations dont la transmission aurait été, dès le principe, limitée à la femelle. Si ces variations n'étaient pas ainsi limitées, les teintes vives du mâle seraient altérées ou détruites. Mais il est jusqu'à présent douteux que les femelles seules d'un grand nombre d'espèces aient été ainsi modifiées. Je voudrais pouvoir suivre M. Wallace jusqu'au bout, et admettre avec lui qu'il en est ainsi, car ce système permettrait d'écarter bien des difficultés. Toutes les variations inutiles à la sécurité de la femelle disparaîtraient aussitôt au lieu de se perdre graduellement par défaut de sélection, ou par libre entre-croisement, ou par élimination, parce qu'elles sont nuisibles au mâle si elles lui sont transmises. Le plumage de la femelle conserverait ainsi un caractère constant. Ce serait aussi un grand avantage que de pouvoir admettre que les teintes sombres de beaucoup d'oiseaux mâles et femelles ont été acquises et conservées comme moyen de sécurité — comme, par exemple, chez la fauvette des bois (*Accentor modularis*) et chez le roitelet (*Troglodytes vulgaris*), chez lesquels on ne trouve pas de preuves suffisantes de l'action de la sélection sexuelle. Il faut cependant se garder de conclure que des couleurs, qui nous paraissent sombres, n'ont aucun attrait pour les femelles de quelques espèces, et nous rappeler les cas tels que celui du moineau domestique, dont le mâle, sans avoir aucune teinte vive, diffère beaucoup de la femelle. Personne ne conteste que plusieurs gallinacés vivant en plein champ n'aient acquis, au moins en partie, leurs couleurs actuelles comme moyen de sécurité. Nous savons avec quelle facilité ils se cachent bien, grâce à cette circonstance; nous savons combien les ptarmigans ont à souffrir des attaques des oiseaux de proie au moment où ils changent leur plumage d'hiver contre celui d'été, tous deux protecteurs. Mais pouvons-nous croire que les différences fort légères dans les nuances et les taches qui existent, par exemple, entre les grouses femelles noires et les grouses femelles rouges, puissent servir de moyen de protection? Les perdrix, avec leurs couleurs actuelles, sont-elles plus à l'abri que si elles ressemblaient aux cailles? Les légères différences que l'on observe entre les femelles du faisan commun et celles des faisans dorés et du Japon servent-elles de protection, ou leurs plumages n'auraient-ils pas pu être impunément intervertis? M. Wallace, après avoir étudié les mœurs et les habitudes de certains gallinacés en Orient, admet l'utilité et l'avantage de légères différences de cette nature. Quant à moi, je me borne à dire que je ne suis pas convaincu.

J'étais autrefois disposé à attribuer une grande importance au principe de la protection, pour expliquer les couleurs plus sombres des oiseaux femelles; je pensais donc que les mâles et les femelles, ainsi que les jeunes, avaient dans le principe été également pourvus de couleurs brillantes, mais que subséquemment le danger que ces couleurs faisaient courir aux femelles pendant l'incubation, et aux jeunes dépourvus d'expérience, avait déterminé l'assombrissement de leur plumage comme moyen de sécurité. Mais aucune preuve ne vient à l'appui de cette hypothèse, et je considère qu'elle est peu probable; car nous exposons ainsi en imagination, pendant les temps passés, les femelles et les jeunes à des dangers contre lesquels il a fallu subséquemment protéger leurs descendants modifiés. Il faudrait aussi supposer que la sélection a graduellement pourvu les femelles et les jeunes de taches et de nuances à peu près identiques, et a opéré la transmission de celles-ci au sexe et à l'époque de la vie correspondants. En supposant aussi que les femelles et les jeunes aient, à chaque phase de la modification, participé à une tendance à être aussi brillamment colorés que les mâles, il serait fort étrange que les femelles n'aient jamais acquis leur sombre plumage sans que les jeunes aient éprouvé le même changement. En effet, autant que je puis le savoir, il n'existe aucune espèce où la femelle porte des couleurs sombres et où les jeunes en affectent de brillantes. Les jeunes de quelques pics font, cependant, exception à cette règle, car ils ont « toute la partie supérieure de la tête teintée en rouge », teinte qui ensuite diminue et se transforme en une simple ligne rouge circulaire chez les adultes des deux sexes, ou qui disparaît entièrement chez les femelles adultes [12].

En résumé, quand il s'agit de la catégorie qui nous occupe, l'hypothèse la plus probable paraît être que les variations successives en éclat ou celles relatives à d'autres caractères d'ornementation, qui ont surgi chez les mâles à un âge assez tardif

12. Audubon, o. c., vol. I. p. 193. Macgillivray, o. c., vol. III, p. 85. Voir aussi le cas de l'*Indopicus carlotta*, cité précédemment.

de la vie, ont été seules conservées; et que, pour ce motif, toutes
ou la plupart n'ont été transmises qu'à la descendance mâle adulte.
Toute variation en éclat surgissant chez les femelles et chez les
jeunes, n'ayant aucune utilité pour eux, aurait échappé à la sélection, et de plus aurait été éliminée par cette dernière si elle était
dangereuse. Aussi les femelles et les jeunes n'ont pas dû se modifier, ou, ce qui a été plus fréquent, n'ont été que partiellement
modifiés par la transmission de quelques variations successives
des mâles. Les conditions d'existence auxquelles les deux sexes
ont été exposés ont peut-être exercé sur eux une certaine action
directe, et c'est surtout chez les femelles, qui n'ont pas subi beaucoup d'autres modifications, que leur effet s'est fait le mieux sentir.
Le libre entre-croisement des individus a dû rendre ces changements uniformes comme tous les autres d'ailleurs. Dans quelques
cas, surtout chez les oiseaux vivant sur le sol, les femelles et les
jeunes peuvent, indépendamment des mâles, avoir été modifiés
dans un but de sécurité, et avoir subi un assombrissement semblable de leur plumage.

CATÉGORIE II. *Lorsque la femelle adulte est plus brillante que le
mâle adulte, le premier plumage des jeunes des deux sexes ressemble
au plumage du mâle.* — Cette catégorie comprend des cas absolument contraires à ceux de la classe précédente, car les femelles
portent ici des couleurs plus vives et plus apparentes que celles
des mâles; or les jeunes, autant qu'on les connaît, ressemblent aux
mâles adultes, au lieu de ressembler aux femelles adultes. Mais la
différence entre les sexes n'est jamais, à beaucoup près, aussi
grande que celle qu'on rencontre dans la première catégorie, et les
cas sont relativement rares. M. Wallace, qui a, le premier, attiré
l'attention sur le singulier rapport qui existe entre la coloration
terne des mâles et le fait qu'ils remplissent les devoirs de l'incubation, insiste fortement sur ce point [13], car il le considère comme
une preuve irrécusable que les couleurs ternes servent à protéger
l'oiseau pendant l'époque de la nidification. Une autre opinion me
paraît plus probable, et les cas étant curieux et peu nombreux, je
vais brièvement signaler tout ce que j'ai pu recueillir sur cette
question.

Dans une section du genre *Turnix*, oiseau ressemblant à la caille,
la femelle est invariablement plus grosse que le mâle (elle est presque deux fois aussi grosse que le mâle chez une espèce australienne),
fait qui n'est pas usuel chez les gallinacés. Dans la plupart des es-

---

13. *Westminster Review*, July 1867; et A. Murray, *Journal of Travel*, 1868, p. 83.

pèces, la femelle affecte des couleurs plus distinctes et plus vives que le mâle[14], mais il en est quelques-unes où les deux sexes se ressemblent. Chez le *Turnix taigoor* de l'Inde, « le mâle ne porte pas de taches noires sur la gorge et sur le cou, et tout son plumage est d'une nuance plus claire et moins prononcée que celui de la femelle ». Celle-ci paraît être plus criarde que le mâle et est certainement beaucoup plus belliqueuse que lui : aussi les indigènes se servent-ils, pour les faire se battre, des femelles et non des mâles. De même que les chasseurs d'oiseaux en Angleterre exposent des mâles près de leurs trappes pour en attirer d'autres en excitant leur rivalité, de même dans l'Inde on emploie la femelle du turnix. Ainsi exposées, les femelles commencent bientôt à faire entendre « un bruit très sonore qui ressemble au bruit du rouet, bruit qui s'entend de fort loin, et amène rapidement sur les lieux, pour se battre avec l'oiseau captif, les femelles qui se trouvent à portée ». On peut ainsi, dans un seul jour, prendre de douze à vingt oiseaux, toutes femelles prêtes à pondre. Les indigènes assurent qu'après avoir pondu, les femelles se réunissent en bandes et laissent aux mâles le soin de couver leurs œufs. Il n'y a pas de raison pour douter de cette assertion, que confirment quelques observations faites en Chine par M. Swinhoe[15]. M. Blyth croit que les jeunes des deux sexes ressemblent au mâle adulte.

Les femelles des trois espèces de bécasses peintes (*Rhynchæa*) (*fig.* 62) « ne sont pas seulement plus grandes, mais aussi beaucoup plus brillamment colorées que les mâles[16] ». Chez tous les autres oiseaux où la trachée diffère de conformation dans les deux sexes, elle est plus développée et plus compliquée chez le mâle que chez la femelle ; mais, chez le *Rhynchæa australis*, elle est simple chez le mâle, tandis que chez la femelle elle décrit quatre circonvolutions distinctes avant d'entrer dans les poumons[17]. La femelle de cette espèce a donc acquis un caractère éminemment masculin. M. Blyth a vérifié en disséquant un grand nombre d'individus, que la trachée n'est enroulée ni chez les mâles ni chez les femelles de la *R. bengalensis*, espèce qui ressemble tellement à la *R. australis*, qu'on ne peut guère distinguer cette dernière que par un seul caractère : la moindre longueur de ses doigts. Ce fait est encore un exemple

---

14. Pour les espèces australiennes, voir Gould (*Handbook*, etc., vol. II, p. 178, 180, 186, 188). On voit au British Museum des spécimens du *Pedicnemus torquatus* australien, présentant des différences sexuelles semblables.

15. Jerdon, *Birds of India*, vol. III, p. 596. Swinhoe, *Ibis*, 1865, p. 542 ; 1866, p. 131, 405.

16. Jerdon, *Birds of India*, vol. III, p. 677.

17. Gould, *Handbook of Birds of Australia*, vol. II, p. 275.

frappant de la loi que les caractères sexuels secondaires diffèrent souvent beaucoup chez les formes très voisines, bien qu'il soit fort rare de trouver ces différences chez le sexe femelle. Le premier plumage des jeunes des deux sexes de la *R. bengalensis* res-

Fig. 62. — *Rhynchœa capensis* (d'après Brehm).

semble, dit-on, à celui du mâle adulte[18]. Il y a aussi des raisons de croire que le mâle se charge de l'incubation, car, avant la fin de l'été, M. Swinhoe[19] a trouvé les femelles associées en bandes comme les femelles du turnix.

18. *The Indian Field*, Sept. 1858, p. 3.
19. *Ibis*, 1866, p. 298.

Les femelles du *Phalaropus fulicarius* et du *P. hyperboreus* sont plus grandes que les mâles, et leur plumage d'été « est plus brillamment orné que celui des mâles », sans que la différence entre les couleurs des sexes soit bien remarquable; seul le *P. fulicarius* mâle, d'après le professeur Steenstrup, accomplit les devoirs de l'incubation, ce que prouve d'ailleurs l'état de ses plumes pectorales pendant la couvée. La femelle du pluvier (*Eudromias morinellus*) est plus grande que le mâle et les teintes rouges et noires du dessous du corps, le croissant blanc sur la poitrine, et les raies placées au-dessus des yeux sont plus prononcés chez elle que chez le mâle. Le mâle prend au moins une part à l'incubation, mais la femelle s'occupe également de la couvée[20]. Je n'ai pu découvrir si, dans ces espèces, les jeunes ressemblent davantage aux mâles adultes qu'aux femelles adultes; la comparaison est très difficile à cause de la double mue.

Passons maintenant à l'ordre des Autruches. On prendrait facilement le Casoar commun mâle (*Casuarius galeatus*) pour la femelle, en raison de sa moindre taille et de la coloration moins intense des appendices et de la peau dénudée de sa tête. M. Bartlett affirme qu'aux Zoological Gardens, le mâle couve les œufs et prend soin des jeunes[21]. D'après M. T. W. Wood[22], la femelle manifeste pendant la saison des amours les dispositions les plus belliqueuses; ses barbes deviennent alors plus grandes et revêtent une couleur plus éclatante. De même, la femelle d'un Émeu (*Dromæus irroratus*) est beaucoup plus grande que le mâle; mais, à part une légère huppe céphalique, elle ne se distingue pas autrement par son plumage. Lorsqu'elle est irritée ou autrement excitée, « elle paraît pouvoir plus facilement que le mâle redresser comme le dindon les plumes de son cou et de son poitrail. Elle est ordinairement la plus courageuse et la plus belliqueuse. Elle émet un boum guttural et profond, qui résonne comme un petit gong, surtout pendant la nuit. Le mâle a le corps plus frêle; il est plus docile; il n'a d'autre voix

---

20. Pour ces diverses assertions, voir Gould, *Birds of Great Britain*. Le prof. Newton m'informe que ses propres observations, autant que celles d'autrui, l'ont convaincu que les mâles des espèces nommées ci-dessus prennent tout ou partie de la charge des soins que nécessite l'incubation, et qu'ils témoignent beaucoup plus de dévouement que les femelles lorsque les jeunes sont en danger. Il en est de même du *Limosa lapponica* et de quelques autres échassiers, dont les femelles sont plus grandes, et ont des couleurs plus vives que les mâles.

21. Les indigènes de Ceram (Wallace, *Malay Archipelago*, vol. II, p. 150) assurent que le mâle et la femelle se posent alternativement sur le nid; mais M. Bartlett croit qu'il faut expliquer cette assertion par le fait que la femelle se rend au nid pour y pondre ses œufs.

22. *The Student*, Avril, 1870, p. 124.

qu'un sifflement contenu ou un croassement lorsqu'il est en colère ».
Non seulement il se charge de tous les soins inhérents à l'incubation, mais il doit protéger les petits contre leur mère, « car dès
qu'elle les aperçoit, elle s'agite avec violence et semble faire tous
ses efforts pour les détruire, malgré la résistance du père. Il est
imprudent de remettre les parents ensemble pendant plusieurs mois
après la couvée, car il en résulte de violentes querelles dont la
femelle sort en général victorieuse[23] ». Cet Émeu nous offre donc
l'exemple d'un renversement complet, non-seulement des instincts
de la parenté et de l'incubation, mais encore des qualités morales
habituelles des deux sexes; les femelles sont sauvages, et querelleuses
et bruyantes, les mâles doux et tranquilles. Le cas est tout différent
chez l'autruche d'Afrique, car le mâle, un peu plus grand que la
femelle, a des plumes plus élégantes, avec des couleurs plus fortement accentuées; néanmoins c'est lui qui se charge de tous les
soins de l'incubation[24].

Je signalerai encore les quelques autres cas parvenus à ma connaissance, dans lesquels la femelle est plus brillamment colorée
que le mâle, bien que nous n'ayons aucun renseignement sur le
mode d'incubation. J'ai été très surpris, en disséquant de nombreux
Milvago leucurus des îles Falkland, de trouver que les individus aux
teintes le plus accusées, et au bec et aux pattes de couleur orange,
étaient des femelles adultes; tandis que ceux à plumage plus terne
et à pattes plus grises étaient des mâles et des jeunes. La *Climacteris erythrops* femelle d'Australie diffère du mâle en ce qu'elle est
ornée de magnifiques taches « rougeâtres, rayonnant sur la gorge,
tandis que cette partie est très simple chez le mâle ». Enfin, chez un
engoulevent (*Eurostopode*) australien, « les femelles sont toujours
plus grosses et plus vivement colorées que les mâles, qui, d'autre
part, portent sur leurs rémiges primaires deux taches blanches
plus marquées que chez les femelles[25] ».

23. Voir l'excellente description des mœurs de cet oiseau en captivité, par
A. W. Bennett, *Land and Water,* Mai 1868, p. 233.

24. M. Sclater, sur l'incubation des *Struthiones, Proc. Zool. Soc.,* June 9
1863. Il en est de même du *Rhea Darwinii;* le capitaine Musters (*At home with
the Patagoneans,* 1871, p. 128) dit que le mâle est plus grand, plus fort et plus
rapide que la femelle et il affecte des teintes un peu plus foncées qu'elle:
cependant il se charge seul de veiller sur les œufs et sur les jeunes comme le
fait le mâle de l'espèce commune de *Rhea.*

25. Sur le *Milvago,* voir *Zoology of the Voyage of the Beagle, Birds,* p. 16,
1841. Pour le *Climacteris* et l'*Eurostopodus,* voir Gould, *Handbook of the Birds
of Australia,* vol. I, p. 602 et 97. La *Tardona variegata* de la Nouvelle-Zélande
offre un cas tout à fait anormal : la tête de la femelle est blanc pur et son dos
plus rouge que celui du mâle; la tête de celui-ci a une riche teinte bronze foncé,
et son dos est revêtu de plumes de couleur ardoisée, finement striées, de sorte

Les cas de coloration plus intense chez les femelles que chez les mâles, et ceux où le premier plumage des jeunes adultes ressemble à celui des mâles adultes au lieu de ressembler à celui des femelles adultes, comme dans la première catégorie, ne sont donc pas nombreux, bien qu'ils se rencontrent dans des ordres variés. L'étendue des différences entre les sexes est ainsi incomparablement moindre que celle qu'on peut observer dans la première catégorie; de telle sorte que, quelle que puisse avoir été la cause de cette différence, elle à dû agir chez les femelles de la seconde classe avec moins d'énergie ou de persistance que chez les mâles de la première. M. Wallace explique cet amoindrissement de la coloration chez les mâles par le besoin d'un moyen de sécurité pendant la période de l'incubation; mais il ne semble pas que les différences entre les sexes, dans les exemples que nous venons de citer, soient assez prononcées pour justifier suffisamment cette opinion. Dans quelques-uns des cas, les teintes brillantes de la femelle sont restreintes à la surface inférieure du corps; aussi les mâles, s'ils eussent porté ces mêmes couleurs, n'auraient couru aucun danger plus considérable pendant qu'ils couvent les œufs. Il faut aussi remarquer que non-seulement les mâles sont, à un faible degré, moins brillamment colorés que les femelles, mais qu'ils ont aussi une taille moindre et qu'ils sont moins forts. Ils ont de plus, non-seulement acquis l'instinct maternel de l'incubation, mais ils sont encore moins belliqueux et moins criards que les femelles, et, dans un cas, ont des organes vocaux plus simples. Il s'est donc effectué ici, entre les deux sexes, une transposition presque complète des instincts, des mœurs, du caractère, de la couleur, de la taille, et de quelques points de la conformation.

Or, si nous pouvions supposer que, dans la classe dont nous nous occupons, les mâles ont perdu quelque peu de cette ardeur qui est habituelle à leur sexe, de telle sorte qu'ils ne cherchent plus les femelles avec autant d'empressement; ou, si nous pouvions admettre que les femelles sont devenues beaucoup plus nombreuses que les mâles, — cas constaté pour une espèce indienne de turnix, « car on rencontre beaucoup plus ordinairement des femelles que

qu'on peut le considérer comme le plus beau des deux. Il est plus grand et plus belliqueux que la femelle, et ne couve pas les œufs. Sous tous ces rapports, l'espèce rentre donc dans notre première classe de cas; mais M. Sclater (*Proc. Zool. Soc.*, 1866, p. 150), à son grand étonnement a vu que les jeunes des deux sexes, âgés de trois mois environ, ressemblaient aux mâles adultes par leur tête et leur cou de couleur foncée, au lieu de ressembler aux femelles adultes, ce qui semblerait, dans ce cas, indiquer que les femelles se sont modifiées, tandis que les mâles et les jeunes ont conservé un état antérieur de plumage.

des mâles[26] », — il n'est pas improbable qu'elles aient été ainsi amenées à rechercher les mâles, au lieu d'être courtisées par eux. Ce fait se présente d'ailleurs, dans une certaine mesure, chez quelques espèces ; chez les paonnes, chez les dindes sauvages et chez quelques tétras, par exemple. Si nous en jugeons par les mœurs de la plupart des oiseaux mâles, la taille plus considérable, la force et le caractère extraordinairement belliqueux des Émeus et des turnix femelles doivent signifier qu'elles cherchent à se débarrasser de leurs rivales pour s'assurer la possession des mâles. Cette hypothèse explique tous les faits, car les mâles se laissent probablement séduire par les femelles, qui ont, par leur coloration plus vive, par leurs autres ornements, et par leurs facultés vocales, plus d'attraits pour eux. La sélection sexuelle, entrant alors en jeu, tendrait constamment à augmenter ces attraits chez les femelles, tandis que les mâles et les jeunes subiraient peu, ou pas, de modifications.

CATÉGORIE. III. *Lorsque le mâle adulte ressemble à la femelle adulte, les jeunes des deux sexes ont un premier plumage qui leur est propre.* — Dans cette classe, les deux sexes adultes se ressemblent et diffèrent des jeunes. On peut observer ce fait chez beaucoup d'oiseaux divers. Le rouge-gorge mâle se distingue à peine de la femelle ; mais les jeunes, avec leur plumage pommelé olive obscur et brun, ressemblent très peu à leurs parents. Le mâle et la femelle du magnifique ibis écarlate se ressemblent, tandis que les petits sont bruns ; et la couleur écarlate, bien que commune aux deux sexes, est apparemment un caractère sexuel, car elle ne se développe qu'imparfaitement chez les oiseaux en captivité comme cela arrive fréquemment aussi aux mâles d'autres espèces très brillamment colorés. Chez beaucoup d'espèces de hérons, les jeunes diffèrent beaucoup des adultes, dont le plumage d'été, bien que commun aux deux sexes, a un caractère nuptial évident. Les jeunes cygnes sont ardoisés, tandis que les adultes sont blanc pur. Il y a une foule d'autres cas qu'il serait superflu d'énumérer ici. Ces différences entre les jeunes et les adultes dépendent, selon toute apparence, comme dans les deux autres classes, de ce que les jeunes ont conservé un état de plumage antérieur et ancien que les adultes des deux sexes ont échangé contre un nouveau. Lorsque les adultes affectent de vives couleurs, nous pouvons conclure, des remarques faites au sujet de l'ibis écarlate et de beaucoup de hérons, ainsi que de l'analogie avec les espèces de la première classe, que les mâles presque adultes ont acquis ces couleurs sous l'in-

---

26. Jerdon, *Birds of India*, vol, III, p. 598.

fluence de la sélection sexuelle, mais que, contrairement à ce qui arrive dans les deux premières classes, la transmission, bien que limitée au même âge, ne l'a pas été au même sexe. Il en résulte par conséquent que, une fois adultes, les deux sexes se ressemblent et diffèrent des jeunes.

Classe IV. *Lorsque le mâle adulte ressemble à la femelle adulte, les jeunes des deux sexes dans leur premier plumage leur ressemblent aussi.* — Les jeunes et les adultes des deux sexes, qu'ils soient colorés brillamment ou non, se ressemblent dans cette classe; cas qui est, à ce que je crois, beaucoup plus commun que le cas précédent. En Angleterre, nous en trouvons des exemples chez le martin-pêcheur, chez quelques pics, chez le geai, chez la pie, chez le corbeau, et chez un grand nombre de petits oiseaux à couleur terne, comme les fauvettes et les roitelets. Mais la similitude du plumage entre les jeunes et les adultes n'est jamais absolument complète et passe graduellement à une dissemblance. Ainsi les jeunes de quelques membres de la famille des martins-pêcheurs sont non seulement moins brillamment colorés que les adultes, mais ont beaucoup de plumes dont la surface inférieure est bordée de brun[27], vestige probable d'un ancien état de plumage. Il arrive souvent que, dans un même groupe d'oiseaux et souvent aussi dans un même genre, le genre australien des perruches (*Platycercus*) par exemple, les jeunes de quelques espèces ressemblent beaucoup à leurs parents des deux sexes qui se ressemblent aussi, tandis que ceux d'autres espèces diffèrent considérablement de leurs parents d'ailleurs semblables[28]. Les deux sexes et les jeunes du geai commun se ressemblent beaucoup, mais chez le geai du Canada (*Prisoreus canadensis*), la différence entre les jeunes et leurs parents est assez grande pour qu'on les ait autrefois décrits comme des espèces distinctes[29].

Avant de continuer, je dois faire observer que les faits compris dans la présente classe et dans les deux suivantes sont si complexes et que les conclusions à en tirer sont si douteuses que j'invite le lecteur qui n'éprouve pas un intérêt tout spécial pour ce sujet à ne pas lire les remarques suivantes.

Les couleurs brillantes ou voyantes, qui caractérisent beaucoup d'oiseaux de la présente classe, ne peuvent que rarement ou même jamais avoir pour eux la moindre utilité au point de vue de la protection; elles ont donc probablement été produites chez les mâles par la sélection sexuelle, puis

27. Jerdon (*o. c.*, vol. I, p. 222, 228); Gould, *Handbook*, etc., vol. I, p. 124, 130.
28. Gould, *ib.*, vol. II, p. 37, 46, 56.
29. Audubon, *Ornith. Biogr.*, vol. II, p. 55.

ensuite transmises aux femelles et aux jeunes. Il est toutefois possible que les mâles aient choisi les femelles les plus attrayantes ; si ces dernières ont transmis leurs caractères à leurs descendants des deux sexes, il a dû en résulter les mêmes conséquences que celles qu'entraîne la sélection par les femelles des mâles les plus séduisants. Mais il y a quelques preuves que cette éventualité, si elle s'est jamais présentée, a dû être fort rare dans les groupes d'oiseaux où les sexes sont ordinairement semblables ; car, en admettant que quelques variations successives, en quelque petit nombre que ce soit, n'aient pas été transmises aux deux sexes, les femelles auraient un peu excédé les mâles en beauté. C'est précisément le contraire qui arrive dans la nature ; car, dans presque tous les groupes considérables dans lesquels les sexes se ressemblent d'une manière générale, il se trouve quelques espèces où les mâles ont une coloration légèrement plus vive que celle des femelles. Il est possible encore que les femelles aient fait choix des plus beaux mâles, et que ceux-ci aient réciproquement choisi les plus belles femelles ; mais il est douteux que cette double marche de sélection ait pu se réaliser, par suite de l'ardeur plus grande dont fait preuve l'un des sexes ; il est d'ailleurs douteux aussi qu'elle eût pu être plus efficace qu'une sélection unilatérale seule. L'opinion la plus probable est donc que, dans la classe dont nous nous occupons, la sélection sexuelle, en ce qui se rattache aux caractères d'ornementation, a, conformément à la règle générale dans le règne animal exercé son action sur les mâles, lesquels ont transmis leurs couleurs graduellement acquises, soit également, soit presque également à leur descendance des deux sexes.

Un autre point encore plus douteux est celui de savoir si les variations successives ont surgi d'abord chez les mâles au moment où ils atteignaient l'âge adulte, ou pendant leur jeune âge ; mais, en tous cas, la sélection sexuelle ne peut avoir agi sur le mâle que lorsqu'il a eu à lutter contre des rivaux pour s'assurer la possession de la femelle ; or, dans les deux cas, les caractères ainsi acquis ont été transmis aux deux sexes et à tout âge. Mais, acquis par les mâles à l'état adulte, et d'abord transmis aux adultes seulement, ces caractères ont pu, à une époque ultérieure, être transmis aussi aux jeunes individus. On sait, en effet, que, lorsque la loi d'hérédité aux âges correspondants fait défaut, le jeune hérite souvent de certains caractères à un âge plus précoce que celui auquel ils ont d'abord surgi chez les parents [30]. On a observé des cas de ce genre chez des oiseaux à l'état de nature. M. Blyth, par exemple, a vu des *Lanius rufus* et des *Colymbus glacialis* qui, pendant leur jeunesse, avaient très anormalement revêtu le plumage adulte de leurs parents [31]. Les jeunes du cygne commun (*Cygnus olor*) ne dépouillent leurs plumes foncées et ne deviennent blancs qu'à dix-huit mois ou deux ans ; or le docteur Forel a décrit le cas de trois jeunes oiseaux vigoureux qui, sur une couvée de quatre, étaient blanc pur en naissant. Ces jeunes cygnes n'étaient pas des albinos, car la couleur du bec et des pattes de ces oiseaux se rapprochait beaucoup de celles des mêmes parties chez les adultes [32].

30. *Variation*, etc., vol. II, p. 84.
31. Charlesworth, *Mag. of Nat. Hist.*, vol. I, 1837, p. 305-306.
32. *Bulletin de la Soc. vaudoise des sc. nat.*, vol X, 1869, p. 132 ; les jeunes

Pour expliquer et rendre compréhensibles les trois modes précités qui, dans la classe qui nous occupe, ont pu amener une ressemblance entre les deux sexes et les jeunes, je citerai l'exemple curieux du genre Passer[33]. Chez le moineau domestique (*P. domesticus*), le mâle diffère beaucoup de la femelle et des jeunes. La femelle et les jeunes se ressemblent, et ressemblent également beaucoup aux deux sexes et aux jeunes du moineau de Palestine (*P. brachydactilus*) et de quelques espèces voisines. Nous pouvons donc admettre que la femelle et les jeunes du moineau domestique représentent approximativement le plumage de l'ancêtre du genre. Or, chez le *P. montanus*, les deux sexes et les jeunes ressemblent beaucoup au moineau domestique mâle; ils ont donc tous été modifiés de la même manière, et s'écartent tous de la coloration typique de leur ancêtre primitif. Ceci peut provenir de ce qu'un ancêtre mâle du *P. montanus* a varié : premièrement alors qu'il était presque adulte; ou secondement alors qu'il était tout jeune, et qu'il a, dans l'un et l'autre cas, transmis son plumage modifié aux femelles et aux jeunes; ou, troisièmement, il peut avoir varié à l'état adulte et transmis son plumage aux deux sexes adultes; et, la loi de l'hérédité aux âges correspondants n'intervenant pas, l'avoir, à quelque époque subséquente, transmis aux jeunes oiseaux.

Il est impossible de déterminer quel est celui de ces trois modes qui a pu prévaloir généralement dans la classe qui nous occupe. L'hypothèse la plus probable peut-être est celle qui admet que les mâles ont varié dans leur jeunesse et transmis leurs variations à leurs descendants des deux sexes. J'ajouterai ici que j'ai tenté, avec peu de succès d'ailleurs, d'apprécier, en consultant divers ouvrages, jusqu'à quel point la période de la variation a pu déterminer chez les oiseaux en général la transmission des caractères à un des sexes ou aux deux. Les deux règles auxquelles nous avons souvent fait allusion (à savoir que les variations survenant à une époque tardive ne se transmettent qu'au même sexe, tandis que celles survenant à un âge précoce se transmettent aux deux sexes) paraissent vraies pour la première[34], pour la seconde et pour la quatrième classe de cas; mais elles sont en défaut dans la troisième, souvent dans la cinquième[35] et la sixième classe. Elles s'appliquent pourtant, autant que je puis en juger, à une majorité considérable des espèces, et nous ne devons pas oublier à cet égard la généralisation frappante que le Dr W. Marshall a faite relativement aux protubérances qui apparaissent sur la tête des oiseaux. Quoi qu'il en soit, nous

---

du cygne polonais, *Cygnus immutabilis* de Yarrell, sont toujours blancs; mais on croit que cette espèce, à ce que me dit M. Sclater, n'est qu'une variété du cygne domestique (*C. olor*).

33. Je dois à M. Blyth les renseignements sur ce genre. Le moineau de Palestine appartient au sous-genre *Petronia*.

34. Par exemple, les mâles du *Tanagra æstiva* et du *Fringilla cyanea* exigent trois ans, et celui du *Fringilla ciris,* quatre ans pour compléter leur beau plumage. (Audubon, *Ornith. Biogr.*, vol., p. 233, 280, 378.) Le Canard arlequin prend trois ans. (*Ib.*, vol. III, p. 614). Selon M. J. Jenner Weir, le Faisan doré mâle peut déjà se distinguer de la femelle à l'âge de trois mois, mais il n'atteint sa complète splendeur que vers la fin de septembre de l'année suivante.

35. Ainsi l'*Ibis tantanus* et le *Grus Americanus* exigent quatre ans, le Flamant plusieurs années, et l'*Ardea Ludoviciana* deux ans pour acquérir leur plumage parfait (Audubon, *o. c.*, vol. III, p. 133, 139, 211). . .

pouvons conclure des faits cités dans le huitième chapitre, que l'époque de la variation constitue un élément important dans la détermination de la forme de transmission.

Il est difficile de décider quelle est la mesure qui doit nous servir à apprécier, chez les oiseaux, la précocité ou le retard de l'époque de la variation ; est-ce l'âge par rapport à la durée de la vie, ou l'âge par rapport à l'aptitude de la reproduction, ou l'âge par rapport au nombre des mues que l'espèce a à subir? Les mues des oiseaux, même dans une seule famille, diffèrent quelquefois beaucoup sans cause apparente. Il est certains oiseaux qui muent de si bonne heure, que presque toutes les plumes du corps tombent avant que les premières rémiges se soient complètement développées, ce que nous ne pouvons admettre comme l'état primordial des choses. Lorsque l'époque de la mue a été accélérée, l'âge auquel les couleurs du plumage adulte se développent pour la première fois nous paraît à tort plus précoce qu'il ne l'est réellement. En effet, certains éleveurs d'oiseaux ont l'habitude d'arracher quelques plumes du poitrail à des bouvreuils, ou des plumes de la tête et du cou aux jeunes faisans dorés encore au nid afin de connaître le sexe; car, chez les mâles, ces plumes enlevées sont immédiatement remplacées par d'autres plumes colorées[36]. Comme la durée exacte de la vie n'est connue que pour peu d'oiseaux, nous ne pouvons tirer aucune conclusion certaine de cette donnée. Quant à l'époque où se produit l'aptitude à la reproduction, il est un fait remarquable, c'est que divers oiseaux peuvent reproduire, pendant qu'ils portent encore leur plumage de jeunesse[37].

Ce fait que les oiseaux se reproduisent alors qu'ils portent encore leur jeune plumage semble contraire à la théorie que la sélection sexuelle ait joué un rôle aussi important que celui que je lui attribue, c'est-à-dire qu'elle a procuré aux mâles des couleurs d'ornementation, des panaches, etc., ornements que, en vertu d'une égale transmission, elle a procuré aussi aux femelles de beaucoup d'espèces. L'objection aurait une certaine portée si les mâles plus jeunes et moins ornés réussissaient, aussi bien que les mâles plus âgés et plus beaux, à captiver les femelles et à propager leur espèce. Mais nous n'avons aucune raison pour supposer qu'il en soit ainsi. Audubon parle de la reproduction des mâles de l'*Ibis tantalus* avant l'âge adulte comme d'un

---

36. M. Blyth, dans *Charlesworth's Mag. of Nat. Hist.*, vol. I, 1837, p. 300 Les indications sur le Faisan doré sont dues à M. Bartlett.

37. J'ai remarqué les cas suivants dans l'*Ornithological Biography* d'Audubon. Le gobe-mouche américain (*Muscicapa ruticilla*, vol, I, p. 203). L'*Ibis tantalus* met quatre ans pour arriver à maturation complète, mais s'apparie quelquefois dans le cours de la seconde année (vol. III, p. 133). Ce *Grus Americanus* prend le même temps et reproduit avant d'avoir revêtu son plumage parfait (vol. III, p. 211). Les *Ardea cœrulea* adultes sont bleus et les jeunes blancs, et on peut voir appariés ensemble des oiseaux blancs pommelés et des oiseaux bleus adultes (vol. IV, p. 58); mais M. Blyth m'apprend que certains hérons sont évidemment dimorphes, car on peut voir des individus du même âge, les uns blancs, les autres colorés. Le canard arlequin (*Anas histrionica*) ne revêt son plumage complet qu'au bout de trois ans, quoiqu'un grand nombre reproduisent dès la seconde année (vol. III, p. 614). L'aigle à tête blanche (*Falco leucocephalus*, vol. III, p. 210) reproduit également avant d'être adulte. Quelques espèces d'*Oriolus* (selon MM. Blyth et Swinhoe, *Ibis*. Juillet 1863. p. 68) font de même.

fait fort rare; M. Swinhoe en dit autant des mâles non adultes de l'*Oriolus* [38].
Si les jeunes d'une espèce quelconque portant leur plumage primitif réussissaient mieux que les adultes à trouver des compagnes, le plumage adulte
se perdrait probablement bientôt, car les mâles qui conserveraient le plus
longtemps leur jeune plumage prévaudraient, ce qui tendrait à modifier
ultérieurement les caractères de l'espèce [39]. Si, au contraire, les jeunes mâles
ne parvenaient pas à se procurer des femelles, l'habitude d'une reproduction
précoce disparaîtrait tôt ou tard complètement, comme superflue et comme
entraînant à une perte de force.

Le plumage de certains oiseaux va croissant en beauté pendant plusieurs
années après qu'ils ont atteint l'état adulte ; c'est le cas de la queue du paon,
et des aigrettes et des plumets de quelques hérons, l'*Ardea Ludoviciana*
par exemple [40] ; mais on peut hésiter à attribuer le développement continu
de ces plumes à la sélection de variations successives avantageuses (bien
que, chez les oiseaux de paradis, ce soit l'hypothèse la plus probable) ou
simplement à un fait de croissance prolongée. La plupart des poissons continuent à augmenter de taille tant qu'ils sont en bonne santé et qu'ils ont à
leur disposition une quantité suffisante de nourriture ; et il se peut qu'une
loi semblable régisse la croissance des plumes des oiseaux.

CLASSE V. *Lorsque les adultes des deux sexes ont un plumage pendant
l'hiver et un autre pendant l'été, que le mâle diffère ou non de la femelle, les
jeunes ressemblent aux adultes des deux sexes dans leur tenue d'hiver, ou
beaucoup plus rarement dans leur tenue d'été, ou ressemblent aux femelles
seules; ou ils peuvent présenter un caractère intermédiaire; ou enfin ils
peuvent différer considérablement des adultes, soit que ces derniers portent leur plumage d'hiver ou celui d'été.* — Les cas que présente cette classe
sont fort complexes, ce qui n'est pas étonnant, car ils dépendent de l'hérédité
limitée plus ou moins par trois causes différentes, c'est-à-dire le sexe, l'âge
et l'époque de l'année. Dans quelques cas, des individus de la même espèce
passent au moins par cinq états distincts de plumage. Chez les espèces où
les mâles ne diffèrent de la femelle que pendant l'été, ou, ce qui est plus
rare, pendant les deux saisons [41], les jeunes ressemblent en général aux

38. Voir la note précédente.

39. D'autres animaux faisant partie de classes fort distinctes sont, ou habituellement, ou occasionnellement, capables de reproduire avant qu'ils aient
acquis leurs caractères adultes complets. C'est le cas des jeunes saumons mâles.
On connaît aussi plusieurs Amphibiens qui se sont reproduits alors qu'ils
avaient encore leur conformation larvaire. Fritz Müller a prouvé (*für Darwin*,
etc., 1869) que les mâles de plusieurs crustacés amphipodes se complètent
sexuellement fort jeunes; et je conclus que c'est là un cas de reproduction
prématurée, parce qu'ils n'ont pas encore acquis leurs appendices préhensiles
complets. Tous ces faits sont intéressants au plus haut point en ce qu'ils portent
sur un moyen qui peut provoquer de grandes modifications dans l'espèce.

40. Jerdon, *Birds of India*, vol. III, p. 507, sur le Paon. Le Dr Marshall pense
que les oiseaux de paradis mâles, plus vieux et plus brillants, ont une certaine supériorité sur les jeunes; voir *Archives Néerlandaises*, vol. VI, 1871;
Audubon, *o. c.*, vol. III, p. 139, sur l'*Ardea*.

41. Pour des exemples, voir Macgillivray, *Hist. Brit. Birds*, vol. IV; sur le
Tringa, etc., p. 229, 271; sur le *Machetes*, p. 172; sur le *Charadrius hiticula*,
p. 118; sur le *Charadrius pluvialis*, p. 94.

femelles, — comme chez le prétendu chardonneret de l'Amérique du Nord, et, selon toute apparence, chez le magnifique Maluri d'Australie [42]. Chez les espèces où les sexes se ressemblent été et hiver, les jeunes peuvent premièrement ressembler aux adultes dans leur tenue d'hiver ; secondement, ce qui est beaucoup plus rare, ils peuvent ressembler aux adultes dans leur tenue d'été ; troisièmement, ils peuvent affecter un état intermédiaire entre ces deux états ; et, quatrièmement, ils peuvent différer beaucoup des adultes en toute saison. Le *Buphus coromandus* de l'Inde nous fournit un exemple du premier de ces quatre cas : les jeunes et les adultes des deux sexes sont blancs pendant l'hiver et les adultes revêtent, pendant l'été, une teinte buffle dorée. Chez l'*Anastomus oscitans* de l'Inde, nous observons un cas semblable avec renversement des couleurs ; car les jeunes et les adultes des deux sexes sont gris et noirs pendant l'hiver, et les adultes deviennent blancs pendant l'été [43]. Comme exemple du second cas, les jeunes pingouins (*Alca torda*, Linn.), dans le premier état de leur plumage, sont colorés comme les adultes le sont en été ; et les jeunes du moineau à couronne blanche de l'Amérique du Nord (*Fringilla leucophrys*) portent, dès qu'ils sont emplumés, d'élégantes raies blanches sur la tête, qu'ils perdent ainsi que les adultes pendant l'hiver [44]. Quant au troisième cas, celui où les jeunes ont un plumage intermédiaire entre celui d'hiver et celui d'été chez les adultes, Yarrell [45] assure qu'on peut l'observer chez beaucoup d'Échassiers. Enfin, pour le dernier cas, où les jeunes diffèrent considérablement des adultes des deux sexes, soit que ces derniers portent leur plumage d'été, soit qu'ils portent leur plumage d'hiver, on observe le fait chez quelques hérons de l'Amérique du Nord et de l'Inde, les jeunes seuls étant blancs.

Je me bornerai à faire quelques remarques sur ces cas si complexes. Lorsque les jeunes ressemblent à la femelle dans sa tenue d'été, ou aux adultes des deux sexes dans leur tenue d'hiver, ils ne diffèrent de ceux groupés dans les classes I et III qu'en ce que les caractères, originellement acquis par les mâles pendant la saison des amours ont été limités dans leur transmission à la saison correspondante. Lorsque les adultes ont deux plumages distincts, un pour l'été et l'autre pour l'hiver, et que le plumage des jeunes diffère de l'un et de l'autre, le cas est plus difficile à comprendre. Nous pouvons admettre comme probable que les jeunes ont conservé un ancien état de plumage ; nous pouvons expliquer par l'influence de la sélection sexuelle le plumage d'été, ou plumage nuptial des adultes, mais comment expliquer leur plumage d'hiver distinct ? S'il nous était possible d'admettre que, dans tous les cas, ce plumage constitue une protection, son acquisition serait un fait assez simple, mais je ne vois pas de bonnes raisons sur lesquelles baser cette supposition. On peut soutenir que les conditions vitales si différentes entre l'été et l'hiver ont agi directement sur le

---

42. Sur le Chardonneret de l'Amérique du Nord, *Fringilla tristis*, Audubon, *Orn. Biogr.*, vol. I, p. 172. Pour le Maluri, Gould, *Handbook*, etc., vol. I, p. 318.

43. Je dois à M. Blyth les renseignements sur le *Buphus ;* Jerdon, *o. c.*, vol. III, p. 749. Sur l'*Anastomus*, Blyth, *Ibis*, 1867, p. 173.

44. Sur l'*Alca*, Macgillivray, *o. c.*, vol. V, p. 347. Sur la *Fringilla leucophrys*, Audubon, *o. c.*, vol. II, p. 89. J'aurai plus tard à rappeler le fait que les jeunes de certains hérons et de certaines aigrettes sont blancs.

45. *History of British Birds*, vol. I, 1839, p. 159.

plumage ; cela peut, en effet, avoir produit quelque résultat, mais je ne crois pas qu'on puisse voir dans ces conditions la cause de différences aussi considérables que celles que nous observons quelquefois entre les deux plumages. L'explication la plus probable est celle d'une conservation chez les adultes, pendant l'hiver, d'un ancien type de plumage, partiellement modifié par une transmission de quelques caractères propres au plumage d'été. En résumé, tous les cas que présente la classe qui nous occupe dépendent, selon toute apparence, de caractères acquis par les mâles adultes, caractères diversement limités dans leur transmission suivant l'âge, la saison où le sexe ; mais il serait inutile et. oiseux d'essayer de suivre plus loin des rapports aussi complexes.

Classe VI. *Les jeunes diffèrent entre eux suivant le sexe par leur premier plumage, les jeunes mâles ressemblant de plus ou moins près aux mâles adultes, et les jeunes femelles ressemblant de plus ou moins près aux femelles adultes.* — Les cas de cette classe, bien que se présentant dans des groupes divers, ne sont pas nombreux ; et cependant il nous semble tout naturel que les jeunes dussent d'abord, jusqu'à un certain point, ressembler aux adultes du même sexe, pour arriver enfin à leur ressembler tout à fait. Le mâle adulte de la fauvette à tête noire (*Sylvia atricapilla*) a la tête noire ; la tête est brun rouge chez la femelle ; et M. Blyth m'apprend qu'on peut même distinguer par ce caractère les jeunes des deux sexes encore dans le nid. On a constaté un nombre inusité de cas analogues dans la famille des merles ; le merle commun mâle (*Turdus merula*) peut se distinguer de la femelle même dans le nid. Les deux sexes de l'oiseau moqueur (*T. polyglottus*, Linn.) diffèrent fort peu l'un de l'autre ; cependant on peut facilement distinguer, dès un âge très précoce, les mâles et les femelles, en ce que les premiers offrent plus de blanc[46]. Les mâles d'une espèce habitant les forêts (*Orocetes erythrogastra*) et du merle bleu (*Petrocincla cyanea*) ont une grande partie de leur plumage d'un beau bleu, tandis que les femelles sont brunes ; et les mâles des deux espèces encore dans le nid ont les rémiges et les rectrices principales bordées de bleu, tandis que celles de la femelle sont bordées de brun[47]. De sorte que ces mêmes plumes qui, chez le jeune merle noir, prennent leur caractère adulte et deviennent noires après les autres, revêtent dès la naissance dans ces deux espèces le même caractère adulte et deviennent bleues avant les autres. Ce qu'on peut dire de plus probable sur ces cas est que les mâles, différant en cela de ceux de la première classe, ont transmis leurs couleurs à leur descendance mâle à un âge plus précoce que celui auquel ils les ont eux-mêmes acquises ; car, s'ils avaient varié très jeunes, ils auraient probablement transmis tous leurs caractères à leurs descendants des deux sexes[48].

46. Audubon, *o. c.*, vol. I, p. 113.
47. M. C. A. Wright, *Ibis*, vol. VI, 1864, p. 65. Jerdon, *Birds of India*. vol. I, p. 515. Voir aussi sur le Merle, Blyth dans Charlesworth, *Mag. of. Nat. Hist.*, vol. I, 1837, p. 113.
48. On peut ajouter les cas suivants : les jeunes mâles du *Tanagra rubra* peuvent se distinguer des jeunes femelles (Audubon, *o. c.*, vol. IV, p. 392) il en est de même des jeunes d'une Sitelle bleue *Dendrophila frontalis* de l'Inde (Jerdon, *Birds of India* vol. I, p. 389). M. Blyth m'apprend aussi que les sexes

Chez l'*Aithurus polytmus* (oiseau-mouche), le mâle est magnifiquement
coloré noir et vert, et porte deux rectrices qui sont énormément allongées ;
la femelle a une queue ordinaire et des couleurs peu apparentes ; or, au
lieu de ressembler la femelle adulte, conformément à la règle habituelle,
les jeunes mâles commencent dès leur naissance à revêtir les couleurs propres à leur sexe et leurs rectrices ne tardent pas à s'allonger. Je dois ces
renseignements à M. Gould, qui m'a communiqué le cas encore plus frappant que voici, cas qui n'a pas encore été publié. Deux oiseaux-mouches appartenant au genre *Eustephanus*, habitent la petite île de Juan-Fernandez ;
tous deux sont magnifiques de coloration et ont toujours été considérés
comme spécifiquement distincts. Mais on s'est récemment assuré que l'un,
d'une couleur brun marron fort riche, avec la tête rouge dorée, est le mâle,
tandis que l'autre, qui est élégamment panaché de vert et de blanc et a la tête
d'un vert métallique, est la femelle. Or, tout d'abord, les jeunes présentent
jusqu'à un certain point, avec les adultes du sexe correspondant, une ressemblance qui augmente peu à peu et finit par devenir complète.

Si nous considérons ce dernier cas, en nous guidant comme nous l'avons
fait jusqu'à présent sur le plumage des jeunes, il semblerait que les deux
sexes se sont embellis d'une façon indépendante, et non par transmission
partielle de la beauté de l'un des sexes à l'autre. Le mâle a, selon toute apparence, acquis ses vives couleurs par l'influence de la sélection sexuelle,
comme le paon ou le faisan dans notre première classe de cas ; et la femelle, comme celle du Rhynchæ ou du Turnix dans la seconde classe. Mais
il est fort difficile de comprendre comment ce résultat a pu se produire en
même temps chez les deux sexes de la même espèce. Comme nous l'avons
vu dans le huitième chapitre, M. Salvin constate que, chez certains oiseaux-
mouches, le nombre des mâles excède de beaucoup celui des femelles, tandis que dans d'autres espèces habitant le même pays, ce sont les femelles
qui sont en nombre plus considérable que les mâles. Or nous pourrions supposer que, pendant une longue période antérieure, les mâles des espèces de
l'île Juan-Fernandez ont de beaucoup excédé les femelles, et que, pendant
une autre longue période, ce sont les femelles qui ont été plus abondantes
que les mâles ; nous pourrions, dans ce cas, comprendre comment il se fait
que les mâles à un moment, et les femelles à un autre, aient pu s'embellir
par la sélection des individus les plus vivement colorés de chaque sexe ; les
individus des deux sexes auraient, en outre, transmis leurs caractères à
leurs jeunes, à un âge un peu plus précoce qu'à l'ordinaire. Je n'ai nullement la prétention de soutenir que cette explication soit la vraie, mais le
cas était trop remarquable pour n'être pas signalé.

Les nombreux exemples que nous avons cités, dans chacune des
six classes, nous autorisent à conclure qu'il existe d'intimes rapports entre le plumage des jeunes et celui des adultes, tant d'un
sexe que des deux sexes. Le principe qu'un sexe — qui, dans la

---

du Traquet (*Saxicola rubicola*) peuvent se distinguer de très bonne heure.
M. Salvin (*Proc. Zool. Soc.*, 1870, p. 206), cite le cas d'un oiseau-mouche analogue à celui de l'*Eustephanus*.

grande majorité des cas, est le mâle — a d'abord acquis par variation et par sélection sexuelle de vives couleurs et divers autres
ornements, puis les a transmis de diverses manières, d'après les lois
connues de l'hérédité, permet d'expliquer ces rapports. Nous ne
saurions dire pourquoi des variations ont surgi à différents âges,
même chez les espèces d'un même groupe; mais l'âge auquel les
variations ont apparu en premier lieu paraît avoir eu une influence
prépondérante sur la forme de la transmission qui a prévalu.

Le principe de l'hérédité aux âges correspondants, le fait que les
variations de couleur, qui apparaissent chez les mâles très jeunes,
ne sont pas soumises à l'influence de la sélection, mais sont, au contraire, éliminées comme dangereuses, tandis que des variations semblables surgissant à l'âge adulte, se conservent, amènent l'absence
complète, ou à peu près, de modifications dans le plumage des jeunes.
Cette absence de modifications nous permet d'entrevoir quelle a dû
être la coloration des ancêtres de nos espèces actuelles. Dans cinq de
nos six catégories, les adultes mâles et femelles d'un nombre considérable d'espèces affectent des couleurs brillantes, au moins
pendant la saison des amours, tandis que les jeunes sont invariablement moins colorés et sont même souvent tout à fait obscurs;
je n'ai, en effet, pu trouver un seul cas où les jeunes d'espèces
à couleurs sombres, offrent une coloration plus vive que celles de
leurs parents; je n'ai pu découvrir non plus un seul exemple de
jeunes, appartenant à des espèces brillamment colorées, qui portent des couleurs plus brillantes que celles de leurs parents.
Toutefois, dans la quatrième classe, où jeunes et adultes se ressemblent, il y a beaucoup d'espèces (mais non pas toutes certainement) qui sont brillamment colorées; or, comme ces espèces constituent des groupes entiers, on pourrait en conclure que les
ancêtres primitifs de ces espèces devaient porter des couleurs également brillantes. A cette exception près, et considérant les oiseaux dans leur ensemble, il nous semble que leur beauté a dû fort
s'augmenter; leur plumage devait être primitivement dans les
mêmes conditions que le plumage des jeunes aujourd'hui.

De la coloration du plumage dans ses rapports avec la protection.
—Je ne peux, on l'a vu, admettre avec M. Wallace que, dans la plupart des cas, les couleurs ternes, quand elles sont limitées aux femelles, aient été spécialement acquises dans un but de sécurité.
Toutefois, on ne peut douter que, chez beaucoup d'oiseaux, les
deux sexes n'aient subi des modifications de couleur pour échapper
aux regards de leurs ennemis; ou, dans quelques cas, pour s'appro-

cher de leur proie sans être aperçus ; ainsi le hibou, dont le plumage s'est modifié de telle sorte que son vol ne produit plus aucun bruit. M. Wallace[49] remarque que « c'est seulement sous les
tropiques, au milieu de forêts qui ne se dépouillent jamais de leur
feuillage, que nous rencontrons des groupes entiers d'oiseaux dont
le vert constitue la couleur principale ». Quiconque a eu l'occasion
de l'observer doit reconnaître combien il est difficile de distinguer
des perroquets sur un arbre couvert de feuilles. Nous devons nous
rappeler cependant que beaucoup d'entre eux sont ornés de teintes
écarlates, bleues et orangées qui ne doivent guère être protectrices.
Les pics sont des oiseaux qui vivent sur les arbres ; mais, à côté des
espèces vertes, il y a des espèces noires et des espèces noires et
blanches, et toutes ces espèces sont évidemment exposées aux
mêmes dangers. Il est donc probable que les oiseaux vivant sur les
arbres ont acquis leurs couleurs voyantes, grâce à l'influence de la
sélection sexuelle, mais que les teintes vertes ont eu sur les autres
nuances, en vertu de la sélection naturelle, un avantage comme
moyen de sécurité.

Quant aux oiseaux qui vivent sur le sol, personne ne contestera
que les teintes de leur plumage n'imitent parfaitement la couleur
de la terre. Combien n'est-il pas difficile d'apercevoir une perdrix, une bécasse, un coq de bruyère, certains pluviers, alouettes
et engoulevents, lorsqu'ils se blottissent sur le sol ! Les animaux qui habitent les déserts offrent les exemples les plus frappants en ce genre : la surface nue du sol ne leur donne aucun abri,
et la sécurité de tous les petits quadrupèdes, de tous les reptiles et
de tous les oiseaux dépend de leur couleur. Ainsi que le remarque
M. Tristram[50] au sujet des habitants du Sahara, tous sont protégés
par leur « couleur sable ou isabelle ». D'après ce que j'avais vu
dans les déserts de l'Amérique du Sud, et observé pour la plupart
des oiseaux de l'Angleterre qui vivent sur le sol, il me semblait que
les deux sexes avaient, en général, la même coloration. M'étant
adressé à M. Tristram pour les oiseaux du Sahara, il a bien voulu
me donner les informations que je transcris ici. Il y a vingt-six
espèces appartenant à quinze genres qui ont un plumage dont la
couleur les protège évidemment ; et cette coloration spéciale est
d'autant plus frappante que, pour la plupart de ces oiseaux, elle
est différente de celle de leurs congénères. Dans treize espèces sur

49. *Westminster Review*, July 1867, p. 5.
50. *Ibis*, 1859, vol. I, p. 429 et suivantes. Toutefois le docteur Rohlfs me
fait remarquer qu'à en juger par les observations qu'il a pu faire dans le
Sahara, cette assertion est trop péremptoire.

les vingt-six, les deux sexes ont la même teinte ; mais; comme elles appartiennent à des genres où l'identité de coloration est de règle ordinaire, on ne peut rien en conclure sur les couleurs protectrices dans les deux sexes des oiseaux du désert. Sur les treize autres espèces, il en est trois qui appartiennent à des genres dont les sexes diffèrent habituellement entre eux, mais qui se ressemblent au désert. Dans les dix espèces restantes, le mâle diffère de la femelle, mais la différence n'existe que dans cette partie du plumage qui se trouve cachée lorsque l'oiseau se blottit sur le sol ; la tête et le dos ayant d'ailleurs la même teinte de sable dans les deux sexes. Dans ces dix espèces, par conséquent, il y a eu action exercée par la sélection naturelle sur le plumage supérieur des deux sexes, pour le rendre semblable dans un but de sécurité; tandis que le plumage inférieur des mâles seuls a été modifié et orné par la sélection sexuelle. Comme, dans le cas actuel, les deux sexes sont également bien protégés, nous voyons clairement que la sélection naturelle n'a pas empêché les femelles d'hériter des couleurs de leurs parents mâles; nous devons donc, comme nous l'avons déjà expliqué, recourir ici à la loi de la transmission sexuellement limitée.

Dans toutes les parties du monde, les deux sexes des oiseaux à bec mou, surtout ceux qui fréquentent les roseaux et les carex, portent des couleurs sombres. Il n'est pas douteux que, si elles eussent été brillantes, ces oiseaux auraient été plus exposés à la vue de leurs ennemis; mais, autant que je puis en juger, il me paraît douteux que leurs teintes obscures aient été acquises en vue de leur sécurité. Il l'est encore davantage qu'elles l'aient été dans un but d'ornementation. Nous devons toutefois nous rappeler que les oiseaux mâles, bien que de couleur terne, diffèrent souvent beaucoup de leurs femelles, ainsi le moineau commun, ce qui ferait croire que ces couleurs sont bien un produit de la sélection sexuelle et ont été acquises comme couleurs attrayantes. Un grand nombre d'oiseaux à bec mou sont chanteurs; or, nous avons vu que les meilleurs chanteurs sont rarement ornés de belles couleurs. Il semblerait, en règle générale, que les femelles choisissent les mâles, soit à cause de leur belle voix, soit pour leurs vives couleurs, mais s'inquiètent peu de la réunion de ces deux charmes. Quelques espèces, évidemment colorées dans un but de sécurité, comme la bécasse, le coq de bruyère, l'engoulevent, sont également tachetées et ombrées avec une extrême élégance. Nous pouvons conclure que, dans ces cas, la sélection naturelle et la sélection sexuelle ont toutes deux agi pour assurer la protection et l'ornementation. On peut douter qu'il existe un oiseau qui n'ait pas quelque attrait spécial pour charmer l'autre sexe. Lorsque les deux sexes sont assez pauvres d'apparence pour exclure toute probabilité d'action de la sélection sexuelle, et qu'il n'existe aucune preuve d'utilité protectrice, il vaut mieux avouer qu'on ignore la cause de cette pauvreté d'extérieur, ou, ce qui revient à peu près au même, l'attribuer à l'action directe des conditions d'existence.

Chez beaucoup d'oiseaux, les deux sexes sont colorés d'une manière très apparente mais peu brillante, comme les nombreuses espèces qui sont noires, blanches ou pies ; or, ces colorations sont probablement le résultat de l'action de la sélection sexuelle. Chez le merle commun, chez le grand tétras, chez le tétras noir, chez la macreuse noire (*Oidemia*) et même chez un oiseau du paradis (*Lophorina atra*), les mâles seuls sont noirs, tandis que les femelles sont brunes ou pommelées, et il n'est guère douteux que, dans ces cas, la couleur noire ne soit le résultat de la sélection sexuelle. Il est donc jusqu'à un certain point probable que la coloration noire complète ou partielle des deux sexes, chez des oiseaux comme les corbeaux, quelques cacatoès, quelques cigognes, quelques cygnes, et beaucoup d'oiseaux de mer, est également le résultat de la sélection sexuelle, avec égale transmission aux deux sexes, car la couleur noire ne peut, dans aucun cas, servir à la sécurité. Chez plusieurs oiseaux où le mâle seul est noir, et chez d'autres où les deux sexes le sont, le bec et la peau qui recouvre la tête revêtent une coloration intense, et le contraste qui en résulte ajoute beaucoup à leur beauté ; nous en voyons des exemples dans le bec jaune brillant du merle mâle, dans la peau écarlate qui recouvre les yeux du tétras noir et du grand tétras, dans le bec diversement et vivement coloré de la macreuse noire (*Oidemia*), les becs rouges des choucas (*Corvus graculus*, Linn.), des cygnes et des cigognes à plumage noir. Ceci m'a conduit à penser qu'il n'y aurait rien d'impossible à ce que les toucans puissent devoir à la sélection sexuelle les énormes dimensions de leur bec, dans le but d'exhiber les raies colorées si variées et si éclatantes qui ornent cet organe [51]. La peau

---

51. On n'a point encore trouvé d'explication satisfaisante de l'immense grosseur et encore moins des vives couleurs du bec du toucan. M. Bates (*the Naturalist on the Amazons*, II, p. 341, 1863) constate que ces oiseaux se servent de leur bec pour atteindre les fruits placés aux dernières extrémités des branches ; et aussi, comme l'ont signalé d'autres observateurs, pour prendre les œufs et les jeunes dans les nids des autres. Mais, d'après M. Bates, on ne peut guère considérer ce bec comme un instrument bien conformé pour les usages auxquels il sert. La grande masse du bec résultant de ses trois dimensions n'est pas compréhensible si l'on ne veut voir en lui qu'un organe à saisir les objets. M. Belt (*the Naturalist in Nicaragua*, p. 197) croit que le bec sert de défense principalement à la femelle quand elle couve.

nue qui se trouve à la base du bec et autour des yeux, est souvent aussi très brillamment colorée, et M. Gould dit, en parlant d'une espèce [51], que les couleurs du bec « sont incontestablement à leur point le plus brillant et le plus beau pendant la saison des amours ». Il n'y pas plus d'improbabilité à ce que les toucans se soient embarrassés d'énormes becs, que leur structure rend d'ailleurs aussi légers que possible, pour un motif qui nous paraît à tort insignifiant, à savoir l'étalage de belles couleurs, qu'il n'y en a à ce que les faisans argus et quelques autres oiseaux mâles aient acquis de longues pennes qui les encombrent au point de gêner leur vol.

De même que chez diverses espèces les mâles seuls sont noirs, tandis que les femelles sont de couleur terne, de même aussi, dans quelques cas, les mâles seuls sont partiellement ou entièrement blancs, comme chez plusieurs *Chasmorynchus* de l'Amérique du Sud, chez l'oie antarctique (*Bernicla antarctica*), chez le faisan argenté, etc., tandis que les femelles restent sombres ou obscurément pommelées. Par conséquent, en vertu du même principe, il est probable que les deux sexes de beaucoup d'oiseaux, tels que les cacatoès blancs, plusieurs hérons avec leurs splendides aigrettes, certains ibis, certains goëlands, certains sternes, etc., ont acquis par sélection sexuelle leur plumage plus on moins blanc. Ce plumage blanc n'apparaît quelquefois qu'à l'état adulte. C'est également le cas chez certaines oies d'Écosse, chez certains oiseaux des tropiques, etc., et chez l'*Anser hyperboreus*. Cette dernière espèce se reproduit sur les terrains arides, non couverts de neige, puis émigre vers le Midi pendant l'hiver ; il n'y a donc pas de raison de supposer que son plumage blanc lui serve de protection. Dans le cas de l'*Anastomus oscitans*, auquel nous avons précédemment fait allusion, nous trouvons la preuve que le plumage blanc a un caractère nuptial, car il ne se développe qu'en été ; les jeunes et les adultes, dans leur terme d'hiver, sont gris et noirs. Chez beaucoup de mouettes (*Larus*), la tête et le cou deviennent blanc pur pendant l'été, tandis qu'ils sont gris ou pommelés pendant l'hiver et chez les jeunes. D'autre part, chez les mouettes plus petites (*Gavia*), et chez quelques hirondelles de mer (*Sterna*), c'est précisément le contraire ; pendant la première année pour les jeunes, et pendant l'hiver pour les adultes, la tête est d'un blanc pur ou d'une teinte beaucoup plus pâle que pendant la saison des amours. Ces derniers cas offrent un autre exemple de la manière capricieuse suivant laquelle la sélection sexuelle paraît avoir fréquemment exercé son action [53].

52. *Ramphastos carinatus;* Gould, *Monogr. of Ramphastidæ.*
53. Sur le *Larus;* le *Gavia*, le *Sterna*, voir Macgillivray, *Hist. Brit. Birds,*

La plus grande fréquence d'un plumage blanc chez les oiseaux
aquatiques que chez les oiseaux terrestres provient probablement de
leur grande taille et de leur puissance de vol, ce qui leur permet de
se défendre aisément contre les oiseaux de proie ou de leur échapper; ils sont d'ailleurs peu exposés aux attaques. La sélection
sexuelle n'a donc pas été troublée ou réglée par des besoins de sécurité. Il est hors de doute que, chez des oiseaux qui planent librement au-dessus de l'Océan, les mâles et femelles se rencontreront
plus facilement, si leur plumage blanc ou noir intense les rend très
apparents; ces colorations semblent donc remplir le même but que
les notes d'appel de beaucoup d'oiseaux terrestres [54]. Un oiseau
blanc ou noir qui s'abat sur une carcasse flottant sur la mer ou
échouée sur le rivage sera vu à une grande distance et attirera
d'autres oiseaux de la même espèce ou d'autres espèces; mais il
en résulterait un désavantage pour les premiers arrivés, les individus les plus blancs ou les plus noirs n'ayant pu prendre plus de
nourriture que les individus moins brillants. La sélection naturelle
n'a donc pu graduellement produire les couleurs voyantes dans ce
but.

La sélection sexuelle dépendant des caprices du goût, il est facile
de comprendre qu'il peut exister dans un même groupe d'oiseaux,
ayant presque les mêmes habitudes, des espèces blanches ou à
peu près, et des espèces noires ou approchant, — par exemple
chez les cacatoès, chez les cigognes, les ibis, les cygnes, les
sternes et les pétrels. On rencontre quelquefois dans les mêmes
groupes des oiseaux pies; par exemple le cygne à cou noir, certains sternes, et la·pie commune. Il suffit de parcourir une collection de spécimens ou une série de figures coloriées, pour conclure que les contrastes prononcés de couleur plaisent aux oiseaux;
car les sexes diffèrent fréquemment entre eux en ce que le mâle
a des parties pâles d'un blanc plus pur et des parties colorées de
diverses manières, encore plus foncées de teinte que la femelle.

Il semble même que la simple nouveauté, le changement pour le
changement, ait quelquefois eu de l'attrait pour les oiseaux
femelles, de même que les changements de la mode ont de l'attrait
pour nous. Ainsi, des perroquets mâles à peine plus beaux que les

V, p. 515, 584, 626. Sur l'*Anser hyperboreus,* Audubon, *o. c.,* IV, p. 562. Sur
l'*Anastomie,* Blyth, *Ibis,* p. 173, 1867.
    54. On peut remarquer que, chez les vautours qui errent dans les grandes
étendues des plus hautes régions de l'atmosphère, comme les oiseaux marins
sur l'Océan, il y a trois ou quatre espèces blanches en totalité ou en partie, et
que beaucoup d'autres sont noires. Ce fait confirme la conjecture que ces couleurs voyantes facilitent la rencontre des sexes pendant la saison des amours.

femelles, à notre avis, ne diffèrent de celles-ci que par un collier rose, au lieu du « collier étroit vert émeraude éclatant » ou par un collier noir remplaçant « le demi-collier jaune antérieur », ou encore par les teintes roses de la tête qui se sont substituées au bleu de prune [55]. Tant d'oiseaux mâles sont pourvus, à titre d'ornement principal, de rectrices ou d'aigrettes allongées, que la queue écourtée que nous avons décrite chez un oiseau-mouche et l'aigrette diminuée du mâle du grand Harle semblent pouvoir se comparer aux nombreux changements que la mode apporte sans cesse à nos costumes, changements que nous ne nous lassons pas d'admirer.

Quelques membres de la famille des hérons nous offrent un cas encore plus curieux d'une nouvelle coloration qui, selon toute apparence, n'a été appréciée que pour sa nouveauté. Les jeunes de l'*Ardea asha* sont blancs, les adultes de couleur ardoisée et foncée; et non seulement les jeunes, mais les adultes d'une espèce voisine (*Buphus coromandus*), sont blancs dans leur plumage d'hiver, et teinte chamois doré pendant la saison des amours. Il est difficile de croire que les jeunes de ces deux espèces, ainsi que de quelques membres de la même famille [56], aient revêtu spécialement un blanc pur, et soient ainsi devenus très voyants pour leurs ennemis; ou que les adultes d'une des deux espèces aient été spécialement rendus blancs pendant l'hiver dans un pays qui n'est jamais couvert de neige. D'autre part, nous avons lieu de croire que beaucoup d'oiseaux ont acquis la couleur blanche comme ornement sexuel. Nous pouvons donc conclure qu'un ancêtre reculé de l'*Ardea asha* et qu'un ancêtre du *Buphus* ont revêtu un plumage blanc pendant la saison des amours, et qu'ils l'ont ensuite transmis à leurs jeunes; de sorte que les jeunes et les adultes devinrent blancs comme certains hérons à aigrettes; cette couleur blanche a été ensuite conservée par les jeunes, tandis que les adultes l'échangeaient pour des teintes plus prononcées. Mais si nous pouvions remonter plus en arrière encore dans le passé, jusqu'aux ancêtres plus anciens de ces deux espèces, nous verrions probablement que les adultes avaient une coloration foncée. Je conclus qu'il en serait ainsi par l'analogie avec d'autres oiseaux qui ont des couleurs sombres lorsqu'ils sont jeunes, et deviennent blancs une fois adultes; ce qui le prouve plus particulièrement, d'ailleurs, c'est l'exemple de l'*Ardea*

55. Sur le genre *Palæornis*, Jerdon, *Birds of India*, 1, p. 258-260.
56. Les jeunes des *Ardea rufescens* et des *A. cærulea* des États-Unis sont également blancs, les adultes étant colorés selon leurs noms spécifiques. Audubon (*o. c.*, III, p. 416; IV, p. 58) paraît satisfait à la pensée que ce changement remarquable dans le plumage déconcertera grandement les systématistes.

gularis, dont les couleurs sont l'inverse de celles de l'*A. asha*, car les jeunes de cette espèce portent des couleurs sombres, parce qu'ils ont conservé un ancien état de plumage, et les adultes sont blancs. Il paraît donc que, dans leur état adulte, les ancêtres des *Ardea asha*, des *Buphus* et de quelques formes voisines, ont éprouvé, dans le cours d'une longue ligne de descendance, les changements de couleur suivants : d'abord une teinte sombre, puis blanc pur, et, enfin, par un autre changement de mode (si je puis m'exprimer ainsi), leurs teintes actuelles ardoisées, rougeâtres, ou chamois doré. On ne peut comprendre ces changements successifs qu'en admettant le principe que les oiseaux ont admiré la nouveauté pour elle-même.

Plusieurs savants ont repoussé toute la théorie de la sélection sexuelle en se basant sur ce que chez les animaux, de même que chez les sauvages, le goût de la femelle pour certaines couleurs et pour certains ornements ne peut pas persister pendant de nombreuses générations; que les femelles doivent admirer tantôt une couleur, tantôt une autre, et qu'en conséquence aucun effet permanent ne pourrait se produire. Nous admettons parfaitement que le goût est apte à changer, mais non pas d'une façon absolument arbitraire. Le goût, nous en voyons la preuve chez l'espèce humaine, dépend beaucoup de l'habitude; nous pouvons admettre qu'il en est de même chez les oiseaux et chez les autres animaux. Même quand il s'agit de nos costumes, le même caractère général persiste très longtemps et les changements sont presque toujours gradués. Nous citerons, dans un chapitre subséquent, des faits nombreux qui prouvent évidemment que les sauvages de bien des races ont admiré, pendant de longues générations, les mêmes cicatrices sur la peau, les mêmes perforations hideuses des lèvres, des narines ou des oreilles, etc., et ces difformités présentent quelque analogie avec les ornements naturels de divers animaux. Toutefois ces modes ne persistent pas toujours chez les sauvages, comme semblent le prouver les différences au point de vue des ornements qu'on observe entre les tribus alliées habitant le même continent. En outre, les éleveurs d'animaux ont certainement admiré pendant bien des générations et admirent encore les mêmes races; ils recherchent avec soin de légères modifications qu'ils considèrent comme un perfectionnement, mais ils repoussent tout changement considérable qui se présente soudainement. Nous n'avons aucune raison de supposer que les oiseaux à l'état de nature admireraient un mode de coloration entièrement nouveau, en admettant même que de grandes et soudaines variations surgissent fréquemment, ce qui est loin d'être le cas. Nous savons que les pigeons de colombier ne s'associent pas volontiers avec les pigeons de diverses couleurs; nous savons aussi que les oiseaux albinos ne trouvent pas à s'accoupler, et que les corbeaux noirs des îles Féroé chassent impitoyablement les corbeaux-pies qui habitent les mêmes îles. Mais cette haine pour un changement soudain n'empêche certainement pas les oiseaux d'apprécier des modifications légères, tout comme le fait l'homme. En conséquence, quand il s'agit du goût qui dépend de bien des causes, mais surtout de l'habitude et aussi de l'amour de la nouveauté, il semble probable que les animaux ont admiré pendant une longue période le même style général d'ornementation et d'autres attractions, et cependant qu'ils apprécient de légères modifications dans les couleurs, les formes ou la musique.

Résumé des quatre chapitres sur les Oiseaux. — La plupart des oiseaux mâles sont très batailleurs pendant la saison des amours, et il en est qui ne sont armés que dans le but spécial de se battre avec leurs rivaux. Mais la réussite des plus belliqueux et des mieux armés ne dépend que rarement de leur triomphe sur leurs rivaux; il leur faut, en outre, des moyens spéciaux pour charmer les femelles. C'est, chez les uns, la faculté de chanter ou d'émettre des cris étranges, ou d'exécuter une sorte de musique instrumentale : aussi les mâles diffèrent-ils des femelles par leurs organes vocaux ou par la conformation de certaines plumes. La diversité singulière des moyens propres à produire des sons différents nous montre l'importance que doit avoir ce moyen quand il s'agit de séduire les femelles. Beaucoup d'oiseaux cherchent à attirer l'attention des femelles en se livrant à des danses et à des bouffonneries, soit sur le sol, soit dans les airs, quelquefois sur des emplacements préparés. Mais les moyens les plus communs consistent en ornements de diverses sortes, teintes éclatantes, crêtes et appendices, plumes magnifiques fort longues, huppes, etc. Dans quelques cas, la simple nouveauté paraît avoir exercé un attrait. Les ornements que portent les mâles semblent avoir pour eux une haute importance, car ils les ont souvent acquis au prix d'une augmentation de danger du côté de l'ennemi, et même d'une perte de puissance dans la lutte contre leurs rivaux. Les mâles de beaucoup d'espèces ne revêtent leur costume brillant qu'à l'âge adulte, ou seulement pendant la saison des amours; les couleurs prennent alors une plus grande intensité. Certains appendices décoratifs s'agrandissent, deviennent turgescents et très colorés pendant qu'ils font leur cour. Les mâles étalent leurs charmes devant les femelles avec un soin raisonné et de manière à produire le meilleur effet. La cour que les mâles font aux femelles est quelquefois une affaire de longue haleine, et un grand nombre de mâles et de femelles se rassemblent en un lieu désigné pour se courtiser. Supposer que les femelles n'apprécient pas la beauté des mâles serait admettre que les belles décorations de ces derniers et l'étalage pompeux qu'ils en font sont inutiles; ce qui n'est pas croyable. Les oiseaux ont une grande finesse de discernement, et il est des cas qui prouvent qu'ils ont du goût pour le beau. Les femelles manifestent d'ailleurs parfois une préférence ou une antipathie marquée pour certains individus mâles.

Si on admet que les femelles sont inconsciemment excitées par les plus beaux mâles et les préfèrent, il faut admettre aussi que la sélection sexuelle doit tendre, lentement mais sûrement, à rendre les mâles toujours plus attrayants. Du fait que, dans presque tous les genres, où les sexes ne sont pas semblables quant à l'extérieur, les mâles diffèrent beaucoup plus entre eux que les femelles, on peut conclure que le sexe mâle a été le plus modifié; c'est ce que prouvent certaines espèces représentatives très voisines, chez lesquelles les femelles se ressemblent toutes, tandis que les mâles sont fort différents. Les oiseaux à l'état de nature présentent des différences individuelles qui suffiraient amplement à l'œuvre de la sélection sexuelle; mais nous avons vu qu'ils sont parfois l'objet de variations plus prononcées revenant si fréquemment qu'elles seraient aussitôt fixées si elles servaient à séduire les femelles. Les lois de la variation auront déterminé la nature des changements primitifs et largement influencé le résultat final. Les gradations qu'on observe entre les mâles d'espèces voisines indiquent la nature des échelons franchis, et expliquent d'une manière fort intéressante certains caractères, tels que les ocelles dentelés des plumes caudales du paon, et surtout les ocelles si étonnamment ombrés des rémiges du faisan Argus. Il est évident que ce n'est pas comme moyen de sécurité que beaucoup d'oiseaux mâles ont acquis de vives couleurs, des huppes, des plumes allongées, etc. C'est là même quelquefois pour eux une cause de danger. Nous pouvons être sûrs que ces ornements ne proviennent pas de l'action directe et définie des conditions de la vie, puisque les femelles, dans ces mêmes conditions, diffèrent souvent des mâles à un degré extrême. Bien qu'il soit probable que des conditions modifiées, agissant pendant une longue période, aient dû produire quelque effet défini sur les deux sexes, leur résultat le plus important aura été une tendance croissante vers une variabilité flottante ou vers une augmentation des différences individuelles, ce qui aura fourni à la sélection sexuelle un excellent champ d'action.

Les lois de l'hérédité, en dehors de la sélection, paraissent avoir déterminé si les organes acquis par les mâles soit à titre d'ornements, soit pour produire des sons, soit pour se battre, ont été transmis aux mâles seuls ou aux deux sexes, d'une manière permanente, ou périodiquement pendant certaines saisons de l'année. On ignore, dans la plupart des cas, pourquoi divers caractères ont été tantôt transmis d'une manière, tantôt d'une autre ; mais l'époque de la variabilité paraît souvent avoir été la cause déterminante de ces phénomènes. Lorsque les deux sexes ont hérité de tous les caractères communs, ils se ressemblent nécessairement ; mais, comme les variations successives peuvent se transmettre différemment, on peut observer tous les degrés possibles, même dans un genre donné, depuis une identité des plus complètes jusqu'à la dissemblance la plus grande entre les sexes. Chez beaucoup d'espèces voisines, ayant à peu près les mêmes habitudes, les mâles sont arrivés à différer les uns des autres surtout par l'action de la sélection sexuelle ; tandis que les femelles en sont venues à différer les unes des autres principalement parce qu'elles participent à un degré plus ou moins grand aux caractères acquis par les mâles. De plus, les effets définis des conditions d'existence ne seront pas masqués chez les femelles, comme ils le sont chez les mâles, par les couleurs tranchées et par les autres ornements que la sélection sexuelle accumule chez eux. Les individus des deux sexes, quelque modifiés qu'ils soient par ces conditions extérieures, resteront presque uniformes à chaque période successive par le libre entrecroisement d'un grand nombre d'individus.

Chez les espèces où les sexes diffèrent de couleur, il est possible qu'il y ait eu d'abord tendance à la transmission égale aux deux sexes des variations successives, mais que les dangers auxquels les femelles auraient été exposées pendant l'incubation, si elles avaient revêtu les brillantes couleurs des mâles, en ont empêché le développement chez elles. Mais, autant que je puis le voir, il serait très-difficile de convertir une des formes de transmission en une autre, au moyen de la sélection naturelle. D'un autre côté, il n'y aurait aucune difficulté à donner à une femelle des couleurs ternes, le mâle restant ce qu'il est, par la sélection de variations successives qui, dès le principe, ne seraient transmises qu'au même sexe. Jusqu'à présent, il est encore douteux que les femelles de beaucoup d'espèces aient été ainsi modifiées. Lorsque, en vertu de la loi d'égale transmission des caractères aux deux sexes, les

femelles ont revêtu des couleurs aussi vives que les mâles, leurs
instincts ont souvent dû se modifier et les pousser à se construire
des nids couverts ou cachés.

Dans un petit nombre de cas curieux, les caractères et les habitudes des deux sexes ont subi une transposition complète : les femelles sont, en effet, plus grandes, plus fortes, plus criardes et
plus richement colorées que les mâles. Elles sont aussi devenues
assez querelleuses pour se battre les unes avec les autres, afin de
s'emparer des mâles, comme les mâles des espèces les plus belliqueuses pour s'assurer la possession des femelles. Si, comme cela
paraît probable, elles chassent ordinairement les femelles rivales
et attirent les mâles par l'étalage de leurs vives couleurs ou de
leurs autres charmes, nous pouvons comprendre comment elles
sont devenues peu à peu, grâce à la sélection sexuelle et à la transmission limitée au sexe, plus belles que les mâles, — ceux-ci ne
s'étant que peu ou pas modifiés.

Toutes les fois que prévaut la loi d'hérédité à l'âge correspondant,
mais non celle de la transmission sexuellement limitée, et que les
parents varient à une époque tardive de leur vie, — fait constant
chez nos races gallines et qui se manifeste aussi chez d'autres oiseaux, — les jeunes ne subissent aucune modification, tandis que
les adultes des deux sexes éprouvent de grands changements. Si
ces deux lois de l'hérédité prévalent, et que l'un ou l'autre sexe
varie tardivement, ce sexe seul se modifie ; l'autre sexe et les jeunes
restent intacts. Lorsque des variations brillantes ou affectant tout
autre caractère voyant surgissent à une époque précoce de la vie,
ce qui arrive souvent, la sélection sexuelle ne peut agir sur elles
que lorsque les jeunes se trouvent en état de reproduire ; il s'ensuit
que la sélection naturelle pourra les éliminer, si elles sont dangereuses pour les jeunes. On comprend ainsi comment les variations
qui surgissent tardivement ont été si souvent conservées pour
l'ornementation des mâles ; les femelles et les jeunes n'éprouvent
aucune modification, et restent par conséquent semblables entre
eux. Les degrés et la nature des ressemblances entre les parents et
les jeunes deviennent d'une complexité extrême, dans les espèces
qui revêtent un plumage distinct pour l'été et pour l'hiver, car les
mâles ressemblent alors aux femelles ou en diffèrent, soit dans les
deux saisons, soit dans une seule : les caractères acquis par les
mâles se doivent transmettre, mais avec des modifications que déterminent l'âge du père et de la mère, le sexe du jeune et la saison.

Les jeunes d'un grand nombre d'espèces n'ayant subi que peu de
modifications dans la couleur et les autres ornements, nous pou-

vons nous faire quelque idée du plumage de leurs ancêtres reculés ; et en conclure que la beauté de nos espèces existantes, si nous envisageons la classe dans son ensemble, a considérablement augmenté. Beaucoup d'oiseaux, surtout ceux qui vivent sur le sol, revêtent sans aucun doute des couleurs sombres comme moyen de se protéger. La partie du plumage exposée à la vue s'est parfois ainsi colorée chez les deux sexes, tandis que la sélection sexuelle a orné de différentes façons le plumage de la partie inférieure du corps des mâles seuls. Enfin, les faits signalés dans ces quatre chapitres nous permettent de conclure que les variations et la sélection sexuelle ont généralement produit chez les mâles les armes de bataille, les organes producteurs de sons, les ornements divers, les couleurs vives et frappantes, et que ces caractères se sont transmis de différentes manières, conformément aux diverses lois de l'hérédité, — les femelles et les jeunes n'ayant été comparativement que peu modifiés [57].

CHAPITRE XVII

CARACTÈRES SEXUELS SECONDAIRES CHEZ LES MAMMIFÈRES

La loi de combat. — Armes particulières limitées aux mâles. — Cause de leur absence chez la femelle. — Armes communes aux deux sexes, mais primitivement acquises par le mâle. — Autres usages de ces armes. — Leur haute importance. — Taille plus grande du mâle. — Moyens de défense. — Sur les préférences manifestées par l'un et l'autre sexe dans l'accouplement des mammifères.

Chez les Mammifères, le mâle paraît obtenir la femelle bien plus par le combat que par l'étalage de ses charmes. Les animaux les plus timides, dépourvus de toute arme propre à la lutte, se livrent des combats furieux pendant la saison des amours. On a vu deux lièvres se battre jusqu'à ce que l'un des deux restât sur la place ; les taupes mâles se battent souvent aussi et quelquefois avec de terribles résultats. Les écureuils mâles « se livrent des assauts fréquents, et se blessent parfois mutuellement d'une façon sérieuse ; les castors mâles luttent entre eux avec un tel acharnement, qu'on trouve à peine une peau de ces animaux sans cicatrices [1] ». J'ai

57. Je dois à M. Sclater toute ma reconnaissance pour l'obligeance avec laquelle il a bien voulu revoir ces quatre chapitres sur les Oiseaux et les deux suivants sur les Mammifères, et m'éviter ainsi toute erreur sur les noms spécifiques, ou l'insertion de faits que ce naturaliste distingué aurait pu reconnaître comme erronés. Mais il va sans dire qu'il n'est nullement responsable de l'exactitude des assertions que j'ai empruntées à diverses autorités.

1. Voy. le récit de Waterton (*Zoologist*, 1, p. 211, 1843) sur un combat entre

observé le même fait sur la peau des guanacos en Patagonie, et un jour quelques-uns de ces animaux étaient si absorbés par leur combat, qu'ils passèrent à côté de moi sans paraître éprouver aucune frayeur. Livingstone constate que les mâles d'un grand nombre d'animaux de l'Afrique méridionale portent presque tous les marques de blessures reçues dans leurs combats.

La loi du combat prévaut aussi bien chez les mammifères aquatiques que chez les mammifères terrestres. Il est notoire que les phoques se battent avec acharnement, avec leurs dents et avec leurs griffes, pendant la saison des amours; eux aussi fort souvent ont la peau couverte de cicatrices. Les cachalots mâles sont également fort jaloux pendant cette saison, et, dans leurs luttes, « ils engagent mutuellement leurs mâchoires, se retournent et se tordent en tous sens » : la déformation fréquente de leurs mâchoires inférieures provient de ces combats [1].

On sait que tous les animaux mâles dont certains organes constituent des armes propres à la lutte se livrent des batailles terribles. On a souvent décrit le courage et les combats désespérés des cerfs ; on a trouvé dans diverses parties du monde quelques squelettes de ces animaux, inextricablement engagés par les cornes, ce qui indique comment avaient misérablement péri ensemble le vainqueur et le vaincu [3]. Il n'y a pas d'animal au monde qui soit plus dangereux que l'éléphant en rut. Lord Tankerville m'a raconté les luttes que se livrent les taureaux sauvages de Chillingham-Park, descendants dégénérés en taille, mais non en courage, du gigantesque *Bos primigenius*. Plusieurs taureaux, en 1861, se disputaient la suprématie : on observa que deux des plus jeunes avaient attaqué ensemble et de concert le vieux chef du troupeau, l'avaient renversé et mis hors de combat, et les gardiens pensèrent qu'il devait être dans quelque bois voisin, blessé sans doute mortellement. Mais quelques jours plus tard, un des jeunes taureaux s'étant approché seul du bois, le

deux lièvres. Sur les taupes, Bell, *Hist. of Brit. Quadrupeds*, 1re édit., p. 100. Sur les Écureuils, Audubon et Bachman, *Viviparous Quadrupeds of N. America*, p. 269, 1846. Sur les castors. M. A. H. Green. *Journ. of Linn. Soc. Zoolog.*, vol. X, p. 362, 1869.

2. Sur les combats de phoques, Capt. C. Abbott, *Proc. Zool. Soc.*, p. 191, 1868; M. R. Brown, *ib.*, p. 436, 1868; L. Lloyd, dans *Game Birds of Sweden*, p. 412, 1867, et Pennant; sur le Cachalot, M. J. H. Thompson, *Proc. Zool. Soc.*, p. 246, 1867.

3. Voy. Scrope (*Art of Deer-stalking*, p. 17), sur l'entrelacement des cornes chez le *Cervus Elaphus*. Richardson, dans *Fauna Bor. Americana*, p. 252, 1829, raconte qu'on a trouvé des cornes de wapitis, d'élans et de rennes inextricablement engagées. Sir A. Smith a trouvé au cap de Bonne-Espérance les squelettes de deux gnous ainsi attachés ensemble.

chef, qui ne cherchait que l'occasion de prendre sa revanche, en sortit, et, en quelques instants, tua son adversaire. Il rejoignit ensuite tranquillement le troupeau, sur lequel il régna sans contestation pendant fort longtemps. L'amiral sir B. J. Sullivan m'a dit que, lorsqu'il résidait aux îles Falkland, il y avait importé un jeune étalon anglais, qui vivait avec huit juments sur les collines voisines de Port William. Deux étalons sauvages,.ayant chacun une petite troupe de juments, se trouvaient sur ces collines; « il est certain que ces étalons ne se seraient jamais rencontrés sans se battre. Tous deux avaient, chacun de son côté, essayé d'attaquer le cheval anglais et d'emmener ses juments, mais sans réussir. Un jour, ils arrivèrent *ensemble* pour l'attaquer. Le capitan à la garde duquel les chevaux étaient confiés se rendit aussitôt sur les lieux et trouva un des étalons aux prises avec l'anglais, tandis que l'autre cherchait à emmener les juments, et il avait déjà réussi à en détourner quatre. Le capitan arrangea l'affaire en chassant toute la bande dans un corral, car les étalons sauvages ne voulaient pas abandonner les juments.

Les animaux mâles déjà pourvus de dents capables de couper ou de déchirer pour les usages ordinaires de la vie, comme les carnivores, les insectivores et les rongeurs, sont rarement munis d'armes spécialement adaptées en vue de la lutte avec leurs rivaux. Il en est autrement chez les mâles de beaucoup d'autres animaux. C'est ce que prouvent les cornes des cerfs et de certaines espèces d'antilopes dont les femelles sont désarmées. Chez beaucoup d'animaux, les canines de la mâchoire supérieure ou de la mâchoire inférieure, ou même des deux mâchoires, sont beaucoup plus grandes chez les mâles que chez les femelles, ou manquent chez ces dernières, à un rudiment caché près. Certaines antilopes, le cerf musqué, le chameau, le cheval, le sanglier, divers singes, les phoques et le morse offrent des exemples de ces différents cas. Les défenses font quelquefois entièrement défaut chez les morses femelles [4]. Chez l'éléphant indien mâle et chez le dugong mâle [5], les incisives supérieures constituent des armes offensives. Chez le narval mâle, une seule des dents supérieures se développe et forme la pièce bien connue sous le nom de corne, qui est tordue en spirale et atteint quelquefois de neuf à dix pieds de longueur. On croit que les mâles se servent de

---

4. M. Lamont (*Seasons with the Sea-Horses*, p. 143, 1861), dit qu'une bonne défense d'un morse mâle pèse quatre livres, et est plus longue que celle de la femelle, qui en pèse environ trois. Les mâles se livrent de furieux combats. Sur l'absence occasionnelle des défenses chez la femelle, voir R. Brouw, *Proc. Zool. Soc.*, 1868, p. 429.

5. Owen, *Anat. of Vert*, III, p. 283.

cette arme pour se battre, car « on trouve rarement de ces cornes qui ne soient pas cassées, et on en rencontre parfois dont la partie fendue contient encore la pointe de la corne d'un ennemi[6]. » La dent du côté opposé de la tête consiste, chez le mâle, en un rudiment d'environ dix pouces de longueur qui reste enfoui dans la mâchoire. Quelquefois cependant, mais le fait est assez rare, on trouve des narvals mâles, chez lesquels les deux dents sont également bien développées. Chez les femelles ces deux dents restent toujours rudimentaires. Le cachalot mâle a la tête plus grande que la femelle, ce qui semble prouver que, chez ces animaux, la tête joue un rôle dans les combats aquatiques. Enfin, l'ornithorhynque mâle adulte est pourvu d'un appareil remarquable, consistant en un ergot placé sur la partie antérieure de la jambe, ergot qui ressemble beaucoup au crochet des serpents venimeux ; Harting affirme que la sécrétion de la glande ne constitue pas un poison ; on observe sur la jambe de la femelle une dépression qui semble destinée à recevoir cet ergot[7].

Lorsque les mâles sont pourvus d'armes dont les femelles sont privées, il ne peut guère y avoir de doute qu'elles servent aux combats auxquels ils se livrent entre eux, et que ces armes ont été acquises par sélection sexuelle et transmises au sexe mâle seul. Il n'est pas probable, au moins dans la plupart des cas, que ces armes aient été refusées aux femelles, comme pouvant leur être inutiles ou en quelque sorte nuisibles. Comme, au contraire, les mâles se servent souvent de ces armes pour des buts divers, mais surtout pour se défendre contre leurs ennemis, il est étonnant qu'elles soient si peu développées ou même absentes chez tant d'animaux femelles. Il est certain que le développement de gros bois avec leurs ramifications chez la femelle du cerf, au retour de chaque printemps, et celui d'énormes défenses chez les éléphants femelles, en admettant qu'elles ne leur fussent d'aucune utilité, auraient occasionné une grande déperdition de force vitale. Par conséquent, la sélection naturelle a dû tendre à les éliminer chez les femelles, mais à condition que les variations successives tendant à cette élimination ont été transmises au sexe femelle seul, car autrement les armes des mâles auraient été très affectées et il en serait évidemment résulté un préjudice plus considérable pour l'espèce. En

6. M. R. Brown, *Proc. Zool. Soc.*, p. 553, 1869. Voir prof. Turner, *Journal. Anat. and Phys.*, 1872, p. 76, sur la nature homogène de ces défenses. M. J. W. Clarke parle de deux défenses développées chez les mâles, *Proc. Zoolog. Soc.*, 1871, p. 42.

7. Owen sur le cachalot et l'ornithorhynque, *o. c.*, III, p. 638, 641. Le docteur Zouteveen cite Harting dans la traduction hollandaise de cet ouvrage, vol. II, p. 292.

résumé, et les faits que nous allons citer confirment cette hypothèse, il paraît probable qu'il faut attribuer à la sorte d'hérédité qui a prévalu les différences que l'on observe chez les deux sexes au point de vue des armes qu'ils possèdent.

Le renne étant la seule espèce, dans toute la famille des cerfs, dont la femelle ait des cornes, un peu plus petites, il est vrai, un peu plus minces et un peu moins ramifiées que celles du mâle, on pourrait en conclure que ces cornes ont quelque utilité. On a cependant la preuve du contraire. La femelle conserve ses bois depuis le moment où ils sont complètement développés, c'est-à-dire en septembre, jusqu'en avril ou mai, époque où elle met bas. M. Crotch a bien voulu faire pour moi des recherches sérieuses en Norwège; il paraît que les femelles, à cette époque, se cachent pendant une quinzaine de jours environ pour mettre bas, puis reparaissent ordinairement privées de leurs cornes. D'autre part, M. H. Zecks affirme que dans la Nouvelle-Écosse les femelles gardent plus longtemps leurs cornes. Le mâle, au contraire, dépouille ses bois beaucoup plus tôt, vers la fin de novembre. Or, comme les deux sexes ont les mêmes exigences et les mêmes habitudes, et que le mâle perd ses bois pendant l'hiver, ces annexes ne doivent avoir aucune utilité pour la femelle dans cette saison, où justement elle les porte. Il n'est pas probable que ce soit quelque antique ancêtre de la famille des cerfs qui lui ait transmis ses bois : le fait que les mâles de tant d'espèces, dans toutes les parties du globe, possèdent seuls des bois, nous permet de conclure que c'était là un caractère primitif du groupe [8].

Les bois se développent chez le renne à un âge très précoce, sans que nous en connaissions la cause. Quoi qu'il en soit, l'effet produit paraît avoir été le transfert des cornes aux deux sexes; les cornes sont toujours transmises par la femelle et celle-ci conserve une aptitude latente à leur développement, comme nous le prouvent les cas de femelles vieilles ou malades [9]. En outre, les femelles de quelques autres espèces de cerfs possèdent normalement, ou de façon occasionnelle, des rudiments de bois; ainsi la femelle du *Cervulus moschatus* a « des touffes rétiformes se terminant par un bouton au lieu

8. Sur la structure et sur la chute des bois du renne, Hoffberg, *Amœnitates Acad.*, IV, p. 149, 1788; Richardson, *Fauna*, etc., p. 241, sur l'espèce ou variété américaine; et Major W. Ross King, *the Sportsman in Canada*, p. 80, 1866.
9. Isid. Geoffroy Saint-Hilaire, *Essais de zoologie générale*, p. 513, 1841. D'autres caractères masculins, outre les cornes, peuvent se transférer semblablement à la femelle; ainsi M.Boner (*Chamois Hunting in the Mountains of Bavaria*, 1860, 2ᵉ édit., p. 363) dit, en parlant d'une vieille femelle de chamois, « qu'elle avait non seulement la tête très masculine d'apparence, mais, sur le dos, une crête de longs poils qu'on ne trouve habituellement que chez les mâles ».

de cornes; » et « dans la plupart des spécimens du Wapiti femelle (*Cervus Canadensis*), une protubérance osseuse aiguë remplace la corne »[10]. Ces diverses considérations nous permettent de conclure que la possession de bois bien développés par la femelle du renne provient de ce que les mâles les ont d'abord acquis comme armes pour combattre les autres mâles; et que leur transmission aux deux sexes a été la conséquence de leur développement, sans cause connue, à un âge très précoce chez le sexe mâle.

Passons aux ruminants à cornes creuses. On peut établir, chez les Antilopes, une série graduée, commençant par les espèces dont les femelles sont entièrement privées de cornes, — passant par celles qui les ont si petites qu'elles sont presque rudimentaires, comme chez l'*Antilocapra Americana*, espèce chez laquelle une femelle seulement sur quatre ou cinq possède des cornes[11]; — celles où ces appendices se développent largement, bien qu'elles restent plus petites et plus grêles que chez le mâle et qu'elles affectent quelquefois une forme différente[12]; et se terminant par les espèces où les deux sexes ont des cornes de grandeur égale. De même que chez le renne, il y a, chez les antilopes, rapport entre la période du développement des cornes et leur transmission à un seul des deux sexes ou à tous les deux; il est, par conséquent, probable que leur présence ou leur absence chez les femelles de quelques espèces, et que l'état de perfection relative qu'elles atteignent chez les femelles d'autres espèces, doivent dépendre, non de ce qu'elles servent à un usage spécial, mais simplement de la forme d'hérédité qui a prévalu. Le fait que, dans un genre restreint, les deux sexes de quelques espèces et les mâles seuls d'autres espèces sont pourvus de cornes, confirme cette opinion. Bien que les femelles de l'*Antilope bezoartica* soient normalement privées de cornes, M. Blyth en a rencontré trois qui en portaient, et chez lesquelles rien n'indiquait un âge avancé ou une maladie.

Dans toutes les espèces sauvages de chèvres et de moutons, les cornes sont plus grandes chez le mâle que chez la femelle, et manquent quelquefois complètement chez celles-ci[13]. Dans plusieurs races domestiques de ces animaux, les mâles seuls ont des cornes.

10. Sur le *Cervulus*, docteur Gray, *Catalogue of the Mammalia in the British Museum*, III, p. 220. Sur le *Cervus Canadensis* ou le Wapiti, voir J. D. Caton, *Ottawa Acad. of Nat. Sciences*, p. 9. Mai 1868.

11. Je dois ce renseignement au docteur Canfield. Voir aussi son mémoire, *Proc. Zoolog. Soc.* 1866, p. 105.

12. Les cornes de l'*Ant. Fuchore* femelle ressemblent, par exemple, à celles d'une espèce distincte, l'*Ant. Dorcas*, var. *Corine;* voy. Desmarest, *Mammalogie*, p. 455.

13. Gray, *Catalogue Mamm. Brit. Mus.*, part. III, p. 160, 1852.

Dans quelques races comme celles du nord du pays de Galles, où les deux sexes sont régulièrement armés de cornes, elles font souvent défaut chez les brebis. Un témoin digne de foi, qui a inspecté tout exprès un troupeau de ces moutons à l'époque de la mise bas, a constaté que, chez les agneaux, à leur naissance, les cornes sont plus complètement développées chez le mâle que chez la femelle. M. J. Peel a croisé ses moutons lank dont les mâles et les femelles portent toujours des cornes avec des races Leicester et Shropshire dépourvues de cornes; il a obtenu une race chez laquelle les mâles n'avaient plus que de petites cornes, tandis que les femelles en étaient complètement dépourvues. Ces divers faits indiquent que, chez les moutons, les cornes constituent un caractère beaucoup moins fixe chez la femelle que chez le mâle, et nous autorisent à conclure que les cornes ont une origine masculine.

Chez le bœuf musqué adulte (*Ovibos moschatus*), les cornes du mâle sont plus grandes que celles de la femelle chez laquelle les bases ne se touchent pas [14]. M. Blyth constate, relativement au bétail ordinaire, que « chez la plupart des sauvages de l'espèce bovine, les cornes sont plus longues et plus épaisses chez le taureau que chez la vache; et que chez la vache Banteng (*Bos sondaicus*) les cornes sont remarquablement petites et fort inclinées en arrière. Dans les races domestiques, tant chez les types à bosses que chez les types sans bosses, les cornes sont courtes et épaisses chez le taureau, plus longues et plus effilées chez la vache et chez le bœuf; et, chez le buffle indien, elles sont plus courtes et plus épaisses chez le mâle, plus grêles et plus allongées chez la femelle. Chez le gaour (*B. gaurus*) sauvage, les cornes sont à la fois plus longues et plus épaisses chez le taureau que chez la vache [15] ». Le Dr Forsyth Major m'apprend qu'on a trouvé dans le Val d'Arno un crâne fossile qu'on croit être celui d'un *Bos etruscus* femelle; ce crâne est dépourvu de cornes. Je puis ajouter ici que, chez le *Rhinoceros simus*, les cornes de la femelle sont généralement plus longues mais moins fortes que celles du mâle; et, chez quelques autres espèces de rhinocéros, on assure qu'elles sont plus courtes chez la femelle [16]. Ces divers faits nous autorisent à conclure que les cornes de tous genres, même lorsqu'elles sont également développées chez les deux sexes, ont été primitivement acquises par les mâles pour lutter avec les autres mâles, puis transmises plus ou moins complètement aux femelles.

14. Richardson, *Fauna Bor. Americana*, p. 278.
15. *Land and Water*, 1867, p. 346.
16. Sir And. Smith, *Zool. of S. Africa*, pl. XIX. Owen, *Anat. of Vert.* III, p. 124.

Nous devons ajouter quelques mots sur les effets de la castration, car ils jettent une vive lumière sur ce point. Les bois ne repoussent jamais chez les cerfs qui ont été châtrés; il faut en excepter toutefois le renne mâle, chez lequel ils poussent après cette opération. Ce fait, aussi bien que la présence des bois chez les mâles et les femelles, semble indiquer au premier abord que les bois chez cette espèce ne constituent pas un caractère sexuel [17].

Mais, comme il se développe à un âge très précoce avant que la constitution du mâle diffère de celle de la femelle, il n'est pas surprenant que la castration n'exerce aucune influence sur ces ornements, en admettant même qu'ils aient été primitivement acquis par le mâle. Chez les moutons, les mâles et les femelles portent normalement des cornes; on m'assure que chez les moutons Welch la castration a pour effet de réduire beaucoup la grandeur des cornes du mâle, mais que le degré de cette diminution dépend de l'âge de l'animal sur lequel on pratique cette opération; nous avons vu qu'il en est de même chez d'autres animaux. Les boucs mérinos ont de grandes cornes, tandis que les brebis en sont ordinairement dépourvues; chez cette race la castration semble produire un effet un peu plus considérable que sur la race précédente, car, si on l'accomplit à un âge très précoce, les cornes ne se développent presque pas [18].

M. Winwood Reade a observé sur la côte de Guinée une race de moutons dont les femelles ne portent jamais de cornes, et elles disparaissent complètement chez les boucs après la castration. Cette opération exerce une profonde influence sur les cornes des mâles de l'espèce bovine; car, au lieu de rester courtes et épaisses, elles deviennent plus longues que celles des vaches. L'antilope *bezoartica* offre un cas à peu près analogue : les mâles sont pourvus de cornes longues et contournées en spirales qui, presque parallèles, se dirigent en arrière; les femelles portent parfois des cornes, mais elles affectent une forme toute différente, car elles ne sont pas contournées en spirales, elles s'écartent beaucoup l'une de l'autre et font un coude pour se diriger en avant. Or, M. Blyth a observé le fait remarquable que, chez le mâle châtré, les cornes affectent la forme particulière qu'elles ont chez la femelle, tout en étant plus longues

---

17. Telle est, en effet, la conclusion de Seidlitz, *Die Darwinsche Theorie*, 1871, p. 47.

18. Le prof. Victor Carus a bien voulu prendre en Saxe, à ma demande, des renseignements sur ce point. H. von Mathusius (*Viehzucht,* 1872, p. 64) assure que les cornes des moutons châtrés à un âge précoce disparaissent complètement ou restent à l'état de simples rudiments; mais je ne saurais dire s'il fait allusion aux races ordinaires ou à la race mérinos.

et plus épaisses. Si on en peut juger par analogie, les cornes de la femelle, dans les deux derniers cas, nous représentent la condition de ces armes, chez un ancêtre reculé de chaque espèce. Mais on ne peut expliquer que la castration produit un retour vers cette ancienne condition. Toutefois il semble probable que, de même qu'un croisement entre deux espèces ou deux races distinctes provoque chez le jeune un trouble constitutionnel qui amène souvent la réaparition de caractères depuis longtemps perdus [19], de même le trouble apporté par la castration dans la constitution de l'individu produit un effet analogue.

Les défenses des éléphants de toutes les espèces et de toutes les races diffèrent, selon le sexe, à peu près comme les cornes des ruminants. Dans l'Inde et à Malacca, les mâles seuls sont pourvus de défenses bien développées. Quelques naturalistes considèrent l'éléphant de Ceylan comme une race à part, d'autres comme une espèce distincte; or, on n'y trouve pas « un individu sur cent qui ait des défenses et le petit nombre de ceux qui en ont sont exclusivement mâles [20] ». L'éléphant d'Afrique forme certainement un genre distinct; la femelle a des défenses bien développées, quoique un peu moins grandes que celles du mâle.

Ces différences dans les défenses des diverses races et des diverses espèces d'éléphants, — la grande variabilité des bois du cerf, et surtout ceux du renne sauvage, — la présence accidentelle de cornes chez la femelle de l'*Antilope bezoartica* et leur absence fréquente chez la femelle de l'*Antilocapra americana*, — la présence de deux défenses chez quelques narvals mâles; — l'absence complète de défenses chez quelques morses femelles, — sont autant d'exemples de la variabilité extrême des caractères sexuels secondaires et de leur excessive tendance à différer dans des formes très voisines.

Bien que les défenses et les cornes paraissent dans tous les cas s'être primitivement développées comme armes sexuelles, elles servent souvent à d'autres usages. L'éléphant attaque le tigre avec ses défenses et, d'après Bruce, entaille les troncs d'arbres, de façon à les renverser facilement; il s'en sert encore pour extraire la moelle farineuse des palmiers; en Afrique, il emploie souvent une de ses défenses, toujours la même, à sonder le terrain et à s'assurer si le sol peut supporter son poids. Le taureau commun défend le

19. J'ai cité plusieurs expériences, et d'autres témoignages prouvent que tel est le cas. Voir *la Variation*, vol. II (Paris, Reinwald).

20. Sir J. Emerson Tennent, *Ceylan*, II, p. 274, 1859. Pour Malacca, *Journ. of Indian Archipelago*, p. 357.

troupeau avec ses cornes ; et, d'après Lloyd, l'élan de Suède tue
roide un loup d'un coup de ses grandes cornes. On pourrait citer
une foule de faits semblables. Le capitaine Hutton[21] a observé chez
la chèvre sauvage de l'Himalaya (*Capra ægagrus*) comme on l'a
d'ailleurs observé également chez l'ibex, l'un des usages secondaires les plus curieux des cornes d'un animal quelconque : si un
mâle tombe accidentellement d'une certaine hauteur, il penche la
tête de manière que ses cornes massives touchent d'abord le sol,
ce qui amortit le choc. Les cornes de la femelle étant beaucoup
plus petites, elle ne peut s'en servir pour cet usage, mais ses habitudes plus tranquilles rendent pour elle moins nécessaire l'emploi de cette étrange sorte de bouclier.

Chaque animal mâle se sert de ses armes à sa manière particulière.
Le bélier commun fait une charge, et heurte l'obstacle de la base de
ses cornes avec une force telle que j'ai vu un homme fort renversé
comme un enfant. Les chèvres et certaines espèces de moutons,
comme l'*Ovis cycloceros* de l'Afghanistan[22], se dressent sur leurs
pattes de derrière, et, non seulement « donnent le coup de tête,
mais encore baissent la tête, puis la relèvent brusquement de façon
à se servir de leurs cornes comme d'un sabre ; ces cornes, en forme
de cimeterre, sont d'ailleurs fort tranchantes, à cause des côtes qui
garnissent leur face antérieure. Un jour, un *Ovis cycloceros* attaqua
un gros bélier domestique connu comme solide champion ; il en eut
raison par la seule nouveauté de sa manière de combattre, qui consistait à toujours serrer de près son adversaire, à le frapper de la
tête sur la face et le nez, et à éviter toute riposte par un bond rapide ». Dans le Pembrokeshire, un bouc, chef de troupeau, après
plusieurs générations, et resté à l'état sauvage, très connu pour
avoir tué en combat singulier plusieurs autres mâles, avait des
cornes énormes, dont les pointes étaient écartées de 39 pouces
(0m,99). Le taureau commun perce, comme on sait, son adversaire
de ses cornes, puis le lance en l'air ; le buffle italien ne se sert
jamais de ses cornes ; mais, après un effroyable coup de son front
convexe, il plie les genoux pour écraser son ennemi renversé,
instinct que n'a pas le taureau[23]. Aussi un chien qui saisit un buffle
par le nez est-il aussitôt écrasé. Mais le buffle italien est réduit depuis longtemps à l'état domestique, et il n'est pas certain que ses

21. Calcutta, *Journal of Nat. Hist.*, II, p. 526, 1843.
22. M. Blyth, *Land and Water*, March, 1867, p. 134 ; sur l'autorité du Cap. Hutton et autres. Pour les chèvres sauvages du Pembrokeshire, *Field*, 1869, p. 150
23. M. E. M. Bailly, sur l'usage des cornes, *Ann. Sciences Nat.*, 1re, série, II,
p. 369, 1824.

ancêtres sauvages aient eu des cornes affectant la même forme. M. Bartlett m'apprend qu'une femelle de buffle du Cap (*Bubalus caffer*), introduite dans un enclos avec un taureau de la même espèce, l'attaqua, et fut violemment repoussée. Mais M. Bartlett resta convaincu que, si le taureau n'avait montré une grande magnanimité, il aurait pu aisément la tuer par un seul coup latéral de ses immenses cornes. La girafe se sert d'une façon singulière de ses cornes courtes et velues, qui sont un peu plus longues chez le mâle que chez la femelle; grâce à son long cou, elle peut lancer la tête d'un côté ou de l'autre avec une telle force, que j'ai vu une planche dure profondément entaillée par un seul coup.

On se demande comment les antilopes peuvent se servir de leurs

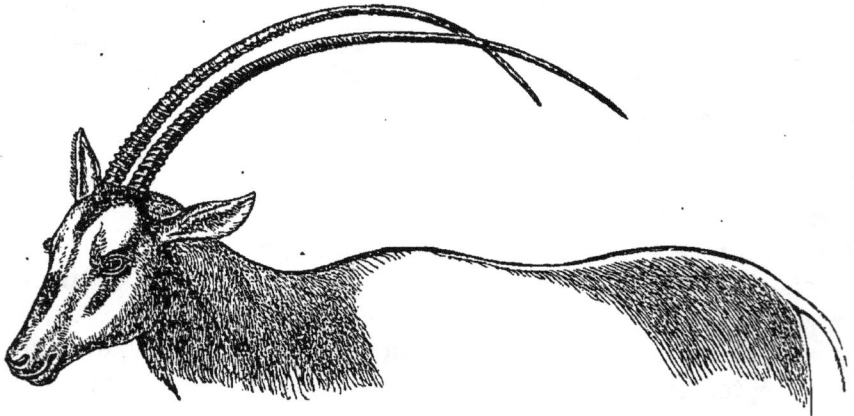

Fig. 63. — *Oryx leucoryx* mâle (ménagerie de Knowsley).

cornes si singulièrement conformées; ainsi le spring-bock (*Ant. euchore*) a des cornes droites, un peu courtes, dont les pointes aiguës se regardent, recourbées qu'elles sont en dedans, presque à angle droit. M. Bartlett pense qu'elles doivent faire de terribles blessures sur les deux côtés de la face d'un antagoniste. Les cornes légèrement recourbées de l'*Oryx leucoryx* (*fig.* 63), sont dirigées en arrière et assez longues pour que leurs pointes dépassent le milieu du dos, en suivant une ligne qui lui est presque parallèle. Elles semblent ainsi bien mal conditionnées pour la lutte; mais M. Bartlett m'informe que, lorsque deux de ces animaux se préparent au combat, ils s'agenouillent et baissent la tête entre les jambes de devant, attitude dans laquelle les cornes sont parallèles au sol et presque à ras de terre, avec les pointes dirigées en avant et un peu relevées. Les combattants s'approchent ensuite peu à peu; chacun d'eux cherche à introduire les pointes de ses cornes sous le corps de son adversaire, et celui qui y parvient se redresse comme mû par un ressort et relève en même temps la tête ; il peut ainsi blesser gravement et même transpercer son antagoniste. Les deux animaux s'agenouillent toujours de manière à se mettre autant que possible à l'abri de cette manœuvre. On a signalé un cas où une de ces antilopes s'est servie avec succès de ses cornes, même contre un lion ; cependant la posture que l'animal doit prendre, la tête entre les pattes de devant, pour que la pointe des cornes vise l'ennemi, est extrêmement désavantageuse en cas d'attaque par un autre animal. Il n'est donc pas probable que les cornes se soient modifiées de façon à acquérir leur longueur et leur direction actuelles, comme moyen de protection contre les animaux féroces. On peut supposer que quelque ancien ancêtre mâle de l'Oryx, ayant acquis des cornes d'une longueur modérée, dirigées un peu en arrière, aura été forcé, dans ses batailles avec ses rivaux mâles, de baisser la tête de côté ou en avant, comme le font encore plusieurs cerfs ; plus tard il se sera agenouillé accidentellement, puis ensuite habituellement. Les mâles à cornes plus longues ayant grand avantage sur les individus à cornes plus courtes, il est à peu près certain que la sélection sexuelle aura graduellement augmenté la longueur de ces cornes jusqu'à ce qu'elles aient atteint la dimension et la direction extraordinaires qu'elles ont aujourd'hui.

Chez les cerfs de plusieurs espèces, la ramification des bois présente une difficulté assez sérieuse ; car il est certain qu'une seule pointe droite ferait une blessure bien plus grave que plusieurs pointes divergentes. Dans le musée de Sir Philip Egerton, on voit une corne de cerf commun (*Cervus elaphus*) de 30 pouces de long et ne comptant pas moins de quinze branches. On conserve encore à Moritzburg une paire d'andouillers d'un cerf de même espèce, tué en 1699 par Frédéric Ier ; l'un porte trente-trois branches, l'autre vingt-sept, ce qui fait au total soixante branches. Richardson décrit une paire de bois de renne sauvage présentant vingt-neuf pointes [24]. La façon dont les cornes se ramifient, ou plutôt la remarque de ce fait que les cerfs se battent à l'occasion en se frappant avec leurs pieds de devant [25], avait conduit M. Bailly à la conclusion que leurs cornes

24. Owen, sur les cornes du cerf commun, *British Fossil Mammals*, p. 478, 1846. Sur les bois du renne, Richardson, *Fauna Bor. Americana*, p. 240, 1829. Je dois au prof. Victor Carus les renseignements pour le cerf de Moritzburg.

25. J. D. Caton (*Ottawa Ac. of Nat. Science*, 9 Mai 1868) dit que les cerfs Américains se battent avec leurs membres antérieurs « après que la question de supériorité a été une fois constatée et reconnue dans le troupeau ». Bailly, sur l'usage des cornes. *Ann. Sc. Nat.*, II, p. 371, 1824.

leur étaient plus nuisibles qu'utiles! Mais cet auteur a oublié les combats que se livrent les mâles rivaux. Très embarrassé sur l'usage des ramures ou les avantages qu'elles peuvent offrir, je m'adressai à M. Mc Neill de Colinsay, qui a longtemps étudié les mœurs du cerf commun; d'après ses remarques, les ramures n'ont jamais servi au combat, mais les andouillers frontaux qui s'inclinent vers le bas protègent très efficacement le front, et constituent par leurs pointes des armes précieuses pour l'attaque. Sir Philip Egerton m'apprend aussi que le cerf commun et le daim, lorsqu'ils se battent, se jettent brusquement l'un sur l'autre, fixent réciproquement leurs cornes contre le corps de leur antagoniste, et luttent violemment. Lorsque l'un d'eux est forcé de céder et fuir, l'autre cherche à percer son adversaire vaincu de ses andouillers frontaux. Il semble donc que les branches supérieures servent principalement ou exclusivement à pousser et à parer. Cependant, chez quelques espèces, les branches supérieures servent d'armes offensives, comme le prouve ce qui arriva à un homme attaqué par un cerf Wapiti (*Cervus Canadensis*) dans le parc de Judge Caton, à Ottawa; plusieurs hommes tentèrent de lui porter secours; « l'animal, sans jamais lever la tête, tenait sa face contre le sol, ayant le nez presque entre les pattes de devant, sauf quand il inclinait la tête de côté pour observer, et préparer un nouveau bond. » Dans cette position, les extrémités des cornes étaient dirigées contre ses adversaires. « En tournant la tête, il devait nécessairement la relever un peu, parce que les andouillers étaient si longs que l'animal ne pouvait tourner la tête sans les lever d'un côté, pendant que de l'autre ils touchaient le sol. » Le cerf, de cette manière, fit peu à peu reculer les libérateurs à une distance de 150 à 200 pieds, et l'homme attaqué fut tué [26].

Les cornes du cerf sont des armes terribles, mais une pointe unique aurait été plus dangereuse qu'un andouiller ramifié, et J. Caton, qui a longtemps observé cet animal, est complètement de cet avis. Les cornes branchues, d'ailleurs importantes comme moyen de défense contre les cerfs rivaux, remplissent fort imparfaitement ce but de défense, parce qu'elles sont très sujettes à s'enchevêtrer. J'ai donc pensé qu'elles pouvaient en partie servir d'ornement. Tout le monde admettra que les andouillers des cerfs, ainsi que les cornes élégantes de certaines antilopes, cornes affectant la forme d'une lyre et présentant une double courbure extrêmement gracieuse

---

26. Voir le récit fort intéressant dans l'Appendice du mémoire de M. J. D. Caton, cité précédemment.

(*fig.* 64), sont un ornement, même à nos yeux. Si donc les cornes, comme les accoutrements superbes des chevaliers d'autrefois, ajoutent à la noble apparence des cerfs et des antilopes, elles ont peut-être été partiellement modifiées dans un but d'ornementation,

Fig. 64. — *Strepsiceros Kudu* (And. Smith, *Zoology of South Africa*).

tout en restant des armes de combat; je n'ai aucune preuve à l'appui de cette supposition.

De récentes publications nous annoncent que dans un district des États-Unis, les cornes d'une espèce de cerf seraient en voie de modification sous la double action de la sélection sexuelle et de la sélection naturelle. Un écrivain dit, dans un excellent journal américain[27], qu'il a chassé pendant ces vingt et une

27. *The American Naturalist*, Dec. 1869, p. 552.

dernières années dans les Adirondacks, où abonde le *Cervus Virginianus*. Il entendit, pour la première fois parler, il y a quatorze ans, de mâles à *cornes-pointues*. Ces cerfs deviennent chaque année plus communs; il en a tué un, il y a cinq ans, un second ensuite, et maintenant cela est très fréquent. « La corne pointue diffère beaucoup de l'andouiller ordinaire du *C. Virginianus*. Elle consiste en une seule pièce, plus grêle que l'andouiller, atteignant à peine la moitié de la longueur de ce dernier, se projetant au-devant du front, et se terminant par une pointe aiguë. Elle donne à son possesseur un avantage considérable sur le mâle ordinaire; il peut courir plus rapidement au travers des bois touffus et des broussailles (tout chasseur sait que les daims femelles et les mâles d'un an courent beaucoup plus vite que les gros mâles armés de leurs lourds andouillers), et la corne pointue est une arme plus efficace que l'andouiller commun. Grâce à ces avantages, les daims à corne pointue gagnent sur les autres, et pourront avec le temps les remplacer entièrement dans les Adirondacks. Il est certain que le premier daim à corne pointue n'était qu'un caprice de la nature; mais, ces cornes ayant été avantageuses à l'animal, il les a transmises à ses descendants. Ceux-ci, doués du même avantage, ont propagé cette particularité qui a toujours été s'étendant, et les cerfs à corne pointue finiront peu à peu par chasser les cerfs à andouillers hors de la région qu'ils occupent. » Un critique discute ces conclusions et demande avec beaucoup de justesse comment il se fait que les bois branchus de la forme parente se sont jamais développés, puisque les simples cornes offrent aujourd'hui tant d'avantage. La seule réponse que je puisse faire est qu'un nouveau mode d'attaque avec de nouvelles armes peut constituer un grand avantage, comme le prouve l'exemple de l'*Ovis cycloceros* qui a pu ainsi vaincre un bouc domestique que sa force et son courage avaient rendu fameux. Bien que les bois d'un cerf soient bien adaptés pour ces combats avec les cerfs ses rivaux, et bien que ce puisse être un avantage pour l'espèce à cornes simples d'acquérir des bois bien développés, si elle n'avait qu'à lutter avec des animaux armés de la même façon, il ne s'ensuit pas cependant, que les bois soient une arme excellente pour vaincre un ennemi différemment armé. Il est presque certain en effet, si nous revenons un instant à l'*Oryx leucoryx*, que la victoire appartiendrait à une antilope pourvue de cornes courtes, qui par conséquent n'aurait pas à s'agenouiller, mais en même temps il serait avantageux à un oryx d'avoir des cornes encore plus longues s'il n'avait à lutter qu'avec des rivaux appartenant à son espèce.

Les mammifères mâles pourvus de crocs, de même que les animaux pourvus de cornes se servent de diverses manières de leurs armes terribles. Le sanglier frappe de côté et de bas en haut; le cerf musqué porte ses coups de haut en bas et fait des blessures sérieuses[28]. Le morse, malgré son cou si court et la pesanteur de son corps, « peut frapper avec la même dextérité de haut en bas, de bas en haut, ou de côté[19] ». L'éléphant indien, ainsi que je le tiens de feu le docteur Falconer, combat différemment suivant la position et la courbure de ses défenses. Lorsqu'elles sont dirigées en avant et de bas en haut, il lance le tigre à une grande distance, jusqu'à 30 pieds, dit-on ; lorsqu'elles sont courtes et tournées de haut en bas, il cherche à clouer subitement l'ennemi sur le sol, circonstance dangereuse, car celui qui le monte peut être lancé par la secousse hors du hoodah[30].

Bien peu de mammifères mâles possèdent deux sortes distinctes d'armes adaptées spécialement à la lutte avec leurs rivaux. Le cerf muntjac (*Cervulus*) mâle présente toutefois une exception, car il est muni de cornes et de dents canines faisant saillie au dehors. Mais une forme d'armes a souvent, dans le cours des temps, été remplacée par une autre, et nous en avons la preuve par ce qui suit. Chez les Ruminants, il y a ordinairement rapport inverse entre le développement des cornes et celui des canines même de grosseur moyenne. Ainsi le chameau, le guanaco, le chevrotain et le cerf musqué, n'ont pas de cornes, mais des canines bien formées, « toujours plus petites chez les femelles que chez les mâles ». Les Camélides ont à la mâchoire supérieure, outre les vraies canines, une paire d'incisives de la même forme[31]. Les cerfs et les antilopes mâles ont des cornes, et rarement des canines; et celles-ci, lorsqu'elles existent, sont toujours fort petites, ce qui peut faire douter de leur utilité dans les combats. Chez les jeunes mâles de l'*Antilope montana*, ces canines n'existent qu'à l'état rudimentaire ; elles disparaissent lorsqu'il vieillit et font défaut à tout âge chez les femelles; toutefois on a accidentellement observé les rudiments de ces dents[32] chez les femelles de quelques autres antilopes et de

28. Pallas, *Spicilegia Zoologica*, fasc. xiii, p. 18, 1779.
29. Lamont, *Seasons with the Sea-Horses*, p. 141, 1861.
30. Voy. Corse (*Phil. Trans.*, p. 212, 1799), sur la manière dont la variété Mooknah de l'éléphant à courtes défenses attaque les autres.
31. Owen, *Anat. of Vert.*, III, p. 349.
32. Rüppel dans *Proc. Zool. Soc.*, Jan. 1836, p. 3, sur les canines chez les cerfs et chez les antilopes, suivi d'une note de M. Martin sur un cerf américain femelle. Falconer (*Palœontol. Memoirs and Notes*, I, 576, 1868) sur les dents d'une biche adulte. Chez les vieux cerfs musqués mâles (Pallas, *Spic. Zool.*,

quelques autres cerfs. Les étalons ont de petites canines qui sont absentes ou rudimentaires chez la jument, mais ils ne s'en servent pas dans leurs combats; ils ne mordent qu'avec les incisives, et n'ouvrent pas la bouche aussi largement que les chameaux et les guanacos. Lorsque le mâle adulte possède des canines dans un état où elles ne peuvent servir, et qu'elles font défaut ou ne sont que rudimentaires chez la femelle, on en peut conclure que l'ancêtre mâle de l'espèce était armé de véritables canines qui ont été partiellement transmises aux femelles. La disparition ou la diminution de grandeur de ces dents chez les mâles paraît être la conséquence d'un changement dans leur manière de combattre, changement causé souvent (ce qui n'est pas le cas du cheval) par le développement de nouvelles armes.

Les défenses et les cornes ont évidemment une haute importance pour leurs possesseurs, car leur développement consomme une grande quantité de matière organique. Une seule défense de l'éléphant asiatique, — une défense de l'espèce velue éteinte — et une défense de l'éléphant africain, pèsent, me dit-on, 150, 160 et 180 livres; quelques auteurs ont même signalé des poids plus considérables[33]. Les bois des cerfs qui se renouvellent périodiquement, doivent enlever bien davantage à la constitution de l'animal; les cornes de l'élan, par exemple, pèsent de 50 à 60 livres, et celles de l'élan irlandais éteint atteignent jusqu'à 60 et 70 livres, — le crâne de ce dernier n'ayant, en moyenne, qu'un poids de cinq livres et quart. Les cornes des moutons ne se renouvellent pas d'une manière périodique, et cependant beaucoup d'agriculteurs considèrent leur développement comme entraînant une perte sensible pour l'éleveur. Les cerfs, qui ont à échapper aux bêtes féroces, sont surchargés d'un poids additionnel qui doit gêner leur course et les retarder considérablement dans les localités boisées. L'élan, par exemple, avec ses bois dont les extrémités sont distantes l'une de l'autre de cinq pieds et demi, évite avec adresse de briser ou de toucher la moindre branche sèche quand il chemine tranquillement; mais il ne peut faire de même s'il fuit devant une bande de loups. « Pendant sa course, il tient le nez en l'air pour que les cornes soient horizontalement dirigées en arrière, afin qu'il puisse voir distinctement le terrain[34]. » Les pointes des bois du grand élan irlan-

fasc. XIII, p. 18, 1779), les canines atteignent quelquefois trois pouces de longueur, tandis que chez les femelles âgées on n'en trouve que des rudiments dépassant la gencive d'un demi-pouce à peine.

33. Emerson Tennent, *Ceylan*, vol. II, p. 275, 1859; Owen, *British Fossil Mammals*, p. 245, 1846.

34. Richardson, *Fauna Bor. Americana*, sur l'élan, *Alces palmata*, p. 236,

dais étaient à 8 pieds l'une de l'autre. Tant que le velours recouvre les bois, ce qui dure environ douze semaines pour le cerf ordinaire, ces bois sont fort sensibles aux coups : en Allemagne, les mâles, pendant ce temps, changent jusqu'à un certain point leurs habitudes ; ils évitent les forêts touffues et habitent les jeunes bois et les halliers bas[35]. Ces faits nous rappellent que les oiseaux mâles ont acquis des plumes décoratives par un vol ralenti, et d'autres décorations au prix d'une perte de force dans leurs luttes avec les mâles rivaux.

Chez les quadrupèdes, lorsque les sexes diffèrent par la taille, ce qui arrive souvent, les mâles sont, presque toujours, les plus grands et les plus forts. M. Gould affirme que ce fait est absolu chez les Marsupiaux australiens, dont les mâles semblent continuer leur croissance jusqu'à un âge fort tardif. Le cas le plus extraordinaire est celui d'un phoque (*Callorhinus ursinus*), dont la femelle adulte pèse moins de un sixième du poids du mâle adulte[36]. Le docteur Gill fait remarquer que, chez les phoques mâles polygames qui se livrent des combats furieux, les sexes diffèrent beaucoup au point de vue de la taille ; on n'observe pas ces différences chez les espèces monogames. On peut faire les mêmes remarques chez les baleines relativement au rapport qui existe entre le caractère belliqueux des mâles et leur taille considérable comparativement à celle de la femelle. Les baleines communes mâles ne se livrent pas de combats et ils ne sont pas plus grands que les femelles ; d'autre part, les mâles de la baleine franche combattent souvent les uns avec les autres et ils sont deux fois aussi gros que les femelles. La plus grande force du mâle se manifeste toujours, ainsi que Hunter l'a depuis longtemps remarqué[37], dans les parties du corps qui jouent un rôle dans les luttes entre mâles, — le cou massif du taureau, par exemple. Les mammifères mâles sont plus courageux et plus belliqueux que les femelles. Sans doute ces caractères sont dus en partie à la sélection sexuelle mise en jeu par les victoires remportées par les mâles les plus forts et les plus courageux, et en partie aux effets héréditaires de l'usage. Il est probable que les

237 ; et sur l'extension des cornes, *Land and Water*, p. 143, 1869. Voy. Owen, *Brit. Foss. Mammals*, p. 447, 455, sur l'élan irlandais.

35. *Forest Creatures,* par C. Boner, p. 60, 1861.

36. Voy. le mémoire intéressant de M. J. A. Allen, dans *Bull. Mus. Comp. Zool. of Cambridge,* United-States, vol. II, n° 1, p. 82. Un observateur soigneux, le Cap. Bryant, a vérifié les poids. Le docteur Gill, *The Americain naturalist.* Janv. 1871 ; le prof. Shaler, sur la taille relative des baleines mâles et femelles, *Americain naturalist,* Janv. 1873.

37. *Animal Economy,* p. 45.

modifications successives de force, de taille et de courage (dues à ce qu'on appelle la variabilité spontanée ou aux effets de l'usage) et, dont l'accumulation a donné aux mammifères mâles ces qualités caractéristiques, ont apparu un peu tardivement dans la vie et ont, par conséquent, été limitées dans une grande mesure, dans leur transmission, au même sexe.

A ce point de vue, j'étais très désireux d'obtenir des renseignements sur le lévrier courant écossais, dont les sexes diffèrent quant à la taille beaucoup plus que ceux, d'aucune autre race (excepté peut-être les limiers) ou d'aucune espèce canine sauvage que je connaisse. Je m'adressai en conséquence à M. Cupples, éleveur fort connu de ces chiens, qui, à ma demande, en a pesé et mesuré un grand nombre et a recueilli avec beaucoup d'obligeance les faits suivants, en s'adressant de divers côtés. Les chiens mâles supérieurs, mesurés à l'épaule, ont vingt-huit pouces, hauteur minimum, mais plus ordinairement trente-trois et même trente-quatre pouces; ils varient en poids entre 80 et 120 livres, ou même davantage. Les femelles varient en hauteur de vingt-trois à vingt-sept ou vingt-huit pouces; et, en poids, de 50 à 70 ou 80 livres [38]. M. Cupples conclut à une moyenne assez exacte de 95 à 100 livres pour le mâle, et de 70 livres pour la femelle; mais certaines raisons font supposer qu'autrefois les deux sexes étaient plus pesants. M. Cupples a pesé des petits âgés d'une quinzaine de jours : dans une portée, le poids moyen de quatre mâles a dépassé de six onces et demie celui de deux femelles; une autre portée a donné moins d'une once pour l'excès de la moyenne du poids de quatre mâles sur une femelle; les mêmes mâles, à trois semaines, excédaient de sept onces et demie le poids de la femelle, et à six semaines de quatorze onces environ. M. Wright, de Yeldersley House, dit dans une lettre adressée à M. Cupples : « J'ai pris des notes sur la taille et sur le poids des chiens d'un grand nombre de portées, et, d'après mes expériences, les deux sexes, en règle générale, diffèrent très peu jusqu'à l'âge de cinq ou six mois; les mâles commencent alors à augmenter, et dépassent les chiennes en grosseur et en poids. A sa naissance et pendant quelques semaines, une chienne peut accidentellement être plus grosse qu'aucun des mâles, mais ceux-ci finissent invariablement par la dépasser. » M. Mc Neill, de Colinsay,

---

38. Richardson, *Manual of the Dog*. p. 59. M. Mc Neill a donné des renseignements précieux sur le lévrier d'Écosse, et a le premier attiré l'attention sur l'inégalité de taille entre les deux sexes dans *Art of Deer Stalking*, de Scrope. J'espère que M. Cupples persistera dans son intention de publier un travail complet sur cette race célèbre et sur son histoire.

conclut que « les mâles n'atteignent leur croissance complète qu'à deux ans révolus, mais que les femelles y arrivent plus tôt. » D'après les remarques de M. Cupples, les mâles augmentent en taille jusqu'à l'âge d'un an à dix-huit mois et en poids de dix-huit mois à deux ans; tandis que les femelles cessent de croître en taille de neuf à quatorze ou quinze mois, et en poids de douze à dix-huit mois. Ces divers documents montrent clairement que la différence complète de taille entre le mâle et la femelle du lévrier écossais n'est acquise qu'un peu tardivement dans la vie. Les mâles s'emploient presque seuls à la course, car, les femelles, dit M. Mc Neill, n'ont ni assez de vigueur ni assez de poids pour forcer un cerf adulte. M. Cupples a prouvé d'après des noms relevés dans de vieilles légendes, qu'à une époque fort ancienne, les mâles étaient déjà les plus réputés, les chiennes n'étant mentionnées que comme mère de chiens célèbres. En conséquence, pendant un grand nombre de générations, ce sont donc les mâles qui ont été principalement éprouvés pour la force, pour la taille, pour la vitesse et pour le courage, les meilleurs ayant été choisis pour la reproduction. Comme les mâles n'atteignent leurs dimensions complètes qu'un peu tardivement, ils ont dû tendre à transmettre leurs

Fig. 65.— Tête de sanglier sauvage ordinaire dans la fleur de l'âge (d'après Brehm).

caractères à leurs descendants mâles seulement, conformément à la loi que nous avons souvent indiquée; ce qui tend à expliquer l'inégalité des tailles entre les deux sexes du lévrier d'Écosse.

Quelques quadrupèdes mâles possèdent des organes ou des parties qui se développent uniquement pour qu'ils puissent se défendre contre les attaques d'autres mâles. Quelques cerfs, comme nous l'avons vu, se servent principalement ou exclusivement, pour leur défense, des branches supérieures de leurs bois ; et l'antilope *Oryx*, d'après M. Bartlett, se défend fort habituellement à l'aide de ses longues cornes un peu recourbées, et qu'elle utilise également pour l'attaque. Le même observateur remarque que les rhinocéros, quand ils se battent, parent les coups latéraux avec leurs cornes, qui heurtent fortement l'une contre l'autre comme les crocs des sangliers. Les sangliers sauvages se livrent des combats terribles, mais il y a rarement, dit Brehm, résultat mortel; les coups portent réciproqu ement sur les crocs eux-mêmes, ou sur cette couche cartilagineuse de la peau qui recouvre les épaules, et que les chasseurs allemands appellent le bouclier. Nous avons là une partie spécialement modifiée en vue de la défense. Chez les sangliers dans la force de l'âge (*fig.* 65), les crocs de la mâchoire inférieure servent à l'attaque; mais Brehm constate que, dans la vieillesse, les crocs se recourbent si fortement en dedans et en haut, au-dessus du groin, qu'ils ne peuvent plus servir à cet usage. Ils continuent

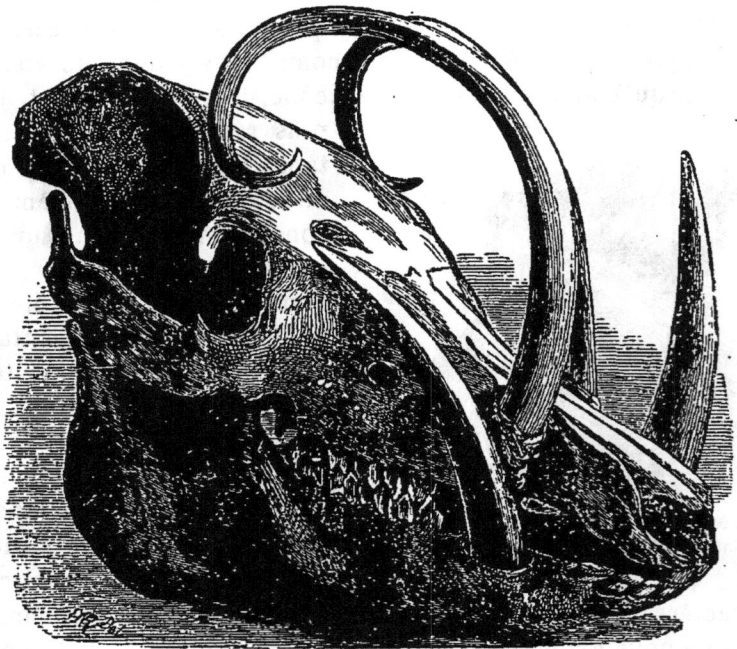

Fig. 66. — Crâne de Babiroussa (Wallace, *Malay Archipelago*).

cependant à être utiles, et même d'une manière plus efficace, comme moyens de défense. En compensation de la perte des crocs inférieurs comme armes offensives, ceux de la mâchoire supérieure, qui font toujours un peu saillie latéralement, augmentent si considérablement de longueur avec l'âge et se recourbent si bien de bas en haut qu'ils peuvent servir d'armes offensives. Néanmoins, un vieux solitaire n'est pas si dangereux pour l'homme qu'un sanglier de six ou sept ans [39].

Chez le Babiroussa mâle adulte des Célèbes (*fig.* 66), les crocs inférieurs constituent, comme ceux du sanglier européen lorsqu'il

39. Brehm, *Thierleben*, II, p. 729, 732.

est dans la force de l'âge, des armes formidables; mais les défenses supérieures sont si allongées, et la pointe en est tellement enroulée en dedans (elle vient même quelquefois toucher le front), qu'elles sont tout à fait inutiles comme moyen d'attaque. Ces défenses ressemblent beaucoup plus à des cornes qu'à des dents, et sont si visiblement impropres à rendre les services de ces dernières, qu'on a autrefois supposé que l'animal reposait sa tête en les accrochant à une branche d'arbre. Elles peuvent néanmoins, grâce à leur forme convexe bien prononcée, servir de garde contre les coups, lorsque la tête est un peu inclinée de côté; ces cornes sont en effet « généralement brisées chez les vieux individus, comme si elles avaient servi au combat » [40]. Nous trouvons donc là un cas curieux, celui des crocs supérieurs du Babiroussa acquérant régulièrement dans la force de l'âge une disposition qui, en apparence, ne les approprie qu'à la défense seule; tandis que, chez le sanglier européen, ce sont les crocs inférieurs opposés qui prennent, à un moindre degré, et seulement chez les individus très âgés, une forme à peu près analogue, et ne peuvent servir de même qu'à la défense.

Chez le *Phacochoerus Æthiopicus* (*fig.* 67), les crocs de la mâchoire supérieure du mâle se recourbent de bas en haut, quand il est dans la force de l'âge, et ces crocs, très pointus, constituent des armes offensives formidables. Les crocs de la mâchoire inférieure sont plus tranchants, mais il ne semble pas possible, en raison de leur peu de longueur, qu'ils puissent servir à l'attaque. Ils doivent toutefois fortifier ceux de la mâchoire supérieure, car ils sont disposés de manière à s'appliquer exactement contre leur base. Ni les uns ni les autres ne paraissent avoir été spécialement modifiés en vue de parer les coups, et pourtant, sans aucun doute, ils sont, jusqu'à un certain point, armes défensives. Le Phacochoerus n'est pas dépourvu d'autres dispositions protectrices spéciales; il a, de chaque côté de la face, sous les yeux, un bourrelet rigide quoique flexible, cartilagineux et oblong (*fig.* 67), faisant une saillie de deux ou trois pouces; ces bourrelets, à ce qu'il nous a paru, à M. Bartlett et à moi, en voyant l'animal vivant, se relèveraient, s'ils étaient pris en dessous par les crocs d'un antagoniste et protégeraient ainsi très complètement les yeux un peu saillants. J'ajouterai, sur l'autorité de M. Bartlett, que, lorsque ces animaux se battent, ils se placent toujours directement en face l'un de l'autre.

Enfin le *Potomochoerus penicellatus* africain a, de chaque côté de

40. Voy. Wallace, *the Malay Archipelago*, vol. I, p. 435, 1869.

la face, sous les yeux, une protubérance cartilagineuse qui correspond au bourrelet flexible du Phacochoerus ; et, sur la mâchoire supérieure, au-dessus des narines, deux protubérances osseuses. Un sanglier de cette espèce ayant récemment pénétré dans la cage du Phacochoerus aux Zoological Gardens, les deux animaux se battirent toute la nuit, et on les trouva le matin très épuisés, mais sans blessure sérieuse. Fait significatif et qui prouve que les excroissances et les protubérances que nous venons de décrire servent bien de moyen de défense ; ces parties étaient ensanglantées, lacérées et déchirées d'une façon extraordinaire.

Bien que des membres mâles de la famille porcine soient pourvus d'armes offensives et, comme nous venons de le voir, d'armes dé-

Fig. 67. — *Phacochoerus Æthiopicus* (*Proc. Zool. Soc.*, 1869).
(Je m'aperçois que ce dessin représente la tête d'une femelle ; elle peut servir quelquefois à indiquer, sur une échelle réduite, les caractères du mâle.)

fensives, ces armes semblent avoir été acquises à une époque géologique comparativement récente Le Dr Forsyth Major énumère [41] plusieurs espèces miocènes chez aucune desquelles les défenses ne paraissent avoir été très développées chez le mâle ; le professeur Rutimeyer a constaté le même fait avec un certain étonnement.

La crinière du lion constitue pour cet animal une excellente défense contre le seul danger auquel il soit exposé, l'attaque de lions rivaux ; car, ainsi que me l'apprend Sir A. Smith, les mâles se livrent des combats terribles, et un jeune lion n'ose pas approcher d'un vieux. En 1857, à Bromwich, un tigre ayant pénétré dans la cage d'un lion, il s'ensuivit une lutte effroyable : « le lion, grâce à

41. *Atti della Soc. Italiana di Sc. Nat.*, 1873, vol. XV, fasc. IV.

sa crinière, n'eut le cou et la tête que peu endommagés; mais le tigre ayant enfin réussi à lui ouvrir le ventre, le lion expira au bout de quelques minutes [42]. » La large collerette qui entoure la gorge et le menton du lynx du Canada (*Felis canadensis*), est plus longue chez le mâle que chez la femelle, mais je ne sais pas si elle peut lui servir comme moyen de défense. On sait que les phoques mâles se livrent des combats acharnés, et les mâles de certaines espèces (*Otaria jubata*) [43] ont de fortes crinières, qui sont fort réduites ou qui n'existent pas chez les femelles. Le babouin mâle du cap de Bonne-Espérance (*Cynocephalus porcarius*) a une crinière plus longue et des dents canines plus fortes que la femelle; or, cette crinière doit servir de moyen de défense : j'avais demandé aux gardiens des Zoological Gardens, sans dire pourquoi, s'il y avait des singes ayant l'habitude de s'attaquer spécialement par la nuque : ce n'était le cas pour aucun, le babouin en question excepté. Ehrenberg compare la crinière de l'*Hamadryas* mâle adulte à celle d'un jeune lion, mais elle fait presque entièrement défaut chez les jeunes des deux sexes et chez la femelle.

Je croyais que l'énorme crinière laineuse du bison américain, qui touche presque le sol et qui est beaucoup plus développée chez le mâle que chez la femelle, devait servir à protéger l'animal dans ses terribles combats : un chasseur expérimenté a dit à Judge Caton qu'il n'avait jamais rien observé qui confirmât cette opinion. L'étalon a une crinière beaucoup plus longue et beaucoup plus fournie que la jument; or les renseignements que m'ont fournis deux grands éleveurs et dresseurs m'ont prouvé « que les étalons cherchent invariablement à se saisir par le cou ». Il ne résulte cependant pas de ce qui précède que la crinière se soit, dans l'origine, développée comme moyen de défense ; ceci n'est probable que pour quelques animaux, et ainsi le lion. M. Mc Neill m'apprend que les longs poils que porte au cou le cerf (*Cervus elephas*) constituent pour lui une véritable protection : c'est à la gorge que les chiens cherchent ordinairement à le saisir; il n'est cependant pas probable que ces poils se soient spécialement développés dans ce but, car les jeunes et les femelles partageraient ce moyen de défense.

Sur la préférence ou le choix dans l'accouplement dont font preuve les mammifères des deux sexes. — Avant de décrire, ce que nous fe-

---

42. *The Times*, Nov. 10, 1857. Sur le lynx du Canada, voy. Audubon et Bachman, *Quadrupeds of N. America*, p. 139, 1846.
43. Docteur Murie, sur l'*Otaria*, *Proc. Zool. Soc.*, p. 109, 1869. M. J. A. Allen, dans le travail cité ci-dessus (p. 75), doute que la garniture de poils, plus longue sur le cou chez le mâle que chez la femelle, mérite d'être appelée une crinière.

rons dans le chapitre suivant, les différences qui existent entre les sexes dans la voix, l'odeur émise et l'ornementation, il est convenable d'examiner ici si les sexes exercent quelque choix dans leurs unions. La femelle a-t-elle des préférences pour un mâle particulier, avant ou après que les mâles se sont battus pour établir leur supériorité; le mâle, lorsqu'il n'est pas polygame, choisit-il une femelle particulière? D'après l'impression générale des éleveurs, le mâle accepterait n'importe quelle femelle; ce fait, en raison de l'ardeur dont les mâles font preuve, doit être vrai dans la plupart des cas. Mais il est beaucoup plus douteux, en règle générale, que les femelles acceptent indifféremment le premier mâle venu. Nous avons résumé dans le quatorzième chapitre, à propos des Oiseaux, un nombre considérable de preuves directes et indirectes établissant que la femelle choisit son mâle; or, il serait étrange que les femelles des mammifères, plus haut placées dans l'échelle de l'organisation des êtres, et douées plus heureusement sous le rapport de l'instinct, n'exerçassent pas fort souvent un choix quelconque. La femelle au moins peut, dans la plupart des cas, échapper au mâle qui la recherche, si ce mâle lui déplaît; et, quand elle est poursuivie par plusieurs mâles à la fois, comme cela arrive constamment, profiter de l'occasion que lui offrent les combats auxquels ils se livrent entre eux, pour s'enfuir et s'accoupler avec quelque autre mâle. Sir Philip Egerton m'apprend qu'on a souvent observé en Écosse que la femelle du cerf commun[44] agit ainsi.

Il est difficile de savoir si, à l'état de nature, les mammifères femelles exercent un choix avant l'accouplement. Voici, cependant, quelques détails fort curieux sur les habitudes que, dans ces circonstances, le Capt. Bryant a eu ample occasion d'observer chez un phoque, le *Callorhinus ursinus*[45] : « En arrivant à l'île où elles veulent, dit-il, s'accoupler, un grand nombre de femelles paraissent vouloir retrouver un mâle particulier; elles grimpent sur les rochers extérieurs pour voir au loin ; puis, faisant un appel, elles écoutent comme si elles s'attendaient à entendre une voix familière. Elles changent de place, elles recommencent... Dès qu'une femelle atteint le rivage, le mâle le plus voisin va à sa rencontre en faisant entendre un bruit analogue à celui du gloussement de la poule entourée

44. Dans son excellente description des mœurs du cerf commun en Allemagne, M. Boner (*Forest Creatures*, p. 81, 1861) dit : « Pendant que le cerf défend ses droits contre un intrus, un autre envahit le sanctuaire du harem, et enlève trophée sur trophée. » La même chose a lieu chez les phoques. J. A. Allen, *o. c.*, p. 100.

45. J. A. Allen, *Bull. Mus. Comp. Zool. Cambridge, U. S.*, vol. II, 1, 99.

de ses poussins. Il la salue et la flatte jusqu'à ce qu'il parvienne à
se mettre entre elle et l'eau, de manière à l'empêcher de s'échapper.
Alors il change de ton, et, avec un rude grognement, il la chasse
vers son harem. Ceci continue jusqu'à ce que la rangée inférieure
des harems soit presque remplie. Les mâles placés plus haut choisissent le moment où leurs voisins plus heureux ne sont pas sur
leurs gardes, pour leur dérober quelques femelles. Ils les saisissent dans leur bouche, et les soulèvent au-dessus des autres femelles; puis, les portant comme les chattes portent leurs petits, ils
les placent dans leur propre harem. Ceux qui sont encore plus haut
font de même jusqu'à ce que tout l'espace soit occupé. Souvent
deux mâles se disputent la possession d'une même femelle et, tous
deux la saisissant en même temps, la coupent en deux ou la déchirent horriblement avec leurs dents. Lorsque l'espace destiné à ses
femelles est rempli, le vieux mâle en fait le tour pour inspecter sa
famille; il gronde celles qui dérangent les autres, et expulse violemment les intrus. Cette surveillance est active et incessante. »

Nous savons si peu de chose sur la façon dont les animaux se
courtisent à l'état de nature que j'ai cherché à découvrir jusqu'à
quel point nos quadrupèdes domestiques manifestent quelque choix
dans leurs unions. Les chiens sont les animaux les plus favorables
à ce genre d'observations, parce qu'on s'en occupe avec beaucoup
d'attention et qu'on les comprend bien. Beaucoup d'éleveurs ont
sur ce point une opinion bien arrêtée. Voici les remarques
de M. Mayhew : « Les femelles sont capables de ressentir de l'affection, et les tendres souvenirs ont autant de puissance sur elles
que chez des animaux supérieurs. Les chiennes ne sont pas toujours
prudentes dans leur choix, et se donnent souvent à des roquets de
basse extraction. Élevées avec un compagnon d'aspect vulgaire, il
peut survenir entre eux un attachement profond que le temps ne
peut détruire. La passion, car c'en est réellement une, prend un
caractère véritablement romanesque. » M. Mayhew, qui s'est surtout occupé des petites races, est convaincu que les femelles préfèrent beaucoup les mâles ayant une grande taille[46]. Le célèbre vé-
térinaire Blaine[47] raconte qu'une chienne de race inférieure, qui
lui appartenait, s'était attachée à un épagneul, et une chienne d'arrêt à un chien sans race, au point qu'aucune des deux ne voulut
s'accoupler avec un chien de sa propre race avant que plusieurs semaines se fussent écoulées. Deux exemples semblables très au-

46. *Dogs; their management*, par E. Mayhew, M. R. C. V. S., 2ᵉ édit., p. 187-
192. 1861.
47. Cité par Alex. Walker, *On Intermarriage*, p. 276, 1833. Voy. aussi page 244.

thentiques m'ont été communiqués au sujet d'une chienne de chasse et d'une épagneule qui toutes deux s'étaient éprises de chiens terriers.

M. Cupples me garantit l'exactitude du cas suivant, bien plus remarquable encore : une chienne terrier de valeur et d'une rare intelligence s'était attachée à un chien de chasse appartenant à un voisin, au point qu'il fallait l'entraîner de force pour l'en séparer. Après en avoir été séparée définitivement, et bien qu'ayant souvent du lait dans ses mamelles, elle ne voulut jamais aucun autre chien, et, au grand regret de son propriétaire, ne porta jamais plus. M. Cupples a aussi constaté qu'une chienne lévrier, actuellement (1868) chez lui, a porté trois fois, ayant chaque fois manifesté une préférence marquée pour le plus grand et le plus beau, mais non le plus empressé, de quatre chiens de même race et à la fleur de l'âge, avec lesquels elle vivait. M. Cupples a observé que la chienne choisit ordinairement le chien avec lequel elle est associée et qu'elle connaît ; sa sauvagerie et sa timidité la disposent à repousser d'abord un chien étranger. Le mâle, au contraire, paraît plutôt préférer les femelles étrangères. Il est fort rare qu'un chien refuse une femelle quelconque ; cependant M. Wright, de Yeldersley House, grand éleveur de chiens, m'apprend qu'il a observé quelques exemples de ce fait ; il cite le cas d'un de ses lévriers de chasse écossais, qui refusa toujours de s'occuper d'une chienne dogue avec laquelle on voulait l'accoupler : on fut obligé de recourir à un autre lévrier. Il serait inutile de multiplier les exemples ; j'ajouterai seulement que M. Barr, qui a élevé un grand nombre de limiers, a constaté qu'à chaque instant certains individus particuliers de sexes opposés témoignent d'une préférence très décidée les uns pour les autres. Enfin, M. Cupples, après s'être occupé de ce sujet pendant une nouvelle année, m'a dernièrement écrit : « J'ai vu se confirmer complètement mon affirmation précédente, à savoir que les chiens témoignent, lorsqu'il s'agit de l'accouplement, des préférences marquées les uns pour les autres, et se laissent souvent influencer par la taille, par la robe brillante et par le caractère individuel, ainsi que par le degré de familiarité antérieure qui a existé entre eux. »

En ce qui concerne les chevaux, M. Blenkiron, le plus grand éleveur de chevaux de courses qui soit au monde, m'apprend que les étalons sont souvent capricieux dans leur choix ; ils repoussent une jument, sans cause apparente, en veulent une autre : il faut avoir recours à divers artifices pour les accoupler comme on le désire. On dut tromper le célèbre Monarque pour l'accoupler avec la

jument mère de Gladiateur. On comprend à peu près la raison qui
rend si difficile dans leur choix les étalons de course. M. Blenkiron
n'a jamais vu de jument refuser un cheval ; mais le cas s'est présenté
dans l'écurie de M. Wright, et il a fallu tromper la jument. Prosper Lucas conclut [48], sur l'assertion de plusieurs savants français,
que « certains étalons s'éprennent d'une jument et négligent toutes
les autres ». Il cite, en s'appuyant de l'autorité de Baëlen, des faits
analogues sur les taureaux. M. H. Reaks affirme qu'un fameux
taureau courtes cornes qui appartenait à son père refusa toujours
de saillir une vache noire. Hoffberg, décrivant le renne domestique
de la Laponie, dit : « Fœmina majores et fortiores mares præ cæteris admittunt, ad eos confugiunt, a juniribus agitatæ, qui hos in fu-
gam conjiciunt [49]. » Un individu, éleveur de porcs, a constaté que
les truies refusent souvent un verrat, et en acceptent immédiatement un autre.

Ces faits ne permettent pas de douter que la plupart de nos quadrupèdes domestiques manifestent fréquemment de vives antipathies et des préférences individuelles, qui s'observent plus ordinairement chez les femelles que chez les mâles. Puisqu'il en est
ainsi, il est peu probable qu'à l'état de nature les unions des mammifères soient abandonnées au hasard seul. Il est à croire que les
femelles sont attirées ou séduites par des mâles qui possèdent certains caractères à un plus haut degré ; mais nous ne pouvons que
rarement, sinon jamais, indiquer avec certitude quels sont ces
caractères.

CHAPITRE XVIII

CARACTÈRES SEXUELS SECONDAIRES DES MAMMIFÈRES (SUITE)

Voix. — Particularités sexuelles remarquables chez les phoques. — Odeur. —
Développement du poil. — Coloration des poils et de la peau. — Cas anormal
de la femelle plus ornée que le mâle. — Colorations et ornements dus à la
sélection sexuelle. — Couleurs acquises à titre de protection. — Couleurs,
souvent dues à la sélection sexuelle, quoique communes aux deux sexes. —
Sur la disparition des taches et des raies chez les quadrupèdes adultes. —
Couleurs et ornements des Quadrumanes. — Résumé.

Les quadrupèdes se servent de leur voix pour satisfaire à des
besoins divers ; ils s'en servent pour s'indiquer mutuellement le
danger ; ils s'en servent pour s'appeler entre eux : la mère, pour

---

48. *Traité de l'hérédité naturelle*, vol. II, p. 296, 1850.
49. *Amœnitates Acad.*, vol. p. 168, 1788.

retrouver ses petits égarés, les petits, pour réclamer la protection de leur mère; ce sont là des faits sur lesquels nous n'avons pas besoin d'insister ici. Nous n'avons à nous occuper que de la différence entre la voix des deux sexes, entre celle du lion et celle de la lionne, entre celle du taureau et celle de la vache, par exemple. Presque tous les animaux mâles se servent de leur voix pendant la saison du rut beaucoup plus qu'à toute autre époque; il y en a, comme la girafe et le porc-épic [1], qu'on dit absolument muets en dehors de cette saison. La gorge (c'est-à-dire le larynx et les corps thyroïdes) [2] grossissant périodiquement au commencement de la saison du rut chez les cerfs, on pourrait en conclure que leur voix, alors puissante, a pour eux une haute importance, mais cela est douteux. Il résulte des informations que m'ont données deux observateurs expérimentés, M. Mc Neill et Sir P. Egerton, que les jeunes cerfs au-dessous de trois ans ne mugissent pas; les autres ne commencent à le faire qu'au moment de la saison des amours, d'abord accidentellement et avec modération, pendant qu'ils errent sans relâche à la recherche des femelles. Ils préludent à leurs combats par des mugissements forts et prolongés, mais restent silencieux pendant la lutte elle-même. Tous les animaux qui se servent habituellement de leur voix, émettent divers bruits sous l'influence d'une émotion, ainsi lorsqu'ils sont irrités ou se préparent à la bataille : c'est peut-être le résultat d'une excitation nerveuse déterminant la contraction spasmodique des muscles; de même l'homme grince des dents et ferme les poings dans un vif état d'irritation ou de souffrance. Les cerfs se provoquent sans doute au combat mortel en beuglant; mais les cerfs à la voix la plus forte, à moins d'être en même temps les plus puissants, les mieux armés et les plus courageux, n'auraient aucun avantage sur leurs concurrents à voix plus faible.

Le rugissement du lion a peut-être quelque utilité réelle en ce qu'il frappe ses adversaires de terreur; car lorsqu'il est irrité il hérisse sa crinière et cherche instinctivement à paraître aussi terrible que possible. Mais on ne peut guère supposer que le bramement du cerf, en admettant même quelque utilité de ce genre, ait assez d'importance pour avoir déterminé l'élargissement périodique de la gorge. Quelques auteurs ont pensé que le bramement servait d'appel pour les femelles; mais les observateurs expérimentés cités plus haut m'ont affirmé que les femelles ne recherchent point les mâles, bien que ceux-ci soient ardents à la poursuite des

1 Owen, *Anat. of Vertebrates*, III, p. 585.
2. *Ib.*, p. 595.

femelles, ce qui ne nous surprend pas, d'après ce que nous savons des autres quadrupèdes mâles. La voix de la femelle, d'autre part, lui amène promptement deux ou trois cerfs³, ce que savent bien les chasseurs qui, dans les pays sauvages, imitent son cri. Si le voix du mâle exerçait quelque influence sur la femelle, on pourrait expliquer l'élargissement périodique de ses organes vocaux par l'intervention de la sélection sexuelle, jointe à l'hérédité limitée au même sexe et à la même saison de l'année ; mais rien ne nous la fait supposer, et il ne nous semble pas que la voix puissante du cerf mâle pendant la saison des amours ait pour lui une utilité spéciale, soit pour la cour qu'il fait aux femelles, soit pour ses combats, soit pour tout autre objet. Mais l'usage fréquent de la voix, dans l'emportement de l'amour, de la jalousie et de la colère, usage continué pendant de nombreuses générations, n'a-t-il pas, à la longue, déterminé sur les organes vocaux du cerf, comme chez d'autres animaux mâles, un effet héréditaire? Dans l'état actuel de nos connaissances, c'est l'explication la plus probable.

Le gorille mâle a une voix effrayante; il possède à l'état adulte un sac laryngien, qu'on trouve chez l'orang mâle⁴. Les gibbons comptent parmi les singes les plus bruyants, et l'espèce du Sumatra(*Hylobates syndactylus*) est aussi pourvue d'un sac laryngien ; mais M. Blyth, qui a eu l'occasion d'étudier la nature et les mœurs des individus de cette espèce, ne croit pas que le mâle soit plus bruyant que la femelle. Ces singes se servent donc probablement de leur voix pour s'appeler, comme font quelques quadrupèdes, le castor par exemple ⁵. Un autre gibbon, le *H. agilis*, est fort remarquable en ce qu'il possède la faculté d'émettre la série complète et correcte d'une octave de notes musicales⁶, faculté à laquelle on peut raisonnablement attribuer une séduction sexuelle, mais j'aurai à revenir sur ce sujet dans le chapitre suivant. Les organes vocaux du *Mycetes caraya* d'Amérique sont, chez le mâle, plus grands d'un tiers que chez la femelle, et d'une puissance étonnante. Lorsque le temps est chaud, ces singes font retentir matin et soir les forêts du bruit étourdissant de leur voix. Les mâles commencent le concert, les femelles s'y joignent quelquefois avec leur voix moins sonore,et ce concert se prolonge pendant des heures. Un excellent observateur, Rengger⁷, n'a pu reconnaître la

---

3. Major W. Ross King (*The sportsman in Canada*, 1866, p. 53, 131), sur les mœurs de l'Élan et du Renne sauvage.
4. Owen, *o. c.*, vol. III, p. 600.
5. M. Green, *Journal of Linn. Soc.*, X. *Zoology*, 1869, p. 362.
6. C. L. Martin, *General Introd. to Nat. Hist. of Mamm. Animals*, 1841, p. 431.
7. *Naturg. der Säugeth. von Paraguay*, 1830, p. 15, 21.

cause de tant de bruit; il croit que ces singes, comme beaucoup
d'oiseaux, se délectent à l'audition de leur propre musique, et cherchent à se surpasser les uns les autres. Ont-ils acquis leur voix
puissante pour éclipser leurs rivaux et séduire les femelles, — ou
leurs organes vocaux se sont-ils augmentés et fortifiés par les effets
héréditaires d'un usage longtemps continué sans avantage spécial obtenu, — c'est ce que je ne prétends point décider; mais la première
opinion paraît la plus probable, au moins pour l'*Hylobates agilis*.

Je mentionnerai ici deux particularités sexuelles fort curieuses,
qui se rencontrent chez les phoques, parce que quelques auteurs
ont supposé qu'elles doivent affecter la voix. Le nez du phoque à
trompe (*Macrorhinus proboscideus*) mâle, âgé de trois ans, s'allonge
beaucoup pendant la saison des amours; cette trompe peut alors
se redresser, et atteint souvent une longueur d'un pied. La femelle
ne présente jamais de disposition de ce genre, et sa voix est différente. Celle du mâle consiste en un bruit rauque, gargouillant, qui
s'entend à une grande distance, et on croit que la trompe tend à
l'augmenter. Lesson compare l'érection de cette trompe au gonflement dont les caroncules des gallinacés mâles sont le siège quand
ils courtisent les femelles. Dans une autre espèce voisine, le phoque à capuchon (*Cystophora cristata*), la tête est couverte d'une
sorte de chaperon ou de vessie, qui, intérieurement supportée par
la cloison du nez, se prolonge en arrière et s'élève en une crête de
sept pouces de hauteur. Le capuchon est revêtu de poils courts, il
est musculeux, et peut se gonfler de manière à dépasser la grosseur de la tête! Lors du rut, les mâles se battent sur la glace
comme des enragés en poussant des rugissements si forts « qu'on
les entend à quatre milles de distance ». Lorsqu'ils sont attaqués,
ils rugissent également, et gonflent leur vessie toutes les fois qu'on
les irrite. Quelques naturalistes croient que cette conformation
extraordinaire, à laquelle on a assigné encore divers autres usages,
sert principalement à augmenter la puissance de leur voix. M. R.
Brown pense qu'elle sert de protection contre les accidents de tous
genres. Cette manière de voir me semble peu fondée, car M. Lamont,
qui a tué plus de 600 de ces animaux, affirme que le capuchon ou
la vessie reste à l'état rudimentaire chez les femelles et n'est pas
développé chez les mâles encore jeunes[8].

8. Voy. sur l'Éléphant marin (*Phoca proboscidea*) un article de Lesson, *Dict.
Class. Hist. Nat.* XIII, p. 418. Sur le *Cystophora* ou *Stemmatopus*, Docteur
Dekay, *Ann. of Lyceum of Nat. Hist. New-York*, vol. I, p. 94, 1824. Pennant a
aussi recueilli de la bouche des pêcheurs de phoques des renseignements sur
cet animal. La description la plus complète est celle de M. Brown, *Proc. Zool.
Soc.* 1868, p. 435.

Odeur. — Chez quelques animaux, tels que la célèbre mouffette d'Amérique, l'odeur infecte qu'ils émettent paraît constituer exclusivement un moyen de défense. Chez les Musaraignes (*Sorex*), les deux sexes possèdent des glandes abdominales odorantes, et, à voir comme les oiseaux et bêtes de proie rejettent leurs cadavres, il n'y a aucun doute que cette odeur ne leur soit un moyen de protection; cependant ces glandes grossissent chez les mâles pendant la saison des amours. Chez beaucoup d'autres quadrupèdes, les glandes ont les mêmes dimensions chez les deux sexes [9], mais leur usage est inconnu. Chez d'autres encore, elles sont, ou réservées aux mâles, ou plus développées chez eux que chez les femelles, et augmentent presque toujours d'activité pendant la saison du rut. A cette époque, les glandes qui occupent les côtés de la face de l'éléphant mâle grossissent et émettent une sécrétion exhalant une forte odeur de musc. Les mâles et plus rarement les femelles de plusieurs espèces de chauves-souris portent des glandes externes sur plusieurs parties du corps ; on croit que ces glandes sont odoriférantes.

L'odeur rance du bouc est bien connue, et celle de certains cerfs mâles est singulièrement forte et persistante. Sur les rives de la Plata j'ai pu sentir l'air tout imprégné de l'odeur du *Cervus campestris* mâle, à la distance d'un demi-mille sous le vent d'un troupeau; et un foulard dans lequel j'avais remporté une peau à domicile a conservé pendant un an et sept mois, bien qu'il servît beaucoup et fût souvent lavé, les traces de cette odeur qui s'en exhalait quand on le déployait. Cet animal n'émet pas une forte odeur avant l'âge d'un an, il n'en a jamais si on le châtre jeune [10]. Outre l'odeur générale qui, pendant la saison des amours, paraît imprégner le corps entier de certains ruminants, le *Bos Moschetus* par exemple, beaucoup de cerfs, d'antilopes, de moutons et de chèvres sont pourvus de glandes odoriférantes placées sur divers points du corps et plus spécialement sur la face. On range dans cette catégorie les larmiers ou cavités sous-orbitaires. Ces glandes sécrètent une matière fétide, semi-liquide, quelquefois en assez grande abondance pour enduire la face entière, ce que j'ai observé chez une antilope. Elles sont « ordinairement plus grosses

9. Pour le castoreum du castor, voir l'intéressant ouvrage de L. H. Morgan, *The American Beaver*, 1868, p. 300. Pallas (*Spic. Zoolog.* fasc. viii, p. 23, 1779) a discuté avec soin les glandes odorantes des mammifères. Owen (*Anat. of Vertebrates*, III. p. 634) donne aussi une description de ses glandes, comprenant celles de l'éléphant et de la musaraigne (p. 763). Sur les Chauves-Souris, M. Dobson, *Proc. Zool. Soc.* 1878, p. 241.

10. Rengger, *Naturg. d. Säugeth*, etc., p. 355, 1830. Cet observateur donne quelques détails curieux sur l'odeur émise.

chez les mâles que chez les femelles, et la castration empêche leur développement [11] ». Elles font complètement défaut, d'après Desmarest, chez la femelle de l'*Antilope subgutturosa*. Il ne peut donc y avoir de doute que les glandes odorantes ne soient en rapport intime avec les fonctions reproductrices. Elles sont quelquefois présentes et quelquefois absentes chez des formes voisines. Chez le cerf musqué (*Moschus moschiferus*) mâle adulte, un espace dénudé autour de la queue est enduit d'un liquide odorant, tandis que, chez la femelle adulte et chez le mâle au-dessous de deux ans, cet espace est couvert de poils et n'émet aucune odeur. Le sac du musc proprement dit est, par sa situation, nécessairement limité au mâle, et constitue un organe odorant supplémentaire. La substance que sécrète cette dernière glande offre ceci de singulier que, d'après Pallas, elle ne change jamais de consistance et n'augmente pas en quantité à l'époque du rut ; ce naturaliste, tout en admettant que sa présence se rattache à l'acte reproducteur, n'explique son usage que d'une manière conjecturale et peu satisfaisante [12].

Dans la plupart des cas, il est probable que, dans la saison du rut, lorsque le mâle seul émet une forte odeur, celle-ci doit servir à exciter et à attirer la femelle. Notre goût ne nous constitue pas juge compétent sur ce point, car on sait que les rats sont alléchés par l'odeur de certaines huiles essentielles, et les chats par la valériane, substances qui, pour nous, ne sont rien moins qu'agréables ; les chiens, bien qu'ils ne mangent pas les charognes, aiment à les sentir et à se rouler dessus. Les raisons que nous avons données en discutant la voix du cerf doivent aussi nous faire repousser l'idée que l'odeur des mâles sert à attirer de loin les femelles. Un usage actif et continu n'a pu ici entrer en jeu, comme dans le cas des organes vocaux. L'odeur émise doit avoir une grande importance pour le mâle, d'autant plus que, dans quelques cas, il s'est développé des glandes considérables et complexes, pourvues de muscles qui permettent de retrousser le sac, d'en ouvrir et d'en fermer l'orifice. La sélection sexuelle explique le développement de ces organes, si l'on admet que les mâles les plus odorants sont ceux qui réussissent le mieux auprès des femelles et ceux qui produisent par conséquent plus de descendants, héritiers de leurs odeurs et de leurs glandes graduellement perfectionnées.

11. Owen, *o. c.*, III, p. 632. Docteur Murie, observations sur leurs glandes, *Proc. Zool. Soc.*, p. 350, 1870. Desmarest, sur l'*Antilopes subgutturosa ;* Mammalogie, p. 455, 1820.
12. Pallas, *Spicilegia Zoolog.*, fasc. XIII, p. 24, 1799 ; Desmoulins, *Dict. class. Hist. Nat.*, III, p. 586.

Développement du poil. — Nous avons vu que les quadrupèdes
mâles ont souvent le poil du cou et des épaules beaucoup plus
développé qu'il ne l'est chez les femelles, et nous pourrions citer
grand nombre d'autres exemples. Bien que cette disposition soit
quelquefois utile au mâle, comme moyen de défense dans ses
batailles, il est fort douteux que le poil se soit toujours spécialement développé dans ce but. Ainsi, lorsque ces poils ne forment
qu'une crête mince, sur la ligne médiane du dos, ils ne peuvent
servir de protection, et le dos n'est pas d'ailleurs un point exposé ;
néanmoins, ces crêtes ne se trouvent guère que chez les mâles, et
quand elles existent dans les deux sexes, elles sont toujours beaucoup moins développées chez les femelles. Deux espèces d'antilopes, les *Tragelaphus scriptus* [13] (*fig.* 70, p. 325) et les *Portax picta*,
en offrent des exemples. Les crêtes de certains cerfs et du bouc
sauvage se redressent lorsque ces animaux sont irrités ou
effrayés [14] ; mais on ne peut supposer qu'elles aient été acquises
dans le but d'effrayer leurs ennemis. Une des antilopes précitées,
le *Portax picta*, porte sur la gorge une touffe bien marquée de poils
noirs, touffe beaucoup plus grande chez le mâle que chez la femelle.
Chez un individu de la famille des moutons, l'*Ammotragus tragelaphus* de l'Afrique du Nord, les membres antérieurs se trouvent
presque cachés par une croissance extraordinaire de poils partant
du cou et de la moitié supérieure des membres ; mais M. Bartlett
ne croit pas que ce manteau ait aucune utilité pour le mâle, chez
lequel il est beaucoup plus développé que chez la femelle.

Beaucoup de quadrupèdes mâles d'espèces diverses diffèrent des
femelles en ce qu'ils ont plus de poils, ou des poils d'un caractère
différent, sur certaines parties de la face. Le taureau seul porte
des poils frisés sur le front [15]. Chez trois sous-genres très voisins
de la famille des chèvres, les mâles seuls ont une barbe, quelquefois très grande ; chez deux autres sous-genres elle existe chez les
deux sexes, mais disparaît chez quelques-unes des races domestiques de la chèvre commune ; chez l'*Hémitragus*, aucun des deux
sexes n'a de barbe. Chez le Bouquetin, la barbe ne se développe
pas en été, et elle est assez courte dans les autres saisons pour
qu'on puisse l'appeler rudimentaire [16]. Chez quelques singes, la
barbe est restreinte au mâle, comme chez l'orang, ou elle est beau-

13. Docteur Gray, *Gleanings from Menagerie at Knowsley*, pl. XXVIII.
14. Judge Caton, sur le Wapiti ; *Transact. Ottawa Acad. Nat. Sciences*, p. 36-
40, 1868, Blyth, *Land and Water*, sur le *Capra ægarus*, p. 37, 1867.
15. Hunter's *Essays and Observations*, edited by Owen, 1861, vol. I, p. 236.
16. Docteur Gray, *Cat. of Mammalia in Brit. Mus.*, III, p. 144, 1852.

coup plus développée chez lui que chez la femelle, comme chez les *Mycetes caraya* et les *Pithecia satanas* (*fig.* 68). Il en est de même des favoris de quelques espèces de macaques[17] et, comme nous

Fig. 68. — *Pithecia satanas*, mâle (d'après Brehm, édition française).

l'avons vu, des crinières de quelques babouins. Mais chez la plupart des singes les diverses touffes de poils de la face et de la tête sont identiques chez les deux sexes.

Les divers membres mâles de la famille bovine (*Bovidæ*) et de

17. Rengger, *o. c.*, p. 14. Desmarest, *Mammalogie*, p. 66.

certaines antilopes ont un fanon, ou fort repli de la peau du cou,
qui est beaucoup moins développé chez les femelles.

Or, que devons-nous conclure relativement à des différences
sexuelles de ce genre? Personne ne prétendra que la barbe de
certains boucs, le fanon du taureau, ou les crêtes de poils qui garnissent la ligne du dos de certaines antilopes mâles, aient une utilité directe ou habituelle pour eux. Il est possible que l'énorme
barbe du *Pithecia* mâle, ou celle de l'Orang mâle, puisse servir à
leur protéger le cou lorsqu'ils se battent, car les gardiens des
Zoological Gardens m'assurent que beaucoup de singes essayent de
se blesser à la gorge ; mais il n'est pas probable que la barbe se
soit développée pour un autre usage que les favoris, les moustaches et les diverses touffes de poils; or, ils ne sont pas utiles au
point de vue de la protection. Devons-nous attribuer à une variabilité provenant du simple hasard tous ces appendices de la peau,
et les poils qui se trouvent chez les mâles? On ne peut nier que
cela soit possible ; car, chez beaucoup de quadrupèdes domestiques, certains caractères qui ne paraissent pas provenir d'un retour
vers une forme parente sauvage, ont apparu chez les mâles et les
ont seuls affectés, ou au moins se sont développés beaucoup plus
chez eux que chez les femelles — par exemple, la bosse du zébu
mâle de l'Inde, la queue chez les béliers de la race à queue grasse,
la forte courbure du front des mâles dans plusieurs races de moutons, et enfin la crinière, les longs poils sur les jambes de derrière
et le fanon, qui caractérisent le bouc seul de la race de Berbura [18].
La crinière, chez le bélier d'une race africaine, constitue un véritable caractère sexuel secondaire, car, d'après M. Winwood Reade,
elle ne se développe pas chez les mâles ayant subi la castration.
J'ai démontré dans mon ouvrage sur *la Variation* que nous devons
être fort prudents avant de conclure qu'un caractère quelconque,
même chez les animaux domestiques de peuples à demi civilisés,
n'est pas le résultat d'une sélection faite par l'homme et augmentée
par lui; mais il est peu probable que tel soit le cas dans les exemples que nous venons de citer, car ces caractères se présentent uniquement chez les mâles ou sont plus développés chez eux que chez
les femelles. Si nous savions d'une manière certaine que le bélier
africain, avec sa crinière, descend de la même souche primitive que
les autres races de moutons, ou le bouc de Berbura, avec sa cri-

---

18. Voy. les chapitres concernant ces animaux dans mes *Variations*, etc.,
vol. I. Dans le vol. II, p. 73, aussi le chap. xx sur la sélection pratiquée par les
peuples à demi civilisés. Pour la chèvre Berbura, docteur Gray, *Catal.*, etc.,
p. 157.

nière, son fanon, etc., de la même souche que les autres races de chèvres, et que ces caractères n'ont pas subi l'action de la sélection artificielle, nous dirions qu'ils sont dus à une simple variabilité, jointe à l'hérédité limitée à l'un des sexes.

Il paraît donc raisonnable d'appliquer la même explication aux nombreux caractères analogues que présentent les animaux à l'état de nature ; cependant je ne puis croire qu'elle soit applicable dans beaucoup de cas, tel que le développement extraordinaire des poils sur la gorge et sur les membres antérieurs de l'*Ammotragus* mâle, ou de l'énorme barbe du *Pithecia* mâle. Les études naturelles qu'il m'a été donné de faire m'autorisent à penser que les parties ou les organes très développés ont été acquis à une période quelconque dans un but spécial. Chez les antilopes, où le mâle adulte est plus fortement coloré que la femelle, et chez les singes où les poils du visage sont disposés de la façon la plus élégante et affectent plusieurs couleurs, il semble probable que les crêtes et touffes de poils ont été acquises dans un but d'ornementation, opinion que partagent quelques naturalistes. Si cette opinion est fondée, on ne peut douter que ces ornements ne soient dus à l'intervention de la sélection sexuelle, ou au moins qu'ils n'aient été modifiés par elle ; mais cette explication peut-elle s'appliquer à d'autres mammifères ? C'est là un point au moins douteux.

Couleur du poil et de la peau nue. — J'indiquerai d'abord brièvement tous les cas de coloration différente entre quadrupèdes mâles et femelles, qui sont venus à ma connaissance. D'après M. Gould, les sexes ne diffèrent que rarement sous ce rapport chez les Marsupiaux ; mais le grand kangourou rouge fait une exception remarquable, « un bleu tendre chez la femelle étant la teinte dominante des parties qui sont rouges chez le mâle [19] ». La femelle du *Didelphis opossum*, de Cayenne, est un peu plus rouge que le mâle. Le docteur Gray dit, au sujet des Rongeurs : « Les écureuils africains, surtout ceux des régions tropicales, ont une fourrure de couleur plus claire et plus brillante à certaines saisons de l'année, et celle des mâles revêt généralement des teintes plus vives que celles des femelles [20]. » Le docteur Gray m'apprend qu'il a cité les écureuils africains, parce que la différence est plus apparente chez eux, en raison de la vivacité extraordinaire de leurs couleurs. La femelle

---

19. *Osphranter Rufus,* Gould. *Mammals of Australia,* II, 1863. Sur le *Didelphis,* Desmarest, *Mammalogie,* p. 256.
20. *Ann. and Mag. of Nat. Hist.,* p. 325. Nov. 1867. Sur le *Mus minutus,* Desmarest, *o. c.,* p. 304.

du *Mus minutus*, de Russie, a des tons plus pâles et plus laids que le mâle. Chez beaucoup de Chauves-souris, la fourrure du mâle est plus claire et plus brillante que celle de la femelle [21]. M. Dobson fait aussi remarquer par rapport à ces animaux : « Les différences provenant en partie ou en totalité de la possession par le mâle d'une fourrure affectant des teintes beaucoup plus brillantes ou remarquables par différentes taches ou par la plus grande longueur de certaines parties se rencontrent seulement chez les chauves-souris frugivores qui ont le sens de la vue bien développé. » Cette dernière remarque mérite toute notre attention, car elle porte sur la question de savoir si les couleurs brillantes sont avantageuses pour les animaux mâles en ce qu'elles constituent de simples ornements. On sait aujourd'hui, comme l'a constaté le docteur Gray, que les mâles d'un certain genre de paresseux « ont des ornements différents de ceux des femelles, c'est-à-dire qu'ils portent entre les épaules une touffe de poils courts et doux ordinairement de couleur orange et chez une espèce d'une couleur blanche. Les femelles ne possèdent pas cette touffe ».

Les carnivores et les insectivores terrestres ne présentent que peu de différences sexuelles, et leurs couleurs sont presque toujours les mêmes dans les deux sexes. L'ocelot (*Felis pardalis*) fait toutefois exception, car les couleurs de la femelle, sont « moins apparentes, le fauve étant plus terne, le blanc moins pur, les raies ayant moins de largeur et les taches présentant un plus petit diamètre [22] ». Les sexes de l'espèce voisine, *F. mitis*, diffèrent aussi, mais à un degré moindre, les tons généraux de femelle étant plus pâles et les taches moins noires. Les carnivores marins, ou phoques, au contraire, diffèrent considérablement par la couleur, et offrent, comme nous l'avons déjà vu, d'autres différences sexuelles remarquables. Ainsi, l'*Otaria nigrescens* mâle de l'hémisphère méridional présente sur la surface supérieure de son corps de riches teintes brunes, tandis que la femelle, qui revêt beaucoup plus tôt sa coloration, est en dessus gris foncé, et les jeunes des deux sexes couleur chocolat intense. Le *Phoca groenlandica* mâle est gris fauve et porte sur le dos une tache foncée qui affecte la forme curieuse d'une selle ; la femelle, plus petite, offre un aspect tout différent, car elle est « blanc sale ou couleur jaune paille, avec une teinte fauve sur le dos ; les jeunes sont d'abord blanc pur, et dans cet état peuvent

21. J. A. Allen, *Bull. Mus. Comp. Zool. of Cambridge, United States*, p. 207, 1869, M. Dobson, sur les caractères sexuels des Chiroptères, *Proc. Zool. Soc.* 1873, p. 241. Dr Gray, sur les Paresseux, *Ibid*, 1871, p. 436.
22. Desmarest, *o. c.*, p. 220, 1820. Sur le *Felis mitis*, Rengger, *o. c.*, p. 194.

à peine se distinguer de la neige et des blocs de glace ; la couleur de leur robe leur sert ainsi de moyen de protection [23] ».

Les différences sexuelles de coloration sont plus fréquentes chez les ruminants que dans les autres ordres. Elles sont générales chez les antilopes à cornes tordues ; ainsi le nilghau mâle (*Portax picta*) est gris bleu bien plus foncé que la femelle ; il porte, en outre, beaucoup plus distinctes, la tache carrée blanche de la gorge, les taches également blanches des fanons, et les taches noires des oreilles. Nous avons vu que, chez cette espèce, les crêtes et les touffes de poils sont également plus développées chez le mâle que chez la femelle sans cornes. Le mâle, m'apprend M. Blyth, revêt périodiquement des teintes plus foncées pendant la saison des amours, sans cependant que son poil se renouvelle. On ne peut distinguer le sexe des jeunes avant l'âge d'un an, et si on châtre le mâle avant cette époque il ne change jamais de couleur. L'importance de ce dernier fait, comme preuve absolue de la coloration sexuelle, devient évidente lorsque nous apprenons [24] que, chez le cerf de Virginie, ni le pelage d'été, qui est roux, ni celui d'hiver, qui est bleu, ne sont affectés par la castration. Dans toutes les espèces très ornées du *Tragelaphus*, ou dans presque toutes, les mâles sont plus foncés que les femelles sans cornes, et leurs touffes de poils sont plus développées. Chez cette magnifique antilope, l'*Oreas derbianus*, le corps est plus rouge, tout le cou beaucoup plus noir, et la bande blanche qui sépare ces deux couleurs beaucoup plus large chez le mâle que chez la femelle. Chez l'Élan du Cap (*Oreas canna*) le mâle est légèrement plus foncé que la femelle [25].

Chez une antilope indienne (*A. bezoartica*), appartenant à une autre tribu de ce groupe, le mâle est très foncé, presque noir ; la femelle sans cornes est fauve. On observe chez cette espèce, m'apprend M. Blyth, une série de faits exactement semblables à ceux du *Portax picta*, à savoir un changement périodique dans la coloration du mâle, pendant la saison des amours. La castration a les mêmes effets sur ce changement, et le pelage des jeunes des deux sexes est identique. Chez l'*Antilope niger*, le mâle est noir, la fe-

23. Docteur Murie, sur l'*Otaria*, *Proc. Zool. Soc.*, p. 108, 1869. M. R. Brown, sur le *Ph. groenlandica*, *ibid.*, p. 417, 1868. Voy. aussi sur la couleur des phoques, Desmarest, *Mammalogie*, p. 243, 249.

24. J. Caton, *Trans. Ottawa Ac. Nat. Sc.*, p. 4, 1868.

25. Docteur Gray, *Cat. Mamm. in Brit. Mus.*, vol. III, p. 134-42, 1852 ; et dans *Gleanings from the Menagerie of Knowsley*, où se trouve un magnifique dessin de l'*Oreas derbianus* ; voy. le texte relatif au *Tragelaphus*. Pour l'*Oreas canna*, And. Smith, *Zool. of. S. Africa*, pl. XLI et XLII. Ces antilopes sont nombreuses dans les jardins de la Zoological Society.

melle et les jeunes sont de couleur brune ; chez l'*A. sing-sing*, la coloration du mâle est beaucoup plus vive que celle de la femelle sans cornes, et son poitrail et son abdomen sont plus noirs; chez l'*A. caama* mâle, les lignes et les taches des divers points du corps sont noires, elles sont brunes chez la femelle; chez le gnou zébré (*A. gorgon*), les couleurs du mâle sont presque les mêmes que celles de la femelle, elles sont seulement plus intenses, et plus brillantes [26]. Je pourrais citer d'autres exemples analogues.

Le taureau Banteng (*Bos sondaicus*), de l'archipel Malais, est presque noir avec les jambes et les fesses blanches ; la vache est couleur fauve clair, comme le sont les jeunes mâles jusqu'à trois ans, âge où ils changent rapidement de couleur. Le taureau châtré revêt la coloration de la femelle. On remarque, comparées à leurs mâles respectifs, un ton plus pâle chez la chèvre Kemas, et une teinte plus uniforme chez la femelle du *Capra ægagrus*. Les différences sexuelles de coloration sont rares chez les cerfs. Judge Caton m'apprend cependant que, chez les mâles du cerf Wapiti (*Cervus Canadensis*), le cou, le ventre et les membres sont plus foncés que chez les femelles, mais que ces nuances disparaissent peu à peu pendant l'hiver. Je mentionnerai ici que Judge Caton possède dans son parc trois races du cerf de la Virginie, qui présentent dans leur coloration de légères différences, différences portant presque exclusivement sur le pelage bleu de l'hiver ou celui de la saison des amours; ce cas peut donc être comparé à ceux déjà cités dans un chapitre précédent, et relatifs à des espèces voisines ou représentatives d'oiseaux qui ne diffèrent entre eux que par leur plumage nuptial [27]. Les femelles du *Cervus paludosus* de l'Amérique du Sud, et les jeunes des deux sexes, n'ont pas sur le poitrail et sur les naseaux les raies noires et la ligne brun noirâtre qui caractérisent les mâles adultes [28]. Enfin le cerf axis mâle adulte, si magnifiquement coloré et tacheté, est, à ce que m'apprend M. Blyth, beaucoup plus foncé que la femelle; il n'arrive jamais à cette nuance lorsqu'il a subi la castration.

Le dernier ordre que nous ayons à considérer est celui des Pri-

26. Sur l'*Ant. niger*, *Proc. Zool. Soc.*, 1850, p. 133. Sur une espèce voisine présentant une semblable différence sexuelle de couleur, Sir S. Baker, *The Albert Nyanza*, II, p. 327, 1866. Pour l'*A. sing-sing*, Gray, *Cat. Brit. Mus.*, p. 100. Desmarest, *Mammalogie*, p. 468, sur l'*A. caama*, Andrew Smith, *Zool. of S. Africa*, sur le gnou.

27. *Ottawa Acad. of Sciences*, p. 3, 5, Mai 1868.

28. S. Müller, sur le Banteng, *Zool. d. Indischen Archipel.*, 1839, p. 44, tab. XXXV. Raffles, cité par M. Blyth, dans *Land and Water*, p. 476, 1867. Sur les chèvres, Gray, *Cat Brit. Mus.*, p. 146. Desmarest, *Mammalogie*, p. 582. Sur le *Cervus paludosus*, Zengger, *o. c.*, p. 345.

mates. Le *Lemur macaco* mâle est noir de jais; la femelle est jaune rougeâtre, mais de nuance très variable [29]. Parmi les quadrumanes du nouveau monde, les femelles et les jeunes du *Micetes caraya* sont jaune grisâtre et semblables; les jeunes mâles deviennent brun rougeâtre pendant la seconde année, et noirs pendant la troisième, à l'exception du poitrail, qui finit toutefois par devenir entièrement noir pendant la quatrième ou la cinquième année. Il y a aussi une différence marquée entre les couleurs des sexes chez les *Mycetes seniculus* et chez les *Cebus capucinus*; les jeunes de la première, et, à ce que je crois, ceux de la seconde espèce, ressemblent aux femelles. Chez le *Pithecia leucocephala*, les jeunes ressemblent à la femelle, qui est noir brunâtre en dessus, et en dessous d'une teinte rouille claire; les mâles adultes sont noirs. Le collier de poils qui entoure le visage de l'*Ateles marginatus* est jaunâtre chez le mâle et blanc chez la femelle. Dans l'ancien monde, les *Hylobates hoocolk* mâles sont toujours noirs, une raie blanche sur les sourcils exceptée; les femelles varient d'un brun blanchâtre à une teinte foncée mêlée de noir, mais ne sont jamais entièrement noires [30]. Chez le beau *Cercopithecus diana*, la tête du mâle adulte est noir intense, celle de la femelle est gris foncé; chez le premier; le pelage entre les deux cuisses est d'une élégante couleur fauve, plus pâle chez la dernière. Chez le magnifique et curieux singe à moustaches (*Cercopithecus cephus*), il n'y a différence pour la couleur du pelage des deux sexes que dans la queue, qui est châtain chez les mâles et grise chez les femelles; mais je tiens de M. Bartlett que toutes les nuances bien prononcées chez le mâle adulte restent pour les femelles ce qu'elles étaient dans le jeune âge. D'après les figures coloriées exécutées par Salomon Müller, le *Semnopithecus chrysomelas* mâle est presque noir, la femelle est brun pâle. Chez les *Cercopithecus cynosurus* et *griseo-viridis*, les organes génitaux du mâle sont vert ou bleu brillant et contrastent d'une manière frappante avec la peau nue de la partie postérieure du corps, qui est rouge vif.

Enfin, dans la famille des Babouins, le *Cynocephalus hamadryas* mâle adulte diffère non seulement de la femelle par son énorme crinière, mais aussi un peu par la couleur du poil et des callosités nues. Chez le drille (*Cynocephalus leucophœus*), les femelles et les

29. Sclater, *Proc. Zool. Soc.* I. 1866. MM. Pollen et Van Dam ont vérifié le même fait. Voir aussi le D' Gray, *Annals and Mag. of Nat. Hist.*, Mai 1871, p. 340.

30. Sur le *Mycetes :* Rengger, *o. c.*, p. 14; Brehm, *Illustrirtes Thierleben*, vol. I, p. 96, 107. Sur l'*Ateles;* Desmarest, *Mammalogie*, p. 75. Sur l'*Hylobates*, Blyth, *Land and Water*, p. 135, 1867. Sur le *Semnopithecus*, S. Müller. *Zoog. Ind. Archip.*, tab. X.

jeunes sont plus pâles et ont moins de vert dans leur coloration que les mâles adultes. Aucun autre membre de la classe entière des mammifères ne présente de coloration aussi extraordinaire que le mandrill mâle adulte (*Cynocephalus mormon*) (*fig.* 69). Son visage, à l'âge adulte, est d'un beau bleu, tandis que la crête et l'extrémité du nez sont d'un rouge des plus vifs. D'après quelques auteurs, son

Fig. 69. — Tête de Mandrill (d'après Gervais, *Hist. nat. des mammifères*).

visage serait aussi marqué de stries blanchâtres, et ombré par places en noir; mais ces couleurs paraissent variables. Il porte sur le front une touffe de poils, et une barbe jaune au menton. « Toutes les parties supérieures des cuisses et le grand espace nu des fesses sont également colorés du rouge le plus vif, avec un mélange de bleu qui ne manque réellement pas d'élégance [31]. » Lorsque l'animal est excité, toutes les parties nues revêtent une teinte beau-

---

31. Gervais, *Hist. Nat. des Mammifères*, p. 103, 1854 : il donne des figures du crâne du mâle. Desmarest, *Mammal.*, p. 80. Geoffroy Saint-Hilaire et F. Cuvier, *Hist. nat. des Mamm.*, 1824, tome I.

coup plus vive; plusieurs auteurs ont employé les expressions les plus fortes pour donner une idée de l'éclat de ces couleurs, qu'ils comparent au plumage des oiseaux les plus resplendissants. Une autre particularité des plus remarquables distingue le mandrill : quand les grosses dents canines ont acquis tout leur développement, d'énormes protubérances osseuses se forment sur chaque joue, lesquelles protubérances sont profondément sillonnées dans le sens de la longueur, et la peau nue qui les recouvre très vivement colorée, comme nous venons de le dire (*fig.*69). Ces protubérances sont à peine appréciables chez les femelles adultes et chez les jeunes des deux sexes qui ont les parties nues bien moins brillantes en couleur, et le visage presque noir, teinté de bleu. Chez la femelle adulte cependant, à certains intervalles réguliers, le nez se nuance de rouge.

Dans tous les cas signalés jusqu'ici, c'est le mâle qui est plus vivement ou plus brillamment coloré, et qui diffère à un plus haut degré des jeunes des deux sexes. Mais, de même que chez quelques oiseaux se présentent des cas de coloration inverse dans les deux sexes, de même chez le Rhesus (*Macacus rhesus*), la femelle a une large surface de peau nue autour de la queue, surface d'un rouge carmin vif, qui devient périodiquement plus éclatant encore, à ce que m'ont assuré les gardiens des Zoological Gardens ; son visage aussi est rouge, mais pâle. Chez le mâle adulte au contraire, et chez les jeunes des deux sexes, ainsi que j'ai pu le constater, on n'observe pas la moindre tache de rouge, ni sur la peau nue de l'extrémité postérieure du corps, ni sur le visage. Il paraît cependant, d'après quelques documents publiés, qu'accidentellement ou pendant certaines saisons, le mâle peut présenter quelques traces de cette couleur. Bien que moins orné que la femelle, il ne s'en conforme pas moins à la règle commune, d'après laquelle le mâle l'emporte sur la femelle par sa plus forte taille, des canines plus grandes, des favoris plus développés, et des arcades sourcilières plus proéminentes.

J'ai maintenant indiqué tous les cas qui me sont connus de différences de couleur entre les sexes des mammifères. Dans quelques cas, les différences peuvent provenir de variations limitées à un sexe et transmises à ce sexe sans aucun résultat avantageux, et, par conséquent, sans intervention de la sélection. Nous avons des exemples de se genre chez nos animaux domestiques, certains chats mâles, par exemple, qui sont d'un rouge de rouille, tandis que les femelles sont tigrées. Des cas analogues s'observent dans la nature; M. Bartlett a vu beaucoup de variétés noires du jaguar, du léopard, du phalanger et du wombat, et il est certain que la plupart, sinon tous, étaient mâles. D'autre part, les individus des deux sexes, chez les loups, les renards et les écureuils américains, naissent quelquefois noirs. Il est donc tout à fait possible que, chez quelques mammifères, une différence de coloration entre les sexes, surtout lorsqu'elle est congénitale soit simplement le résultat, sans aucune sélection, d'une ou plusieurs variations, dès l'abord limitées sexuellement dans leur transmission. Toutefois on ne peut guère admettre que les couleurs si diverses, si vives et si tranchées de certains mammifères, telles que celles des singes et des antilopes mentionnés plus haut, puissent s'expliquer ainsi. Ces couleurs n'apparaissent pas chez le mâle dès sa naissance, mais seulement lorsqu'il a atteint l'état adulte ou qu'il en approche; et, contrairement aux variations habituelles, elles ne se produisent pas lorsque le mâle a été châtré. En somme, la conclusion la plus probable, c'est que les couleurs fortement accusées et les autres ornements des quadrupèdes mâles leur procurent un avantage dans leur lutte avec d'autres mâles, et sont, par conséquent, le résultat de la sélection sexuelle. Le fait que les différences de coloration entre les sexes se rencontrent presque exclusivement, comme le prouvent les détails précités, dans les groupes et les sous-groupes de mammifères présentant d'autres caractères sexuels secondaires distincts, également le produit de l'action de la sélection sexuelle, augmente beaucoup la probabilité de cette opinion.

Les quadrupèdes font évidemment attention à la couleur. Sir S. Baker a observé à de nombreuses reprises que l'éléphant africain et le rhinocéros attaquent avec une fureur toute spéciale les chevaux blancs ou gris. J'ai prouvé ailleurs[32] que les chevaux à demi sauvages paraissent s'accoupler de préférence avec ceux de la même couleur; et que des troupeaux de daims de colorations différentes, bien que vivant ensemble, sont longtemps restés distincts. Un fait plus significatif, c'est qu'une femelle de zèbre, qui avait absolument refusé de s'accoupler avec un âne, le reçut très volontiers, comme le remarque John Hunter, dès qu'il fut peint à la manière du zèbre. Dans ce fait fort curieux « nous observons un instinct excité par la simple couleur, dont l'effet a été assez puissant pour l'emporter sur tous les autres moyens. Mais le mâle n'en exigeait pas autant; le fait que la femelle était un animal ayant

32. *Variation*, etc., vol. II, 111 (trad. française), 1869.

de l'analogie avec lui, suffisait pour éveiller ses passions[33]. »

Nous avons vu, dans un des premiers chapitres de cet ouvrage, que les facultés mentales des animaux supérieurs ne diffèrent pas en nature, bien qu'elles diffèrent énormément en degré, des facultés correspondantes de l'homme, surtout de celles des races inférieures et barbares; et il semblerait même que le goût de ces dernières pour le beau est peu différent de celui des Quadrumanes. De même que le nègre africain taille la chair de son visage de façon à produire des « crêtes ou des cicatrices parallèles faisant fortement saillie au-dessous de la surface normale, affreuses difformités qu'il considère comme constituant un grand attrait personnel[34] », — de même que les nègres aussi bien que les sauvages de beaucoup de parties du monde peignent sur leur visage des bandes rouges, bleues, blanches ou noires, — de même aussi le mandrill africain mâle semble avoir acquis son visage profondément sillonné et fastueusement coloré, pour devenir plus attrayant pour la femelle. Il peut, sans doute, nous sembler grotesque que la partie postérieure du corps se soit colorée encore plus vivement que le visage dans un but d'ornementation, mais cela n'est pas plus étrange que les décorations spéciales dont la queue de tant d'oiseaux forme le siège.

Il ne semble pas que les mammifères mâles se donnent la moindre peine pour étaler leurs charmes devant les femelles; les oiseaux mâles au contraire s'ingénient de toutes les façons pour y arriver, et c'est là un des plus forts arguments en faveur de l'hypothèse que les femelles admirent les ornements et les couleurs étalés devant elles et se laissent séduire par ce spectacle. On observe toutefois un parallélisme frappant entre les mammifères et les oiseaux au point de vue des caractères sexuels secondaires; les uns et les autres sont en effet pourvus d'armes pour combattre les mâles, leurs rivaux, d'appendices et de couleurs diverses constituant des ornements. Dans les deux classes, lorsque le mâle diffère de la femelle, les jeunes des deux sexes se ressemblent presque toujours, et, dans la majorité des cas, ressemblent aux femelles adultes. Dans les deux classes, le mâle revêt les caractères propres à son sexe au moment de parvenir à l'âge adulte, et la castration l'empêche de jamais acquérir ces caractères, ou les lui fait perdre plus tard. Dans les deux classes, le changement de couleur dépend quelquefois de la saison, et les teintes des parties nues augmentent parfois d'intensité pendant la saison des amours. Dans les deux

33. *Essay and Observations*, de Hunter, édité par Owen, vol. I. p. 194, 1861.
34. Sir S. Baker, *The Nile tributaries of Abyssinia*, 1867.

classes, le mâle affecte toujours des couleurs plus vives et plus brillantes que la femelle, et il est orné de plus grandes touffes de poils ou de plumes, ou d'autres appendices. On remarque cependant dans les deux classes quelques cas exceptionnels; la femelle est plus ornée que le mâle. Chez beaucoup de mammifères et au moins dans le cas d'un oiseau, le mâle émet une odeur plus forte que la femelle. Dans les deux classes la voix du mâle est plus puissante que celle de la femelle. Ce parallélisme nous conduit à admettre qu'une même cause, quelle qu'elle puisse être, agit de la même manière sur les mammifères et sur les oiseaux; or, il me semble qu'en ce qui concerne les caractères d'ornementation, on peut, avec certitude, attribuer le résultat obtenu à une préférence longtemps soutenue de la part d'individus d'un sexe pour certains individus du sexe opposé, combinée avec le fait qu'ils auront ainsi réussi à laisser un plus grand nombre de descendants pour hériter de leurs attraits d'ordre supérieur.

Transmission égale aux deux sexes des caractères d'ornementation. — Chez beaucoup d'oiseaux, l'analogie conduit à penser que les ornements ont été primitivement acquis par les mâles, puis transmis également, ou à peu près, aux deux sexes : recherchons maintenant jusqu'à quel point cette remarque peut s'appliquer aux mammifères. Dans un nombre considérable d'espèces, et surtout chez les plus petites, les deux sexes ont, en dehors de toute intervention de la sélection sexuelle, acquis une coloration toute protectrice; mais, autant que j'en puis juger, ce fait est surtout fréquent et frappant dans les classes inférieures. Audubon nous dit qu'il a souvent confondu le rat musqué[35], arrêté sur les bords d'un ruisseau boueux, avec une motte de terre, tellement la ressemblance est complète. Le lièvre dans son gîte est un exemple bien connu de l'animal dissimulé par sa couleur; cependant l'espèce voisine, le lapin, n'est pas dans le même cas, car la queue blanche et redressée de cet animal, quand il se dirige vers son terrier, le rend très visible au chasseur et surtout aux carnassiers qui le poursuivent. On n'a jamais mis en doute, que les quadrupèdes habitant les régions couvertes de neige, ne soient devenus blancs pour se protéger contre leurs ennemis, ou pour s'approcher plus facilement de leur proie. Dans les contrées où la neige ne séjourne pas longtemps sur le sol, un pelage blanc serait nuisible; aussi les espèces de cette couleur sont extrêmement rares dans les parties chaudes

---

35. *Fiber zibethicus,* Audubon et Bachman, *The Quadrupeds of N. America,* 1846, p. 109.

du globe. Un grand nombre de mammifères des zones tempérées, qui ne revêtent pas pendant l'hiver un pelage blanc, deviennent plus pâles pendant cette saison ; ce qui, selon toute apparence, est le résultat direct des conditions auxquelles ils ont été longtemps exposés. Pallas [36] assure qu'en Sibérie un changement de cette nature se produit chez le loup, chez deux espèces de mustela, chez le cheval domestique, chez l'hémione, chez la vache domestique, chez deux espèces d'antilope, chez le cerf musqué, le chevreuil, l'élan et le renne. Le chevreuil, par exemple, a une robe rouge pendant l'été, et, pendant l'hiver, d'un blanc grisâtre, qui doit le protéger dans ses courses au travers des taillis sans feuilles, saupoudrés de neige et de givre. Que ces animaux se répandent peu à peu dans des régions toujours couvertes de neige, et la sélection naturelle rendra probablement leur pelage d'hiver de plus en plus blanc jusqu'à ce qu'il devienne aussi blanc que la neige elle-même.

M. Reeks m'a cité un curieux exemple d'un animal qui tire profit de ses couleurs particulières. Il a élevé, dans un grand verger entouré de murs, cinquante ou soixante lapins blancs et pie ; il avait en même temps chez lui des chats affectant la même couleur. Ces chats, comme je l'ai souvent remarqué, sont très apparents pendant le jour, mais ils avaient l'habitude de chasser pendant la nuit, de se tenir alors à l'entrée des terriers, les lapins ne pouvaient pas les distinguer de leurs compagnons pie. Il en résulta qu'au bout de dix-huit mois presque tous ces lapins pie avaient été détruits, et on a la preuve qu'ils avaient été détruits par les chats. La coloration rend à un autre animal, le Putois, des services dont on trouve l'équivalent dans quelques autres classes. Aucun animal n'attaque volontairement une de ces créatures, à cause de l'odeur épouvantable qu'elle émet quand on l'irrite ; mais, pendant le crépuscule, il est difficile de reconnaître le Putois et les bêtes de proie pourraient se laisser aller à l'attaquer. M. Belt [37] croit que pour cette raison le Putois est pourvu d'une grande queue blanche qui sert d'avertissement à tous les animaux.

Nous devons admettre que beaucoup de mammifères ont revêtu leurs nuances actuelles comme moyen de protection ; il y a cependant une foule d'espèces dont les couleurs sont trop brillantes et trop singulièrement disposées pour que nous puissions leur attribuer cet usage. Prenons pour exemple certaines antilopes : la tache blanche carrée du poitrail, les taches de même couleur sur

36. *Novæ Species Quadrup. e Glirium ordine*, 1778, p. 7. L'animal que j'ai appelé chevreuil est le *Capreolus Sibiricus subecaudatus* de Pallas.
37. *The naturalist in Nicaragua*, p. 249.

les fesses, et les taches noires arrondies sur les oreilles, sont toutes beaucoup plus distinctes chez le mâle du *Portax picta* que chez la femelle ; — les couleurs sont plus vives, les étroites lignes blanches du flanc et la large bande blanche de l'épaule sont plus tranchées chez le mâle de l'*Oreas Derbyanus* que chez la femelle ; — une différence semblable existe entre les sexes du *Tragelaphus scriptus* (*fig.* 70), si curieusement orné : — nous en conclurons que

Fig. 70. — *Tragelaphus scriptus*, mâle (ménagerie de Knowsley).

des différences de cette nature ne rendent aucun service à l'un ou l'autre sexe relativement aux habitudes quotidiennes de l'existence. Il est beaucoup plus probable que ces divers ornements ont été primitivement acquis par la sélection sexuelle, augmentés par le même moyen et partiellement transférés aux femelles. Cette hypothèse admise, on peut penser que les couleurs également singulières, et les taches de beaucoup d'autres antilopes, bien que communes aux deux sexes, ont dû être produites et transmises de la même manière. Les deux sexes, par exemple, du Coudou (*Strepsi-*

ceros Kudu) (*fig.* 64), portent sur leurs flancs postérieurs d'étroites lignes verticales blanches, et une élégante tache blanche angulaire sur le front. Dans le genre *Damalis*, les deux sexes sont bizarrement colorés; chez le *Damalis pygarga*, le dos et le cou sont rouge pourpré, virant au noir sur les flancs, et brusquement séparés de l'abdomen blanc et d'un large espace blanc sur les fesses; la tête est encore plus étrange, car un large masque blanc oblong, entouré d'un bord noir étroit, couvre la face jusqu'à la hauteur des

Fig. 71. — *Damalis pygarga*, mâle (ménagerie de Knowsley).

yeux (*fig.* 71); le front porte trois bandes blanches et les oreilles sont tachetées de blanc. Les faons de cette espèce sont d'un brun jaunâtre pâle uniforme. Chez le *Damalis albifrons*, la coloration de la tête diffère en ce qu'une unique raie blanche remplace les trois raies dont nous venons de parler, et que les oreilles sont presque entièrement blanches [38]. Après avoir étudié de mon mieux les différences existant entre les mâles et les femelles de toutes les classes, je dois conclure que la sélection sexuelle a produit chez beaucoup

---

38. Voir les belles planches de A. Smith, *Zool. of S. Africa*, et docteur Gray, *Gleanings from the Menagerie of Knowsley*.

d'antilopes ces arrangements bizarres des couleurs qui, bien que communs aujourd'hui aux deux sexes, ont dû intervenir d'abord chez le mâle.

On doit peut-être étendre la même conclusion au tigre, l'un des plus beaux animaux qui existent, et dont les marchands de bêtes féroces eux-mêmes ne peuvent distinguer le sexe par la coloration. M. Wallace croit [39] que la robe rayée du tigre « ressemble assez aux tiges verticales du bambou, pour contribuer beaucoup à le dissimuler aux regards de la proie qui s'approche de lui ». Mais cette explication ne me paraît pas satisfaisante. Le fait que, chez deux espèces de *Felis*, des taches et des couleurs analogues sont un peu plus vives chez le mâle que chez la femelle nous autorise peut-être à penser que la beauté du tigre est due à la sélection sexuelle. Le zèbre est admirablement rayé, et des raies, dans les plaines découvertes de l'Afrique méridionale, ne peuvent constituer aucune protection. Burchell [40], décrivant un troupeau de ces animaux, dit : « Leurs côtes luisantes étincelant au soleil et leur manteau brillant, si régulièrement rayé, offrent un tableau d'une beauté que ne pourrait probablement surpasser aucun autre quadrupède ». Nous n'avons pas de preuves que la sélection sexuelle ait joué ici un rôle, car les sexes sont, dans tous les groupes des Équidés, identiques par la couleur. Néanmoins, si on attribue les raies verticales blanches et foncées des flancs de diverses antilopes à la sélection sexuelle, on sera probablement porté à penser de même pour le Tigre royal et le Zèbre magnifique.

Nous avons vu, dans un chapitre précédent, que si les jeunes de classe quelconque, ayant les mêmes habitudes de la vie que leurs parents, présentent une coloration différente, c'est qu'ils ont hérité de quelque ancêtre éloigné et éteint. Dans la famille des Porcidés et dans le genre Tapir, les jeunes portent des raies longitudinales, et diffèrent ainsi de toutes les espèces adultes de ces deux groupes. Dans beaucoup d'espèces de cerfs, les faons sont tachetés d'élégants points blancs, dont les parents n'offrent aucune trace. On peut établir, depuis l'Axis, dont les deux sexes sont, en toutes saisons et à tout âge, magnifiquement tachetés (le mâle étant plus fortement coloré que la femelle), — une série passant par tous les degrés jusqu'à des espèces chez lesquelles ni adultes ni jeunes n'ont aucune tache. Voici quelques termes de cette série : le Cerf Mantchourien (*Cervus Mantchuricus*) est tacheté toute l'année; mais, ainsi que je l'ai observé aux Zoological Gardens, les taches sont

39. *Westminster Review*, 1er Juillet 1867, p. 5.
40. *Travels in South Africa*, vol. II, 1824, p. 315.

moins distinctes l'hiver, alors que le pelage devient plus foncé et que les cornes acquièrent leur entier développement. Chez le Cerf cochon (*Hyelaphus porcinus*), les taches, très apparentes pendant l'été, alors que la robe est brun rougeâtre, disparaissent entièrement à l'hiver, cette robe revêtant une teinte brune [41]. Les jeunes des deux espèces sont tachetés. Chez le Cerf de Virginie, les jeunes sont également tachetés, et Judge Caton m'informe qu'environ cinq pour cent des adultes qu'il possède dans son parc, portent temporairement sur chaque flanc, à l'époque où la robe rouge va être remplacée par la robe plus bleuâtre de l'hiver, une ligne de taches en nombre toujours égal, bien que très variables quant à la netteté. De cet état à l'absence complète de taches chez les adultes pendant toutes les saisons, et, enfin, comme cela arrive chez certaines espèces, à leur absence, à tous les âges, il n'y a qu'une très faible distance. L'existence de cette série parfaite, et surtout le fait du tachetage des faons d'un aussi grand nombre d'espèces, nous permettent de conclure que les individus actuels de la famille des cerfs descendent de quelque espèce ancienne qui, comme l'Axis, était tachetée à tout âge et en toute saison. Un ancêtre, encore plus ancien, a probablement dû ressembler jusqu'à un certain point au *Hyomoschus aquaticus*, car cet animal est tacheté, et les mâles, qui ne portent pas de cornes, ont de grandes canines saillantes dont quelques vrais cerfs ont encore conservé les rudiments. L'*Hyomoschus aquaticus* offre aussi un de ces cas intéressants d'une forme rattachant deux groupes : il est, par certains caractères ostéologiques, intermédiaire entre les pachydermes et les ruminants, qu'on croyait autrefois tout à fait distincts [42].

Ici se présente une difficulté curieuse. Si nous admettons que les taches et les raies de couleur aient été acquises dans un but d'ornementation, comment se fait-il que tant de cerfs actuels, descendant d'un animal primitivement tacheté, et toutes les espèces de porcs et de tapirs, descendant d'un animal primitivement rayé, aient perdu à l'état adulte leurs ornements d'autrefois ? Je ne puis répondre à cette question d'une manière satisfaisante. Il est à peu près certain que les taches et les raies ont disparu chez les ancêtres de nos espèces actuelles, alors qu'ils étaient à l'état adulte ou à peu près, de sorte qu'elles ont été conservées par les jeunes, et,

---

41. Docteur Gray, *Gleanings*, etc., p. 64. M. Blyth (*Land and Water*, 1869, p. 42), parlant du Cerf cochon de Ceylan, dit qu'il est, dans la saison où il renouvelle ses cornes, beaucoup plus brillamment tacheté de blanc que l'espèce ordinaire.

42. Falconer et Cautley, *Proc. Geolog. Soc.*, 1843; et Falconer, *Pal. Memoirs*, vol. I, p. 196.

en vertu de la loi d'hérédité, aux âges correspondants, transmises aux jeunes de toutes les générations suivantes. Il peut avoir été très avantageux au lion et au puma, qui fréquentent habituellement des lieux découverts, d'avoir perdu leurs raies, et d'être ainsi devenus moins apparents pour leur proie; or, si les variations successives qui ont amené ce résultat se sont produites à une époque tardive de la vie, les jeunes ont conservé les raies, ce qui, nous le savons, est en effet arrivé. En ce qui concerne les cerfs, les porcs et les tapirs, Fritz Müller m'a fait remarquer que la disparition des taches et des raies, provoquée par la sélection naturelle, a dû rendre ces animaux moins facilement visibles à leurs ennemis, protection devenue d'autant plus nécessaire que les carnassiers ont augmenté en taille et en nombre pendant les périodes tertiaires. Cette explication peut être la vraie, mais il est assez étrange que les jeunes n'aient pas été également protégés, et plus encore que les adultes de quelques espèces aient conservé partiellement leurs taches ou toutes leurs taches pendant une partie de l'année. Nous savons, sans pouvoir en expliquer la cause, que, quand l'âne domestique varie et devient brun rougeâtre, gris ou noir, les raies de l'épaule et même celles de l'épine dorsale disparaissent ordinairement. Peu de chevaux, les chevaux isabelle exceptés, portent des raies sur le corps, et cependant nous avons de bonnes raisons pour croire que le cheval primitif portait des raies sur les jambes et sur la ligne dorsale, et probablement aussi sur les épaules[43]. La disparition des taches et des raies chez nos porcs, chez nos cerfs et chez nos tapirs adultes, peut donc provenir d'un changement dans la couleur générale de leur pelage, mais il nous est impossible de déterminer si ce changement est l'œuvre de la sélection sexuelle ou de la sélection naturelle, s'il est dû à l'action directe des conditions vitales, ou à quelque autre cause inconnue. Une observation faite par M. Sclater prouve notre ignorance des lois qui règlent l'apparition ou la disparition des raies; les espèces d'*Asinus* qui habitent le continent asiatique ne portent pas de raies, et n'ont même pas la bande en croix sur l'épaule; tandis que les espèces qui habitent l'Afrique sont nettement rayées, à l'exception de l'*A. tæniopus,* qui n'a que la bande en croix sur l'épaule et quelques traces de barres sur les jambes; or cette espèce habite la région à peu près intermédiaire entre la haute Égypte et l'Abyssinie[44].

43. *La Variation,* etc., vol. I, p. 65-68.
44. *Proc. Zool. Soc.,* 1865, p. 164. Docteur Hartmann, *Ann. d. Landw.* vol. XLIII, p. 222.

Quadrumanes. — Avant de conclure, il est bon d'ajouter quelques remarques à propos des caractères d'ornementation chez les singes. Dans la plupart des espèces les sexes se ressemblent par la couleur; mais les mâles, comme nous l'avons vu, diffèrent des femelles par la couleur des parties nues de la peau, le développement de la barbe, des favoris et de la crinière. Beaucoup d'espèces sont colorées d'une manière si belle et si extraordinaire, et sont pourvues de

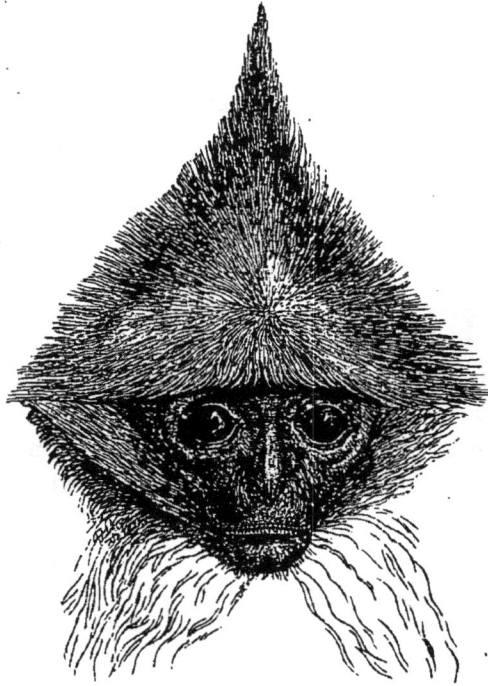

Fig. 72. — Tête de *Semnopithecus rubicundus*.

(Cette figure et les suivantes, tirées de l'ouvrage du professeur Gervais, indiquent l'arrangement bizarre et le développement des poils sur la tête.)

touffes de poils si curieuses et si élégantes, que nous ne pouvons nous empêcher de considérer ces caractères comme des ornements. Les figures ci-jointes (*fig.* 72 à 76) indiquent l'arrangement des poils sur le visage et sur la tête de quelques espèces. Il n'est pas à croire que ces touffes de poils et les couleurs si tranchées de la fourrure et de la peau puissent être le résultat de simples variations sans le concours de la sélection; il est probable que ces caractères puissent avoir une utilité usuelle pour ces animaux. Ils sont donc probablement dus à l'action de la sélection sexuelle, quoique transmis également ou presque également aux deux sexes. Chez beau-

coup de Quadrumanes, nous trouvons d'autres preuves de l'action
de la sélection sexuelle, la plus grande taille et la plus grande force
des mâles, par exemple, et le développement plus complet des
dents canines chez les mâles et chez les femelles.

Quelques exemples suffiront pour faire comprendre les dispositions étranges que présente la coloration des deux sexes dans

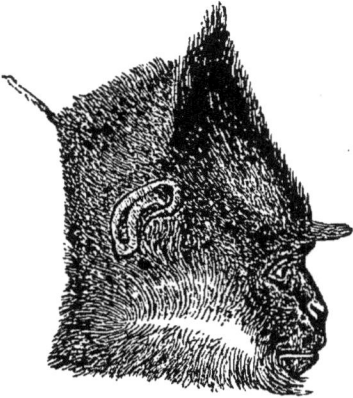

Fig. 73. — *Semnopithecus comatus.*

Fig. 74. — *Cebus capucinus.*

Fig. 75. — *Ateles marginatus.*

Fig. 76. — *Cebus vellerosus.*

quelques espèces, et la beauté de cette coloration chez d'autres.
Le *Cercopithecus petaurista* (*fig.* 77) a le visage noir, la barbe et les
favoris blancs, et sur le nez une tache blanche arrondie bien distincte et couverte de courts poils blancs, ce qui donne à l'animal
un aspect presque comique. Le *Semnopithecus frontatus* a aussi le
visage noirâtre avec une longue barbe noire, et, sur le front, une
grande tache nue d'une couleur blanc bleuâtre. Le *Macacus lasiotus*
a le visage couleur chair sale, avec une tache rouge bien définie sur
chaque joue. L'aspect du *Cercocebus æthiops* est grotesque avec son
visage noir, ses favoris et son collier blancs, sa tête couleur mar-

ron, et une grande tache blanche au-dessus de chaque sourcil. Chez beaucoup d'espèces, la barbe, les favoris et les touffes de poils qui entourent le visage ont des couleurs fort différentes du

Fig. 77. — *Cercopithecus petaurista* (d'après Brehm, édition française).

reste de la tête, et elles sont toujours alors d'une teinte plus claire[45], soit tout à fait blanches, soit jaune brillant, soit rougeâtres. Le

45. J'ai observé ce fait aux Zoological Gardens et on peut en voir de nombreux exemples dans les planches coloriées de Geoffroy Saint-Hilaire et de F. Cuvier, *Hist. nat. des Mammifères*, t. I, 1824.

Brachyurus calvus de l'Amérique du Sud a le visage entier d'une nuance écarlate brillante, mais cette coloration n'apparaît pas avant la maturité du mâle[46].

La couleur de la peau nue du visage diffère étonnamment suivant les espèces. Elle est souvent brune ou de couleur chair, avec des taches parfaitement blanches; mais, souvent aussi, noire comme la peau du nègre le plus foncé. Chez le *Brachyurus*, le visage est d'un écarlate plus brillant que la joue de la plus rougissante Caucasienne; ou plus jaune parfois que chez aucun Mongolien, et dans plusieurs espèces il est bleu, passant au violet ou au gris. Dans toutes les espèces que connaît M. Bartlett, espèces chez lesquelles les adultes des deux sexes ont le visage fortement coloré, les teintes sont ternes ou font défaut pendant la première jeunesse. On observe le même fait chez le Mandrill et chez le Rhésus, chez lesquels le visage et la partie postérieure du corps ne sont vivement colorés que chez un seul sexe. Dans ces derniers cas, nous avons toute raison de croire que ces colorations sont dues à l'action de la sélection sexuelle; or, nous sommes naturellement conduits à étendre la même explication aux espèces précédentes, bien que les deux sexes, lorsqu'ils sont adultes, aient le visage coloré de la même manière,

Les singes sont loin d'être beaux, mais quelques espèces se font remarquer par leur élégant aspect et leurs brillantes couleurs. Le *Semnopithecus nemæus*, quoique très singulièrement coloré, est, dit-on fort joli; son visage teinté d'orange est entouré de longs favoris d'une blancheur lustrée, avec une ligne rouge marron sur les sourcils; le pelage du dos est d'un gris délicat; une tache carrée d'un blanc pur marque les reins, la queue et l'avant-bras; un collier marron surmonte la poitrine; les cuisses sont noires et les jambes rouge-marron. Je citerai encore deux autres singes remarquables par leur beauté, et je les choisis parce qu'ils offrent de légères différences sexuelles de couleur, ce qui permet de supposer que les deux sexes doivent à la sélection sexuelle leur élégance. C'est d'abord le *Cercopithecus cephus*, au pelage pommelé, verdâtre, avec la gorge blanche; l'extrémité de la queue, chez le mâle, est marron; mais le visage est la partie la plus ornée : peau gris bleuâtre, ombrée de noir sous les yeux; lèvre supérieure d'un bleu délicat, et bordée à la partie inférieure d'une mince moustache noire; favoris orangés, noirs à la partie supérieure et s'étendant en bande jusqu'aux oreilles, et celles-ci revêtues de poils blanchâtres. J'ai

---

46. Bates, *The Naturalist on the Amazons*, vol. II, 1863, p. 310.

souvent entendu admirer par les visiteurs des Zoological Gardens la beauté d'un autre singe, appelé avec raison *Cercopithecus Diana* (*fig.* 78); son pelage a une teinte générale grise; la poitrine et la face interne des membres antérieurs sont blanches; un grand es-

Fig. 78. — *Cercopithecus Diana* (d'après Brehm, édition française)..

pace triangulaire bien défini, d'une riche teinte marron, occupe la partie postérieure du dos; les côtés intérieurs des cuisses et l'abdomen sont, chez le mâle, d'une délicate nuance fauve, et le sommet de la tête est noir; le visage et les oreilles, d'un noir intense, contrastent très finement avec une crête blanche transversale au-dessus des sourcils, et une longue barbe à pointe blanche dont la base est noire [47].

La beauté des couleurs de ces singes, et de beaucoup d'autres, la singularité de l'arrangement des teintes, et plus encore les dispositions si diverses et si élégantes des crêtes et des touffes de poils sur la tête, me donnent la conviction que ces caractères ont été acquis exclusivement dans un but d'ornementation par l'intervention de la sélection sexuelle.

Résumé. — La loi du combat pour s'assurer la possession de la femelle paraît prévaloir dans toute la grande classe des mammifères. La plupart des naturalistes admettront avec moi que la taille, la force et le courage plus grands du mâle, son caractère belliqueux, ses armes offensives spéciales, et ses moyens particuliers de défense, ont tous été acquis ou modifiés par cette forme de sélection que j'appelle la sélection sexuelle.

Ceci ne dépend d'aucune supériorité dans la lutte générale pour l'existence, mais de ce fait que certains individus d'un sexe, généralement ceux du sexe mâle, ont réussi à l'emporter sur leurs rivaux et à laisser une descendance plus nombreuse pour hériter de leurs avantages.

Il est un autre genre de luttes, d'une nature plus pacifique, dans lesquelles les mâles cherchent à attirer et à séduire les femelles par divers charmes. Ceci peut se faire par les odeurs qu'émettent les mâles pendant la saison des amours, les glandes odorantes ayant été acquises par sélection sexuelle. Il est douteux qu'on en puisse dire autant de la voix, car les organes vocaux des mâles, fortifiés peut-être par l'usage pendant l'état adulte, sous les puissantes influences de l'amour, de la jalousie ou de la colère, ont dû être transmis au même sexe. Diverses crêtes, diverses touffes et divers revêtements de poils, qu'ils soient propres aux mâles, ou simplement plus développés chez eux que chez les femelles, semblent être, dans la plupart des cas, des caractères d'ornementation, et cependant ils servent quelquefois de défense contre les mâles rivaux. On a même des raisons de supposer que les andouillers ramifiés des cerfs et les cornes élégantes de quelques antilopes, bien que servant aussi d'armes offensives et défensives, ont été en partie modifiées dans un but d'ornementation.

Lorsque le mâle diffère de la femelle par sa coloration, il offre,

47. J'ai vu la plupart des singes ci-dessus décrits aux Zoological Gardens. La description du *Semnopithecus nemœus* est empruntée à W. C. Martin, *Nat. Hist. of Mammalia*, 1841, p. 460; voir aussi les pages 475, 523.

en général, des tons plus foncés et contrastant plus fortement entre
eux. Nous ne rencontrons pas dans cette classe ces magnifiques
couleurs rouges, bleues, jaunes et vertes, si communes aux oiseaux
mâles et à beaucoup d'autres animaux ; les parties nues de certains
quadrumanes, souvent bizarrement placées, présentent cependant
parfois, chez quelques espèces, les couleurs les plus vives. Les
couleurs du mâle peuvent être dues à une simple variation, sans le
concours de la sélection ; mais lorsque les couleurs sont diverses et
fortement tranchées, lorsqu'elles ne se développent qu'à l'état adulte
et que la castration les fait disparaître, nous pouvons en tirer la
conclusion qu'elles sont dues à l'action de la sélection sexuelle,
qu'elles ont pour objet l'ornementation, et qu'elles se sont transmises, exclusivement ou à peu près, au même sexe. Lorsque les
deux sexes ont une coloration identique, lorsque les couleurs sont
très vives et bizarrement disposées sans qu'elles semblent répondre à aucun besoin de protection, et, surtout, lorsqu'elles sont
accompagnées d'autres ornements, l'analogie nous conduit à la
même conclusion, c'est-à-dire à penser qu'elles sont dues à l'action
de la sélection sexuelle, quoique transmises aux deux sexes. Il résulte de l'examen des divers cas cités dans les deux derniers chapitres que, en règle générale, les couleurs diverses et tranchées,
qu'elles soient restreintes aux mâles ou communes aux deux sexes,
sont associées dans les mêmes groupes et dans les mêmes sous-
groupes avec d'autres caractères sexuels secondaires, servant à la
lutte ou à l'ornementation.

La loi d'égale transmission des caractères aux deux sexes, en ce
qui a trait à la couleur et aux autres caractères décoratifs, a prévalu
d'une manière beaucoup plus étendue chez les Mammifères que
chez les Oiseaux ; mais, en ce qui concerne les armes, telles que
les cornes, les défenses et les crocs, elles ont été transmises plus
souvent, soit plus exclusivement, soit plus complètement, aux
mâles qu'aux femelles. C'est là un fait étonnant, car les mâles se
servent en général de leurs armes pour se défendre contre des
ennemis de tous genres, et elles auraient pu rendre le même service aux femelles. Autant que nous en pouvons juger, leur absence,
chez ce dernier sexe, ne peut s'expliquer que par la forme d'hérédité qui a prévalu. Enfin, chez les quadrupèdes, les luttes pacifiques
ou sanglantes entre individus du même sexe, ont, à de rares exceptions près, été limitées aux mâles ; de sorte que la sélection
sexuelle a modifié les mâles beaucoup plus généralement que les
femelles, en leur donnant soit des armes pour se combattre entre
eux, soit des charmes pour séduire l'autre sexe.

CHAPITRE XIX

CARACTÈRES SEXUELS SECONDAIRES CHEZ L'HOMME

Différences entre l'homme et la femme. — Causes de ces différences et de cercertains caractères communs aux deux sexes. — Loi de combat. — Différences dans la puissance intellectuelle et la voix. — Influence qu'a la beauté sur les mariages humains. — Attention qu'ont les sauvages pour les ornements. — Leurs idées sur la beauté de la femme. — Tendance à exagérer chaque particularité naturelle.

Les différences entre les sexes sont, dans l'espèce humaine, plus grandes que chez la plupart des Quadrumanes, mais moindres que chez quelques-uns, le Mandrill par exemple. L'homme est en moyenne beaucoup plus grand, plus lourd et plus fort que la femme; il a les épaules plus carrées et les muscles plus prononcés. Par suite des rapports qui existent entre le développement musculaire et la saillie des sourcils[1], l'arcade sourcilière est plus fortement accusée en général chez l'homme que chez la femme. Il a le corps et surtout le visage plus velu, et sa voix a une intonation différente et plus puissante. On assure que, dans certaines tribus, le teint des femmes diffère légèrement de celui des hommes ; Schweinfurth dit à propos d'une négresse appartenant à la tribu de Monbuttoas qui habite l'intérieur de l'Afrique, à quelques degrés au nord de l'équateur : « Sa peau, comme celle de toutes les femmes de cette tribu, est plus claire que celle de son mari; on pourrait comparer cette teinte à celle du café à moitié grillé[2]. » Les femmes de cette tribu travaillent aux champs et vont tout à fait nues; il n'est donc pas probable que la couleur de leur peau diffère de celle de la peau des hommes par suite d'une exposition moindre aux intempéries. Chez les Européens les femmes sont peut-être plus brillamment colorées, ainsi qu'on peut le voir lorsque les deux sexes ont été également exposés aux mêmes intempéries.

L'homme est plus courageux, plus belliqueux et plus énergique que la femme, et il a le génie plus inventif. Le cerveau de l'homme est, absolument parlant, plus grand que celui de la femme; mais est-il plus grand relativement aux dimensions plus considérables de son corps? c'est là un point sur lequel on n'a pas, je crois, de données très certaines. La femme a le visage plus arrondi; les mâchoires et la base du crâne plus petites; les contours du corps plus

1. Schaaffhausen, traduit dans *Anthrop. Review*, p. 419, 420, 427, Oct. 1868
2. *The Heart of Africa*, vol. I, p. 5, 44.

ronds, plus saillants sur certaines parties, et le bassin plus large ?. Mais ce dernier caractère constitue plutôt un caractère sexuel primaire qu'un caractère sexuel secondaire. La femme atteint la maturité à un âge plus précoce que l'homme.

Les caractères distinctifs du sexe masculin ne se développent complètement chez l'homme, comme chez les animaux de toutes classes, qu'au moment où il devient adulte; ces caractères n'apparaissent jamais non plus après la castration. La barbe, par exemple, est un caractère sexuel secondaire, et les enfants mâles n'ont pas de barbe, bien que, dès le jeune âge, ils aient une chevelure abondante. C'est probablement à l'apparition un peu tardive dans la vie des variations successives qui donnent à l'homme ses caractères masculins qu'il faut attribuer leur transmission au sexe mâle seul. Les enfants des deux sexes se ressemblent beaucoup, comme les jeunes de tant d'autres animaux chez lesquels les adultes diffèrent considérablement; ils ressemblent également beaucoup plus à la femme adulte qu'à l'homme adulte. Toutefois la femme acquiert ultérieurement certains caractères distinctifs, et par la conformation de son crâne elle occupe, dit-on, une position intermédiaire entre l'homme et l'enfant⁴. De même encore que nous avons vu les jeunes d'espèces voisines, quoique distinctes, différer entre eux beaucoup moins que ne le font les adultes, de même les enfants des diverses races humaines diffèrent entre eux moins que les adultes. Quelques auteurs soutiennent même qu'on ne peut distinguer dans le crâne de l'enfant les différences de race⁵. Quant à la couleur, le nègre nouveau-né est d'un brun rougeâtre qui passe bientôt au gris ardoisé; la coloration noire est complète à l'âge d'un an dans le Soudan; en Égypte elle ne l'est qu'au bout de trois ans. Les yeux du nègre sont d'abord bleus, et les cheveux, plus châtains que noirs, ne sont frisés qu'à leurs extrémités. Les enfants australiens sont, à leur naissance, d'un brun jaunâtre, qui ne devient foncé qu'à un âge plus avancé. Ceux des Guaranys, dans le Paraguay, sont d'abord jaune blanchâtre, mais ils acquièrent au bout de quelques semaines la nuance brune jaunâtre de leurs parents. On a fait des observations semblables dans d'autres parties de l'Amérique⁶.

---

3. Ecker, trad. dans *Anthrop. Review*, p. 351-356, Oct. 1868. Welcker a étudié avec soin la comparaison de la forme du crâne chez l'homme et chez la femme

4. Ecker et Welcker, *o. c.*, p, 352, 355. Vogt, *Leçons sur l'homme*, p. 98. (trad. française).

5. Schaaffausen, *Anthrop. Review*, p. 429.

6. Pruner-Bey, sur les enfants nègres, cité par Vogt, *Leçons sur l'homme* (trad. française, 1865). Pour plus de détails cités par Winterbottom et Camper, voir aussi Lawrence, *Lectures on Physiology*, etc., p. 451, 1822. Pour les enfants

·∙ J'ai mentionné ces différences entre les deux sexes de l'espèce
humaine, parce qu'elles sont singulièrement les mêmes que chez
les quadrumanes. Chez ces animaux, la femelle mûrit à un âge plus
précoce que le mâle, c'est du moins le cas chez le *Cebus Azaræ*[7].
Dans la plupart des espèces, les mâles sont plus grands et beaucoup plus forts que les femelles, cas dont le Gorille offre un exemple bien connu. Certains singes mâles, qui ressemblent sous ce
rapport à l'espèce humaine, diffèrent même de leurs femelles par
un caractère aussi insignifiant que peut l'être la proéminence plus
prononcée de l'arcade sourcilière[8]. Chez le Gorille et chez quelques
autres singes, le crâne de l'adulte mâle est pourvu d'une crête sagittale fortement accusée, qui fait défaut chez la femelle : et Ecker
a trouvé, entre les deux sexes des Australiens, les traces d'une
différence semblable[9]. Lorsque chez les singes il y a une différence
dans la voix, c'est celle du mâle qui est la plus puissante. Nous
avons vu que certains singes mâles ont une barbe bien développée,
qui fait entièrement défaut, ou n'est que fort peu développée chez
les femelles. Il n'y a aucun exemple de barbe, de favoris ou de
moustaches qui soient plus développés chez un singe femelle que
chez le mâle. Il y a même un parallélisme singulier entre l'homme
et les quadrumanes jusque dans la couleur de la barbe; car lorsque, ce qui arrive souvent, la barbe de l'homme diffère de sa chevelure par la teinte, elle est invariablement d'un ton plus clair, et
souvent rougeâtre. J'ai bien souvent observé ce fait en Angleterre,
mais deux personnes m'ont dernièrement écrit qu'elles font exception à la règle. L'une d'elle explique le fait par l'énorme différence
qui existait dans la couleur des cheveux du côté paternel et du
côté maternel de sa famille. Ces deux messieurs connaissaient depuis longtemps cette particularité (on accusait souvent l'un d'eux
de teindre sa barbe), ce qui les avait conduits à observer d'autres
hommes, et cette étude les convainquit que cette exception est extrêmement rare. Le docteur Hooker qui a bien voulu, à ma demande, porter son attention sur ce point, n'a pas rencontré une
seule exception à la règle en Russie. M. J. Scott, du jardin Botanique, a eu l'obligeance d'observer à Calcutta, ainsi que dans d'autres
parties de l'Inde, les nombreuses races d'hommes qu'on peut y voir

---

des Guaranys, Rengger, *Säugethiere*, etc., p. 3. Godron, *De l'espèce*, II, p. 253, 1859.
Sur les Australiens, Waitz, *Introd. to Anthropology* (trad. anglaise, p. 99, 1863).
    7. Rengger, *o. c.,* p. 49, 1830.
    8. Comme chez le *Macacus cynomolgus* (Desmarest, *Mammalogie*, p. 65) et
l'*Hylobates agilis* (Geoffroy Saint-Hilaire et F. Cuvier, *Hist. nat. des Mamm.*,
I, p. 2, 1824).
    9. *Anthropological Review*, p. 353, Oct. 1868.

à savoir: deux races dans le Sikhim, les Bhothéas, les Hindous, les Birmans et les Chinois. Bien que la plupart de ces races n'aient que fort peu de poils sur le visage, il a toujours trouvé que, lorsqu'il y avait une différence quelconque de couleur entre les cheveux et la barbe, cette dernière était invariablement d'une teinte plus claire. Or, comme nous l'avons déjà constaté, la barbe, chez les singes, diffère fréquemment d'une manière frappante des poils de la tête par sa couleur; or, dans ces cas, elle offre invariablement une teinte plus claire; elle est souvent d'un blanc pur, quelquefois jaunâtre ou rougeâtre [10].

Quant au degré de villosité générale du corps, elle est moins forte chez les femmes, dans toutes les races, et, chez quelques quadrumanes, la face inférieure du corps de la femelle est moins velue que celle du mâle [11]. Enfin les singes mâles, comme l'homme, sont plus hardis et plus féroces que les femelles; ils conduisent la bande, et se portent en avant dans le danger. Nous voyons, par ce qui précède, combien est complet le parallélisme entre les différences sexuelles de l'espèce humaine et celles des quadrumanes. Toutefois, chez certaines espèces de quadrumanes telles, par exemple, que les Babouins, le Gorille et l'Orang, il existe entre les sexes des différences beaucoup plus importantes que dans l'espèce humaine, principalement dans la grosseur des dents canines, dans le développement et la coloration du poil, et surtout dans la coloration des parties de la peau qui restent nues.

Les caractères sexuels secondaires de l'homme sont tous très variables, même dans les limites d'une même race, et diffèrent beaucoup d'une race à l'autre: ces deux règles se vérifient très généralement dans tout le règne animal. Dans les excellentes observations faites à bord de *la Novara* [12], on a trouvé que la taille des Australiens mâles n'excède en hauteur celle des femmes que

10. M. Blyth m'informe qu'il ne connaît qu'un seul cas où la barbe, les favoris, etc., d'un singe soient devenus blancs dans la vieillesse, comme cela est si commun chez nous. Cela est cependant arrivé à un vieux *Macacus cynomolgus* captif, qui portait des moustaches remarquablement longues et semblables à celles d'un homme. Ce vieux singe ressemblait, en somme, comiquement à un des monarques régnant alors en Europe; aussi lui avait-on donné son nom. Les cheveux grisonnent à peine chez certaines races humaines; ainsi M. D. Forbes m'apprend, par exemple, qu'il n'a jamais vu un seul cas de cheveux blancs chez les Aymarras et chez les Quichuas de l'Amérique du Sud.

11. C'est le cas pour les femelles de plusieurs espèces de Hylobates; Geoffroy Saint-Hilaire et F. Cuvier, *Hist. nat. des Mamm.*, t. I, voir sur *H. lar.*, Penny Encycl., II, p. 149, 150.

12. Les résultats ont été calculés par le docteur Weisbach d'après les mesurages faits par les docteurs K. Scherzer et Schwarz, *Reise der* Novara, *Anthropol. Theil*, p. 216, 231, 234, 236, 239, 269, 1867.

de 0^m,065, tandis que chez les Javanais l'excès moyen est de
0^m,218; de sorte que, dans cette dernière race, la différence de
grandeur entre les deux sexes est plus de trois fois plus forte que
chez les Australiens. De nombreux mesurages, faits avec soin, sur
diverses races, relativement à la taille, à la grosseur du cou, à
l'ampleur de la poitrine, à la longueur de la colonne vertébrale et
des bras, ont prouvé que les hommes diffèrent beaucoup plus les
uns des autres que les femmes entre elles. Ce fait indique que le
mâle surtout s'est modifié, en ce qui touche ces caractères, depuis que les races ont divergé de leur origine primordiale et
commune.

Le développement de la barbe et la villosité du corps peuvent
varier d'une manière remarquable chez des hommes appartenant à
des races distinctes, et même à des familles différentes de la même
race. Nous pouvons même observer ce fait chez nous, Européens.
Dans l'île de Saint-Kilda, d'après Martin[13], la barbe, qui est toujours très faible, ne pousse pas chez les hommes avant l'âge de
trente ans et au-dessus. Dans le continent européo-asiatique, la
barbe existe jusqu'à ce qu'on ait dépassé l'Inde; encore est-elle
souvent absente chez les indigènes de Ceylan, comme l'avait déjà
remarqué Diodore[14] dans l'antiquité. Au-delà de l'Inde la barbe
disparaît, chez les Siamois, chez les Malais, chez les Kalmuks, chez
les Chinois et chez les Japonais, par exemple; cependant les
Aïnos[15], qui habitent les îles septentrionales de l'archipel du Japon,
sont les hommes les plus poilus qu'il y ait sur la terre. La barbe
est claire ou absente chez les nègres et ils n'ont pas de favoris;
chez les deux sexes, le corps est presque complètement privé de
fin duvet[16]. D'autre part, les Papous de l'archipel Malais, qui sont
presque aussi noirs que les nègres, ont la barbe bien développée[17].
Les habitants de l'archipel Fidji dans l'océan Pacifique ont de
grandes barbes touffues, tandis que ceux des archipels peu éloignés de Tonga et de Samoa sont imberbes; mais ils appartiennent
à des races distinctes. Dans le groupe d'Ellice, tous les habitants
appartiennent à la même race; cependant, dans une seule île, celle

---

13. *Voyage à Saint-Kilda* (3e édit., 1753, p. 37).

14. Sir J. E. Tennent, *Ceylan*, II, p. 108, 1859.

15. Quatrefages, *Revue des Cours scientifiques*, p. 630, 1860. Vogt, *Leçons sur l'homme*, p. 164 (trad. française).

16. Sur la barbe des nègres. Vogt, *o. c.*, p., 164; Waitz, *Introd. to Anthro-pology* (trad. anglaise, I, p. 96, 1863). Il est à remarquer qu'aux États-Unis (*Investigations in Military and Anthropological statistics of American sol-diers*, p. 569, 1869), les nègres purs ainsi que leur progéniture métis parais-sent avoir le corps presque aussi velu que les Européens.

17. Wallace, *The Malay Archipelago*, II, p. 178, 1869.

de Nunemaya, « les hommes ont des barbes magnifiques; tandis que dans les autres îles ils ne possèdent généralement, en fait de barbe, qu'une douzaine de poils épars [18] ».

On peut dire que tous les hommes du grand continent américain sont imberbes; mais dans presque toutes les tribus quelques poils courts apparaissent parfois sur le visage, surtout dans un âge avancé. Catlin estime que, dans les tribus de l'Amérique du Nord, dix-huit hommes sur vingt sont complètement privés de barbe; mais on rencontre de temps en temps des individus qui, ayant négligé d'arracher les poils à l'âge de puberté, ont une barbe molle, longue d'un ou deux pouces. Les Guaranys du Paraguay diffèrent de toutes les tribus environnantes en ce qu'ils ont une petite barbe, et même quelques poils sur le corps; mais ils n'ont pas de favoris [19]. M. D. Forbes, qui a particulièrement étudié cette question, m'apprend que les Aymaras et les Quichuas des Cordillères sont remarquablement imberbes; quelques poils égarés apparaissent parfois à leur menton lorsqu'ils sont vieux. Les hommes de ces deux tribus ont fort peu de poil sur les diverses parties du corps où il croît abondamment chez les Européens, et les femmes n'en ont point. Cependant les cheveux atteignent une longueur extraordinaire chez les deux sexes, ils tombent souvent jusqu'à terre; c'est également le cas de quelques tribus de l'Amérique du Nord. Les sexes des indigènes américains ne diffèrent pas entre eux par la quantité des cheveux et par la forme générale du corps, autant que le font la plupart des autres races humaines [20]. Ce fait est analogue à ce qu'on observe chez quelques singes; ainsi les sexes du Chimpanzé sont moins différents que chez le Gorille et l'Orang [21].

Nous avons vu dans les chapitres précédents que, chez les Mammifères, chez les Oiseaux, chez les Poissons, chez les Insectes, etc., un grand nombre de caractères, primitivement acquis par un seul au moyen de la sélection sexuelle, comme nous avons toute raison de le croire, ont été transférés aux deux sexes. Cette même forme de transmission a évidemment prévalu à un haut de-

---

18. Docteur J. Barnard Davis, sur les races océaniques; *Antrop. Review*, p. 185, 191, Avril 1870.
19. Catlin, *North American Indians*, 3ᵉ édit., II, p. 227, 1842. Sur les Guaranys, Azara, *voyage dans l'Amérique mérid.*, II, p. 58, 1809; Rengger, *Säugethiere*, etc., p. 3.
20. Le professeur et madame Agassiz (*Journey in Brazil*, p. 530) ont remarqué moins de différences entre les sexes des Indiens américains, qu'entre ceux des nègres et des races plus élevées. Voir aussi Rengger, *o. c.*, sur les Guaranys, p. 3.
21. Rütimeyer, *Die Grenzen der Thierwelt* (Considérations sur la loi de Darwin), etc., 1868, p. 54.

gré chez l'espèce humaine; nous éviterons donc une répétition inutile en discutant l'origine des caractères spéciaux au sexe mâle, en même temps que de ceux qui sont communs aux deux sexes.

Loi du combat. — Chez les nations barbares, les Australiens, par exemple, les femmes sont un prétexte continuel de guerre entre les individus de la même tribu et ceux des tribus différentes. Il en était sans doute ainsi dans l'antiquité : « *Nam fuit ante Helenam mulier teterrima belli causa.* » Chez les Indiens de l'Amérique du Nord, la lutte est réduite à l'état de système. Un excellent observateur, Hearne [22], dit : « Parmi ces peuples, il a toujours été d'usage, chez les hommes, de lutter pour s'assurer la possession de la femme à laquelle ils sont attachés; et, naturellement, c'est l'individu le plus fort qui emporte le prix. Un homme faible, à moins qu'il ne soit bon chasseur et fort aimé dans la tribu, conserve rarement une femme qu'un homme plus fort croit digne de son attention. Cette coutume prévaut dans toutes les tribus, et développe un grand esprit d'émulation chez les jeunes gens, qui, dès leur enfance, profitent de toutes les occasions pour éprouver leur force et leur adresse à la lutte. »

Azara dit que les Gnanas de l'Amérique du Sud ne se marient que rarement avant vingt ans ou plus, n'étant pas jusqu'à cet âge en état de vaincre leurs rivaux.

Nous pourrions citer encore d'autres faits semblables; mais, les preuves nous manquassent-elles, nous serions presque sûrs, d'après l'analogie avec les Quadrumanes supérieurs [23], que la loi du combat a prévalu chez l'homme pendant les premières phases de son développement. L'apparition accidentelle, aujourd'hui encore, de dents canines qui dépassent les autres, et les traces d'un intervalle pour la réception des canines opposées, est, selon toute probabilité, un cas de retour vers un état antérieur, alors que les ancêtres de l'homme étaient pourvus de ces défenses, comme le sont tant de Quadrumanes mâles actuels. Nous avons fait remarquer, dans un chapitre précédent, que l'homme, à mesure qu'il se redressait, et commençait à se servir de ses bras et de ses mains, ou pour combattre avec des bâtons et des pierres, ou pour les autres usages de la vie, devait employer de moins en moins ses mâ-

---

22. *A Journey from Prince of Wales fort*, in-8, Édition de Dublin, 1796, 104. Sir J. Lubbock (*Origin of Civilisation*, p. 69, 1870) cite d'autres exemples semblables dans l'Amérique du Nord. Pour les Guanas de l'Amérique du Sud, voir Azara, *o. c.*, II, p. 94.

23. Sur les combats des Gorilles mâles, docteur Savage, *Boston Journal of Nat. Hist.*, V, p. 423, 1847; sur *Presbytis entellus*, voir *Indian Field*, p. 146, 1859.

choires et ses dents. Les mâchoires avec leurs muscles et les dents se seront alors réduites par défaut d'usage, en vertu des principes encore peu compris de la corrélation et de l'économie de croissance; car partout nous voyons que les parties qui ne servent plus subissent une réduction de grosseur. Une cause de ce genre aurait eu pour résultat définitif de faire disparaître l'inégalité primitive entre les mâchoires et les dents des deux sexes chez la race humaine. Ce cas est presque identique à celui de beaucoup de ruminants mâles, chez lesquels les canines se sont réduites à de simples rudiments, ou ont disparu, en conséquence évidemment du développement des cornes. La différence prodigieuse étant, entre les crânes des deux sexes chez le Gorille et chez l'Orang, en rapports étroits avec le développement énorme des dents canines chez les mâles, nous pouvons en conclure que la diminution des mâchoires et des dents chez les ancêtres primitifs mâles de l'homme a déterminé dans son aspect un changement favorable des plus frappants.

On ne peut guère douter que la plus grande taille et la plus grande force de l'homme, quand on le compare à la femme, ses épaules plus larges, ses muscles plus développés, ses contours plus anguleux, son plus grand courage et ses dispositions belliqueuses, ne proviennent principalement par héritage de quelque ancêtre mâle qui, comme les singes anthropomorphes actuels, possédait ces caractères. Ces caractères ont dû se conserver et même s'augmenter pendant les longues périodes où l'homme était encore plongé dans un état de barbarie profonde; car les individus les plus forts et les plus hardis ont dû le mieux réussir, soit dans la lutte générale pour l'existence, soit pour la possession des femelles, et ont dû aussi laisser le plus grand nombre de descendants. Il n'est pas probable que la plus grande force de l'homme ait pour origine les effets héréditaires des travaux plus pénibles auxquels il a dû se livrer pour assurer sa subsistance et celle de sa famille; car, chez tous les peuples barbares, les femmes sont forcées de travailler au moins aussi laborieusement que les hommes. Chez les peuples civilisés le combat pour s'assurer la possession des femmes n'existe plus depuis longtemps, mais les hommes ont, en général, à se livrer à un travail plus pénible que les femmes pour subvenir à leur subsistance réciproque, et cette circonstance contribue à leur conserver leur force supérieure.

Différence dans les facultés intellectuelles des deux sexes. — Il est probable que la sélection sexuelle a joué un rôle important dans les différences de cette nature qui se remarquent entre l'homme

et la femme. Je sais que quelques auteurs doutent qu'il y ait aucune différence inhérente; mais l'analogie avec les animaux inférieurs, qui présentent d'autres caractères sexuels secondaires,
rend cette proposition tout au moins probable. Personne ne contestera que le caractère du taureau ne diffère de celui de la vache, le
caractère du sanglier sauvage de celui de la truie, le caractère de
l'étalon de celui de la jument; et, comme le savent fort bien les
gardiens de ménageries, le caractère des grands singes mâles de
celui des femelles. La femme semble différer de l'homme dans ses
facultés mentales, surtout par une tendresse plus grande et un
égoïsme moindre, et ceci se vérifie même chez les sauvages, comme
le prouve un passage bien connu des voyages de Mungo Park, et
les récits de beaucoup d'autres voyageurs. La femme déploie à
un éminent degré sa tendresse à l'égard de ses enfants, par suite
de ses instincts maternels; il est vraisemblable qu'elle puisse l'é-
tendre jusqu'à ses semblables. L'homme est l'égal d'autres hommes,
il ne redoute point la rivalité, mais elle le conduit à l'ambition, et
celle-ci à l'égoïsme. Ces facultés semblent faire partie de son malheureux héritage naturel. On admet généralement que chez la
femme les facultés d'intuition, de perception rapide, et peut-être
d'imitation, sont plus fortement développées que chez l'homme;
mais quelques-unes au moins de ces facultés caractérisent les races inférieures, elles ont, par conséquent, pu exister à un état de
civilisation inférieure.

Ce qui établit la distinction principale dans la puissance intellectuelle des deux sexes, c'est que l'homme atteint, dans tout ce qu'il
entreprend, un point auquel la femme ne peut arriver, quelle que
soit, d'ailleurs, la nature de l'entreprise, qu'elle exige ou une pensée profonde, la raison, l'imagination, ou simplement l'emploi des
sens et des mains. Que l'on dresse deux listes des hommes et des
femmes qui se sont le plus distingués dans la poésie, la peinture,
la sculpture, la musique, y compris la composition et l'exécution,
— l'histoire, la science, et la philosophie : les deux listes d'une
demi-douzaine de noms pour chaque art ou science, ne supporte-
ront pas la comparaison. Nous pouvons ainsi déduire de la loi de
la déviation des moyennes, si bien expliquée par M. Galton dans
son livre sur le *Génie héréditaire*, que si les hommes ont une supériorité décidée sur les femmes en beaucoup de points, la moyenne
de la puissance mentale chez l'homme doit excéder celle de la
femme.

Les ancêtres semi-humains mâles de l'homme et les sauvages,
ont, pendant bien des générations, lutté les uns contre les autres

pour la possession des femelles. Mais les seules conditions de force et de taille corporelles n'auraient pas suffi pour vaincre, si elles n'avaient été unies au courage, à la persévérance, et à une détermination énergique. Chez les animaux sociables, les jeunes mâles ont plus d'un combat à livrer pour s'assurer la possession d'une femelle, et ce n'est qu'à force de luttes nouvelles que les mâles plus vieux peuvent conserver les leurs. L'homme a dû encore défendre ses femmes et ses enfants contre des ennemis de tous genres, et chasser pour subvenir à leur subsistance et à la sienne propre. Mais, pour éviter l'ennemi, pour l'attaquer avec avantage, pour capturer les animaux sauvages, pour inventer et façonner des armes, il faut le concours des facultés mentales supérieures, c'est-à-dire l'observation, la raison, l'invention ou l'imagination. Ces diverses facultés auront donc été mises ainsi continuellement à l'épreuve, et auront fait l'objet d'une sélection pendant l'âge de la virilité, période durant laquelle elles auront été d'ailleurs fortifiées par l'usage. En conséquence, conformément au principe souvent cité, elles ont dû être transmises à l'âge correspondant de la virilité, et surtout à la descendance mâle.

Or, si deux hommes, ou un homme et une femme, doués de qualités mentales également parfaites, se font concurrence, c'est celui qui a le plus d'énergie, de persévérance et de courage qui atteindra au plus haut point et qui remportera la victoire, quel que soit d'ailleurs l'objet de la lutte[24]. On peut même dire que celui-là a du génie — car une haute autorité a déclaré que le génie c'est la patience; et la patience dans ce sens signifie une persévérance inflexible et indomptable. Cette définition du génie est peut-être incomplète; car, sans les facultés les plus élevées de l'imagination et de la raison, on ne peut arriver à des succès importants dans bien des entreprises. Ces dernières facultés ont été, comme les premières, développées chez l'homme, en partie par l'action de la sélection sexuelle, — c'est-à-dire par la concurrence avec des mâles rivaux, — et en partie par l'action de la sélection naturelle, c'est-à-dire la réussite dans la lutte générale pour l'existence; or, comme dans les deux cas, cette lutte a lieu dans l'âge adulte, les caractères acquis ont dû se transmettre plus complètement à la descendance mâle qu'à la descendance femelle. Deux faits confirment l'opinion que quelques-unes de nos facultés mentales ont été modi-

---

24. J. Stuart Mill (*The Subjection of Women*, p. 122, 1869) remarque « que les choses dans lesquelles l'homme excelle le plus sur la femme sont celles qui exigent le travail le plus laborieux et la longue étude de pensées isolées ». Qu'est-ce que cela, sinon de l'énergie et de la persévérance?

fiées ou renforcées par la sélection sexuelle : le premier, que ces
facultés subissent, comme on l'admet généralement, un changement considérable à l'âge de la puberté[25]; le second, que les
eunuques demeurent toute leur vie, à ce point de vue, dans un
état inférieur. L'homme a fini ainsi par devenir supérieur à la
femme. Il est vraiment heureux que la loi de l'égale transmission
des caractères aux deux sexes ait généralement prévalu dans toute
la classe des mammifères; autrement, il est probable que l'homme
serait devenu aussi supérieur à la femme par ses facultés mentales que le paon par son plumage décoratif relativement à celui
de la femelle.

Il faut se rappeler que la tendance qu'ont les caractères acquis
à une époque tardive de la vie par l'un ou l'autre sexe, à se transmettre au même sexe et au même âge, et celle qu'ont les caractères
acquis de bonne heure à se transmettre aux deux sexes, sont des
règles qui, quoique générales, ne se vérifient pas toujours. Si elles
se vérifiaient toujours (mais ici je m'éloigne des limites que je me
suis imposées), nous pourrions conclure que les effets héréditaires
de l'éducation première des garçons et des filles se transmettraient
également aux deux sexes; de sorte que la présente inégalité de
puissance mentale entre les sexes ne pourrait ni être effacée par
un cours d'éducation précoce analogue, ni avoir été causée par une
différence dans l'éducation première. Pour rendre la femme égale à
l'homme, il faudrait qu'elle fût dressée, au moment où elle devient
adulte, à l'énergie et à la persévérance, que sa raison et son imagination fussent exercées au plus haut degré, elle transmettrait
probablement alors ces qualités à tous ses descendants, surtout à
ses filles adultes. La classe entière des femmes ne pourrait s'améliorer en suivant ce plan qu'à une seule condition, c'est que, pendant de nombreuses générations, les femmes qui posséderaient au
plus haut degré les vertus dont nous venons de parler produisis-
sent une plus nombreuse descendance que les autres femmes. Ainsi
que nous l'avons déjà fait remarquer à l'occasion de la force corporelle, bien que les hommes ne se battent plus pour s'assurer la
possession des femmes, et que cette forme de sélection ait disparu,
ils ont généralement à soutenir, pendant l'âge mûr, une lutte terrible pour subvenir à leurs propres besoins et à ceux de leur famille, ce qui tend à maintenir et même à augmenter leurs facultés
mentales, et, comme conséquence, l'inégalité actuelle qui se remarque entre les sexes [26].

25. Maudsley, *Mind and body*, p. 31.
26. Il y a une observation de Vogt qui a trait à ce sujet : « C'est que la diffé-

Voix et facultés musicales. — La puissance de la voix et le développement des organes vocaux constituent, chez quelques espèces de Quadrumanes, une grande différence entre les deux sexes adultes ; cette différence existe aussi dans l'espèce humaine et semble provenir, par héritage, des premiers ancêtres. Les cordes vocales de l'homme sont plus longues d'un tiers que celles de la femme, ou des jeunes garçons, et la castration produit sur lui les mêmes effets que sur les animaux inférieurs, car elle « arrête l'accroissement qui rend la thyroïde saillante, etc., et accompagne l'allongement des cordes vocales[27] ». Quant à la cause de cette différence entre les sexes, je n'ai rien à ajouter aux remarques faites dans le dernier chapitre sur les effets probables de l'usage longtemps continué des organes vocaux par les mâles, sous l'influence de l'amour, de la colère et de la jalousie. D'après Sir Duncan Gibb[28], la voix varie dans les différentes races humaines ; chez les Tartares, chez les Chinois, etc., on dit que la voix de l'homme ne diffère pas de celle de la femme autant que dans la plupart des autres races.

Il ne faut pas entièrement omettre de parler de l'aptitude et du goût pour le chant et pour la musique, bien que ce ne soit pas, chez l'homme, un caractère sexuel. Les sons qu'émettent les animaux de toute espèce ont des usages nombreux, mais il est presque certain que les organes vocaux ont servi d'abord, en se perfectionnant toujours, à la propagation de l'espèce. Les insectes et quelques araignées sont les seuls animaux inférieurs qui produisent volontairement des sons, et cela au moyen d'organes de stridulation admirablement disposés, souvent limités aux mâles seuls. Les sons ainsi produits consistent, à ce que je crois, dans tous les cas, en une répétition rhythmique de la même note[29] ; note quelquefois agréable même à l'oreille humaine. L'usage principal de ces sons et, dans certains cas, leur usage exclusif paraît être d'appeler ou de séduire la femelle.

Les sons que produisent les poissons sont, dans quelques cas, l'apanage des mâles seuls pendant la saison des amours. Tous les vertébrés à respiration aérienne possèdent nécessairement un appa-

rence qui existe entre les deux sexes, relativement à la capacité crânienne, augmente avec la perfection de la race, de sorte que l'Européen s'élève plus au-dessus de l'Européenne, que le nègre au-dessus de la négresse. Welcker a trouvé la confirmation de cette proposition émise par Huschke, dans les mesures qu'il a relevées sur les crânes allemands et nègres. » (*Leçons sur l'Homme,* p. 99, trad. française). Mais Vogt admet que ce point exige encore des observations.

27. Owen, *Anat. of Vertebrates*, III. p. 603.

28. *Journ. of Anthrop. Soc.,* p. LVII et LXVI, avril 1869.

29. Docteur Scudder, *Notes on Stridulation*, dans *Proc. Boston Soc. of Nat. Hist.* XI, avril 1868.

reil pour l'inspiration et l'expiration de l'air, appareil pourvu d'un tube qui peut se fermer à son extrémité. Aussi, au moment d'une vive excitation, alors que les muscles se contractent violemment, les membres primordiaux de cette classe ont dû certainement faire entendre des sons incohérents ; or, si ces sons ont rendu un service quelconque à ces animaux, ils ont dû facilement se modifier et s'augmenter par la conservation de variations convenablement adaptées. Les amphibies sont les vertébrés aériens les plus inférieurs ; or, un grand nombre d'entre eux, les crapauds et les grenouilles par exemple, ont des organes vocaux, qui sont constamment en activité pendant la saison des amours, et qui sont souvent beaucoup plus développés chez le mâle que chez la femelle. Le mâle de la tortue seul émet un bruit, et les alligators mâles rugissent et beuglent pendant la saison des amours. Chacun sait dans quelle mesure les oiseaux se servent de leurs organes vocaux comme moyen de faire leur cour aux femelles ; quelques espèces pratiquent également ce qu'on pourrait appeler de la musique instrumentale.

· Dans la classe des Mammifères, dont nous nous occupons ici plus particulièrement, les mâles de presque toutes les espèces se servent de leur voix pendant la saison des amours beaucoup plus qu'à toute autre époque ; il y en a même quelques-uns qui, en toute autre saison, sont absolument muets. Les deux sexes, dans d'autres espèces, ou les femelles seules, emploient leur voix comme appel d'amour. Si l'on considère tous ces faits, si l'on considère que, chez quelques mammifères, les organes vocaux sont beaucoup plus développés chez le mâle que chez la femelle, soit d'une manière permanente, soit temporairement pendant la saison des amours ; si l'on considère que, dans la plupart des classes inférieures, les sons produits par les mâles servent non seulement à appeler, mais à séduire les femelles, c'est la preuve complète que les mammifères mâles emploient leurs organes vocaux pour charmer les femelles. Le *Mycetes caraya* d'Amérique fait peut-être exception, comme aussi l'un des singes les plus voisins de l'homme, l'*Hylobates agilis*. Ce Gibbon a une voix extrêmement puissante, mais harmonieuse. M. Waterhouse[30] dit au sujet de cette voix : « Il m'a semblé qu'en montant et en descendant la gamme, les intervalles étaient régulièrement d'un demi-ton, et je suis certain que la note la plus élevée était l'octave exacte de la plus basse. Les notes sont harmonieuses, et je ne doute pas qu'un bon violoniste ne puisse reproduire la

30. Donné dans W. C. L. Martin, *General Introd. to Nat. Hist. of Mamm. Animals*, p. 432, 1841 ; Owen, *Anatomy of Vertebrates*, III, p. 600.

composition du gibbon, et en donner une idée exacte, sauf en ce qui concerne l'intensité. » M. Waterhouse en donne la notation. Le professeur Owen, qui est aussi un musicien, confirme ce qui précède, et fait remarquer, à tort il est vrai, « qu'on peut dire de ce gibbon qu'il est le seul des mammifères qui chante ». Il paraît très surexcité après l'exécution de son chant. On n'a malheureusement jamais observé avec soin ses habitudes à l'état de nature; mais à en juger d'après l'analogie avec tous les autres animaux, on peut supposer qu'il fait surtout entendre ses notes musicales pendant la saison des amours.

Ce gibbon n'est pas la seule espèce du genre qui ait la faculté de chanter, car mon fils, Francis Darwin, a entendu aux Jardins Zoologiques, un *H. leuciscus* chanter une cadence de trois notes en observant les intervalles musicaux. Il est plus surprenant encore que certains rongeurs émettent des sons musicaux. On a souvent cité, on a souvent exposé des souris chantantes, mais la plupart du temps, on a soupçonné quelque tour de passe-passe. Toutefois nous possédons enfin une description faite par un observateur bien connu, le rév. S. Lockwood[31], relativement aux facultés musicales d'une espèce américaine, l'*Hesperomys cognatus*, appartenant à un genre distinct de celui auquel appartient la souris anglaise. Ce petit animal vivait en captivité et répétait souvent ses chansons. Dans l'une des deux principales qu'il aimait à chanter, « il faisait parfois durer la dernière mesure pendant le temps qu'en auraient duré deux ou trois; parfois aussi il allait de *do* dièse et *ré* à *do* naturel et *ré*, et faisait pendant quelque temps une trille sur ces deux notes, puis terminait par un mouvement vif sur *do* dièse et *ré*. Il observait admirablement les demi-tons, et les faisait sentir à une bonne oreille ». M. Lockwood a noté ces chants, et il ajoute que, bien que cette petite souris « n'ait pas d'oreille pour la mesure, elle en a pour rester dans le ton de *si* (deux bémols) et strictement dans le ton majeur... Sa voix claire et douce baisse d'une octave avec toute la précision possible, puis en terminant, elle remonte à sa trille de *do* dièse à ré ».

Un critique s'est demandé comment il pouvait se faire que la sélection ait adapté les oreilles de l'homme, et il aurait dû ajouter d'autres animaux, de façon à distinguer les notes musicales. Mais cette question indique quelque confusion du sujet; un bruit est la sensation que nous causent plusieurs simples vibrations aériennes ayant diverses périodes, dont chacune s'entre-croise si fréquem-

31. *The American Naturalist*, 1871, p. 761.

ment qu'on n'en peut percevoir l'existence séparée. Un bruit ne diffère d'une note musicale que par le défaut de continuité des vibrations et par leur manque d'harmonie *inter se*. En conséquence, pour que l'oreille sòit capable de distinguer les bruits, et chacun admet l'importance de cette faculté pour tous les animaux, il faut qu'elle soit sensible aux notes musicales. Nous avons la preuve que cette faculté existe chez les animaux placés très bas sur l'échelle : ainsi, des crustacés possèdent des poils auditifs ayant différentes longueurs, et qu'on a vus vibrer quand on emploie certaines notes musicales[32]. Comme nous l'avons dit dans un précédent chapitre, on a fait des observations semblables sur les poils qui couvrent les cousins. Des observateurs attentifs ont positivement affirmé que la musique attire les araignées. On sait aussi que certains chiens se mettent à hurler quand ils entendent certains sons[33]. Les phoques semblent apprécier la musique; les anciens connaissaient leur amour pour la musique; et les chasseurs de notre époque tirent avantage de ces dispositions.

Par conséquent on ne se trouve en présence d'aucune difficulté spéciale, qu'il s'agisse de l'homme ou de tout autre animal, en tant que l'on s'occupe seulement de la simple perception des notes musicales. Helmholtz a expliqué, d'après les principes physiologiques, pourquoi les accords sont agréables à l'oreille humaine, les désaccords désagréables; peu importe d'ailleurs, car l'harmonie est une invention récente. La mélodie seule doit nous occuper, et ici encore, selon Helmholtz, il est facile de comprendre pourquoi nous employons les notes de notre échelle musicale. L'oreille décompose tous les sons pour retrouver les simples vibrations, bien que nous n'ayons pas conscience de cette analyse. Dans un accord musical, la note la plus basse est généralement prédominante, et les autres, qui sont moins marquées, sont l'octave, la douzième, etc., toutes harmoniques de la note fondamentale prédominante; chacune des notes de notre gamme a cette même propriété. Il semble donc évident que, si un animal désirait toujours chanter le même air, il se guiderait en essayant tour à tour ces notes qui font partie de plusieurs accords, c'est-à-dire qu'il choisirait pour son air des notes qui appartiennent à notre gamme.

Si l'on demandait en outre pourquoi les sons disposés dans un

---

32. Helmholtz, *Théorie phys. de la Musique*, p. 187, 1868.
33. Plusieurs faits ont été publiés sur ce sujet. M. Peach m'écrit qu'il a souvent remarqué qu'un de ses vieux chiens hurlait quand la flûte donnait le *si* bémol, mais à cette note seulement. Je puis ajouter qu'un autre chien gémissait quand il entendait une note fausse dans un concerto.

certain ordre et suivant un certain rhythme procurent un sentiment de plaisir à l'homme et à d'autres animaux, nous ne pourrions répondre qu'en invoquant le plaisir que font ressentir certaines odeurs et certaines saveurs. Le fait que beaucoup d'insectes, d'araignées, de poissons, d'amphibies et d'oiseaux font entendre ces sons pendant la saison des amours, nous autorise à conclure qu'ils évoquent un certain sentiment de plaisir chez les animaux; en effet, il faudrait croire, ce qui est impossible, que les efforts persévérants du mâle et les organes complexes qu'il possède souvent pour produire ces sons sont absolument inutiles, si l'on n'admettait que les femelles sont capables de les apprécier et se laissent exciter et séduire par eux [34].

On admet que, chez l'homme, le chant est la base ou l'origine de la musique instrumentale. L'aptitude à produire des notes musicales, la jouissance qu'elles procurent, n'étant d'aucune utilité directe dans les habitudes ordinaires de la vie, nous pouvons ranger ces facultés parmi les plus mystérieuses dont l'homme soit doué. Elles sont présentes, bien qu'à un degré fort inférieur, chez les hommes de toutes les races, même les plus sauvages; mais le goût des diverses races est si différent que les sauvages n'éprouvent aucun plaisir à entendre notre musique, et que la leur nous paraît horrible et sans signification. Le docteur Seemann fait quelques remarques intéressantes à ce sujet [35], « il met en doute que, même parmi les nations de l'Europe occidentale, si intimement liées par les rapports continuels qu'elles ont ensemble, la musique de l'une soit interprétée de la même manière par une autre. En allant vers l'Est, nous remarquons certainement un langage musical différent. Les chants joyeux et les accompagnements de danses ne sont plus, comme chez nous, dans le ton majeur, mais toujours dans le ton mineur ». Que les ancêtres semi-humains de l'homme aient ou non possédé, comme le gibbon cité plus haut, la capacité de produire et d'apprécier les notes musicales, nous avons toute raison de croire que l'homme a possédé ces facultés à une époque fort reculée. M. Lartet a décrit deux flûtes faites avec des os et des cornes de rennes; on les a trouvées dans les cavernes au milieu d'instruments en silex et de restes d'animaux éteints. Le chant et la danse sont aussi des arts très anciens, et sont aujourd'hui pratiqués par presque tous les sauvages, même les plus grossiers. La poésie,

---

34. M. R. Brown, *Proc. Zool. Soc.*, p. 410, 1868.
35. *Journal of Antrop. Soc.*, p. CLV, Oct. 1870. Voir les derniers chapitres de *Prehistoric Times* de Sir J. Lubbock, 2ᵉ édit. 1869, qui contient une description remarquable des habitudes des sauvages.

qu'on peut considérer comme la fille du chant, est également si ancienne que beaucoup de personnes sont étonnées qu'elle ait pris naissance pendant les périodes reculées sur lesquelles nous n'avons aucun document historique.

Les facultés musicales qui ne font entièrement défaut dans aucune race, sont susceptibles d'un prompt et immense développement, ce que nous prouvent les Hottentots et les nègres, qui deviennent aisément d'excellents musiciens, bien que, dans leur pays natal, ils n'exécutent rien que nous puissions appeler musique. Toutefois, Schweinfurth a écouté avec plaisir quelques simples mélodies du centre de l'Afrique. Mais il n'y a rien d'anormal à ce que les facultés musicales restent à l'état latent chez l'homme; quelques espèces d'oiseaux, qui naturellement ne chantent jamais, apprennent à émettre des sons sans grande difficulté; ainsi un moineau a appris le chant d'une linotte. Ces deux espèces, étant voisines et appartenant à l'ordre des Insessores, qui renferme presque tous les oiseaux chanteurs du globe, il est possible, probable même, qu'un ancêtre du moineau a été chanteur. Un fait beaucoup plus remarquable encore est que les perroquets, qui font partie d'un groupe distinct de celui des Insessores, et qui ont des organes vocaux d'une conformation toute différente, peuvent apprendre non seulement à parler, mais à siffler des airs imaginés par l'homme, ce qui suppose une certaine aptitude musicale. Néanmoins, il serait téméraire d'affirmer que les perroquets descendent de quelque ancêtre chanteur. On pourrait, d'ailleurs, indiquer bien des cas analogues d'organes et d'instinct primitivement adaptés à un usage qui ont été, par la suite, utilisés dans un but tout différent [36]. L'aptitude à un haut développement musical que possèdent les races sauvages humaines peut donc être due, soit à ce que leurs ancêtres semi-humains ont pratiqué quelque forme grossière de musique, soit simplement à ce qu'ils ont acquis dans quelque but distinct des organes vocaux appropriés. Mais, dans ce dernier cas, nous devons admettre qu'ils possédaient déjà, comme dans le cas précité des perroquets, et comme cela paraît être le cas chez beaucoup d'animaux, quelque sentiment de la mélodie.

36. Depuis l'impression de ce chapitre j'ai lu un article remarquable de M. Chauncey Wright (*North American Review*, p. 293, Oct. 1870), qui, discutant le sujet en question, remarque : « Il y a beaucoup de conséquences des lois finales ou des uniformités de la nature par lesquelles l'acquisition d'une puissance utile amènera avec elle beaucoup d'avantages ainsi que d'inconvénients actuels ou possibles qui la limitent, et que le principe d'utilité n'aura pas compris dans son action. » Ce principe a une portée considérable, ainsi que j'ai cherché à le démontrer dans l'un des premiers chapitres de cet ouvrage, sur l'acquisition qu'a faite l'homme de quelques-unes de ses facultés mentales.

La musique excite en nous diverses émotions, mais non par elle-même, les émotions terribles de l'horreur, de la crainte, de la colère, etc. Elle éveille les sentiments plus doux de la tendresse et de l'amour, qui passent volontiers au dévouement. « On peut au moyen de la musique, disent les annales chinoises, faire descendre le ciel sur la terre. » Elle éveille aussi en nous les sentiments du triomphe et de l'ardeur glorieuse de la guerre. Ces impressions puissantes et mélangées peuvent bien produire le sens de la sublimité. Selon la remarque du docteur Seemann, nous pouvons résumer et concentrer dans une seule note de musique plus de sentiment que dans des pages d'écriture. Il est probable que les oiseaux éprouvent des émotions analogues, mais plus faibles et moins complexes, lorsque le mâle luttant avec d'autres mâles fait entendre tous ses chants pour séduire la femelle. L'amour est de beaucoup le thème le plus ordinaire de nos propres chants. Ainsi que le remarque Herbert Spencer, « la musique réveille des sentiments dont nous n'aurions pas conçu la possibilité, et dont nous ne connaissons pas la signification » ; ou, comme le dit Richter, « elle nous parle de choses que nous n'avons pas vues et que nous ne verrons jamais [37] ». Réciproquement, lorsqu'un orateur éprouve ou exprime de vives émotions, il emploie instinctivement un rhythme et des cadences musicales, et nous faisons de même dans le langage ordinaire. Un nègre sous le coup d'une vive émotion se met à chanter, « un autre lui répond en chantant aussi, et tous les assistants, touchés pour ainsi dire par une onde musicale, finissent par imiter les deux interlocuteurs ». Les singes se servent aussi de tons différents pour exprimer leurs fortes impressions, — la colère et l'impatience par des tons bas, — la crainte et la douleur par des tons aigus [38]. Les sensations et les idées que la musique ou les cadences

---

37. Voir l'intéressante discussion sur l'*Origine et la fonction de la musique*, par M. Herbert Spencer, dans ses *Essays*, p. 359, 1858, dans laquelle l'auteur arrive à une supposition exactement contraire à la mienne. Il conclut, comme autrefois Diderot, que les cadences employées dans un langage ému fournissent la base d'après laquelle la musique s'est développée, tandis que je conclus que les notes musicales et le rhythme ont été en premier lieu acquis par les ancêtres mâles ou femelles de l'espèce humaine pour charmer le sexe opposé. Des tons musicaux, s'associant ainsi fixement à quelques-uns des sentiments passionnés les plus énergiques que l'animal puisse ressentir, sont donc émis instinctivement ou par association, lorsque le langage a de fortes émotions à exprimer. Pas plus que moi, M. Spencer ne peut expliquer, d'une façon satisfaisante, pourquoi les notes hautes ou basses servent à exprimer certaines émotions, tant chez l'homme que chez les animaux inférieurs. M. Spencer ajoute une discussion intéressante sur les rapports entre la poésie, le récitatif et le chant.

38. Rengger, *o. c.*, 49.

d'un discours passionné peuvent évoquer en nous, paraissent, par leur étendue vague et par leur profondeur, comme des retours vers les émotions et les pensées d'une époque depuis longtemps disparue.

Tous ces faits relatifs à la musique deviennent jusqu'à un certain point compréhensibles, si nous pouvons admettre que les tons musicaux et le rhythme étaient employés par les ancêtres semi-humains de l'homme, pendant la saison des amours, alors que tous les animaux sont entraînés par l'amour et aussi par la jalousie, la rivalité ou le triomphe. Dans ce cas, d'après le principe profond des associations héréditaires, les sons musicaux pourraient réveiller en nous, d'une manière vague et indéterminée, les fortes émotions d'un âge reculé. Nous avons raison de supposer que le langage articulé est une des dernières et certainement une des plus sublimes acquisitions de l'homme ; or, comme le pouvoir instinctif de produire des notes et des rythmes musicaux existe dans des classes très inférieures de la série animale, il serait absolument contraire au principe de l'évolution d'admettre que la faculté musicale de l'homme a pour origine les diverses modulations employées dans le discours de la passion. Nous devons supposer que les rythmes et les cadences de l'art oratoire proviennent au contraire de facultés musicales précédemment développées [39]. Ceci nous explique que la musique, la danse, le chant et la poésie sont des arts anciens. Nous pouvons même aller plus loin, et, comme nous l'avons déjà fait remarquer dans un chapitre précédent, affirmer que la faculté d'émettre des notes musicales a servi de base au développement du langage [40]. Certains quadrumanes mâles ont les organes vocaux bien plus développés que les femelles, et le gibbon, un des singes anthropomorphes, peut employer toute une octave de notes musicales et presque chanter ; il n'y a donc rien d'improbable à soutenir que les ancêtres de l'homme, mâles ou femelles, ou tous deux, avant d'avoir acquis la faculté d'exprimer leurs tendres sentiments en langage articulé, aient cherché à se charmer l'un l'autre au moyen de notes musicales et d'un rythme. Nous savons si peu de chose sur l'usage que les quadrumanes font de leur voix pendant la saison des amours, que nous n'avons presque

---

39. Winwood Reade, *The Martyrdom of man*, 1872, p. 441, et *Africain Sketch Book*, 1873, vol. II, p. 313.

40. Je trouve dans Lord Monboddo, *Origin of Langage*, vol. I (1774), p. 469, que le docteur Blacklock pensait également que le premier langage de l'homme avait été la musique, et qu'avant que nos idées fussent exprimées par des sons articulés, elles l'avaient été par des sons inarticulés graves ou aigus selon la circonstance.

aucun moyen de juger si l'habitude de chanter a été acquise en premier lieu par les ancêtres mâles de l'humanité ou bien par les ancêtres femelles. Les femelles sont généralement pourvues de voix plus douces que les hommes, et, autant que ce fait peut nous servir de guide, il nous autorise à penser qu'elles ont été les premières à acquérir des facultés musicales pour attirer l'autre sexe[41]. Mais, si cela est arrivé, il doit y avoir fort longtemps, et bien avant que les ancêtres de l'homme fussent devenus assez humains pour apprécier et ne traiter leurs femmes que comme des esclaves utiles. Lorsque l'orateur passionné, le barde ou le musicien, par ses tons variés et ses cadences, éveille chez ses auditeurs les émotions les plus vives, il ne se doute pas qu'il emploie les moyens dont se servaient, à une époque extrêmement reculée, ses ancêtres semi-humains pour exciter leurs passions ardentes, pendant leurs rivalités et leurs assiduités réciproques.

Influence de la beauté sur les mariages humains. — Chez les nations civilisées, l'apparence extérieure de la femme exerce une influence considérable, mais non exclusive, sur le choix que l'homme fait d'une compagne ; mais nous pouvons laisser de côté cette partie de la question, car, comme nous nous occupons surtout des temps primitifs, notre seul moyen de juger est d'étudier les habitudes des nations demi-civilisées et même des peuples sauvages actuels. Si nous pouvons établir que, dans des races différentes, les hommes préfèrent des femmes qui possèdent certains caractères, ou, inversement, que les femmes préfèrent certains hommes, nous aurons alors à rechercher si un tel choix, continué pendant de nombreuses générations, a dû exercer quelque effet sensible sur la race, soit sur un sexe, soit sur les deux ; cette dernière circonstance dépendant de la forme héréditaire prédominante.

Il est utile d'abord de prouver avec quelques détails que les sauvages apportent une grande attention à l'extérieur personnel[42].

---

41. Voy. une discussion intéressante sur ce sujet dans Häckel, *Generelle Morphologie*, vol. II, p. 246, 1866.

42. Le professeur Mantegazza, voyageur italien, donne une description excellente de la manière dont, dans toutes les parties du globe, les sauvages se décorent, dans « *Rio de la Plata, Viaggj e Studj*, 1867, p. 525-545 », et c'est à cet ouvrage que nous avons emprunté les documents suivants, lorsque nous n'indiquons pas une autre origine. Voy. Waitz, *Introd. to Anthropology*, vol. I, p. 275, 1863 (trad. anglaise). Laurence, *Lectures on Physiology*, 1822, entre dans de grands détails. Depuis que j'ai écrit ce chapitre, Sir J. Lubbock a publié son *Origin of Civilisation*, 1870, contenant un intéressant chapitre sur le présent sujet ; je lui ai emprunté quelques faits (p. 42, 48) sur l'habitude qu'ont les sauvages de teindre leurs cheveux et leurs dents et de percer celles-ci.

Il est notoire qu'ils ont la passion de l'ornementation, et un philosophe anglais va jusqu'à soutenir que les vêtements ont été imaginés d'abord pour servir d'ornements et non pour se procurer de la
chaleur. Ainsi que le fait remarquer le professeur Waitz, « si pauvre et si misérable que soit un homme, il trouve du plaisir à se
parer ». Les Indiens de l'Amérique du Sud, qui vont tout nus, attachent une importance considérable à la décoration de leur corps,
comme le prouve l'exemple « d'un homme de haute taille qui gagne
avec peine par un travail de quinze jours de quoi payer le *chica*
nécessaire pour se peindre le corps en rouge [43] ». Les anciens barbares, qui vivaient en Europe à l'époque du renne, apportaient
dans leurs cavernes tous les objets brillants ou singuliers qu'ils trouvaient. Aujourd'hui les sauvages se parent surtout de plumes, de colliers, de bracelets, de boucles d'oreilles, etc., etc. Ils se peignent
de la manière la plus diverse. « Si l'on avait examiné », remarque
Humboldt, « les nations peintes avec la même attention que les
nation vêtues, on aurait vu que l'imagination la plus fertile et le
caprice le plus changeant ont aussi bien créé des modes de peinture que des modes de vêtements ».

Dans une partie de l'Afrique, les sauvages se peignent les paupières en noir, dans une autre ils se teignent les ongles en jaune
ou en pourpre. Dans beaucoup de localités les cheveux sont teints
en diverses couleurs. Dans quelques pays, les dents sont colorées
en noir, en rouge, en bleu, etc., et dans l'archipel Malais on considère comme une honte d'avoir les dents blanches comme un chien.
On ne saurait nommer un seul grand pays compris entre les régions
polaires au nord, et la Nouvelle-Zélande au midi, où les indigènes ne se tatouent pas. Cet usage a été pratiqué par les anciens
Juifs et les Bretons d'autrefois. En Afrique, quelques indigènes se
tatouent, mais beaucoup plus fréquemment ils se couvrent de protubérances en frottant de sel des incisions faites sur diverses parties du corps ; les habitants du Kordofan et du Darfour, considèrent
que cela constitue de « grands attraits personnels ». Dans les pays
arabes il n'y a pas de beauté parfaite « tant que les joues ou les
tempes n'ont pas été balafrées [44] ». Comme le remarque Humboldt,
dans l'Amérique du Sud, « une mère serait taxée de coupable indifférence envers ses enfants, si elle n'employait pas des moyens
artificiels pour donner au mollet la forme qui est à la mode dans le

---

43. Humboldt, *Personal Narrative* (trad. ang.), IV, p. 515 ; sur l'imagination
déployée dans la peinture du corps, p. 522 ; sur les modifications dans la forme
du mollet, p. 466.

44. *The Nile Tributaries*, 1867 ; *The Albert N'yanza*, vol. I, 218, 1866.

pays. » Dans l'ancien, comme dans le nouveau monde, on modifiait autrefois, pendant l'enfance, la forme du crâne de la manière la plus extraordinaire, et il existe encore des endroits où ces déformations sont considérées comme une beauté. Ainsi les sauvages de la Colombie[45] regardent une tête très aplatie comme « une condition essentielle de beauté ».

Les cheveux reçoivent des soins tout particuliers dans divers pays; là, on les laisse croître de toute leur longueur jusqu'à atteindre le sol; ailleurs, on les ramène en « une touffe compacte et frisée, ce qui est l'orgueil et la gloire du Papou[46] ». Dans l'Afrique du Nord, un homme a besoin d'une période de huit ou dix ans pour parachever sa coiffure. D'autres peuples se rasent la tête; il y a des parties de l'Amérique du Sud et de l'Afrique où ils s'arrachent même les cils et les sourcils. Les indigènes du Nil supérieur s'arrachent les quatre incisives, en disant qu'ils ne veulent pas ressembler à des brutes. Plus au Sud, les Batokas se cassent deux incisives supérieures, ce qui, selon la remarque de Livingstone[47], donne au visage un aspect hideux, par suite de l'accroissement de la mâchoire inférieure; mais ils considèrent la présence des incisives comme une chose fort laide, et crient en voyant les Européens : « Regardez les grosses dents! » Le grand chef Sebituani a en vain essayé de changer cette mode. Dans diverses parties de l'Afrique et de l'archipel Malais, les indigènes liment leurs dents incisives, et y pratiquent des dentelures semblables à celles d'une scie, ou les percent de trous, dans lesquels ils sertissent des boutons.

Le visage, qui chez nous est la partie la plus admirée pour sa beauté, devient chez les sauvages le siège principal des mutilations. Dans toutes les régions du globe, la cloison, et plus rarement les ailes du nez, sont perforées de trous dans lesquels on insère des anneaux, des baguettes, des plumes et d'autres ornements. Partout les oreilles sont percées et semblablement ornées. Les Botocudos et les Lenguas de l'Amérique du Sud agrandissent graduellement le trou afin que le bord inférieur de l'oreille vienne toucher l'épaule. Dans l'Amérique du Nord, dans l'Amérique du Sud et en Afrique, on perce la lèvre supérieure ou la lèvre inférieure; chez les Botocudos l'ouverture de la lèvre inférieure est assez grande pour recevoir un disque en bois de quatre pouces de

---

45. Cité par Prichard, *Phys. Hist. of Mankind*, 4e éd., vol. I, p. 321, 1851.
46. Sur les Papous, Wallace, *Malay Archipelago*, vol. II, p. 445. Sur la coiffure des Africains, Sir S. Baker, *The Albert N'yanza*, vol. I, p. 210.
47. *Travels*, etc., p. 533.

diamètre. Mantegazza fait un curieux récit de la honte qu'éprouva
un indigène de l'Amérique du Sud, et du ridicule dont il fut couvert, pour avoir vendu son *tembeta*, grosse pièce de bois colorée
qui occupait le trou de sa lèvre. Dans l'Afrique centrale, les femmes
se percent la lèvre inférieure et y portent un morceau de cristal,
auquel les mouvements de la langue communiquent une agitation
frétillante, « qui, pendant la conversation, est d'un comique indescriptible ». Le chef de Latooka a dit à Sir S. Baker [48] que sa femme
serait « bien plus jolie si elle voulait enlever ses quatre incisives
inférieures, et porter dans la lèvre correspondante un cristal à
longue pointe ». Plus au midi, chez les Makalolo, c'est la lèvre
supérieure qui est perforée, pour recevoir un gros anneau en mé-
tal et en bambou, qui s'appelle un *pelélé*. « Ceci détermina chez une
femme une projection de la lèvre qui dépassait de deux pouces
l'extrémité du nez ; et la contraction des muscles, lorsque cette
femme souriait, relevait sa lèvre jusqu'au-dessus des yeux. » On demanda au vénérable chef Chinsurdi pourquoi les femmes portaient
de pareils objets. Évidemment étonné d'une question aussi absurde,
il répondit : « Pour la beauté ! ce sont les seules belles choses
que les femmes possèdent ; les hommes ont des barbes, les femmes
point. Quel genre de personnes seraient-elles sans le pelélé ? Elles ne
seraient point du tout des femmes, avec une bouche comme l'homme
mais sans barbe [49]. »

Il n'est pas une partie du corps qui ait échappé aux modifications
artificielles. Ces opérations doivent causer de très grandes souffrances, car beaucoup réclament plusieurs années pour être complètes ; il faut donc que l'idée de leur nécéssité soit impérative. Les
motifs en sont divers : les hommes se peignent le corps pour paraître terribles dans les combats ; certaines mutilations se rattachent à des rites religieux ; d'autres indiquent l'âge de puberté, le
rang de l'homme, ou bien servent à distinguer les tribus. Chez les
sauvages, les mêmes modes se perpétuent pendant de longues périodes [50] ; par conséquent, des mutilations, faites à l'origine dans
un but quelconque, prennent de la valeur comme marques distinc-
tives. Mais le besoin de se parer, la vanité et l'admiration d'autrui
en paraissent être les motifs les plus ordinaires. Les missionnaires

---

48. *The Albert N'yanza*, vol. I, p. 217, 1866.
49. Livingstone, *British Association*, 1860 ; rapport donné dans l'*Athenæum*,
July 1860, p. 29.
50. Sir S. Baker (*o. c.*, I, 210), parlant des indigènes de l'Afrique centrale,
dit que chaque tribu a sa mode distincte et invariable pour l'arrangement
des cheveux. Voir, sur l'invariabilité du tatouage des Indiens de l'Amazone,
Agassiz (*Journey in Brazil*, p. 318, 1868).

de la Nouvelle-Zélande m'ont dit, au sujet du tatouage, qu'ayant
cherché à persuader à quelques jeunes filles de renoncer à cette
pratique, elles avaient répondu : « Il faut que nous ayons quelques
lignes sur les lèvres, car autrement nous serions trop laides en
devenant vieilles. » Quant aux hommes de la Nouvelle-Zélande, un
juge compétent [51] dit que « la grande ambition des jeunes gens est
d'avoir une figure bien tatouée, tant pour plaire aux femmes que
pour se mettre en évidence à la guerre ». Une étoile tatouée sur le
front et une tache sur le menton sont, dans une partie de l'Afrique,
considérées par les femmes comme des attraits irrésistibles [52].
Dans la plupart des contrées du monde, mais non dans toutes, les
hommes sont plus ornés que les femmes, et souvent d'une manière
différente; quelquefois, mais cela est rare, les femmes ne le sont
presque pas du tout. Les sauvages obligent les femmes à faire la
plus grande partie de l'ouvrage, et ne leur permettent pas de manger les aliments de meilleure qualité; il est donc tout naturel
qu'avec son égoïsme caractéristique, l'homme leur défende de porter les plus beaux ornements. Enfin, fait remarquable que prouvent
les citations précédentes, les mêmes modes de modifications dans
la forme de la tête, l'ornementation de la chevelure, la peinture et le
tatouage du corps, le percement du nez, des lèvres ou des oreilles,
l'enlèvement et le limage des dents, etc., prédominent encore,
comme elles l'ont fait depuis longtemps, dans les parties les plus
différentes du globe. Il est fort improbable que ces pratiques, auxquelles tant de nations distinctes se livrent, soient dues à une tradition provenant d'une source commune. Elles indiquent plutôt, de
même que les habitudes universelles de la danse, des mascarades
et de l'exécution grossière des images, une similitude étroite de
l'esprit de l'homme, à quelque race qu'il appartienne.

Après ces remarques préliminaires sur l'admiration que les sauvages éprouvent pour divers ornements, et même pour des déformations qui nous paraissent hideuses, voyons jusqu'à quel point
les hommes se laissent attirer par l'aspect de leurs femmes, et
quelles idées ils se font sur leur beauté. On a affirmé que les sauvages sont tout à fait indifférents à la beauté de leurs femmes et
qu'ils ne les regardent que comme des esclaves; il importe donc de
faire remarquer que cette conclusion ne s'accorde nullement avec
le soin que les femmes prennent à s'embellir, non plus qu'avec leur

51. Rev. R. Taylor, *New Zealand and its Inhabitants*, p. 152, 1855.
52. Mantegazza, *Viaggj e Studj*, p. 542.

vanité. Burchell [53] cite l'amusant exemple d'une femme boschimane qui employait assez de graisse, d'ocre rouge et de poudre brillante « pour ruiner un mari qui n'aurait pas été très riche ». Elle manifestait aussi « beaucoup.de vanité, et la certitude très évidente de sa supériorité ». M. Winwood Reade m'apprend que, sur la côte occidentale d'Afrique, les nègres discutent souvent sur la beauté des femmes. Quelques observateurs compétents attribuent la fréquence ordinaire de l'infanticide au désir qu'ont les femmes de conserver leur beauté [54]. Dans plusieurs pays les femmes portent des charmes et emploient des philtres pour s'assurer l'affection des hommes; et M. Brown indique quatre plantes qu'emploient à cet usage les femmes du nord-ouest de l'Amérique [55].

Hearne [56], qui a vécu longtemps avec les Indiens de l'Amérique, et qui était un excellent observateur, dit en parlant des femmes : « Demandez à un Indien du Nord ce qu'est la beauté, il répondra : un visage large et plat, de petits yeux, des pommettes saillantes, trois ou quatre lignes noires assez larges au travers de chaque joue, un front bas, un gros menton élargi, un nez massif en crochet, une peau bronzée, et des seins pendant jusqu'à la ceinture. » Pallas, qui a visité les parties septentrionales de l'Empire chinois, dit : « On préfère les femmes qui ont le type mandchou, c'est-à-dire un visage large, de fortes pommettes, le nez très élargi et d'énormes oreilles [57]; » et Vogt fait la remarque que l'obliquité des yeux, qui est particulière aux Chinois et aux Japonais, est exagérée dans leurs peintures, surtout lorsqu'il s'agit de faire ressortir la beauté et la splendeur de leur race aux yeux des barbares à cheveux rouges. On sait, ainsi que Huc en a fait plusieurs fois la remarque, que les Chinois de l'intérieur trouvent que les Européens sont hideux avec leur peau blanche et leur nez saillant. D'après nos idées, le nez est loin d'être trop saillant chez les habitants de Ceylan; cependant, « au septième siècle, les Chinois, habitués aux nez aplatis des races mongoles, furent si étonnés de la proéminence du nez des Cingalais que Tsang les a décrits comme ayant le bec d'un oiseau avec le corps d'un homme ».

---

53. *Travels in S. Africa*, vol. I, p. 414, 1824.
54. Voir Gerland, *Ueber das Aussterben der Naturvölker*, p. 51, 53, 55, 1868; Azara, *Voyage*, etc., II, p. 116.
55. Sur les Productions végétales employées par les Indiens de l'Amérique du Nord-Ouest, *Pharmaceutical Journal*, X.
56. *A Journey from Prince of. Wales Fort*, p. 89, 1796.
57. Cité par Prichard, *Phys. Hist. of Mankind*, 3ᵉ éd., IV, p. 519, 1844. Vogt, *Leçons sur l'homme*, p. 166 (trad. française). L'opinion des Chinois sur les Cingalais, E. Tennent, *Ceylan*, II, p. 107, 1859.

Finlayson, après avoir minutieusement décrit les habitants de la Cochinchine, remarque qu'ils se caractérisent par leur tête et leur visage arrondis, et ajoute : « La rondeur de toute la figure est plus frappante chez les femmes, dont la beauté est estimée d'autant plus que cette forme est plus prononcée. » Les Siamois ont de petits nez avec des narines divergentes, une large bouche, des lèvres un peu épaisses, un très grand visage, à pommettes très saillantes et très larges. Il n'est donc pas étonnant que « la beauté telle que nous la concevons leur soit étrangère. En conséquence, ils considèrent leurs femmes comme beaucoup plus belles que les Européennes [58] ».

On sait que les femmes hottentotes ont souvent la partie postérieure du corps très développée, et sont stéatopyges; — particularité que les hommes, d'après Sir Andrew Smith [59], admirent beaucoup. Il en a vu une, regardée comme une beauté, dont les fesses étaient si énormément développées, qu'une fois assise sur un terrain horizontal, elle ne pouvait plus se relever, et devait, pour le faire, ramper jusqu'à ce qu'elle rencontrât une pente. Le même caractère se retrouve chez quelques femmes de diverses tribus nègres; et, selon Burton, les hommes de Somal « choisissent leurs femmes en les rangeant en ligne, et prenant celle qui *a tergo* a la plus forte saillie. Rien ne peut paraître plus détestable à un nègre que la forme opposée [60] ».

En ce qui concerne la couleur, les nègres avaient coutume de railler Mungo Park sur la blancheur de sa peau et la proéminence de son nez, deux conformations qui leur paraissaient « laides et peu naturelles ». Quant à lui, il loua le reflet brillant de leur peau et la gracieuse dépression de leur nez, ce qu'ils prirent pour une flatterie; ils lui donnèrent pourtant de la nourriture. Les Maures africains fronçaient les sourcils et paraissaient frissonner à la vue de sa peau blanche. Sur la côte orientale d'Afrique, lorsque les enfants nègres virent Burton, ils s'écrièrent : « Voyez l'homme blanc, ne ressemble-t-il pas à un singe blanc? » Sur la côte occidentale, m'a dit M. Winwood Reade, les nègres admirent une peau très noire beaucoup plus qu'une peau à teinte plus claire. Le même

---

58. Prichard, emprunté à Crawfurd et Finlayson, *Phys. Hist. of Mankind,* IV, p. 534, 535.

59. « Idem illustrissimus viator dixit mihi præcinctorium vel tabulam feminæ, quod nobis teterrimum est, quondam permagno æstimari ab hominibus in hac gente. Nunc res mutata est, et censent talem conformationem minime optandam esse. »

60. *Anthrop. Review,* p. 237, Nov. 1864. Waitz, *Introd. to Anthropology,* vol. I, p. 105, 1863 (trad. anglaise).

voyageur dit qu'on peut attribuer leur horreur de la couleur blanche en partie à ce qu'ils supposent que c'est la couleur des démons et des esprits, et en partie à ce qu'ils croient que la couleur blanche de la peau est un signe de mauvaise santé.

Les Banyai sont des nègres qui habitent la partie la plus méridionale du continent; mais « un grand nombre d'entre eux sont d'une couleur café au lait claire, qui est considérée, dans tout le pays, comme fort belle ». Il existe donc là un autre type de goût. Chez les Cafres, qui diffèrent beaucoup des nègres, « les tribus de la baie Delagoa exceptées, la peau n'est pas habituellement noire, la couleur dominante est un mélange de noir et de rouge, et la nuance la plus commune celle du chocolat. Les tons foncés, les plus répandus, sont naturellement les plus estimés; et un Cafre croirait qu'on lui fait injure si on lui disait qu'il est de couleur claire, ou qu'il ressemble à un blanc. On m'a parlé d'un infortuné qui était si peu foncé, qu'aucune femme ne voulait l'épouser ». Un des titres du roi du Zoulou est « Toi qui es noir [61] ». M. Galton, en me parlant des indigènes de l'Afrique méridionale, me fit remarquer que leurs idées sur la beauté sont fort différentes des nôtres; il a vu dans une tribu deux jeunes filles minces, sveltes et jolies, que les indigènes n'admiraient point du tout.

Dans d'autres parties du globe, à Java, d'après madame Pfeiffer, une femme jaune, et non blanche, est considérée comme une beauté. Un Cochinchinois « parlait dédaigneusement de la femme de l'ambassadeur anglais à cause de ses dents blanches semblables à celles d'un chien, et de son teint rose comme celui des fleurs de pommes de terre ». Nous avons vu que les Chinois n'aiment pas notre peau blanche, et que les tribus américaines du Nord admirent une « peau basanée ». Dans l'Amérique du Sud, les Yura-caras, qui habitent les pentes boisées et humides des Cordillères orientales, sont remarquablement pâles de couleur, ce que leur nom exprime dans leur langue; néanmoins ils considèrent les femmes européennes comme très inférieures aux leurs [62].

Chez plusieurs tribus de l'Amérique du Nord, les cheveux atteignent une longeur remarquable, et Catlin cite, comme une preuve curieuse de l'importance qu'on attache à ce fait, l'élection du chef

61. Mungo Park, *Travels in Africa,* p. 53, 131, 1816. L'assertion de Burton est citée par Schaffhausen, *Archiv für Anthropolog.,* 1866, p. 163. Sur les Banyai, *Livingstone, Travels,* p. 64. Sur les Cafres, le Rev. J. Shooter, *The Kafirs and the Zulu country,* vol. I, 1857.

62. Pour les Javanais et les Cochinchinois, Waitz, *o. c.,* vol. I, p. 305. Sur les Yura-caras, A. d'Orbigny cité par Prichard dans *Phys. Hist.,* etc., V, p. 476, 3ᵉ édit.

des Crows, Il fut choisi parce que c'était l'homme de la tribu qui avait les cheveux les plus longs; ces cheveux mesuraient 3ᵐ,225 de longueur. Les Aymaras et les Quichuas de l'Amérique du Sud ont également les cheveux très longs, et je tiens de M. D. Forbes qu'ils les considèrent comme une telle marque de beauté, que la punition la plus grave qu'on puisse leur infliger est de les leur couper. Dans les deux moitiés du continent les indigènes augmentent la longueur apparente de leur chevelure en y entrelaçant des matières fibreuses. Bien que les cheveux soient ainsi estimés, les Indiens du nord de l'Amérique regardent comme « très vulgaires » les poils du visage, et ils les arrachent avec grand soin. Cette pratique règne dans tout le continent américain, de l'île Vancouver au nord, à la Terre-de-Feu au midi. Lorsque York Minster, un Fuégien à bord du *Beagle*, fut ramené dans son pays, les indigènes lui conseillèrent d'arracher les quelques poils qu'il avait sur le visage. Ils menacèrent aussi un jeune missionnaire qui resta quelque temps chez eux de le déshabiller et de lui enlever tous les poils du visage et du corps, bien qu'il ne fût pourtant pas un homme très velu. Cette mode est poussée à un tel point chez les Indiens du Paraguay, qu'ils s'arrachent les poils des sourcils et des cils, pour ne pas ressembler, disent-ils à des chevaux[63].

Il est remarquable que, dans le monde entier, les races qui sont complètement privées de barbe n'aiment pas les poils sur le visage et sur le corps, et se donnent la peine de les arracher. Les Kalmouks n'ont pas de barbe, et, comme les Américains, s'enlèvent tous les poils épars; il en est de même chez les Polynésiens, chez quelques Malais et chez les Siamois. M. Veitch constate que les dames japonaises « nous reprochent nos favoris, les regardant comme fort laids; elles voulaient nous les faire enlever pour ressembler aux Japonais ». Les Nouveaux-Zélandais ont la barbe courte et frisée; ils s'arrachent avec soin les poils du visage, et ont pour dicton : « Il n'y a pas de femme pour un homme velu, » mais la mode paraît avoir changé, peut-être à cause de la présence des Européens et on affirme que les Maories admirent aujourd'hui la barbe[64].

Les races, au contraire, qui possèdent de la barbe, l'admirent

63. *North American Indians*, par G. Catlin, vol. I, p. 49; II, p. 227, 3ᵉ édit., 1842. Sur les naturels de l'île Vancouver, voy. Sproat, *Scenes and Studies of Savage life*, p. 25, 1868. Sur les Indiens du Paraguay, Azara, *Voyages*, etc., vol. II, p. 105.

64. Sur les Siamois, Prichard, *o. c.*, IV, p. 533. Japonais, Veitch, dans *Gardner's Chronicle*, p. 1104, 1860. Nouveaux-Zélandais, Mantegaza, *Viaggi*, etc., p. 526, 1867. Pour les autres nations voir les références dans Lawrence, *Lectures on Physiology*, etc., p. 272, 1822.

et l'estiment beaucoup. Chaque partie du corps, d'après les lois des Anglo-Saxons, avait une valeur reconnue; « la perte de la barbe était estimée à vingt shellings, tandis que la fracture d'une cuisse n'était fixée qu'à douze[65]. »

En Orient, les hommes jurent solennellement par leur barbe. Nous avons vu que Chinsurdi, chef des Makalolos en Afrique, regardait la barbe comme un grand ornement. Chez les Fidjiens, dans le Pacifique, « la barbe est abondante et touffue, et ils en sont très fiers »; « tandis que les habitants des archipels voisins de Tonga et de Samoa n'ont pas de barbe et détestent un menton velu ». Dans une seule île du groupe Ellice, les hommes ont de fortes et grosses barbes dont ils sont très fiers[66].

Nous voyons donc combien l'idéal du beau diffère dans les diverses races humaines. Dans toute nation assez avancée pour façonner les effigies de ses dieux ou des législateurs déifiés, les sculpteurs se sont sans doute efforcés d'exprimer leur idéal le plus élevé du beau et du grand[67]. A ce point de vue, il est utile de comparer Jupiter ou l'Apollon des Grecs aux statues égyptiennes ou assyriennes, et celles-ci aux affreux bas-reliefs des monuments en ruines de l'Amérique centrale.

Je n'ai rencontré que peu d'assertions contraires à cette conclusion. M. Winwood Reade, cependant, qui a eu de nombreuses occasions d'observer, non seulement les nègres de la côte occidentale d'Afrique, mais aussi ceux de l'intérieur, qui n'ont jamais été en relations avec les Européens, est convaincu que leurs idées sur la beauté sont, en somme, les mêmes que les nôtres. Le docteur Rohlls affirme qu'il en est de même chez les Bornous et dans les pays habités par les Pullo. M. Reade s'est à plusieurs reprises trouvé d'accord avec les nègres sur l'appréciation de la beauté des jeunes filles indigènes, et leurs idées sur la beauté des femmes européennes correspondait souvent à la nôtre. Ils admirent les longs cheveux et emploient des moyens artificiels pour en augmenter, en apparence, l'abondance; ils admirent aussi la barbe, bien qu'ils n'en aient que fort peu. M. Reade est resté dans le doute sur le genre de nez qui est le plus apprécié. Une jeune fille ayant déclaré qu'elle ne voulait « pas épouser un homme parce qu'il n'avait pas de nez », il semble en résulter qu'un nez très aplati n'est pas

65. Lubbock, *Origin.*, etc., p. 321, 1870.

66. Le docteur Barnard Davis cite Prichard et d'autres pour ce qui est relatif aux Polynésiens, dans *Antrop. Review*, p. 185, 191, 1870.

67. Ch. Comte fait quelques remarques sur ce sujet dans son *Traité de Législation*, p. 136, 3ᵉ édit., 1837.

admiré. Il faut toutefois se rappeler que les types à nez déprimés très larges et à mâchoires saillantes des nègres de la côte occidentale sont exceptionnels parmi les habitants de l'Afrique. Malgré les assertions qui précèdent, M. Reade admet que les nègres « n'aiment pas la couleur de notre peau; ils ont une grande aversion pour les yeux bleus et ils trouvent notre nez trop long et nos lèvres trop minces ». Il ne pense pas que les nègres préfèrent jamais, « par les seuls motifs d'admiration physique, la plus belle Européenne à une négresse d'une belle venue[68] ».

Un grand nombre de faits démontrent la vérité du principe déjà énoncé par Humboldt[69] que l'homme admire et cherche souvent à exagérer les caractères quelconque qui lui ont été départis par la nature. L'usage des races imberbes d'extirper toute trace de poils sur le visage et généralement sur tout le corps en est un exemple. Beaucoup de peuples anciens et modernes ont fortement modifié la forme du crâne, et il est assez probable qu'ils ont, surtout dans l'Amérique du Nord et du Sud, pratiqué cet usage pour exagérer quelque particularité naturelle et recherchée. Beaucoup d'Indiens américains admirent une tête assez aplatie pour nous paraître semblable à celle d'un idiot. Les indigènes de la côte nord-ouest compriment la tête pour lui donner la forme d'un cône pointu. En outre, ils ramènent constamment leurs cheveux pour en former un nœud au sommet de la tête, dans le but, comme le fait remarquer le docteur Wilson, « d'accroître l'élévation apparente de la forme conoïde, qu'ils affectionnent ». Les habitants d'Arabhan admirent « un front large et lisse, et, pour le produire, attachent une lame de plomb sur la tête des enfants nouveau-nés ». D'autre part, « un occiput large et bien arrondi est considéré comme une grande beauté chez les indigènes des îles Fidji[70] ».

---

68. « The Africain Sketch book », vol. II, 1873, p. 253, 394, 521. « Les Fuégiens, me dit un missionnaire qui a longtemps résidé chez eux, regardent les femmes européennes comme fort belles; » mais, d'après ce que j'ai vu du jugement d'autres indigènes américains, il me semble que cela doit être erroné, à moins qu'il ne s'agisse de quelques Fuégiens qui, ayant vécu pendant quelque temps avec des Européens, doivent les considérer comme des êtres supérieurs. J'ajouterai qu'un observateur expérimenté, le cap. Burton, croit qu'une femme que nous considérons comme belle est admirée dans le monde entier. *Anthrop. Review*, p. 245, March, 1864.

· 69. *Personal Narrative*, IV, p. 518 (trad. ang.). Mantegazza, *Viaggj e Studj*, 1867, insiste fortement sur ce même principe.

70. Sur les crânes des tribus américaines, Nott et Gliddon, *Types of Mankind*, p. 440, 1854; Prichard, *o. c.*, I, p. 321; sur les naturels d'Arakhan, *ib.*, IV, p. 537; Wilson, *Physical Ethnology, Smithsonian Inst.*, p. 288, 1863; sur les Fidjiens, p. 290, Sir J. Lubbock (*Prehistoric Times*, 2e éd., p. 506, 1869) donne un excellent résumé sur ce sujet.

Il en est du nez comme du crâne. A l'époque d'Attila, les Huns avaient l'habitude d'aplatir, au moyen de bandages, le nez de leurs enfants « afin d'exagérer une conformation naturelle ». A Tahiti, la qualification de *nez long* est une insulte, et, en vue de la beauté, les Tahitiens compriment le nez et le front de leurs enfants. Il en est de même chez les Malais de Sumatra, chez les Hottentots, chez certains nègres et chez les naturels du Brésil[71]. Les Chinois ont naturellement les pieds forts petits[72], et on sait que les femmes des classes élevées déforment leurs pieds pour en réduire encore les dimensions. Enfin Humboldt croit que les Indiens de l'Amérique aiment à se colorer le corps avec un vernis rouge pour exagérer leur teinte naturelle, comme les femmes européennes ont souvent cherché à augmenter leurs couleurs déjà vives par l'emploi de cosmétiques rouges et blancs. Je doute pourtant que telle ait été l'intention de beaucoup de peuples barbares en se couvrant de peintures.

Nous pouvons observer exactement le même principe et les mêmes tendances vers le désir de tout exagérer à l'extrème, dans nos propres modes, qui manifestent ainsi le même esprit d'émulation. Mais les modes des sauvages sont bien plus permanentes que les nôtres, ce qui devient nécessaire lorsqu'elles ont artificiellement modifié le corps. Les femmes arabes du Nil supérieur mettent environ trois jours à se coiffer; elles n'imitent jamais les femmes d'autres tribus, « mais rivalisent entre elles pour la perfection de leur propre coiffure ». Le docteur Wilson, parlant des crânes comprimés de diverses races américaines, ajoute : « De tels usages sont de ceux qu'on peut le moins déraciner ; ils survivent longtemps au choc des révolutions qui changent les dynasties, et à des particularités nationales d'une bien autre importance[73]. » Ce même principe joue un grand rôle dans l'art de la sélection et nous fait comprendre, ainsi que je l'ai expliqué ailleurs[74], le développement étonnant de toutes les races d'animaux et de plantes qu'on élève dans un but unique de fantaisie et de luxe. Les amateurs désirent toujours que chaque caractère soit quelque peu exagéré ; ils ne font aucun cas d'un type moyen : ils ne cherchent pas non

71. Sur les Huns, Godron, *De l'Espèce*, vol. II, p. 300, 1859. Sur les Taïtiens, Waitz, *Anthropologie*, vol. I, p. 305 (tr. angl.); Marsden cité dans Prichard. *o. c.*, V, p. 67; Lawrence, *o. c.*, p. 337.

72. Ce fait a été vérifié dans le voyage de la *Novara;* partie anthropologique : docteur Weisbach, p. 265, 1867.

73. *Smithsonian Institution*, p. 289, 1863. Sur les modes des femmes arabes, Sir S. Baker, *The Nile Tributaries*, p. 121, 1867.

74. *La Variation des Animaux et des Plantes*, etc. vol. I, p. 214; vol. II, p. 240.

plus un changement brusque et très prononcé dans le caractère de leurs races; ils n'admirent que ce qu'ils sont habitués à contempler, tout en désirant ardemment voir toujours chaque trait caractéristique se développer de plus en plus.

Les facultés perceptives de l'homme et des animaux sont certainement constituées de manière que les couleurs brillantes et certaines formes, aussi bien que les sons rhythmiques et harmonieux, leur procurent du plaisir et soient considérées comme choses belles; mais nous ne savons pas pourquoi il en est ainsi. Il n'existe dans l'esprit de l'homme aucun type universel de beauté en ce qui concerne le corps humain. Il est toutefois possible, mais je n'ai aucune preuve, que certains goûts puissent, avec le temps, être transmis par hérédité. Dans ce cas chaque race posséderait son type idéal inné de beauté. On a soutenu[75] que la laideur consiste en un rapprochement vers la conformation des animaux inférieurs, ce qui est sans doute vrai pour les nations civilisées, où l'intelligence est hautement appréciée; mais cette explication ne peut évidemment pas s'appliquer à toutes les formes de la laideur. Dans chaque race, l'homme préfère ce qu'il a l'habitude de voir, il n'admet pas de grands changements; mais il aime la variété, et apprécie tout trait caractéristique nettement tranché sans être trop exagéré[76]. Les hommes accoutumés à une figure ovale, à des traits réguliers et droits, et aux couleurs vives, admirent, comme nous Européens, ces points, lorsqu'ils sont bien développés. D'autre part, les hommes habitués à un visage large, à pommettes saillantes, au nez déprimé, et à la peau noire, admirent ces caractères lorsqu'ils sont fortement accusés. Les caractères de toute espèce peuvent sans doute facilement dépasser les limites exigées pour la beauté. Une beauté parfaite, impliquant des modifications particulières d'un grand nombre de caractères, sera donc dans toute race un prodige, comme l'a dit, il y a longtemps, le grand anatomiste Bichat, si tous les êtres étaient coulés dans le même moule, la beauté n'existerait plus. Si toutes nos femmes devenaient aussi belles que la Vénus de Médicis, nous serions pendant quelque temps sous le charme, mais nous désirerions bientôt de la variété, et, dès qu'elle serait réalisée, nous voudrions voir certains caractères s'exagérer un peu au-delà du type commun.

75. Schaaffhausen, *Archiv für Anthropologie*, p. 164, 1866.
76. M. Bain a recueilli (*Mental and Moral Science*, p. 304-314, 1868) environ une douzaine de théories plus ou moins différentes sur l'idée de beauté; mais aucune n'est identique avec celle donnée ici.

CHAPITRE XX

Caractères sexuels secondaires chez l'homme (suite)

Sur les effets de la sélection continue des femmes d'après un type de beauté différent pour chaque race. —Causes qui, chez les nations civilisées et chez les sauvages, interviennent dans la sélection sexuelle. — Conditions favorables à celle-ci pendant les temps primitifs. — Mode d'action de la sélection sexuelle dans l'espèce humaine. — Sur la possibilité qu'ont les femmes de choisir leurs maris dans les tribus sauvages. — Absence de poils sur le corps, et le développement de la barbe. — Couleur de la peau. — Résumé.

Nous venons de voir, dans le chapitre précédent, que toutes les races barbares apprécient hautement les ornements, les vêtement et l'apparence extérieure, et que les hommes apprécient la beauté des femmes en se plaçant à des points de vue très différents. Nous avons maintenant à rechercher si cette préférence pour les femmes que les hommes, dans chaque race, considèrent comme les plus attrayantes, et la sélection continue qui en a été la conséquence, pendant de nombreuses générations, ont modifié les caractères des femmes seules, ou ceux des deux sexes. La règle générale chez les mammifères paraît être l'égale hérédité des caractères de tous genres par les mâles et par les femelles; nous sommes donc autorisés à penser que, dans l'espèce humaine, tous les caractères acquis par les femmes en vertu de l'action de la sélection sexuelle, ont dû ordinairement se transmettre aux descendants des deux sexes. Si ce principe a amené des modifications, il est presque certain que les diverses races ont dû se modifier d'une façon différente, car chacune a son type propre de beauté,

Dans l'espèce humaine, surtout chez les sauvages, de nombreuses causes viennent s'immiscer dans les effets de la sélection sexuelle, en ce qui concerne l'ensemble du corps. Chez les peuples civilisés, les charmes intellectuels des femmes, leur fortune et surtout leur position sociale exercent une influence considérable sur l'esprit des hommes; car ceux-ci choisissent rarement une compagne dans un rang de beaucoup inférieur à celui qu'ils occupent eux-mêmes. Les hommes qui réussissent à épouser les femmes les plus belles n'ont pas une meilleure chance que ceux qui ont une femme moins belle de laisser une longue lignée de descendants, à l'exception du petit nombre de ceux qui lèguent leur fortune selon la primogéniture. Quant à la forme contraire de la sélection, celle des hommes les plus beaux par les femmes, bien que, dans les pays civilisés, celles-ci aient le choix libre ou à peu près, ce qui n'est pas le cas chez les races sauvages, ce choix est cependant considérablement influencé par la position sociale et par la fortune de l'homme ; or, le succès de ce dernier dans la vie dépend beaucoup de ses facultés intellectuelles et de son énergie, ou des fruits que ces mêmes facultés ont produit chez ses aïeux. Il est inutile d'invoquer une excuse pour traiter ce sujet avec quelques détails ; comme le fait si bien remarquer le philosophe allemand Schopenhauer, « le but de toutes les intrigues d'amour, que ce résultat soit comique ou tragique, a réellement plus d'importance que tous les desseins que peut se proposer l'homme. En effet, il ne s'agit de rien moins que de la composition de la génération suivante... il ne s'agit pas ici du bonheur ou du malheur d'un individu, mais c'est le bonheur ou le malheur de la race humaine qui est en jeu [1] ».

Il y a toutefois des raisons de croire que la sélection sexuelle a produit quelques résultats au point de vue de la modification de la forme du corps, chez certaines nations civilisées ou à demi civilisées. Beaucoup de personnes ont la conviction, qui me paraît juste, que les membres de notre aristocratie, en comprenant sous ce terme toutes les familles opulentes chez lesquelles la progéniture a longtemps prévalu, sont devenus plus beaux, selon le type européen admis, que les membres des classes moyennes, par le fait qu'ils ont, pendant de nombreuses générations, choisi dans toutes les classes les femmes les plus belles pour les épouser ; les classes moyennes, cependant, se trouvent placées dans des conditions également favorables pour un parfait développement du corps. Cook fait la remarque que la supériorité de l'apparence personnelle « qu'on observe chez les nobles de toutes les autres îles du Pacifique se retrouve dans les îles Sandwich » ; ce qui peut principalement provenir d'une meilleure nourriture et d'un genre de vie moins rude.

L'ancien voyageur Chardin, décrivant les Persans, dit que « leur sang s'est considérablement amélioré par suite de fréquents mélanges avec les Géorgiens et les Circassiens, deux peuples qui l'emportent sur tous ceux de l'univers par leur beauté personnelle. Il y a en Perse peu d'hommes d'un rang élevé qui ne soient nés d'une mère géorgienne ou circassienne ». Il ajoute qu'ils héritent de la beauté de leurs mères, et non de leurs ancêtres ; car, sans le mélange en question, les Persans de distinction, qui descendent des

1. « *Schopenhauer and Darwinism* » *in Journal of Anthrop.* Janvier 1871, p. 323.

41

Tartares, sont fort laids[2]. Voici un cas plus curieux : les prêtresses attachées au temple de Vénus Erycina à San Giuliano, en Sicile, étaient choisies dans toute la Grèce entre les plus belles femmes; n'étant pas assujetties aux mêmes obligations que les vestales, il en est résulté, suivant de Quatrefages[3], qu'aujourd'hui encore les femmes de San Giuliano sont célèbres comme les plus belles de l'île et recherchées comme modèles par les artistes. Les preuves cependant sont évidemment douteuses dans les deux cas que nous venons de citer.

Le cas suivant, bien qu'ayant trait à des sauvages, mérite d'être rapporté comme très curieux. M. Winwood Reade m'apprend que les Jollofs, tribu nègre de la côte occidentale d'Afrique, « sont remarquables par leur beauté ». Un des amis de M. W. Reade ayant demandé à l'un de ces nègres : « Comment se fait-il que vous ayez tous si bonne façon, non seulement vos hommes, mais aussi vos femmes? » Le Jollof répondit : « C'est facile à comprendre : nous avons toujours eu l'habitude de vendre nos esclaves les plus laides. » Il est inutile d'ajouter que, chez tous les sauvages, les femmes esclaves servent de concubines. Que ce nègre ait, à tort ou à raison, attribué la belle apparence des hommes de sa tribu à une élimination longtemps continuée des femmes laides, n'est pas si étonnant que cela peut paraître tout d'abord, car j'ai prouvé ailleurs[4] que les nègres apprécient pleinement l'importance de la sélection dans l'élevage de leurs animaux domestiques, fait pour lequel je pourrais emprunter à M. Reade de nouvelles preuves.

Sur les causes qui empêchent et limitent l'action de la sélection sexuelle chez les sauvages. — Les causes principales sont : premièrement, la promiscuité; secondement, l'infanticide, surtout du sexe féminin; troisièmement, les fiançailles précoces; enfin, le peu de cas qu'on fait des femmes, qui sont considérées comme de simples esclaves. Ces quatre points méritent d'être examinés avec quelques détails.

Si l'accouplement de l'homme ou de tout autre animal est une simple affaire de hasard, sans que l'un des deux sexes fasse un choix, il est évident que la sélection sexuelle ne peut intervenir; la réussite plus complète de certains individus ne produira aucun effet sur

2. Ces citations sont prises dans Lawrence (*Lectures on Physiology*, etc., p. 393, 1822), qui attribue la beauté des classes supérieures, en Angleterre, au fait que les hommes ont longtemps choisi les femmes les plus belles.
3. Anthropologie, *Rev. des Cours scientifiques*, p. 721. Oct. 1868.
4. *De la Variation*, etc., vol. I, p. 219 (trad. franç., 1868).

la descendance. On assure qu'il existe des tribus qui pratiquent ce que Sir J. Lubbock appelle des mariages en commun; c'est-à-dire que tous les hommes et toutes les femmes de la tribu sont réciproquement maris et femmes vis-à-vis les uns des autres. Le dérèglement est très grand chez les sauvages, et pourtant de nouvelles preuves seraient nécessaires avant d'admettre cette promiscuité absolue dans les relations des deux sexes. Néanmoins, tous les auteurs qui ont étudié de près le sujet [5], et dont les appréciations ont plus de valeur que les miennes, croient que le mariage en commun (cette expression s'entend de deux ou trois façons différentes), que ce mariage en commun donc, y compris même le mariage entre frères et sœurs, a dû être la forme primitive et universelle dans le monde entier.

Feu A. Smith, qui a beaucoup voyagé dans l'Afrique australe et qui a longuement étudié les mœurs des sauvages en Afrique et autre part, m'a affirmé qu'il n'existe aucune race chez laquelle la femme soit considérée comme la propriété de la communauté. Je crois que son jugement a été largement influencé par la signification qu'il donne au terme mariage. Dans toute la discussion suivante, j'attribue à ce terme le sens qu'implique le mot monogame, attribué par un naturaliste aux animaux, c'est-à-dire que le mâle est accepté par une seule femelle, ou choisit une seule femelle et vit avec elle, soit seulement pendant l'élevage des jeunes, soit pendant toute l'année, s'assurant cette possesion par la loi de la force; ou le mot polygame, c'est-à-dire que le mâle vit avec plusieurs femelles. Nous n'avons à nous occuper ici que de cette seule espèce de mariage, car elle suffit pour évoquer l'action de la sélection naturelle. La plupart des écrivains que j'ai cités plus haut attribuent au contraire au terme mariage l'idée d'un droit reconnu et protégé par la tribu.

Les preuves indirectes qui viennent à l'appui de l'hypothèse du mariage en commun sont très fortes, et reposent surtout sur les termes exprimant les rapports de parenté employés par les mem-

---

5. Sir J. Lubbock, *Origin of Civilization*, chap. iii, p. 60-67, 1870. M. Mc-Lennan, dans son excellent ouvrage : *Primitive Marriage*, p. 163, 1865 parle des unions des sexes comme ayant été dans les temps anciens fort relâchées, transitoires, et à certains degrés entachées de promiscuité. M. Mc-Lennan et Sir J. Lubbock ont recueilli beaucoup de preuves du dérèglement des sauvages actuels. M. L. H. Morgan, dans son intéressant mémoire sur le système de classification par la parenté (*Proc. American Acad. of Sciences.* VII, p. 475, 1868), conclut que, dans les temps primitifs, la polygamie, ainsi que le mariage sous toutes ses formes, étaient absolument inconnus. Il paraît, d'après Sir J. Lubbock, que Bachofen partage également l'opinion que primordialement la promiscuité a été prépondérante.

bres d'une même tribu; ces termes impliquent parenté avec la tribu seule, et non avec des parents distincts. Ce sujet est trop étendu et trop compliqué pour que je puisse même en donner ici un aperçu; je me bornerai donc à présenter quelques observations. Il est évident que, dans le cas des mariages en commun, ou de ceux où le lien conjugal est très relâché, la parenté de l'enfant vis-à-vis de son père reste inconnue. Mais il est presque impossible que la parenté de l'enfant avec sa mère puisse jamais avoir été ignorée complètement, d'autant plus que, dans la plupart des tribus sauvages, les femmes nourrissent très longtemps leurs enfants; aussi, dans beaucoup de cas, les lignes de descendance ne se tracent que par la mère seule, à l'exclusion du père. Cependant, dans d'autres cas, les termes employés expriment une parenté avec la tribu seule, à l'exclusion même de la mère. L'aide et la protection réciproques si nécessaires pour les individus d'une même tribu sauvage, exposée à toutes sortes de dangers, ont pu donner une plus grande force, une importance beaucoup plus grande, à l'union, à la parenté entre ces différents individus qu'à l'union même entre la mère et l'enfant : de là sans doute ces termes de parenté qui expriment les rapports de chacun avec la tribu. M. Morgan ne trouve cette explication nullement suffisante.

D'après cet auteur, on peut grouper les termes exprimant, dans toutes les parties du monde, les rapports de parenté, en deux classes : l'une classificatoire, l'autre descriptive; c'est cette dernière que nous employons. Le système classificateur conduit à la conclusion que les mariages en commun, ou de formes très relâchées, étaient à l'origine universels. Mais il n'en résulte pas la nécessité de croire à des rapports de promiscuité absolue, et je suis heureux de voir que Sir J. Lubbock partage cette opinion. Dans le cas d'unions rigoureuses, en vue de la naissance de l'enfant, mais temporaires, à la manière de grand nombre d'animaux inférieurs, il a pu s'introduire dans les termes exprimant la parenté presque autant de confusion que si l'on admet la promiscuité absolue. En ce qui concerne la sélection sexuelle, il suffit que le choix soit exercé avant l'union des parents, et il importe peu que les unions durent toute la vie ou une seule saison.

Outre les preuves tirées des termes de parenté, d'autres raisons viennent indiquer que le mariage en commun a eu autrefois la prépondérance. Sir J. Lubbock [6] explique l'habitude étrange et si ré-

---

6. Discours à l'Association Britannique, *On the Social and religious Conditions of the lower races of Man*, p. 20, 1870.

pandue de l'exogamie, — c'est-à-dire que les hommes d'une tribu prennent toujours leurs femmes dans une autre tribu, — en supposant que le communisme a été la forme primitive du mariage. L'homme, selon Sir J. Lubbock, ne pouvait avoir de femme à lui seul à moins de l'enlever à une tribu voisine et hostile ; elle devenait naturellement alors sa propriété particulière. Le rapt des femmes a pu naître ainsi, et devenir ultérieurement une habitude universelle, en raison de l'honneur qu'il procurait. Cette hypothèse nous permet aussi, d'après Sir J. Lubbock, de comprendre « la nécessité d'une expiation pour le mariage, lequel était une infraction aux règles de la tribu, puisque, selon les idées anciennes, un homme n'avait aucun droit à s'approprier ce qui appartenait à la tribu entière ». Sir J. Lubbock ajoute un ensemble de faits des plus curieux, prouvant que, dans les temps anciens, on honorait hautement les femmes les plus licencieuses, ce que, comme il l'explique, l'on ne comprend, qu'en admettant que la promiscuité a été une coutume primitive, et par conséquent une coutume respectée depuis longtemps par la tribu [7].

Bien que le mode de développement du lien conjugal soit un sujet obscur, comme semble le prouver la divergence, sur divers points, des opinions des trois auteurs qui ont étudié ce sujet avec le plus de soin, MM. Morgan, Mc-Lennan et sir J. Lubbock, il paraît cependant résulter de diverses séries de preuves que l'habitude du mariage ne s'est développée que graduellement, et que la promiscuité était autrefois très commune dans le monde [8]. Néanmoins, à en juger par l'analogie avec les animaux, et surtout avec ceux qui, dans la série, sont les plus voisins de l'homme, je ne puis croire que la promiscuité absolue ait prévalu à une époque extrêmement reculée peu avant que l'homme ait atteint son rang actuel dans l'échelle zoologique. L'homme, comme j'ai cherché à le démontrer, descend certainement de quelque être simien. Autant que les habitudes des Quadrumanes nous sont connues, les mâles de quelques espèces sont monogames, mais ne vivent avec les femelles qu'une partie de l'année, ce qui paraît être le cas de l'Orang. D'autres espèces, plusieurs singes indiens et américains, par exemple, sont strictement monogames et vivent l'année entière avec leur femelle. D'autres sont polygames comme le Gorille et plu-

---

7. *Origin of Civilization*, p. 86, 1870. Voir les ouvrages précités sur la parenté rattachée au sexe féminin, ou à la tribu seulement.

8. M. C. Staniland Wake se prononce vivement (*Anthropologia*, March, 1874, p. 197) contre les opinions de ces trois écrivains relativement à l'existence antérieure d'une promiscuité presque absolue; il pense que l'on peut expliquer autrement le système classificatoire de parenté.

sieurs espèces américaines, et chaque famille vit à part. Même dans ce cas, les familles qui habitent le même district ont probablement quelques rapports sociaux; on rencontre quelquefois, par exemple, de grandes troupes de Chimpanzés. D'autres espèces sont polygames, et plusieurs mâles, ayant chacun leurs femelles, vivent associés en tribus; c'est le cas de plusieurs espèces de Babouins [9]. Nous pouvons même conclure de ce que nous savons de la jalousie de tous les mammifères mâles, qui sont presque tous armés de façon à pouvoir lutter avec leurs rivaux, qu'à l'état de nature la promiscuité est chose extrêmement improbable. Il se peut que l'accouplement ne se fasse pas pour la vie entière, mais seulement pour le temps d'une portée; cependant si les mâles les plus forts et les plus capables de protéger ou d'assister leurs femelles et leurs petits choisissent les femelles les plus attrayantes, ceci suffit pour déterminer l'action de la sélection sexuelle.

Par conséquent, si nous remontons assez haut dans le cours des temps, et à en juger par les habitudes sociales de l'homme actuel, l'opinion la plus probable est que l'homme primitif a originellement vécu en petites communautés, chaque mâle avec une seule femme, et, s'il était puissant et fort, avec plusieurs femmes qu'il devait défendre avec jalousie contre tout autre homme. Ou bien, l'homme n'était pas un animal sociable et il peut avoir vécu seul avec plusieurs femmes, comme le Gorille, au sujet duquel les indigènes s'accordent à dire « qu'on ne voit jamais qu'un mâle adulte dans la bande, et que lorsqu'un jeune mâle s'est développé, il y a lutte pour le pouvoir; le plus fort, après avoir tué ou chassé les autres, se met à la tête de la communauté [10] ». Les jeunes mâles, ainsi expulsés et errants, réussissent à la fin à trouver une compagne, ce qui évite ainsi des entre-croisements trop rapprochés dans les limites de la même famille.

Bien que les sauvages soient actuellement très licencieux et que la promiscuité ait pu autrefois régner sur une vaste échelle, il existe cependant chez quelques tribus certaines formes de mariage, mais de nature bien plus relâchée que chez les nations civilisées. La polygamie est presque toujours habituelle chez les chefs de tribu. Il y a, néanmoins, des peuples qui sont strictement monogames, bien qu'ils occupent le bas de l'échelle. C'est le cas des Veddahs

---

9. Brehm (*Illustr. Thierleben*, I, p. 77) dit que le *Cynocephalus hamadryas* vit en grandes troupes contenant deux fois autant de femelles que de mâles adultes. Voy. Rengger, sur les espèces polygames américaines, et Owen (*Anat. of Vert.*, III, p. 746), sur les espèces monogames du pays.

10. Docteur Savage, ·*Boston Journ. Nat. Hist.*, V, 423, 1845-47.

de Ceylan, chez lequels, d'après Sir J. Lubbock [11], on dit « que la mort seule peut séparer.le mari de sa femme ». Un chef Kandyan, intelligent et polygame bien entendu, « était fort scandalisé à la pensée qu'on pût vivre avec une seule femme, et qu'on ne s'en séparât qu'à la mort. C'est vouloir, disait-il, ressembler aux singes Ouanderous ». Je ne prétends nullement faire des conjectures sur le point de savoir si les sauvages qui, actuellement, pratiquent le mariage sous une forme quelconque, soit polygame, soit monogame, ont conservé cette habitude depuis les temps primitifs, ou s'ils y sont revenus après avoir passé par une phase de promiscuité.

Infanticide. — L'infanticide est encore très répandu dans le monde, et nous avons des raisons de croire qu'il a été bien plus largement pratiqué dans les temps anciens [12]. Les sauvages ont beaucoup de difficulté à s'entretenir, eux et leurs enfants; ils trouvent donc très simple de tuer ces derniers. Quelques tribus de l'Amérique du Sud avaient détruit tant d'enfants des deux sexes, dit Azara, qu'elles étaient sur le point de s'éteindre. Dans les îles Polynésiennes, il y a des femmes qui ont tué quatre, cinq et même jusqu'à dix de leurs enfants. Ellis n'a pu rencontrer une seule femme qui n'en ait tué au moins un. Partout où l'infanticide se pratique, la lutte pour l'existence devient d'autant moins rigoureuse, et tous les membres de la tribu ont une chance également bonne d'élever quelques enfants qui survivent. Dans la plupart des cas, on détruit un plus grand nombre d'enfants du sexe féminin que du sexe masculin ; ces derniers ont évidemment plus de valeur pour la tribu ; car, une fois adultes, ils peuvent concourir à sa défense, et pourvoir eux-mêmes à leur entretien. Mais plusieurs observateurs, et les femmes sauvages elles-mêmes, mentionnent, comme autres motifs de l'infanticide, la peine que les mères ont à élever les enfants, la perte de beauté qui en résulte pour elles, la plus grande valeur des enfants et le sort meilleur qui les attend s'ils sont en petit nombre. En Australie, où l'infanticide des filles est encore fréquent, Sir G. Grey estime que le nombre des femmes et des hommes indigènes est dans le rapport de un à trois; d'autres disent de deux à trois. Dans un village situé sur la frontière orientale de l'Inde, le colonel Macculloch n'a pas trouvé un seul enfant du sexe féminin [13].

11. *Prehistoric Times*, 1869, p. 424.

12. M. Mc-Lennan, *Primitive Marriage*, 1865. Voy. surtout, sur l'exogamie et l'infanticide, p. 130, 138, 165.

13. Docteur Gerland (*Ueber das Aussterben der Naturvölker*, 1868) a recueilli beaucoup de renseignements sur l'infanticide; voy. les p. 27, 51, 54. Azara

La coutume de l'infanticide des filles, diminuant le nombre des femmes dans une tribu, a dû naturellement faire naître l'usage d'enlever celles des tribus voisines. Toutefois, Sir J. Lubbock, comme nous l'avons vu, attribue surtout cet usage à l'existence antérieure de la promiscuité, qui poussait les hommes à s'emparer des femmes d'autres tribus afin qu'elles fussent de fait leur propriété exclusive. On peut encore indiquer d'autres causes, ainsi le cas où la communauté était fort peu nombreuse, le manque des femmes à marier. De nombreuses coutumes, des cérémonies curieuses qui se sont conservées, et dont M. Mc-Lennan fait un intéressant résumé, prouvent clairement que l'habitude d'enlever les femmes a été autrefois très répandue, même chez les ancêtres des peuples civilisés. Dans notre cérémonie moderne du mariage, la présence du « garçon d'honneur » semble rappeler le souvenir du complice et principal compagnon du fiancé, alors que celui-ci cherchait à capturer une femme. Or, aussi longtemps que les hommes employèrent la ruse et la violence pour se procurer des femmes, il est peu probable qu'ils aient pris la peine de choisir les plus attrayantes; ils ont dû se contenter de celles qu'ils pouvaient enlever. Mais, dès que s'est établi l'usage de se procurer des femmes dans une autre tribu par voie d'échange, par le trafic, ce qui a encore lieu dans bien des endroits, ce sont les femmes les plus attrayantes qui ont dû de préférence être achetées. Le croisement continuel entre les tribus résultant nécessairement de tout commerce de ce genre aura eu pour conséquence de provoquer et de maintenir une certaine uniformité de caractère chez tous les peuples habitant le même pays, fait qui doit avoir beaucoup diminué l'action de la sélection sexuelle au point de vue de la différenciation des tribus.

La disette de femmes, conséquence de l'infanticide dont les enfants de ce sexe sont l'objet, entraîne à une autre coutume, la polyandrie, qui est encore répandue dans bien des parties du globe, et qui, selon M. Mc-Lennan, a universellement prévalu autrefois : conclusion que mettent en doute M. Morgan et Sir J. Lubbock [14]. Lorsque deux ou plusieurs hommes sont obligés d'épouser la même femme, il est certain que toutes les femmes de la tribu sont mariées, et que les hommes ne peuvent pas choisir les femmes les plus attrayantes. Mais il n'est pas douteux que, dans ces circon-

---

(*Voyages*, etc., II, p. 94, 116) entre dans les détails sur ses causes. Voy. aussi Mc-Lennan (*o. c.*, p. 139) pour des cas dans l'Inde.
14. Mc-Lennan, *Primitive Marriage*, p. 208; Sir J. Lubbock, *Origin*, etc., p. 100. Voy. aussi M. Morgan (*o. c.*) sur la prépondérance qu'a eue autrefois la polyandrie.

stances, les femmes de leur côté n'exercent quelque choix, et préfèrent les hommes qui leur plaisent le plus. Azara nous dit, par exemple, avec quelle ténacité marchande une femme Guana, pour avoir toutes sortes de privilèges, avant d'accepter un ou plusieurs maris ; aussi les hommes prennent-ils pour cette raison un soin tout spécial de leur apparence personnelle [15]. Chez les Todas de l'Inde qui pratiquent aussi la polyandrie, les femmes ont le droit d'accepter ou de refuser qui leur plaît. Les hommes très laids pourraient, dans ce cas, ne jamais obtenir de femme, ou n'en obtenir qu'à une époque fort tardive de la vie; quant aux plus beaux hommes, quoique réussissant mieux à se procurer une femme, ils n'auraient pas, à ce qu'il nous semble, plus de chance de laisser un plus grand nombre de descendants pour hériter de leur beauté, que les maris moins beaux de ces mêmes femmes.

Fiançailles précoces et esclavage des femmes. — Chez beaucoup de peuples sauvages, il est d'usage de fiancer les femmes lorsqu'elles sont en bas âge, ce qui empêche, des deux côtés, toute préférence motivée sur l'apparence personnelle; mais cela n'empêche pas les femmes plus attrayantes d'être par la suite enlevées à leurs maris par d'autres hommes plus forts, ce qui arrive souvent en Australie, en Amérique, et dans d'autres parties du globe. L'usage presque exclusif que font de la femme la plupart des sauvages, comme esclave ou comme bête de somme, aurait jusqu'à un certain point les mêmes conséquences, quant à la sélection sexuelle. Toutefois, les hommes doivent toujours choisir les plus belles femmes esclaves d'après leur idée de la beauté.

Nous voyons ainsi qu'il règne chez les sauvages plusieurs coutumes qui peuvent considérablement diminuer ou même arrêter complètement l'action de la sélection sexuelle. D'autre part, les conditions de la vie des sauvages et quelques-unes de leurs habitudes sont favorables à la sélection naturelle, qui entre toujours en jeu avec la sélection sexuelle. Ils souffrent souvent des famines rigoureuses; ils n'augmentent pas leurs aliments par des moyens artificiels; ils s'abstiennent rarement du mariage [16] et se marient ordinairement jeunes. Ils sont, par conséquent, souvent soumis à des

---

15. *Voyages*, etc., II, p. 92-95. Colonel Marshall, « *Amongst the Todas* », p. 212.
16. Burchell (*Travels in S. Africa*, II, p. 58, 1824) dit que, chez les peuples sauvages de l'Afrique du Sud, le célibat ne s'observe jamais, ni chez les hommes ni chez les femmes. Azara (*o. c.*, II, p. 21, 1809) fait précisément la même remarque à propos des Indiens sauvages de l'Amérique méridionale.

luttes très rigoureuses pour l'existence, luttes auxquelles ne peuvent résister et survivre que les individus les plus favorisés.

A une époque très reculée, avant que l'homme eût atteint sur l'échelle des êtres la position qu'il occupe aujourd'hui, les conditions de son existence devaient être très différentes de ce qu'elles sont à présent. A en juger par analogie avec les animaux inférieurs, il vivait avec une seule femme ou pratiquait la polygamie. Les mâles les plus capables et les plus puissants devaient mieux réussir à obtenir les femelles les plus belles. Ils devaient mieux réussir aussi dans la lutte générale pour l'existence et dans la défense de leurs femelles et de leurs petits, contre leurs ennemis de tout genre. A cette époque primitive, les ancêtres de l'homme ne devaient pas diriger leurs regards vers des éventualités éloignées, car leurs facultés intellectuelles étaient encore bien imparfaites ; ils ne devaient donc pas prévoir que l'élevage de tous leurs enfants, et surtout des enfants femelles, rendrait plus difficile pour la tribu la lutte pour l'existence. Ils devaient écouter beaucoup plus leurs instincts et beaucoup moins leur raison que les sauvages actuels. Ils n'ont pas dû, à cette époque, perdre l'un des instincts les plus puissants, commun à tous les animaux inférieurs, celui de l'amour pour leurs petits, et l'idée d'infanticide peut être écartée. Il ne devait donc y avoir aucune rareté artificielle de femmes, et, comme conséquence, pas de polyandrie ; car la rareté des femmes est la seule cause assez puissante pour contre-balancer les instincts de jalousie que l'on rencontre chez presque tous les animaux, et le désir que chaque mâle éprouve de posséder une femelle pour lui seul. La polyandrie me paraît mener directement à la promiscuité complète ou au mariage en commun ; toutefois les meilleures autorités à ce sujet croient que la promiscuité a précédé la polyandrie. A cette époque primitive il ne devait pas y avoir de fiançailles prématurées, car cette coutume implique une certaine prévoyance. Les deux sexes, si les hommes le permettaient aux femmes, devaient choisir leur compagnon, sans avoir égard aux charmes de l'esprit, à la fortune, à la position sociale, mais en s'occupant presque uniquement de l'apparence extérieure. Tous les adultes devaient s'accoupler ou se marier, tous les enfants devaient autant que possible s'élever ; de sorte que la lutte pour l'existence devait devenir périodiquement très rigoureuse. Dans ces temps primitifs toutes les conditions favorables à l'action de la sélection sexuelle devaient donc exister dans une proportion beaucoup plus grande que plus tard, alors que les aptitudes intellectuelles de l'homme avaient progressé, et que les instincts avaient diminué. Par conséquent, quelle qu'ait pu être l'influence de la sélection sexuelle pour produire les différences qui existent entre les diverses races humaines et entre l'homme et les quadrumanes supérieurs, cette influence, à une époque fort reculée, a dû être beaucoup plus puissante qu'elle ne l'est aujourd'hui.

Mode d'action de la sélection sexuelle sur l'espèce humaine. — Chez l'homme primitif placé dans les conditions favorables que nous venons d'indiquer, et chez les sauvages qui, de nos jours, contractent un lien nuptial quelconque (lien sujet à diverses modifications selon que les pratiques de l'infanticide des enfants du sexe féminin, des fiançailles prématurées existent plus ou moins, etc.), la sélection sexuelle a dû probablement agir de la manière suivante : les hommes les plus forts et les plus vigoureux, — ceux qui pouvaient le mieux défendre leur famille et subvenir par la chasse à ses besoins, — ceux qui avaient les meilleures armes et ceux qui possédaient le plus de biens, tels que chiens ou autres animaux, ont dû parvenir à élever en moyenne un plus grand nombre d'enfants que les individus plus pauvres et plus faibles des mêmes tribus. Sans doute aussi ces hommes ont dû pouvoir généralement choisir les femmes les plus attrayantes. Actuellement, dans presque toutes les tribus du globe, les chefs parviennent à posséder plus d'une femme. Jusqu'à ces derniers temps, me dit M. Mantell, toute jeune fille de la Nouvelle-Zélande, jolie ou promettant de l'être, était *tapu*, c'est-à-dire réservée à quelque chef. D'après M. C. Hamilton [17], chez les Cafres, « les chefs ont généralement le choix des femmes à plusieurs lieues à la ronde, et ils font tous leurs efforts pour établir ou pour confirmer leur privilège ». Nous avons vu que chaque race a son propre idéal de beauté, et nous savons qu'il est naturel chez l'homme d'admirer chaque trait caractéristique de ses animaux domestiques, de son costume, de ses ornements, et de son apparence personnelle, lorsqu'il dépasse un peu la moyenne habituelle. En conséquence, si on admet les propositions précédentes, qui ne paraissent pas douteuses, il serait inexplicable que la sélection des femmes les plus belles par les hommes les plus forts de chaque tribu, qui réussiraient en moyenne à élever un plus grand nombre d'enfants, ne modifiât pas, jusqu'à un certain point et à la suite de nombreuses générations, le caractère de la tribu.

Lorsqu'on introduit une race étrangère d'animaux domestiques dans un pays nouveau, ou qu'on entoure la race indigène de soins prolongés et soutenus, qu'il s'agisse d'ailleurs d'une race utile ou d'une race de luxe, on remarque, lorsque les termes de comparaison existent, qu'elle a éprouvé plus ou moins de changements après un certain nombre de générations. Ces changements résultent d'une sélection inconsciente poursuivie pendant une longue série d'années, c'est-à-dire de la conservation des individus les plus beaux, sans que l'éleveur ait désiré ou attendu un pareil résultat. Ou encore, si deux éleveurs attentifs élèvent pendant de longues années des animaux appartenant à une même famille sans les comparer à un étalon commun ou sans les comparer les uns aux autres, ils s'aperçoivent, à leur grande surprise, que ces animaux, après un certain laps de temps, sont devenus un peu différents [18]. Chaque éleveur, comme le dit si bien Nathusius, imprime à ses animaux le caractère de son esprit, de son goût et de son jugement. Quelle raison pourrait-on donc invoquer pour soutenir que la sélection des femmes les plus admirées, par les hommes capables d'élever dans chaque tribu le plus grand nombre d'enfants, sélection continuée pendant longtemps, n'aurait pas des résultats analogues? Ce serait une sélection inconsciente, car elle produirait un effet inattendu, indépendant de toute intention, de la part des hommes qui auraient manifesté une préférence pour certaines femmes.

Supposons que les individus d'une tribu dans laquelle existe une forme de mariage quelconque se répandent sur un continent inoccupé : ils ne tarderont pas à se fractionner en hordes distinctes, séparées de diverses façons, et surtout par les guerres continuelles que se livrent toutes les nations barbares. Ces hordes, dont les habitudes se modifieront selon les conditions dans lesquelles elles se trouveront placées, finiront tôt ou tard par différer quelque peu entre elles. Chaque tribu isolée se constituerait alors un idéal de beauté un peu différent [19]; puis, par le fait que les hommes les plus forts et les plus influents finiront par manifester des préférences pour certaines femmes, la sélection inconsciente entrerait en jeu. Ainsi les différences entre les tribus, d'abord fort légères, s'augmenteront graduellement et inévitablement.

A l'état de nature, la loi du combat a amené, chez les animaux, le développement de bien des caractères propres aux mâles, tels que la taille, la force, les armes particulières, le courage et les dispositions belliqueuses. Cette même cause a sans doute produit des

18. *De la Variation*, etc., II.
19. Un auteur ingénieux conclut, après avoir comparé les tableaux de Raphaël, ceux de Rubens, et ceux des artistes français modernes, que l'idée de la beauté n'est pas absolument la même dans toute l'Europe : voir les *Vies de Haydn et de Mozart*, par M. Bombet.

modifications chez les ancêtres semi-humains de l'homme, ainsi que chez leurs voisins les Quadrumanes; or, comme les sauvages se battent encore pour s'assurer la possession de leurs femmes, un mode semblable de sélection a probablement continué, à un degré plus ou moins prononcé, jusqu'à nos jours. La préférence de la femelle pour les mâles les plus attrayants a amené, chez les animaux inférieurs, le développement d'autres caractères propres aux mâles, ainsi les couleurs vives et les ornements divers. On remarque toutefois quelques cas exceptionnels, car ce sont alors les mâles qui choisissent au lieu d'être l'objet d'un choix; dans ces cas, les femelles sont plus brillamment décorées que les mâles, — et leurs caractères décoratifs se transmettent exclusivement ou principalement à leur descendance femelle. Nous avons décrit un cas de ce genre relatif au singe Rhesus, dans l'ordre auquel appartient l'homme.

L'homme a plus de puissance corporelle et intellectuelle que la femme; à l'état sauvage, il la tient en outre dans un assujettissement beaucoup plus complet que ne le font les mâles de tous les autres animaux à l'égard de leurs femelles; il n'est donc pas surprenant qu'il se soit emparé du pouvoir de choisir. Partout les femmes comprennent ce que peut leur beauté, et, lorsqu'elles en ont les moyens, elles aiment plus que les hommes à se parer d'ornements de toute nature. Elles empruntent aux oiseaux mâles les plumes que la nature leur a données pour fasciner leurs femelles. Comme elles ont été pendant longtemps l'objet d'un choix à cause de leur beauté, il n'est pas étonnant que quelques-unes de leurs variations successives aient été limitées à un sexe dans leur transmission, et qu'elles passent plus directement aux filles qu'aux garçons. Les femmes sont donc devenues, ainsi qu'on l'admet généralement, plus belles que les hommes. Toutefois elles transmettent la plupart de leurs caractères, la beauté comprise, à leur progéniture des deux sexes; de sorte que la préférence continue que les hommes de chaque race ont pour les femmes les plus attrayantes, d'après leur idéal, tend à modifier de la même manière tous les individus des deux sexes.

Quant à l'autre forme de sélection sexuelle (la plus commune chez les animaux inférieurs), celle où les femelles exercent leur choix, et n'acceptent que les mâles qui les séduisent, nous avons lieu de croire qu'elle a autrefois agi sur les ancêtres de l'homme. Il est probable que l'homme doit héréditairement sa barbe, et quelques autres caractères, à un antique aïeul qui avait acquis sa parure de cette manière. Cette forme de sélection peut, d'ailleurs,

avoir agi accidentellement plus tard, car chez les tribus très barbares les femmes ont plus de pouvoir qu'on ne s'y attendrait,
pour choisir, rejeter, ou séduire leurs amoureux, ou pour changer
ensuite de mari. Ce point ayant quelque importance, je donnerai
les détails que j'ai pu recueillir.

Hearne raconte qu'une femme d'une des tribus de l'Amérique
arctique avait quitté plusieurs fois son mari pour rejoindre un
homme qu'elle aimait; Azara nous apprend que, chez les Charruas
de l'Amérique du Sud, le divorce est entièrement libre. Chez les
Abipones, l'homme qui choisit une femme en débat le prix avec les
parents; mais « il arrive souvent que la jeune fille annule les transactions intervenues entre son père et son futur, et repousse obstinément le mariage ». Elle se sauve, se cache, et échappe ainsi à
son prétendant. Le capitaine Musters, qui a vécu chez les Patagons,
affirme que chez eux le mariage est toujours une affaire d'inclina-
tion : « Si les parents, dit-il, arrangent un mariage contraire aux
volontés de la jeune fille, elle refuse et on ne la force jamais. » Dans
les îles Fidji, l'homme qui veut se marier s'empare de la femme
qu'il a choisie, soit de force réellement, soit en simulant la violence ;
mais, « arrivée au domicile de son ravisseur, la femme, si elle ne
consent pas au mariage, se sauve et va se réfugier chez quelqu'un
qui puisse la protéger; si au contraire, elle est satisfaite, l'affaire
est désormais réglée ». A la Terre-de-Feu, le jeune homme commence par rendre quelques services aux parents pour obtenir leur
consentement, après quoi il cherche à enlever la fille; mais, si
celle-ci ne consent pas, « elle se cache dans les bois jusqu'à ce que
son admirateur se lasse de la chercher, et abandonne la poursuite,
ce qui pourtant est rare ». Chez les Kalmucks, il y a course régulière entre la fiancée et le fiancé, la première partant avec une certaine avance; et Clarke dit : « On m'a assuré qu'il n'y a pas d'exemple qu'une fille ait été rattrapée, à moins qu'elle n'aime l'homme
qui la poursuit. » Il y a course semblable chez les tribus sauvages
de l'Archipel Malais, et il résulte du récit qu'en fait M. Bourien,
comme le remarque Sir J. Lubbock, « que le prix de la course n'appartient pas au coureur le plus rapide, ni le prix du combat au lut-
teur le plus fort, mais tout simplement au jeune homme qui a la
bonne fortune de plaire à celle qu'il a choisie pour fiancée ». Les
Koraks, qui habitent le nord-est de l'Asie, observent une coutume
analogue.

En Afrique les Cafres achètent leurs femmes, et les filles sont
cruellement battues par leur père si elles refusent d'accepter un
mari qu'il a choisi; cependant, il paraît résulter de plusieurs faits

signalés par le Rév. Shooter qu'elles peuvent encore faire un choix. Ainsi les hommes très laids, quoique riches, n'ont pu se procurer de femmes. Les filles, avant de consentir aux fiançailles, obligent les hommes d'abord à se montrer par devant, puis par derrière, et à « exhiber leurs allures ». Elles font souvent des propositions à un homme et se sauvent avec leur amant. M. Leslie, qui connaît bien les Cafres, confirme ces observations et il ajoute : « C'est une erreur de supposer qu'un père puisse vendre sa fille comme il vendrait une vache. » Chez les Boschimans, dans l'Afrique méridionale, « lorsqu'une fille est devenue femme sans avoir été fiancée, ce qui arrive rarement, son prétendant doit obtenir son consentement et celui des parents [20] ». M. Winwood Reade, qui a étudié les habitudes des nègres de l'Afrique occidentale, m'apprend que, « au moins dans les tribus les plus intelligentes, les femmes n'ont pas de peine à obtenir les maris qu'elles désirent, bien qu'on considère comme peu digne de la femme de demander à un homme de l'épouser. Elles sont très capables d'éprouver de l'amour, de former des attachements tendres, passionnés et fidèles ». Je pourrais citer d'autres exemples.

Nous voyons donc que, chez les sauvages, les femmes ne sont pas, en ce qui concerne le mariage, dans une position aussi abjecte qu'on l'a souvent supposé. Elles peuvent séduire les hommes qu'elles préfèrent, et quelquefois rejeter avant ou après le mariage ceux qui leur déplaisent. La préférence de la part des femmes, agissant résolûment dans une direction donnée, affecterait par la suite le caractère de la tribu, car les femmes choisiraient non seulement les plus beaux hommes selon leur idéal, mais encore les plus capables de les défendre et de les soutenir. Des couples bien doués doivent en général produire plus de descendants que ceux qui le sont moins. Le même résultat serait évidemment encore plus prononcé s'il y avait choix réciproque, c'est-à-dire si les hommes les plus forts et les plus attrayants, en choisissant les femmes les plus séduisantes, étaient eux-mêmes préférés par celles-ci. Ces deux formes de sélection semblent avoir dominé, simultanément ou

20. Azara, *Voyages,* etc., II, p. 23. Dobrizhoffer, *An Account of the Abipones,* II, p. 207, 1822 ; Capitaine Musters, in « Proc. R. Geograph. soc. ». vol. XV, p. 47. Williams, *Sur les habitants des îles Fidji,* cité par Lubbock, *Origin of Civilization,* p. 79, 1870. *Sur les Fuégiens,* Kind et Fitzroy, *Voyages of the Adventure and Beagle,* II, p. 182, 1839. Sur les Kalmucks, Mc-Lennan, *Primit. marriage,* p. 32, 1865. Sur les Malais, Lubbock, *o. c.,* p. 76. Le Rev. J. Shooter *On the Kafirs of Natal.* p. 52-60, 1857. M. D. Leslie, *Kafir Character and Customs,* 1871, p. 4. Sur les Boschimans, Burchell, *Trav. in S. Africa,* II, p. 59, 1824. Sur les Koraks par Mc-Lennan, cités par M. Wake in *Anthropologia,* octobre 1873. p. 75.

non, chez l'espèce humaine, surtout dans les premières périodes de sa longue histoire.

Nous allons actuellement étudier, avec un peu plus de détails, quelques-uns des caractères qui distinguent les diverses races humaines entre elles, et qui les séparent des animaux inférieurs, à savoir l'absence plus ou moins complète de toison sur le corps, et la coloration de la peau. Nous ne parlerons pas de la grande diversité dans la forme des traits et du crâne entre les différentes races, car nous avons vu, dans le chapitre précédent, combien l'idéal de la beauté peut varier sur ces points. Ces caractères, absence de toison plus ou moins complète sur le corps et coloration de la peau, ont subi l'action de la sélection sexuelle, mais nous n'avons aucun moyen de juger si elle a principalement agi par l'entremise du mâle ou par celle de la femelle. Nous avons déjà discuté les facultés musicales de l'homme.

Absence de toison sur le corps et son développement sur le visage et sur la tête. — La présence du duvet ou lanugo sur le fœtus humain, et des poils rudimentaires qui, à l'âge d'adulte, sont disséminés sur le corps, nous permet de conclure que l'homme descend de quelque animal velu et qui restait tel pendant toute sa vie. La perte de la toison est un inconvénient réel pour l'homme, même sous un climat chaud, car il se trouve exposé à des refroidissements brusques, surtout par des temps humides. Ainsi que le remarqué M. Wallace, les indigènes de tous les pays sont heureux de pouvoir protéger leur dos et leurs épaules nues avec quelques légers vêtements. Personne ne suppose que la nudité de la peau ait un avantage direct pour l'homme, ce n'est donc pas l'action de la sélection naturelle qui a pu lui faire perdre ses poils[21]. Nous avons vu dans un chapitre précédent qu'il n'est pas à croire que la perte de la toison puisse être due à l'action directe des conditions auxquelles l'homme a été longtemps exposé, ni qu'elle soit le résultat d'un développement corrélatif.

L'absence de poils sur le corps est, jusqu'à un certain point, un

---

21. *Contributions to the Theory of Natural Selection.* M. Wallace croit, p. 350, « que quelque pouvoir intelligent a guidé ou déterminé le développement de l'homme, » et considère l'absence de poils sur la peau comme résultant de ce fait. Le Rév. T. Stebbing, dans un commentaire sur cette opinion (*Transactions of Devonshire Assoc. for Science*, 1870), fait la remarque que, si M. Wallace « avait appliqué son talent ordinaire à la question de la nudité de la peau humaine, il aurait pu entrevoir la possibilité de l'intervention de la sélection par la beauté supérieure qui en résulte, ou par l'avantage que procure une plus grande propreté. »

caractère sexuel secondaire; car, dans toutes les parties du monde, les femmes sont moins velues que les hommes. Nous pouvons donc raisonnablement supposer que ce caractère est le résultat de la sélection sexuelle. Nous savons que le visage de plusieurs espèces de singes, ainsi que de larges surfaces à l'extrémité du corps chez d'autres espèces, sont dépourvus de poils; ce que nous pouvons, en toute sécurité, attribuer à la sélection sexuelle, car ces surfaces sont non seulement vivement colorées, mais quelquefois, comme chez le Mandrill mâle et chez le Rhesus femelle, le sont beaucoup plus brillamment chez un sexe que chez l'autre, surtout pendant la saison des amours. Lorsque ces animaux approchent de l'âge adulte, les surfaces nues, dit M. Barlett, augmentent d'étendue relativement à la grosseur du corps. Le poil, dans ce cas, paraît avoir disparu, non en vue de la nudité, mais pour permettre un déploiement plus complet de la couleur de la peau. De même, chez beaucoup d'oiseaux, la tête et le cou ont été privés de leurs plumes, par l'action de la sélection sexuelle, pour que les couleurs de la peau apparaissent plus brillantes.

La femme a le corps moins velu que l'homme, et ce caractère est commun à toutes les races; nous pouvons en conclure que nos ancêtres semi-humains du sexe féminin ont les premières perdu leurs poils, et que ce fait doit remonter à une époque très reculée, avant que les diverses races aient divergé de la souche commune. A mesure que nos ancêtres femelles ont peu à peu acquis ce caractère de nudité, elles doivent l'avoir transmis à un degré à peu près égal à leurs enfants des deux sexes; de sorte que cette transmission n'a été limitée ni par l'âge ni par le sexe, comme il arrive pour une foule d'ornements chez les mammifères et chez les oiseaux. Il n'y a rien de surprenant à ce que la perte d'une partie des poils ait été considérée comme une beauté par les ancêtres simiens de l'homme : nous avons vu, chez des animaux de toutes espèces, que des caractères étranges étaient considérés comme ornements, et qu'ils ont été par conséquent modifiés par l'action de la sélection sexuelle. Il n'est pas non plus surprenant qu'un caractère quelque peu nuisible ait pu s'acquérir ainsi : nous savons qu'il en est de même pour les plumes de certains oiseaux, et pour les bois de certains cerfs.

Nous avons vu dans un chapitre précédent que les femelles de certains singes anthropomorphes ont la surface inférieure du corps un peu moins velue que les mâles; or ce fait nous présente peut-être les premières phases d'un commencement de dénudation. Quant à l'achèvement de la dénudation par l'intervention de la sélection sexuelle, il n'y a qu'à se rappeler le proverbe de la Nouvelle-Zélande : « Il n'y a pas de femmes pour un homme velu. » Tous ceux qui ont vu les photographies de la famille siamoise velue, reconnaîtront que l'extrème développement du poil est comiquement hideux. Aussi le roi de Siam eut-il à payer un homme pour qu'il consentît à épouser la première femme velue de la famille, laquelle transmit ce caractère à ses enfants des deux sexes [22].

Quelques races sont beaucoup plus velues que d'autres, surtout les hommes; ainsi les Européens; mais il n'est pas à supposer que ces races aient conservé leur état primordial plus complètement que les races des Kalmucks ou des Américains. Il est probable que le développement du poil, chez les premiers, est dû à une réversion partielle, les caractères qui ont été longtemps héréditaires étant toujours aptes à reparaître. Nous avons vu que les idiots sont souvent très velus, et que souvent aussi ils affectent d'autres caractères qui les rapprochent de la brute. Il ne paraît pas qu'un climat froid ait exercé quelque influence sur cette réapparition, sauf peut-être chez les nègres, depuis plusieurs générations, aux États-Unis [23], et chez les Aïnos qui habitent les îles septentrionales de l'archipel du Japon. Mais les lois de l'hérédité sont si complexes que nous pouvons bien rarement nous rendre compte de leur action. Si la plus grande villosité de certaines races est le résultat d'une réversion non limitée par quelque forme de sélection, la variabilité considérable de ce caractère, même dans les limites d'une même race, cesse d'être remarquable [24].

En ce qui concerne la barbe, les Quadrumanes, nos meilleurs guides, nous fournissent des cas de barbes également bien déve-

---

22. *La Variation*, etc.. II.
23. *Investigations into Military and Anthropological Statistics of American soldiers*, de B. A. Gould, p. 568, 1869. — Un grand nombre d'observations faites avec soin sur la pilosité de 2,129 soldats noirs et de couleur pendant le bain donnent ce résultat, « qu'au premier coup d'œil il y a fort peu de différence, si même il y en a une, entre les races noires et les races blanches sous ce rapport ». Il est cependant certain que, dans leur pays natal de l'Afrique, beaucoup plus chaud, les nègres ont le corps remarquablement glabre. Il faut d'ailleurs faire attention que les noirs purs et les mulâtres sont compris dans cette énumération. Ce mélange constitue une circonstance fâcheuse, en ce que, d'après le principe dont j'ai ailleurs démontré la vérité, les races croisées seraient éminemment sujettes à faire retour au caractère primitivement velu de leurs ancêtres originels demi-simiens.
24. Je pourrais à peine citer une opinion exprimée dans cet ouvrage, qui ait rencontré autant de défaveur que la présente explication sur la perte des poils chez l'homme, grâce à l'action de la sélection sexuelle; mais aucun des arguments qu'on m'oppose ne me semble avoir beaucoup de poids si l'on réfléchit aux faits qui tendent à prouver que la nudité de la peau est, jusqu'à un certain point, un caractère sexuel secondaire chez l'homme et chez quelques-uns des quadrumanes. Voir Spengel, *Die Fortschritte des Darwinism*, 1874, p. 80.

loppées chez les deux sexes de beaucoup d'espèces; chez d'autres pourtant elles sont ou circonscrites aux mâles seuls, ou plus développées chez eux que chez les femelles. Ce fait, ainsi que le singulier arrangement et les vives couleurs des cheveux d'un grand nombre de singes, donnent à penser que les mâles ont d'abord acquis leurs barbes par sélection sexuelle et comme ornement, et qu'ils les ont ordinairement transmises à un degré égal ou presque égal à leurs descendants des deux sexes. Nous savons par Eschricht [25] que le fœtus humain des deux sexes porte beaucoup de poils sur le visage, surtout autour de la bouche, ce qui indique que nous descendons d'ancêtres chez lesquels les deux sexes étaient barbus. Il paraît donc à première vue probable que, tandis que l'homme a conservé sa barbe depuis une période fort éloignée, la femme l'a perdue lorsque son corps s'est presque entièrement dépouillé de ses poils. La couleur même de la barbe dans l'espèce humaine paraît provenir par héritage de quelque ancêtre simien; car, lorsqu'il y a une différence de teinte entre les cheveux et la barbe, cette dernière est, chez tous les singes et chez l'homme, de nuance plus claire.

Chez les Quadrumanes, alors que le mâle a une barbe plus forte que celle de la femelle, elle ne se développe qu'à l'âge mûr; et les dernières phases du développement peuvent avoir été exclusivement transmises à l'humanité. Contrairement à cette hypothèse, on peut invoquer la grande variabilité de la barbe chez des races différentes, et, même dans les limites d'une seule race, ceci indique en effet l'influence d'un retour, car les caractères depuis longtemps perdus sont très aptes à varier quand ils réapparaissent.

Quoi qu'il en soit, il ne faut pas méconnaître le rôle que la sélection sexuelle peut avoir joué, même dans des temps plus récents; car nous savons que, chez les sauvages, les races sans barbe se donnent une peine infinie pour arracher, comme quelque chose d'odieux, les poils qu'ils peuvent avoir sur le visage; tandis que les hommes des races barbues sont tout fiers de leurs barbes. Les femmes partagent sans doute ces sentiments, et, par conséquent, la sélection sexuelle ne peut manquer d'avoir produit quelques effets dans des temps plus récents [26]. Il est possible aussi que l'habitude d'arracher les poils, habitude continuée pendant de longues générations, ait produit un effet héréditaire. Le docteur Brown-Séquard a démontré que, si on fait subir certaines opérations à di-

---

25. *Ueber die Richtung der Haare am menschlichen Körper*, dans *Müller's Archiv für Anat. und Phys.*, p. 40, 1837.
26. Sur les rectrices du *Momotus. Proc. Zool. Soc.*, 1873, p. 429.

vers animaux, leurs descendants sont affectés de certaines manières. On pourrait citer des faits nombreux relatifs aux effets héréditaires de certaines mutilations. Toutefois M. Salvin a dernièrement reconnu un fait qui a une portée beaucoup plus directe sur la question qui nous occupe ; il a démontré en effet que les Matmots ont l'habitude de ronger les barbes des deux plumes centrales de leur queue ; or les barbes de ces plumes sont naturellement un peu plus courtes que celles des autres plumes[17]. Quoi qu'il en soit, il est probable que chez l'homme l'habitude d'épiler la face et le corps n'a pas dû surgir jusqu'à ce que les poils aient été déjà réduits dans une certaine mesure.

Il est difficile de s'expliquer comment se sont développés les longs cheveux de notre tête. Eschricht[18] assure qu'au cinquième mois le fœtus humain a les poils du visage plus longs que ceux de la tête ; ce qui implique que nos ancêtres semi-humains n'avaient pas de longs cheveux, lesquels par conséquent seraient une acquisition postérieure. Les différences que présentent, dans leur longueur, les cheveux des diverses races, nous conduisent à la même conclusion : les cheveux ne forment, chez les nègres, qu'un simple matelas frisé ; chez nous, ils sont déjà fort longs ; et, chez les indigènes américains, il n'est pas rare qu'ils tombent jusqu'au sol. Quelques espèces de Semnopithèques ont la tête couverte de poils de longueur modérée, qui leur servent d'ornement, et qui ont probablement été acquis par sélection sexuelle. On peut étendre la même manière de voir à l'espèce humaine, car les longues tresses sont admirées aujourd'hui comme elles l'étaient déjà autrefois ; les œuvres de presque tous les poètes en font foi. Saint Paul dit : « Si une femme a de longs cheveux, c'est une gloire pour elle ; » et nous avons vu précédemment que, dans l'Amérique du Nord, un chef avait uniquement dû son élection à la longueur de ses cheveux.

Coloration de la peau. — Nous n'avons aucune preuve que, dans l'espèce humaine, la coloration de la peau provienne absolument de modifications dues à la sélection sexuelle ; car hommes et femmes ne diffèrent pas sous ce rapport, ou ne diffèrent que peu et d'une manière douteuse. D'autre part, beaucoup de faits déjà cités nous enseignent que, dans toutes les races, les hommes considèrent la coloration de la peau comme un élément de grande beauté ;

27. M. Sproat (*Scenes and Studies of Savage Life*, p. 25, 1868). Quelques ethnologistes distingués, entre autres M. Gosse, de Genève, sont disposés à croire que les modifications artificielles du crâne tendent à devenir héréditaires.
28. *Ueber die Richtung*, etc., p. 40.

c'est donc là un caractère qui, par sa nature même, tombe sous l'action de la sélection, et nous avons prouvé par de nombreux exem-- ples que, sous ce rapport, ce caractère a profondément modifié les animaux inférieurs. La supposition que la coloration noir jais du nègre est due à l'intervention de la sélection sexuelle peut à première vue paraître monstrueuse, mais cette opinion se confirme par une foule d'analogies ; en outre, les nègres, nous le savons, admirent beaucoup leur couleur noire. Lorsque, chez les mammifères, la coloration diffère chez les deux sexes, le mâle est souvent plus noir ou plus foncé que la femelle, et la transmission, aux deux sexes ou à un seul, de telle ou telle nuance dépend uniquement de la forme de l'hérédité. La ressemblance qu'offre avec un nègre en miniature le *Pithecia satanas* avec sa peau noire comme du jais, ses gros yeux blancs, et sa chevelure séparée en deux par une raie au milieu de la tête, est des plus comiques.

La couleur du visage varie beaucoup plus chez les diverses espèces de singes que dans les races humaines ; et nous avons toute raison de croire que les teintes rouges, bleues, orange, blanches ou noires de la peau des singes, même lorsqu'elles sont communes aux deux sexes, ainsi que les vives couleurs de leur pelage, et les touffes de poils qui ornent leur tête, sont toutes dues à l'intervention de la sélection sexuelle. On sait que l'ordre du développement pendant la croissance indique ordinairement l'ordre dans lequel les caratères d'une espèce se sont développés et se sont modifiés dans le cours des générations antérieures : on sait aussi que les enfants nouveau-nés des races les plus distinctes diffèrent bien moins en couleur que les adultes, bien que leur corps soit complètement dépourvu de poils ; nous trouvons donc là une légère indication que les teintes des différentes races ont été acquises postérieurement à la disparition du poil, ce qui, comme nous l'avons déjà constaté, a dû se produire à une époque très reculée de l'existence de l'homme.

Résumé. — Nous pouvons conclure que la plus grande taille, la force, le courage, le caractère belliqueux et même l'énergie de l'homme, sont des qualités, qui, comparées à ce qu'elles sont chez la femme, ont été acquises pendant l'époque primitive, et qui se sont ensuite augmentées, surtout par les combats que se sont livrés les mâles pour s'assurer la possession des femelles. La vigueur intellectuelle et la puissance d'invention plus grandes de l'homme sont probablement dues à la sélection naturelle, combinée aux effets héréditaires de l'habitude ; car ce sont les hommes les plus capables qui ont dû le mieux réussir à se défendre, eux, leurs femmes et leurs enfants, et à subvenir à leurs propres besoins et à ceux de leur famille. Autant que l'excessive complication du sujet nous permet d'en juger, il semble que nos ancêtres demi-simiens mâles ont acquis leur barbe comme un ornement pour attirer et pour séduire les femmes, et ont transmis cet ornement à leur descendance mâle seule. Il est probable que les femmes ont les premières perdu leur toison, perte qui a constitué pour elles un ornement sexuel, mais qu'elles ont transmis ce caractère presque également aux deux sexes. Il n'est pas improbable que, par les mêmes moyens et dans le même but, les femmes aient été modifiées sous d'autres rapports, qu'elles aient ainsi acquis des voix plus douces, et soient devenues plus belles que l'homme.

Il faut particulièrement remarquer que, dans l'espèce humaine, toutes les conditions ont été beaucoup plus favorables à l'action de la sélection sexuelle à l'époque très primitive où l'homme venait de s'élever au rang humain, qu'elles ne l'ont été plus tard. Nous sommes, en effet, autorisés à penser qu'alors il devait se laisser conduire par ses passions instinctives plutôt que par la prévoyance ou par la raison. Chaque mâle devait garder avec jalousie sa femme ou ses femmes. Il ne devait ni pratiquer l'infanticide, ni considérer uniquement ses femmes comme des esclaves utiles, ni leur être fiancé pendant son enfance. Ces faits nous permettent de conclure que les différences entre les races humaines, dues à l'action de la sélection sexuelle, se sont produites surtout à une époque fort reculée. Cette conclusion jette quelque lumière sur le fait remarquable qu'à l'époque la plus ancienne sur laquelle nous possédions des documents, les races humaines différaient entre elles presque autant ou même tout autant qu'elles le font aujourd'hui.

Les idées émises ici sur le rôle que la sélection sexuelle a joué dans l'histoire de l'homme, manquent de précision scientifique. Celui qui n'admet pas son action chez les animaux inférieurs ne tiendra évidemment aucun compte de ce que renferment nos derniers chapitres sur l'homme. Nous ne pouvons pas dire positivement que tel caractère, et non tel autre, ait été ainsi modifié; toutefois nous avons prouvé que les races humaines diffèrent entre elles, et diffèrent avec leurs voisins les plus rapprochés parmi les animaux, par des caractères qui n'ont aucune utilité pour ces races dans le cours ordinaire de la vie, ce qui rend extrêmement probable que la sélection sexuelle a modifié ces caractères. Nous avons vu que, chez les sauvages les plus grossiers, chaque tribu admire ses propres qualités caractéristiques, — la forme de la tête et du visage, la saillie des pommettes, la proéminence ou la dépression du nez, la couleur de la peau, la longueur des cheveux, l'absence de poils sur le visage et sur le corps, ou la présence d'une grande barbe, etc. Ces caractères et d'autres semblables ne peuvent donc manquer d'avoir été lentement et graduellement exagérés chez les hommes les plus forts et les plus actifs de la tribu. Ces hommes, en effet, auront réussi à élever le nombre le plus considérable d'enfants, en choisissant pour compagnes, pendant de longues générations, les femmes chez lesquelles ces caractères étaient le plus prononcés, et qui leur semblaient par conséquent les plus attrayantes. Je conclus donc que, de toutes les causes qui ont déterminé les différences d'aspect extérieur existant entre les races humaines, et, jusqu'à un certain point, entre l'homme et les animaux qui lui sont inférieurs, la sélection sexuelle a été la plus active et la plus efficace.

CHAPITRE XXI

Conclusion principale : l'homme descend de quelque type inférieur. — Mode de développement. — Généalogie de l'homme. — Facultés intellectuelles et morales. — Sélection sexuelle. — Remarques finales.

Il suffira d'un court résumé pour rappeler au lecteur les points les plus saillants qui ont fait le sujet de cet ouvrage. J'y ai émis beaucoup d'idées d'un ordre spéculatif. On finira, sans doute, par reconnaître que quelques-unes sont inexactes ; mais, dans chaque cas, j'ai indiqué les raisons qui m'ont conduit à préférer une opinion à une autre. Il m'a semblé qu'il était utile de rechercher jusqu'à quel point le principe de l'évolution pouvait jeter quelque lumière sur quelques-uns des problèmes les plus complexes que présente l'histoire naturelle de l'homme. Les faits inexacts sont très nuisibles aux progrès de la science, car ils persistent souvent fort longtemps ; mais les opinions erronées, quand elles reposent sur certaines preuves, ne font guère de mal, car chacun s'empresse heureusement d'en démontrer la fausseté : or, la discussion, en fermant une route qui conduit à l'erreur, ouvre souvent en même temps le chemin de la vérité.

La conclusion capitale à laquelle nous arrivons dans cet ouvrage, conclusion que soutiennent actuellement beaucoup de naturalistes compétents, est que l'homme descend d'une forme moins parfaitement organisée que lui. Les bases sur lesquelles repose cette conclusion sont inébranlables, car la similitude étroite qui existe entre l'homme et les animaux inférieurs pen-

dant le développement embryonnaire, ainsi que dans d'innombrables points de structure et de constitution, points tantôt importants, tantôt insignifiants ; — les rudiments que l'homme conserve,
et les réversions anormales auxquelles il est accidentellement sujet, — sont des faits qu'on ne peut plus contester. Ces faits, connus depuis longtemps, ne nous ont rien enseigné, jusqu'à une
époque toute récente, relativement à l'origine de l'homme. Aujour-
d'hui, éclairés par nos connaissances sur l'ensemble du monde organique, nous ne pouvons plus nous méprendre sur leur signification. Le grand principe de l'évolution ressort clairement de la
comparaison de ces groupes de faits avec d'autres, tels que les affinités mutuelles des membres d'un même groupe, leur distribution
géographique dans les temps passés et présents, et leur succession
géologique. Il serait incroyable que de tous ces faits réunis sortît
un enseignement faux. Le sauvage croit que les phénomènes de la
nature n'ont aucun rapport les uns avec les autres; mais celui qui
ne se contente pas de cette explication ne peut croire plus longtemps que l'homme soit le produit d'un acte séparé de création. Il
est forcé d'admettre que l'étroite ressemblance qui existe entre
l'embryon humain et celui d'un chien, par exemple; — que la conformation de son crâne, de ses membres et de toute sa charpente,
sur le même plan que celle des autres mammifères, quels que puissent être les usages de ses différentes parties; — que la réapparition accidentelle de diverses structures, comme celle de plusieurs
muscles distincts que l'homme ne possède pas normalement, mais
qui sont communs à tous les Quadrumanes; — qu'une foule d'autres faits analogues, — que tout enfin mène de la manière la plus
claire à la conclusion que l'homme descend, ainsi que d'autres
mammifères, d'un ancêtre commun.

Nous avons vu qu'il se présente constamment chez l'homme des
différences individuelles dans toutes les parties de son corps et
dans ses facultés mentales. Ces différences ou variations paraissent
être provoquées par les mêmes causes générales, et obéir aux
mêmes lois que chez les animaux inférieurs. Dans les deux cas, les
lois de l'hérédité sont semblables. L'homme tend à augmenter en
nombre plus rapidement que ne s'accroissent ses moyens de subsistance; il est par conséquent exposé quelquefois à une lutte rigoureuse pour l'existence; en conséquence la sélection naturelle a dû
agir sur tout ce qui est de son domaine. Une succession de variations
très prononcées et de nature identique n'est en aucune façon nécessaire pour cela, car de légères fluctuations différentes dans l'individu suffisent à l'œuvre de la sélection naturelle; ce n'est pas d'ail-

leurs que nous ayons raison de supposer que, chez une même espèce, toutes les parties de l'organisme tendent à varier au même degré. Nous pouvons être certains que les effets héréditaires de l'usage ou du défaut d'usage longtemps continués ont agi puissamment dans le même sens que la sélection naturelle. Des modifications autrefois importantes, bien qu'ayant perdu aujourd'hui leur utilité spéciale, se transmettent longtemps par héritage. Lorsqu'une partie se modifie, d'autres changent en vertu de la corrélation, fait que prouvent un grand nombre de cas curieux de monstruosités corrélatives. On peut attribuer quelque effet à l'action directe et définie des conditions ambiantes, telles que l'abondance de la nourriture, la chaleur, et l'humidité; et enfin bien des caractères n'ayant qu'une faible importance physiologique, aussi bien que d'autres, qui en ont au contraire une très grande, proviennent de l'action de la sélection sexuelle.

Sans doute l'homme, comme tous les autres animaux, présente des conformations qui, autant que notre peu de connaissances nous permettent d'en juger, ne lui sont plus utiles actuellement, et ne lui ont été utiles, dans une période antérieure, ni au point de vue des conditions générales de la vie, ni au point de vue des rapports entre les sexes. Aucune forme de sélection, pas plus que les effets héréditaires de l'usage et du défaut d'usage des parties, ne peut expliquer les conformations de cette nature. Nous savons, toutefois, qu'un grand nombre de particularités bizarres et très prononcées de conformation apparaissent quelquefois chez nos animaux domestiques, et deviendraient probablement communes à tous les individus de l'espèce, si les causes inconnues qui les provoquent agissaient d'une manière plus uniforme. Nous pouvons espérer que, par la suite, nous arriverons à comprendre, par l'étude des monstruosités, quelques-unes des causes de ces modifications accidentelles; les travaux des expérimentateurs, tels que ceux de M. Camille Dareste, sont pleins de promesses pour l'avenir. Tout ce que nous pouvons dire, c'est que la cause de chaque variation légère et de chaque monstruosité dépend plus, dans la plupart des cas, de la nature ou de la constitution de l'organisme que des conditions ambiantes; des conditions nouvelles et modifiées jouent cependant un rôle important dans les changements organiques de tous genres.

L'homme s'est donc élevé à son état actuel par les moyens que nous venons d'indiquer, et d'autres peut-être qui sont encore à découvrir. Mais, depuis qu'il a atteint le rang d'être humain, il s'est divisé en races distinctes, auxquelles il serait peut-être plus sage d'appliquer le terme de sous-espèces. Quelques-unes d'entre elles, le Nègre et l'Européen par exemple, sont assez distinctes pour que, mises sans autres renseignements sous les yeux d'un naturaliste, il doive les considérer comme de bonnes et véritables espèces. Néanmoins, toutes les races se ressemblent par tant de détails de conformation et par tant de particularités mentales, qu'on ne peut les expliquer que comme provenant par hérédité d'un ancêtre commun; or, cet ancêtre doué de ces caractères méritait probablement qualification d'homme.

Il ne faut pas supposer qu'on puisse faire remonter jusqu'à un seul couple quelconque d'ancêtres la divergence de chaque race d'avec les autres races, et celle de toutes les races d'une souche commune. Au contraire, à chaque phase de la série des modifications, tous les individus les mieux adaptés de quelque façon que ce soit à supporter les conditions d'existence qui les entourent, quoiqu'à des degrés différents, doivent avoir survécu en nombre plus grand que ceux qui l'étaient moins. La marche aura été analogue à celle que nous suivons, lorsque, parmi nos animaux domestiques, nous ne choisissons pas avec intention des individus particuliers pour les faire se reproduire, mais que nous n'affectons cependant à cet emploi que les individus supérieurs, en laissant de côté les individus inférieurs. Nous modifions ainsi lentement mais sûrement la souche de nos animaux, et nous en formons une nouvelle d'une manière inconsciente. Aussi, aucun couple quelconque n'aura été plus atteint que les autres couples habitant le même pays par les modifications effectuées en dehors de toute sélection, et dues à la nature de l'organisme et à l'influence qu'exercent sur lui les conditions extérieures et les changements dans les habitudes, parce que tous les couples se trouvent continuellement mélangés par le fait du libre entre-croisement.

Si nous considérons la conformation embryologique de l'homme, — les analogies qu'il présente avec les animaux inférieurs, — les rudiments qu'il conserve, — et les réversions auxquelles il est sujet, nous serons à même de reconstruire en partie, par l'imagination, l'état primitif de nos ancêtres, et de leur assigner approximativement la place qu'ils doivent occuper dans la série zoologique. Nous apprenons ainsi que l'homme descend d'un mammifère velu, pourvu d'une queue et d'oreilles pointues, qui probablement vivait sur les arbres, et habitait l'ancien monde. Un naturaliste qui aurait examiné la conformation de cet être l'aurait classé parmi les Quadrumanes, aussi sûrement que l'ancêtre commun et encore plus ancien des singes de l'ancien et du nouveau monde. Les Quadrumanes et tous les mammifères supérieurs descendent probablement d'un Marsupial ancien, descendant lui-même, au travers d'une longue ligne de formes diverses, de quelque être pareil à un reptile ou à un amphibie, qui descendait à son tour d'un animal semblable à un poisson. Dans l'obscurité du passé, nous entrevoyons que l'ancêtre de tous les vertébrés a dû être un animal aquatique, pourvu de branchies, ayant les deux sexes réunis sur le même individu, et les organes les plus essentiels du corps (tels que le cerveau et le cœur) imparfaitement ou même non développés. Cet animal paraît avoir ressemblé, plus qu'à toute autre forme connue, aux larves de nos Ascidies marines actuelles.

Il y a sans doute une difficulté à vaincre avant d'adopter pleinement la conclusion à laquelle nous sommes ainsi conduits sur l'origine de l'homme, c'est la hauteur du niveau intellectuel et moral auquel s'est élevé l'homme. Mais quiconque admet le principe général de l'évolution doit reconnaître que, chez les animaux supérieurs, les facultés mentales sont, à un degré très inférieur, de même nature que celles de l'espèce humaine et susceptibles de développement. L'intervalle qui sépare les facultés intellectuelles de l'un des singes supérieurs de celles du poisson, ou les facultés intellectuelles d'une fourmi de celles d'un insecte parasite, est immense. Le développement de ces facultés chez les animaux n'offre pas de difficulté spéciale ; car, chez nos animaux domestiques, elles sont certainemant variables, et ces variations sont héréditaires. Il est incontestable que la haute importance de ces facultés pour les animaux à l'état de nature constitue une condition favorable pour que la sélection naturelle puisse les perfectionner. La même conclusion peut s'appliquer à l'homme ; l'intelligence a dû avoir pour lui, même à une époque fort reculée, une très grande importance, en lui permettant de se servir d'un langage, d'inventer et de fabriquer des armes, des outils, des pièges, etc. Ces moyens, venant s'ajouter à ses habitudes sociables, l'ont mis à même, il y a bien longtemps, de s'assurer la domination sur tous les autres animaux.

Le développement intellectuel a dû faire un pas immense en avant quand, après un progrès antérieur déjà considérable, le langage, moitié art, moitié instinct, a commencé à se former ; car l'usage continu du langage agissant sur le cerveau avec des effets héréditaires, ces effets ont dû à leur tour pousser au perfectionnement du langage. La grosseur du cerveau de l'homme, relativement aux dimensions de son corps et comparé à celui des animaux inférieurs, provient surtout, sans doute, comme le fait remarquer avec justesse M. Chauncey Wright[1], de l'emploi précoce de quelque simple forme de langage, — cette machine merveilleuse qui attache des noms à tous les objets, à toutes les qualités, et qui suscite des pensées que ne saurait produire la simple impression des sens, pensées qui, d'ailleurs, ne pourraient se développer sans le langage, en admettant que les sens les aient provoquées. Les aptitudes intellectuelles les plus élevées de l'homme, comme le raisonnement, l'abstraction, la conscience de soi, etc., sont la conséquence de l'amélioration continue des autres facultés mentales.

Le développement des qualités morales est un problème plus intéressant et plus difficile. Leur base se trouve dans les instincts sociaux, expression qui comprend les liens de la famille. Ces instincts ont une nature fort complexe, et, chez les animaux inférieurs, ils déterminent des tendances spéciales vers certains actes définis; mais les plus importants de ces instincts sont pour nous l'amour et le sentiment spécial de la sympathie. Les animaux doués d'instincts sociaux se plaisent dans la société les uns des autres, s'avertissent du danger, et se défendent ou s'entr'aident d'une foule de manières. Ces instincts ne s'étendent pas à tous les individus de l'espèce, mais seulement à ceux de la même tribu. Comms ils sont fort avantageux à l'espèce, il est probable qu'ils ont été acquis par sélection naturelle.

Un être moral est celui qui peut se rappeler ses actions passées et apprécier leurs motifs, qui peut approuver les unes et désapprouver les autres. Le fait que l'homme est l'être unique auquel on puisse avec certitude reconnaître cette faculté, constitue la plus grande de toutes les distinctions qu'on puisse faire entre lui et les animaux. J'ai cherché à prouver dans le quatrième chapitre que le sens moral résulte premièrement de la nature des instincts sociaux toujours présents et persistants; secondement de l'influence qu'ont sur lui l'approbation et le blâme de ses semblables; troisièmement de l'immense développement de ses facultés mentales et de la vivacité avec laquelle les événements passés viennent se retracer à lui, et par ces derniers points il diffère complètement des autres animaux. Cette disposition d'esprit entraîne l'homme à regarder malgré lui en arrière et en avant, et à comparer les impressions des événements et des actes passés. Aussi, lorsqu'un désir, lorsqu'une passion temporaire l'emporte sur ses instincts sociaux, il réfléchit, il compare les impressions maintenant affaiblies de ces impulsions passées avec l'instinct social toujours présent, et il éprouve alors

1. *Limits of Natural Selection*, dans *North American Review*, Oct. 1870, p. 295.

ce sentiment de mécontentement que laissent après eux tous les instincts auxquels on n'a pas obéi. Il prend en conséquence la résolution d'agir différemment à l'avenir, — c'est là ce qui constitue la conscience. Tout instinct qui est constamment le plus fort ou le plus persistant éveille un sentiment que nous exprimons en disant qu'il faut lui obéir. Un chien d'arrêt, s'il était capable de réfléchir sur sa conduite passée, pourrait se dire : J'aurais dû (c'est ce que nous disons de lui) tomber en arrêt devant ce lièvre, au lieu de céder à la tentation momentanée de lui donner la chasse.

Le désir d'aider les membres de leur communauté d'une manière générale, mais, plus ordinairement, le désir de réaliser certains actes définis entraîne les animaux sociables. L'homme obéit à ce même désir général d'aider ses semblables, mais il n'a que peu ou point d'instincts spéciaux. Il diffère aussi des animaux inférieurs en ce qu'il peut exprimer ses désirs par des paroles qui deviennent l'intermédiaire entre l'aide requise et accordée. Le motif qui le porte à secourir ses semblables se trouve aussi fort modifié chez l'homme ; ce n'est plus seulement une impulsion instinctive aveugle, c'est une impulsion que vient fortement influencer la louange ou le blâme de ses semblables. L'appréciation de la louange et du blâme, ainsi que leur dispensation, repose sur la sympathie, sentiment qui, ainsi que nous l'avons vu, est un des éléments les plus importants des instincts sociaux. La sympathie, bien qu'acquise comme instinct, se fortifie aussi beaucoup par l'exercice et par l'habitude. Comme tous les hommes désirent leur propre bonheur, ils accordent louange ou blâme aux actions et à leurs motifs, suivant que ces actions mènent à ce résultat ; et, comme le bonheur est une partie essentielle du bien général, le principe du plus grand bonheur sert indirectement de type assez exact du bien et du mal. A mesure que la faculté du raisonnement se développe et que l'expérience s'acquiert, on discerne quels sont les effets les plus éloignés de certaines lignes de conduite sur le caractère de l'individu, et sur le bien général ; et alors les vertus personnelles entrent dans le domaine de l'opinion publique, qui les loue, alors qu'elle blâme les vices contraires. Cependant, chez les nations moins civilisées, la raison est souvent sujette à errer et à faire entrer dans le même domaine des coutumes mauvaises et des superstitions absurdes dont l'accomplissement est regardé par conséquent comme une haute vertu et dont l'infraction constitue un crime.

On pense généralement, et avec raison, que les facultés morales ont plus de valeur que les facultés intellectuelles. Mais ne perdons pas de vue que l'activité de l'esprit à rappeler nettement des impressions passées, est une des bases fondamentales, bien que secondaire, de la conscience. Ce fait constitue l'argument le plus puissant qu'on puisse invoquer pour démontrer la nécessité de développer et de stimuler, de toutes les manières possibles, les facultés intellectuelles de chaque être humain. Sans doute, un homme à l'esprit engourdi peut avoir une conscience sensible et accomplir de bonnes actions, si ses affections et ses sympathies sociales sont bien développées. Mais tout ce qui pourra rendre l'imagination de l'homme plus active, tout ce qui pourra contribuer à fortifier chez lui l'habitude de se rappeler les impressions passées et de les comparer les unes aux autres tendra à donner plus de sensibilité à sa conscience et à compenser, jusqu'à un certain point, des affections et des sympathies sociales assez faibles.

La nature morale de l'homme a atteint le niveau le plus élevé auquel elle soit encore arrivée, non seulement par les progrès de la raison et, par conséquent, d'une juste opinion publique, mais encore et surtout par la nature plus sensible des sympathies et leur plus grande diffusion par l'habitude, par l'exemple, par l'instruction et par la réflexion. Il n'est pas improbable que les tendances vertueuses puissent par une longue pratique devenir héréditaires. Chez les races les plus civilisées, la conviction de l'existence d'une divinité omnisciente a exercé une puissante influence sur le progrès de la morale. L'homme finit par ne plus se laisser guider uniquement par la louange ou par le blâme de ses semblables, bien que peu échappent à cette influence; mais il trouve sa règle de conduite la plus sûre dans ses convictions habituelles, contrôlées par la raison. Sa conscience devient alors son juge et son conseiller suprême. Néanmoins les bases ou l'origine du sens moral reposent dans les instincts sociaux, y compris la sympathie, instincts que la sélection naturelle a sans doute primitivement développés chez l'homme, comme chez les animaux inférieurs.

On a souvent affirmé que la croyance en Dieu est non seulement la plus grande, mais la plus complète de toutes les distinctions à établir entre l'homme et les animaux. Il est toutefois impossible de soutenir, nous l'avons vu, que cette croyance soit innée ou instinctive chez l'homme. D'autre part la croyance à des agents spirituels pénétrant partout paraît être universelle, et provient, selon toute apparence, des progrès importants faits par les facultés du raisonnement, surtout de ceux de l'imagination, de la curiosité et de l'étonnement. Je n'ignore pas que beaucoup de personnes ont invoqué, comme argument en faveur de l'existence de

Dieu, la croyance en Dieu supposée instinctive. Mais c'est là un argument téméraire, car il nous obligerait à croire à l'existence d'une foule d'esprits cruels et malfaisants, un peu plus puissants que l'homme, puisque cette croyance est encore bien plus généralement répandue que celle d'une divinité bienfaisante. L'idée d'un Créateur universel et bienveillant de l'univers ne paraît surgir dans l'esprit de l'homme que lorsqu'il s'est élevé à un haut degré par une culture de longue durée.

Celui qui admet que l'homme tire son origine de quelque forme d'organisation inférieure se demandera naturellement quelle sera la portée de ce fait sur la croyance à l'immortalité de l'âme. Ainsi que le démontre Sir J. Lubbock, les races barbares de l'humanité n'ont aucune croyance définie de ce genre, mais, comme nous venons de le voir, les arguments tirés des croyances primitives des sauvages n'ont que peu ou point de valeur. Peu de personnes s'inquiètent de l'impossibilité où l'on se trouve de déterminer à quel instant précis du développement, depuis le premier vestige qui paraît sur la vésicule germinative, jusqu'à l'enfant avant ou après la naissance, l'homme devient immortel. Il n'y a pas de raison pour s'inquiéter davantage de ce qu'on ne puisse pas déterminer cette même période dans l'échelle organique pendant sa marche graduellement ascendante [2].

Je n'ignore pas que beaucoup de gens repousseront comme hautement irréligieuses les conclusions auxquelles nous en arrivons dans cet ouvrage; mais ceux qui soutiendront cette thèse sont tenus de démontrer en quoi il est plus irréligieux d'expliquer l'origine de l'homme comme espèce distincte, descendant d'une forme inférieure, en vertu des lois de la variation et de la sélection naturelle, que d'expliquer par les lois de la reproduction ordinaire la formation et la naissance de l'individu. La naissance de l'espèce, comme celle de l'individu, constitue, à titre égal, des parties de cette vaste suite de phénomènes que notre esprit se refuse à considérer comme le résultat d'un aveugle hasard. La raison se révolte contre une pareille conclusion : que nous puissions croire ou non que chaque légère variation de conformation, — que l'appariage de chaque couple, — que la dispersion de chaque graine, — et que les autres phénomènes analogues aient tous été décrétés dans quelque but spécial.

La sélection sexuelle a pris une place considérable dans cet ou-

---

2. Le Rév. J. A. Picton discute ce sujet dans son livre intitulé *New Theories and Old Faith*, 1870.

vrage, parce que, ainsi que j'ai cherché à le démontrer, elle a joué un rôle important dans l'histoire du monde organique. Je n'ignore pas combien il reste encore de points douteux, mais j'ai essayé de donner une vue loyale de l'ensemble. La sélection sexuelle paraît n'avoir exercé aucun effet sur les divisions inférieures du règne animal; en effet, les êtres qui composent ces divisions restent souvent fixés pour la vie à la même place: ou les deux sexes se trouvent réunis chez le même individu, ou, ce qui est plus important, leurs facultés perceptives et intellectuelles ne sont pas assez développées pour leur permettre soit des sentiments d'amour et de jalousie, soit l'exercice d'un choix. Mais lorsque nous en arrivons aux Arthropodes et aux Vertébrés, même dans les classes les plus inférieures de ces deux grands sous-règnes, nous voyons que la sélection sexuelle a produit de grands effets.

Dans les diverses grandes classes du règne animal, Mammifères, Oiseaux, Reptiles, Poissons, Insectes, et même Crustacés, les différences entre les sexes suivent presque exactement les mêmes règles. Les mâles recherchent presque toujours les femelles, et seuls sont pourvus d'armes spéciales pour combattre leurs rivaux. Ils sont généralement plus grands et plus forts que les femelles, et doués des qualités courageuses et belliqueuses nécessaires. Ils sont pourvus, soit exclusivement, soit à un plus haut degré que les femelles, d'organes propres à produire une musique vocale ou instrumentale, ainsi que de glandes odorantes. Ils sont ornés d'appendices infiniment diversifiés et de colorations vives et apparentes, disposées souvent avec une grande élégance, tandis que les femelles restent sans ornementation. Lorsque les sexes diffèrent de structure, c'est le mâle qui possède des organes de sens spéciaux pour découvrir la femelle, des organes de locomotion pour la joindre, et souvent des organes de préhension pour la retenir. Ces diverses conformations, destinées à charmer les femelles et à s'en assurer la possession, ne se développent souvent chez le mâle que pendant une période de l'année, la saison des amours. Dans bien des cas, ces conformations ont été transmises à un degré plus ou moins prononcé aux femelles, chez lesquelles pourtant elles ne représentent alors que de simples rudiments. La castration les fait disparaître chez les mâles. En général, elle ne sont pas développées chez les jeunes mâles, et n'apparaissent que peu de temps avant l'âge où ils sont en état de se reproduire. Aussi, dans la plupart des cas, les jeunes des deux sexes se ressemblent-ils, et la femelle ressemble-t-elle toute sa vie à sa progéniture. On rencontre, dans presque toutes les grandes classes, quelques cas anormaux dans lesquels on remarque une transposition presque complète des caractères particuliers aux deux sexes, les femelles revêtant alors des caractères qui appartiennent proprement aux mâles. On comprend cette uniformité étonnante des lois qui règlent les différences entre les sexes, dans tant de classes fort éloignées les unes des autres, si l'on admet, dans toutes les divisions supérieures du règne animal, l'action d'une cause commune : la sélection sexuelle.

La sélection sexuelle dépend du succès qu'ont, en ce qui est relatif à la propagation de l'espèce, certains individus sur d'autres individus du même sexe, tandis que la sélection naturelle dépend du succès des deux sexes, à tout âge, relativement aux conditions générales de la vie. La lutte sexuelle est de deux sortes : elle a lieu entre individus du même sexe, ordinairement le sexe masculin, dans le but de chasser ou de tuer leurs rivaux, les femelles demeurant passives ; ou bien la lutte a également lieu entre individus de même sexe, pour séduire et attirer les femelles, généralement les femelles ne restent point passives et choisissent les mâles qui ont pour elles le plus d'attrait. Cette dernière sorte de sélection est analogue à celle que l'homme exerce sur ses animaux domestiques, d'une manière réelle quoique inconsciente, alors qu'il choisit pendant longtemps les individus qui lui plaisent le plus ou qui ont le plus d'utilité pour lui, sans aucune intention de modifier la race.

Les lois de l'hérédité déterminent quels sont les caractères acquis par sélection sexuelle dans chaque sexe, qui seront transmis au même sexe ou aux deux sexes, ainsi que l'âge auquel ils doivent se développer. Il semble que les variations qui se produisent tardivement pendant la vie de l'animal sont ordinairement transmises à un seul et même sexe. La variabilité est la base indispensable de l'action de la sélection, et en est entièrement indépendante. Il en résulte que des variations d'une même nature générale ont été accumulées par la sélection sexuelle dans le but de servir à la propagation de l'espèce, et accumulées aussi par la sélection naturelle par rapport aux conditions de l'existence. Il n'y a donc que l'analogie qui nous permette de distinguer les caractères secondaires sexuels des caractères spécifiques ordinaires, lorsqu'ils ont été également transmis aux deux sexes. Les modifications résultant de l'action de la sélection sexuelle sont quelquefois si prononcées, qu'on a fort souvent classé les deux sexes dans des espèces et même dans des genres distincts. Ces différences doivent certainement avoir une haute importance, et nous savons que, dans

certains cas, elles n'ont pu être acquises qu'au prix non seulement
d'inconvénients, mais de dangers réels.

La croyance à la puissance de la sélection sexuelle repose surtout
sur les considérations suivantes. Les caractères que nous pouvons
supposer avec le plus de raison produits par elle sont limités à un
seul sexe; ce qui suffit pour rendre probable qu'ils ont quelques
rapports avec l'acte reproducteur. Ces caractères, dans une foule
de cas, ne se développent complètement qu'à l'état adulte, souvent pendant une saison seulement, laquelle est toujours la saison
des amours. Les mâles (sauf quelques exceptions) sont les plus
empressés auprès des femelles, ils sont mieux armés, et plus
séduisants sous divers rapports. Il faut observer que les mâles
déploient leurs attraits avec le plus grand soin en présence des
femelles, et qu'ils ne le font que rarement ou jamais en dehors de la
saison des amours. On ne peut supposer que tout cet étalage se
fasse sans but. Enfin, nous trouvons chez quelques quadrupèdes et
chez différents oiseaux les preuves certaines que les individus d'un
sexe peuvent éprouver une forte antipathie ou une forte préférence
pour certains individus de l'autre sexe.

D'après ces faits, et en n'oubliant pas les résultats marqués que
donne la sélection inconsciente exercée par l'homme, il me paraît
presque certain que si les individus d'un sexe préféraient, pendant
une longue série de générations, s'accoupler avec certains individus de l'autre sexe, doués d'un caractère particulier, leurs descendants se modifieraient lentement, mais sûrement, de la même manière. Je n'ai pas cherché à dissimuler que, excepté les cas où les
mâles sont plus nombreux que les femelles, et ceux où prévaut la
polygamie, nous ne pouvons affirmer comment les mâles les plus
séduisants réussissent à laisser plus de descendants pour hériter
de leurs avantages d'ornementation ou autres moyens de séduction
que les mâles moins bien doués sous ce rapport; mais j'ai démontré
que cela devait probablement résulter de ce que les femelles, —
surtout les plus vigoureuses comme étant les premières prêtes à
reproduire, — préfèrent non seulement les mâles les plus attrayants,
mais en même temps les vainqueurs les plus vigoureux.

Bien que nous ayons la preuve positive que les oiseaux apprécient les objets beaux et brillants, comme les oiseaux d'Australie
qui construisent des berceaux, et qu'ils apprécient le chant, j'admets
cependant qu'il est étonnant que les femelles de beaucoup d'oiseaux et de quelques mammifères soient douées d'assez de goût
pour produire ce que la sélection sexuelle paraît avoir effectué. Le
fait est encore plus surprenant quand il s'agit de reptiles, de pois-

sons et d'insectes. Mais nous ne savons que fort peu de chose sur
l'intelligence des animaux inférieurs. On ne peut supposer, par
exemple, que les oiseaux de paradis ou les paons mâles se donnent, sans aucun but, tant de peine pour redresser, étaler et agiter
leurs belles plumes en présence des femelles. Nous devons nous
rappeler le fait cité dans un précédent chapitre, d'après une excellente autorité, de plusieurs paonnes qui, séparées d'un mâle préféré par elles, restèrent veuves pendant toute une saison, plutôt
que de s'accoupler avec un autre mâle.

Je ne connais cependant en histoire naturelle aucun fait plus
étonnant que celui de l'aptitude qu'a la femelle du faisan Argus
d'apprécier les teintes délicates des ornements en ocelles et les
dessins élégants des rémiges des mâles. Quiconque admet que les
Argus ont été créés tels qu'ils sont aujourd'hui doit admettre aussi
que les grandes plumes qui empêchent leur vol, et qui sont, en
même temps que les rémiges primaires, étalées par le mâle, d'une
façon tout à fait particulière à cette espèce et seulement lorsqu'il
fait sa cour, lui ont été données à titre d'ornement. Il doit admettre
également que la femelle a été créée avec l'aptitude d'apprécier ce
genre de décoration. Je ne diffère que par la conviction que le faisan Argus mâle a graduellement acquis sa beauté, parce que, pendant de nombreuses générations, les femelles ont préféré les individus les plus ornés : la capacité esthétique des femelles a donc
progressé par l'exercice ou par l'habitude, de même que notre goût
s'améliore peu à peu. Grâce au fait heureux que quelques plumes
du mâle n'ont pas été modifiées, nous pouvons voir distinctement
comment de simples taches peu ombrées d'une nuance fauve d'un
côté peuvent s'être développées par degrés, de façon à devenir de
merveilleux ornements ocellaires figurant une sphère dans une cavité. Tout porte à croire qu'elles se sont réellement développées de
cette manière.

Quiconque admet le principe de l'évolution, et éprouve cependant quelque difficulté à croire que les femelles des mammifères,
des oiseaux, des reptiles et des poissons aient pu atteindre au
niveau de goût que suppose la beauté des mâles, goût qui en général s'accorde avec le nôtre, doit se rappeler que, dans chaque membre de la série des vertébrés, les cellules nerveuses du cerveau
sont des rejetons directs de celles que possédait l'ancêtre commun
du groupe entier : le cerveau et les facultés mentales peuvent parcourir un cours de développement analogue dans des conditions
semblables, et remplir, par conséquent, à peu près les mêmes fonctions.

Le lecteur qui aura pris la peine d'étudier les divers chapitres consacrés à la sélection sexuelle pourra juger de la suffisance des preuves que j'ai apportées à l'appui des conclusions déduites. S'il accepte ces conclusions, il peut sans crainte, je le crois, les appliquer à l'espèce humaine. Mais il serait inutile de répéter ici ce que j'ai déjà dit sur la façon dont la sélection sexuelle a agi sur les deux sexes, pour provoquer les différences corporelles et intellectuelles qui existent entre l'homme et la femme, pour provoquer aussi les caractères différents qui distinguent les diverses races et l'organisation qui les écarte de leurs ancêtres anciens et inférieurs.

L'admission du principe de la sélection sexuelle conduit à la conclusion remarquable que le système nerveux règle non-seulement la plupart des fonctions actuelles du corps, mais a indirectement influencé le développement progressif de diverses conformations corporelles et de certaines qualités mentales. Le courage, le caractère belliqueux, la persévérance, la force et la grandeur du corps, les armes de tous genres, les organes musicaux, vocaux et instrumentaux, les couleurs vives, les raies, les marques et les appendices décoratifs ont tous été acquis indirectement par l'un ou l'autre sexe, sous l'influence de l'amour ou de la jalousie, par l'appréciation du beau dans le son, dans la couleur ou dans la forme, et par l'exercice d'un choix, facultés de l'esprit qui dépendent évidemment du développement du système nerveux.

L'homme étudie avec la plus scrupuleuse attention le caractère et la généalogie de ses chevaux, de son bétail et de ses chiens avant de les accoupler ; précaution qu'il ne prend que rarement ou jamais peut-être, quand il s'agit de son propre mariage. Il est poussé au mariage à peu près par les mêmes motifs que ceux qui agissent chez les animaux inférieurs lorsqu'ils ont le choix libre, et pourtant il leur est très supérieur par sa haute appréciation des charmes de l'esprit et de la vertu. D'autre part, il est fortement sollicité par la fortune ou par le rang, La sélection lui permettrait cependant de faire quelque chose de favorable non seulement pour la constitution physique de ses enfants, mais pour leurs qualités intellectuelles et morales. Les deux sexes devraient s'interdire le mariage lorsqu'ils se trouvent dans un état trop marqué d'infériorité de corps ou d'esprit ; mais, exprimer de pareilles espérances, c'est exprimer une utopie, car ces espérances ne se réaliseront même pas en partie, tant que les lois de l'hérédité ne seront pas complètement connues. Tous ceux qui peuvent contribuer à amener cet état de choses rendent service à l'humanité. Lorsqu'on aura mieux compris les principes de la reproduction et de l'hérédité, nous n'entendrons plus des législateurs ignorants repousser avec dédain un plan destiné à vérifier, par une méthode facile, si les mariages consanguins sont oui ou non nuisibles à l'homme.

L'amélioration du bien-être de l'humanité est un problème des plus complexes. Tous ceux qui ne peuvent éviter une abjecte pauvreté pour leurs enfants devraient éviter de se marier, car la pauvreté est non seulement un grand mal, mais elle tend à s'accroître en entraînant à l'insouciance dans le mariage. D'autre part, comme l'a fait remarquer M. Galton, si les gens prudents évitent le mariage, pendant que les insouciants se marient, les individus inférieurs de la société tendent à supplanter les individus supérieurs. Comme tous les autres animaux, l'homme est certainement arrivé à son haut degré de développement actuel par la lutte pour l'existence qui est la conséquence de sa multiplication rapide; et, pour arriver plus haut encore, il faut qu'il continue à être soumis à une lutte rigoureuse. Autrement il tomberait dans un état d'indolence, où les mieux doués ne réussiraient pas mieux dans le combat de la vie que les moins bien doués. Il ne faut donc employer aucun moyen pour diminuer de beaucoup la proportion naturelle dans laquelle s'augmente l'espèce humaine, bien que cette augmentation entraîne de nombreuses souffrances. Il devrait y avoir concurrence ouverte pour tous les hommes, et on devrait faire disparaître toutes les lois et toutes les coutumes qui empêchent les plus capables de réussir et d'élever le plus grand nombre d'enfants. Si importante que la lutte pour l'existence ait été et soit encore, d'autres influences plus importantes sont intervenues en ce qui concerne la partie la plus élevée de la nature humaine. Les qualités morales progressent en effet directement ou indirectement, bien plus par les effets de l'habitude, par le raisonnement, par l'instruction, par la religion, etc., que par l'action de la sélection naturelle, bien qu'on puisse avec certitude attribuer à l'action de cette dernière les instincts sociaux, qui sont la base du développement du sens moral.

Je regrette de penser que la conclusion principale à laquelle nous a conduit cet ouvrage, à savoir que l'homme descend de quelque forme d'une organisation inférieure, sera fort désagréable à beaucoup de personnes. Il n'y a cependant pas lieu de douter que nous descendons de barbares. Je n'oublierai jamais l'étonnement que j'ai ressenti en voyant pour la première fois une troupe de Fuégiens sur une rive sauvage et aride, car aussitôt la pensée me traversa l'esprit que tels étaient nos ancêtres. Ces hommes absolu-

ment nus, barbouillés de peinture, avec des cheveux longs et em-
mêlés, la bouche écumante, avaient une expression sauvage,
effrayée et méfiante. Ils ne possédaient presque aucun art, et vivaient comme des bêtes sauvages de ce qu'ils pouvaient attraper;
privés de toute organisation sociale, ils étaient sans merci pour tout
ce qui ne faisait pas partie de leur petite tribu. Quiconque a vu un
sauvage dans son pays natal n'éprouvera aucune honte à reconnaître que le sang de quelque être inférieur coule dans ses veines.
J'aimerais autant pour ma part descendre du petit singe héroïque
qui brava un terrible ennemi pour sauver son gardien, ou de ce
vieux babouin qui emporta triomphalement son jeune camarade
après l'avoir arraché à une meute de chiens étonnés, — que d'un
sauvage qui se plaît à torturer ses ennemis, offre des sacrifices sanglants, pratique l'infanticide sans remords, traite ses femmes comme
des esclaves, ignore toute décence, et reste le jouet des superstitions les plus grossières.

On peut excuser l'homme d'éprouver quelque fierté de ce qu'il
s'est élevé, quoique ce ne soit pas par ses propres efforts, au sommet véritable de l'échelle organique; et le fait qu'il s'y est ainsi
élevé, au lieu d'y avoir été placé primitivement, peut lui faire espérer une destinée encore plus haute dans un avenir éloigné. Mais
nous n'avons à nous occuper ici ni d'espérances, ni de craintes,
mais seulement de la vérité, dans les limites où notre raison nous
permet de la découvrir. J'ai accumulé les preuves aussi bien que
j'ai pu. Or il me semble que nous devons reconnaître que l'homme,
malgré toutes ses nobles qualités, la sympathie qu'il éprouve pour
les plus grossiers de ses semblables, la bienveillance qu'il étend
aux derniers des êtres vivants; malgré l'intelligence divine qui lui
a permis de pénétrer les mouvements et la constitution du système
solaire, — malgré toutes ces facultés d'un ordre si éminent, — nous
devons reconnaître, dis-je, que l'homme conserve encore dans son
organisation corporelle le cachet indélébile de son origine inférieure.

NOTE SUPPLÉMENTAIRE

SUR LA SÉLECTION SEXUELLE DANS SES RAPPORTS AVEC LES SINGES

(Publiée dans Nature, *Londres, le 2 novembre* 1876, *page* 18.)

Aucun point ne m'a plus intéressé et je puis ajouter ne m'a plus embarrassé dans la discussion de la sélection sexuelle, quand j'écrivais la *Descendance de l'homme,* que les couleurs brillantes qui décorent les extrémités postérieures et les parties adjacentes du corps de certains singes. Ces parties sont plus brillamment colorées chez un sexe que chez l'autre, et deviennent plus brillantes encore pendant la saison des amours ; je me crus donc autorisé à conclure que les singes avaient acquis ces couleurs comme moyen d'attraction sexuelle. Je comprenais parfaitement qu'en adoptant cette conclusion je m'exposais à un certain ridicule, bien qu'en fait il n'y ait rien de plus surprenant à ce qu'un singe fasse étalage de son derrière rouge brillant qu'un paon de sa queue magnifique. Toutefois, à cette époque, je n'avais pas la preuve directe que les singes fissent étalage de cette partie de leur corps pendant qu'ils courtisent la femelle ; or, quand il s'agit des oiseaux, cet étalage constitue la meilleure preuve que les ornements des mâles leur rendent service pour attirer ou pour exciter la femelle. J'ai lu dernièrement un article de Joh. von Fischer, de Gotha, publié dans *Der Zoologische Garten,* Avril 1876, sur l'attitude des singes au cours de diverses émotions ; cet article mérite l'attention de quiconque s'intéresse à ce sujet, et prouve que l'auteur est un observateur habile et consciencieux. Von Fischer décrit l'attitude d'un jeune mandrill mâle placé pour la première fois devant un miroir, et il ajoute qu'au bout de quelques minutes il se retourna et présenta au miroir son derrière rouge. En conséquence, j'écrivis à M. Fischer pour lui demander ce qu'il pensait de cet acte étrange, et il a bien voulu me répondre deux longues lettres pleines de détails nouveaux et très curieux. Il me dit que cet acte l'étonna tout d'abord, et qu'en conséquence il observa avec soin l'attitude de plusieurs individus appartenant à d'autres espèces de singes qu'il élève chez lui. Non-seulement le mandrill (*Cynocephalus mormon*), mais le drill (*C. leucophœus*), et trois autres espèces de babouins (*C. hamadryas, sphinx et babouin*), le *Cynopithecus niger,* le *Macacus rhesus* et le *Menestrinus* tournent vers lui, quand ils sont de bonne humeur, cette partie de leur corps qui, chez toutes ces espèces, affecte des couleurs plus ou moins brillantes, et la tournent aussi vers d'autres Personnes quand ils veulent leur faire un bon accueil. Il s'est efforcé, et il a consacré cinq ans à cet apprivoisement avant d'y parvenir, de faire perdre à un *Macacus rhesus* cette habitude indécente. Ces singes, présentés à un nouveau singe, mais souvent aussi à un de leurs vieux compagnons, agissent tout particulièrement de cette façon, et, après cette exhibition, se mettent à jouer ensemble. Le jeune mandrill cessa spontanément au bout de quelque temps de présenter le derrière à son maître. Mais il continua de le présenter aux étrangers et aux singes qu'il ne connaissait pas. Un jeune *Cynopithecus niger* ne se présenta qu'une fois ainsi à son maître, mais fréquemment aux étrangers. M. Fischer conclut de ces faits que les singes qui se sont conduits de cette façon devant un miroir, c'est-à-dire le mandrill, le drill, le *Cynopithecus niger*, le *Macacus rhesus* et le *Macacus menestrinus*, ont pensé que leur image dans le miroir était un nouveau singe. Le mandrill et le drill, dont le derrière est particulièrement ornementé, l'exhibent dès la plus tendre jeunesse, plus fréquemment et avec plus d'ostentation que les autres espèces; puis vient le *Cynocephalus hamadryas*, et ensuite les autres espèces. Toutefois les individus appartenant à une même espèce varient sous ce rapport, et les singes très timides ne font jamais étalage de cette partie de leur corps. Il faut noter avec soin que von Fischer a constaté que les espèces dont le derrière n'est pas coloré n'attirent jamais l'attention sur cette partie de leur corps; cette remarque s'applique au *Macacus cynomolgus* et au *Cercocebus radiatus* (très proches voisins du *M. rhesus*), à trois espèces de Cercopithèques et à plusieurs singes américains. L'habitude d'accueillir un vieil ami ou une nouvelle connaissance en lui présentant son derrière nous semble sans doute fort étrange; toutefois, elle n'est certainement pas plus extraordinaire que quelques habitudes analogues des sauvages, qui, dans la même occasion, se frottent réciproquement le ventre avec la main ou se frottent le nez l'un contre l'autre. L'habitude chez le mandrill et chez le drill paraît instinctive ou héréditaire, car on l'observe chez de très jeunes animaux; mais, comme tant d'autres instincts, elle a été modifiée par l'observation, car von Fischer affirme que ces singes se donnent la plus grande peine pour que l'exhibition ne laisse rien à désirer, et, s'il se trouve deux observateurs en présence, ils s'adressent de préférence à celui qui semble les examiner avec le plus d'attention.

Quant à l'origine de cette habitude, von Fischer fait remarquer que ces singes aiment à ce qu'on caresse les parties nues de leur derrière, et qu'ils font alors entendre des grognements de plaisir. Souvent aussi ils présentent cette partie de leur corps aux autres singes, pour que leurs camarades enlèvent toutes les poussières qui pourraient s'y trouver, et les épines qui pourraient s'y être fixées. Mais, chez les singes adultes, l'habitude dont nous parlons semble, dans une certaine mesure, en rapport avec les sentiments sexuels; von Fischer, en effet, a surveillé un *Cynopithecus niger* femelle et qui, durant plusieurs jours, « umdrehte und dem Männchen mit gurgelnden Tönen die stark geröthete Sitzfläche zeigte, was ich früher nie an diesem Thier bemerkt hatte. Beim Anblick dieses Gegenstandes erregte sich das Männchen sichtlich, denn es polterte heftig an den Stäben, ebenfalls gurgelnde Laute ausstossend. » Comme tous les singes qui ont le derrière plus ou moins brillamment coloré habitent, selon von Fischer, des endroits rocheux et découverts, il croit que ces couleurs servent à rendre un sexe plus voyant que l'autre;

mais les singes étant des animaux très sociables, je n'aurais pas cru qu'il fût nécessaire que les sexes pussent se reconnaître à une grande distance. Il me semble plus probable que les brillantes couleurs qui se trouvent soi sur la face soit sur le derrière, ou, comme chez le mandrill, sur ces deux parties du corps, constituent un ornement sexuel et une beauté. Quoi qu'il en soit, comme nous savons aujourd'hui que les singes ont l'habitude de présenter leur derrière à d'autres singes, il cesse d'être surprenant que cette partie de leur corps ait acquis une décoration plus ou moins brillante. Le fait que, autant qu'on le sait du moins jusqu'à présent, les singes ainsi décorés sont les seuls qui agissent de cette façon, nous porte à nous demander si cette habitude a été acquise par quelque cause indépendante, et si les parties en question ont reçu une coloration comme ornement sexuel; ou si la coloration et l'habitude de présenter le derrière ont été acquises d'abord par variation et par sélection sexuelle, et si l'habitude s'est conservée ensuite comme un signe de plaisir et de bon accueil, grâce à l'hérédité. Ce dernier principe se manifeste dans bien des occasions : ainsi, on admet que le chant des oiseaux constitue principalement une attraction pendant la saison des amours, et que les *leks* ou grandes assemblées du tétras noir ont un rapport intime avec la cour que se font ces oiseaux; mais quelques oiseaux, le rouge-gorge, par exemple, ont conservé l'habitude de chanter quand ils se sentent heureux, et le tétras noir a conservé l'habitude de se réunir pendant d'autres saisons de l'année.

Je demande la permission d'ajouter quelques mots sur un autre point relatif à la sélection sexuelle. On a objecté que cette forme de sélection, en ce qui concerne au moins les ornements du mâle, implique que toutes les femelles, dans une même région, doivent posséder et exercer exactement les mêmes goûts. Toutefois il faut se rappeler en premier lieu que, bien que l'étendue des variations d'une espèce puisse être considérable, elle n'est certes pas infinie. J'ai cité à cet égard un excellent exemple relatif au pigeon : on connaît au moins cent variétés de pigeons différant beaucoup au point de vue de la coloration, et au moins une vingtaine de variétés de poules différant de la même façon; mais, chez ces deux espèces, la gamme des couleurs est extrêmement distincte. En conséquence, les femelles des espèces naturelles n'ont pas un choix illimité. En second lieu, je crois qu'aucun partisan du principe de la sélection sexuelle ne suppose que les femelles choisissent des points particuliers de beauté chez les mâles; elles sont simplement excitées ou attirées à un plus haut degré par un mâle que par un autre, et cette séduction semble souvent dépendre, surtout chez les oiseaux, de la coloration brillante. L'homme lui-même, sauf peut-être l'artiste, n'analyse pas chez la femme qu'il admire les légères différences de traits qui constituent sa beauté. Le mandrill mâle a non seulement le derrière, mais la face brillamment colorée et marquée de traits obliques, une barbe jaune et d'autres ornements. Les phénomènes que présente la variation des animaux à l'état domestique nous autorisent à penser que les divers ornements du mandrill ont été graduellement acquis tantôt par la variation d'un individu dans un sens, tantôt par la variation d'un autre individu dans un autre sens. Les mâles les plus beaux ou les plus attrayants aux yeux des femelles ont dû s'accoupler plus souvent, et laisser, par conséquent, plus de descendants que les autres mâles. Les descendants de ces plus beaux

mâles, bien que croisés de toutes les façons, ont dû hériter des caractères de leur père, et transmettre à leurs propres descendants une forte
tendance à varier de la même façon. En conséquence, le corps tout entier
des mâles habitant une même région doit tendre à se modifier presque
uniformément, par suite des effets d'un croisement continu, mais cela
très lentement; tous enfin doivent tendre à devenir plus attrayants pour
les femelles. C'est en somme le même procédé que celui auquel j'ai
donné le nom de sélection inconsciente par l'homme, et dont j'ai cité
plusieurs exemples qu'il est bon peut-être de rappeler. Les habitants
d'un pays aiment un cheval ou un chien léger et rapide; les habitants
d'un autre pays recherchent au contraire un cheval lourd et puissant;
dans aucun des deux pays on ne procède au choix d'animaux individuels
ayant un corps plus lourd ou plus léger; toutefois, après un laps considérable de temps, il se trouve que les animaux dont nous venons de
parler ont été modifiés presque uniformément, ainsi que le désirent les
habitants, et qu'on arrive à une sorte d'extrême dans chaque pays. Dans
deux régions absolument distinctes habitées par une même espèce dont
les individus, depuis des siècles, n'ont pu se croiser et où, en outre, les
variations n'auront pas été identiquement les mêmes, la sélection sexuelle
pourrait faire différer les mâles. L'hypothèse que les femelles placées
dans des milieux différents, environnées par d'autres objets, pourraient
acquérir des goûts différents relativement à la forme, aux sons et à la
couleur, ne me paraît pas tout à fait imaginaire. Quoi qu'il en soit, j'ai
cité dans le présent ouvrage des exemples d'oiseaux très voisins habitant
des régions distinctes chez lesquelles les jeunes ne peuvent se distinguer
des femelles, tandis que les mâles adultes en diffèrent considérablement, et, en toute probabilité, on peut attribuer ce résultat à l'action
de la sélection sexuelle.

FIN.

INDEX

--

A

ABBOTT, C., sur les combats de phoques, 550.

ABDUCTEUR, présence d'un muscle, sur le cinquième métatarsien, chez l'homme, 41.

ABEILLES, 105; destruction des bourdons et des reines, 113; corbeilles à pollen et aiguillons des, 64; caractères secondaires de la femelle, 227; différences des sexes, 321.

ABERCROMBIE, docteur, sur l'influence des maladies du cerveau sur le langage articulé, 93.

ABIPONES, coutumes nuptiales des, 654.

ABOU-SIMBEL, grottes d', 184.

ABSTRACTION, 97.

Acalles, stridulation chez les, 336.

Acanthodactylus capensis, différences sexuelles de coloration chez l', 302.

Accentor modularis, 520.

ACCLIMATATION, différente chez les diverses races humaines, 183.

ACCROISSEMENT, son taux, 43; nécessité qu'il éprouve des temps d'arrêt, 46.

Achetidœ, stridulation chez les, 312, 314; organes rudimentaires chez la femelle, 316.

Acilius sulcatus, élytres de la femelle, 304.

Acomus, présence d'ergots chez la femelle, 493.

ACRIDIDES, organes de stridulation chez les, 311; rudimentaires chez les femelles, 317.

ACTINIES, brillantes couleurs des, 287.

ADOPTION des jeunes d'autres animaux par des singes femelles, 73.

AEBY, différences entre les crânes humains et ceux des quadrumanes, 163.

ÆNEAS, couleur des, 340.

AFFECTION filiale, résultat partiel de la sélection naturelle, 112.

AFFECTION maternelle, 72; ses manifestations chez les animaux, 72; entre parents et descendants, elle est un résultat partiel de la sélection naturelle, 112; s'observe vis-à-vis de certaines personnes chez les oiseaux en captivité, 451; mutuelle parmi les oiseaux, 450.

AFRIQUE, lieu probable de la naissance de l'homme, 169; population croisée dans le Sud, 190; conservation du teint des Hollandais dans le Sud, 212; proportion entre les sexes chez les papillons, 275; emploi du tatouage, 628; coiffure des indigènes dans le Nord, 628.

AGASSIZ, L., sur la conscience chez les chiens, 110; sur la coïncidence entre les races humaines et les provinces zoologiques, 185; nombre d'espèces humai-

nes, 190; sur les assiduités des mollusques terrestres, 290; belles couleurs qu'ont les poissons mâles pendant la saison de la reproduction, 374; sur la protubérance frontale des mâles de *Geophagus* et *Cichla*, 372, 380; légères différences sexuelles chez les Américains du Nord, 613; tatouage des Indiens de l'Amazone, 630.

AGE, au point de vue de la transmission des caractères chez les oiseaux, 509; variations qui y correspondent chez eux, 531.

Agelœus phœniceus, 456.

Ageronia feronia, bruit produit, 338.

Agrion, dimorphisme, 320.

AGRION Ramburii, ses sexes, 319.

AGRIONIDÉS, différences dans les sexes des, 319.

Agrotis exclamationis, 348.

AIGLE, jeune *Cercopithecus* sauvé par une bande de ses camarades, 107.

AIGLE, à tête blanche, reproduisant pendant qu'il a son plumage de jeunesse, 532.

AIGLES dorés, s'appariant avec de nouveaux individus, 447.

AIGRETTES indiennes, 533; plumage de noces des, 427-428; blanches, 541.

AIGUILLON des abeilles, 227.

AÏNOS, villosité des, 612.

Aïthurus polytmus, jeunes du, 536.

Alca torda, jeunes d', 534.

ALCOOL, goût des singes pour l', 4.

ALDER et HANCOCK, MM., sur les mollusques nudi-branches, 291.

ALIMENTATION, influence probable très grande sur l'appariage d'oiseaux de diverses espèces, 455; son influence sur la taille, 30.

ALLEN, J.-A. sur la taille relative des deux sexes chez le *Callorhinus ursinus*, 566; sur la crinière de l'*Otaria jubata*, 572; sur l'appariage des phoques, 579.

ALLEN, S., habitude des *Hoplopterus*, 402; sur les plumes des hérons, 429; sur la mue printanière de l'*Herodias bubulcus*, 430.

ALLIGATOR, assiduités du mâle, 242, 386.

ALOUETTE, proportions des sexes chez l', 273; chant de la femelle, 405.

ALOUETTES, sont attirées par un miroir, 452.

AMADAVAT (Bengali), caractère belliqueux du mâle, 402.

Amadina Lathami, étalage des plumes des mâles, 440.

Amadina castanotis, étalage des plumes des mâles, 440.

AMAZONE, lépidoptères de l', 276; poissons, 377-378.

AMÉLIORATION progressive, supposition que l'homme seul soit capable d', 83.

AMÉRICAINS, leur vaste extension géographique, 27 : différences avec les nègres, 190 ; aversion qu'ils professent pour tout poil sur le visage, 635 ; variabilité des indigènes, 190.

AMÉRIQUE, variation dans les crânes des indigènes, 24 ; leur vaste extension, 184 ; poux des indigènes, 185 ; leur défaut général de barbe, 613.

AMÉRIQUE du Nord, lépidoptères de l', 275-276 ; les femmes sont chez les Indiens un motif de discorde, 614 ; notions des Indiens sur la beauté du sexe féminin, 632-634.

AMÉRIQUE du Sud, caractère des indigènes, 183 ; population de quelques parties, 190 ; piles de pierres dans l', 196 ; extinction du cheval fossile, 203 ; oiseaux du désert, 538 ; légères différences sexuelles entre les naturels, 541 ; prédominance de l'infanticide chez eux, 647.

Ammophila, mâchoires de l', 303.

Ammotragus tragelaphus, membres antérieurs velus de l', 582.

AMPHIBIA, leur affinité aux poissons ganoïdes, 180 ; leurs organes vocaux, 620.

AMPHIBIENS, 172, 382 : reproduisent avant l'âge mûr, 532.

Amphioxus, 173, 175.

AMPHIPODES mâles précocement reproducteurs avant qu'ils soient adultes, 532-533.

AMUNOPH III, caractères nègres des traits de, 183-184.

Anas acuta et boschas, leur plumage mâle, 430.

Anas histrionica, 532.

Anastomus oscitans, sexes et jeunes, 534 ; leur plumage nuptial blanc, 541.

Anax junius, différence des sexes, 319.

ANCÊTRES primitifs de l'homme, 163.

ANE, variations de couleur de l', 600.

ANGLAIS, succès des, comme colonisateurs, 151.

ANGLETERRE, proportion numérique des naissances masculines et féminines, 266.

ANGLO-SAXONS, appréciation de la barbe des, 636.

ANIMAUX, cruauté des sauvages pour les, 126 ; les domestiques sont plus féconds que les sauvages, 44 ; caractères communs à l'homme et aux, 159-160 ; changements de races dans les domestiques, 651.

ANIMAUX domestiques, races d', 193 ; changements dans ces races d', 400 ; fécondité des, 208.

ANNÉLIDES, 292 (Annelés).

Anobium tessellatum, sons produits par les, 336.

Anolis cristatellus, crête du mâle, 389 ; son caractère belliqueux, 389 ; et sa poche de la gorge, 390.

Anser canadensis, 456.

Anser cygnoides, 454 ; bouton à la base du bec, 467.

Anser hyperboreus, blancheur de l', 541.

ANTENNES, munies de coussins chez le Penthe mâle, 304.

Antidium manicatum, grand mâle de l', 307.

Anthocharis cardamines, 339, 343 ; différence de couleur sexuelle dans l', 355.

Anthocharis genutia, 313-344.

Anthocharis sara, 343-344.

Anthophora acervor., grand mâle de l', 307.

Anthophora retusa, différence des sexes, 321.

Anthus, mue de l', 429.

ANTHROPIDÉS, 166.

ANTIGUA, observations sur la fièvre jaune à, 214.

Antilocapra americana, cornes de l', 258, 554.

ANTILOPE à cornes fourchues, 258.

Antilope bezoatica, femelles à cornes, 554 ; différence sexuelle dans la couleur, 587.

Antilope Dorcas et euchore, 554.

Antilope euchore ; cornes de l', 359.

Antilope montana, canines rudimentaires chez les jeunes mâles de l', 564.

Antilope niger, sing-sing, caama et gorgon, différences sexuelles de couleurs, 587.

Antilope oreas, cornes, 257.

Antilope saiga, mœurs polygames de, 238.

Antilope strepsiceros, cornes, 257.

Antilope subgutturosa, absence de creux sous-orbitaires, 581.

ANTILOPES, généralement polygames, 238 ; cornes d', 257, 554 ; dents caninas chez quelques mâles, 551 ; usage des cornes, 564 ; crêtes dorsales, 582 ; fanons, 582 ; changement hibernal de deux espèces, 595 ; marques particulières, 596.

ANTIPATHIE qu'éprouvent les oiseaux captifs pour certaines personnes, 451.

ANURA (Anoures), 384.

Apatania muliebris, mâle inconnu, 280.

Apathus, différences entre les sexes, 321.

Apatura Iris, 337, 309.

Apis mellifica, mâle grand, 307.

APOLLON, statues grecques, d', 636.

APOPLEXIE, chez le Cebus Azaræ, 636.

APPENDICES anaux, des insectes, 303.

APPROBATION, influence de l'amour de l', 117, 124, 141, 142.

Aprosmictus scapulatus, 502.

AQUATIQUES, oiseaux, fréquence chez eux du plumage blanc, 542.

Aquila chrysaëtos, 447.

ARABES, coiffure particulière et très compliquée chez les femmes, 638 ; balafres que se font les hommes sur les joues et les tempes, 628.

ARACHNIDES, 299.

ARAIGNÉES, 299-300 ; activité supérieure des mâles, 243 ; rapports des sexes, 280 ; petite taille des mâles, 300.

ARAKHAN, élargissement artificiel du front par les indigènes, 637.

Arboricola, jeunes, 514.

ARC, usage de l', 197.

Archeopteryx, 173.

ARCTIIDES, coloration des, 345.

Ardea asha, rufescens et cærulea, changements de couleur, 543.

Ardea cærulea, reproduisant dans son jeune plumage, 532.

Ardea gularis, changement de plumage, 543-544.

Ardea herodias, gestes amoureux du mâle, 417.

Ardea ludoviciana, âge auquel il revêt son plumage définitif, 531 ; croissance continue de l'aigrette et des pennes dans le mâle, 533.

Ardea nycticorax, cris de, 404.

Ardeola, jeunes de l', 514.

Ardetta, changements de plumage, 506.

ARGENTEUIL, 20.

ARGUS faisan, 420, 441, 507 ; étalage de plumes par le mâle, 434 ; taches ocellées, 471, 476 ; gradation de caractères dans l', 477.

ARGYLL, duc d', la façon des instruments spéciaux à l'homme, 86 ; sur la lutte chez l'homme entre le bien et le mal, 135 ; sur la faiblesse physique de l'homme, 65 ; sur sa civilisation primitive, 155-156 ; sur le plumage du mâle du faisan argus, 436 ;

sur *Urosticte Benjamini*, 484 ; sur les nids d'oiseaux, 497.

Argynnis aglaia, coloration de la surface inférieure, 346.

Arcoris epitus, différences sexuelles des ailes, 305.

ARRÊT de développement, 34.

ARTÈRE, effet de la ligature sur les branches voisines, 30.

ARTÈRES, variation dans le trajet des, 24.

ARTHROPODES, 292.

ARTS pratiqués par les sauvages, 193.

ASCENSION, incrustations colorées sur les rochers de l', 291.

ASCIDIA, affinités avec l'Amphioxus, 174 ; larves en forme de têtards des, 174.

ASCIDIENS, 259 ; couleurs vives de quelques, 287.

Asinus, espèces asiatiques et africaines, 600.

Asinus tæniopus, 600.

ASTÉRIES, couleurs brillantes de quelques, 287.

Ateles, effets de l'eau-de-vie sur un, 4 ; absence du pouce, 51.

Ateles beelzebuth, oreilles de l', 12.

Ateles marginatus, couleur de la collerette, 589 ; poils sur la tête, 382.

Ateuchus, stridulation chez les, 336.

Athalia, proportion des sexes chez l', 279.

ATTENTION, ses manifestations chez les animaux, 77.

AUDOUIN, V., sur un parasite hyménoptère dont le mâle est sédentaire, 243.

AUDUBON, J.-J., sur le caractère belliqueux, des oiseaux mâles, 398 ; *Tetrao cupido*, 403 ; sur *Ardea nytocorax*, 404 ; *Sturnella ludoviciana*, 403 ; organes vocaux du *Tetrao cupido*, 403 ; sur le bruit du tambour du *Tetrao umbellus* mâle, 412 ; sons produits par l'engoulevent, 412 ; sur l'*Ardea herodias* et *Cathartes jota*, 417 ; sur un changement printanier de couleur dans quelques pinsons, 431 ; sur le *Mimus polyglottus*, 451 ; sur le dindon, 458-460 ; variations dans le tangara écarlate mâle, 464 ; sur les mœurs du *Pyranga æstiva*, 497 ; sur des différences locales dans les nids des mêmes espèces d'oiseaux, 497-498 ; sur les mœurs des pics, 502 ; sur *Bombycilla carolinensis*, 506 ; sur le plumage précoce des grives, 510 ; sur le plumage précoce des oiseaux, 511 et suiv. ; sur les oiseaux qui reproduisent ayant encore leur plumage précoce, 532 ; croissance de la crête et aigrette dans le mâle *Ardea ludoviciana*, 533 ; sur les changements de couleur dans quelques espèces d'*Ardea*, 543 ; sur le spéculum du *Mergus cucullatus*, 260 ; sur le rat musqué, 594.

AUDUBON et BACHMANN, sur les combats d'écureuils, 550 ; sur le lynx du Canada, 572.

AUSTEN, N.-L., sur *Anolis cristatellus*, 390.

AUSTRALIE, destruction de métis par les indigènes, 186 ; poux des naturels de l', 186 ; n'est pas le lieu de naissance de l'homme, 169 ; prépondérance de l'infanticide du sexe femelle, 647.

AUSTRALIE MÉRIDIONALE, variation dans les crânes des indigènes, 24.

AUSTRALIENS, couleur des nouveau-nés, 610 ; taille relative des sexes, 611 ; femmes étant une cause de guerre chez les, 614.

AUTRUCHE, africaine, sexes et incubation, 526.

AUTRUCHES, raies des jeunes, 510.

AVANCEMENT, dans l'échelle organique, d'après la définition de von Baer, 178.

AVORTEMENT, usage prévalant de l', 45.

AXIS CERF, différence sexuelle de couleur, 588.

AYMARAS, mesures des, 32 ; absence de cheveux blancs, 611 ; visage imberbe des 613 ; longueur de leurs cheveux, 635.

AZARA, proportion entre les hommes et les femmes chez les Guaranys, 268 ; *Palamedea cornuta*, 400 ; barbes des Guaranys, 613 ; luttes des Guanas pour les femmes, 614 ; sur l'infanticide, 632 ; sur la polyandrie parmi les Guanas, 649 ; le célibat est inconnu chez les sauvages de l'Amérique du Sud, 649 ; liberté du divorce chez les Charruas, 654.

B

BABBAGE, C., sur la proportion plus grande de naissances illégitimes féminines, 269.

BANDES, de couleurs, conservées dans des groupes d'oiseaux, 468 ; leur disparition chez les mâles adultes, 599.

BABIROUSSA, défense du, 569.

BABOUIN, utilisant un paillasson pour s'abriter du soleil, 87 ; manifestation de mémoire, 77 ; protégé par ses camarades, 110 ; fureur excitée par une lecture, 74.

BABOUIN DU CAP, crinière du mâle, 572 ; Hamadryas, crinière du mâle, 572.

BABOUINS, effets des liqueurs spiritueuses sur les, 4 ; oreilles, 12 ; manifestation d'affection maternelle, 72 ; emploi de pierres et bâtons comme armes, 85 ; coopération, 107 ; silence observé dans leurs expéditions de vol, 111 ; diversité de leurs facultés mentales, 25 ; leurs mains, 50 ; habitudes, 51 ; variabilité de la queue, 58 ; polygamie apparente, 237 ; habitudes polygames et sociales, 51.

BACMAN, docteur, fécondité des mulâtres, 186.

BAER, K.-E. von, développement embryonnaire, 7 ; définition du progrès dans l'échelle organique, 178.

BAGEHOT, W., sur les vertus sociales chez les hommes primitifs, 125 ; la valeur de l'obéissance, 140 ; le progrès humain, 143 ; sur la persistance des races sauvages dans les temps classiques, 201.

BAILLY, E.-M., sur les combats des cerfs, 560 ; sur le mode de combat du buffle italien, 558.

BAIN, A., sur le sentiment du devoir, 103 ; l'aide provenant de la sympathie, 109 ; sur l'amour de l'approbation, etc., 113, 117 ; sur l'idée de beauté, 639.

BAIRD, W., différence de couleur entre les mâles et les femelles de quelques Entozoaires, 287.

BAKER, M., observation sur la proportion des sexes chez les petits des faisans, 273.

BAKER, Sir S., amour des Arabes pour la musique discordante, 417 ; différences sexuelles des couleurs chez une antilope, 587 ; chevaux gris ou blancs attaqués par l'éléphant et le rhinocéros, 592 ; sur les défigurations en usage chez les nègres, 593 ; balafres que les Arabes se font sur les joues et les tempes, 628 ; coiffures des Africains du Nord, 629 ; perforation de la lèvre inférieure chez les femmes de Latouka, 630 ; caractères distinctifs de la coiffure des tribus de l'Afrique centrale, 631; sur la coiffure des femmes arabes, 638.

BALS du Tétras noir, 399, 443.

BANDES, colorées, conservées dans certains groupes d'oiseaux, 468; leur disparition chez les mâles adultes, 598.

BANTAM, Sebright, 231.

BANTENG, cornes du, 555; différences sexuelles dans les couleurs du, 588.

BANYAI, couleur des, 634.

BARBARISME, primitif, des nations civilisées, 155.

BARBE, développement de la, chez l'homme, 608; son analogie dans l'homme et les quadrumanes, 610; variations de son développement dans les diverses races humaines, 612; appréciation de cet appendice chez les nations barbues, 636; son origine probable, 659.

BARBE, chez les singes, 164.

BARBES, des plumes filamenteuses chez certains oiseaux, 420-421.

BARBUS, (Capitonidis), couleurs et nidification des, 500.

BARR, M., sur la préférence sexuelle chez les chiens, 575.

BARRINGTON, Daines, langage des oiseaux, 91; gloussement de la poule, 402; but du chant des oiseaux, 403; chant des femelles, 405; sur les oiseaux apprenant le chant d'autres oiseaux, 405; sur les muscles du larynx dans les oiseaux chanteurs, 406; sur le manque de puissance de son chez les femelles, 404.

BARROW, sur les oiseaux mâles, 441.

BARTLETT, A.-D., sur le Tragopan, 241; développement des ergots dans *Crossoptilon auritum*, 259; combats entre mâles de *Plectropterus gambensis*, 400; sur la houppe, 428; étalage chez les mâles, 432; étalage des plumes chez le mâle *Polyplectron*, 431; sur le *Crossoptilon auritum* et *Phasianus Vallichii*, 438; sur les mœurs du *Lophophorus*, 460; couleur de la bouche dans *Buceros bicornis*, 466; sur l'incubation du casoar, 525; sur le buffle du Cap, 559; sur l'usage des cornes dans les antilopes, 559; sur les combats des Phacochères mâles, 571; sur l'*Ammotragus tragelaphus*, 582; couleurs du *Cercopithecus cephus*, 589; sur les couleurs du visage des singes, 641; sur les surfaces nues chez les singes, 657.

BARTRAM, sur les assiduités de l'alligator mâle, 386.

BASQUE, langage très artificiel, 96-97.

BASSIN, différence du, dans les deux sexes, 609.

BATE, C.-S., sur l'activité supérieure des crustacés mâles, 242; proportions dans les sexes chez les crabes, 281; sur les pinces des crustacés, 295; grosseur relative des sexes chez les crustacés, 297; sur leurs couleurs, 298.

BATES, H.-W., variations dans la forme de la tête des Indiens de l'Amazone, 26; sur la proportion entre les sexes des papillons de l'Amazone, 275-276; différences sexuelles dans les ailes des papillons, 305; sur le grillon des champs, 312; sur le *Pyrodes pulcherrimus*, 324; sur les cornes des coléoptères lamellicornes, 328; sur les couleurs des *Epicaliæ*, etc., 339; sur la coloration des papillons tropicaux, 342; sur la variabilité des *Papilio Sesostris* et *Childrenæ*, 351; sur des papillons habitant des stations différentes suivant leurs sexes, 351; sur l'imitation, 355; sur la chenille d'un *Sphinx*, 358 sur les organes vocaux du *Cephalopterus*, 410; sur les Toucans, 540; sur le *Brachyurus calvus*, 601.

BATOKAS, font sauter leurs deux incisives supérieures, 629.

BATONS, employés comme outils et armes par les singes, 85.

BATRACIENS, 384; ardeur du mâle, 243.

BEAU, goût pour le, chez les oiseaux, 449; et chez les quadrumanes, 593.

BEAUTÉ, sentiment de la, chez les animaux, 98; son appréciation par les oiseaux, 452; son influence, 627.

BEAVAN, lieut., sur le développement des cornes chez le *Cervus Eldi*, 257.

BEC, différences sexuelles dans sa forme, 394; dans sa couleur, 420; présente de vives couleurs chez quelques oiseaux, 541.

BECS-CROISÉS, caractères des jeunes, 510.

BÉCASSE, bruit de tambour de la, 412-413; sa coloration, 540; arrivée du mâle avant la femelle, 232; mâle belliqueux, 396; double mue, 427.

BÉCASSINE, double *(scolopax major)*, assemblées de la, 444.

BECHSTEIN, oiseaux femelles choisissant les meilleurs chanteurs parmi les mâles, 404; rivalité chez les oiseaux chanteurs, 404; chant des oiseaux femelles, 401; acquisition du chant d'un autre oiseau, 406; sur une sous-variété du pigeon moine, 469; poules à ergots, 492.

BEDDOE, docteur, causes des différences de taille, 29.

BELGIQUE, anciens habitants de la, 199.

BÉLIER, mode de combat du, 557; crinière d'un africain, 584; à queue grasse, 584.

BELL, Sir C., muscles grandeurs des, 40; muscles sur la main, 51.

BELL, T., proportion numérique des sexes chez la taupe, 272; sur les tritons, 383; sur le coassement de la grenouille, 385; différence de coloration des sexes dans *Zootoca vivipara*, 393; combats de taupes, 550.

BENNETT, A.-W., sur les mœurs du *Dromæus irroratus*, 526.

BENNETT, docteur, oiseaux de paradis, 431.

BERNACHE, mâle s'étant apparié avec une oie du Canada, 454.

Bernicla antarctica, couleurs de la, 541.

BÉTAIL, domestique, différences sexuelles se développant tardivement, 259; son augmentation rapide dans l'Amérique du Sud, 46; cornes du, 258, 587; proportion numérique des sexes, 271.

BETTONI, E., différences locales des nids d'oiseaux en Italie, 500.

BHOTEAS, couleur de la barbe des, 611.

Bhringa, rectrices disciformes du, 430.

Bibio, différences sexuelles dans le genre, 308.

BICHAT, sur la beauté, 639.

BIENVEILLANCE, manifestée par les oiseaux, 449.

BILE, colorée, chez beaucoup d'animaux, 288.

BIMANES, 162.

Birgus latro, mœurs du, 297.

BIRKBECK, M., aigles dorés trouvant de nouvelles compagnes, 447.

BISCHOFF, prof., accord entre le cerveau humain et celui de l'orang, 2; figure de l'embryon du chien, 6; circonvolutions cérébrales du fœtus humain, 7-8 ; différence entre les crânes de l'homme et des quadrumanes, 162 ; sur les circonvolutions cérébrales de l'homme et des singes, 219.

BISHOP, J., organes vocaux des grenouilles, 385 ; organes vocaux des oiseaux du genre corbeau, 407 ; trachée du *Merganser*, 410.

BISON américain, crinière du mâle, 572.

Biziura lobata, odeur musquée du mâle, 394 ; sa grosseur, 398.

BLAKWALL, J., langage de la pie, 95 ; hirondelles abandonnant leurs jeunes, 115 ; activité supérieure des araignées mâles, 242 ; proportion des sexes chez les araignées, 280 ; variations sexuelles de couleur chez ces animaux, 299 ; araignées mâles, 300-301.

BLAINE, sur les affections des chiens, 575.

BLAIR, docteur, disposition des Européens à avoir la fièvre jaune, 213.

BLAKE, C.-C., sur la mâchoire de la Naulette, 39.

BLAKISTON, cap., sur la bécasse américaine, 414 ; danses du *Tetrao phasianellus*, 417.

BLASIUS, docteur, sur les espèces d'oiseaux européens, 462.

Bledius taurus, appendices cornus du mâle, 412.

BLENKIRON, M., préférences sexuelles chez le cheval, 575.

BLENNIES, crête se développant pendant la saison de reproduction, sur la tête des mâles, 372.

Blethisa multipunctata, stridulation chez la, 333.

BLOCH, proportion des sexes dans les poissons, 274.

BLUMENBACH, sur l'homme, 26 ; grosseur des cavités nasales chez les indigènes de l'Amérique, 32 ; situation de l'ho ume, 162 ; sur le nombre des espèces humaines, 190.

BLYTH, E., observations sur les corbeaux indiens, 109 ; structure de la main dans les *Hylobates*, 51 ; différences sexuelles de couleur dans le *Hylobates hoolock*, 589 ; caractère belliqueux des mâles de la *Gallinula cristata*, 396 ; présence d'ergots dans la femelle *Euplocamus erythrophthalmus*, 400 ; sur le caractère belliqueux de l'amadavat, 402 ; sur le bec en cuiller, 411 ; mues de l'*Anthus*, 429 ; mues chez les outardes, pluviers et *Gallus bankiva*, 430 ; sur la buse (*Pernis cristata*) de l'Inde, 464 ; différences sexuelles dans la coloration des yeux des callaos, 466 ; sur l'*Oriolus melanocephalus*, 505 ; sur le *Palæornis javanicus*, 506 ; sur le genre *Ardetta*, 506 ; sur le faucon pèlerin, 506 ; sur de jeunes oiseaux femelles prenant des caractères masculins, 507 ; sur le plumage des oiseaux non adultes, 510 ; espèces représentatives d'oiseaux, 514 ; sur les jeunes *Turnix*, 522-523 ; jeunes anormaux de *Lanius rufus* et *Columbus glacialis*, 530 ; sur les sexes et les jeunes des moineaux, 530 ; dimorphisme chez quelques hérons, 532 ; orioles reproduisant ayant encore leur jeune plumage, 532 ; sur les deux sexes et les jeunes de *Buphus* et *Anastomus*, 534 ; sur les jeunes de la fauvette à tête noire et du merle, 534 ; sur le plumage blanc de l'*Anastomus*, 542 ; sur les cornes de l'*Antilope bezoartica*, 554 ; sur les cornes des bêtes bovines, 555 ; sur la manière de combattre de l'*Ovis cycloceros*, 558 ; sur la voix des Gibbons, 578 ; sur la crête du bouc sauvage, 582 ; couleurs du *Portax picta*, 587 ; couleurs de l'*Antilope bezoartica*, 587 ; sur le développement des cornes dans les antilopes Koudou et Eland, 596 ; couleur du cerf axis, 598 ; sur le cerf-cochon (*Hyelaphus porcinus*), 599 ; sur un singe dont la barbe est devenue blanche avec l'âge, 610-611.

BOHÉMIENS, uniformité des, dans toutes les parties du monde, 212.

BOITARD et Corbié, transmission des particularités sexuelles chez les pigeons, 253 ; antipathie que quelques femelles de pigeons éprouvent pour certains mâles, 458.

BOLD, M., chant d'un canari hybride et stérile, 405.

BOMBET, variabilité du type de beauté en Europe, 652.

ROMBUS, différence dans les sexes du, 321.

BOMBICIDÆ, leur coloration, 344 ; leur appariage, 349.

Bombycilla carolinensis, appendices rouges du, 506.

Bombyx cynthia, 306 ; proportion des sexes, 275, 278 ; appariage du, 349.

Bombyx mori, différence de grosseur entre les cocons mâles et femelles, 306 ; appariage, 350.

Bombyx Pernyi, proportion des sexes de, 278.

Bombyx Yamamai, 306 ; M. Personnat, sur le, 276 ; proportion des sexes, 278.

BONAPARTE, C.-L., sur les notes d'appel du dindon sauvage, 411.

BOND, F., sur des corbeaux ayant renouvelé leurs femelles, 446.

BONER, C., transmission à une vieille femelle de chamois de caractères mâles, 553 ; sur les bois du cerf commun, 561 ; mœurs des mâles, 566 ; appariage du cerf, 573.

BONNET-CHINOIS (*Macacus radiacus*), 164.

BOOMERANG, 157.

Boreus hyemalis, rareté du mâle, 280.

BORY SAINT-VINCENT, nombre d'espèces humaines, 191 ; couleurs du *Labrus pavo*, 376.

Bos gaurus, cornes du, 555.

Bos primigenius, 550.

Bos sondaicus, cornes du, 555 ; couleurs du, 588.

BOSCHIMANE, cerveau d'une femme, 183 ; coutumes nuptiales, 655 ; ornementation exagérée d'une femme, 632.

BOSCHIMANS, 66.

BOTOCUDOS, 156 ; genre de vie des, 216 ; leur habitude de se défigurer les oreilles et la lèvre inférieure, 629.

BOURBON, proportion des sexes chez une espèce de *Papilio* de l'île, 276.

BOURIEN, coutumes nuptiales des sauvages de l'archipel Malais, 654.

BOUVREUIL, différences sexuelles dans le, 240 ; chant de la femelle, 404 ; assiduités auprès des femelles, 438-439 ; veuf, se réappariant, 447 ; attaquant un bruant (*Emberiza schœniclus*), 452 ; on vérifie le sexe des jeunes dans le nid en arrachant des plumes pectorales, 532 ; distingue les personnes, 450 ; rivalité entre femelles, 460.

BOVIDES, fanons des, 584.

BRACHIOPODES, 289.

BRACHYCÉPHALIQUE, explication possible de la conformation, 57.

BRACHYURA, 297.

Brachyurus calvus, visage-écarlate du, 604.

BRAKENRIDGE, docteur, sur l'influence du climat, 30.

BRAS, proportion des, chez les soldats et les matelots, 30; direction des poils sur les, 165.

BRAS et mains, l'usage libre des deux organes est en corrélation indirecte avec la diminution des canines, 53.

BRAUBACH, professeur, sentiment quasi religieux qu'éprouve le chien pour son maître, 102; sur la contrainte du chien vis-à-vis de lui-même, 110.

BRAUER, F., dimorphisme chez le *Neurothemis*, 320.

BREHM, effets des liquides spiritueux sur les singes, 4; reconnaissance des femmes par les *Cynocéphales* mâles, 5; vengeance des singes, 72; manifestations d'affection maternelle chez les singes, 72; leur terreur instinctive des serpents, 75; babouin se servant d'un paillasson pour s'abriter du soleil, 87; usage de pierres comme projectiles par les babouins, 86; cris de signaux des singes, 92; des sentinelles qu'ils postent, 107; la coopération des animaux, 107; cas d'un aigle attaquant un jeune cercopithèque, 108; babouins captifs évitant la punition de l'un d'eux, 110; habitudes des babouins lorsqu'ils sont en expédition pour un pillage, 111; diversité dans les facultés mentales des singes, 25; mœurs des babouins, 51; polygamie chez les *Cynocephalus* et *Cebus*, 237-238; sur la proportion numérique des sexes chez les oiseaux, 273; sur la danse d'amour du tétras noir, 399; sur *Palamedea cornuta*, 400; sur les mœurs du petit tétras, 402; sons produits par les oiseaux du paradis, 412; assemblées de grouses, 444; oiseaux se réappariant, 448; combats entre sangliers sauvages, 568; mœurs du *Cynocephalus amadryas*, 646.

BRÈME, proportion des sexes dans la, 275.

BRENT, M., cour que se font les espèces gallines, 457.

BRÉSIL, crânes trouvés dans des cavernes du, 184; population du, 190; compression du nez chez les indigènes, 638.

BRESLAU, proportion numérique des naissances masculines et féminines, 267.

BRIDGMAN, Laura, 93.

BROCA, professeur, sur l'existence du trou supra-condyloïde dans l'humérus humain, 19; capacité des crânes parisiens à différentes périodes, 55; influence de la sélection naturelle, 62; sur l'hybridité chez l'homme, 186; restes humains des Eyzies, 199; cause de la différence entre les Européens et les Indiens, 211.

BROCHET mâle dévoré par les femelles, 274.

BROCHET américain, mâle du, vivement coloré pendant la saison de reproduction, 374.

BRODIE, Sir B., origine du sens moral chez l'homme, 104.

BRONN, H. G., copulation d'insectes d'espèces distinctes, 303.

BRONZE, période du, hommes en Europe de la, 138.

BROWN, R., les sentinelles postées par les phoques, généralement femelles, 107; combats entre phoques, 550; sur le narval, 551; absence occasionnelle des défenses chez la femelle du morse, 552; sur le phoque à capuchon (*Cystophora cristata*), 579; couleurs des sexes dans la *Phoca groenlandica*, 586; amour de la musique chez les phoques, 621; plantes que les femmes de l'Amérique du Nord emploient comme philtres, 632.

BRUANT des roseaux (*Emberiza shœniclus*), plumes de la tête chez le mâle, 440; attaqué par un bouvreuil, 452.

BRUANTS, caractères des jeunes, 510.

BRUCE, usage des défenses de l'éléphant, 557.

BRULERIE, P. de la, mœurs de l'*Ateuchus cicatricosus*, 330; stridulation de l'*Ateuchus*, 336.

BRUNNICH, corbeaux-pies des îles Féröe, 465.

BRYANT, capit., sur la mode de courtiser du *Collorhinus ursinus*, 573.

Bubas bison, projection thoracique du, 327.

Bucephalus capensis, différence de couleur des sexes, 386.

Buceros, nidification et incubation, 498.

Buceros bicornis, différences sexuelles dans la coloration du casque, bec et bouche, 466.

Buceros corrugatus, différence sexuelle dans le bec, 420.

BUCHNER, sur l'emploi du pied humain comme organe préhensile, 52; mode de progression des singes, 52-53.

BUCKINGHAMSHIRE, proportion numérique des naissances mâles et femelles dans le, 267.

BUCKLAND F., proportion numérique des sexes chez le rat, 272; chez la truite, 274; sur *Chimœra monstrosa*, 372.

BUCKLAND, W., complication des crinoïdes, 97.

BUCKLER, W., proportion des sexes chez les Lépidoptères élevés par, 278.

Bucorax abyssinicus, gonflement des caroncules ou du mâle, pendant qu'il courtise la femelle, 420.

Budytes Raii, 232.

BUFFLE du Cap, 559; indien, cornes du, 555; italien, mode de combattre du, 558

BUFFON, nombre d'espèces chez l'homme, 190.

BUIST, R., proportion des sexes chez le saumon, 274; caractère belliqueux du saumon mâle, 366.

BULBUL, caractère belliqueux du mâle, 395; son étalage des plumes qui sont sous les couvertes, 440.

Buphus corromandus, sexes et jeunes, 534; changement de couleur, 513.

BURCHELL, docteur, sur le zèbre, 598; exagération d'une femme boschimane dans son ornementation, 632; célibat inconnu chez les sauvages du sud de l'Afrique, 649; coutumes de mariage des femmes boschimanes, 655.

BURKE, nombre d'espèces d'hommes, 191.

BURTON, capit., idées des nègres sur la beauté féminine, 634; sur un idéal universel de beauté, 637.

BUSE, indienne (*Pernis cristata*), variation dans la crête du, 464.

BUSK, G., prof., sur l'existence du trou supra-condyloïde de l'humérus humain, 19.

BUTLER, A.-G., différences sexuelles sur les ailes de *Aricoris epitus*, 305; coloration des sexes dans les espèces de *Thecla*, 340; ressemblance de *Iphias glaucippe* à une feuille, 344; rejet de certaines phalènes et chenilles par les lézards et grenouilles, 359.

BUTORS nains, coloration des sexes, 506.

BUXTON, C., observations sur les perroquets, 108; sur un exemple de bienveillance chez un perroquet, 450.

C

CACATOÈS, 540-542; bâtissant leur nid, 450; plumage jeune des noirs, 512.

CACHALOT, tête du mâle très grosse, 552; combats entre mâles, 550.

CADENCE musicale, perception par les animaux de la, 623.

CAFÉ, goût des singes pour le, 4.

CAFRE, diastème existant dans le crâne, 39.

CAFRES, poux des, 185; leur couleur, 634; possession des femmes les plus belles par les chefs, 651; coutumes nuptiales des 655.

Cairina moschata, mâle fort belliqueux, 397.

CALAO d'Afrique, gonflement des caroncules du cou lorsqu'il courtise la femelle, 420.

CALAOS, différence sexuelle dans la couleur des yeux, 466; leur nidification et incubation, 498.

Callianassa, pinces du, 294.

Callionymus lyra, caractères du mâle, 369.

Callorhinus ursinus, grandeur relative des sexes, 566; leur mode de se courtiser, 573.

Caiotes nigrilabris, différence sexuelle de couleur, 393.

CAMBRIDGE, O. Pickard, sexes des araignées, 280.

CAMÉLÉONS, 391.

CAMPBELL, J., sur l'éléphant indien, 239; proportion entre les naissances mâles et femelles dans les harems de Siam, 270.

Campylopterus hemileucurus, 274.

CANARD, arlequin, âge où il revêt le plumage adulte, 531; se reproduit déjà dans son plumage antérieur, 532.

CANARD à longue queue (Harelda glacialis); préférence du mâle pour certaines femelles, 461.

CANARD (Querquedula acuta), sarcelle s'appariant avec un siffleur (Mareca penelope), 454.

CANARD musqué d'Australie, 394; grande taille du mâle, 396; de Guyane, caractère belliqueux du mâle, 396.

CANARD, voix du, 408; appariage avec un tadorne (Tadorna vulpanser) mâle, 454; plumage jeune du, 512.

CANARD sauvage, ses différences sexuelles, 241; miroir et caractères mâles du, 259; appariage avec une sarcelle, 454.

CANARDS, reconnus par les chiens et les chats, 451; sauvages, deviennent polygames sous l'influence de la domestication, 241.

CANARIS, polygamie des, 241; changement de plumage après la mue, 261-262; sélection par la femelle du mâle chantant le mieux, 403-404; chant d'un hybride stérile, 405; chant chez la femelle, 404; choix d'un verdier, 455; appariage avec un tarin, 455; reconnaissent les personnes, 451.

CANDOLLE, de, Alph., cas de mobilité du scalpe, 10.

CANESTRINI, G., caractères rudimentaires, 8; mobilité de l'oreille chez l'homme, 11; variabilité de l'appendice vermiforme, 18; division anormale de l'os malaire, 37; conditions anormales de l'utérus humain, 37; persistance chez l'homme de la suture frontale, 37; proportion des sexes chez le ver à soie, 275.

CANINES, dents, chez l'homme, 39; diminution chez l'homme, les chevaux, et dispa-

rition chez les Ruminants mâles, 54; étaient fortes chez les premiers ancêtres de l'homme, 175; développement inverse avec celui des cornes, 564.

CANOTS, usage de, 48.

Cantharis, différence de couleur des deux sexes d'une espèce de, 324.

CAPITONIDÉS, couleur et indication des, 500.

Capra ægagrus, 558; crête du mâle, 582; différence sexuelle de couleur, 588.

Capreolus Sibiricus subecaudatus, 595.

CAPRICE, commun à l'homme et aux animaux, 99.

Caprimulgus, bruit que font avec leurs ailes les mâles, 412.

Caprimulgus virginianus, appariage du, 402.

CARABIDES, vives couleurs des, 653.

CARACTÈRES mâles, développés chez les femelles, 251; exagération artificielle par l'homme des caractères naturels, 637; sexuels secondaires, transmis par les deux sexes, 250.

CARACTÈRES mentaux, différence des, dans les diverses races humaines, 193-194.

CARACTÈRES ornementaux, leur égale transmission dans les deux sexes chez les mammifères, 594; chez les singes, 601.

CARACTÈRES sexuels secondaires, 227; rapports de la polygamie avec les, 237; gradation des, chez les oiseaux, 471; transmis par les deux sexes, 250.

CARBONNIER, hist. naturelle du brochet, 274; grosseur relative des sexes chez les poissons, 369.

Carcineutes, différence sexuelle de couleur, 502.

Carcinus mœnas, 295, 297.

Carduelis elegans, différences sexuelles du bec, 395.

CARNIVORES marins, habitudes polygames, 239; différences sexuelles de couleur, 586.

CAPRE, proportion numérique des sexes, 275.

CARR, R., sur le vanneau huppé, 402.

CARUS, V., prof., développement des cornes chez le mérinos, 258.

CASOAR, sexes et incubation du, 525.

CASTOR, instinct et intelligence du, 69; voix du, 580; castoréum du, 580; combats des mâles, 549.

CASTORÉUM, 580.

Casuarius galeatus, 525.

CATARACTE, chez un Cebus azaræ, 3.

CATARRHE, le Cebus azaræ sujet au, 3.

CATARRHINIENS, singes, 166.

Cathartes aura, 456.

Cathartes jota, gestes amoureux du mâle, 417.

CATLIN, G., développement de la barbe chez les Indiens de l'Amérique du Nord, 613; grande longueur de la chevelure dans quelques tribus de l'Amérique du Nord, 635.

CATON, J.-D., développement des cornes chez les Cervus virginiamus et strongyloceros, 257; sur la présence de vestiges de cornes chez la femelle du wapiti, 554; combats de cerfs, 561; crête du wapiti mâle, 582; couleur du cerf de Virginie, 587; différences sexuelles du wapiti, 588; taches du cerf de Virginie, 599.

CAUDALES, vertèbres, nombre dans les macaques et les babouins, 58; occlusion de leur base dans le corps des singes, 59-60.

CAVITÉS sous-orbitaires des Ruminants, 580;

Cebus, affection maternelle chez un, 72; graduation des espèces de, 191.

Cebus Azaræ, sujet aux mêmes maladies que l'homme, 3; sons distincts qu'il produit, 89; précocité de la femelle du, 610.

Cebus capucinus, polygame, 238; différences sexuelles de couleur, 589; chevelure céphalique du, 602.

Cebus vellerosus, cheveux sur la tête du, 602.

CÉCIDOMYIDES, proportion des sexes, 279.

CÉLIBAT, inconnu parmi les sauvages de l'Afrique et de l'Amérique méridionale, 649.

CÉPHALOPODES, absence de caractères sexuels secondaires, 290.

Chephalopterus ornatus, 409.

Cephalopterus penduliger, 410.

Cerambyx heros, organe stridulant, 333.

Ceratophora aspera, appendices nasaux, 391.

Ceratophora Stoddartii, corne nasale du, 391.

Cerceris, mœurs du, 321.

Cercosebus æthiops, favoris, etc., 602.

Cercopithecus jeune, pris par un aigle et délivré par la bande, 107; définition des espèces de 151.

Cercopithecus cephus, différences sexuelles de couleur, 589, 604.

Cercopithecus cynosurus et griseoviridis, couleur du scrotum dans les, 589.

Cercopithecus Diana, différences sexuelles de coloration, 589, 605.

Cercopithecus griseoviridis, 107.

Cercopithecus petaurista, favoris, etc., de, 603.

CERF, taches des jeunes, 509; bois des. 552, 556; leurs dimensions, 565; femelle s'appariant avec un mâle tandis que d'autres se battent pour elle, 573; mâle attiré par la voix de la femelle, 577; odeur émise par le mâle, 580; développement des bois, 257; bois d'un cerf en voie de modification, 563.

CERF axis, différence sexuelle dans la couleur, 588.

CERF mantchourien, 598.

CERF virginien, 587; sa couleur n'est pas affectée par la castration, 587; couleurs du, 588.

Ceriornis Temminckii, gonflement des caroncules pendant qu'il fait sa cour, 402.

CERVEAU humain, concordance du, avec celui des animaux inférieurs, 2; circonvolutions du, dans l'embryon humain, 7; plus grand chez quelques mammifères actuels que chez leurs prototypes tertiaires, 85; rapports entre son développement et les progrès du langage, 93; maladie du, affectant la parole, 93; influence du développement des facultés mentales sur le volume du, 55; influence de son accroissement sur la colonne épinière et le crâne, 56; différence des circonvolutions dans les diverses races humaines, 182.

Cervulus, armes du, 564.

Cervulus moschatus, cornes rudimentaires de la femelle, 553.

Cervus alces, 257.

Cervus campestris, odeur du, 580.

Cervus canadensis, traces de cornes chez la femelle, 554; attaque l'homme, 561; différence sexuelle dans la couleur, 588.

Cervus elaphus, bois avec de nombreuses pointes, 560.

Cervus Eldi, 257.

Cervus mantchuricus, 598.

Cervus paludosus, couleurs du, 588.

Cervus strongyloceros, 257.

Cervus virginianus, 257; bois de, en voie de modification, 563.

Ceryle, mâle à bande noire dans quelques espèces, 501.

CÉTACÉS, nudité des, 57.

CEYLAN, absence fréquente de barbe chez les indigènes de, 612.

CHACAL, apprenant par les chiens à aboyer, 75.

Chalcophaps indicus, caractères des jeunes, 510.

Chalcosoma atlas, différences sexuelles, 325.

CHALEUR, effets supposés de la chaleur, 29-30.

Chamæleon, différences sexuelles dans le genre, 391.

Chamæleon bifurcus, 391.

Chamæleon Owenii, 392.

Chamæpetes unicolor, rémige modifiée dans le mâle, 414.

CHAMEAU, dents canines du mâle, 551.

CHAMOIS, signaux de danger, 107; transmission à une femelle âgée de caractères mâles, 553.

CHANT des oiseaux mâles, son appréciation par les femelles, 98; son absence chez les oiseaux à plumage éclatant, 439; des oiseaux, 494; constituant une attraction pendant la saison des amours, 681.

CHANT des Cicadés et Fulgorides, 310; des rainettes, 385; des oiseaux, son but, 403.

CHAPUIS, docteur, transmission de particularités sexuelles chez les pigeons, 253; sur des pigeons belges rayés, 262, 489.

Charadrius hiaticula et pluvialis, sexes et jeunes de, 533.

CHARDIN, sur les Perses, 641.

CHARDONNERET, 407, 430; proportion des sexes, 273; différences sexuelles du bec dans le, 395; cour du mâle, 439.

CHARDONNERET, de l'Amérique du Nord, jeune du, 534.

CHARMES, portés par les femmes, 631.

CHARRUAS, liberté de divorce chez les, 654.

Chasmorhynchus, différence de couleurs dans les sexes, 426; couleurs du, 541.

CHASTETÉ, appréciation précoce de la, 128;

CHAT, rêvant, 77-78; tricolore, 253, 255, 261; corps enroulé dans la queue d'un, 20-21; exité par la valériane, 581; ses couleurs, 591.

CHAUVE-SOURIS, différences sexuelles de couleur, 586.

CHÉIROPTÈRES, absence de caractères sexuels secondaires dans les, 239.

CHÉLONIENS, différences sexuelles, 385.

Chenalopex ægyptiacus, tubercules des ailes du, 400.

CHENILLES, vives couleurs des, 359.

Chera progne, 430, 459.

CHEVAL, polygame, 238; canines chez le mâle, 551; changement pendant l'hiver, 595; extinction dans l'Amérique du Sud du cheval fossile, 201; sujet aux rêves, 78; accroissement rapide dans l'Amérique méridionale, 46; diminution des canines, 54; des îles Falkland et des Pampas, 198; proportion numérique des sexes, 269; plus clair en hiver en Sibérie, 252; préférences sexuelles, 576; s'appariant de préférence avec ceux de même couleur, 592; autrefois rayé, 600.

CHEVEUX, développement chez l'homme, 16; leur caractère supposé être déterminé par la chaleur et la lumière, 30; leur distribution, 57, 656; changés peut-être dans un but d'ornement, 51; arrangement et direction des, 164; des premiers ancêtres de l'homme, 175; leur structure différente dans les races distinctes, 182-

183 ; corrélation entre ·la couleur des cheveux et celle de la peau, 217 ; leur développement chez les Mammifères, 582; leur arrangement chez divers peuples, 629 ; leur longueur extrême dans quelques tribus de l'Amérique du Nord, 634 ; leur allongement sur la tête humaine, 659.

CHÈVRE, mâle sauvage, tombant sur ses cornes, 557 ; odeur émise par le bouc, 580 ; sa crête dans l'état sauvage, 582 ; de Berbura, crinière, fanon, etc., du mâle, 584 ; kemas, différence sexuelle dans la couleur, 588 ; différences sexuelles dans les cornes, 252 ; cornes. 258-259, 554 ; différences sexuelles se développant tardivement chez la chèvre domestique, 261 ; barbes de, 582 ; mode de combattre, 557.

CHEVREUIL, changement d'hiver chez le, 595.

CHEVROTAIN musqué, canines du mâle. 262-279 ; organes odoriférants du mâle, 580 ; modification de la robe pendant l'hiver, 595.

CHEVROTAINS, dents canines des, 564.

Chiasognathus, stridulation du, 336.

Chiasognathus Grantii, mandibules de, 330.

CHIENS, atteints de fièvre tierce, 4 ; mémoire chez les, 77 ; progrès faits en qualités morales chez les chiens domestiques, 84 ; sons distincts émis par les, 89 ; parallélisme entre l'affection qu'il ressent pour son maitre et le sentiment religieux, 102 ; sociabilité du, 106 ; sympathie d'un chien pour un chat malade, 109 ; sympathie pour son maître, 110 ; utilité possible des poils couvrant les pattes antérieures du, 164 ; races de, 193 ; s'éloignant entre eux lorsqu'ils arrivent avec le traîneau sur la glace mince, 78 ; rêves des, 77 ; leur faculté raisonnante, 82 ; ils ont une conscience, 110 ; proportion numérique de naissances mâles et femelles, 271 ; affection sexuelle entre individus, 574 ; hurlements provoqués par certaines notes, 622 ; habitude de se vautrer dans les immondices, 581.

CHILOE, pou des indigènes de, 185 ; population de, 189.

Chimœra monstrosa, apophyse osseuse sur la tête du mâle, 372.

CHIMÉROÏDES, poissons, organes préhensiles des mâles, 364.

CHIMPANZÉ, 613 ; oreilles du, 11 ; platesformes qu'il construit, 68 ; noix qu'il casse avec une pierre, 85 ; ses mains, 50 ; absence d'apophyses mastoïdes, 53 ; direction des poils sur les bras, 164 ; évolution supposée du, 194 ; mœurs polygames et sociales du, 645.

CHINE du Nord, idée de la beauté féminine, 632.

CHINE méridionale, habitants de la, 216.

CHINOIS, usage d'instruments de silex chez les, 157 ; difficulté de distinguer les races des, 182-183 ; couleur de la barbe, 611 ; défaut général de barbe, 612 ; opinion des, sur l'aspect des Européens et des Cingalais, 633 ; compression des pieds, 638.

CHINSURDI, opinion de, sur la barbe, 636.

Chlamydera maculata, 416.

Chloephaga, coloration des sexes, 505.

Chlorocœlus Tanana (figuré), 313.

CHORDA DORSALIS, 174.

CHOU, papillons du, 342-343.

CHOUCAS, bec rouge du, 540.

CHROMIDÉS, protubérance frontale du mâle,

374 ; différences sexuelles de couleur, 380.

Chrysemys picta, longues griffes du mâle, 385.

Chrysococcyx, caractères des jeunes, 510.

CHRYSOMÉLIDES, stridulation chez les, 332.

Cicada pruinosa, 311.

Cicada septemdecim, 310.

CICADÉES, chants des, 310 ; organes de sons rudimentaires chez les femelles, 310.

Cichla, protubérance frontale du, 372.

CIGOGNE noires, différences sexuelles dans les brouches de la, 411 ; son bec rouge, 540.

CIGOGNES, 540 ; différences sexuelles dans la couleur des yeux des, 466.

CILS, arrachements des cils pratiqués par les Indiens du Paraguay, 635.

CIMETIÈRE du Sud, Paris, 19-20.

CINCLE, couleurs et modification du, 499.

Cincloramphus cruralis, grandeur du mâle, 393.

Cinclus aquaticus, 499.

CINGALAIS, opinion des Chinois sur l'aspect des, 632.

CIRRIPÈDES, mâles complémentaires des, 227.

CIVILISATION, effets de la sélection naturelle, 144 ; son influence sur la concurrence des nations, 200.

CLAPARÈDE, E., sélection naturelle appliquée à l'homme, 48.

CLARKE, coutumes nuptiales des Kalmucks, 654.

CLASSIFICATION, 160.

CLAUS, C., sexes du *Saphirina*, 298.

Climacteris erythrops, sexes du, 526.

CLIMAT, 33 ; froid, favorable aux progrès de l'humanité, 143-144 ; aptitude de l'homme à supporter les extrêmes de, 199 ; défaut de connexion avec la coloration, 211.

CLOACAL, passage, existant dans l'embryon humain, 7.

CLOAQUE, existence d'un, chez les ancêtres primitifs de l'homme, 175.

Clytha 4-*punctata*, stridulation chez, 332.

COASSEMENT des grenouilles, 385.

COBRA, ingéniosité d'un, 387.

Coccus, 159.

COCCYX, 20 ; de l'embryon humain, 7 ; corps enroulé à l'extrémité du, 21 ; enfoui dans le corps, 60.

COCHINCHINE, notion de la beauté chez les habitants de la, 633-34.

CŒCUM, 18 ; gros chez les premiers ancêtres de l'homme, 175.

CŒLENTERATA, absence de caractères sexuels secondaires, 286.

CŒUR, chez l'embryon humain, 7.

COLEOPTERA, 323 ; leurs organes de stridulation, 331.

COLÈRE, manifestée par les animaux, 71.

COLLINGWOOD, C., caractère belliqueux des papillons de Bornéo, 337 ; papillons attirés par un spécimen mort de la même espèce, 349.

COLOMBIE, têtes aplaties des sauvages de, 629.

COLONNE ÉPINIÈRE, modifications de la, pour correspondre à l'attitude verticale de l'homme, 53.

COLONISATEURS, succès des Anglais comme, 154.

COLORATION, protectrice pour les oiseaux, 538.

COLQUHOUN, exemple de raisonnement chez un chien de chasse, 81.

Colymbus glacialis, jeunes anormaux de, 530.

COMBAT, loi du, 154 ; chez les coléoptères

329; les oiseaux, 394; les mammifères, 550; chez l'homme, 614.

COMBATTANT, supposé polygame, 240-241; proportion des sexes du, 273; caractère belliqueux du, 395, 402; double mue, 429; durée des danses, 443; attraction du, par les objets brillants, 452.

COMMANDEMENT de soi, habitude du, héréditaire, 123-124.

COMMUNAUTÉ, conservation des variations utiles à la, par sélection naturelle, 63.

COMPOSÉES, gradations d'espèces chez les, 191.

COMPTER, origine de l'art de, 156; faculté de, limitée chez l'homme primitif, 197.

COMTE C., sur l'expression par la sculpture de l'idéal de la beauté, 636.

CONDITIONS vitales, action de leur changement sur l'homme, 28; sur le plumage des oiseaux, 522.

CONDOR, yeux et crête du, 467.

CONJUGAISONS, origines des, 97.

CONSCIENCE, 122, 125; absence de, chez quelque criminels, 124.

CONSERVATION de soi-même, instinct de la, 117-118.

CONSOMPTION, mal auquel est sujet le Cebus Azaræ, 3.

CONSTITUTION, différence de la, dans les diverses rares humaines, 182.

CONVERGENCE, 193.

CONVOITISE, instinct de, 118.

COOK, cap., nobles des îles Sandwich, 641.

COPE, E.-D. sur les Dinosauriens, 173.

Cophotis ceylanica, différences sexuelles, 389, 392.

Copris, 325.

Copris Isidis, différences sexuelles, 325.

Copris lunaris, stridulation du, 333.

COQ, de combat, tuant un milan, 398; aveugle nourri par ses camarades, 109; crête et caroncules du coq, 441; préférence du, pour les jeunes poules, 460; de combat, zone transparente dans les soies d'un, 472.

COQUILLES, différences de formes des, dans les Gastéropodes mâles et femelles, 289; splendides couleurs et formes des, 291.

CORAUX, belles couleurs des, 287.

CORBEAU, voix du, 411; vole les objets brillants, 452; variété pie des îles Féroë, 464.

Cordylus, différence sexuelle de couleur dans une espèce de, 393.

CORFOU, mœurs d'un pinson de, 274.

CORNELIUS, proportion des sexes chez le Lucanus cervus, 279.

CORNES, de cerf, 552, 556, 565; et canines, développement inverse des, 564; différences sexuelles, chez les moutons et les chèvres, 253; leur absence dans les brebis mérinos, 253; leur développement chez le cerf, 256; chez les antilopes, 257; occupant la tête et le thorax dans les coléoptères mâles, 324.

CORPS de Wolff, 175; leur concordance avec les reins des poissons, 7.

CORRÉLATION, son influence sur la production des races, 217.

CORRÉLATIVE, variation, 42.

CORSE, manière de combattre de l'éléphant, 564.

Corvus corone, 446.

Corvus garculus, bec rouge du, 540.

Corvus pica, assemblée nuptiale du, 445.

Corydalis cornutus, grosses mâchoires du, 303.

Cosmetornis, 507.

Cosmetornis vexillarius, allongement des rémiges chez le, 421.

COTINGIDÉS, différences sexuelles des, 240; coloration des sexes, 504; ressemblance entre les femelles des espèces distinctes, 516.

Cottus scorpius, différences sexuelles du, 370.

COU, proportion du, ainsi que du cou-de-pied chez les soldats et les marins, 30.

COUCOUS, race de volailles, 262.

COULEUR, supposée dépendante de la lumière et de la chaleur, 30; corrélation entre la couleur et l'immunité contre certains poisons et parasites, 213; but de la, chez les Lépidoptères, 348; rapport de la, aux fonctions sexuelles chez les poissons, 374; différences de, dans les sexes chez les serpents, 387; différences sexuelles chez les lézards, 393; l'influence de la, dans l'appariage d'oiseaux de diverses espèces, 456; rapports avec la nidification, 497, 501; différences sexuelles, chez les mammifères, 591; reconnaissance de la, par les quadrupèdes, 592; des enfants dans les différentes races humaines, 609; de la peau chez l'homme, 660.

COULEURS, admirées également par l'homme et les animaux, 98; brillantes, dues à une sélection sexuelle, 287; vives chez les animaux inférieurs, 288; vives, protectrices pour les pavillons et phalènes, 345; brillantes, chez les poissons mâles, 369, 374: leur transmission chez les oiseaux, 490.

COURAGE, variabilité du, dans la même espèce, 71; haute appréciation universelle du, 127; son importance, 140; caractérise l'homme, 617.

COURLIS, double mue, chez les, 427.

COUSINS, danses de, 309.

COUTUMES, superstitieuses, 102.

CRABE commun, mœurs du, 297.

CRABES, proportion des sexes dans les, 280.

Crabo cribrarius, tibias dilatés du, 304.

CRANE, variation du, chez l'homme, 23-24; sa capacité ne constitue point un critérium absolu d'intelligence, 55; du Néanderthal, sa capacité, 55; causes de modifications du, 56; différences de forme et de capacité dans différentes races humaines, 182; variabilité de sa forme, 190; différences suivant le sexe chez l'homme, 608; modifications artificielles à la forme du, 629.

CRANZ, sur l'hérédité de l'habileté à capturer les phoques, 31.

CRAPAUD, 385; mâle, soignant quelquefois les œufs, 178; mâle prêt avant la femelle à la reproduction, 232.

CRAWFURD, nombre d'espèces humaines, 191,

CRÉCERELLES, remplaçant leurs compagnes perdues, 447.

Crenilabrus massa et melops, nids construits par les, 379.

CRÊTE, développement de la, chez les volailles, 263.

CRÊTES et caroncules dans les oiseaux mâles, 514.

CRINOIDES, complication des, 97.

CRIOCÉRIDES, stridulation des, 332.

CRIS des oies, 403.

CRISTAL que quelque femmes de l'Afrique centrale portent sur la lèvre inférieure, 629.

CROCODILES, odeur musquée, pendant la saison de reproduction, 386.

CROCODILIENS, 386.

CROISEMENTS chez l'homme, 188-189; effets du croisement des races, 211.

CROISÉS, becs, caractères des jeunes, 510.
Crossoptilon aurititum, 438, 495, 519; ornements des deux sexes, 259; sexes semblables chez le, 505.
CROTCH, G. R., stridulation des coléoptères, 332, 334; chez le *Heliopathes*, 335; chez l'*Acalles*, 336.
CROWS (Indiens), longueur des cheveux des, 635.
CRUAUTÉ des sauvages pour les animaux, 126.
CRUSTACÉS, amphipodes, mâles jeunes étant déjà sexuellement développés, 533; parasites, perte des membres chez la femelle, 227; pattes et antennes préhensiles des, 230; mâles plus actifs que les femelles, 242; parthénogénèse chez les, 280; caractères sexuels secondaires des, 281; poils auditifs des, 623; facultés mentales des, 297; couleurs des, 298.
CULBUTANT, pigeon, changement de plumage, 596.
CULICIDÉS, 227.
CULLEN, docteur, sur la poche de la gorge de l'outarde mâle, 410.
CULTURE des plantes, origine probable de la, 144.
CUPPLES, M., proportions numériques des sexes chez les chiens, bétail et moutons, 271; sur le lévrier d'Ecosse, 567; préférence sexuelle chez les chiens, 515.
CURCULIONIDÉS, différence sexuelle chez quelques, dans la longueur de la trompe, 228; appendices en forme de cornes chez des mâles, 328; musicaux, 332.
CURIOSITÉ, manifestations de, chez des animaux, 74.
CURSORES, absence comparative de différences sexuelles chez les, 240.
CURTIS, J., proportion des sexes dans *Athalia*, 279.
CUVIER, F., reconnaissance des femmes par les quadrumanes mâles, 5.
CUVIER, G., opinion sur la position de l'homme, 162; instinct et intelligence, 69; nombre de vertèbres caudales chez le mandrill, 59; position des phoques, 162-163; sur l'*Hectocotyle*, 290.
Cyanalcyon, différences sexuelles de couleur, 501; plumage jeune du, 513.
Cyanecula suecica, différences sexuelles, 518.
Cychrus, sons produits par le, 334.
Cycnia mendica, différence sexuelle de couleur, 347.
CYGNE à cou noir, 542; blanc, jeunes du, 530; trachée du cygne sauvage, 410.
CYGNES, 540, 542; jeunes, 523.
Cygnus ferus, trachée du, 410.
Cygnus olor, jeunes blancs du, 530.
Cyllo Leda, instabilité des taches ocellées, 470.
Cynanthus, variation dans le genre, 464.
CYNIPIDES, proportion des sexes, 279.
Cynocephalus, différences entre jeunes et adultes, 5; mâle reconnaissant les femmes, 5; habitudes polygames d'espèces de, 237.
Cynocephalus chacma, 73.
Cynocephalus gelada, 85.
Cynocephalus hamadryas, différence sexuelle de couleur, 589.
Cynocephalus leucophus, couleur des sexes, 589, 679.
Cynocephalus mormon, couleurs du mâle, 590, 679.
Cynocephalus porcarius, crinière du mâle, 572, 679.

Cynomorpha, 221.
Cynopithecus niger, 679.
Cypridina, proportion des sexes, 281.
CYPRINIDES, proportion des sexes, 275.
CYPRINIDES indiens, 377.
CYPRINODONTIDÉS, différences sexuelles, 369, 371.
Cyprinus auratus, 377.
Cypris, rapports des sexes chez le, 281.
Cystophora cristata, capuchon du, 579.

D

Dacelo, différence sexuelle de couleur, 502.
Dacelo Gaudichaudi, jeune mâle, 513.
DAIMS, troupeaux différemment colorés de, 592.
DAL-RIPA, sorte de ptarmigan, 273.
Damalis albifrons, marques spéciales, 597; et *D. Pygarga*, 597.
DANAIDÉES, 339.
DANSES d'oiseaux, 417; danse, 195.
DANIELL, docteur, expérience de sa résidence dans l'Afrique méridionale, 214.
DARFOUR, protubérances artificiellement produites dans le, 628.
DARWIN, F., stridulation chez le *Dermestes murinus*, 332.
Dasychira pudibunda, différence sexuelle de couleur chez la, 347.
DAUPHINS, nudité des, 57.
DAVIS, A.-H, caractère belliqueux du lucane mâle, 329; sur les habitudes des sauvages, 202.
DAVIS, J.-B., capacité du crâne dans diverses races humaines, 55; barbes de Polynésiens, 613.
DE CANDOLLE, Alph., cas de mobilité du scalpe, 10.
DÉCLINAISONS, origine des, 96.
DÉCORATION des oiseaux, 419.
Decticus, 314.
DÉFAUT d'usage, effets du, en produisant des organes rudimentaires, 9; effets de l'usage des parties, 30; influence du, sur les races humaines, 216.
DÉFENSIFS, organes, des mammifères, 441.
DE GEER, C., sur une araignée femelle tuant un mâle, 301.
DEKAY, docteur, sur le phoque capucin, 579.
DEMERARA, fièvre jaune à, 213.
Dendrocygna, 510.
Dendrophila frontalis, jeunes de, 535.
DENISON W., sur les rapports étroits de parenté entre les habitants des îles Norfolk, 207.
DENNY H., pour des animaux domestiques, 185.
DENTS, incisives rudimentaires chez les Ruminants, 8; molaires postérieures, chez l'homme, 17; de sagesse, 17; diversité des, 24; canines, chez les premiers ancêtres de l'homme, 175; canines chez les mammifères mâles, 551; réduites chez l'homme par corrélation, 614; coloration des dents, 628; antérieures cassées ou limées par les sauvages, 629.
DÉRÈGLEMENT, prévalence du, chez les sauvages, 127; obstacle à la population, 150.
Dermestes murinus, stridulation de, 332.
DESCENDANCE, retracée par la mère seule, 643.
DÉSERTS, couleurs protectrices pour les animaux habitant les, 539.
DESMAREST, absence de fosses sous-orbi-

taires dans l'*Antilope subgutturosa*, 581; favoris du *Macacus*, 583; couleur de l'opossum, 585; couleurs des sexes de *Mus minutus*, 586; sur la coloration de l'ocelot, 586; des phoques, 586; sur l'*Antilope Caama*, 588; sur les couleurs des chèvres, 588; différence sexuelle de couleur dans *Ateles marginatus*, 588; sur le mandrill, 590; sur le *Macacus cynomolgus*, 610.

DESMOULINS, nombre des espèces humaines, 191; sur le cerf musqué, 581.

DESOR, imitation de l'homme par les singes, 75.

DESPINE, P., sur les criminels dépourvus de toute conscience, 124.

DÉVELOPPEMENT, embryonnaire, de l'homme 5, 7; corrélatif, 467.

DEVOIR, sens du, 106.

DEVONIAN, insecte fossile du, 317.

DIABLE, les Fuégiens ne croient pas au, 101.

Diadema, différences sexuelles de coloration dans les espèces de, 339.

DIASTEMA, chez l'homme, 39.

DIASTYLIDÉES, proportion des sexes des, 231.

Dicrurus, plumes terminées par un disque, 421; nidification du, 497.

Dicrurus macrocercus, changement de plumage, 506.

Didelphis opossum, différences sexuelles dans la couleur, 585.

DIEU, absence d'idée de, dans quelques races, 99.

DIFFÉRENCES comparatives entre diverses espèces d'oiseaux du même sexe, 517.

DIFFÉRENCES sexuelles chez l'homme, 5.

DIMORPHISME, dans femelles de Coléoptères aquatiques, 296; dans *Neurothemis* et *Agrion*, 320.

DINDON, gonflement des caroncules du mâle, 418; variété avec une huppe sur la tête, 422; reconnaissance d'un chien par un, 481; jeune mâle sauvage fort belliqueux, 402; femelles domestiques acceptant le mâle sauvage, 458; notes du, sauvage, 411; premières avances faites par les femelles âgées aux mâles, 460; touffes de soies pectorales du, sauvage, 506.

DINDON, sa manière de racler le sol avec ses ailes, 412; sauvage, étalage de son plumage, 393; habitudes belliqueuses du, 441;

DIODORUS, absence de barbe chez les indigènes de Ceylan, 612.

Dipelicus Cantori, différences sexuelles, 326.

Diplopoda, membres préhensiles du mâle, 302.

Dipsas cynodon, différence sexuelle dans la couleur du, 386.

DIPTERA, 308.

DISTRIBUTION, étendue de l'homme, 47; géographique, comme preuve de la distinction spécifique des hommes, 183-184.

DIVORCE, liberté du, chez les Charruas, 654.

DIXON, E.-S., habitudes des pintades, 241; appariage des diverses espèces d'oie, 454; cour qne se font les paons, 459-460.

DOBRIZHOFFER, coutumes de mariages des Abipones, 655.

DOIGTS, supplémentaires plus fréquents chez l'homme que la femme, 245; ils sont héréditaires, 255; leur développement est précoce, 261.

DOLICHOCÉPHALIQUE, structure, causes possibles de, 56.

DOMESTICATION, influence de la, sur la diminution de la stérilité chez les hybrides, 188-189.

D'ORBIGNY, A., influence de la sécheresse et de l'humidité sur la couleur de la peau, 212; sur les Yuracaras, 634.

DORÉ, poisson, 498.

DOUBLEDAY, É., différences sexuelles dans les ailes des papillons, 305.

DOUBLEDAY, H., proportion des sexes dans les phalènes de petite taille, 276; attraction des mâles de *Lasiocampa quercus* et *Saturnia carpini*, par les femelles, 277; proportion des sexes chez les Lépidoptères, 277-278; sur le tic-tac que produit l'*Anobium tessellatum*, 336; structure de l'*Ageronia feronia*, 388; sur les papillons blancs s'abattant sur le papier, 349.

DOUGLAS, J.-W., différences sexuelles des *Hemiptères*, 309; couleur des *Homoptères* anglais, 311.

Draco, appendices en poches gutturales du, 390.

DRILL, différence sexuelle de couleur dans le, 589.

DROITE, attitude de l'homme, 51.

Dromæus irroratus, 525.

Dromolæa, espèce saharienne de, 500.

DRONGO, mâle, 506.

DRONGOS, rectrices en forme de raquettes des, 421, 428.

Dryopithecus, 170.

DUGONG, défenses du, 551; nudité du, 57.

DUJARDIN, grosseur relative des ganglions cérébraux chez les insectes, 54.

DUNCAN, docteur, fécondité des mariages précoces, 150.

DUPONT, M., existence du trou supracondyloïde dans l'humérus humain, 19.

DURAND, J.-P., sur des causes de variation, 28.

DUREAU de la Malle, sur le chant des oiseaux, 91; merles acquérant un air, 406.

DUVAUCEL, femelle *Hylobates* lavant son petit, 72.

DUVET des oiseaux, 127.

DYAKS, orgueil des, pour homicide, 125.

Dynastes, grosseur des mâles, 307.

DYNASTINI, stridulation des, 333.

Dytiscus, dimorphisme des femelles de, 304; élytres sillonnés des femelles, 304.

E

ÉCHASSIERS, jeunes des, 533.

Echidne, 170.

ÉCHINODERMES, absence de caractères sexuels secondaires chez les, 286.

ECKER, figure de l'embryon humain, 6; différences sexuelles du bassin humain, 609; présence d'une crête sagittale chez les Australiens, 609.

ÉCRITURE, héréditaire, 156.

ÉCUREUILS, combats des mâles, 549; africains, différences sexuelles dans la coloration, 585; noirs, 591.

EDENTATA, autrefois très répandus en Amérique, 185; absence de caractères sexuels secondaires, 239.

Edolius, plumes en raquette chez les, 422.

EDWARDS, M., proportion des sexes dans les espèces de *Papilio* de l'Amérique du Nord, 276.

EGERTON, Sir P., usage des bois des cerfs, 560; appariage du cerf ordinaire, 573; sur les mugissements des mâles, 577.

EHRENBERG, crinière du mâle du *C. hamadryas*, 572.

EKSTROM, M., sur *Harelda glacialis*, 461.

Elachista rufocinerea, mœurs du mâle, 277.

ELAN, 587; changement hibernal de l', 587.

ELAN américain, combats, 550; ses bois considérés comme encombrants, 565.

ELAN irlandais, bois de l', 565.

Elaphomia, différences sexuelles de, 308.

Elaphrus uliginosus, stridulation, 333.

Elaps, 388.

ELATERS, lumineux, 306.

ELATÉRIDES, proportions des sexes des, 279.

ELÉPHANT, nudité de l', 57; taux de son accroissement, 46; indien polygame, 238; caractère belliqueux du mâle, 550; ses déjenses, 551, 556, 564, 565; indien, mode de combattre, 564; odeur émise par le mâle, 580; attaque des chevaux blancs ou gris, 592.

ELÉVATION du sol habité, influence modificatrice de l', 33.

ELIMINATION des individus inférieurs, 148.

ELLICE, îles, barbes des indigènes, 612.

ELLIOT, R., proportion numérique des sexes dans les jeunes rats, 272; proportion des sexes chez les moutons, 271.

ELLIOTT, D.-G., *Pelicanus crythrorhyncus*, 427.

ELLIOTT, sir W., habitudes polygames du sanglier indien, 238.

ELLIS, prévalence de l'infanticide en Polynésie, 617.

ELPHINSTONE, M., différences locales de taille chez les Indous, 29; difficulté de reconnaître les races indigènes de l'Inde, 182.

ELYTRES, des femelles de *Dytiscus*, *Acilius*, *Hydroporus*, 304.

Emberiza, caractères des jeunes de, 510.

Emberiza miliaria, 510.

Emberiza schœniclus, 452.

EMBRYON humain, 6; du chien, 6; ressemblance entre les embryons des Mammifères, 22.

EMIGRATION, 149.

EMOTIONS, qu'éprouvent en commun avec l'homme les animaux inférieurs, 71; manifestées par les animaux, 73.

EMULATION des oiseaux chanteurs, 404.

EMU, sexes et incubation de l', 526.

ENERGIE, caractéristique de l'homme, 617.

ENFANTS légitimes et illégitimes, proportion des sexes dans les, 266-268.

ENGLEHEART, M., étourneau s'étant réapparié avec de nouvelles femelles, 448.

ENGOULEVENT, virginien, appariage de l', 402.

ENTOMOSTRAGA, 297.

ENTOZOA, différence de couleur entre les mâles et les femelles de quelques espèces d', 287.

EOCÈNE, période, divergence possible de l'homme à la, 170.

Epeira, 300; *E. nigra*, petitesse du mâle, 300.

EPHEMERIDÆ, 302, 318.

Ephippiger vitium, organes de stridulation, 316.

Epicalia, différences sexuelles de couleur dans les espèces de, 339.

EPINIÈRE, colonne, modification de la, pour correspondre à l'attitude verticale de l'homme, 53.

EPINOCHE, polygame, 241; nidification, 380.

Equus hemionus, changement hibernal chez le, 595.

Erateina, coloration de, 347.

ERGOTS, leur présence dans les volailles du sexe femelle, 250, 253; leur développement dans diverses espèces de Phasianides, 259; des oiseaux gallinacés, 127, etc.; leur développement chez des femelles de Gallinacés, 492.

ESCHRICHT, développement du poil chez l'homme, 16; sur une moustache lanugineuse chez un fœtus femelle, 16; sur l'absence d'une séparation entre le front et le scalpe dans quelques enfants, 165; arrangement des poils dans le fœtus humain, 165; sur la villosité du visage des deux sexes de l'embryon humain, 659.

ESCLAVAGE, prédominance de l', 126; des femmes, 649.

ESCLAVES, différences entre ceux des champs et ceux de la maison, 216.

Esmeralda, différence de couleur entre les sexes, 324.

Esox lucius, 274.

Esox reticulatus, 374.

ESPAGNE, décadence de l', 153.

ESPÈCES, causes du progrès des, 48; leurs caractères distinctifs, 181; ou races humaines, 190; leur stérilité ou fécondité lorsqu'on les croise, 187; gradation des espèces, 183; difficulté de les définir, 191; représentatives chez les oiseaux, 514; d'oiseaux distinctes, comparaison des différences entre les sexes, 517.

ESQUIMAUX, 66, 144; leur croyance à l'hérédité de l'habileté à capturer les phoques, 31; leur mode de vie, 216.

ESTHÉTIQUE, faculté peu développée chez les sauvages, 100.

Estrelda amandava, mâle belliqueux de, 402.

ETALAGE, couleurs des Lépidoptères, 343; du plumage des oiseaux mâles, 431, 440.

ETALON, crinière de l', 572.

ETALONS, au nombre de deux pour attaquer un troisième, 107; combats entre, 551; petites dents canines des, 565.

ETATS-UNIS, taux d'accroissement aux, 43; l'influence de la sélection naturelle sur les progrès des, 154; modifications qu'y ont éprouvées les Européens, 216.

ETOURNEAU, trois habitant le même nid, 448; remplacement de leurs femelles, 447.

Eubagis, différences sexuelles de coloration dans, 340.

Euchirus longimanus, son produit par, 334.

Eudromias morinellus, 525.

EULER, taux d'accroissement des États-Unis, 43.

Eumomota superciliaris, rectrices à raquette de la queue, 421.

Euphema splendida, 502.

EUROPE, anciens habitants de l', 199.

EUROPÉENS, leurs différences avec les Hindous, 205; leur villosité due à une réversion, 658.

Eurostopodus, sexes du, 536.

Eurygnathus, différentes proportions de la tête dans les deux sexes du, 305.

Eustephanus, différences sexuelles dans les espèces d', 395; jeunes de, 536.

EXAGÉRATION, par l'homme des caractères naturels, 636.

EXOGAMIE, 645.

EXPRESSION, ressemblance dans l', entre l'homme et les singes, 163.

EXTINCTION des races, cause, 193.

EYTON, T.-C., observations sur le développement des bois chez le daim, 257.

EYZIES, restes humains des, 199.

F

FABRE, M., mœurs des Cerceris, 320.
FACE, os de la, causes des modifications des, 56.
FACULTÉS, intellectuelles, leur influence sur la sélection naturelle chez l'homme, 137; probablement améliorées par la sélection naturelle, 138.
FACULTÉS mentales, variations des, dans une même espèce, 18; leur diversité dans une même race humaine, 25; hérédité des, 25; leur diversité dans les animaux de même espèce, 25; chez les oiseaux, 449.
FAIM, instinct de la, 120.
FAISAN argenté, coloration sexuelle du, 541; mâle triomphant, repoussé à cause de son plumage gâté, 459.
FAISAN Argus, 420; étalage de ses plumes, par le mâle, 433; taches ocellées du, 471, 476; gradation des couleurs chez le, 476.
FAISAN doré, déploiement du plumage du mâle, 433; sexes des jeunes déterminé par l'arrachement des plumes de la tête, 532; âge auquel il revêt son plumage adulte, 531.
FAISANS, époque à laquelle ils revêtent les caractères mâles dans la famille des, 259; longueur de la queue, 488, 495.
FAISAN Kalij, bruit de tambour du mâle, 412.
FAISAN polygame, 240; production d'hybrides avec la volaille commune, 460; hybrides de, avec le tétras noir, 454; plumage jeune du, 513.
FAISAN de Reeve, longueur de la queue du, 511.
FAISAN de Sœmmering, 488, 495.
FAISAN Tragopan, 420; déploiement du plumage par le mâle, 434; marques des sexes chez le, 471.
FAKIRS indiens, tortures subies par les, 127.
Falco leucocephalus, 532.
Falco peregrinus, 447, 506.
Falco tinnunculus, 447.
FALCONER, H., mode de combattre de l'éléphant indien, 564; canines chez un cerf femelle, 565; sur Hyomoschus aquaticus, 599.
FALKLAND, îles, chevaux des, 198.
FAMINES, fréquence des, chez les sauvages, 615.
FANONS, chez le bétail et les antilopes, 582.
FARR, docteur, structure de l'utérus, 36; effets du dérèglement, 149; influence du mariage sur la mortalité, 151.
FABRAR, F.-W., sur l'origine du langage, 91; croisement et mélange des langues, 96; l'absence de l'idée d'un Dieu dans certaines races humaines, 99; mariages précoces chez les pauvres, 149; sur le moyen âge, 153.
FAUCONS, uourrissant des petits orphelins dans le nid, 448.
FAUVETTE à tête noire, arrivée du mâle avant la femelle, 232; jeunes de, 529.
FAUVETTE d'hiver ou des bois, 520.
FAYE, professeur, proportion numérique des naissances mâles et femelles en Norwège et en Russie, 267; sur la mortalité plus grande des enfants mâles avant et après la naissance, 268.
FÉCONDATION, phénomène de, dans les plantes, 244; dans les animaux inférieurs, 244.
FÉCONDITÉ, diminution de la, causée par l'inconduite des femmes; 207; perte de la, chez les femmes, 202.
Felis canadensis, fraise de, 572.
Felis pardalis, et F. mitis, différences sexuelles dans la coloration, 386.
FEMELLE, conduite de la, pendant l'époque de la cour, 243.
FEMELLES d'oiseaux, différences dans les, 517.
FEMELLES, présence d'organes mâles rudimentaires chez les, 176; leur préférence pour certains mâles, 234-235; existence de caractères sexuels secondaires dans les, 245; développement des caractères mâles par les femelles, 249.
FEMELLES et mâles, mortalité comparative des, pendant le jeune âge, 236; nombres comparatifs de, 235.
FÉMUR et tibia, proportion chez les Indiens Aymaras, 33.
FENTON, diminution de la population dans la Nouvelle-Zélande, 203; augmentation de la population en Irlande, 203; causes de diminution chez les Maories, 203.
FEU, usage du, 197, 157, 48.
Fiber zibethicus, coloration protectrice du 196.
FIDÉLITÉ des sauvages entre eux, 127; importance de cette, 140-141.
FIÈVRES, immunité des nègres et des mulâtres pour les, 213.
FIÈVRE tierce, chien affecté de, 4.
FIJI, îles, barbes des naturels, 636; coutumes nuptiales des, 655-655.
FIJIENS enterrant vivants leurs parents vieux et malades, 109; appréciation de la barbe parmi les, 636; leur admiration pour un large occiput, 637.
FILUM terminale, 20.
FINLAYSON, sur les Cochinchinois, 633.
FISCHER, sur le caractère belliqueux du mâle de Lethrus cephalotes, 330.
FISCHER Joh., sur l'attitude des singes au cours de diverses émotions, 679.
FLÈCHES, têtes de, en pierre, ressemblance générale des, 195; usage des, 195.
FLORIDE, Quiscalus major en, 274.
FLOWER, W.-H., sur l'adduction du cinquième métatarsal des singes, 41; sur la situation des phoques, 163; sur la poche gutturale de l'outarde mâle, 410.
FŒTUS humain, couverture laineuse du, 16; arrangement des poils sur le, 165.
FOLIE, héréditaire, 26.
FORAMEN, supracondiloïde exceptionnel sur l'humérus humain, 19, 42; dans les ancêtres de l'homme, 175.
FORBES, D., sur les Indiens Amayras, 32; sur les variations locales de couleur chez les Quechuas, 215; absence de poils des Aymaras et Quechuas, 613; longueur des cheveux chez ces deux mêmes peuples, 611, 635.
FOREL, F., sur les jeunes cygnes blancs, 530.
Formica rufa, grosseur des ganglions cervicaux des, 55.
FOSSILES, absence de tous, rattachant l'homme aux singes, 171.
FOUS, oies, blancs seulement à l'âge adulte, 541.
FOURMIS, 159: se communiquent entre elles par les antennes, 94; ganglions cérébraux très grands, 55; différences entre les sexes, 321; se reconnaissent entre elles, après séparation, 321.
FOURMIS blanches (termites), mœurs des, 321.

FOURRURE, blanche en hiver chez les animaux arctiques, 252.

FOUARURES, animaux à, sagacité acquise par les, 81.

FOX, W.-D., sur quelques canards sauvages devenus polygames après un demi-apprivoisement, et la polygamie chez la pintade et le canari, 241 ; proportion des sexes dans le bétail, 272 ; caractère belliqueux du paon, 339 ; assemblée nuptiale de pies, 444 ; renouvellement des femelles par les corbeaux, 446 ; perdrix vivant trois ensemble, 448 ; appariage d'une oie avec un mâle chinois, 455.

FRAI, des poissons, 374, 379 et suiv.

FRANCE, proportion numérique des naissances mâles et femelles, 266-267.

FRASER, C., couleurs différentes dans les sexes chez une espèce de *Squilla*, 298.

Fringilla cannabina, 431.

Fringilla ciris et *Fr. cyanea*, âge du plumage adulte, 531.

Fringilla leucophrys, jeunes de, 534.

Fringilla spinus, 455.

Fringilla tristis, changement de couleur au printemps, 431.

FRINGILLIDÉS, ressemblance entre femelles d'espèces différentes, 516.

FROID, effets supposés du, 30 ; aptitude de l'homme à supporter le, 216. .

FRONTAL, os, persistance de la suture dans l', 38.

FRUITS vénéneux, évités par les animaux, 69.

FUÉGIENS, capacité mentale des, 67 ; sentiments quasi-religieux des, 101 ; puissance de leur vue, 32 ; leur adresse à lancer les pierres, 49 ; résistance à leur climat rigoureux, 65 ; genre de vie des, 216 ; leur aversion pour les poils sur le visage, 635 ; admirent les femmes européennes, 637.

FULGORIDES, chants des, 310.

G

GÆRTENER, stérilité des plantes hybrides, 188.

GALLES, 61.

Gallicrex, différence sexuelle-dans la couleur des iris du, 466.

Gallicrex cristatus, caroncule rouge apparaissant chez le mâle pendant la saison de reproduction, 466.

GALLINACÉS, polygamie et différences sexuelles fréquentes chez les, 240 ; gestes amoureux des, 415 ; plumes décomposées, 422 ; raies des jeunes, 509 ; différences sexuelles comparatives entre les espèces, 517-518 ; plumage des, 518.

GALLINACÉENS, oiseaux, défenses des mâles, 397 ; plumes en forme de raquette sur la tête, 422.

Gallinula chloropus, mâle belliqueux, 396.

Gallinula cristata, mâle belliqueux, 396.

Galloperdix, ergots du, 400 ; développement d'ergots chez la femelle, 493.

Gallophasis, jeunes du, 514.

Gallus bankiva, 490 ; soies du cou du, 430.

Gallus Stanleyi, caractère belliqueux du mâle, 399.

GALTON, M., lutte entre les impulsions sociales et les personnelles, 134 ; génie héréditaire, 25 ; sur les effets de la sélection naturelle sur les nations civilisées, 144 ; sur la stérilité des filles uniques,

147 ; degré de fécondité des hommes de génie, 148 ; mariages précoces des pauvres, 149 ; des Grecs anciens, 152 ; moyen âge, 153 ; progrès des Etats-Unis, 151 ; notions de la beauté dans l'Afrique du Sud, 634.

Gammarus, emploi des pinces du, 295.

Gammarus marinus, 297.

GANOIDES, poissons, 180.

GAOUR, cornes du, 555.

GARDENER, sur un exemple de raison chez un *Gelasimus*, 298.

GARDON, éclat du mâle pendant la saison de la reproduction, 374.

Garrulus glandarius, 446.

GASTÉROPODES, 288 ; cour que se font les gastéropodes pulmonaires, 289.

Gasterosteus, 241 ; nidification du, 379.

Gasterosteus leiurus, 365, 375, 379.

Gasterosteus trachurus, 365.

Gastrophora, ailes brillamment colorées en dessous, 346.

GAUCHOS, défaut d'humanité chez les, 132.

GAUDRY, M., sur un singe fossile, 167.

Gavia, Changement de plumage avec la saison, 541.

GEAI, jeunes du, 529 ; du Canada, jeunes, 529.

GEAIS, renouvelant leurs femelles, 446 ; reconnaissant les personnes, 451.

GEGENBAUR, C., hermaphroditisme des anciens ancêtres des Vertébrés, 176.

Gelasimus, emploi des grosses pinces du mâle, 295 ; caractère belliqueux des mâles 298 ; proportion des sexes dans une espèce, 281 ; actions raisonnées d'un, 298 ; différences de couleurs entre les sexes d'une espèce, 299.

GÉNÉALOGIE de l'homme, 170.

GÉNIE, 616 ; héréditaire, 25-26 ; fécondité des hommes et des femmes de génie, 148.

GEOFFROY SAINT-HILAIRE, Isid., les quadrumanes mâles reconnaissant les femmes, 5 ; sur l'existence d'une queue rudimentaire chez l'homme, 20 ; monstruosités, 28 ; anomalies semblables à celles des animaux dans la conformation humaine, 38 ; corrélation des monstruosités, 42 ; répartition du poil chez l'homme et les singes, 58 ; sur les vertèbres caudales des singes, 59 ; sur la variabilité corrélative, 59-60 ; classification de l'homme, 159 ; longs cheveux occupant la tête d'espèces de *Semnopithecus*, 164 ; développement de cornes chez les femelles de cerfs, 553 ; et F. Cuvier, sur le mandrill, 590 ; sur l'hylobates, 610.

GÉOGRAPHIQUE, distribution, preuve de distinctions spécifiques chez l'homme, 183-184.

GEOMETRÆ, vivement colorées en dessous 347.

Geophagus, protubérance frontale du mâle, 372, 380.

GÉORGIE, changement de coloration chez des Allemands établis en, 215.

Geotrupes, stridulation des, 333, 335.

GERBE, M., sur la nidification des *Crenilabrus massa* et *C. mélops*, 379.

GERLAND, docteur, prédominance de l'infanticide, 125, 632, 647 ; sur l'extinction des races, 195, 199-200.

GERVAIS, P., villosité du gorille, 58 ; mandrill, 590.

GESTES, langage des, 195.

GIEB, Sir D., différences de la voix dans diverses races humaines, 619.

GIBBON, Hoolock, nez du, 164.
GIBBONS, voix des, 378.
GIRAFE, muette hors de l'époque du rut, 577; manière de se servir de ses cornes, 559.
GIRAUD-TEULON, cause de la myopie, 32.
GLANDES odorantes, chez les Mammifères, 580-581.
Glareoles, double mue des, 427.
Glomeris limbata, différences de couleurs dans les sexes, 302.
GLOUSSEMENT des poules, 402.
GNOU, différences sexuelles dans la couleur, 587.
GOBEMOUCHES, couleur et nidification des, 499; américain, reproduisant avant d'avoir son plumage adulte, 532.
GOBIES, nidification des, 379.
GODRON, M., sur la variabilité, 27; différences de taille, 29; manque de connexion entre le climat et la coloration de la peau, 212; odeur de la peau, 217; coloration des enfants, 610.
Gomphus, proportions des sexes dans le, 280; différences entre les sexes, 319.
Gonepteryx Rhamni, 343; différence sexuelle de couleur, 354.
GOODSIR, professeur, affinité entre l'Amphioxus et les Ascidiens, 173.
GORILLE, 613; attitude semi-droite du, 52; apophyses mastoïdes du, 53; direction des poils sur les bras du, 165; évolution supposée du, 180; polygamie du, 237-238, 646-647; voix du, 578; son crâne, 610; mode de combattre du mâle, 614.
GOSSE, P.-H., caractère belliqueux des oiseaux-mouches mâles, 395.
GOSSE, M., hérédité de modifications artificielles du crâne, 660.
GOULD, B.-A., variation dans la longueur des jambes chez l'homme, 24; mesures des soldats américains, 29-31; proportions des corps et capacité des poumons dans différentes races humaines, 183; vitalité inférieure des mulâtres, 187.
GOULD, J., arrivées des bécasses mâles avant les femelles, 232; proportion numérique des sexes chez les oiseaux, 273; sur le *Nemorpha*, 395; sur les espèces d'*Eustephanus*, 395; sur le canard musqué australien, 394; grandeur relative des sexes dans *Biziura lobata* et *Cincloramphus cruralis*, 394; sur *Lobivanellus lobatus*, 401; mœurs du *Menura Alberti*, 407; rareté du chant chez les oiseaux parés de vives couleurs, 407; sur *Selasphorus platycercus*, 414; sur les oiseaux construisant des berceaux, 418, 444; plumage d'ornement des oiseaux-mouches, 423; mue du ptarmigan, 428; déploiement de leur plumage par les oiseaux-mouches mâles, 432; sauvagerie des oiseaux mâles ornés, 441; décoration des berceaux de verdure des oiseaux australiens, 453; décoration par les oiseaux-mouches du nid, 452; variations dans le genre *Cynanthus*, 464; couleur des cuisses d'un perroquet mâle, 464; sur *Urosticte Benjamini*, 484; sur la nidification des Orioles, 497; les oiseaux de couleur obscure construisant des nids dissimulés, 498, sur les trogons et martin-pêcheurs, 501; sur les perroquets australiens, 498; pigeons australiens, 503; sur le plumage qui précède celui de l'âge adulte, 511, etc.; espèces australiennes de *Turnix*, 522; jeunes de *Aithurns polytmus*, 536; couleurs des

becs de toucans, 541; grosseur relative des sexes dans les Marsupiaux australiens, 566; couleurs des Marsupiaux, 585.
GOUT, chez les Quadrumanes, 593.
GOUTTE, transmission sexuelle de la, 261.
GRADATION des caractères secondaires chez les oiseaux, 471.
GRALLATORES, manquent de caractères sexuels secondaires, 240; double mue dans quelques, 427.
Grallina, nidification des, 498.
GRATIOLET, professeur, sur les singes anthropomorphes, 167; sur leur évolution, 194; sur les cerveaux humains, 220-224.
GRAVEURS, sont myopes, 32.
GRAY, Asa, gradation des espèces de Composées, 191.
GRAY, J.-E., vertèbres caudales des singes, 59; présence de rudiments de cornes chez la femelle du *Cervulus moschatus*, 553; sur les cornes des chèvres et des moutons, 553; barbe de l'ibex, 582; chèvres de Berbura, 584; différences sexuelles dans la coloration des Rongeurs, 585; couleurs des oréas, 587; sur l'antilope sing-sing, 588; sur les couleurs des chèvres, 588; sur le cerf-cochon, 599.
GRECS, anciens, 152.
GREEN, A.-H., combats des castors, 549-550; voix du castor, 578.
GREC, W.-R., mariages précoces des pauvres, 150; sur les anciens Grecs, 153; effets de la sélection naturelle sur les nations civilisées, 144.
GREGORY, M., diminution de naissances chez les indigènes de Queensland, 202.
GRENADIERS, prussiens, 27.
GRENOUILLES, 384; réceptacles temporaires existant chez les mâles pour recevoir les œufs, 227; mâles prêts avant les femelles pour la reproduction, 232; organes vocaux des, 29.
GREY, Sir G., sur l'infanticide féminin en Australie, 647.
GRILLON, des champs, stridulation du, 312; caractère belliqueux du mâle, 317; de maison stridulation, 317; différences sexuelles des, 317.
GRIVE, appariée à un merle, 454; couleurs et nidification de la, 499; caractères des jeunes, 510.
GROSSE GORGE, pigeon, développement tardif de l'énorme jabot du, 261.
GRUBE, docteur, présence d'un trou supracondyloïde dans l'humérus de l'homme, 19.
Grus americanus, âge du plumage adulte, 534; reproduit ayant encore le plumage antérieur, 532.
Grus virgo, trachée de, 411.
Gryllus campestris, appareil de stridulation du, 312; mâle belliqueux du, 318.
Grillus domesticus, 313.
Grypus, différences sexuelles du bec de, 395.
GUANACOS, combats des, 550; leurs canines, 564.
GUANAS, luttes pour les femmes chez les, 614; polyandrie chez les, 648.
GUANCHES, squelettes, trou supra-condyloïde de l'humérus, 20.
GUARANYS, proportion entre les hommes et les femmes, 268; couleur des nouveau-nés, 609; barbes des, 613.
GUÉNÉE, A., sexes des *Hyperthra*, 276.
GUÊPIERS, 407.
GUILDING, L., stridulation chez les *Locustidæ*, 312.
GUILLEMOT, variété du, 465.

GUINÉE, moutons de, les mâles seuls sont cornus, 258.

GUNTHER, docteur, hermaphroditisme chez le *Serranus*, 176; poissons mâles couvant les œufs dans la bouche, 178, 380; poissons femelles stériles pris pour des mâles, 274; organes préhensiles des poissons plagiostomes mâles, 365; caractère belliqueux des mâles de saumon et de truite, 365; grosseur relative du sexe chez les poissons, 367; différences sexuelles, 363 et suiv.; sur le genre *Callyonimus*, 369-370; ressemblance protectrice chez un hippocampe, 379; sur le genre *Solenostoma*, 381; coloration des grenouilles et des crapauds, 384; différences sexuelles chez les Ophidiens, 386; différences dans les sexes chez les lézards, 388 et suiv.

Gimnanisa Isis, taches ocellées du, 469.

H

HABITUDES, mauvaises, facilitées par la familiarité, 132; variabilité de la force des, 157.

HÆCKEL, E., caractères rudimentaires, 7; dents canines chez l'homme, 39; sur la mort causée par inflammation de l'appendice vermiforme, 19; degrés qui ont amené l'homme à être bipède, 52; l'homme comme membre du groupe Catarrhin, 169; situation des Lemuridés, 171; généalogie des Mammifères, 170; sur l'amphioxus, 173; transparence des animaux pélagiques, 283; sur les capacités musicales de la femme, 627.

HAGEN, H., et Walsh, B.-D., sur les Névroptères américains, 280.

HAMADRYAS, babouin, retournant les pierres, 107; crinière du mâle, 572.

HAMILTON, C., cruauté des Cafres pour les animaux, 126; possession des femmes par les chefs cafres, 651.

HANCHES, proportion des, chez les soldats et les matelots, 31.

HANCOCK, A., couleurs des Mollusques nudibranches, 288.

HARCOURT, E. Vernon, sur *Fringilla cannabina*, 431.

Harelda glacialis, 461.

HARLAN, docteur, différence entre les esclaves des champs et ceux de la maison, 216.

HARL grand (*Mergus merganser*), jeunes du, 513; trachée du mâle, 410.

HARRIS, J.-M., relations entre la complexion et le climat, 214.

HARRIS, T.-W., sur le *Platyphillum*, 311-312; sur la stridulation des sauterelles, 315; sur l'*Œcanthus nivalis*, 318; coloration des Lépidoptères, 345; coloration du *Saturnia Io*, 347.

HARTMAN, docteur, chant de la *Cicada septemdecim*, 310.

HAUGHTON, S., variation du *flexor pollicis, longus* dans l'homme, 41.

HAYES, docteur, chiens de traîneau divergeant sur la glace mince, 78.

HEARNE, contestations entre les Indiens de l'Amérique du Nord au sujet des femmes, 614; leurs notions sur la beauté féminine, 632-633; enlèvements répétés d'une Indienne de l'Amérique du Nord, 654.

Hectocotyle, 290.

HEGT, M., développement des ergots chez le paon, 259.

HÉLICONIDÉES, 339; leur imitation par d'autres papillons, 355.

Héliopathes, stridulation propre au mâle, 335.

Heliotrix auriculata, jeunes d', 513.

Helix pomatia, exemple d'attachement individuel dans un, 290.

HELLINS, J., proportion des sexes de Lépidoptères élevés par, 278.

HELMHOLTZ, vibration des poils auditifs des Crustacés, 622.

HEMIPTERA, 309.

Hemitragus, les deux sexes imberbes, 582.

HÉMORRHAGIE, tendance à une abondante, 260.

HEPBURN, M., chant d'automne du cincle, 406.

Hepialus humuli, différence sexuelle de couleur dans le, 348.

HERBES vénéneuses, les animaux évitent les, 69.

HÉRÉDITÉ, 25; effets de l'usage des organes vocaux et moraux, 93; des tendances morales, 133; de la vue longue et courte; 30; lois de l', 251; sexuelle, 256; sexuellement limitée, 487.

HERMAPHRODISME des embryons, 176.

HÉRON, gestes d'amour d'un, 417; plumes décomposées du, 422; plumage de reproduction du, 428; jeunes, 528; parfois dimorphes, 532; croissance continue d'une crête et des huppes chez quelques mâles, 533; changement de couleur, 543.

HERON, Sir R., mœurs des paons, 459-460.

Hetœrina, différences dans les sexes, 319; proportion dans les sexes, 280.

Heterocerus, stridulation du, 332.

HEWITT, M., sur un coq de combat tuant un milan, 398; canards reconnaissant des chiens et des chats, 454; appariage d'une cane sauvage avec une sarcelle mâle, 455; hommages que se rendent les volailles, 457; accouplement de faisans avec des poules communes, 460.

HIBOUS blancs (*Etrix flammea*), trouvant de nouvelles femelles, 447.

HINDOUS, horreur des, à rompre avec leur caste, 131, 134; différences locales quant à la taille, 31; différences avec les Européens, 205; couleur de leur barbe, 610.

Hipparchia Janira, instabilité des taches ocellées de l', 469.

Hippocampus, développement de l', 178; réceptacles marsupiaux du mâle, 380.

Hippocampus minor, 219-222.

HIPPOPOTAME, nudité de l', 57.

HIRONDELLE, papillon à queue d', 343.

HIRONDELLES, désertant leurs jeunes, 115, 121.

HOCHEQUEUES indiens, jeunes des, 513.

HODGSON, S., sur le sentiment du devoir, 103.

HOFFBERG, bois du renne, 553; préférences sexuelles manifestées par les rennes, 576.

HOLLAND, Sir H., effets des maladies nouvelles, 200.

HOLLANDAIS, conservation de leur couleur dans l'Afrique méridionale, 212.

HOMME, variabilité de l', 23; regardé à tort comme plus domestique que d'autres animaux, 26; son origine définitive, 197; migrations de l', 46; son immense distribution, 43; causes de sa nudité, 57; son infériorité physique supposée, 65; proportions numériques des sexes, 236; membre du groupe Catarrhin, 167; ses premiers ancêtres, 175; ses caractères sexuels secondaires, 608; état primitif de l', 649.

HOMOLOGUES, variation corrélative des conformations, 42.

HOMOPTÈRES, 310; discussion de la stridulation chez les, ainsi que les Orthoptères, 317.

HONDURAS, *Quiscalus major* dans l', 274.

HONNEUR, loi de l', 130.

HOOKER, Jos., couleur de la barbe dans l'homme, 610.

HOOLOCK GIBBON, nez du, 164.

Hoplopterus armatus, ergots alaires de l', 402.

HORLOGERS, vue courte des, 31,

HORNE, C., aversion pour un criquet à brillantes couleurs manifestée par des lézards et des oiseaux, 318.

HOTTENTOTES, femmes, particularités des, 190.

HOTTENTOTS, pour des, 186; font de bons musiciens, 624; leurs notions sur la beauté des femmes, 633; compression du nez; 638.

HUBER, P., jeux entre fourmis, 71; mémoire des, 77; moyens de communication entre les fourmis, 94; leur reconnaissance réciproque après avoir été séparées, 321.

HUC, les opinions chinoises sur l'aspect des Européens, 632.

HUMAIN, règne, 158.

HUMAINS, sacrifices, 102.

HUMANITÉ, inconnue aux sauvages, 127, 132.

HUMBOLDT, A. von, sur le raisonnement des mulets, 82; perroquet ayant conservé le langage d'une tribu éteinte, 198; sur les arts cosmétiques des sauvages, 628; exagération des caractères naturels par l'homme, 637; peinture rouge des Indiens américains, 638.

HUME, D., sur les sentiments sympathiques; 116.

HUMIDITÉ du climat, son influence supposée sur la coloration de la peau, 30, 211.

HUMPHREYS, H.-N., mœurs de l'épinoche, 365.

HUNS, anciens, aplatissement du nez chez les, 638.

HUNTER, J., nombre d'espèces humaines, 190; caractères sexuels secondaires, 226; conduite générale des femelles pendant qu'elles sont courtisées, 243; muscles du larynx dans les oiseaux chanteurs, 407; poils frisés sur le front du taureau, 582; cas d'un âne repoussé par une femelle de zèbre, 592.

HUNTER, W.-W., augmentation rapide et récente des Santali, 45; sur les Santali, 211.

HUPPÉ, 407; son émis par le mâle, 413.

HUSSEY, M., sur une perdrix qui reconnaissait les personnes, 451.

HUTCHINSON, Cap., exemple d'un raisonnement chez un chien de chasse, 81.

HUTTON, cap., sur le bouc sauvage tombant sur ses cornes, 557-558.

HUXLEY, T.-H., accord entre le cerveau de l'homme et celui des animaux, 2; âge adulte de l'orang, 5; développement embryonnaire de l'homme, 6-7; origine de l'homme, 8; variation dans les crânes des indigènes australiens, 24; abducteur du cinquième métatarsien dans les singes, 41; sur la position de l'homme, 163; sous-ordres des Primates, 166; sur des Lémuridés, 171; sur les Dinosauriens, 173; sur les affinités des Ichthyosauriens avec les Amphibiens, 173; variabilité du crâne dans certaines races humaines, 190; sur les races humaines, 193; structure et développement du cerveau chez l'homme et chez les singes, 219.

HYBRIDES, oiseaux, production d', 454.

HYDROPHOBIE, pouvant se communiquer des animaux à l'homme, 3.

Hydroporus, dimorphisme des femelles de, 304.

Hyelaphus porcinus, 599.

Hygrogonus, 380.

Hyla, espèces chantantes de, 385.

Hylobates, affection maternelle, 72; absence de pouce, 50-51; marche relevée de quelques espèces, 52; direction des poils sur les bras, 165; femelles moins velues en-dessous que les mâles, 611.

Hylobates agilis, 51; poils des bras, 165; voix musicale de l', 578; bord sourcilliaire, 610.

Hylobates hoolok, différences sexuelles dans la couleur, 589.

Hylobates lar, 51; poils des bras, 165.

Hylobates leuciscus, 51.

Hylobates syndactylus, 51; sac laryngé du, 578.

HYMÉNOPTÈRES, 320; grosseur des ganglions cérébraux des, 54; classification des, 159; différences sexuelles dans les ailes, 305; taille relative des sexes chez ceux pourvus d'un aiguillon, 307; un hyménoptère parasite dont le mâle est sédentaire, 243.

Hyomoschus aquaticus, 599.

Hyperythra, proportion des sexes dans l', 276.

Hypogymna dispar, différences sexuelles dans la coloration, 347.

Hypopyra, coloration de l', 346.

I

IBEX mâle, tombant sur ses cornes, 558; sa barbe, 582.

IBIS écarlate, jeunes du, 528; blanc, modifications dans la couleur des parties nues de sa peau pendant la saison de reproduction, 427.

Ibis tantalus, âge auquel il revêt son plumage adulte, 531; reproduisant dans son plumage antérieur, 532.

IBIS, plumes décomposées, 421; blancs, 541; noirs, 543.

ICHNEUMONIDES, différences des sexes, 321.

ICHTYAUSAURIENS, 173.

IDÉES générales, 97.

IDIOTS, microcéphales, facultés imitatrices des, 92.

Iguana tuberculata, 390.

IGUANES, 390.

ILLÉGITIMES, enfants, proportion des sexes comparés à ceux des légitimes, 266-267.

IMAGINATION, existe chez les animaux, 78.

IMITATION, 71; de l'homme par les singes. 76; tendance à l', chez les singes, les idiots, les microcéphales et les sauvages, 92; influence de l', 139.

IMPRÉGNATION, influence sur le sexe, de l'époque où elle a lieu, 267.

INCISIVES, dents, coutume de quelques sauvages de les briser ou de les limer, 629.

INDÉCENCE, aversion pour, une vertu moderne 127-128.

INDES, difficulté de distinguer les races indigènes des, 182 ; Cyprinides des, 377 ; couleur de la barbe dans les races de, 610.

INDIENS de l'Amérique du Nord, honneur pour celui qui a scalpé un homme d'une autre tribu, 125.

INDIVIDUATION, 286.

Indopicus carlotta, couleurs des sexes, 503.

INFANTICIDE, prépondérance de l', 45, 125 ; cause supposée, 632 ; prévalence et causes, 647.

INFERIORITÉ physique supposée chez l'homme, 64.

INFLAMMATION d'entrailles se présentant chez le *Cebus Azaræ*, 3.

INFLUENCES locales, effet des, sur la taille, 29.

INQUISITION, influence de l', 153.

INSECTES, grosseur relative des ganglions cérébraux des, 54 ; poursuite des femelles par les mâles, 232, époque du développement des caractères sexuels, 259 ; stridulation des 619.

INSECTIVORES, 586 ; absence de caractères sexuels secondaires chez les, 238.

INSESSORES, organes vocaux des, 406.

INSTINCT et intelligence, 69.

INSTINCT migrateur, dominant l'instinct maternel, 114.

INSTINCTIFS, actes, résultat de l'hérédité, 111.

INSTINCTIVES, impulsions, différences dans leur puissance, 117 ; leur alliance avec les impulsions morales, 122.

INSTINCTS 69, leur origine compliquée, par sélection naturelle, 69-70 ; origine possible de quelques-uns, 69-70 ; acquis par les animaux domestiques, 110; variabilité de leur force, 114 ; différence d'intensité entre les sociaux et les autres, 117, 133.

INSTINCT migratoire, — voyez MIGRATOIRE.

INSTRUMENTS, employés par les singes, 85; façonnement d', propres à l'homme, 87.

INSTRUMENTALE, musique, chez les oiseaux, 412, 415.

INTELLIGENCE, M. H. Spencer, sur l'aurore de l', 69 ; son influence sur la sélection naturelle dans la société civilisée, 146.

INTEMPÉRANCE, admise chez les sauvages, 127.

IVRESSE, chez les singes, 4.

Iphias glaucippe, 344.

IRIS, différence sexuelle de couleur chez les oiseaux, 420-466.

ISCHIO-PUBIEN, muscle, 40.

Ithaginis cruentus, nombre d'ergots, 400.

Iulus, suçoirs tarsaux des mâles, 302.

J

JACQUINOT, nombre d'espèces humaines, 190.

JAEGER, docteur, difficulté d'approcher les troupeaux d'animaux sauvages, 107; accroissement de longueur des os, 30; destitution d'un mâle de faisan argenté, pour cause de détérioration de son plumage, 459.

JAGUAR, noir, 591.

JAMBES, variations de longueur des, dans l'homme, 24; proportion des, dans les soldats et les matelots, 30; antérieures, atrophiées dans quelques papillons mâles, 303 ; particularités dans des insectes mâles, 302.

JANSON, E.-W., proportion des sexes du *Tomicus villosus*, 279; coléoptères stridulants, 332.

JAPON, encouragement à la débauche au, 46.

JAPONAIS, généralement imberbes, 612; ont une aversion prononcée pour les favoris, 635.

JARDINE, Sir W., sur le faisan argus, 421, 441.

JARROLD, docteur, modifications du crâne causées par des positions non naturelles, 56.

JAVANAIS, taille relative des sexes, 612; leurs notions sur la beauté féminine, 634.

JEFFREYS, J.-Gwyn, forme de la coquille suivant les sexes des Gastéropodes, 289 ; influence de la lumière sur la couleur des coquilles, 290.

JENNER, docteur, sur la voix du corbeau, 411 ; pies trouvant de nouvelles femelles, 446 ; sur le retard des organes générateurs chez les oiseaux, 448-449.

JENYNS, L., hirondelles abandonnant leurs petits, 115 ; sur des oiseaux mâles chantant en dehors de la saison voulue, 449.

JERDON, docteur, sur les rêves des oiseaux, 78 ; caractère belliqueux du bulbul mâle, 396 ; de l'*Ortygornis gularis*, 399; ergots du *Galloperdix*, 400 ; mœurs du *Lobivanellus*, 401; sur le bec en cuiller, 411 ; bruit de tambour effectué par le faisan kalij, 413 ; sur l'*Otis bengalensis*, 417 ; sur les huppes auriculaires du *Sypheotides auritus*, 422; doubles mues chez certains oiseaux, 429; mues des Nectarinides, 429 ; étalage des mâles, 431; changement printanier de couleur chez quelques pinsons, 431 ; étalage des tectrices inférieures par le bulbul mâle, 440; sur le busard de l'Inde, 464; différences sexuelles dans la couleur des yeux des calaos, 466 ; marques du faisan tragopan, 470; nidification des orioles, 511 ; nidification des calaos, 512; sur la mésange sultane jaune, 503 ; sur *Palæornis javanicus*, 506 ; plumage des jeunes oiseaux, 511 et suiv.; espèces représentatives d'oiseaux, 514 ; habitudes du *Turnix*, 522 ; augmentation continue de la beauté du paon, 532; de la coloration dans le genre *Palæornis*, 543.

JEVONS, W.-S., migrations de l'homme, 47.

JOHNSTONE, lieut., sur l'éléphant indien, 238-239.

JOLLOFS, belle apparence des, 642.

JONES, Albert, proportion des sexes dans les papillons élevés par, 278.

JUAN FERNANDEZ, oiseaux-mouches de, 536.

JUIFS, anciens, emploi chez les, d'instruments en silex, 157-158; leur uniformité dans les diverses parties du globe, 212; proportion numérique des naissances masculines et féminines parmi les, 266; chez les anciens, pratiques du tatouage, 62.

JUMEAUX, tendance héréditaire à produire des, 44.

Junonia, différences sexuelles de coloration dans les espèces de, 340.

JUPITER, statues grecques de, 636.

K

Kallima, ressemblance à une feuille flétrie 342.

KALMUCKS, aversion des, pour les poils sur la figure, 635; coutumes matrimoniales, 651.

KANGOUROU, grand rouge, différence sexuelle de couleur, 585.

KANT, Imm., sur le devoir, 103; sur la contrainte de soi, 117; nombre d'espèces d'hommes, 190.

KELLER, docteur, difficulté de façonner des instruments de pierre, 49.

KING, W.-R., organes vocaux du *Tetrao cupido*, 408; bruit de tambour du grouse, 412; sur le renne, 553; attraction du cerf mâle par la voix de la femelle, 578.

KING et Fitzroy, coutumes matrimoniales des Fuégiens, 655.

KINGSLEY, C., sons produits par l'*Umbrina*, 382.

KIBRY et Spence, cour des insectes, 242; différences sexuelles sur la longueur de la trompe des Curculionides, 228; élytres des *Dytiscus*, 304; particularités dans les pattes des insectes mâles, 304; grosseur relative des sexes chez les insectes, 307; luminosité des insectes, 307; sur les Fulgoridés, 310; sur les habitudes des *Termites*, 320; différences de couleur dans les sexes des Coléoptères, 323-324; cornes des Lamélicornes mâles, 326; saillies en forme de corne chez les Curculionides mâles, 328; caractère belliqueux du lucane mâle (cerf-volant), 330.

KNOX, sur le pli semi-lunaire, 15; trou supra-condyloïde dans l'humérus de l'homme, 19; traits du jeune Memnon, 184.

KOALA, longueur du cæcum, 18.

Kobus ellipsiprymnus, proportion des sexes, 272.

KŒLREUTER, stérilité des plantes hybrides, 187.

KŒPPEN, F.-T., sur la sauterelle émigrante, 311.

KORDOFAN, protubérances artificiellement produites en 628.

KOUDOU, développement des cornes du, 257; marques du, 597.

KOWALEVSKY, A., affinité des Ascidiens avec les Vertébrés, 174.

KOWALEVSKY, W., caractères belliqueux du grand Tétras mâle, 399; appariage du même oiseau, 402.

KRAUSE, corps enroulé placé à l'extrémité de la queue dans un *Macacus* et un chat, 21.

KUPPER, prof., affinité des Ascidiens aux Vertébrés, 174.

L

Labidocera Darwinii, organes préhensiles du mâle, 293.

Labrus, belles couleurs des espèces de, 376.

Labrus mixtus, différences sexuelles, 371.

Labrus pavo, 376.

LAGERTILIA, différences sexuelles des, 389.

LACUNE entre l'homme et les singes, 170.

LAFRESNAYE, M. de, oiseaux du paradis, 424-425..

LAIDEUR, consistant soi-disant en un rapprochement vers les animaux inférieurs, 639.

LAMELLIBRANCHIATA, 289.

LAMELLICORNES, coléoptères, apophyses en forme de cornes portées par la tête et le thorax, 324; analogie avec les Ruminants 328; influence exercée sur eux par la sélection sexuelle, 330; stridulation, 333-334.

LAMONT, M., défenses du morse, 551; sur l'usage qu'en fait l'animal, 564.

Lampornis porphyrurus, couleurs de la femelle 498.

LAMPYRE femelle, état aptère de la, 227; sa luminosité, 305.

LANCE, origine de la, 197.

LANDOIS, H., production du son chez les Cicadées, 310; organe stridulant des criquets, 312; sur le *Decticus*, 314; organes stridulants des Acridiens, 315; présence d'organes stridulants rudimentaires dans quelques Orthoptères femelles, 317; stridulation du *Necrophorus*, 332; organe stridulant du *Cerambyx heros*, 333; organes stridulants dans les Coléoptères, 333; sur les battements de l'*Anobium*, 336; organe stridulant du *Geotrupes*, 333.

LANGAGE, un art, 90; origine du, articulé, 91; rapports entre ses progrès et le développement du cerveau, 93; effets de l'hérédité sur la formation du, 93; sa complication chez les nations barbares, 96; sélection naturelle du, 96; gestes, 195; primitif, 197; d'une tribu éteinte, conservé par un perroquet, 198-199.

LANGUES, présence de rudiments dans les, 95; classification des, 95; leur variabilité, 96; leur croisement et mélange, 96; leur complication n'est point un critérium de perfection ni une preuve de leur création spéciale, 97; ressemblances entre les, prouvant leur communauté d'origine, 161.

LANGUES et espèces, preuves identiques de leur développement graduel, 95.

Lanius, 507; caractères des jeunes, 510.

Lanius rufus, jeunes anormaux du, 530.

LANKESTER, E.-R., longévité comparative, 144-147; effets destructeurs de l'intempérance, 149.

LANUGO, du fœtus humain, 17, 656.

LAPIN, queue blanche du, 594; signaux de danger chez les lapins, 106; domestique, allongement du crâne chez le, 57; modification apportée au crâne par la chute de l'oreille, 56; proportion numérique des sexes dans le, 270.

LAPON, langage, très artificiel, 96.

LARMIERS des Ruminants, 580.

LARTET, E., grosseur du cerveau chez les Mammifères, 85; comparaison des volumes des crânes de Mammifères récents et tertiaires, 55; sur le *Dryopithecus*, 169.

Larus, changement périodique de plumage, 541.

LARYNX, muscles du, chez les oiseaux chanteurs, 406.

Lasiocampa quercus, attraction des mâles par les femelles, 277; différences sexuelles de couleur, 347.

LATHAM, R.-G., migrations de l'homme, 47

LATOOKA, femme du, se perforent la lèvre inférieure, 630.

LAURILLARD, division anormale de l'os malaire dans l'homme, 37.

LAWRENCE, W., sur la supériorité des sauvages sur les Européens par la puissance de leur vue, 32; coloration des enfants nègres, 609; sur le goût des sauvages pour les ornements, 627; races imberbes, 635; beauté de l'aristocratie anglaise, 641.

LAYARD, L.-L., exemple de raisonnement chez un *Cobra*, 387; caractère belliqueux du *Gallus Stanleyi*, 399.

LAYCOCK, docteur, sur la périodicité vitale, 4.

LECKY. M., sur le sens du devoir, 103; suicide, 126; pratique du célibat 123; opinion sur les crimes des sauvages, 128; élévation graduelle de la moralité, 134.

LECONTE, J.-L., organe stridulant des *Coprini* et *Dynastini*, 333.

LEE, H., proportion numérique des sexes dans la truite, 275.

LÉGITIMES et illégitimes, proportion des sexes chez les enfants, 266-267.

LEGUAY, sur l'existence du trou supra-condyloïde dans l'humérus humain, 19-20.

.LEKS, du *Tétras noir* et du *T. urogallus*, 443.

LEMOINE, Albert, origine du langage, 91.

Lemur macaco, différence sexuelle de couleur, 589.

LEMURS, utérus des, 37; espèces sans queue, 166.

LÉMURIDÉS, 166; leur origine, 180; leur position et dérivation, 171; oreilles des 13; variabilité de leurs muscles, 40.

LENGUAS, défigurent leurs oreilles, 630.

LÉPIDOPTÈRES, 337; proportion numérique des sexes, 275; couleurs des, 338; taches ocellées, 469.

Lepidosiren, 173, 180.

Leptorhynchus angustatus, caractère belliqueux du mâle, 320.

Leptura testacea, différence de couleurs des sexes, 324.

LEROY, sur la circonspection des jeunes renards dans les districts de chasse, 84; sur les hirondelles abandonnant leurs jeunes, 115.

LESSE, vallée de la, 20.

LESSON, oiseaux du paradis, 441; sur l'éléphant marin, 579.

Lethrus cephalotes, caractères belliqueux des mâles, 327.

LEUCKART, R., sur la vésicule prostatique, 21; influence de l'âge des parents sur le sexe des descendants, 269.

LÈVRES, percement des lèvres par les sauvages, 630.

LÉVRIERS, proportion numérique des sexes, 236; proportion des naissances mâles et femelles dans les, 271.

LÉZARDS, grosseur relative des sexes de, 390; poches de la gorge des, 389.

Libellula depressa, couleur du mâle, 320.

LIBELLULIDES, appendices de l'extrémité caudale, 301; grosseur relative des sexes, 307; différences dans les sexes, 318-319; mâles peu belliqueux, 320.

LICHTENSTEIN, sur *Chera progne*, 459.

LIÈVRE, coloration protectrice du, 599; combats entre mâles de, 549.

LIEU de naissance de l'homme 169.

LILFORT, lord, attrait qu'ont les objets brillants pour le combattant, 452.

Limosa lapponica, 525.

Linaria, 507.

Linaria montana, 273.

LINNÉ, vues de, sur la position de l'homme, 162; son opinion sur l'homme, 220.

LINOTTE, proportion numérique des sexes chez la, 273; front et poitrail écarlates de la, 430; assiduités de cour, 438.

LION, polygame, 239; crinière du, défensive 571; rugissement du, 577; raies chez les jeunes du, 509.

LION marin, 239.

Lithobius, appendices préhensiles de la femelle, 302.

Lithosia, coloration de la, 345.

Littorina littorea, 289.

LIVINGSTONE, docteur, influence de l'humidité et de la sécheresse sur la couleur de la peau, 212; disposition aux fièvres tropicales après avoir résidé dans un climat froid, 213; sur l'oie à ergots alaires 400; sur des oiseaux tisseurs; 410; sur un engoulevent (*Cosmetornis*) africain, 420, 441; cicatrices des blessures faites aux Mammifères mâles de l'Afrique du Sud, 550; enlèvement des incisives supérieures chez les Batokas, 629; perforation de la lèvre supérieure chez les Makalolo, 630 sur les Banyai, 634.

LIVONIE, proportion numérique des naissances mâles et femelles en, 267.

LLOYD, L., sur la polygamie du grand coq de bruyère et de l'outarde, 240; proportion numérique des sexes dans le grand coq de bruyère et le noir, 273; sur le saumon, 368; couleur du scorpion de mer, 370; caractère belliqueux du grouse mâle, 399; sur le capercailzie et le coq noir, 405; appel du capercailzie, 411; réunion de grouses et de bécasses, 444; appariage d'un *Tadorna vulpanser* avec un canard commun, 454; combats de phoques, 550; sur l'élan, 557.

Lobivanellus, ergots aux ailes, 401.

LOCALES, effet des influences, sur la taille, 29.

LOCKWOOD, M., développement de l'*Hippocampus*, 178.

LOCUSTIDÉES, stridulation chez les, 311; descendance des, 313.

LONGICORNES coléoptères, différences de couleur dans les sexes, 323; stridulation des, 332.

LONSDALE, M., exemple d'attachement personnel observé chez un *Helix pomatia*, 290.

LOPHOBRANCHES, réceptacles marsupiaux des mâles, 381.

Lophophorus, habitudes des, 460.

Lophorina atra, différence sexuelle de couleur, 510.

Lophornis ornatus, 424.

LORD, J.-K., sur *Salmo Lycaodon*, 367.

LOWNE, B.-E., sur *Musca vomitoria*, 54, 309.

Loxia, caractères de, jeunes du, 510.

LUBOCK, Sir, J., capacités mentales des sauvages, 57; origine des instruments, 86; simplification des langues, 97; sur l'absence de toute idée de Dieu dans certaines races humaines, 99; origine des croyances aux agents spirituels, 100; sur les superstitions 102; sens du devoir, 103; usage d'ensevelir les gens âgés et malades chez les Fijiens, 109; absence du suicide chez les barbares les plus inférieurs, 128; sur l'immoralité des sauvages, 128; sur la part prise par M. Wallace à l'origine de l'idée de la sélection naturelle, 49; absence de remords chez les sauvages, 142; barbarisme antérieur des nations civilisées, 155; améliorations des arts chez les sauvages, 157; sur les ressemblances des caractères de l'esprit dans différentes races humaines, 195; aptitude à compter chez l'homme primitif, 197; arts pratiqués chez les sauvages, 157; organes préhensiles du *Labidocera Darwinii* mâle, 293; sur le *Chleon*, 302; sur le *Smynthurus luteus*, 308; contestations chez les Indiens de l'Amérique du Nord, pour les femmes, 613; musique, 623; ornementation des sauvages, 627; appréciation de la barbe chez les Anglo-Saxons, 636; déformation artificielle du crâne, 637; mariages commu-

naux, 642; exogamie, 645; sur les Veddahs, 646-647; la polyandrie, 648.
LUCANIDES, variabilité des mandibules chez les mâles des, 330.
Lucanus, grande taille des mâles de, 307.
Lucanus cervus, proportion numérique des sexes, 279.
Lucanus elaphus, usage des mandibules du, 330-331; fortes mâchoires du mâle, 303.
LUCAS, Prosper, préférences sexuelles chez les étalons et les taureaux, 576.
LUMIÈRE, effets supposés de la, 30; son influence sur les couleurs des coquilles, 289.
LUMINOSITÉ chez les insectes, 304.
LUNAIRES, périodes, 179.
LUND, docteur, crânes trouvés dans des cavernes du Brésil, 184.
LUTTE, pour l'existence chez l'homme, 154, 158.
LUXE, comparativement innocent, 147.
Lycæna, différences sexuelles dans les espèces de, 340.
LYELL, Sir C.; parallélisme entre le développement de l'espèce et celui des langues, 95; extinction des langues, 96; sur l'inquisition, 153; les restes fossiles des Vertébrés, 171; fécondité des mulâtres, 186.
LYNX canadien, collerette du, 572.
LYRE, oiseau (*Menura superba*), 444.

M

Macacus, oreilles de, 14; corps enroulé à l'extrémité de la queue du, 21; variabilité de la queue dans les espèces de, 58; favoris d'espèces de, 582.
Macacus cynomolgus, arcades sourcilières, 610; barbe et favoris blanchissant avec l'âge 611.
Macacus brunneus, 60.
Macacus lasiotus, taches faciales du, 602.
Macacus radiatus, 164.
Macacus rhesus, différence sexuelle dans la couleur du, 591; habitude indécente du, 680.
MACALISTER, professeur, variations dans le muscle *palmaire accessoire*, 24; anomalies musculaires chez l'homme, 41-42; plus grande variabilité des muscles chez l'homme que chez la femme, 245.
MAC CLELLAND, J., cyprinides indiens, 378.
MAC CULLOCH, Col., village indien ne renfermant point d'enfants du sexe féminin, 647.
MAC CULLOCH, docteur, fièvre tierce chez un chien, 4.
MAC GILLIVRAY, W., organes vocaux chez les oiseaux, 95; sur l'oie égytienne, 400; habitudes des pics, 412; de la bécasse; 412; de la fauvette grise, 417; sur les mues des bécasses, 429; mues des Anatides, 430; pies trouvant de nouvelles femelles, 446; appariage d'un merle et d'une grive, 454; sur les corbeaux-pies, 465; sur les couleurs des mésanges, 502; sur les guillemots, 465; et sur le plumage non adulte des oiseaux, 511 et suiv.
Machetes, sexes et jeunes des, 533.
Machetes pugnax, proportion numérique des sexes, 273; supposé polygame, 240; mâle très-belliqueux, 396; double mue chez le, 428.
MACHOIRE, influence des muscles de la, sur la physionomie des singes, 54.
MACHOIRES, suivent dans leur rapetissement le même taux que les extrémités

31; influence de la nourriture sur la grosseur des, 31; leur diminution chez l'homme, 54; réduction des, par corrélation chez l'homme, 615.
MACKINTOSH, sur le sens moral, 103; origine du, 103.
MAC LACHLAN, R., sur *Apatania muliebris* et *Boreus hyemalis*, 280; appendices anaux d'insectes mâles, 303; accouplement des libellules, 307; sur les libellules, 319-320; dimorphisme chez l'*Agrion*, 320; manque de dispositions belliqueuses chez les libellules mâles, 320; sur les phalènes (*Hepialus humuli*) des îles Shetland, 350.
MAC LENNAN, M., sur l'origine de la croyance à des agents spirituels, 100; prédominance de la débauche chez les sauvages, 127; sur l'infanticide, 45, 647; sur l'état barbare primitif des nations civilisées, 155; traces de la coutume de la capture forcée des femmes, 157, 647; sur la polyandrie, 648.
MACNAMARA, M., sur la sensibilité des habitants des îles Adaman, 206.
MAC NEILL, M., usage des bois du cerf, 561; sur le lévrier d'Ecosse, 568; poils allongés de la gorge du cerf, 572; mugissement du cerf mâle, 577.
MACREUSE noire, différence sexuelle de couleur chez la, 540; bec brillant du mâle, 541.
Macrorhinus proboscideus, structure du nez, 579.
MAILLARD, M., proportion des sexes chez une espèce du *Papilio* de Bourbon, 276.
MAINE, M., sur l'absorption d'une tribu par une autre, 138; absence d'un désir d'amélioration, 143.
MAINS, plus grandes chez les nouveau-nés des campagnards, 31; conformation des, dans les quadrumanes, 49; la liberté de mouvement des, et des bras, est en corrélation indirecte avec la diminution des canines, 54.
MAKALOLO, perforation de la lèvre supérieure chez les, 630.
MALADIE, engendrée par le contact des peuples différents, 199.
MALADIES, communes à l'homme et aux animaux inférieurs, 3; différences que présentent différentes races humaines dans leur aptitude à contracter certaines maladies, 182; effets de nouvelles, sur les sauvages, 199; limitation sexuelle des, 261.
MALAIRE, os, division anormale de, chez l'homme, 38.
MALAIS, archipel, coutumes nuptiales des sauvages de l', 654.
MALAIS et Papous, contraste entre les caractères des, 183; ligne de séparation entre les deux, 185; absence générale de barbe chez les, 612; leur habitude de se teindre les dents, 628; leur aversion pour les poils sur le visage, 635.
MALES, animaux, luttes pour la possession des femelles, 231; leur ardeur dans la recherche de celles-ci 241; sont en général plus modifiés que les femelles, 241; diffèrent de même manière des femelles et des jeunes, 257.
MALES, caractères, leur développement chez les femelles, 249; leur transmission à des oiseaux du sexe femelle, 517; présence d'organes femelles rudimentaires chez les, 176; mortalité comparative entre les mâles et le femelle dans le

jeune âge, 236 ; nombre comparatif de 233, 236.

MALFAITEURS, 148.

MALTHUS, F., sur le taux d'accroissement de la population, 43, 45.

MALURIDES, nidification des, 498.

Malurus, jeunes de, 534.

MAMELLES rudimentaires chez les Mammifères mâles, 8-22, 176 ; surnuméraires chez la femme, 38 ; chez l'homme, 42.

MAMELONS, absence de, chez les Monotrèmes, 177.

MAMMIFÈRES, classification des, du professeur P. Hubert, 159 ; généalogie des, 172 ; leurs caractères sexuels secondaires ; 550 : armes des, 551 ; comparaison de la capacité du crâne des récents et tertiaires, 55 ; grosseur relative des sexes, 566 ; poursuite des femelles par les mâles, 212 ; parallélisme, quant aux caractères secondaires sexuels, entre eux et les oiseaux, 591 ; voix des, servant spécialement lors de la saison reproductrice, 620.

MANDANS, corrélation entre la couleur et la texture des cheveux, 217.

MANDIBULE, gauche, agrandie chez le mâle du *Taphroderes distortus,* 305.

MANDIBULES, leur usage dans l'*Ammophila,* 303 ; grosses, du *Corydalis cornutus,* 303 ; dans le mâle du *Lucanus elaphus,* 303.

MANDRILL, nombre de vertèbres caudales du, 59 ; couleurs du mâle, 590, 593, 604.

MANTEGAZZA, professeur, sur les ornements des sauvages, 627 et suiv. ; absence de barbe chez les Nouveaux-Zélandais, 635 ; exagération des caractères naturels par l'homme, 637.

MANTELL, W., sur l'accaparement des jolies filles par les chefs de la Nouvelle-Zélande, 651.

Mantis, dispositions belliqueuses d'espèces de, 318.

MAORIES, de la Nouvelle-Zélande, 202 ; causes de la diminution des, 203 ; recensement des, 203.

MARC-AURÈLE, sur l'influence des pensées habituelles, 132.

Mareca penelope, 458.

MARIAGE, son influence sur les mœurs, 127-128 ; entraves au mariage chez les sauvages, 46 ; influence du, sur la mortalité 151 ; développement du, 614.

MARIAGES, communaux, 642, 644 ; précoces, 150.

MARQUES conservées dans des groupes entiers d'oiseaux, 468.

MARSHALL, M., cerveau d'une femme boschimane, 183.

MARSUPIAUX, 171 ; présence de mamelles chez les, 177 ; leur origine dans les Monotrèmes, 180 ; utérus des, 36 ; développement de la membrane nictitante, 15 ; sacs abdominaux, 227 ; taille relative des deux sexes, 566 ; couleurs des, 585.

MARSUPIUM, rudimentaire chez les Marsupiaux mâles, 176.

MARTEAU, difficulté à manier le, 49.

MARTIN, C.-L., crainte manifestée par un orang à la vue d'une tortue, 79 ; poils chez l'*Hylobates,* 164 ; sur la femelle d'un cerf américain, 561 ; voix de l'*Hylobates agilis,* 579 ; sur le *Semnopithecus nemœus,* 604.

MARTIN, barbes des habitants de Saint-Kilda, 612.

MARTINET, abandonnant ses petits, 115.

MARTINS, C., mort causée par l'inflammation de l'appendice vermiforme, 19.

MARTINS-PÊCHEURS, 407 ; couleurs et nidifications des, 500, 501, 503 ; plumage antérieur à celui de l'état adulte, 513-514 ; jeunes des, 528-529 ; rectrices caudales en raquette chez un, 421.

MASTOIDIENNES, apophyses chez l'homme et les singes, 53.

MATELOTS, croissance des, retardée par leurs conditions de vie, 29 ; différences entre les proportions des soldats et des, 30.

MAUDSLEY, docteur, influence du sens de l'odorat sur l'homme, 15 ; sur Laura Bridgman, 93 ; développement des organes de la voix, 93.

MAYERS, W.-F., domestication du poisson doré en Chine, 377.

MAYHEW, E., affection entre chiens de sexes différents, 574.

MAYNARD, C.-J., sexes du *Chrysemis picta,* 385.

MECKEL, variation corrélative entre les muscles du bras et de la jambe, 43.

Méduses, couleurs brillantes de quelques, 287.

MÉGALITHIQUES, prédominance de constructions, 196.

Megapicus validus, différence sexuelle de couleur, 502.

Megasoma, grande taille des mâles, 307.

MEIGS, docteur, A., variations dans les crânes des Américains indigènes, 24.

MEYNECKE, proportion numérique des sexes dans les papillons, 276.

MÉLIPHAGIDES, australiens, leur nidification, 498.

Melita, caractères sexuels secondaires des, 295.

Meloë, différence de couleur dans les sexes d'une espèce de, 324.

MÉMOIRE, manifestations de, chez les animaux, 77.

MENTALE, puissance, différences dans les deux sexes de l'espèce humaine, de la, 616.

Menura Alberti, 444 ; chant du, 407.

Menura superba, 444 ; longue queue des deux sexes, 494.

MERGANSER, trachée du mâle, 410.

Merganser serrator, plumage mâle du, 431.

Mergus cucullatus, miroir du, 260.

Mergus merganser, jeunes du, 513.

MERLE, différences sexuelles dans le, 240 ; proportion des sexes, 36 ; ayant appris un chant, 406 ; couleur du bec, dans les sexes, 541 ; appariage avec une grive, 451 ; couleurs et nidification du, 499 ; jeunes du, 535 ; différence sexuelle dans la coloration, 540.

MERLE, à plastron, 499.

MÉSANGES, différences sexuelles de couleur dans les, 502.

MESSAGER, pigeon, développement tardif des caroncules dans le, 262.

Metallura, rectrices splendides du, 485.

Methoca ichneumonides, grand mâle du, 307.

MEVES, M., bruit de tambour de la bécasse, 413.

MEXICAINS, civilisation des, non étrangère, 157.

MEYER, corps enroulé à l'extrémité des queues d'un *Macacus* et d'un chat, 21.

MEYER, docteur, A., sur l'accouplement des phryganides d'espèces distinctes, 303.

MIGRATIONS, effets sur l'homme, 47.

MIGRATOIRE, instinct chez les oiseaux, 111 ; prépondérance sur l'instinct maternel, 114, 120.

MILAN, tué par un coq de combat, 397.
MILL, J.-S., origine du sens moral, 104; principe du « plus grand bonheur », 129; différence de la puissance mentale dans les sexes de l'homme, 617.
MILNE-EDWARDS, usage des grandes pinces du *Gelasimus* mâle, 295.
Milvago leucurus, sexes et jeunes du, 526.
MIMIQUES, formes imitatrices, 356.
Mimus polyglottus, 451.
MIROIR, alouettes attirées par le, 452.
MIVART, Saint-Georges, réduction des organes, 9; oreille des Lémuroïdes, 13; variabilité des muscles chez les Lémuroïdes, 40; vertèbres caudales des singes, 58; classification des Primates, 167; sur l'orang et l'homme, 168; différences dans les Lémuroïdes, 168; crêtes du Triton mâle, 382.
MODES, longue durée des, chez les sauvages, 631, 638.
MODIFICATIONS inutiles, 63.
MOINEAU, caractère belliqueux du mâle, 395; acquisition par un, du chant d'une linotte, 407; coloration.du, 521; plumage prématuré précédant l'adulte du, 512; trouvant de nouvelles compagnes, 447; sexes et jeunes du, 530; apprend à chanter, 624.
MOINEAU à couronne blanche, jeune (*Fringilla leucophrys*), 534.
MOLLETS, modification artificielle des, 628.
Mollienesia petenensis, différence sexuelle, 371
MOLLUSCOIDA, 289.
MOLLUSQUES, belles formes et couleurs des, 287-288; absence de caractères sexuels secondaires chez les, 289.
MONGOLS, perfection des sens chez les, 32.
MONOGAMIE, pas primitive, 157.
MONOGÉNISTES, 192.
Mononychus pseudacori, stridulation du, 335.
MONOTRÈMES, 172; développement de la membrane nictitante chez les, 15; glandes lactifères, 177.
MONSTRUOSITÉS, analogues dans l'homme et les animaux inférieurs, 27; causées par arrêt de développement, 34; leur corrélation, 42; leur transmission, 189.
MONTAGU, G., mœurs des grouses noir et rouge, 241; caractère belliqueux du combattant, 396; sur le chant des oiseaux, 404; la double mue de la sarcelle mâle, 430.
MONTEIRO, M., sur *Bucorax abyssinicus*, 420.
MONTES DE OCA, M., caractère belliqueux des oiseaux-mouches mâles, 396.
Monticola cyanea, 500.
MONUMENTS, traces de tribus éteintes, 198-199.
MOQUEUR, migration partielle du, 451; jeunes du, 534.
MORAL, origine du, 132-133; dérive des instincts sociaux, 130.
MORALES, alliance des impulsions instinctives et, 117; influence des facultés morales chez l'homme sur la sélection naturelle, 137; distinction entre les règles morales supérieures et inférieures, 131; hérédité des tendances, 133.
MORALITÉ, supposée, basée sur l'égoïsme, 129; est le critérium du bien-être général de la communauté, 130; progrès graduels de la, 134; influence d'un haut degré de, 143.
MORGAN, L.-H., sur le castor, 69; puissance

de raison chez le castor, 78; sur le rapt des femmes par la force, 157; mariage inconnu dans les temps primitifs, 643; sur la polyandrie, 648.
MORRIS, F.-O., faucons nourrissant un oiseau orphelin dans le nid, 449.
MORSE, défenses du, 551, 556; emploi des défenses, 564.
MORTALITÉ, taux de, plus élevé dans les villes que dans les campagnes, 43; comparative entre les mâles et les femelles, 236, 244, 267.
MORTON, nombre d'espèces humaines, 191.
MORVE, peut se communiquer des animaux à l'homme, 3.
Moschus moschiferus; organes odorants du, 581.
Motacilla, indiens, jeunes, 514.
MOTMOT, rectrices en raquette de la queue du, 421.
MOUETTE, exemple de raisonnement chez une, 449; changements périodiques de plumage chez la, 541; blanches, 511.
MOULES, singes ouvrant les coquilles de, 50.
MOUSTACHE, singe à, 589, 607.
MOUSTACHES, chez les singes, 163.
MOUTONS, signaux de danger, 106-107; différences sexuelles dans les cornes de, 252; cornes de, 258, 554, 565; domestiques, développement tardif des différences sexuelles, 261; proportion numérique des sexes, 371; mode de combat, 557; front arqué de quelques, 584; mérinos, perte des cornes chez les femelles de, 253; cornes des, 258.
MUES, doubles chez les oiseaux, 531; doubles annuelles chez les oiseaux, 427; partielles, 429.
MULATRES, fertilité persistante des, 186-187; leur immunité contre la fièvre jaune, 213.
MULET, stérilité et forte vitalité du, 187.
MULLER, Ferd., sur les Mexicains et Péruviens, 157.
MULLER, Fritz, sur les mâles astomes de *Tanais*, 227; disparition de taches et de raies sur les Mammifères adultes, 600; proportion des sexes dans quelques Crustacés, 281; caractères sexuels secondaires dans divers Crustacés, 293; larve lumineuse d'un Coléoptère, 305; luttes musicales entre *Cicadés* mâles, 310; maturation sexuelle de jeunes Crustacés amphipodes, 533.
MULLER J., membrane nictitante et pli semi-lunaire, 15;
MULLER, Max, origine du langage, 92; lutte pour l'existence des mots et des langues, 96.
MULLER, S., sur le banteng, 588; couleurs du *Semnopithecus chrysomelas*, 589.
MUNGO-PARK, — voyez PARK.
MURIE, J., sur la réduction des organes, 9; oreilles des Lémuroïdes, 13; variabilité des muscles chez les Lémuroïdes, 40, 47; vertèbres caudales basilaires enfouies dans le corps du *Macacus brunneus*, 61; différences dans les Lémuroïdes, 168; poche de la gorge de l'outarde mâle, 410; crinière de *Otaria jubata*, 572; fosses sous-orbitaires des Ruminants, 580; couleurs des sexes dans *Otaria nigrescens*, 586.
MURRAY, A., poux des différentes races humaines, 185.
MURRAY, F.-A., sur la fécondité des femmes australiennes avec les blancs, 186.
Mus coninga, 84.

Mus minutus, différence sexuelle de couleur, 586.

MUSARAIGNE, odeur de la, 580.

Muscicapa grisola eluctuosa, 409.

Muscicapa ruticilla, reproduisant avant d'avoir revêtu son plumage adulte, 532.

MUSCLE ischio-pubien, 40.

MUSCLES rudimentaires chez l'homme, 10; variabilité des, 24-25; effets de l'usage et du défaut d'usage sur les, 30; anomalies chez l'homme rappelant des conformations animales des, 40; variations corrélatives des muscles, du bras et de la jambe, 42; variabilité des, dans les mains et les pieds, 47; influence des muscles de la mâchoire sur la physionomie des singes, 54; spasmes habituels des, causant des modifications des os de la face, 57; chez les ancêtres primitifs de l'homme, 175; plus grande variabilité des muscles chez l'homme que chez la femme, 245.

Musculus sternalis, professeur Turner sur le, 10.

MUSIQUE, 195; d'oiseaux, 403; attraits qu'a la musique discordante pour les sauvages, 416; appréciation variable chez les divers peuples de la, 625; origine de la, 624-625; effets de la, 625; perception des cadences musicales chez les animaux, 623; aptitude de l'homme, 619.

Musophages, couleur et nidification des, 500; éclat égal des deux sexes, 504.

MUSQUÉ, rat (*ondatra*), ressemblance protectrice du, à une motte de terre, 594.

Mustela, changement hibernal chez deux espèces de, 595.

MUTILATIONS, guérison de, 4.

Mutilla europœa, stridulation chez la, 323.

MUTILLIDÉES, absence d'ocelles dans les femelles des, 302.

Mycetes caraya, polygame, 238; organes vocaux du, 578; barbe du, 583; différences sexuelles de couleur du, 589; voix du, 620.

Mycetes seniculus, différences sexuelles de couleur du, 589.

MYRIAPODES, 302.

N

NÆGELI, influence de la sélection naturelle sur les plantes, 62; sur les gradations des espèces de plantes, 191.

NAISSANCES, proportion numérique des, des deux sexes chez l'homme et les animaux, 235-236; proportion en Angleterre, 266.

NAISSANTS, organes, 8.

NAPLES, plus grande proportion d'enfants illégitimes du sexe féminin à, 267.

NARVAL, défenses du, 551, 556.

NASALES, grandeur chez les indigènes américains, des cavités, 32.

NATHUSIUS, H. von, races améliorées du porc, 193-194; élevage, reproduction des animaux domestiques, 652.

NATURELLE, sélection, ses effets sur les premiers ancêtres de l'homme, 47; son influence sur l'homme, 61, 64; limitation du principe de la, 62; son influence sur les animaux sociables, 64; limitation à la, due, selon M. Wallace, à l'influence des facultés mentales humaines, 137; son influence sur les progrès des États-Unis, 154.

NAULETTE (la), mâchoire de, grosseur de ses canines, 39.

NEANDERTHAL, capacité du crâne de, 55.

Necrophorus, stridulation chez le, 332.

Nectarinia, jeunes du, 514.

Nectarinice, nidification des, 514; leurs mues, 429.

NÈGRES, ressemblances avec les Européens par les caractères d'ordre mental, 195; caractères des, 190; poux, 185; noirceur des, 188, 646; variabilité des, 190-191; leur immunité pour la fièvre jaune, 213; différences avec les Américains, 217; défiguration pratiquée par les, 594; couleur des nouveau-nés, 609; sont relativement imberbes, 613; deviennent aisément musiciens, 624; leur appréciation de la beauté de leurs femmes, 631, 633; leurs idées sur la beauté, 636; compression du nez pratiquée par quelques, 638.

NÉGRESSES, bienveillance des, pour Mungo-Park, 127.

NÉOLITHIQUE, période, 157.

Nephila, 301.

NEUMEISTER, changements de couleurs chez des pigeons après plusieurs mues, 262.

Neurothemis, dimorphisme, 320.

NÉVRATION, différence dans la, entre les deux sexes de quelques papillons et Hyménoptères, 305.

NÉVROPTÈRES, 280.

NEWTON, A., poche de la gorge de l'outarde mâle, 410; différences entre les femelles de deux espèces d'*Oxynotus*, 516; mœurs du phalarope, pluvier et guignard, 525.

NEZ, ressemblance chez l'homme et les singes, 164; perforation et ornementation du nez, 629; aplatissement du, 637-638; les nègres ne l'admirent pas trop aplati, 636.

NICHOLSON, docteur, les Européens bruns ne sont pas ménagés par la fièvre jaune, 214.

NIDIFICATION des poissons, 379; rapports entre la, et la couleur, 497-501; des oiseaux d'Angleterre, 498.

NIDS, construits par les poissons, 379; décoration de ceux des oiseaux-mouches, 452.

NILGHAU, différences sexuelles de couleur, 587.

NILSSON, professeur, ressemblance entre les têtes de flèches de diverses provenances, 195-196; développement des bois du renne, 261.

NITZSCH, C.-L., duvet des oiseaux, 427.

NOCTUÉES, coloration brillante en dessous, 347.

NOCTUIDÉS, coloration des, 344.

NOMADES, mœurs peu favorables aux progrès de l'humanité, 143.

NORDMANN, A., sur le *Tetrao urogalloides*, 443.

NORWÈGE, proportion des naissances masculines et féminines, 267.

NOTE supplémentaire sur la sélection sexuelle dans ses rapports avec les singes, 679.

NOTT et Gliddon, traits de Ramesès II, 184; traits d'Amunoph III, 181; crânes des cavernes du Brésil, 184; immunité des nègres pour la fièvre jaune, 213; sur la déformation des crânes dans les tribus américaines, 637.

NUDIBRANCHES, mollusques, couleurs brillantes des, 291.

NUMÉRATION romaine, signes de la, 156.

NUNEMAYA, indigènes barbus de, 613.

O

OBÉISSANCE, importance de l', 140.

OBSERVATION, capacité des oiseaux pour l', 451.

OCCUPATIONS, causent quelquefois une diminution de taille, 29; leurs effets sur les proportions du corps, 30.

OCELLES, absence des, chez les Mutillidées femelles, 302; formation et variabilité chez les oiseaux des, 469.

OCELOT, différences sexuelles de couleur dans l', 586.

Ocyphaps lophotes, 440.

ODEUR, corrélation entre l', et la coloration de la peau, 217; qu'émettent les serpents pendant la saison de reproduction, 387; des Mammifères, 589.

ODONATA, 280.

Odonestis potatoria, différence sexuelle de couleur, 347.

ODORANTES, glandes chez les Mammifères, 580-581.

ODORAT, sens de l', chez l'homme et les animaux, 15.

Œcanthus nivalis, différence de couleurs dans les sexes, 318.

ŒIL, destruction de l', changement de position dans l', 56; obliquité de l', regardée comme une beauté par les Chinois et les Japonais, 632; différence de coloration dans les sexes des oiseaux, 458; porté par un pilier dans le mâle du *Cléon*, 302.

ŒUFS, couvés par des poissons mâles, 380.

Oidemia, 540.

OIE, antarctique, couleurs de l', 541; du Canada, appariée avec une bernache mâle, 454.

OIE, chinoise, tubercule sur le bec de l', 467.

OIE, égyptienne, 400; de Sébastopol, plumage, 422; oie de neige, blancheur de l', 511; oie d'Egypte, ailes de l', portant un ergot, 401.

OISEAUX aquatiques, fréquence du plumage blanc, 572.

OISEAUX, imitant le chant d'autres oiseaux, 76; rêves des, 78; leur langage, 90; leur sentiment de la beauté, 99; plaisir de couver, 111; incubation par le mâle, 178; connexions entre les oiseaux et les reptiles, 180; différences sexuelles dans le bec, 228; migrateurs, mâles arrivant avant les femelles, 231; rapport apparent entre la polygamie et des différences sexuelles prononcées, 239; monogames devenant polygames sous domestication, 241; ardeur du mâle à rechercher la femelle, 242; proportion des sexes chez les, 272; caractères sexuels secondaires chez les, 394; différences de taille dans les sexes, 396; combats de mâles, auxquels assistent des femelles, 401; étalages du mâle pour captiver les femelles, 402; attention des, aux chants des autres, 405; pouvant apprendre le chant des parents qui les nourrissent, 407; les oiseaux brillants rarement chanteurs, 407; danses et scènes d'amour, 415; coloration des, 423 et suiv.; non couplés, 445; mâle chantant hors de saison, 448; mutuelle affection, 449; distinguent les personnes en captivité, 451; production d'hybrides, 454; nombre d'espèces européennes, 463; variabilité des, 463; gradation des caractères sexuels secondaires, 471; de coloration obscure, construisant des nids cachés, 498; femelle jeune, revêtant des caractères mâles, 507; reproduction dans le plumage qui précède l'adulte, 532; mues, 532; fréquence du plumage blanc dans les, aquatiques, 542; assiduités vocales des, 619; peau nue du cou et de la tête chez les, 657.

OISEAUX-MOUCHES, rectrices en raquette chez le mâle d'une espèce, 421; étalage du plumage des mâles, 432; décorent leurs nids, 97, 453; polygames, 240; proportion des sexes, 273, 537; différences sexuelles, 394, 483; caractère belliqueux des mâles, 395; rémiges primaires modifiées chez les mâles, 413; coloration des sexes, 424; jeunes, 535; nidification des, 498; couleurs des femelles, 498.

OLIVIER, sons produits par le *Pimelia striata*, 336.

Omaloplia brunnea, stridulation de la, 333.

OMBRE, coloration du mâle pendant la saison reproductrice, 374.

ONGLES, coloration en Afrique en jaune ou pourpre des, 628.

Onitis furcifer, apophyses des fémurs antérieurs du mâle, et de la tête et du thorax de la femelle, 327.

Onthophagus rangifer, différences sexuelles, 325; variations des cornes du mâle, 325.

OPHIDIENS, différences sexuelles, 386.

OPOSSUM, vaste distribution en Amérique, 185.

OPTIQUE, nerf, atrophie provoquée par la perte de l'œil, 30.

ORANG-OUTANG, 614; concordance de son cerveau avec celui de l'homme, reconnue par Bischoff, 2; âge adulte de l', 5; ses oreilles, 11; appendice vermiforme, 18; plates-formes qu'il construit, 68; craintes éprouvées à la vue d'une tortue, 75; usage d'un bâton comme levier, 85; jetant des projectiles, 86; se couvrant la nuit de feuilles de *Pandanus*, 87; ses mains, 49; absence d'apophyses mastoïdes, 53; direction des poils sur les bras, 164; caractères aberrants, 167-168; évolution supposée de l', 191; sa voix, 578; habitudes monogames de l', 615; barbe chez le mâle, 582.

ORANGES, épluchées par les singes, 50.

Orchestia Darwinii, dimorphisme des mâles, 296.

Orchestia Tucuratinga, membres du, 291.

Oreas canna, couleurs, 587.

Oreas Derbianus, id., 587-596.

OREILLE, mouvements de l', 10; conque externe, inutile chez l'homme, 11; son état rudimentaire chez l'homme, 11; perforation et décoration des oreilles, 629.

ORGANES naissants, — voyez NAISSANTS.

ORGANES rudimentaires, — voy. RUDIMENTAIRES.

ORGANES préhensiles, 229; utilisés à de nouveaux usages, 624.

ORGANES sexuels primaires, — voyez PRIMAIRES.

ORIOLES, nidification des, 497.

Oriolus, espèce d', reproduisant avant d'avoir acquis son plumage adulte, 533.

Oriolus melanocephalus, coloration des sexes, 505.

ORNEMENTS, prévalence d', semblables, 196; goût des sauvages pour les, 623; des oiseaux mâles, 82.

Ornithoptera crœsus, 276.

Ornithorhynchus, 170; ergot du mâle, 552; tendance vers le reptile de l', 173.

Orocetes orythrogastra, jeunes de l', 535.
ORROUY, grotte d', 20.
Orsodacna atra, différence de couleur des sexes, 324.
ORTEIL, gros, son état dans l'embryon humain, 8.
ORTHOPTÈRES, 311; métamorphoses des, 260; appareil auditif de ceux pourvus d'organes stridulants, 313; couleurs des, 318; organes de stridulation rudimentaires chez les femelles, 317; discussion de la stridulation chez les, et les homoptères, 317.
Ortygornis gularis, dispositions belliqueuses du mâle, 399.
Oryctes, stridulation chez l', 333; différences sexuelles des organes qui la produisent, 335.
Oryx leucoryx, usage des cornes chez l', 559.
Os, accroissement en longueur et en épaisseur des, lorsqu'ils ont plus de poids à porter, 30; fabrication d'instruments en os, 49.
Osphranter rufus, différence sexuelle de couleur, 585.
Otaria jubata, crinière du mâle, 572.
Otaria nigrescens, différence de coloration des sexes, 586.
Otis bengalensis, prouesses du mâle en cour, 417.
Otis tarda, polygame, 240; poche de la gorge du mâle, 410.
OURS, marin, polygame, 241.
OUTARDES, différences sexuelles et polygamie chez les, 241.
Ovibos moschatus, cornes de l', 555.
Ovis cycloceros, mode de combat de l', 553.
OVULE humain, 5.
OWEN, professeur, sur les corps de Wolff, 7; gros orteil de l'homme, 8; membrane nictitante et repli semi-lunaire, 15; développement des molaires postérieures dans diverses races humaines, 17; longueur du cæcum dans le koala, 18; vertèbres coccygiennes, 20; conformations rudimentaires appartenant au système reproducteur, 21; conditions anormales de l'utérus humain, 37; nombre de doigts dans les Ichthyoptérygiens, 36; canines dans l'homme, 39; mode de progression des chimpanzé et orang, 50; apophyses mastoïdes dans les singes supérieurs, 53; éléphants plus velus dans les régions élevées, 58; vertèbres caudales des singes, 59; classification des Mammifères, 160; poils chez les singes, 164; polygamie et monogamie chez les antilopes, 238; cornes de l'*Antilocapra americana*, 258; odeur musquée des crocodiles pendant la saison de leur reproduction, 336; glandes odorantes des serpents, 337; sur les dugong, cachalot et *Ornithorynchus*, 552; sur les bois du cerf commun, 561; dentition des Camélidés, 564; sur les défenses du mammouth, 565; sur les bois de l'élan irlandais, 566; voix de la girafe, du porcépic et du cerf, 577; sac laryngien des gorilles et orangs, 578; glandes odorantes des Mammifères, 580; effets de l'émasculation sur les organes vocaux de l'homme, 620; voix de l'*Hylobates agilis*, 620; sur des singes américains monogames, 646.
Oxynotus, différences entre les femelles de deux espèces d', 516.

P

PACHYDERMATA, 239.
PAGET, développement anormal de cheveux chez l'homme, 16; épaisseur de la peau sur la plante des pieds des enfants, 31.
Palæmon, pinces d'une espèce de, 295.
Palæornis, différences sexuelles de couleur, 543.
Palæornis javanicus, couleur du bec du, 506.
Palæornis rosa, jeunes du, 513.
Palamedea cornuta, ergots aux ailes de la, 400.
PALÉOLITHIQUE, période, 157.
PALESTINE, habitudes du pinson en, 273.
PALLAS, perfection des sens chez les Mongoliens, 32; absence de connexion entre le climat et la couleur de la peau, 211; polygamie chez l'*Antilope Saiga*, 239; couleur plus claire du cheval et du bétail en Sibérie pendant l'hiver, 252; sur les défenses du cerf musqué, 564; glandes odorantes des Mammifères, 580; sur celles du cerf musqué, 580; changements d'hiver de coloration chez les Mammifères, 595; idéal de la beauté féminine dans le nord de la Chine, 632.
Palmaire accessoire, variations du muscle, 25.
PAMPAS, chevaux des, 198.
PANGÉNÈSE, hypothèse de la, 250.
PANNICULE, charnu, 9-10.
PANSH, sur le *Cebus apella*, 224.
PAON, polygame, 241; ses caractères sexuels, 259; dispositions belliqueuses, 399; bruit qu'il produit en agitant ses plumes, 412; couvertures allongées de la queue, 421, 440; amour de l'étalage, 432, 471; taches ocellées du, 472; inconvénients qu'a pour la femelle la longue queue du mâle, 486, 495; augmentation continue de la beauté du, 533.
PAONNES, leur préférence pour un mâle particulier se manifeste parce qu'elles font les premières avances vis-à-vis du mâle, 460.
Papilio, différences sexuelles de coloration dans les espèces de, 340; proportion des sexes dans les espèces de l'Amérique du Nord, 276; coloration des ailes, 316.
Papilio Ascanius, 340.
Papilio Sesostris, et *Childrenæ*, variabilité des, 351.
Papilio Turnus, 276.
PAPILIONIDES, variabilité dans les, 350-351.
PAPILLON, bruit produit par un, 338; le grand-mars, 337-339; le satyre (*Hipparchia Janira*), instabilité des taches ocellées dans, 469.
PAPILLON du chou, 312-343.
PAPILLONS, proportions des sexes dans les, 275; pattes antérieures atrophiées dans quelques mâles, 304; différence sexuelle dans les nervures des ailes, 304; caractère belliqueux du mâle, 338; ressemblance protectrice de leur face inférieure, 312-343; étalage des ailes par les, 345; blancs, se posant sur des morceaux de papier, 318; attirés par un papillon mort de leur espèce, 349; cour des, 349; mâles et femelles habitant des stations différentes, 351.
PAPOUS, ligne de séparation entre les, et les Malais, 185; barbe des, 612; cheveux des, 629; contraste des caractères des, et des Malais, 183.

PARADIS, oiseaux du, 444, 507; supposés polygames par Lesson, 210; bruit qu'ils produisent en agitant les tiges de leurs pennes, 412; plumes en raquette, 421; différences sexuelles de couleur, 422; plumes décomposées, 421, 441; déploiement de son plumage par le mâle, 432.

Paradisea apoda, absence de barbes sur les plumes de la queue du, 422; plumage du, 424: *P, papuana*, divergence des femelles des, 516.

PARAGUAY, Indiens du, s'arrachant les cils et les sourcils, 635.

PARALLÉLISME du développement des espèces et des langues, 95.

PARASITES, de l'homme et des animaux, 4; considérés comme preuve d'identité ou de distinction spécifiques, 185; immunité contre les, en corrélation avec la couleur, 212.

PARENTÉ, termes de la, 644.

PARENTS, affection entre, résultat partiel de la sélection naturelle, 112; influence de l'âge des, sur le sexe de leur progéniture, 267.

PARINÈS, différence sexuelle de couleur, 502.

PARK, Mungo, négresses enseignant à leurs enfants l'amour de la vérité, 127; bienveillance avec laquelle il fut traité par elles, 84, 127, 631; opinion des nègres sur l'aspect des blancs, 633.

PAROLE, connexion entre le cerveau et la faculté de la, 93.

PARTHÉNOGENÈSE, chez les Tenthrédinés, 280; les Cynipides, 279; les Crustacés, 280.

Parus cœruleus, 502.

Passer, sexes et jeunes de, 530.

Passer brachydactylus, 531.

Passer domesticus et *montanus*, 499, 531.

PATAGONIENS, se sacrifiant sur leurs, 119.

PATTERSON, M., sur les *Agrionides*, 319.

PATTESON, l'évêque, sur les indigènes des Nouvelles-Hébrides, 204.

PAULISTAS, du Brésil, 190.

Pavo cristatus, 259, 472.

Pavo muticus, 259, 472; présence d'ergots chez la femelle, 400, 493.

Pavo nigripennis, 459.

PAYAGUAS, Indiens, jambes grêles et bras épais des, 471; proportion des sexes chez le mouton, 271.

PEAU, mobilité de la, 10; nue chez l'homme, 57; couleur de la, 211; corrélation entre la couleur, de la, et les cheveux, 217.

Pediculi des animaux domestiques et de l'homme; 185.

Pedionomus torquatus australien, sexes du, 523.

PEINTURE, 195.

PÉLAGIQUES, transparence des animaux, 287.

Pelecanus erythrorhynchus, crête cornée sur le bec du mâle pendant la saison de reproduction, 427.

Pelecanus onocrotalus, plumage printanier, 431.

PÉLÉLÉ, 630.

PÉLICAN, aveugle nourri par ses camarades, 109; jeune individu guidé par les vieux, 108-109; caractère belliqueux des mâles, 396; pêchant plusieurs de concert, 107.

Pelobius Hermanni, stridulation, 333.

Penelope nigra, son produit par le mâle, 414.

PENNANT, combats de phoques, 550; sur le phoque à capuchon, 301.

PENSÉES, contrôle des, 132.

Penthe, coussins des antennes du mâle, 301.

PERCHE, beauté du mâle à l'époque du frai, 374.

PERDRIX, monogame, 210; proportion des sexes, 272-273; femelle, 518; danses de, 415; vivant à trois, 418; couvées printanières de mâles, 448; reconnaissant les personnes, 451.

PÉRIODE de variabilité, rapports de la, à la sélection sexuelle, 263.

PÉRIODES lunaires, fonctions de l'homme et des animaux correspondant aux, 4, 193.

PÉRIODES de la vie, hérédité correspondant aux, 263.

PÉRIODICITÉ vitale, d'après le docteur Laycock, 4.

Perisoreus canadensis, jeunes du, 529.

PRIONIDES, différence de coloration dans les sexes d'une espèce de, 323.

Pernis cristata, 464.

PERROQUET, pennes à raquette dans la queue d'un, 421; cas de bienveillance chez un, 450.

PERROQUETS, facultés imitatives des, 76; vivant par trois, 418; affection des, 448; couleurs des, 538; différences sexuelles de coloration. 542; leur nidification, 500, 502, 503; plumages des jeunes, 512; aptitudes musicales, 624.

PERSES, améliorés par mélange avec les Géorgiens et les Circassiens, 441.

PERSÉVÉRANCE, caractérisant l'homme, 617.

PERSONNAT, M., sur le *Bombyx Yamamai*, 276.

PÉRUVIENS, civilisation des, non étrangère, 157.

PÉTRELS, couleurs des, 542.

Petrocincla cyanea, jeunes de, 535.

Petronia, 531.

PFEIFFER, Ida, idées javanaises sur la beauté, 634.

Phacochœrus œthiopicus, défenses et bourrelet, 570.

PHALANGER, renard, variétés noires du, 592.

Phalaropus fulicarius hyperboreus, 525.

PHALÈNES, 344; bouche manquant chez quelques mâles, 227; femelle aptère, 227; usage préhensile des tarses par les mâles, 229; mâle attiré par les femelles, 276; couleur des, 345; différences sexuelles de couleur, 347.

Phanœus, 328.

Phanœus carnifex, variation des cornes du mâle, 325.

Phanœus faunus, différences sexuelles du, 326.

Phanœus lancifer, 324.

Phasgonura viridissima, stridulation, 314.

Phasianus Sœmmerringii, 488.

Phasianus versicolor, 434.

Phasianus Wallichii, 438, 519.

PHILTRES, portés par les femmes, 632.

Phoca groenlandica, différences sexuelles de coloration du, 586.

Phœnicura ruticilla, 447.

PHOQUE à capuchon, 579.

PHOQUES, sentinelles généralement femelles, 107; preuves que fournissent les, sur la classification, 163; différences sexuelles dans la coloration des, 587; leur goût pour la musique, 621; combats de mâles, 550; canines du mâle, 551; habitudes polygames des, 239; appariage des, 573; particularités sexuelles des, 579.

PHOSPHORESCENCE des insectes, 305.

PHRYGANIDES, accouplement d'espèces distinctes, 303.

Phræniscus nigricans, 384.

PHYSIQUE, infériorité supposée chez l'homme, 65.

PIC, sélection du mâle par la femelle, 456.

PICS, 407 ; leur usage de frapper, 412; couleurs et nidification, 500, 502, 538; caractères des jeunes, 510, 521, 529.

PICKERING, nombre d'espèces humaines, 190.

PICTON, J.-A., sur l'âme humaine, 671.

Picus auratus, 398.

PIE, faculté de langage, 95; vole les objets brillants, 452; assemblées nuptiales, 444; jeunes de la, 529; sa coloration, 542; organes vocaux de la, 406.

PIED, préhensile chez les ancêtres primitifs de l'homme, 175 ; aptitude préhensile conservée chez quelques sauvages, 52; modification des pieds chez l'homme, 52; épaississement de la peau sur les plantes des, 30-31.

PIÈGES, évités par les animaux, 83; usage des, 48.

PIÉRIDES, imitation des, femelles, 357.

Pieris, 343.

PIERRE, instruments de, difficulté de fabriquer les, 50 ; traces de tribus éteintes, 199.

PIERRES, usage des, par les singes pour briser des fruits à coque dure et comme projectiles, 50 ; armes de, 196.

PIGEON, messager, développement tardif des barbes, 261 ; races et sous-races du, 505; développement tardif du jabot dans le grosse-gorge, 261 ; femelle abandonnant un mâle affaibli, 234.

PIGEONS, dans le nid, nourris par le produit du jabot des deux sexes, 178; changement de plumage, 251; transmission des particularités sexuelles, 253; changement de couleur après plusieurs mues, 262; proportion numérique des sexes, 272 ; roucoulement du, 410; variations de plumage. 422; étalage que fait le mâle de son plumage, 440; mémoire locale des, 449; antipathie de la femelle pour certains mâles, 458 ; appariage du, 458; mâles et femelles déréglés, 458 ; rectrices et barres sur les ailes des, 468 ; race supposée de, 487; particularités dominantes chez les mâles grosse-gorge et messager, 489; nidification du, 498; plumage précoce, 512; australiens, 504; belges avec des mâles rayes de noir, 254, 489.

PIKE, L.-O., éléments psychiques de la religion, 101.

Pimelia striata, sons produits par la femelle, 336.

PINCES des Crustacés, 293.

PINGOUIN, jeunes du, 531.

PINSON, plumes caudales en forme de raquette d'un, 422.

PINSONS, changements printauiers de couleur, 431; femelles des, en Angleterre, 517; cour des, 438.

PINTADES, monogames, 241; polygamie occasionnelle, 241; marques des, 471.

PIPITS (*Anthus*), mues des, 429.

Pipra, rémiges *secondaires* modifiées dans le mâle, 415.

Pipra deliciosa, 415.

Pirates stridulus, stridulation du, 310.

Pithecia, 293.

Pithecia, leucocephala, différence sexuelle de couleur, 589.

Pithecia Satanas, barbe du, 583; ressemblance au nègre, 661.

PITTIDES, nidification des, 497.

PLACENTAIRES, 172.

PLAGIOSTOMES, poissons, 364.

Planariées, couleurs vives de quelques, 287.

PLANTES, cultivées, plus fertiles que les sauvages, 41; Nägeli, sélection naturelle chez les, 62; fleurs mâles, mûrissant avant les fleurs femelles, 232; phénomènes de fertilisation dans les, 243.

Platalea, 411 ; changement de plumage chez la femelle de l'espèce chinoise, 506.

Platyblemnus, 318.

Platycercus, jeunes du, 529.

Platyphyllum concavum, 311-312, 314.

PLATYRRHINS, singes, 167.

PLATYSMA *myoïdes*, 10.

Plecostomus, tentacules céphaliques du mâle d'une espèce de, 372.

Plecostomus barbatus, barbe particulière du mâle, 372.

*Plectropterus gamben_, ailes à ergot du, 400.

PLIE, coloration de la, 379.

Ploceus, 406.

PLUMAGE, hérédité des changements dans le, 251 ; tendance à la variation analogique du, 422 ; étalage que font les mâles de leur, 431 ; changement du, se rattachant aux saisons, 514, non adulte des jeunes oiseaux, 509, 511; coloration du, en rapport avec la protection 538.

PLUMES, modifiées, produisant des sons, 412, 494; allongées dans les oiseaux mâles, 420; en forme de raquette, 421; sans barbe, ou dans certains oiseaux portant des barbes filamenteuses, 422; caducité des bords des, 431.

PLUMES, différences des, ornant, d'après le sexe, la tête des oiseaux, 495.

PLUVIER, ergots des ailes des, 400; double mue, 431.

Pneumora, conformation du, 315.

PŒPPIG, contact des races sauvages et civilisées, 200.

POILS et pores excréteurs, rapports numériques chez les moutons, 217.

POISON, évité par les animaux, 68-69, 82; immunité contre le, en corrélation avec la couleur, 212.

POISSONS, proportions des sexes chez les, 274; ardeur du mâle, 242 ; reins des, représentés dans l'embryon humain par les corps de Wolff, 7; mâles, couvant les œufs dans leur bouche, 178; réceptacles pour les œufs, 368; grosseur relative des sexes, 368; d'eau douce dans les tropiques, 378; ressemblances protectrices 379; construction des nids, 379; frai, 379; sons produits par les, 381, 619; leur croissance continue, 533; dorés, 377.

POITRINE, proportion de la, chez les soldats et les matelots, 31 ; grandeur de la, chez les Indiens Quichuas et Aymaras, 32.

POLLEN VAN DAM, couleurs du *Lemur macaco*, 589.

POLONAISE, race galline, origine de la crête, 253.

POLYANDRIE, 648 ; dans quelques Cyprinides, 275; parmi les Elatérides, 279.

POLYDACTYLIE, dans l'homme, 38.

POLYGAMIE, son influence sur la sélection sexuelle, 237; provoquée par la domestication, 240-241; accroissement des naissances femelles qu'on lui attribue, 269; chez l'épinoche, 365.

POLYGÉNISTES, 192.

POLYNÉSIE, prevalence de l'infanticide en, 647.

Polynésiens, leur aversion pour les poils de la face, 635; vaste extension géographique des, 27; différences de taille parmi les, 29; croisements, 190; variabilité des, 190; leur hétérogénéité, 211.

Polyplectron, déploiement de son plumage par le mâle, 434; nombre d'ergots chez le, 399; graduation des caractères, 474; femelle, 518.

Polyplectron chinquis, 435, 473, 474.

Polyplectron Hardwickii, 473.

Polyplectron malaccense, 474.

Polyplectron Napoleonis, 473, 475.

Polyzoaires, 280.

Pontoporeia affinis, 293.

Population indigène des îles Sandwich, 204.

Porc, origine des races améliorées du, 193; proportion numérique des sexes, 272; raies des jeunes, 510, 598; témoignant des préférences sexuelles, 576.

Porc-épic, muet hors de l'époque du rut, 577.

Pores, excréteurs, leurs rapports numériques avec les poils, chez le mouton, 217.

Porpita, couleurs vives de quelques, 287.

Portax picta, crête dorsale et collerette de la gorge dans, 582; différences sexuelles dans la couleur, 587, 596.

Portunus puber, carac. belliqueux du, 297.

Potamochœrus penicillatus, défenses et protubérances faciales du, 570.

Pouce, manque chez les *Ateles* et *Hylobates*, 51.

Pouchet, G., sur le taux de l'instinct et de l'intelligence, 69; instinct des fourmis, 159; grottes de Abou-Simbel, 184; immunité des nègres vis-à-vis de la fièvre jaune, 213.

Poumons, agrandissement des poumons chez les Indiens Quechua et Aymaras, 32; vessie natatoire modifiée, 174; volume différent des, dans les races humaines, 182.

Poux, des animaux domestiques et de l'homme, 185.

Power, Dr, différentes couleurs des sexes dans une espèce de *Squilla*, 293.

Powys, M., habitude du pinson à Corfou, 274.

Prééminence de l'homme, 48.

Préférence d'oiseaux femelles pour les mâles, 453, 461; manifestée par les Mammifères dans leur appariage, 573.

Préhensiles, organes, 232.

Presbytis entellus, combats des mâles, 611.

Prichard, différences de taille chez les Polynésiens, 29; sur la connexion entre la largeur du crâne des Mongols et la perfection de leurs sens, 32; capacité des crânes anglais à divers âges, 55; têtes aplaties des Colombiens sauvages, 629; notions des Siamois sur la beauté, 633; sur l'absence de barbe chez les Siamois, 635; déformation de la tête dans les tribus américaines et les naturels d'Arakhan, 629.

Primaires, organes sexuels, 226.

Primates, 163; différences sexuelles de couleur, 588-589.

Primogéniture, inconvénients de la, 146.

Prionides, différences des sexes en couleur, 323.

Proctotretus multimaculatus, 393.

Progrès, n'est pas la règle normale de la société humaine, 143; éléments du, 152.

Proportions, différences des, dans les races distinctes, 182-183.

Protecteur, but, de la coloration chez les

Lépidoptères, 311; lézards, 392; oiseaux 520, 538; Mammifères, 595; des sombres couleurs des Lépidoptères femelles, 313, 357.

Protectrices, ressemblances, chez les poissons, 379.

Protozoa, absence de caractères sexuels secondaires chez les, 286.

Pruner-Bey, présence du trou supra-condyloïde dans l'humérus de l'homme, 19; sur la couleur des enfants nègres, 609.

Prusse, proportion numérique des naissances mâles et femelles, 267.

Psocus, proportions des sexes, 280.

Ptarmigan, monogame, 240; plumages d'été et d'hiver du, 428; réunions nuptiales du, 445; mue triple du, 507; coloration protectrice du, 520.

Pumas, raies chez les jeunes, 509.

Pycnonotus hæmorrhous, caractère belliqueux du mâle, 396; étalage par le mâle des rectrices inférieures, 440.

Pyranga œstiva, concours du mâle à l'incubation, 497.

Pyrodes, différence de couleur des sexes, 324

Q

Quadrumanes, mains des, 49-50; différences entre l'homme et les, 163; leur dépendance du climat, 181; différences sexuelles de couleur, 588; caractères d'ornementation des, 601; analogie avec celles de l'homme, des différences sexuelles des, 610; combats entre mâles pour la possession des femelles, 614; monogamie, 645; barbes chez les, 658.

Quain, R., variation des muscles chez l'homme, 24.

Quatrefages, A. de, présence occasionnelle d'une queue rudimentaire chez l'homme, 20; sur le sens moral comme distinction entre l'homme et les animaux, 103; variabilité, 27; sur la fécondité des femmes australiennes avec les blancs, 186; sur les Paulistas du Brésil, 189; évolution des races de bétail, 193; sur les juifs, 212; susceptibilité des nègres après un séjour dans un climat froid, pour les fièvres tropicales, 213; différence entre les esclaves de campagne et ceux de la maison, 216; influence du climat sur la couleur, 214; sur les Aïnos, 612; sur les femmes de San-Giuliano, 642.

Quechua, Indiens, 32; variations locales de couleur chez les, 215; absence de cheveux gris chez les, 611; absence de poils, 613; et longueur des cheveux des, 635.

Querquedula acuta, 454.

Queue, rudimentaire chez l'homme, 20; corps enroulé à l'extrémité de la, 21; absence de, chez l'homme et les singes supérieurs, 58; sa variabilité dans quelques *Macacus* et babouins, 59; présence d'une. chez les ancêtres primitifs de l'homme, 175; longueur de la, chez les faisans, 488, 405; différences de longueur dans les deux sexes des oiseaux, 495.

Quiscalus major, proportion des sexes, en Floride et Honduras, 274.

R

Races, caractères distinctifs des, 182; ou espèces humaines, 183; fécondité ou stérilité des races croisées, 186; variabilité des races humaines, 190; leur ressemblance par leurs caractères mentaux, 195; formation des, 197; extinction des races humaines, 199; effets des croisements de, 201; formation des, humaines, 211; enfants des, humaines, 609; aversion chez les, imberbes, pour la présence de poils sur le visage, 635.

RADEAUX, emploi de, 48, 197.

Raia batis, dents de la, 368.

Raia clavata, épines du dos de la femelle, 361; différences sexuelles dans les dents de la, 368.

Raia maculata, dents de la, 368.

RAIES, organes préhensiles des mâles, 361.

RAISON, chez les animaux, 79.

RAISONNEMENT, chez les oiseaux, 449.

RALES à ailes portant des ergots, 400.

RAMESÈS II, 181.

RAMSAY, M., sur le canard musqué australien, 394; sur l'incubation du *Menura superba,* 494; sur l'oiseau-régent, 453.

Rana esculenta, sacs vocaux de la, 385.

RAT commun, sa distribution générale, une conséquence d'une ruse développée, 85; remplacement dans la Nouvelle-Zélande du rat indigène par celui d'Europe, 201; est dit polygame, 238; proportion numérique des sexes, 272.

RAT musqué, — voy. MUSQUÉ.

RATS, goût des, pour les huiles essentielles, 581.

READE, Winwood, sur les moutons de Guinée, 258; défaut du développement des cornes chez les béliers de cette race castrée, 554; présence d'une crinière chez un bélier africain, 581; appréciation par les nègres de la beauté de leurs femmes, 632; admiration des nègres pour une peau noire, 633; notions sur la beauté, chez les nègres, 637; les Jollofs, 642; coutumes nuptiales des nègres, 657.

RÉCIFS, poissons fréquentant les, 377.

REDUVIDES, stridulation chez les, 310.

RÉGÉNÉRATION partielle chez l'homme, de parties perdues, 4.

REINS, 30.

RELIGION, absence de, chez quelques races, 99; éléments psychiques de la, 101.

REMÈDES, produisant les mêmes effets chez l'homme et les singes, 3.

REMORDS, 121; absence du, chez les sauvages, 112.

RENARDS, défiance des jeunes, dans les régions où on chasse, 84; noirs, 591.

RENGGER, maladies du *Cebus Azaræ,* 3; affection maternelle chez un *Cebus,* 72; vengeance des singes, 72; aptitudes de raisonnement chez les singes américains, 80-81; emploi de pierres par les singes pour briser la coque des noix dures, 85; sons proférés par le *Cebus Azaræ,* 89; cris signaux des singes, 92; diversité de leurs facultés mentales, 25; sur les Indiens Payaguas, 31; infériorité des Européens aux sauvages quant à la finesse des sens, 32; habitudes polygames du *Mycetes caraya,* 238; voix des singes hurleurs, 570; odeur du *Cervus campestris,* 580; barbes de *Mycetes caraya* et *Pithecia satanas,* 583; couleurs du *Cervus paludosus,* 583; différences sexuelles de couleur dans les *Mycetes,* 589; couleur de l'enfant guaranys, 609; précocité de la maturation de la femelle du *Cebus Azaræ,* 610; barbes des Guaranys, 613; notes expri-

mant des émotions chez les singes, 625; singes américains polygames, 645.

RENNE, bois du, garni de pointes nombreuses, 560; préférences sexuelles manifestées par le, 576; changement hibernal, 595; combats, 550; cornes chez la femelle, 553.

REPRÉSENTATIVES, espèces, chez les oiseaux, 513.

REPRODUCTEUR, système, conformations rudimentaires dans le, 21; parties accessoires du, 176.

REPRODUCTION, unité du phénomène de la, dans l'ensemble des Mammifères, 5; périodes de, chez les oiseaux, 532.

REPTILES, 385; connexions entre les, et les oiseaux, 180.

REQUINS, organes préhensiles des, mâles, 361.

RESSEMBLANCES, petites, entre l'homme et les singes, 163.

RETOUR, 35; cause probable de quelques dispositions défectueuses, 150.

RÊVES, 77; origine possible de la croyance à des actions d'esprits, 100.

Rhagium, différence de couleur dans les sexes d'une espèce de, 324.

Rhamphastos carinatus, 541.

RHINOCÉROS, nudité du, 57; cornes du, 555; servant d'arme défensive, 565; attaque les chevaux blancs et gris, 592.

Rhynchæa, sexes et jeunes du, 523.

Rhynchæa australis, 523.

Rhynchæa bengalensis, 523.

Rhynchæa capensis, 524.

RHYTHME, perception du, par les animaux, 623.

RICHARD, M., muscles rudimentaires chez l'homme; 9.

RICHARDSON, Sir J., appariage chez le *Tetrao umbellus,* 403; sur le *Tetrao urophasianus,* 409; bruit de tambour du grouse, 413; danses du *Tetrao phasianellus,* 418; assemblées de tétras, 444; combats entre cerfs mâles, 550; sur le renne, 553; sur les cornes du bœuf musqué, 555; sur les andouilles du renne à nombreuses pointes, 561; sur l'élan américain, 565.

RICHARDSON, sur le lévrier d'Ecosse, 567.

RICHTER, Jean-Paul, sur l'imagination, 77.

RIEDEL, sur les femelles déréglées de pigeons, 458.

RIPA (le père), sur la difficulté de distinguer les races chinoises, 182.

RIVALITÉ pour le chant entre oiseaux du sexe mâle, 401.

RIVIÈRES, analogie des, avec les îles, 173.

ROBERTSON, M., remarques sur le développement des bois chez le chevreuil et le cerf commun, 257.

ROBINET, différence de grosseur des cocons de vers à soie mâles et femelles, 306.

ROLLE, F., changement opéré chez les familles allemandes établies en Géorgie, 215.

ROMAINS anciens, spectacles de gladiateurs chez les, 132.

RONGEURS, utérus chez les, 36; absence de caractères sexuels secondaires, 238; différences sexuelles dans les couleurs, 585.

ROSEAUX, bruant des, plumes céphaliques du mâle, 439; attaqué par un bouvreuil, 452.

ROSSIGNOL, mâle arrivant avant la femelle, 232; but du chant du, 403; réappariage du, 447.

ROSSLER, docteur, ressemblance entre l'écorce d'arbres et la face inférieure de quelques papillons, 342.

ROSTRE, différence sexuelle dans la longueur du, chez quelques charançons, 228.

ROUCOULEMENT des pigeons, 410.

ROUGE-GORGE, caractère belliqueux du mâle, 395; chant d'automne du mâle, 405; chant de la femelle, 405 ; attaquant d'autres oiseaux ayant du rouge dans le plumage, 452; jeunes du, 528.

RUDIMENTAIRES, organes, 8 ; origine des, 22.

RUDIMENTS, présence de, dans les langues, 96.

RUDOLPHI, absence de connexion entre le climat et la couleur de la peau, 212.

RUMINANTS mâles, disparition des dents canines chez les, 481, 614; généralement polygames, 237; analogie entre les lamellicornes et les, 328; cavités sous-orbitaires des, 580; différences sexuelles de couleur, 586.

Rupicola crocea, étalage du plumage du mâle, 432-433.

RUPELL, canines chez les cerfs et antilopes, 564.

RUSSIE, proportion numérique des naissances des deux sexes en, 267.

Ruticilla, 507.

RUTIMEYER, prof., sur la physionomie des singes, 54; différences sexuelles chez les singes, 613.

RUTLANDSHIRE, proportion numérique des naissances des deux sexes dans le, 267.

S

SACHS, professeur, mode d'action des éléments mâles et femelles dans la fécondation, 244.

SACRIFICE de soi, chez les sauvages, 118; estimation, 127.

SACRIFICES humains, 158.

SAGITTALE, crête, chez les singes mâles et les Australiens, 610.

SAHARA, oiseaux du, 500; animaux du, 537.

SAISONS, changements de couleurs chez les oiseaux suivant les, 427; changements de leur plumage en rapport avec les, 507; hérédité aux, correspondantes, 251.

SAINT-JOHN, M., attachement d'oiseaux appariés, 450.

SAINT-KILDA, barbe des habitants de, 612.

Salmo eriox et S. umbla, coloration du mâle pendant l'époque du frai, 374.

Salmo lycaodon et salar, 367.

SALVIN, O., proportion numérique des sexes chez les oiseaux-mouches, 273, 536; sur les Chamæpates et Penelope, 414 ; sur le Selasphorus platycercus, 414; sur le Pipra deliciosa,416; sur le Chasmorhynchus,427.

SAMOA, îles, indigènes des, imberbes, 612-636.

SANDWICH, îles, variations dans les crânes des indigènes des, 24; supériorité des nobles des, 641; poux des habitants des, 185.

SANG artériel, couleur rouge du, 290.

SAN-GIULIANO, femmes de, 642.

SANGLIER sauvage, polygame dans l'Inde, 238; usage des défenses du, 564; combats du, 569.

SANTALI, accroissement rapide et récent des, 44; M. Hunter sur les, 211.

Sapharina, caractères des mâles de, 290.

Sarkidiornis melanonotus caractères des jeunes, 510.

SARS, O., sur Pontoporeia offinis, 293.

Saturnia carpini, attraction des mâles par les femelles, 277.

Saturnia Io, différences sexuelles de couleurs, 347.

Saturniidés, coloration des, 345.

SAUMON, bondissant hors de l'eau, 115; le mâle prêt à la reproduction avant la femelle, 232; proportion des sexes chez le, 275; dispositions belliqueuses du mâle, 365; caractères du mâle à l'époque du frai, 365, 374; frai du, 379; le mâle reproduisant avant d'avoir atteint l'état adulte, 532.

SAUT, entre l'homme et les singes, 163.

SAUTERELLES aux couleurs vives repoussées par les lézards et oiseaux, 318 ; sauterelles migratoires, 309.

SAUVAGES, facultés imitatrices des, 92, 139; causes de leur basse moralité, 128; exagération de leur uniformité, 32; vue perçante des, 32; taux ordinairement faible de leur accroissement, 43-44; leur conservation de l'aptitude préhensile du pied, 52; tribus se supplantant entre elles, 138; progrès des arts parmi les, 156; arts des, 197; leur goût pour une musique grossière, 416; attention qu'ils accordent à l'apparence personnelle, 627; relations entre les sexes chez les, 646.

SAVAGE, docteur, combats de gorilles mâles, 614 sur les mœurs du gorille, 646.

SAVAGE et WYMAN, mœurs polygames du gorille, 238.

Saxicola rubicola, jeunes du, 536.

SCALPE, mouvement du, 10.

SCHAAFHAUSEN, professeur, sur le développement des molaires postérieures dans différentes races humaines, 18; mâchoire de la Naulette, 39; corrélation entre le développement musculaire et les arcades sus-orbitaires saillantes, 43; apophyses mastoïdes chez l'homme, 56; modifications des os du crâne, 57; sur les sacrifices humains; 156; sur l'extermination très rapide probable des singes anthropomorphes, 170; anciens habitants de l'Europe, 199; effets de l'usage et du défaut d'usage des parties, 217; sur l'arcade sus-orbitaire de l'homme, 608; sur l'absence dans le crâne enfant des différences de races, 609; sur la laideur, 639.

SCHAUM, H., élytres des Dytiscus et Hydroporus, 304.

SCHELVER, sur les libellules, 319.

SCHIODTE, stridulation de l'Heterocerus,332.

SCHLEGEL, F., complication des langues, des peuples non civilisés, 96.

SCHLEGEL, professeur, sur le Tanysiptera, 514.

SCHLEIDEN, professeur, sur le serpent à sonnettes, 387.

SCHOMBURGK, Sir R., caractère belliqueux du canard musqué de Guyane, 397; sur le mode de cour du Rupicola crocea, 432.

SCHOOLCRAFT, M., difficulté de façonner des instruments de pierre, 49.

SCIE, mouches à, caractère belliqueux des mâles, 318; proportion des sexes chez les, 278.

SCLATER, P.-L., rémiges secondaires modifiées dans les mâles de Pipra, 415; plumes allongées chez les Engoulevents,

421 ; sur les espèces de *Chasmorhynchus*, 426, plumage du *Pelecanus onocrotatus*, 431 ; sur les Musophages, 504 ; sexes et jeunes de la *Tadorna variegata*, 526 ; couleur du *Lemur macaco*, 589 ; des raies de l'âne, 600.

SCOLECIDA, absence de caractères sexuels secondaires chez les, 286 ; *Scopulax frenata*, rectrices des, 414.

Scolopax gallinago, bruit de tambour du, 413.

Scolopax javensis, rectrices du, 414.

Scolopax major, rassemblements de, 414.

Scolopax Wilsonii, son produit par le, 414.

Scolytus, stridulation du, 332.

SCORPION de mer (*Cottus scorpius*), différences sexuelles du, 370.

SCOTT, J., couleur de la barbe chez l'homme, 610.

SCROPE, caractère belliqueux du saumon mâle, 365 ; combats de cerfs, 550.

SCUDDER, S.-H. stridulation chez les *Acrididées*, 315 ; sur un insecte dévonien, 317 ; stridulation, 619.

SCULPTURE, expression de l'idéal de beauté, par la, 636.

SEBITUANI, 629.

SEBRIGHT, bantams de, 262.

SÉCHERESSE du climat, influence qu'on lui suppose sur la coloration de la peau, 212.

SEDGWICK, W., sur la tendance héréditaire à produire des jumeaux, 44.

Selasphorus platycercus, amincissement, à leur extrémité, des régimes primaires, 411.

SELBY, P.-J., mœurs des grouses (lagopèdes) noir et rouge, 240.

SÉLECTION double, 247 ; des mâles par les oiseaux femelles, 412 ; méthodique de grenadiers prussiens, 27 ; sexuelle, influence de la, sur la coloration des Lépidoptères, 352 ; application de la, 223, 231, 241 ; sexuelle et naturelle, contraste entre la, 247.

SÉLECTION naturelle, — voy. NATURELLE.

SÉLECTION sexuelle, — voy. SEXUELLE.

SEMILUNAIRE, repli, 15.

Semnopithecus 167 ; longs cheveux sur la tête de quelques espèces de, 164, 660.

Semnopithecus chrysomelas, différences sexuelles de couleur, 589.

Semnopithecus comatus, poils d'ornement sur la tête du, 602.

Semnopithecus frontatus; barbe, etc., 602.

Semnopithecus nasica, nez du, 164.

Semnopithecus nemœus, couleur du, 604.

Semnopithecus rubicundus, poils ornant la tête, 601.

SENS, infériorité des Européens vis-à-vis des sauvages, quant à la finesse des, 32.

SENTINELLES, 107.

SERPENT-CORAIL, 388.

SERPENT à sonnettes, différence des sexes, 386 ; se servant, dit-on, de leur appareil sonore pour l'appel sexuel, 387.

SERPENTS, terreur instinctive des singes pour les, 69, 74 ; différences sexuelles des, 386 ; ardeur des mâles, 387.

Serranus, hermaphroditisme du, 176.

SEXE, hérédité limitée par le, 244.

SEXES, proportions relatives des, dans l'homme, 266, 611 ; rapports probables des, dans l'homme primitif, 646.

SEXUELS, effets de la perte des caractères, 252 ; leur limitation, 254.

SEXUELLE, sélection, explication de la, 228, 231, 241 ; son influence sur la coloration des Lépidoptères, 352 ; son action dans l'humanité, 650 ; similarité sexuelle, 248.

SEXUELLES, différences chez l'homme, 5.

SHARPE, R.-B., *Tanysiptera sylvia*, 495 ; *Ceryle*, 501 ; jeune mâle de *Dacelo Gaudichaudi*, 513.

SHAW, M., caractère belliqueux du saumon mâle, 365.

SHAW, J., sur les décorations des oiseaux, 419.

SHOOTER, J., sur les Cafres, 634 ; coutumes nuptiales des Cafres, 655.

SHUCKHARD, W.-E., différences sexuelles dans les ailes des Hyménoptères, 305.

Siagonum, proportion des sexes, 279 ; dimorphisme dans les mâles, 329.

SIAM, proportion de naissances mâles et femelles, 270.

SIAMOIS, généralement imberbes, 612 ; leurs notions sur la beauté, 633 ; famille velue de, 638.

SIEBOLD, C.-F., von, appareil auditif des Orthoptères stridulants, 312.

SIGNAUX, cris de, des singes, 92.

SILEX, instruments de, 158.

SIMIADE, 166 ; origine et division des, 180.

SIMILARITÉ sexuelle, 247-248.

SINGE, bonnet chinois, 164 ; rhésus, différence dans la couleur, 604 ; à moustache, couleur du, 589, 604 ; jouant ensemble, 686.

Singes, leur disposition aux mêmes maladies que l'homme, 3 ; mâles, reconnaissent les femmes, 5 ; vengeances des, 72 ; affection maternelle, 72 ; variabilité de la faculté d'attention, 77 ; usage de pierres et de bâtons, 85 ; facultés imitatives ; 92-93 ; cris, signaux des, 92 ; sentinelles postées. 107 ; diversité des facultés mentales, 25 ; attentions réciproques, 107 ; leurs mains, 49 ; brisant les fruits au moyen de pierres, 50 ; vertèbres caudales basilaires enfouies dans le corps, 59-60 ; caractères humains des, 163 ; gradation dans les espèces de, 190 ; barbe des, 580 ; caractères d'ornementation des, 601 ; analogies entre les différences sexuelles des, avec celles des hommes, 609 ; divers degrés de différence dans les sexes des, 613 ; expression des émotions par les, 625 ; généralement monogames, 645 ; mœurs polygames chez quelques, 645 ; parties nues de leur surface, 657 ; manifestation de raison chez quelques singes américains, 81 ; direction des poils sur les bras de quelques-uns de ceux-ci ; 165 ;

SIRENIA, nudité des, 57.

Sirex juvencus, 321.

SIRICIDÉS, différences des sexes, 321.

Sitana, poche de la gorge des mâles, 390.

SMITH, Adam, base de la sympathie, 113.

SMITH, Sir A., exemple de mémoire chez un babouin, 77 ; Hollandais fixés dans l'Afrique méridionale conservant leurs couleurs. 212 ; polygamie des antilopes de l'Afrique du Sud, 237-238 ; proportion des sexes dans le *Kobus ellipsiprymnus*, 272 ; sur le *Bucephalus capensis*, 386 ; sur les combats des gnous, 550 ; cornes des rhinocéros, 555 ; combats des lions, 572 ; couleurs du cama ou élan du Cap, 587 ; couleur du gnou, 587 ; notions des Hottentots sur le beau, 633.

SMITH, F., sur les Cynipidés et Tenthrédinées, 279 ; grosseur relative des sexes chez les Hyménoptères à aiguillon, 307 ; différences dans les sexes des fourmis et des abeilles, 321 ; sur la stridulation du *Trox sabulosus*, 333 ; stridulation du *Mononychus pseudacori*, 335.

Smynthurus luteus, manière de faire la cour des, 308.

SOCIABILITÉ, connexion entre la, et le sentiment du devoir, 103 ; impulsion vers la, chez les animaux, 108 ; manifestation de, dans l'homme ; instinct de la, dans les animaux, 116-117.

SOCIALE, vie probable des hommes primitifs, 61 ; son influence sur le développement des facultés intellectuelles, 138-139 ; origine de la, chez l'homme, 139.

SOCIAUX, animaux, affection réciproque des 103 ; leur défense par les mâles, 114.

SOLDATS, américains, mensurations faites sur les, 30-31 ; et matelots, différences dans les proportions des, 29.

Solenostoma, vives couleurs et poche marsupiale des femelles de, 381.

SONS, admirés par les animaux comme par l'homme, 99 ; produits par les poissons, 382 ; par les grenouilles et crapauds mâles, 385 ; produits d'une manière instrumentale, par les oiseaux, 412 et suiv.

SORCELLERIE, 102.

Sorex, odeur des, 580.

SOUFFRANCES chez les étrangers, indifférence des sauvages pour les, 125.

SOURCILS, élévation des, 9 ; développement de longs poils dans les, 16 ; chez les singes, 163 ; arrachement des, dans des parties de l'Amérique méridionale et de l'Afrique, 629 ; leur enlèvement par les Indiens du Paraguay, 635.

SOURCILIÈRE, arcade, chez l'homme, 610.

SOUS-ESPÈCES, 191.

Sparassus smaragdylus, différence de couleur dans les sexes du, 299.

Spectrum femoratum, différence de couleur dans les sexes, 318.

SPEL, du tétras noir, 411.

SPENCER, Herbert, sur l'aube de l'intelligence, 69 ; origine de la croyance à des agents spirituels, 100 ; origine du sens moral, 132-133 ; influence de la nourriture sur la grosseur des mâchoires, 31 ; musique, 625.

SPHINGIDÉS, coloration des, 345.

SPHINX, oiseau-mouche, 348.

Sphinx, M. Bates sur une chenille de, 358.

Spilosima menthrasti, repoussé par les dindons, 348.

SPIRITUELLES, agitations, croyance en, presque universelle, 99.

SPRENGEL, C.-K., sexualité des plantes, 232.

SPROAT, M., extinction des sauvages dans l'île Vancouver, 200 ; enlèvement des poils du visage par les Indiens indigènes de cette île, 635, 660.

Squilla différence de couleur dans les sexes d'une espèce de, 29.

STAINTON, H.-T., proportions numériques des sexes dans les petites phalènes, 276 ; mœurs de l'*Elachista rufocinerea*, 277 ; coloration des phalènes, 346 ; aversion des dindons pour le *Spilosoma menthrasti*, 318 ; sexes de *Agrotis exclamationis*, 348.

STALEY, sur l'alimentation des classes pauvres, 206.

STANSBURY. Cap., observations sur les pélicans, 109.

STAPHYLINIDÉS, apophyses en cornes des mâles, 329.

STARK. docteur, taux de la mortalité dans les villes et les districts ruraux, 150 ; influence du mariage sur la mortalité, 151 ; plus grande mortalité dans le sexe masculin en Écosse, 268.

STATUES grecques, égyptiennes, assyriennes, etc., opposées, 636.

STAUDINGER, docteur, liste de Lépidoptères, 278 ; élevage des Lépidoptères, 277.

STEBBING, T.-R., nudité du corps humain, 655.

Stemmatopus, 579.

Stenobothrus pratorum, organes stridulants, 315.

STÉRILITÉ, générale des filles uniques, 147 ; un caractère distinctif de l'espèce lors d'un croisement, 181.

Sterna, changement de plumage de saison dans le, 541 ; blancs, 541 ; noirs, 542.

STOKES, docteur, habitudes d'une grande espèce à berceau, 418.

STRANGE, M., sur les oiseaux satins, 418.

Strepsiceros kudu, cornes du, 562 ; masque du, 597.

STRETCH, M., proportion numérique des sexes chez les poulets, 272.

STRIDULATION, chez les mâles de *Theridion* 301 ; discussion de la, des Orthoptères et Homoptères, 317 ; chez les Coléoptères, 331

Strix flammea, 447.

STRUCTURE, existence de modifications de, qui ne peuvent être d'aucune utilité, 63.

STRUTHERS, docteur, présence du trou supra-condyloïde dans l'humérus humain, 19.

Sturnella ludoviciana, caractère belliqueux du mâle, 403.

Sturnus vulgaris, 447.

SUICIDE, 148 ; n'était pas autrefois considéré comme un crime, 126 ; rare chez les sauvages les plus inférieurs, 126.

SUIDÉS, raies des jeunes, 510.

SULIVAN, Sir B.-J., sur deux étalons attaquant un troisième, 551.

SUMATRA, compression du nez des Malais de, 638.

SUMNER, Arch., l'homme seul capable d'un développement progressif, 83.

SUPERSTITIEUSES, coutumes, 102.

SUPERSTITIONS, 157 ; leur prédominance, 131.

SUPRACONDYLOÏDE, trou, dans les ancêtres primitifs de l'homme, 175.

SURNUMÉRAIRES, doigts, plus fréquents chez l'homme que chez la femme, 244-245 ; hérédité des, 254 ; leur développement précoce, 259.

SWAYSLAND, M., arrivée des oiseaux migrateurs, 232.

SWINHOE, R., rat commun à Formosa et en Chine, 84 : sons émis par la huppe, mâle, 413 ; sur le *Dicrurus macrocercus*, et la spatule, 506 ; jeunes ardeola, 514 ; mœurs des *Turnix*, 523 ; mœurs du *Rhynchæa bengalensis*, 523 ; oriolus reproduisant dans leur plumage de jeune, 532.

Sylvia atricapilla, jeunes du, 535.

Sylvia cinerea, danse amoureuse et aérienne du mâle, 417.

SYMPATHIE, 115 ; chez les animaux, 108 ; sa base supposée, 114.

SYMPATHIES, extension graduelle des, 132.

SYNGNATHES, poissons, poche abdominale du mâle, 178.

Sypheotides aurilus, rémiges primaires du mâle, effilées à leur extrémité, 414 ; touffes auriculaires du, 422.

SYSTÈME reproducteur, — voy. REPRODUCTEUR.

T

TABANIDÉS, mœurs des, 227.

TACHES, se conservent chez des groupes d'oiseaux, 468; disparition des, chez les Mammifères adultes, 599.

Tadorna variegata, sexes et jeunes de, 526.

Tadorna vulpanser, apparié au canard commun, 454.

TAHITIENS, compression du nez chez les, 638.

TAILLE, dépendance de la, d'influences locales, 29.

TAIT, Lawson, effets de la sélection naturelle sur les nations civilisées, 144.

TALON, faible saillie du, chez les Indiens Aymaras, 33.

Tanagra æstiva, âge auquel le, revêt son plumage adulte, 531.

Tanagra rubra, 464; jeunes du, 535.

Tanais, absence de bouche dans les mâles de quelques espèces de, 227; rapports des sexes, 281; mâles dimorphes dans une espèce de, 293.

TANCHE, proportions des sexes de la, 275; aspect brillant du mâle pendant le frai, 374.

TANKERVILLE, combats des taureaux sauvages, 550.

Tanysiptera, races de, déterminées d'après des mâles adultes, 514.

Tanysiptera sylvia, longues rectrices de la, 495.

Taphroderes distortus, grosse mandibule gauche du mâle, 305.

TAPIRS, raies longitudinales des jeunes, 598.

TARIN, appariage avec un canari d'un, 455.

TARSES, dilatation des, sur les membres antérieurs de Coléoptères mâles, 301.

Tarsius, 170.

TASMANIE, métis tués par les indigènes de la, 186.

TATOUAGE, 195; universalité du, 628.

TAUPES, combats des mâles, 549.

TAUREAUX, mode de combats des, 557; poils frontaux frisés des, 582; union de deux jeunes, pour attaquer ensemble un plus âgé, 107; combats des, sauvages, 550.

TAYLOR, G., sur le Quiscalus major, 274.

TEEBAY, M., changements de plumage chez la race galline pailletée de Hambourg, 251.

TEGETMEIER, M., abondance des pigeons mâles, 272; sur les barbillons du coq de combat, 441-442; sur les assiduités de cour des races gallines, 457; sur des pigeons teints, 457.

TEMBETA, 630.

TÉNÉBRIONIDÉS, stridulation des, 332.

TENNENT, Sir J.-E., défenses de l'éléphant de Ceylan, 557, 565; absence fréquente de barbe chez les naturels de Ceylan, 612; opinion des Chinois sur les Cingalais, 632.

TENNYSON, A., sur le contrôle de la pensée, 132.

TENTHRÉDINIDÉES, proportion des sexes chez les, 279; habitudes belliqueuses des mâles, 321; différences entre les sexes des, 321.

Tephrodornis, jeunes de, 514.

TERAI, 199.

Termites, mœurs des, 320.

TERREUR, effets de la, communs aux animaux inférieurs et à l'homme, 70-71.

Testudo nigra, 386.

TÊTE, situation modifiée de la, chez l'homme, en conformité avec sa station verticale, 53; chevelure de la, chez l'homme, 58; apophyses de la, chez les Coléoptères mâles, 320; altérations artificielles de la forme de la, 637.

Tetrao cupido, combats du, 403; différences sexuelles dans les organes vocaux du, 408.

Tetrao phasianellus, danses du, 417; leur durée, 443.

Tetrao scoticus, 499, 511, 518.

Tetrao tetrix, 499, 511, 518; dispositions belliqueuses du mâle, 399.

Tetrao umbellus, appariage chez le, 403; combats de, 403; bruit de tambour produit par le mâle, 412.

Tetrao urogalloides, danses du, 443.

Tetrao urogallus, caractère belliqueux du mâle, 399.

Tetrao urophasianus, gonflement de l'œsophage chez le mâle, 409.

Thamnobia, jeunes du, 514.

THÉ, goût des singes pour le, 4.

Thecla, différences sexuelles de coloration dans les espèces de, 340.

Thecla rubi, coloration protectrice du, 342.

Theridion, 300; stridulation des mâles du, 301.

Theridion lineatum, variabilité du, 300.

Thomisus citreus floricolens, différences de couleurs dans les sexes des, 299.

THOMPSON, J.-H., combats des cachalots, 550.

THOMPSON, W., coloration de l'ombre mâle pendant l'époque du frai, 374; caractère belliqueux des mâles de Gallinula chloropus, 396; pies renouvelant leur appariage, 446; même observation sur le faucon pèlerin, 447.

THORAX, appendices au, chez les Coléoptères mâles, 324.

THORELL, T., proportion des sexes chez les araignées, 280.

THUC, regrets d'un, 126.

THURY, M., proportion numérique des naissances masculines et féminines chez les Juifs, 268.

Thylacinus, mâle du, pourvu d'une poche marsupiale, 176.

THYSANOURES, 308.

TIBIA, dilaté chez le mâle du Crabro cribrarius, 304.

TIBIA ET FÉMUR, proportions des, chez les Indiens Aymaras, 33.

TIGRE, couleurs et marques du, 598; dépeuplant les districts dans l'Inde, 45.

Tillus elongatus, différences sexuelles de couleur, 324.

TIMIDITÉ, variabilité dans une même espèce de la, 71.

Tomicus villosus, proportion des sexes, 279.

TONGA, îles, indigènes imberbes des, 612, 636.

TOOKE, Horne, sur le langage, 90.

TORTUE, voix du mâle de, 620.

TORTURES supportées par les Indiens Américains, 125.

Totanus, mue double chez le, 427.

TOUCANS, couleurs et nids, chez les, 500; becs et serres des, 540.

TOURTERELLE, roucoulement de la, 410.

TOYNBÉE, J., conque externe de l'oreille de l'homme, 11.

TRACHÉE, moulée et placée dans le sternum de quelques oiseaux, 410; sa conformation, chez le Rhynchæa, 523.

Tragelaphus, différences sexuelles de coloration, 587.

Tragelaphus scriptus, crête dorsale du, 582; marques du, 596.

TRAGOPAN, gonflement des barbillons du mâle pendant qu'il courtise les femelles, 420; déploiement de son plumage, 433; marques chez les sexes des, 470.

Tragops dispar, différences sexuelles de couleurs, 387.

TRAHISON, évitée par les sauvages vis-à-vis de leurs camarades, 118.

TRANSFERT de caractères mâles aux oiseaux femelles, 517.

TRANSMISSION égale, des caractères d'ornementation aux deux sexes, chez les Mammifères, 594.

TRANSPARENCE des animaux pélagiques, — voy. PÉLAGIQUES.

Tremex *colombœ*, 321.

TRIBUS éteintes, 139; extinction des, 199.

Trichius, différences de couleurs entre les sexes d'une espèce de, 324.

TRIMEN, R., proportion des sexes chez les papillons de l'Afrique du Sud, 276; attraction des mâles par la femelle du *Lasiocampa quercus*, 277; sur le *Pneumora*, 315; différence de couleur chez les sexes des coléoptères, 324; vive coloration des phalènes sur leur face inférieure, 317; imitation ou mimique chez les papillons, 356; le *Gymanisa Isis*, et taches ocellées des Lépidoptères, 469; sur le *Cyllo Leda*, 469.

Tringa, sexes et jeunes de, 533.

Tringa cornuta, 428.

Triphœna, coloration des espèces de, 344.

TRISTRAM, H.-B., régions insalubres de l'Afrique du Nord, 213; mœurs du pinson en Palestine, 274; animaux habitant le Sahara, 538.

Triton cristatus, palmipes et punctatus, 383.

Troglodytes vulgaris, 520.

TROGONS, colorations et nids des, 501.

TROPIQUES, oiseaux des, ne sont blancs qu'à l'état adulte, 541; poissons d'eau douce des, 378.

Trox sabulosus, stridulation du, 333.

TRUITE, proportion des sexes chez la, 274; caractère belliqueux des mâles, 365.

TULLOCH, Major, immunité du nègre pour certaines fièvres, 212-213.

Turdus merula, 499; jeunes du, 535.

Turdus migratorius, 510.

Turdus musicus, 499.

Turdus polyglottus, jeunes du, 535.

Turdus torquatus, 499.

TURNER, prof. W., sur des fascicules musculaires de l'homme se rattachant au pennicule charnu, 10; présence du trou supra-condyloïde dans l'humérus humain, 19; muscles s'attachant au coccyx, 20; sur le *filum terminale* chez l'homme, 20; variabilité des muscles, 24; conditions anormales de l'utérus humain, 37; développement des glandes mammaires, 177; poissons mâles couvant les œufs dans leur bouche, 178; terminaison du coccyx, 21.

Turnix, sexes de quelques espèces de, 522.

TUTTLE, H., nombre d'espèces humaines, 191.

TYLOR, E. B., cris d'émotion, etc., gestes de l'homme, 89; origine des croyances à des agents spirituels, 100; état barbare primitif des nations civilisées, 156; origine de l'art de compter; 156; ressem-blances des caractères mentaux d'hommes de différentes races, 195.

TYPE de conformation, prépondérance du 178.

Thyphœus, organes stridulants du, 331; sa stridulation, 333.

U

Upupa epops, sons produits par le mâle, 413.

URANIDÉS, coloration chez les, 345.

Uria troile, variété de l'(*lacrymans*), 465.

URODÈLES, 382.

Urosticte Benjamini, différences sexuelles, 484.

USAGE et défaut d'usage des parties, effets de l', 30; leur influence sur les races humaines, 216.

UTÉRUS, retour de l', 37; plus ou moins divisé dans l'espèce humaine, 37, 42; double chez les ancêtres primitifs de l'homme, 175.

V

VACCINATION, influence de la, 145.

VANCOUVER, îles de, M. Sproat sur les sauvages des, 200; les indigènes s'arrachant les poils de la face, 635.

Vanellus cristatus, tubercules alaires des mâles, 401.

Vanessœ, 339; ressemblance de la face inférieure du corps avec l'écorce des arbres, 313.

VARIABILITÉ, causes de la, 26; chez l'homme, analogue à celle des animaux inférieurs, 26; des races humaines, 190; plus grande chez les hommes que chez les femmes, 244; époques de la, leurs rapports avec la sélection sexuelle, 263; des oiseaux, 462; des caractères sexuels secondaires chez l'homme, 611.

VARIATION, corrélative, 42; lois de la, 31; dans l'homme, 158; analogue, 161; analogue dans le plumage des oiseaux, 422.

VARIATIONS spontanées, 43.

VARIÉTÉ, la, un but de la nature, 542.

VARIÉTÉS, absence de, entre deux espèces, une preuve de leur distinction, 182.

VARIOLE, communicable de l'homme aux animaux inférieurs, 3.

VAURÉAL, 20.

VAUTOUR, choix d'un mâle par la femelle, 456; couleurs du, 542.

VEDDAHS, habitudes monogames des, 645.

VEITCH, M., aversion des dames japonaises pour les favoris, 635.

VENGEANCE, instinct de la, 120.

VENUS Erycina, prêtresses de la, 642.

VERDIER, choisi par une femelle de canari, 456.

VÉRITÉ, n'est pas rare entre membres de la même tribu, 127; plus appréciée par certaines tribus, 131.

VERMIFORME, appendice, 18.

VÉRON, proportion des sexes, 275.

VERREAUX, M., attraction de nombreux mâles par la femelle d'un *Bombyx* australien, 277.

VERTÈBRES, caudales, leur nombre dans les macaques et babouins, 58; elles sont comprises en partie dans le corps des singes, 59.

VERTÉBRÉS, 364; leur origine commune,

172; leurs ancêtres les plus reculés, 179 ; origine de la voix dans la respiration aérienne, 620.

VERTUS, primitivement sociales, 125 ; appréciation graduelle des, 143.

Vésicule prostatique, homologue de l'utérus, 21.

VIBRISSES, représentés par de longs poils des sourcils, 16.

Vidua, 507.

Vidua axillaris, 240.

VILLERMÉ, M., influence de l'abondance sur la taille, 29.

VINSON, Aug., mâle de l'Epeira nigro, 301.

VIPÈRE, différence des sexes chez la, 586.

VIREY, nombre d'espèces humaines, 190.

VISCÈRES, variabilité dans l'homme, 25.

VOCALE, musique chez les oiseaux, 403.

VOCAUX, organes, chez l'homme, 94; les oiseaux, 95, 494 ; les grenouilles, 385; les insessores, 407 ; différence des, entre les sexes d'oiseaux, 407; usage primitif se rattachant à la propagation de l'espèce, 618.

VOGT, Carl, pli semi-lunaire chez l'homme, 15; facultés imitatives des idiots microcéphales, 92; microcéphales, 34; crânes des cavernes du Brésil, 184; évolution des races humaines, 193 ; formation du crâne chez la femme, 609; sur l'accroissement des différences crâniennes dans les sexes avec le développement de la race, 618; obliquité de l'œil chez les Chinois et Japonais, 632.

VOIX, chez les singes et l'homme, 610; chez l'homme, 618; origine de la, chez les Vertébrés à respiration aérienne, 620.

VOL, exercé sur les étrangers, considéré comme honorable, 125.

VUE, longue et vue courte, héréditaires, 32.

VULPIAN, professeur, ressemblance entre le cerveau de l'homme et celui des singes les plus élevés, 3.

W

WAGNER, R., occurrence d'un diastème sur un crâne cafre, 39 ; bronches de la cigogne noire, 411.

WAITZ, professeur, nombre d'espèces humaines, 191; couleur des enfants australiens, 610; absence de barbe chez les Nègres, 612; goût de l'humanité pour les ornements, 627 ; susceptibilité des nègres vis-à-vis des fièvres tropicales après qu'ils ont habité un climat froid, 218; idées nègres sur la beauté femelle, 633; idées sur la beauté des Javanais et des Cochinchinois, 634.

WALCKENAER et Gervais, Myriapodes, 302.

WALDEYER, M., hermaphroditisme de l'embryon vertébré, 176.

WALKER, Alex., grosseur des mains chez les enfants des campagnards, 31.

WALKER, F., différences sexuelles des Diptères, 308.

WALLACE, docteur A., usage préhensile des tarses dans les phalènes mâles, 229; élevage du ver à soie de l'Ailanthe, 277; sur la propagation des Lépidoptères, 277; proportion élevée par, des sexes de Bombyx cynthia, B. yamamai, B. Pernyi, 278; développement des Bombyx cynthia et B. yamamai, 306; accouplement du Bombyx cynthia, 350; fécondation des phalènes, 353.

WALLACE, A.-R., pouvoir de l'imitation chez l'homme. 71; usage, par l'orang, de projectiles, 86; appréciation variable de la vérité chez les différentes tribus, 131; limites de la sélection naturelle chez l'homme, 48; du remords chez les sauvages, 142; effets de la sélection naturelle chez les nations civilisées, 144; but de la convergence du poil vers le coude de l'orang, 164; contraste entre les caractères des Malais et des Papous, 183; ligne de séparation entre les Papous, et les Malais, 185; sexes dans l'Ornithroptera Crœsus, 276 ; ressemblances servant de protection, 271; grosseur relative des sexes chez les Insectes, 306; sur Elaphomyia, 308; oiseaux du paradis, 240; caractère belliqueux des mâles de Leptorhynchus, angustatus, 329; sons produits par Enchirus longimanus, 331; sur le Kullima, 342; coloration protectrice chez les phalènes, 344; couleurs vives comme protégeant les papillons, 345; variabilité des Papilionidés, 351 ; papillons mâles et femelles habitant des stations différentes, 351; avantages protecteurs des couleurs ternes des papillons femelles, 352; de l'imitation chez les papillons, 356; imitation des feuilles par les Phasmides, 356; couleurs vives des chenilles, 308 ; sur la fréquentation des récifs par des poissons brillamment colorés, 377; serpent-corail, 388; Paradisea apoda, 422, 424; étalage du plumage par les oiseaux du paradis mâles, 432; réunions des oiseaux du paradis, 444; instabilité des taches ocellées chez l'Hipparchia Janira, 469; sur la limitation sexuelle de l'hérédité, 487; coloration sexuelle chez les oiseaux, 497, 519; 522, 526; relation entre la coloration et la nidification des oiseaux, 496, 500; coloration des Cotingidés, 504; femelles des Paradisea apoda et papuana, 516; sur l'incubation du casoar, 525; colorations protectrices chez les oiseaux, 538; cheveux des Papous, 629 ; sur le babiroussa, 589; marques du tigre, 598; barbe des Papous, 612; distribution des poils sur le corps humain, 656.

WALSH, B.-D., proportion des sexes chez les Papilio Turnus, 276 ; sur les Cynipidés et Cecidomyidés, 279 ; mâchoires d'Ammophila, 303; sur Corydalis cornutus, 303; organes préhensiles des insectes mâles, 302; antennes du Penthe, 304 ; appendices de l'abdomen des Libellules, 304 ; Platyphyllum concavum, 314; sexes des Ephémérides, 318; différence de couleurs des sexes du Spectrum femoratum, 318; sexes des Libellules, 318; différence, dans les sexes des Ichneumonides, 321; sexes chez l'Orsodacna atra, 324 ; variations des cornes du Phanœus carnifex mâle, 325; coloration des espèces d'Anthocaris, 343.

WAPITI, combats du, 550; traces de cornes chez la femelle, 554; attaquant l'homme, 563; crête du mâle, 582; différences sexuelles de couleur chez l', 588.

WARINGTON, R., mœurs des épinoches, 365, 379; vives couleurs de l'épinoche mâle pendant la saison du frai, 374.

WATERHOUSE, C.-O., sur les Coléoptères aveugles, 323 ; différence de couleurs dans les sexes des Coléoptères, 323.

WATERHOUSE, G.-R., voix de l'Hylobates agilis, 620.

WATERTON, C., appariage d'une oie du Canada avec un bernache mâle, 454; combats de lièvres, 549; sur le *Chasmorhynchus*, 427.

WEALE, J.-Mansel, sur une chenille du midi de l'Afrique, 358.

WEBB, docteur, sur les dents de sagesse, 17-18.

WEDGWOOD, Hensleig, origine du langage, 91.

WEIR, Harrison, proportion numérique des sexes chez les porcs et les lapins, 272; sexes des jeunes pigeons, 272; chant des oiseaux, 405; pigeons, 450; antipathie des pigeons bleus pour les variétés d'autres couleurs, 457; pigeons femelles abandonnant leur mâle, 458.

WEIR, J.-Jenner, sur le rossignol et la fauvette à tête noire, 232; maturation sexuelle relative des oiseaux, 233; pigeons femelles délaissant un mâle affaibli, 233-234; trois sansonnets fréquentant le même nid, 240; proportions des sexes chez le *Machetes pugnax* et autres oiseaux, 273; coloration des *Triphœna*, 345; aversion des oiseaux pour quelques chenilles, 358; différences sexuelles du bec chez le chardonneret, 395; sur un bouvreuil siffleur, 405; but du chant du rossignol, 401; oiseaux chanteurs, 405; caractère belliqueux des oiseaux mâles à beau plumage, 438; cour que se font les oiseaux, 439; faucons pèlerins et crécerelles remplaçant leur compagne, 447; bouvreuil et sansonnet, 447; cause pour laquelle il reste des oiseaux non appariés, 445; sansonnets et perroquets vivant par trois, 448; reconnaissance des couleurs chez les oiseaux, 451; oiseaux hybrides, 454; choix d'un verdier par une femelle de canari, 455; cas de rivalité entre femelles de bouvreuils, 460; maturité du faisan doré, 531.

WEISBACH, docteur, mesures d'hommes de diverses races, 182; plus grande variabilité chez l'homme que chez la femme, 245; proportions relatives des sexes dans les diverses races humaines, 611.

WELCKER, M., sur la brachycéphalie et la dolicocéphalie, 57; différences sexuelles dans le crâne humain, 609.

WELLS, docteur immunité des races colorées pour certains poisons, 212.

WESTPHALIE, plus forte proportion d'enfants illégitimes du sexe féminin en, 269.

WESTRING, docteur, stridulation du *Reduvius personatus*, 310; organes stridulants des Coléoptères, 332; sons produits par le *Cychrus*, 331; stridulation des *Theridions* mâles, 300; des Coléoptères, 331; de l'*Omatopia brunnea*, 333.

WESTROPP, H.-M., prédominance de certaines formes d'ornementation, 196.

WESTWOOD, J.-O., classification des Hyménoptères, 161; sur les Culicidés et Tabanidés, 227; Hyménoptère parasite mâle sédentaire, 243; proportions des sexes chez le *Lucanus cervus* et *Siagonium*, 279; absence d'ocelle chez les Mutillides femelles, 302; mâchoires de l'*Ammophila*, 303; accouplement d'insectes d'espèces différentes, 303; mâle du *Crabro cribrarius*, 304; caractère belliqueux des *Tipules* mâles, 308; stridulation du *Pirates stridulus*, 310; sur les Cicadés, 310; organes stridulants des sauterelles, 312; sur *Pneumora*, 315; *Ephippiher vilium*, 316; dispositions querelleuses des Mantides, 318; sur le *Platyblemnus*, 318: différences dans les sexes

des Agrionides, 319; dispositions belliqueuses des mâles dans une espèce de Tenthrédines, 321; mêmes dispositions chez le Lucane mâle, 331; sur les *Bledius taurus* et *Siagonium*, 329; sur les Lamellicornes, 331; coloration chez la *Lithosia*, 345.

WHATELY, Arch., langage pas spécial à l'homme, 89; civilisation primitive de l'homme, 155.

WHEWELL, professeur, sur l'affection maternelle, 72.

WHITE, Gilbert, proportion des sexes chez la perdrix, 273; sur le grillon domestique, 311; but du chant des oiseaux, 405; hibous blancs trouvant de nouvelles compagnes, 447; couvées printanières de perdrix mâles, 448.

WILCKENS, docteur, modification des animaux domestiques dans les régions montagneuses, 33; rapport numérique entre les poils et les pores sécréteurs chez le mouton, 217.

WILDER, docteur, Burt, plus grande fréquence de doigts surnuméraires chez la femme que chez l'homme, 245.

WILLIAMS, coutumes nuptiales des Fidgiens, 655,

WILSON, docteur, têtes coniques des peuples du nord-ouest de l'Amérique, 637; les Fidgiens, 637; persistance de l'usage de comprimer le crâne, 638.

WOLFF, variabilité des viscères dans l'homme, 25.

WOLFF, corps de, voyez CORPS.

WOLLASTON, T.-V. sur *Eurygnathus*, 305; Curculionides musiciens, 331; stridulation de l'*Acalles*, 336.

WOMBAT, variétés noires du, 592.

WONFOR, M., particularités sexuelles dans les ailes des papillons, 305.

WOOD, J., variations musculaires, 24, 40, 41; plus grande variabilité des muscles chez l'homme que chez la femme, 245.

WOOD, T.-W., coloration d'un papillon, 344; mœurs des Saturniidées, 347; habitudes du *Menura Alberti*, 407; sur le *Tetrao cupido*, 408; déploiement du plumage des faisans mâles, 434; taches ocellées du faisan argus, 470; habitudes de la femelle du Casoar, 525.

WOOLNER, M., observations sur l'oreille humaine, 12.

WORMALD, M.. coloration de *Hypopyra*, 346.

WRIGHT, C.-A., jeunes de *Oroceles* et *Petrocincla*, 535.

WRIGHT, M., lévrier écossais, 568; préférences sexuelles chez les chiens, 575; aversion d'une jument pour un cheval, 576.

WRIGHT, Chauncey, acquisition corrélative, 624; agrandissement du cerveau humain, 668.

WRIGHT, W., plumage protecteur du Ptarmigan, 428.

WYMAN, professeur, prolongation du coccyx dans l'embryon humain, 7; état du gros orteil chez le même embryon, 7; variation dans les crânes des indigènes des îles Sandwich, 24; œufs couvés dans la bouche et cavités branchiales des poissons mâles, 178, 380.

X

XÉNARQUE, sur les Cicadées, 310.

Xenorhynchus, différence sexuelle dans la coloration des yeux du, 466.

Xiphophorus Hellerii, nageoire anale particulière au mâle du, 371.
Xylocopa, différence dans les sexes, 321.

Y

YARRELL, W., habitudes des Cyprinides, 279; sur la *Raia clavata*, 364; caractères du saumon mâle pendant le frai, 366, 374; caractères des raies, 368; sur le *Callionymus lyra*, 369; frai du saumon, 379; incubation des Lophobranches, 381; rivalité des oiseaux chanteurs, 405; trachée du cygne, 410; mue des Anatides, 430; sur les jeunes échassiers, 534.

YOUATT, M., développement des cornes dans le bétail, 258.
YURA-CARAS, notions de beauté chez les, 631.

Z

ZÈBRE, refus d'un âne par une femelle de, 592; raies du, 598.
ZÉBUS, bosse des, 584.
ZIGZAGS, prédominance des, dans l'ornementation, 196.
ZINCKE, M., émigration européenne en Amérique, 154.
Zootoca vivipara, différence sexuelle dans la couleur du, 393.
ZYGÉNIDÉS, coloration des, 345.

FIN DE L'INDEX.

En vente à la Librairie C. REINWALD & Cᵉ, à Paris.

ARCHIVES

DE

ZOOLOGIE EXPÉRIMENTALE ET GÉNÉRALE

HISTOIRE NATURELLE — MORPHOLOGIE — HISTOLOGIE — ÉVOLUTION DES ANIMAUX

publiées sous la direction de

HENRI DE LACAZE-DUTHIERS

Membre de l'Institut de France (Académie des sciences),
Professeur d'anatomie comparée et de zoologie à la Sorbonne (Faculté des sciences),
Fondateur et directeur des laboratoires de zoologie expérimentale de Roscoff
et de la station de Banyuls-sur-Mer (Laboratoire Arago),
Président de la section des Sciences naturelles.
(École des Hautes Études)

Les *Archives de Zoologie expérimentale et générale* paraissent par cahiers trimestriels. Quatre cahiers ou numéros forment un volume grand in-8°, avec planches noires et coloriées. Prix de l'abonnement : Paris, 40 fr.; Départements et Étranger, 42 fr.

Les tomes I à X (années 1872 à 1882) forment la Première Série. — Le tome XI (année 1883) forme le Iᵉʳ volume de la Deuxième Série. — Le tome XII (année 1884) forme le IIᵉ volume de la Deuxième Série. — Le tome XIII (année 1885) forme le IIIᵉ volume de la Deuxième Série. — Le tome XIV (année 1886) forme le IVᵉ volume de la Deuxième Série. — Le tome XV (année 1887) forme le Vᵉ volume de la Deuxième Série. — Le tome XVI (année 1888) forme le VIᵉ volume de la Deuxième Série. — Le tome XVII (année 1889) forme le VIIᵉ volume de la Deuxième Série. — Le tome XVIII (année 1890) forme le VIIIᵉ volume de la Deuxième Série.

Prix de chaque volume gr. in-8° cartonné toile....................... 42 fr.

Le tome XIX (année 1891) est en cours de publication.

Il a paru en outre de la collection :

Le tome XIII *bis* (supplémentaire à l'année 1885) ou tome III *bis* de la deuxième série.

Le tome XV *bis* (supplémentaire à l'année 1887) ou tome V *bis* de la deuxième série.

Prix de chaque volume gr. in-8°. Cartonné toile .... 42 fr.

Malgré le grand nombre de planches, le prix de ces volumes est le même que celui des *Archives*.

RECHERCHES

SUR LA PRODUCTION ARTIFICIELLE

DES

MONSTRUOSITÉS

OU

ESSAIS DE TÉRATOGÉNIE EXPÉRIMENTALE

PAR

M. CAMILLE DARESTE

Docteur ès sciences et en médecine — Ancien professeur à la Faculté des sciences de Lille. — Directeur du Laboratoire de Tératologie à l'École des Hautes Études. — Lauréat de l'Institut.
(*Prix Alhumbert*, 1862. — *Prix Lacaze*, 1877. — *Prix Serres*, 1890)

DEUXIÈME ÉDITION REVUE ET AUGMENTÉE

Un fort vol. gr. in-8, avec 62 fig. intercalées dans le texte et 16 pl. en chromolithographie.

Prix, cartonné, toile angl. : 28 francs.

www.ingramcontent.com/pod-product-compliance
Lightning Source LLC
Chambersburg PA
CBHW061955220326
41599CB00015BA/1900